4차 산업혁명시대

미래 플랫폼
정보기술

저자 **조성갑** Ph.D
감수 **맹정섭**

서문

제4차 산업혁명의 시대를 바라보고 있는 요즈음 전 세계 여러 산업 영역에서는 어떻게 변화를 준비해야 할지 논쟁이 뜨겁다. 사실 제4차 산업혁명은 개별적 기술보다는 기술과 산업의 수렴과 융합으로 보아야 한다. 즉 "인류의 형이상학적 욕구의 발현을 위한 상상의 세계를 실체적 현실로 만들어 내는 것이다" 라고 정의하고 싶다. 여기에서 터져 나올 수 있는 형이하학적 윤리와 범죄의 온상이 될 수도 있는 부문을 염려하여 성균관대학교 법무전문대학원 교수로 계시는 맹정섭 교수의 감수를 받아 집필하였다.

인간이 출현하여 무수히 많은 발명과 발견을 거듭하여 왔지만 정보통신 기술의 발명과 지속적인 발전은 모든 산업분야의 성장을 가속시키고 가계·기업·정부에서 한시도 떼어놓고 생활 할 수 없음을 익히 잘 알고 있다. 이러한 IT 기반 기술은 SOC(Social Overhead Capital : 사회 간접 자본)로 자리 매김을 하였으나 이제는 모든 영역에서의 생산성 향상과 글로벌 경영목표를 달성하기 위한 소프트웨어 플랫폼 (Platform)이 자리 잡고 있으며 플랫폼을 가지고 탄생한 Google. Amazon, Facebook, MS, Yahoo 등이 이미 세계 10대기업의 6위까지의 위치를 차지하고 있다.

그러한 근본원인은 현 사회가 변해야만 살아남을 수 있기 때문이다. 변화에 대응하지 못하면 미래를 담보하기 어렵고 더욱 중요한 것은 변화의 속도가 갈수록 빨라지고 있기에 조직(Enterprise : 가계· 기업·정부·단체)의 입장에서 보면 변화에 대응하기가 점점 힘들어지고 있다는 셈이다.

저자는 그간 IBM을 비롯한 산·학·연·관에 다년간 근무하면서 경험하고 생각했던 바를 이론적으로 정립하고 필요한 학생 또는 실무자 및 경영자가 각자의 목표를 쉽게 도달할 수 있다면 좋겠다 하는 심정으로 책을 저술하였다.

그리고 첨단 IT 기술기반이건 각종 경영혁신 이론이건 간에 이 모든 것은 조직의 경영목표를 달성하기 위해서 존재하는 것이고, 주어진 최상의 여건과 Best practice을 만들고 그 연장선에서 각기의 역할을 다할 때 조직이 목표하는 바의 성과를 이룰 수 있다는 의미에서 저서의 제목을「플랫폼 정보기술론」이라 칭하였다.

스마트경영이란 과거 2차원적인 사고를 뛰어넘어 IT·AI 기술 기반(Platform)없이는 이루어질 수가 없다. 한 예로 현재 우리 앞에 있는 정보기기를 치워 보는 것을 상상해보자. 과연 어떻게 될 것인가? 아마 우리가 현재하고 있는 모든 일이 대부분 마비가 되거나 또는 매우 불편해 질 것이다.

한편, 그간 기업이나 공공기관에서는 경영혁신을 위하여 IT 기술을 접목한 전사적 시스템을 도입하여 추진하였으나 수시로 변하는 기업 내외부의 환경변화에 효과적인 대응은 역부족이었으며, 또한 이를 위해 추진해왔던 PI(Process Innovation)역시 시간이 흐르면, 이를 다시 추진해야하는 부담과 고통이 따르기 때문에 혁신의 연속성을 확보하는 방법을 모색해 왔다.

그러나 변화는 "하고 싶다"는 의지만으로 이루어지는 것이 아니다. 이미 구축한 ERP, GW, DW, CRM 시스템으론 단위 업무의 자동화는 가능할지 몰라도 그때 그때 변화하는 외부 환경에 대응하기는 역부족이었다. 이제는 기본적으로 프로세스와 플랫폼 솔루션들을 어떻게 적절히 활용하느냐에 달려 있다고 하겠으며 국내에서도 카카오톡이나 네비게이션 RSS(really simple syndication)등이 이를 증명하고 있다.

Platform 프로세스의 정립은 개인, 조직 또는 문화, 종교적인 견해가 섞이면 한 번에 통일시키기가 어려우며 또한 프로세스가 정립되어 있다 하여도 그 과정과 결과를 모니터링 할 수 있도록 해주는 솔루션이 있어야 함은 물론이다. 세계 유수의 IT 관련 시장조사 및 컨설팅 기관인 가트너 그룹(Gartner Group)을 중심으로 실시간 기업(RTE : Real Time Enterprise)이라는 개념이 대두되기 시작하였다. 이와 아울러 IBM은 "On-demand" HP는 "Adaptive Enterprise", SAP는 "In-Time Business"등의 개념으로 RTE의 개념을 자신들의 입장에서 비즈니스개념으로 해석하여 발표하기 시작하였다.

2009년부터 시작한 제4차 산업혁명(Industry 4.0)은 Smart Factory를 지향하는 친환경 무재해 전자동 제조업을 대상으로 시작되었으나 이제는 Smart Home, Smart City, Smart work Smart Sensor 및 5G와 AI와 더불어 Platform 사회를 넘어서 "Empire of Platform"으로 70억 인류의 보편적 가치가 될 것이다. 이를 뒷받침 하듯이 가트너 그룹은 실시간 기업(RTE)을 "기업의 성공과 직결된 어떠한 명시적 사건이 발생하는 즉시 그 사건의 근본원인과 사건 자체를 파악하고 이를 모니터링 및 분석함으로써 새로운 기회를 발굴하여 불행한 사태를 미연에 방지하며 핵심 비즈니스 프로세스의 지연을 최소화하는 기업"이라고 정의하고 있다.

이는 새로운 기술이 아니고 그 이전에 이미 존재하였던 ERP, SEM, BPM 등의 솔루션 기반과 이의 추진을 위한 데이터 표준화 그리고 BPR, 스피드경영, 시나리오 경영, 디지털신경망 시스템(DNS) 등의 경영이론과 SOA, 웹 서비스 등 다양한 Platform 정보기술이 접목되어 나타난 경영혁신 및 경쟁 우위 획득을 위한 경영 전략인 것이다.

제1장에서는 스마트경영을 위한 플랫폼 시스템의 패러다임 변화와 가치를 설명할 것이며, 제2장부터는 RTE 전반에 관한 개념과 전략적 가치를 설명하였다. 제3장에서는 RTE가 실현될 수 있게 된 SOA, 웹 서비스 등의 정보기술동향과 RTE추진을 위한 구성요소 및 단계적 RTE 도래 이후의 미래 모습을 그려보았다. 제4장에서는 최근의 4차 산업혁명에 대한 소개와 관련된 요소기술인 클라우드 컴퓨팅, 빅데이터, 사물인터넷, 모바일 패러다임, 가상화, 인공지능, 5G, 3D 프린팅 기술을 소개하였다. 이어 제5장에서는 정보기술을 이용한 사이버제국 건설을 위한 솔루션, 서비스 및 기술과 이를 활용할 수 있는 플랫폼 비즈니스와 관련 산업인 전자화폐와 가상화폐, 핀테크와 현재 우리나라를 포함한 각 국에서 한창 추진 중인 스마트 사회를 소개했다.

끝으로 공공기관 및 민간 기업분야에서 스마트 경영혁신을 위한 수많은 컨설팅 경험을 바탕으로 본서가 만들어지는 과정에 많은 도움을 주신 단국대학교 정보지식재산대학원에서 강의를 하고 계시는 (주)비온드아이티의 김계철 사장님께 진심으로 감사를 드린다. 본서를 출판할 수 있도록 도와주신 진한엠앤비(주) 김갑용 사장님 후의에 진심으로 사의를 표하는 바이다.

2019년 2월 안암골 연구실에서
저자 조성갑 Ph.D

CONTENTS

제1장 지속가능 플랫폼 정보경영   17

제1절 실시간 경영을 위한 플랫폼시스템   19
1. 정보기술과 패러다임의 변화   19
2. 경영혁신과 BPM   20
3. 프로세스경영   22
4. BPM의 개념   25
5. BPM의 역할 및 도입효과   27
6. BPM의 출현배경   29
7. BPM의 기술기반   30

제2절 실시간 정보경영   35
1. RTE의 등장배경   35
2. RTE의 개념적 정의   37
3. RTE의 전략적 가치   39

제2장 RTE 상호운영 시스템   41

제1절 데이터 리엔지니어링   43
1. 기업 정보화 시스템의 문제점   43
2. 데이터 리엔지니어링의 정의   55
3. 데이터 클린징   56
4. 데이터 리엔지니어링 추진 방법론   59

제2절 SEM의 이해와 활용전략   80
1. SEM의 개념 및 정의   80
2. SEM의 구성 요소와 연계성   84
3. SEM 구축을 위한 정보시스템   130

제3절 플랫폼 정보기술의 기반엔진   136
1. EAI(Enterprise Application Integration)   136
2. 워크플로우(Workflow)   146
3. BPM 구현을 위한 프로세스의 이해와 추진도구   170

제4절 경영혁신을 위한 경영이론   195
1. 스피드 경영   195

CONTENTS

    2. 시나리오 경영   201
    3. 비즈니스 프로세스 리엔지니어링(BPR)   210
    4. 기타 경영혁신 기법   226

제3장   실시간 경영 정보기술   235

제1절   서비스지향 아키텍처   237
    1. 서비스지향 아키텍처(SOA)의 개념   237
    2. 서비스지향 아키텍처(SOA)의 특성   239
    3. 서비스지향 아키텍처(SOA)의 도입효과   244
    4. 서비스지향 아키텍처(SOA)와 타 시스템과의 관계   247

제2절   웹서비스   256
    1. 웹 서비스의 개념   256
    2. 웹 서비스의 기능   259
    3. 웹 서비스의 핵심 기술   262
    4. 웹 서비스의 관련기술 비교 및 타 기술과의 관련성   264

제4장   4차 산업혁명 시대의 정보 플랫폼   267

제1절   클라우드 컴퓨팅   269
    1. 클라우드 컴퓨팅 개념   269
    2. 클라우드 서비스 브로커리지   284
    3. 클라우드 컴퓨팅 서비스 도입 성공 사례   288

제2절   빅 데이터   332
    1. 빅 데이터의 개념   332
    2. 국내외 빅 데이터 시장 동향   336
    3. 빅 데이터 분석   340
    4. 빅 데이터 도입 방법론   346
    5. 빅 데이터의 도입 효과   351

제3절   사물인터넷(IoT)   353
    1. 사물인터넷의 개념   353
    2. 사물인터넷의 3대 주요기술   356
    3. 사물인터넷의 적용분야   356

CONTENTS

4. 사물인터넷 관련 국내외 정책동향	359
5. 사물인터넷 분야별 수요 및 시장 현황	361

제4절 모바일패러다임 … **371**

1. 이동통신의 발전	371
2. 모바일 인터넷의 개요	377
3. 모바일 웹과 모바일 OK	383
4. 무선 인터넷 시장의 주요 플레이어별 전략	395
5. 모바일 기술 발전과 고객서비스	422

제5절 가상화 … **427**

1. 가상화의 정의	427
2. 가상화의 기원	428
3. 가상화의 적용 범위	430
4. 가상화의 기능	431
5. 가상화의 효과	433
6. 가상화의 도입단계	435
7. 가상화의 분류	436

제6절 인공지능 … **451**

1. 인공지능의 개요	451
2. 국내외 인공지능 시장 및 업계동향	456
3. 인공지능 기술동향	467
4. 인공지능과 미래사회의 변화와 대응전략	475

제7절 5G … **481**

1. 차세대 네트워크 5G 개요	481
2. 이동통신기술의 발달 과정	491
3. 5G 이동통신 표준화 동향	495
4. 국내 5G 이동통신 서비스 동향	498
5. 5G관련 주요국 동향	500

제8절 3D 프린터 … **503**

1. 3D 프린팅 개요	503
2. 3D 프린팅 산업의 특성	507
3. 3D 프린팅 기술 현황	508

CONTENTS

    4. 3D 프린팅의 글로벌 동향 및 이슈   510

제5장 정보기술과 사이버 제국   513

제1절 IT와 4차 산업혁명   515
1. 4차 산업혁명과 IT 융합의 개요   515
2. 산업 융합   521
3. 국내외 산업 융합 현황   522
4. 이종 산업간 융합   529
5. 가트너 Hyper Cycle에 의한 기술 수명주기   547
6. 플랫폼 비즈니스와 활용   557

제2절 전자화폐와 가상 화폐   564
1. 전자화폐와 가상화폐의 개요   564
2. 전자화폐와 가상화폐의 차이   566
3. 전자화폐   568
4. 가상화폐   570
5. 기타 가상화폐   596
6. 가상화폐를 활용한 지급결제 서비스   597

제3절 핀테크   599
1. 핀테크의 개념   599
2. 국내 핀테크 발전의 저해요소   609
3. 핀테크를 구성하는 기술   611
4. 국내외 핀테크 산업 동향   618
5. 국내 핀테크 산업의 향후 전망   624

제4절 스마트 사회   626
1. 스마트 워크   626
2. 스마트 그리드   631
3. 스마트 공장   653
4. 스마트 시티   663
5. 스마트 헬스케어   686

CONTENTS

그림목차

[그림 1-1] Paradigm 대전환 19
[그림 1-2] 경영 패턴의 주요 변화 20
[그림 1-3] BPM의 기술적 영역과 활동 영역 (출처 : BPMiorg) 32
[그림 1-4] RTE 전략 Value proposition 39

[그림 2-1] 시스템 사슬 43
[그림 2-2] 아이템 마스터 DB 47
[그림 2-3] 중복 품목의 예 49
[그림 2-4] 데이터의 부정확성이 발생하는 영역 51
[그림 2-5] Central Repository 방식 62
[그림 2-6] 품명 표기 방식의 예 64
[그림 2-7] 분류체계 정립 방식 66
[그림 2-8] 품목 분류코드의 용도 66
[그림 2-9] 기본적인 분류 체계 67
[그림 2-10] 분류 체계 정립방법 1 68
[그림 2-11] 분류 체계 정립방법 2 68
[그림 2-12] 분류체계와 식별코드 구조 68
[그림 2-13] 품목 식별코드의 용도 70
[그림 2-14] 유의미 식별코드의 부여방식 71
[그림 2-15] 무의미 식별코드의 부여방식 72
[그림 2-16] 데이터 리엔지니어링 업무 추진 절차 73
[그림 2-17] 프로젝트 추진 조직도 74
[그림 2-18] 속성치 수집 및 검증절차 77
[그림 2-19] 업체정보의 수집 절차 78
[그림 2-20] 중립 품목코드를 통한 코드 매핑 78
[그림 2-21] Code Mapping 화면 예 79
[그림 2-22] 경영관리 프로세스 80
[그림 2-22] 경영 패러다임의 이동 81
[그림 2-24] CEO가 보는 기업 가치와 관점 81
[그림 2-25] SEM의 주요 구성 요소 83
[그림 2-26] SEM의 구성 요소와 연계도 84
[그림 2-27] VBM의 목표 85
[그림 2-28] 기존 회계 지표의 한계 86
[그림 2-29] 주요 성과지표(KPI) 관리를 통한 부문별 역할의 명확화 92
[그림 2-30] 성공적인 가치 경영의 실행을 위한 3대 핵심 요소 93
[그림 2-31] ABC의 구성도 94

[그림 2-32] 전통적 원가계산과 ABC 95
[그림 2-33] ABM과 EVA(경제적 부가가치) 100
[그림 2-34] ABC와 ABM의 영역 101
[그림 2-35] 비행기 계기판의 예 102
[그림 2-36] 전략을 위한 의사소통 도구로서의 BSC 104
[그림 2-37] 전략의 구체화 및 실행의 결과 측정 106
[그림 2-38] 미션의 사례 107
[그림 2-39] 비전의 사례 107, 108
[그림 2-40] 전략의 유형 109
[그림 2-41] 전략의 수립과정 110
[그림 2-42] 산업구조 분석 모형 112
[그림 2-43] 민간 대 공공 부문의 BS 모델 114
[그림 2-44] 핵심성공요인 체계도 114
[그림 2-45] 핵심 성공요인과 전략적 데이터 모델링 115
[그림 2-46] 업무기능 우선순위 판정 117
[그림 2-47] 미션, 비전과 4대 관점별 전략 연계 사례 117
[그림 2-48] SWOT 분석 사례(국내 OO 시설관리 공단) 118
[그림 2-49] 전략지도의 예시 119
[그림 2-50] KPI의 할당 122
[그림 2-51] BSC 모니터링 기능 예 126
[그림 2-52] SAP사의 SEM 주요 기능 및 운영 시스템 128
[그림 2-53] Oracle사의 전략적 경영 솔루션 모델 128
[그림 2-54] SEM 통합 아키텍처 구조 130
[그림 2-55] SEM 구현을 위한 S/W 구성도 131
[그림 2-56] EAI의 발전 단계 136
[그림 2-57] 상호연관 어플리케이션 연계 방법의 변화 137
[그림 2-58] EAI 구성도 142
[그림 2-59] EAI의 구축 유형 143
[그림 2-60] 워크플로우의 출현 배경 146
[그림 2-61] 워크플로우(Workflow)의 개념 150
[그림 2-62] 워크플로우와 유사 시스템과의 차이 150
[그림 2-63] 워크플로우와 MRP 시스템과의 차이 151
[그림 2-64] 프로세스의 모습 152
[그림 2-65] 워크플로우의 프로세스 평가기능 153
[그림 2-66] 워크플로우의 기본 구성 요소 154
[그림 2-67] 워크플로우 개발 방법론_(Aberdeen Group) 162
[그림 2-68] 국내 H사의 워크플로우 개발 방법 163
[그림 2-69] Enterprise Nervous System Architecture 166

CONTENTS

[그림 2-70] 워크플로우 참조모델(WfMC 표준 사양) 168
[그림 2-71] 유럽의 품질상 모델 170
[그림 2-72] 전형적인 대출 프로세스 171
[그림 2-73] 혁신된 대출 프로세스 173
[그림 2-74] 절차와 프로세스의 비교 174
[그림 2-75] 고객지향 프로세스 176
[그림 2-76] 절차 중심과 프로세스 중심의 차이 176
[그림 2-77] 프로세스와 서브 프로세스 177
[그림 2-78] 거북이 도형 178
[그림 2-79] 타 프로세스와의 연계 180
[그림 2-80] 주문 접수 프로세스 맵의 예 181
[그림 2-81] 프로세스의 P-S-B-C-E 싸이클 185
[그림 2-82] 문어 도형 185
[그림 2-83] 프로세스의 연계성 심사 186
[그림 2-84] 조직변화를 위한 5대 핵심 요소 187
[그림 2-85] Curtis의 프로세스 성숙도 5단계 188
[그림 2-86] 조직문화의 변화 191
[그림 2-87] BPM 스위트 아키텍처 194
[그림 2-88] 확장된 개념으로서의 ERP-II의 모델 212
[그림 2-89] 품질관리에 대한 의사소통 관계 233

[그림 3-1] 서비스지향 아키텍처의 특징 237
[그림 3-2] 서비스지향 아키텍처의 등장 배경 238
[그림 3-3] 서비스지향 아키텍처의 구성 239
[그림 3-4] 플랫폼 종속에 따른 복잡성 241
[그림 3-5] 상호작용의 두가지 법칙 243
[그림 3-6] BPM과 SOA 융합 개념도 250
[그림 3-7] 수주 및 재고확인에 대한 전통적 프로세스 252
[그림 3-8] BPM과 SOA 기반의 재고 및 생산 프로세스 혁신 253
[그림 3-9] 웹 서비스의 등장 배경 256
[그림 3-10] 웹 서비스 아키텍처 259
[그림 3-11] 웹 서비스의 이용 절차 260
[그림 3-12] 웹 서비스와 SOA의 비교 262
[그림 3-13] 웹 서비스와 타 기술과의 관련성 265
[그림 3-14] 웹 서비스의 파급 영역 265

[그림 4-1] 클라우드 컴퓨팅의 여러 타입 270
[그림 4-2] 클라우드 컴퓨팅 생태계 271
[그림 4-3] 클라우드 컴퓨팅 서비스의 종류 272
[그림 4-4] 클라우드 컴퓨팅 개념도 277
[그림 4-5] IT서비스 환경의 진화 280
[그림 4-6] 클라우드 서비스의 전개방향 281
[그림 4-7] 모바일 콘텐츠 시장의 확대 284
[그림 4-8] 클라우드 서비스 브로커리지 개념도 285
[그림 4-9] 클라우드 서비스 브로커리지의 분류 285
[그림 4-10] NEC 클라우드 서비스 화면 이미지 290
[그림 4-11] EXPLANNER for SaaS의 서비스 이미지 290
[그림 4-12] 모바일 클라우드 농업 서비스 화면 이미지 293
[그림 4-13] 생산자의 얼굴을 보여 주는 농업 화면 이미지 294
[그림 4-14] 프로젝트 추진 체계 296
[그림 4-15] 서비스 개념도 298
[그림 4-16] 사업추진 계획 299
[그림 4-17] 시스템 개념도 300
[그림 4-18] 1개 기업 시스템 구축 표준일정 301
[그림 4-19] 이카운트 ERP의 주요기능 304
[그림 4-20] 이카운트 ERP의 사용 분포도 306
[그림 4-21] 공영 DBM IaaS 시스템 이미지 308
[그림 4-22] 공영 DBM의 CRM 도입효과 관련 매일경제신문 기사 312
[그림 4-23] Private 클라우드 병원 시스템 이미지 319
[그림 4-24] 클라우드 전환 이전 시스템 구성도 321
[그림 4-25] 원내 HR(Human Resource) 시스템 연계도 323
[그림 4-26] 빅 데이터의 정의 332
[그림 4-27] 분야별 데이터의 종류 334
[그림 4-28] 분야별 빅 데이터 이용 시 가치창출 예상치 335
[그림 4-29] 세계 빅 데이터 관련 업계 지도 336
[그림 4-30] 2017년 세계 주요 빅데이터 공급사의 수익률 337
[그림 4-31] 빅 데이터 가치를 결정하는 분석 341
[그림 4-32] 미국 국립보건원, 필박스(Pillbox) 343
[그림 4-33] 구글 독감 트렌드(http://www.google.org/flutrends) 343
[그림 4-34] 빅 데이터 도입 절차 346
[그림 4-35] 빅 데이터 분석 사례 351
[그림 4-36] 세계인구 대비 인터넷 연결기기의 비율 증가 추세 354
[그림 4-37] 세 관점에서의 융합을 통해 나타나는 사물인터넷의 개념 354
[그림 4-38] 5가지 분야로 나눈 사물인터넷 활용 영역 358
[그림 4-39] 사물인터넷의 활용 분야 358
[그림 4-40] 산업통상자원부 '2014 에너지기술 혁신 로드맵 360

CONTENTS

[그림 4-41] 이동통신 네트워크 구조 … 371
[그림 4-42] 기술과 서비스 관점에서 본 세대별 이동통신 시스템 … 372
[그림 4-43] 모바일 검색시장을 둘러싼 인터넷사업자-이동통신-단말 벤더의 제휴 현황 … 380
[그림 4-44] 웹 2.0의 정의(디온 힌치 클라프) … 384
[그림 4-45] 모바일웹 2.0 주요 기술동향 … 392
[그림 4-46] 모바일 OK 서비스 개념도 … 394
[그림 4-47] 융합형 기기들의 계층별 구조도 … 397
[그림 4-48] NMT 및 GSM시대의 노키아의 제휴 관계도 … 409
[그림 4-49] UMTS 기술방식에서의 노키아의 제휴 관계도 (1977~2002) … 410
[그림 4-50] 모바일관련 기술의 진화 … 422
[그림 4-51] 가상화의 개념 … 427
[그림 4-52] IBM 가상화 리더십의 오랜 역사 … 428
[그림 4-53] 가상화의 적용 범위 … 430
[그림 4-54] 가상회의 기능별 분류 … 432
[그림 4-55] 가상화의 효과 … 433
[그림 4-56] 가상화 기술의 도입단계 … 435
[그림 4-57] 가상화 기술의 분류 … 436
[그림 4-58] POWER 5 플랫폼 기반의 서버 가상화 기술들 … 437
[그림 4-59] Management Runtime의 구현 예 … 438
[그림 4-60] 서버 파티셔닝의 종류 … 439
[그림 4-61] 공유 이더넷 어댑터를 이용한 가상 통신 … 441
[그림 4-62] 디스크 콘트롤러 가상화 구성의 예 … 443
[그림 4-63] 스토리지 블록 가상화의 개념 … 444
[그림 4-64] SAN 상에서의 이 기종 파일 공유 … 446
[그림 4-65] 테이프 가상화의 물리적 및 논리적 구성 … 446
[그림 4-66] 인공지능의 재 부상 배경 … 453
[그림 4-67] McKinsey 선정 12개 파괴적 혁신 기술의 2025년 잠재적 경제 효과 … 454
[그림 4-68] 20년 후에 자동화(인공지능)으로 대체될 위험에 관한 연구 결과 … 455
[그림 4-69] 인공지능 주요산업 분야 … 458
[그림 4-70] Hype Cycle for Emerging Technologies, 2018 … 468
[그림 4-71] 엑소브레인 추진단계 … 470
[그림 4-72] 딥뷰 추진단계 … 470
[그림 4-73] Wit.ai 엔진 예시 … 474
[그림 4-74] Messenger Platform 플랫폼 서비스 예시 … 475
[그림 4-75] Industry 4.0과 사이버 물리체계 … 476
[그림 4-76] 5G 기술적 요구사항 … 494
[그림 4-77] 5G 서비스 시나리오 … 495
[그림 4-78] 3GPP NR 표준화 일정 … 496
[그림 4-79] 3GPP Realease 15의 NSA와 SA … 496
[그림 4-80] 3GPP Realease 15 무선기술의 특징 … 497
[그림 4-81] 360。 VR 라이브 … 498
[그림 4-82] 5G 6대 융합 서비스 … 499
[그림 4-83] 3D 프린팅 글로벌 시장 규모 … 510
[그림 4-84] 3D 프린터 시장규모 … 511

[그림 5-1] 시대에 따른 메가 컨버전스의 전개 … 524
[그림 5-2] IT와 산업간 융합 개념도, … 530
[그림 5-3] 개인 특성에 따라 체중 압력을 조절해주는 러닝머신인 지트레이너 … 541
[그림 5-4] 개인의 운동량을 무선으로 송신하는 폴라 플로우링크 … 541
[그림 5-5] 낙상 폰 서비스 구성도 … 544
[그림 5-6] 입는 로봇 HAL 시연 모습 … 544
[그림 5-7] 브레인게이트 서비스 구성도 … 545
[그림 5-8] 로봇을 이용한 다양한 실버 서비스 결합 모습 … 545
[그림 5-9] 플랫폼 생태계의 구성 요소 … 558
[그림 5-10] 비즈니스 모델과 비즈니스 플랫폼의 관계 … 560
[그림 5-11] 비즈니스 플랫폼의 구분 … 561
[그림 5-12] 네트워크형 전자화폐 서비스 흐름도 … 570
[그림 5-13] Bitcoin에 대한 검색 트랜드 … 573
[그림 5-14] 비트코인의 물리적 복제품 … 574
[그림 5-15] 비트코인 거래 동작 프로세스 … 584
[그림 5-16] 공개케 해시방식의 비트코인 주소생성 과정 … 586
[그림 5-17] 비트코인 주소로 지불된 코인의 확인 방법 … 587
[그림 5-18] 임시 풀에서 후보 블록을 구성하는 절차 … 589
[그림 5-19] 해시를 이용한 비트코인의 채굴(Mining) 프로세스 … 589
[그림 5-20] Hashcash를 이용한 PoW 구현 … 590
[그림 5-21] 실제 블록체인에 연결된 새로운 블록 … 591
[그림 5-22] Bits 값을 이용한 난이도 목표 값 … 592
[그림 5-23] 비트코인 노드의 새로 생성된 블록 검증과정 … 593
[그림 5-24] 가장 긴 체인을 선택하는 블록체인 … 593
[그림 5-25] 오프체인을 이용한 비트코인 소액결재 방식 … 595
[그림 5-26] 2008년리먼 브라더스 사태 여파로 인한 금융기관에 대한 불신 … 599
[그림 5-27] 2015년 2월 2일 중앙일보 기사 … 602
[그림 5-28] 핀테크의 개념 … 603
[그림 5-29] 결제 비즈니스의 에코 시스템-1 … 607
[그림 5-30] 결제 비즈니스의 에코 시스템-2 … 608
[그림 5-31] 애플페이 운영 개념도 … 615

CONTENTS

[그림 5-32] 스마트 그리드 개념도	632	
[그림 5-33] 스마트 그리드 레이어	635	
[그림 5-34] 스마트 제조 플랫폼	657	
[그림 5-35] 스마트 제조 R&D 로드맵의 10대 핵심 시나리오와 기술 적용	663	
[그림 5-36] 스마트 시티의 개념 분류	670	
[그림 5-37] 스마트 시티 관련 키워드 분포	670	
[그림 5-38] 스마트 시티의 문제 해결 방식	671	
[그림 5-39] 스마트 시티의 발전 과정	672	
[그림 5-40] 스마트 시티 관련 시장 규모 및 전망	673	
[그림 5-41] 국가별 스마트 시티 투자규모(2010~2030)	673	
[그림 5-42] 스마트 시티의 주요 분야	674	
[그림 5-43] 국가별 스마트 시티 중점 분야	674	
[그림 5-44] 글로벌 스마트 시티 실증단지 조성 사업	675	
[그림 5-45] K-Smart Cyti 특화현 실증단지 조성 사업	676	
[그림 5-46] 스마트 시티(지능형 전력망) 개념도	676	
[그림 5-47] ESS(에너지 저장 장치) 개념도	677	
[그림 5-48] 지역별 스마트 그리드 사업내용	677	
[그림 5-49] 서울시 IoT 기술 적용 사례	678	
[그림 5-50] 분야별 스마트 시티 평가지수	678	
[그림 5-51] 주요 도시의 스마트 시티 평가 지수	679	
[그림 5-52] 스마트 시티 발전 단계	680	
[그림 5-53] 스마트 헬스케어 부상 배경	687	
[그림 5-54] 스마트 헬스케어 산업구조	688	
[그림 5-55] 스마트 헬스케어 산업 생태계	689	
[그림 5-56] 글로벌 스마트 헬스케어 시장 전망	690	
[그림 5-57] 스마트 헬스케어의 주요 기술 분야	690	
[그림 5-58] 국내 의료·바이오 분야 신규 벤처투자 추이	691	
[그림 5-59] 5대 신산업분야(R&D) 예산 편성현황	691	
[그림 5-60] 스마트 헬스케어 시장의 전통/신규 사업자 현황	692	
[그림 5-61] 스마트 헬스케어의 새로운 협력 시스템	694	
[그림 5-62] 국내 분산형 바이오 빅데이터 모델	696	
[그림 5-63] 인공지능 헬스케어 시장 규모	697	
[그림 5-64] 의료정보 시스템에 블록체인 도입방안	699	
[그림 5-65] 글로벌 원격의료 시장 규모	699	
[그림 5-66] 메디컬 온 디멘드 개념도	700	

표 목차

〈표 1-1〉 기능적 사고와 프로세스적 사고의 비교	22	
〈표 1-2〉 민첩성 역량을 나타내는 요소	35	
〈표 1-3〉 수정된 RTE의 정의	38	
〈표 2-1〉 아이템 마스터 DB 정보의 용도	48	
〈표 2-2〉 초기 데이터 입력으로 인한 부정확 데이터 유형	52	
〈표 2-3〉 데이터 이동과 재구성시 발생되는 에러 유형	53, 54	
〈표 2-4〉 품목데이터의 현상	59	
〈표 2-5〉 품목 표준화 방법의 차별성	60	
〈표 2-6〉 품목 표기방식의 합리화	63	
〈표 2-7〉 속성 및 속성치 표기방식	65	
〈표 2-8〉 유의미와 무의미 식별코드의 부여방식의 차이점	72	
〈표 2-9〉 다차원적 균형을 고려한 성과관리 프레임워크	102	
〈표 2-10〉 기존 실적평가와 BSC 성과지표의 비교	103	
〈표 2-11〉 BSC 성과지표 개요	104	
〈표 2-12〉 환경요인 분류 양식	100	
〈표 2-13〉 SWOT 양식	111	
〈표 2-14〉 업무 기능대 주요 성공요인 매트릭스	116	
〈표 2-15〉 KPI 목표 값 설정 원칙	120	
〈표 2-16〉 전사 성과목표 성과지표 산출의 예시	123	
〈표 2-17〉 관점별, 전략 목표별, 성과목표별 전사 가중치 설정 예시	123	
〈표 2-18〉 팀별 KPI의 할당	124	
〈표 2-19〉 팀별 가중치 및 목표값 설정 예시	124	
〈표 2-20〉 개인별 KPI 목표값 할당 및 가중치 배분	125	
〈표 2-21〉 성과지표 정의서 사례_지식경영 지수	125	
〈표 2-22〉 EAI의 구성 요소	143	
〈표 2-23〉 EAI의 구축 유형별 특징	144	
〈표 2-24〉 워크플로우의 필수 요소	154, 155	
〈표 2-25〉 워크플로우의 선택요소	155	
〈표 2-26〉 Fisher의 프로세스 성숙도 상태	188	
〈표 2-27〉 프로세스 성숙도 단계별 프로세스 영역	189	
〈표 2-28〉 프로세스 성숙도 상태별 특징	190	
〈표 2-29〉 BPM 스위트의 기능	194	
〈표 2-30〉 스피드 경영의 특성	196	
〈표 2-31〉 마케팅 개념의 변천과정과 특징	228	

CONTENTS

〈표 3-1〉 BPM과 SOA의 비교	249
〈표 3-2〉 SOA와 EDA의 비교	255
〈표 3-3〉 표준규약에 따른 웹 서비스 아키텍처 구성	257
〈표 3-4〉 개념적 웹 서비스의 스택	263
〈표 4-1〉 다양한 클라우드 컴퓨팅의 정의	269
〈표 4-2〉 SaaS서비스의 분류	274
〈표 4-3〉 클라우드 컴퓨팅과 다른 컴퓨팅 방식의 비교	275
〈표 4-4〉 클라우드 컴퓨팅의 부상 배경	279
〈표 4-5〉 ISP 대상 기업	297
〈표 4-6〉 참여기업 영역별 수준 진단결과	297
〈표 4-7〉 구축기업의 정량적 효과	302
〈표 4-8〉 CRM 론칭 팩 서비스	310
〈표 4-9〉 단계별 추진내용	324
〈표 4-10〉 해외시장 vs. 국내시장	338
〈표 4-11〉 국내 빅 데이터 기업의 사업 추진현황	339
〈표 4-12〉 트렌드와 키워드	344~346
〈표 4-13〉 사물인터넷의 3대 주요기술	356
〈표 4-14〉 사물인터넷 적용분야	357
〈표 4-15〉 주요국의 사물인터넷 정책동향	359, 360
〈표 4-16〉 에너지관련 요구사항과 IoT 융합을 통한 해결방안	361
〈표 4-17〉 도시 관련 요구사항과 IoT 융합을 통한 해결방안	362
〈표 4-18〉 교통 관련 요구사항과 IoT 융합을 통한 해결방안	363
〈표 4-19〉 보건의료 관련 요구사항과 IoT 융합을 통한 해결방안	365
〈표 4-20〉 홈 관련 요구사항과 IoT 융합을 통한 해결방안	366
〈표 4-21〉 농업 관련 요구사항과 IoT 융합을 통한 해결방안	368
〈표 4-22〉 제조 관련 요구사항과 IoT 융합을 통한 해결방안	370
〈표 4-23〉 세대별 무선 전송기술의 차이	375
〈표 4-24〉 모바일 웹 2.0의 주요 특징	391
〈표 4-25〉 모바일 웹 2.0의 주요 기술	392
〈표 4-26〉 모바일 웹 1.0의 모바일 웹 2.0의 비교	393
〈표 4-27〉 탐색 및 활용전략의 네트워크 특징	407
〈표 4-28〉 Android OS 버전 현황	416
〈표 4-29〉 모바일 월렛에 탑재되는 기능	423
〈표 4-30〉 인공지능 시장 구분	457
〈표 4-31〉 주요국의 인공지능 기술 산업화 동향	464
〈표 4-32〉 인공지능 발전과정	469
〈표 4-33〉 기업 브랜드 가치순위	471
〈표 4-34〉 구글의 인공지능 플랫폼 서비스	473
〈표 4-35〉 IBM Bluemix 플랫폼 서비스 예시	474
〈표 4-36〉 10~20년 후 미래 쇠퇴 직종 및 유망직종위	478
〈표 4-37〉 이동통신의 발달 과정	485
〈표 4-38〉 세대별 이동통신 시스템 기술 비교	493
〈표 4-39〉 3D 프린터 분류	503
〈표 4-40〉 기존제조방식 vs 3D 프린팅 제조방식	507
〈표 4-41〉 3D 프린팅의 기술 분류	508
〈표 4-42〉 재료형태에 따른 3D 프린팅 기술 분류	509
〈표 4-43〉 3D 프린팅 소재의 적용	510
〈표 4-44〉 글로벌 3D 프린터 시장 추이	511
〈표 5-1〉 산업 혁명의 과정	515
〈표 5-2〉 제조업의 산업 혁명의 과정	516
〈표 5-3〉 다양한 4차 산업혁명의 정의	517
〈표 5-4〉 4차 산업혁명의 주요기술	518
〈표 5-5〉 주요 분야별 시장 전망	525
〈표 5-6〉 IT-자동차 융합의 범위	531
〈표 5-7〉 2020년까지 CO_2 10억 톤을 감축하기 위한 10대 IT 솔루션	546
〈표 5-8〉 Hyper Cycle 성숙도 5단계	551
〈표 5-9〉 플랫폼의 역할	559
〈표 5-10〉 산업별 플랫폼 비즈니스를 적용한 기업	562
〈표 5-11〉 전자화폐와 가상화폐의 차이점	567
〈표 5-12〉 우리나라 전자화폐와 선불카드의 비교	568
〈표 5-13〉 저장매체에 따른 전자화폐의 분류	569
〈표 5-14〉 Coins 환전액 별 할인율	571
〈표 5-15〉 전자화폐와 가상화폐의 차이점	572
〈표 5-16〉 비트코인 거래의 전체 흐름도	585
〈표 5-17〉 블록의 헤더	590
〈표 5-18〉 핀테크 사업영역에 따른 구분	604
〈표 5-19〉 핀테크의 주요사업	606
〈표 5-20〉 분야별 주요 핀테크 업체	608
〈표 5-21〉 해외 핀테크 기업현황	618
〈표 5-22〉 혁신적인 해외 핀테크 기업 사례	619
〈표 5-23〉 국내 핀테크의 분야별 추진현황	621
〈표 5-24〉 국내 간편결제 서비스 보안정책	622
〈표 5-25〉 스마트워크의 정의	627
〈표 5-26〉 스마트워크의 유형과 장단점	628

CONTENTS

〈표 5-27〉 현재 전력망과 스마트 그리드 비교　　　　631
〈표 5-28〉 스마트그리드 기술영역별 주요 기술　　　　636
〈표 5-29〉 AMI 구성을 위한 다양한 네트워크　　　　638
〈표 5-30〉 스마트 혹은 유비쿼터스 공장의 연구개발 수행주체 및 목표　　　　654
〈표 5-31〉 PCAST의 16가지 정책 권고　　　　656
〈표 5-32〉 PCAST의 16가지 정책 권고　　　　658
〈표 5-33〉 스마트 공장 참조모델 수준 총괄표　　　　659
〈표 5-34〉 기초 수준의 정의　　　　659
〈표 5-35〉 중간 수준 1의 정의　　　　660
〈표 5-36〉 중간 수준 2의 정의　　　　660
〈표 5-37〉 고도화 수준의 정의　　　　661
〈표 5-38〉 국내 스마트 공장관련 기술력 수준 최고 기술국 대비(%)　　　　661
〈표 5-39〉 스마트 시티와 스마트 시티 비교　　　　668
〈표 5-40〉 스마트 시티의 구성요소　　　　669
〈표 5-41〉 국가별 스마트 시티 사업 추진 동향　　　　675
〈표 5-42〉 스마트 헬스케어 시장에 진출한 주요 기업 현황　　　　693
〈표 5-43〉 헬스케어 파트너십 현황　　　　694
〈표 5-44〉 주요국 빅데이터 구축 현황　　　　696
〈표 5-45〉 인공지능 헬스케어　　　　698

제1장
**지속가능 플랫폼
정보경영**

제1절 실시간 경영을 위한 플랫폼 시스템

1. 정보기술과 패러다임의 변화

피터 드러커 교수가 「단절의 시대(The Age of Discontinuity)」라는 저서에서 지식기반사회의 도래를 전망한지 30여년이 지났다. 그의 예견대로 세계는 정보기술의 도약적 발전과 이로 인한 엄청난 사회적 변화를 경험하고 있다.

이제 지식정보는 사회 각 분야의 변화를 일으키는 핵심 요소로 떠올랐으며 세계 모든 국가의 화두가 됐다. 지식정보화의 속도가 국가의 경쟁력을 결정짓는 핵심요소로 자리매김하게 된 것이다.

제러미 리프킨은 아래 [그림 1-1]에서 표현한 바와 같이 그의 저서 「소유의 종말」에서 "산업 시대는 소유의 시대였다. 이제 소유와 함께 시작되었던 자본주의의 여정은 끝났다"고 말하고 있다.

소유에서 접속으로…(The Age of Access)

I	Integration	통합/Know Where
T	Trend	변화무쌍/세계표준
A	Analysis	성과기반의 가치창출
L	Liberal	유연하고 창의적인 사고

"산업시대는 소유의 시대였다. 이제 소유와 함께
시작되었던 자본주의의 여정은 끝났다."

-제러미 리프킨-

[그림 1-1] Paradigm 대전환

이것은 지식을 소유하는 것이 중요했던 산업시대인 Knowhow시대에서 정보기술이 발달하고 대중화된 현재의 정보화시대에는 그 지식을 활용하기 위해 정보가 어디에 있느냐가 더 중요한 Know Where 시대라는 현실을 강조하는 말일 것이다. 그리고 이는 모든 기업활동과 공공부분 그리고 가족문화와 생활패턴까지도 정보기술(IT) 발달로 인해 변화할 것이라는 예측이다.

경영학의 아버지라 불리우는 피터 드러커는 「피터 드러커의 위대한 혁신(Peter F. Drucker on Innovation)」이라는 저서에서 "혁신이란, 기존의 자원(Resource)이 부(富)를 창출하도록 새로운 능력을 부여하는 활동"이라고 밝혔다. 또한 "이 세상에서 변화하지 않는 유일한 것은 변한다는 사실 뿐" 임을 강조하면서 "변화"를 역설하고 있다.

2. 경영혁신과 BPM

기업에서 경영혁신을 위하여 IT 기술을 접목한 전사적 시스템을 도입하여 추진하였으나 수시로 변하는 기업의 내외부의 환경변화에 효과적 대응은 역부족이었다.

이는 프로세스 수행 시 발생되는 정보와 지식은 경영 전략을 세우기까지 많은 Lead-time과 공유부족, 정의 왜곡 등으로 인해 기업의 전략 대응을 위한 민첩성이 떨어지기 때문이다. BPM은 2003년부터 이를 보완할 새로운 경영관리 도구로써 등장하고 있다.

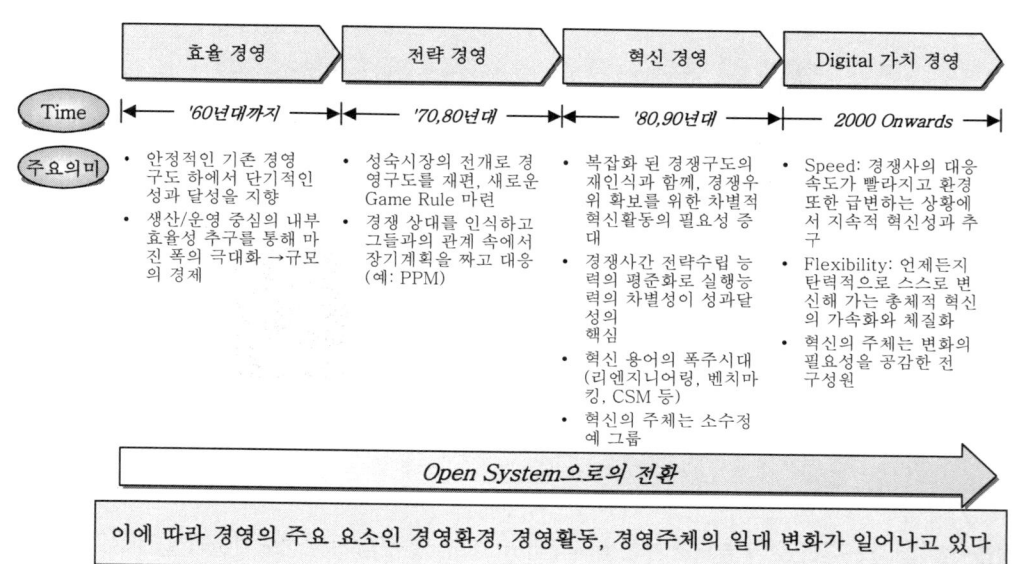

[그림 1-2] 경영 패턴의 주요 변화

경영혁신은 환경이 창출하는 기회와 위협을 적절히 활용함으로써 초 일류기업이 되기 위해 요구되는 변화를 새로운 계획 및 프로그램에 의해 의도적으로 실행함으로써 조직의 중요한 부분을 본질적으로 변화시키는 것이다. 그리고 그 핵심은 기업경영의 3대 요소인 상품(Product), 경영방식(Process), 사람(Person)의 근본적이고 혁신적인 변화를 지향하는 것이다.

급변하는 경영환경 하에서 경영 패턴의 변화를 살펴보면 [그림 1-2]와 같다. 1960년대까지 기업들은 안정적인 기존 경영구도 하에 단기적인 성과달성에만 목표를 두고 생산/운영중심의 내부 효율성 추구를 통하여 마진폭을 극대화하였다.

그리고 '70, '80년대엔 TQC, PPM으로 대표되는 품질에, 1980년대에는 다품종소량생산체제에 따른 고객중심의 유연성과 함께 '80, '90년대에 들어서는 복잡한 경쟁구도의 재인식과 함께 경쟁우위확보를 위한 차별적 혁신활동의 필요성이 증대되었다. 2000년대 이후에는 경쟁사의 대응 속도가 빨라지고 환경 또한 급변하는 상황에서 속도와 다양한 서비스 제공을 최우선의 가치로 여기고 지속적인 혁신성과를 추구하였다.

근래에 시장에서의 성공제품을 살펴보면, 혁신적인 기술만으론 성공이 보장되지 않는다는 냉혹한 현실에 직면하게 된다. 한 예로 복사기로 유명한 제록스는 "기술을 위한 기술"에 매몰되어 PC의 기초 기술을 개발하였으나 정작 PC를 만들어 판 것은 애플 컴퓨터였으며, 또한 제록스는 DEC와 인텔과 공동으로 LAN 구성의 하나인 Ethernet을 만들었으나 그 개발이익을 본 것은 DEC와 인텔뿐이었다.

그리고 일본의 이데이노부유키 소니 회장은 세계 유수의 다국적 기업인 소니가 점점 쇠퇴해감에 따라 "시대흐름을 못 읽었다! 시대가 너무 빨리 쫓아와 버렸다. 고객지향에서 기술지향으로 나간 것이 실수이다!"라고 말하였다.

따라서 시장에서의 성공을 위해선 시장의 요구사항을 읽어서 대안을 만들고 고객만족을 위해 전사가 협력하는 프로세스체계의 구축이 우선되어야한다. 이는 기업 내 각 단위부서의 업무수행은 모두 전사적 차원에서 고객만족에 의해 조정되어야 하며, 각 단위 업무의 결과도 고객만족에 의해 평가되고 보상되어야 하는 등, 고객에 대한 서비스를 향상 시키면서 이익을 증대시키고 장기적인 성장 동력을 마련해야한다는 의미이다.

고객을 향하지 않고 단순히 과정에만 집중하는 프로세스 변화는 기존의 기능별 업무 수행의 문제점만 양산할 뿐이다.

3. 프로세스 경영

최근의 제품제조에 있어 두드러진 특징 중의 하나는 기술모방일 것이다. 아무리 혁신적인 제품일지라도 몇 개월이 지나지 않아 유사한 제품이 시장에 출시되는 경우가 빈번하다. 특허를 통한 원천기술의 보호에도 한계가 있다.

그러나 프로세스는 단위기술과는 달리 모방하기가 쉽지 않다. 우선 외부 기업들이 확인하기엔 보이지가 않고, 현장 시찰을 통해서 외형만으로 그 프로세스를 제대로 파악할 수 없기 때문이다.

〈표 1-1〉 기능적 사고와 프로세스적 사고의 비교

기능적 사고	프로세스적 사고
"나"의 관점	"고객"의 관점
개인적인 작업에 중점	모든 작업과 서로 연결에 중점
분리	연계
부문별 절차	프로세스 업무 흐름
순차적	동시발생
누구의 잘못인가?	어떻게 개선할 것인가?
나의 작업, 원가, 시간 등의 최소화	전체 작업, 원가, 시간 등의 최소화
지엽적	전체적
내부 불화	경쟁사와의 경쟁
나의 것	프로세스 오너(업무 담당자)
나 위주	고객만족
부분 최적화	전사 최적화

근래의 연구 결과는 후발기업이 선진기업의 프로세스를 쫓아가는데 있어 선진기업이 행한 시행착오를 대부분 겪고 있다는 흥미로운 사실을 보여주고 있다. 해당 프로세스는 단순히 일하는 방법과 순서만을 포함하는 것이 아니라 시스템, 조직, 성과측정, 평가 등의 기업 문화를 포괄적으로 수용하고 있기 때문이다.

최근 도요타의 생산 프로세스를 배우기 위해 많은 기업들이 도요타 공장을 방문하지만, 자사의 현장에 이를 성공적으로 적용한 기업이 드문 점도 이러한 이유 때문이다. 더구나 전사적인 차원에서 자사의 경영환경에 최적화된 프로세스는 경쟁기업에 의해 쉽게 모방할 수 없다는 사실은 더욱 자명하다. 우리가 알고 있는 수 많은 성공 기업들이 대체와 모방이 용이한 기술 또는 사람 외에 지속적이고 차별화가 가능한 비즈니스 프로세스에 집중하고 있는 이유가 여기에 있다.

비즈니스 프로세스는 조직이 고객에게 제품과 서비스를 제공하는 방법을 의미하며, 고객의 요청에서부터 고객에게 제품이나 서비스를 전달하기까지의 전체 과정을 다룬다. 결국 비즈니스 프로세스에 대한 관리 목적은 구매, 제조, 생산, 재무 등과 같은 기능적 관점과는 달리 고객관점에서 기업의 연관된 기능을 통합적인 시각으로 바라보는 것이다.

예를들면 온라인 쇼핑 몰에서 고객이 특정 상품을 주문하는 것에서부터 상품의 결제, 재고파악, 고객에 대한 상품배송 업무과정을 관리하는 것이다. 이것을 프로세스 경영이라고도 한다. 다음은 프로세스 경영에 있어서 중요한 개념들을 소개한다.

① 고객지향적인 비즈니스 프로세스
프로세스 경영을 통한 프로세스 혁신은 업무의 재설계, 권한이양, 부서간 협업뿐만 아니라 조직문화와 성과관리, 정보기술 등을 포괄한다. 이러한 다양하고 복합적인 요인 등에 대한 총체적 관리를 시도하는데 가장 기본적인 판단기준은 고객입장에서 과거의 경험과 관행에 도전하여 새로운 업무처리방식을 도입한다는 점이다.

② 자산으로서의 비즈니스 프로세스
프로세스 경영의 핵심 개념 중, 프로세스는 고객가치를 제공하는 자산이라는 점을 들 수 있다. 프로세스마다 대상으로 하는 고객이 있다. 개인이나 개별기능은 고객가치를 생산하지 못한다. 다양한 참여자들이 개입하여 저마다 작업을 순서에 맞게 진행하여 비로소 고객에 전달되었을 때 비로소 가치는 실현된다.

일례가 영업부문이다. 영업부서원들은 자신들이 수익을 창출한다고 생각한다. 그리고 조직내에서 자신들의 위상에 다소 과장된 시각을 가질 수도 있다. 그러나 고객서비스, 회계, 생산, 주문충족 기능이 없다면, 고객은 단순히 그들의 영업 기능만으로는 가치를 인식하지 못할 것이다.

③ 기업전략에 있어 효과적인 프로세스 경영
다변화되고 역동적인 환경에서는 기업의 사업 전략을 성공적으로 수행하기 위해 조직의 성과에 기여도가 높은 핵심 프로세스를 찾아 역량을 집중하는 것이 필요하다. 그리고 기업의 사업 전략은 신속하게 전개되어야 한다.

프로세스의 결과를 신속하게 피드백 받고, 이를 바탕으로 지속적으로 새로운 경영전략을 수립하고 계획 – 시나리오 – 백업 – 확인 – 실행 – 평가로 이어지는 전체 비즈 프로세스니스 라이프 사이클이 효율적으로 운영되어야 한다.

최상위 기업전략과 현장부서의 단위업무 활동이 연계됨으로써 전략 수행이 모든 종업원의 일일 과업이 되고, 단위업무 활동의 전략기여도가 실시간으로 체크되어야 한다. 프로세스 진행에 맞추어 각 태스크별 배분 인원 및 장비, 자금 등도 효율적으로 관리할 수 있어야 한다. 이러한 과제들을 효과적으로 관리할 수 있는 방안이 프로세스 경영이다. 세계적인 IT 조사기관인 가트너는 이러한 시대적 요구를 RTE(Real Time Enterprise)라는 개념으로 소개하고 있다.

④ 혁신으로 통하는 지속적인 프로세스 개선
우리는 보통 "개선"을 기존의 것을 조금씩 고쳐가는 점진적인 활동으로, "혁신"을 새로운 시장을 창출하는 극단적인 방안으로 구별하곤 한다. 단어가 가져다주는 느낌은 개인마다 다르겠지만 프로세스 경영에서 바라보는 개선과 혁신의 관계는 상호 보완적이라는 것이다.

피터 드러커가 "혁신은 기존의 자원이 부를 창출하도록 새로운 능력을 부여하는 활동이다"라고 말한 것처럼 혁신은 새로운 것을 발명하기보다는 기존의 제품과 서비스의 연장선에 있다고 할 수 있다. 그는 하나의 예로써 맥도널드는 새로운 혁명적인 제품으로서 햄버거를 발명한 것이 아니라 고객의 관점에서 고객가치를 창출하기 위해 햄버거란 제품의 생산 및 배달 프로세스를 변화시키고 표준화된 절차와 도구를 규정하고 개발한 것으로 정의를 내리고 있다.

현재는 더 이상 ERP 도입을 통해 경쟁자 보다 우월한 위치를 가질 수 없게 되었다. 즉, 패키지의 특성상 고객의 상황에 맞는 커스터마이징(Customizing)이 어려운 것은 제외하더라도 고객 자신의 가장 큰 장점이자 경쟁력일 수 있는 고유의 비즈니스 프로세스 또는 문화를 자신의 IT에 장착할 수 없다는 것이다.

IT를 통해 경쟁 우위를 얻고자 한다면 이제는 IT 공급자에게 넘어가 있는 혁신의 주도권을 자신에게로 가져와야 한다. 즉, 기업 고유의 장점을 최대화 할수 있는 체계를 마련해야함은 물론 기업 고유의 프로세스 및 문화를 활용할 수 있는 방법을 모색해야한다. 이를 위하여 현재와 같은 급격한 변화의 시대에서는 변화에 대한 대응이 더욱 빨라져야한다. 따라서 변화에 대한 대응으로서 혁신은 가끔씩 하는 것이 아니라 일상적인 업무활동에서 지속적으로 수행해야 하는 것이다.

지속적인 프로세스 개선을 위해서 보다 중요한 것은 변화관리이다. 아직도 많은 기업의 현장에서는 해당업무에 대한 지식이 표준화된 업무 매뉴얼 보다 선임자의 머릿속에 있거나 잦은 인력변동이 있었던 경우는 현업보다 IT 시스템 또는 IT 담당자의 머릿속에 더 많이 존재한다는 사실이다.

과거 경영전략 또는 경영혁신의 과제로서 IT 시스템에 대한 투자를 감행했지만 이에 대한 효과가 미미했던 이유 중의 하나는 변화관리의 실패를 들 수 있다. 즉, 변화에 대한 저항은 기업들로 하여금 소극적인 변화추진, 벤치마킹에 의한 투자, 단기간의 성과 기대 등을 요구했고, 결국 "IT의 전략적 투자 소홀과 미흡한 성과" 등의 결과로 나타났다.

4. BPM의 개념

① BPM의 정의
'BPM(Business Process Management)'이란, 말 그대로 '프로세스 관리'를 가리킨다. 눈에 보이지 않는 기존의 프로세스 관리를 눈에 보이는 프로세스 관리를 통하여 비용절감과 생산성 향상을 가져오게끔 하는 것으로 다음과 같이 각 기관마다 다양한 정의로 표현하고 있다.

"BPM은 사전에 정의된 일련의 규칙/절차에 따라, 단위 Task 간의 정보와 지식 흐름의 자동화를 통해, 효율적인 프로세스 관리를 지원하는 통합 도구를 말한다." [삼성 SDS]

"BPM은 프로세스 관점에서 기업을 경영하는 것을 의미" [Michael Hammer]

"BPM은 조직 내외의 인력 및 시스템과 상호작용을 하는 비즈니스 프로세스를 지속적인 인지 및 관리할 수 있도록 하는 일종의 변화 관리 및 시스템 구현기법." [Ovum]

"BPM이란 인적자원과 어플리케이션 수준의 상호작용을 포함한, 명확한 프로세스 관리(프로세스 분석, 정의, 실행, 모니터링과 관리)를 할 수 있는 도구와 서비스." [Gartner]

BPM은 완전히 새로운 기술이라기보다는 EAI, ERP 및 Enterprise Architecture 기술의 연장선상에 있다고 볼 수 있다. BPM과 BPR(Business Process Reengineering)이 서로의 특성이 있으나 무엇이 다른가에 대하여 의문을 제기 할 것이다. BPM은 BPR 이후의 지속적인 프로세스 관리를 의미한다. 기존의 많은 기업들은 BPR로 프로세스의 혁신을 시도해왔다. 하지만 BPR은 글자 그대로 'Reengineering', 즉 프로세스를 재정립하는 것이다. 때문에 BPR 이후의 관리 부재로 인해 많은 기업들은 업무에 혼선을 빚는 경우가 발생했다.

BPM은 'Reengineering' 이후의 프로세스를 제대로 수행할 수 있도록 제어해 줌으로써 업무처리 방식의 변경이 미치는 혼선을 최소화 한다. 뿐만 아니라 프로세스 정보를 별도로 분리하여 관리함으로써 변화에 민첩하게 대응할 수 있도록 해준다. 프로세스가 제대로 실행되게 강제함으로써 그 프로세스의 실행과정을 분석하고 개선, 관리하는 것이다.

② BPM의 핵심역량

BPM의 핵심 역량은 프로세스의 발견(discover), 설계(design), 적용(deploy), 실행(execute), 상호작용(interact), 최적화(optimize), 분석(analyze)을 하는 종합적인 솔루션이다. 이를 통해 기업은 단순 반복적인 일을 자동화 하고, 다양한 시스템과 프로세스를 공유하며 기존 프로세스의 문제점을 발견해 변경 및 최적화시킬 수 있다.

즉, 기업 프로세스의 전 라이프 사이클을 모니터링, 컨트롤 하고 업무와 사람, 시스템을 한눈에 보고, 결정해 운영원가 절감과 업무 생산성 향상을 기대한다는 것이다. 이러한 기능을 수행하기 위해 필요한 시스템의 필수요소는 여러 가지가 있다.

가트너가 발표한 BPM 체크리스트를 살펴보면 다음과 같다.
- H2H 관련 태스크를 위한 비즈니스 프로세스 플로우 지원(협업가능, 조직모델 지원 등)
- 운영, 개발, 관리의 사용 용이성(그래픽 프로세스 디자이너, 플로우 애니메이션 등)
- 아키텍처, 표준 복잡한 플로우 지원(산업표준, BPA와 통합, BAM과의 통합, SOA 지원, 웹 집중적 아키텍처 등)
- 성능 및 확장성(확장 가능한 프로세스 엔진, 동일 워크플로우 복수 버전 지원, 장기운영(Long-Running) 이벤트 지원 등)
- 관리(유저그룹 관리, 룰 변경, 보안, 리포팅 및 어드미니스트레이션 등)
- BAM 기능(프로세스 엔진 커뮤니케이션 기능, 이벤트 분석을 위한 BI/OLAP 기능, 정책 지원 등)
- BRE 또는 시뮬레이션에 의한 민첩성(Agility) 지원(프로세스 분석 및 시뮬레이션 도구)
- 개발 환경(플로우, 서비스, 룰의 세그멘테이션, 서비스 로케이션, 테스트 시뮬레이션 지원 등)
- 수직/수평 템플릿 지원, 비용/가격(사전 정의된 템플릿 또는 '아웃 오브 더 박스' 플로우, 교육, 서비스, 유지보수 비용 등)

5. BPM의 역할 및 도입효과

① BPM의 역할

BPM의 기능은 다양하다. 특히 실시간 기업(RTE)을 실현하기 위한 기반기술인 BPM은 업무 프로세스를 자동화하고 전체 업무 현황을 한눈에 살펴볼 수 있도록 해주는 것은 물론 신규 업무를 신속하게 구현할 수 있도록 해주기도 한다. 특정 업무에만 도입할 수도 있고, 전사적으로 구축할 수도 있다.

목적과 범위가 그만큼 다양하며 BPM의 역할은 크게 세 가지로 나눌 수 있다. 첫 번째, 업무 프로세스를 자동화하는 것이다. 워크플로우와 비슷한 개념으로 적용이 쉽다는 장점이 있다. 표현 그대로 자신의 일을 끝내고 관련 자료나 서류를 다음 업무부서나 사람에게 전하는 작업이 시스템에서 자동으로 처리된다는 것이다. 두 번째, 업무 프로세스의 개선이다. 즉, BPM 및 BAM을 통하여 비즈니스 프로세스에 대한 가시성을 제공함으로써 빠른 의사결정을 할 수 있다. 이로 인하여 기존의 업무 처리 기간을 대폭 줄여준다는 것이다. 예를 들어 15일 걸리던 금융기관의 여신수신 업무를 절반인 일주일 만에 처리(개선)하고 싶을때 필요한 솔루션이 BPM이다. 세 번째, BPM의 역할은 프로세스 자동화와 개선에서 끝나지 않는다. 새로운 업무 프로세스를 만들어내는 것도 BPM의 세 번째 중요한 역할이다.

② BPM 도입의 효과

BPM 도입의 효과는 경영자와 관리자 그리고 실무자의 입장에서 보면 다음과 같다. 신입 사원들의 바람 중 하나는 "내가 해야 할 일이 뭐지? 그 일이 나에게 찾아와 준다면"하는 것이다. 낯선 업무들 속에서 자신이 해야 할 일이 무엇인지를 파악하기란 쉽지 않다. 하지만 BPM의 도입은 업무 프로세스의 관리를 통해 일의 분배가 이루어져, 낭비되는 인력이 발생하지 않게 된다. 또 업무 프로세스의 표준화 작업으로 숙련도에 따른 업무능력의 편차를 줄여준다. 업무의 효율성을 높일 수 있는 것이다.

경영진에게 BPM이 주는 가장 큰 혜택은 프로세스(업무) 전체를 살펴볼 수 있다는 것이다. 다시 말하면 어떤 프로세스는 잘 되고, 어떤 프로세스는 잘 안 되고 있는지를 한눈에 파악할 수 있다는 것이다. 프로세스 내에서 어디가 병목인지도 금방 눈에 띈다. 이렇게 되면 경영진들은 잘 안 되는 프로세스의 문제점을 신속히 파악하고, 개선 조치를 취할 수 있게 된다.

BPM은 현업 담당자들에게도 매력적인 솔루션이다. 우선 BPM은 현업 담당자들에게 언제까지 무슨 일을 해야 하는지를 개인화된 화면으로 정확히 전달한다. 담당자가 일일이 업무를 찾아다니지 않고도 내가 무슨 일을 해야 하는지 알 수 있게 된다. 또 BPM은 개인 성과관리에도 효과적이다. 회사가 무엇을 요구하는지를 분명하게 인식할 수 있기 때문이다. 많은 사람들은 BPM이 관리자 측면에서 유용한 도구라고 정의한다.

때문에 반발도 많다. 하지만 BPM은 관리자 측면뿐만 아니라 프로세스 전반의 사용자 모두에게 유용하다. 표준화된 작업에 의한 효율성 증대, 업무성과의 향상이 주는 장점은 누구나 가질 수 있다. 프로세스의 관리는 매우 중요하다. 문제가 무엇인지 인지할 수 있으며, 또한 개선할 수 있다. BPM은 비즈니스 목표에 따라 프로세스 관리를 위한 지표를 설계하고 설계된 지표의 측정값을 꾸준히 리포팅(Reporting) 함으로써 개선방안을 도출할 수 있도록 해준다.

6. BPM의 출현배경

기업에 있어 업무 프로세스의 효율적 관리, 혁신은 기업 경쟁력을 결정짓는 핵심 중 하나이다. 기업은 빠르게 변해가는 경영환경에 적응하면서 업무처리 방식과 속도 그리고 생산성 향상 등을 확보해야만 치열한 경쟁 속에서 살아남을 수 있다. 조직 내 업무처리 생산성을 분석해본 결과 단지 10%만이 자체 업무에 소요가 되고 나머지의 90% 시간은 모두 업무 간 소통과 연계에 소요되므로 이제는 데이터 처리에서 벗어나 프로세스 처리 향상을 이룩해야만 기업이 경쟁력을 갖출 수 있는 것이다.

기업 정보시스템의 전개과정을 살펴보면 수많은 용어와 기술이 혜성처럼 등장하기도 하고 사라지는 것을 알 수 있다. 예를 들어 1990년대 초 전에는 프로세스혁신이라는 슬로건 아래 '비즈니스 프로세스 리엔지니어링(Business Process Reengineering, BPR)'이 많은 기대 속에서 등장하였다.

이는 비즈니스 프로세스 관점에서 분석, 설계, 재설계 최적화라는 역량으로 기업의 한 부분뿐만 아니라 기업 전체를 대상으로 한다는 점에서 기존의 업무 개선과는 차이가 있는 것이었다. 그러나 비즈니스의 민첩성과 지속적인 변화관리(Change Management)에는 약점을 드러내 그 위세가 약해졌다. 기업들은 이와 함께 ERP, CRM, SCM, KM, SRM 등의 정보시스템을 구축했고 각 시스템의 어플리케이션간의 연계, 통합을 위해 EAI를 도입했다.

1990년대 중반에는 워크플로우가 신기술로 각광받기 시작했지만 차츰 그 위력을 잃고 마침내 2000년대 들어서면서 BPM이 거세게 부상했다. BPM은 기업 내, 또는 기업과 고객 사이에서 일어날 수 있는 모든 비즈니스 프로세스를 제대로 구축하고 관리하기 위한 관련 기술의 집합체라 할 수 있다. 즉, BPM은 IT의 종합예술인 것이다. 이에 따라 BPM의 목적에 근접한 워크플로우(Workflow)와 EAI(enterprise application integration)가 새롭게 조명을 받기 시작하고 관련 컨설팅과 SI 업체들도 새로운 시장을 형성할 수가 있었다.

한마디로 BPM은 벤더와 고객사, 모두에게 좋은 기회가 되고 새롭고 참신한 시장이다. 워크플로우와 EAI 업체들은 기존 솔루션을 발전시켜 새로운 시장을 만들어 낼 수 있었기 때문이다. 기업에게 BPM은 최근 경영혁신을 위한 6시그마, 실시간기업(RTE) 등을 실현하는데 가장 적합한 도구로 부상했다. 여기에 기업들의 투자회수시점(ROI)이 빨라진다는 매력이 있고, 더욱이 이미 갖춘 IT 인프라를 모두 무시할 필요 없이 기존 IT 자원을 이용할 수 있기에 더욱 각광을 받을 수 있었다. BPM이 기업에 있어 보다 효율적인 경영환경을 안정적으로 구축할 수 있는 기회로 부각되고 있는 것이다.

해외의 경우, 미국, 영국 등에서 BPM이 확산되기 시작한 기간이 국내보다 오래되어 BPM 자체에 대한 인식은 국내보다 발달하였다. 국내는 그룹기업의 경영 방식 등 기업 환경을 고려하면 오히려 BPM 도입을 위한 시장여건이 좋기 때문에 국내 BPM 시장은 어느 국가보다 성장 가능성이 크다고 할 수 있다. 현재 국내에서는 금융권과 제조업, 공공기관을 중심으로 BPM 솔루션이 도입되었으며 다른 성격의 기업군에도 점점 그 필요성이 증대되고 있다.

7. BPM의 기술 기반

① BPM 진화의 출발점

BPM은 업무 프로세스를 자동화하는 솔루션이다. 서류의 결재 흐름을 자동화해주는 솔루션이 '그룹웨어'이면, BPM은 업무 전체의 자동화를 관장하는 솔루션이다. 사원, 대리, 과장, 부장, 상무, 사장으로 이어지는 상하 업무흐름뿐 아니라 조직간 부서 간 협업 프로세스의 자동화라는 측면에서 BPM은 그룹웨어보다 훨씬 더 큰 개념이다.

BPM은 업무 프로세스를 자동화한다는 것은 IT 시스템을 이용해 눈에 보이지 않는 각종 업무 프로세스를 눈에 보일 수 있도록 구현하는 '시각화' 기능이 중요한 요소가 된다. 일견 쉬워 보이는 개념이지만, BPM 솔루션은 생각보다 단순하지 않다. 사람과 업무 그리고 IT시스템이 입체적으로 얽혀 있기 때문이다.

업체들마다 설명하는 BPM도 서로 다른 특성이 있다. 예를 들어 업무 프로세스 개선을 강조하는 업체가 있는가 하면 신규 프로세스 구현에 초점을 맞춘 업체도 있다. 즉, IBM, Web Method 등의 기업은 EAI라는 측면에서 BPM이란 용어를 사용하고 있다. 또 Handy Soft, Real web 등의 기업은 프로세스의 측면에서 BPM이라는 용어를 사용하고 있어 혼란스러운 것이 사실이다. 그것은 BPM도 기존 솔루션이 진화한 것이기 때문인데, 진화의 출발점이 "워크플로우냐 어플리케이션 통합(EAI)이냐"에 따라 BPM의 기능이나 추구하는 지향점이 달라지는 것이다.

하지만 BPM은 워크플로우, EDMS와 같은 비정형데이터에서부터 DW, EAI 등을 포함하는 정형데이터에 이르기까지 모두 아우르는 성격을 지니고 있다. 따라서 BPM의 출현은 크게 워크플로우 기술, EAI 기술, BPR/ERP 기술(통합 플랫폼)등 각각의 성능 보완과 발전 단계의 지향점이라고 볼 수 있다.

국내에서 진행된 BPM 프로젝트들은 대부분 워크플로우 기반의 BPM으로 구축됐다. 즉, 워크플로우 기반 BPM의 강점을 살려 현재 진행 중인 특정 업무를 자동화하거나 프로세스를 개선하는 데 초점이 맞춰졌다. 그 분야로는 금융기관의 여수신 업무, 제조 기업의 공정 업무, 일반기업의 재무·회계 업무 등에 주로 적용됐다. 워크플로우 기반 BPM의 강점은 적용이 비교적 쉽다는 것이다. 이는 BPM 도입의 성과를 '한눈으로' 빨리 확인할 수 있다는 것을 의미한다.

반면에 특정 업무보다는 전사적으로 BPM을 구현하고자 하는 기업은 워크플로우 기반의 BPM 보다 EAI나 통합 플랫폼 기반의 BPM이 더 어울린다. 또한 이는 신규 프로세스 창출을 위하거나 대규모 프로젝트로 진행되는 것이 특징이다.

금융기관을 예로 들어보면, BPM 도입 전에는 1년에 10개 정도의 신상품을 내놓았다면 BPM을 도입하면 같은 기간에 20개로 늘릴 수 있다. 그렇게 하기 위해서는 새로운 프로세스(업무)가 생길 때마다 IT시스템이 빠르게 새 프로세스를 지원할 수 있어야 한다. 신규 프로세스에 IT시스템을 맞추는 시간이 길어질 경우 그 효과는 떨어지기 때문이다. 신규 프로세스에 의한 비즈니스 변화를 IT시스템이 신속하게 이를 맞춰주는 것이다.

② BPM 표준
시스템 구축을 위한 모든 단계에서 '정말로 제대로' 하자는 것 자체가 BPM임은 확실하다. 하지만 컨설팅에서 사용하는 보고서의 사양을 표준화하는 것은 별로 현실성이 없어 보이고 사실 그럴만한 사항도 아니다. 단지 중요한 것은 설계된 프로세스(물론 데이터를 포함해서)를 표준에 의해 명세하고 설계할 수 있어야 한다는 점이다. 설계된 프로세스가 필요한 대부분의 정보를 담고 있다면 그것으로 충분하다고 볼 수 있다. 표준 사양에 맞춰서 설계된 프로세스는 각 단계별로 혹시 다른 사람이 이용한다고 하더라도 동

일한 관점을 가지고 구현에서도 그대로 이용될 것이고 유지보수 단계에서도 계속적으로 문제 파악의 추적과 검토 대상이 될 것이기 때문이다.

BPM의 넓은 영역에서 가장 핵심적인 요소라 할 수 있는 비즈니스 프로세스의 설계와 운영에 대한 표준 사양의 제정은 BPMi.org(Business Process Management Initiative, http://www.bpmi.org)에서 진행하고 있으며, 현재 BPMi는 비즈니스 프로세스의 설계를 위해 BPML(Business Process Modeling Language)과 BPMN(Business Process Modeling Notation)의 표준 사양을 발표했으며 운영에 대한 표준 사양으로써 BPQL 표준을 개발 하고 있다.

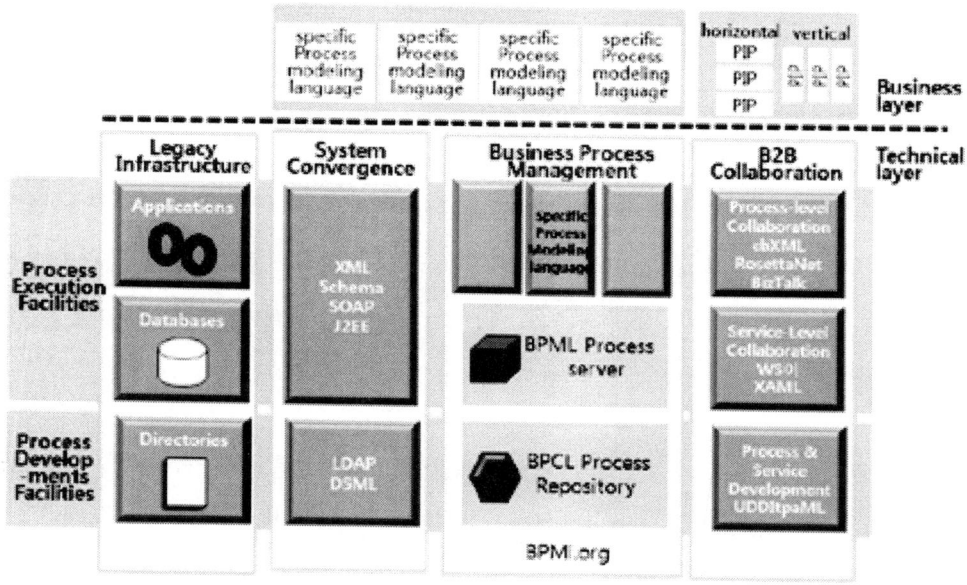

[그림 1-3] BPM의 기술적 영역과 활동 영역(출처 : BPMiorg)

BPMi.org는 2000년 8월에 프로세스 명세를 표준화할 수 있는 BPML의 초안을 발표한 이후 2002년 정식 1.0 버전에 해당하는 사양서(Specification)를 발표했다. BPML은 XML을 사용하여 비즈니스 프로세스를 명세할 수 있는 비즈니스 프로세스 설계 메타언어로서 비즈니스 프로세스 분석가 혹은 컨설턴트에게 실제 수행 가능한 비즈니스 프로세스들을 디자인할 수 있는 능력을 배가시켜 줄 수 있는 일종의 차세대 비즈니스 프로세스 프로그래밍 언어라고 할 수 있다.

이와 더불어 BPMi.org는 BPD(Business Process Diagram)를 설계할 수 있는 GUI 도구에서 비즈니스 프로세스를 설계할 때 사용할 수 있는 표기법에 대한 표준을 제정해 발표했는데 이를 BPMN이라고 한다. 그리고 BPML로 설계된 프로세스를 실제로 운영할 수 있는 시스템에 대한 인터페이스를 SOAP(Simple Object Access Protocol)에 기반을 두고 표준을 제정하고 있는데, BPQL(Business Process Query Language)이 그것이다.

한편 BPMi.org에서는 프로세스의 운영을 위해 BPMS(Business Process Management System) 라는 이름의 시스템을 제시했다. BPMS는 BPQL 인터페이스를 지원하는 비즈니스 운영환경으로서 BPML로 설계된 비즈니스 프로세스들은 실제로 실행시키고 관리할 수 있는 시스템을 일컫는다. 앞에서도 설명한 바와 같이 현재 BPM의 최대 목적은 비즈니스 프로세스를 표준에 맞춰 설계하고 설계된 프로세스를 자동으로 운영해 주는 것으로써 이는 세 가지 XML 기반 표준 사양인 BPML, BPMN 그리고 BPQL에 의해 가능하게 되는 것이다.

현재 BPMi.org에서는 BPQL과 그에 기반을 둔 BPMS에 대한 표준 개발을 WfMC(Workflow Management Coalition)라는 표준 기관과 함께 진행하고 있다고 한다. WfMC란 워크플로우라는 기술 분야의 표준 제정을 목적으로 1993년 8월에 설립된 단체로서 현재까지도 꾸준히 표준 제정과 개정을 진행하고 있는 단체이다.

워크플로우란 비즈니스 프로세스를 GUI 도구를 이용하여 설계하고 설계된 프로세스를 자동으로 운영해 줄 수 있는 환경을 제공하는 기술로써 이미 10여년 전부터 관련 제품들이 출시되고 있으며 많은 곳에서 적용되고 있다. WfMC가 제정한 표준에는 BPMi의 BPML과 BPQL에 대해 기능상으로 유사하거나 동일한 사양들이 이미 존재하며 많은 제품들이 해당 표준들을 준수하고 있다.

③ 워크플로우와 EAI
국내 시장은 업무 자동화와 업무 프로세스 개선에 초점을 둔 워크플로우 기반 BPM이 강세를 보이고 있다. 핸디소프트, 2006년 한국 IBM에 흡수된 한국파일네트, 리얼웹 등이 대표적인 워크플로우 기반 BPM 업체들이다. 그러나 전사적으로 BPM을 도입하려는 업체들이 나오면서, 워크플로우 기반 BPM에 대한 한계론도 서서히 고개를 내밀고 있다. EAI나 통합 플랫폼 기반 BPM 업체들이 이 같은 분위기를

주도하고 있다.

이들 업체들은 전사적으로 BPM을 도입한다는 것은 신규 프로세스 창출까지 포함하는 것인데, 워크플로우 기반 BPM으로 이를 구현하기는 무리가 있다. 신규 프로세스가 창출되면 IT 시스템이 이를 지원해 주어야 하는데 워크플로우 기반 BPM만으로는 어렵다는 것이다. 이것은 EAI와 워크플로우 기반 BPM은 출발지점이 다르고 역할에서도 차이가 있기 때문이다.

하지만 EAI와 Workflow는 경쟁보다는 상호 보완적인 관계로 보는 것이 맞다. 즉, EAI를 포함하는 통합 플랫폼 기반으로 BPM을 구축한 뒤 특정 업무 자동화와 프로세스 개선을 위해 워크플로우 기반 BPM을 도입할 수도 있고, 반대로 워크플로우 기반 BPM을 먼저 도입했다가 EAI 기반 제품으로 전사적으로 BPM을 구현할 수도 있기 때문이다.

BPM은 업무 프로세스를 효과적으로 관리해 기업 경쟁력을 확보하기 위한 솔루션이기 때문에 고객사의 IT 환경에 따라 알맞은 BPM 선택이 이뤄져야 한다. 기업의 IT 상황과 요구 사항, 개선 항목에 따라 각기 다른 특성을 가진 BPM 솔루션이 필요하다는 것 이다. 즉, 운영환경에 따라 워크프로우 기반기술의 적용부분과 EAI기반 기술의 적용부분이 서로 다를 수 있으나 목적하는 지향점은 같다고 볼 수 있다.

제2절 실시간 정보 경영

1. RTE의 등장 배경

최근 기업경영환경의 급속한 변화 및 미래에 대한 불확실성은 기업들로 하여금 고객의 요구 및 새로운 기회에 대한 신속한 파악 및 포착, 그리고 민첩한 대응을 요구하고 있다. 즉, Stalk(1988)이 미래 기업의 경쟁우위의 원천으로 "시간"을 언급한 이래, 기업이 시간을 경쟁우위의 원천으로 삼기 위한 연구가 활발히 진행되어 왔다.

리드타임 또는 사이클 타임 감소를 위한 경영혁신 방법론들 즉, JIT(just-in-time), QFD(quality function deployment), NPD(new product development)의 전략적 활용이나 생산 공정의 납기 단축 효과 측정을 위한 도구 개발 등이 그것이다.

〈표 1-2〉 민첩성 역량을 나타내는 요소

요소	의의	연구 결과
간결성 (leanness)	비즈니스 프로세스 내에 존재하는 모든 지연 요소를 제거함으로써 비즈니스 프로세스가 자연스럽게 처리될 수 있도록 하는 것을 말함. 즉, 법적으로 독립적이지만 서로 동기화되어 운영되는 회사나 개인, 기능에 있어 정해진 일정에 모든 낭비 요소 및 시간을 줄이는 것을 의미한다.	Naylor, et al. 1999
반응성 (responsiveness)	내부 및 외부 경영환경에서 발생하는 의미있는 변화에 대하여 신속히 반응하고 일시적인 변화 상태를 지속적인 안정화 상태로 복구할 수 있는 능력을 의미한다.	Sharifi & Zhang, 1999
유연성 (flexibility)	같은 비즈니스 프로세스 또는 조직 자원의 변화에 대하여 적절하게 대응할 수 있도록 다양한 목표 및 전략을 실행할 수 있는 능력으로 제품생산량의 유연성, 제품모델/구성의 유연성, 조직 및 조직 이슈의 유연성 조직원의 유연성 등을 들 수 있다.	Kumar & Motwani, 1995, Sharifi & Zhang, 1999
신속성 (quickness)	처리 또는 운영시간의 최소화를 의미하며, 신제품을 가능한 빨리 시장에 출시하는 능력, 제품 및 서비스를 적시에 신속히 배송하는 능력, 운영시간의 최소화 등을 들 수 있다.	Sharifi & Zhang, 2001

이러한 연구가 진행되어 오면서 시간을 핵심 개념으로 하는 민첩성에 대한 연구가 활발히 진행되고 있으며, 2002년 가트너 그룹에서 실시간 기업(RTE : Real Time Enterprise)에 대한 개념을 정리하여 발표하면서, 선진기업의 주요 화두로 등장하게 되었다. 이로 인해 기업들은 경쟁에 살아남기 위해서 실시간 기업(RTE)으로의 변화를 추구하고 있다.

여기서 실시간 기업은 가트너 그룹의 정의에 의하면 "최신의 유효 적절한 정보를 실시간적으로 사용하여, 기업의 핵심 비즈니스 영역에 대해 실무층, 관리자층, 경영자층의 프로세스 지연요소를 지속해서 제거함으로써 경쟁력을 극대화하는 기업"으로 정의된다. 이는 시장변화에 대하여 신속하게 대응할 수 있는 "업무 민첩성(Business Agility)"을 지닌 기업을 말한다.

최근 실시간 기업 구현이 차세대 경영전략의 화두로 떠오르면서, 국내의 선도 기업들의 큰 관심사가 되고 있다. 실시간 기업으로의 변화를 시도하는 기업들은 단기간에 원하는 결과를 얻지 못할 수도 있으나 끊임없는 변화에 대한 노력으로 점진적인 변화가 가능할 것이다. 이러한 실시간 기업이 되기 위해서는 기업의 민첩성이 필수요건이며, 변화가 가속화 되는 시장 환경에서 이 민첩성은 기업들의 핵심역량으로 인식되고 있다.

여기서 적시하는 민첩성이란 "업무속도"이다. 속도야 말로 RTE의 핵심적인 방향성이라 할 수 있다. 또한 속도의 핵심은 변화이다. 그러므로 변화의 속도가 관건인 것이다. "변화의 속도"란 "적응력"에 대한 것으로 이해될 수도 있다. 곧 시장의 변화 및 소비자의 요구 변화를 비롯한 기업 내 외부 상황변화에 대응해서 얼마나 빠르게 적응할 수 있는지가 RTE의 핵심요건이라 볼 수 있다.

사실 경영환경을 논할 때 이러한 "적응력", "속도", "변화" 등의 키워드를 강조해온 것은 어제오늘의 일이 아니다. 다만 인터넷의 발전으로 이러한 강조가 더 일반화되고 그 필요성이 증폭된 것으로 볼 수 있다. 관련 연구에 의하면 민첩성은 〈표 1-2〉에서 보는 4가지 요소에 의해 그 역량이 나타난다.

이처럼 실시간 기업(RTE)의 출현 배경에는 불확실성 시대를 살아가고 있는 현대의 기업에 있어, 언제 어디서 어떤 형태의 경쟁자가 나타날지 예측하기 어렵고, 또한 생존을 위하여 언제 어디서 어떤 고객과 어떤 상품 혹은 어떤 서비스로 이윤을 창출해야 할지 예측하기도 어렵다.

또한, 모든 경쟁과 가능성에 대비하여 인력과 기술, 자본을 축적해 놓는 것 역시 가능하지 않기 때문에 내외부의 변화에 실시간으로 대응하는 것만이 현재 주어진 상황에서 가장 적절한 대책이라는 공감대가 있었다.

2. RTE의 개념적 정의

RTE(Real Time Enterprise)란 용어는 가트너 그룹이 2002년도에 공식적으로 정의한 용어로써 "최신의 유효 적절한 정보를 실시간적으로 사용하여, 기업의 핵심 비즈니스 영역에 대해 실무층, 관리자층, 경영자층의 프로세스 지연요소를 지속해서 제거함으로써 경쟁력을 극대화하는 기업"으로 정의된다.

가트너 그룹은 RTE를 정의하기 위해 사용된 각 어구가 표현하고자 하는 의미를 정확히 분석함으로써 RTE에 대한 개념을 정립하였는데 여기서는 "핵심 프로세스의 관리 및 이행의 지연을 점진적으로 줄이기 위해 최신 정보를 사용하여 경쟁하는 기업"이라고 정의하였다.

그리고 RTE 연구 프로젝트를 통해 발견된 몇 가지 중요한 사항을 토대로 가트너 그룹은 RTE 정의를 대폭 조정하고 업데이트 할 것을 주장하였는데 그 내용은 다음과 같다.

> "The RTE is an enterprise that competes by using up-to-date information to progressively remove delays to the management and execution of its business processes(Gatner Group, 2002. 10.1)

> "RTE는 성공과 직결된 명시적 사건이 발생하는 즉시 그 근본 원인과 사건 자체를 파악, 모니터링을 분석함으로써 새로운 기회를 발굴하고 불행한 사태를 미리 방지하며, 핵심 비즈니스 프로세스의 지연을 최소화한다.

그리고 RTE는 그렇게 확보한 정보를 활용하여 핵심 비즈니스 프로세스의 관리 및 이행지연을 점진적으로 줄여나감으로써 핵심적인 경쟁력 확보의 기반을 마련한다.고 되어 있다. 이와 관련된 세부 내용을 정리해 보면 〈표 1-3〉과 같다.

이상의 RTE 관련 정의를 요약해 보면 RTE는 일시적인 경영개선 운동이 아니라, 단계적이고 지속적인 경영혁신활동으로 인식되어야 하며, 기업들은 자사의 핵심 end-to-end business process(요구

제기에서 서비스 완수까지, 수주에서 수급까지, 발주에서 대금결제까지 등)를 식별하여 순차적으로 개선해 나가는 것을 의미한다.

즉, 정보 흐름의 속도 증가나 데이터 리포팅 빈도의 증가가 무한정 늘어난다고 해서 반드시 기업의 수익성으로 연결되는 것은 아니므로 오히려 어느 시점부터는 한계치에 다다르게 되어 완벽한 실시간 정보제공을 위해 들어가는 비용이 획득될 수 있는 이익보다 커지게 됨으로써 실시간은 무의미해지게 된다.

따라서 RTE에서 실시간의 의미는 의사결정 효율성과 프로세스의 최적 운용에 필요한 만큼의 최신성을 의미한다. 이것은 기업의 복잡하고 장기간 진행되는 프로세스 사이클을 현재 상태에서 단 한 번의 혁신 노력으로 최적화된 상태로 변화되기 어렵다. 여기에는 무엇보다도 현대의 기업 환경에서 기업의 경쟁우위라는 것은 한번 확보되었다고 해서 지속해서 유지될 수 있는 것이 아니기 때문이다.

〈표 1-3〉 수정된 RTE의 정의

키워드	개념적 정의
"competes"	비록 RTE가 총체적인 사업전략은 아닐지라도, RTE는 직접 또는 간접적으로 경쟁우위를 갖는 것을 목표로 한다. 신속한 고객 서비스를 통해 경쟁우위를 획득하는 것이 직접적인 방법이라면, 간접적인 측면으로는 RTE를 통해 비용 절감을 이룸으로써, 제품 또는 서비스 가격을 낮추어 경쟁에 앞서가는 접근방법이라 할 수 있다.
"by using"	현대의 기업들은 "데이터"를 즉시 획득하여 전달할 수 있는 최고의 정보 시스템을 갖추고 있지만, 이러한 최고의 정보 기술도 "사람, 프로세스, 의사결정에 이용될 수 없다면 아무런 가치가 없을 것이다." 의미 있는 정보로써 활용하는 것은 RTE의 핵심사항이다. 이러한 정보 활용능력을 통하여 의사결정과 가치를 전달하는 프로세스의 지연을 피할 수 있다.
"up-to-date information"	이론적으로는 완벽한 기술구조로 되어 있는 기업이라면 데이터가 발생하는 즉시 사용자에게 전달될 수 있을 것이다. 그러나 현실적으로 중요한 것은 "필요한 시점에서 최적의 프로세스 운영과 의사결정 효율성을 지원할 수 있는 정도의 요건을 충족하는 최신의 정보"인가 하는 것이 훨씬 중요하다.
"to progressively remove delays"	RTE는 6개월 만에 끝나는 단기 프로젝트가 아니라 지속적인 개선과정이다. 다시 말해서 기존에 시행되었던 BPR(업무프로세스 재설계:business process re-engineering)처럼 혁신적으로 한 번의 프로세스 혁신이나 제어작업으로 마무리되는 일회성 프로그램과는 근본적인 차이를 갖고 있다.
"to the management and execution"	과거에는 정보기술을 이용한 기업 내부의 프로세스 자동화에 초점이 맞추어져 있었다. 그러나 RTE에서는 이러한 프로세스의 자동화보다는 프로세스를 제대로 관리하고 실행할 수 있는가에 초점을 맞추고 있다.
"of its business processes"	기업의 모든 프로세스에 대해 동시에 같은 노력을 들여서 개선한다는 것이 가능한 일일까? 이는 불가능한 일이다. 또한 이렇게 전사적으로 모든 프로세스에 대해 동시에 개선을 시도한다는 것 자체가 비생산적일 것이다. 따라서 기업에 있어서 높은 가치와 중요성을 가지는 중요한 프로세스에 대해 역량을 집중하여 변화시키고 관리하고자 하는 것이 RTE의 핵심이다.

다시 말해서 프로세스 혁신을 통해 제품에 대한 비용을 줄이고 제품개발 기간을 단축해 고객에 대한 우위를 점했다 하더라도, 경쟁기업은 빠른 기간 안에 똑같은 방식으로 추적해 올 것이기 때문이다. 이러한 경쟁 우위를 점하기 위해 쫓고 쫓기는 기업 활동은 지속해서 발생할 수밖에 없는 것이 현대의 글로벌 기업환경이다.

따라서 RTE는 경쟁우위 확보를 위해 기업의 프로세스 지연요소를 끊임없이 지속해서 제거해나가는 것으로 정의할 수 있다.

3. RTE의 전략적 가치

RTE 전략 환경에서는 필요한 환경정보가 실시간으로 제공되어 기업의 사업 정보에 한 가시성이 확보되었다. 기업은 가시화된 사업 수행 결과에 대한 분석을 통하여 앞으로 진행할 프로세스를 위한 정보와 경향, 추세를 이해하고 예측할 수가 있다.

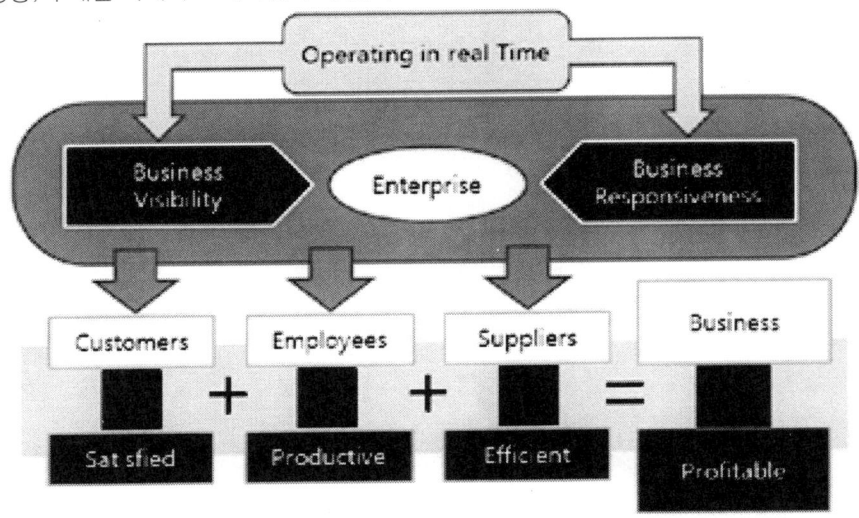

[그림 1-4] RTE 전략 Value proposition

즉, 사업 가시성이 제공하는 추세와 예측을 기반으로 기업의 실시간 의사 결정이 가능하고, 이를 통하여 새로운 고객을 확보할 기회를 가지게 된다. 이렇듯 기업운영이 실시간으로 이루어지고 모니터링됨으로써 고객, 공급자, 파트너, 직원에게 더욱 나은 가치를 전달하며, 〈그림 1-4〉에서 보는 바와 같이 궁극적으로 기업의 수익이 증가하게 된다.

따라서 RTE 전략 환경에서는 사업 프로세스가 즉각 반응하기 때문에 고객은 자신의 주문을 입력함과 동시에 재고를 확인할 수 있으며 송장을 검토할 수 있고, 온라인상에서 물품추적을 할 수 있다. 또한 모든 임직원들은 인터넷상에서 자신의 급여를 직접 관리할 수 있으며, 출장 예약과 비용보고서 작성 등을 할 수 있다. 공급자들은 수요 예측 시스템에 직접 접속하여 공급량을 효율적으로 조절할 수 있어, 사업 파트너들은 실시간으로 주문품의 위치와 제품의 유용성에 대한 정보에 직접 접근할 수 있다.

결과적으로 RTE 전략 환경의 기업은 인터넷을 통해 자신의 사업 프로세스를 고객, 공급자 그리고 전략적 파트너와 직접 수행하게 될 것이다. 이에 따라 중간자 계층은 창조적인 업무로 전환되고 정보전달의 정확도와 정보 사용자의 만족도가 더욱 증대할 것이다. 따라서 기업 경영상 RTE 전략의 가치는 '사업 가시성(Business Visibility)'과 '대응성(Responsiveness)'이라고 할 수 있다.

제2장
RTE 상호운영 시스템

제1절 데이터리엔지니어링

1. 기업 정보화 시스템의 개선점

① 시스템 사슬

[그림 2-1]에 보면 시스템을 구축하는 5개의 사슬이 있다. MRP나 ERP 또는 SCM, CRM 그리고 설비보전을 하는 CMMS(Cumputerized Maintenance Management System), EAM (Enterprise Asset Management : 전사적 자산관리) 시스템 그리고 B2B 시스템 등 애플리케이션은 모두가 5개의 사슬로 구성되어 있다.

컴퓨터 부문에는 하드웨어와 소프트웨어의 2개 사슬이 있고, 운영관리 부문에 절차와 인력의 2개 사슬이 있다.

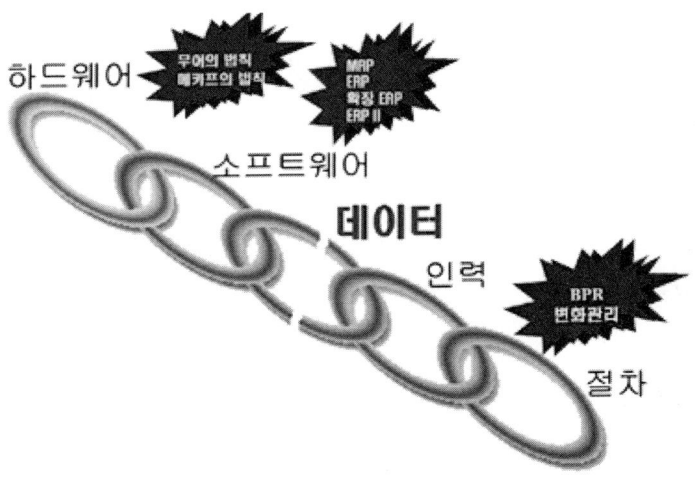

[그림 2-1] 시스템 사슬

여기서 데이터는 그 중간에서 이 각 사슬을 연결해 시스템을 완성하는 역할을 하고 있다. 그런데 문제는 데이터가 컴퓨터에 들어 있다고 해서 데이터가 아니고 그 데이터의 정확도가 문제인 것이다.

컴퓨터 부문의 측면을 보면 먼저 하드웨어와 네트워크 부문에서는 "광섬유의 대역폭이 12개월마다 3배씩 증가하지만, 부 가격은 일정하다"라는 길더의 법칙과 "마이크로 칩의 집적도는 18개월마다 2배씩 증가하지만, 가격은 일정하다"라는 무어의 법칙, 그리고 "하나의 네트워크의 유용성 또는 효용성은 그 네트워크 사용자 숫자의 제곱이다"라는 메트칼프의 법칙 등이 적용되고 있다.

소프트웨어 부문에서 보면 ERP, CRM(고객 관계관리 : Customer Relation Management), SCM(공급망 관리 : Supply Chain Management) 등, 그리고 궁극적으로 Supply Chain상에서의 사용자의 위치와 관계없이 협업 방식으로 제품의 개발과 생산을 하고, 소비자 욕구에 부응하고 이를 제품에 반영하여 설계부터 고객 평가까지를 통합하여 제품 라이프 사이클에 걸친 관리를 가능하게 하는 인터넷 기반기술의 소프트웨어 및 서비스의 집합인 CPC(Collaborative Product Commerce) 등 정보기술이 폭발적으로 발달하고 있다.

그러나 90년대 중반부터 본격적으로 쓰기 시작한 각종 패키지와 자체 개발된 애플리케이션은 2000연대에 들어와서도 여기서 생성된 데이터의 정확도 문제는 여전히 고질적인 문제로 남아 있고, 또한 데이터 품질에 대해 이슈가 되고 있으나, 아직 대부분 조직에서 이에 대한 대책도 구하려 하지 않고 간과하고 있다. 때문에 부정확한 데이터로 인해 나타나는 관리의 손실은 정보의 신뢰성은 물론 그로 인한 직간접 피해는 매우 막대한 것이다.

'왜? 기업에서는 동일 품목에 복수의 품목번호가 존재하고 동일 품목번호에 복수의 품목이 존재하고 있는가? 그리고 그 이후 나타나는 현상은 어떠할 것인가'에 대해 다시 한번 생각해볼 필요가 있다.

아마 그것은 바로 중복 발주로 인한 과다 재고의 발생, 발주 오류로 인해 주문 시 엉뚱한 품목이 들어오고 반품으로 인한 거래 비용이 증가한다. 또한 재고가 맞지 않고, 소량 구매로 인한 고가 구매와 조달하는 리드 타임의 연장으로 인한 생산 라인의 중단 위험이 있다.

한편, 잘못된 품절 정보 때문에 재고가 모자라니까 독촉을 하게 되며, 납기를 준수하지 못하게 되어 고객에 대한 서비스 수준이 저하된다. 따라서 부정확한 품목 데이터의 정보는 이처럼 여러 가지 불필요한 관리 비용을 발생하게 만든다.

② 데이터 정확도의 딜레마
"왜? 정확한 데이터를 유지하는 것이 어려운가" 이 문제를 풀기 전에 해외에서의 사례로 데이터 정확도

의 중요성에 대해 먼저 소개한다. 일본에는 품질관리를 아주 완벽히 잘하는 회사에 부여되는 상으로 "데이밍 상"이 있다.

데이밍 상을 받은 업체는 대단한 명성을 갖고 그 회사의 신뢰도는 대단한 것으로 인식되어 진다. 또 미국도 그런 품질관리 대상에 "MalcomBold ridge"라는 대상이 있다. 또한 비슷하게 ERP를 잘 사용하는 업체를 "A, B, C, D, E"등급으로 분류하고 이중 "A"User 회사는 전문 컨설팅 업체나 또는 APICS(미국 공인 생산재고 관리협회 : American Production and Inventory Control Society)라는 기관에서 인정을 해주고 있다.

ERP 'A" User라고 하는 것은 모든 데이터의 정확도, 또한 모든 방침 절차 등 이러한 모든 면에서 대단히 훌륭한 업체로서 공인을 받고 있다. ERP "A" User가 되기 위해서는 데이터의 정확도에 대한 요구 사항이 있다.

ERP "A" User가 되려면 기준생산 일정(MPS : Master Product Schedule) 즉, '어떤 제품을 언제 얼마나 만들 것인가'하는 기준생산 일정의 정확도가 95% 이상 정확해야 하고 또 자재 명세표(Item Master)와 부품 구성표(Bill of Material : BOM)가 98%, 또 실제 재고와 컴퓨터상의 재고기록 데이터와의 일치도가 95% 이상, 공정데이터 98%, 작업장 데이터 95% 이상 정확도 등 이 모든 것이 정확해야 만이 "A" User가 될 수 있다.

그러나 제조업체이건 유통 업체이건 간에 95% 이상의 데이터 정확도를 갖는 것이 얼마나 어렵고 불가능에 가깝다는 것인지는 아마 업체에 종사하는 실무자들은 잘 느낄 것이다. 또한 B2B 전자상거래에서 데이터의 정확도 측면을 살펴보면 다음과 같다.

> "Only 15 to 20% of the catalog data in IT systems of Fortune 500 companies is structured in a way that makes it usable in an e-Marketplace."
>
> - Pierre Mitchell, AMR Research -

AMR Research 사에서 Fortune 500대 기업을 대상으로 조사된 바에 따르면, "이들 기업의 IT 시스템 내에 있는 데이터가 e-Marketplace에서 공급업체와 구매업체가 상호 인식하여 사용할 수 있는 구조화된 품목 데이터는 15%~20%에 불과하다"라고 하였다.

> "Structured data only represents 15% to 20% of the total content stored in a given entERPrises walls. If employees had access to the majority of their corporation's content or data, there could be the potential for dramatic improvement in productivity, collaboration, and effectiveness within and organization."
>
> – Salomon, Smith, Barney –

그리고 Salomon, Smith, Barney 조사에 의하면 기업에서 종사원들이 그들 회사의 콘텐츠 또는 데이터가 구조화되어 있어 이들의 대부분을 접촉(Access)할 수 있다면 생산성 측면이나 협업적인 측면 그리고 조직의 효율성 측면에서 극적인 향상을 이룰 수 있는 잠재성이 있다고 하였다.

이처럼 데이터의 부정확 현상, 즉 구조화되어 있지 않은 현상은 거의 모든 제조업에 만연되어 있다. 그것은 바로 데이터 정확도 유지에 대한 딜레마이다. 컴퓨터에서 나오는 정보나 데이터의 정확도가 정확히 실제와 일치하지 않고 있다는 것은 어느 생산자나 현업실무자 그리고 전산실에서도 모두 인정하고 있다.

그러한 원인이 어디에서부터 발생하는가를 이제 살펴보면
- 첫째, 대부분이 데이터 정확도 유지의 어려움에 대한 근본적인 원인이 무엇인가를 모르고 있다.
- 둘째, 일시적으로 노력해서 데이터 정확도를 맞추기는 하지만 데이터를 입력하는 부서나 담당자들 간의 커뮤니케이션이 일치되어 있지 않아 시간이 흐름에 따라 더욱 악화가 된다.
- 셋째, 정확도 달성과 유지를 위한 도구가 없다.
- 넷째, 정확도 유지를 위한 업무 프로세스가 없다. 대개 일시적인 행사로 끝나버리고 지속해서 이를 유지하고자 하는 업무 프로세스가 없다.

③ 아이템(품목) 마스터 DB의 중요성과 한계

앞서 제기한 데이터 정확도 유지에 대한 문제를 풀기 위해서는 우리가 전산 시스템에서 상식적으로 알고 있는 "Gold in gold out, Garbage in garbage out"이라는 말과 같이 기본으로 돌아가는(Back to Basic) 것이 먼저 되어야만 된다.

그럼 기본적으로 어디로 돌아가야 하는가. 이를 설명하기 위해서는 B2B 전자상거래의 Back Office가 되는 ERP 시스템의 아이템 마스터 DB를 설명할 필요가 있다. 유통업이나 제조업에 근무하는 실무자들은 이 아이템 마스터 DB나 File이라는 이름을 들어 본 적이 있을 것이다. 혹시 다른 이름으로 Parts Master, SAP R3에서는 Material Master라 불리 운다.

이 '아이템(Item)이라'는 용어는 원자재(Raw Material), 부품(Component), 반 조립품(Sub-Assembly), 완제품(Final Product 또는 End Product)이라고 부르는 것들을 총칭하는 것으로 여기에는 모든 제품과 반제품 그리고 부품과 원자재의 품목에 대한 기본 정보가 등록되어 있다.

대개 우리는 유형의 제품 또는 부품만을 연상하기 쉬우나, 많은 ERP 패키지에서는 서비스, 비용 등과 무형의 것들까지도 아이템이라고 부르고 있다. 그러면 아이템이 왜 중요할까?

기업은 제품을 팔거나 서비스를 제공함으로써 이윤을 추구한다. 그리고 판매할 제품을 만들기 위해서는 소요 자재를 구입해야 하며, 자재에 대해 가공, 조립 등과 같은 가치를 더할 수 있는 활동을 하게 된다.

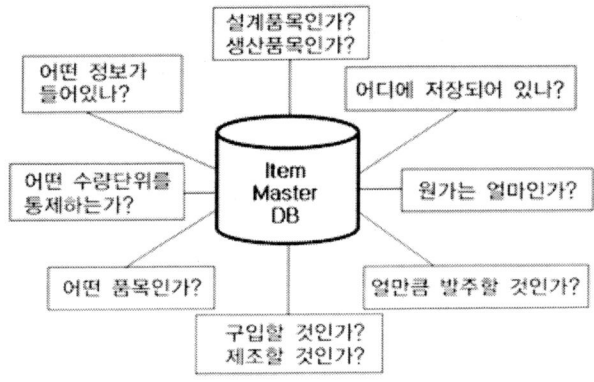

[그림 2-2] 아이템 마스터 DB

물론, 서비스를 제공하는 과정에서도 유/무형의 부품 또는 서비스를 구입하는 활동을 하게 된다. 기업은 결국 '자재 또는 서비스'의 구매, 저장, 조립, 가공, 운송, 판매와 관련된 직접 또는 간접적인 활동을 한다고 정의할 수 있다.

따라서 앞에서 정의한 아이템(제품 또는 서비스)은 기업의 활동과 밀접한 관련이 있게 된다. 아이템에 대한 정보는 [그림 2-2]와 같이 제조 뿐만 아니라 판매, 구입, 재고관리를 비롯하여 회계에 이르는 모든 기업 부문의 활동에서 사용되는 중요한 정보이기 때문에, 모든 기업에서는 어떠한 형태로든 아이템 정보를 잘 관리해야 한다.

그 때문에 이 아이템 마스터 DB야말로 ERP의 기준정보관리 중에서도 가장 기본이 되는 정보이다. 사실 이 DB에는 어떤 품목에 대해서 그 품목의 라이프 사이클에 걸친 모든 정보가 표시되어있어야 한다. 바로 여기에 그 문제의 단서가 있는 것이다. 즉, 아이템 마스터 DB에 있는 품목에는 '그 품목 하나하나에 코드는 물론이고 품명은 무엇이고 재질은 무엇이고 또 중량은 얼마인가' 등 품목의 속성(Attributes)에 해당하는 모든 정보가 따라다니게 된다.

그런데 아이템 마스터 DB는 이러한 모든 정보를 모두 다 등록하기에는 정적인 DB의 성격을 가지고 있어 그 수용의 한계가 있다. 문제의 발단이 바로 여기에 있는 것이다. 그럼 아이템 마스터 DB가 어떻게 생긴 것이냐에 대해 살펴보자. 아이템 마스터 DB는 엔지니어링 부문에서 부여하는 식별코드 필드가 있다. 이 식별코드를 아이템 No. 또는 품목번호라고 부르며 그리고 그에 따른 품명을 등록하는 필드가 있다. 이 품명 필드는 대개 영문 25자리에서 80자리 정도이며 이를 한글로 표시하게 되면 12자리에서 40자리 정도이다. 말이 품명을 부여하는 필드이지 사실이 필드에 품명은 물론이고 품목에 대한 속성 또는 사양을 모두 표현해야 한다.

〈표 2-1〉 아이템 마스터 DB 정보의 용도

구분	기술속성	자재속성	원가속성	판매속성
기술, 연구	○			
제조 기술	○			
생산 관리		○		
구매		○		
원가			○	
영업				○
창고		○		

그러나 품목에 대한 식별코드는 오직 하나만 존재해야 하고, 그리고 그 품목에 대한 정보를 정확히 표현하려면 적어도 품목을 표기하는 품명과 품목번호, 분류코드, 단위, 유형, 도면번호, 원가, 화폐단위

등 품목에 따라 수십 개, 많게는 100개가 넘는 속성을 표현해야 한다.

현재 아이템 마스터는 엔지니어링 부문에서 부여한 품목의 명칭과 품목번호, 속성을 중심으로 〈표 2-1〉과 같이 제조나 자재, 회계, 판매 등 ERP 시스템의 전 부분에서 공통으로 사용하기 위해 최적화되어 있다.

그런데 25에서 80자리 정도의 필드에 품명, 재질, 규격, 형상 등의 수많은 속성 데이터를 아이템 마스터에 모두 다 기록하려면 그 대상을 압축해서 표현할 수밖에 없다.
바로 여기서 중복품목, 중복코드 발생의 원인이 있게 되는 것이다.

❖ 중복 품목의 Sample(동일 부품인 Tee관의 표기 예)

Part No.	Part Description
790358	T-FS SW 3000 2
M29765	T-SS 3/4
H38017	TEE
H36011	TEES-BUTTWELD SCH40 2IN
D30005	TEE, SW, FS, 3000#, 2"
L34330	T-SS-SW 3 F304 1

➤ 개발 엔지니어 마다 동일 부품을 다르게 표기함으로써 중복 품목/코드 발생
➤ 불충분 ➜ 필요한 모든 정보가 명시되어 있지 않음
➤ 불일치 ➜ 정보가 일관성 있게 표시되지 않음
➤ 비교불가능 ➜ 상이점이나 유사성을 알 수 없음

[그림 2-3] 중복 품목의 예

그러면 [그림 2-3]에 나타나 있는 파이프와 파이프를 연결하는 "Tee관"을 예로 들어 보자. 이 "Tee관"은 사실 동일한 사양을 가진 "Tee관"이다. 대개 품명과 품목번호를 부여하는 절차는 처음 엔지니어링 부문에서 설계도중 신규 품목이 발생할 때 엔지니어들은 그 품목에 대해 사양을 정의하고 그에 따른 품목이 DB에 이미 등록되어 있는지 여부를 파악한 후 품목번호를 부여하게 된다.

한 엔지니어가 "Tee관"이라는 품목을 아이템 마스터 DB에 등록하려 할 때, 엔지니어는 등록 절차가 복잡하고 등록 시간이 오래 걸리며 또한 아이템 마스터 DB의 표기 한계로 인하여 Part Description에 그 사양을 자의적으로 표기하게 된다.

[그림 2-3]에서 보는 바와 같이 동일한 "Tee관"에 대해 엔지니어마다 Part Description을 6가지로 표기하고 있고 이에 따라 6가지의 품목번호가 부여되어 있다. 즉, 어느 한 엔지니어는 동일한 사양을 가진 "Tee관"의 표기를 일련 No. 3과 같이 Tee"라고 표기하고 또한 이에 대한 Part No를 자체적인 표기 방법의 기준에 의거 "H38017"로 부여하고, 또 어느 엔지니어는 일련 No 2와 같이 "T-SS 3/4"으로 표기하고 Part No를 "M29765"로 부여한다.

하지만, 컴퓨터는 당연히 "/" 하나만 있어도 다른 품목으로 인식할 수밖에 없으며, 한 칸 공란이 들어가도 다른 품목으로 인식할 수밖에 없다는 것은 모두가 알고 있는 사항이다. 때문에 엔지니어가 동일 품목이 등록되어 있는지를 검색할때 표기 자체가 불완전하니 까 그 품목은 나타나지 않는다. 또한 마찬가지 이유로 다수의 공장을 보유한 기업에서는 공장마다 자기가 원하는 품목이 이미 등록된 품목인지를 모르고 품목번호를 다시 부여하게 된다.

이러한 현상은 대부분 회사에서 나타나는 현상이다. 더욱 심한 경우는 동일한 품목에 대해 그 품목의 명칭도 공장마다, 부서마다 다르게 부르는 경우도 산업 현장에서는 발생하고 있다. 그래서 엔지니어들은 동일품목에 대해 아이템 마스터 DB에 등록된 품목이 같은 품목인지 다른 품목인지를 알기가 어렵게 된다.

결국 아이템 마스터라고 하는 것은 그 한계가 ERP 전 부문 즉, 영업에서도 사용하고 생산, 구매, 설계, 원가, 회계 등에서도 사용하는 최적화된 파일이기 때문에 제한된 필드에 그 품목 대상을 압축해서 표현할 수밖에 없으므로 중복품목, 중복 코드가 생길 수밖에 없는 구조로 되어 있다는 것이다.

④ 다른 측면의 부정확 데이터의 원천
다음은 데이터 프로파일링의 개념을 수립한 미국의 "잭 올슨"이 연구한 부정확 데이터의 원인을 요약하여 소개한다.
"잭 올슨"은 IBM, MBC 소프트웨어, 페레그린 시스템즈(Peregrine System) 그리고 에보크 소프트웨어 (Evoke Software)에서 일을 하였다. 그는 에보크 소프트웨어(Evoke Software)에서 근무하면서 데이터 프로파일링 개념을 수립하였고 콘텐츠, 구조 그리고 품질 차원으로 데이터베이스를 이해하는 개념을 수립하였다.

데이터의 정확성을 평가할 수 있기 전에 데이터베이스에 부정확한 값이 유입되는 여러 가지 경로를 이해할 필요가 있다. 많은 부정확한 데이터 소스가 존재하며 모두가 전체적으로 데이터 품질 문제에 영향을 미친다.

이 소스를 알게 되면 평가, 감시, 향상을 위한 포괄적인 프로그램의 필요성을 알게 될 것이다. 아주 높은 데이터 정확성을 위해서는 모든 부정확한 소스들을 파악하여 각 소스에 적절한 대응과 툴을 이용하여야 한다.

[그림 2-4]는 데이터의 부정확성이 발생하는 4개의 일반적인 영역을 보여준다. 네번째 영역이 데이터에서 생산되는 정보 결과에서 부정확성을 일으키는 데 반하여 앞의 세 가지는 데이터베이스 내에서 데이터가 부정확하게 되는 원인이 된다.

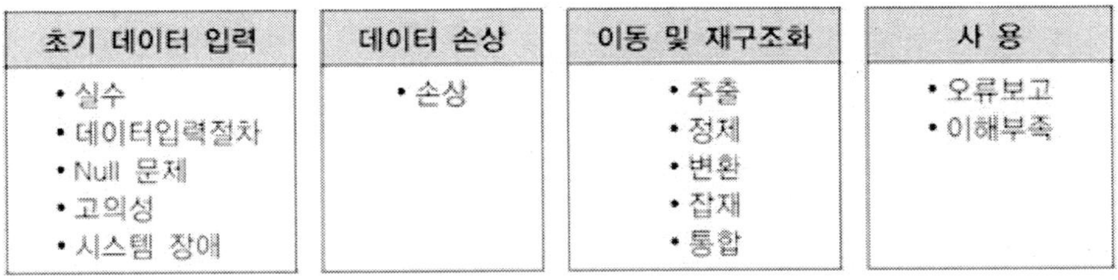

초기 데이터 입력	데이터 손상	이동 및 재구조화	사 용
• 실수 • 데이터입력절차 • Null 문제 • 고의성 • 시스템 장애	• 손상	• 추출 • 정체 • 변환 • 잠재 • 통합	• 오류보고 • 이해부족

[그림 2-4] 데이터의 부정확성이 발생하는 영역

만일 여러분이 모든 잠재적인 에러 원천을 해결한다면 기업의사결정 같은 가장 중요한 데이터 사용이 가장 부정확한 데이터 때문에 이루어졌다고 할 수도 있다.

- 초기 데이터 입력

    많은 사람이 처음 데이터를 입력할 때 잘못된 데이터를 입력했기 때문에 데이터 부정확성이 생겼다고 생각한다. 이것이 데이터가 부정확하게 되는 주요 원인인 것은 확실하지만 부정확성은 이것 때문만은 아니다.

〈표 2-2〉에서 보는 바와 같이 부정확한 데이터 발생은 실수, 데이터 처리 과정의 잘못, 고의성 또는 시스템 장애 때문에 발생할 수 있다.

〈표 2-2〉 초기 데이터 입력으로 인한 부정확 데이터 유형

유형	사례
데이터 입력의 실수	입력자가 "파랑"으로 쓰려고 하였는데 실수하여 "파람"으로 입력하는 경우
데이터 입력 절차의 결함	많은 데이터의 입력은 양식에서 출발한다. 여기서 사용자에게 혼란을 주는 양식은 대개 틀린 정보를 입력하도록 유도한다.
Null 문제	필요한 정보를 알 수 없을 때 데이터 입력에 문제가 발생한다. 양식에 Null 칸이 있을 경우 값을 모르는 것인지 값을 입력시키지 않은 것인지 판단을 할 수가 없다. 이때 입력자는 아무 값이나 필드에 넣어버리는 경우가 상당히 많다.
고의성	고의적 에러란 입력자가 어떤 목적으로 틀린 값을 입력할 때 발생한다. 여기에는 다음 세 가지 이유가 있다. · 정확한 정보를 몰랐다. · 누군가 정확한 정보를 아는 것을 바라지 않았다. · 틀린 정보를 입력함으로써 어떤 이익을 얻는다.
시스템 문제	오늘날 데이터 입력에서부터 데이터베이스에 이르는 경로는 매우 길고 복잡하다. 인터넷을 통하여 회사 외부의 PC에서 애플리케이션이 발생하는 경우가 다반사이다. 데이터입력자는 비전문가이며 시스템 경로에 전혀 친숙하지 않다 경로는 여러 커뮤니케이션 경로를 넘나들며 여러 부서를 통과한다. 서버 다운 같은 어떤 장애가 발생하면 정보입력자는 트랜잭션이 수행되었는지 아닌지를 알 수 없다. 데이터입력자가 뭔가 찾을 수 있도록 절차를 제공하지 않으면 실제로 완료되지 않았는데 완료되었다고 생각하고 다시 트랜잭션을 수행하지 않곤 한다. 앞의 경우에는 중복 데이터를 가지게 되고, 뒤의 경우에는 데이터를 빠뜨리게 된다.

이 요인들을 가지고 시스템을 점검함으로써 시스템이 부정확 데이터를 유발하도록 설계되었는지, 아니면 정확한 데이터가 될 수 있도록 설계되었는지 알 수 있을 것이다.

• 데이터의 정확성 손상

처음 생성될 때 정확했던 데이터가 시간이 지나면서 데이터베이스 내에서 부정확하게 될 수 있다. 데이터값은 변하지 않았고 정확성도 그대로인데 일부 데이터들은 값의 정확성이 손상되었다. 다음의 몇 개의 사례가 손상의 개념을 설명해 줄 것이다.

임직원 데이터베이스의 개인정보는 쉽게 잘못된다.

사람들은 이사도 가고 결혼도 하면서 정보변화를 일으킨다. 새로운 교육 프로그램을 수료하기도 하고 전화번호를 변경하기도 한다. 대부분의 임직원들은 그들의 삶에서 이런 변화가 일어날 때마다 인사부에 와서 양식을 써내지 않는다. 인사부 정보는 임직원이 처음 입사하였거나 마지막으로 갱신한

당시의 정확성만 유지한다.

보유 재고 정보는 손상, 부품사용, 처리하지 않은 새로운 트랜잭션 때문에 부정확하게 될 수 있다. 장부상의 자산평가 가치는 시장수요변화, 자산 이용환경변화 또는 파손 및 보고 누락에 따라 변경될 수 있다.

운전면허 데이터베이스 상태는 안경 없이 운전이 가능한 시력을 가진 사람들을 가리킨다. 그러나 면허가 발급된 이후에 안경 없이는 안전운전을 할 수 없을 정도로 시력이 떨어질 수 있다. 이런 부정확성은 새로운 시력검사로 갱신하기 전까지는 고쳐지지 않을 것이다.

이상의 사례들은 데이터베이스에 저장된 객체의 변화가 일어나지만 이를 반영하기 위한 데이터베이스 갱신이 없었음을 보여준다. 다시 말하면 수행하여야 할 트랜잭션이 있었으나 수행되지 않았다. 그러나 현실적으로 이런 트랜잭션들이 누락되는 것은 일반적이다.

- 데이터의 이동과 재구성

〈표 2-3〉 데이터 이동과 재구성 시 발생하는 에러 유형

유형	사례
추출 (Extraction)	계층구조로부터 데이터를 추출하는 루틴들이 정규화 구조 상태를 비정 규화된 플랜 파일로 생성시키는 경우가 많다. 대부분의 범용 추출 프로그램들은 이런 가능성을 가지고 있다. 예를 들어 복수의 세그먼트 타입을 가진 IMS 데이터베이스가 있을 때 전체 데이터베이스를 단 하나의 파일로 추출했다면, 각 패런트마다 복수의 차일드 세그먼트들이 존재하는 경우는 비정규화가 된다. 이 비정규화가 처리 과정에서 맞지 않는 부분이 있으면, 이 출력 파일은 목표 시스템에서 에러를 발생시킬 것이다.
정제 (Data Cleansing)	데이터 클린징을 할 시 소스데이터에 대한 이해가 부족하거나 특별한 의미를 가진 값들을 삭제해 버리면 데이터 클린징을 제대로 할 수가 없다. 예를 들어, 소스 시스템에서는 국내란 뜻으로 STATE 필드에 "*"값을 사용한다는 규정이 있었는데, 클린징 루틴이 "*"는 유효한 값이 아니라고 그 로우를 삭제하거나 null로 대치시켜 버릴 수 있다. 데이터 클린징 루틴들은 잘못된 값을 밝혀낼 수 있지만, 일반적으로 그것들을 정정할 수는 없다.
변환 (Transform)	변환이란 내용은 변경하지 않으면서 값의 표현만 변경하는 루틴이다. 한 시스템에서는 성별이 "1"과 "2"로 표현되었지만 목표 시스템에서는 이것이 "M"과 "F"로 표현될 수 있다. 이때 변환 루틴은 "1"을 "M"으로, "2"를 "F"로 단순히 변환한다. 변환의 정의가 적절하지 못하면 소스에서는 정확했던 데이터가 목표에서는 틀린 데이터가 될 수 있다.
탑재 (Loading)	데이터 이동과정의 마지막 단계는 데이터 탑재이다. 이 단계에서는 데이터에 발생할 수 있는 위험이 전부 해결되었기 때문에 안전하다고 할지 모르나, 여기서 주의해야 할 것은 모든 데이터가 목표 시스템에 문제없이 탑재되었다는 것을 보증하여야 한다. 예를 들어 데이터웨어하우스 및 데이터 마트설계에서 중요한 것의 하나는 탑재가 완료되기 전에는 사용자가 데이터를 사용하지 못하도록 하는 것이다.

유형	사례
데이터 통합 (Data integration)	새로운 애플리케이션이 사용할 데이터를 소스 시스템으로부터 가져오려는 데이터 통합 프로젝트에서 중요한 것은 소스 시스템 데이터가 얼마나 조급인지가 아니라, 적절하게 추출/정제/변환되어 목표 어플리케이션이 이해하는 형태로 제공하는 것이다. 이점을 간과하고 데이터 통합 작업을 하면 소스 데이터베이스는 정확한 데이터였을지라도 새로운 애플리케이션은 부정확한 데이터를 가진 통합 데이터베이스를 사용하게 된다. 통합 트랜잭션 처리가 잘못될 수 있으며, 이 트랜잭션에 의존하는 비즈니스에 부정적 영향을 끼칠 수 있다.

완벽한 데이터를 이동하고 재구상하는 과정에서도 부정확한 데이터가 자주 발생한다. 보통 이 과정은 운영 데이터베이스에서 데이터를 추출하여 데이터웨어하우스, 데이터 마트, 또는 운영 데이터 저장소에 탑재한다.

기업 포털에서 애플리케이션 시스템을 액세스하기 위하여 데이터를 다시 전개하기도 한다. 이 과정이 바로 데이터 부정확성의 원천임을 간과하는 경우가 많으며, 여전히 부정확성을 발생시키는 큰 원인이라고 할 수 있다. 데이터 이동 및 재구성시 자주 발견되는 두 가지 큰 문제가 있다.

하나는 다른 데이터베이스로의 이동을 효과적으로 완료하기 위해서는 소스 데이터베이스를 충분히 이해하여야만 하는데 현실은 전혀 그렇지 않다. 또 다른 하나는 소스 시스템은 다른 데이터베이스에 데이터를 제공하려는 생각으로 설계된 것이 전혀 아니라는 것이다. 목표시스템은 소스와는 매우 다르게 설계되며 또 다른 소스들의 데이터와 결합하는 상이한 형태의 데이터베이스가 된다 〈표 3-5〉는 데이터 이동과 재구성시 발생되는 에러 유형을 보여준다.

• 데이터의 이용

데이터가 손상되는 마지막 영역은 비즈니스용으로 보고서, 조회, 화면, 포털 검색 윈도우를 사용할 때이다. 데이터는 정확할지 모르나 사용자가 출력된 데이터나 내용의 의미를 이해하지 못하면, 그 데이터는 부정확한 것이라 할 수 있다.

이것은 결국 항상 100% 정확성을 유지하는 강력한 메타 데이터 레포지토리 (Repository)를 보유하지 못했기 때문이라고 할 수 있다. 레포지토리는 각 데이터 요소들이 무엇을 표현하는지, 데이터가 어떻게 암호화되었는지, 특정 값이나 소스데이터를 어떻게 해석하는지, 마지막으로 갱신된 시각, 이 데이터의 가장 최근의 품질 수준 등 정보를 가지고 있어야 한다.

2. 데이터 리엔지니어링의 정의

앞서 설명한 ERP 시스템은 사내 전자상거래(EC)로 불리기도 하는데 이는 개별 기업의 정보화뿐만 아니라 CALS, SCM, B2B 전자상거래의 전초단계(Back Office)로서 중요성을 가진다. 80년대 중반부터 시작된 MRP에서부터 최근의 ERP에 이르기까지 이러한 시스템을 도입한 기업들이 정립했어야 했던 문제 중의 하나가 데이터의 사내 표준화였다.

도입하는 기업 입장에서 볼 때 ERP S/W 패키지가 혈관(Infrastructure)이라면 데이터는 혈액에 해당하는 필수 불가결의 요소이다. 그것도 자금만 확보되면 손쉽게 외부에서 조달되는 것이 아니라 상당한 시간과 노력을 투자하여 해결해야 하는 부분이다.

적절한 방법으로 추진된 경우라면 마땅히 프로젝트 초기부터 운영 단계에 이르기까지 심혈을 기울여야 하는 부분이 아이템 마스터(Item Master), BOM(Bill of Material : 부품 구성표), 공정, 작업장 등의 4대 생산 DB의 데이터 표준화이다. 이 중에서도 품목의 기본적인 정보를 담고 있는 아이템 마스터 DB의 중요성을 경험해본 업체들은 익히 알고 있을 것이다.

아이템 마스터 DB의 많은 속성 중 첫째 속성은 품목 코드이다. 이는 고유한 속성을 갖는 특정 품목을 다른 품목과 구분하기 위해 부여한 유일한 식별코드(Unique Identifier)를 말한다. 많은 사람들이 혼동하지만 유사한 속성을 가진 복수의 품목들을 묶어서 구분하는 품목분류코드(Part Classifier or Descriptor)와는 근본적인 성격이 다르다.

품목코드는 기업에 따라 자재코드, Part No., Item No., 자재 번호, 품목번호 등 다양한 명칭으로 통용된다. 흔한 현상이지만 회사 내에서도 기술, 자재, 생산, 회계 등 부서마다 독자적으로 사용되기도 한다. 이러한 품목에 대한 분류 및 식별코드, 그리고 속성에 대한 데이터의 정비 없이는 전사적 통합 정보 시스템인 MRP, ERP 시스템과 B2B 시스템(e-Marketplace 및 e-Procurement)의 도입은 불가능하다. 이에 따라 여기서 데이터 리엔지니어링의 중요성을 강조한다.

데이터 리엔지니어링이란 "기업 내부와 기업 간 의사소통 위해 비즈니스 데이터를 상호인식 가능하도록 근본적으로 재설계(Redesign)하고 구조화(Structure)하여 데이터의 활용을 극대화할 수 있는 형태로 만드는 것"을 말한다. 이를 다시 표현하면 아이템 마스터 DB에 등록되어 있는 품목에 대한 분류 및 식별코드, 속성에 대한 데이터를 표준화하고 구조화시키는 것이며, 이에 따르는 재고데이터, BOM(Bill of Material : 부품 구성 표), 공정, 작업장, 기준생산일정(MPS : Master Product Schedule)에 대한 데이터를 정비하는 작업을 말한다.

데이터 리엔지니어링은 2000년대에 들어서면서 크게 확산된 ERP 시스템에 이어 e-비즈니스 시스템 구축이 확산되면서 정형화되지 않은 기업 내부의 다양한 데이터에 호환성을 제공하고 중복되거나 유실된 데이터를 재정리해주는 "데이터 클린징(Data Cleansing)"의 필요성이 제기되면서 나타난 것이다. 이 "데이터 클린징(Data Cleansing)"의 필요성이 제기된 것은 앞서 설명한 데이터 정확도의 딜레마로 인하여 기업들이 그 동안 폐쇄적인 환경에서 독자적인 데이터베이스를 구축, 같은 제품이나 부품이라도 기업 간에 서로 다른 이름이나 분류체계 및 코드를 가지고 있어 데이터 상호 연동이 필요한 기업 간 거래에서는 걸림돌로 작용하고 있기 때문에 나타난 것이다.

3. 데이터 클린징(Data Cleansing)

"데이터 클린징(Data Cleansing)"이란 정보 시스템에서 정형화되지 않은 기업 내부의 다양한 데이터에 호환성을 제공하고 중복되거나 유실된 데이터를 표준화하고 구조화하여 하나의 품목에 하나의 품목번호를 갖게 하도록 재정리하는 것"으로 데이터 리엔지니어링을 수행하는 개념이다.
따라서 이후 데이터 클린징을 데이터 리엔지니어링에 포함된 개념으로 설명한다. 그럼 데이터 리엔지니어링을 하기 위한 방법 및 절차를 설명하기 전에 앞서 언급한 데이터 정확도의 딜레마에 대해 또 다시 한번 언급해 본다.

- 첫째, 대부분이 데이터 정확도의 딜레마에 대한 근본적인 원인이 무엇인가를 모르고 있다
- 둘째, 일시적으로 노력을 해서 데이터 정확도를 맞추기는 하지만 머지않아 도로 악화된다
- 셋째, 정확도 달성과 유지를 위한 도구가 없다
- 넷째, 정확도 유지를 위한 업무 프로세스가 없다. 대개 일시적인 행사로 끝나버리고 지속적으로 이를 유지하고자 하는 업무 프로세서가 없다

여기에 대하여 조금 더 살펴보면

- 첫 번째, 딜레마는 이미 "아이템 마스터의 한계"로 기인한다는 것으로 설명된다.

- 두 번째, 딜레마는 대부분의 제조업체에서 매년 1회 결산을 위해 공장 창고를 폐쇄하고 재고 조사를 실시하며, 전산실에서는 이 재고 데이터를 기초로 하여 수작업으로 창고 재고와 전산재고를 일치시킨다. 하지만 이러한 노력도 해를 거르는 경우가 많다. 더욱이 이렇게 노력을 하여 창고의 실 재고와 전산재고를 맞춘다 하더라도 품목의 Life Cycle에 따라 신규 품목이 발생되고 이를 등록하는 엔지니어링 부문은 역시 "아이템 마스터 DB"의 한계로 인하여 중복 품목, 중복코드인지 모르고 또 다시 등록하는 악순환 때문에 데이터의 정확도는 시간이 흐르면서 도로 악화가 되는 것이다

- 셋째, 넷째, 딜레마에 대해서 설명하면, ERP 패키지에는 기준정보관리라는 모듈이 있지만 이것은 한번 세팅하고 나면 이후 추가되는 속성을 정의할 때, 현재 가동되고 있는 Application을 중지하고 다시 DB 스키마를 조정해야 하기 때문에 매우 복잡하다

또한 속성이 추가될 때 마다 이를 계속 반복한다는 것은 무리이다. 아이템 마스터는 나름 대로의 그 성격과 역할이 있다. 때문에 아이템 마스터 DB를 정적인 DB라고 할 수 있다. 그리고 대부분의 ERP 패키지 공급업체나 컨설턴트들은 데이터의 표준화와 정확한 데이터의 입력이 중요하다고 강조를 하지만, BPR에 대한 컨설팅과 패키지 사용법만 설명할뿐 BPR과 변화관리 사이의 사각지대에 놓인 데이터의 표준화 방법론과 정확한 데이터의 유지 관리를 위한 도구를 제시하고 설명해주는 경우는 거의 없었다 해도 과언이 아니다.

한편 품목이 수십만, 수백만 종 이상이 되는 기업에서는 매년 창고 재고와 전산 재고를 일치시키는 작업을 하지만 완벽히 한 품목에 대해 정확히 재고현황을 일치시키기에는 그 시간과 막대한 예산으로 인하여 좀처럼 실현하기 어려운 실정이다. 그리고 또한 이에 대한 도구와 컨설팅은 ERP 패키지 못지않게 값비싼 해외의 솔루션이다.

하나의 국내 사례로써 S전자, H자동차 등 대기업이 데이터 클린징 작업을 통하여 중복품목 수를 대폭적으로 줄여 원가절감을 하였다는 보도가 있었고 그 외에 P제철, L산전 등이 있으나 이 모두가

수백만불 이상의 값비싼 해외 소프트웨어와 그에 준하는 컨설팅비, 그리고 상당한 기간의 시간 및 인력 투자를 통하여 구현된 것이다.

다음으로 데이터 리엔지니어링에 대한 절차와 방법을 개략적 다음과 같다.
- 첫째, 절차는 데이터의 표준화이다. 이 데이터의 표준화 방법에는 분류체계의 표준화, 식별코드의 표준화, 그리고 속성의 표준화이다
- 둘째, 데이터 정확도 유지를 위한 관리 도구를 개발 또는 도입하고 기존 ERP나 B2B 시스템과 연결하는 일이다
- 셋째, 정확한 데이터를 유지 관리를 하기 위한 업무 프로세스의 재정립이다

정보시스템에서 분류체계와 식별코드체계 그리고 속성을 표준화하고 구조화하는 것은 바로 사용자가 원하는 품목을 손쉽게 찾기 위한 것이며 또한 타 시스템과의 데이터 호환성 및 상호 운영을 위해서 하는 행위이다.

"어떻게 한 기업에서 그 어마어마한 표준을 다룰 수가 있는가. 그것은 국가나 세계적인 표준기구에서 하는 일이지 기업에서 하는 일이 아니다"라고 하는 질문을 자주 받곤 한다. 그러나 사내표준은 개별기업이 해결해야 할 표준화이다. ISO(International Organization for Standardization)의 정의에 의하면 "표준이란 기술적인 규격 혹은 정확한 기준을 문서화한 합의사항으로서 규칙, 지침 혹은 특성의 정의이며, 표준은 일관성 있게 적용되어 물질, 제품, 절차 및 서비스가 그 목적에 맞도록 보장한다"라고 하였다.

다시 말해서 표준이란 방법, 절차, 규격 등을 약속해 놓은 내용으로 호환성의 향상, 생산성 및 품질의 향상을 위해 중요하다고 할 수 있다. 그리고 표준화의 참여 범위에 따라 사내표준, 단체표준, 국가표준, 지역표준, 국제표준으로 분류할 수 있다.

여기서 중요한 것은 우선 사내표준을 정립하는 것이고 B2B를 위해서 사내표준과 국가/국제 표준과 어떻게 연계시키는가가 문제의 대상이 되며 이 부분이 지금도 어려운 과제로 남아있다. 본서는 국가나 국제 표준은 해당 표준 기관에 맡기고 자기회사의 특성에 맞는 사내 데이터를 리엔지니어링 하는 방법을 중심으로 설명한다.

4. 데이터 리엔지니어링 추진 방법론

① 품목데이터의 현상과 시스템적 접근
• 품목데이터의 현상

데이터 리엔지니어링이란 "기업 내부와 기업 간 의사소통에서 극적인 개선을 가져오기 위해 비즈니스 데이터를 근본적으로 '재설계(Redesign)' 하고 '구조화(Structure)' 하는 것"을 말하며, 이를 위해서는 취급하는 품목에 대한 분류체계(Classification Scheme), 식별코드 체계(Part Numbering Scheme), 속성항목(Property) 등 품목에 대한 정보의 표준화를 통한 구조화가 선행되어야 한다.

대부분의 기업체에서는 나름대로의 코드체계를 가지고 있다. 또한 이들 기업이 코드체계를 갖는 이유는 사용자가 원하는 품목을 손쉽게 찾기 위해서 이다. 따라서 이를 위해 품목에 대한 정보의 표준화와 검색을 위한 데이터의 구조화를 필요 한다. 이를 또다시 강조하여 설명하면, 정보시스템에서 분류체계와 식별코드체계 그리고 속성을 표준화하는 것은 바로 사용자가 원하는 품목을 손쉽게 찾기 위해 타 시스템과의 데이터 호환성 및 상호 운영을 위해서 하는 행위이다.

그런데 대부분의 기업체의 품목 데이터의 현상은 어떠한가? 이를 〈표 2-4〉에서 요약하여 설명한 바와 같이 이러한 품목 데이터의 현상 때문에 기업 내부의 기간 시스템인 ERP 시스템의 성능을 저하하고 기업 외부와의 e-비즈니스 환경과 접목을 할때는 거의 불가능하다는 것이 독자들은 이제 이해할 수 있을 것이다.

〈표 2-4〉 품목데이터의 현상

현상	문제점
1. 동일품목에 대한 여러가지 품명 정의 2. 필요조건을 충족하지 못하는 사양 표기 3. 한 기업 내에서만 통용되는 품목명 4. 구조적으로 정의되지 않은 Data로서 손 쉬운 검색이 되지 않음 5. 부품관련 정보의 산재 6. Data의 maintenance	1. 재고비용 및 관리비용 증가 2. 통합/전략적 구매 곤란 3. Partner간 의사소통 곤란 4. e-Biz, Procurement 도입 시 장애요인 5. 기간 System(ERP, PDM 등) 성능 저하

• 이에 대한 문제의 원인은 앞서 데이터 정확도의 딜레마 부분에서 설명하였다. 이를 다시 설명하면 다음과 같다.
  - 기간 시스템에 있는 아이템 마스터에 품명, 규격 표기의 한계가 있다. 그 이유는 아이템 마스터는 그

성격상 정적 DB로서 신규 속성을 추가할시 DB 스키마를 조정해야 하고 이때 가동되고 있는 Application을 중지하고 추가 하는 작업이 필요하기 때문에 속성 추가에 대한 유연성을 갖지 못하기 때문이다.
- 기술 부문 담당자들의 입장
  · 기존 부품을 찾는 시간이 오래 걸려 본연의 업무인 개발 업무 시간이 낭비된다.
  · 기술부문 담당자들에게는 기존 부품을 규격집 또는 데이터베이스에서 검색하는것 보다 신규 부품을 설계하거나 선택하는 작업이 더 수월하다.
  · 따라서 손쉬운 방법으로 신규 부품 코드와 품명을 데이터베이스에 등록한다.

• 아이템 마스터의 한계를 극복하고 데이터 리엔지니어링을 손쉽게 할 수 있는 품목 데이터 관리 소프트웨어 도구가 일반적으로 널리 알려져 있지 않다. 때문에 기업에서는 데이터 정확도 확보에 대한 딜레마의 근본 원인을 모를 수밖에 없고 또한 데이터 정확도 향상을 위해 아무리 노력을 해도 머지않아 다시 악화가 되는 것이다. 이를 엔지니어링 부문에서 코드를 중복 부여 하였다고 책임을 미룬다면 아마 엔지니어들은 심한 항의를 할 것이다.

② 해결을 위한 시스템적 접근방법

그럼 이제 이에 대한 대책 방안으로 데이터 리엔지니어링의 방법에서 찾아보자.
이를 적용하기 위해서는 방법론과 함께

〈표 2-5〉 품목 표준화 방법의 차별성

구분	기존 방식	데이터 리엔지니어링 방식
분류체계	1. 분류코드와 식별코드체계를 하나의 코드로 적용 2. 전자 상거래시 산업별 특성에 따라 특정 국제표준 적용 곤란 3. 고정된 분류체계로 이를 변경할 때에는 시스템 변경이 매우 복잡	1. 분류체계와 식별코드를 분리 2. 분류체계의 이동, 추가, 삭제 등을 관리 도구에서 유연성을 부여하여 산업적 특성에 맞는 분류체계 적용이 가능 3. 국내, 국제 표준은 품목 라벨의 속성으로 수용
식별코드	1. 유의미 코드로서 공급업체간 품목비교 곤란 2. 코드가 복잡하고 길다 3. 입력시간이 오래 걸리고 입력 오류 발생의 가능성 내포	1. 무의미 식별코드체계 사용(일련No.) 2. 공급업체 품목 코드와 코드 매핑을 하기 위한 중립 코드로 사용 3. 코드 매핑을 통한 공급업체간 품목 비교 가능
속성표기	1. 속성의 포괄적 표현으로 상세속성 표기 곤란 2. 품목에 대한 공급업체 비교 시 일일이 링크 된 공급업체의 홈페이지에 들어가서 찾아야 하는 번거로움 3. 전자 상거래시 산업별 특성에 따라 특정 국제표준 적용 곤란	1. 속성 표기의 무제한 확장성 부여 2. 신규 품목 등록 시 중복 체크 3. 유사 품명 활용 4. 다양하고 신속한 검색기능(분류체계, 업체코드, 국제표준, 속성, 속성치, 품명, 유사 품명 등)

- 첫째, 특정 산업 및 개별기업에서 취급하는 개별 품목의 특성을 잘 정의할 수 있는 산업 전문가가 필요하다. 대부분의 기업체에서는 이들 산업전문가를 연구/기술/구매/생산/품질 등의 부문에 내부적으로 보유하고 있으며, 필요시 외부 전문가를 활용할 수 있다. 대부분의 ERP 패키지에서는 품목의 특성으로서의 속성을 거래를 위해 최적화된 품목의 특징인 공통 속성과 Spec에 대한 Description만을 정의하지만, 데이터 리엔지니어링 방법론에서는 그 속성을 좀 더 세분하여 개별 품목을 유일한 품목으로 식별할 수 있는 기술적 특성인 개별 속성을 중심으로 구체적으로 정의하고 구조화 시킨다.

- 둘째, 이들 산업 전문가들이 데이터 리엔지니어링의 방법론에 의해서 표준화하고 구조화된 품목 데이터를 관리할 수 있는 소프트웨어 도구가 필요하다. 데이터 리엔지니어링에서 요구하는 소프트웨어는 〈표 2-5〉과 같은 기능의 차별성을 필요로 한다. 과거 수작업 시대에도 표준화의 노력은 있었으나 품목을 식별하기 위한 속성을 정의하고 구조화하려는 필요성을 느끼지 못했으며, 필요성을 느껴도 이를 관리하기 위한 소프트웨어 개발 환경이 따르지 못했다. 따라서 기업에서는 아무리 노력을 하여 품목 데이터의 정확도를 일시적으로 맞추긴 하였지만 도로 악화가 되는 원인이 여기에 있는 것이다.

여기서 ERP나 B2B 등 기간 시스템과의 연계를 위한 해결 방안으로 [그림 2-5]에서 보여 주는 중앙저장고(Central Repository Data Base)에 의한 품목 데이터 관리 방식을 채택하는 방식이 있다. 데이터 리엔지니어링에 의해 잘 정의된 품목 데이터가 서버로서 중앙저장고(Central Repository Data Base)에 저장되어 있으면 이는 기업 내부의 ERP와 기업 외부의 B2B와의 접목 역할을 하여 기업 내부의 통합 구매 시스템(e-Procurement)은 물론 이를 확장하여 국경을 초월한 구매와 판매를 위한 시스템으로 자리를 잡게 될 것이다.

또 하나 품목 데이터를 관리할 수 있는 소프트웨어 도구의 필요성은 기존 ERP 패키지 기능 내에 들어 있는 기준 정보관리 모듈이 있지만 그 기능이 ERP 패키지마다 그 목적을 달리하고, 또한 기준정보 관리 모듈에서 속성을 한번 세팅하고 나면 이후 이를 변경하기가 매우 어렵기 때문에 이를 보완할 필요성이 있다. 물론 기술을 선도하는 ERP 패키지 개발 업체에서도 기업 외부와의 전자 상거래 접목을 위해 전자 카탈로그 기능을 탑재하는 노력을 전개하고 있다. 이는 향후 ERP II 로 발전하여 ERP와 EC 기능을 접목한 더 한층 발전된 ERP의 모습을 우리에게 보여줄 것이다.

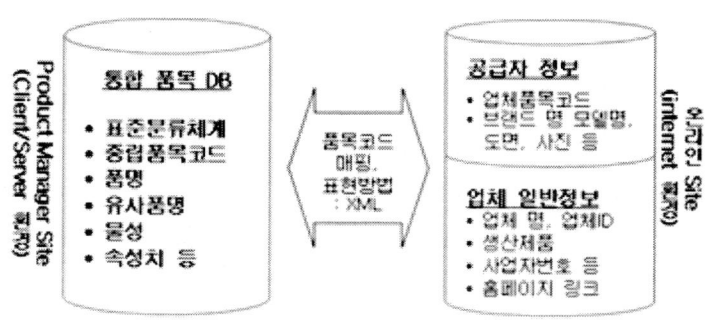

[그림 2-5] Central Repository 방식

③ 데이터 리엔지니어링의 5대 원칙

데이터 리엔지니어링을 추진하기 위해서는 데이터의 정제, 분류, 합리화, 속성추출, 정규화 등 5가지 추진 원칙이 있다. 이 5가지 추진 원칙에 입각하여 11단계 업무 추진 절차를 이행한다.

우선 5가지 추진 원칙을 요약 설명하면 다음과 같다.

- 첫째, 데이터 정제(Cleansing)

　이는 품목 마스터에 들어 있는 품명, 규격 데이터 또는 종이 카탈로그에 포함되어 있는 오류를 제거한다. 예를 들면 불필요한 문자, 구두점 등을 제거하며 업체명, 모델명, 도면번호 등을 분리한다.

- 둘째, 데이터 분류(Classification)

　데이터를 용도, 기능, 형상, 재질별 카테고리를 설정하여 대, 중, 소, 세 등 n단계 분류를 자기회사의 현황에 맞게 자율적으로 구성한다. 여기서 중요한 것은 데이터 분류시 상황 변경에 유연하게 대처할 수 있고 UNSPSC, HS, 등 국제 표준을 수용할 수 있는 품목 데이터를 관리할 수 있는 소프트웨어 도구를 고려해야 한다. 분류체계 정립 방법에 대해서는 다음 절에서 자세히 기술하겠다.

- 셋째, 데이터 합리화(Rationalization)

　현재 대부분 회사의 품목 데이터의 표기 방식에는 다음 〈표 2-6〉과 같이 많은 경우에 여러 가지 불합리한 부분이 있다.

〈표 2-6〉 품목 표기방식의 합리화

구분	기존 방식	데이터 리엔지니어링 방식
품명표기방식	수식어 + 명사 예) Gate Valve	명사 + 수식어 예) Valve, Gate
축약어 복원	BLK BP PN	Black Ball Point Pen
유사품명 사전	기업마다 또는 부서마다 동일 품목에 대한 부르는 품명이 다름	유사품명 사전을 등록하여 이들 모두를 수용 예) Hammer, 장도리, 망치
속성치 명시	속성치에 대한 정확한 정의를 표기하지 않음 예) 4 × 3 × 1	속성치에 대한 정확한 정의를 표기 예) 외경 4mm, 내경 3mm, 두께 1mm
단위 통일	EA, DOZEN, 10EA	단위 환산기능을 갖으며, 이를 한가지 단위로 통일

데이터의 합리화 작업에는 우선 품명 표준 표기 방식을 정립하여야 한다. 대부분 품명의 표기 방식은 수식어 다음에 명사를 놓는다. 하지만 국제적인 Best practice에 의한 품목 표기 방식은 명사를 먼저 표기하고 그 뒤에 수식어를 표기한다.

예를 들어 과거 품명을 "게이트 밸브"로 표기하던 것을 데이터 리엔지니어링에서는 "밸브 게이트"로 표기한다. 이렇게 표기해야 컴퓨터에서 품명을 검색할시 컴퓨터에 부하도 주지 않고 찾고자 하는 품명을 한눈에 보기 쉽게 검색을 할 수 있다.

또 품명을 정의 할 때 길고 복잡한 품명에 대해서는 다음과 같이 작업을 한다.
- 품명을 분석하여 가장 기본적인 명사 또는 복합명사를 추출한다.
(예 : 명사-Valve, 복합명사-Roller Bearing)

```
금속제품
    기계요소
        베어링
            볼 베어링
                볼 베어링, 깊은홈
                볼 베어링, 단열 앵귤러 콘택트
                볼 베어링, 복열 앵귤러 콘택트
                볼 베어링, 자동조심
                볼 베어링, 스러스트
                볼 베어링, 스러스트 앵귤러 콘택트
            롤러 베어링
                롤러 베어링, 단열 원통
                롤러 베어링, 복열 원통
                롤러 베어링, 충형 원통
                롤러 베어링, 니이들
                롤러 베어링, 테이퍼
                롤러 베어링, 조합 테이퍼
                롤러 베어링, 인치계열 테이퍼
                롤러 베어링, 배럴
                롤러 베어링, 스페리컬
                롤러 베어링, 스러스트 원통
                롤러 베어링, 스러스트 스페리컬
            유닛 베어링
            베어링 하우징
```

[그림 2-6] 품명 표기 방식의 예

- 수식어는 [그림 2-6]과 같이 명사와 가장 밀접하게 관련된 특성을 선정한다. 그외의 수식어는 모두 속성으로 취급한다. 그리고 과거에는 아이템 마스터의 품명을 부여하는 필드의 자리 수 한계 때문에 규격 표기를 어쩔 수 없이 축약하여 표기하였지만 이제는 이를 Full name으로 표기한다. 즉, BLK BP PN을 Black Ball Point Pen으로 완전히 풀어서 표기하여야 한다.

또한 유사품명도 추출하여 DB에 등록시켜 유사 품명으로도 검색을 할 수 있도록 준비해야 한다. 우리나라는 여러 문화권의 영향을 많이 받아왔기 때문에 품명을 표기할 때 일본어도 있고 한자를 쓰는 경우도 있고 또 지방 방언도 있고 심지어 영어 독일어 등 온갖 품명의 표기가 있다.

망치나 해머나 같은 말이 아닌가. 이러한 현상은 외국도 마찬가지이다. O-ring이나 Seal이나 다 같은 의미이다. 그런데 컴퓨터는 그것을 전혀 다른 것으로 인식하게 된다. 유사 품명을 검색어로 입력해도 등록된 표준 품명이 나올 수 있도록 유사품명 사전을 등록해야 한다. 그리고 ea, dozen 등 여러 가지로 혼용되어 왔던 단위도 하나로 통일 시켜야 한다. 여기에서 단위 환산 기능을 가진 프로그램을 추가 할 수도 있다.

- 넷째, 데이터 속성 추출(Attribute Extraction) 표준 품명이 정의 되면 이후 품목마다 상이한 품목의 기술적 특성을 정의하는 속성을 추출하고 그 속성의 내용을 나타내는 속성치도 과거 4×3×1이라 표기된 것을 외경 4mm, 내경 3mm, 두께 1mm 식으로 표기하여 기업 내부에서만 통용되지 않는 어느 누구라도 인식할 수 있도록 속성과 속성치를 〈표 2-7〉과 같이 정확히 명시하여야 한다. 〈표 2-7〉에서 식별코드 123456을 예로서 설명하면, 속성으로 품명, 지름, 길이, 강도, 재질, 용도 등으로 표기되어 있고 속성치로는 Bolt, 6각, 6mm, 20mm, 30kgf/cm^2, 철재, 일반용 등으로 표기되어 있다.

〈표 2-7〉 속성 및 속성치 표기방식

식별코드	품명	지름	길이	강도	재질	용도
123456	Bolt, 6각	6mm	20mm	30kgf/cm^2	철재	일반용
312345	Bolt, 6각	10mm	25mm	30kgf/cm^2	철재	일반용
523459	Bolt, 6각	12mm	30mm	30kgf/cm^2	철재	일반용

이는 속성 및 속성치 별 검색을 지원하기 위한 목적으로 관련 산업의 품목에 대한 속성을 잘 정의할 수 있는 전문가에 의해서 국제 Best Practice에 맞게 정의 되어야 한다.

현재 화학제품, 자동차 부품 등의 일부 부문에 속성 표준화가 작업 진행 중이지만, 아직까지 전 산업을 포괄하는 속성 표기에 대한 뚜렷한 국제 표준은 없기 때문에 기업내부 및 기업 간 의사소통 여부를 기준으로 해서 선진 B2B 사이트를 통해 Best Practice를 참조하는 것도 하나의 방법이다.

이렇게 하여 데이터의 표준속성과 속성치를 정의하고 검증된 품목에는 유일한 식별 코드를 부여하고, 이렇게 부여된 식별코드는 중립코드의 의미를 가진다. 식별코드는 이후 정규화 부문에서 공급업체의 품목번호와 Code Mapping의 대상이 된다. 식별 코드 부여 방식에 대해선 다음 절에서 다룬다.

- 다섯째, 데이터 정규화(Normalization)

마지막으로 기업 내부의 ERP 시스템이나 B2B의 e-Procurement에서 품목 데이터의 표준화를 필요로 하는 이유는 어떤 품목을 통합 구매하기 위해서 어느 업체가 가장 적정한가 하는 것을 한눈에 비교 판단할 수 있도록 하기 위한 것이다. 즉, 동일 품목에 대해서 다수의 공급업체의 가격 등의 정보가 동일한 장소에서 동일한 Format으로 비교가능 하도록 하는 것이 바로 정규화이다. 따라서 정규화를 위해서는 동일한 분류체계/동일한 코드체계/동일한 표기방식을 따르고 유사명도 표준명칭으로 대체하여야 한다. 이것은 Central Repository 방식과 중립 품목 식별코드를 중심으로 한 공급업체 품목코드와의 매핑으로 가능하다.

④ 품목코드 부여방법

• 분류체계와 분류코드

분류체계와 분류코드의 정의를 다시 설명하면 [그림 2-7,8]에서 보는 바와 같다.

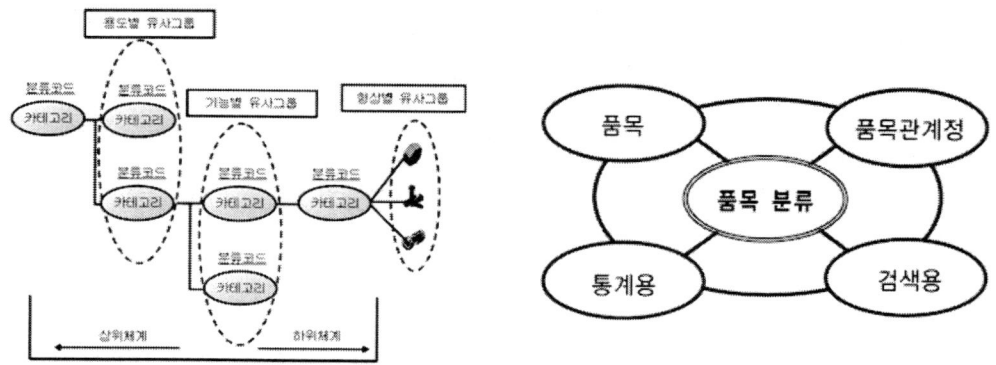

[그림 2-7] 분류체계 정립 방식   [그림 2-8] 품목 분류코드의 용도

[그림 2-7]을 보면, 품목의 유사/공통 성질을 용도별, 기능별, 재질 별, 형상별로 구분하여 이를 하나의 그룹으로 카테고리를 형성해 놓았고, 다음 다시 이 카테고리를 유사한 성질로 그룹화하고 또 다시 이를 상위 카테고리로 순차적으로 구성하고 있다.

여기서 품목이 소속되는 카테고리에 해당하는 상위 에서 하위까지의 카테고리를 모두 분류체계라 말하며, 이에 해당하는 카테고리별 식별을 위해 코드화한 것을 분류 코드라 한다.

이렇게 분류체계를 구성하는 이유는 상·하위 간의 카테고리들은 대개 상·하 계층 구조를 갖고 있는데, 분류 체계를 구성하면 이를 통해 계층관계를 쉽게 인식할 수 있으며 품목간의 관계를 소속 카테고리명으로 비교하여 품목간의 특성을 간접적으로 간단하게 파악할 수 있기 때문이다.

또한, 분류코드는 [그림 2-8]과 같이 동일 성질 품목들 간의 검색을 보다 빠르게 구현할 수 있는 기반으로 활용된다. 그리고 상위에서 하위까지 관심 품목에 대한 통계의 범위를 쉽고 빠르게 구조적인 체계로 접근할 수 있으며, 최종적으로는 품목의 등록, 변경, 삭제 및 유지 관리 시 기본구조로 유용하게 활용되는 특성을 가진다.

한편, 기업 내부의 표준분류체계는 기업 자체적으로 정립하는 것이 바람직하며, 기업간 전자상거래 등의 목적으로 필요시 국제 분류체계와의 연계를 고려할 수도 있다.

• 분류체계와 분류코드 정립 방법

기본적인 표준 분류체계 정립 방법은 [그림 2-9]와 같이 데이터 리엔지니어링 방법론에 의한 시안을 업체별 분류체계와 업계 실정에 맞게 가변적 (5+n) 단계로 재구성 한다.

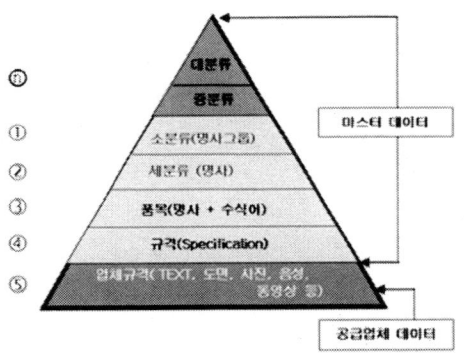

[그림 2-9] 기본적인 분류 체계

- 첫째, "소분류-세분류-품목-규격-업체규격"의 필수 5단계로 구성하고 상기 5단계 이상(대분류, 중분류 등)은 업종별 특성에 맞추어 n단계까지 설정한다.
- 둘째, 복잡하게 얽혀 있는 품명 중 기본이 되는 명사를 추출(예 : Bolt)하여 이를 세 분류 명으로 정의한다. 이때 유사 품명도 같이 추출한다(예 : Bolt, 볼트, 보루트 등). 그 다음 이를 기본 Line으로 하여 명사보다 상위 카테고리인 명사 그룹을 추출(예 : Bolt & Nut 류), 중 분류 명을 정의한다. 보다 상위 분류도 같은 방식으로 Bottom-up 하면서 계속 n 단계까지 진행해 나간 후, 최종적으로 대분류 명을 정의한다.

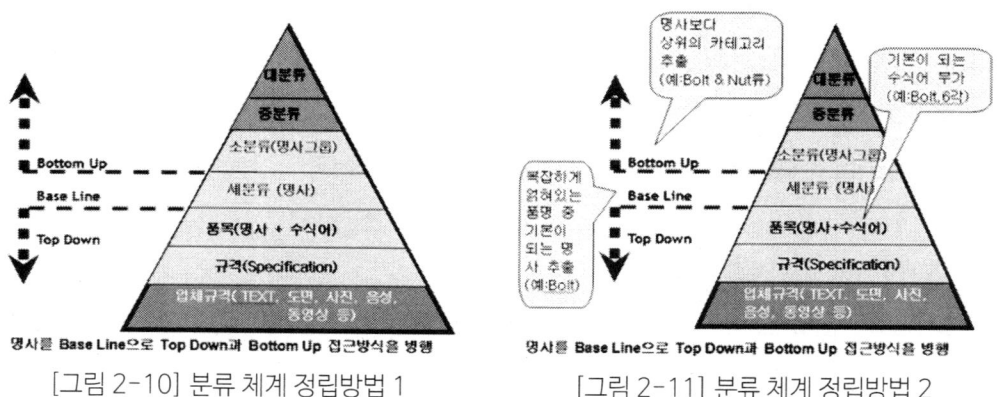

[그림 2-10] 분류 체계 정립방법 1   [그림 2-11] 분류 체계 정립방법 2

- 셋째, 복잡하게 얽혀 있는 품명 중 기본이 되는 명사를 추출(예, Bolt)하여 정의된 세분류 명을 기본 Line으로 하여 Top Down 방식으로 명사 + 수식어로 구성되는 최소 단위의 품목의 명칭을 (예, Bolt, 6각) 추출한다.

이때 수식어는 명사와 가장 밀접하게 관련된 특성을 선정 한다. 이때 모든 이용자가 이해하도록 품명 축약어를 복원하며 나머지 수식어는 속성(Attribute)으로 정의한다. 이하 속성 및 속성치를 부여하는 방법은 데이터 리엔지니어링 5대 원칙을 따른다. 이를 종합하여 정리하면 [그림 2-10], [그림 2-11] 과 같다.

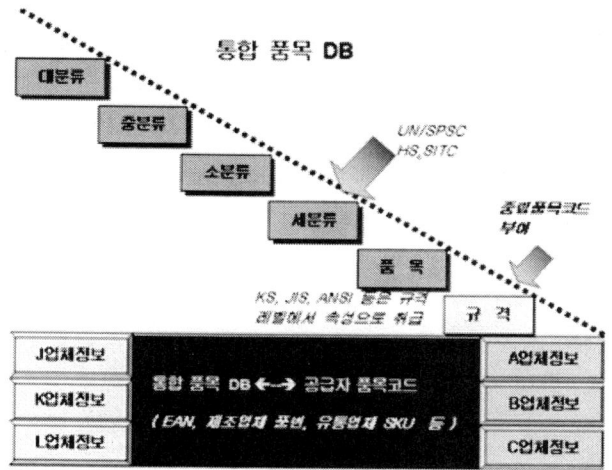

[그림 2-12] 분류체계와 식별코드 구조

- 넷째, 분류 체계의 유연성을 위해 전체적으로 분류명만 사용하고 분류코드는 부여하지 않는다. 그리고 품목 데이터 관리 소프트웨어 도구를 이용하여 필요에 따라 자유로이 이동을 하면서 시뮬레이션을 한다. 이때 분류코드는 품목 데이터 관리 소프트웨어 도구에서 내부코드로서 자동 부여된다. 그리고 UNSPSC, HS코드 등 기존 국제 분류코드는 해당품목의 세 분류(명사) 단계에서 속성(Attribute)으로 등록하여 국제 분류코드로 검색할 시에 활용할 수 있도록 한다.

- 다섯째, 최종 규격(Spec) 단계에서 무의미 방식의 중립 품목식별코드를 부여하거나 회사의 실정에 따라 유의미 방식의 품목 식별 코드를 부여한다. 이 때 무의미 방식 품목 식별 코드는 품목 데이터 관리 소프트웨어에서 자동 부여 된다. 데이터 리엔지니어링 방법론에서는 무의미 품목식별 코드 부여 방식을 권장한다.

그리고 UPC, UCC/EAN, JIS, ANSI 등 국제규격과 KS 등 국내 규격 등은 [그림 2-12]의 규격단계에서 해당 품목의 속성으로 등록하여, 국제규격 또는 KS 규격으로 검색할 시에 활용할 수 있도록 한다.

- 마지막으로 공급업체로부터 공급받은 종이 카탈로그와 견적서 등을 참조하여 공급업체 규격 데이터를 추출한다. 여기에는 공급업체 데이터와 공급업체 품목 데이터 두 가지로 나눌 수 있으며, 공급업체 데이터로서는 공급업체 코드, 공급 업체명, 홍보, 보유설비 및 생산 능력, 생산 제품명, 특허 및 인증, 신기술 등의 내용과 공급업체 홈페이지와의 링크 부문이 있다.

그리고 공급업체 품목 데이터로서는 공급업체 SKU No, 제조업체명, 브랜드명, 모델번호, 제조업체 품목번호, 도면, 사진, 음성, 동영상, 단가, 납기, 재고 등 추가 속성 등이 있다.

- **품목식별코드의 정의 및 용도**
  품목 식별코드는 한 개의 품목을 다른 품목들과 구분하여 식별하는 목적으로 사용되는 코드로서 식별성, 수용성 및 간결성을 갖추어야 한다.
  이는 사용자 및 시스템에서 단일 품목으로 인식하는 Key 값으로서 품목 관리 체계 중에서 가장 기본이 되는 중요한 코드이며 하나의 품목은 반드시 한 개의 식별코드(1품목 = 1식별코드)만 부여하는 것이 기본 원칙이다.

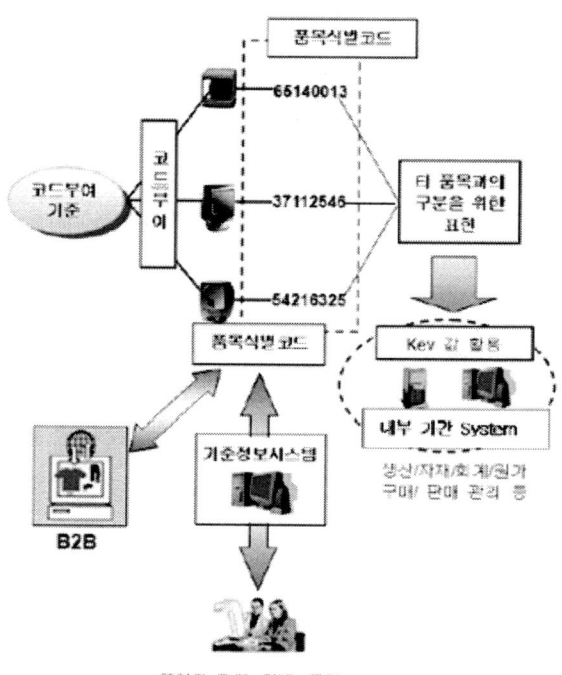

[그림 2-13] 품목 식별코드의 용도

품목식별 코드는 [그림 2-13]과 같이 관심 품목에 대한 기본정보로, 품명 및 속성과 함께 품목을 정의하는 기준정보로서 활용되며, 정보 시스템 내에서 통계, 데이터 정비, Migration등 다량의 작업이 필요한 경우에 Key값으로 활용된다.

또한 품목 식별코드는 내부의 기간시스템 내에서 시스템과 시스템간의 연결 Key값으로 타 시스템과의 연계를 도모하여 상거래에 있어서 품목에 대한 Communication 수단으로 활용 되는 특성을 갖고 있다.

한편 식별코드 부여 대상으로는 제품, 조립품, 반조립품, 가공부품, 구매부품, 원/부자재, 포장재, 설비, 치공구, 설비보수부품, 서비스 부품, 스페어 부품, 가상 품목, 통과 품목 등 회사 내에 존재하는 모든 품목이 대상이 된다. 그러나 다음과 같은 품목은 식별코드를 부여하지 않는다.
- 재공품

- 여러 차례 외주 공정을 거치는 품목
- 설계변경을 하였으나 변경 이전 품목과 100% 호환이 되는 품목

• 품목식별코드의 부여방식

품목식별코드의 부여 방식에는 유의미(Significant)코드 부여방식과 무의미(Non Significant) 코드 부여방식, 크게 두 가지가 있다. 대부분의 품목식별코드의 부여 방식은 [그림 2-14]와 같이 품목코드를 식별코드와 분류코드 겸용으로 사용할 목적으로 용도, 형상, 재질, 규격 등의 대중소 분류하여 의미를 부여하고 마지막 몇 자리만 일련번호로 부여하는 유의미 번호 방식을 사용하고 있다.

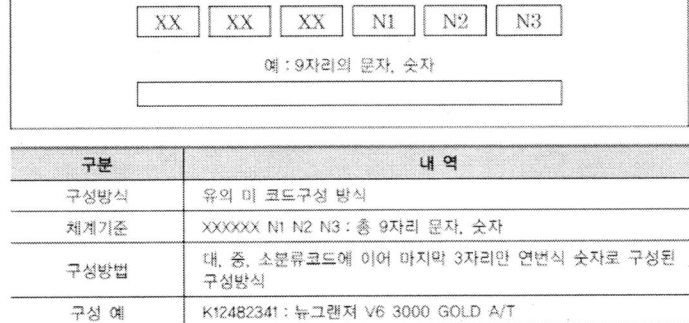

[그림 2-14] 유의미 식별코드의 부여방식

이러한 방식은 사용자가 코드만 보고 해당하는 품목을 바로 인식할 수 있다는 장점 때문에 2차 세계대전 후 수작업시대의 코드 부여방식으로 오랫동안 사용되어 왔었지만 코드의 확장성이 제한되는 폐단 때문에 이미 80년대 들어 정보화 시대가 본격화되면서 선진 기업들은 이 방식을 버리고 무의미 번호로 전환했다.

정보화가 늦은 국내 기업의 경우 아직도 대다수가 이 방식을 고수하고 있지만, 이는 금세기보다 기술이 급변하고, 다품종 소량의 라이프 싸이클 추세가 강화되고 있는 21세기에서는 품목코드 확장의 악순환을 되풀이할 수밖에 없는 단점이 있다.

대조적으로 수작업 시대에는 불가능하였지만, 본서에서는 하드웨어와 소프트웨어 기술이 급격히 발달하고 변화가 심한 요즈음 같은 시장 환경에 대처하기 위해서는 [그림 2-15]와 같은 무의미 식별코드 부여방식의 장점을 활용하길 권장한다. 이는 단순히 숫자만의 일련번호로서 식별코드의

기능만을 가지고 있으나 별도의 항목으로 정립된 분류코드 또는 분류체계와 컴퓨터 내부에서 시스템적으로 결합되어 시너지 효과를 만들기 때문에 오래전부터 선진 초우량 기업들은 Best Practice로 애용되고 있다.

그리고 여러 차례 설명한 바가 있지만, 품목코드를 부여하는 것은 그것이 분류체계나 분류코드나 식별코드나 간에 그 목적이 찾고자 하는 품목을 손쉽게 그리고 빠르게 찾기 위한 것이기 때문이다.

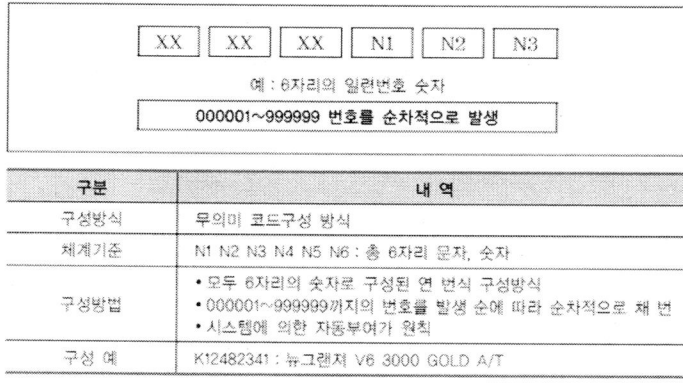

[그림 2-15] 무의미 식별코드의 부여방식

오늘날의 컴퓨팅 시대는 사용자가 Key Word 검색만으로도 찾고자 하는 품목을 손쉽게 찾을 수 있는 기술이 보편화되어 있다.

〈표 2-8〉 유의미와 무의미 식별코드의 부여방식의 차이점

유의미 코드부여 방식	무의미 코드부여 방식
분류코드와 식별코드의 혼합 형태	분류코드와 식별코드의 혼합 형태
용도, 형상, 기능, 재질 등으로 대, 중, 소 세 분류	코드의 발생순서로 컴퓨터에서 자동으로 일련번호 부여
최종 분류 내에서 숫자로 일련 번호 부여	모든 의미는 별도의 분류코드 또는 속성에서 제공
코드가 복잡하고 길어진다.	코드가 단순하고 짧다.
입력시간이 오래 걸리고 오류가 많이 발생한다.	입력시간이 짧고 오류 발생이 적다.
컴퓨터의 사용이 없이도 품목을 파악하기가 용이하다.	컴퓨터의 사용 없이는 품목을 파악하기가 불가능하다.
수작업 시대의 Best Practice	컴퓨터 시대의 Best Practice

오히려 앞서 설명한 분류체계나 분류코드 부여의 목적은 기타 목적도 있지만 또 다른 이유 중의 하나로는 컴퓨터에 검색으로 인한 부하를 적게 주어 사용자가 찾고자 하는 품목을 신속하게 찾게 하기

위한 목적도 있다. 〈표 2-8〉은 유의미 코드 부여 방식과 무의미 코드 부여방식과의 차이점을 나타낸다.

③ 데이터 리엔지니어링 추진개요
• 데이터 리엔지니어링 업무 추진절차

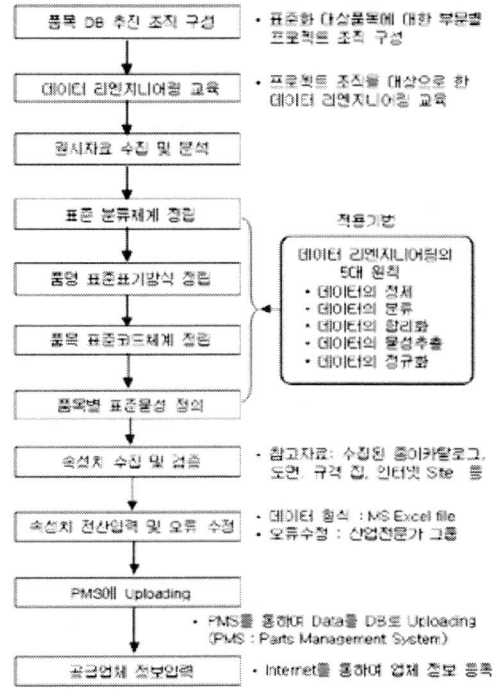

[그림 2-16] 데이터 리엔지니어링 업무 추진 절차

데이터 리엔지니어링을 추진하기 위하여 각 대상 품목에 대한 데이터를 표준화하고 DB를 구축하는 업무 는 다음 [그림 2-16]과 같이 원시 자료 수집 및 분석에서 부터 제조업체와 구매업체에 의한 정보 입력에 이르기까지 11단계로 나누어 추진된다.

데이터 리엔지니어링 업무를 성공적으로 추진하기 위해서는 [그림 2-17]과 같이 대상 품목에 대한 품목 의 특성을 잘 기술할 수 있는 각 기능별 부서에서 차출된 프로젝트 전담 조직이 필요하며 또한 자재, 생산, 기술, 개발, 원가, 구매 등 여러 부서들과 프로젝트팀과의 효과적인 접촉이 필요하다. 때문에 최고 경영자는 프로젝트 전담부장을 임원급 이상으로 임명하여 프로젝트팀에게 절대적인 힘을 실어주고 또한 외부의 전문 컨설턴트의 경험을 활용하는 것이 바람직하다.

- 추진조직의 구성
  - 추진 위원회
    - 위원장 : 대표 이사급의 책임과 권한을 가진 자
    - 위 원 : 부문별 사업담당 임원
    - 팀의 편성 및 팀원에 대한 사기 증진
    - 프로젝트의 기본 방향 설정
    - 프로젝트 목표를 위한 참여의 열성고취
    - 프로젝트 예산 승인
    - 전반적 전략과 방침 개발
    - 프로젝트 현황의 주기적 검토
    - 최고 경영층 데이터 리엔지니어링 Class 이수

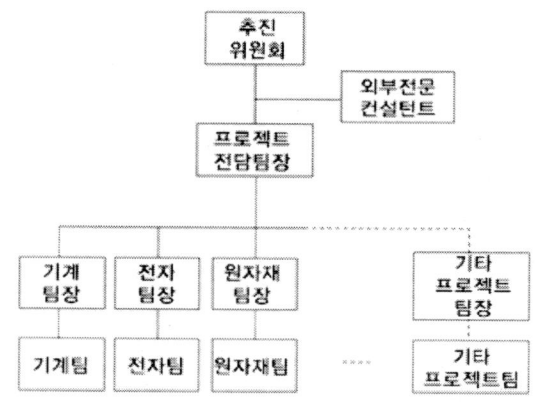

[그림 2-17] 프로젝트 추진 조직도

  - 프로젝트 팀장(PM : Project Management)
    - 추진위원회 간사 겸임과 실무책임자
    - 프로젝트 계획 개발
    - 팀 회의 소집과 집행
    - 프로젝트 상황과 모니터 결과를 추진 위원회에 보고

·추진위원회로부터 시달된 정책입수
·소요자원의 파악
·프로젝트 스케줄의 결정과 진도 파악
·현업에 대한 교육, 훈련계획 조정
·프로젝트팀장을 보조할 기획 및 행정 업무를 담당할 Full Time 근무 요원을 하부조직으로 둔다.

- 프로젝트 팀 요원
    ·프로젝트 추진 분야별로 기계, 전자 등의 품목에 대한 속성을 정의할 수 있는 산업지식을 보유한 자로 구성하며, 담당 프로젝트 기간 에는 반드시 Full Time으로 근무
    ·데이터 리엔지니어링 교육 이수 및 기간요원으로 양성
    ·현업에 대한 다수자 교육 실시
    ·담당 프로젝트 완료 후 현업에 복귀 및 데이터의 품질보증을 위한 유지보수
- 외부 전문 컨설턴트
    ·데이터 리엔지니어링 기준 모델을 결정하기 위한 업무 분석
    ·교육계획 수립과 보조
    ·프로젝트 진행 가이드
    ·프로젝트 계획 검토
    ·실수 예방을 위한 조언
    ·팀의 노력 경감을 위한 기술적 지원
    ·의사 결정에 대한 자문
    ·추진 위원 및 프로젝트 요원에 대한 데이터 리엔지니어링 교육

④ 데이터 리엔지니어링의 실행
• 데이터 리엔지니어링 교육
    데이터 리엔지니어링을 추진하기 위한 사전 지식을 습득하기 위해 이에 대한 경영자, 관리자, 실무자 과정을 개설하여 프로젝트 구성원 전체에 대한 교육을 실시한다.

- 원시 자료 수집 및 분석

  원시자료 수집에 대한 대상 정보로서는 인쇄된 종이 카탈로그, 제품 도면 및 데이터 파일, 제품 스펙(Spec) Sheet, 제품 특징 설명자료, 제품 사진 및 동영상 자료, 참고할 기존의 국제 분류체계 등이 있으며 수집된 자료를 가지고 분류를 한 다음 표준 품명과 속성을 분석한다.

- 표준 분류체계 정립과 품명표준표기방식, 품목표준코드체계정립 및 품목별 표준 속성 정의에 관한 내용은 데이터 리엔지니어링 5대원칙을 참조하길 바란다.

- 속성치 수집 및 검증

  수집된 속성치는 품목 데이터 관리 도구인 PMS(Parts Management System)에 Up-loading 하기 전에 검증 작업을 편리하게 하기 위해서 엑셀 파일로 다음과 같이 작업을 한다.
  - 1단계 : 수집된 카탈로그, 도면, 기타 협력업체에서 관리자료 수집
  - 2단계 : 규격집(예:KS, JIS, ANSI, DIN, GDAS 등)에서 수집
  - 3단계 : 품목 단계에서 정의한 속성에 따른 속성치 등록
  - 4단계 : 1차 수집된 물속성치를 해당 품목별로 Excel File에 입력 후 속성치 보강 및 검증 그리고 1차 완료된 엑셀 파일로 된 품목 정보를 PMS의 DB에 Up-Loading한 후 다시 한 번 PMS를 통해 Up-Loading 된 데이터를 확인 및 검증한다.

여기서 부실한 데이터는 PMS에서 직접 수정 보완한다. 이러한 과정을 거치고 나면 이제 회사 내부에서의 데이터 리엔지니어링 작업은 완료하게 된다. 이를 그림으로 나타내면 [그림 2-18]과 같다.

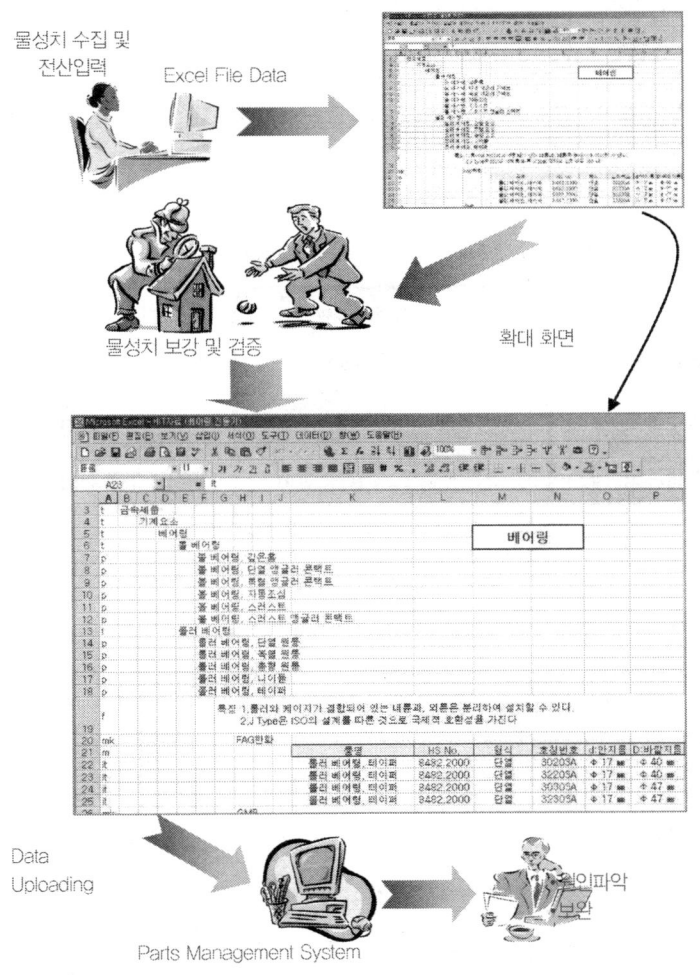

[그림 2-18] 속성치 수집 및 검증 절차

⑤ EC와의 접목을 위한 공급업체 품목정보 수집

이제까지 기업 내부에서의 데이터 리엔지니어링에 대한 절차와 방법을 설명하였다. 데이터 리엔지니어링에 의해 구축된 마스터 DB는 ERP 시스템에서의 아이템 마스터의 하단에 위치하여 아이템 마스터의 한계를 보완하는 스펙 마스터로서의 역할을 하고 EC에 있어서는 전자 카탈로그 역할을 한다.

이제 회사 내부의 ERP와 B2B인 e-Procurement 간에 접목을 위한 준비로서 PMS의 중앙 저장고에 공급업체 정보의 입력 방안에 대하여 설명한다. [그림 2-19]를 보면 협력관계에 있는 공급 업체들이 인터넷을 통하여 PMS에 접속한 후 자사가 취급하고 있는 품목정보를 검색하여 등록이 되어 있지 않으면, 자사의 업체정보와 해당품목의 품목정보 즉, 상호, 품목코드, 멀티미디어정보, 모델명, 제조업체 모델명, 단가, 재고, 홈페이지 링크, 특기사항 등을 입력한다.

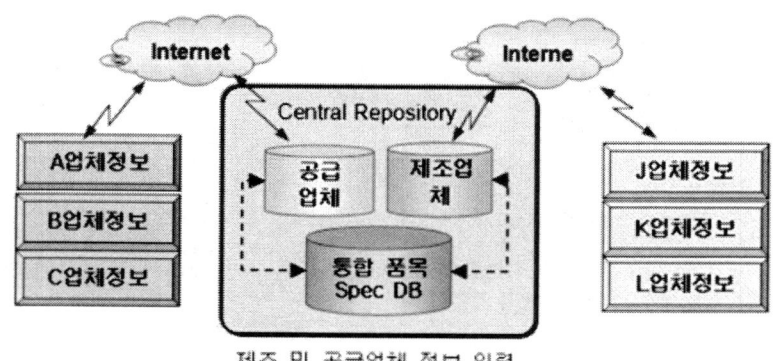

[그림 2-19] 업체정보의 수집 절차

⑥ EC와의 접목을 위한 업체 코드 매핑(Code Mapping)

PMS의 스펙 마스터 DB는 중앙 저장고의 기능을 갖으며 이 속에 있는 스펙 마스터 DB의 품목 식별코드는 [그림 2-20]와 같이 공급사의 품목코드와 코드매핑 함으로써 상호 거래하고자 하는 품목을 비교 인식할 수 있도록 하는 기능을 갖는다.

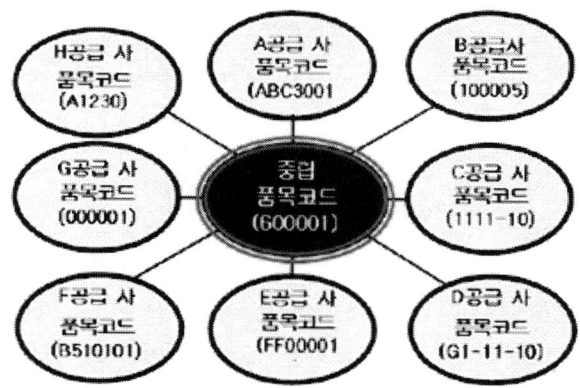

[그림 2-20] 중립 품목코드를 통한 코드 매핑

이 스펙 마스터 DB의 품목 식별코드는 앞서 설명한 바와 같이 무의미 방식의 식별코드로서 컴퓨터에 의해 자동으로 부여되는 코드이다. 이를 전자 상거래에 활용할 경우, 각 공급업체는 스펙 마스터 DB의 식별코드를 알 필요가 없이 자기회사의 품목코드를 그대로 전자 상거래에 사용할 수 있다.

이 이유는 스펙 마스터 DB의 품목 식별코드가 중립 식별코드의 성격을 갖고 있어서 공급업체 품목코드와 코드 매핑을 하여 자동 변환되기 때문이다. 이러한 기능을 활용함으로써 [그림 2-21]과 같이 동일한 규격의 품목에 대하여 공급업체 간의 정보를 손쉽게 비교할 수 있다.

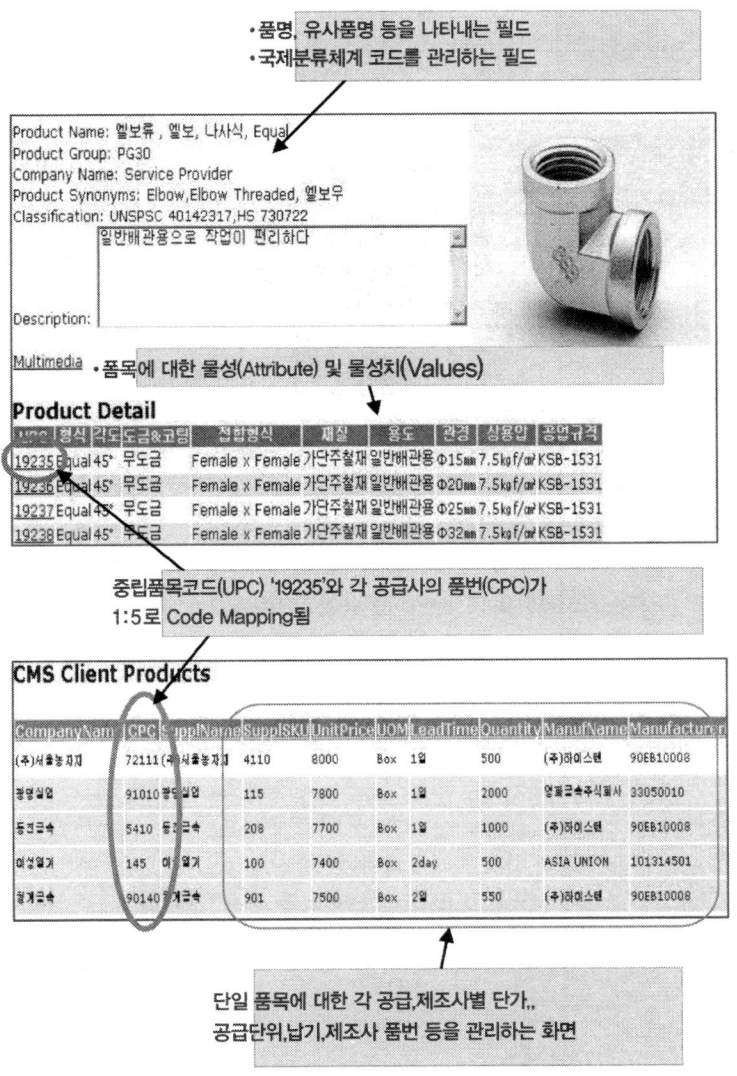

[그림 2-21] Code Mapping 화면 예

제2절 SEM의 이해와 활용 전략

1. SEM의 개념 및 정의

① SEM의 출현배경

기업의 경영환경이 점차 복잡해지고 경쟁사와의 경쟁이 치열해질수록 경영자는 더 많은 고려 요소를 포함하여 더 복잡한 의사결정을 더욱 신속하고도 정확하게 해야 한다. 또한 그러한 결정을 조직 내의 많은 관리자나 실무자에게 명확히 이해시키고 효과적으로 추진해서 경영 성과를 창출해야만 한다.

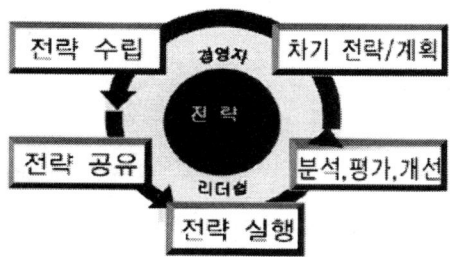

[그림 2-22] 경영관리 프로세스

이 과정에서 경영자가 수행해야 할 역할을 몇 가지로 나눠보면 다음과 같다.

- 첫째, 내부의 제한된 자원과 역량을 바탕으로 외부의 환경변화에 대응하고 기업의 성장, 발전을 모든 임직원과 함께 비전과 목표를 공유하고 이를 주도할 수 있는 적절한 경영 전략을 수립해야 한다
- 둘째, 수립된 전략을 내부 구성원과 외부의 이해관계자에게 명확히 이해시키고 공감을 형성해야 한다
- 셋째, 전략을 집행하는 과정에서 일관성과 지속성을 유지하며 효과적으로 실행해야 한다
- 넷째, 수시로 경영 성과를 분석, 피드백하고 부족한 점과 단점을 찾아내고 보완해야 한다
- 다섯째, 위 네 가지 단계를 바탕으로 차기의 경영 목표를 설정하고 이의 달성을 위해 보다 보완되고 발전된 경영 전략 및 실천 계획을 수립해야 한다

경영/관리자는 이러한 과정에서 '어떤 노력을 얼마나 했느냐'보다는 '어떤 수준의 경영 성과를 거두

었느냐'로 역할과 책임의 완수 여부, 조직의 기여도를 평가받게 되고 연봉과 직책이 달라지게 되며 회사의 흥망성쇠도 좌우하게 된다. 이에 따라 [그림 2-23]에서 보는 경영 패러다임은 바와 같이 외형 및 이익 중심에서 가치 중심의 전략경영에 그 초점이 이동하게 되었다.

		외형중심	이익중심	가치중심
경영관리	목표지표	매출액	이익	Risk 반영된 손익
경영관리	조직	• 기능중심 조직 • Cost Center	• Bu중심조직 • Profit Center	• BU중심조직 • Value Center
경영관리	경영계획 [Plan]	• 물량중심 Bottom-up방식	• 이익중심(BU포함)Top-Down	• 가치중심(Value Driver/KPI) Top-Down
경영관리	성과측정/Monitoring [See]	• Revenue/Cost 방식 • 물량분석	• 이익분석(BU/상품/고객)	• 가치분석(Value Driver/KPI) • Risk 분석
경영관리	보상 [Rewards]	• 물량 성장중심 보상	• 이익성과 중심 보상	• 가치 및 KPI 성과중심 보상
거리처리[Do]		• 외부 재무보고 중심 • GAAP 정합성 • 외형성장/원가절감 추진활동	• 내부 재무성과보고 중심 • 경영정보의 신속성/통합성 • 이익개선 활동	• Value, KPI 중심 경영보고 • 가치창출 중심 활동
시스템[Infra]		기존시스템	ERP	SEM

* 출처 : 테크노경영대학원 전략정부시스템 김성희 교수

[그림 2-23] 경영 패러다임의 이동

따라서 기업과 경영자는 날로 복잡해지는 경영환경 하에서 이러한 과정을 좀 더 효과적으로 수행하여 기업의 가치와 성과를 향상시키기 위한 방도를 찾게 되었으며, 이러한 요구는 점점 더 구체적이고 포괄적인 기능을 수행할 수 있는 경영관리 프로세스와 정보시스템으로 구현되고 발전되어왔다.

[출처 : The Value Imperative, Taggart, Kontes&Mannkins]

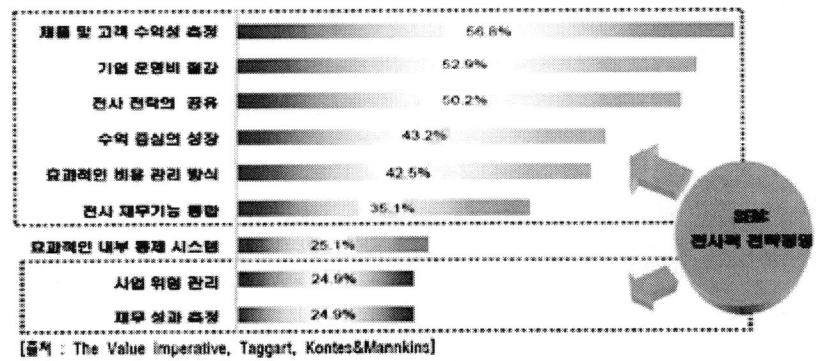

[그림 2-24] CEO가 보는 기업 가치와 관점

이를 대변 하듯이 이 기업의 최고 경영자 및 사업부장의 주요관심사는 [그림 2-24]에서 보는 바와 같이 제품 및 고객 수익성 향상이 기업가치의 높은 부분을 차지하였으며, 기업가치 역시 오늘날 경영활동의 핵심개념이 되고 있다.

다음은 기업 가치경영에 대한 중요성을 말한 대표적인 표현이다.

- "주주가치의 극대화는 모든 기업의 기본적인 목표이다"
  - Copeland, Koller, Murrin, Valuation

- "투자의 기본원칙은 자산의 가치보다 더 많이 투자하지 않는 것이다."
  - Aswath Damodaran, Damondaran on Valuation

- "기업의 경영자들은 주주의 부를 극대화 할 수 있는 행동을 취해야 한다. 이 목적을 버린다면, 일자리가 없어지는 위험을 감수해야만 할 것이다."
  - Brigham, Fundamentals of Financial Management

- "우리의 취지는 성장할 수 있는 올바른 사업에 참여하고, 빨리 변화할 수 있는 조직을 만들고, 우리가 투입한 자본으로부터 최대한 많은 것을 얻어내자는 것이다."
  - John F. Welch, CEO General Electric, Fortune Interview

- 나는 EVA는 모르지만 아주 단순한 사실을 알고 있다. 돈을 벌려면 돈을 빌려서 수익들이 더 높은데 투자해 그 차이를 챙기면 된다는 사실이다."
  - Roberto Goizueta, CEO Coca-Cola, Fortune Interview

이를 요약하면 다음과 같다.
- 기업의 가치는 오늘날 경영활동의 핵심 가치
- 전략계획을 운영업무와 연계할 필요성 대두
- 기존 ERP의 가치 중심 경영지원 기능의 미약
- 경영환경의 급격한 변화에 따른 전략적 정보 부재

- 정보 시스템을 통한 신속한 의사결정 및 전략 수립 도구 필요

즉, 많은 회사들이 경영전략과 기업 경영활동을 적절하게 연결시키지 못하고 있는 것이 문제점으로 지적되고 이를 해결하기 위한 방안으로 SEM이 탄생되었다.

② SEM의 정의

일부 선도적인 대기업을 중심으로 확산되고 있는 SEM (Strategic Enterprise Management)이라는 전략적 기업경영이 바로 그것이라고 할 수 있는데, 아직도 SEM에 대해서는 완전히 통일되지 않은 많은 정의나 주요 요소가 제기되고 있으나 공통 항목 중심으로 알아보면 다음과 같이 정의할 수 있다.

SEM이란 IT에 기반을 두고 경영자 및 관리자에게 경영환경 및 기업 활동에 대한 신뢰할 수 있는 정보의 제공을 통해 자원 배분에 관한 합리적인 의사결정과 실행을 할 수 있도록 도와줌으로써 기업가치(이익) 극대화를 실현시켜주는 선진경영혁신기법으로 전략적 의사결정지원시스템을 말한다.

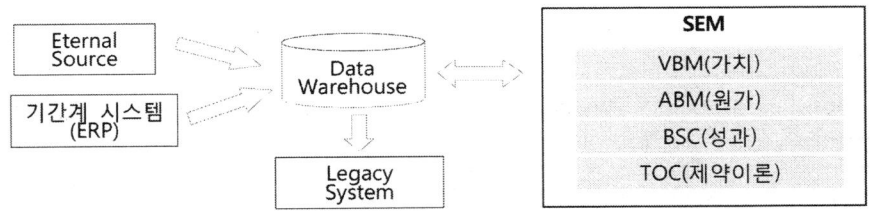

[그림 2-25] SEM의 주요 구성 요소

이를 통해 기업의 각종 경영정보를 정확히 분석하고 문제점을 도출, 해결하여 치열한 경쟁사회에서 전략적인 가치 중심 경영을 전사적으로 구현할 수 있도록 전략 집중형 조직을 (SFO : Strategy Focused Organization) 구축할 수 있다.

이런 SEM의 공통된 구성 요소로는 VBM (Value Based Management), BSC(Balanced Scorecard), ABM (Activity Based Management), TOC (Theory of Constraints)가 있다.
간단히 표현한다면 VBM이나 ABM, BSC는 SEM의 부분 집합으로 하위 구성 요소이다. 그 중에서 VBM은 Macro한 레벨의 가치 동인을 주로 다루며 BSC는 Micro 레벨의 운영적 차원의 가치 동인이며 ABM(또는 ABC)는 원가 관리/경영이며 TOC는 프로세스 지향의 경영 개선 활동이다.

2. SEM의 구성요소와 연계성

앞에서 SEM은 VBM, BSC, ABC/ABM, TOC 4가지 요소로 이루어 졌다고 설명하였다.
이들 구성요소 간의 연계도는 [그림 2-26]과 같으며, 그 개념은 다음과 같다.

- 첫째, VBM은 장기적인 관점에서 기업의 가치 제고를 목표로 제반 경영활동을 계획, 실행, 통제해 나가는 경영방식을 말한다.
- 둘째, BSC는 단순한 재무 측면의 평가에서 탈피하여 재무, 고객, 내부 프로세스, 학습과 성장의 4가지 관점에서 성과를 측정하는 방식을 말한다.
- 셋째, ABC/ABM은 제품의 생산에서 판매에 이르기까지 요구되는 서비스나 프로세스를 기준으로 활동 원가를 산정하고 관리하는 방식을 말한다.
- 넷째, TOC는 조직의 목적/목표 달성을 위해 프로세스를 분석하여 가장 약하거나 "Bottleneck (병목현상)"이 되는 부분에 자원을 집중해서 해결해 나가는 선택과 집중의 방식을 말한다.

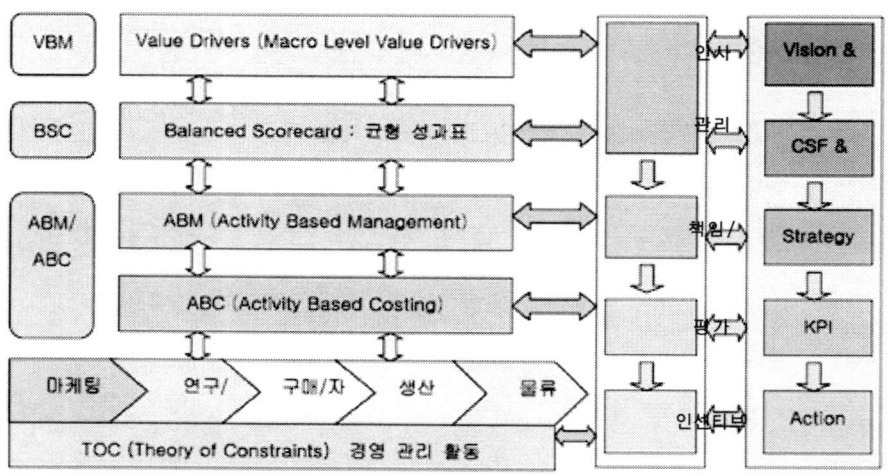

[그림 2-26] SEM의 구성 요소와 연계도

① VBM(Value Based Management : 가치 창조 경영)
  • VBM의 개념

VBM은 기업의 궁극적인 목표를 기업가치 극대화에 두고, 기업의 각종 의사결정이나 부문의 목표와 성과를 가치로 측정하며, 이러한 가치를 기준으로 기업의 각종 의사결정이나 경영계획, 경영관리를 행함으로써 기업 전체의 가치를 제고하고자하는 경영방식이다. 이를 위해 기업은 경영전략을 수립하여 각종 기업 자산을 활용하고 경영 활동을 전개해 나가는 과정에서 SEM의 가장 기본 목적인 주주와 투자자, 경영자에게 최고의 경제적 기업 가치를 창조해서 제공한다.

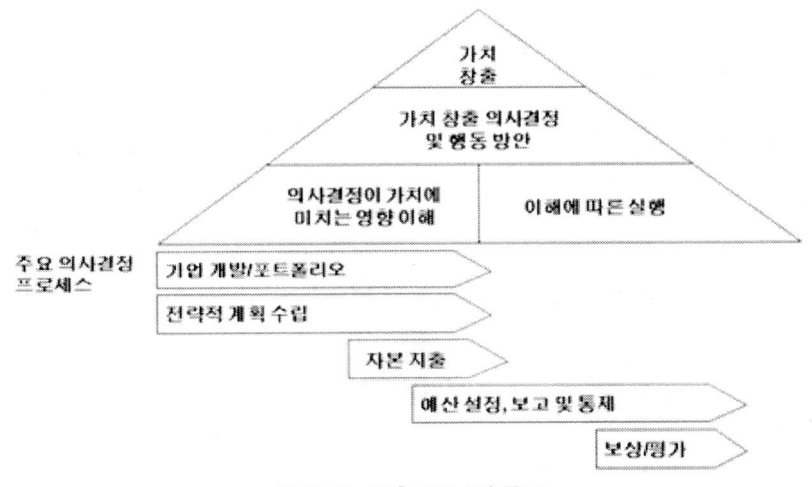

[그림 2-27] VBM의 목표

VBM은 기본적으로 기업의 가치 평가로부터 시작된다. 기업의 현재 가치를 평가하기 위해서는 상당한 양과 질의 정보가 필요하다. 우선 기업이 현재 참여하고 있는 시장, 고객, 경쟁사 등의 산업 매력도뿐만 아니라 자사의 강·약점을 정확히 진단할 수 있어야 한다. 그러므로 기업 가치를 제대로 평가하려면 현재 기업 보유 역량에 관한 정보가 필요하며, 잠재 기회와 리스크를 보다 명확하게 밝혀내기 위해서도 다양한 분석이 필요하다. 이는 통합된 정보시스템의 구축을 전제로 한다.

기업 가치를 평가할 때에는 현재의 투하 자산이 향후 어느 정도 현금 흐름을 창출할 수 있으며, 자사의 자본 구조를 고려할 때 어느 정도의 자본 비용을 보상해야 하는지를 확인해야 한다. 이익률 극대화를 위한 경영관리의 일환인 VBM은 기존의 손익계산서가 매출, 이익에 초점을 둔데 반해 투하 자본에 대한 이익에 초점을 맞추고 있으며 이것은 ROIC(Return On Invested Capital)와 WACC(Weighted Average Cost of Capital)라는 두 지표로 평가된다.

또한 VBM은 단순히 계량적 수치를 만들어내서 이를 계산하는 작업이 아니라, 미래 현금흐름 창출력을 강화하기 위해서 어떤 부분에서 어떤 역량을 가져야 하는가를 정의 하는 것 등을 포함하게 된다.

따라서 가치창조경영이란 가치를 훼손하는 사업은 과감히 정리하고 가치창출능력이 있는 사업에 집중함으로써 궁극적으로 기업 가치를 극대화시키고, 주주, 채권자, 근로자를 포함한 기업의 모든 이해관계자들의 부를 증대시키는 것을 목표로 하는 경영사상이라고 할 수 있다. 이런 의미에서 가치창조경영은 주주가치를 증대시키는 것과 동일하게 이해되기도 한다.

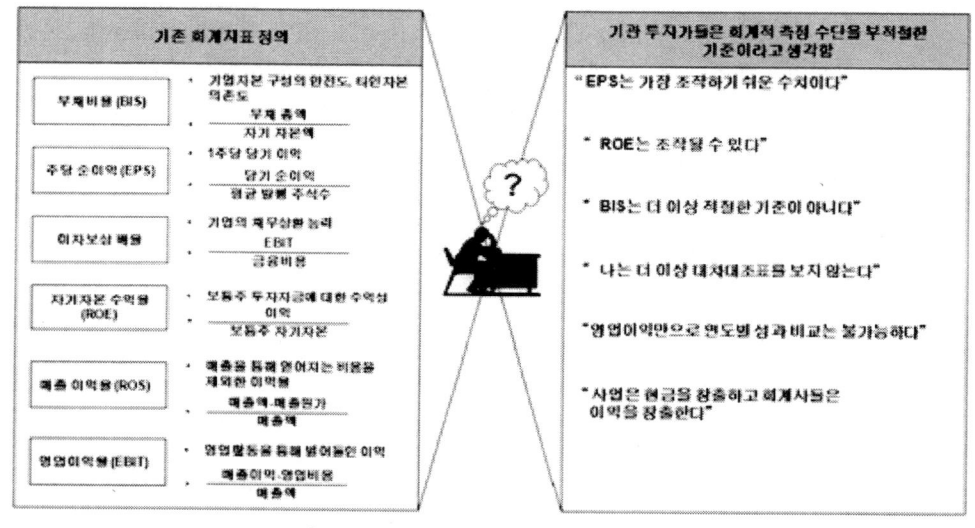

[그림 2-28] 기존 회계 지표의 한계

이렇듯 가치창조경영은 취지나 개념은 누구나 동의할 만큼 이상적이고 논리적이다. 가치창조경영을 도입하기 위한 이론적 프로세스 또한 매우 간단해 보인다. 많은 사람들이 가치창조경영을 조직문화의 변화라기보다는 단순히 재무적인 변화로 이해하기 때문에 성과평가를 위해 경제적 부가가치 (Economic Value Added : EVA)와 같이 기업의 부가가치를 측정할 수 있는 지표를 도입하고 이에 따라 성과보상 시스템을 설계하면 되는 것으로 생각한다.

그러나 실제 가치창조경영을 정착시키기 위한 과정은 이론이나 컨설턴트들이 말하는것 이상으로 복잡하고 어렵다. 막대한 노력과 인내 그리고 자금을 필요로 할 뿐만 아니라 조직문화의 근본적인 변화를 요구하는 경영혁신활동이다.

하버드 비즈니스 리뷰의 연구결과에 따르면 실제 가치창조경영을 도입한 기업들 중 미미하게라도 성과를 거둔 것으로 평가받는 기업들은 과반수 정도에 지나지 않는다.
기업들 중 일부는 가치창조경영을 도입한지 3~5년이 채 되지 않아 이를 포기하고 다시 주당 순이익과 같은 예전의 성과지표로 돌아간다고 한다. 국내 기업들 중에도 많은 기업들이 가치창조경영을 표방하고 있지만 실제 성과에 대해서는 의문을 표시하는 기업이 적지 않다.

AT&T는 한 때 가치창조경영을 도입한 대표적 기업이었다. 그러나 1992년 미국의 경영 컨설팅 사인 스턴 스튜어트 社의 자문을 받아 시작한 가치창조경영은 2000년 아무런 성과 없이 실패로 끝났다.

AT&T와는 반대로 영국은행 Lloyds TSB는 1980년대 중반에 가치창조경영을 도입한 이래 15년이 넘게 지속적으로 추진하면서 주가가 무려 30배 이상 상승하는 성공을 거두었다. 3년마다 주가가 배로 오르는 성과를 거둔 것이다. Lloyds TSB의 회장인 Pitman은 이러한 "성공의 원동력"은 "가치창조경영" 이라고 단언한다. 무엇이 가치창조경영의 성공과 실패를 갈랐을까? 그 성공비결(CSF, Critical SuccessFactor)을 알아보자.

* 비결 1 : 확고한 의지 표명
가치창조경영의 첫 번째 성공비결은 주주가치 창출에 대한 경영진의 확고한 신념을 대외적으로 표방함과 동시에 내부적으로는 주주가치 중심의 조직문화로 바꾸기 위해 노력하는 것이다. 많은 기업들이 가치창조경영을 표방해도 실제로 기업의 목표를 주주가치 하나로 집중하는 경우는 많지 않다.

대부분 주주가치 창출이라는 경영목표는 추상적이라고 생각하고 보다 구체적인 복수의 기업목표를 정하는데 이와 같은 구체적인 목표의 대부분은 예전 것을 그대로 답습하는 경우가 많다. 예를 들어 기업의 목표 중 자주 등장하는 것이 경쟁시장에 서 1위를 목표로 한다거나 시장점유율을 높이는 것 등이다. 이를 추진하는 과정 중에 주주가치와는 상충되는 의사결정이 이루어지곤 한다.

Dr. Pepper, 7-Up 등으로 유명한 음료 및 제과업체 Cadbury Schweppes의 경우를 살펴보자. 1980년대를 거쳐 1990년대 초반까지 Cadbury의 일관된 기업목표는 코카콜라와 펩시콜라를 따라잡기 위한 시장점유율의 확대였다. 그러나 이 기간 동안 Cadbury의 주가는 경쟁자들에 비해 점점 뒤떨어지고 있었다.

1996년 Cadbury의 새로운 최고경영자 John Sunderland는 가치창조경영을 도입하면서 가장 큰 장애물이 구성원들에게 은연중에 배어있는 기존의 성장 지향적인 사고방식임을 깨달았다. 그 자신도 최고경영자의 자리에 오르기 전 Cadbury의 사업부문을 맡고 있을 당시 성장지향적인 목표달성에 집착했었기 때문에 그 심각성을 절실히 깨닫고 있었다.

이를 극복하기 위해 Sunderland는 대내외적으로 가치창조경영의 도입과 주주가치 창출에 대한 회사의 확고한 신념을 표방하는 방법을 선택했다. 기관 투자자들을 초청한 자리에서 그는 회사의 목표가 주주가치창출이며 회사의 모든 의사결정도 주주가치 창출 여부를 기준으로 일관되게 이루어질 것이라고 강조했다.

구체적인 목표로 5년내 회사의 주가를 두 배 이상 올릴 것이라고 제시했다. 실제로 Cadbury의 주가는 4년 만에 두 배로 올랐다. 기업 내부적으로는 기존의 모든 경영전략과 사업계획을 일시 중단하고 주주가치 창출 여부에 따라 새롭게 평가하고 추진 여부를 결정함으로써 회사의 의지를 조직 구성원들에게 확고하게 인식시켰다.

* 비결 2 : 강도 높은 교육

가치창조경영의 두 번째 성공비결은 교육을 통하여 앞으로 가치창조경영을 도입함으로써 나타나게 될 변화에 대해 사전적으로 주지시키고 받아들일 수 있는 환경을 조성하는 것이다. Cadbury의 최고경영자 Sunderland는 "성공의 80%는 사람에 달려있고, 가치 산출은 재무적 기법에 의존하지만 가치 창출은 사람이 하기 때문이다"라고 말한 바 있다. 가치창조경영이 성공적으로 정착하기 위해서는 주주가치 창출이 기업의 목표이고 이를 의사결정의 판단기준으로 삼는 것이 올바른 것으로 생각하는 조직 구성원의 인식이 선결과제다.

이를 위한 효과적인 방법이 교육이다. 교육 프로그램은 다음과 같은 원칙에 따라 이루어져야 한다.

· 첫째, 모든 계층을 대상으로 이루어져야 한다. Dow Chemical의 경우 최고경영자에서부터 일반 직원에 이르기까지 전 종업원의 75%에 해당하는 약 3만 명의 종업원들이 교육프로그램에 참가했다.

· 둘째, 교육 프로그램은 대상에 따라 내용을 달리하여야 한다. Dow Chemical의 가치창조경영 프로그램은 담당하는 업무에 따라 다양하게 구성되어 있다. 전 직원을 대상으로 가치창조경영에 대한 기본개념과 경제적 부가가치 산출논리 등을 설명하는 기초교육 프로그램 외에도 모든 사업부의 스탭팀들은 경제적 부가가치를 계산하는 방법, 가치창출인자(Key Value Driver)를 찾아내는 방법, 결과를 해석하는 방법 등이 포함된 프로그램 교육을 이어서 담당하는 업무에 따라 3일에 걸쳐 특화된 프로그램에 참가한다.

예를 들어 마케팅 스탭인 경우에는 수요와 공급 및 가격결정 분석과 이 분석과 경제적 부가가치와 연결하는 방법 등에 대해서 교육 받는다.
재무 및 회계 스탭의 경우에는 상세한 계산방법 외에도 원가구조분석, 컴퓨터 모델링, 경쟁사와의 벤치마킹 비교방법 등을 교육 받는다. 교육 프로그램이 진행되기 이전 Dow Chemical의 직원 중 경제적 부가가치의 개념과 자본비용에 대해서 알고 있는 직원은 5%도 채 되지 않았지만 교육 이후에는 그 비율이 75% 이상으로 증가되었다.

· 셋째, 교육 프로그램은 조직구성원의 인식을 쇄신할 수 있을 만큼 강력해야 한다. 특히 성공적인 가치창조경영의 정착을 위해서는 Bottom-Up보다는 Top-Down 방식이 효과적이기 때문에 최고경영진의 인식전환을 이끌어 내는 것이 무엇보다 중요하다. Cadbury의 경우 약 150명에 달하는 최고경영진을 대상으로 하는 교육 프로그램에서 직무능력도 함께 평가하고 있다.

외부 인사관리 전문가로 구성된 평가 팀과 개별 인터뷰를 진행하면서 회사의 목표와 본인의 직무에서 요구되는 능력을 분석하여 자기계발계획을 세우도록 하는 것이다. 인터뷰 항목 중에는 "본인의 위치에서 가치창출에 공헌하기 위해 연마하여야 할 경영자질은 무엇이라고 생각하는가", "본인의 능력을 가장 잘 발휘할 수 있는 분야는 어디인가"와 같은 내용들이 포함되어 있다. 일명 "Leadership Imperatives"로 명명된 이 평가 프로그램은 Cadbury 최고경영진 중 50%가 본인의 능력에 맞는 새로운 자리에 재배치되거나 회사를 떠났을 정도로 강력하게 진행 되었다.

* 비결 3 : 가치창조경영과 연결된 성과 보상 프로그램의 도입
가치창조경영의 세 번째 성공비결은 조직 구성원들이 회사뿐만 아니라 가치창조경 프로그램에도 주인의식을 가지고 실천해 나갈 수 있도록 가치창조경영과 연결된 성과 보상 프로그램을 도입하는 것이다. 한 가지 흥미로운 사실은 보상의 크기보다는 보상의 범위가 가치창조경영의 성공에 더 많은 영향을 미친다는 점이다. 즉, 소수를 대상으로 많은 보상이 주어지는 것보다 일 인당 보상의 규모는 작더라도 다수를 대상으로 하는 보상 프로그램이 더욱 효과적이다.

Siemens의 성과보상 프로그램이 좋은 사례이다. 가치창조경영을 도입하기 이전 성과와 연동한 보상 프로그램은 최고경영진 중에서도 소수를 대상으로 이루어졌다.
평가기준도 내부적 기준에 따라 일관성 없이 적용되었는데 주로 연초에 설정한 영업이익 목표에 따라 각 사업부별로 차별적으로 이루어졌다. 따라서 자산의 효율성이나 자본비용 등은 경영진의 관심사에서 벗어나 있었다.

이러한 성과보상 프로그램은 1998년 가치창조경영을 도입하면서 완전히 새롭게 바뀌었다. 현재는 약 500명에 달하는 최고경영진 전부를 대상으로 하고 있으며 최고 경영진에게 지급되는 봉급의 약 60%가 성과와 연동되어 있다.

평가기준도 EVA를 기준으로, 연초에 설정한 목표 EVA 달성한 경우 원래 약속한 성과급이 100% 지급되고 EVA 목표를 초과 달성하거나 EVA 목표를 달성하면서도 경쟁자 대비 시장점유율이 향상된 경우에는 추가적인 성과보상이 이루어진다. 최고경영진과 달리 일반 종업원들의 경우에는 전 종업원 4십4만명중 15~20%에 해당하는 상급관리자들만이 목표 EVA에 연동하여 성과보상을 받는다.

Siemens와는 달리 성과보상을 보다 직접적으로 주주가치와 연동해서 실행하는 경우도 있다. Cadbury는 최고경영진의 성과보상 기준을 목표 주주이익(Share holder Returns)으로 하고 있다. 또한 직급과 봉급에 따라 일정 부분의 자사주를 반드시 보유하도록 규정하고 있다.

예를 들어 최고위 경영진들은 봉급의 4배에 해당하는 자사주를 보유하고 있어야 하고 일반경영진은 봉급의 2배에 해당하는 자사주를 보유하고 있어야 한다. 이 외에도 전 종업원이 주인의식 고양 차원에서 자사주를 보유하도록 권유하고 있다. 이러한 결과로 가치창조경영 프로그램 도입 이전에는 거의 전무하던 Cadbury 종업원의 자사주 보유비율이 현재는 20%에 달하고 있다.

* 비결 4 : 책임경영체제의 구축

가치창조경영의 네 번째 성공비결은 조직 구성원 스스로가 주주가치창출을 위한 의사결정이 가능하도록 가능한 한 많은 권한을 이양하고 책임경영체제를 구축하는 것이다. Dow Chemical은 가치창조경영을 위한 책임경영체제를 구축하기 위하여 기존의 매트릭스 조직구조를 포기하고 Value-Center 중심의 조직구조로 개편하였다.

이전의 매트릭스 조직은 일명 'Mini-Dows'라고 불리는, 지역을 기준으로 구분된 3개의 조직으로서 각기 준 독립적인 경영을 해 왔다. 새로운 조직구조에서는 'Mini-Dows'가 산업별 구분에 따라 14개 글로벌 조직으로 세분화되고 이것은 다시 세부 운영단위인 100여개의 Value-Center로 나뉘었다.

Dow Chemical의 Value-Center는 독립적인 운영단위로 각기 특화된 화학공정 기술을 필요로 하는 제품을 생산하여 독립된 시장에 독자적인 유통망을 통해 공급한다. 따라서 각각의 Value-Center 별로 경쟁자와의 비교 및 전략수립이 가능하고 각 전략별 가치창출여력을 평가할 수 있다. 특히 Value-Center로의 조직개편은 회계적 투명성을 높이는데도 크게 기여함으로써 실제로 가치창출이 어느 부분에서 일어나는지 보다 명확해졌다.

Mini-Dows 시절에는 3개의 Mini-Dows로 직접적으로 배부할 수 있는 비용은 40%에 불과하고 나머지 60%는 인위적인 배부기준에 의해서 배부되었다. 그러나 새로운 조직구조 하에서는 비용의 80% 이상을 직접적으로 배부할 수 있게 되었다.

본부에 배부되는 5%를 제외한다면 15%도 안 되는 비용만이 배부기준에 의해 배부되는 것이다. Value-Center별 회계정보는 더욱 더 신뢰성이 높아졌고 관리자들은 배부기준을 놓고 실랑이를 벌이기보다는 경영현안에 대해 더욱 많은 시간과 노력을 기울일 수 있게 되었다.

* 비결 5 : 광범위한 개혁 프로그램의 도입

마지막으로 가치창조경영의 다섯 번째 성공비결은 가치창조경영 프로그램을 재무관리나 성과보상과 같이 일부분에 국한하지 않고 회사 전반에 걸쳐 광범위하게 도입하는 것이다. 가치창조경영에 실패한 기업들의 공통적인 특징 중의 하나가 대부분의 시간과 노력을 복잡한 성과평가지표를 개발하는 데 쏟는 것이다. 그리고는 그것이 가치창조경영의 시작이자 끝이라고 생각한다. 그러나 지표의 개발보다 더욱 중요한 것이 회사의 전반적인 경영시스템과 프로세스를 바꾸는 일이다.

가치창조경영을 광범위한 개혁프로그램으로 도입하기 위해서는 다음과 같은 4가지 점에 유의해야 한다.

·첫째, 복잡한 성과지표는 오히려 장애가 될 수 있다. 복잡한 성과지표는 전사적인 협력을 이끌어내기 보다는 생산이나 영업부문과 같이 비 재무부문의 저항을 불러일으킬 수 있다. 지표는 단순하고 명쾌할수록 조작의 여지가 줄어들고 구성원의 신뢰를 받는다.

·둘째, [그림 2-29]와 같이 가치창출인자를 도출하는데 노력을 하고 이를 통해 부문별 역할을 명확히 하여야 한다. 회사 내 많은 활동들, 특히 실제 작업현장에서 일어나는 활동들을 일일이 EVA로 측정하기는 어려운 경우가 많다. 대신 EVA를 증대시키는 직접적인 활동들을 규명함으로써 현장에서의 부가가치창출 활동을 유도해야 한다.

[그림 2-29] 주요 성과지표(KPI) 관리를 통한 부문별 역할의 명확화

· 셋째, 예산편성과 전략계획을 통합해야 한다. 흔히 예산편성은 매출이나 당기순 이익과 같은 단기적인 목표달성과 실적을 점검하는 일상적인 경영활동으로, 전략계획은 비전과 전략을 수립하는 중장기 경영활동으로 서로 달리 접근하는 경향이 있다. 그러나 예산 편성은 전략계획의 실현가능성과 달성정도를 점검하고 구체적인 단기목표를 세우는 과정으로 인식하여야 한다.

· 넷째, 정보시스템에 대한 과감한 투자가 필요하다. 가치창조경영에 근거한 경영전략을 수립하고 실행하기 위해서는 크게는 사업부별로 작게는 사업부 내 수많은 자산별로 가치 창출 여부에 대한 평가가 가능해야 하고 전략적 옵션에 따라 기업가치에 미치는 영향을 산출할 수 있어야 한다.

Dow Chemical은 5년에 걸쳐 새로이 정보시스템을 구축한 결과 100여개의 Value-Center마다 제품별, 시장별, 고객별로 EVA는 물론 전략적 의사결정에 필요한 모든 분석이 가능하게 되었다.

이상에서 가치창조경영의 성공적인 정착을 위한 비결에 대해서 알아보았다. 무수히 많은 경영혁신 활동들이 시대를 달리하며 나타나고 사라지기를 반복한다. 아무리 우수한 경영혁신기법이라 하더라도 도입하는 모든 기업들이 기대하는 성과를 거두는 것은 아니다. 결국 성공의 비결은 확고한 의지와 지속적인 실천이라는 평범한 진리를 다시 한번 새겨보아야 할 것이다. 따라서 이를 종합해 보면 [그림 2-30]과 같이 성공적인 가치경영의 3대 핵심 요소를 도출할 수가 있다.

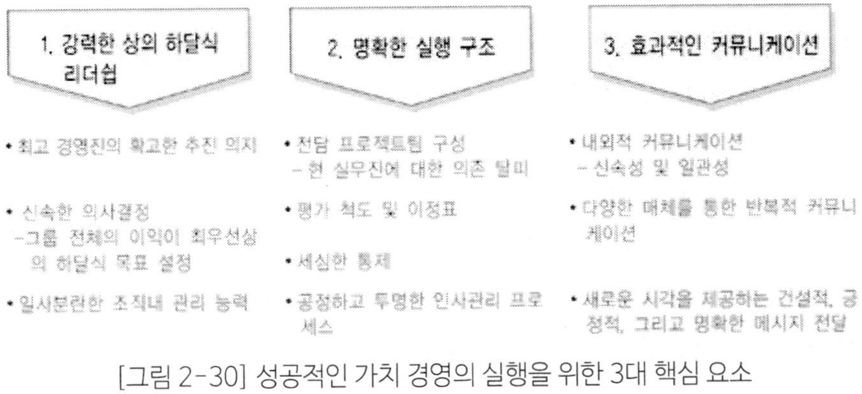

1. 강력한 상의 하달식 리더쉽	2. 명확한 실행 구조	3. 효과적인 커뮤니케이션
• 최고 경영진의 확고한 추진 의지 • 신속한 의사결정 - 그룹 전체의 이익이 최우선상의 하달식 목표 설정 • 일사분란한 조직내 관리 능력	• 전담 프로젝트팀 구성 - 현 실무진의 대한 의존 탈미 • 평가 척도 및 이정표 • 세심한 통제 • 공정하고 투명한 인사관리 프로세스	• 내외적 커뮤니케이션 - 신속성 및 일관성 • 다양한 매체를 통한 반복적 커뮤니케이션 • 새로운 시각을 제공하는 건설적, 긍정적, 그리고 명확한 메시지 전달

[그림 2-30] 성공적인 가치 경영의 실행을 위한 3대 핵심 요소

② ABC(Activity Based Costing : 활동기준 원가)

• ABC의 개념

ABC는 1980년대 후반 미국의 제조업에서 생겨나 순식간에 미국, 유럽을 제패해 버렸다. 그 제창자는 하버드의 캐플런과 쿠퍼이다. ABC는 "자원과 그것을 소비하는 활동을 관련짓는 것이다. 즉, 제품인 서비스를 생산하기 위해 필요한 활동(액티비티)을 기준으로 해서 변동비, 고정비 및 간접 부문 비를 각 제품과 서비스에 직접 귀속시키는 것이다.

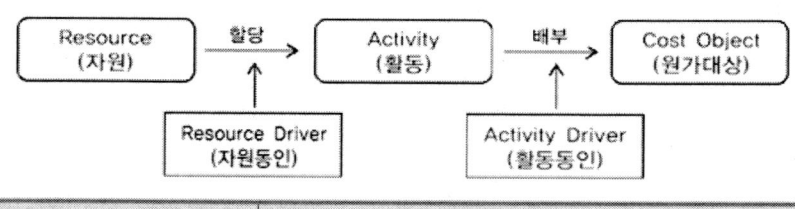

구성요소	내용
자 원	-인건비, 경비, 감가상각비, 판매비
자원동인	-특정 활동에 소비한 자원의 양
활 동	-고객 주문처리, 제품포장 등
활동동인	-원가 대상이 소요한 활동 빈도
원가대상	-원가 배부 대상, 제품, 고객 등

[그림 2-31] ABC의 구성도

활동기준 원가(ABC)는 기업으로 하여금 조직의 규모에 상관없이 각 책임 중심점 또는 가치 중심점별 원가발생 요인에 대한 철저한 분석을 통하여 최적의 경영 의사결정을 위한 정보를 제공한다.

전통적인 원가계산은 제품에 대한 제조 직접비에다 제조 간접비를 제조부문과 보조부문으로 나누고 또한 이를 배분하여 부문별 원가계산 및 제품별 원가를 산정하지만, ABC(Activity Based Costing)는 [그림 2-31]와 같이 자원을 사용하는 활동에 비용(원가)을 배분한 후, 이 활동을 사용하는 원가대상(제품, 고객 등)에 적합한 활동 동인을 기준으로 배분하는 원가계산 기법이다.

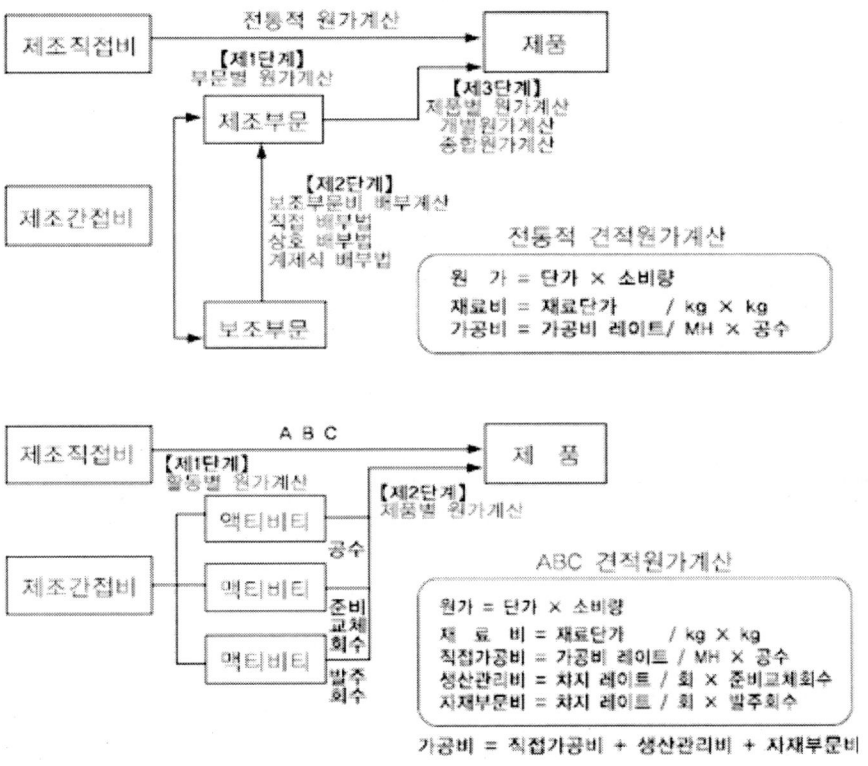

[그림 2-32] 전통적 원가계산과 ABC

- ABC(활동기준원가)와 전통적 원가계산방법과의 차이 예시
  - 대상 분석업체 : A 주식회사
  - 업종 : 자동차 부품 제조업
  - 원가계산 기초자료

원가항목	제품 K	제품 S	계
생산량	20,000 단위	20,000 단위	40,000 단위
직접재료비	₩ 800,000	₩ 800,000	₩ 1,600,000
직접노무비	₩ 200,000	₩ 100,000	₩ 300,000
간접비			₩ 2,250,000
계			₩ 4,150,000

A주식회사는 자동차 부품인 제품 K와 제품 S를 생산하는 제조업체로서 간접비를 직접노무비

기준으로 배부하는 전통적 원가계산방법을 채택하고 있다. 제품 K와 제품 S의 단위당 직접재료비는 @/40으로서 동일하게 소요되고 있다. 따라서 두 제품의 단가 중 생산량이 각각 20,000단위씩이므로 두 제품의 직접 재료비는 각각 ₩800,000씩 동일하게 산정되었다.

- 전통적 원가계산 방법

한편 제품 S는 제품 K에 비하여 비교적 조립과정이 단순하여 직접노무비의 소요가 제품 K에 비하여 절반에 불과하다.

A주식회사는 간접비 발생액에 대하여 직접노무비를 기준으로 배부하고 있으므로 간접비 발생액 ₩2,250,000을 제품 K와 제품 S의 직접노무비 발생액을 기준으로 배부한 후 제품 K와 제품 S의 원가는 다음과 같이 산정 될 것이다.

비용항목	제품 K	제품 S	계
직접재료비	₩ 800,000	₩ 800,000	₩ 1,600,000
직접노무비	₩ 200,000	₩ 100,000	₩ 300,000
간접비	₩ 1,500,000	₩ 750,000	₩ 2,250,000
제품별 원가	₩ 2,500,000	₩ 1,650,000	₩ 2,250,000
단위당 원가	@₩ 125.00	@₩ 82.50	@₩ 103.75

* 간접비 계산

　직접노무비율 : 제품 K : 제품 S = ₩200,000 : ₩100,000
　　　　　　　　　　　　　　　 = 2/3 : 1/3
　간접비 계산 : 제품 K = ₩2,250,000 × 2/3 = ₩1,500,000
　　　　　　　　제품 S = ₩2,250,000 × 1/3 = ₩750,000

상기와 같이 전통적 원가 계산 방법을 적용한 결과 제품 K와 제품 S의 당기 중 원가는 제품 K의 원가가 제품 S의 원가보다 약 51.5% 높게 분석되고 있다. 이러한 원가의 차이는 직접노무비가 적게 발생하는 제품 S의 간접비를 작게 배부 받기 때문이다.

* 활동기준원가방법

회사의 프로세스, 활동, 자원 등에 대하여 분석을 실시하여 보자.

·1 단계 : 자원 분석

총계정 원장을 기준으로 분석을 실시한 결과 간접비는 ₩2,250,000은 급여와 수당, 건물임차료, 여비교통비 등 세 가지 항목으로 구성되어 있음을 알았다.

원가 요소	원가 발생액
급여와 수당	₩ 1,200,000
건물 임차료	₩ 500,000
여비 교통비	₩ 550,000
간접비 합계	₩ 2,250,000

·2 단계 : 활동 및 자원동인 분석

활동을 분석한 결과 자재조달, 자재검사, 자재저장 등 세 가지 활동이 파악되었다.

활동	인원수	면적(㎡)	여비교통비
자재조달활동	4	30	₩ 350,000
자재검사활동	20	80	₩ 180,000
자재저장활동	6	110	₩ 20,000
계	30	200	₩ 55,000

자원 분석에서 나타난 원가요소와 활동분석에서 파악된 활동을 토대로 하여 원가 요소별 자원 동인을 분석한 결과 급여와 수당은 활동별 인원수, 건물임차료는 활동별 점유면적을 자원 동인으로 설정하였으며 여비교통비는 활동별로 구분 집계가 가능하여 활동별 실제 발생액을 활동별로 직접 구속하기로 하였다.

·3 단계 : 활동 원가 계산

수집된 자원동인의 실적 수령을 근거로 하여 활동원가를 산정하였다. 활동원가의 합계 약 2,250,000은 총계정원장상의 간접비 총액 2,250,000과 동일하여야 한다.

활동별	원가 요소			
	급여외 수당	건물 임차료	여비 교통비	활동 원가
자재조달활동	₩ 160,000	₩ 75,000	₩ 350,000	₩ 585,000
자재검사활동	₩ 800,000	₩ 150,000	₩ 180,000	₩ 1,130,000
자재저장활동	₩ 240,000	₩ 275,000	₩ 20,000	₩ 535,000
계	₩ 1,200,000	₩ 500,000	₩ 550,000	₩ 2,250,000

| 급여수당계산 | 1,200,000 × 3/4 = ₩160,000 |
| 건물임차료 | 500,000 × 30/200 = ₩75,000 |

활동기준원가계산 기법하에서 제품별 원가를 계산하기 위해서는 활동 원가를 제품별로 할당하는 기준인 제품별 수량의 실적 자료가 필요하다.

· 4 단계 : 활동 동인 분석

활동기준원가계산 기법 하에서 제품별 원가를 계산하기 위해서는 활동원가를 제품별로 할당하는 기준인 활동 동인의 설정과 활동 동인 수량의 실적이 필요하다. 자재 조달 활동은 제품 K와 제품 S를 제조하기 위하여 필요한 부품을 공급업체로 부터 조달하는 활동을 하는데 조달한 부품의 수량에 비례하여 활동이 발생한다. 따라서 자재 조달 활동의 활동 동인은 각 제품을 생산하기 위하여 조달한 부품수가 될 것이다.

당기 중 제품 K와 제품 S의생산량이 각각 20,000단위로 동일하나 조달 부품 수량의 실적은 각각 3,000단위와 1,000단위로 다르다, 이는 제품 K가 제품 S보다 많은 종류의 부품으로 구성되어 있음을 의미하며 이에 따라 제품 K는 제품 S보다 많은 직접 노무비를 소요하고 있다.

활동별	활동 동인	활동 동인 실적		
		제품 K	제품 S	계
자재조달활동	부품수량(단위)	3,000	1,000	4,000
자재검사활동	검사시간(Hr)	100	700	800
자재저장활동	저장면적(m³)	1,500	1,500	3,000

이와는 다르게 자재 검사활동은 공급업체로부터 입고되는 부품의 검사를 수행하는 활동으로 제품 K에 소요되는 부품은 대부분 무 검사 품목이 많거나 표본 검사품목이 많은 반면 제품 S에 소요되는 부품은 대부분 전수 검사를 요하는 것이 많다. 따라서 조달 입고된 부품 수량은 제품 K와 관련된 부품이 제품 S다 많으나 부품 검사시간은 제품 S가 제품 K의 7배에 이르고 있다. 활동원가와 활동 동인 실적 자료가 확정되었으므로 활동 원가를 제품별로 할당하여 제품별 원가를 산정할 수 있다.

· 5단계 : 제품별 활동원가 계산

활동별	활동 원가	활동 동인 실적		제품별 원가 계산	
		제품 K	제품 S	제품 K	제품 S
자재조달활동	₩ 585,000	3,000 단위	1,000 단위	₩ 438,750	₩ 146,250
자재검사활동	₩ 1,130,000	100 Hr	700 Hr	₩ 141,250	₩ 988,750
자재저장활동	₩ 535,000	1,500 ㎡	1,500 ㎡	₩ 267,500	₩ 267,500
계	₩ 2,250,000			₩ 847,500	₩ 1,402,500

전통적 원가계산 방법에서 제품별 직접노무비를 기준으로 배부되었던 간접비(2,250,000)에 대하여 활동을 분석하여 활동원가를 선정하여 제품별 간접비를 새롭게 계산하였다. 활동기준원가 계산방법으로 계산된 제품별 원가를 종합하면 다음과 같다.

	제품 K	제품 S
직접재료비	₩ 800,000	₩ 800,000
직접노무비	₩ 200,000	₩ 100,000
간접비		
자재조달활동	₩ 438,750	₩ 146,250
자재검사활동	₩ 141,250	₩ 988,750
자재저장활동	₩ 267,500	₩ 267,500
간접비 소계	₩ 847,500	₩ 1,402,500
총 제품별 원가	₩ 1,847,500	₩ 2,302,500
단위당 원가	@₩92	@₩115

전통적 원가 계산 방법에 의한 제품별 원가와 활동기준원가계산 방법에 의한 제품별원가의 차이를 분석하기 위하여 두 방법에 의한 단위당 원가의 변동을 분석할 필요가 있다.

	제품 K	제품 S
전통적 원가계산법	₩ 125	₩ 82
활동기준 원가계산법	₩ 92	₩ 115
증감률	-26.4%	-40.2%

활동기준원가계산방법을 적용하여 제품별 원가계신을 한 결과와는 반대의 결과가 도출되었다. 분석의 편의를 위하여 제품 K와 제품 S의 단위당 판매가격을 각각 @/105씩 동일하다고 가정하는 경우 두 제품의 수익성은 다음과 같다.

구분	전통적 원가계산법		활동기준 원가계산법	
	제품 K	제품 S	제품 K	제품 S
판매가격	₩ 105	₩ 105	₩ 105	₩ 105
제품원가	125	82	92	115
이익(손실)	-20	23	13	-10
수익률	-19.0%	21.9%	12.5%	-9.5%

③ ABM(Activity Based Management : 활동기준 경영)

• ABM의 개념

ABM(Activity Based Management)는 내부 운영 효율성 제고(提高) 목적으로 활동의 개선 관리에 초점을 두는 경영방식으로 ABC 원가 정보를 활용해 전략적 의사결정을 지원하는 것으로 ABC의 매니지먼트로서의 활용면을 총칭해서 ABM이라고 부른다.

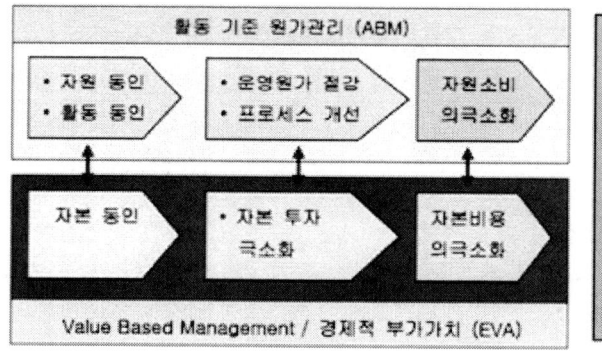 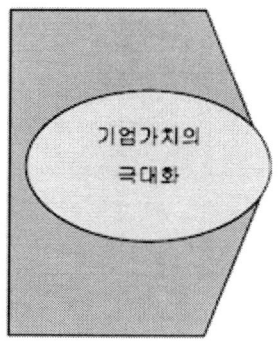

[그림 2-33] ABM과 EVA(경제적 부가가치)

따라서 ABC에 의한 정확한 원가 정보를 바탕으로 가격의 결정, 제품 믹스, 목표 원가, 고객 정책 등 전략적 의사결정뿐만 아니라, 각 조직 단위별 활동 원가 분석을 토대로 품질관리, 원가개선 및 벤치마킹 등 내부 업무 프로세스 개선을 동시에 실행해 나갈 수 있게 된다. [그림 2-33]은 VBM과 ABM의 개념을 통합해서 나타낸 그림이다.

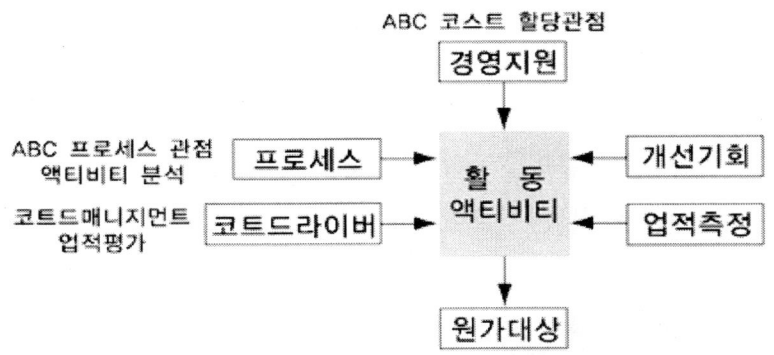

[그림 2-34] ABC와 ABM의 영역

ABC와 ABM의 영역을 구분하자면 Turney는 [그림 2-34]에서 보는 바와 같이 ABC 모델을 코스트 할당 관점과 프로세스 관점으로 나누어 전자의 ABC는 경영자원 → 활동 → 원가 대상의 흐름으로, 후자의 ABM은 코스트 드라이버 → 활동 → 업적 측정의 흐름으로 보고 있다.

ABC는 어디까지나 제품·고객별 등의 원가 대상에 원가를 할당하는 것이고 관리는 프로세스 계열을 코스트 다운의 대상으로 한다, 당초 코스트 드라이버가 명확해지면 코스트를 관리하는데 활용한다는 방식에서 코스트 매니지먼트나 업적 평가에 대한 활용 면이 강조되었다.

한편, 가치를 창조하는 액티비티와 그렇지 않은 것으로 나누어 가치를 창출하는 활동중심으로 업무를 재편성하기 위하여 자원의 제 배분과 삭감에도 활용하게 되었는데, 이것을 BPR(Business Process Re-engineering)과 연결 지어 프로세스 → 활동 → 개선기회의 흐름으로 부가하였다. 이것이 액티비티 분석이다.

④ BSC (Balanced Score Card : 균형 성과표)

▷ BSC의 정의

BSC는 전통적으로 중시되던 재무적 관점 외에 고객, 내부프로세스, 학습과 성장이라는 비재무적 관점을 측정 가능한 핵심 지표로 전환하여 관리함으로써 균형적인 성과관리를 실현하기 위한 성과 측정 도구를 말한다.

BSC의 개념은 다음과 같은 3가지의 Key Word로 설명될 수 있다.

- 첫째, Balanced set of Measures로서 지표의 균형성을 말한다. 즉, 성과지표 (Performance Measure)는 성과측정 도구로서의 역할 뿐만 아니라, 경영진의 전략적 의사결정을 지원하는 경영계기판(Management Cokpit)으로써의 역할을 수행해야한다. 예를 들어 조정사가 비행 중 점검하는 계기판이 오직 현재속도와 지금까지의 비행거리 뿐이라면 이 여객기는 어떻게 될까? 아마 연료가 고갈이 되는 줄도 모르고, 엔진고장이 있는지도 모르고 또한 경로 이탈이 되는 줄도 모를 것이다.

[그림 2-35] 비행기 계기판의 예

이것은 결국 커다란 비행 사고를 유발하거나 아니면 도착지 연착이나 도착지 오류가 발생할 가능성이 높아질 것이다. 하지만 비행 목표를 달성하기 위해서 이륙 전부터 운항과정을 종합적으로 점검해야 하며, 또한 비행기의 계기판은 이러한 여러 가지 경우를 판단할 수 있도록 매우 복잡하게 설계되어 있다. 따라서 기존관리방식의 한계를 극복하기 위해서는 〈표 2-9〉와 같은 다차원적 균형을 고려한 성과관리 프레임이 필요하다.

〈표 2-9〉 다차원적 균형을 고려한 성과관리 프레임워크

균형지표	설명
재무적 vs 비재무적	대개 기업은 가시적인 재무적 수치만을 선호 나머지 미래의 기업가치 창출의 원동력이 되는 기업의 무형자산 (인적자산, 브랜드 이미지, 기술력)에 대한 관리를 간과하는 오류를 범하기도 한다.
결과 vs 과정	좋은 BSC에는 결과를 측정하는 지표와 이러한 결과를 이끌어 내는 성과동인과의 적절한 배합이 이루어져 있어야 한다. 성과동인, 즉 과정에 대한 이해 없이는 지속적으로 원하는 결과를 달성할 수 없으며, 결과와 연결되지 않는 개선 노력은 조직의 자원낭비를 초래할 수 있기 때문이다.
단기 vs 장기	전통적 재무회계 모형은 과거의 정보에 의존한 단기적인 경영 의사결정을 유도하는 것이 사실이다. BSC에서의 균형의 의미는 장단기 목표사이의 균형을 의미한다.
내부 vs 외부	대부분의 성과지표는 내부 운영효율 관리에 치중하고 있다. 그러나 기업의 성과는 고객이나 외부 이해관계자와 상호작용을 통해서만 창출 가능하다. BSC에서의 기존의 내부 효율지표와 함께 외부에서의 성과를 나타내는 지표간의 균형을 의미한다.

• 둘째, 전략과의 연계에 초점이 맞추어진 것(Strategy-Focused)으로 BSC는 4가지 관점으로 분류되는 재무적, 비재무적 지표의 단순한 배합이 아니라, 집중과 정렬, 연계(Focus & Alignment)를 통하여 효과적인 전략수행이 가능하도록 측정지표를 활용하는 도구이며 프로세스이다.

〈표 2-10〉 기존 실적평가와 BSC 성과지표의 비교

기존 실적평가의 문제점	BSC 성과지표의 특성
•과거 지향적 •고객과의 관련성이 없음 •단기적으로 업적에만 보상 •문제에 대한 근본적인 처방을 제시하지는 못함 •무형자산 또는 지식자산의 가치를 반영하지 못함 •성과지표간의 연계 및 통합이 부족 •전략과의 연계가 부족 •기업내부의 기능 간 프로세스를 반영하지 못함	•전략을 명확히 하고 전사적 합의를 도출 •조직 전체에 전략을 체계적으로 전달 •부서와 개인의 목표를 전략에 정렬 •전략적인 문제해결 방안들을 파악하고 정렬 •주기적이고 체계적인 전략적 점검 가능 •전략에 대해서 학습하고 개선할 수 있는 피드백 기능

〈표 2-10〉은 기존의 실적평가와 BSC 성과지표의 비교를 나타낸 것이다. 즉, 모든 성과지표의 궁극적인 목표는 기업 내 모든 구성원이 기업의 전략을 성공적으로 수행 할 수 있도록 방향을 제시하고 올바른 행동을 고무하는 것이라고 할 수 있다.

BSC 성과 지표의 구성에서 가장 중요한 것은 기업 내 성과평가의 상위 개념인 전략 및 비전과의 연관관계이다. 즉, 모든 성과 평가지표의 궁극적인 목표는 기업 내모든 구성원이 기업의 전략을 성공적으로 수행할 수 있도록 방향을 제시하고 올바른 업무수행을 고무하는 것이라고 볼 수 있기 때문이다.

이 과정에서 BSC의 성과평가지표간의 인과관계는 결과지표(Performance Result)와 동인지표(Performance Driver)로 구분하여 볼 수 있으며 결국 네 가지의 성과 지표는 상호 인과관계에 의하여 궁극적으로 재무적 지표로 귀결됨을 알 수 있다.

〈표 2-11〉 BSC 성과지표 개요

구분	개요	일반적 관련사항	인과관계	평가시점
재무 (Finance)	재무적인 성과	• Market Leadership • 높은 매출성장률 • 수익성	결과지표 최종성과	과거
고객 (Customer)	서비스와 제품의 만족도	• 우월한 리드타임 • On-Time Delivery • Quick Response • 가격/원가 우위	동인지표	현재
프로세스 (Process)	고객만족을 위한 내부 프로세스의 경쟁 우위	• 제품출시 소요시간 • 제조 Cycle Time • 낮은 불량률 • 높은 수율	동인지표 결과지표	현재
학습과 성장 (Learning & Growth)	프로세스의 성과는 직원의 역량에 달려 있음	• 신제품과 서비스로부터의 높은 판매 점유율 • 낮은 이직률	동인지표	미래

• 셋째, BSC는 Tool for Communication Strategies로써 전략을 위한 의사소통의 도구로 설명될 수 있다.

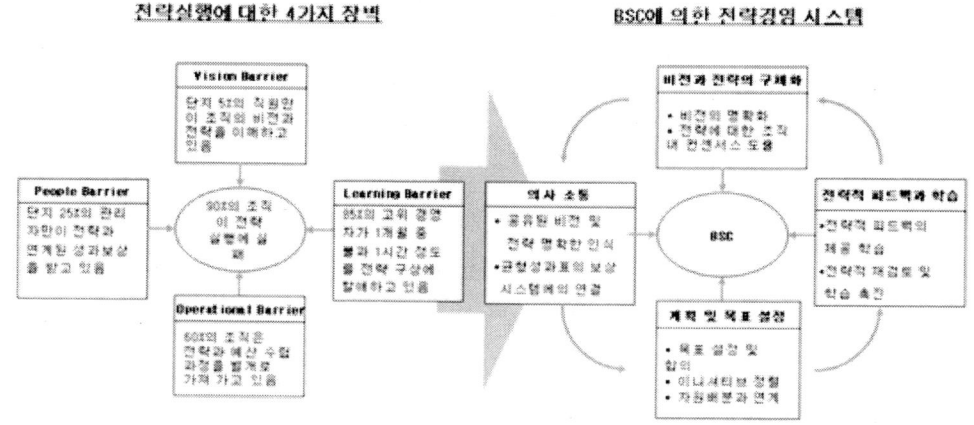

[그림 2-36] 전략을 위한 의사소통 도구로서의 BSC

실제로 실패를 경험한 대부분의 조직들은 전략의 수립(Formulation)보다는 실행(Implementation) 과정에서 그 원인을 찾고 있으며, [그림 2-36]에서 보는바와 같이 이는 전략 실행 상 어려움을 설명하고 있다. BSC는 전략의 구체화 작업을 통하여 조직구성원들에게 전사 전략을 달성하기 위해 자신들이 어떤 부분에서 공헌해야하는가를 말해줄 수 있다.

▷ BSC의 출현 배경

BSC는 1992년 Harvard 대학의 Robert Kaplan교수와 David Norton의해 창안되었으며, 이들은 기업들의 새로운 성과측정지표를 개발하기 위한 연구를 산업계와 함께 수행하였다.

그 후 약 10여 년간 해외의 많은 초우량 기업들은 BSC(Balance Soord Cards)의 개념을 적용하게 되었고, 국내에서도 다양하게 적용되기에 이르렀다. Robert Kaplan교수와 David Norton 박사는 기존 성과평가에 대해 다음과 같은 문제점을 발견하였다.

조직의 성과는 비전과 전략을 수립하고 공유하며 실행함으로써 얻어진다. 그런데 많은 조직의 경우 전략 개발의 역량이 부족하고, 개발했다하더라도 구성원들이 이해를 못하고, 설령 구성원들이 이해한다고 하더라도 제대로 실행되지 않는 경영시스템 상 구조적 결함이 있는 경우가 많다.

Fortune Magazine에서는 전략을 수립한 회사 가운데 10% 미만정도가 효과적으로 전략을 실행하고 있다는 조사결과를 발표한바 있다. 이러한 이유는 기존의 시스템도 전략의 실행을 관리했지만, 몇 가지 중대한 문제점이 있었다.

- 첫째, 과거 지표 중심으로서 전략수립이 이행과는 단절된다는 것이다. 즉, 전사적인 사내 커뮤니케이션 및 비전에 대한 공감대의 형성이 없이 전략적 비전의 수립만으로는 경영목표의 달성이 충분하지 않은 것으로 파악되었다.
- 둘째, 조직 내 각 부문은 전략적 비전에서부터 목표가 연계되어야 하므로 전략적 비전이 확립되었다고 해서 조직의 운영목표에 바로 영향을 끼치지는 않은 것으로 나타났다. 즉, 단기적인 재무성과 충족에 초점이 맞춰져 있어, 관리 지향적이고 전략성과에 대한 피드백이 부족하다는 것이다.
- 셋째로, 전략적인 계획은 조직의 일상적인 업무와 분리되어 있는 것이 현실이므로 일상적인 업무의 의사결정은 전략적 계획과는 무관하게 진행되고 있는 것으로 파악되었다. 즉, 전략기획과 재무담당자의 노력이 단절되어 전략적 자원 할당이 부족하다는 것이다.

이와 같은 기존 성과평가의 문제점을 살펴볼 때, 다양한 성과평가지표의 부문 간 균형성은 BSC의 개념에서 매우 중요하다. 특히 이는 최근의 기업환경에서는 무형자산을 축척 활용하는 능력이 유형 자산에 투자하고 그것을 관리하는 능력만큼 중요한 성공요인이기 때문이다.

▷ BSC의 추진절차

[그림 2-37]은 비전과 전략, 그리고 성과목표(CSF : Critical Success Factor)와 핵심성과지표(KPI : Key Performance Index)간의 정렬을 보여주고 있다. 즉, "전략을 달성하기 위하여 우리는 무엇을 해야 하는가"라는 전략의 구체화 과정은 Top Down 전개 방식으로 미션 → 비전 → 전략 → 성과목표(CSF) → 핵심성과지표(KPI) 순으로 상위 개념으로부터 하위 방향으로 이를 점차적으로 구체화하여야 하며, "수립된 전략을 얼마나 잘 수행하고 있는가"를 모니터링하기 위해서는 Bottom Up 전개방식으로 핵심성과지표(KPI) → 성과목표(CSF) → 전략 → 비전 → 미션의 순서로 점차 상위 방향으로 하나 하나 확인해 나가야 한다는 의미이다.

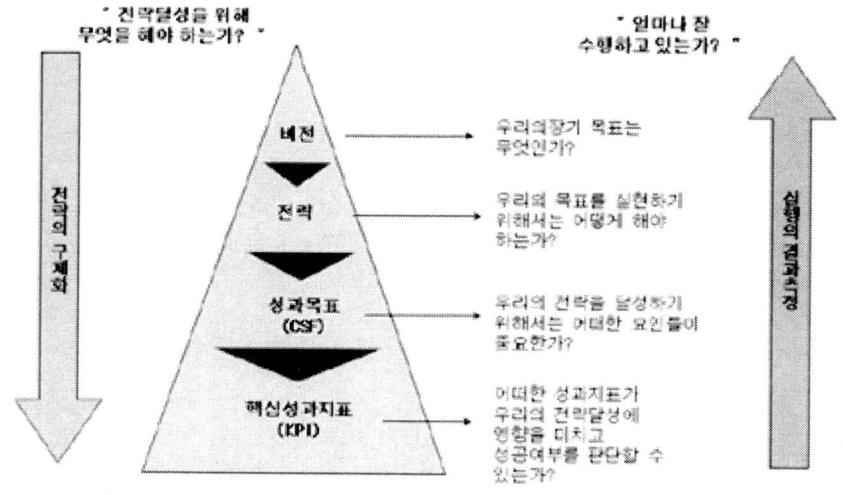

[그림 2-37] 전략의 구체화 및 실행의 결과 측정

• 미션 및 비전 설정

비전(Vision)이란 광의의 의미로 해석하면, 미션(Mission)과 구체화된 미래상인 협의의 비전으로 구성된다.

미션 : 사명, 존재이유 (우리는 왜 존재하는가?)
개념 : 항해하는 배의 등대, 나침반, 별빛과 같은 것
성격 : 멀리있는 것, 영원히 달성하기 힘든 것, 기업이나 조직이 가고자 하는 방향
형태 : ~하자

예시
한국청소년 수련원	: 맑고, 밝고 푸른 청소년 세상을 만들자
인천광역시 시설관리공단	: 고객에게 편리함과 즐거움을 주는 기업을 만들자
월트디즈니	: 사람들을 행복하게 만들자
월마트	: 부자들이 사는 물건을 보통 사람들도 살 수 있게 하자
3M	: 미해결된 문제를 혁신적으로 해결하자
해경	: 안전하고 깨끗한 희망의 바다를 만들자
해양부(안)	: 국민에게 꿈과 행복을 주는 풍요로운 바다를 만들자

[그림 2-38] 미션의 사례

여기서 미션은 [그림 2-38]에서 보는 바와 같이 변하지 않는 기업의 핵심가치를 말하며, 곧 기업의 존재이유에 해당한다. 이것은 기업의 정관에 나타난 설립목적과 같다.

구체화된 미래란 [그림 2-39]의 사례에서 보는바와 같이 일정 시간에 구성원들의 노력에 의해 도달할 수 있는 조직의 미래 즉, 조직이 이루고자 하는 꿈이다. 구체화된 미래는 구성원들이 되고자 하는것, 성취하고자 하는 것, 열망하는 것에 대한 합의라 고 볼 수 있다.

비전 : 미션이 방향을 잡아 주는 것인데 비해 비전은 그 방향으로 언제까지 얼마나 가려고 하는지 목표를 설정하는것
성격 : 가까이 있고, 구체적이고 분명한 것이어야 한다. 기업이나 조직에서 슬로건과 같은 것이고 역량을 하나로 모아주는 힘이 있는 것이다. 비전이 미션과 다른 것은 기간과 계량화된 목표가 있기 때문이다.

예시	
한국청소년 수련원	:청소년의 푸른 성장을 리드하는 세계일류기관
인천광역시 시설관리공단	: I CAN 2010
스타벅스	:2000년까지 매장 2000개
삼성물산	:Profit & Reward
사우스웨스트항공사	:On Bround time 30분
해경	:Best Frontier, Best Guard, Best Service
해양부(안)	:CCH5(See See Hi Five)

[그림 2-39] 비전의 사례

- 경영전략의 구체화 방법

BSC는 경영전략의 구체화 작업을 통하여 조직구성원 들에게 전사 전략을 달성하기 위해 자신들이 어떤 부분에서 공헌해야 하는가를 말해줄 수 있다. 전략이란 자금, 인력, 시간이라는 제약조건하에 핵심 역량으로 선택과 집중을 통해 성과를 내는 것으로 학자들마다 다음과 같이 정의를 하고 있다.

 - 경영전략은 기업의 기본적 목표를 달성하기 위한 종합적 활동계획으로써 일상적 업무/기능별 활동과는 구별되는 통합적 개념이다. (Glueck)
 - 경영전략은 기업의 경쟁우위 목표를 설정하고 구체적인 경쟁방식을 선택하는 의사결정이다. (Porter)
 - 경영전략의 핵심은 고객을 위한 가치창조에 있다. (Ohmae)
 - 경영전략은 기업의 한정된 경영자원을 효과적으로 배분하는 의사결정 패턴이다. (Barney)

그리고 경영전략의 유형은 [그림 2-40]에서 보는 바와 같이 크게 전사전략과 팀 전략 그리고 개인별 전략으로 구분할 수가 있으며, 이들 전략은 상호 인과관계가 형성되어야 한다.

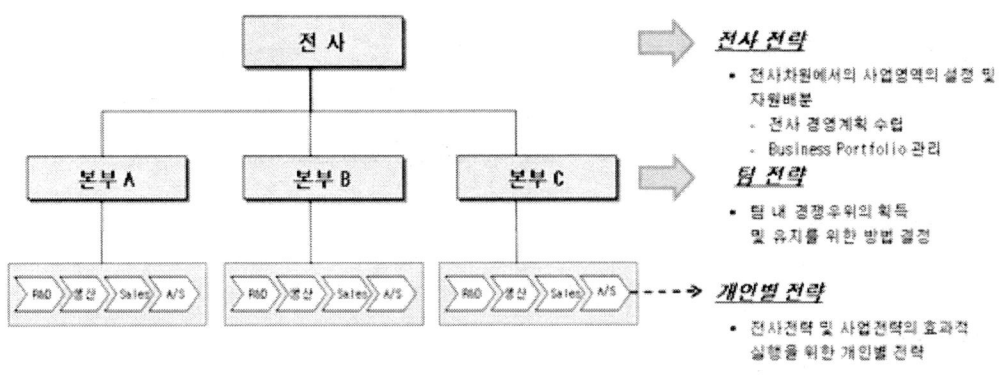

[그림 2-40] 전략의 유형

전사전략은 전사차원에서의 사업영역의 설정 및 자원을 배분하는 것으로 전사경영 계획수립이나 Business Portfolio 관리 방법 등을 말하며, 팀 전략은 전사조직 아래의 팀 내 경쟁우위의 획득 및 유지를 위한 방법 등을 말한다.
그리고 개인별 전략은 전사전략 및 사업전략의 효과적 실행을 위한 개인별 전략을 말한다.

다음에는 전략의 수립과정을 설명한다. [그림 2-41]에서 보듯이 전략을 수립하기 위해 우선 기업을 둘러싼 외부환경인 기회요인과 위협요인을 분석하고, 기업내부의 강점과 약점을 분석하는 과정을 거친다.

- SWOT 분석기법
  SWOT 분석은 강점(Strengths), 약점(Weaknesses), 기회(Opportunities), 위협(Threats) 등의 관점에서 전략을 유도하고자하는 분석기법이다.

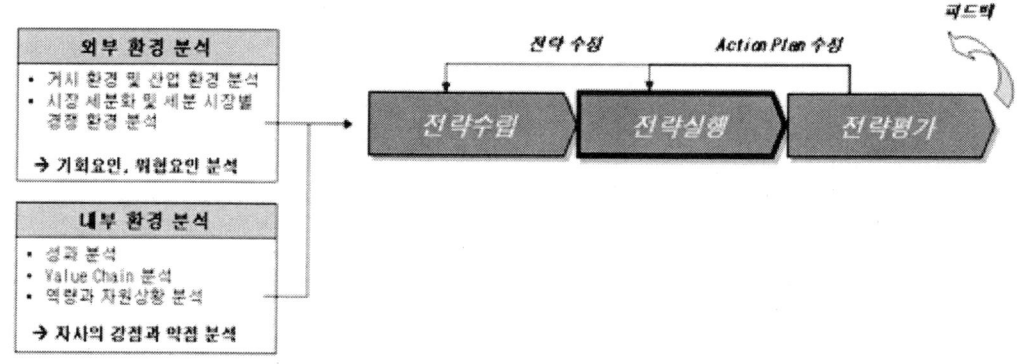

[그림 2-41] 전략의 수립과정

기업의 내부적인 능력은 강점과 약점으로 구분하고, 외부적인 환경요인은 기회와 위협으로 구분한다. 강점은 경쟁사와 비교하여 우월한 기업의 능력을 의미하고, 약점은 경쟁사와 비교하여 열세인 기업의 능력을 뜻한다. 기회는 외부 환경요인이 기업경영에 도움을 줄 수 있는 경우를 뜻하며, 반대로 기업경영에 어려움을 줄 수 있는 요인을 위협이라 부른다.

〈표 2-12〉 환경요인 분류 양식

환경요인	현행전략	강점					약점					합계		
		S1	S2	S3	S4	S5	W1	W2	W3	W4	W5	+합계	-합계	
요인 1	+	+	-									10	3	기회요인
요인 2	+	+										8	2	
요인 3	-											7	3	
요인 4	-													
요인 5	+											+합계 > -합계		
-														
-														위협요인
-												+합계 < -합계		
-														
-														
요인 11	-											2	8	
+합계	4													
-합계	8													

SWOT 분석은 2단계로 수행한다. 1단계는 환경요인, 현행전략, 강점, 약점 등을 도출하고, 주어진 양식을 이용하여 기회와 위협으로 분류한다. 2단계는 SWOT 매트릭스에 강점과 약점, 기회와 위협을 적은 후에 전략을 도출한다.

1단계의 첫 번째 작업은 현행 전략에 대한 평가이다. 환경요인에 대해서 현행전략이 적절한가를 평가한 후, 적절하면 '+', 부적절하면 '-'를 표시한다. 현행 전략 전체에 대해서 '+'의 합계가 '-'의 합계보다 크면, 현행 전략은 보완할 필요가 있는 것으로 판단한다.

〈표 2-13〉 SWOT 양식

외부요인 \ 내부요인	강점	약점
기회	SO전략	WO전략
위협	ST전략	WT전략

다음은 환경요인과 강점 및 약점을 비교하는 과정인데, 각각의 강점 또는 약점이 하나의 환경요인에 대해서 긍정적인 영향을 미치면 '+' 부정적인 영향을 미치면 '-'로 적는다. 하나의 환경요인에 대해 '+'와 '-'의 숫자를 센 후에 '+'의 숫자가 많으면 기회 요인으로 분류되고, '-'의 숫자가 많으면 위협 요인으로 분류한다.

2단계는 강점, 약점, 기회, 위협 등을 SWOT 매트릭스에 기록하고 전략을 도출하는 작업이다. 전략은 네 가지 유형이 있는데, 기회를 포착하기 위하여 강점을 살리기 위한 전략(SO전략), 기회를 포착하기 위하여 약점을 보완하기 위한 전략(WO전략), 위협에 대처하기 위하여 강점을 살리기 위한 전략(ST전략), 위협에 대처하기 위하여 약점을 보완하기 위한 전략(WT전략) 등이 있다.

이러한 전략은 브레인스토밍을 통하여 도출하고, SWOT 표에 정리된 전략은 다시 구체적으로 기술하게 된다.

- 산업구조 분석 모형

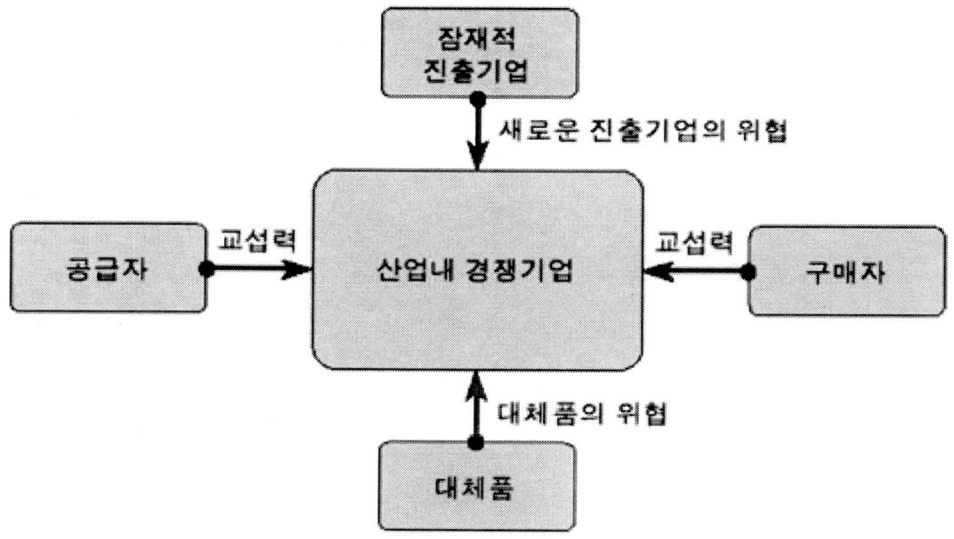

[그림 2-42] 산업구조 분석 모형

·특정 사업의 성공에 대한 전략적 이해관계가 큰 경우
·철수장벽이 높아서 철수하기 어려운 경우

　* 공급자 : 공급자들은 공급가격을 인상하거나, 판매수량을 조절함으로써 기업의 경쟁력에 영향을 미칠 수 있다. 다음의 경우에 공급자의 영향력은 보다 강하게 된다.

·소수의 공급자들이 상당한 물량을 공급하는 경우
·공급자들의 공급품에 대한 대체품이 없는 경우
·공급자의 주요고객이 따로 존재하고 해당기업은 소량을 구매하는 경우
·공급자의 공급품이 해당기업의 생산 활동에 필수적인 경우
·공급자의 제품이 차별화되어 있거나 교체 비용이 소요되는 경우

　* 구매자 : 구매자들은 가격인하나 보다 나은 서비스수준을 요구할 수 있는데, 다음의 경우에 보다 강한 영향력을 행사할 수 있다.

·구매자가 소수이며 규모가 큰 경우
·특정 구매자의 구매규모가 해당기업의 매출비중에서 중요한 경우
·구매자의 대체품이 존재하는 경우

· 구매자의 교체 비용이 거의 없는 경우
· 구매자의 입장에서 구매품이 중요하지 않은 경우

　　* 잠재적 진출기업 : 새로운 경쟁기업이 등장하면, 기업의 경쟁력은 상당한 영향을 받게 된다. 다음의 경우에는 새로운 경쟁기업이 진출하기 어렵다.

· 규모의 경제가 요구되는 산업인 경우
· 구매자들이 기존 제품에 대해 선호하는 경향이 강한 경우
· 신규신출에 소요되는 자본이 대규모로 요구되는 경우
· 구매자들의 구매처 교체 비용이 큰 경우
· 유통경로의 확보가 중요한 경우
· 정부의 진입 규제가 있는 경우

　　* 대체품 : 기업의 상품에 대한 대체품이 존재하면, 경쟁력은 떨어지게 되는데, 다음 경우에는 대체품에 따른 영향을 크게 받는다.

· 대체재의 기술 혁신이 빠르게 진전되는 경우
· 대체재의 가격 인하가 빠르게 진전되는 경우
· 대체재 산업의 성장률이 해당 기업이 속한 산업의 성장률보다 큰 경우
· 고객의 선호가 바뀌는 경우

• 관점의 설정

　BSC(성과관리)체계 구축 시 관점(Perspectives)의 설정은 미션/비전을 추구하기 위한 가치의 원천을 파악하기 위함이며 관점별로 전략목표(과제)를 도출하게 된다.

[그림 2-43]에서 보는바와 같이 관점에 있어 일반적으로 민간부분의 BSC 모델은 기업의 영리 추구를 위해 재무적 관점, 고객관점, 내부프로세스 관점, 학습과 성장 등 4대 관점으로 표시된다. 하지만 공공부문은 비영리 기관이기 때문에 공공부문 및 정부부처 BSC모델은 국민과 이해관계자의 만족도 향상을 위한 "고객관점", 비전을 실현할 수 있도록 완벽한 임무 수행을 위한 "임무 수행 관점", 지속적인 인재역량강화 및 혁신 활동을 위한 "학습과 성장관점", 임무 수행을 위해 최적의 자원을 확보하고 투입 및 관리를 위한 "자원관점"으로 구분되기 되기도 한다.

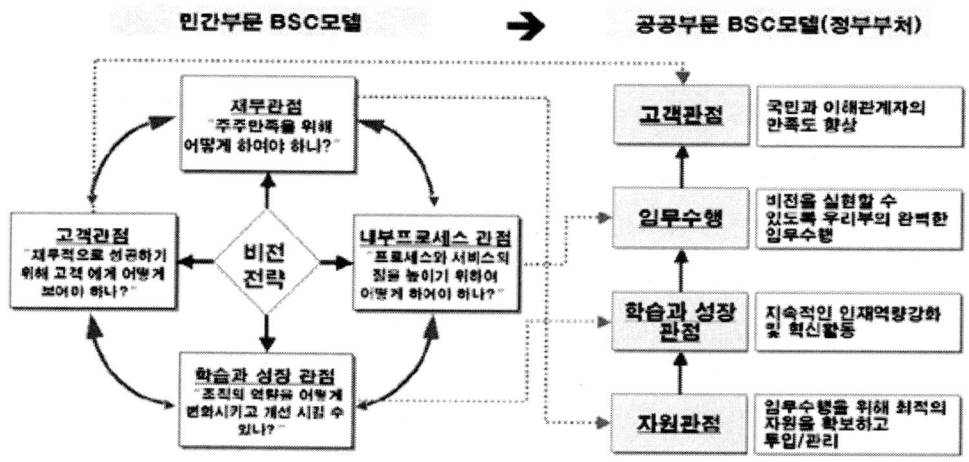

[그림 2-43] 민간 대 공공 부문의 BS 모델

• 핵심성공요인(Critical Success Factors) 분석

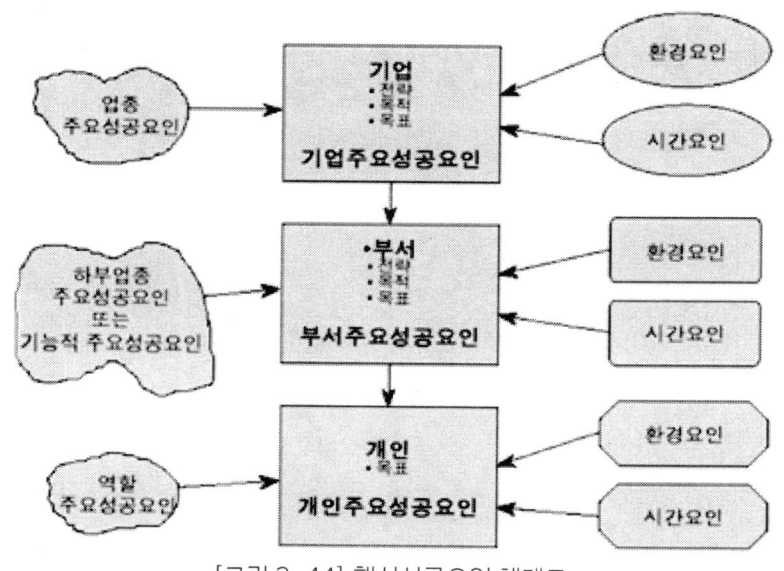

[그림 2-44] 핵심성공요인 체계도

핵심성공요인(Critical Success Factors) 분석은 경영전략이 성공하기 위해서 반드시 필요한 정보가 무엇이고, 누가 필요로 하는 가를 찾는데 유용한 기법이다. 이는 로카르트 교수가 개발한 개념으로,

경영전략계획수립 과정에서는 여러 가지 형태로 이용될 수 있다. 핵심성공요인은 숫자가 제한되어 있으며, 이들만 잘 관리하면 개인, 부서, 또는 회사 전체의 성과가 향상되는 특징을 갖고 있다. 핵심성공요인은 기업이나 개인이 성공하기 위해서 반드시 잘 수행되어야만 하는 핵심 분야이다.

경영전략계획에서는 핵심성공요인을 측정하기 위한 성과지표에 대해서 분석하고, 개발우선순위를 산정하는 기준이 된다. 핵심성공요인은 업종의 주요성공요인, 특정기업의 핵심성공요인, 특정부서의 핵심성공요인, 개인의 핵심성공요인 등의 계층구조를 이룬다. 대개 한 수준의 핵심성공요인은 5~9가지 정도이며, 반드시 성과지표를 갖는다. 경영전략계획을 수립할 때에는 업종, 사장, 임원, 부서장 등의 순서로 주요성공요인을 찾고 이에 대한 성과지표를 정의하게 된다.

핵심성공요인 분석 결과를 이용하여 전략적 데이터 모델링을 수행할 수 있다. 핵심성공요인은 핵심가정, 핵심정보, 의사결정방법 등을 필요로 한다. 핵심가정에 대한 정보는 임원정보시스템에서, 핵심정보는 경영정보시스템에서, 의사결정방법은 의사결정지원시스템에서 제공하도록 시스템계획을 수립할 수 있다.

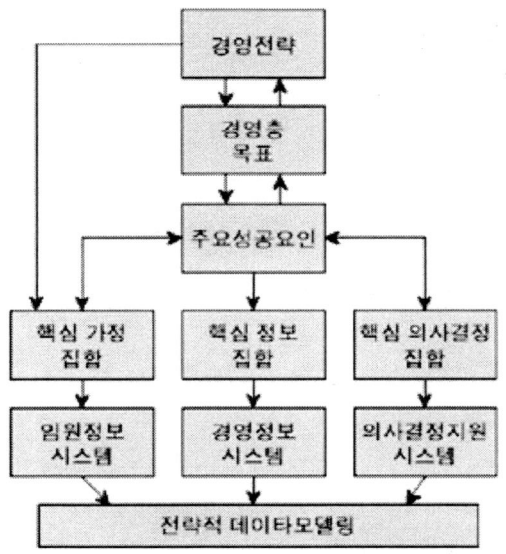

[그림 2-45] 핵심 성공요인과 전략적 데이터 모델링

주요성공요인 분석을 이용하여 업무기능에 대한 우선순위를 판단할 수 있다. 판단 방법은 두 가지 표를 이용하게 된다. 〈표 2-14〉는 업무기능과 우선순위에 대한 매트릭스인데, 두 가지 기준으로 매트릭스를 작성한다.

먼저, 주요성공요인과 업무기능간의 관련성을 판단하여 관련 유무를 표시한다. 다음으로는 업무기능의 현재 수행수준을 5단계로 평가한다. 가장 만족하는 경우에는 5점, 매우 불만족하는 경우에는 1점을 부여한다.

〈표 2-14〉 업무 기능대 주요 성공요인 매트릭스

업무기능	주요 성공 요인					관련 빈도	수행 수준
	1	2	3	4	5		
업무기능1	×	×				2	5
업무기능2			×	×		2	4
-		×		×	×	3	3
업무기능8							

다음으로는 몇 개의 주요성공요인과 관련이 있는가의 수를 가로축으로 하고, 업무기능의 현재 수행수준을 세로축으로 하는 매트릭스를 그린다. 그리고 각각의 업무기능에 대하여 몇 개의 주요성공요인과 관련되어 있는가를 세고, 수행수준을 측정하여 매트릭스에 표시한다. 매트릭스에 표시된 업무기능에 대해서 우선순위를 부여한다.

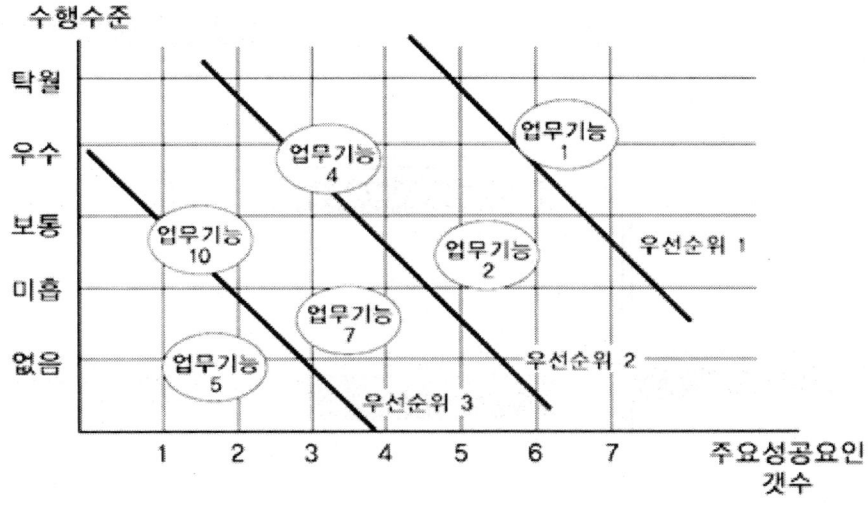

[그림 2-46] 업무기능 우선순위 판정

지금까지 미션 → 비전 → 전략 순으로 설명한 내용을 종합적인 사례를 가지고 정리하여 제시한다.

[그림 2-48]은 우리나라 OO시설관리공단의 사례로서 미션, 비전이 고객관점, 성과관점(민간부분은 재무관점으로 표현), 내부프로세스 관점, 성장관점(학습과 성장관점) 등 4대관점이 전략 및 핵심성공요인(CSF)과 연계된 모습을 보여주고 있다.

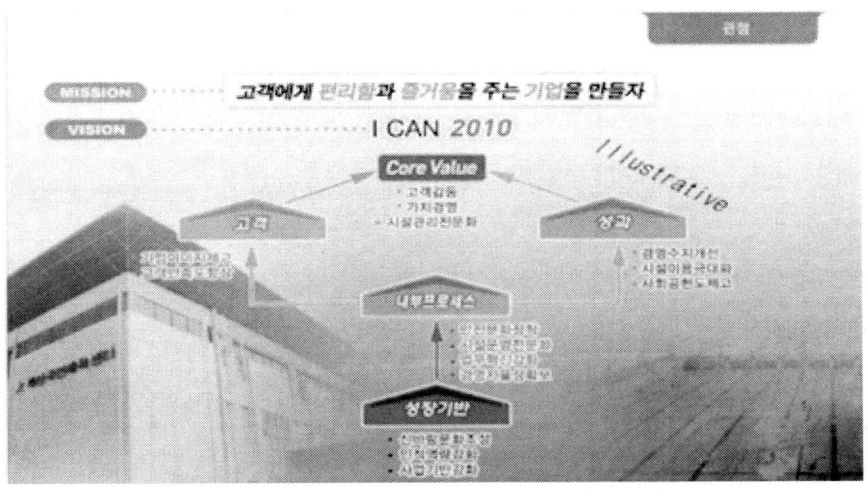

[그림 2-47] 미션, 비전과 4대 관점별 전략 연계 사례

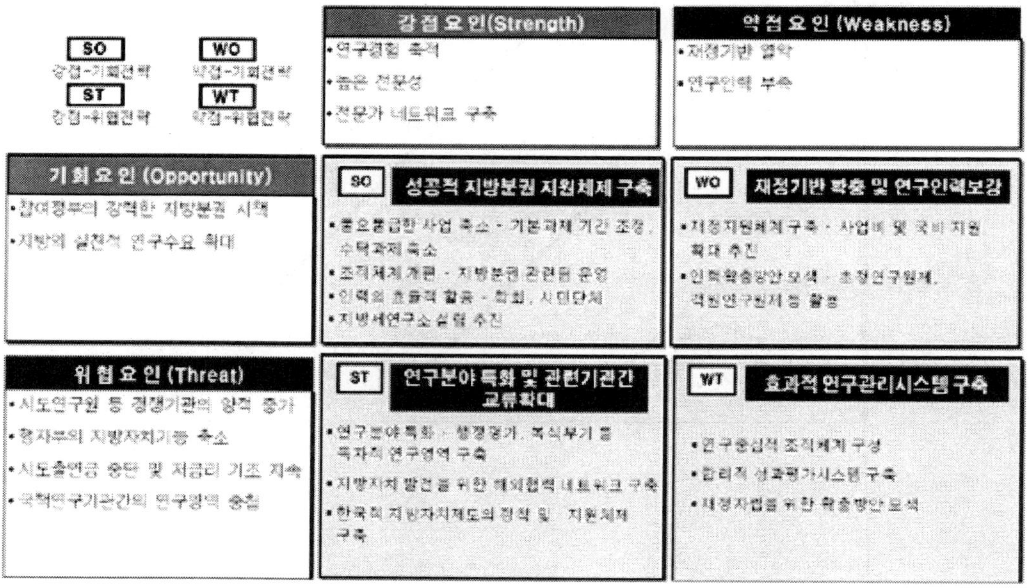

[그림 2-48] SWOT 분석 사례 (국내 OO 시설관리 공단)

• 전략 지도

SWOT 분석과 경쟁 환경 분석(5Forces Model)을 통하여 전략과제가 설정되고 핵심성공요인(CSF)과 관점이 설정되었으면 이 전략과제가 제대로 되었는지 검증하기 위해 전략지도를 만들 필요가 있다.

전략지도를 만듦으로써 제품, 서비스, 프로세스에서 전문성이나 혁신을 추진할 수 있는 것이다. 전략지도는 한 조직의 경영전략이 성과로 연결되는 모습을 설명하는 것이며, 또한 전략과제나 지표간의 인과관계가 규명되어야 만들어 질 수 있다.

전략지도 구성의 기본요소는 전략테마와 전략목표로서 향후 핵심성과지표(KPI) 도출의 기반이 된다. 전략지도의 세밀한 작성과 검토를 통해, 기업의 상황과 기업경영의 취약점을 직시할 수가 있다. 따라서 자원 배분이 가능해진다. 또한 목표 달성을 위한 과제 설정이 가능하고 또한 전략지도는 임직원과 원활한 의사소통의 도구로서 활용되기도 한다.

일반 직원은 과거 기업경영의 단편적 정보만을 제공받던 한계에서 벗어날 수 가 있다. 예를 들어 과거 재무결과만을 알게 되던 한계에서 벗어나, 기업의 미래에 관련된 여러 관점의 활동에 대한 다양한 정보를 얻게 되는 것이다. 따라서 자신이 하는 일이 회사의 비전과 전략을 실행하는데 어떤 연관성이 있는지 포괄적으로 알 수 가 있다는 것이다.

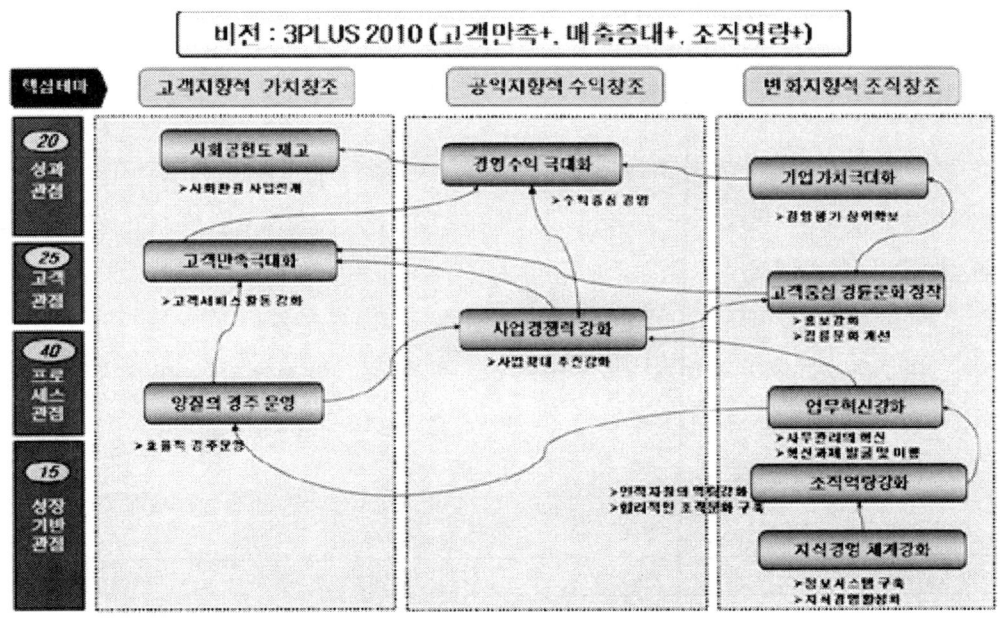

[그림 2-49] 전략지도의 예시

[그림 2-49]는 국내 OO 경륜 공단 BSC 전략지도의 예시이다. 이를 참조하여 전략지도를 해석하는 방법을 설명해 본다. 성장기반관점에서부터 상향식으로 출발하여 설명하면 지식경영체계가 강화되면 조직역량이 강화된다는 논리적 타당성이 있어야 하고, 또한 조직역량이 강화되면 프로세스 관점에서 업무혁신이 강화되고 양질의 경주운영이 강화된다는 논리적 타당성이 있어야 한다는 의미이다.

계속하여 양질의 경주 운영이 강화되면 고객관점에서 고객만족 극대화가 이루어지고 고객만족 극대화가 이루어지면 성과관점에서 경영수익극대화와 사회공헌도가 제고 된다는 논리적 타당성이 있어야한다는 의미이다.

역으로 성과관점에서부터 하향식으로 추발하여 설명하면, 사회공헌도 제고가 이루어지려면, 경영수익이 극대화되어야 하고, 경영수익이 극대화되려면 고객만족 극대화가 먼저 이루어져야하고, 고객만족극대화를 이루기 위해서는 양질의 경주운영이 있어야 하며, 양질의 경주운영을 위해서는 업무혁신이 강화되어야하고, 업무혁신 강화를 위해서는 조직역량이 강화되어야하고, 조직역량강회를 위해서는 지식경영체제를 이루어야한다는 의미이다.

• 핵심성과지표(KPI) 도출

전략지도의 검증이 끝났으면 핵심성공요인(CSF)의 목표에 따른 측정 가능한 핵심성과지표(KPI : Key Performance Index)를 만드는 것이 중요한 과제이다. 핵심성과지표(KPI)를 제대로 도출하였는가의 여부는 BSC 구축에 결정적인 역할을 한다. 이는 핵심성과지표가 제대로 만들어지지 않으면 조직의 전략과제 수행성과를 제대로 파악할 수가 없기 때문이다. 지표를 만들 때 특기사항은"S.M.A.R.T" 하게 만들어야 하는 것이다. 여기서"S"는 Specific, 즉 구체적이어야 한다는 것이다. 구체적이어야 한다는 뜻은 전략과제의 달성 여부를 구체적으로 나타낼 수 있어야 한다는 의미이다.

〈표 2-15〉 KPI 목표 값 설정 원칙

항목	설명
전략적 중요도	• 조직이 안정적인 성장을 추구하는지 혹은 경쟁사를 추월 혹은 확고한 우위를 가지고나, 과거 실적을 뛰어 한 단계 조직을 도약시키기 위해서는 전략적 중요도가 높은 KPI의 경우 목표 설정을 도전적인 수준으로 잡아야 한다. • 상대적으로 경쟁사 및 시장에서의 열위지표인 경우도 최소한 평균 수준에 맞추는 것을 목표로 한다.
Top-Down	• 전사 → 부서 → 개인으로의 목표설정을 원칙으로 하되 Buttom-Up을 보조적으로 활용. • 고객 → 성과 → 프로세스 → 성장과 기반 순으로 목표설정.
달성 가능성	• Target이 현재의 경영환경, 내부자원 등에 비추어 보았을 때 현실적으로 달성 가능한 범위 내에서 설정해여 한다.
상위 목표와 균형성	• 전사, 부서, 개인의 목표는 상호 유기적으로 설정해야 한다.
좌우 조직간 형평성	• 전사, Target 달성에 있어 조직간 기여도가 골고루 균형있게 반영되었는지 확인(난이도 측면)
Target 설정의 근거 마련	• 경영목표(미션 및 비전, 전략)와의 긴밀한 연계성을 유지하여야 한다. • Target 설정시에는 과거 실적, 목표달성도 추이, 경쟁사 시적 등 근거를 마련해서 제시해야 한다. • Target 설정을 위한 기초 데이터는 검증 가능한 자료를 활용해야 한다.

"M"은 Measurable, 즉,"측정할 수 있어야 한다"는 의미이다. 아무리 좋은 지표라도 우리가 가진 데이터와 프로세스로서 측정해낼 수 없다면 지표로서 선택이 불가능하다. "A"는 Attainable, 즉 달성

가능한 지표라야 한다는 것이고, "R"은 Result, 즉 전략과제를 구체적으로 달성하는 결과물이어야 한다는 의미이다. 마지막으로 "T"는 Time-bound, 즉 일정한 시간 내에 달성여부를 확인할 수 있어야 한다는 의미이다.

이 'SMART'의 개념을 쉽게 설명하기 위해 오징어수산 주식회사의 예를 들어보자. 당연히 오징어 수산 주식회사의 전략과제 중의 하나는 오징어를 많이 잡는 것이다.

그런데 어부들의 성과를 측정을 하기 위해서는 어떤 성과지표를 써야하는 것이 옳을까? 잡은 오징어의 양인가? 아니면 어부가 돌아다닌 어장의 수인가 아마 어부가 돌아다닌 어장의 개수를 지표로 삼는다면 이것이 과연 Specific, 즉, 구체적인 것일까? 이 같은 관리를 계속한다면 오징어수산 주식회사는 망할 수밖에 없을 것이다.

그리고 지표를 만들 때 또 하나의 특기사항으로는 한 가지 전략과제에 최대 세 가지를 넘지 않는 것이 좋으며, 핵심성과지표(KPI)를 선정할 때는 전략과제의 핵심성공요소(CSF)를 반드시 설정해 핵심성과지표로 만드는 것이 좋다. 왜냐하면 지표간의 연계성을 생각해보아야 하기 때문이며, 또한 이는 이미 전략지도를 통해 연계성을 검증하였기에 두 번 일을 하지 않아도 자연스럽게 연계성을 갖게 되기 때문이다.

- 핵심성과지표(KPI) 할당

핵심성과지표가 설정되면 이에 따른 목표가 설정되어야 하는데 목표 설정 시에는 〈표 2-15〉에서 보는 바와 같이 지표의 전략적 중요도, 달성가능성, 조직간 균형성, KPI의 전략적 중요도에 따른 차별화, 타깃(Target) 설정 근거의 제시라는 6가지 기준에 따라 이루어져야 한다.

한편 BSC 도입의 주된 목적은 전사 경영목표의 성공적 추진을 위해 전략의 실행력 강화인데 이는 전략의 구체화 즉 전략 추진의 성패를 가늠하는 척도인 핵심성과지표(KPI)를 부서 및 개인 단위로 할당하는 것이 필요하다.

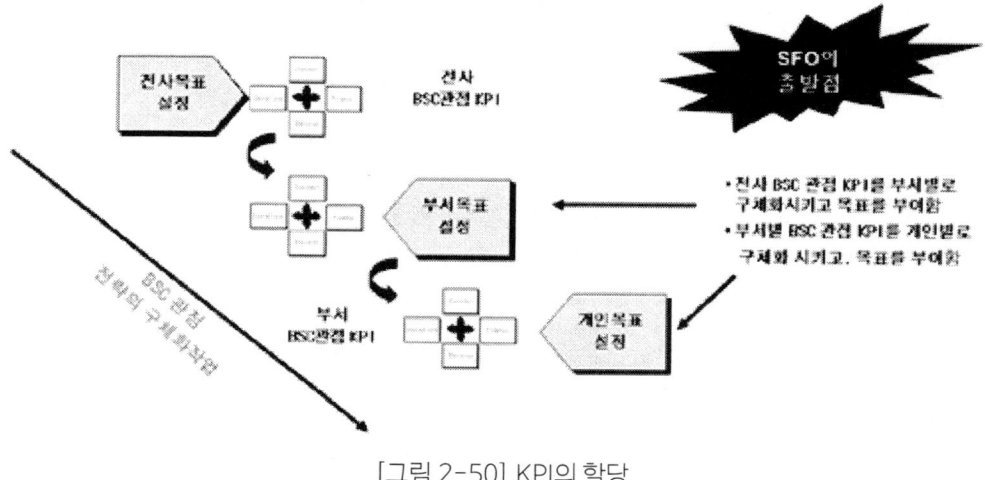

[그림 2-50] KPI의 할당

이것은 전략 집중형 조직(SFO : Strategy Focused Organization)의 출발점이 된다. 이로서 전사 KPI의 부서 및 개인별 할당을 통해 전략의 성공적 추진이 가능하게 된다.

KPI를 팀 및 개인에게 할당 시 유의할 점은 어느 특정 KPI는 직간접적으로 모든 조직 및 개인과의 연관성을 갖게 되나 '선택과 집중'을 통한 KPI 실행력 강화를 위해 직접적으로 관련이 있거나 책임 있는 부서 또는 개인에게 할당함을 원칙으로 한다.

그 사례를 OO 공단의 사례를 빌려 다음과 같이 제시해 본다. 지표할당의 순서는 전사 성과목표 및 성과지표 산출 〈표 2-16〉 → 관점별, 전략목표별, 성과목표별 전사 가중치 설정 〈표 2-17〉 → 팀별 KPI 할당 〈표 2-18〉 → 팀별 가중치 및 목표 값 설정 〈표 2-19〉 → 개인별 KPI 목표 값 할당 및 가중치 배분 〈표 2-20〉 → 지표정의서 정리 〈표 2-21〉 순으로 추진한다.

⟨표 2-16⟩ 전사 성과목표 성과지표 산출의 예시

관점	전략목표	성과목표(CSF)	성과지표(KPI)	산출식
성과	고객만족 극대화	고객만족도 향상	고객만족도	KCSI-TS = 조사대상 고객이 평가한 점수의 평균
고객	고객과의 협력체계강화	고객협력제고	고객만족도	{(참거건수)(기본과제수+정책과제수+용역과제수)}×100
		고객발굴 및 참여확대	신규고객 증가율	{(당월 등록 고객−전월 등록 고객)/전월 등록 고객}×100
			제안건수 증가율	(당분기 제안건수−전분기 제안건수)/전분기 제안건수
프로세스	연구지원 프로세스 혁신	연구지원 만족도 향상	연구수행 부서 직원만족도	내부 연구수행부서 직원만족도 설문조사 점수 평균
	효율적인 연구업무 수행	업무혁신제고	혁신과제 이행지수	혁신 과제의 발굴 및 이행에 대한 혁신위원회의 평가점수
		지식경영 활성화	지식경영지수	(지식마일리지 증가율×80)+(동아리 I 게시건수증가율×20)
성장기반	조직역량강화	혁신 노사관계 구축	노사협력지수	{(이행율×0.7)+(개최율×0.3)}
	인사역량강화	교육 활동 증진	교육훈련지수	(인당교육비예상증가율×5)+(교육참여율×5)

⟨표 2-17⟩ 관점별, 전략 목표별, 성과목표별 전사 가중치 설정 예시

관점	가중치	전략목표	가중치	성과목표(CSF)	가중치	성과지표(KPI)
고객	20	고객만족 극대화	70	최상의 서비스 실현	70	고객만족도 점수
				신속, 정확한 민원처리	30	민원처리율
		공단 이미제 제고	30	지역사회 공헌활동 확대	50	공헌활동율
				홍보강화	30	홍보건수
				이해관계자 관계강화	20	관계강화율
성과	25	시설이용율 제고	40	시설활용 극대화	100	시설이용목표 달성율
		경영효율 극대화	40	경영수지 개선	100	사업수익목표 달성율
		사회공헌도 제고	20	지역경제 활성화	100	활성화율
내부 프로세스 (혁신)	45	경영혁신활동 강화	40	업무표준화 및 선진화	30	업무표준화 및 선진화율
				다양한 프로그램 개발	40	개발율
				일하는 방식 혁신	30	혁신율
		시설경영경쟁력 강화	60	시설관리 전문화	40	1인당 관리비용 절감율
				시설물 안전관리 강화	30	안전관리 강화율
				마케팅 활동 강화	30	마케팅 강화율
학습과 성장	10	조직역량 극대화	70	활기찬 조직문화 구축	40	내부 고객만족도 점수
				인적자원 역량 강화	60	인적자원 강화율
		지식정보 인프라 강화	30	정보지식기반 확충	100	정보지식기반 확충율

〈표 2-18〉 팀별 KPI의 할당

관점	전략목표	성과목표(CSF)	성과지표(KPI)	A팀	B팀	C팀	D팀	E팀
고객	고객만족 극대화	최상의 서비스 실현	고객만족도 점수	●	○	●	●	●
		신속, 정확한 민원처리	민원처리율	○	●	●	●	●
	공단 이미지 제고	지역사회 공헌활동 확대	공헌활동율	●	●	●	●	●
		홍보강화	홍보건수	●	●	●	●	●
		이해관계자 관계강화	관계강화율	○	●	◐	◐	◐
성과	시설이용율 제고	시설활용 극대화	시설이용목표 달성율	●	○	●	●	●
	경영효율 극대화	경영수지 개선	사업수익목표 달성율	●	○	●	●	●
	사회공헌도 제고	지역경제 활성화	활성화율	○	●	●	●	●
내부 프로세스 (혁신)	경영혁신활동 강화	업무표준화 및 선진화	업무표준화 및 선진화율	●	○	●	●	●
		다양한 프로그램 개발	개발율	○	●	●	●	●
		일하는 방식 혁신	혁신율	●	●	○	○	○
	시설경영경쟁력 강화	시설관리 전문화	1인당 관리비용 절감율	○	●	●	●	●
		시설물 안전관리 강화	안전관리 강화율	○	●	●	●	●
		마케팅 활동 강화	마케팅 강화율	○	●	●	●	●
학습과 성장	조직역량 극대화	활기찬 조직문화 구축	내부 고객만족도 점수	○	●	○	○	○
		인적자원 역량 강화	인적자원 강화율	○	●	○	○	○
	지식정보 인프라 강화	정보지식기반 확충	정보지식기반 확충율	◐	●	◐	◐	◐

※부서 및 업무 특성을 고려하여 전사 성과지표와의 관련성이 높으면 ●, 보통이면 ◐, 낮으면 ○로 표시함

〈표 2-19〉 팀별 가중치 및 목표값 설정 예시

성과지표	전략목표	측정 주기	가중치 (%)	목표치 (07년)	목표 설정 근거
고객만족도	혁신기획팀	년	12	75.5점	전년도 실적에 비하여 1.0점을 증가하여 설정, 향후 매년 1.0점을 증가하도록 목표 설정
기본과제 평가점수	정책연구실	분기	13	85점	연구원 발전 기본계획에서 85.0점을 중간으로 평가, 향후 매년 0.5점을 증가하도록 설정
정책과제 평가점수	정책연구실	분기	7	85점	
고객협력도	정책연구실	월	7	300%	현재 건당 참가건수는 기본과제 3건, 용역과제 1건, 정책과제 1건 등 총 5건을 기준으로 설정하여 고객협력도를 180으로 예상
신규고객 증가율	혁신기획팀	월	2	6%	신규고객증가율을 일정 수준으로 유지, 매월 0.5%면 6% 증가를 목표로 설정하고 08년 이후에는 기존 고객 유지 강화에 주력
제안건수 증가율	혁신기획팀	분기	4	10%	제안건수증가율을 적정 수준으로 유지
연구수행 부서 직원 만족도	총무팀	반기	12	80점	처음 실시하는 것으로 설문지에 의한 평가 방식으로 중앙치인 3단계 수준을 목표로 설정 설문조사 중앙값
혁신과제 이행지수	혁신기획팀	분기	5	80점	혁신과제 발굴 및 실행에 대한 적정한 목표수준
연구참여율	정책연구실	월	7	80%	연구진을 공개 모집한 과제수가 전체 과제의 80%를 목표로 함
지식경영지수	조성사업팀	월	3	14%	지식 마일리지 증가율 15% 및 동아리 게시건수 증가율 10%를 목표로 설정

〈표 2-20〉 개인별 KPI 목표값 할당 및 가중치 배분

성과지표(KPI)	산출식	이효리	홍길동	성춘향
고객만족도	KCSI-TS = 조사대상 고객이 평가한 점수의 평균	75.5점	75.5점	75.5점
제안건수 증가율	(당분기 제안건수-전분기 제안건수)/전분기 제안건수	10%	10%	10%
연구수행 부서 직원 만족도	내부 연구수행부서 직원만족도 설문조사 점수 평균	80점×0.20	80점×0.20	80점×0.20
혁신과제 이행지수	혁신 과제의 발굴 및 이행에 대한 혁신위원회의 평가점수	80점×0.15	80점×0.15	80점×0.15
지식경영지수	(지식마일리지 증가율×80)+(동아리게시건수증가율×20)	14%×0.15	14%×0.15	14%×0.15
지식정보화활성화율	지식정보화 예산증가율×0.7	9%×0.20	9%×0.20	
고유목적 사업비 확보율	{(기금과실수입+국비)/일반회계예산}×100	54%		
국제 교류예산 증가율	{(당해년도 국제교류예산-전년도국제교류예산)/전년도국제교류예산}×100	5%×0.30		
교육훈련지수	교육참여율	100점×0.15	100점×0.15	100점×0.15

〈표 2-21〉 성과지표 정의서 사례_지식경영 지수

KPI명	지식경영지수		KPI관리(담당자)	조성사업팀 ○○○	단위	%	자릿수	두자리
1. 담당조직	조성사업팀		2. 성과목표	지식경영활성화				
3. 전략목표	효율적 연구업무 수행							
4. 산식	지식경영지수 = (지식마일리지 증가율×80)+(동아리 게시건수 증가율×20) ※지식마일리지 증가율 = (당월 지식마일리지-전월 지식마일리지)/전월 지식마일리지 ※동아리게시건수 증가율 = (당월 동아리 게시건수 합계-전월 동아리 게시건수 합계)/전월 동아리 게시건수 합계							
5. 용어정의	• 지식의 생성, 축적, 고유, 활용 등의 수준으로 지식마일리지와 동아리 참여율로 구성 • 지식마일리지 : 지식관리시스템에 등록 및 조회로 부여된 점수, 동아리 게시건수 : 인트라넷 커뮤니티, 게시판에 게시된 건수 • 지식컨텐츠에 대한 생성, 축적 및 활용 수준 즉, 지식마일리지 및 지식동아리(CoP) 활용 정도에 대한 파악을 통해 지식경영활성화 수준을 파악할 수 있음							
6. 측정주기	일 주 월 분기 반기 년		7. 보고시기	월말	전사지표담당자		○○팀 ○○○	
8. 데이터 집계	인트라넷에 축적된 데이터를 자동으로 집계							
9. 전제조건	지식동아리의 결성 촉진 및 활성화							
10. 지표방향성	상향 및 유지							
11. 목표설정	과거실적		당해년도				향후목표	
	06년	12	목표값	14	1분기 2분기 3분기 4분기		08년	16
	05년		기준선	12			09년	18
	04년		하한선	10			10년	20
12. 목표설정근거	현재 지식마일리지 증가율 115% 및 동아리 게시건수 증가율 10%를 목표로 설정							
13. 핵심수행활동	지식정보관리시스템 고도화, 지식마일리지 포상제도 시행, Knowlege Day운영, 동아리운영 활성화							

• BSC 모니터링 기능

[그림 2-51]에서와 같이 전사 → 부서별 → 개인별 성과 목표 대비 실적은 BSC 도구에 의해 다양한 계기판 형식으로 실시간 모니터링을 할 수 있다.

여기에는 현재 시점의 조직별, 팀별로 BSC 관점별 달성률을 실시간 모니터링 함으로서 Executive Alert 기능을 제공하며 BSC관점을 클릭하면 해당 KPI의 내용을 계기판(대쉬보드) 형식의 자료로 나타내며 목표대비 실적을 그래프로 상세히 분석기능 제공 한다.

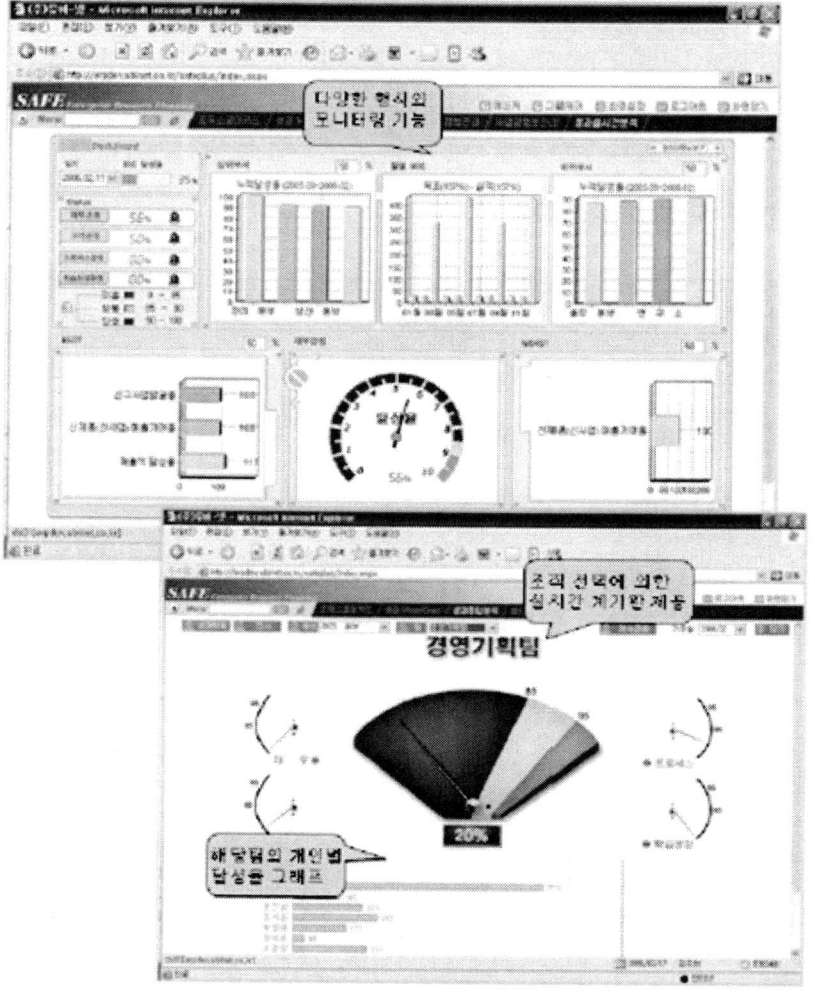

[그림 2-51] BSC 모니터링 기능 예

BSC 도구에 탑재되기 전 마지막으로 정리되는 지표정의서는 KPI에 대한 정의 및 산식, 측정주기, 목표 값, 핵심수행활동 등 KPI(성과지표)의 정교한 관리 및 목표값의 성공적 실행을 위한 제반 요소가 기록되며 성과관리시스템 개발의 입력 자료로 활용되어 향후 KPI 운영의 핵심 관리 요소로 작용된다.

⑤ TOC (Theory of Constraints : 제약 이론)
TOC는 조직의 목적/목표 달성을 위해 프로세스를 분석하여 가장 약하거나 bottleneck(병목현상)이 되는 부분에 자원을 집중해서 해결해 나가는 선택과 집중의 개념이다. 부분 최적화로는 전체 최적화를 이룰 수 없으므로 조직의 지속적 성과 향상을 위해서 는 제약요인의 집중관리와 개선을 효과적으로 추진해 나가야 한다. 여기서 제약 요인에는 생산시설 등과 같은 유형적인 항목 이외에 비효율적인 구매방식, 잘못된 판매 정책, 수요의 부족 등과 같이 무형적인 요인도 포함하여 해결해 나가는 관점의 전환이 필요하며 궁극적으로는 ABM이나 BSC와 함께 연계되어 추진되어야 진정한 효과를 거둘 수 있다.

또한 TOC를 통해 개선활동을 전개해 나가는데는 VE, IE, TQM, KM, CRM, SCM, ERP, PDM 등의 기존 Business의 Value Chain을 개선하기 위한 제반 기법과 시스템이 동원된다. 이상으로 SEM의 4가지 주요 요소에 대해서 알아보았거니와 실제로 운영상에는 위의 4가지 요소가 상호 유기적으로 연계되어 적용되어야만 효과적으로 소정의 목적 달성이 가능하다.

실제로 제공하는 주요 기능의 설계에도 이런 개념과 프로세스가 얼마나 잘 반영되었느냐가 SEM의 성능과 운영 성과를 좌우하는 관건이 되는 것이다. SEM의 각 기능에 대한 세부내용 SEM의 기능과 세부적 운영 방식은 Solution 제공사 별로 다소의 차이가 있으며 도입하는 기업의 업종 특성과 상품/ 서비스의 형태에 따라 매우 다양하고도 차별적인 요소를 내포할 수 있다. 따라서 여기서는 가장 대표적이고 제공사인 SAP와 Oracle사의 Solution을 중심으로 다루게 됨을 양지해 주시기 바란다. [그림 2-52]는 SEM의 전체의 기능과 운영 시스템을 보여주는 그림이다.

[그림 2-52] SAP사의 SEM 주요 기능 및 운영 시스템

다음의 [그림 2-53]은 BSC를 중심으로 구성된 Oracle사의 전략경영 솔루션으로 4가지의 주요 기능으로 운영되고 있으며 상호 연계성을 가지고 운영되고 있다.

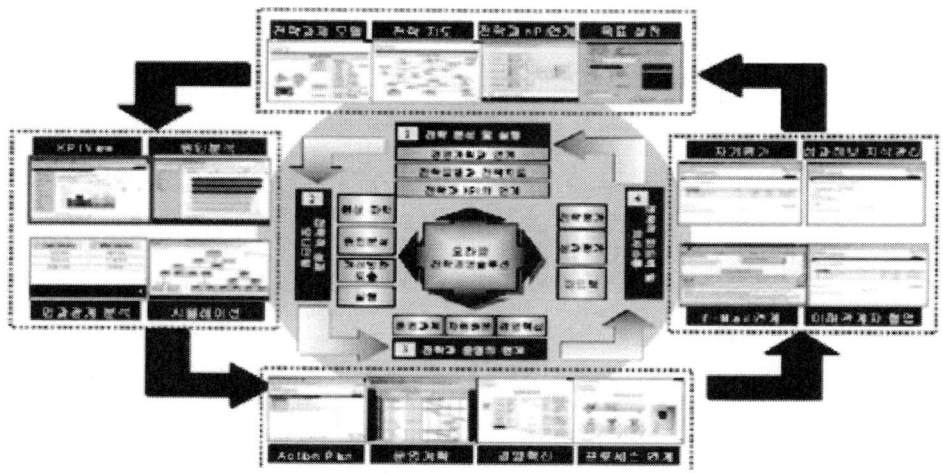

[그림 2-53] Oracle사의 전략적 경영 솔루션 모델

전체의 시스템은 4가지 모듈 형태로 구분할 수 있다.

첫 번째 모듈은 경영전략을 수립하고 전략과제를 추출하여 전략 Map을 작성하고 KPI를 추출하고 목표를 설정하는 전략기획 기능이라고 볼 수 있다. 전략으로부터 과제와 KPI추출에 이르는 과정의 연계성을 높여주고 전체 체계를 제공하게 된다.

두 번째 모듈은 분석 기능 중심으로 추진 과정을 분석하여 목표 달성 여부와 원인 및 결과의 상관관계를 분석하고 시뮬레이션을 하는 모니터링 기능이 주를 이루고 있다. 지표의 현재 상태와 목표 달성 여부를 수치와 색상으로 차별화하여 제시하고 상위지표와 하위 지표의 연계성을 바탕으로 Drill Down을 통한 개선을 위한 원인과 대안을 이해하고 접근하기 쉽도록 제시해 준다.

세 번째 모듈은 관리 기능으로 목표달성을 위한 Action Plan의 등록, 경영혁신, 프로세스의 운영 및 개선 등과 같은 전략 달성을 위한 추진과 실행을 점검하고 지원하는 기능으로 구성되어 있다. 이 기능을 통해 현재 추진하고 있는 실천 활동이 KPI라는 결과에 제대로 영향을 미치는지, 실천 계획이 제대로 수행되고 있는지 검증할 수 있다.

마지막 모듈은 성과의 평가 및 이해관계자 의사소통과 관련된 평가 및 피드백 기능으로 구성되어 있다. 결과를 평가하고 공유함은 물론 성공 사례와 실패 사례를 저장, 공유하여 조직 내 학습을 촉진하고 결과지향의 과정 중시의 문화 정착을 지원할 수 있다.

3. SEM 구축을 위한 정보시스템

① SEM 구현을 위한 정보 시스템

실제로 SEM은 경영전략 수립과 관리, 평가, 피드백을 수행하는 프로세스와 데이터를 제공하기는 하지만 실제로 모든 데이터는 기업 내부 및 외부 등 수 많은 곳에서 입수되어 가공되고 축적되어야 비로소 제대로 된 경영정보 시스템의 기능을 수행할 수 있다.

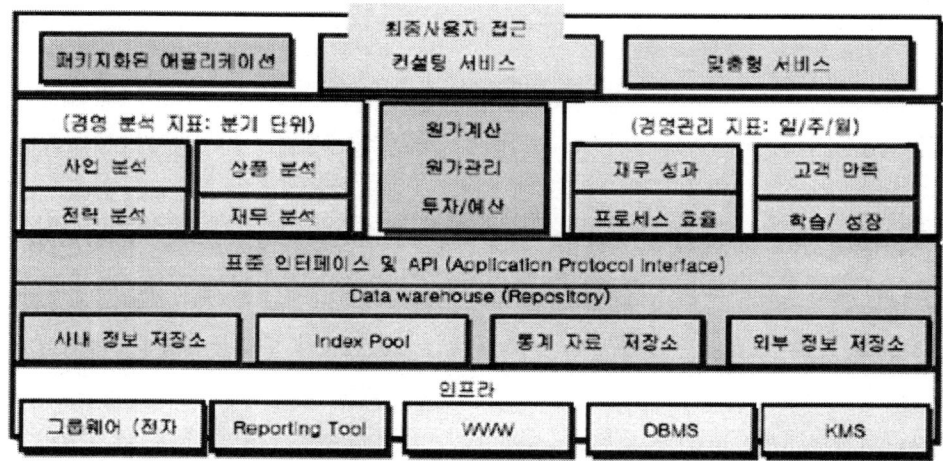

[그림 2-54] SEM 통합 아키텍처 구조

이런 연유로 실제로 많은 기간 시스템과의 연계가 그 솔루션의 선택이나 기능의 설계에 못지않게 중요한 요소가 된다. [그림 2-54]는 기업의 기존 시스템과 통합하여 운영하기 위한 아키텍처의 구조를 그려본 것이다. 여기에는 기존의 Legacy System에서부터 ERP, CRM, SCM, PDM 과 같은 정형 업무를 지원하는 시스템 외에도 Groupware나 KMS와 같은 비정형 시스템, Query나 Reporting을 위한 응용 S/W에 이르기까지 다양한 Interface가 필요하고 OLAP, OLTP, Data Warehouse, Data Mart, EAI, B2Bi 등의 다양한 정보기술의 지원이 필요하다.

[그림 2-55]은 SEM을 구현하기 위한 여러 가지 S/W의 구성도를 작성한 사례이며 단순한 참고 정도로만 이해하면 될 것이다. 그 외에 위에서 언급한 각종 Application은 현명한 선택에 의해 활용하기를 권고한다. 대부분의 기업은 정보시스템을 구축하여 업무 처리나 경영 개선, 정보 수집 및 분석에 많이

활용하고 있기는 하나 투자된 비용 대비나 실제 매회 입력되는 정보, 데이터 등 입력에 비하면 활용도가 충분하다고 할 수는 없는 상태다.

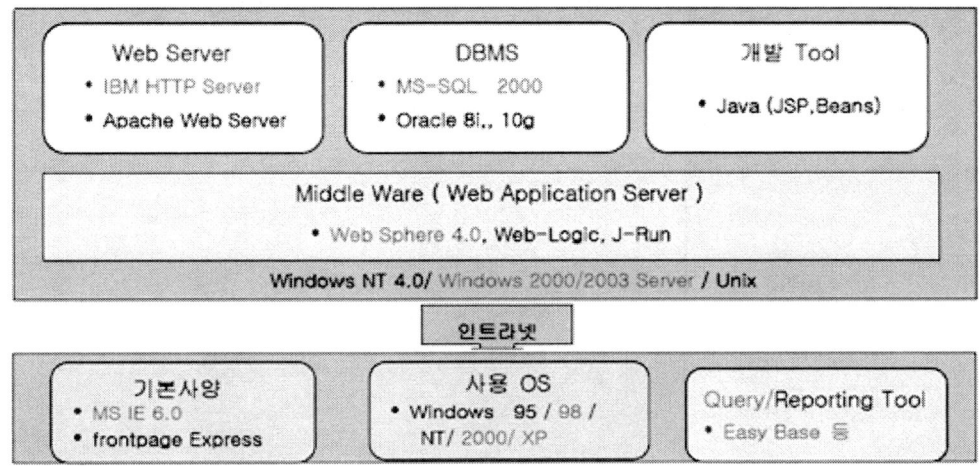

[그림 2-55] SEM 구현을 위한 S/W 구성도

그 예로서, ERP나 MIS, KMS 등의 시스템에 매번 입력하는 데이터나 자동으로 타 시스템에서 Transaction되는 정보, 데이터의 양에 비해 제공되는 리포트나 정보의 양은 얼마나 되는지, 또 그런 과정에서 경영 기여도가 얼마나 되는지를 분석해 본 적이 있는지 기존 대부분의 정보시스템은 업무처리를 위해 정보나 데이터를 입력하는 시스템인데 반해 SEM은 반대로 정보나 데이터의 추가 입력은 최소로 한 상태에서 가급적 많은 지식과 정보, 데이터를 제공하는 시스템으로 투자 대비 효용성이나 경영 기여도가 가장 높은 시스템이라고 할 수 있다.

따라서 기존의 갖가지 정보시스템에 투자를 많이 한 기업일수록 하루라도 빨리 SEM과 같은 전략적 기업경영을 위한 Enabler에 눈을 돌려 경영성과 제고에 첨병으로 활용할 것을 권하고 싶다.

② SEM 도입시 유의 사항과 효과
우리나라의 경영자들의 유형을 보면 경영자 스스로가 경영환경을 분석하고 적절한 경영 전략을 창출해 내는 전략가 보다는 전문 스탭으로부터 제시된 전략을 운영관리 측면에서 조율하고 관리하는 전략 운영 및 관리자가 더 많은 비율을 차지하고 있는 것 같다.

실제로 경영자는 사업 포트폴리오의 재편성, 재무 구조의 조정, 정보시스템의 혁신 등의 전략을 수립하고 통합하는 전략가로서의 역할과 전략적 통제나, 목표 달성을 위한 자원의 배분, 성과 평가 및 보상, 직책 보임 자의 배치 및 역량 개발 등의 성과관리를 위한 역할의 두 가지를 모두 수행할 수 있어야 한다.

그러나 대부분의 경영자와 관리자에게 더욱 중요한 것은 전략 수립 그 자체보다는 전략의 실행 능력이 더욱 중요하다는 것이 통설이다. 실제로 전략의 수립은 전문 스탭이나 외부 컨설턴트를 통해 대체가 가능하지만 전략 운영의 역할은 경영 및 관리자 자신이 아닌 그 무엇으로도 대체가 불가능하기 때문이다.

경영 컨설턴트를 대상으로 한 설문조사나 포춘지의 기사에 따르면 전략의 실패 중 70~90%가 전략 수립 자체의 실패가 아닌 잘못된 실행에 기인한 것이라는 보고를 감안할때 역시 계획보다는 실행이 좀 더 중요하고 어려운 경영 활동이라고 할 수 있겠다.

SEM을 도입하는 과정에서 간과해서는 안 될 중요한 요소는 SEM이라는 시스템을 구축하는 것이 아니라 경영 활동에 효과적으로 활용하는 경영 및 관리자의 활용 능력과 부서 간의 협업과 커뮤니케이션 활성화를 통한 지속적인 업그레이드라는 사실이다. 따라서 SEM이라는 시스템의 도입, 구축, 활용 과정에는 여러 가지 유의점과 주요한 요소가 있기는 하지만 여기서는 성공적 도입, 활용의 핵심적 요소인 SFO(Strategy Focused Organization)에 대해서만 집중적으로 다루고자 한다.

SFO는 정렬(Alignment)과 집중(Focus)라는 두 가지의 핵심 성공요소를 효과적으로 수행할 수 있는 대안으로 제시된 개념으로 실제로 BSC나 SEM을 성공적으로 활용하는 기업들에게서 공통적으로 발견할 수 있는 일관된 유형이다.

우리는 여기서 이런 공통적인 전략 집중형 조직의 5가지 원칙을 이해할 필요가 있다.
첫 번째 원칙은 전략을 실천적 용어로 구체화하라는 것이다. BSC나 SEM이 조직 내의 구성 요소를 중·장기적 관점에서 가치 창출이 가능하도록 통합하는 방법론을 제공해 주었다지만 그것만 가지고는 부족하다.

전략을 효과적으로 수행하기 위해서는 일관되고 통찰력 있게 기술하고 전달하는 것이 매우 중요한데,

실제로 전략을 효과적으로 기술할 수 없다면 전략의 효과적 실행도 기대할 수 없다. 이것을 해결해 주는 것이 바로 전략체계도인 것이다. 전략 체계도는 재무제표와 같은 유형적인 자산과 가치의 구조 이외에도 무형의 자산이나 가치까지도 효과적으로 표출해 낼 수 있으며 인과관계를 설명해 주는 툴이 된다.

따라서 경영 및 관리자는 물론 실무자에 이르기 까지 전략 체계도를 작성하고 협의하고, 보완하고 실천해 나가는 과정에서 전략에 대한 이해도와 실행력이 높아지게 된다.
전략 집중형 조직의 두 번째 원칙은 전략의 전사적 정렬을 통해 시너지를 창출하는 것이다. 조직 설계에 있어 가장 중요한 착안 사항은 시너지 효과의 창출이다.

조직은 많은 영역과 사업, 그리고 전문 부서로 구성되어져 있으며 각자는 자체의 전략과 목표를 가지고 있다. 따라서 조직의 성과가 각 사업과 부서의 성과를 합친 것보다 높아지기 위해서는 개별적인 전략들이 서로 연결되고 통합되어야 한다. 그러나 이것은 생각이나 말하기는 쉬워도 실제 실행하기는 결코 쉬운 일이 아니다.

대부분의 조직은 기능부문 간의 의사소통과 조정에 매우 큰 애로사항을 겪고 있으며 전략 통합에 장애가 되기도 한다. 이 경우 전략 체계도를 바탕으로 전략적 과제 해당 여부와 우선순위를 위주로 의사결정과 협업토록 유도함으로써 장애를 극복해 나가야 한다. 각각의 사업단위와 조직은 상위 조직의 전략 맵과 전략체계도와 자신의 조직의 그것과의 연계성을 중심으로 공통의 과제와 목적에 집중해야 하며 그를 통해 시너지를 발휘할 수 있는 것이다.

세 번째 원칙은 전략 수행을 모든 사람의 일상 업무로 만들라는 것이다. 전략 집중형 조직은 구성원 모두에게 전략을 이해하고 전략의 성공에 기여할 수 있도록 일상적인 업무를 수행할 것을 요구한다. 조직 구성원들은 자신의 업무에 따라 고객 세분화와 원가의 배부 및 계산 방법, 데이터베이스 마케팅, Reporting Tool에 대해서 학습해야만 한다.

이러한 과정이 번거롭고 부담이 되는 일이기는 하지만 이러한 활동이야 말로 전략과 전략과제와 일상 활동을 연결시키는 시발점이라고 할 수 있다. 전략과제와 우선순위를 이해했다면 그것을 자신의 업무를 통해 구현하고 소화해서 경영성과로 구체화 할 수 있어야 한다.

일상적인 업무의 반복이 아닌 전략과제와 목표의 달성에는 새로운 기법과 툴 뿐만 아니라 새로운 접근 방법이 필요하다. 이전처럼 개인 업무 차원의 접근이 아닌 조직 차원의 우선순위의 설정과 조직 차원의 시너지를 전제로 한 업무 수행으로 전환하게 되며 평가 제도나 인센티브 제도도 조직 중심으로 전환될 필요가 있다.

전략 집중형 조직의 네번째 원칙은 전략을 지속적인 프로세스로 만들라는 것이다. 대부분 조직의 관리 프로세스는 매출과 이익, 예산을 중심으로 운영된다. 이런 관리 방식이 잘못 되었다고는 할 수 없다. 다만 이런 운영 방식으로만 운영이 반복되다 보니 전략의 집행 여부나 전략과제의 달성 여부가 간과된다는 것이 문제인 것이다.

실제로 한 조사에 의하면 경영/관리자의 85%가 전략을 논하는데 한 달에 한 시간 미만을 할애한다는 놀라운 보고를 제시하고 있다. 이를 개선하기 위해서는 몇 가지의 조치가 필요하다. 우선 전략의 성공적 수행과 전략과제와 목표에 대한 검토 회의를 정기적으로 실시할 필요가 있다.

적어도 한 달에 한번 정도는 순수하게 전략의 수행도만 점검하는 회의체를 운영할 필요가 있다. 그리고 전략과 예산을 연계시키는 노력이 필요하다. 전략과제에 대한 예산 반영은 물론이고 기존 투자나 비용의 전략과의 연계성을 검증해서 집행 여부를 결정해야 한다. 또한 이러한 프로세스를 지원하기 위한 정보시스템을 구축하고 구성원들과 공유하는 것이다. 경영 관리자는 물론이고 구성원 모두가 자신의 업무와 직·간접적으로 연계되는 목표나 전략적 업무 수행에 따른 지표에 대한 정보를 제공 받거나 파악할 수 있도록 해야 한다.

마지막 원칙은 경영진의 리더십을 통해 변화를 이끌어 내라는 것이다. 전략경영의 성공적 수행을 위해서 전체 프레임 워크나 정보시스템, 프로세스가 중요한 것은 사실이지만 이것만 가지고는 부족하다. 경영진이 신념을 갖고 일관성과 적극성을 갖고 활용하고 개선, 정착되도록 변화관리를 수행해 나가야 한다.

초기에는 새로운 시스템과 프로세스를 구축하느라 사람과 돈을 투자하지만 막상 시스템과 프로세스가 구축되고 나서의 효과적 활용에는 노력과 시간, 비용의 투자를 게을리하는 경우를 볼 수 있다. 이러한 과정에서 경영층은 지금까지의 시도가 성과를 거두기까지는 2~3년의 시간이 걸린다는 점을 명심하고 지속적인 변화와 성장을 통해 새로운 관리시스템, 새로운 문화 시스템이 정착될 수 있도록 리더십을 발휘해 나가야 한다.

이상과 같은 원칙이 지켜진다면 전략경영은 반드시 성과를 거둘 것이며 SEM은 이 과정에서 경영성과를 배가시키는 유효한 Enabler로서 역할을 훌륭히 수행할 것이다. 마지막으로 SEM을 도입하여 활용하는 조직의 성과에 대해서 알아보기로 하겠다.

2003년 약 90개의 기업을 대상으로 조사한 자료에 의하면 효과적 전략구현 지원(94%), 전사적 전략의 이해 (90%), 전략 세분화 프로세스 능력 향상(90%), 목표 합의 과정 향상 (91%), 목표 지향성 향상 (85%) 등에서 효과적이었다는 반응을 나타냈으며 도입사의 80% 이상의 기업이 연간 수익률이 향상 되었으며 약 70% 이상 기업이 경쟁사 대비 매출액이 증가하였다는 반응이었다.

SEM 시스템에 대해서는 80%의 기업이 만족 이상의 반응을 보였고 SEM을 통해 전략등을 모니터링 하고 연계관계를 체크한 Pay-back결과는 82% 이상이 상당 부분 적중하고 있다는 의견을 나타냈다.

세부적으로는 품질 개선 (67%), 직원 만족도 (61%), 고객 만족도 (61%), 원가절감(62%), 이익 향상 (58%), M/S 향상 (39%) 면에서 효과적이라는 반응을 나타냈다. 이처럼 SEM은 전략 경영의 도구로서 성과를 거두고 있으나 아직 전 세계적으로 도입하고 있는 기업이 400여개에 머무르고 국내의 경우는 10여개 社에 지나지 않고 있는 점은 다소 의외이기도 하다. 그러나 이미 대기업의 경우 ERP 구축률이 60%에 이르고 포춘지 1,000대 기업 중 40%, 미국 기업의 43%가 BSC를 구축하고 있다는 점 등을 고려해 본다면 SEM의 도입을 위한 사전 준비가 상당 부분 진척되었고 이제부터 SEM의 도입이 가속화 되리란 것은 명약관화하며 단지 시간문제라고 할 수 있다.

이상으로 SEM에 대한 소개를 마치며 "구슬이 서 말이라도 꿰어야 보배"라는 옛 속담과 "높이 나는 새가 멀리 본다."라는 격언이 바로 SEM에 대한 적절한 비유가 아닐까 하고 생각해 보았다. 기존의 수많은 시스템과 데이터를 SEM이라는 개념으로 통합하여 활용한다면 좀 더 효과적이고 적절한 경영 활동이 이루어 질 수 있고, 이를 통한 경영 성과도 향상되지 않을까 생각 한다.

제3절 플랫폼 정보기술의 기반 엔진

1. EAI(Enterprise Application Integration)

① EAI의 출현 배경

기업이 수십 년간 쌓아온 방대한 양의 정보들은 메인 프레임, 유닉스서버, NT 서버 등온갖 하드웨어 플랫폼에 각기 다른 방식으로 처리되고 이용되어 왔다. 또한 1990년대 들어 기업들은 e-비즈니스를 구현해 새로운 비즈니스 기회를 창출하고자 ERP(EntERPrise Resource Planning), CRM(Customer Relationship Management), SCM(Supply Chain Management)등과 같은 솔루션을 도입하고 현재는 이를 고도화하여 핀테크 개념과 Cloud와 Mobile화 하여 사업과 개인의 Smart를 이루고 있다.

그러나 이들 어플리케이션이 독립적으로 가동되어서는 비즈니스 프로세스를 효율적으로 관리하기가 힘들고, 급변하는 시장 상황에 빠른 대응이 어렵다는 지적이 있어 왔다. 실제로 월스트리트 저널에 따르면 대기업의 경우 평균 50개 정도의 각기 다른 어플리케이션을 갖고 있으며, 이를 유지하는데 1년에 160억원 정도의 비용을 지출하는 것으로 나타났다. 결국 기업들은 ERP, CRM, SCM, 그리고 오래전부터 사용해오던 동종 어플리케이션들 간에 정보교환이 가능해야만 데이터의 정확도와 신속성이 이루어지게 된다는 것을 알게 된 것이다.

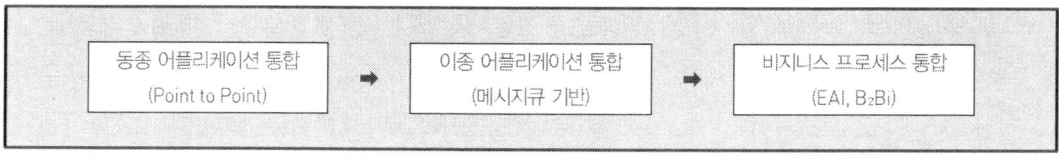

[그림 2-56] EAI의 발전 단계

또 하나 EAI의 요구가 증대되고 있는 요인으로 B2B의 실패를 꼽을 수 있다. 2000년대 초 각 기업들은 경쟁적으로 B2B 시장으로 진출했다. 그러나 지금까지 보여준 B2B의 모습은 인터넷이라는 매개체를 이용해 기업의 접촉 창구를 세상에 열어 둔 것에 불과했다.

즉, 이종 어플리케이션 통합이라 할 수 있는 기업 내부의 기간 시스템과 인터넷의 통합, 파트너들끼리의 내부시스템 통합을 통해 고객만족 및 e-비즈니스를 구현할 수 있는데 이를 간과하고 B2B를 추진한 것이다.

결과적으로 기업들은 내부 기간 시스템의 통합, 여기에 다시 B2B와 연계한 비즈니스 프로세스 통합을 통하여 전체가 하나의 시스템인 것처럼 유기적으로 움직일 수 있게 하는 방법을 찾기 시작했다. 이러한 요구를 해결해 줄 수 있는 미션으로 선택된 것이 EAI이다.

② EAI의 정의 및 필요성
EAI(Enterprise Application Integration)란 기업과 기업 내부의 다양한 시스템과 어플리케이션을 통합하며, 다양한 어플리케이션 간의 관계와 비즈니스 프로세스의 근간을 이루는 트랜잭션 네트워크를 관리해주는 개념으로 미들웨어(Middleware)를 이용하여 Business Logic을 중심으로 기업내 어플리케이션을 통합하는 비즈니스 통합 솔루션을 말한다.

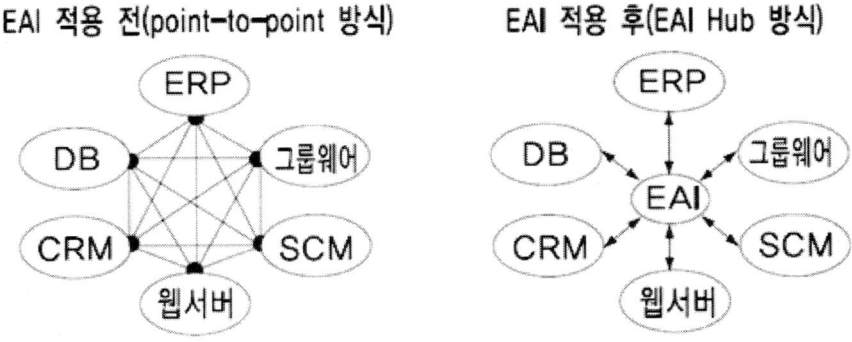

[그림 2-57] 상호연관 어플리케이션 연계 방법의 변화

즉, EAI는 DW, CRM, ERP 등 기업 내에서 운영하는 어플리케이션을 네트워크 프로토콜이나 OS, DB에 관계없이 비즈니스 프로세스 차원에서 통합하는 것으로 상호 연관된 모든 어플리케이션을 유기적으로 연동하여 필요한 정보를 중앙 집중적으로 통합, 관리, 사용할 수 있는 환경을 구현하는 것으로 e-비즈니스의 정보 플랫폼을 위한 기본 인프라이다.

EAI는 [그림 2-57]에서 보는 것과 같이 기존의 '점 대 점 인터페이스(Point-to-Point Interface)'

에서는 어플리케이션 수의 실질적 한계와 유지보수의 어려움 및 어플리케이션 추가시 방대한 비용 및 시간 손실이 있었으나, EAI를 도입한 인터페이스에서는 새로운 어플리케이션 도입시 어댑터(Adapter)만 필요한 손쉬운 확장이 보장된다. 이를 요약하면 다음과 같이 설명할 수가 있다.

- Point-to-Point 방식의 통합에서 미들웨어를 이용한 통합으로 인터페이스가 단순하다
- 어플리케이션의 유지보수가 용이해지고 사용이 간편하고 효율성이 증가된다
- 실시간 데이터 업데이트는 물론 프로세스 자동화, 데이터 변환, 데이터 인증/통합관리, 프로세스 모니터링, 시스템 관리업무 등도 손쉽게 수행할 수 있다.

다음으로 EAI의 필요성을 이해하기 위해 은행의 경우를 예로 들어 설명해보겠다.
은행의 경우를 보면, "예금 업무, 대출, 상품 등의 정보를 관리하는 계정계", "영업지원 정보와 유동성 관리 업무를 담당하는 정보계", "입금, 출금, 이체 업무를 담당하는 인터넷뱅킹", "환전, 송금 투자" 등의 업무를 맡고 있는 대외계와 이 밖에도 고객 관리를 위한 CRM 등 일반적으로 은행에서는 상당히 복잡하고 다양한 업무가 혼재하고 있다.

하지만 이들 업무는 상호 긴밀한 연관을 가지고 있으며, 서로 다른 업무간 정보의 공유와 통신이 가능해야 전체적인 은행 업무가 진행될 수 있다. 이런 이유로 은행권에서도 계정계와 정보계 업무를 통합하기 위해 EAI 도입을 활발하게 추진하고 있다.이처럼 국내 은행들이 EAI를 도입하는 것은 일반적으로 메인프레임과 단위 업무용 서버 데이터간의 통신을 보장하기 위해서이다.

실제로 금융 업계에서는 메인프레임 상에서 수행되던 계정계 업무와 수십 대에 달하는 유닉스, NT 서버 등 이 기종 시스템을 사용하는 다양한 업무를 통합 관리하기 위해 EAI 도입의 필요성이 제기되고 있다. 뿐만 아니라 EAI는 점차 B2B나 e-마켓플레이스 분야로 확산되고 있다. 기업의 내·외부에서 운용되고 있는 다양한 패키지 어플리케이션의 도입이 점차 늘어나면서 자연스럽게 이들 상호간 연동의 필요성이 대두되고 있기 때문이다.

EAI가 구성되지 않은 B2B, e-마켓플레이스에서는 기업의 기간 업무간 연동이 어렵고, 자동화된 서비스를 제공할 수 없으며, 실시간으로 서비스를 제공하기 어렵기 때문이다. EAI는 기업들의 복잡하고

다양한 어플리케이션과 데이터를 통합하기 위해서 다음과 같은 기능을 수행하고 있다.

- 이 기종 시스템과 어플리케이션 간 중계

  윈도우에서 운영되고 있는 어플리케이션을 유닉스 시스템에서 운영하려면 아마 응용 프로그램 자체 소스 코드를 전면 수정하거나 처음부터 다시 개발해야 할 것이다. 이런 이유로 기업들에게는 플랫폼의 제한 없이 이기종 시스템이 상호 통신하기 위한 새로운 개방형 인터페이스와 기업이 보유한 다양한 어플리케이션이 이기종 플랫폼에 서도 운영될 수 있도록 해주는 단일 인터페이스의 필요성이 대두되기 시작했다.

  이는 대부분의 어플리케이션의 경우 특정 플랫폼만을 지원하며, 윈도우 NT, 유닉스, 리눅스 등은 서로 다른 응용프로그램과 독특한 인터페이스를 제공하기 때문이다. EAI에서는 이런 문제를 해결하기 위해 미들웨어 개념을 이용해 기업 내에서 운용하는 다양한 어플리케이션간의 통신을 원활하게 보장해주는 중간 매개체의 역할을 수행한다.

  미들웨어란 서로 다른 통신 프로토콜, 시스템 아키텍처, 운영체제, 데이터베이스 등 다양한 어플리케이션 서비스를 지원하기 위해서 네트워크를 통해 하드웨어에 독립적 으로 연결해주는 소프트웨어를 의미한다. 한 예로 중대형 시스템의 경우 오라클, 인포믹스, 사이베이스 등의 데이터베이스들이 읽을 수 있는 형태로 변환하기 위해 MOM(Message Oriented Middle ware)이 사용되기도 한다.

  기본적인 데이터 교환과 트랜잭션을 처리하기 위해 일반적으로 MOM계열의 BMQ(BEA MessageQ) 또는 MQSeries와 같은 솔루션이 사용되기도 하며, 이들은 좀 더 강력한 성능을 발휘하는 턱시도(Tuxedo)와 같은 트랜잭션 미들웨어로 발전하게 된다.

  이처럼 EAI에서는 어플리케이션을 통해 발생하는 데이터들의 표준 인터페이스를 제공해 상호 운영할 수 있도록 하고 있다. EAI는 이기종간의 플랫폼을 통합하기 위해 일반적으로 미들웨어 기반의 형식을 취하고 있으며, 이런 이유로 '미들웨어 플랫폼'으로 불리기도 한다.

  특히 자바 진영의 EAI 벤더들은 사용자의 브라우저와 엔터프라이즈 데이터베이스 및 레거시 정보

시스템 중간에 엔터프라이즈 어플리케이션을 구축하기 위해 주로 J2EE 플랫폼을 지원하고 있다.

EAI 벤더들이 J2EE를 전략적으로 지원하고 있는 이유는 J2EE 플랫폼은 웹 기반 엔터프라이즈 어플리케이션을 구축하기 쉽고, 기업 내의 정보 자원을 하나로 묶어낼 수 있도록 데이터베이스와 트랜잭션, 메시징 등의 다양한 인터페이스들을 지원해주기 때문이다.

- 벤더의 어플리케이션을 엮어내는 '어댑터'

기존의 기업들은 어플리케이션을 시스템에 연동시킬 때 일반적으로 직접 어플리케이션 코드를 개발해 연결 운용해 왔지만, EAI에서는 어댑터라는 표준 인터페이스로 다양한 어플리케이션이나 시스템이 상호 일관되고 유연성을 가지고 연동될 수 있도록 하고 있다.

예를 들어 서로 다른 기간 시스템에서 오라클 DB를 SAP나 자바 등과 연동하기 위해 기업들은 오라클 DB의 소스를 직접 수정하거나 데이터를 변형시켜 SAP와 연동해야 했다. 하지만 EAI에서는 연동 팩을 사용해 단순히 플랫폼에 접속하는 것만으로도 오라클 DB와 SAP가 연동될 수 있도록 해준다.

EAI에서는 이렇게 다양한 벤더가 제공하는 데이터베이스, ERP, 어플리케이션 등을 변형하거나 수정하지 않고도 서로 연결할 수 있도록 해주는 어댑터를 제공한다. 따라서 기업들은 어플리케이션을 추가할 때마다 하나의 어댑터를 추가하는 것만으로 데이터 통합 시스템을 완성할 수 있으며, 어플리케이션의 개수와 상관없이 추가할 수 있게 된다.

즉, 어댑터는 특정 데이터베이스에 접근하기 위해 작성된 프로그램이 다른 데이터베이스에도 접근할 수 있도록 하는 미들웨어 개념의 대표적인 기능을 수행하고 있는 셈이다. 일반적으로 사용되고 있는 어댑터의 종류에는 크게 오라클, SAP 등을 연동시켜주는 ERP 관련 어댑터와 시벨, Clarify 등의 CRM 관련 어댑터 등의 패키지 어플리케이션을 연동하기 위한 어댑터가 제공되고 있다.

이밖에도 IBM 메인프레임과의 연동을 위해 SNA(Systems Network Architecture)나 TCP/IP 통신을 이용하거나, CICS(Customer Information Control System), IMS 등의 어플리케이션을 이용해 웹이나 개방형 시스템에 연결하기도 한다. 또한 EAI 업체가 모든 어플리케이션에 적합한 어댑터를 공급할 수 없으므로 고객이 해당 어플리케이션과 연동할 수 있는 어댑터를 개발해 사용할 수 있도록 개발 툴(Tool)을 제공하기도 한다.

- 흩어진 데이터를 조직화

오늘날의 기업들은 다양한 시스템이나 어플리케이션에서 쏟아져 나오는 고객 정보, 판매 정보, 재고관리 정보 등의 다양한 데이터를 통합해야 할 필요성이 대두되고 있다. 데이터의 종류에 따라 각각 포맷과 형식이 다를 뿐더러 이 기종에서 호환성이 보장되지 않는다면 정보의 통합 운영이 불가능하기 때문이다.

EAI에서는 이런 문제를 해결하기 위해 기업 내부 시스템 상호간, 기업과 기업 간 데이터 교환을 원활하게 하기 위해 이기종 시스템과 어플리케이션에서 생성된 데이터의 포맷과 변환을 관리해주는 데이터브로커(Data Broker)를 제공한다.

데이터베이스간 데이터의 추출, 변경, 전송을 가능케 해주는 솔루션으로는 인포믹스의 아르덴트, 오라클의 찰스톤, 스마트 DB 등과 같은 제품이 있다. 이처럼 EAI에서는 데이터브로커를 통해 데이터를 통합하고 해당 데이터를 다양한 어플리케이션에서 활용할 수 있도록 하고 있으며, 최근에는 이를 기술하고 구현하기 위한 개방형 언어로 XML과 ebXML 등이 주목받고 있다.

- 기업내 분산된 작업 프로세스 통합

데이터 통합뿐만 아니라 기업 내부와 기업 간에 분산되어 있는 다양한 업무 프로세스 역시 통합의 대상이 되고 있다. 이는 업무에 따라 시스템이 다르고 사용하는 어플리케이션도 다양해 업무 프로세스가 하나의 단일 플랫폼에서 일괄적으로 처리될 수 없을 뿐 아니라, 비효율적일 수밖에 없기 때문이다.

더구나 e-비즈니스와 인터넷 기술이 성장·발전하면서 이 같은 업무 프로세스는 어플리케이션별로 더욱 복잡해지고 있는 추세다. 비즈니스 워크플로우 엔진과 연동되는 시스템, 어플리케이션은 실로 복잡하고 다양하기 때문에 작업 효율을 극대화하기 위해 기업들은 분산된 업무 프로세스를 단일 플랫폼으로 통합해야 할 필요성이 대두되기 시작했다.

프로세스 통합을 위해 비즈니스 워크플로우 엔진은 J2EE나 XML 등의 표준을 기반으로 발전하고 있다. EAI에서는 워크플로우 솔루션을 통해 비즈니스 프로세스 설계, 운용, 모니터 기능 등의 기능을 제공한다. 여기에는 HP의 '체인지엔진(ChangeEngine), BEA의 WPI(WebLogic Process Integrator)' 등 다양한 솔루션 등이 있으며, 벤더 중심에서 점차 표준을 지향하는쪽으로 발전해 나가고 있다.

③ EAI의 구성 요소 및 구축 유형
· EAI의 구성도

EAI는 다음 [그림 2-58]에서 보는바와 같이 EAI Platform 기반위에 각 어플리케이션 어댑터가 데이터 및 프로세스를 변환하여 이 기종간의 비즈니스를 연결하고 있다.

상용 EAI 솔루션은 자체 DB, BI(Business Intelligence) 제품, CRM 제품을 내장하며, 없는 경우에는 자체 개발하여야 한다.

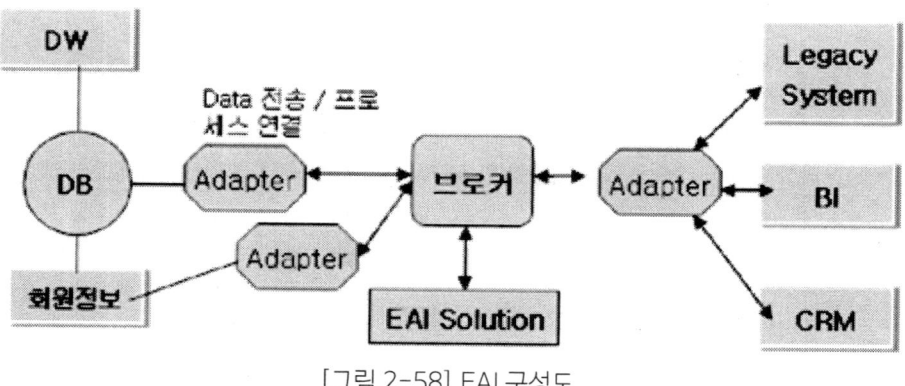

[그림 2-58] EAI 구성도

· EAI의 구성요소

EAI의 구성요소는 다음 〈표 2-22〉와 같이 EAI 플랫폼, Application Adaptor, 브로커, 비즈니스 워크플로우 4가지로 구성된다.

⟨표 2-22⟩ EAI의 구성 요소

구성요소	설명
EAI 플랫폼	• 모든 데이터를 안전하게 전달하고 안정성, 성능 등을 보장하는 기반 소프트웨어로서 미들웨어를 사용함. 예) 메시지 큐 미들웨어, 트랜잭션 미들웨어 등 • 유연성이 있고, 대규모 사용자 환경까지 사용할 수 있는 확장성 보장
Application Adaptor	• 다양한 패키지 어플리케이션 또는 메인프레임과 같은 이기종 시스템과의 접속을 위한 소프트웨어 모듈로서 해당 소프트웨어와 플랫폼사이에 위치하며, 데이터 중개 및 어플리케이션 연동의 인터페이스를 담당함 • 표준에 기반을 둔 기술
데이터 브로커	• 서로 다른 업무환경에서 사용하는 데이터 또는 메인 프레임과 같은 시스템에서 사용하는 데이터는 상호 데이터 포맷 차이 또는 필요로 하는 데이터의 레벨에 따라 변환을 필요로 함 • 어플리케이션 상호간에 중개되는 데이터를 자동 변환하여 전달 함
비즈니스 워크플로	• 시스템/어플리케이션 상호간에 데이터의 교환과 더불어 각 업무에 대한 흐름을 어떤 시점 또는 어떤 이벤트에 따라서 어디에서 어디로 업무가 진행되어야 하는지를 정의하고 운용할 수 있는 기능을 요구함 • 비즈니스 프로세스를 자동화 하는 기술

- EAI의 구축유형

  EAI의 구축 유형에는 다음 [그림 2-59]에서 보는 것과 같이 Point to Point 방식과 Hub & Spoke 방식, 그리고 Messaging BUS 방식이 있다.

[그림 2-59] EAI의 구축 유형

Hub & Spoke 방식은 어플리케이션 사이에 미들웨어(Hub)를 두어 처리하는 방식으로 단일 접점인 허브시스템을 통해 데이터를 전송하는 방식을 말한다. 일종의 중앙집중방식이기 때문에 중앙 집중 관리에 용이하다. 한편 이 방식은 모든 데이터가 허브를 통해서 전송되는 구조이기 때문에 데이터 전송이 보장되며, 유지보수 비용이 절감될 수 있는 반면에 Hub 장애시 전체 시스템에 영향을 주며, Queue Delay Time이 발생한다는 문제점을 가지고 있다.

Messaging BUS 방식은 어플리케이션 사이에 미들웨어(Bus)를 두어 처리하는 방법으로 Hub &

Spoke 방식과 개념적으로 유사하다. 이 어댑터가 각 시스템과 버스를 연결하는 구조이기 때문에 뛰어난 확장성을 가지고 있으며, 대용량 처리가 가능하다. 하지만 네트워크에 의존적이며, 데이터의 무결성 관리에 어려움이 있다는 한계를 가지고 있다.

이에 대한 EAI의 구축 유형별 특징은 〈표 2-23〉과 같다.

〈표 2-23〉 EAI의 구축 유형별 특징

구분	Point to Point	Hub & Spoke	BUS
내용	긴밀히 연결된 어플리케이션이 적을 경우	긴밀히 연결된 어플리케이션이 많을 경우	긴밀히 연결된 어플리케이션이 많을 경우
라우팅 Rule	어플리케이션 간의 라우팅이 Static 한 경우	어플리케이션 간의 라우팅이 Dynamic 한 경우	어플리케이션 간의 라우팅이 Static 하되 복잡하지 않은 경우
데이터 브로커	Intelligent 한 end point가 필요한 경우	unintelligent 한 end point가 필요한 경우	Intelligent 한 end point가 필요한 경우
확장성	상호 연결된 시스템이 많은 환경에서는 확장성이 떨어짐	상호 연결된 시스템이 많은 환경에서는 확장성이 뛰어남	상호 연결된 시스템이 많은 환경에서는 확장성이 좋음
관리	• 분산관리 방식 • 한 어플리케이션의 변경 사항이 다른 어플리케이션들의 변경을 초래하는 효과 발생 • 관리의 어려움	• 처리 컴포넌트로 구성된 Hub • 한 어플리케이션의 변경 사항이 다른 어플리케이션들의 변경을 초래하는 효과가 없음 • 중앙 집중 방식으로 관리	• 분산관리 방식

④ EAI 도입효과 및 향후 전망
- EAI 도입효과
  - 기업은 새로운 업무/비즈니스에 대해 적절한 대응 : 신속히 대응할 수 있는 환경을 구성하여 인터넷 등 다양한 환경으로 즉각적인 적용이 가능하다.
  - 고객서비스 향상 : 간단한 정보를 인터넷으로 제공하는 것뿐만 아니라 기업의 기간 시스템과 연동된 어플리케이션 구동으로 고객 자신의 정보를 스스로 수정 또는 조회가 가능
  - 기존 시스템의 효과를 극대화 : 새로운 비즈니스 및 업무를 지원하기 위하여 완전히 새롭게 구축하기보다는 기존의 시스템 및 어플리케이션과 연동하여 기존 시스템의 활용도를 극대화한다.

- EAI의 향후 전망
  어플리케이션과 시스템 구조가 복잡해짐에 따라 개발비와 유지 보수비 등의 비용은 점차 늘어날

것이기 때문에 앞으로 기업들의 어플리케이션과 시스템은 거대한 단일 인터페이스로의 통합 과정을 밟아 진화해 나갈 것으로 보인다.

EAI 기반이 없는 e-마켓 플레이스나 B2B는 앞으로 고객들이 요구하는 다양한 서비스를 제공하기 어려울 뿐 아니라 효율적인 e-비즈니스를 수행하기 어렵기 때문이다. 엔터프라이즈 통합 환경에서 새로운 웹 시스템을 독자적으로 사용한다면 다양한 기업들과 e-비즈니스를 연동할 수 없을 뿐만 아니라, 기업과 기업 간 업무 연계성이 부족해 실시간으로 e-비즈니스에 필요한 데이터를 상호 교환할 수 없게 되어 급변하는 e-비즈니스 환경에서 유연하게 대응하기 어렵다. 이런 이유로 최근 기업들은 기존의 ERP, SCM, CRM 등의 다양한 패키지 어플리케이션 통합까지도 고려하고 있는 것이 현실이다.

국내에서는 현재 ERP와 같은 패키지 연동이 EAI의 가장 대표적인 예라 할 수 있으며, 일반적으로 메인프레임과 개방형 시스템에서 운용되고 있는 어플리케이션 연동이 국내 EAI 초기 단계에서 적용되고 있다.

하지만 일부에서는 EAI 도입을 고려하고 있는 기업들이 주로 대기업이나 한정된 고객 집단에 국한돼있어 기대보다 EAI 시장이 크지 않을 것이라는 조심스런 예측도 나오고 있다. 많은 기업들이 EAI의 필요성은 인식하고 있는 것이 사실이지만 아직까지 레퍼런스가 미비하고, 실제로 투자대비 도입 효과에 대해서는 기업 전반에 확실하게 어필하지 못하고 있기 때문이기도 하다.

EAI는 기업내부와 기업과 기업 간에 산재하고 있는 다양한 시스템과 어플리케이션을 연동함으로써 업무 프로세스의 자동화 역할 뿐 아니라, B2C와 연계하기 위해 웹 어플리케이션을 묶어내는 통합 솔루션으로 발전하고 있다.

EAI 솔루션이 등장한 것은 불과 10여년 전이다. EAI 기술은 미들웨어, 데이터웨어하우스, 워크플로우 어댑터 등 다양하고 복잡한 정보 기술을 기반으로 하고 있기 때문에 앞으로도 기술적으로 지속적인 안정화 단계를 밟아나가야 진정한 엔터프라이즈 통합 기술로 군림할 수 있을 것이다.

2. 워크플로우(Workflow)

① 워크플로우의 출현배경

우리가 사용하는 기업용 정보시스템은 대단히 많은 메뉴들이 담겨 있고, 그 내용도 무척 방대하여 처음 시스템을 접하면서부터 어떻게 시작해야 할지 막막한 경험을 해보지 않은 사람은 별로 없다. 점점 더 기업의 비즈니스 프로세스가 복잡해지고 내포된 데이터와 적용 분야가 방대해짐에 따라 시스템은 더욱 커지고 사용자는 계속적인 전문 교육을 받아야 할 지경에 이르게 됐다.

또한 같은 의미에서 시스템을 구축하는 경우에도 비즈니스 프로세스가 점차 복잡해짐에 따라 설계된 프로세스를 상세 레벨로 구현하면서 바라보는 관점의 차이가 발생하므로 재설계라는 부담감을 가지게 될 수 있다. [그림 2-60]는 현행 시스템이 가지는 문제를 사용자 측면과 시스템 구축 측면으로 나눠서 정리한 것으로, 이러한 문제점들을 해결하기 위해 워크플로우 시스템이라는 개념이 출현했다고 할 수 있다.

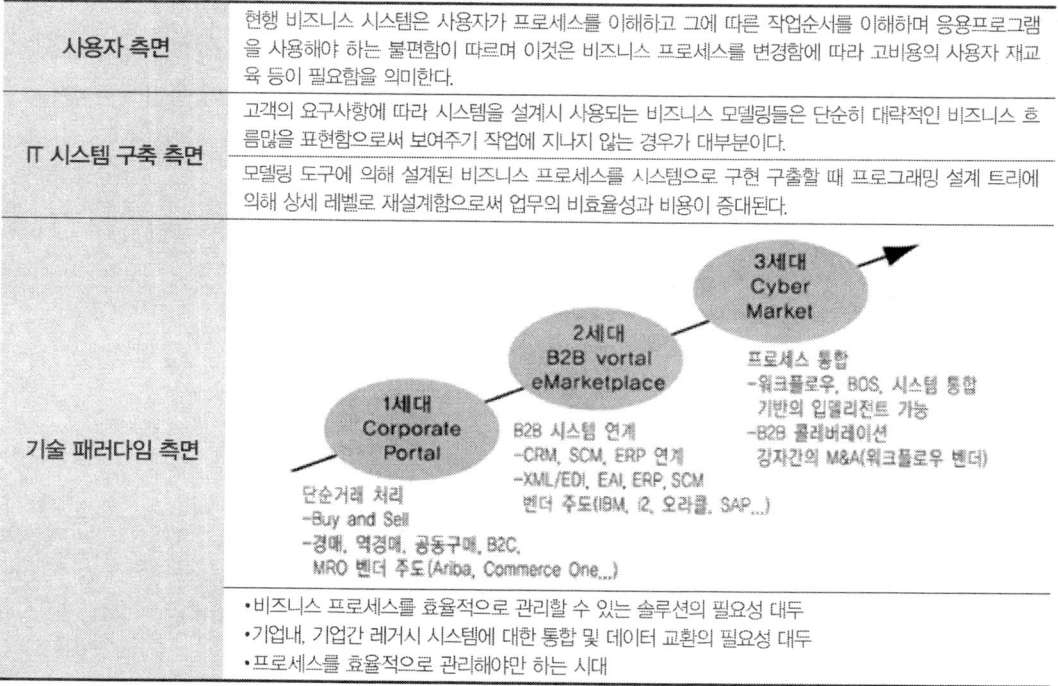

[그림 2-60] 워크플로우의 출현 배경

앞서 제시한 문제점을 해결하기 위해서는 무엇보다도 사용자에게는 현재 메뉴 다음에 어떤 메뉴를 사용해야 하는지, 즉 프로세스를 이해할 필요가 없도록 해야 한다. 단지 자신이 현재 수행할 업무만을 선택해 처리할 수 있도록 해야 하며 그 이후의 업무는 시스템에 의해 자동으로 진행될 수 있어야 한다.

즉, 사용자가 시스템에 접근하면 그 사람이 수행할 업무 내역들이 나타나고 그 업무를 처리하기 위해 사용자는 필요한 정보를 입력하는 단순 처리만을 수행해야 한다는 것이다. 시스템을 구축하는 측면에서 살펴보면 프로세스를 설계한 내용에 대해 크게 고민하지 않고 사용자에게 제공될 클라이언트와 데이터 내역만을 이해하고 개발함으로써 최종적으로는 프로세스가 시스템에 의해 자동으로 제어되는 것이 재설계 혹은 설계와 구현의 차이를 제거할 수 있는 방법이 될 것이다.

한편으로 1990년대 중반에 워크플로우라는 신기술이 각광을 받으며, 너도나도 관심을 갖고 이를 어떻게 개발하는 것인지 어떻게 도입해야 하는지를 궁금해 하던 때가 있었다. 그러나 어느 순간엔가 워크플로우라는 용어가 세상에 나타나지 않았었다. 그러다가 2000년대 들어 BPM이라는 단어가 가트너 등의 유명 컨설팅사의 리포트에서 나오기 시작하더니 BPM이 드디어 시장을 열기 시작했다.

IT 전문가가 아닌 일반인들은 워크플로우의 쇠퇴와 BPM을 위한 핵심 컴포넌트로서의 워크플로우의 재부상을 보면서 다소 혼란스러움을 느끼고 있었다. 하지만 1990년대 중반에 비해 진화하고 발전한 우리의 IT 환경과 기업의 정보시스템에 대한 급격한 요구 수준의 상승을 고려하면 당연한 결과일 수도 있다.

② 워크플로우의 정의
• 워크플로우

워크플로우는 'Work + Flow'의 구성으로 '일이 흐른다'는 것을 의미한다. '일이 흐른다'라는 문장의 의미를 정확하게 파악하기 위해서는 IT의 시대별 흐름 추이를 이해할 필요가 있으나 여기서는 나름대로 상식적인 측면에서 '일이 흐른다'는 표현을 풀어보자.

통상 비즈니스 IT 시스템에서 일이 흐른다는 것은 '비즈니스 프로세스'라는 말로써 표현된다. 큰 범위의 일을 수행하기 위해서는 그보다 작은 일들을 수행해야 하며 그 작은 일들은 상호 순서가 있어서 그 순서대로 일을 수행해야 원하는 큰 범위의 일을 수행할 수 있다는 것, 이러한 일반적 개념이 잘 구성되고 설치된 틀(Infrastruc- ture)안에서 '일이 흐른다' 혹은 '비즈니스 프로세스'의 의미가 된다.

인간의 일반적인 사고 패턴이 나타내듯이 인간은 어떤 일을 수행하기 위해서 좀 더 작은 일, 거기에 더 작은 일들을 생각하고 그 일들을 어떻게 연결하고 순서화해야 하는지를 생각한다. 이러한 체계적인 일 단위, 순서, 연결 등에 대한 개념을 가지고 일의 흐름을 시나리오로 구성하고 이것을 시스템화해 구성한 것을 프로세스라 통칭한다.

예를 들어 A라는 일은 A1, A2, A3라는 일을 완성해야 끝날 수 있는 일이라고 가정 하자. 또 A1이라는 일을 완성하려면 A1-a, A1-b라는 일이 끝나야 한다. A2나 A3도 마찬가지이다. 우리는 어떤 주어진 일을 수행하기 위해 처리방법을 생각할 때 세분화를 반복해 더 이상 세분화되지 않을 때까지 업무를 분석할 것이다.

이러한 행위를 통상 Divide-and-Conquer 혹은 Break-Down이라는 용어로 표현하는데 결국 우리는 일을 쉽고 단순하게 하기 위해 더 이상 세분화되지 않을 때까지 혹은 나름대로의 객관적·주관적 판단에 따라 최소 단위로 나눠질 때까지 세분화 작업을 반복할 것이다.

이렇게 세분화 작업을 진행하면서 세부 작업들의 연결순서도 함께 고려할 것이다. 물론 단순히 연결한다는 의미가 아니라 A1-a라는 일을 위해서는 A0-z이라는 일을 해야 하고, A1-a를 종료하면 A1-b와 A2-k라는 일을 시작해야 한다는 식의 순서화를 통해 연결한다.

이렇게 주어진 일을 반복적이며 재귀적으로(Recursively) 세분화하고 그와 동시에 세부 단위들을 연결하고 순서를 정하고 어떤 일들이 동시에 수행돼야 하고 어떤 일이 선행으로 처리가 돼야 하는지를 정리하면서 시스템을 설계하고 개발한다. 이미 느끼겠지만 이러한 일련의 세분화와 연결하기 그리고 순서화라는 행위를 프로세스의 구현, 시나리오의 도출, 워크플로우의 형상화라는 용어로 표현한다.

설계된 워크플로우는 운영관리 시스템에 의해 각각의 세분화된 단위 작업들을 처리하면서 진행된다. 이 때 각 단위 작업은 크게 자동화된 작업과 수동화된 작업으로 나뉠 수 있는데, 자동화된 작업은 시스템에 의해 자동으로 처리되는 것이며, 수동화 된 작업은 사용자 혹은 클라이언트에 의해 처리된 후에 시스템에 의해 후속 세부 작업으로 진행되는 것을 의미한다.

- 워크플로우 시스템

  워크플로우 시스템이란 한마디로 앞에서 설명한 세분화·연결·순서화를 통해 설계한 프로세스를 실제로 운영하고 관리, 통제하는 소프트웨어 시스템이며, WfMC에서는 'Workflow Enactment Service System'이라는 공식 용어(혹은 약간의 차이는 있지만 WfMS(Workflow Managemenet System)라는 용어를 쓸 수도 있다)로 쓰인다.

  이런 관점에서 워크플로우와 프로세스, 워크플로우 시스템의 차이는 이렇게 정의해 볼 수 있다. 워크플로우와 프로세스는 앞서 기술한 바와 같이 어떤 현상이나 풀고자하는 문제 자체를 형상화한 것을 의미하며, 워크플로우 시스템이란 그렇게 형상화된 워크플로우 혹은 프로세스(워크플로우와 프로세스는 통상 같은 의미를 갖고 있으며 혼용해서 사용한다)가 운영될 수 있는 기반 환경 및 운영 환경을 제공해 주는 운영체계 시스템이라고 생각하면 된다.

  워크플로우 시스템의 최대 장점은 사용자 혹은 클라이언트가 어떤 일을 해야 할 지 직접 찾지 않고 사용자가 처리해야 할 작업들을 시스템이 제시해 준다는 것이다. 시스템이 설계된 프로세스를 처리하면서 자동화된 부분은 직접 처리하고, 수동화된 부분에서는 할당된 사용자에게 처리를 요청하고 그 대답을 받아서 다음 작업 순서로 자동으로 진행해 주는 것이 워크플로우 시스템의 주된 역할이라고 할 수 있다.

  이는 일련의 절차나 규칙에 따라 담당자간 작업과 관계된 정보 흐름을 자동화하고 Office 업무를 효율적으로 처리할 수 있게 한다. [그림 2-61]에서 보면 기업 구성의 3요소는 사람과 프로세스, 그리고 자원이다. 여기서 업무는 프로세스를 말하며, 자원은 문서, 돈, 제품, IT 시스템, 데이터, 어플리케이션과 같은 다양한 업무 자원에서부터 사람에 이르기까지의 모든 구성체를 포함한다.

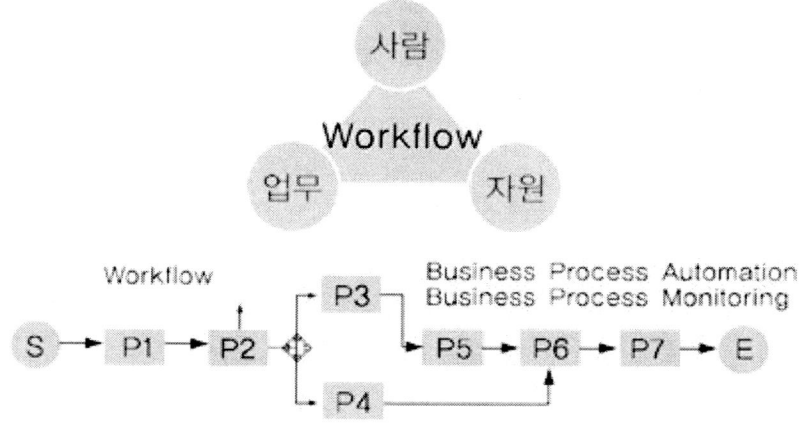

[그림 2-61] 워크플로우(Workflow)의 개념

여기서 워크플로우를 통해서 사람, 프로세스, 자원 등 기업 구성의 3요소에 대한 관리를 자동화할 수 있다. 따라서 오피스의 업무를 정의된 업무와 관련된 사람, 정보 자원의 흐름을 통합적으로 관리, 지원해주는 업무처리 자동화 시스템으로 업무 프로세스를 중심으로 조직과 정보시스템을 통합하여, 조직 내부 또는 조직간 협업과 트랜잭션을 구현하는 기반 시스템이다.

또한 워크플로우 관리(Workflow Management)는 인간, 정보, 자원으로 구성되는 업무 시스템을 프로세스의 관점에서 효율적으로 계획, 관리, 운영, 통제, 평가하기 위한 소프트웨어적 방법론을 말한다.

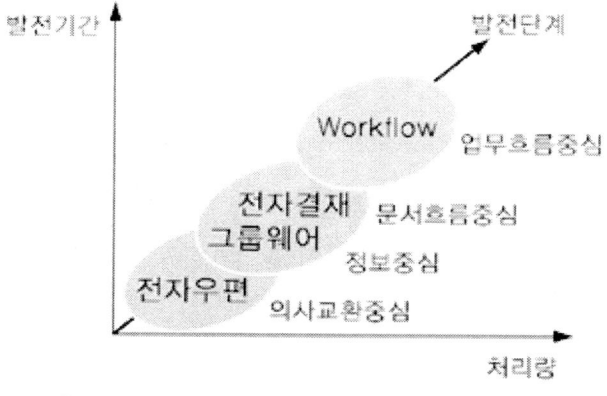

[그림 2-62] 워크플로우와 유사 시스템과의 차이

그리고 워크플로우 관리 시스템(Workflow Management System)은 이를 지원하는 워크플로우 컴퓨터 어플리케이션을 말한다. 이는 적시에 관련업무와 정확한 데이터를 책임 있는 담당자에게 제공하여야 하고 프로세스 모델을 통해 워크플로우를 정의하고 체계화할 수 있어야 한다. 또한 프로세스 모델 검증 및 시뮬레이션이 가능해야 하고, 업무 프로세스 실행에 관한 조정 및 통제가 가능해야 하며, 업무 프로세스 종료 후의 분석이 가능해야 한다.

흔히 워크플로우를 그룹웨어 안에 전자결재를 포함된 형태라고 오해하고 있다. [그림 2-62]에서 보는 바와 같이 전자결재는 결재처리를 자동화한 시스템으로 워크플로우 시스템의 한 분야인 것은 맞지만 비정형 데이터인 전자문서만 주로 취급한다는 점에서 워크플로우와 차이가 있다.

워크플로우를 다시 ERP(Enterprise Resource Planning : 전사적 자원관리)나 MRP(Manufacturing Resource Planning : 제조자원관리)와의 차이를 설명하면 ERP나 MRP는 고정된 프로세스를 실행하기 위한 통합 어플리케이션이기는 하지만 프로세스를 관리하기 위한 기능은 없다.

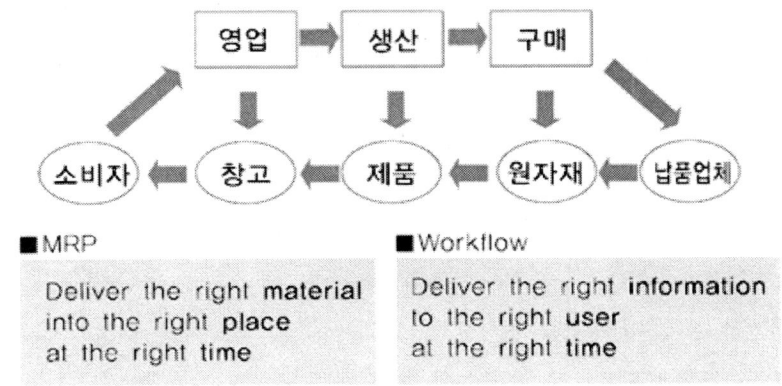

[그림 2-63] 워크플로우와 MRP 시스템과의 차이

하지만 [그림 2-63]에서 보는 바와 같이 MRP의 기능이 필요한시기에 필요한 장소에 필요한 자원을 공급하는 것과 같이 워크플로우는 올바른 시기에 올바른 사용자에게 올바른 정보를 제공한다는 점에서는 유사한 성격을 갖는다. 이러한 의미에서 MRP, ERP, 워크플로우는 상호 보완적인 성격을 갖는다.

③ 워크플로우 시스템의 기능 및 구성요소
• 워크플로우 시스템의 기능

워크플로우 제품의 기본적으로 갖추어야할 첫 번째 기능으로서 프로세스 정의를 들수 있다. 프로세스란 업무와 관련된 모든 것. 즉, 부품·제품·돈·사람·IT 자원 기타 시스템 등 추상화된 현상의 프로세스를 구체화시키는 것이며, 이것을 작업하는 것이 워크플로우 모델링이다.

두 번째 기능으로서 프로세스 수행을 들 수 있다. 프로세스 수행은 정의된 프로세스를 해석하여 워크플로우 시스템을 통해 업무가 수행되는 것을 말한다. [그림 2-64]을 보면 프로세스 수행의 모습이 형상화되어 나타나고 있다.

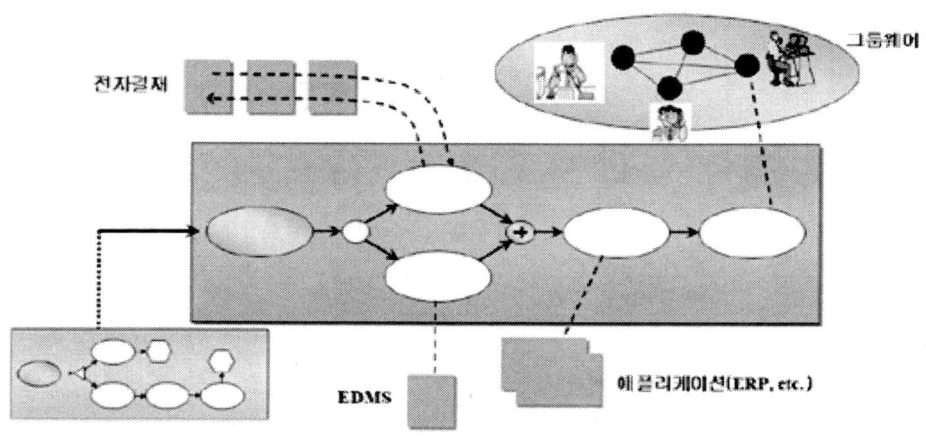

[그림 2-64] 프로세스의 모습

그 단위 프로세스 중에는 EDMS나 전자결재, 그룹웨어, ERP 등의 각종 어플리케이션을 지나가는 것을 볼 수 있다. 때문에 프로세스 수행기능을 보고 워크플로우 시스템을 비즈니스 자동화 도구라고 불리운다. 그 다음 세 번째 기능으로 프로세스 평가 기능을 들 수 있다. 프로세스 평가 기능은 워크플로우가 생성하고 관리하는 데이터로 할 수 있는 기능으로 [그림 2-65]와 같다.

업무 담당자의 평가의 원천 데이터	다양한 성과 측정 지표
• 업무가 도착한 시간 • 처리된 시각 • 처리한 담당자 • 지연시키고 있는 담당자 • 지연되고 있는 업무 • 전체 프로세스의 처리시간 등	• 각종 업무간 지연시간 • 조직간 연계속에서 생긴 지연시간 • 자주 사용되는 업무 아이템 • 담당자간의 업무 부하 • 업무 처리 비용 등

↓ 자동화된 형태=프로세스 평가기준

※ 활동기준경영(Activity Based Management)
※ 균형 성과표(Balanced Score Card)

[그림 2-65] 워크플로우의 프로세스 평가기능

마지막으로 워크플로우의 네 번째 기능으로는 프로세스 개선 기능이 있다. 워크플로우는 유연한 프로세스 변경기능과 시스템 자원과의 연계성으로 인해 조직도를 변경하거나, 프로세스를 변경할 수 있다. 그리고 프로세스를 구성하는 액티비티(Activity)를 변경할 수 있고 실행중인 프로세스를 변경할 수 있으며, 프로세스 구성 IT와의 통합 상태를 변경함으로써 프로세스를 개선할 수 있다. 이것이 타 유사시스템과는 다른 워크플로우만이 가진 독특한 기능이다.

• 워크플로우의 구성요소

워크플로우 시스템이 진정한 솔루션이 되기 위해서는 [그림 2-66]에 나와 있는 구성 요소들을 갖추고 있어야 하며 기본 구성 요소에 대해 필수 요소와 선택 요소를 구분하면 〈표 2-24〉와 〈표 2-25〉와 같다.

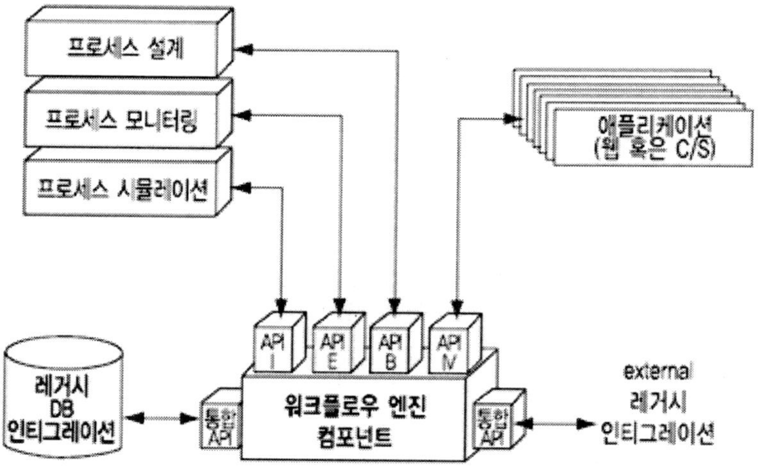

[그림 2-66] 워크플로우의 기본 구성 요소

워크플로우 시스템이 갖춰야 할 시스템 구성 요소 측면은 사실 논리적인 구성과 물리적인 작동관계를 명확히 하여야 한다. 각 요소간의 상관 및 종속 관계가 존재하기 때문에 확실하게 어떤 것이 존재해야 하고 어떤 것이 선택적으로 제외할 목록인가를 제시하여야 그 시스템을 효율성을 향상시킨다. 필수와 선택의 구분은 워크플로우 솔루션을 개발할시 반드시 우선적으로 개발할 부분이 〈표 2-24〉의 요소들이며 그 이후에는 솔루션 구성의 완성을 위하여 추가 개발한 부분이 〈표 2-25〉의 요소들이다.

〈표 2-24〉 워크플로우의 필수 요소

구분	설명
워크플로우 엔진 컴포넌트	설계된 비즈니스 프로세스를 실행·운영하는 엔진으로, J2EE 혹은 COM+와 같은 기업용 프레임워크에 배포할 수 있는 컴포넌트가 바람직하다.
프로세스 설계 도구	비즈니스 프로세스를 네트워크로 설계할 수 있는 GUI 도구로, 스크립트 프로그래밍 및 프로세스 내부 업무의 속성 등을 설정한다.
어플리케이션 지원 API	워크플로우 시스템을 기반으로 웹 혹은 C/S 어플리케이션이 워크플로우 엔진과 대화하는데 사용하는 API 세트로, 프로세스의 실행 요청 및 업무 처리 요청 등의 기능을 담고 있다. 또한 사용자가 로그인 했을 때 자신에게 할당한 업무를 알려주는 워크 리스트를 제공하는 API(일명 워크 리스트 핸들러)를 포함하고 있다.
통합 지원 API	워크플로우 시스템은 기존의 데이터베이스 및 정보시스템을 포함한 외부 시스템과의 쉬운 연계를 보장해야 한다. 연계를 위해 통상 워크플로우는 통합 API 세트를 제공하며 워크플로우로부터의 호출 및 연계에 따른 결과의 입출력을 일관되게 처리할 수 있도록 하고 있다.

구분	설명
프로세스 설계 도구 지원 API	프로세스 설계 도구를 이용해 개발된 비즈니스 프로세스는 워크플로우가 이해하는 명세로 변경되어, 워크플로우의 레파지토리에 저장된다. 이렇게 워크플로우 레파지토리와의 대화를 위해 워크플로우 시스템은 입출력 API를 제공해야 하며 통상 레파지토리는 버전 관리, 프로세스의 생성·수정·조회·삭제 등의 기능을 제공해야 한다.
프로세스 API 모니터링 지원 API	일반적으로 워크플로우 시스템은 운영되고 있는 프로세스의 상태를 모니터링할 수 있는 GUI 기반 도구를 제공한다. 따라서 모니터링을 지원하기 위한 명확한 API 세트를 필수적으로 제공해야 하며, 모니터링 도구는 선택적으로 구비할 수 있다.
워크플로우 관리 지원 API	워크플로우 시스템을 관리하기 위한 API 세트를 의미하며 프로세스의 수동 생성, 업무의 수동 처리, 오류 보정, 트랜잭션에 대한 보상 롤백, 업무 담당자 수동 변경, 프로세스 삭제 등의 기능을 제공해야 한다. 통상 워크플로우 시스템은 백본 미들웨어로 이용되므로 워크플로우 기반 정보시스템의 관리 도구에 포함되는 것이 일반적이기 때문에 반드시 관리도구를 따로 제공할 필요는 없으며, 단지 관리 지원 API 세트만을 명확하게 제공해야 한다.

〈표 2-25〉 워크플로우의 선택요소

구분	설명
프로세스 모니터링 도구	워크플로우 시스템에서 운영되고 있거나 완료된 프로세스에 대한 상태를 상세하게 제공하는 GUI 기반도구로 통상 진행상태를 설계된 프로세스의 네트워크 그림위에 표시해 준다. 또한 프로세스의 종합적인 처리율, 세부 업무의 진행 척도에 대한 통계치 등을 제공해 비즈니스 프로세스의 효율성 및 병목점 등을 검토할 수 있게 하는 의사결정 지원 도구 역할을 한다.
프로세스 시뮬레이션 API 및 도구	비즈니스 프로세스를 설계한 후 프로세스가 제대로 설계되었는지를 확인하기 위해서 설계자는 잠정적인 데이터를 이용해 프로세스를 실행해 보는 것이 보통이다. 이를 위해 워크플로우 시스템은 시뮬레이션을 지원하기 위한 API를 제공하여 어플리케이션 화면을 대신해 각종 데이터를 입출력하고 업무처리를 단계별로 확인 할 수 있는 도구를 제공한다.
어플리케이션 지원	자동화 도구 워크플로우 시스템을 기반으로 구현하는 어플리케이션 개발을 더 쉽게하기 위해 일종의 Case-Tool을 제공할 수 있고 통상 문서의 양식 등을 자동으로 설계할 수 있는 Form 생성기를 주로 제공한다. 요즘과 같이 웹 환경에서 주요 정보시스템이 구현되는 상황에서 완전한 Case-Tool을 제공하기 힘들며 제공하더라도 그 실효성이 많이 떨어진다.
통합 지원 자동화 도구	일반적으로 외부 데이터베이스와 연계를 지원하기 위해 스키마 역 엔지니어링 기능을 제공하고 해당 테이블/뷰에 대한 접근 로직을 자동으로 생성해주는 도구이며 일부 한정적인 분야에서만 사용할 수 있지만 사용가능하다면 상당한 개발시간 단축효과를 제공한다. 또한 B2Bi 계통의 어댑터를 함께 제공함으로써 기업의 외부 정보시스템과의 연계를 지원할 수 있다.

피상적으로나마 구분지어 보자면 〈표 2-24〉의 필수 요소는 워크플로우 시스템이 어떤 정보 시스템의 백본으로 운영되기 위해 반드시 필요한 것들을 의미한다. 〈표2-25〉의 선택 요소는 프로세스 백본이 아닌 워크플로우 시스템 자신을 위한 도우미 도구 역할을 한다고 보면 되겠다.

④ 워크플로우 시스템의 용도 및 효과

워크플로우 시스템은 프로세스가 필요한 곳이라면 어디서나 쓸 수 있다. 굉장히 크고 복잡한 프로세스에만 쓰이는 것처럼 확대해서 생각하는 경향이 다소 있지만 실제로는 작더라도 자동화할 필요가 있는 프로세스나 여러 사람이 협업을 해서 결과를 도출할 필요가 있는 프로세스, 다양한 시스템간의 연계를 통해 데이터를 주고받으면서 정해진 규칙에 의해서 프로세스가 진행될 때 등 프로세스가 존재한다면 워크플로우 시스템은 도입될 수 있다. 다음으로 워크플로우 시스템의 적용 효과로는 비즈니스 네트워크 설계 도구에 의해 설계된 프로세스를 자동으로 수행시켜 준다는 가장 기본적이면서 중요한 기대 효과 이외에 워크플로우 시스템을 도입함으로써 발생하는 부대 효과는 다음과 같다.

- 기업 품질 향상에 따른 비즈니스 프로세스 참여자의 만족도 증가

　비즈니스 프로세스가 진행하는 동안 참여하는 모든 협업 관계의 참여자들은 필요한 시간 내에 오류 없이 처리되는 프로세스를 기대할 수 있다. 이는 비즈니스 프로세스가 시스템에 의해 자동으로 수행됨으로써 각 참여자가 후속 처리 담당 인원이 누구인지 알 필요 없이 자신이 수행할 일만을 처리하면 되기 때문이다.

- 원가 절감

　프로세스를 네트워크로 설계함에 따라 업무의 중복을 미연에 검토하여 방지할 수 있으며, 반복적으로 프로세스를 모니터링하고 관리함으로써 더욱 기업의 비즈니스 프로세스를 개선해 나갈 수 있다.

- 프로세스의 투명한 관리를 가능하게 해 준다

　관리자는 모니터링을 통해 전체 프로세스, 단위 프로세스의 진행 상태, 병목점 및 고비용 업무 등을 실시간으로 확인할 수 있다. 따라서 전사적 비즈니스 프로세스의 개선을 위한 정확한 정보를 제공해 줌으로써 프로세스의 운영을 더욱 개선할 수 있는 기회를 제공한다. 또한 업무에 대한 부하 조정 기능을 제공함으로써 프로세스의 병목을 시스템적으로 해결할 수 있는 실시간적인 해결책을 제시한다.

　이와 같은 기대 효과 이외에서 비즈니스 프로세스에 대한 지식을 축적할 수 있는 기회를 제공하는 등 다양한 기대 효과를 가지고 있다.

⑤ 워크플로우 시스템의 기능 사례

- 시각적인 업무 흐름의 정의

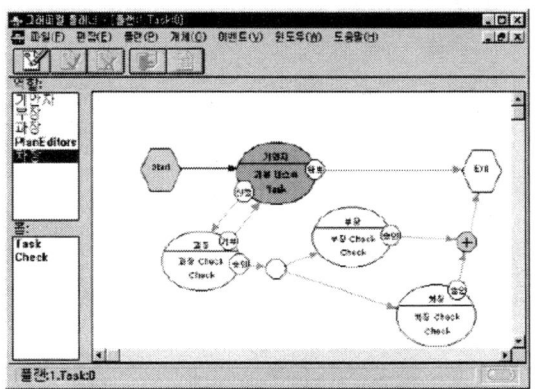

그래피컬 플래너 : 마우스로 시각적인 업무흐름을 정의하는 기능 제공

✓ Workflow 정보의 정의
  개체 붙이 넣기로 Flow 정보 표시

✓ 진행 상황 표시(모니터링)
  진행 상황을 다른 색으로 표시하여
  실시간으로 상황 파악 가능

- 우수한 업무 흐름의 제어

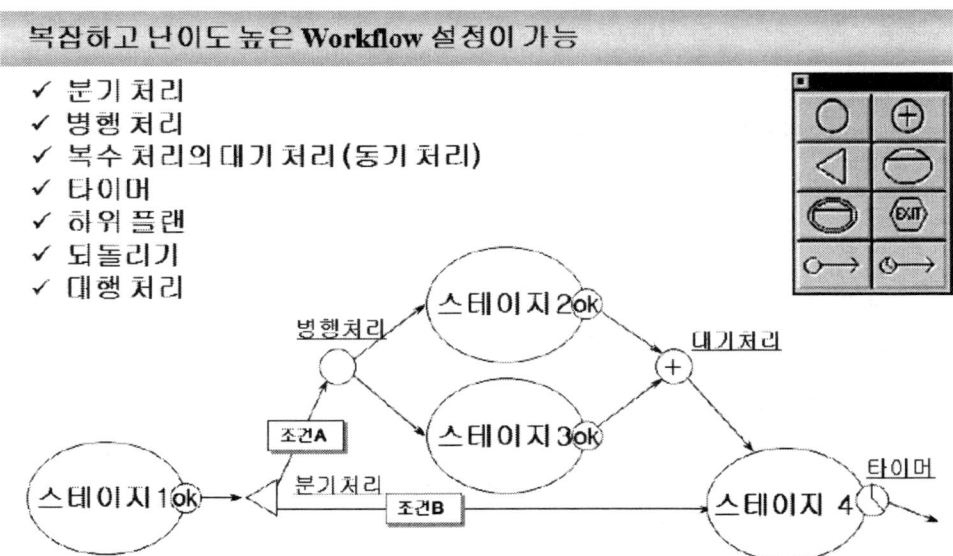

복잡하고 난이도 높은 Workflow 설정이 가능

✓ 분기 처리
✓ 병행 처리
✓ 복수 처리의 대기 처리(동기 처리)
✓ 타이머
✓ 하위 플랜
✓ 되돌리기
✓ 대행 처리

• 조직변경에 유연한 대응

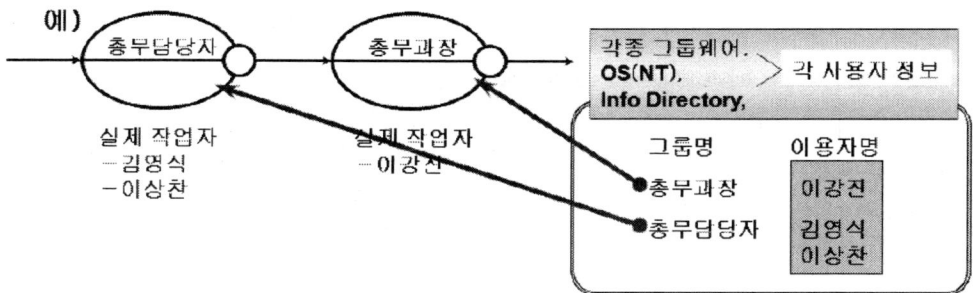

• 되돌리기 처리

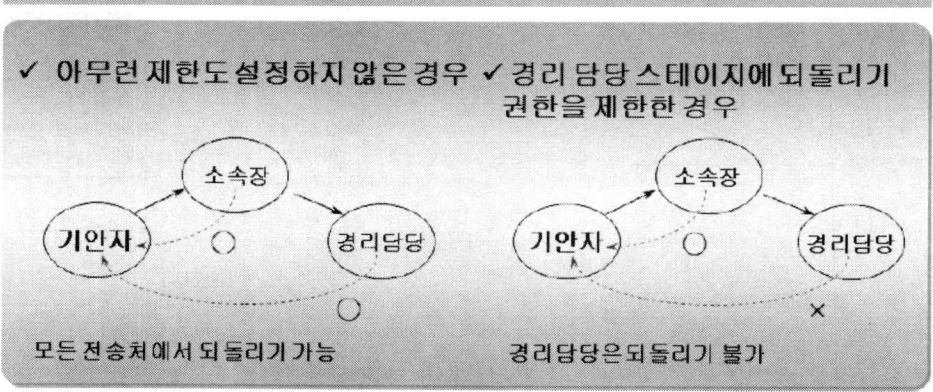

• 대행 처리

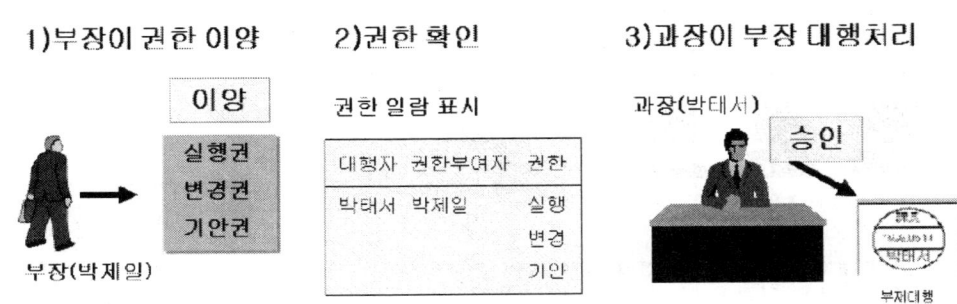

• 하위 플랜 연결

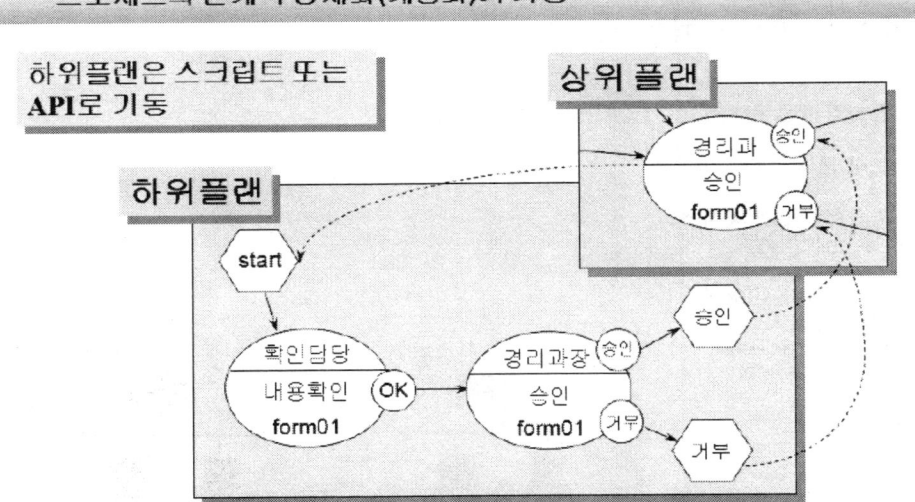

• 업무 확장에 유연하게 대응

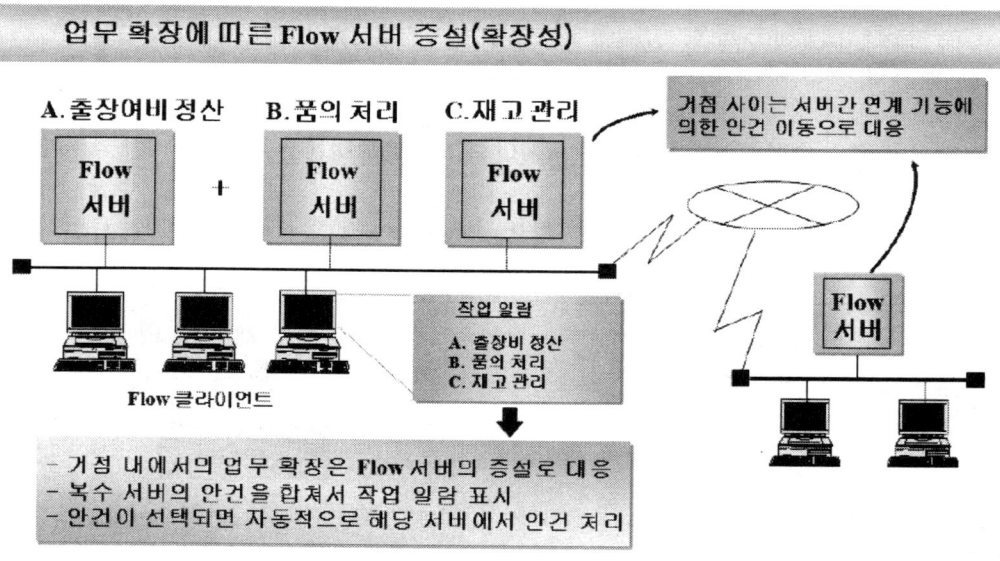

• Site 접속(서버간 연계)

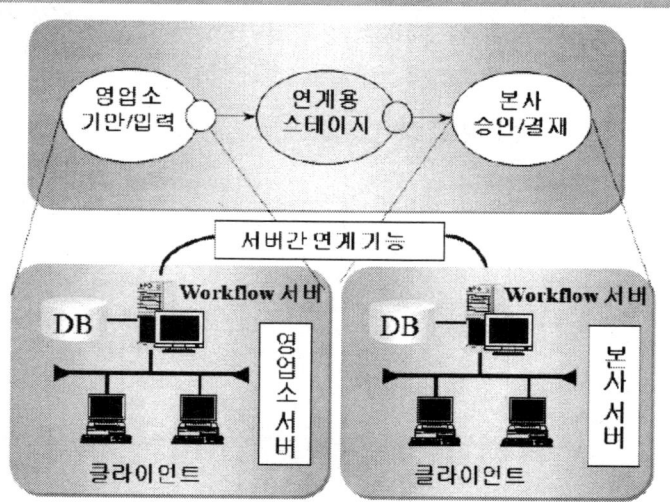

- Web 어플리케이션 개발 인터페이스

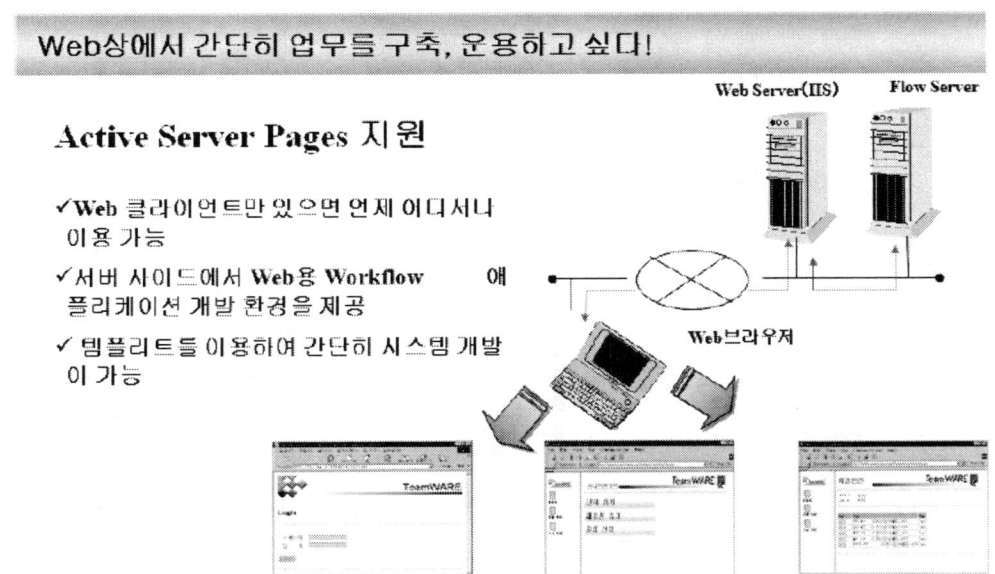

- e-Mail 연동으로 조작성 향상

• 워크플로우 구성도(예)

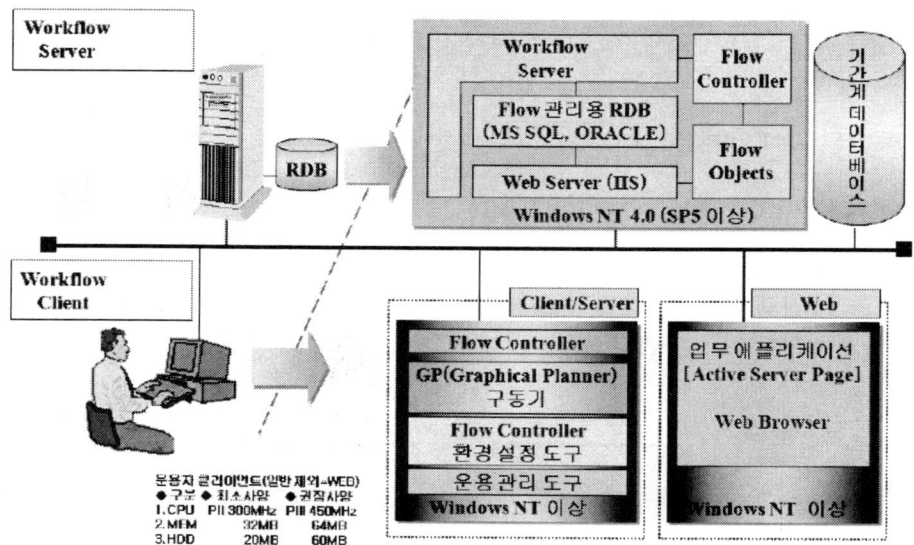

⑥ 워크플로우의 분석 절차

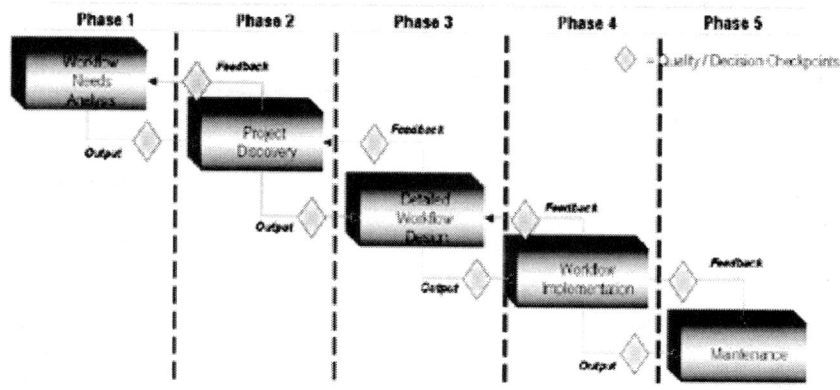

[그림 2-67] 워크플로우 개발 방법론_(Aberdeen Group)

워크플로우 개발 분석 절차 단계는 워크플로우 요구사항 분석, 워크플로우 프로젝트 플래닝, 상세 워크플로우 설계, 워크플로우 구현, 유지보수의 5단계를 거친다(AberdeenGroup).

이를 국내 H사의 사례를 통해 설명해 본다. 국내 H사의 워크플로우 개발 방법론에서는 [그림 2-68]와 같이 프로젝트 가시화, 워크플로우 프로세스 정의, 워크플로우 프로세스 상세 정의, 워크플로우 프로세스 구현, 워크플로우 프로세스 적용의 5단계로 개발되었다.

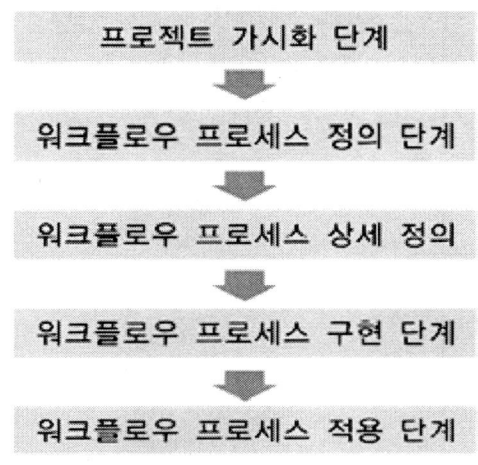

[그림 2-68] 국내 H사의 워크플로우 개발 방법

- 프로젝트 가시화 단계

    프로젝트의 수행을 위해 필요한 각종 준비 작업을 하는 단계로서 기업의 환경 및 전략적 방향을 토대로 추진방향을 수립하고 정보 기술 환경 및 워크플로우 적용을 위한 기술적, 업무적 청사진을 도출하는 단계. 프로젝트의 추진 배경, 목표 및 범위, 추진방법에 대해 팀원 간의 포괄적인 공감대를 형성하고 프로젝트 추진력을 확보하였다.

- 워크플로우 프로세스 정의 단계

    대상 업무의 프로세스에 관한 분석을 통해 워크플로우 관리시스템에 적용할 워크플로우 프로세스 및 관련 조직, 관련 어플리케이션 등의 정보를 수집 하는 단계로서 대상 업무 프로세스와 관련 시스템의 분석을 통한 개선 포인트의 도출, 워크플로우 관리 시스템 의 도입을 위해 정의되어야 하는 프로세스 관점, 시스템 관점에서의 필요 요소를 정의하고 해당 요소를 분석, 신규도입 되는 기술의 적용범위를 명확히 하고 해당 기술과 기존 시스템간의 인터페이스와 관련한 기술적 검증을 수행하였다.

• 워크플로우 상세 프로세스 정의 단계

　워크플로우에 적용하기 위한 각종 설계를 수행하는 단계로서 업무 프로세스를 워크플로우 프로세스 관리 시스템으로 관리하기 위하여 필요한 관리환경을 정의한다. 그리고 정의된 워크플로우 프로세스와 어플리케이션의 필요 요소를 워크플로우 관리 시스템에 적용하기 위해 필요한 속성을 도출하고, 도출된 내용에 따라 구현의 필요성이 있는 전자양식과 워크플로우 어플리케이션 프로그램, 그리고 워크플로우 어플리케이션 프로그램 인터페이스 등과 관련한 기술적인 설계를 수행한다.

• 워크플로우 프로세스 구현 단계

　워크플로우 프로세스 관련하여 정의된 모든 워크플로우 프로세스 정의 속성을 워크플로우 관리시스템에 구축하고 운영 가능하도록 필요한 모든 구성요소를 구현, 통합, 테스트하는 단계이다.

　이는 워크플로우 프로세스 정의와 워크플로우 어플리케이션에 관하여 정의된 사항들을 대상으로 워크플로우 관리시스템을 구현하며 추가적으로 필요한 워크플로우 프로세스 어플리케이션을 구현한다. 또한 워크플로우 어플리케이션 프로그램 인터페이스를 위해 필요한 모듈들을 구현하고, 전체 워크플로우 관리시스템에의 구축 사항에 대한 문제점 및 보완 사항 도출, 그리고 구현 완성 및 용이한 운영과 사용을 위해 필요한 사항들을 수행한다.

• 워크플로우 프로세스 적용 단계

　워크플로우 프로세스의 지속적인 개선 및 성과측정 단계로서 워크플로우 관리시스템의 도입에 따라 수반되는 변화 관리를 한다(변화관리 방안 수립, 업무개선방안 수립, 지속적 업무개선 및 변화관리 수행).

⑦ 워크플로우의 발전방향

워크플로우는 어디로 발전하는가. 워크플로우는 프로세스를 통합과 운영, 관리, 모니터링하는 기능이 주요시 되는 SCM5, BPM의 핵심 컴포넌트 및 기능이 확장된 워크플로우(Advanced Workflow)로 발전되고 있다.

> "Workflow is undergoing a fundamental shift as the market, vendors and products transition from a niche position to mainstream technology for entERPrise application integration and e-business process automation."
>
> -IGA Group-

그간 기업 시스템의 다양성 및 복잡성의 요구로 현재 워크플로우 시스템은 한계성에 부딪히고 있었다. 즉, 대부분의 워크플로우 시스템은 이질적이고 분산된 환경에 대한 지원 부재, 제한된 규모조정, 실패 발생시 복구 부재, 대규모의 워크플로우 시스템을 지원하기 위한 높은 수행력의 결여, 트랜잭션 기능 부재 등의 한계를 가지고 있다.

특히, 대규모 워크플로우 시스템은 다양한 시스템에서 수행되는 이질적인 어플리케이션과 프로세스들의 통합이 필수적이다. 또한, 시스템이나 어플리케이션 수준에서의 이질성과는 별도로 분산된 조직 환경에서 데이터 접근과 통신을 지원할 수 있는 기능이 새로이 요구되고 있다.

차세대 공급망관리 시스템(SCM)을 "SCM5"라 부르는데, SCM5가 가지는 기능 및 컴포넌트는 Business Process Management(BPM), Inventory visibility, Business Activity Monitoring(BAM), Analytics and Optimization으로 구성된다. 여기에서도 비즈니스 프로세스를 관리하고 통합, 모니터링할 수 있는 기능이 주요 기능으로 요구되고 있으며, 이의 기반에는 확장된 기능의 워크플로우 기술이 자리 잡고 있다.

기업 전반에 걸친 기업 내/외 업무를 인간의 자율 신경계처럼 신속하고 지능적으로 자동 처리 가능한 기업 신경망 시스템(EntERPrise Nervous System)을 요구 하고 있다.

[그림 2-69]에서 보는 것과 같이 ENS는 기업 내·외 정보, 조직(사람), 프로세스 정보를 효율적으로 연계 통합 시켜 줄 수 있는 미들웨어 플랫폼으로서 보안디렉토리 서비스 및 메타정보관리 기능을 지원해야 하며 다수 응용시스템 및 메시지 등을 통합 할 수 있는 통합 브로커의 역할과 프로세스의 관리, 게이트웨이 등의 다양한 서비스를 내포 하고 있다.

특히 ENS 아키텍처 내에는 BPA(Business Process Architecture), BPM(Business Process Monitoring), BAM(Business Activity Monitoring)등의 기능을 반드시 필요로 하고 있다.

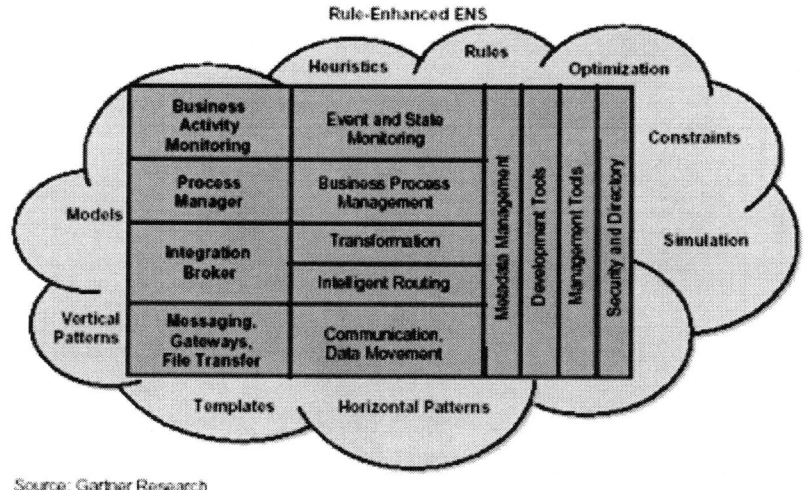

[그림 2-69] Enterprise Nervous System Architecture

⑧ 워크플로우의 표준

워크플로우 시스템을 개발함에 있어서 앞서 나온 요소들을 다 개발했다고 해서 끝난 것이 아니다. 업체에서 통용되는 표준이 이미 엄연하게 존재하고 있으니 그것을 따라야 하는 것이 당연하고 그 표준을 준수해야 워크플로우 시스템이라고 할 수 있다.

워크플로우에 대한 표준을 제정하는 곳은 WfMC1)란 곳이고 BPM에 대한 표준을 제정하는 곳은 BPMi.org2)이다. WfMC와 BPMi.org 중 어느 표준을 따를 것인지가 고민될 수도 있지만 명확하게 필자는 WfMC 표준을 추천한다. 왜냐하면 BPMi.org는 아직 프로세스에 대한 설계 표준만을 가지고 있고 운영과 관련한 API는 가지고 있지 않기 때문이다.

사실 WfMC의 역사가 훨씬 오래됐으니까 표준 스펙의 종류에 있어서 훨씬 많은 것이 사실이고 운영 전반에 걸친 엔진 역할에 대한 것은 WfMC가 BPMi.org의 기본이 될것이 확실하다.

BPMi.org에서 WfMC와 함께 프로세스 운영에 대한 표준을 제정하고 있다. 또한 프로세스 정의에 대한 표준인 BPMi.org의 BPML은 WfMC의 XPDL과의 상호 변환이 가능하다는 연구가 많이 진행 중이다. 실제로 필자의 판단도 동일하므로 이미 안정된 표준 사양을 가지고 있는 WfMC의 표준을 따르는 것이 시스템의 사양을 결정하는데 더욱 바람직하다.

WfMC의 표준 사양들을 볼 때 제일 먼저 보아야 하는 것이 The Workflow Reference Model3)에 있는 '참고자료 2'를 보면 된다. 이는 워크플로우가 가져야 하는 표준적인 참고 모델에 대한 설명서로서 워크플로우를 이해하고자 하는 사람에게는 필독 자료이다. 더불어 '참고자료 3'도 함께 검색하는 것이 좋다. 워크플로우 참조 모델의 컴포넌트는 다음과 같다.

- 워크플로우 엔진(Workflow Engine) : 워크플로우 컴포넌트 가운데 핵심모듈로서 중앙 서버에 위치하며 각 워크플로우 관리시스템은 하나 이상의 엔진을 가진다. 엔진은 정의된 프로세스를 해석하여 시작시키며, 시작된 프로세스가 올바로 수행이 될 수 있도록 제어 관리한다.

- 프로세스 정의 도구(Process Definition Tools) : 프로세스 정의 도구는 프로세스 모델을 설계할 수 있는 그래픽 사용자 환경(GUI : Graphic User Interface)을 제공하고 이를 컴퓨터가 해석 가능한 형태로 만들어 저장한다. 제품에 따라서는 설계된 프로세스를 검증하는 기능과 다양한 프로세스 정의 언어로 저장해주는 기능도 포함한다.

- 워크플로우 클라이언트(Workflow Client) : 프로세스를 이루고 있는 단위업무를 사용자가 수행할 수 있는 사용자 인터페이스를 제공해 준다. 사용자는 클라이언트가 제공하는 사용자 인터페이스를 통해 자신에게 할당된 업무를 확인하고 이를 완료, 실행중지 및 재개, 반려 등을 수행하며, 할당된 자원에 대하여 어플리케이션을 호출하여 가공하기도 한다.

- 피호출 응용프로그램(Invoked Application) : 단위업무의 수행을 위하여 엔진에 의하여 호출, 실행되는 프로그램 모듈이며, 대개 입력을 받아 출력을 반환해주는 형태이다.

- 관리 및 모니터링 도구(Administration & Monitoring Tools) : 프로세스를 관리, 감독할 수 있는

사용자 환경을 제공한다. 제품에 따라서는 프로세스와 관련된 정보를 통계적 수치로 사용자에게 제공하여 프로세스에 대한 전반적이 관리가 용이하도록 돕는다.

[그림 2-70] 워크플로우 참조모델(WIMC 표준 사양)

워크플로우 참조모델은 이들 컴포넌트들에 대하여 워크플로우 시스템이 제공하는 서비스를 5가지의 기능적인 인터페이스로 정의하였다. [그림 2-70]에서 표현된 것처럼 WIMC에서는 크게 5가지 인터페이스를 제정하고 있다. '인터페이스 1'은 설계된 프로세스의 명세를 위한 것이며 '인터페이스 2와 3'은 워크플로우 시스템과 상호 연계하여 운영되는 어플리케이션이 사용하는 API를 제공하고 있다.

또한 '인터페이스 4'는 외부의 또 다른 워크플로우 시스템과의 상호운영성(Interoperability)을 보장하기 위한 API를 규정하고 있고 인터페이스 5는 워크플로우 관리와 모니터링을 위한 API를 나타낸다. 제시된 5가지 인터페이스가 큰 골격에서 WIMC가 제공하는 표준 사양인데 각 표준들은 각자의 영역에 대해 세부 표준들을 가지고 있다.

예를 들어 '인터페이스 1'에 대해서는 XPDL(XML로 프로세스 설계를 명세하기 위한스펙)과 WPDL(텍스트 문서로 프로세스 설계를 명세하기 위한 스펙)이 존재하고 인터페이스 4에 대해서는 Wf-XML(XML 기반 Workflow API)이나 AWSP(비동기식 웹서비스 프로토콜) 등이 존재한다.

그리고 '인터페이스 5'는 관리 및 감독 도구와 엔진간의 인터페이스 표준으로 관리 및 모니터링 툴을 이용하여 워크플로우 엔진의 상태를 관찰하기 위한 상세정보, 워크플로우 활성화 및 실행과정에서 발생하는 많은 종류의 이벤트에 대한 사항을 맹세한다. 이를 위하여 감사 정보의 종류와 발생 시점 및 형식을 정의하였다.

The Workflow Reference Model4)를 검색하여 '참고자료 1'을 보면 사이트를 보면 굉장히 많은 수의 표준들이 존재한다는 것을 알 수 있다. 이렇게 많은 표준을 모두 준수해야 하는가? 대답은 '원칙적으로 그렇다'이다. 최소한 워크플로우 솔루션이라는 이름을 걸기 위해서는 그렇다고 할 수 있다. 좀 더 현실성 있게 살펴보면 최소한 '인터페이스 1'은 준수해야 한다고 할 수 있다.

이렇게 워크플로우가 가져야 하는 기본을 구현하기 위해서는 '인터페이스 1'의 XPDL 혹은 WPDL 사양을 지원할 수 있는 워크플로우 시스템을 개발해야 한다. 즉, '인터페이스 1'을 준수하는 워크플로우 시스템은 기타 표준을 애초에 준수하도록 개발했든지 안했든지 결국에는 다른 표준 인터페이스를 준수할 수 있다.

'인터페이스 1'은 앞서 기술한 바와 같이 비즈니스 프로세스 디자인 도구를 통해 설계한 프로세스를 XML이나 텍스트 문서로 표현할 수 있는 표준을 정의하고 있는데 그내역 수준에 맞도록 워크플로우 시스템이 구현돼 있다면 나머지 인터페이스들은 워크플로우 시스템이 제공하는 기능을 적절히 캡슐화한 것에 지나지 않는다.

따라서 워크플로우가 가져야 하는 기본 요소들을 모두 갖추고 있으면서 '인터페이스 1'을 준수한 제품이라면 나머지 인터페이스를 모두 준수시킬 준비가 돼 있다고 볼 수 있으며 실제로 필자 또한 제품 개발 시 제일 먼저 '인터페이스 1'에 대비해 모든 구현사양을 준비하여 '인터페이스 1'로 표현될 수 있도록 하고 있다.

3. BPM 구현을 위한 프로세스의 이해와 추진도구

① 프로세스의 포괄적 이해

ISO 9000 : 2000 판이 탄생하면서 기업의 기본으로 여겨왔던 절차중심의 사고가 프로세스 중심으로 큰 변화를 가져왔다. 이는 과거의 절차를 무시하겠다는 의미가 아니라, 조직 운영의 본질 면에서 고객 위주의 사고를 기업 내에서 찾고자 하는 것이 아니라 고객이 판단하는 기업의 성과 위주로 전환하는 커다란 패러다임의 변화로 생각할 수 있다. 이런 변화를 제대로 직시하고 올바른 접목을 하도록 돕기 위해 몇 가지 사례를 소개한다.

- 유럽 품질상(EQA : European Quality Award)

    프로세스의 개념을 잘 이해하기 위해서는 프로세스를 주창한 배경과 환경을 이해할 필요가 있다. 따라서 TS가 유럽에서 탄생되었음을 고려한다면, 매년 기업에 대해 평가하고 시상하는 유럽 품질상(European Quality Award) 제도는 기업의 제3자 평가제도라는 측면에서, 인증심사와 유사하여 좋은 시스템 모델이 될 수 있다.

특별히, 유럽 품질상에서는 프로세스를 중심으로 평가되고 시상되기 때문에 프로세스의 기본 개념을 이해하는데 도움을 준다. 즉, 유럽품질상의 기본 골격은 프로세스 운영을 통한 성과 달성으로 볼 수 있으며, 그 모델은 아래와 같다.

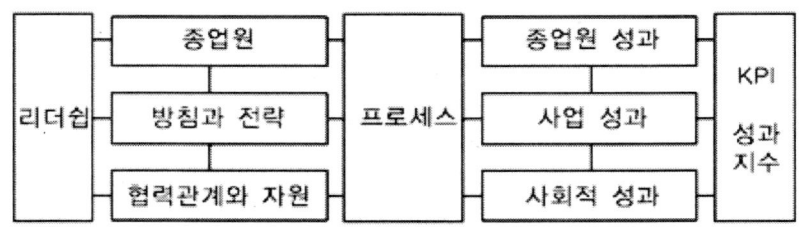

[그림 2-71] 유럽의 품질상 모델

[그림 2-71]에서도 나타나듯이 유럽 품질상 모델은 중앙의 프로세스를 기준으로 좌측은 Input, 우측은 Output (성과)의 전형적 구조를 나타내고 있음을 알 수 있다. 즉, 기업의 조직에 맞는 프로세스를 통하여 기업의 성과를 달성하도록 하는 그 기본 구조가 갖추어져 있으며 KPI과의 연계성을

보여주고 있다. 유럽상의 기본사고는 기업의 규모에 맞는 프로세스의 효율적 운영을 통한 성과달성을 그 기본구조로 하고있다.

• 프로세스와 리엔지니어링

프로세스의 주창자인 마이클 해머를 빼고 프로세스를 얘기할 수는 없다. 마이클 해머는 프로세스를 리엔지니어링 함으로써 기업의 혁신을 주창하였는데 그가 제임스 챔피와 공동 발간한「리엔지니어링 기업혁명」책자에서 소개하고 있는 은행의 대출 프로세스에 대한 혁신 내용을 살펴보자.

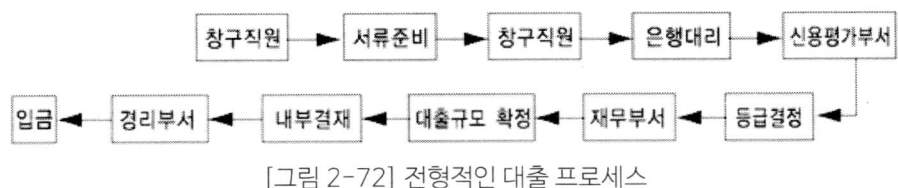

[그림 2-72] 전형적인 대출 프로세스

- 대출의뢰자가 창구를 찾아와 대출에 대해 문의한다
- 창구 여직원이 간단한 답변과 함께 정해진 은행 양식을 제시하며 작성방법과 첨부서류에 대해 설명한다
- 의뢰자는 양식을 받아들고 돌아와 첨부서류(등기부등본, 담보서류, 보증인 등)를 챙긴다
- 다시 은행 창구를 찾아 여직원에게 정해진 양식의 작성상태와 첨부서류의 이상 여부를 확인받고 접수를 완료한다
- 은행에서는 이제부터 정식으로 대출에 필요한 업무절차가 공식적으로 진행되는데, 그 첫 번째가 대출 창구를 맡고 있는 부서에서 진행하는 정해진 기간 동안에 접수된 대출의뢰 서류의 정리(담보대출, 신용대출, 개인대출, 법인대출 등) 및 내부 실적의 보고이다
- 정리되고 구분된 대출서류는 신용평가를 위해서 독립적인 신용평가 담당부서로 보내지게 되고 신용평가부서는 객관적인 평가의 업무만을 수행하고 신용등급을 결정(예 : A, B, C, D 등)하며, 그 결과를 내부 결재를 거쳐 은행의 총괄 재무를 담당하는 부서로 이관하게 된다
- 실질적인 대출의 여부 및 대출규모(액)는 여기에서 결정된다. 재무부서는 은행의 예측되는 입금액, 수익, 지출, 대내외 환경 등을 총괄적으로 분석하여 총 대출 상한선을 설정하고, 대출 신청금액과 비교하여 대출범위(A등급만 가능, B등급까지)를 정하고 규모를 확정한다

- 그 결과는 지점 및 본사 결재를 거치게 된다
- 입금부서인 경리부서로 통보된다
- 비로소 대출의뢰자의 계좌로 입금이 된다

이상의 과정이 대출을 위한 기본적인 업무가 진행되는 과정이며, 총 소요일정은 약30일로써 대출의뢰자의 긴박한 마음을 조금이라도 이해한다면 1개월이라는 대출소요기간은 대단히 많은 시간인 것이다.

하지만 개개인의 업무내용을 살펴보면 자신의 업무를 소홀히 하거나 직접적인 문제를 일으키지 않았으며 은행은 은행의 입장에서 각 부서의 역할을 나름대로 타당성 있게 구성하여 정상적인 업무절차에 의해 대출이 진행되는 아주 평범한 구조이다.

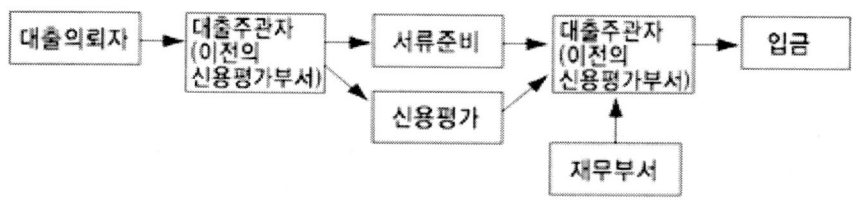

[그림 2-73] 혁신된 대출 프로세스

모든 은행의 업무는 거의 유사하게 진행되고 있고 어쩔 수 없는 것이라고 하더라도 자금이 급한 고객에게 한 달 뒤에 돈이 입금되었을 때 과연 그 고객이 만족할 수 있을까 그래서 그 은행은 모든 관점을 고객에게 두고 프로세스를 다시 설계하기로 하여 신용평가 담당자를 프로세스 주관자로 정하고 아래와 같은 프로세스의 혁신을 이루게 되었다.

·대출프로세스의 책임자(과거의 신용평가 담당자)가 직접 고객을 상대하며 대출에 대한 안내를 하며, 준비 서류를 통보한다
·의뢰자가 양식을 받아들고 돌아와 첨부서류(등기부등본, 담보서류, 보증인 등)를 챙기는 동안, 대출프로세스의 주관자는 신용평가를 끝낸다
·다시 은행 창구를 찾아 서류를 제출하게 되면, 신용평가에 이상이 없고 제시된 재무부서의 한도를 초과하지 않는다면, 즉시 입금토록 하여 대출프로세스가 완료된다. 혁신된 프로세스에 따라 대출이

이루어질 경우 대출의 전 과정은 2~3일이면 충분하며 고객은 필요할 경우 즉시 은행의 대출창구를 이용할 수 있게 됨으로써 은행을 신뢰하게 되고 고객은 만족할 수 있게 되었다. 물론 은행에서도 프로세스가 단순화됨으로써 많은 인건비의 절감으로 이익이 극대화되었으며 더 많은 고객을 확보할 수 있게 되었다. 여기서 우리는 프로세스의 혁신에 대한 세 가지의 특성을 배우게 된다.

· 첫째 – 개선의 중심은 항상 고객이어야 한다. 본인의 업무에 현재 문제가 발생하고 있지 않다고 하더라도 항상 고객이 만족하고 있는 것이 아니며, 고객은 항상 옳을 뿐만 아니라 고객의 눈높이는 계속 높아지고 있음을 높아 질 수밖에 없는 것임을 깨달아야 한다.

· 둘째 – 프로세스의 주관자가 명확해야 하며, 그 주관자는 프로세스의 전 과정을 이해하고 있어야 한다. 즉, 신용평가담당자가 대출프로세스의 주관자가 되었는데, 그는 대출프로세스의 전 과정(대출신청에서 입금까지)을 이해하지 않고서는 해당 프로세스의 주관자가 될 수 없었을 것이다.

· 셋째 – 프로세스 혁신은 가치가 부가되는 활동이며 지속적 개선을 추구하게 된다는 점인 것이다. 개선전의 프로세스에서는 많은 담당자들이 있으나 해당업무의 완벽성은 기하고 있었을지 모르지만 각 부서의 벽에 막혀 자신의 업무에 전혀 가치가 부가되지 못하고 단순히 우체국을 거쳐 편지가 배달되는 단순(전문화된)화된 업무만을 처리함으로써 고객을 쳐다볼 수 없었던 폐쇄형 Loop(루프) 구조에 속하고 있었으므로 가치가 부가되는 즉, 고객의 만족을 위한 대출일정의 단축 등의 업무를 할 수 없었던 셈이다. 굳이 한 가지를 더 추가 한다면 프로세스를 보다 단순하게 수립한다는 것인데 다양한 산업의 특성에 따라 다소 차이점을 나타낼 수도 있다고 보여 진다.

– 절차(Procedure)와 프로세스(Process)

절차 중심의 기업운영과 프로세스 중심의 기업운영의 차이점을 간단한 모델로써 이해 해보자 예를 들어, 기업의 운영을 물이든 컵을 쥐는 사람의 행동(목표달성)으로 모델링하여, 절차 중심으로 해석하게 되면,

· 먼저 밥을 먹고
· 위에서 소화시켜서
· 영양분을 혈액을 통해 운반하고
· 운반된 영양분을 근육에너지로 변환하고
· 눈으로 보게 된 사물을
· 손의 근육을 움직여서 쥐게 된다.

라고 해석해야 할 것이다. 하지만, 단순할 것 같기도 하지만, 아주 복잡한 인체구조를 통한 사람의 행동(컵을 드는 목표달성)을 절차 중심으로 해석한다는 것은 아무래도 무리가 있는 발상으로 보여진다.

이번에는 프로세스 사고로 해석해 보자. 프로세스로 해석되기 위해서는 우선 조직의 프로세스가 어떻게 구성되어 있는지를 파악하는 것이 전제되어야 한다.
사람의 신체를 프로세스로 재구성해 보면
·허파가 주관하는 호흡 프로세스
·위가 주관하는 소화 프로세스
·심장이 주관하는 혈액순환 프로세스
·중추가 주관하는 신경계통 프로세스
·뇌가 주관하는 명령 프로세스 등으로 구분될 수 있을 것이다

사람의 모든 활동이 위와 같은 독립적인 프로세스에 의해 움직이게 된다고 본다면, 이렇게 파악된 프로세스의 상호작용(Interaction)으로 컵을 쥐게 된다는 아주 간단한 논리로 접근할 수 있게 된다.

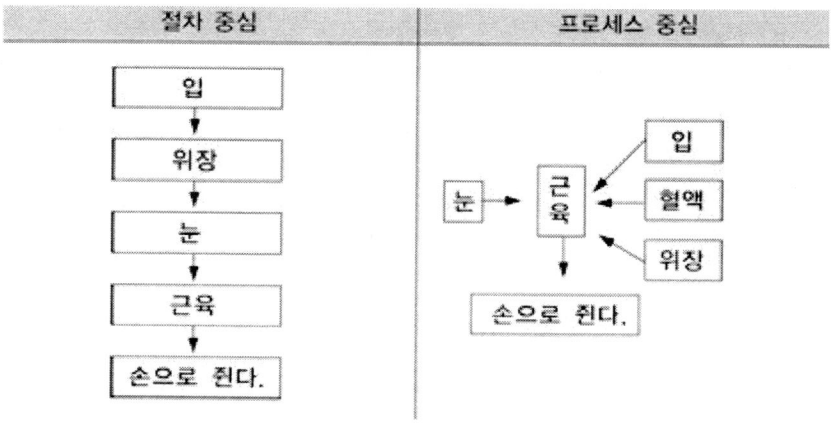

[그림 2-74] 절차와 프로세스의 비교

절차 중심의 업무는 체계적이고 논리적으로 접근할 수 있으나 문서위주의 역동적이지 못할 수 있는 단점을 프로세스 접근법을 통해 역동성과 팀웍을 강조함으로써 성과달성 모델을 나타낼 수 있는

것이다. 물론 프로세스를 운영하기 위해서는 기본적인 절차의 운영을 무시한다는 것을 의미하지는 않는다.

이를 고객만족에 목표를 둔 기업의 구조에 접목하게 되면, 먼저 고객과 직접적인 관계를 가지는 가장 핵심프로세스를 찾아내고 나머지 기업의 프로세스를 그 핵심프로세스를 지원하는 형태를 띠도록 프로세스 구조를 구축해 나가면 될 것이다. 이것이 곧 프로세스 혁신을 통한 기업의 리엔지니어링이다.

② 기본적인 기업의 프로세스

데이비드 홀리(David Holey)에 의해 제안된 프로세스는 ISO 9000 품질경영시스템의 운영에 많이 참고 되고 있지만, 자동차 Supply Chain에서는 IATF(International Automotive Task Fonce : 국제자동차 산업표준기구)에서 권고하는 10가지의 고객지향 프로세스(COP)와 지원프로세스(SP) 및 경영프로세스(MP)로 구분하는 프로세스 구조를 일반적으로 채택하고 있다.

- 10가지 고객지향 프로세스(COP : Customer Oriented Process)
    - 시장분석/고객요구사항 분석 프로세스
    - 견적/입찰 프로세스
    - 주문/접수 프로세스
    - 제품설계/공정설계 프로세스
    - 제품/공정 타당성확인 프로세스
    - 제품생산 프로세스
    - 인도 프로세스
    - 지불 프로세스
    - Claim/서비스 프로세스
    - 고객 피드백 프로세스

- 지원 프로세스(SP) : 구매 프로세스, 설비관리 프로세스 등 COP를 지원하기위한 모든 프로세스
    - 경영 프로세스(MP) : 경영검토 프로세스, 내부감사 프로세스, 사업계획 프로세스, 목표관리

프로세스 등 가장 중심이 되어야할 COP는 고객에서 고객으로 이어지는 기업의 핵심이 되는 프로세스이다.

이렇게 기업의 고객지향 프로세스가 설정되면, 나머지 프로세스는 고객지향 프로세스를 지원함으로써 효율적인 기업의 성과를 이루게 되는데 이를 지원프로세스(SP : Support Process)라고 한다.

예를 들어 절차서 중심으로 볼 때 기업의 구매 절차서, 설비관리 절차서, 공정관리(생산) 절차서는 기업의 관점에서 동일한 눈높이로 운영되었지만, 프로세스 중심으로 볼 때는 고객의 관점에서 공정관리 프로세스는 COP(고객지향프로세스 : Customer Oriented Process)가 되고 구매프로세스와 설비관리 프로세스는 공정관리 프로세스를 지원하는 SP가 되는 것이다.

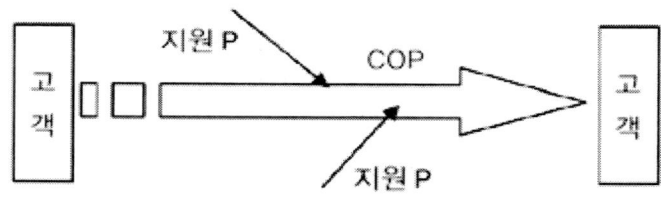

[그림 2-75] 고객지향 프로세스

기업의 리엔지니어링이라 함은 기존의 조직구조나 직급의 틀을 과감히 깨고 고객지향의 프로세스를 파악하여 이들을 어떤 프로세스가 어떻게 지원(SP)할 것이며, 이들 프로세스의 주관자에 대한 적격성을 설정하고 어느 정도 직급의 누구에게 맡길 것인가 부터 출발해야 한다고 해도 과언이 아닌 것이다. 그 프로세스의 중요성을 감안하여 적임자를 선정하고 적절한 달성목표를 제시하여 운영할 수 있다면 기업의 연봉제와 연계 시켜도 좋을 것이다.

[그림 2-76] 절차 중심과 프로세스 중심의 차이

③ 프로세스가 가지는 속성

기업 활동의 복잡성에 따라 단순한 몇 개의 프로세스로써 업무가 진행되거나 성과를 달성하기는 극히, 어려워 보인다. 즉, 프로세스는 그 나름대로 아주 다양하고 복잡하게 얽혀 있거나 수많은 서브 프로세스로써 구성되어 진다. 우선, 인간 모델로써 다시 한번 생각해 보면 핵심프로세스 중 소화프로세스 하나만을 보더라도

- 입이 주관하는 씹는 보조프로세스(1차 소화 프로세스)
- 소장이 주관하는 흡수프로세스1
- 대장이 주관하는 흡수프로세스2 등의 서브 프로세스로 나눌 수 있을 것이다. 또한, 입이 주관하는 1차 소화프로세스는 또 한번의 서브 프로세스로 나눌 수 있는데,
  - 턱 운동 프로세스
  - 타액분비 프로세스
  - 혀가 주관하는 혼합 프로세스 등이 될 수 있다.

실제적인 기업의 프로세스 사례에서 보면, 아래와 같이 전개할 수 있다.

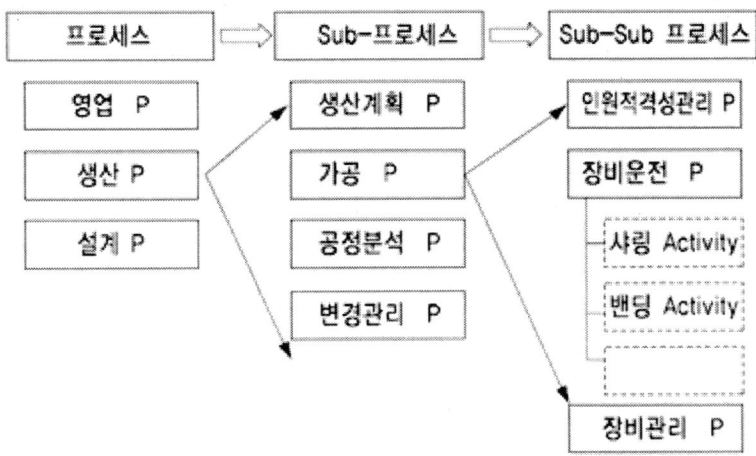

[그림 2-77] 프로세스와 서브 프로세스

서브 프로세스의 마지막 단계는 각 인원의 활동(Activity)이 될 것이다. 좀 더 구체적인 프로세스별 서브 프로세스를 살펴보면 다음과 같다.

- 교육훈련 프로세스 : 사내훈련 프로세스, 외부교육 프로세스
- 구매 프로세스 : 원자재구매 프로세스, 외주품 구매 프로세스, 소모품구매 프로세스, 설비구매 프로세스
- 검사 프로세스 : 수입검사 프로세스, 공정검사 프로세스, 출하검사 프로세스
- 부적합품 관리 프로세스 : 수입검사 불량처리 프로세스, 공정부적합품 처리 프로세스, 고객 클레임 처리 프로세스
- 내부감사 프로세스 : QMS 감사 프로세스, 제조공정 감사 프로세스, 제품감사 프로세스.
- 기타

또한 서브 프로세스 중 하나인 원자재 구매 프로세스에는 내자 구매 프로세스와 외자 구매 프로세스, 다른 각도에서 보면 철판 구매 프로세스, 플라스틱 구매 프로세스, 화공약품 구매 프로세스 등 한 단계 더 프로세스를 세분화할 수 있다. 그러므로 기업의 특성에 따라 적절한 프로세스 단계를 정하여야 할 것이다.

④ 프로세스의 체계적인 해석
IATF에서는 프로세스를 구성하는 7가지 항목을 정의하고 이를 도식화하여 거북이 도형(Turtle Diagram)으로 부르는데 다음과 같은 도형으로 표현한다.

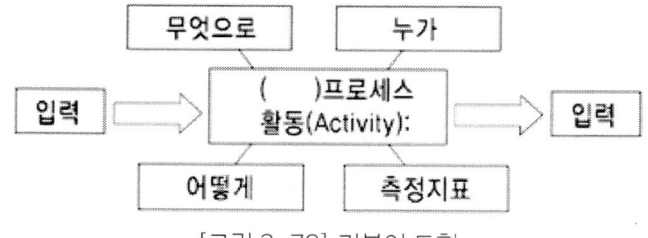

[그림 2-78] 거북이 도형

- 활동 : 실제 수행되는 업무내용을 순서대로 정리한다. 업무활동을 P-D-C-A단계로 구분하여 정리하는 것이 효과적이다.
- 입력 : 가능한 한 많은 입력이 필요하며, 내부의 연관된 프로세스의 출력이 입력으로 연결되어야 하며 외부 고객의 니즈는 가장 중요한 입력이다.
- 출력 : 제품 또는 표준(규격)이 대표적이다.
- 누가 : 프로세스의 주관자를 말하며, 해당 프로세스 수행을 위한 적격성이 동시에 고려되어야 한다.

- 무엇으로 : 프로세스를 효율적으로 운영하기 위한 설비 또는 장비를 말하며 VAN 시스템, FAX도 포함될 수 있다.
- 어떻게 : 관련되는 절차서, 회의체 및 해당 프로세스의 입력단계와 연계되는 프로세스, 출력단계와 연계되는 프로세스, 해당 활동을 지원하는 프로세스 등이 포함된다.
- 측정지표 : 프로세스의 성과를 판단하기 위한 지표로써 구체적인 계산 공식을 사전에 확정하여야 한다.

⑤ 프로세스의 구축과 개선 방법
- 프로세스 개선 절차

더욱 실무적이고 구체적인 기업의 프로세스 구축과 성과를 얻기 위한 방법론을 알고자 한다면 루슨트 테크놀로지의 경영자인 Jeff Hooper가 제시하는 '7스텝'을 따르는 것이 좋다고 보여 진다.

- 스텝 1 : 프로세스 관리에 대한 책임 결정
  · 프로세스 성과를 여러 각도에서 종합적으로 판단하는 총괄책임을 갖고 있는 한사람의 프로세스 관리자(Process Manager/Owner)를 지정하는 것이 핵심이다. 프로세스 관리자는 프로세스를 숙지하고 있을 필요가 있으며, 프로세스의 변경에 영향을 미칠 수 있는 권한을 가져야 한다.
  · 프로세스 관리자는 프로세스 관리팀을 구성할 책임이 있으며, 이 팀에는 프로세스의 주요 부분을 대표하는 각각의 대표자를 포함토록 한다.
  · 프로세스 관리자는 성과 측면에서 프로세스가 관리 상태 하에 운영되고 있음을 보장할 책임이 있다.
  · 프로세스 관리자는 모든 고객과 이해관계자의 니즈(Needs)의 만족 여부와 프로세스의 효율성과 효과성을 적절히 나타내는 프로세스 성과 측정지표를 정할 책임이 있다.
  · 프로세스 관리자는, 프로세스 관리 및 개선에 대한 모든 사항이 수행됨을 보장할 책임이 있다. 이들 활동에는 프로세스에 필요한 문서화, 프로세스 자원의 확보 및 할당이 포함된다.

- 스텝 2 : 프로세스의 규정
  · 프로세스 관리자와 프로세스 관리팀은 프로세스 내에서 일하는 모든 사람이 프로세스가 작동되는 방법에 대한 공통의 이해를 갖도록 프로세스를 주의 깊게 규정하여야 한다. 프로세스 문서화의 정도는 작업자의 안정성과 교육, 프로세스의 복잡성, 그리고 프로세스의 심각성 등에 따라 달라진다.

· 프로세스의 모든 입력과 출력은 공급자와 고객에 연관시켜 파악한다. 공급자와 고객은 조직의 외부뿐만 아니라 조직 내부도 해당될 수 있다.
· 프로세스의 스텝과 프로세스의 흐름을 파악한다(Process Mapping). 블록 다이어그램, 플로우차트 등의 다양한 품질도구가 활용되어질 수 있다.

프로세스 정보를 취합하고 태스크를 정의하는 주요 대상정보는 다음과 같다.

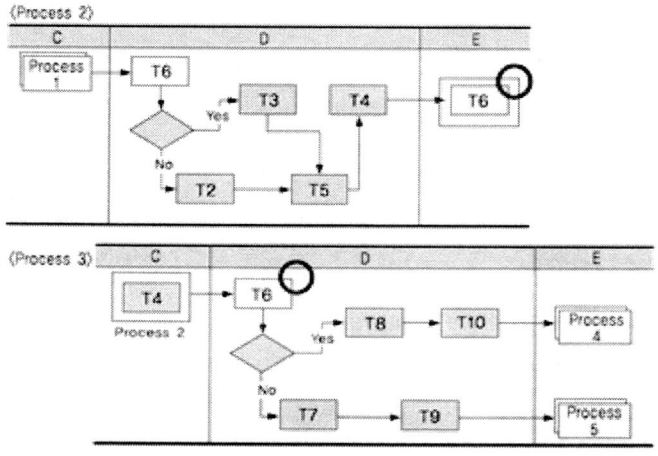

[그림 2-79] 타 프로세스와의 연계

· 고객의 요구사항 및 목적
· 관련 조직 및 참여자 구성(프로세스 오너 포함)
· 프로세스가 기동되는 이벤트
· 타 프로세스와의 연관관계([그림 2-79]에서 T6를 주목)
· 프로세스에 관계되는 역할 들(관련자의 직책, 위원회, 고객 등)
· 해당 비즈니스와 관련된 전문용어

그리고 프로세스 흐름도(프로세스 맵)를 작성할시 다음과 같은 체크리스트를 확인해야 한다.

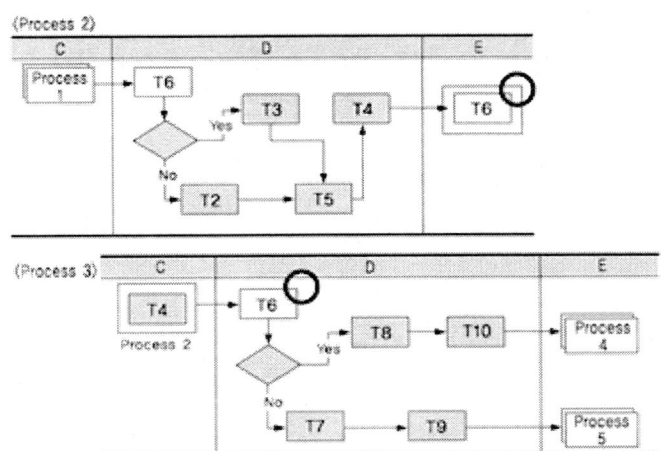

[그림 2-80] 주문 접수 프로세스 맵의 예

· 프로세스는 목적을 가지고 있는가
· Input과 Output을 가지고 있는가
· 1회 이상 반복되고 있는가
· 프로세스의 효과를 측정할 수 있는가
· 시작과 끝이 존재 하는가
· 프로세스의 각 스탭을 수행하는 작업자가 명확 한가
· 프로세스의 성과와 개선을 책임지는 인력이 존재 하는가

- 스텝 3 : 고객 요구사항 파악
  · 고객의 니즈, 그리고 고객이 프로세스의 출력을 이용하는 방법을 주의 깊게 수집, 분석, 문서화 하라. 고객의 입장에서 니즈를 이해하기 위해 고객과 자주 의사소통하라
  · 가능한 범위까지 측정 가능한 고객 니즈를 규정하고, 중요도 순위를 매겨라
  · 니즈와 요구사항에 대한 유효성 확인을 고객에게 직접 하라

- 스텝 4 : 프로세스 성과 측정지표 결정

· 고객 니즈와 요구사항을 프로세스 성과 측정지표로 바꾸어라. 이것이 프로세스 관리에서 가장 중요하고도 어려운 스텝의 하나이다
· 프로세스 성과 측정지표에는 고객만족, 프로세스 내부(In-Process)의 측정지표, 공급자 성과 측정지표가 포함되어야 한다
· 프로세스 성과 측정지표는 고객의 모든 중요 니즈와 연계되어야 한다. 납기 관련성과, 불량 및 결함율, 허용차, 제품의 재활용성 등의 고객 니즈가 이러한 예에 해당될 수 있다. 각각의 프로세스마다 프로세스에 대한 모든 성과 측정지표를 동시에 관리하고 개선하여야 하기 때문에 프로세스 접근법은 여러 가지 경영시스템 규격을 통합하는 가장 강력한 도구의 하나가 된다
· 고객 니즈와 직접 연계된 프로세스 성과 측정지표는 프로세스 관리에서 가장 강력한 요소의 하나이다

- 스텝 5 : 프로세스 성과와 고객 요구사항의 비교
  · 프로세스가 안정되고 예측 가능하게 운영됨을 보장하기 위해 프로세스 성과 측정지표를 사용하라
  · 프로세스 성과 측정지표를 고객의 니즈 및 요구사항과 비교하라
  · 프로세스 성과의 계량화를 지원하는 프로세스 측정 데이터 분석용 통계적 도구에는 여러 가지가 있다
  · 프로세스 성과와 고객 니즈 간의 갭(Gap)은 프로세스 개선에 중요한 기회를 제공한다

이상의 '5 스텝'은 프로세스 관리의 기본적인 방법론을 제시하고 있다. 그러나 프로세스관리자와 프로세스 관리 팀의 책임은 여기에서 그치지 않는다. 프로세스 관리의 이점은 프로세스 개선과의 자연스런 결합에 있다. 프로세스 성과를 고객 요구사항과 비교하고 나면, 프로세스 개선이 자연스럽게 다음 스텝이 된다.

- 스텝 6 : 프로세스 개선 기회의 파악
  · 고객 Needs와 프로세스 성과 간의 차이는 프로세스 개선의 중요 기회이다
  · 프로세스 성과 측정지표의 분석은 불량 자재, 프로세스 단순화 기회, 프로세스 통제의 적절성 결여 등과 관련된 개선의 기회를 제공한다
  · 프로세스 개선 활동의 결과는 프로세스의 효과성과 효율성 모두의 향상을 가져온다
  · 프로세스 개선의 기회를 찾기 위해 다양한 도구가 활용된다 프로세스 개선의 기회가 발견되면,

여러 가지 품질 개선 방법론이 프로세스 성과를 개선하기 위해 사용될 수 있다. 이들 품질 개선 방법은 스텝7과 자연스럽게 연결된다. 이 스텝에서 이용될 수 있는 품질개선 방법의 하나로 "P-D-C-A 사이클"이 있다. 그리고 일반적인 개선 기회의 유형들은 다음과 같다.

- 품질향상 : 고객 요구수준 만족을 위해 제품 서비스의 질을 높인다.
- 리드타임 단축 : 업무 처리에 필요한 시간을 단축한다. 특히 병목현상이 발생하는 구간의 해결은 리드타임 단축의 효과가 높다.
- 생산성 향상 : 제품의 수율 또는 인당 처리건수를 높인다.
- 원가절감 : 투입되는 자원의 소모를 줄인다.
- 위험감소 : 업무수행의 결과가 규정에 적합하도록 한다.

- 스텝 7 : 프로세스 성과의 개선
  - 실천에 옮겨야 할 프로세스 개선의 테마(기회)를 선택하라. 선택 시에는 개선의 필요성, 개선의 난이도, 이용 가능한 자원 및 전문성을 고려하여야 한다.
  - 특정의 테마 개선을 수행할 품질 개선팀을 만든다. 이들 품질 개선팀은 프로세스관리자와 프로세스 관리팀에 의해 선정된다. 이 품질 개선팀은 프로세스관리자와 프로세스 관리팀에게 보고하며, 개선 프로젝트가 완료되면 보통 해산하며, 다음의 활동을 수행한다.
  - 개선사항에 대한 문제점 파악, 일정, 예산 결정.
  - 문제의 근본원인 조사.
  - 근본원인 제거 또는 감소시키는 대책 개발 및 실행.
  - 성과가 개선된 수준에서 프로세스를 안정시킨다.
  - '스텝 6'이나 '스텝 7'로 돌아간다.

이러한 개선 기회 유형을 실질적으로 현실화할 수 있는 프로세스 흐름도 분석에는 다음과 같은 작업의 유형이 있다.

- 전체적인 비용절감 : 상당한 자원을 소모하는 태스크 및 연계과정을 우선적으로 분석한다. 또는 서로 다른 사람이 동일한 업무를 수행하고 있지는 않는지 확인한다.
- 품질향상 : 재작업은 낭비이다. 잘못된 품질로 에러가 발생하는 공정을 대상으로 선행 작업들을

파악하여 잘못된 품질의 원인이 된 공정을 추적한다.
- 리드타임 단축 : 주 공정(Critical Path)을 식별한 후, 주공정을 구성하는 업무들을 중심으로 개선 여부를 탐색한다. 이때 고객에게 직접 가치를 제공하는 업무들만 주공정에 포함되도록 구성하는 것이 바람직하다. 예를 들어 상부보고, 예외상황 처리부분은 가능한 포함되지 말아야 한다. 또한 주공정에 포함되는 업무 중 수행시간 편차가 높은 업무가 우선 개선 대상이 된다.
- 흐름개선 : 순차적인 업무들을 동시에 병행 처리할 수는 없는지를 확인한다. 승인작업과 같은 경우, 모든 사안에 대한 승인 처리를 하기 보다는 80 : 20 파레토 룰에 따라 주요한 사안만 승인 처리하고, 일반적인 사안은 승인 작업을 거치지 않고 담당자가 직접 결정하는 프로세스 개선을 검토해 본다.
- 투입자원 유효성 체크 : 프로세스 진행 중에 생산 또는 제공되는 다양한 정보 및 자원들이 이후 작업들에 의해 의미 있게 소비되는지를 확인하여 그 필요성을 확인한다. 필요 없다고 판단되는 요소들을 제거하고 한명으로 충분히 수행가능한 작업을 2~3명이 수행하지 않는지 체크한다.
- 불량의 조기 발견 : 불량은 빨리 발견할수록 비용을 줄일 수 있다. 특히 목표로 하는 품질이 나올 때까지 반복되는 프로세스의 경우, 미리 발견 할수록 프로세스의 반복 횟수를 줄일 수 있다.
- 정보기술의 지원 : 제공되는 정보의 부족, 불편한 유저 인터페이스, 자동화가 가능한 단순반복 판단 작업 등이 존재하는지 확인하여 이를 IT 지원을 받아 해결한다.
- 정책 및 룰 검토 : 프로세스 진행과 관련된 정책 및 룰에 대해 "왜"라는 질문을 제기해 본다. 예를 들면 "고객의 신용카드 발급 심사를 하는데, 왜 최근 3년간 신용기록을 확인해야 하는가", "왜 사소한 금액의 사무용품 구매에 결재 승인을 받아야 하는가"라는 질문으로 프로세스 진행에 관련된 룰의 개선을 시도하는 것이다,

- 성공을 위한 P-S-B-C-E 싸이클

    프로세스의 원활한 성공을 위한 방법론으로 P-S-B-C-E(Plan - Scenario - Backup - Confirm - Evaluation : 계획 - 시나리오에 의한 실시 - 백업 계획 - 컨펌 및 확인 - 평가 및 피드백) 싸이클을 제시한다.

    즉, 프로세스의 운영은 끊임없는 P-S-B-C-E 싸이클의 운영을 통하여 지속적 개선을 지향하여야 하는 속성이 있고 프로세스의 지속적 개선을 보증하기 위해서 프로세스는 측정지표를 가져야 하며 측정지표의 모니터링과 피드백(Feed Back)을 통하여 성공적인 목표달성을 담보 할 수 있다

그 대표적 모델을 다음과 같이 표현할 수 있다.
- P(계획) : 고객요구사항 / 조직의 방침에 따른 목표 및 프로세스의 수립
- S(실시) : 실행을 성공을 위한 구체적인 실현 가능한 시나리오
- B(백업) : 만일의 상황에 대비한 이행 계획
- C(확인) : 프로세스 및 제품의 확인 측정 및 결과의 보고
- E(평가) : 예상 결과와 다음 프로세스를 지속적으로 개선하기 위한 활동

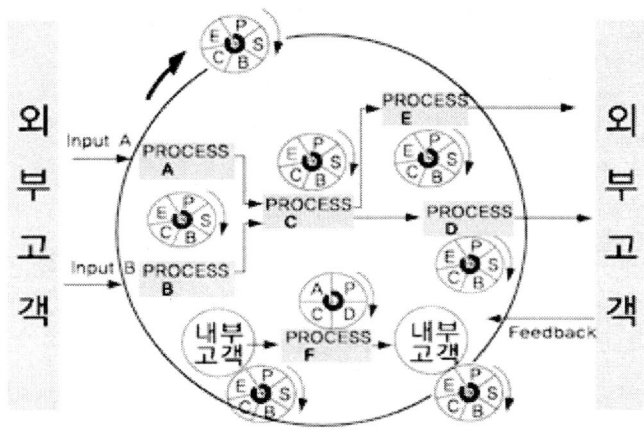

[그림 2-81] 프로세스의 P-S-B-C-E 싸이클

• 프로세스의 연계성

조직을 프로세스의 구성이라고 본다면 각각의 프로세스는 독립적이다. 즉, 기존의 부서 단위 조직에서도 독립적인 면을 보여 왔다. 이러한 프로세스의 독립적인 형태를 문어도형으로 설명하는데 특히, COP(고객 지향 프로세스)에서는 더욱 그러하다.

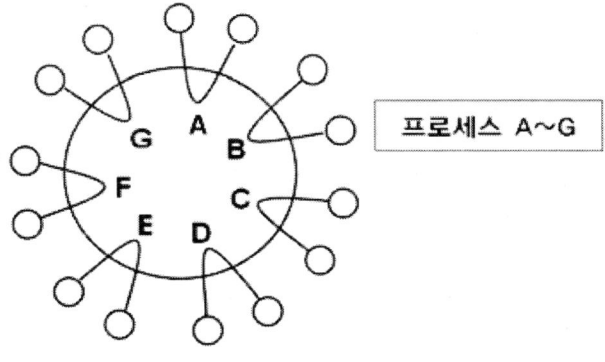

[그림 2-82] 문어 도형

따라서 프로세스의 구축과 운영은 프로세스의 연계성에 세심한 주의를 기울여야 한다. 즉, 프로세스는 독립적으로 운영되겠지만 어떤 프로세스의 출력물이 다음 프로세스의 입력으로 활용되지 못한다면, 그 조직의 프로세스는 효율적이지 못할 것이다. 프로세스 연계성에 대한 예를 들어보면,

- 개발단계의 측정이 경영검토 입력으로 활용되어야 함
- 인도된 제품품질 성과가 공급자 모니터링 또는 공급자 평가 자료로 활용되어야 함
- 고객과 약속한 제품 사양이 설계목표로 정해지고, 설계검증 단계를 거쳐 고객 승인 단계에서 제품의 사양, 성적서 및 협정서로 구체화되고, 그때 결정된 양산(Mass Production)의 목표는 생산이 진행되는 동안 지속적으로 관리되고 개선되어야 함
- 수립된 기업의 목표는 계획된 결과를 달성하기 위한 프로세스의 능력을 입증하기 위하여 모니터링 되어야 하며, 운영성과 경향이 목표에 대한 진척사항과 비교되기 위해 데이터 분석이 되어야 함 등의 경우를 들 수 있을 것이다.

따라서 제 3자 심사의 관점도 프로세스의 Activity에 대해 TS 규격의 부합 성을 심사하는 것이 아니라, 프로세스와 프로세스의 상호작용(Interaction)에 있다.

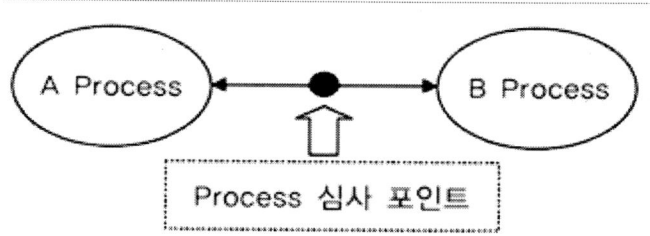

[그림 2-83] 프로세스의 연계성 심사

⑥ 프로세스 성숙도 모델

프로세스 경영 프로젝트에 의해 정착된 프로세스 경영은 환경변화에 맞추어 지속적으로 변화해 나가야 한다. 이를 위해 각 부서 차원에서 상시적인 프로세스 개선이 담당자와 관리자의 통제 하에 수행된다. 그리고 때때로 기업은 기존 프로세스의 품질을 높이고 조직 구성원들에게 보다 도전적인 성과 기준을 제시하기 위해 프로젝트를 가동시킬 필요가 있다. 이를 위해 널리 활용되고 있는 접근 방법이 비즈니스 프로세스 성숙도 모델(BPMM)이다.

비즈니스 프로세스 성숙도 모델(BPMM : Business Process Maturiy Model)은 기업의 요구를 해결하기 위해 연구개발, 마케팅 및 영업, 생산, 사후관리 등과 같은 비즈니스 프로세스 뿐만 아니라 재무, 법제, 인사업무 등과 같이 기업의 지원 프로세스들에 대한 발전 방향과 구체적인 방법을 제시하고 있다.

또한 BPMM(Business Process Maturity Model)은 조직의 업무 프로세스가 성숙되어 있지 않고 불일치된 업무 활동이 존재하는 상태로부터 성숙되고 안정적인 업무 프로세스로 옮겨가기 위해 조직 차원의 가이드라인을 제공하는 진화적 개선 경로를 제공한다. 업무 프로세스 성숙도 모델에 대해 Fisher, Curtis 등에 의해 다양한 성숙도 평가 모델이 제시되었으나 대부분의 평가 모델들이 CMMI(Capability Maturity Model Integration)의 5단계 성숙도 평가 모델을 따르고 있다.

Fisher의 성숙도 모델에서는 조직의 일반적 상태 및 능력을 이해하는 것이 중요하다고 판단하여 [그림 2-84]와 같이 소프트웨어 개발의 3요소인 사람, 프로세스, 기술과 함께 조직의 전략과 통제를 조직 변화의 핵심 요소(The Five Levers of Change)로 제시했고, 업무 프로세스의 성숙도를 〈표 2-26〉과 같이 'Siloed~Intelligent Operating Network'에 이르는 5가지의 상태로 정의했다.

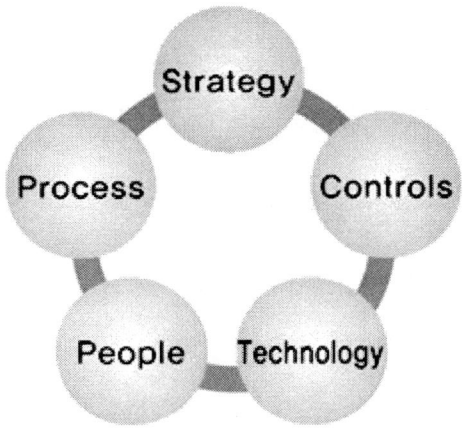

[그림 2-84] 조직변화를 위한 5대 핵심 요소

〈표 2-26〉 Fisher의 프로세스 성숙도 상태

상태	내용
Siloed	조직 전체의 체계 및 전략에 맞추기보다 개별 조직 단위별로 부분 최적화 추구
Tactically integrated	조직 통합 및 조직 전반의 기능적 효율 개선을 위한 노력을 시작하나, 최적의 결과를 얻기 위한 전체 프로세스의 통합은 미흡
Process Driven	프로세스가 조직의 핵심 요소로 인식하는 마인드 변화, 개인 및 팀성과를 측정지표를 통해 측정
Optimized Enterprise	지속적인 프로세스 개선을 추구하고, 효율과 효과를 추구하며 새로운 레벨에 도달하기 위해 업무에 초점을 맞춘 측정지표로 운용
Intelligent Operating Network	프로세스의 전체 사슬에서 최적의 효율을 제공하기 위해 전략, 통제, 사람, 프로세스, 기술이 완벽하게 엮어져 운용되고, 조직 전체 및 개별 파트너도 최적의 효과를 획득

이를 통해 5가지의 조직 변화 핵심요소 각각에 대해 프로세스 성숙도가 어떤 상태에 있는지를 파악할 수 있는 2차원 매트릭 구조를 제시함으로써 조직차원의 전체업무 프로세스 성숙도를 판단할 수 있다.

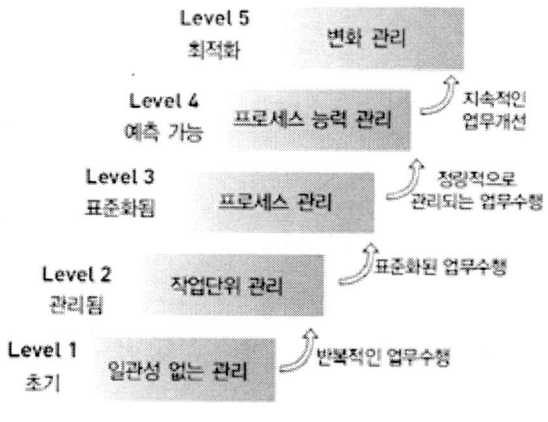

[그림 2-85] Curtis의 프로세스 성숙도 5단계

또한 현재의 프로세스 성숙도 상태에서 다음 프로세스 성숙도 단계로 발전해 나가기 위해 주안점을 두어야할 주요요소를 정확하게 파악하여 개선을 추구할 수 있도록 하였다.

Curtis의 모델은 업무 프로세스의 성숙도를 평가하기 위해 [그림 2-85]와 같이 CMMI(Capability Maturity Model Integration)의 5단계 성숙도 프레임워크를 따라 성숙도를 정의하고 각 단계별로 준수해야 하는 프로세스 영역을 제시했다. 각각의 프로세스 영역은 목적과 프렉티스(Practice)로 구성되는데 프로세스 영역의 목적은 해당 프로세스 영역이 반드시 충족되어야 하는 조건 및 요구사항들을 명시한 것이고 이들 목적은 프렉티스를 수행함으로써 달성된다. 프렉티스는 프로세스 영역의 목적을 달성하기 위해 실제로 수행되어야 하는 상세 활동으로 구성된다.

〈표 2-27〉 프로세스 성숙도 단계별 프로세스 영역

성숙도	관련자	프로세스 영역
Level 1		
Level 2	의사결정권자	조직 업무 체계, 조직 프로세스 리더십
	매니저	작업단위 요구사항 관리, 작업단위 계획 수립, 자원 관리, 작업단위 모니터링 및 통제
	작업단위 구성원	작업단위 성능, 작업단위 변화 관리
	스태프	프로세스 및 제품 보증
Level 3	매니저	제품 및 서비스 관리
	작업단위 구성원	제품 및 서비스 준비, 제품 및 서비스 이행, 제품 및 서비스 운영, 제품 및 서비스 지원
	스태프	조직 프로세스 관리, 조직 역량 관리, 조직 자원 관리, 형상관리
Level 4	매니저	정량적 업무관리
	작업단위 구성원	업무 프로세스 통합, 정량적 프로세스 관리
	스태프	조직 능력 관리, 조직 공통 자산 관리
Level 5	매니저	조직 개선 계획 수립
	작업단위 구성원	결함 및 문제예방, 지속적 능력 개선
	스태프	조직 프로세스 및 제품 혁신, 조직 개선 이행, 조직 성과 정렬

이들 프로세스 영역의 준수여부 파악을 통해 조직의 업무프로세스 성숙도를 판단한다. 프로세스 영역은 〈표 2-27〉과 같이 구성되어 있으며, 프로세스 성숙도 단계별로 준수되어야하는 프로세스 영역이 각각 다르다.

이들 프로세스는 조직차원에서 준수되어야 하나 특별히 각각의 프로세스를 조직의 의사 결정권자 매니저 작업 단위 구성원 스텝 부서별로 세분화하여 보다 명확하게 프로세스 개선의 주체를 제시함과 동시에 업무프로세스의 성숙이 비단일부 프로세스관련 조직 및 현업 실무자만의 노력으로 달성되는 것이 아니라 반드시 스텝 부서 및 의사 결정권자의 참여 및 지원이 있어야만 함을 명시적으로 보여준다.

개별 업무프로세스 성숙도 단계별로 특징을 살펴보면
레벨 1의 경우 프로세스에 의해 업무가 수행되기보다 뛰어난 특정 개인 및 부서에 의존하고 있으며 업무를 수행하는 방법도 체계를 갖고 수행하기보다 어떻게 해서든 완료하는 데에 중점을 둠으로써 잦은 실수와 문제가 발생된다.

레벨 2에서는 의사결정권자가 업무 프로세스 개선을 개별 작업단위에 위임하고 가용한 자원을 균형 있게 분배하여 활용하며, 작업 단위별 일정한 절차를 따라 업무를 수 행함으로써 검증된 효과를 얻을 수 있다.

레벨 3에서는 개별적으로 존재하는 업무기능들을 시작부터 끝까지 완료되는 조직차원의 업무 프로세스로 통합하고 개별 작업단위로부터 우수사례를 발굴하여 이것을 토대로 조직의 표준 프로세스를 수립한다. 이 단계에서는 조직이 처한 상황에 따라 표준 프로세스를 적절하게 테일러링하여 사용할 수 있고 조직의 문화가 개인주의적 업무수행방식에서 공동업무수행방식으로 바뀌게 된다.

〈표 2-28〉 프로세스 성숙도 상태별 특징

단계	내용	특징
Level 1 (초기)	문제가 빈번히 발생되고, 단순히 작업을 완료하기 위해 업무를 수행함	실수, 병목현상, 임의의 방법으로 대처, 영웅주의
Level 2 (관리됨)	안정적인 작업과 책임 통제를 위해 훈련된 작업단위 관리를 생성	재작업 감소, 반복적인 업무 수행, 일정준수
Level 3 (표준화됨)	생산품과 서비스 제공을 위한 표준 프로세스, 측정기준 및 훈련과정을 개발	생산성 향상, 효과적인 자동화, 규모의 경제
Level 4 (예측가능)	정량적으로 프로세스와 결과 관리 및 표준화의 이익을 이용	예측 가능한 결과, 재사용 및 지식관리, 가변성의 제거
Level 5 (최적화)	업무 목표표를 성취하기 위해 지속적인 개선 활동 구현 및 실행	능력있는 프로세스, 지속적인 혁신, 변화관리

레벨 4에서는 프로세스 가변성 성과 등이 정량적으로 측정되어 관리되며 프로세스의 재사용 및 멘토링 통계적 관리를 통해 프로세스 자체의 가변성을 절감할 수 있다. 스태프부서는 경영층으로부터 권한을 위임받아 측정된 프로세스 데이터를 그들 조직의 프로세스를 체계적으로 관리하는데 사용할 수 있다. 또한 서브 프로세스 능력 및 성과로부터 결과를 예측할 수 있다.

레벨 5에서는 조직의 전략과 목표를 달성하기 위한 프로세스 개선방안이 계획 되고 개선활동이 정해진 방법에 의해 평가되고 이행된다. 또한 개인 및 다양한 작업 단위들은 속적으로 프로세스 능력을 향상시키기 위한 개선활동을 수행하며 결함 및 문제들은 체계적이면서도 자동적으로 제거된다. 이와 같은 각각의 성숙도 단계별 특징을 정리하면 〈표 2-28〉과 같다.

프로세스에 의한 업무수행은 업무의 효과성과 효율성을 추구하며 성과를 창출할 수 있을 뿐만 아니라 조직의 문화자체를 바꿀 수 있다. 반대로 조직의 문화가 프로세스를 지향하는 문화로 바뀌어야 조직의 자원을 체계적으로 활용하여 업무성과를 창출할 수 있고 조직전체를 체계적으로 관리할 수 있음을 알 수 있다 [그림 2-87]은 업무 프로세스의 성숙도가 높아질수록 조직의 문화가 개인 작업 단위 전체 조직 차원에서 어떻게 바뀔 수 있는가를 보여 준다.

지금까지 살펴본 다양한 BPMM(Business Process Maturity Model) 모델들은 민간 표준화 단체인 OMG(Object Management Group)에서 민간표준을 만들기 위해 별도의 위원회가 구성되었으며, 최근에 버전 1.0에 대한 베타 버전이 개발되었다.

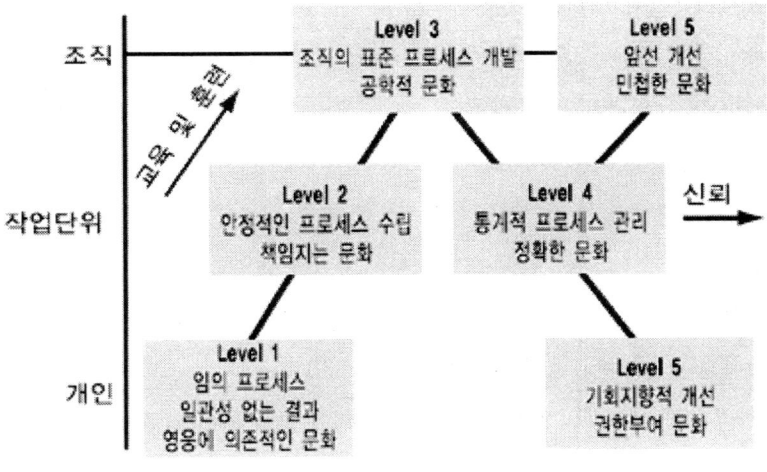

[그림 2-86] 조직문화의 변화

⑦ 프로세스 자동화를 위한 경영 지원도구
- 프로세스 자동화
  프로세스 경영 프로젝트에서 반드시 자동화와 관련된 IT 솔루션을 도입할 필요는 없다. 프로세스 표준화와 자산화 과정을 거치는 것만으로도 상당한 비즈니스 효과를 달성할 수 있음을 많은 사례에서 확인 할 수 있다.

하지만 프로세스를 자동화시키기 이전에 프로세스의 표준화와 개선을 거쳐야 한다는 은 기억할 필요가 있다. 빌 게이츠가 언급한 것처럼 "잘 설계된 프로세스를 자동화하면 더욱 좋겠지만 잘못된 프로세스를 자동화하면 더욱 나빠질 뿐이다." 제대로 된 프로세스의 설계를 전제로 한다면, 빌게이츠의 언급처럼 자동화의 효과를 무시할 수는 없다.

수많은 기업들의 환경을 들여다보면 다양한 참여자, 대용량 데이터, 복잡한 업무수행 등으로 이루어져 있어, 효율적인 프로세스 관리를 위해서는 IT 기술의 배제를 상상하기란 어려운 일이다. 그리고 전문적인 BPM 솔루션을 도입하는 것이 일반적인 커스터마이징 방식에 대비하야 효과적임은 주지의 사실이다.

프로세스 자동화를 수행하는 이유들은 다음과 같다.
- 프로세스 리드타임 및 업무 에러 감소
- 컴플라이언스(준법 준수) 적용을 위해 표준화된 업무프로세스 강제
- 프로세스 수행의 가시화 및 관리통제 용이
- 프로세스 실적 데이터의 실시간 수집/분석

프로세스 자동화 시스템은 크게 다음과 같은 솔루션 및 도구 등의 집합으로 구성되어 있다.
- 업무목록 등 작업자에게 업무수행 공간을 제공하는 엔터프라이즈 포털
- 프로세스 흐름을 관리하는 프로세스 엔진
- 기간계 시스템 및 어플리케이션과의 통합을 지원하는 Integration Broker (EAI : EntERPrise Application Integration)
- 프로세스 맵 등의 프로세스 관련 정보를 저장한 프로세스 저장소(Process Repository)

프로세스 자동화는 이후 운영단계에서 성과관리와 지속적인 프로세스 개선을 통해 상당히 많은 변경이 발생할 수 있다. 이러한 변경은 관련된 프로세스 오너를 포함한 비즈니스 현업과 IT 현업의 협업을 요구한다.

원활한 커뮤니케이션이 무엇보다도 이후 프로세스 자동화 시스템의 변경관리 성공을 장하는

핵심요소이다. 이를 위해 비즈니스 현업과 시스템 구축 인력이 서로 이해 가능한 기술 언어로 운영체계를 정립시키는 것이 필요하다.

- BPM 스위트

초기의 BPM이 프로세스 자동화를 목적으로 하였지만 그 의미가 비즈니스 프로세스를 기반으로 기업가치 창출이 가능한 경영학적 방법론으로 확장되고 있는 것처럼, 프로세스 경영을 지원하는 IT 도구들도 비즈니스 프로세스 관리 생명주기의 전체 영역을 지원할 수 있도록 다양해지고 있다.

초기 BPM은 BPM 자체가 이를 지원하는 IT 도구를 의미하기도 하였으나 명확한 구분을 위해 BPM을 지원하는 IT 도구를 앞서 설명한바 있듯이 BPMS(Business Process Management System)로 부르기도 하였다. 그러나 현재는 프로세스 자동화를 포함한 프로세스 관리 수명주기 전체 단계를 지원하는 IT 도구 집합이라는 의미에서 "BPM Suit"라는 용어가 일반적으로 사용되고 있다.

실제로 BPM의 범위는 비즈니스 프로세스의 전략 수립, 분석 및 설계, 구축 및 운영, 개선 및 최적화에 이르는 전체 수명주기에 대한 지원을 포함해서 전사 범위의 비즈니스 프로세스 아키텍처 수립, 워크플로우 수준에서 시스템 트랜잭션 수준의 프로세스 구현, 경영전략과 연계된 성과관리, 지속적인 개선체계 구축 등 계속해서 확장되고 있다. 즉, 프로세스 경영의 다양한 측면을 지워나가기 위한 IT 도구들이 지속적으로 제시되고 있다.

여기서 주의할 점은 BPM 수행을 단지 IT 관점에서 진행하면 안 된다는 것이다. 즉, BPM 스위트 도구들을 도입했다고 해서 프로세스 경영 시스템이 자동으로 구축된다는 것은 아니라는 점이다. BPM 스위트 도구들은 좀 더 효과적이고 체계적으로 BPM 수행을 IT 관점에서 지원할 뿐이다.

- BPM 스위트의 구조

BPM 스위트는 내부 구성 요소인 BPA와 BPE, EAI & EBS, BRE, BAM 간에 프로세스 모델, 데이터, 메타데이터 등을 서로 교환하면서 상호 작용을 통해 프로세스를 지속적으로 개선시키고 비즈니스 성과를 창출하게 된다.

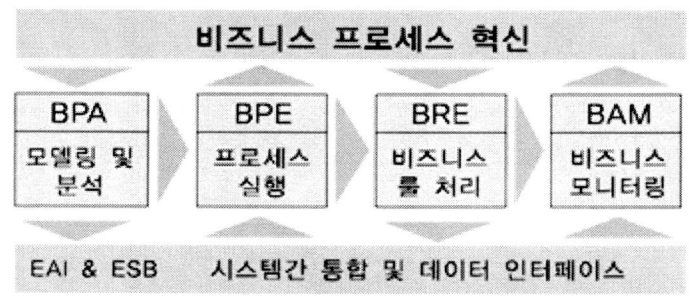

[그림 2-87] BPM 스위트 아키텍처

주요 시스템별로 간략히 설명하면 다음 〈표 2-29〉와 같다.

〈표 2-29〉 BPM 스위트의 기능

BPM 스위트 명	설명
BPA (Business Process Analisis)	비즈니스 프로세스를 발견, 식별하고 모델링 된 결과물이 요구사항에 수렴하는지를 분석하는 솔루션
BPE (Business Process Execution)	전통적인 워크플로우 기반 솔루션으로 설계된 비즈니스 프로세스 모델에 근거, 자동화하여 실행하는 솔루션
EAI & ESB (EntERPrise Application Integration & EntERPrise Service Bus)	BPM이 프로세스 기반의 어플리케이션 통합을 구축할 때 사용하는 연계 솔루션
BRE (Business Rule Engine)	비즈니스 어플리케이션 상에서 IT 처리 로직과 혼재되어 있던 비즈니스 룰 부분을 별도로 관리하고 비즈니스 사용자가 직접 참여하여 설계/실행시킬 수 있도록 지원하는 솔루션
BAM (Business Activity Monitoring)	비즈니스 프로세스를 실행 및 운영하는 상황에서 관련 이벤트를 수집하여 프로세스 현황을 감시, 통제하고 올바른 의사 결정을 유도하는 솔루션

제4절 경영혁신을 위한 경영이론

1. 스피드 경영

20세기에는 크고 웅장한 것이 최고였다. 그러나 디지털로 대표되는 21세기에는 큰 것만으로 승자가 되기는 어려운 세상으로 변했다. 이제는 빠른 것이 최고의 가치로 등장한다. 빌게이츠는 이를 '생각의 속도'라는 단어로 압축했다.

스피드 경영(Speed Management)은 급변하는 경영환경에 대한 대응력을 신속히 극대화함으로써 고객이 만족하는 제품, 서비스를 남보다 빠르게 제공하는 시스템이다. 제품개발부터 시장장악까지의 기간을 최소화하자는 것이다. 즉, 스피드 경영이란 시간과 시점을 중시하는 현대 고객의 특성을 고려하여 고객이 원하는 상품과 서비스를 가장 빠르게, 그리고 고객이 원하는 시점에 맞게 제공할 수 있도록 하는 제반 경영활동이다.

① 스피드 경영의 등장 배경
환경변화 대응력에 대한 중요성 인식이 높아지면서 20세기 종반부터 스피드 경영이 거론되기 시작하였다. 이제 21세기를 맞이하여 미래 학자들은 향후 10년의 변화속도가 과거 100년의 변화보다 빨라질 것으로 내다보고 있다.

예측이 가능한 연속적인 것이 아니라, 무엇이 어떻게 변할지 모르는 단절적인 변화의 양상으로 인하여 기업차원에서 미래를 예측하는 일은 더욱 힘들어질 것이다. 사회가 점차 미래에 대한 예측이 어려워지고 정보화 시대로 성숙되어감에 따라 시간과 공간의 장벽이 무너지면서 경쟁 패러다임도 변화되어, 기업에는 양과 질에 스피드를 더한 환경변화 대응력이 절실히 요구되고 있다.

② 스피드 경영의 정의
스피드 경영은 급변하는 경영환경에 대한 대응력을 신속히 극대화함으로써 고객이 만족하는 제품 및 서비스를 남보다 빠르게 제공하는 경영을 말한다. 스피드 경영은 제품개발부터 시장장악까지 기간을 최소화 하자는 것이다.

즉, 스피드경영이란 시간과 시점을 중시하는 현대 고객의 특성을 고려하여, 현재와 미래 고객이 원하는 상품과 서비스를 가장 빠르게 그리고 고객이 원하는 시점에 맞게 제공할 수 있도록 하는 제반 경영활동이다.

일반적으로 생각하기 쉬운 물리적인 스피드는 출발점에서 종점까지 얼마나 빨리 도달하는가를 나타내는 척도이지만, 기업 활동에서는 단순한 '빨리'만으로는 설명하기 곤란할 수 있다. 왜냐하면 우리의 기업 활동은 스포츠처럼 경쟁자가 모두 동시에 출발하는 것이 아니기 때문에 '먼저' 출발하면 경쟁자보다 빨리 종점에 도착할 수 있으며, 어떠한 방침이든 적절한 시기에 '제 때' 결정하는 것이 최상이며, 종점에 빨리 도착하기 위해서는 과정을 '자주' 체크하는 것이 바람직하다.

③ 스피드 경영의 특성

〈표 2-30〉 스피드 경영의 특성

특성	설명
먼저(Early Start/기회선점경영)	• 미래유망사업의 조기 발굴, 사전준비, 선행투자(신상품매출비율) • 경쟁사 대비 신상품 조기 출시
빨리(Fast Decision/시간단축경영)	• 프로세스 리드타임 단축(상품개발시간 단축, 주만~출하 시간 단축) • 신속한 의사결정 • 경영성과 측면 : 생산성 향상 • 고객의 입장 : 시간절약
제때(In Time/타이밍경영)	• 외부고객 및 회사내부고객과의 납기준수(납기준수율) • 필요한 시점에 필요한 만큼 공급 • 업무의 편의성 제공 • 재고 감소, 자산회전율 증대
자주(Real Time Management/실시간경영)	• 사람, 돈, 물류 등 실시간 관리(일일결산체제) • 소량 다품종, 고회전율 경영(자산회전율)

삼성경제 연구소에서는 스피드경영에서 스피드의 의미와 기업의 대응 방향에 대해 〈표 2-30〉에서 보는 바와 같이 먼저, 빨리, 제때, 자주 등 4가지로 정리한 바 있다.

④ 스피드 경영의 효과
- 경영효과 측면
  - 기회선점 효과 : 신규시장 조기진출, 한계사업 조기정리

- 경영의 관리주기 단축 : 장기 예측시 발생하는 위험요소 감소
- 업무처리시간 단축 : 생산성 향상
- 사이클 타임 단축 : 자산 회전율 증대
- 개발 사이클 타임 단축 : 신기술 적용제품의 조기출시
- 신속한 고객대응 : 제품 및 서비스 가격의 인상, 시장점유율 확대

  경영성과 높이기는 스피드 경영을 하는 첫째 요인이다. 신규 시장에 먼저 진출하거나 한계사업을 발 빠르게 조기 정리하는 것은 기회 선점 효과로 이어진다. 신규 시장에 먼저 진출하기 위해 개발 사이클 타임을 단축시켜 신제품을 조기에 출시해야 함은 물론이다. 트렌드를 잡아내고 그 트렌드에 맞는 상품이 무엇일까를 고민하는 과정까지는 모든 기업들이 비슷하다. 따라서 성패는 해당 상품을 하루라도 빨리 시장에 내놓을 수 있느냐 아니냐와 연관된다.

- 고객만족 측면
  - 시간절약형 상품, 서비스 제공 : 고객의 시간 절약
  - 대리점에 신속한 제품공급 : 재고부담 감소, 다양한 모델 전시
  - 협력업체와 약속 준수 : 잦은 발주변경에 따른 협력업체 위험 감소

고객대응을 신속하게 하면 고객 만족도는 높아지는 것은 물론 대리점에 자주 제품을 공급하면 재고부담은 감소하는 반면 다양한 모델을 전시할 수 있는 이점이 생긴다.

협력업체와의 약속 준수는 위험 감소로 연결된다. 약속된 제 때에 맞춰 물건을 공급해준다는 것은 그만큼 신뢰할 수 있는 기업이란 의미가 된다. 신뢰할 수 있는 기업을 상대 기업이 선호할 것은 명약관화한 일이다.

- 임직원만족 측면
  - 절약된 시간을 자기계발 등에 활용 : 삶의 질 향상
  - 불합리한 업무 제거 : 보다 가치 있는 업무수행 기회부여
  - 신속한 정보 공유 : 정보단절에 의한 소외감 제거
  - 경영지원 업무의 신속한 처리 : 임직원 불만제거

불합리한 업무를 제거하면 그만큼 시간이 절약된다. 절약된 시간을 자기개발 등에 활용하면 삶의 질 향상이 가능하다는 등식이 성립한다.

비생산적이고 불합리적인 업무 대신 가치 있는 업무를 수행하고 있다는 생각은 자연히 임직원 만족도로 이어진다. 또 스피드 경영에는 반드시 경영 정보화가 수반되며 정보 취득과 공급을 원활히 해주는 플랫폼 정보기술 플랫폼을 통해 전 직원이 신속하게 정보를 공유할 수 있게 되면 소외감도 줄이고 업무 팀웍도 향상 될 수 있다.

⑤ 스피드 경영의 실행방법

- Just In Time

  일본 자동차업체가 부품과 자재를 필요한 시기에 조달하여 낭비를 줄이기 위해 생산현장에서 도입한 즉각 반응체제(Just In Time)는 스피드 경영의 대표적인 사례이다.

  즉 공장생산라인은 주문내용에 따라 언제든지 차종과 색상을 전환할 수 있는 유연한 조직이 되었고 부품은 도착 즉시 생산 공정에 투입되어 재고가 전혀 없게 되었다.

- 인텔 社의 사례

  인텔은 1990년대 초부터 주력제품인 마이크로프로세서 시장에 어드밴스, 마이크로, 디바이시스 등 경쟁업체들이 속속 진출하는데 따라 치고 빠지기(Hit & Run)전략을 마련했다. 이 전략은 우선 남보다 먼저 신제품을 만들어 시장을 선점하고 그 다음에 제품의 가격을 내림으로써 후발업체가 수익을 내지 못하게 하는 것이다.

  그러기 위해서 인텔은 차세대 칩 개발을 동시 병행 형 연구개발체제로 구축했다. 개발센터를 미국의 서너제이와 오리건에 동일한 규모로 구축하고 한쪽에서 차세대 제품을 개발하면 다른 쪽에서는 차차세대 제품을 개발하는 시스템이다. 이로써 인텔은 4~5년 걸리는 제품 출시기간을 절반으로 단축할 수 있었다.

- 월마트의 경우

  미국의 유통업체인 월마트는 몇 년 전만해도 경쟁사인 K마트에 비해 규모가 작았다. 그러나 이 회사는 제품공급기간을 대폭 줄임으로써 점차 경쟁사를 추월해 나가기 시작했다. 제품의 신선도를 유지하기 위해 제품공급기간을 4배나 단축시켰다. 그 결과 월마트는 업계 1위를 차지했으며 재고는 1/4로 줄었다. 무엇보다도 소비자의 선택폭이 경쟁사보다 4배로 늘어남으로써 고객만족을 우선시 했다는 점이 성공의 비결인 것으로 나타났다.

- 시티뱅크의 경우

  시티뱅크는 고객서비스를 최우선으로 하는 기업인만큼 신속한 고객 대응 스피드를 핵심경쟁 요소로 활용함으로써 현재 미국의 주택 담보 대출 분야에서 수위를 달리고 있다.

  시티뱅크는 원래 이 분야에서 100위 이하에 속해 있는 기업이었다. 시티뱅크는 고객의 개념을 부동산 업자까지 확대하였는데, 이는 대부분의 대출자가 가장 유리한 조건으로 자금을 빌려주는 금융기관이 어디인지 부동산 업자에게 자문을 구한다는 것에 착안한 것이다.

  부동산 업자가 처리속도와 담당자 처리 능력을 중요시하는 점을 간파한 시티뱅크는 이에 자사의 능력을 집중하였다. 일단 대출기간을 줄이기 위한 프로젝트를 실시하여 통상적으로 대출 소요시간이 45일이었던 것을 정보 네트워크 구축을 통해 대추자의 신용정보를 공유하고 심사서류 절차를 간소화하였다.

  이로써 대출에 걸리는 시간을 1/3로 줄이면서 연 100% 이상 고속성장 서와를 거두었다. 여기서 중요한 것은 단지 대출에 걸리는 시간을 줄이고 간소화한 것뿐만 아니라 대출자의 신용정보를 빠르게 파악하여 양질의 대출자를 구분할 수 있는 능력을 키웠다는 것이다.

- 업무의 조직형태
  - 기능별로 개선
  - 각 부서의 일괄 업무처리
  - 병목현상 제거를 통한 업무의 신속화
  - 전체 시스템과 주처리 과정에 중점
  - 연속된 업무의 흐름을 만든다
  - 다음 공정에서 나타나는 문제를 완화하기 위해 앞 공정에서 방식을 변경
  - 시간 절감을 위한 투자

- 정보창출과 공유방식
  - 전문가가 개발하고 사용자가 공유한다

- 관리자가 조직을 잇는 정보의 다리를 만든다
- 정보는 중앙 처리되고 피드백은 늦다
- 팀이 개발하고 동시에 이용한다
- 다기능 그룹이 일상 업무에 필요한 독자적인 정보원을 만든다
- 정보는 분산처리 되고 피드백이 빠르다

- 성과측정 방법
  - 비용이 측정기준
  - 재무상의 결과를 본다
  - 가동률 중심의 측정
  - 개인 또는 부문
  - 시간이 측정기준
  - 우선 구체적인 결과를 본다
  - 처리량 중심의 측정
  - 팀으로서의 측정

⑥ 스피드 가업의 성공요인

- 스피드의 중요성 평가

  스피드가 비즈니스에 결정적인지 아닌지, 또 고객들이 스피드를 가치 있게 받아들이고 있는지 아닌지를 판단한다.

- 유동시간 단축

  회사에서 기반 한 모든 사항을 조사한다. 고객의 구매결정과 그러한 요구에 대한 기업의 실행 사이에 걸리는 유동시간을 줄이는데 미래가 달려있다는 사실을 깨닫도록 노력한다. 고객이 경험하는 요구와 실행 사이의 중요 사이클을 모두 기록하고 가장 시간 소모가 긴 부문을 찾아내어 즉각 시간을 단축한다.

- 고객만족 고려

  고객조사를 통해 어느 부분의 어떤 프로세스가 지체되고 있고, 이것이 고객만족에 어떤 영향을

미치는지를 결정한 후 그들의 만족을 높여주고 궁극적으로는 그들의 구매활동을 더 높일 수 있는 방법을 모색해야 한다.

- 결과 측정
요구와 실행시간에 걸리는 시간을 항상 측정한다. 이렇게 함으로써 경영진과 종업원들은 시간이라는 이슈에 더욱 민감해질 것이다. 측정되어야 하는 두 가지 중요한 상황은 제조 스피드와 고객에게 도달하는 스피드이다.

- 스피드에 대한 보상
시간을 중시하는 기업문화를 개발하는데 도움을 준 조직구성원들에게 그에 맞는 보상을 한다. 또한 조직구성원들이 스피드가 단순한 부가가치 이상이라는 것을 깨달아야 한다. 결국 스피드는 그 기업이 제공하는 모든 제품과 서비스의 필수적인 요소로 인식되어야만 한다.

- 스피드 보장
고객들은 기업들이 계속적으로 스피드를 보장해 줄 것이라 생각을 하는 경향이 있다. 도미노 피자는 페더럴 익스프레스와 마찬가지로 정시배달을 보장하며 웰스은행은 줄을 서서 5분 이상 기다리는 고객에게 요금을 지불한다.

2. 시나리오 경영

① 시나리오 경영의 정의
최근 경영환경은 정치, 경제, 사회 문화 기술 등 모든 영역에 걸쳐 빠른 속도로 변하고 있어 한치 앞을 내다보기가 어려운 상황이다. 국내적으로는 남북한 문제, 시장개방, 기술·제품의 초 단기화가, 국제적으로는 냉전체제 이후 국제정세, 지구 온난화, 식량위기, 자원부족, 기술표준경향, 경기 등이 시시각각 변하고 있다.

오늘날 경영환경은 변화의 폭이 크며 그 복잡성도 증대되고 가치관도 빠른 속도로 변하고 있어 환경이 변한 후에 원인을 분석하고 대처하면 이미 기회를 놓쳐버리는 현상이 발생한다.

유능한 프로축구 선수는 볼이 오기 전에 앞으로 전개될 경기의 흐름을 읽고 볼을 잡자마자 적재적소의 아군 선수에게 패스하듯, 기업 경영도 향후 전개될 경영환경의 흐름을 읽고 발생되는 상황에 신속히 대처하는 경영자세가 필요하다.

이때 기업이 미래의 불확실한 경영환경 변화를 가능한 한 최대한 감안하여 향후에 전개될 변화 과정을 시나리오로 그려보고, 각 상황에 따라 미리 준비된 대안(Alternatives)에 대해 유연하게 대처하는 경영방식을 "시나리오 경영"이라 한다.

② 시나리오 경영의 필요성

급격한 환경변화 하에서 기업들은 미래의 시장을 선점하기 위해 "공격 경영", "스피드 경영" 등을 구사하며, 그 기대효과가 클수록 투자도 커지는 경향이 있다. 여러 가지 상황변화에 대한 대비 없이 한 가지 상황만을 전재해 투자를 할 경우, 예상한 대로 상황이 전개되면 문제가 없겠지만 예측하지 못한 변수의 등장으로 상황이 급변하면 자칫 무모한 투자로 이어져 기업은 위험한 상황에 처할 수도 있다.

이러한 상황에서는 기존 예측방법이나 모델만으로 미래를 예측하기에는 한계가 있는데, 대부분의 기업에서 실시하고 있는 중장기 계획(3~5년)이 잘 맞지 않는 것을 보면 잘 알 수 있다. 이러한 현상은 특히 정보통신과 같이 새롭게 부각되는 분야에서 두드러져 기존의 모델만으로는 중·장기 전망이 불가능한 실정이다.

③ 시나리오 경영 기법의 유래

시나리오 경영기법은 제 2차 세계대전 때 미 공군이 적군이 행동을 예상하고 작전계획을 수립하는 데에 사용된 군사전략 기법으로 최근에는 걸프전쟁에서도 사용되었다.

기업경영에 도입된 것은 시나리오 기법을 사용한 적이 있는 군의 전략 참모들이 민간 기업에 들어오면서부터이다. 시나리오 경영기법이 널리 알려진 계기는 이를 사용해 성공적인 기업경영을 이룩한 쉘의 사례가 70년대 후반에 '하버드 비즈니스 리뷰(HBR)'에 소개된 이후부터이다.

시나리오 경영기법은 미국, 일본 등 선진 기업에서 내부적으로는 널리 사용하고 있으나 내용의 성격상 공개하기 어려운 사항이 많아 잘 공개되지 않았기 때문에 국내에는 비교적 생소하다.

④ 시나리오 경영 기법의 유형 및 사례
- 사건 전개형 시나리오 기법

흔히 사용하는 시나리오 기법은 대안 A, B, C, D…를 놓고 A를 선택할 경우, B를 선택할 경우 등 대안 선택용에 국한해서 사용하고 있으나 이는 시나리오 경영기법의 일부에 지나지 않는다.

보다 폭 넓게 효과적으로 사용될 수 있는 시나리오 기법은 사건 전개형 시나리오로서 미래의 상황을 그려감으로써 환경변화를 예측해 나가는 것으로 다음은 그 사례를 보여준다.

세계적인 정유회사인 쉘(Shell) 社는 68년 당시, 유가가 안정되어 있었으므로 누구도 유가 상승을 예상치 못하던 시절이었음에도 불구하고

·미국의 석유 비축량이 바닥을 보이고 있고
·67년 6일 전쟁 후, 석유 산유국(OPEC)이 서방세계의 이스라엘 지원에 대한 반발로 정치적 결속을 강화할 것이라는 징후를 가지고 에너지 위기 시나리오를 작성하였다.

시나리오의 내용은 유가가 안정되기 위해서는 아랍 이외의 지역에서 새로운 유전이 발견되어야 하는데 이는 거의 기적에 가까운 일이므로 보다 가능성 있는 미래에는 OPEC이 에너지 위기를 일으킨 다는 것이다.

OPEC이 에너지 위기를 일으키는 시기도 75년에 있을 OPEC의 유가 재협상 이전에 있을 수 있다고 예측했는데, 놀랍게도 73년 10월 중동전쟁이 발발하여 전 세계에 에너지 위가가 닥쳤다.

에너지 위기가 에너지 위기가 닥쳤을 때의 일을 사전에 예측하고 준비해 왔던 쉘 社만이 급격한 환경변화에 대응할 수 있어 당시 7대 정유회사 중 최하위에서 업계 2위로 올라서는 계기가 되었으며, 가장 많은 이익을 내는 기업이 되었다.

- 미래에서 온 편지를 읽고 경영하는 기법

시나리오 경영기법은 미래에 일어날 사건의 줄거리를 가상적인 시나리오로 구성해 불확실한 미래

환경에 대해 장기적인 시각을 갖고 대응하는 경영기법이다. 한 가지 상황만으로 모든 변수들을 고려해 몇 가지의 시나리오 속에 미래의 흐름을 읽는 것이다.

비록 상상일지라도 미래에서 현재로 날라 온 편지처럼 인고 관계를 갖고 실감나게 구성된 줄거리는 사건 전개과정을 보다 명확하게 제시할 수 있어 경영자와 구성원들
이 미래변화에 적응하는데 도움을 준다.

시나리오 전문가들은 80년대에 만일 IBM이 지금과 같은 PC의 폭발적인 수요와 컴퓨터 네트워크의 잠재성을 예측하고 이에 맞는 시나리오를 개발했다면, 지금 IBM의 위상은 달라졌을 것이라고 전망하였다.

• 시나리오 경영기법의 사례
  기업이 시나리오를 활용하는 목적으로 미래상황 예측을 위한 시나리오, 대안 선택을 위한 시나리오 등 기업마다 그 활용 목적을 달리하고 있으나, 공통적인 것은 미래상황 전개에 대한 흐름을 알기 위한 것이다.

  - 사례 1 : 더치 쉘의 에너지 시나리오
  쉘 社는 10년 이내에 기업에 영향을 미칠 수 있는 모든 용인을 고려해 가장 극단적인 두 가지의 시나리오를 개발하여, 극단적인 두 가지 상황의 중간 형태로 사태가 진전될 것으로 보고 모든 관계사가 이 시나리오를 감안하여 전략을 수립하였다.

  ·극단적 시나리오 : 국제적인 모든 경제 분규가 해결된다.
   유럽은 성공적으로 통합되고, 미국과 일본의 무역 분쟁도 사라지고 세계 무역기구의 출범으로 자유무역이 대세로 자리 잡아 가며, 경제도 안정 성장 기조가 유지된다.
   문제는 환경이다. 경제가 안정되면 환경에 관심을 가지게 환경 협약에 대한 세계 여론이 일고, 공해물질 배출 규제가 강화되며, 석유보다는 천연가스 수요가 크게 늘어난다.
  ·비극적 시나리오 : 지역분쟁이 계속되고 무역 분쟁도 악화된다.
   경제도 후퇴하고 각 경제 블록간 환경에 대한 합의가 이루어 지지 않으며, 환경 규제는 느슨해지고

석유 수요는 크게 일어난다.

- 사례 2 : 남아공화국, 앵글로 아메리카 社의 흑백 정부 시나리오
남아프리카 공화국의 앵글로 아메리카 社가 흑백정권의 등장에 따라 기업의 대응 전략을 위해 전문가를 불러 모아 3가지의 가능 시나리오를 작성했는데, 그 후의 사태는 3가지 시나리오 중 1가지 시나리오가 적중하였다. 만델라가 대통령에 오르는 등 흑인 주도 정권이 들어서는 정치변혁이 이루어진 것이다.

·시나리오 1 : 백인 통치체제 계속
　백인 통치체제가 계속될 것이며, 흑인들에게 일정부분 참정권을 부여하게 되어 흑·백간의 갈등은 큰 문제가 되지 않을 것임.이 경우 백인 기업들은 큰 무리 없이 현재와 같은 경영 상태를 유지해도 무방하다.
·시나리오 2 : 백인 + 흑인체제
　백인 주도의 정치체제가 계속되나 일부 근간을 흑인들에게 양도할 것이고 제한된 범위 내에서 흑인들의 정치 참여가 이루어져 흑·백간의 갈등이 크게 완화될 것이다. 이에 대비해 흑인 채용을 약간 늘리는 게 유리하다. 경영체계는 큰 변화를 필요로 하지 않는다.
·시나리오 3 : 백인 통치체제 불가능
　백인 주도의 정치체계 유지는 불가능한 것으로 보인다. 이 경우는 흑인 주도의 정치체계가 새롭게 생겨 정치·경제·사회 등 모든 분야에 걸쳐 커다란 변화가 발생, 현재까지와는 다른 새로운 경영체제가 필요하다.

- 사례 3 : 몬산토 케미컬 사의 사업구조 시나리오
미국의 화학회사인 몬산토 케미컬 社는 첨단 기술을 개발하고 제품을 다양화해도 수익이 늘어나지 않고 경영이 악화되었으므로 경영진은 자체 반성과는 별도로 산업 구조에 대한 시나리오를 작성하였다.

·시나리오 1 : 암모니아, 초산 부문에서 손을 떼며 나프타 분해사업도 포기한다.
　에틸렌 수입이 격감하며 멕시코 등지에서 스틸렌이 대거 수입되어 자사제품이 경쟁력을 읽게 된다. 반면 페놀, 프탈산 등에서 다소 수익이 늘어난다.
·시나리오 2 : 연구개발 예산은 가능한 줄이고 비용절감이나 수익 증가를 위해 공정 개선에 역점을

준다. 섬유업체와 같은 대부분의 고객들이 화학 중간물질 생산에 뛰어 들어 몬산토 케미컬사는 위협을 받게 된다.

⑤ 시나리오 경영 기법의 효과
• 경영자의 의사결정에 도움
　우리나라에서 한 때 성수대교, 삼풍백화점 붕괴 등 대형 참사들이 잇달았는데 당시의 기사에는 사고가 나기 전에 담당자들이 사고의 위험성을 알고 책임자에게 알렸음에도 불구하고 책임자는 수수방관하다가 결국 대형 참사를 맞게 되었다는 사실이 매스컴에 보도 되었다.

　당시에 만약 관리 담당자들이 다리와 건물 붕괴 시나리오를 갖고 책임자를 설득했더라면 보다 효과적인 처리가 가능했을 것이다.
　이를 예로 시나리오를 작성해 보면 다음과 같다.
　"붕괴되면 상판의 압력으로 건물 전체가 붕괴되어 매장고객들이 콘크리트 더미에 깔려 압사할 것이며, 생존자들도 유독가스와 산소부족으로 구조되기 어려워 막대한 인명피해가 예상되므로 시급한 조치가 요망됨"

• 전 구성원에게 공유되는 가치관
　처해진 상황에 기획, 생산, 영업, 기술 등 관련 분야 사람들이 모여 향후 상황과 기업이 나아갈 방향에 대해 시나리오를 작성하고, 예상되는 문제점에 대한 대응방안을 함께 작성해 봄으로써 구성원들은 조직이 나아가야할 방향과 각자의 역할에 대해 공감대를 형성할 수 있다.
　공유된 가치관을 공유함으로써 관련 부서간의 협조와 각자의 역할 인식이 선명해져 상황변화에 대하 대처 능력이 뛰어나게 된다.

　예를 들어 원자력 발전소의 사고 확률이 0.001%라고 말하기 보다는 만일 사고가 발생한다면 취약 부문인 A, B, C, D 부분에서 발생되며, 어떤 원인으로 어떤 영향을 미치며 대처 방안은 무엇인가 등을 각 구성원들이 진지하게 시나리오를 구성해 볼 때 조직의 학습 능력이 배양되며, 위기 상황이 발생하더라도 많은 전개 과정이 한번 작성해본 시나리오의 재현 이므로 조직의 위기관리 능력이 뛰어나게 된다.

⑥ 미래를 보는 눈
• 미래사건의 분류
　시나리오를 만들기 위해 가장 중요한 것은 미래를 보는 눈인데 미래에 발생할 사건들을 대략 세 가지로 미래사건을 분류할 수 있다.

　- 지속형 사건 : 헌법과 같이 현재와 미래에도 거의 변화가 없는 사건이거나, 해가 뜨고 지듯이 일정하게 변화 없이 반복되는 유형의 사건을 말한다.
　- 점진적 변화형 사건 : 도시의 공기 오염 문제가 서서히 심해지고 경제 성장률이 매년 수 %대로 증가되듯 점진적 변화를 보이는 유형의 사건을 말한다.
　- 불확실형, 혹은 전이적 변화형 사건 : 갑자기 산사태가 나고, 지진이 나듯 전혀 예측할 수 없는 유형의 사건을 말한다.

　지속형이나 점진적 변화형의 사건들은 미래예측이 가능하므로 기업경영에 커다란 변수로 작용되지 않으나, 불확실한 전 이적인 변화의 사건들은 기업경영에 많은 영향을 미쳐 그 흐름을 어떻게 읽느냐에 따라 기업이 받는 영향도 매우 심각하다.

　70~80년대에는 경영환경이 지속형이나 점진적 변화형이었기 때문에 이런 환경에 적응내지는 주도한 기업들이 성공을 해 왔다면, 향후에는 불확실한 전이적인 환경변화를 주도하는 기업들이 성공할 것으로 전망된다.

• 미래의 성공기업은 전이적 변화를 주도하는 기업
　최근 성공한 기업들을 살펴보면 거의 대다수의 기업들이 전이적인 변화를 일으켜 성공하고 있으며, 이러한 현상은 전 이적인 변화가 지배하는 미래로 갈수록 더욱 가속화될 것이다.

　마이크로소프트 社는 컴퓨터의 도스(DOS) 환경에서 과거에 없었던 윈도우(Windows) 환경으로 새로운 틀을 설정해 모든 소프트웨어, 하드웨어 社들이 마이크로소프트 社의 윈도우 환경을 따르게 하였다.

모토롤라는 세계 최초로 워키토키 무전기, 우주통신 장비, 샐루러폰 등 기존에 없었던 것을 개발한데 이어, 기존의 통념을 깨고 인공위성 66개를 우주에 띄워 세계 어디서나 제약 없이 위성을 통해 직접 통화할 수 있도록 하는 이리듐 프로젝트를 구상하였다.

인텔은 286, 386, 486 MPU를 시리즈로 개발해 컴퓨터 시장의 수요를 좌우하고 있으며, 미래에는 컴퓨터와 전화가 통합되어 음성과 영상을 죽 받을 수 있는 고속 통신망 사업에 초점을 맞추고 있다. 그러나 미래 시장에서는 전이적 변화를 일으키는 사업일지라도 일시적이고 단품 사업(제품)보다는 타 제품에 파장효과가 큰 사업이 효과적이다.

이런 관점에서 볼 때 소니의 워크맨은 일과성에 끝나 마치 야구의 솔로 홈런과 같다면, 인텔의 MPU 시리즈는 새로운 컴퓨터 기종의 탄생을 비롯, 여타 제품을 탄생시켜 만루 홈런이라고 할 수 있다.

⑦ 시나리오 작성법
- 작성방법
  - 제 1단계 : 의사결정에 대한 명확한 이해
    최종적인 의사결정 사항·범위·기간 등을 명확히 하는 것으로 시나리오 구성의 주요 초점이 될 의사결정 책임자 차원에서의 의사결정 사항을 정의하는 단계이다.

  - 제 2단계 : 의사결정 사항에 영향을 미칠 수 있는 주요요인 도출
    브레인스토밍 등의 방법을 통해서 의사결정 사항에 직접적인 영향을 미치는 요인을 도출하고 이들을 3~5개의 유형별로 구분한 후 각 유형에 대해 공통 주요 요인을 정의 한다.

  - 제 3단계 : 제 2단계에 영향을 미치는 거시적 요인 도출
    주요 요인의 미래 상태를 결정지을 수 있는 거시적 요인을 파악한다. 미래의 사건들은 앞서 설명한 지속형, 점진적 변화형, 전이적 변화형의 3가지로 볼 수 있는데, 기업의 입장에서는 이 가운데 불확실성과 영향도가 높은 전이적 변화에 대처할 수 있는 능력이 중요하다.

  - 제 4단계 : 시나리오의 기보 축 구축

제 3단계에서 도출된 불확실성과 영향도가 높은 항목들을 같은 유형별로 구분하여 도출된 공통어를 불확실성 축(Uncertainty Axes)이라고 하는데 이는 핵심 외부요인에 근거해야 한다.

- 제 5단계 : 시나리오 작성

불확실성 축의 수가 n개이면 이들의 조합에 따라 2n개의 시나리오가 생성되며, 이중 일어날 가능성이 전혀 업는 경우와 유사한 상황인 경우, 그리고 중요도가 다소 떨어지는 시나리오를 제외하여 2~4개의 시나리오를 작성한다. 관계자이 욕구와 의문점들을 중심으로 현실감 있게 나타내는 것이 바람직하다.

- 제 6단계 : 시사점 도출

각 상황에 내재된 기회요소와 위협요인을 도출하여 이에 효과적인 대처방안을 마련한다.

• 표현방법

시나리오 작성 시에는 모든 미래의 가능성을 나타내기 보다는 읽는 독자의 욕구와 의문점들을 중심으로 시나리오로 나타낼 때 의미가 있다. 따라서 작성자는 시나리오를 읽는 독자의 입장으로 들어가 "내가 경영자라면 어떠한 관심을 갖고 있고 의문사상이 무엇일까"라는 식의 감정 이입법을 통해 작성하는 것도 효과적이다.

읽는 독자에 따라 시나리오의 자세한 정도를 결정, 일반적으로 최고의 의사 결정자일수록 보다 자세한 시나리오를 선호해, 두 가지 다 준비하는 것이 바람직하다. 시나리오는 가상의 이야기 이지만 현실감 있게 표현하는 것이 중요하다. 금기사항이나 생각하지 못했던 것에 대해서도 "아" 그럴 수도 있겠구나하고 느끼게 하고, 그 경우 어떻게 해야 한다는 메시지를 전달하는 정도면 시나리오는 성공한 것이라고 할 수 있다.

• 유의사항

종류가 너무 많은 시나리오는 의미가 없으며, 혼돈만 야기 시킨다. (특별한 경우 외에는 보통 2~4개가 적당하다.) 시나리오 작성 팀은 다음과 같이 구성한다.

- 유능한 워크숍(Work Shop) 운영자 : 시나리오는 브레인스토밍의 "팀" 작업으로 이루어져야

하므로 워크숍 운영자의 운영 능력이 절대적이다.
- 최고 책임자의 지원과 참여
- 다양한 기능의 전문가(관련부서)

위와 같은 방식으로 작성된 시나리오는 4C로 정리되는 특성을 충족시킬 경우 좋은 시나리오로써의 가치를 가진다. 이는 내용의 일관성(Consistent), 미래의 모든 상황을 포함(Comprehensive), 창조성(Creative), 그리고 구체성(Concrete)을 포함한다.

3. 비즈니스 프로세스 리엔지니어링(BPR)

① ERP와 리엔지니어링

ERP 도입에는 반드시 비즈니스 프로세스를 재설계하려는 BPR(Business Process Reengineering), 즉 리엔지니어링을 수행하게 된다. 여기서는 이의 이해를 돕고자 리엔지니어링의 탄생 배경과 그 방법적인 개념을 소개한다.

* 리엔지니어링의 탄생 배경

리엔지니어링(Reengineering)이란 미국에서 생겨난 경영 개혁의 방법으로서, 사업성과의 비약적인 향상을 달성하기 위해서 정보 기술(Information Technology)을 구사하여 비즈니스 프로세스 및 조직 구조를 근본적으로 재설계하는 것을 말한다.

미국의 제조업계는 1980년대에 들어서 시장에서의 경쟁력이 약해졌다는 것을 자각하게 되었고, 이로 인해 재생의 길을 찾기 시작했다. 그들은 일본의 선진 기업을 방문해서 선진 기업의 경험의 실체를 연구하고 성공의 비결을 찾으려고 했다. 그 결과 TQC(Total Quality Control), JIT(Just In Time) 제안 활동 등으로부터 힌트를 얻어서 혁신적인 경영 방법으로서의 리엔지니어링을 고안해 냈다. 이 방법은 미국이 크게 앞서고 있는 정보 기술을 기업 활동에도 철저하게 이용하려는 것으로서 당연히 미국에서 생겨야 할 것이 생겨난 미국적인 방법이라고 말할 수 있다.

리엔지니어링이라는 말은 Hammer & Champy가 저술한「Reengineering the corporation」

이라는 책에서 처음 등장하면서 유행하기 시작했고, 세계 각국의 기업에 도입되기에 이르렀다. 리엔지니어링의 기법과 방법론은 정보 시스템(Information System)의 개발 기법과 방법론의 발전형이라고 볼 수 있다. 정보기술은 컴퓨터와 유무선 통신 및 제어를 중심으로 하는 정보를 취급하는 테크놀로지로 최근에 눈부신 발전을 했으며 계속적이고도 획기적으로 성능을 높이면서 코스트를 다운시키고 전 산업은 물론 가정, 학교 방송 분야에도 그 주요도와 영향력을 증대시키고 있으며 이러한 경향은 계속될 것으로 기대되고 있다.

인프라 정보 시스템을 구축하기 위해서 정보기술의 기능(입출력 변환, 기억, 처리, 통신)을 이용할 수 있고, 지금까지도 정보 기술의 기능을 이용하려는 노력을 계속해 왔다. 그 노력의 하나가 정보 시스템 개발 방법론의 정비이다. 정보 시스템 개발 방법론으로서 우선 1970년대에 DeMarco 등에 의해 구조화 분석/설계(Structured Analysis /Structured Design)가 개발되었다.

이들은 자료 흐름도(Data Flow Diagram)를 주요한 툴로 이용하여 시스템을 모델화하는 것이다. 이 방법에 의해 프로세스의 모듈화는 실현되었으나, 데이터는 응용 프로그램 속에 들어가 버렸기 때문에 공유 자원이 되기 어렵다는 문제가 남았다.

1980년대에 들어서 Martin 등에 의해 데이터 중심 어프로치(Data Oriented Approach)가 개발되었다. 이것은 객체 관계도(Entity Relationship Diagram)를 주요한 툴로 이용하여 시스템을 모델화하는 것으로서 이 방법에 의해 정보 자원으로서의 공유 데이터베이스의 설계가 가능하게 되었다.

정보기술의 눈부신 발전에 따라 사업성과에 대한 정보 시스템의 공헌도 커질 것으로 기대되었으나 결과는 반드시 그렇게 되지는 않았다. 종래의 작업 수행 방법과 조직 구조를 그대로 두고 아무리 뛰어난 정보 기술을 도입하더라도 효과가 좋지 않다는 것을 알았다. 그 결과 정보 기술 도입의 효과를 최대한으로 할 수 있도록 비즈니스 프로세스를 재설계하려는 BPR(Business Process Reengineering), 즉 리엔지니어링이 탄생하게 되었다.

* 정보기술과 BPR

정보기술이 발달할수록 기업이 업무 기능을 변경할 수 있는 능력은 [그림 2-88]과 같이 증가하게 된다.

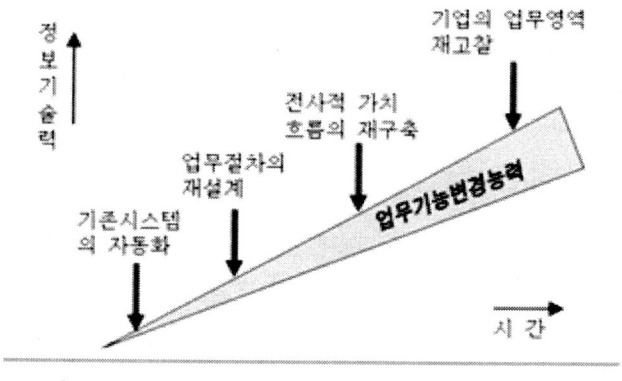

[그림 2-88] 확장된 개념으로서의 ERP-II의 모델

즉, 정보기술의 비약적인 발전과 이용에 따라 가능하게 되는 비즈니스의 변혁과 재편성으로서 다음의 다섯 가지 레벨을 생각할 수 있다.

- 첫째, 국소적 이용 : 비즈니스 기능 또는 각 기능 중의 특정 비즈니스 활동의 범위 내에서 정보기술을 이용한다.
- 둘째, 내부통합 : 정보기술을 이용해서 비즈니스의 모든 활동을 통합한다. 이를 위해서 두 종류의 통합이 필요하게 되며 하나는 기술적인 통합으로써 공통의 정보 기술 플랫폼을 이용하여 다른 시스템과 응용을 통합한다. 또 하나는 조직내 통합으로써 기술적 통합력을 이용하여 조직의 다른 역할과 책임을 통합한다.
- 셋째, 비즈니스프로세스 재설계 : 정보기술을 중심으로 비즈니스를 재편성 하는 것으로 가장 적합한 정보기술 인프라스트럭처를 설계할 때에 기존의 비즈니스 프로세스를 제약으로 간주하는 것이 아니라 정보 기술의 능력을 최대한으로 이용할 수 있도록 비즈니스 프로세스 그 자체를 재설계하는 것이다.
- 넷째, 비즈니스네트워크 재설계 : 제품과 서비스의 창출과 제공에 관련된 비즈니스 네트워크의

범위와 업무를 재편성한다. 이 범위에는 조직의 형식적인 경계 안팎에 있어서 비즈니스 업무가 포함되고, 필연적으로 "가상 비즈니스 네트워크(종래의 의미에서의 조직과 시장에 개의치 않고 정보기술 플랫폼에 의해 연결된 비즈니스 네트워크)"의 재설계가 포함된다.

- 다섯째, 비즈니스 범위 재정의 : 비즈니스의 사명과 범위를 확대할 가능성 등 기업의 존재 이유에 관련된 문제를 다룬다.

일반적으로, 리엔지니어링이라는 것은 다섯 가지 중에서 세 번째와 네 번째를 의미한다. 대부분의 기업은 아직 첫 번째의 상태에 있지만, 첫 번째에 있어서 투자를 유효하게 이용하기 위해서는 두 번째로 나아가야 하고 세 번째 이후로 나아가기 위해서도 이것이 기반이 된다. 첫 번째에서 두 번째로의 진화에 비해, 두 번째에서 세 번째 이후로의 진화는 반드시 순차적인 것이 아니라 어느 하나를 선택하여 진행시키는 것이다.

* BPR(업무 프로세스 재설계)의 개념

BPR은 기존의 기업 업무 프로세스를 기본부터 다시 생각하고 再설계함으로써 비용, 품질, 속도 등의 경영 성과 측면에 대폭적인 향상을 도모하기 위한 작업이다. 여기서 업무 프로세스란 생산 자원 및 정보를 특정한 제품으로 전환시키는데 필요한 활동과 직무의 집합을 말한다. 리엔지니어링은 주로 제품개발 기간의 단축, 제품 유통 기간의 단축, 의사결정 기간의 단축, 고객 요구에 대한 신속한 대응, 불필요한 업무의 제거 등 주로 비용 감축에 초점이 맞추어 경쟁력을 높이는 방식이다.

그러나 리엔지니어링은 업무 프로세스의 효율성 제고에 초점이 맞추어져 있기 때문에 기업 내 인적자원이 가진 무형의 자산과 경쟁력에 대한 배려가 부족할 수 있다. 일반적으로 리엔지니어링의 가장 강력한 도구 가운데 하나가 정보기술을 활용하는 것이고, 이에 따라 대폭적인 인력 감축을 초래하는 경우가 많다. 인력의 대폭적인 감축은 조직 구성원의 의욕 상실을 유발하고 기업의 지적자산인 암묵지(Implicit Knowledge)의 상실을 초래할 수 있는 약점을 가지고 있다.

- BPR(업무 프로세스 재설계)의 등장배경

BPR이 등장하게 된 배경은 무엇보다도 고도의 분업화의 결과 야기된 프로세스 및 조직의 효율성 저하이다. 고도의 분업화가 가져다주는 폐단은 다음과 같이 요약될 수 있다.

- 부서간 비효율적 의사소통
- 부서간 갈등 및 이기주의
- 공정마다의 분리로 인한 총 공정 책임자의 부재 및 주인의식의 결여
- 업무의 동일성 및 일관성 유지의 어려움
- 중복작업의 가능성
- 부서간 이동, 타 부서에서의 대기, 결재시간 등으로 인한 시간 낭비
- 부서별 평가제도로 전체적 업무수행 극대화의 어려움
- 조직의 경직화
- 간접비용의 증가
- 고객의 질문에 대한 신속한 답변의 어려움

따라서 프로세스의 효율화를 위해서는 지나친 분업화에 바탕을 둔 현재의 업무를 프로세스의 관점에서 기본적으로 다시 생각하고 고객의 관점에서 근본적으로 재설계해야 한다는 것이다.

- BPR(업무 프로세스 재설계)의 특징
BPR은 기존 업무를 개선하는 또 하나의 시도가 아니다. 즉, 개선이 아니라 스스로의 재발견이다. BPR은 기업 활동을 부가가치의 창조를 위한 프로세스로 파악하는 것이며 이 프로세스란 고객의 주문부터 제품의 인도까지 이익을 실현하는데 핵심이 되는 활동들의 연결고리를 말하는 것이다. 기업은 모든 조직 및 활동을 이 프로세스에 집중시키기 위해 불필요한 부분을 모두 제거 기업의 효율을 극대화 시키는 것이다.

BPR에서 말하는 프로세스란 개인이나 특정 부서의 업무가 아니고 여러 부서 간에 수행되고 있는 프로세스이다. 여기서 말하는 프로세스란 "내부 또는 외부의 고객을 위하여 유용한 제품이나 서비스를 전달하기 위하여 반복적이며 측정 가능한 과업(Task)의 연결"을 의미한다.

즉, 조직 내의 연계된 프로세스를 고객의 입장에 서서 경쟁자보다 월등한 성과를 내야 한다는 관점의 변화를 요구한다. 고객들은 자신이 원하는 가격의 제품이 원하는 시간에 원하는 품질로 원하는 서비스에 의해 제공되는가에 관심이 있지, 어떤 부서들이 어떤 과정을 거쳐 일을 하는 가에는 전혀

관심이 없다.

따라서 비즈니스 리엔지니어링 은 내부 또는 외부의 고객요구사항을 접수하여 최종적으로 전달되는 일련의 과정을 하나의 프로세스로 설정하여, 경쟁사보다 월등한 성과를 내기 위해 시도하는 프로세스 혁신운동이다. 그러나 유한한 시간적, 물적, 인적 자원을 운영해야 하는 일반적 기업여건에서 이상적 목표를 위해 무한한 자원을 쏟아 붓거나 전혀 새로운 어떠한 것을 끊임없이 발명해 나가는 것도 생각하기 어렵다.

BPR은 기존의 업무를 단순히 개선하고자 하는 시도도 아니며 또한 어떠한 새로운 발명도 아닌 것이다. 즉, 10% 전후의 생산성을 개선하거나 원가절감운동보다는 더 혁신적인 것이지만 경쟁 양태를 바꿀 만큼 업계를 재편하는 것도 현실적인 목표는 아니다.
예를 들면 파이프를 통해 더 많은 양의 기름을 얻는 방법은 파이프를 청소하는 등의 소극적인 방법도 아니지만 새 유전을 개발하는 비현실적인 것도 아니라는 것이다. 가장 효율적이고 현실적인 것은 구부러진 파이프를 똑바로 피는 것이다.

- 마이클 해머의 BPR 7가지 수행원칙
    첫째, 정보는 발생지역에서 한번만 처리하라
    둘째, 업무위주가 아닌 결과 중심으로 경영/관리 하라
    셋째, 업무결과의 단순통합이 아닌 수평적 활동 자체를 연계시켜라
    넷째, 업무가 수행되는 곳에서 의사결정을 하고 프로세스를 통제하라
    다섯째, 프로세스의 결과를 사용하는 사람에게 프로세스를 수행하게 하라
    여섯째, 지리적으로 분산되어 있는 자원을 집중되어 있는 것처럼 취급하라
    일곱째, 정보처리 업무를 그 정보를 산출해내는 실제의 업무에 포함시켜라

- BPR(업무 프로세스 재설계)의 핵심사상
    - 프로세스 관점
        단절된 기능 단위의 개별적인 개선으로는 전체 프로세스의 목적 달성을 이룰 수 없다는 것이다. 현재 조직을 이루고 있는 각 기능 부서들은 사실 영속적인 것이라 할 수 없다. 따라서 부서의 기능을

위주로 한 시스템 개발이 이루어질 경우 향후 예상되는 부서 통폐합이 시스템 자체의 존재 이유가 도전을 받게 된다.

때문에 조직의 전산화는 현재의 조직구조에 바탕을 둔 것이 아닌 본질적인 업무 활동에 바탕을 두어야 한다. 본질적인 업무 활동이라 함은 조직이 존재하는 한 조직의 Mission이 바뀌지 않는 한 필연적으로 지속되는 활동을 말한다. 이러한 활동들의 특징을 보면 대부분이 조직의 여러 기능 부서를 관통하고 있다는 것이다.

이 때문에 이러한 활동들은 Cross-functional 프로세스라 칭하게 되는 것이다.
BPR은 이러한 프로세스를 바탕으로 개선 작업을 함으로써 기존의 기능별 개선 작업과는 확실한 차별화 요소를 가지고 있다.

- 기본적인 관점

다시 생각한다는 말의 의미는 현재 작업 방식에 대한 모든 것에 회의를 가지는 것으로 시작된다. 즉, 내가 현재 하고 있는 작업이 과연 어떠한 목적을 가지고 행해지는 가, 그리고 왜 이렇게만 행해져야 하는가를 물어보는 것이다.

사실 현재 행해지는 업무 프로세스 중 상당 부분은 이러한 질문에 답을 할 수 없는 것들이다. 즉, 특별한 목적 없이 관습적으로 행해지고 있는 일들이 많은 것이다. 한 업무를 오랜 한 사람의 경우 이러한 부분을 스스로 발견하기란 쉽지 않다. 하지만 업무 프로세스를 개선하면서 가장 먼저 분석의 대상이 되고 제거의 대상이 되는 부분들은 바로 이런 비목적성 활동들이다.

- 고객의 관점

BPR의 가장 핵심 요소 중 하나이다. Hammer가 분석한 성공 기업 사례들의 공통점은 고객의 불만에서 프로세스 개선의 시사점을 찾았다는 데 있다. 그리고 개선 작업과정에서도 프로세스가 고객의 가치 창출과 관련이 있는가를 주요 잣대로 삼아 고객의 가치와 별 관계가 없는 내부 통제 목적의 활동들을 과감하게 생략함으로써 큰 개선 효과를 보게 된 것이다.

대부분의 공공기관에서 목표로 하고 있는 비용, 품질, 서비스, 속도상의 개선은 기관의 경쟁력과 직결되는 것이지만 결국 최종 수혜자는 고객이 된다. 공공기관이 양질의 서비스를 적은 비용으로 신속하게 제공해 준다면 가장 행복한 것은 고객이기 때문이다. 따라서 공공기관의 프로세스는 고객의 관점에서 재평가되고 재설계될 때 비로소 경쟁력을 갖게 된다고 할 수 있는 것이다.

- 근본적인 사고의 전환

BPR의 속성이 내포하는 의미는 BPR에 의해 제안되는 새로운 프로세스가 파격적이고 획기적인 내용이 될 수 있다는 말이다. 대부분의 개선 활동들은 업무의 근본적인 틀을 최대한 유지한 상태에서 점진적 혹은 지엽적 개선을 내용으로 하고 있다.

하지만 BPR의 경우는 프로세스의 본래 목적을 출발점으로 하여 그러한 목적을 가장 효과적, 효율적으로 충족시켜줄 수 있는 프로세스를 그린다. 이 프로세스는 "왜 존재하는가" 혹은 "우리가 왜 이 프로세스를 하지"라는 질문에 대한 답이 프로세스의 목적이 된다. 그리고 일단 프로세스의 목적이 정해지면 그러한 목적 달성을 위한 최선의 방법을 기존의 방법을 무시한 채 백지에 그려보는 것이 BPR이 추구하는 근본 사상이다.

② BPR(업무 프로세스 재설계)의 도입조건

BPR을 사용하면 반드시 변화가 수반되고, 그 변화의 범위는 모든 부문에 영향을 미친다. 이런 변화에 의해 부작용이 나올 수 있으며 실패할 가능성도 생긴다. 그러므로 다음의 사항들을 충분히 고려후 도입해야 할 것이다.

- 뚜렷한 목표

왜 BPR을 도입해야 하며, 어떻게 사용할 것인지에 대한 뚜렷한 목표가 있어야 한다.

- 과감한 개혁

BPR을 추진해 감에 있어서 장애가 되는 요소들. 즉, 조직구조, 기술, 사람, 조직 문화, 제도, 규정 등을 과감히 개혁할 수 있어야 한다.

- 최고 경영자의 적극적 개입
  최고 경영자가 리더십을 발휘하고 조정능력 및 결단력을 사용해 개혁에 반대하는 관습이나 조직의 관성을 물리치고 목표를 달성할 수 있도록 적극적인 개입이 필요하다.

- 전사적 공감대
  BPR을 사용해 구 체계를 개혁해 새로운 변화로 인해 경쟁력을 회복할 수 있다는 믿음과 BPR의 필요성을 인식해야 한다.

- 추진 조직의 구성
  BPR이 정보기술을 기반으로 한다고 정보시스템 부서를 주축으로 조직하면 안 된다.
  그렇게 하면 개선 대상에 대한 올바른 파악과 방향을 설정할 수 없으므로 실패할 가능성이 있기 때문이다. 개선 대상 프로세스에 관련된 부서를 주축으로 경영혁신 추진 조직을 구성하여 추진하면서 그 안에 정보 시스템을 포함시켜 구성해야 한다.

③ BPR(업무 프로세스 재설계)의 성공요인

Stewart는 경영층의 지원, 리더십, 동기부여, 비전의 제시, 벤치마킹, 사기진작, 조직의 혁신적 자세 등을, 'Teng et al.'은 최고경영층의 주도, 기업 및 정보시스템 전략과의 연계, 혁신적인 분위기, BPR 추진을 위한 비즈니스모델의 개발 등을 BPR에 있어 서의 주요성공요인으로 지적하고 있다. 또한 Drew 는 벤치마킹의 필요성, 대상 프로세스의 선정, 변화관리, 팀 구축, 기업 및 시스템 전략과의 연계 등을 BPR 에 있어서의 주요 성공요인으로 제시하고 있다.

Caron과 Jarvenpaa, 그리고 Stoddard는 미국의 CIGNA 기업에서 행해진 BPR 프로 젝트를 분석함으로써 BPR추진에서 얻은 경험 및 교훈의 전파, 실패로 부터의 학습, 조직 내 각 계층의 지원, 법규 및 제도 등에 저촉되지 않는 리엔지니어링의 추진(Clean Slate Opportunity), 환경의 특성에 따른 리엔지니어링의 차별적 적용, 시간이 지남에 따라 보다 높은 수준의 목표 추구, 가능한 한 빠른 진행, 구성원간의 의사소통, 적절한 BPR 팀원의 선정, 그리고 사원들의 사고방식의 변화유도 및 관리 등을 주요성공요인으로 들고 있다.

또한 Keidel은 재구조화(Restructuring), 리엔지니어링(Reengineering), 재사고 (Rethinking) 등의 개념적인 구분을 시도하면서, 조직의 재설계에 고려해야 하는 요인으로서 비용 절감을 이룰 수 있는 모든 대안의 고려, 긍정적인 요소의 개발 이전에 비긍정적인 요소의 제거, 고통의 분담, 인력개발 및 훈련의 필요성, BPR을 통해 얻을 수 있는 공동 목표 및 이익의 형성, 성과에 대한 전파, 성과에 대한 맹목적 숭배 금지, 이해관계자·고객·구성원들의 관점을 식별 및 통합, 그리고 구성원들로 하여금 변화에 대해 학습할 시간의 제공 등을 제시하고 있다.

그 이외에도 'Miles et al.'은 경영층의 지원, 비전의 제시, 관리 철학(인적활용측면), 추진 가능한 범위의 설정, 대상 프로세스의 우선순위 설정, 기술 및 인적자원에 대한 적절한 투자 등을 BPR에 있어서의 주요성공요인으로 제시하고 있다.

BPR의 주요성공요인에 관한 국내연구를 살펴보면

- 사례1 : 박준하님은 통해 최고경영층의 참여 및 지원, 전담팀 구성, 의사소통, 경영혁신에의 몰입도 등을 주요성공요인으로 제시하고 있다.

- 사례2 : 정병헌님은 변화의 필요성 인식, 비전의 제시, 의사소통, 변화에 대한 저항관리, 벤치마킹, 지속적인 피드백 등을 주요성공요인으로 언급하고 있다.

- 사례3 : 김용렬님은 최고경영층의 확고한 의지, 정보시스템의 기반정비, 명확한 목표의 설정, 중간관리층 이하의 적극적 참여

- 사례4 : 성태경, 한석철님은 기존의 BPR에 있어서의 주요성공요인에 관련한 연구를 토대로 주요성공요인을 전략차원, 조직문화차원, 방법론 및 운영차원, 정보기술 및 교육차원으로 구분하여 체계화를 시도한 바 있다.

국내외의 기존 연구들에서 제시된 BPR의 주요성공요인들은 주로 특정 기업을 대상으로 하는 사례연구를 통해 파악된 성공요인들로서, 각 기업들이 처한 상황 및 특성에 따라 다소간의 차이가 존재할 수 있다.

따라서 향후 BPR을 추진하고자 하는 기업들에게 실질적인 관리지침을 제공해 줄 수 있으며, 다양한 산업에 속한 기업들에 보편적으로 적용되어 사용할 수 있는 주요성공요인의 체계적인 분류에 관한 연구의 필요성이 제기되고 있다.

④ BPR(업무 프로세스 재설계)의 실패사례

어느 기법보다도 BPR의 도입은 신중하게 결정되어야 하며 또 그 진행도 잘 짜인 계획하에 치밀하게 진전되어야 한다. 또한 여러 부서에 걸쳐 퍼져 있는 프로세스를 개선하는 작업이니만큼 최고관리자의 전폭적인 지지도 필수적인 성공요인이 되고 있다. 과거BPR을 실시했다가 실패한 조직들의 아래 경험들은 향후 BPR을 실행하고자 하는 조직들에 좋은 지침이 될 것이다.

- 변화를 일으키는 것을 중간이나 하위 관리자에게 위임했다
- BPR을 절약 운동처럼 여겼다
- 변화에 대한 반대를 다루는 일의 중요성을 잘못 인식했다
- 초점이 결여되었다
- 새로운 시각에서 생각하는 발상의 전환을 못했다
- 약한 리더, 후견인 혹은 팀을 골랐다
- 큰 그림을 그리는데 실패했다
- 자원의 제한 때문에 고생했다
- 모험적인 시도에 대한 보상이 부족했다
- 교육과 훈련에 실패했다
- 시간 관리에 실패했다
- 너무 일찍 샴페인을 터뜨렸다

⑤ BPR(업무 프로세스 재설계)의 성공사례

- IBM사의 신용 판매부
  - 기존의 방법

    14인의 고객 지원부 직원이 고객의 전화신청을 종이에 메모하였다. 신용판매부의 전문가가 검토하여 영업부에 전달하여 다시 전문가가 검토 등을 하였다. 평균 6일 최대 14일까지 소요되었다.

- 개선안

    실제 업무처리에의 소요시간은 90분에 불과함을 상세한 조사를 통해 알아냈다. 전문가가 처리한다는 업무의 내역도 사실은 필요 정보를 컴퓨터에 입력하여 결과를 뽑아내는 것에 불과했다. 이제 비전문가도 데이터베이스의 프로그램으로부터 의사결정을 내릴 수 있도록 하였다. 평균 4시간이 소요된다.

- 이유

    They did not ask "How do we enhance credit checking?"
    They asked instead "How do we improve the credit issuance process?"

- 포드(Ford) 자동차 외상 매입금 처리

    생산성의 향상 방안을 모색하기 위해 포드 社는 회계과(외상매입계정 전담부서) 및 몇몇 기타 부서에 대해 비용 절감 가능성을 조사하기로 했다. 회계과에는 500명이 넘는 인원이 근무했다. 경영진의 판단으로는 프로세스를 개선하고 새 컴퓨터 시스템을 도입함으로써 인원수를 20% 가량 줄일 수 있을 것으로 판단하였다.

    포드 社의 경영 관리자들은 외상매입 업무를 수행하는 인력의 규모를 현행 500명에서 100명 수준으로 낮추는 것으로 목표를 과감하게 상향 조정했다. 기존 시스템을 분석한 결과 복잡한 업무처리 절차와 많은 서류의 이동, 구매주문서와 주문제품 접수증과 물품대금명세서가 일치하지 않는 경우의 문제처리 시간이 길다는 문제점을 발견했다. 회계과에서는 일치가 안 되는 부분을 해결하는데 대부분의 시간을 소모하고 있었다.

    이 경우 회계과의 직원이 조사에 착수하게 되고 공급업체에 대한 대금지불을 중지시키며 차츰 일을 복잡하게 몰고 가면서 결국에 가서는 수습불능이 되고 마는 상황이 간간히 있었다. 이 문제를 해결할 수 있는 한 가지 대책은 회계과 직원의 조사과정을 효율화하는 것일 것이다.

    그렇지만 이보다도 더 나은 방법은 아예 처음부터 문서들 간의 내용불일치가 발생하지 않도록 조치를 취하는 것이다. 이를 실현하기 위해 포드 社는 물품대금명세서 없이도 해당업무를 처리할 수 있는 체계를 시도하기로 결정했다. 이제 구매과에서 구매주문서를 작성할 때마다 주문내용이 온라인 데이터베이스에 입력된다.

그로인해 불필요하게 서류들의 이동이 없어졌으며 주문한 제품이 도착하면 자재과 직원이 데이터베이스 확인을 통해 도착한 제품의 내역이 구매주문서 내용과 일치하는지 점검한다. 이전의 업무절차에서는 회계과에서 제품접수기록과 구매주문서와 물품대금 내역서 간에 14가지 데이터항목을 점검한 후에야 대금지급을 수행했다.

새로운 방법에서는 구매주문서와 제품접수기록 간에 부품번호, 공급업체 코드 등 네가지 항목만 점검하면 된다. 이들 항목에 대한 점검은 자동으로 이루어지고 점검결과는 컴퓨터에 의해 작성되어 회계과에서 공급업체로 발송한다. 포드 社 측이 공급사들에게 물품대금명세서는 보내지 말 것을 당부했기 때문에 물품대금명세서 내용을
확인할 필요가 전혀 없어졌다.

포드 社는 급격한 변화를 선택했고 그 결과로 20%가 아닌 75%의 인력절감을 가져오게 된 것이다. 뿐만 아니라 실제 물품접수기록과 회계기록 간에 일치가 안 되는 경우가 거의 없었기 때문에 자재관리가 더욱 단순화되었고 물품접수가 원만하게 이루어지게 되었으며 재무정보도 정확성이 더 높아지게 되었다

- LH(한국토지주택공사)
한국토지주택공사에서는 공사의 최종 고객은 국민으로서 국민경제 발전과 국민복지의 증진을 기업이념으로 하여 국민생활환경 창조와 국토개발을 선도해 나간다는 기업이념을 토대로 최고 토지 전문 국민기업으로서의 웅비라는 비전을 설정하여 이를 달성하기 위한 수단으로서 BPR·ISP 및 통합정보시스템 구축을 추진하였다.

- BPR·ISP 프로젝트 개요
한국토지공사의 BPR·ISP프로젝트는 통합정보시스템 구축 프로젝트의 일환으로 한국토지공사의 통합 정보시스템 구축에 앞서 경영목표, 전략 그리고 사업기능을 조사, 분석 하여 개선된

업무처리절차 설계와 미래지향적인 통합정보시스템 모형 및 개발계획을 수립하는데 있다.

한국토지공사의 업무처리절차 재설계(BPR)/정보계획수립(ISP) 수립활동은 미국 6대 회계법인 중 하나인 KPMG사와 컨소시엄을 구성하여 미국의 Best Practice를 중심으로 보다 나은 컨설팅 품질확보를 위해 노력하였다.

중요한 점은 "한국 토지공사의 기능적 계층, 기업운영의 낡은 사고방식, 중복된 업무처리 절차의 제거, 한국토지공사의 핵심 업무처리 절차인 '후보지선정에서부터 용지공급'에 이르는 사이클타임의 단축 및 고객의 가치창출과 전달을 위한 핵심적인 업무의 초점 선정" 등이었다.

- 추진 배경

택지와 공업용지의 공급에 있어 관계법령에 의하여 어느 정도의 독점권을 확보하고 있었으나 지방자치단체, 주공, 수자원공사, 민간부문 등의 토지공사 고유 업무영역으로의 업무범위 확대 및 신규참여로 인해 공공 분야의 경쟁이 심화되는 등 점차 외부경영여건이 어려워지고 있었다.

또한 건설시장의 개방, 고객수요의 다양화 및 고품질의 토지개발 요구 등의 극심한 경영환경 변화에 따라 이를 효과적으로 대처하고 토지공사가 부가가치를 창출할 수 있는 경영형태로의 전환을 위해 통합정보시스템 구축의 필요성을 절감하고 이를 추진하게 되었다.

· 개발사업의 환경문제, 시공품질, 개발권한 문제 등에 의한 대외이미지 제고
· 핵심 업무 처리절차에 있어 전문성 미비
· 고객에의 초점 미비
· 정보시스템 통합 미비
· 공식 공급업체에 대한 요건 및 기준 미비

- 추진 과정

한국토지공사의 통합정보시스템 구축 프로젝트는 크게 업무처리절차개선(BPR)과 BPR을 통해 개선된 업무처리절차에 바탕을 둔 정보 전략계획(ISP)을 수립하고 정보 전략계획에 따라 체계적이고

조직적인 통합 정보시스템을 단계별로 수립해 나가는 것이다.

BPR ·ISP가 각각의 독립적인 프로젝트로 수행되어진 것이 아니라 통합정보시스템 구축을 위한 전단계로서 BPR은 미래 통합정보 시스템의 방향과 모형을 설정해주고 이렇게 수행된 BPR결과를 토대로 향후 정보 전략계획(ISP)을 수립하는 것이었다. 일반적으로 업무처리절차 개선(BPR)은 다음과 같이 3가지 유형으로 분되어진다.

· 첫 번째 : 유형의 BPR은 불필요한 작업과 흐름이 원활치 못한 프로세스의 삭제에 초점을 맞춰 수행한다.
· 두 번째 : 유형의 BPR은 현재 존재하는 사업전반에 걸친 설계 ·재설계 즉 프로세스의 업무흐름, 기술, 인적 구성의 재설계에 초점을 두고 수행해나가는 설계 · 재설계한다.
· 세 번째 : 사업의 미션 및 비전 재정의에 초점을 두고 전체 사업 자체에 도전을 하는 사업 재고찰 형식이다.

한국토지공사의 BPR은 공사의 경영환경 및 제반요건을 고려하여 유형 II에 해당하는 설계/재설계 유형을 선정한다. 한국토지공사의 성공적인 업무처리절차 재설계(BPR)를 위하여 다음과 같이 5가지 측면에서 수행되었다.

이렇게 선정된 BPR유형과 고려사항을 바탕으로 6단계로 추진되었다.

· 1단계 프로젝트 준비단계
  향후 프로젝트를 후원할 수 있는 후원자 및 프로젝트의 목표 정의와 현공사의 사업 위치를 분석하고 향후 BPR 프로젝트의 계획을 수립하였다. 또한 이 단계에서는 향후 공사가 BPR추진을 통하여 겪게 될 변화를 적절히 수용하고 받아들일 수 있는 준비가 되어있는지를 파악하기 위해 과거 변화 노력과 문화에 대해 조사 ·분석을 실시하였다.

· 2단계 사업방향 확인단계
  공사의 미래사업 비전과 주요 성공요인(CSF) 설정, 업무성과 개선 목표 수립, 사업모델

개발 및 사업에 대한 프로세스 영향 분석 활동을 수행하였다. 이 단계에서 도출된 공사의 주요 성공요인으로는 "국내외 신규 사업 영역의 발굴 ·개척-(사업다각화), 국가토지정책 개발/지원기능 강화, 전략적 경영정보체계 구축-(SI), 업무처리의 효율성제고" 등이었다.

· 3단계 범위 및 목표정의 단계
상위 잠재 프로세스 범위를 설정하고 설정된 상위 잠재 프로세스의 평가 및 이를 바탕으로 재설계 대상 프로세스를 선정하였다.

재설계 대상 프로세스 선정은 공사의 전체 14개 프로세스 중 핵심성공요인과의 연관성 정도 및 대고객 효과, 현행업무절차의 문제정도, 자동화 기회, 재무적 효과 등 여러 기준을 대비해 평가하여 이루어졌으며, 이 결과 "시장조사", "후보지 선정", "용지 및 관리 토지 취득", "사업부지 설계", "용지개발", "매각" 등 총 6개 프로세스가 재설계대상 프로세스로 선정되었다.

이 중 "시장조사 및 매각" 프로세스는 한국토지공사에 프로세스 기능이 미흡하여 선진업무처리 사례를 도입하여 Customizing을 수행하였고 "후보지 선정, 용지 및 관리 토지 취득" 프로세스는 제로상태에서 프로세스를 다시 조망하는 전면개선을 나머지 "사업부지 설계 및 용지개발" 프로세스는 현 업무 프로세스 중 일부분 만 개선한 부분 개선형식의 BPR을 수행하였다.

· 4단계 업무처리절차 설계 단계
3단계에서 선정된 재설계 대상 프로세스에 대해 재설계를 수행한다. 즉 현 업무흐름을 문서화하고 내부 프로세스 요소 평가 및 프로세스 분석결과·Quick Strike 보고 수행하였다. 이를 기초로 새로운 프로세스를 개발/시험하여 이를 평가하고 보고하였다.

· 5단계 정보 플랫폼의 정의 단계
재설계된 프로세스가 성공적으로 구현될 수 있도록 하기 위하여 실행 옵션 선택과 개발, 세부계획 준비 및 비용·이익에 대한 상세분석을 수행하였다.

· 6단계 계획수립 단계

구현 선택안의 개발 및 선정, 상세활동 개발, 구현 선택안의 상세화 및 의사소통 계획을 개발함으로써 약 6개월에 걸친 한국토지공사의 BPR프로젝트를 종료하였다.

4. 기타 경영혁신 기법

① 6시스마 경영

6시그마(소수점 6자리)는 다양하게 정의되고 있다. Snee(1999)와 Fontenot(1994)는 6시그마를 무결점을 달성하고자 하는 프로세스 능력과 백만 개중에서 단지 3.4개의 불량 제품과 서비스를 생산하는 능력"이라고 정의하였다. Blakeslee(1999)는 "기업에서 발생하는 문제의 근원을 분석하고, 그 문제를 해결하기 위해 데이터에 의존하고, 높은 성과를 제공하는 기법"이라고 6시그마를 정의하였다.

한국능률협회컨설팅(2000)에서는 6시그마를 "계량경영의 실현, 기업의 생존 전략 및 경영 철학으로써, 비즈니스 프로세스 개선을 통해 기업의 핵심역량을 강화하고 글로벌 표준에 대응함으로써 세계적인 경쟁력을 배양할 수 있는 전략 과제"라고 정의하였다.

McFadden은 "6시그마는 경영품질의 가장 기본적인 반석을 제공하는 고객지향적인 접근방법"이라 하였다. Yilmaz와 Chatterjee(2000)는 "6시그마는 고도의 품질을 창출하는 생산 프로세스"라고 하였다. Pande 등(2000)은 "6시그마는 기업의 성공을 달성, 유지, 극대화하는 종합적이고 유연한 시스템"이라고 하였다. 또 다이아몬드사 연구회(2002)는 6시그마를 단순한 방법론이 아닌 사고방식이라고 하였다.

6시그마를 정의하면 "최고경영자의 리더십 아래 시그마란 통계척도를 사용하여 모든 품질수준을 정량적으로 평가하고, 문제 해결과정 및 전문가 양성 등의 효율적인 품질문화를 조성하여 가며, 품질혁신과 고객만족을 달성하기 위하여 전사적으로 실행하는 종합적인 기업의 경영전략"이라고 정의할 수 있다.

이렇게 6시그마는 기법, 프로세스, 시스템, 경영 철학, 경영 전략 등으로 다양하게 정의되고 있다. 일부는 전략, 시스템처럼 넓은 관점에서 보고 있으며, 일부는 기법처럼 상당히 좁은 관점에서 보고 있다. 그러나

6시그마가 기업의 경쟁력을 향상시킨다는 점에서는 이견이 없다.

또 6시그마는 오직 품질만 향상하는 프로그램이 아니라 경영 혁신 프로그램이다. 이 통계적 기법과 70년대 말부터 밥 갈빈 회장 주도로 진행된 품질개선 운동이 결합해 탄생한 것이 6시그마 운동이다.

해리는 모토로라 사내에 설치된 모토로라 대학 내에 '6시그마 인스티튜트'를 열고 연구를 거듭해 6시그마를 수준 높게 발전시켰으며 그 결과 6시그마는 모토로라 이외의 기업에도 적용 가능한 경영기법으로 확립됐으며 제품 품질 또한 획기적으로 좋아졌다.
이후 텍사스 인스트루먼트가 92년 6시그마 운동을 도입했으며 점차 GE, IBM, 소니 등으로 확산돼 갔다.

② 고객 환희경영 (Consumer Delighted Management : CSM)
고객이 제품 또는 서비스에 대해 기대하는것 이상으로 충족시켜 고객을 감동시킴으로 써, 다시 그 제품이나 서비스를 찾도록 만드는 것. 고객 만족이 이익 창출을 위한 가장 중요한 수단이 된다고 보고 모든 경영 활동을 이에 집중한다. 따라서 이 기법은 단순히 시장점유율을 늘리거나 원가절감이란 단기적인 목표보다 장기적인 관점에서 고객의 만족을 통한 수익 구조를 만드는데 목적이 있다.

- 마케팅의 발전과정

    최근에는 기업들이 고객 중심의 마케팅 노력을 해야 한다는 것이 당연시되고 있다. 하지만 이러한 마케팅 철학은 처음부터 정착된 것이 아니라 오랜 기간 동안 여러 단계를 거쳐 왔다. 마케팅의 개념은 생산개념, 제품개념, 마케팅개념, 사회 지향적 마케팅개념, 관계 마케팅개념의 시대로 변천되어 왔으며 각각의 개념은 다음 〈표2-31〉과 같다.

    생산 지향적 마케팅 활동은 상품 및 서비스의 대량생산으로 가격을 최소화하는 것이였으며 판매 지향적 마케팅 활동은 고객에게 자사의 제품을 더 많이 알리고 구매하도록 설득하기 위한 촉진활동 위주였다. 그 후 고객의 욕구를 중시한 고객 지향적 마케팅이 등장하였고 이때부터 제품을 특정 소비 집단의 요구나 욕구에 맞게 세분화시키기 시작하였다.

〈표 2-31〉 마케팅 개념의 변천과정과 특징

개념	배경	초점	수단	목표
생산	수요>공급	제품	대량생산	판매량 증대에 대한 이윤추구
제품	수요=공급	제품	제품의 질 향상	판매량 증대에 대한 이윤추구
판매	수요<공급	제품	판매증진	판매량 증대에 대한 이윤추구
마케팅	소비자욕구 다양화	소비자욕구	마케팅믹스	소비자 증대에 대한 이윤추구
사회 지향적	지나친 상업주의	소비자와 공공복지	마케팅믹스	소비자 욕구충족에 대한 이윤추구와 공공복리 증진
관계미케팅	고객확보	고객유지	마케팅믹스	고객유지 및 확보통한 이윤추구

현대의 마케팅 활동은 고객 지향적 마케팅과 더불어 기업의 사회적 책임과 공공복리를 동시에 추구하고자 하는 사회 지향적 마케팅 개념에서 더욱 발전하여 고객과의 관계 개선을 통한 관계 마케팅의 개념을 중시하고 있다.

관계 마케팅이란 고객과의 유지를 강조하며 고객서비스의 우선순위를 핵심으로 한다. 소비자와의 접촉빈도가 높으며 판매자와 소비자의 상호작용은 협력과 신뢰에 서 비롯된다.

과거에서부터 지금까지의 기업 마케팅 활동을 살펴보면 결국 고객의 목소리에 귀기울이며 고객의 만족을 이끌어 내어 기업의 목표를 달성하고자 하는 것이 최고의 목표로 설정되어 감을 알 수 있다. 즉, 고객만족을 통한 기업의 목표를 이루는 것이 최종 목표인 것이다.

• 고객만족과 고객만족 경영

고객만족이란 제품이나 서비스에 대한 고객의 즐거움의 정도 또는 제품이나 서비스에 대한 고객의 기대와 실제성능 사이의 일치도를 말하며 흔히 고객만족도가 높은 상태의 뜻으로 쓰이기도 한다. 높은 고객만족도를 형성한 제품이나 서비스 그리고 기업의 이미지는 고정 고객층의 확보와 호의적 입소문 효과를 통해 신규고객을 개척하는 효과가 있다.

고객만족을 기업의 목표로 추구하는 경영기법이 바로 고객만족경영이다. 경영의 모든 부문을 고객의 입장에서 생각하고 고객을 만족시켜 기업을 유지하고자 하는 신경영기법으로 1980년대 후반부터 미국과 유럽 등지에서 주목 받기 시작하였으며 고객의 만족을 위하여 제품을 비롯한 서비스의 증진,

사원들의 복지증진, 다양한 프로세스 및 기반 구축을 통해 기업의 목표를 달성한다.

고객의 소리가 높아지며 공급이 수요보다 앞선 현 시장상황에서 고객만족과 고객만족 경영은 결국 기업의 궁극적 목표를 달성하는, 생사를 좌우할 수 있는 중요한 요인이 아닐 수 없다.

③ 고객 만족경영과 경영혁신
• 경영혁신의 키워드 - 고객만족경영
　한국능률협회에 의하면 국내 최고 경영자 153명을 설문한 결과 경영혁신의 핵심 키워드는 "고객만족경영"이라고 나타났다고 발표했다. 국내 대부분의 최고경영자들은 기업의 지속적인 발전을 위해서는 경영혁신이 필요하며 가장 선호하는 경영기법으로는 고객만족경영이라고 선정했다고 전했다. 이러한 결과는 현 시장의 상황에 입각하여 기업이 가장 필요로 하는 것이 경영혁신으로써의 고객만족경영이 중요하다는 것을 증명해주고 있는 것이다.

• 고객만족경영의 필요성과 중요성
　- 기업 환경의 변화
　　무한경쟁, 글로벌 경쟁의 기업 환경은 소비자에게 품질과 가격 등 보다 많은 선택기준을 제공하며 이로 인해 생산자 중심의 기업 환경이 소비자 중심으로 옮겨졌다. 소비자의 구매 기준이 높아짐에 따라 기업은 최상의 품질은 물론 최고의 서비스로 고객에게 만족과 감동을 주어야 하는 환경으로 변화하였다.

　- 소비자의 변화
　　생활수준의 향상은 소비자의 개성과 차별화를 이끌어 내었으며 생존중심의 소비가아닌 기호나 사용 중심의 소비행위로 변모하게 되었다. 또한 경제수준의 향상은 다양한 사회의 구성원을 낳아 새로운 소비층으로 등장하였다. 공급이 수요보다 많아지는 시장상황으로 인하여 소비자는 권리와 주권의식을 갖게 되어 소비자의 목소리가 커지고 있다.

　- 고객만족경영의 효과
　　성숙기에 접어든 시장에서는 신규고객확보 보다는 기존고객의 재 구매, 반복구매가 이루어질 때

이익의 극대화가 이루어진다. 따라서 기업은 고객에게 최대의 만족을 제공함으로 제품의 의존도를 높이고 의존도를 통한 만족을 유도한다. 이러한 만족도는 구전효과로 이어지며 구전효과는 대중매체 광고보다 뛰어난 효과를 발휘하며 신규 고객을 유치할 수 있다.

또한 기존고객의 재 구매는 기업은 판매와 광고비를 절감하여 비용을 줄이며 줄인비용으로 고객에게 재투자 할 수 있는 효과를 얻을 수 있다.

④ 전사적 품질경영(Total Quality Management : TQM)
TQM은 제품 및 서비스의 품질을 향상시켜 장기적인 경쟁 우위를 확보하기 위해 기존의 조직 문화와 경영관행을 재구축 하는 것. 최저 비용으로 품질을 개선시켜 고객의 요구에 부응 하는 것으로 품질관리 책임자뿐 아니라 마케팅·생산·노사관계 등 기업의 모든 구성원이 품질관리의 실천자가 돼야 한다는 내용이다.

- TQM의 정의
  'TQM(Total Quality Management)'라는 말은 각 분야에 따라 여러가지로 불린다. 경영학에서는 일반적으로 '전사적 품질 관리', '총체적 품질 관리', '총체적 품질경영'등으로 불리며, 행정학에서는 '총 질 관리', '품질 행정제', '총체적 질 관리'등 다양하게 사용된다.

  TQM은 최근 알려진 품질경영 기법으로 지금까지 사용해 왔던 흔한 경영 스타일을 대체하는 '제4세대 경영스타일'로 부상하였으며, 1960년대 일본에서 시작하여 1970년대에 와서 미국 자동차산업의 신 경영기법으로 도입된 이후 그 적용범위를 확장해 나간 TQM은 '고객의 기대를 충족시킬 뿐만 아니라 나아가 그들을 감동시키기 위한 기업의 경영활동을 구축하는 것'이 그 안에 베여있는 기본 철학이다.

  TQM은 1980년대 초반 미국을 중심으로 기업의 경쟁우위를 확보하고 품질 위주의기업문화를 창출함으로써 조직구성원의 의식을 개혁하고, 궁극적으로 기업의 경쟁력을 키우고자 최고 경영자를 중심으로 기업의 경영을 고객위주의 관리시스템으로 하는 새로운 경영운동을 말한다.

- TQM의 등장배경

    1980년대 초까지의 미국의 품질관리 활동에는 다음과 같은 한계점을 가지고 있었다.
    - 기업이 단기적인 이윤추구에 몰두하고 장기적 안목에서 품질경영을 못함
    - 품질개선이 최고경영층의 가장 중요한 관심사가 되지 못함
    - 고객이 원하는 제품이나 서비스의 특성이 충분히 제품이나 서비스의 개발 단계에 반영되지 못함
    - 전사적인 품질활동의 추진이 없이 QC분임조 활동에만 역점
    - 품질부서나 생산부서가 품질관리 활동을 주도
    - 기업의 전 조직간에 의사전달(Communications)이 원활치 못해서 부서간 협조를 필요로 하는 품질문제를 해결하기가 힘들다
    - 품질향상노력을 지배하는 기준이 비용 상승으로 간주
    - 교육과 훈련의 미비로 인적자원의 능력 개발이 부족

- TQM의 특성
    - 품질의 전략성과 최고 경영자의 강력한 리더십
    - 고객만족
    - 교육과 훈련을 통한 종업원 만족
    - 지속적인 개선
    - 설계를 통한 품질향상

- TQM의 원칙
    - 무엇보다도 품질의 궁극적인 결정자는 소비자
    - 품질은 서비스를 제공하는 후기에 고려하기보다는 초기에 완성되어야 함
    - 불량 변량을 방지하는 것이 품질생산의 열쇠
    - 품질은 개인의 노력이 아니라 체계 내에서 일하는 사람들에 달려 있음
    - 품질은 투입과 과정의 지속적인 향상을 요구
    - 품질향상은 강력한 직원 참여를 요구
    - 품질은 총체적인 조직상의 약속

- TQM 추진을 위한 5가지 요소
  - 경영자의 리더십
    국가 품질 수상제도(예 : 일본의 데이밍상, 미국의 말콤볼드리지상, Malcom Baldrige Awards)의 활용과 강조

  - 교육과 훈련
    일본기업의 경우 다른 국가의 기업보다 TQC에 관한 철저한 교육과 훈련을 실시
    미국기업의 경우 종업원에 대한 품질훈련은 연간 40~80시간 정도이며 임금의 3~5%가 훈련비로 사용
    ※ 인적자원의 개발(Human Resource Utilization)이 품질개선을 위한 필수조건

  - 조직구성원의 참여
    · 일본 : 기능별 조직과 QC분임조 (1962년부터 시작)
    · 미국 : 품질 개선팀(Quality Improvement Team), 프로젝트팀(Project Team), QC, 분임조(Circle) 상위급 매니저로 구성된 위원회를 운영. TQM 운영위원회(Steering Committees), 품질심의회(Quality Councils)등 다양한 노력을 경주

  - 의사소통(Communications)의 활성화
    모든 구성원이 기업이 어떻게 나아가는가를 정확히 알아야 한다.
    TQM이 실질적으로 의미하는 것? 기업이 나에게 원하는 것? 내가 기업을 위해 할 수 있는 것

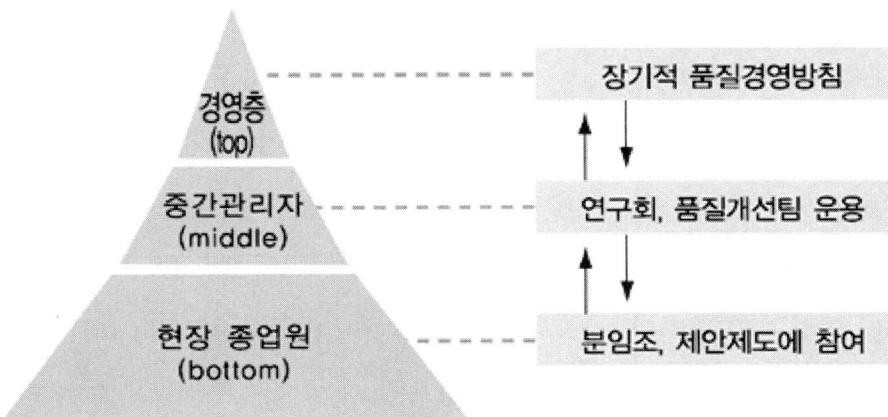

[그림 2-89] 품질관리에 대한 의사소통 관계

* 의사소통의 방법 : 사보(News Letters), 전직원회의, 부서회의, 분임조회의, 품질대회

- 포상(Recognition and Reward)
  성공적인 팀에게는 더욱 활력을 주고 소극적인 팀에게는 적극적으로 품질을 향상시키고 개선하도록 유도한다.

제1절 서비스 지향 아키텍처

1. 서비스 지향 아키텍처(SOA)의 개념

① 서비스 지향 아키텍처의 정의

1996년 가트너 그룹에 의해 처음 소개된 SOA(SOA : Service Oriented Architecture)는 객체지향/CBD를 계승한 IT 아키텍처로 최근 몇 년간 크게 관심을 모으고 있는 오브젝트로최근 급변하는 기업 환경에 따라 시스템 또한 유연성을 요구하게 되자 '서비스 지향 아키텍처가' IT 시장의 핵심 이슈로 자리잡게 되었다.

SOA는 표준 기반의 공통 사용가능한 서비스들의 관계를 느슨한 결합으로 모델링하여 소프트웨어의 서비스화를 지향하는 아키텍처이다. 이는 독립적인 비즈니스 기능을 구현한 소프트웨어 컴포넌트 서비스라고 불리는 분할형 어플리케이션 조각들을 단위로 Loosely Coupled하게 연결하여 하나의 완성된 시스템을 개발하는 소프트웨어 아키텍처를 말한다.

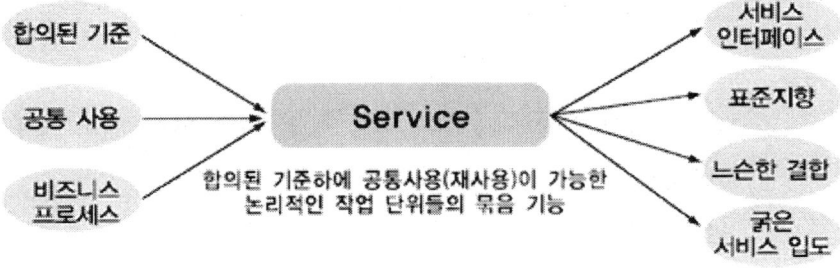

[그림 3-1] 서비스지향 아키텍처의 특징

여기서 서비스란 비즈니스 프로세스(예를 들면, 신용카드 거래를 인증하거나 구매 주문을 처리하는 일)를 수행하는 일련의 소프트웨어 컴포넌트들을 말한다. 가장 단순한 형태의 SOA는 네트워크 상에서 서로 통신을 하는 일련의 서비스들을 들 수 있다.

그 서비스들은 느슨하게 연결되어 있고(다시 말해 한 어플리케이션이 다른 어플리케이션과 대화하기 위해 그 어플리케이션의 기술적 세부사항을 알 필요는 없다는 의미), 잘 정의된 플랫폼 독립적 인터페이스들을 갖고 있으며 재사용이 가능하다.

② 서비스지향 아키텍처의 필요성

서비스지향 아키텍처가 등장하게 된 배경에는 [그림 3-2]에서 보는 것과 같이 다음과 같은 시대적 필요성이 제기되었다.

- 그간 기존 분산 컴포넌트 방식이 서로 다른 기술로 구현된 분산 컴포넌트간의 호환성 문제로 인하여 현재 기업에서 유용하게 활용되지 못하고 기업구조를 반영하지 못하고 있다.
- 네트워크 인프라의 발달로 인하여 통합문제에 대한 필요성의 대두와 빠르게 변화하는 기업 환경에 대한 신속한 대응력이 요구되었다.
- 환경변화에 신속히 대응하기 위해 각 기업이 만든 어플리케이션의 재사용성의 요구와 편리한 인터페이스의 요구가 증가되었다.

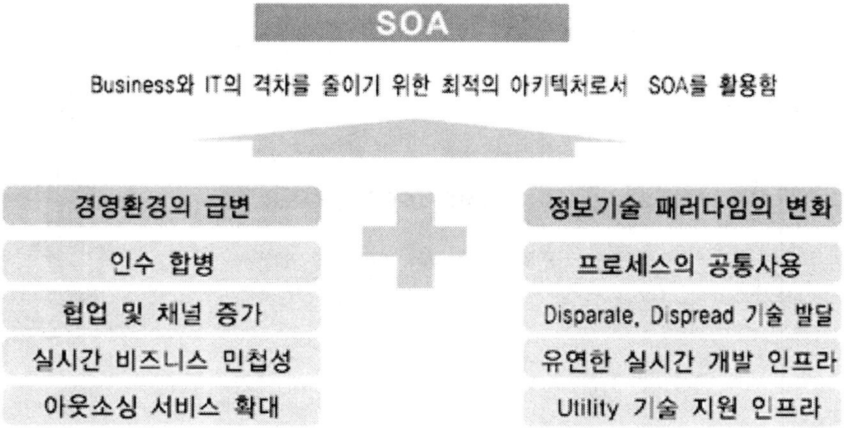

SOA

Business와 IT의 격차를 줄이기 위한 최적의 아키텍처로서 SOA를 활용함

경영환경의 급변	정보기술 패러다임의 변화
인수 합병	프로세스의 공동사용
협업 및 채널 증가	Disparate, Disspread 기술 발달
실시간 비즈니스 민첩성	유연한 실시간 개발 인프라
아웃소싱 서비스 확대	Utility 기술 지원 인프라

[그림 3-2] 서비스지향 아키텍처의 등장 배경

③ 서비스지향 아키텍처의 구성

SOA는 기본적으로 다음 3가지 구성 요소를 가지고 있다.

첫째, 서비스 요청자(Service Client)로 서비스 요청자는 "서비스 제공자"에 의해 제공되는 하나 이상의 비스를 이용한다.

둘째, 서비스 제공자(Service Provider)로 서비스 제공자는 "서비스 요청자"가 호출시입력하는 값을 가공하고, 그에 해당하는 결과를 제공하며, 경우에 따라 "서비스 제공자"는 또 다른 "서비스 제공자"의 서비스를 사용하는 "서비스 사용자"가 될 수 있다.

셋째로, 서비스 레지스트리(Service Registry)로 이는 서비스에 대한 기술 정보(Description)를 저장, 검색할 수 있게 하는 저장소로 "서비스 제공자"는 여기에다 자신이 제공하는 서비스를 등록하고 "서비스 요청자"는 여기에서 자신이 원하는 서비스를 검색하여 호출할 수가 있다.

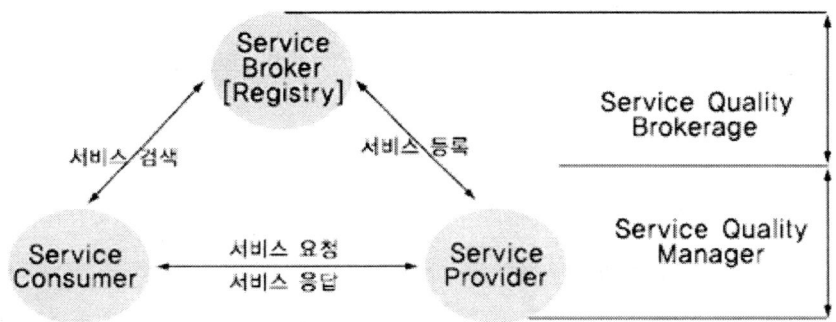

기능	기능 설명	기능 특징
Service Broker	서비스 등록, 검색, 저장, 관리 기능	서비스 식별력, 분류
Service Provider	서비스 제공과 관련된 기능	유용성, 효율성, 이식성
Service Custumer	서비스 사용과 관련된 기능	기능성, 신뢰성, 사용편의성
Service Quality	서비스 품질에 대한 기능	서비스 품질 제어, 빈도
Service Composition	서비스 흐름의 조합(Assembly) 및 통합(Orchestration)	비즈니스 프로세스 관리
Service Bus Middleware	서비스 메시지 처리 인프라	신뢰성, 안정성, 로드밸런싱

[그림 3-3] 서비스지향 아키텍처의 구성

2. 서비스 지향 아키텍처(SOA)의 특성

객체 지향 아키텍처를 이해하기 위해 먼저 객체란 무엇이며, 어떤 특징이 있는 가를 이해할 필요가 있듯이 서비스 지향 아키텍처를 이해하기 위해서는 서비스란 무엇이고 어떤 특징을 가지는 지 생각해볼 필요가 있다. 정리하자면 서비스는 아래와 같은 특징을 가진다.

• 프로세스 중심

- 플랫폼 독립적 어플리케이션 통합
- Loosely Coupled메시지 지향
- 메시지 및 프로세스 상태 관리

① 프로세스 중심

여기서 프로세스란 비즈니스 프로세스를 의미하며 어플리케이션 내에 포함된 비즈니스 프로세스를 독립적인 구성 요소로 정의할 뿐아니라 설계시 사전에 검토해야 함을 의미한다. 결국 서비스 혹은 어플리케이션 통합에 대한 요구는 비즈니스 프로세스 자동화라는 명제 아래에서 발생한다. 그러므로 이러한 요구 사항을 사전에 검토하고 어플리케이션의 주요 개체로 다룬다는 것은 당연한 일이라 할 수 있다.

비즈니스 서비스는 실제 서비스를 제공하거나 사용하며 프로세스 서비스는 이들 간의 통합을 위한 공통 플랫폼을 제공한다. 즉, 비즈니스 서비스가 실제 비즈니스 로직을 제공한다면 프로세스 서비스는 프로세스 오케스트레이션(Orche-stration), 즉, 언제, 어디서, 누구에게, 어떻게 통합해야 하는 것과 같은 제어 역할을 담당한다.

이러한 역할이 분리되지 않은 상태에서는 각 어플리케이션들이 처리하는 비즈니스 프로세스가 명확하게 드러나지 않는다는 문제점이 나타난다. 이는 비즈니스 프로세스의 진행 상태를 추적하거나, 프로세스상에서 발생하는 비즈니스 적인 예외 사항 처리를 힘들게 만들고, 프로세스 변경시 각 어플리케이션들이 함께 변경해야 한다는 문제를 발생시키며 그리고 서비스 내부로의 진입이 필요함에 따라 개별적으로 관리되므로 보안 문제까지 유발할 수 있다.

이러한 문제점들을 해결하기 위해 서비스 지향 아키텍처에서는 프로세스 서비스를 별도의 구성 요소로 두어 통합에 필요한 메시지 처리와 서비스 오케스트레이션을 담당하게함으로써 통합에 참여하는 어플리케이션들은 자신의 고유 기능만을 수행하게끔 한다. 이러한 구조의 장점으로는 각 어플리케이션들의 서비스 진입 지점을 프로세스 서비스로 단일화하고 업무 프로세스 추적을 가능하게 하여 비즈니스 적인 예외 사항을 보다 쉽게 처리하게 할 뿐 아니라 각 어플리케이션들은 업무 프로세스 변경에 독립적일 수 있다.

물론 프로세스 서비스 구성 요소는 메시지 처리, 메시지 연계(Correlation), 비즈니스 트랜잭션 처리, 퍼시스턴트(Persistent) 프로세스 관리 기능 등을 기본적으로 제공해야 하는데 이 역시 결코 쉬운 일은 아니다. 그리고 이를 위해 몇 가지 솔루션을 사용할 수 있는데 이들은 BPEL4WS(Business Process Execution Language For Web Services)와 같은 표준 언어로 기술된 비즈니스 프로세스의 복잡한 과정을 자동화한다. 기존의 미들웨어에 대한 통합 인프라를 제공하기에 미들웨어의 미들웨어라 불려지기도 하며, EAI 솔루션의 워크플로우 기술을 근간으로 하고 있다.

② 플랫폼(독립적 어플리케이션 통합)
일반적으로 기업 내의 어플리케이션, 특히 국내의 경우 비즈니스 단위별로 작성되고 있으며 그 플랫폼 또한 다양하다. 이에 따라 각 어플리케이션의 통합을 위해 별도의 통합 계층을 두는 것이 일반적이다. 물론 서로 다른 플랫폼일 경우에만 이러한 통합 계층이 나타나는 것은 아니다. 즉, 동일한 플랫폼이라 할지라도 서로 다른 버전을 사용하거나 공급 벤더가 다를 경우 역시 이러한 통합 계층은 나타나게 된다.

그런데, 기업의 비즈니스는 기술이나 제품의 변화보다 훨씬 더 영속적이며, 연결된 어플리케이션들을 동시에 업그레이드하거나 재작성하는 것은 현실적으로 불가능하므로 기업 내 시스템들은 필연적으로 이질적인 환경을 가질 수밖에 없게 된다. 결과적으로 이 통합 계층은 시간이 흐를수록 점점 더 넓어진다. 또한 성능, 신뢰성, 보안 등과 같은 문제들은 복잡한 통합 계층을 관리하고 운영하는 대가를 치루는 것만으로 해결되지않는다.

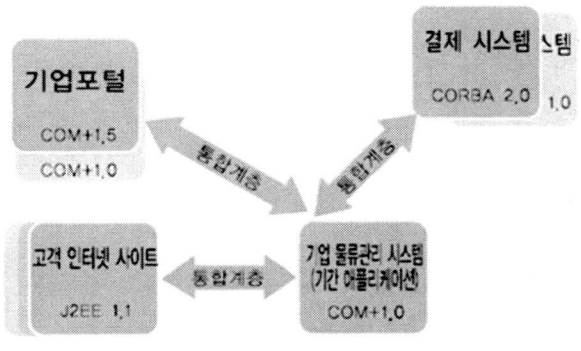

[그림 3-4] 플랫폼 종속에 따른 복잡성

어플리케이션들은 서로 연결될수록 더 많은 성능을 요구하게 되며, 다른 보안 수준의 기술을 사용하고 있는 어플리케이션들이 연결될 경우, 서로의 보안 수준에 영향을 끼치게 된다. 또한 연결된 시스템의 신뢰성이 자신의 신뢰성에 직접 영향을 끼치게 되는 경우도 발생한다.

즉, 여기서 플랫폼 독립적인 통합이라는 의미는 단순히 모두가 합의할 수 있는 공통의 프로토콜을 규정함으로써 구현 기술에 관계없는 연결을 보장한다는 것만을 뜻하는 것이 아니다. 통합에 따른 성능 요구에 적절하게 대응할 수 있는 스케일 아웃(Scale Out)이 가능해야 하며, 구현 기술에 관계없는 보안 수준을 제공하거나 이를 명시적으로 관리할 수 있어야 하며, 어플리케이션 수준의 신뢰성을 보장할 수 있는 여러 가지 장치들을 모두 포함하고 있어야 한다.

③ Loosely Coupled 메시지 지향

프로세스 설계를 용이하게 하기 위해서는 프로세스 자체를 단순화시켜야 하며, 이것은 서비스 사이에 발생하는 상호 작용을 단순화 시켜야 함을 의미한다. 각 서비스들은 기본적으로 독자적인 시스템이기에 통합 여부에 상관없이 기존 서비스의 비즈니스 로직은 얼마든지 추가, 변경 확장 될 수 있다. 이런 변화는 서비스의 인터페이스에 반영이되기 마련이다.

일반적으로 비즈니스 컴포넌트를 작성하기 위해 주로 사용되는 기술들(COM+, J2EE, CORBA 등)은 객체 지향 언어를 기반으로 하고 있다. 이러한 객체 지향 언어 기반의 기술들은 인터페이스의 변화에 대응하기 힘들며, 서비스 내부의 구현 컴포넌트 인터페이스와 공유되는 비즈니스 인터페이스를 구분하기가 힘들다.

이러한 문제를 해결하기 위해서 서비스는 느슨하게 연결된 인터페이스를 제공해야 한다. 여기서 '느슨하게 연결된'의 의미를 다시 한번 생각해보도록 하자.

[그림 3-5]는 캠코더를 구입 혹은 판매하는 두 가지 방식에 대한 것이다. 전자는 판매상을 직접 방문하거나 전화를 통해 구입하는 방식인 반면, 후자는 팩스를 이용해 구입하는 방식이다. 위의 두 경우 모두 판매업자와 소비자가 서로 상호 작용을 하게 되며, 이러한 상호 작용은 적절한 절차 즉, 프로세스를 따라 진행된다. 그리고 상호 작용이 적절한 순서대로 진행되었을 때 실제 구매 혹은 판매가 발생한다.

매장 점원	손님
안녕하세요?	캠코더 있어요?
어느 회사의 제품으로?	ABC사 것으로...
모델은요?	DC 시리즈로
구입 후, 카드, 현금 등을 통해 지급	

전자제품 카탈로그 습득

카탈로그에 상품표기, 주문자 표시

카탈로그를 팩스로 전송   대금결제

[그림 3-5] 상호작용의 두가지 법칙

그런데 여기서 후자의 방식이 전자의 방식에 비해 보다 느슨하게 연결되어 있다고 볼 수 있다. 우선 전자의 경우는 손님과 점원 사이의 첫 인사와 마지막 인사 사이에 발생하는 모든 상호 작용이 동일한 상점, 비교적 짧은 시간 내에 모두 발생하는 관계로 각상호 작용들이 순서, 시간, 장소에 매우 밀접하게 결합되어 있다.

반면 후자의 경우 각 상호 작용들은 순서, 시간, 장소에 비교적 느슨하게 결합되어 있다. 즉, 구매자가 어떤 경로를 통해 카탈로그를 구했든 구매자는 정확하게 그 카탈로그가 무엇을 의미하는지 알 수 있으며, 카탈로그를 입수했다고 해서 바로 물건을 구매할 필요도 없다. 판매자의 입장에서도 이전 카탈로그 전송 여부에 상관없이 자신의 팩스로 들어온 정보가 무엇을 의미하는지 이해할 수 있다. 또 다른 중요한 점은 전자에 비해 후자는 복잡한 상호 작용이 발생하지 않으며 절차는 훨씬 단순해졌다는 점이다.

이런 차이가 나는 이유는 카탈로그가 전달하는 정보의 양이 훨씬 더 완전하기 때문이며, 전자에 비해 비교적 적은 수의 종업원으로도 많은 주문을 처리할 수 있다는 점도 생각해볼 만하다. 이와 같이 느슨한 인터페이스는 보다 완전한 정보를 포함하고 있어 시간, 장소, 순서등에 독립적인 인터페이스를 의미한다. 그러나 이와 같은 느슨한 인터페이스를 구현하기 위해서는 많은 어려움이 따른다.

주의할 점은 느슨함과 밀접함은 서로 선택적인 것이 아니라 연속적인 개념이라는 점이다. 그러므로 여러 가지 현실적인 고려 사항을 생각해 적당한 수준의 느슨함을 유지하는 것이 중요하다.

정리하자면, 느슨하게 연결된 인터페이스는 보다 완전한 정보를 기술하며, 서비스간의 종속성을 줄여주고 프로세스를 단순화시켜준다. 다시 말해 서비스의 통합성을 높여줄뿐 아니라 프로세스 자동화를 가능하게 한다.

④ 메시지 및 프로세스 상태 관리
서비스의 또 다른 특징은 상태 관리 측면에 있다. 일반적으로 컴포넌트는 메쏘드(Method) 호출을 통해 비즈니스 로직을 구동한 후 퍼시스턴트(Persistent) 데이터를 데이터 저장소에 저장하게 된다. 퍼시스턴트 데이터란, 고객 상세 주문 내역 등 일반적으로 관계형 데이터베이스를 이용해 관리하는 정보를 의미한다.

서비스는 위와 같은 퍼시스턴트 데이터 상태 관리 외에도 프로세스 및 메시지 상태관리를 요구한다. 메시지 상태 관리란 중복된 메시지, 비동기 메시지 등을 효과적으로 다루기 위해 필요하다. (상점으로부터 응답이 없어 팩스를 두 번 이상 보내는 경우를 생각해볼 수 있다)

프로세스 상태 관리는 서비스가 전체 프로세스 상에서 자신이 어떤 순서에 도달해있는지를 관리하기 위해 필요하다. 즉, 전체 프로세스 중 어떤 작업까지를 완수했으며 앞으로 어떤 작업을 계속 해야 하는지, 프로세스 도중 발생한 예외나 오류를 어떤 방식으로 보정할 것인지 등을 관리하기 위해 필요하다.

3. 서비스 지향 아키텍처(SOA)의 도입효과

SOA는 대부분의 기업에서 발견되는 '모든 것을 갖고 있는' IT 환경을 통합하는 일을 더 쉽게 해 준다. "이것이 SOA가 제시하는 가장 큰 가치 가운데 하나다. 다시 말해 SOA는 이기종 환경에서 아주 잘 작동한다"고 웹 서비스 컨설팅 회사인 잽씽크 社의 선임분석가 제이슨 브룸버그는 말한다.

SOA를 통하면, 개발자들은 어플리케이션들을 연결하는 새로운 코드를 작성하기 위해 과도한 시간을 낭비할 필요가 없어진다. 대신 개발자들은 웹 서비스 같은 표준 프로토콜을 사용할 수 있다. 그리고 SOA

코드의 상당 부분은 재사용이 가능하기 때문에 개발비용도 줄어든다. SOA는 CIO가 기존에 리거시에 투자했던 것(SAP, 시벨, 오라클 등)을 한데 묶어 더잘(그리고 저렴하게) 활용할 수 있게 해 준다.

"SOA가 좋은 점은 기존의 포트폴리오를 활용할 수 있게 해 준다는 것이다"라고 IT 컨설팅 회사인 실크로드 社의 사장 팀 바스는 말한다. CIO는 기존 시스템을 제거하고 새로운 시스템으로 대체할 필요가 없어진다. 기존 시스템의 기능들을 파악한 후 그것들을 활용함으로써 CIO는 위험을 최소화하면서 기존 IT 투자의 가치를 극대화할 수 있다고 바스는 말한다.

또 서비스 [예를 들면, 단순 객체접근프로토콜(SOAP : Simple Object Access Pprotocol)과 웹서비스기술언어(WSDL : Web Services Description Language) 등을 사용하는 서비스]를 구축하면, 내부 프로세스가 부드러워질 뿐만 아니라, 고객과 비즈니스 파트너들과는 회사의 방화벽을 넘어서 더 쉽게 정보를 공유할 수 있게 된다.

SOA의 또다른 이익은 SOA가 IT 스탭들로 하여금 기술 아키텍처가 아니라 비즈니스 아키텍처 측면에서 생각하도록 강요하기 때문에, CIO와 비즈니스 중역들 사이의 대화를 더 매끄럽게 해 줄 수 있다는 것이다. 예를 들어 만약 비즈니스 측이 개선된 재고관리 시스템을 구축하고자 한다면 비즈니스 측의 실무진은 비즈니스 흐름에 기반해 그것을 설계하는 최고의 방법과 비즈니스의 요구를 만족시키는 최선의 방안에 대해 IT 설계사들과 이야기할 수 있다. 그리고 그 디자인을 실제로 구현하는 일도(이 일은 종종 대규모의 통합 작업이 수반되는데) 훨씬 쉬워진다.

이런 대화가 유용성을 가지려면 비즈니스 측도 그들의 비즈니스를 운영하는 최선의 방법에 대해 생각해야만 한다. 예를 들면 고객을 최대한 수용하기 위해 구축할 필요가 있는 프로세스들은? 고객 서비스 수준을 높일 수 있는 방법은? 등이다. 기존의 사일로화된 어플리케이션들을 넘어서 정보를 전달하고 공유함으로써, 기업은 실시간으로 더 많은 비즈니스 성과 데이터를 추출할 수 있어 비즈니스 지능을 높일 수 있다.

또 공통의 아키텍처를 통합 경우 기업의 반응 수준은 획기적으로 높아진다고 양키 그룹의 선임분석가 다나 가드너는 말한다. "미동부해안에서 허리케인이 발생할 경우, 그 결과로 미국의 다른 지역에서 합판을 옮겨야 할 필요성이 크게 높아질 것이다. 이에 대해 기업은 실시간으로 반응할 수 있다"고 그는 말한다. "기업은 비즈니스에서 일어나고 있는 일에 대한 정보(이전에는 갖지 못했던 정보)를 갖게 된다." SOA가 완벽하게 구축된다면, 변화하는 비즈니스 요구와 매순간 바뀌는 시장 조건들에 대한 기업의 적응력은 크게 높아질 것이다.

마지막으로 통합이 쉬워지고 민첩성이 높아짐으로써 ROI가 높아진다는 부수적 이익도 맛볼 수 있다. 부스카드는 SOA 투자에 대해 200%의 ROI를 달성했다고 말한다. AXA 파이낸셜의 가장 인기 있는 SOA 기반 서비스 가운데 하나는 겟 클라이언트(Get Client)로, 이를 통해 고객대면의 전방처리 어플리케이션은 모두 명령어를 발행할 수 있는데, 그러면 그 명령어는 레거시 시스템(Legacy System)들을 모두 훑어본 후 특정 고객의 투자에 대한 완벽한 그림을 창출해 낸다. 겟 클라이언트 사례는 AXA가 ROI를 달성하는 방법 가운데 하나라고 부스카드는 말한다.

다시 말해 개발자들은 모든 종류의 전방처리 시스템들과 작동하기에 충분할 만큼의 일반적인형태의 서비스를 디자인할 수 있으며, 이로 인해 개발시간이 단축되고 개발자들은 비즈니스 솔루션에 더 많은 시간을 쏟을 수 있게 된다. 여기에 IT 스탭들은 새 기술을 SOA에 쉽게 결합할 수 있어 위험과 비용을 줄이면서 새 어플리케이션의 개발 속도를 높일 수 있다.

SOA 용어정의
- 엔터프라이즈 서비스 버스(EnterpPrise Service Bus) : 소프트웨어 인프라로, 표준 인터페이스와 메시징을 사용해 어플리케이션들을 통합한다. SOA를 구현하는 한 가지 방법(주 : 가트너의 보고서에 나온 이 용어는 비교적 새로운 것이다.)
- 느슨한 연결(Loosely Coupled) : 잘 정의된 인터페이스들을 사용해 서비스들을 연결하는 것. SOA는 느슨하게 연결된 접근법을 사용해 구축되는데, 이 방법을 사용하면 1개 서비스를 손보더라도 이 서비스에 연결된 다른 서비스들을 손볼 필요가 없어진다.
- 메시지 중심 미들웨어(MOM : Message-Oriented Middleware) : 때때로 메시지 중심 아키텍처(Message-Oriented Architecture)로도 불리는 MOM은 여러 어플리케이션들, 심지어 이기종 플랫폼들의 어플리케이션들을 연결하기 위한 메커니즘을 제공한다. 데이터는 메시지 대기열(Queues)에 위치하게 되며, 따라서 어플리케이션들은 데이터를 보내는 어플리케이션들에

> 대한 직접적인 연결선을 만들지 않고도 데이터를 검색할 수 있다.
> · 출판-가입(Publish-Subscribe) : 한 서비스가 요청하면(또는 '가입하면') 다른 서비스가 올리는 (또는 '출판하는') 시스템. 출판된 정보가 변경되면 가입한 서비스들은 자동으로 업데이트 된 데이터를 수신한다.
> · 서비스 중심 아키텍처(SOA : Service-Oriented Architecture) : 잘 정의된 인터페이스들을 가진, 재사용이 가능한 일련의 컴포넌트들로 구축되는 기술 건축방식.

4. 서비스지향 아키텍쳐(SOA)와 타 시스템과의 관계

① 웹 서비스가 SOA에서 하는 역할

우선 SOA는 웹 서비스를 반드시 필요로 하는 것이 아니라는 점, 그리고 웹 서비스도 SOA 없이 배포될 수 있다는 점을 주목할 필요가 있다. 그러나 웹 서비스를 이용해 SOA를 구축하는 것이 가장 이상적인 방법이라고 생각하는 사람도 있다. 가트너의 톰슨이 이런 사람 가운데 하나다. 그러나 그는 SOA를 구축하려면 먼저 웹 서비스를 제대로 구현해야만 한다고 경고한다. 만약 정확하게 구현되어 있다면 그 웹 서비스는 SOAP와 WSDL을 사용하는 SOA와 다름이 없다.

이에 반해 부스카드는 웹 서비스 없이 SOA를 구축했는데, 이 시점에서 회사 내 외부고객 가운데 어느 누구도 그것을 요청하고 있지 않기 때문이다. (하지만 그는 나중에 그런 요청이 들어올 경우를 대비해 항상 촉각을 곤두세우고 있다.) 대신 그는 아이비엠의 웹 스피어 MQ를 메시징 및 통합 층으로 사용해 레거시 시스템들을 전방처리 어플리케이션들과 결합하고 있다. 동시에 그는 캔들 社의 패스와이(PathWAI) 수트를 함께 사용하고 있는데, 이 제품은 웹 스피어 MQ의 성능을 모니터함으로써 웹 스피어 MQ의 최적화를 도와준다.

노스롭 그룸만 미션 시스템의 수석엔지니어 존 존슨도 웹 서비스 없이 출판-가입 시스템에 기반한 SOA를 구축했다. 그는 웹 서버와 어플리케이션 서버의 최상부에 메시징 계층으로서 자바 메시지 서비스를 설치했으며, 통합 작업과 데이터 이동 작업을 돕기 위해 소닉 소프트웨어 사의 엔터프라이즈 서비스 버스를 사용하고 있다. 존슨은 그 서비스들이 웹 서비스처럼 설계되어 있지만 웹 서비스 인터페이스들을 사용하고 있지는 않다고 말한다.

SOA의 큰 이점 가운데 하나는 정확한 데이터를 필요한 사람이나 어플리케이션에 전달해 준다는 것이라고 존슨은 말한다. 예를 들면 한 사용자가 ID를 사용해 로그인을 할 때 시스템은 그 사용자가 누구인지를 확인한 후 그 사람이 볼 수 있도록 허용된 데이터(예를 들면 지도와 업무 리스트)를 전달해 준다.

② BPM과 SOA의 공통점과 차이점
BPM과 SOA에 대해 살펴보면 공통점들을 많이 발견하게 된다. 우선 BPM과 SOA 각각이 프로세스를 언급하고 있으며, 각각의 목표에서도 통합(Integration), 재사용(Reuse), 민첩성(Agility) 등의 공통사항을 보여주고 있다. 그리고 SOA 뿐만 아니라 BPM에서도 실행 단위로서 서비스를 강조하고 있다.

언뜻 보아서는 BPM과 SOA를 구별하기 힘들다. 그러나 접근 방법, 방법론, 시스템 확충방식 등을 살펴보면 확연한 차이점을 발견할 수가 있다. 우선 접근 방법에서 BPM은 비즈니스 측면에서 Top-Down 접근을 시도하지만, SOA는 IT 아키텍처 관점에서 Bottom-Up 방식을 견지한다. BPM은 전사/사업전략에 기반하여 기업 내외의 비즈니스 활동을 전개·관리하기 때문에 Top-Down 접근이 보편적일 수밖에 없다. 이에 반해 SOA는 기존 IT 자산들을 서비스 지향적으로 바꾸고, 서비스로 전환된 자산들을 비즈니스에 활용하고자 하기 때문에 Bottom-Up 방식이 보편적이다.

또한 BPM은 비즈니스를 상시적으로 최적화시키기 위한 방법론인데 반해, SOA는 IT 통합을 위한 최신의 아키텍처 모델로 정의할 수 있다. 시스템 확충 측면에서는 BPM이 프로세스 설계·시뮬레이션, 실행, 모니터링, 워크플로 등과 관련된 기술을 바탕으로 프로세스의 전체 생명주기에 걸친 관리방식을 제공한다. 이에 반해 SOA는 SOAP, WSDL(Web Service Definition Language, 웹서비스를 정의하고 외부에서 해당 웹 서비스를 참조하고 실행 요청을 용이하도록 지정한 스펙), UDDI(웹 서비스 발견 및 디렉토리 서비스 제공 저장소), 기타 웹 서비스 관련 표준을 통해 서비스를 개발하고 활용한다. BPM과 SOA의 공통점과 차이점을 정리하면 〈표 3-1〉과 같다.

〈표 3-1〉 BPM과 SOA의 비교

구분		BPM	SOA
공통점		통합(Integration), 재사용(Reuse), 민첩성(Agility)	
차이점	접근방식	Top-Down 접근	Bottom-Up 접근
	방법론	비즈니스 최적화 지위	최신 통합기술 아키텍처
	시스템 확충방식	프로세스 설계/시뮬레이션 프로세스 실행/모니터링 워크플로	SOAP/WSDL/UDDI 기타 웹 서비스 표준

SOA를 피상적으로 이해하고 있는 일단의 그룹들에 의해 SOA가 BPM을 포함하는 개념으로 오해받기도 한다. 그러나 단순한 웹 서비스 기반의 액티비티 연결만으론 비즈니스 프로세스를 설명할 수 없다. 예를 들어 하나의 e-Marketplac, e-Marketplace와 거래를 하고자 하는 전자업체를 가정해 보자. 두 기업의 IT 전문가들에게 상대방 기업의 웹 서비스 리스트와 사양(Specification)만을 전달해 두면 두 기업의 상거래를 성사시킬 수 있을까?

두 기업 간의 거래를 성사시키기 위해서는 기본적인 상거래 계약과 다양한 경우에 대응하는 옵션 지정, 담당자 확인, 거래상 발생하는 다양한 이벤트의 정의와 관련 지표의 설계, 예외상황 발생에 따른 대응방안 협의 등이 수반되어야 한다.

이러한 모든 설계와 실행이 완성된 이후에 웹 서비스를 이용하여 두 기업 간의 어플리케이션·프로세스를 통합하는 것이 바람직하다. 결국 SOA가 진정한 가치를 발휘하는 시점은, BPM하에 프로세스가 설계되고 실행되면서 다양한 IT 시스템과의 통합을 원활하게 보장하는 수단으로서 SOA가 활용될 수 있을 때이다. 이러한 이유로 "SOA 최후의 Enabler"를 BPM이라고 지목한다. BPM과 SOA는 태생은 다르지만 서로 결합할 수밖에 없는 운명이 꼭 남자와 여자의 관계와 같다고 하는 이유가 여기에 있다.

③ BPM과 SOA의 융합모델

앞서 기술한 바와 같이 SOA는 느슨하게 결합될 수 있고, 재활용도가 높은 컴포넌트(서비스)에 기반하여 어플리케이션을 개발하고자 하는 아키텍처 모델이다. 기업은 SOA를 통해 솔루션 간의 상호 운용성을 확보하고, 개발비용을 감소시키며, 비즈니스적인 요구에 대응하는 민첩성을 확보하려고 한다. 이는 BPM

이 추구하는 목적들과 상당한 유사성을 가지고 있다.

SOA가 어플리케이션들을 서비스로 추상화시켜 제공한다면 BPM은 SOA가 제공한 서비스들을 프로세스에 맞게 정렬하여 그 흐름을 통제하는 것이라고 할 수 있다.
BPM이 비즈니스 전략에 맞추어 프로세스 관리체계 하에서 프로세스의 설계, 관리, 최적화 등을 통해 개선 및 혁신을 이룬다고 한다면 SOA는 〈그림 3-6〉에서 보는 것과 같이 IT 인프라스트럭처로서 BPM에서 관리하는 각 프로세스별 단위 어플리케이션 및 구현 서비스를 제공한다고 할 수 있다.

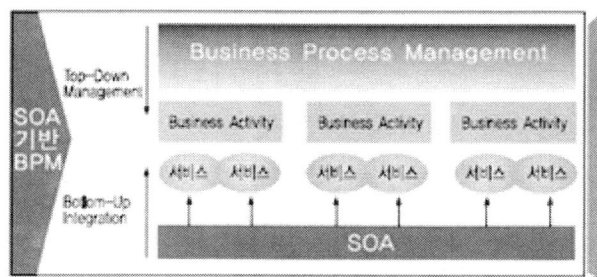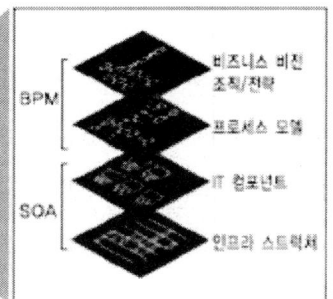

[그림 3-6] BPM과 SOA 융합 개념도

기존의 기능방식 프로그램은 시스템 전체가 어느 정도 공통의 기술기반에 기초하여 구축함을 전제로 하고 있다. 이에 비해 SOA에서는 개개의 어플리케이션의 개발 언어나 서비스의 배포 방법, 동작 환경 등은 관심을 두지 않는다. 공통의 메시지 교환 인터페이스에 대응하고 있으면 족하다.

따라서 BPM에 의한 프로세스의 변경이나 확장을 시행할 때 대상 서비스 부분만 신규서비스로 치환만하면 된다. 시스템 전체를 다시 처음부터 만들 필요가 없어진 것이다.
시스템 기능을 재사용할 수 있어 비용을 절감할 수 있으며, 유연하게 연동(Loosely Coupled)할 수 있어 시스템의 변경 추가가 용이하게 된다. 이러한 이점들 때문에 다양한 대안 중에서 가장 효과적인 대안이 되며, 또한 이러한 점 때문에 많은 전문가들은 향후 BPM 시장에서의 화두는 SOA 지원이라고들 한다.

비즈니스 관점에서 서비스 지향적이라는 개념은 새로운 개념이 아니다. SOA 이전에 도 다양한 IT ·PI 프로젝트에서 "서비스 디자인"이라는 명목 하에 요구사항 수집과 분석 작업이 진행되었다. 예를 들면 구매부서의 작업자는 조직이 제공해야 할 내·외부 서비스와, 그런 서비스들이 어떻게 동작해야 하는지를 정의해야만 했다. 이러한 작업은 SOA에서 놀라울 정도로 대다수의 경우, 서비스 지향적 접근에 의해 생성된 기술 관점의 서비스 들은 실제기업에서 수행되는 실제 작업을 그대로 모방하거나 지원하도록 설계되어 있다.

SOA가 갖는 장점은 불특정 다수에 의해 소비될 수 있는 일단의 서비스들을 제공할 수 있다는데 있다. SOA를 통해 블랙박스와 마찬가지인 서비스를 타 시스템 또는 타 어플리케이션에서 안전하게 사용할 수 있게 되었고, 궁극적으로는 특정 시스템의 개발과 맞물려 타 시스템과의 통합도 보장받게 되었다.

BPM은 비즈니스 현업이 시스템 개발에 관하여 IT 전문가와 커뮤니케이션할 수 있는 방법론과 기술을 제공한다. 기존의 IT 시스템 개발방안은 요구사항 수렴 → 분석 → 설계 → 오브젝트화 등의 여러 단계를 거치면서 비즈니스 사용자들은 자신들의 요구사항 및 담당 비즈니스 기능 들이 시스템 상에서 어떻게 반영되는지 파악하기 곤란하였다.
SOA에서는 프로그램 기능들을 비즈니스 의미를 가지는 서비스로 구성하고 개별 비즈니스 기능별로 시스템 상의 서비스로 매핑하도록 하고 있다. 이러한 방법은 비즈니스 담당자도 시스템 이해가 쉬워져 비즈니스와 IT간의 커뮤니케이션이 활성화될 수 있다.

또한 비즈니스 담당자가 직접 작성한 프로세스 모델을 바탕으로 IT 전문가와의 협업을 통해 시스템을 개선하고 강화할 수 있게 된다. 비즈니스 현업이 제시한 프로세스 모델에 IT 현업은 이미 구축되어 있는 서비스들로 재조합하여 실행 모델을 구축하는 것이다.

서비스가 비즈니스적 의미가 있는 단위로 구성되기 때문에 설계와 개발 시점에 SOA는 비즈니스 분석가와 IT 개발자의 공용어를 마련해 이들 사이에 놓인 간극을 해소할 가능성도 제시한다. IT 기술의 발달로 프로세스 기업내 어플리케이션 및 데이터베이스에 대한 액세스가 가능해져 비즈니스 프로세스, 기능 및 데이터를 동시에 검토하고 설계할 수 있다.

BPM에서의 단위 어플리케이션 및 서비스를 구현하고 통합하는 방안으로서의 SOA도입은, 다양한 레거시 시스템과의 통합을 요구하는 경우 핵심 통합기술 자체는 영향을 받지 않으며, 어플리케이션도 바꾸지 않고 가능하다는 장점이 있다.

이러한 프로세스·서비스 독립성이 실현되면 비즈니스 프로세스 모델링과 실제 구현이 가장 잘 들어맞게 된다. BPM 솔루션에서 모델링 된 신규 프로세스와 변경된 프로세스는 SOA 인프라스트럭처에서 더 빨리 구현될 수 있다. 그 이유는 SOA 솔루션에서는 설계된 시스템이 특정 통합 솔루션을 통해서만 통합이 보장되던 기존 방식의 한계를 벗어나, 전사적으로 분산되어 있는 다양한 서비스들에 접근해서 목적에 맞게 조합하기 만 하면 되기 때문이다.

SOA에서 말하는 서비스는 지불확인, 발주, 재고확인 등 현실의 비즈니스 프로세스를 구성할 수 있는 단위 작업이 성격이 강하다. 기존의 프로그래밍 모델에 따르면 흔히 말하는 모듈에 가까운 개념이다. 수주 및 재고확인 프로세스를 가정해보자.

[그림 3-7]에서 수주를 받으면 재고관리 어플리케이션을 통해 데이터베이스에 접근하여 재고량을 확인한다. 재고가 있으면 수주를 확정하고 없으면 다른 창고의 재고량을 조사할 것이다. 그런데도 재고가 없으면 생산지시를 내린다. 이와 같이 어플리케이션의 기능이 비즈니스 담당자에게도 인식될 수 있는 업무처리 단위를 비즈니스 액티비티라 하고 이런 개별 액티비티를 지원하는 IT의 집합을 서비스라고 정의할 수 있다.

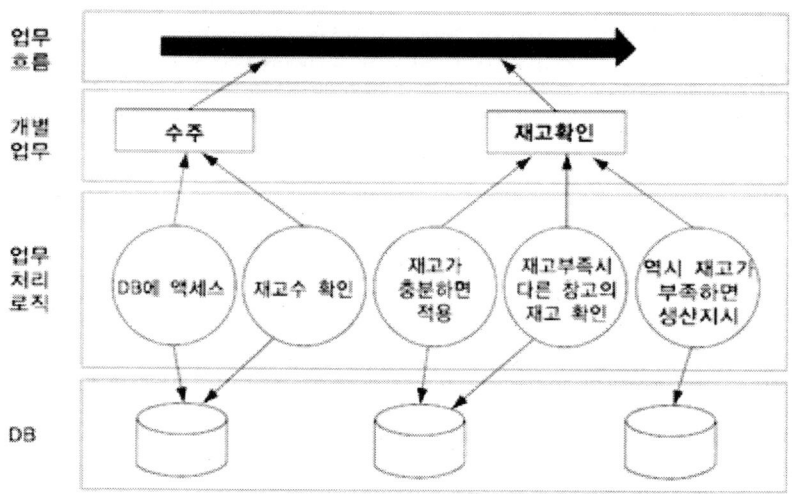

[그림 3-7] 수주 및 재고확인에 대한 전통적 프로세스

구축하고자하는 프로세스, 프로세스를 구성하는 비즈니스 액티비티(BPM 층), 액티비티에서 호출하여 사용하는 서비스 층(SOA 층), 각 서비스에 해당하는 기능을 서비스 형태로 제공하는 기간 시스템(레거시 층) 등을 층화하여 표시하면 [그림 3-8]과 같다. 예를 들어 담당창고가 아닌 다른 창고를 통해 재고량을 추가 확인하는 작업 외에 재고를 예약하는 로직을 추가하고자 하는 경우 해당 서비스를 개발하여 기존 프로세스에 추가만 하면 된다.

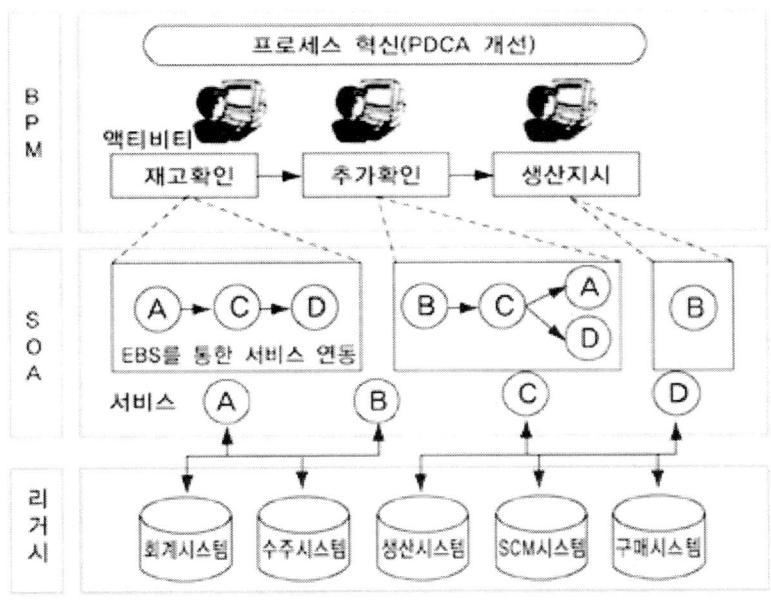

[그림 3-8] BPM과 SOA 기반의 재고 및 생산 프로세스 혁신

SOA 이전의 기존 방식의 경우 전체 시스템의 수정이 불가피한 경우가 많았던 문제점을 해결할 수 있게 된 것이다. 같은 기준으로, 진부화 된 기술의 경우 BPM과 SOA를 기반으로 하게 되면 필요부분만 최신 기술로 치환이 가능하여 시스템 유지보수에도 효과적임을 쉽게 짐작할 수 있다.

요약하면 BPM은 SOA에 대한 오케스트레이션(Orchestration), 통제, 거버넌스Governance)를 제공한다. 반면에 SOA는 BPM의 보다 빠른 이행을 보장하며, 각 프로세스의 재사용을 더욱 빈번하게 활용할 수 있도록 지원한다. 그리고 조직의 비즈니스 프로세스가 진화해 감에 따라 서비스들은 재작성, 리엔지니어링을 하지 않고서도 보다 빈번히 재활용될 수 있다. 또한 SOA가 제시하는 서비스들은BPM

이 제시하는 요구에 맞추어 보다 다양한 기능을 Composite Application 방법으로 최종 사용자에게 제시할 수 있을 것이다.

④ 이벤트 중심 아키텍처

이벤트 중심 아키텍처(EDA : Event Driven Architecture)는 경영환경의 주요 변화, 즉 비즈니스 이벤트를 감지하고 반응한다. 어플리케이션 개발자들은 이벤트 중심 어플리케이션을 개발하기 위해서 기존 시스템 개발 시의 것과는 다른 디자인 패턴 및 소프트웨어를 활용한다. 이벤트 중심 디자인은 다음과 같은 4가지 측면에서 향상을 꾀하게 된다.

- 첫째, 이벤트를 배치(Batch) 방식이 아니라 개별적으로 처리한다. 이벤트 중심 시스템은 송신 어플리케이션에 의해서 이벤트가 감지되는 즉시 MOM(Message Oriented Middleware), ESB(EntERPrise Service Bus : 서비스, 메시지, 이벤트 기반 인터랙션을 이조의 환경에서 지원), 웹 서비스 등의 실시간 메커니즘을 활용한다.

- 둘째, 작업 활동의 병렬 처리이다. Pub-Sub(Publish-and-Subscribe) MOM·통합 브로커·BPM 엔진 등을 활용하여 이벤트를 복수의 목적지로 동시 전송함으로써 한 이벤트에 의해서 복수의 작업이 동시에 유발되도록 하는 것이 가능하다. 예를 들어 고객의 주문은 주문 적합성·재고확인·고객 신용도 확인의 3가지 작업을 동시에 시작되게 함으로써 시간을 단축하는 것이 가능하다.

- 셋째, 풀(Pull : 서버로부터 정보를 검색하는 것) 방식이 아닌 푸시(Push : 해당 정보를 이용자에게 보내는 것) 방식의 의사소통이다. 감지된 이벤트 메시지를 송신하는 측이 수신측보다 이벤트의 발생을 먼저 알게 되므로, 이벤트 전달의 시기를 송신 측이 신속하게 결정해야 메시지 전달의 지체가 제거될 수 있다.

- 넷째, 필요한 사람에게 선택적으로 공지하는 것이다. 이는 임계치를 초과하는 이벤트가 발생하여, 예측하지 못했던 문제나 기회가 감지될 경우에 한하여 관련자에게 BAM 경영 현황 속보판 등을 통하여 이를 보고함을 말한다. EDA는 SOA와 상호 보완적인 관계로 이해할 필요가 있다. 많은 기업들이 SOA 방식을 채택하기 시작함에 따라서 EDA 디자인 접근방식에도 관심을 기울이기 시작하고 있다. EDA

와 SOA는 다수의 소프트웨어들을 통합하기 위한 방식이란 점 때문에 많은 공통점을 가지고 있지만, 모듈들간의 관계정립을 하는 방식 및 적용 목적에서 다른 점을 가지고 있기 때문이다. RTE 구현을 위한 아키텍처 방식으로 '왜? SOA와 EDA가 모두 중요성을 가지는가'에대한 이해를 높이기 위해 두 방식간의 유사점과 차이점을 이해할 필요가 있다.

우선 두 방식은 모듈화 및 모듈간의 연결 측면에서 유사성을 보이고 있다. SOA와 EDA는 분산 시스템 유형을 위한 디자인이기 때문에 네트워크로 이어져 있는 각기 다른 컴퓨터에서 다수의 프로그램들이 운영되는 환경을 지원한다. 각각의 모듈은 고객의 계좌를 확인한다거나 제품 가격을 갱신한다거나 하는 절차를 구현하기 위한 하나 또는 그 이상의 프로그램 집합 또는 비즈니스 컴포넌트를 의미한다. SOA의 경우 서비스를 구현하는 서비스 제공자와 서비스를 요청하는 서비스 사용자각각이 하나의 모듈이 된다. EDA의 경우는 이벤트 원천과 이벤트 수용자가 개별 모듈에 해당되는 것이다.

〈표 3-2〉 SOA와 EDA의 비교

구분	SOA	EDA
모듈간 결합 방식	느슨한 결합(Loosely Coupled)	비결합(Decoupled)
상호작용방식	일대일 요청/응대방식(Request/Reply)	n : n의 배포/구독 방식
동기화 방식	동기화(Synchronous)	비동기화(Asynchronous)
프로세스 흐름	수직적(Hierarchical)	동시다발적(Multiple, Simultaneous)

제2절 웹 서비스

1. 웹 서비스 개념

① 웹 서비스의 등장 개념

컴퓨터를 기반으로 한 전반적인 산업의 발달과 그에 따라 고속 성장하는 인터넷을 이용하는 사람들이 급격하게 늘어나고 뿐만 아니라 이와 함께 기업 간의 거래도 늘어나면서 이를 통하여 업무에 따른 자동화 시스템이나 업무 프로세서 능력의 개선을 이루었으나, 이러한 단순한 업무의 자동화와 조직단위의 전산화를 통해서는 보다 확실한 경쟁력을 보유하기 힘들고 이것 외에도 더욱 더 많고 양질의 서비스를 요구하는 시기가 시작되었다.

인터넷이 급성장한지 불과 몇 년, 모뎀 네트워크에서 ISDN 기반 네트워크로 97년 후반부터는 ADSL 기반 네트워크가 시작되고 현재에 이르러는 VDSL, 위성, 광통신등 고속 네트워크가 주류를 이루어 가고 있다. 웹을 기반으로 한 여러 목적의 사업들 역시 엄청난 속도로 변화되어 가고 있는 추세인데 현 상태에 만족하지 않고 더욱 새로운 시스템을 요구하고 있다니 세상의 변화와 인간의 욕심에 세삼 놀라게 된다.

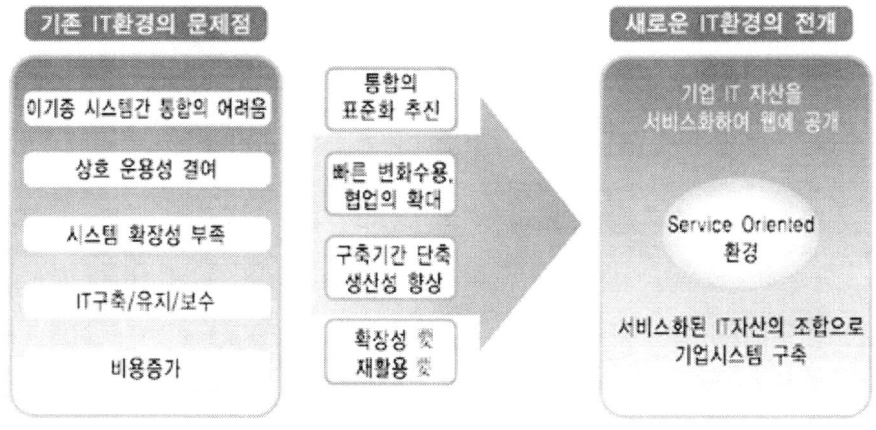

[그림 3-9] 웹 서비스의 등장 배경

기업들은 기존의 시스템에 의해 제공되는 정보들을 통합된 형태로 관리, 참조할 수 있기를 원하고 있으며 이런 것들이 비단 기업 내부뿐만 아니라 기업과 기업(Company to Company), 기업과 정부(Company to Government), 개인과 기업(Personal User to Company)등과 같이 좀 더 크고 보편화된 범위의 시스템들을 통합하고 이를 자동화된 단일 업무 형태로 시스템을 이용하고 싶어 하게 된 것이다. 하지만 현재까지의 기술력으로는 이러한 분산된 시스템들의 통합이 다소 무리가 있다.

가장 대표적인 것이 각 시스템별로 통신 프로토콜(Network Protocol)이 틀리다는 것이다. 플랫폼(Platform)마다 사용되는 통신 프로토콜이 다르고 설혹 플랫폼이 동일하다 하더라도 구현언어마다 서로간의 정보를 주고받을 수 있는 프로토콜이 틀리다는 이유이다.
이를 극복하기 위한 노력의 하나로 창안된 것이 웹 서비스이다. 플랫폼, 구현언어(Language), 네트워크 방식이 무엇이든지 상관없이 방화벽을 통과해서 어플리케이션(Application)간의 데이터 공유와 커뮤니케이션을 원활하게 하자는 것이 웹 서비스의 내용이다.

하지만 지금까지 웹 서비스라는 용어를 사용하지 않았던 것은 아니다. 일반적으로 JSP, Servlet 등을 이용하여 웹 서비스를 하긴 했지만, 이러한 것들은 보통 web service라고 표기를 하고 지금까지 이야기한 것에 대한 웹 서비스는 보통 Web Service 라고 표기를 한다.

지금에 이르러선 보통 웹 서비스라 하면 후자를 이야기 하는 쪽으로 변해가고 있는 듯하다. 이러한 웹 서비스를 통하여 기업 간의 정보교환이 원활해지고 분산된 시스템들을 통합할 수 있는 방법이 되기 때문에 각 기업에서 앞 다투어 웹 서비스를 기반으로 한 개발 툴을 연구, 선전하고 하고 있는 것이다.

〈표 3-3〉 표준규약에 따른 웹 서비스 아키텍처 구성

웹 서비스 표준	설명
XML (Extensible Markup Language)	XML은 웹 서비스의 가장 근간으로서 빌딩 블록(Building Block)의 역할을 하며 웹 서비스의 데이터를 정의하고, 이 데이터가 어떻게 프로세싱 되어야 하는지를 정의하는 언어를 제공
SOAP (Simple Object Access Protocol)	SOAP는 웹 서비스의 통신 프로토콜이라고 할 수 있음. SOAP는 인터넷 상에서 XML 데이터를 교환하는데 사용되는 메세징 프레임웍을 정의하는데 사용
WSDL (Web Service Description Language)	WSDL은 XML용어의 하나로 프로그래밍 단계의 자동적 통합에 요구되는 모든 기술의 세부목록들을 구성하는 언어에 대한 사전(dictionary) 역할을 수행
UDDI (Universal Description Discovery and Integration)	UDDI는 글로벌 전자적 옐로우 페이지의 역할과 검색 역할을 수행함. UDDI는 기업으로 하여금 자신이 서비스의 제공자임을 드러내어, 가용한 제품과 서비스 설명을 레지스트리에 공개하도록 해주며 요청자는 잠재된 비즈니스 파트너를 찾는 동시에 서비스 제공자와의 e-Business 시작을 위한 간단한 통합을 이행

② 웹 서비스의 정의

웹 서비스(Web Services)란 인터넷을 이용한 오픈 네트워크를 통하여 단일 또는 다수의 비즈니스 간 기존 어플리케이션 시스템을 표준화된 기술로 결합시킴으로 〈표 3-3〉과 같은 표준 기술을 이용하여 모든 비즈니스를 가능하게 하는 것을 말한다. 또한 웹 서비스는 언제, 어디서나, 어떤 환경에서나 원하는 정보나 응용기능 또는 서비스 자체를 제공해 주는 총체적 서비스이며, 기존의 다른 소프트웨어처럼 완벽한 정의를 지정하여 구성하는 것이 아니라 서로 주고 받는 데이터 표준에 대한 정의를 규정함으로 매우 유연하고 서로의 이질적인 운영시스템, 이질적인 프로그램 언어 간의 커뮤니케이션 차이를 극복해 주는 연결고리 역할을 해 주는 것이다.

이를 좀 더 자세히 설명하면 다음과 같다.

- 첫째, 웹 서비스는 표준 인터넷 프로토콜을 사용해 접근할 수 있는 어플리케이션이다. 이 기종 네트워크를 자유롭게 넘나들며 통합에 따른 시너지 효과를 최대한 높이기 위해 어플리케이션은 반드시 인터넷이나 인트라넷에서 표준화된 방식으로 통신을해야만 한다. 즉, 웹 서비스에서는 표준화된 XML 기반 SOAP 인터페이스를 통해서 접근을 할 수 있게 된다.

- 둘째, 웹 서비스는 프로그래밍 가능한 캡슐화 된 언어이다. 웹 서비스는 다른 웹 서비스 혹은 어플리케이션으로 부터 호출될 수 있는 캡슐화된 기능이 있으며, 그 인터페이스와 사용방법, 기능에 대한 설명이 외부에 공개되어 있어 정확한 코딩을 통해 누구나 이용할 수 있는 어플리케이션이 되는 것이다. 즉, 사용자는 복잡한 구현대신에 간단한 인터페이스만을 구현하면 웹 서비스를 바로 사용할 수 있게 된다.

- 셋째, 웹 서비스는 일종의 컴포넌트 기반 어플리케이션이라고 할 수 있다. 웹 서비스는 웹에 존재하는 컴포넌트이며 개발자들은 새로운 웹 서비스 컴포넌트를 개발할 뿐만 아니라 필요한 웹 서비스를 찾아서 자신이 만든 컴포넌트와 조립하는 과정을 거쳐 새로운 어플리케이션을 개발할 수 있게 된다.

③ 웹 서비스 특징

웹 서비스는 그 자체로 실행 가능한 모듈 형태를 띠고 있으면서 필요한 곳에 배포되거나 웹 서비스 자체의 위치를 변경할 수 있으며, 웹이 어디에 있든지 실행을 할 수가 있다.

2. 웹 서비스의 기능

① 웹 서비스 아키텍처

웹 서비스는 [그림 3-10]에서 보는 바와 같이 인터넷 인프라 공간에서 서비스 제공자, 서비스 요청자, 서비스 중개자로 구성되어 있다.

웹 서비스는 삼각형 모양의 SOA(Service Oriented Architecture)이며 서비스 제공자, 서비스 요청자, 서비스 레지스트리로 구성되는 웹 서비스의 아키텍처를 흔히 SOA라고 명한다.

SOA에서는 Publish, Find, Bind의 세 가지 오퍼레이션을 정의하고 있다. SOA는 서비스를 기반으로 어플리케이션을 구축하거나 서비스 자체를 구축하도록 제공되는 아키텍처 혹은 소프트웨어 설계를 말한다. 웹 서비스를 구성하는 가장 기본적인 구성요소들은 다음과 같다.

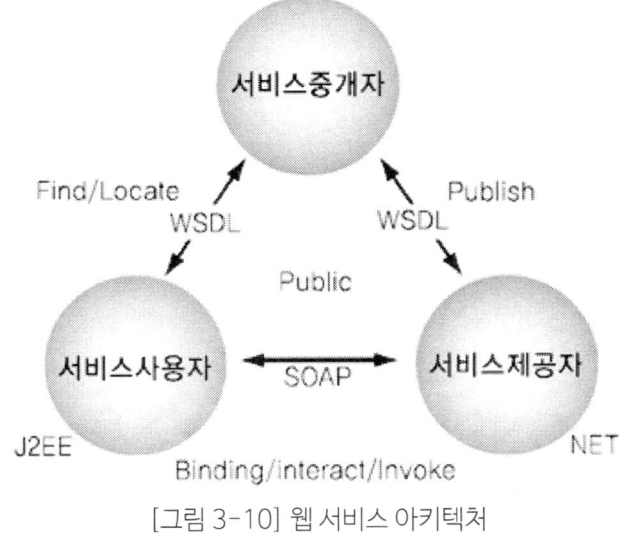

[그림 3-10] 웹 서비스 아키텍처

- 첫째, 정보를 실어 전달하는데 쓰이는 플랫폼 중립적인 표준 메시지 프로토콜인 SOAP(Simple Object Access Protocol)이 표준 프로토콜로서 정착되어 있으며 메시지 내용은 XML로서 표현된다. SOAP를 사용하기 위해서는 기업내의 정보가 우선 XML 형태로 추출될 수 있어야 한다. XML을 위한

솔루션은 여러 가지가 시장에 나와 있으며 IBM DB2 XML Extender도 그 중 한 가지의 솔루션이다. Oracle도 유사한 솔루션을 제공한다.

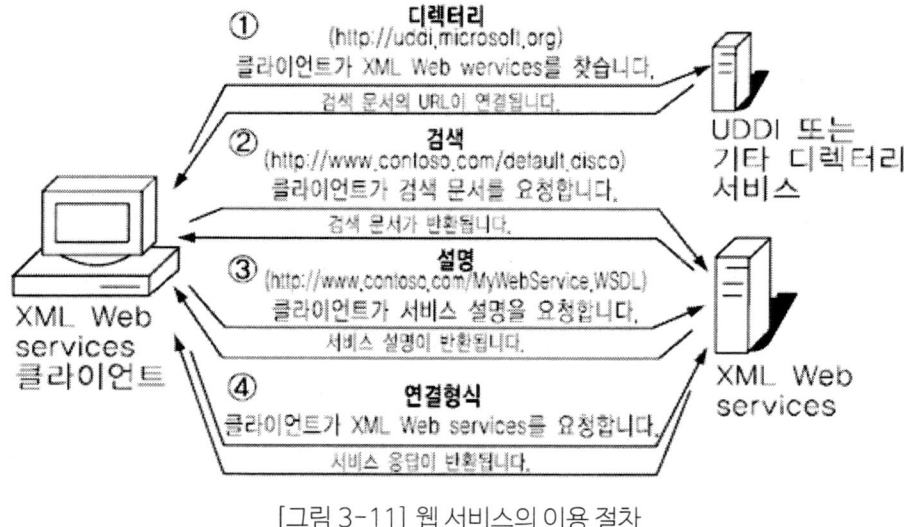

[그림 3-11] 웹 서비스의 이용 절차

- 둘째, 서비스 사용자가 서비스 제공자가 공개한(Publish) 인터페이스의 호출 방법을 설명하는 문서로서 이 문서는 XML로 되어 있으며 WSDL(Web Services Description Language)이라 불린다. WSDL 문서는 UDDI Repository에 저장되며, 문서 안에는 서비스 요청자와 서비스 제공자 양자간에 전달되는 파라미터의 이름들, 등록된 웹 서비스가 실제 존재하는 URL 등 그 외에도 여러 가지 정보들이 기술되어 있다.

- 셋째, 서비스 제공자가 웹 서비스를 등록하고 서비스 요청자는 등록된 웹 서비스를 찾기 위한 프레임워크로 이를 UDDI(Discovery Description and Integration) Repository라고 부른다. 그러나 UDDI Repository를 꼭 거쳐야만 되는 것은 아니고 서비스 제공자의 URL을 이미 알고 있다면 서비스 요청자가 바로 서비스 제공자를 호출할 수도 있다.

이러한 웹 서비스 아키텍처를 참조하여 웹 서비스의 이용절차를 보면 [그림 3-11]과 같다.

② 비즈니스 측면에서의 웹 서비스
CEO의 관점에서 볼 때 웹 서비스가 제공하는 최대 장점은 통합(Integration)을 위한 경제적인 솔루션을 제공한다는 것이다. 웹 서비스는 조직 간에 어플리케이션 기능의 통합, 또는 비즈니스 파트너간의 통합을 위한 솔루션으로써 이용될 수 있다.
과거의 통합을 위한 접근 방식은 통합의 대상이 되는 시스템들을 일일이 요건 분석하여 정보의 소스와 타깃을 Point-to-Point 방식으로 묶는 식이었다. 통합의 대상이 바뀌게 되면 기존의 솔루션을 그대로 적용할 수 없는 경우가 대부분이었다.

③ 기술적 측면에서의 웹 서비스
기술적으로 보자면 웹 서비스는 단지 네트워크로 접근가능하고 서비스 상세에 의해 설명되는 오퍼레이션들을 통합하는 것이다. 이런 의미에서는 웹 서비스는 전혀 새로운 것이 아니다. 단지 다르다면 웹 서비스는 W3C에서 관리하는 공개 표준이라는 점이다.

④ 웹 서비스의 보안 대책
- 웹 서비스 보안의 정의
  웹 서비스를 외부의 불법적인 접근과 변조, 무결성 보장을 위하여 암호화 인증 기술을 활용하여 통신 레벨의 보안을 유지하는 기술을 말한다.

- 웹 서비스 보안의 필요성
  웹 서비스는 HTTP 프로토콜을 활용하여 개방형 환경에서 진행하므로 정보보안과 해킹에 취약하며 기업과 개인의 내외부적인 인프라 시스템과 네트워크의 통합을 전제로 활용되기 때문에 메시징의 안정성 확보가 선결 되어야한다.

  - 필요 보안사항
    · 신뢰관리(Trust Management) : 참여자들 간의 신뢰관계를 전체적으로 관리하여야 한다.
    · 프라이버시 정책(Privacy Policies) : 사용자 정보와 서비스 제공자들의 기업 정보 등을 제어할 수 있어야 한다.
  - 웹 서비스 보안기술 분류

・HTTP, HTTPS, SMTP, FTP에 대한 보안 등 웹 서비스가 이용하는 프로토콜의 전송계층에 대한 보안
・SOAP, XML 등 메시지에 대한 보안
・Single Sign On 등 서비스 수준에서의 보안 등

⑤ 웹 서비스와 SOA의 비교

웹 서비스는 기본적으로 SOA에 기반하고 있으며, 서비스를 생성하고 이를 WSDL과 UDDI를 이를 사용하여 찾고 사용하는 방식은 SOA 구조와 매우 흡사하다. [그림 3-12]에서 보는 바와 같이 SOA는 변화에 빠르게 적용하기 위한 아키텍처 전략이며, 웹 서비스는 SOA를 실현하기 위한 전술관계이다.

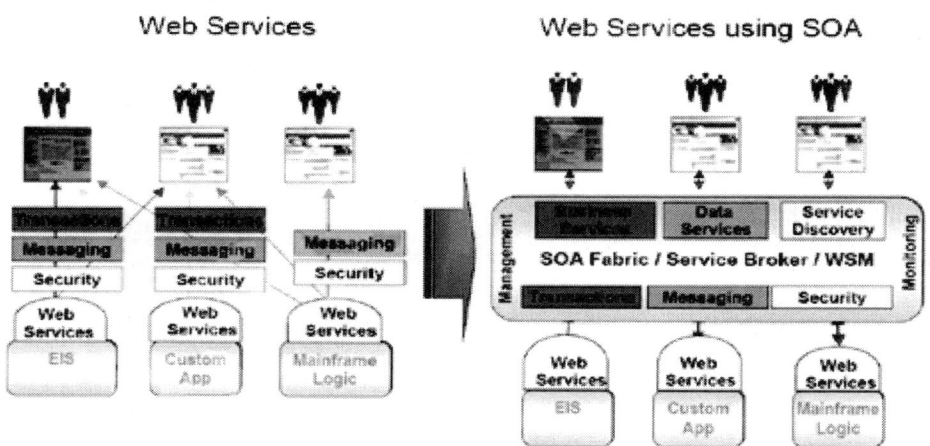

[그림 3-12] 웹 서비스와 SOA의 비교

3. 웹 서비스의 핵심기술

웹 서비스의 기술은 〈표 3-4〉에서 보는 바와 같이 확장성 생성 언어(XML), 하이퍼텍스트 전송 규약(HTTP), 도메인 네임 시스템(DNS) 프로토콜과 같은 월드 와이드 웹 컨소시엄(W3C)과 인터넷 엔지니어링 테스크 포스(IETF) 표준을 사용하며, 서로 다른 플랫폼간의 프로그래밍을 위해 메시지 관련 지침인 단순 객체 접근 통신 규약(SOAP) 초기 버전을 적용한다.

〈표 3-4〉 개념적 웹 서비스의 스택

웹 서비스 표준	설명
서비스 등록과 검색	UDDI
서비스 기술	WSDL
XML, 메시징	SOAP
전송 네트워크	HTTP/SMTP/FTP

일부의 회사들이 UDDI 레지스트리 서버를 운영하고 있고 정보가 레지스트리에 등재되면 다른 업종의 서버들에게 공유된다.

① XML (extensible markup language)
1996년 W3C(World Wide Web Consortium)에서 제안하였다. HTML보다 홈페이지 구축 기능, 검색 기능 등이 향상되었고 클라이언트 시스템의 복잡한 데이터 처리를 쉽게 한다. 또한 인터넷 사용자가 웹에 추가할 내용을 작성, 관리하기에 쉽게 되어 있다. 이밖에 HTML은 웹 페이지에서 데이터베이스처럼 구조화된 데이터를 지원할 수 없지만 XML은 사용자가 구조화된 데이터베이스를 뜻대로 조작할 수 있다. 구조적으로 XML 문서들은 SGML(Standard Generalized Markup Language) 문서 형식을 따르고 있다. XML은 SGML의 부분집합이라고도 할 수 있기 때문에 응용판 또는 축약된 형식의 SGML이라고 볼 수 있다. 1997년부터 마이크로소프트 社와 넷스케이프 커뮤니케이션 社가 XML을 지원하는 브라우저 개발을 하고 있다.

② HTTP (hypertext transfer protocol)
인터넷상에서 웹 서버와 클라이언트 브라우저간의 문서를 전송하기 위해 사용되는 프로토콜

③ SOAP (Simple Object Access Control)
분산 환경에서 정보를 교환하기 위한 목적으로 고안된 XML 기반의 경량 프로토콜 객체의 수요자와 제공자 사이의 메시징 프로토콜을 정의한다.

④ WSDL (Web Services Description Language)
서비스 제공자가 보유하고 있는 서비스의 인터페이스를 XML을 사용하여 서비스 사용자들에게 제공하기

위한 웹 서비스 표준 기술언어이다.

⑤ UDDI (Universal Description, Discovery, and Integration)
인터넷에서 전 세계 비즈니스 목록에 자신을 등재하기 위한 확장성 생성 언어(XML) 기반의 레지스트리이다. 웹에서 상호 온라인 거래의 원활과 e-커머스의 상호 운용을 위한 것으로, 전화번호부의 업종별 색상 항목과 유사하며 비즈니스 이름, 제품, 위치 혹은 웹 서비스 등으로 목록을 작성한다.

4. 웹 서비스의 관련기술 비교 및 타 기술과의 관련성

① 데이터 통합기술 관점에서의 비교

구분		기존기술(Socket, EAI)	웹 서비스 방식
공통점		IT 연계, 통합 기술	
차이점	연계대상	DB 연계, 문서교환	응용SW(Application)
	표준화	개별 벤더 마다 다른 기술 사용	국제 표준화된 기술사용(ISO, W3C 등)
	연계의 유연성	이 기종 시스템 간 연계가 복잡 (시스템 마다 1:1로 연계)	표준체계를 적용한 유연한 관계 (개별 시스템을 표준에 맞춤)
	구축기간 및 비용	장기간, 고비용	단기간, 저비용(40~50% 절감)

② 서비스 연계 기술 관점에서의 비교

구분	웹 서비스	ebXML
탄생배경	인터넷 정보의 통합	글로벌 전자시장 형성
표준화 기구	W3C(인터넷 표준화 민간기구)	UN/CEFACT와 OASIS
구조	UDDI를 이용한 중앙 집중식 구조	분산구저로 레지스트리(Registry)와 레포지토리(Repository) 구조
대상	Global, General 개념	Global 개념 보다는 특정 산업 군에 주력
B2B Intraction	B2B Interaction을 목적으로 하는 것이 아님	B2B Interaction에 대한 해당 프레임을 제공
Focus	• Global 조직과 서비스에 적합 • 소프트웨어 컴포넌트의 사용 인터페이스를 제공하는데 주력	• Application to Application 통합에 적합 • 거래 당사자 간의 계약이나 합의에 희박 양방향간의 관계 설정에 보다 중점을 줌
웹 서비스와 ebXML과의 관계	• 전송 프로토콜은 둘 다 HTTP와 SOAP으로 동일한 기반임 • 트랜잭션 개념이 제공되지 않는 웹 서비스의 메타 데이터가 어느 서비스 군으로 인도하면, ebXML로 실제 트랜잭션을 실시 • 초기에는 상호 적대적 관계였으나, 상호 보완적관계로 발전하고 있음	

③ 웹 서비스와 타 기술과의 관련성

[그림 3-13] 웹 서비스와 타 기술과의 관련성

④ 웹 서비스의 파급 영역

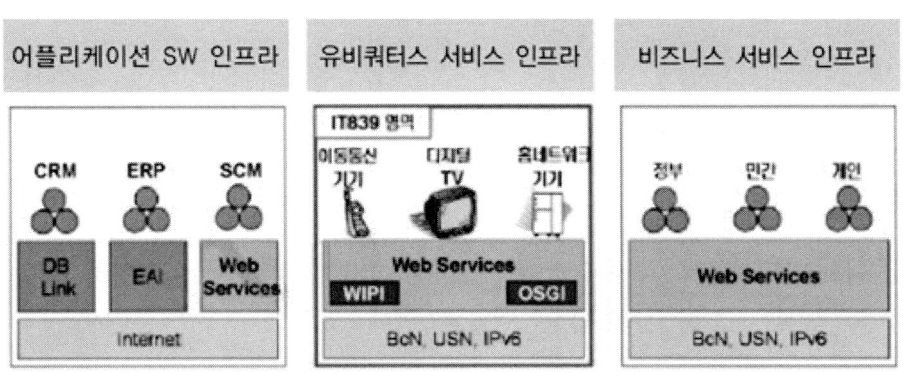

[그림 3-14] 웹 서비스의 파급 영역

웹 서비스는 단순 인터페이스 기술 차원을 넘어 여러 비즈니스에 활성 촉매로 작용하고 있으며, 파급영역은 [그림 3-14]에서 보는 바와 같이 기술 복합도와 적용 분야에 따라 3가지의 인프라 축으로 나누어진다.

⑤ 웹 서비스 표준화 기구
- W3C(The World Wide Web Consortium)
  - 웹과 관련한 모든 표준화 작업을 수행하며, 표준에 대한 스펙(Specification), 가이드라인, 각종 툴 및 소프트웨어 등을 개발하고 있다.
  - 비스를 사용 및 개발을 가능하게 할 수 있는 XML 기반의 아키텍쳐와 빌딩 블록(Bulding Block)을 개발하는데 주력을 하고 있다.

- WSI(Web Services Interoperability Organization)
  - 마이크로소프트와 IBM 등 웹 서비스 트렌드를 주도하는 대형 소프트웨어 벤더를 주축으로 결성되어 웹 서비스 표준화에 있어 가장 큰 영향력을 발휘하고 있다.
  - 웹 서비스간의 상호 운영성(Interoperability) 확보를 목표로 하고 있으며, 표준 개발이나 새로운 표준 제안 보다는 웹 서비스의 베스트 플렉티스 개발에 비중을 두고 있다.

- IETF(Internet Engineering Task Force)
  - 인터넷 기술의 확장을 위한 개발자들과 기술자를 중심의 국제 포럼으로 기존의 표준에 대한 기술적 관점에서의 새로운 아이디어를 제공하는 역할을 수행하고 있다.

- 기타 : OASIS(Organization for the Advancement of Structured Information Standards)
  - 로제타넷(Rosetta net), OBI(Open Buying on the Internet), OAGI(Open Alliance Group, Inc.) 등이 웹 서비스 표준 및 지원 표준화 직업을 진행하고 있다.

제4장
**산업혁명 시대의
정보 플랫폼**

제1절 클라우드 컴퓨팅

1. 클라우드 컴퓨팅 개념

① 클라우드 컴퓨팅 정의

클라우드 컴퓨팅은 PC, 휴대폰, TV 등 다양한 세트 기기 이용자들이 네트워크 접속을 통해 자신이 필요로 하는 만큼의 프로세서, 스토리지, S/W를 유틸리티 서비스 형태로 제공받는 방식이다.

세계적인 IT 리서치 그룹인 가트너는 클라우드 컴퓨팅을 '인터넷 기술을 활용하여 다수의 고객들에게 높은 수준의 확장성을 가진 IT자원들을 서비스로 제공하는 컴퓨팅'으로 설명하고 있다. 또 시장조사기관 포레스터 리서치(Forrester Reacher)는 "표준화된 IT기반 기능들이 인터넷 프로토콜(IP, 네트워크간 데이터 전송을 가능하게 하는 규약)로 제공되고, 언제나 접근이 허용되며, 수요가 변함에 따라 가변적이고, 사용량이나 광고에 따라 과금 모형을 달리하고 있다"며 클라우드 컴퓨팅을 소개하고 있다.

〈표 4-1〉 다양한 클라우드 컴퓨팅의 정의

기관명	정의
가트너	인터넷 기술을 활용해 많은 고객에게 수준 높은 확장성을 가진 자원들을 서비스로 제공하는 컴퓨팅의 한 형태
포레스터 리서치	표준화된 IT기반 기능들이 IP로 제공되고, 언제나 접근이 허용되며, 수요변화에 따라 가변적이다. 사용량이나 광고를 기반으로 비용을 지불하고, 웹 또는 프로그램적인 인터페이스를 제공하는 형태
위키피디아	인터넷에 기반을 두고 개발하는 것으로 컴퓨터 기술의 활용을 의미한다. 인터넷으로 자원들이 제공되는 형태
IBM	웹 기반 응용 소프트웨어를 활용해 대용량 데이터베이스를 인터넷 가상공간에서 분산 처리하고, 이 데이터를 컴퓨터나 휴대전화, PDA 등 다양한 단말기에서 불러오거나 가공할 수 있게 하는 환경

클라우드(Cloud)라는 명칭은 작업에 필요한 컴퓨팅 서비스를 구름 저편으로부터 받아와서 작업한 문서를 S/W와 함께 다시 구름 저편으로 보내어 저장한다는 의미에서 지어졌다. 사실 이러한 개념은 새로운 것이 아니다. 이미 1990년대 중반 오라클, IBM, 애플을 포함한 5개 IT산업 거대기업들이 사업화하려고 했던 NC(네트워크 컴퓨팅) 개념과 대동소이하다.

그러나 당시에는 초고속인터넷 망은 고사하고 전화선을 통한 네트워크가 일반적이었다는 점, 넷북, 스마트폰을 비롯한 다양한 단말기 보급이 보편화되지 않았다는 점, 주요 IT업체들이 관련 OS(운영체계) 및 어플리케이션의 보급에 미온적이었다는 점 등으로 그야말로 '뜬 구름 잡는 이야기'로 여겨졌다.

이에 따라 NC는 참여 기업들의 노력에도 불구하고 상용화되지 못하고 사람들의 관심사에서 멀어졌다. 그러나 최근 들어 유무선 통신 네트워크의 확산 및 고속화, 세트 기기의 다양화, 무료 S/W의 보급 확대 등 IT 인프라가 급속히 발전되면서 클라우드 컴퓨팅의 실현이 현실로 다가오고 있다.

② 클라우드 컴퓨팅의 분류
- 운영주체에 따른 분류
  클라우드 컴퓨팅은 데이터 센터를 어디에 두고 서비스하는지에 따라 개인 클라우드(Private Cloud), 공공 클라우드(Public Cloud), 혼합형 클라우드(Hybrid Cloud)로 구분된다.

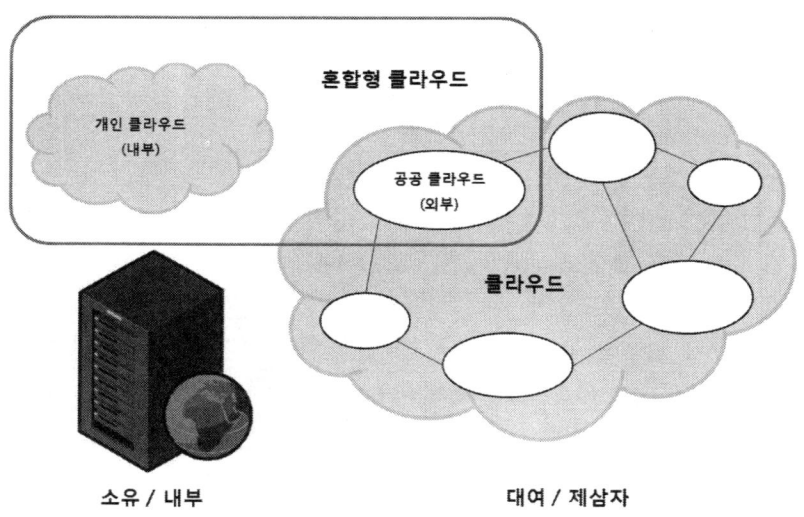

[그림 4-1] 클라우드 컴퓨팅의 여러 타입

개인 클라우드(Private Cloud)는 기업내에 클라우드 데이터 센터를 운영하면서 내부 사원들이 개인 컴퓨터로 클라우드 데이터센터의 자원을 사용하도록 하는 개념이다. 이 경우 지금까지 강조해 온 '기업의 시스템 유지보수로 부터의 해방' 측면은 해소되지 않는다. 그러나 기업 구성원들 각각의 시스템 관리 부담은 해결 될 수 있고, 기업 내 자료를 통합·관리할 수 있다는 장점을 지닌다.

공공 클라우드(Public Cloud)는 포털 사이트처럼 외부 데이터 센터를 이용하는 형태이다. 클라우드 컴퓨팅의 궁극적인 목표는 공공 클라우드에 있다고 볼 수 있다. 개인 클라우드와 공공 클라우드를 함께 사용하는 형태가 혼합형 클라우드(Hybrid Cloud)이다. 혼합형 클라우드 방식에서는 문서별로 다른 보관 장소를 택할 수 있다. 기업의 기밀 서류를 외부 데이터 센터(공공 클라우드)에서 운영하는 것이 불안하다면 개인 클라우드에 보관하면 된다.

두 가지 방식의 클라우드를 운영하면서 개인 클라우드에 자료와 응용 소프트웨어를 보관하고 공공 클라우드에 데이터를 백업할 수도 있다.

• 클라우드 컴퓨팅 서비스의 수익모델에 따른 분류

    클라우드 컴퓨팅 시장에서의 역할은 시스템 공급자(Vendors), 제공자(Providers), 사용자(User)로 분류할 수 있다. 그리고 이들 간의 역할 관계는 [그림 4-2]와 같다.

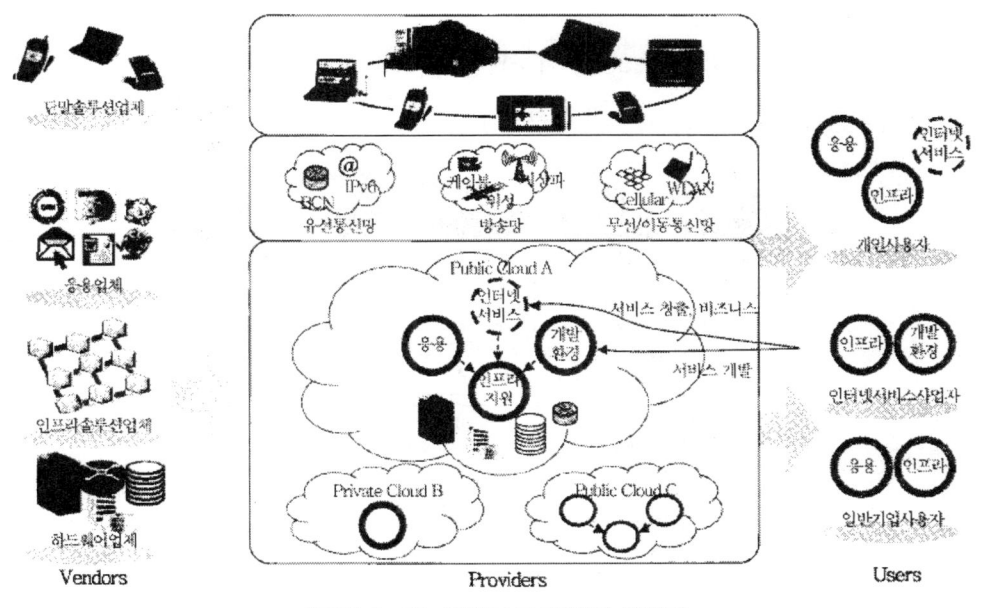

[그림 4-2] 클라우드 컴퓨팅 생태계

시스템 공급자는 이동단말기기, 서버, 스토리지, 네트워크와 같은 하드웨어 장비들을 납품하는 업체와 SaaS서비스를 위한 응용 소프트웨어를 제공하는 솔루션 기업들이 포함된다.
하드웨어와 솔루션 업체는 납품을 통하여, 응용업체는 사용자들이 사용하여 얻어진 수익금을 배분하는 방식으로 수익을 얻는다. 클라우드 솔루션 업체들은 사설 클라우드(Private Cloud or Enterprise Cloud)를 구성하거나 공공 클라우드(Public Cloud)를 구성하는 솔루션을 제공하는 수익모델을 가진다.

제공자로서 IDC 운영 기업은 시스템 공급자로부터 시스템, 응용서비스, 솔루션들을 구매하고 클라우드 컴퓨팅을 운영하는 주체가 된다. 컴퓨팅 지원 및 서비스 제공 플랫폼을 제공 받아 개인 및 기업을 대상으로 인터넷 기반 서비스를 제공하고 사용한 시간 용량에 따른 과금 수익 모델을 가진다.

개인 사용자 또는 기업 사용자는 제공자의 인터넷 서비스를 통하여 컴퓨팅 자원을 할당받아 사용하고, 이에 대한 비용을 지불하는 주체이다. 그러나 사용자 중에서는 클라우드 컴퓨팅 서비스가 제공하는 PaaS를 이용하거나 독자적으로 창출한 비즈니스를 클라우드 컴퓨팅 플랫폼에서 운영하면서 제 3의 사용자를 대상으로 비즈니스 주체가 되기도 한다.

- 클라우드 컴퓨팅 서비스 형태에 따른 분류

  클라우드 컴퓨팅에서 제공하는 서비스는 제한적인 것은 아니지만 [그림 4-3]과 같이 SaaS, PaaS, IaaS 세가지를 가장 대표적인 서비스로 분류한다.

[그림 4-3] 클라우드 컴퓨팅 서비스의 종류

어플리케이션을 서비스 대상으로 하는 SaaS는 클라우드 서비스 사업자가 인터넷을 통해 소프트웨어를 제공하고, 사용자가 인터넷 상에서 원격 접속을 하여 해당 소프트웨어를 활용하는 모델이다.

클라우드 컴퓨팅의 최상위 층에 해당하는 것으로 다양한 어플리케이션을 다중 임대방식을 통해 온 디멘드 서비스 형태로 제공한다. 여기서 다중 임대방식은 공급업체 인프라에서 구동되는 단일 소프트웨어 인스턴트 조직에 제공하는 것을 말한다.

즉, 우리가 흔히 사용하는 e-Mail 관리 프로그램이나 문서관련 소프트웨어에서 기업의 핵심 어플리케이션인 전사적 자원관리(ERP), 고객관계관리(CRM) 솔루션 등에 이르는 모든 소프트웨어를 클라우드 서비스를 통해 제공받는다.

그러나 SaaS는 클라우드 컴퓨팅이 IT업계의 화두로 부상하기 이전에 독립적인 영역으로 이미 상용화된 기술로 다른 서비스에 비해 인지도가 높으며, Salesforce.com에서 수행하는 서비스가 대표적이다.

SaaS는 〈표 4-2〉과 같이 어플리케이션 종류에 따라 분류할 수 있다.

PaaS는 사용자가 소프트웨어를 개발할 수 있는 토대를 제공해주는 서비스 이다. 클라우드 서비스 사업자는 PaaS를 통해 서비스 구성 컴포넌트 및 호환성 제공 서비스를 지원한다. 컴파일 언어, 웹 프로그램, 제작 도구, 데이터베이스 인터페이스, 과금 모듈, 사용자 관리 모듈 등을 포함 한다.

응용 서비스 개발자들은 클라우드 서비스 사업자가 마련해 놓은 플랫폼 상에서 데이터베이스와 어플리케이션 서버, 파일 시스템과 관련한 솔루션 등 미들웨어까지 확장된 IT자원을 활요하여 새로운 어플리케이션을 만들어 사용할 수가 있다. 구글의 AppEngine 서비스가 대표적일 수 있다.

IaaS는 서버 인프라를 서비스로 제공하는 것으로 클라우드를 통하여 저장장치(Storage) 또는 컴퓨팅 능력(Compute)을 인터넷을 통한 서비스 형태로 제공하는 서비스이다.

사용자에게 서버나 스토리지 같은 하드웨어 자체를 판매하는 것이 아니라 하드웨어가 지닌 컴퓨팅 서비스의 대표적인 사례로 알려진 아마존 웹 서비스(AWS)의 스토리지 서비스 S3 및 EC2가 IaaS에 해당된다.

〈표 4-2〉 SaaS서비스의 분류

구분	설명	예시
단순 OA 기능	데이터 계산, 워드 프로세서 등 단순 사무를 위한 소프트웨어	• OA • 자료관리
기업 단일기능	회계, 급여, 재고관리와 같은 단일 기능을 처리하기 위한 소프트웨어	• 회계 패키지 • 고객관리 • 재고관리 • 생산관리 • 영업관리 등
기업내 통합	ERP와 같이 회계, 급여, 고객관리 등의 기능을 연계 처리할 수 있는 통합 솔루션	• 그룹웨어 • ERP
기업간 통합	SCM, 연구개발 등 기업 간 협업 및 공동 거래를 처리할 수 있는 솔루션	• SCM • 자동부문 / 납품

- 이 밖에도 XaaS라는 큰 틀 아래 다음과 같은 서비스 모델들이 등장하고 있다.
  - AaaS : 가상화 기술(Virtualization Technology)과 같은 아키텍처 구성을 위한 기술들을 제공하는 서비스
  - BaaS : 비즈니스(경영, 마케팅, 제조, 인사, 프로세스, 재무 등) 전반에 걸친 기능들을 서비스로 제공
  - FaaS : 서비스 개발에 필요한 프레임워크들을 사용법, 실체 등을 제공하여 서비스 구성을 도와 줌
  - HaaS : 컴퓨팅 능력(Compute)이나 저장 장치, 데이터베이스 등과 같은 것을 총괄적으로 제공하여 신생업체들이 온디멘드 컴퓨팅 서비스를 런칭할 수 있도록 제공하는 것. IaaS와 동일 개념
  - IDaaS : Identity 관련 서비스 제공
  - CaaS : IT 망을 기반한 음성 기반 전화로 기간 통신이 아닌 별정 통신과 같은 부가통신 사업자가 제공하는 서비스
  - DaaS : 클라우드 기반의 서버 및 스토리지에서 인터넷을 통해 제공되는 가상의 PC 환경을 말하며, 그 가상의 환경은 서버와 스토리지 같은 컴퓨팅 자원과 OS 및 어플리케이션들을 포함

③ 기존 컴퓨팅 방식과 클라우드 컴퓨팅 방식의 차이
• 운영주체에 따른 분류

클라우드 컴퓨팅의 개념은 이전부터 있었던 그리드 컴퓨팅이나 유틸리티 컴퓨팅 등에서 유사한 기술이나 개념을 발견할 수 있다. 먼저 그리드 컴퓨팅은 인터넷에 흩어져 있는 컴퓨팅 자원을 연결해 가상의 슈퍼 컴퓨터와 함께 활용하는 모델이다. 주로 수학, 과학, 물리 등 학술 분야에서 쓰이고 있다. 그리드 컴퓨팅은 분산된 IT자원을 통합해 사용한다는 점에서 클라우드 컴퓨팅의 분산 컴퓨팅 환경과 비슷하다.

그러나 그리드 컴퓨팅은 인터넷으로 서버와 컴퓨터 등 남는 컴퓨팅 자원을 활용하는 개념인데 비해, 클라우드 컴퓨팅은 개별 서비스 사업자의 가상화된 서버 네트워크를 이용한다는 점에서 차이가 난다. 곧 그리드가 인터넷의 모든 IT자원을 연결하는 그물망을 의미한다면, 클라우드는 사업 주체인 서비스 제공자가 제공하는 사유화된 컴퓨팅(서버) 네트워크를 가리킨다고 볼 수 있다.

유틸리티 컴퓨팅은 사용자가 컴퓨팅 자원을 전기나 수도처럼 필요할 때마다 연결해 사용하고, 사용량에 따라 대가를 지급하는 과금 모형이다. 클라우드 컴퓨팅 역시 사용량을 기준으로 비용을 지불한다는 측면에서 유틸리티 컴퓨팅의 요소를 담고 있다.

〈표 4 – 3〉 클라우드 컴퓨팅과 다른 컴퓨팅 방식의 비교

구분	주요개념	클라우드 컴퓨팅과의 관계
그리드 컴퓨팅 (Grid Computing)	많은 IT자원을 필요로 하는 작업을 위해 인터넷 상의 분산된 다양한 자원들을 공유하여 가상의 슈퍼 컴퓨터처럼 활용하는 방식	그리드 컴퓨팅이 인터넷 상의 모든 컴퓨팅 자원을 통합해 쓰는데 반해, 클라우드 컴퓨팅은 서비스 제공 사업자의 사유 서버 네트워크를 빌려서 활용
유틸리티 컴퓨팅 (Utility Computing)	서버·스토리지 등 컴퓨팅 자원을 보유하지 않은 채 가스나 전기처럼 사용량에 따라 과금되는 방식	클라우드 컴퓨팅의 과금 방식은 유틸리티 컴퓨팅과 동일
서버기반 컴퓨팅 (Server Base Computing)	서버에 응용 소프트웨어와 데이터를 저장해 두고 필요할 때마다 접속해서 쓰는 방식. 모든 작업을 서버가 처리	클라우드 컴퓨팅은 서비스 제공자의 가상화된 서버를 이용하고, 서버기반 컴퓨팅은 특정 기업내 서버를 이용한다는 차원에서 구분되는 개념이었지만, 서버기반 컴퓨팅이 발전하면서 구분이 모호해짐
네트워크 컴퓨팅 (Network Computing)	서버기반 컴퓨팅처럼 응용 소프트웨어를 서버에 두지만, 작동은 이용자 컴퓨터의 자원을 이용해 수행하는 방식	클라우드 컴퓨팅은 이용자 컴퓨터가 아니라 클라우드 상의 IT자원을 사용

하지만 유틸리티 컴퓨팅이 단순히 컴퓨팅 지원 과금방식을 담고 있는데 비해, 클라우드 컴퓨팅은 그 과금 방식을 포함해 좀더 당양한 특징을 지닌다. 따라서 클라우드 컴퓨팅은 그리드의 분산 컴퓨팅 모형과 유틸리티 컴퓨팅의 과금 모형을 채택하는 컴퓨팅 개념으로 볼 수 있다.

이와 함께 서버기반 컴퓨팅은 모든 처리가 100% 서버에서 이루어 지고, 사용자의 단말기는 단순히 입출력만을 처리하는 씬 클라이언트(Thin Client)역할을 한다. 클라우드 컴퓨팅은 사양이 낮은 단말기로도 서버에서 처리되는 높은 수준의 서비스를 이용할 수 있다는 점에서 서버기반 컴퓨팅이 가지는 특성을 포함하고 있다.

그러나 서버기반 컴퓨팅은 사용자를 위한 물리적인 서버를 제공하고, 이것에 대한 활용 권한도 사용자가 가지고 있지만, 클라우드 컴퓨팅에서 사용자는 가상화된 서버 네트워크로 서비스를 받을 뿐 물적인 서버에 대한 정보나 권한을 가지지 못한다. 따라서 컴퓨팅 용량이 더 필요할 경우 서버기반 컴퓨팅에서는 물리적인 서버를 추가해야 하지만, 클라우드 컴퓨팅에서 더 많은 사용량에 대한 대가를 서비스 사업자에게 지불하면 된다.

서버에 응용 소프트웨어를 저장해 두고 사용하는 네트워크 컴퓨팅 역시 클라우드 컴퓨팅과 개념이 비슷하다. 하지만 네트워크 컴퓨팅은 서버에 있는 응용 소프트웨어를 다운로드해 사용자의 단말기에서 실행하기 때문에 개별 컴퓨팅 자원을 상당부분 사용한다는 점에서 차이가 난다.

또 네트워크 컴퓨팅에서 응용 소프트웨어나 문서는 단일 기업의 서버에 존재하기 때문에 기업 네트워크에서 한정적으로 접근할 수 있지만, 클라우드 컴퓨팅은 그보다 훨씬 큰 개념이다. 여러 기업, 여러 서버, 여러 네트워크를 포괄한다. 또 네트워크 컴퓨팅과 달리 클라우드 서비스와 스토리지는 인터넷으로 연결되어 있으면 세계 어디서나 접근이 가능하다.

일각에서는 서비스로서의 소프트웨어(SaaS : Software As a Service)를 클라우드 컴퓨팅의 전부로 오해를 하기도 하지만, 클라우드 컴퓨팅은 SaaS를 가능하게 하는 기반 컴퓨팅 환경이자, SaaS를 포함한 광범위한 IT자원에 대한 아웃소싱 모형이다. SaaS는 클라우드 컴퓨팅이 태생하기 이전부터 서비스되고 있었지만, 현재는 클라우드 컴퓨팅 서비스 중 하나로 분류된다.

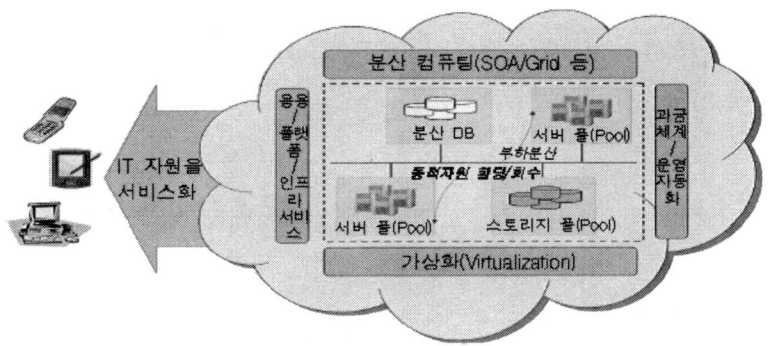

[그림 4-4] 클라우드 컴퓨팅 개념도

④ 클라우드 컴퓨팅 서비스의 부상
◎ 클라우드 컴퓨팅 서비스의 부상 배경

2006년 9월, 세계적 검색 업체 구글(Google) 본사 회의실에서 엔지니어인 크리스토프 비시글리아(Christophe Bisciglia)는 최고 경영자 에릭 슈미트(Eric E. Schmidt)와 회의하던 도중 서버·스토리지·소프트웨어 등의 자원을 하나로 묶어 사용자가 원하는 만큼 빌려주자는 내용을 제시하였다.

그간 검색 사업만으로 수익을 내는데 한계를 느낀 에릭 슈미트 사장 역시 여기에 공감하고 관련 사업을 구상하기 시작했다. 클라우드 컴퓨팅의 개념이 새롭게 등장하는 계기가 된 장면이다. 구글의 평범한 사원이던 비시글리아는 이후 컴퓨팅 업계의 주목을 한 몸에 받으며 '클라우드 컴퓨팅의 창시자'라는 꼬리표를 달고 일약 스타덤에 올랐다. 그 뒤 그는 '모교인 워싱턴 대학의 후배들이 좀 더 많은 정보를 볼 수 있는 방법이 없을까 고민하다가 남아도는 용량이 있어도 그것을 어떻게 사용할지 아무도 모르고 있다는 사실을 깨닫고 클라우드 컴퓨팅 개념을 생각해 냈다'고 밝혀 눈길을 끌기도 했다.

클라우드(Cloud)는 말 그대로 '구름'이라는 의미이다. 클라우드 컴퓨팅에서 이 단어는 '서로 연결된 대규모 컴퓨터 집단'을 말하며, 데이터 처리, 계산 등 컴퓨팅 작업에 필요한 자원에 구름이라는 이름을 붙인 이유는 컴퓨터나 서버 등 작업하기 위한 자원들이 하나의 커다란 구름 모양의 집합을 이루고 있다 하여 나온 용어이다.

구름으로 표현되는 IT자원들은 사용자가 그것이 어디에 있는지 알 필요도 없이 어디엔가 존재한다. 사용자는 단지 필요할 때 활용만 하면 된다는 의미이다. 곧 사용자가 필요한 작업을 제시하면, 어디엔가 여기에 필요한 컴퓨팅 자원이 할당되어 작업하고 결과를 얻을 수 있다는 것이다.

인터넷 역시 구름으로 표현되곤 한다. 사용자가 필요한 정보를 제공하는 서버가 구름 속에 존재하고, 사용자가 그 구름에 연결되어 있으면, 사용자는 어떤 경로로 어떻게 서버에 도착하는지 알 수가 없다. 사실 알 필요도 없지만, 사용자들은 결국 이 구름을 통해 원하는 결과물을 얻는다.

다시 말해 어느 하나의 대형 서버에 소프트웨어나 데이터가 저장되는 것이 아니라, 네트워크로 연결되어 마치 구름처럼 고정된 형태가 없는 가상 세계의 서버에 저장된다는 의미이다.

클라우드 컴퓨팅이 새로운 패러다임으로 부각되는 요인은 이용자 혜택 측면과 Web 2.0시대의 헤게모니 장악이라는 경쟁역학 측면으로 나누어볼 수 있다. 먼저 클라우드 컴퓨팅을 통해 개인 및 기업이 향유할 수 있는 혜택은 다음과 같다.

첫째, IT 플랫폼화를 위한 인프라 구축 및 유지와 관련된 비용을 절감할 수 있다. PC를 통해 수행하는 작업 중 고사양의 프로세서, 스토리지 및 어플리케이션이 필요한 경우는 많지 않지만, 지금까지는 개별 PC에 고성능 H/W 및 S/W를 설치·유지해야 했으므로 비용 지출이 비효율적이었다. 클라우드 컴퓨팅 서비스를 이용할 경우 개별 PC에서는 최소한의 연산 기능을 수행할 수 있도록 저사양의 H/W 및 S/W만 설치하고, 고사양 항목에 대해서는 네트워크에 연결하여 필요한 만큼만 구매해서 쓰면 된다.

〈표 4-4〉 클라우드 컴퓨팅의 부상 배경

부상 배경		파급 효과	
비용 절감	• IT 인프라 구축 및 유지와 관련된 비용절감 • 고사양 항목에 대해서는 네트워크에 연결하여 필요한 만큼 구매	OS 및 어플리케이션	• 철옹성 MS에 대한 구글의 선제 공격 • 구글은 구글웹스, 안드로이드, 크롬을 중심으로 MS의 핵심 사업 영역에 본격 진출
편의성 제고	• Mobility, 경박단소화 및 처리속도 향상 등 기기 이용의 편의성 증대 • 개별 PC의 휴대성이 크게 향상되고 부팅시간 축소 등 처리속도 증가	반도체	• 저 사양 단말기 확대에 따른 반도체 시장 성장률 둔화 우려 • 시장 전체는 위축될 수 있지만 서버용 고성능, 저전력 반도체 수요증가에 따른 주요 업체의 지배력 강화
Web 2.0	• Web 2.0 헤게모니 장악을 위한 구글의 다각적 사업 추진 • MS 의존도를 최소화 시키고 PC와 관련된 One Stop Service 제공	단말기	• 세트기기의 획기적 기능 및 디자인, 토털 솔루션 제공이 주요 차별화 포인트 • 예) 플렉서블 디스플레이, 3차원 입체영상 제공, 스마트폰

둘째, Mobility, 경박 단소화 및 처리 속도향상 등 기기 이용의 편의성을 전반적으로 증대시킬 수 있다. 고사양 항목이 사라지면서 개별 전자 기기가 경박단소화되어 이동성이 크게 향상되며, 주로 PC 상에서 하던 작업을 스마트폰 또는 TV 등 다양한 세트 기기를 통해 끊김없이 할 수 있게 된다. 부팅 및 시스템 종료에 필요한 시간은 불과 몇 초이고, OS 또는 어플리케이션 업그레이드를 위한 번거로운 작업도 사라진다. 기업입장에서는 중앙서버의 보안 관리를 통해 내부직원들에 의한 전략·기술 누출 가능성도 최소화시킬 수 있다.

이러한 이용자 혜택 외에 클라우드 컴퓨팅이 부상하고 있는 배경에는 무엇보다도 Web2.0이라는 거대한 패러다임 변화가 깔려있다. '참여-공유-개방'을 지향하는 Web 2.0 시대가 진전되면서 이용자들은 전자기기나 콘텐츠서비스 이용에 있어 보다 능동적·적극적으로 참여하려는 경향을 보이고 있다.

기업에 의해 주어진 것이 아닌 자신이 이용하고 싶은 성능, 콘텐츠 등을 스스로가 결정해서 구매하는 것을 갈구하고 있는 것이다. 이러한 Web 2.0 트렌드 하에서 새로운 강자로 부상한 주요 인터넷 기업들이 Web 2.0 트렌드를 활용해 IT전반의 헤게모니 장악을 모색하고 있다. 헤게모니 장악을 위해 넘어야 할 첫 산맥은 윈텔 진영이고, 헤게모니 장악의 주요 무기로 삼은 것이 바로 클라우드 컴퓨팅인 것이다.

특히, 구글의 클라우드 컴퓨팅 사업 추진 목적은 사용자들의 MS 의존도를 최소화시키고 PC와 관련된

One Stop Service를 구글에서 제공하는 것이다. 그래서 궁극적으로 기존 주요사업 부문인 검색 광고 수익을 증대시키고 클라우드 서비스 제공을 통해 기업 대상 수익 모델을 다변화하려는 것이다.

◉ IT서비스 환경의 변화
클라우드 컴퓨팅 서비스는 인터넷의 급속한 확장 발전으로 다음과 같이 IT자원을 "소유"하는 방식에서 "임대"하는 방식으로 전환해 비용 절감을 할 수 있게 하였고 더 나아가 업무의 시간적·공간적 제약을 없앰으로써 업무방식도 변화시키고 있다.

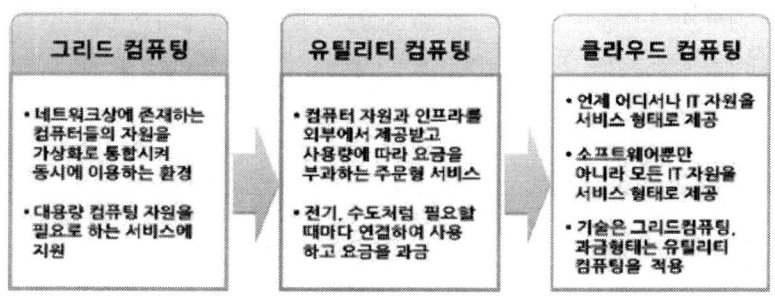

[그림 4-5] IT서비스 환경의 진화

첫째, 클라우드 서비스는 인터넷의 급속한 확산과 웹 2.0 등 웹 서비스의 발전에 따른 IT서비스 환경의 확장 요구에 대응한 해결방안으로 부상하고 있으며, IT서비스 환경은 네트워크 상의 IT자원을 묶어 활용하는 그리드 컴퓨팅에서 유틸리티 컴퓨팅을 거쳐 클라우드 컴퓨팅으로 진화하고 있다.

둘째, 클라우드 서비스는 기업 IT 비용 절감과 IT자원의 사용 효율성을 제고하여 업무의 시간적·공간적 제약을 극복하여 기업은 클라우드 서비스를 통해 시간과 장소의 제약 없이 IT서비스를 이용하여 급변하는 업무환경 속에 신속하고 유연한 대응이 가능하기에 업무방식의 변화를 초래하고 있다.

셋째, 클라우드 서비스는 업무수행 공간을 인터넷과 연결된 유·무선 네트워크 공간으로 확대시켜 '스마트 워크'를 가능하게 하여 재택근무, 이동 근무등을 통해 업무가 연속 될 수 있고 다음과 같이 환경, 에너지 등 사회 간접자본의 절감 효과를 기대할 수 있다.

- 육아 부담에 따른 우수 여성 인력 사장 문제를 해결
- 출·퇴근시간 감소(평균 150분 → 90분), 1인당 사무 공간 41%↓ 등
- 사무직 860만명 참여시 111만톤의 탄소 배출량과 1조 6,000억 원의 교통비용 절감 효과 기대

◉ 클라우드 서비스의 전개 방향

클라우드 서비스는 다음과 같이 모바일화, 개인화, 개방화 등 IT산업 트렌드에 맞춰 다양한 신규 서비스들이 등장하며 활성화될 전망이다.

- 3G 이동통신, 무선랜 등 무선 통신 인프라의 보급과 스마트 폰, 태블릿 PC 등의 확산으로 사용자의 인터넷 환경이 모바일로 급속히 확대
- 개인의 콘텐츠 생성이 활발해지고, 언제 어디서나 자신이 원하는 방식으로 자유롭게 콘텐츠를 즐기고 싶어하는 사용자가 증가
- 사업자의 독자 플랫폼으로 발생하는 상호 호환성 문제를 해결하기 위한 개방형 기술 적용과 표준화에 대한 요구가 증가

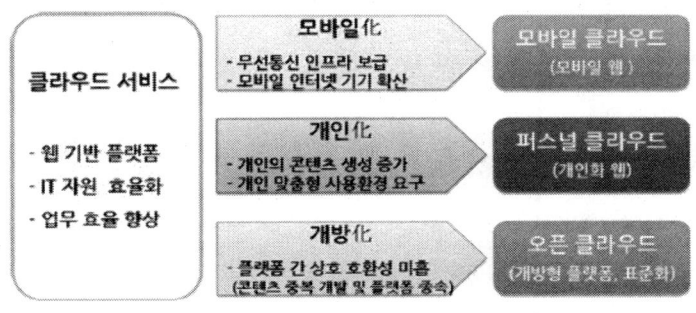

[그림 4-6] 클라우드 서비스의 전개방향

◉ 모바일화 : 모바일 클라우드
- 클라우드 서비스로 인해 모바일 기기의 사용 환경이 '모바일 웹(Mobile Web)'으로 급속히 변화
  - '모바일 웹'은 접속 만으로 응용 프로그램의 실행이 가능해 다운로드, 설치 등 과정이 복잡한 기존 '모바일 앱(Mobile App)'의 한계를 극복
    · 모바일 환경에서도 기존의 다양한 웹 기반 응용 프로그램의 활용이 가능

- 클라우드 서비스는 '모바일 웹'을 통해 외부에서 데이터 처리와 저장이 가능하여 모바일 기기의 정보처리 부담을 해소
- '모바일 웹'에서 미디어 감상, 웹 브라우징, 문서작업 등을 수월하게 할 수 있는 화면(5~10인치)을 장착한 태블릿 PC의 출시 본격화

- '모바일 웹(Mobile Web)'과 클라우드 환경이 융합된 기업용 모바일 오피스와 모바일 기기 사용을 지원하는 동기화, 검색 등 개인용 모바일 서비스 사업 등장
  - 모바일 오피스는 클라우드 서비스를 통하여 보안과 정보처리 기능이 강화되어 결재, 영업관리 등의 업무를 시간과 공간의 제약 없이 수행
  - 모바일 기기 내 사용자 정보를 저장·공유하는 등 동기화 서비스와 음성·이미지 기반 검색, 음성 번역 등의 모바일 정보처리 서비스 등장
    · 구글의 '고글스(Goggle)' 서비스는 사용자가 휴대폰으로 찍은 사진 이미지를 클라우드 데이터 센터에서 검색 후 그 결과를 찾아 제공

◎ 개인화 : 퍼스널 클라우드

- 클라우드 서비스는 개인이 선호하는 다양한 콘텐츠를 언제 어디서나 원하는 방식으로 쉽게 즐길 수 있는 맞춤형 웹 환경을 제공
  - 클라우드 기반의 웹 저장 공간은 개인이 생성하는 다양한 콘텐츠의 저장과 관리 환경을 제공하여 사용자의 콘텐츠 보유 부담을 경감

- 콘텐츠 증가에 따른 저장장치 추가 및 데이터 백업 등의 작업이 불필요해지고, 중복 콘텐츠들이 제거되어 콘텐츠 관리가 용이
  - 미디어 재생기 등 콘텐츠 사용 환경을 제공하여 PC, 디지털 TV, 스마트폰, 게임기 등 다양한 기기에서 편리하게 콘텐츠 감상이 가능

- 동영상 콘텐츠를 '스트리밍 방식'으로 기기에 제공해 다양한 파일 포맷으로 생기는 호환성 문제가 해결되어 파일 변환의 번거로움 해소
  - IT기업은 기존 고객 유지 및 신규 고객 확보를 위해 콘텐츠와 사용환경을 개인에 맞춘 개인화

클라우드 서비스를 경쟁적으로 출시
- 포털 업체는 저장 공간과 소셜 네트워크서비스를 연계시켜 콘텐츠의 저장, 관리와 공유 환경을 제공하는 '개인화 웹' 서비스를 출시

- NHN은 'N드라이브', 다음 커뮤니케이션은 '다음 클라우드' 등 서비스 제공
  - 사용자가 스스로가 최적화된 개인의 웹 환경을 구성할 수 있게 지원하는 클라우드 기반의 개인 맞춤 서비스들이 주목받고 있음

- 클라우드 웹은 사용자 기호에 맞춰 포털 사이트를 자유롭게 편집할 수 있는 프로그램을 제공, 서비스 한달 만에 200만명 이상 다운로드
  - 클라우드 기반의 콘텐츠 공급 서비스는 음악, 게임 등의 콘텐츠와 이를 쉽고 편하게 사용할 수 있는 사용 환경을 함께 제공하는 장점을 기반으로 성장

◎ 개방화 : 오픈 클라우드
- 리눅스, 자바 등 개방형 기술로 구축된 플랫폼은 중복 개발의 비효율과 종속의 문제 해결이 가능해서 클라우드 서비스 기반으로 부상
- 개발 소스코드의 공개로 맞춤형 개발이 가능한 리눅스, 자바, PHP 기반의 개방형 플랫폼과 API 등의 개발환경 구축이 활발

- 개방형 클라우드 개발환경 구축을 위한 'Simple Cloud 프로젝트'는 젠드(Zend)사의 PHP를 중심으로 추진 중이며, IBM, MS 등도 참여
  - 국제 표준화 단체와 연구 컨소시움을 중심으로 클라우드 개방형 플랫폼 설계와 서비스 기술의 표준화 작업이 진행 중

- 한국도 ISO/IEC JTC1의 클라우드 표준화에 적극 참여 중
  - 향후 클라우드 개방형 플랫폼의 확대는 콘텐츠 공급 기반과 사용자 기반을 확대 시켜 콘텐츠 및 서비스 시장의 성장을 견인할 전망

- 모바일 콘텐츠 시장은 콘텐츠 개발자의 플랫폼 종속이 해소되어 콘텐츠를 다양한 모바일 기기에 제공할 수 있게 됨으로써 규모의 경제를 실현 가능

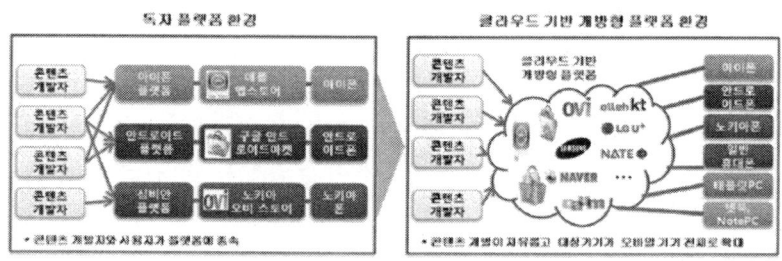

[그림 4-7] 모바일 콘텐츠 시장의 확대

2. 클라우드 서비스 브로커리지

① 클라우드 서비스 브로커리지의 정의

클라우드 서비스 브로커리지(CSB : Cloud Service Brokerage)는 '09년 7월 가트너에서 처음 사용한 용어이며, 이후 NIST(미국 국가기술표준원)에서 이를 줄여서 Cloud Broker라고 부른다.

Cloud Broker는 클라우드 서비스 소비자와 제공자 사이에서 클라우드 서비스의 '부가가치' 창출을 위해 소비자를 대신해 일하는 중개자를 말하며, 이는 소비자와 제공자간 관계 조율 및 소비자의 요구에 맞춰 최적의 클라우드 서비스를 제안하고 다양한 클라우드 서비스의 활용, 성능관리, 전달 등을 담당한다.

예를 들면, 구글·아마존과 세일즈포스닷컴 그리고 KT, LG 유플러스, SK텔레콤을 비롯해 삼성 SDS, LG CNS, SK C&C 등 기업이 '클라우드 서비스'를 제공한다면 이들 클라우드 서비스 제공기업과 사용 기업 사이에 CSB가 존재하면서 조율자 역할을 맡는 것이다.

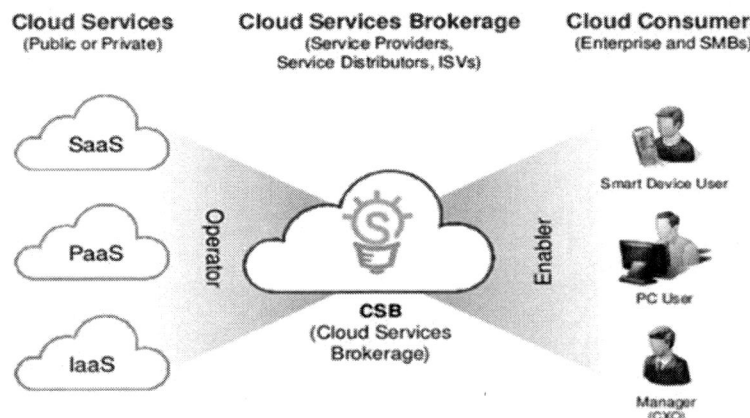

[그림 4-8] 클라우드 서비스 브로커리지 개념도

② 클라우드 서비스 브로커리지의 분류

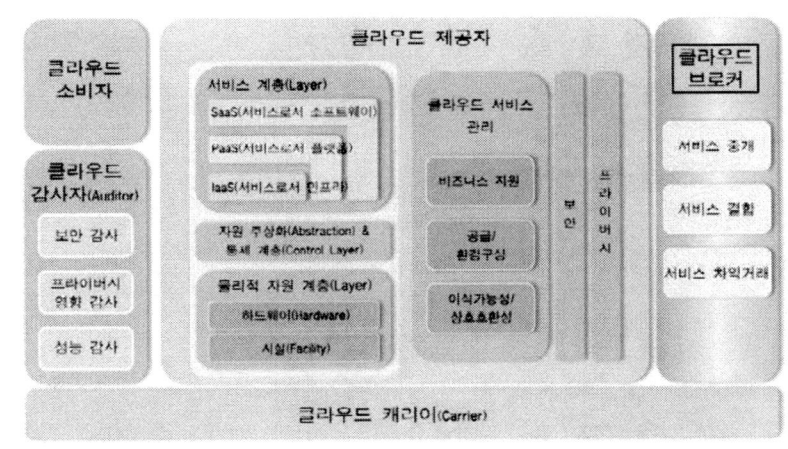

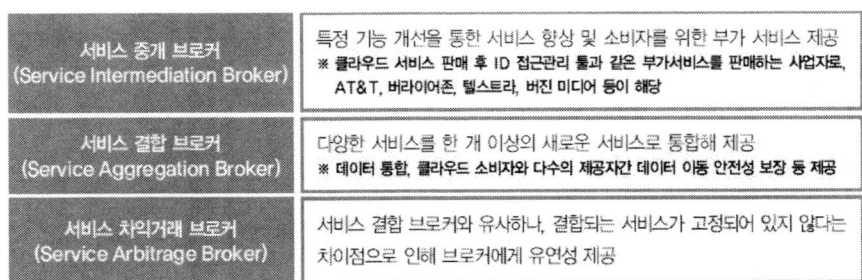

[그림 4-9] 클라우드 서비스 브로커리지의 분류

미국의 리서치 컨설팅 회사인 Gartner 사는 2009년 7월 가트너 보도자료에 클라우드 서비스 브로커리지를 [그림 4-9]에서 보는 바와 같이 서비스 제공 측면에서 ① 서비스 중개 ② 서비스 결합 ③ 서비스 차익거래 등 세 가지 유형으로 분류하였다.

◉ 서비스 중개 브로커(.Service Intermediation Broker)
주요 클라우드 공급업체의 서비스에 서비스 부가가치를 붙여 서비스를 제공하는 형태로서 주로 특정 기능 개선을 통한 서비스 향상 및 클라우드 서비스 소비자를 위한 부가서비스를 제공한다. AT&T, 버라이어존, 텔스트라, 버진 미디어 등의 클라우드 서비스 중개 브로커가 이 클라우드 서비스 판매 후 ID 접근 관리 도구와 같은 부가서비스를 판매하고 있다.

국내의 경우 서비스 중개 브로커의 예를 들어보면, 소프트웨어 인 라이프가 "www.SiLApps.com"에서 GoogleApps를 기반으로 Google Data와 Google AppEngine 등의 핵심 기술을 활용하여 실시간 협업을 위한 최적의 환경과 시스템을 제공하는 Smart Working 솔루션을 제공하는 것과 Google Apps 기반의 협업 솔루션인 DocosFlow를 서비스를 판매하고 있다.

◉ 서비스 결합 브로커(.Service Aggreation Broker)
여러 클라우드 서비스간의 데이터나 서비스 통합을 서비스 결합 브로커가 수행하는 것을 말한다. 국내의 경우 2012년 1월 미래읽기 컨설팅(대표 장동인)이 미국의 데이터 통합업체인 퍼베이스브 소프트웨어와 한국총판 계약을 체결하여 국내에서 처음으로 클라우드 데이터 통합 서비스를 제공하고 있다.

기업들이 클라우드 컴퓨팅을 도입할 때 가장 어려움을 많이 겪는 부분 중 하나가 바로 기존 사내 시스템과 클라우드 시스템 간 데이터 통합인데, 퍼베이시브는 퍼블릭·프라이빗 클라우드 환경에서 기존 시스템과 데이터 통합을 전문적으로 하는 클라우드 데이터 통합의 선두 주자이다.

미래읽기컨설팅은 이번 계약을 통해 국내에서 처음으로 클라우드 데이터 통합까지 다루는 클라우드 서비스 브로커리지(CSB) 전문업체로서, 한독약품과 동양그룹에 퍼베이시브 솔루션을 적용, 성공 사례를 확보했다. 퍼베이시브는 최근 자사 데이터 통합 솔루션 '데이터 인터그레이션 V10'을 클라우드와 구축형(on-premise) 버전으로 출시했다. 클라우드 버전은 클라우드 환경에 서버를 설치해 데이터 통합 서비스를 '온디멘드'로 받을 수 있고, 구축형 버전은 기존 데이터 통합서버에 설치해 운영된다.

◉ 서비스 차익 거래 브로커(.Service Arbitrage Broker)
여러 클라우드 서비스 공급자의 서비스 상품을 이들과 계약을 맺은 클라우드 서비스 브로커가 소비자에게 이들 상품을 제공하는 형식을 말한다. 초기 클라우드 서비스 공급자가 클라우드 서비스 소비자에게 직접 하던 업무를 이들 중간에 서비스 차익 거래 브로커가 매개하는 형태이다. 이 경우 소비자는 클라우드 브로커가 지정하는 특정 클라우드 서비스의 이용을 전제로 하며, 소비자는 자사에 맞는 클라우드 서비스를 선택하는 것이다.
이것은 한진그룹 계열사인 유니컨버전스가 미국의 클라우드서비스 공급업체인 구글사와 계약을 맺고 구글앱스를 공급하는 것과 다우기술이 미국의 Sales Force.com과 계약을 맺고 이들 서비스를 국내에 공급하는 것을 예로 들 수 있다.

③ 클라우드 서비스 브로커리지의 기대효과
기업의 요구사항에 적합한 서비스 평가 기준이 미흡하고, 법규제 지원, 보안 및 호환성 문제, 클라우드 서비스 마다 다른 용어에 대한 이해와 기업의 비즈니스의 이해 등이 클라우드 서비스의 도입 장벽으로 작용하고 있다. 이러한 클라우드 서비스가 다양화·복잡화 되고 클라우드 위험에 대한 우려가 지속됨에 따라, 클라우드 서비스에 전문성을 보유한 CSB는 다음과 같은 기대효과를 가져올 수 있다.

◉ 다양한 클라우드 서비스의 운영·통합·소비·확장 시 더 저렴하고 쉽고, 안전하고, 생산적인 서비스 제공을 통해 실질적인 사용자의 이익 창출
◉ CSB는 전통적인 서비스뿐만 아니라, 다양한 클라우드 서비스 도입에 따라 발생하는 솔루션 자산관리, SLA 상호 의존성 관리, 컴플라이언스 관리, 보안 위험관리 등 복잡한 이슈의 해결 방안 제시
◉ 특정 클라우드 서비스 공급업자에 대한 의존성 예방
◉ 시스템 장애시 데이터의 손실 위험 예방
◉ 복수 클라우드 서비스 공급업자에 탑재되어 있는 자사의 데이터 통합, 관리, 활용의 극대화

3. 클라우드 컴퓨팅 서비스 도입 성공 사례

① Public 클라우드 서비스 성공 참조모델
◎ 해외사례 (SaaS)
• 일본 (주) 호텔 오다큐 그룹
　- 도입 회사 소개

회 사 명	일본 (주)호텔 오다큐 그룹
주 소	〒 160-0023 도쿄도 신주쿠 구 니시 신주쿠 2 쵸메 7 번 2 호
설 립 일	1978年(昭和53年)6月12日
자 본 금	4억엔
주요사업	호텔 경영, 연회장·집회장 관리, 요식업, 기타 부대사업
홈페이지	http://www.hyattregencytokyo.com/ks

　- 추진배경

　　동사는 오다큐 호텔 그룹 4개 법인의 시스템을 위탁 관리를 하고 있다. 원래는 호텔 그룹 총괄 기업이 시스템 운영을 담당하고 있었지만, 그룹의 조직 재편에 의해 호텔이 업무를 담당하게 되었다.

　　그간 클라이언트 서버 시스템에서 운용하고 있던 인사·급여 시스템을 클라우드 서비스 EXPLANNER for SaaS로 전환하였다. 그 이유는 "최초 인사·급여 시스템을 범용기 시스템으로 이용하기 시작하여 클라이언트 서버 시스템으로 진화하였다. 그간 업무의 최적화를 위해 상당히 커스터마이징을 하였지만 매년 바뀌는 법 개정에 대처하는데 응용 프로그램 업데이트 비용이 발생하고 있었다.

　　즉, 시스템 운용을 위한 증원은 어렵고, 각 사별로 인사 제도, 급여 체계가 다르기 때문에 운용의 부담이 증가하고 있었다. 매월 많은 시간이 소요되는 급여 개선, 인사·급여 관계 마스터와의 연동성이 높은 업무 개선 등으로 이어질 기능과 '그룹 각사의 단말에서도 본 시스템을 이용하길 원하는' 등 요구사항도 해결할 수 있는 방안을 검토 및 검증 결과, 그 대안으로 떠오른 것이, 클라우드 서비스로 마이그레이션하는 것이었다. 때문에 하드웨어의 노후화 및 소프트웨어 지원 만료를 계기로 업데이트 공수와 비용이 들지 않는 시스템으로 전환하기로 하였다.

- 시스템 개요

이번에 도입되는 클라우드 서비스는 NEC가 35년간 제공해왔다. ERP 패키지 EXPLANNER을 NEC 클라우드 기반 위에 구축, SaaS 형태로 제공하는 EXPLANNER for SaaS의 인사·급여 서비스이다.

- NEC 클라우드 서비스 화면 이미지

호텔 오다큐 고객이 클라우드 서비스의 첫 사용자로 시스템을 기존의 클라이언트 서버 시스템에서 마이그레이션하였다. 시스템을 소유하지 않고 클라우드 서비스를 활용하기 때문에 하드웨어 노후화에 따른 교체 필요가 없었다.

법 개정에 따른 응용 프로그램 업데이트도 호텔 오다큐에서 여러 작업이 필요없이 NEC의 클라우드 기반에서 수행된다. 따라서 비용을 절감하고 관리 부담도 줄일 수 있었다. 또한 SaaS 형태로 제공되는 응용 프로그램을 이용하여 업무를 전체 그룹에서 표준화하고 업무 품질 향상을 실현하고 있다. 또한 인사·급여 시스템 전환에 따라, 오래된 근태관리 시스템을 쇄신하고, 서로의 시스템을 연계시켜 인적 자원 관리의 새로운 효율화를 도모했다.

'EXPLANNER for SaaS'의 도입시 당사의 급여 체계가 달라 고려사항이 많아 힘들었다고 생각하였지만, 4개사의 인사·급여 시스템에는 전통, 근태관리에 자기 카드 방식을 활용하고 있었지만, 인사·급여 시스템의 재검토를 계기로 IC 카드, LAN용 근태관리 시스템으로 전환하였으며 각사의 요구사항을 커스터마이징하였다.

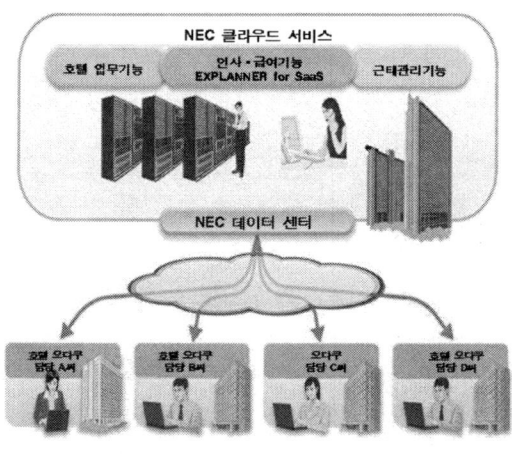

[그림 4-10]
NEC 클라우드 서비스 화면 이미지

[그림 4-11]
EXPLANNER for SaaS의 서비스 이미지

SaaS 형식의 장점을 최대한 활용하기 위해서는 응용 프로그램이나 템플릿을 커스터마이징하여 업무에 적용하는 것이 매우 중요하다. ERP 패키지 EXPLANNER에 NEC의 노하우가 담겨있다.

- 활용효과

응용 프로그램을 표준으로 사용하고 최대한 비용을 줄이고 싶어도 검토를 반복하면 커스터마이징해야 할 부분이 나타난다. 이 부분에 대해 NEC는 요구 사항을 충족하여 주었다. NEC는 다양한 업종의 타사 시스템을 취급하면서 얻은 풍부한 경험과 노하우를 제공하여 최적의 시스템을 만들었다. 시스템 유지 관리를 스스로 할 필요가 없기 때문에 운영비용과 노력을 줄이고 본연의 업무에 자원을 집중할 수 있게 되었다.

NEC 선택 잘했다고 생각하는 이유의 하나로서 많은 서비스 군 중에서 기업의 규모에 맞는 서비스를 선택, 제공 해 주고 있는 점을 들 수 있으며, 지금까지 다양한 시스템의 아웃소싱을 담당하여 왔지만, 인사·급여 시스템에 이를 적용하여 운영비용 절감 및 업무 효율화를 실현 할 수 있게 되었다.

• 일본 (유)신슈 팜
  - 도입 회사 소개

회 사 명	일본 (유) 신슈 팜
주　소	나가노 현 동쪽 御시 八重原 723
설 립 일	1995년 1월
직원수	8 명
자 본 금	1,000만엔
주요사업	20 ~ 30 대 젊은이 중심의 농업 집단. "안심·안전과 함께 맛도 훌륭하게"라는 마음에서 저농약·저화학 비료에 의한 쌀, 밀, 메밀, 콩 등을 재배. 농약·화학 비료를 사용하지 않은 특별 재배한 쌀도 생산하고 있어, 수확한 농산물과 가공품을 레스토랑 등 대부분 직판하거나 온라인 숍 등으로 개인 소비자에게 판매.
홈페이지	http://shinshu-farm.com/

'생산자의 얼굴을 보여주는 농업'을 모토로, 농약·화학 비료를 사용하지 않은 '고부가가치 쌀을 중심'으로 생산·판매하고 있는 유한회사 신슈 팜은 농사의 공정 관리를 효율화하기 위해 소프트 뱅크 휴대전화 전용의 ASP형 영농업체를 위한 서비스 'TOOLS AGRI'를 도입했다.

  - 추진배경
  일본에서도 드문 농약, 비료를 전혀 사용하지 않는 '자연 농법'으로 쌀 농사에 도전하여 저농약·

저화학 비료 재배로 안전하고 맛있게, 그리고 저렴한 농작물 만들기를 목표로 하고 있는 신슈 팜은 ANA 항공의 국제선 퍼스트/비즈니스 클래스 기내식으로 채택되는 등 높은 평가를 받고 있다.

동사의 농지 면적은 논 40ha, 밭 20ha에 걸친 매우 광대하며, 각 농지는 현 내 각지에 분산되어 있으며, 사무실에서 자동차로 30분 이상 걸리는 곳도 있다.
저 농약ㆍ저 화학 비료 재배는 시간이 걸릴 수도 있다, 이처럼 대 규모 농사의 각 공정을 관리해 나가는 것은 상당한 노력이 필요하다. 지금까지 그 날의 작업 내용과 진행, 토양과 작물의 상황 등을 현장에서 메모하고 사무실에 돌아와 그 내용을 대장이나 Excel로 작성했다.

하루의 메모 수십 장을 작성하고 집계 작업을 하기 위해 직원들의 작업 시간이 길어져, 필요한 정보를 즉시 참조할 수 없는 등의 문제가 있었으며, 최근 거래처에서 생산기록을 공개하라는 요구에 신속히 대응하기 어려운 문제가 있었다.

- 시스템 개요

공정 관리를 효율적으로 수행하기 위해 기업이 도입 한 것이 소프트 뱅크의 휴대 전화를 이용하는 서비스이다. 구체적으로는 다양한 업종의 공정 관리 시스템에 실적을 가진 쓰루스 사의 농업을 위한 공정 관리 소프트웨어인 "TOOLS AGRI"을 가지고 소프트 뱅크의 휴대 전화의 액세스 화면에서 정보를 입력하면 현장의 작물 상황을 관리 할 수 있다는 것이다.

- 모바일 클라우드 농업 서비스 화면 이미지

처음에는 PC 용 소프트웨어의 활용도 검토해 보았지만, 농사를 하면서 PC를 가지고 다니기에는 어려운 데다 초기 비용이 비싸기 때문에 활용하기에 부담이 되었다. 하지만 휴대폰은 작업에 방해가 되지 않는다. 게다가 인터넷을 통해 소프트웨어를 사용하는 SaaS 형 서비스이기 때문에 비용을 최소화 할 수 있었다.

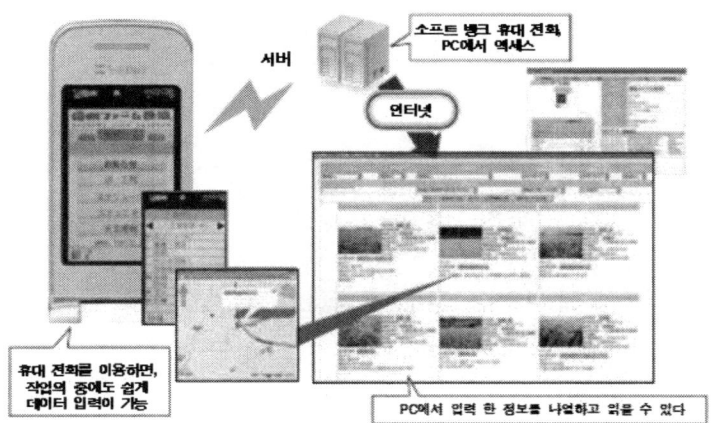

[그림 4 - 12] 모바일 클라우드 농업 서비스 화면 이미지

또한 이 서비스는 취급 농산물과 농가가 채용하고 있는 농법에 따라 'TOOLS AGRI' 입력 양식 및 관리 항목 등을 커스터마이징하는 것이 가능하여, 동사도 자사에 맞는 시스템으로 커스터마이징하였다.

- 활용효과

현재 이 기업은 6개의 소프트 뱅크 휴대 전화를 도입하여 주요 직원들에게 보급하고. 직원은 그 자리에서 공정 관리를 위한 입력 작업을 할 수 있어 작업 부하가 감소되었다.

농업 사이트에서 한 번의 클릭으로 입력 화면을 호출, 데이터를 쉽게 입력 할 수 있다. 또한 세분화 된 관리 항목 이외 농장의 모습이나 생육 상황을 촬영, 이미지 데이터로 기록 할 수 있는 등, 지금까지 이상의 정보를 관리 할 수 있음은 물론 입력한 정보와 사진은 모바일 폰 뿐만 아니라 PC에서 볼 수 있으며, 소비자 및 소매점에서도 이를 공유할 수 있다.

원래 농작물은 생산자의 마음이 담겨져 있어 그 성장 과정에는 스토리가 있다. 그것을 알리는 것만으로 농산물의 부가가치는 더욱 상승할 수가 있다. 또한 소프트뱅크끼리의 통화는 무료이기 때문에 직원들은 통화료에 신경 쓰지 않고 부담없이 서로 연락을 취하고 있다.

[그림 4 - 13] 생산자의 얼굴을 보여 주는 농업 화면 이미지

농산물 재배의 공정 관리를 휴대폰으로 쉽게 할 수 있는 것이 특징이다. 농가의 작업 공정이나 취급 농산물에 따라 사용자 커스터마이징에도 대응. 농사를 하면서 데이터 입력 할 수 있으므로 공정 관리를 효율화하고 농산물의 안전성을 확인하는 일이 용이하다. 또한 카메라 기능을 사용하여 생육 상황 등을 이미지 데이터로 기록하고 그 이미지를 QR 코드로 출하물에 인쇄 부착할 경우, 재배 공정의 안전성을 소비자에게 직접 보여줄 수 있다.

◎ 국내사례 (SaaS)
• 충남테크노파크 자동차 부품 센터 SaaS 구축사례
  - 도입 기관 소개

도입주체	충남테크노파크 자동차 부품 센터
주 소	충남 천안시 서북구 직산읍 직산로 136
설 립 일	1995년 1월
주요사업	지역내 산학연관과의 유기적인 네트워크를 통한 기술의 공동개발과 사업화, 벤처기업의 창업과 육성으로 지역경제 활성화 및 국가경쟁력 제고
홈페이지	http://www.ctp.or.kr

본 사례는 '중소 자동차 부품 기업을 위한 클라우드 컴퓨팅기반 서비스 적용 사례 연구'란 제목으로 김태규, 윤석진, 권재범, 정창기에 의해 발표된 내용이며, 2011년 한국IT서비스학회 학술대회 논문집, Vol.2011 No.9, [2011]에도 발표되었다.

- 추진배경
  2008년 금융위기로 촉발된 전 세계 경제 위기로 인해 자동차 생산의 급감과 자국 산업 보호를 위한 보호무역주의가 확산되어 자동차 산업은 감원 및 공장 폐쇄 등의 매우 심각한 경영난에 직면하였다.

이에 자동차 부품 업체들은 원가 절감 및 저비용/고효율 생산체제를 갖추기 위한 노력을 시도하였다. 이처럼 급변하는 기업환경 속에서 기업들은 최첨단의 정보시스템을 활용하여 기업의 생산성 향상과 경영효율화를 위한 노력을 기울이고 있으며 기업 정보화는 이러한 경쟁 환경에서 경쟁 우위를 달성하기 위한 필수적인 요소로 정의되고 있다.

이러한 중요성에도 불구하고 중소기업은 투자 비용 및 운영비용의 부담으로 최신 정보시스템의 도입은 쉽지 않다. 또한 중소 자동차 부품업체의 업무를 충분히 반영한 제품을 찾기 힘들다. 따라서 자동차 부품업체의 업무 특성을 충분히 살릴 수 있는 특화된 솔루션이 필요하다.

특히 정보시스템을 도입한 기업들은 정보화 비용을 최소화하기 위해 노력하였으나, 중소기업의 특성과 IT환경으로 인해 한계가 있었다. 따라서 이러한 한계를 극복하고자 최근 클라우드 컴퓨팅 기반의 정보 서비스 체계를 도입하기로 의견을 모았다.
이상과 같이 중소 자동차 부품 업체의 한경을 고려하여 포스코 ICT는 충남테크노파크 자동차 부품센터와 함께 충남지역 자동차 부품업체 12곳에 대한 ISP와 8개 업체에 대한 ERP, MES 등의 시스템 구축을 완료하였다.

이 시스템은 충남지역 중소 자동차 부품 기업의 투자비용 및 IT전문인력 부재에 따른 고충을 해결하고, 글로벌 경쟁력을 확보하여 충남지역 자동차 부품산업 활성화를 위한 대책 및 지원으로 추진되었다.

- 추진체계

본 사례는 중소 자동차 부품 기업운영의 전반적인 사항에 대하여 정보를 구축하고 구축된 정보를 활용하여 가상현실 공장을 컴퓨터에 구축함으로써, 생산성 분석, 공정개선 활동 및 경영 개선 방향 등을 사전에 모의실행을 실시하여 기업운영의 실패를 최소화하여 실질적인 원가절감 효과를 얻을 수 있는 '전사적 제조공정 모의실행 분석기법(TAST : Total Analysis & Simulation Technique of Manufacturing Process) 통합시스템'을 도입하였다.

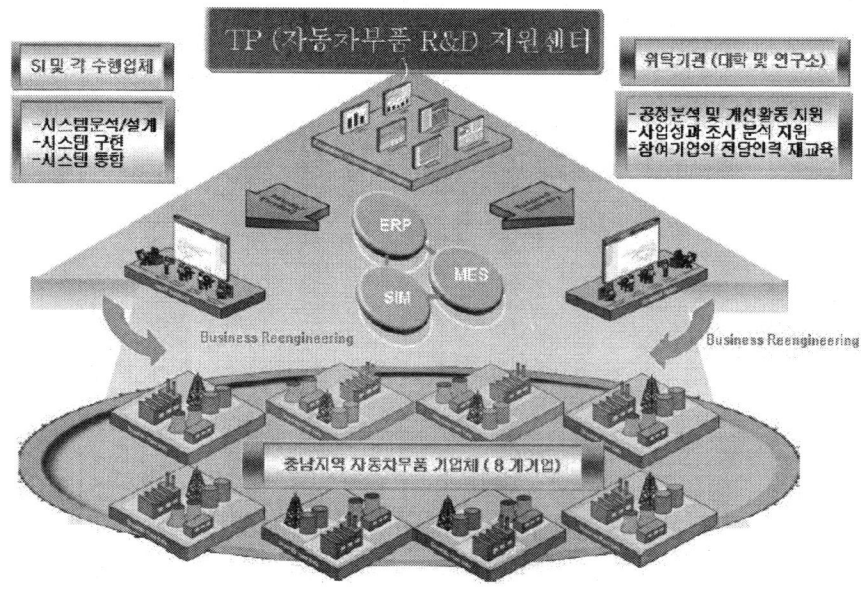

[그림 4 - 14] 프로젝트 추진 체계

기업의 전문인력을 양성하기 위한 체계를 구축 지원하기 위해, 충남테크노파크 자동차부품 R&D 지원센터에서 주관하여 진행된 R&D 사업으로 지역기반구축 사업의 일환으로 진행되었다.

충남테크노파크 산하에 TAST 구축 지원단을 설립하여 본 사업을 총괄 관리, 지원하고 지원단은 우선적으로 자동차 부품업체에 적용될 수 있는 MES/ERP/3D Simulation 시스템을 통합한 TAST 시스템의 성공적인 구축을 위하여 산학연 컨소시움을 구성하고 이를 관리 감독하였다.

- 추진 절차

> ○ ISP(Information Strategy Planning : 정보화전략계획)
> · 충남지역 자동차 부품의 기업 활성화와 기업 경쟁력 확보를 위해 ISP 컨설팅을 우선 실시하였다.
> · 본 사업은 2009년 1월 ~ 3월에 걸쳐 기업별 현장 방문을 통한 분야별 현장 진단 및 인터뷰를 수행하여, 기업 현황 및 문제점을 파악하고 주요 개선 과제 및 개선 방향을 도출하여, 목표 시스템에 대한 요건 정의와 후속 본 사업의 이행 계획을 수립하였다.
> · 참여기업은 매출액 100억원에서 2,000억원에 이르는 자동차 부품 업체로서 대부분의 매출액

규모는 500억원 미만의 기업들이 참여하였다.
- 참여한 12개 기업에 대한 진단결과, 대부분의 기업이 정보화에 대한 수준이 매우 낮은 것으로 조사되었다. 특히 업무(ERP), 생산공정(MES), IT체계에 대한 부분이 취약한 것으로 조사되었다.
- ISP 대상기업은 총 12개 기업으로 기업별 현황은 〈표 4-5〉와 같다.

〈표 4-5〉 ISP 대상 기업

기업	제조품목	매출액(백만원)	종업원 수	위치
A	도아트림	113,696	514	아산시
B	메뉴폴더	7,766	21	아산시
C	전자밸브	119,830	320	천안시
D	제어부품	24,670	142	천안시
E	시트 프레임	26,850	120	천안시
F	시트 프레임	182,620	760	천안시
G	휠, ABS 커버	36,310	178	아산시
H	고무, 프라스틱	35,442	275	천안시
I	단조부품	10,169	94	아산시
J	와이어 하네스	94,787	103	천안시
K	정션박스	8,610	75	천안시
L	프레스 금형	47,519	213	예산군

〈표 4-6〉 참여기업 영역별 수준 진단결과

(단위: 기업수)

구분	최적화	고도화	통제	전파	도입
업무	-	-	5	7	-
생산공정	-	-	2	10	-
공정설계	-	-	9	3	-
IT체계	-	-	3	3	-

참여한 기업들의 공통점 중 하나는 과거 ERP와 같은 정보시스템을 도입하여 운영해 본 기업이 많다는 것이다. 하지만 현재 시스템을 활용하지 않는 이유 중 가장 큰 것은 운영 인력 및 비용에 대한 부담이다.

또한 시스템 도입의 필요성은 심각하게 느끼고 있지만, 해당 기업에 적합한 시스템을 선택하는 문제와 초기 도입비용이 중소기업이 감당하기 힘들다는 것이다.

과거 정부기관에서 중소기업 지원 정책의 일환으로 ERP 시스템 도입을 위한 자금 지원을 실시하여 많은 중소기업이 ERP 시스템을 도입하였으나, 위와 같은 이유로 그 시스템의 활용은 미비한 수준이었다.

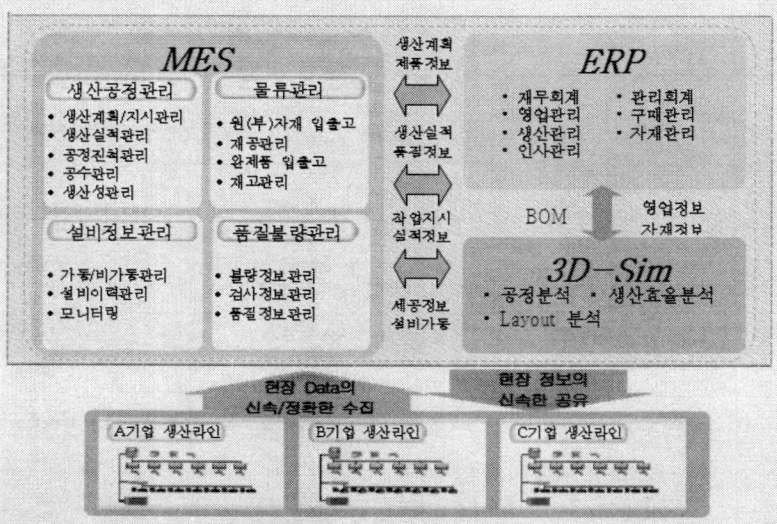

[그림 4-15] 서비스 개념도

이와 같은 이유로 중소기업에게 단순히 자금을 지원하는 것이 아니라, 기업이 필요로 하는 정보시스템을 구축, 운영 및 교육까지 책임지고 정부에서 수행함으로써, 중소기업이 비용뿐만 아니라 업무에 대한 부담을 줄여줄 수 있는 서비스 모델을 필요로 하게 되었다.

[그림 4-16] 사업추진 계획

이에 가장 적합한 모델로 클라우드 컴퓨팅 기반의 정보 서비스를 제공하는 것이 가장 최적인 것으로 판단하여, 자동차 부품 기업에서 가장 필요하고 효과가 높은 솔루션인 ERP, MES, 3D Simulation을 도입하게 되었으며, 원활한 서비스 제공을 위한 센터 구축과 운영 조직 및 인력에 대한 계획을 포함하여, 전략, 개발, 인프라 구축, 센터 운영 등을 종합한 추진 계획을 수립하였다.

◦ 시스템 구축

중소 자동차부품 기업을 위한 정보시스템은 SAP 솔루션을 도입하여, 최고 수준의 서비스를 제공하게 되었고, 향후 확장성을 고려한 가상화 기술을 적용하여 클라우드 컴퓨팅 기반의 서비스(SaaS)를 제공하였다.

서비스 수혜기업은 ERP, MES, 3D Simulation 중 필요한 솔루션만 적용하여 서비스를 받게된다. 이 사업은 3단계의 과정을 거쳐서 서비스를 구축함으로써, 성공적으로 완료하였다.

두번째 단계에서 약 5개월에 걸쳐 ERP, MES, 3D Simulation 시스템을 구축하였다. 이때 참여기업 TFT요원들이 매주 3~4일 참여하여 요구사항 도출, 설계서 검토, 테스트 참가 등 주요 활동을 수행하였다.

[그림 4-17] 시스템 개념도

먼저 첫 단계에서는 '선행작업'으로 TFT를 구성, 현장개선 활동, 기준정보 및 개선과제 정비, POP 소요계획을 실시하였다. TFT는 참여기업의 담당 직원이 주 1회 이상 참여하여 ERP 등 시스템에 대한 사전 이해를 통해 혁신의지를 제고하고 사업에 대한 목표를 명확히 하였다. 또한 3정 5S 등을 선진행함으로써 구축 효과를 극대화 하였고, 시스템 구축을 선 진행함으로써 사업에 대한 위험요인을 사전에 제거하였다.

마지막 세 번째 단계로, 서비스를 지속적이고 원활하게 제공하기 위해 충남 테크노파크 자동차 센터 내에 운영지원센터를 설치하여 운영조직을 구축하였다. 운영지원 조직은 자동차 센터 직원 5명, 솔루션 전문기업 8명 등으로 구성하여 ERP, MES, 3D Simulation, 전산실 인프라 운영 및 Help Desk를 운영하여 참여기업의 서비스 요청에 대해 신속한 대응이 가능한 체계를 완료하였다.

이 서비스의 주요 특징으로는 ERP 솔루션으로 SAP 솔루션을 도입하였다는 것이다. 일반적으로 중소기업의 경우 SAP와 같은 글로벌 최고 수준의 솔루션을 도입하여 운영한다는 것은 거의 불가능하다. 하지만, 클라우드 기반의 서비스 제공과 시스템 운영에 대한 부담을 제거하여 가능하게 할 수 있었다.

여기에 적용된 모듈은 영업관리, 생산관리, 구매/자재관리, 품질관리, 재무회계, 원가회계 등 6개의 모듈만 도입하였다. 그 이유는 자동차 부품 중소기업의 특성상 너무 많은 모듈을 적용할 시 시스템 부하를 가져올 수 있어 참여기업에서 가장 핵심적이고 필요로 하는 모듈만 선정하여 도입하는 것으로 하였다.

또한, 7단계에 걸친 보안 정책을 통해 서비스의 안정성을 보장하였다. 통상 여러 기업이 함께 사용하는 시스템은 보안에 대한 걱정이 앞선다. 이러한 문제점을 해결하기 위해 VPN, 네트워크 침입차단(Firewall), 네트워크 침입방지(IPS), 방화벽/VPN 통합관리, 서버 백신, DB 보안, 내부자 PC 통제(PC 보안) 등의 단계별 보안 정책을 운영하였다.

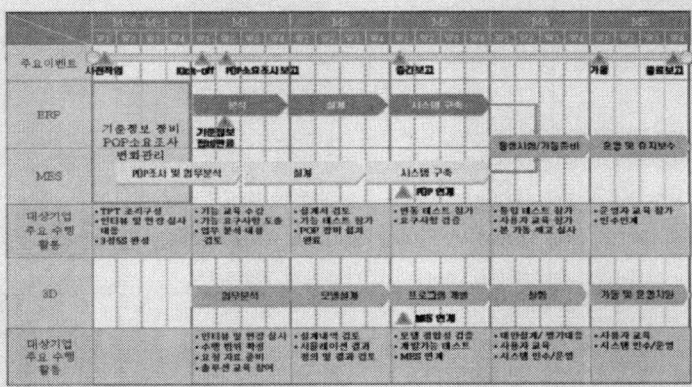

[그림 4-18] 1개 기업 시스템 구축 표준일정

- 활용 효과
  ◦ 정성적 활용 효과

첫째, 전사업무 최적화에 의한 실시간 의사결정지원기반을 마련할 수 있다. 기준정보 및 데이터 표준화를 통해 업무 통합성을 향상시키고, 물류와 회계의 실시간 연동을 통해 신속한 의사결정을 지원할 수 있다. 또한 표준원가관리 및 수익성 관리 지원, 조기결산 체계의 구축으로 신속한 경영정보를 제공할 수 있다.

둘째, 실시간 생산현장 관리와 원가경쟁력을 확보할 수 있다. 전사업무 데이터의 통합과 생산정보의 체계적인 수집으로 공정관리의 효율성을 증대하고, 품질관리와 최적화된 공정계획을 통해 생산성을 향상할 수 있다.

셋째, 클라우드 컴퓨팅 기반을 통해 특별한 전산장비 및 전산 인원 없이도 양질의 정보시스템 서비스를 제공 받을 수 있다.

◦ 정량적 활용 효과

본 서비스를 Y사 K사에 적용한 경우 최초 업무처리시간을 94%와 50%를 단축하였고, 최종 목표는 98%와 70%를 단축하는 것이다.

〈표 4-7〉 구축기업의 정량적 효과

지표명	세부항목	Y사	현재	목표
작업지시	작업지시서 배포시간	1시간	15분	3분
일일 재고현황 파악 소요시간	재고현황 파악소요시간	5시간	실시간	실시간
	재고현황 Report 작성시간	5시간	10분	5분
일일평균 작업일보 처리시간	작업일보 작성시간	3시간	15분	5분
	집계 후 처리시간	2시간	15분	5분
합 계		16시간	55분	18분

• 시스하이텍 SaaS ERP 구축사례
  - 도입 기관 소개

도입주체	㈜시스하이텍
주 소	충남 아산시 배방읍 회룡리 10-2
설 립 일	1994년 5월
주요사업	HVPS(고전압 발생장치), SMPS 외 기타전자부품 제조
서비스 제공사	이카운트(SaaS ERP : ERP)
홈페이지	http://www.syspower.co.kr

  - 추진배경

  1994년 창립 이래 고전압 발생기(High Voltage Power Supply)와 스위칭 전원 공급 장치(Switching Mode Power Supply)를 개발해 판매하는 전원장치 전문기업으로, 지금은 각종 컨버터와 인버터, 고전압 전원장치의 응용분야인 오존 발생기용 전력 변환 장치, 전자식 네온 변압기(Neon Transformer)와 디지털 기술이 접목된 고압 테스터와 검침기 등을 생산하고 있다.

  시스하이텍 본사는 충남 아산시에 있으며, 중국 칭다오공장과 중국 동관공장, 일본에 연구개발센터를 두고 있으며, 지난해 매출 규모는 210억원으로 520여명의 직원(중국공장 포함)이 근무하고 있다. 시스하이텍은 세계 시장에서 인정받는 전원장치 전문업체로 자리매김하기 위해 지속적인 연구개발과 글로벌 시스템 구축에 투자를 늘리고 있다.

  시스하이텍은 2003년 수억대의 사내 정보화 비용을 투입해 ERP를 구축했지만, 원거리 부서 간 커뮤니케이션이 원활하지 않고, 기능의 미비로 새로운 ERP 시스템의 구축이 요구되었음. 따라서 2006년 1월부터 이카운트의 SaaS형 ERP 서비스를 도입했다. 시스하이텍이 ERP 시스템을 교체하게 된 이유는 (1)업무 처리가 불가능할 정도로 본사와 중국 간 시스템 접속의 어려움, (2)그룹웨어/전자결재 등 시스템 기능 부족 등이다.

  - 시스템 개요
    ◦ 가격정책
      · 업종에 관계없이 주로 매출액 500억 미만 기업들을 대상으로 개발

[그림 4-19] 이카운트 ERP의 주요기능

○ 주요 특징
- 이카운트는 단 하나의 시스템 만이 존재한다. 기업의 업종에 따라, 혹은 스펙에 따라 여러 프로그램을 각기 만들어 판매하지 않음
- 대신 하나의 시스템 안에서 모든 업무를 처리할 수 있도록 기능을 표준화하 다양한 설정 기능을 제공
- 이카운트 ERP는 각 기업이 요구하는 다양성을 그때마다 반영하는 것이 아니라, 그 다양성을 미리 예측하여 시스템을 표준화하고 사용자가 사용방법을 직접 결정하게 함
- 이를 위해 이카운트는 매주 목요일마다 무료로 기능을 업그레이드하여 회원사에 무료 서비스 제공

- Web을 통해 모든 업무를 신속 정확하게 관리
  - 이카운트 ERP는 사용자 PC나 서버에 프로그램을 설치하지 않고 인터넷 접속 후 이카운트 사이트에 로그인하여 사용하는 방식
  - 웹 기반이라는 특장점으로 인해 시간과 장소에 구애받지 않고 언제, 어디서나 실시간으로 업무를 처리 가능
  - 특히, 원거리의 공장과 매장, 다수의 본·지점을 관리하는 기업의 경우, 국내나 해외 사업장에 관계없이 웹을 통해 실시간으로 업무를 공유 가능
- 사용자별 권한설정과 통제를 통한 전사적인 경영관리
  - 이미 만들어진 기능의 사용여부를 판단하여 사용하는 방식이므로 가입 후 2시간 이내에 바로 사용 가능
  - 사용자(ID) 수의 제한 없이 ID를 무제한으로 발급하여 사용이 가능하며, 또한 각 사용자마다 별도의 권한을 부여하여 메뉴별로 입력하고 조회하는 것을 통제 가능
  - ID를 부여받은 사용자는 기업에서 지정한 검증방법을 거쳐 접속할 수 있으며, 검증을 통해 접속한 사용자는 언제, 어디서나 업무를 수행할 수 있어 기업의 업무 효율성이 향상가능
  - 검증을 통해 접속한 사용자는 언제, 어디서나 업무를 수행할 수 있어 기업의 업무 효율성 향상
- 강력한 보안정책
  - 기업에서 입력한 데이터는 사용자 PC에 저장되는 것이 아니라 이카운트 서버에 안전하게 보관되어짐
  - 이카운트 서버는 실시간 탐지시스템 및 여러 가지 보안정책으로 매우 안전하게 관리되고 있으며, 또한 내부적으로 보안수준을 설정할 수 있어 외부의 접근을 차단하고 은행권 수준의 강력한 보안 유지 가능
- 모바일 ERP
  - 최근, 다양한 모바일 Device가 등장하면서 모바일 기기를 활용한 업무 영역의 확대가 가속화되고 있음.
  - 이카운트 ERP는 순수 웹 기반이라는 특장점으로 인해 모바일 기기에서 어플을 설치하지 않고 바로 인터넷에 접속하여 사용 가능
  - 외부 현장, 창고, 이동 중에도 언제 어디서나 모바일 기기를 통해 ERP를 사용가능.

- 사용 분포도

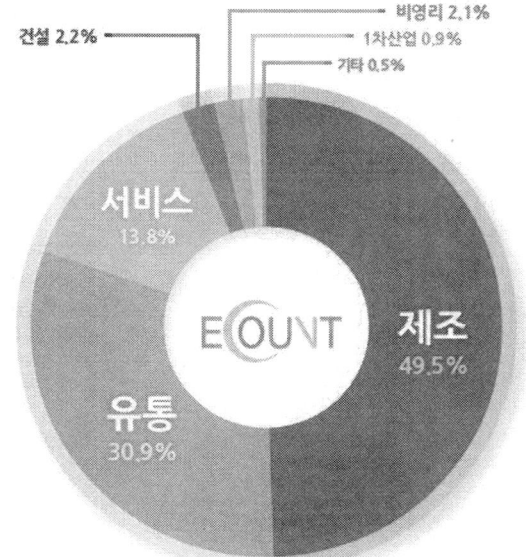

[그림 4-20] 이카운트 ERP의 사용 분포도

- 활용 효과

시스하이텍이 '이카운트ERP' 서비스를 통해 도입한 것은 회계 인사 급여 자금계획 영업판매 구매자재 생산 공정관리 외주관리 외부주문/발주시스템(CS) 그룹웨어를 도입하였다.

시스하이텍은 서비스 도입 후 본사 중국공장 일본사무소 간 업무 커뮤니케이션이 신속하며, 그룹웨어의 전자결재를 통한 자금 계획과 통제, 국외 공장과 사무소의 재고 자재 수불의 실시간 파악, 본사에서 지시한 생산 작업 지시서를 국외 공장에서 실시간 확인과 처리가 가능해졌다.

시스하이텍이 이런 이점을 얻는데 투여된 비용은 도입비 20만원과 월 사용료 8만원(그룹웨어 20 사용자 포함)뿐이며, 또한 이카운트 서버를 사용하고 있어 언제 어디서나 즉시 접속해 회계 급여 판매 구매 생산 그룹웨어 등의 기업 업무를 볼 수 있었다.

◎ 국내사례 (IaaS)

본 사례는 국내 그간 서버는 데이터 센터의 Co-Location 서비스를 사용하고, 자체 CRM 솔루션을 ASP 형태로 고객에게 서비스를 제공하였으나, 클라우드의 물결을 미리 예측하여 서버는 Co-Location 서비스에서 IaaS 형태의 클라우드 서비스로, CRM 솔루션은 기존의 ASP 형태의 서비스에서 SaaS 형태로 개발 전환하여 고객 서비스를 제공하고 있는 유형이다.

• 공영 DBM
  - 도입 기관 소개

도입주체	공영 DBM
주 소	서울시 금천구 가산동 60-19 SJ 테크노빌딩 12층
설립일	1994년 9월
주요사업	CRM 시스템 구축 / 솔루션 개발 / 컨설팅 및 교육, SaaS 운영
홈페이지	http://www.crmservice.co.kr/

  - 추진배경

    1994년 '공영 DB 마케팅'이라는 이름으로 사업을 시작하여 17여년 동안 CRM영역에서 전문기업을 성장하고 있는 동사는 지속적인 연구개발을 통해서 데이터base Marketing과 CRM 분야에 있어 국내에서 그 기술력을 널리 인정받고 있다.

    공영 DBM은 2006년 중소기업기술정보진흥원의 정보화지원사업 주관업체로 선정되어 중소기업에 CRM을 공급하여 왔으나, 과거 ASP방식의 CRM을 도입하기 위해서는 구축하려는 기업마다 CRM 가동에 필요한 데이터Base를 구입해야 하며, 서버 마다 보안 관리 SW를 개별로 탑재해야 하는 등 라이센스 문제가 얽혀있고, 이후 지속적인 유지보수 관리에도 중소기업에 많은 부담을 주는 문제가 이슈로 나타났다.

    때문에 동사는 이를 해결하기 위한 해외 선진기술동향을 모색하게 되었으며, 그 결과 2006년 말 "클라우드 기반의 멀티테넌트(Multi-Tenant) 기술"이 이를 해결할 수 있다는 것을 알게 되었다.

    멀티테넌트 기술은 고객이 어떤 업무를 수행하는데 필요한 서비스에 적합한 기능이 있는 모듈을 사용자가 직접 쉽고 빠르게 변경, 구축할 수 있는 기술로, 이를 활용하면 SaaS CRM 도입사가 늘어나도 "CRM 솔루션에 하나의 데이터base와 하나의 보안 솔루션을 구축"하여 사용하기 때문에 별도의 라이센스 비용 지불해야하는 부담이 없어 저렴한 비용으로 여러 기업이 동시에 사용할 수 있게 되는 것이다.

이후 동사는 지속적인 연구 개발을 통하여 '멀티테넌트 로드밸런스' 기술을 개발하고 게 되었으며, 2007년 SaaS 기반의 CRM 솔루션인 Link CRM을 발표하여 서비스를 개시하였으며, 아울러 과거 ASP 방식의 인프라 서비스를 IaaS 방식의 서비스로 변경하게 되었다.

- 시스템 개요

  ◦ IaaS 시스템 이미지

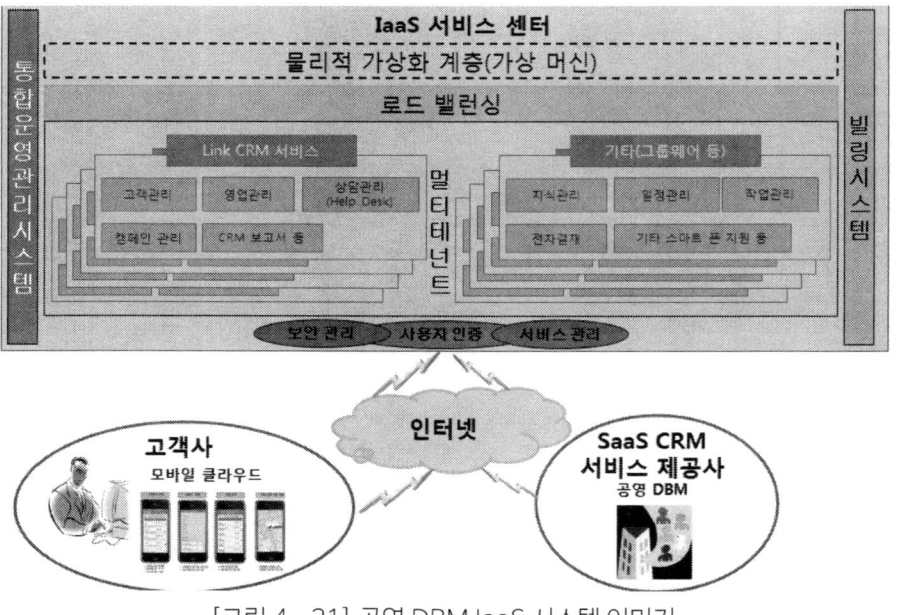

[그림 4 - 21] 공영 DBM IaaS 시스템 이미지

  ◦ 공영 DBM에 제공하는 SaaS 기반 CRM 서비스는 인프라 스트럭처로서 LG u+의 IaaS를 활용함과 동시에 자체 개발의 '멀티테넌트 기술' 기반의 CRM으로 중소기업 고객에게 저렴한 비용으로

대기업에서 사용하는 CRM 솔루션 못지않는 서비스를 기대할 수 있다.

○ CRM 서비스 기능
  - 주요기능

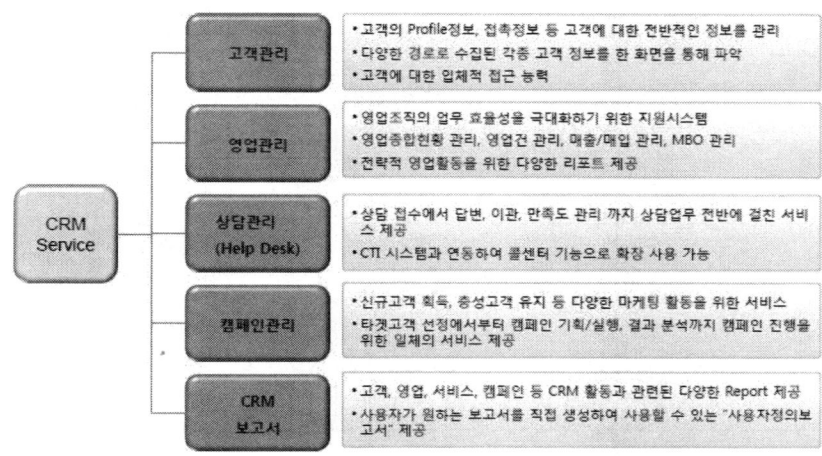

  - 세부 기능

구분	주요 기능
고객관리	고객관리
	그룹관리
	기념일관리
	이탈관리
	LEAD등록
	중복고객정리
	고객업로드
상담관리 (Help Desk)	상담접수
	상담관리
	상담이관
	만족도관리
	제품이력관리
	과제관리
캠페인관리	캠페인관리
	타겟팅관리
	설문관리
	오퍼관리
	메일/ SMS / DM 발송

구분	주요 기능
영업관리	거래처관리
	파트너관리
	영업관리
	CallPlan관리
	계산서관리
	견적관리
	주문관리
	영업종합현황
	SalesClinic
	영업사원평가
	중복거래처 정리
	회사명표준화
	거래처 업로드
	상품업로드
분석	RFM 분석
	PSV 분석
	활용도 분석
	OLAP 도구

구분	주요 기능
기타 기능	필드정형화
	지식관리
	게시판관리
	일정관리
	작업관리
	전자결재
	웹하드
	통지관리
	경비관리
	스마트 폰 지원
	지도서비스

  - CRM 론칭 팩 서비스

    CRM 론칭팩 서비스는 CRM 활용을 위한 내부 공감대를 형성해주고, 실증적인 성공 케이스를 제시해 주는 변화관리 프로그램으로서 중소기업들의 CRM 추진 애로사항(전문 인력 부족, 교육 Skill의 필요성 등)을 해소하기 위해 주는 유료 서비스로 다음과 같은 프로그램을 가지고 있다.

〈표 4-8〉 CRM 론칭 팩 서비스

서비스 명	설명	대상
초기 데이터 업로드	• 고객 데이터 정제 • 데이터 업로드 (고객, 거래처, 주문) • 데이터 업로드 Process 셋업	• DB 관리자 • 마케팅 운영자
주요 페이지 세팅	• 사용자 정의 화면 구성 (리스트 뷰 및 상세 관리 화면)	• 서비스 사용자
사용자 교육	• CRM 교육 진행 • 각 해당 모듈 교육 (영업, 마케팅, 상담 관리)	• 서비스 주 사용자
Push Report 생성	• Report 구성	• 관리자, 사용자
Report 생성 및 셋업	• 관리자, 사용자	
시스템 인터페이스	• 홈페이지 및 ERP 등 기존 시스템과 인터페이스 제공	

◦ Link CRM 활용 사례
　- 웨딩 플렉스

웨딩플렉스는 2003년 웨딩베스트 브랜드에서 경기도 1위의 웨딩홀로 선정된 중견 예식업체임. 웨딩플렉스가 CRM을 도입한 계기는 수익을 재창출하기 위한 상품개발보다는 고객의 요구를 충족시키고, 예식에만 머무르지 않는 상품을 개발해 보다 수준 높은 서비스를 고객에게 제공하기 위해서임. 특히 고객관리의 중요성이 크게 대두되었다.

국내 예식업계 분야에서 CRM을 도입한 사례가 전무했던 2007년부터 웨딩플렉스는 SaaS 모델을 근간으로 하는 예식업계의 CRM을 개척하기 시작했다. 이 모델을 선택하게 된 배경은 전문 전담인력이 필요하지 않고, 시스템 관리의 부담에서 자유로웠기 때문임. 또한 선진국의 예식 서비스는 상당히 세분화되어 있어 고객 대응에 빠르게 충족시켜 주고 있지만, 그렇지 못한 국내 현실을 변화시키기 위해 이 부분에 CRM을 도입해 응용할 계획이었다.

웨딩플렉스의 대표이사는 기존의 CRM 시스템은 오랜 개발기간이 소요되고, 투자 효과를 얻기에는 오랜 시간이 소요됐는데, SaaS형 CRM 솔루션은 시스템 도입의 경제적 부담이 월 사용료로 분산되고, 시스템 도입 효과를 빠르게 확인할 수 있는 장점이 있다고 말했다. 또한 웨딩플렉스의 홈 페이지도 CRM과 연계해 효율성을 높였다. 한번 다녀간 고객의 정보와 자료를 연동해 잠재 고객 자료로 확보하는 것이다.

이런 과정을 거쳐 웨딩플렉스는 고객의 특성에 맞는 세심한 서비스를 제공하였다. 즉, CRM을 통한 고객 데이터의 활용과 확장으로 일회성 예식에서 벗어나 동종업계에서는 찾아볼 수 없는 지속적인 고객관계 서비스와 새로운 상품을 개발하고 있다.

실제로 결혼기념일, 자녀의 돌잔치, 더 나아가 부모의 회갑이나 연회 등까지 '원스톱 고객관계 서비스'를 지속적으로 제공하였다.
현재 웨딩플렉스는 예식 체인화 사업을 확장하고 있음, 이 사업에는 호텔 서비스도 포함됨, 이런 성장의 배경에는 CRM이 큰 역할을 했다.
고객의 취향을 정확하게 찾아내어 시기적절하게 '고객감동' 서비스를 실현하기 위한 웨딩플렉스의 고객서비스는 지금도 CRM과 함께 움직이고 있다.

- 활용효과
  - 정성적 효과
    - CRM 사용자 증가 폭증 대비에 따른 필요 용량 이상의 예비 시스템 구축 불필요에 따른 비용절감
    - IT인프라 자원 관리 인원 보유 불필요
    - 고객 요구 SLA(Service Level Agreement)의 준수를 데이터 센터에 맡김으로서 이에 대한 부담감 해소
    - 고객 데이터에 대한 보안관리 부담 저감
    - IT인프라 자원 구축 및 관리 등 제비용 절감에 따라 중소기업에 고 품질의 서비스를 저비용에 제공 가능
    - 초기 투자비용없이 대기업 수준의 CRM 솔루션 사용 가능

· 정량적 효과(활용고객 예시로 대체)
   - 다음 신문기사에 나타난 (주)새한의 SaaS CRM 활용을 통한 100억 시너지 효과 사례 참조

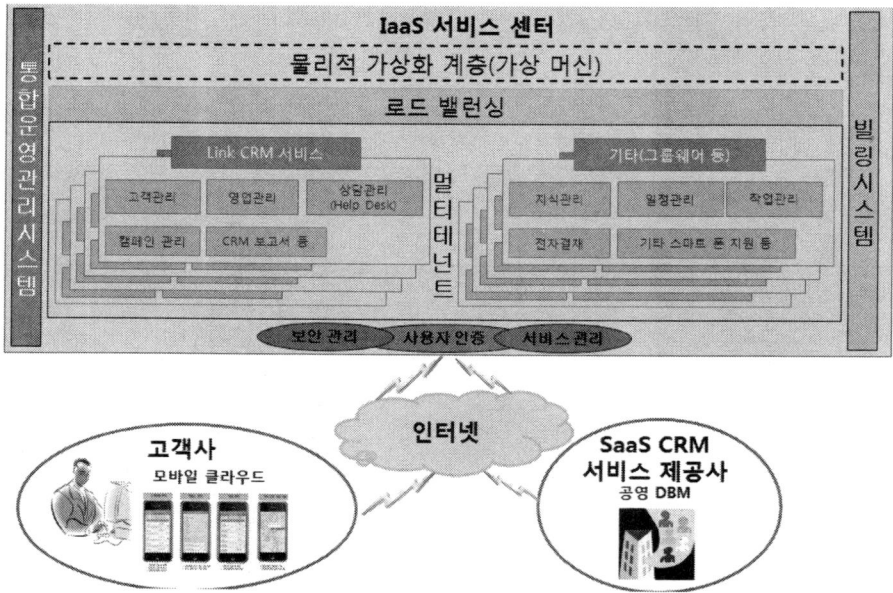

[그림 4 – 22] 공영 DBM의 CRM 도입효과 관련 매일경제신문 기사

◎ 국내사례 (IaaS + PaaS)

본 사례는 첨단 전자제품 제조 및 디지털 미디어 분야의 글로벌 리더인 삼성전자의 IaaS와 PaaS서비스가 접목된 Cloud Service 사례를 소개한다.

• 삼성전자
  - 도입 기관 소개

도입주체	삼성전자 VD 사업부
주　소	경기도 수원시 영통구
설 립 일	1969년
주요사업	스마트 TV
클라우드 서비스명	마이크로소프트 Window Azure

삼성전자는 6년 연속 전 세계 TV 시장 1위 자리를 놓치지 않고 있다. 그리고 이러한 리더십은 스마트 TV 부문까지 이어지고 있다. 업계 최초로 TV앱을 선보인 삼성전자는 2012년 1월 현재 스마트 TV 앱 1,400개를 전 세계 120개국에 서비스하고 있으며, 지난 10월 다운로드 건수 1,000만 건 달성 후 2,000만 건 달성을 앞두고 있다.

스마트 TV뿐 아니라 앱 부문에서도 업계 최고 기업의 면면을 보여준 것이다. 삼성전자의 역량은 TV 그 자체에 대한 기술력에 사설과 공용 클라우드를 넘나드는 유연성 높은 IT인프라 운영 전략의 조화 속에서 나오는 것이란 특징이 있다.

즉, 경쟁 업체가 쉽게 따라올 수 없는 구조의 경쟁력을 갖추고 있는 것이다. 삼성전자는 스마트 TV 경쟁력의 핵심으로 플랫폼과 인프라 관련 효율적인 투자에 일찍부터 주목했다.

삼성전자는 2008년 클라우드를 자사 서비스에 접목하기 시작해 2011년 Windows Azure를 활용하기 까지 빠르게 진보된 환경으로 발전시켜 가고 있다. 삼성전자는 멀티 시스템 공급자 체제란 큰 틀을 유지하는 가운데 IaaS, PaaS를 고르게 지원하는 Windows Azure의 사용을 늘려 자사의 핵심 인력들이 유지보수가 아니라 고객을 위한 소프트웨어와 서비스의 품질 제고라는 보다 중요한 일에 매진할 수 있도록 할 계획이다.

- 추진배경

"6년 연속 세계 판매 1위" 삼성전자의 TV는 품질, 디자인 등 모든 면에서 경쟁사를 압도하는 것으로 유명하다. 이런 경쟁력에 최근 한 가지 강점이 더 해지고 있다. 바로 "스마트 TV" 부문의 리더십이다. 삼성전자는 스마트 TV 부문에서도 한발 앞선 움직임을 보여왔다. 스마트 TV란 개념 조차 생소하던 2007년 웹을 통해 각종 정보를 살펴볼 수 있는 인터넷 TV를 선보였다. "보는 TV에서 즐기는 TV"라는 새로운 사용자 경험을 가장 앞서 개척해 나간 것이다.

삼성전자의 거침없는 행보는 2009년 뉴스, 사진 공유, UCC 감상, 전자상거래 등을 위젯(Widget)으로 간편히 즐길 수 있는 Internet@TV 콘텐츠 서비스를 선보이며 속도감을 더하게 된다. 기존에 자사의 Infolink를 통해 TV에서 간단히 뉴스, 날씨, 주식 등에 대한 정보를 접할 수 있게 한 것에서 더 나아가 포털에서 제공하는 각종 콘텐츠와 서비스까지 편리하게 즐길 수 있게 한 것이다. 이런 기민함을 바탕으로 삼성전자는 2010년 스마트 TV 앱 스토어를 개장하며 시장에서 남다른 존재감을 확고히 하게 된다.

이처럼 스마트 TV 부문에 삼성전자가 매진해 오면서 신제품 개발 못지 않게 공을 들여온 부분이 있다. 바로 IT인프라였다. 스마트 TV는 소프트웨어 플랫폼이 탑재되어 있어 지속적인 업그레이드가 필요하고, 다양한 앱을 사용자들이 빠르고 간편하게 받아볼 수 있도록 해야 한다. TV를 잘 만드는 것은 기본이고 다양한 앱과 서비스 제공 부문에서도 품질에 대한 신뢰를 제공해야 한다. 하지만 이는 삼성전자에도 큰 도전 과제였다. 스마트 TV 부문의 트래픽 증가세 그리고 이에 따른 서버나 스토리지 증설은 예측이 불가능할 정도였기 때문이다.

이런 이유로 삼성전자는 사업 초기부터 클라우드에 관심을 가지게 된다. 삼성전자 VD사업부는 "최근 클라우드에 대해 관심들이 많은데 우리는 스마트 TV 서비스를 본격화한 다음부터 트래픽 증가가 피부에 와 닿았다"라며 "2007년부터 2011년 사이 트래픽 증가세를 비유하자면 선형적인 그림이 아니라 마치 로켓이 수직 이륙하는 듯한 모양새를 띄고 있다"고 말했다.

또한 "자연히 플랫폼 정보기술의 인프라 투자 규모도 선형적 증가가 아니라 곱셈식으로 급격이 느는 추세선을 보였다"라며 "전통적인 방식으로 미래 용량을 예상해 장비를 들여오는 방식으로는 신속한 대응이 어려워 2008년부터 클라우드를 쓰기 시작했다"고 말했다. 클라우드의 필요성을 실제로 느껴 실제 서비스에 활용해온 삼성전자 VD사업부는 2010년 말 새로운 대안 모색에 나서고 있다.

- 시스템 개요

삼성전자 VD 사업부가 새로운 클라우드 서비스를 검토한 이유는 바로 특정 업체에 종속적이어서는 안 된다는 판단 때문이었다. 멀티 시스템 공급자 체제로 가는 것이 여러 면에서 유리하다고 본 삼성전자 VD 사업부는 마이크로소프트의 Windows Azure에 관심을 보였다. 그리고 2011년 초 PoC(Proof of Concept) 프로젝트에 곧바로 착수하였다.

이처럼 신속하게 의사결정이 이루어진 것과 관련해 "스마트 TV 사업은 시장의 요구에 빠르게 대응해야 한다. 그래서 삼성전자 VD 사업부는 빠른 검토와 실행이 가능한 슬림한 조직 체제를 유지해오고 있다"라며 "Windows Azure 역시 사전 검토부터 PoC 진행까지 일사분란하게 진행되었다"고 말했다.

삼성전자 VD 사업부는 2011년 초 2달 간의 일정으로 PoC 프로젝트를 수행하였다. 이 과정에서 집중 검토된 사항은 삼성전자의 스마트 TV 관련 시스템들과 Windows Azure 환경 간의 이식성 검토였다. 삼성전자의 스마트TV 관련 서비스를 제공하는 시스템 중 일부를 Windows Azure로 이관해 본 결과 특이 사항이 없었다.

이관 대상 시스템들을 Windows Azure 상으로 옮겨 평가하는 데 두달 정도면 충분했다. 처음에는 구동되지 않는 요소도 있었으나 간단한 튜닝 작업을 거쳐 성능 저하 없이 마이그레이션 및 운영이 가능함을 확인할 수 있었다. 참고로 삼성전자의 스마트TV 관련 IT환경은 TV에 설치된 플랫폼의 업그레이드 및 패치 관리, 앱(App) 배포 및 관리 등 다양한 시스템으로 구성되어 있다.

PoC를 마친 삼성전자 VD 사업부는 실제 망에 올려 살피는 검증 단계로 넘어갔다. 이 작업은 다소 여유를 가지고 상세한 부분까지 꼼꼼히 살피는 방식으로 치러졌다. 그 이유는 고객과 접점을 가지고 있는 시스템들인 만큼 한치의 오차도 허용할 수 없었기 때문이다.

삼성전자의 스마트 TV 관련 시스템들은 24시간 365일 체제로 전 세계 120개국을 대상으로

서비스를 제공한다. 장애가 발생하면 시차에 따라 그 파급 효과가 전 세계적으로 확산되기 때문에 안정성 보장은 그 무엇보다 중요하다. 고객을 대상으로 한 미션 크리티컬한 시스템들이다 보니 성능 역시 중요한 평가 지표였다. TV가 커넥티드 디바이스화 되면서 화질 못지않게 앱 다운로드나 웹 검색 등을 하는데 있어서의 체감 속도가 사용자 경험을 좌우하는 요인이 되었기 때문이다.

안정성 및 성능과 관련해 삼성전자 VD 사업부가 주안점을 둔 것은 최적화였다. 실제 사내에 구축된 시스템처럼 성능과 용량 등을 최적화 하여 사용하고자 한 것이다. 클라우드 서비스는 여러 면에서 장점이 있지만 자칫 낭비적인 요소도 존재하는 양날의 검이라 생각했다. 이는 "클라우드는 비용 이점이 크다 보니 자칫 성능이 부족하거나 할 때 별 생각 없이 자원을 더 신청하는 것으로 처리하는 등 낭비를 할 수도 있다"는 것을 말한다.

직접 서비스 망에 시스템을 올려 안정성 그리고 성능 최적화 등까지 확인한 삼성전자 VD 사업부는 2011년 10월 일부 스마트 TV 관련 시스템들을 Windows Azure 상에서 공식적으로 제공하기 시작했다.

- 활용 효과
  ◦ 정량적 효과
    · 최대 80배까지 비용 절감
      - 직접 운영하는 IT인프라를 무조건 확장해 나가는 대신 클라우드 서비스를 적극적으로 활용함으로 인해 삼성전자 VD 사업부가 얻게 된 비용 절감 효과는 상당히 크다. 동사는 "2007년과 2011년 스마트 TV 관련 IT인프라 규모를 비교해 보면 100배 가량 차이가 날 것"이며 "이런 증가세에 맞추어 직접 서버나 스토리지를 구매했을 때의 비용 차이를 살피기 위해 시뮬레이션을 해본 결과 적게는 10배에서 많게는 80배 가량 차이가 벌어졌다"고 밝혔다.
      - 삼성전자 VD사업부는 향후 Windows Azure 이용 범위를 넓혀갈 계획이다. 그 이유는 "빠르게 확장되는 서비스 지원을 위해 직접 장비를 들이고 운영하는 것은 경쟁력이 떨어질 뿐 아니라 그리 효과적이지 않을 수 있으며 클라우드 서비스 사업자들은 전기 요금이나 장비 구매 비용 등의 측면에서 이미 규모의 경제를 달성했다"고 보고 있다.
    · 몇 달 걸리던 작업을 클릭 한번으로 처리

- 삼성전자 VD 사업부에서 시스템 운영 관리를 담당하는 엔지니어들은 Windows Azure를 쓰면서부터 업무 일상이 많이 달라졌다고 한다. 장비를 들여와 일일이 설치하고 세팅하러 다닐 일이 줄은 것은 물론이고 긴급한 확장이 필요할 때 그 자리에서 처리가 가능하다.
- 예를 들면 "시스템을 발주내고 들여와서 설치하고 설정하고 뭐 하는데 국내는 대략 30일 그리고 미국 등지의 경우 90일 정도가 필요하다"하지만 "클라우드 환경에서는 마우스 클릭 한번이면 원하는 만큼 자원을 바로 확보할 수 있다"

◦ 정성적 효과
  · 소프트웨어와 서비스 품질에 집중
    - 인프라 관리 부담 역시 줄었다고 한다. 삼성전자 VD 사업부가 기존에 쓰던 클라우드는 IaaS(Infrastructure as a Service)이다 보니 서비스를 이용한다 해도 인프라 운영, 관리는 직접해야 했다. 하지만 Windows Azure의 경우 마이크로소프트에서 처리해주기 때문에 신경쓸 필요가 없다. 개발자들 역시 손가는 일이 많이 없어졌다. Visual Studio 상에서 개발을 마치고 클릭을 한번 하면 서비스가 클라우드 상에 바로 올라간다.
    - "Windows Azure는 엔지니어와 개발자 모두 선호한다". IaaS와 PaaS 모두의 유지보수를 마이크로소프트가 해주기 때문에 사용자는 소프트웨어와 서비스 품질에만 신경을 쓰면 된다.

  · 스마트 TV 서비스 품질 경쟁력 제고
    - 2011년 10월 삼성전자는 스마트 TV 앱 1,000개, 다운로드 건수 1,000만 건이란 기록을 업계 최초로 달성했다.
    - 1,000:1,000 시대를 맞이할 정도로 앱도 많고 관련 트래픽도 많아졌지만 삼성전자 스마트 TV 서비스 품질은 더욱 공고해지는 분위기다. Windows Azure가 기존 인프라에 가세하면서 어떤 변수에도 원활한 서비스 제공을 위한 준비 수준이 더 높아졌기 때문이다.
    - "스마트 TV 트래픽은 특정 앱이 히트를 치거나, 미국의 블랙프라이데이처럼 특정 기간에 TV 판매대수가 늘거나, 특성 콘텐츠에 접속이 늘거나 하는 등 영향을 주는 요인이 다양하다". 트래픽이 예측 가능한 범위에 있다가 갑자기 크게 튀어 오르는(spike) 경우에도 고객에게 제공되는 서비스 품질을 일정하게 유지하는데 클라우드 컴퓨팅이 도움을 준다.
    - 한편 서비스 속도 역시 Windows Azure가 삼성전자 VD 사업부의 마음을 사로잡은 부문이다.

서비스 런칭 후 비교해 본 결과 기존 이용하던 클라우드 상에서 제공되는 서비스에 비해 Windows Azure에서의 속도가 구미 지역에서는 비슷했지만 전 세계 스마트 TV 트래픽 중 가장 많은 비중을 차지하는 아시아 지역에서는 더 빠르게 나타났다.

◎ Private 클라우드 서비스 성공 참조모델
• 분당 서울대 병원
  - 도입 기관 소개

도입주체	분당 서울대학 병원
본사 주소	경기도 성남시 분당
설립일	2003년 5월 개원
현황	6센터, 23개 진료과
교직원 수	2,600명, 의사(520), 간호직(830), 기타(1,250)
1일 평균 외래 환자수	4,000명

  - 추진배경
• 의료의 질 향상
  - 의료진들에게 언제, 어디서나, 다양한 단말기를 통하여 의료 정보의 접근이 가능하도록 하여 신속하고도 정확한 의료 서비스를 제공할 수 있도록 하며, 환자나 환자 가족들에게는 진료 과정이나 결과 정보를 제공함으로써 진료 결과에 대한 신뢰도를 향상시키는 것을 목적으로 하였다.
• 시스템관리 개선
  - 의료 정보는 환자의 개인 정보를 포함하고 있으므로 정보 접근자들의 관리와 정보에 대한 보안 강화가 필요하며, 또 시스템 도입 비용 및 운영비용의 비용/효과를 개선이 요구되었다.
• 내부 사용자들의 needs
  - 기존 운영 중이던 여러 의료 정보 시스템들이 개별적으로 운영되고, 각 정보 시스템의 접속 단말이 별도로 설치되어 있어서 접근 장소의 제약이 많고 이용자들이 불편을 느끼고 있었으며, Total care를 위한 전자 시스템을 지향하는 병원 내부 정보 시스템 발전 전략에 의한 것이었다.
• IT 발전 트렌드

- 기존 시스템은 Client/Server 기반 시스템으로서 접속 단말기의 기술적 제약이 많았으며, 기술 발전 트렌드에 맞추어 볼 때 WEB 기반 또는 클라우드 기반의 서비스로 전환하여 편리성을 개선할 필요성이 검토되었다.

- 클라우드 서비스 이미지

  클라우드 서비스에서 사용자 관점과 시스템 관점에서 서비스 개념을 살펴보면 먼저 시스템 관점에서는 특별히 달라지는 것이 없다. 클라우드를 도입할 때, 외부의 공공 클라우드로 전환하거나 새로운 시스템을 도입할 경우는 시스템도 달라지겠지만 기존의 시스템을 그대로 유지하면서 가상화 계층을 통해 사용자들에게 클라우드 서비스를 제공하는 경우에는 통상적으로 말하는 back-end 시스템에는 변화가 없다.

  실제 사용자 접속단의 경우는 기존의 물리적 PC를 이용한 network 연결이 가상화 계층을 통해 접속단 Client가 가상 머신으로 대체되며, 그 외에 추가로 Mobile 기기들의 Interface를 통해 다양한 Mobile Device들이 Client로 사용될 수 있다는 것이 크게 달라지는 부분이라 할 수 있다.

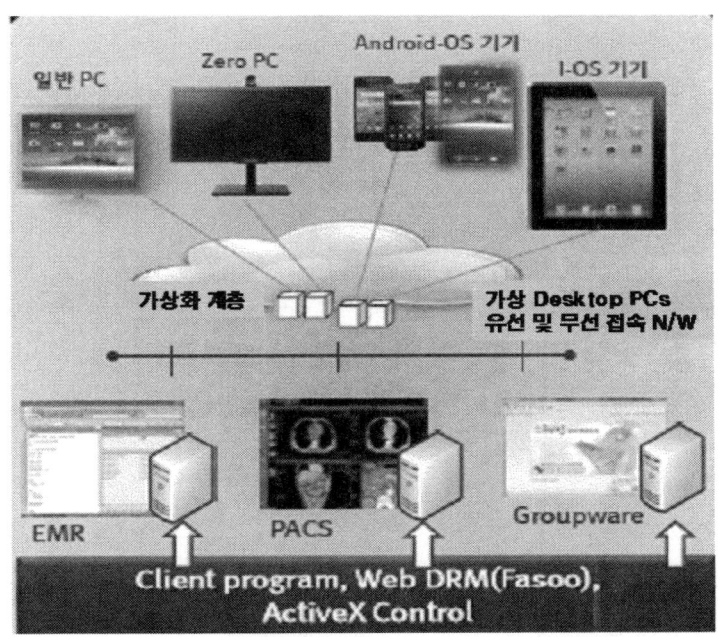

[그림 4-23] Private 클라우드 병원 시스템 이미지

본 사례는 기존의 back-end 시스템인 EMR(Electronic Medical Record), PACS(Picture

Archiving Communication System), 경영정보시스템 및 그룹웨어 시스템은 그래도 변경없이 사용하며, 사용자 접속단에서 Client PC를 가상화하는 방안으로 클라우드 서비스를 구축한 경우로서 단말단의 기존 PC는 물론 가상 Desktop PC와 다양한 Mobile Device를 의료정보 조회 단말로 사용할 수 있도록 한 것이다.

결과로 본 사례의 서비스 변화 내용을 정리해보면 기존의 PC Client로 제한된 장소에서 제한된 정보만을 조회할 수 있던 의료 정보 시스템을 기존 PC, 가상 Desktop PC, Thin Client, Zero Client, Mobile Device(패드, 테블릿, 스마트폰 등)를 통해 언제 어디서나 다양한 단말로 의료정보 조회 서비스를 받을 수 있도록 개선한 것이라 할 수 있다.

부가적으로 기존 개별 PC에 자유롭게 산재되어 잇던 정보들이 가상화 서버에 집중되어 관리되고, 개인 PC에서 자유로이 외부로 유출이 가능하던 정부 유출 통로를 차단함으로써 의료정보 보안이 좀더 강화되었다는 효과를 얻을 수 있다.

- 클라우드 전환 이전 시스템 구성

클라우드 도입 이전의 시스템의 구성은 비교적 단순한 형태의 개별 기능 시스템으로서 주요 시스템은 EMR 시스템, PACS 시스템 및 경영정보 시스템과 그룹웨어 시스템이 일반 Desktop PC를 Client로 하여 Network로 연결되어 있었다.

이들 시스템들은 개별 시스템으로써 PC에 이들 시스템과의 접속을 위한 Client 프로그램을 설치하여 사용하였으며, 단말 PC는 의사실, 간호사실 등 주로 의료진들의 근무지에 설치되어 있었으며, 병실 등 환자들의 생활공간이나 치료를 받는 곳에는 설치되지 않았었다.

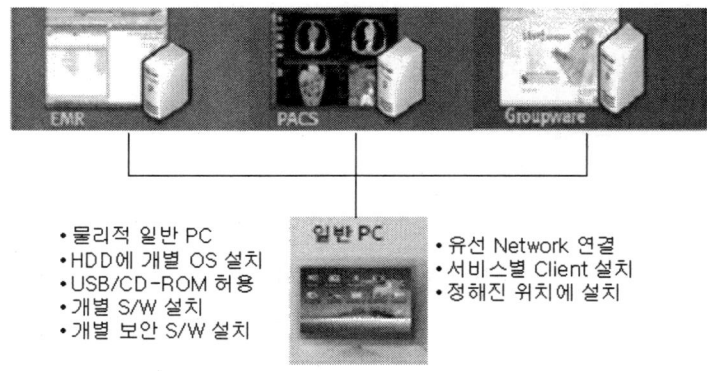

[그림 4 – 24] 클라우드 전환 이전 시스템 구성도

- 클라우드 서비스 도입 절차

- 기본 시스템 구축

    기존 시스템의 활용, 의료 정보의 대외 보안성, 의료정보 서비스용 Public 클라우드 가용성 등을 고려하여 Private 클라우드 서비스로 자체 구축하기로 결정하였다.

    구축 절차는 ① 시스템 구성 (가상화 소프트웨어) ➡ ② 그룹별 가상 데스크탑 배정 ➡ ③ 호환성 확보 ➡ ④ 고해상도, 다중 모니터 지원 검토 ➡ ⑤ 원내 HR 시스템 연계 ➡ ⑥ 고가용성 (High Availability) 검토 ➡ ⑦ 자원 활용 극대화 ➡ ⑧ 스토리지 최적화 수행의 8단계 과정으로 실시하였으며 각 과정별 주요 내용은 다음과 같다.

    ① 시스템 구성

    제일 먼저 가상화 소프트웨어를 설치하였고, 물리적인 서버 가상화를 위한 소프트웨어인 하이퍼바이저와 뷰 관리를 위한 소프트웨어를 설치하였다.

    가상화의 주요 대상이 되는 Desktop PC의 주 Guest OS로는 기존 환경을 최대한 유지하기 위하여 Windows Xp와 Windows 7으로 구성하였으며, 사용자 소프트웨어로 각종 장치별 뷰 Client를 설치하였다. 주요 대상은 Windows 기반 PC(Notebook 포함)와 Android 기반 Mobile 기기 및 iOS 기반 iPad의 뷰 Client를 설치하였다.

    ② 그룹별 가상 Desktop PC 배정

보안과 의료정보 접속 권한에 따라 가상 머신의 종류를 4가지 형태로 구분 설정하고, 직무에 맞게 각 형태의 가상 Desktop PC를 배정하였다.

분류된 4가지는

Type A – 내부 의사와 간호사 등 원내에서 직접적인 의료 서비스를 지원하는 직원용,

Type B – 내부 망 및 타원 정보 시스템 접속이 허용되는 파견 의료진용,

Type C – 원내망 및 인터넷을 통해 접속이 허용되는 외래 간호용 및 일반 개인용 PC 형태이다.

배정된 가상 Desktop PC는 전체 400대이며, 이중 Type A가 250대로 제일 많고 다음으로 일반 개인용 PC 90대, Type B와 C는 각각 50대, 10대를 배정하였다.

③ 호환성 확보

가상화 환경에서 병원의 기존 응용 프로그램들의 호환성을 검증하였다.

운영체제 및 기존의 Client/Server 형태로 운영되던 EMR, PACS 등의 시스템 Client가 OS별, Version별 동작에 문제는 없는지를 검증하였다. 다음으로는 Windows에 적용되는 ActiveX 제어 기능이 정상적으로 동작하는지와 DRM S/W 등과의 호환성도 검증하였다.

④ 고해상도 다중 모니터 지원 검토

다음은 PACS 시스템을 중심으로 하는 고해상도 영상 처리와 관련한 다중 모니터 지원에 대한 기술적 검토와 시험을 진행하였다.

먼저 해상도 지원여부를 검증하였으며, 일부 장비의 기본 해상도가 1024 x 768이라 원내 주요 시스템의 영상 처리 장치의 요구 사항인 1280 x 1024에 부족하여 기기의 해상도를 상향 설정하여 지원 가능하도록 하였으며, 필요시 1600 x 1200 해상도까지 지원되는 것을 확인하였다. 다음으로 가상화 환경에세 다중 모니터(Dual 또는 Multi-screen) 지원 여부도 확인하여 동작에 지장이 없음을 확인하였다.

⑤ 원내 HR(Human Resource) 시스템 연계

의료 서비스에 필요한 장비의 연동 및 동작 상태를 확인한 후, 시스템 관리 및 운영에 필요한 원내 시스템 연계 가능성을 검증하였다.

의료 정보의 접근 통제를 위한 사용자 관리를 위해서 원내 HR(인사관리) 시스템과 연계하여 입사/퇴사 등과 관련된 직원의 변동 사항이 즉시에 시스템에 반영되어 계정의 추가 또는 삭제가 가능하도록 하고, 신규 입사자에게는 계정의 생성과 동시에 가상 Desktop PC를 생성하여 배정하고, 퇴사자에 대해서는 계정의 삭제 및 가상 Desktop PC를 삭제할 수 있도록

하였다.

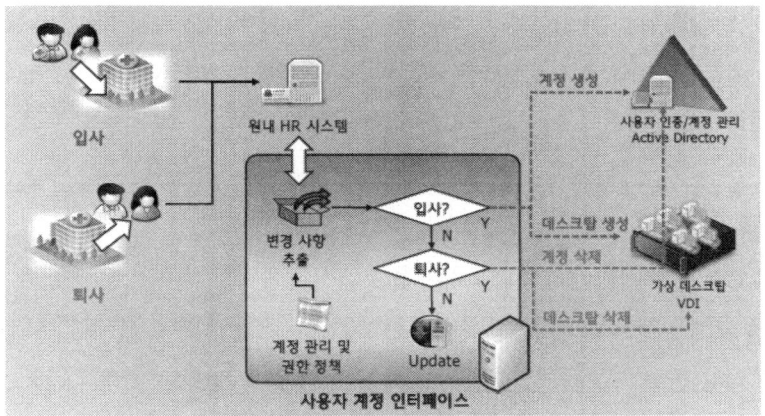

[그림 4 - 25] 원내 HR(Human Resource) 시스템 연계도

⑥ 고가용성 (High Availability) 검토

지금까지의 과정으로 기본 시스템의 기능적 측면에서의 구축은 완료되었다. 이후부터는 시스템의 운영 안정성과 효율성을 제고하기 위한 과정이라 할 수 있으며, 그 첫 단계로 장애에 대한 Failover를 통한 고가용성을 확보하는 것으로 서버나 가상 머신에서 장애 발생시 이를 다른 서버에서 자동적으로 재기동 함으로써 SPF(Single Point Failure)를 제거하여 시스템 가용성을 최대화할 수 있는지를 검증하였다.

또 하나 가용성에 영향을 미칠 수 있는 중요한 요소로서 시스템 전반의 부하를 제어하여 최적화하는 작업을 하였다. 실제로 시스템 운영 환경에서 장애에 의한 가용성 못지않게 부하의 불균형에 의한 장애의 발생이나 정상적인 사용이 어려워지는 경우가 많다는 것은 누구나 잘 알고 있는 사실일 것이다. 따라서 시스템 자원에 대한 최적의 접근을 보장하고 가상 Desktop PC의 컴퓨팅 용량을 동적으로 할당 또는 회수하여 균형적인 부하를 유지할 수 있도록 하였다. 아울러 필요시는 가상 Desktop PC의 Migration 등의 기능도 정상 동작하는지를 확인하였다.

⑦ 자원 활용 극대화

앞 과정에서 서버나 가상 Desktop PC의 장애나 부가의 균형을 유지하였고, 이제는 서버 내부의 CPU나 Memory 같은 시스템 자원의 효율성을 극대화 할 수 있도록 최적화 하였다.

CPU자원을 가상 PC간에 공유할 수 있도록 하여 활용율을 높이고 필요시 더 많은 대수의 가상 Desktop PC를 운영할 수 있도록 하였으며, Memory의 경우 가상 Desktop PC에서 요구하는 Memoey 용량을 동적으로 회수, 할당할 수 있는 Memory Ballooning 기술을 적용함으로써 지원의 효율을 극대화하였다.

⑧ 스토리지 최적화 수행

시스템 구성 마지막 단계로 스토리지 용량 최적화 설계를 적용하였다. 즉, 각 가상 Desktop PC를 구성할 때 필요로 하는 스토리지 용량을 공유 가능 부분과 공유 불가 부분으로 구분하여 스토리지 공유 부분을 극대화함으로써 최소 용량으로 최대 가상 Desktop PC 지원이 가능하도록 하였다. 실제 적용된 내용으로 동일한 OS를 사용하는 가상 Desktop PC는 OS를 모두 공유하도록 하였으며, 이를 통하여 약 70%의 스토리지 용량 절감효과를 얻을 수 있었다.

- 구축된 시스템의 단계적 오픈

시스템 전환에 대한 위험을 최소화하고 사용자들이 익숙해질 수 있는 시간적 지체를 극복하기 위하여 구축 완료된 시스템을 총 5단계로 나누어 단계적으로 오픈하였다. 그 첫 단계로 시범오픈에서는 100명의 사용자를 대상으로 가상 Desktop PC 100대와 iPAD 접속을 통하여 사용하기 시작하여 마지막 확대 적용까지의 과정을 실시하였다.

각 단계별 추진 내용을 정리하면 아래와 같다.

〈표 4 – 9〉 단계별 추진내용

시범 오픈	시스템 오픈	확장 오픈	안정화	확대 적용
• 100 사용자 • 가상 Desktop PC 100대 • iPAD 접속	• 약1450 사용자 • 가상 Desktop PC 35대 • iPAD/TAB 접속 • PC 접속	• 약1,600 사용자 • 가상 Desktop PC 400대 • iPAD/TAB 접속 • Client 버전 up(고해상도 지원) • VPN 접속	• VDI 운영 안정화 • 운영 및 할당 정책 조정 • Engineer + 운영담당자 협업	• 1,000 사용자 추가(병원증축) • 가상 Desktop 300대 추가 • iPAD/TAB 접속 • 일반 PC 접속 • 고해상도 모니터 PC 접속

- 클라우드 전환 시 고려사항

기존의 개별 시스템과 Desktop 기반 Client 시스템을 VDI (데스크탑 가상화, Virtual Desktop Infrastructure) 기반 클라우드 서비스로 전환을 기획하며 고려했던 주요 내용들은 아래와 같다.

- Desktop에 비하여 얼마나 효율적으로 가상 머신을 운영할 수 있나?

    ① PC의 도입 → ② 설치 → ③ 이동 → ④ PC 장애 수리 → ⑤ 반납 → ⑥ 폐기에 이르는 PC 관리 프로세스가 ① 가상 PC 생성 → ② Master Image 배포 → ③ 접속위치 및 계정 변경 → ④ 가상 머신 이동 → ⑤ 계정 삭제 → ⑥ 가상 머신 삭제 등의 형태로 더 간소해지고 실제 필요한 작업 시간도 단축되는 것으로 밝혀졌다.

- 보안적인 측면에 있어 안전한가?

    클라우드 관점에서는 Private 클라우드로 구축하는 것이므로 최소 기존 시스템과 동일 수준의 보안이 유지되며, 접속 단말 관점에서는 관리의 집중, 데이터의 집중 등에 의해 보안이 강화될 수 있으며, 시스템적인 공유 채널을 제공함으로써 개인 PC나 Media를 통한 공유 수요가 없어지므로 정부 유출 경로를 차단할 수 있으므로 보안 측면에서는 더 안전할 것으로 판단되었다.

- 사용자 계정을 어떻게 분류할 것인가?

    복잡성과 관리 효율, 접근성, 보안 유지 등을 종합적으로 검토하여 4가지 형태의 가상 Desktop PC를 설계하였으며, HR(Human Resource) 시스템과 연계하여 직원의 신상 변동에 따라 실시간으로 가상 머신을 제어할 수 있도록 하였다.

- 병원 환경에서 얼마나 활용할 수 있는가?

    고해상도의 영상정보, 시스템, 입원실, 수술실, 외래 등의 장소, 의료진, 환자, 약국 등과의 정보 공유 등을 고려했을 때, 정보의 집중화로 공유도 확대, 다양한 영상 단말의 활용 가능성 확인, 필요에 따른 가상 머신의 다양화, 정보 자원의 효율적인 이용 등의 장점을 활용할 수 있었다.

- 사용자에 대한 거부감을 어떻게 해결 할까?

    기존 PC 환경에서 실체가 보이지 않는 가상 머신에 대한 사용자의 불안감은 시험을 통한 실제 안전성 데이터를 제시하고 또 교육을 통하여 해소하였으며, 개인정보에 대한 감시 받는다는 느낌으로 거부 반응이 예상되었으나 프로그램 상애서 개인 정보 열람이 불가하며 노출되지 않음을 확인시킴으로써 해결하였다.

- 기대효과

본 시스템 구축 결과 기대효과는 다음과 같이 정리할 수 있다.

첫째, 본 기관에서 생성, 운영되는 모든 의료 정보가 장소와 시간에 구애받지 않고 다양한 접속 단말 즉, 가상화 Desktop PC, 일반 PC, 태블릿 및 스마트 폰을 이용하여 접속하여 활용할 수 있으며, 그 결과로 4 less 병원을 달성할 수 있었다.
여기서 4less 병원이라 함은 4가지가 없는 병원을 의미하는데, 그 4가지는
· 병원의 의무 기록 내용인 EMR Chart,
· X-Ray, CT, MRI 등의 영상 의료 정보를 저장하는 PACS Film,
· 병원과 약국, 환자간의 정보전달 체계에 해당되는 처방전 시스템의 Slip,
· 병원 운영에 필요한 각종 관리 정보에 해당되는 PMS/MIS 등의 경영/관리 정보를 위한 Paper가 없는 전자화된 병원을 말한다.

둘째는 위와 같은 4 less 병원을 구축함으로써 의료 서비스의 정확성과 신속성을 확보할 수 있었으며, 정보의 신속한 공유와 접근성을 높임으로써 양질의 의료 서비스를 제공할 수 있게 되었다.

셋째 의료 정보 접속 단말인 PC의 장애 발생시 대체 PC의 제공 및 접속 프로그램의 설치 등 최소 몇 시간이 필요하던 장애 대응 시간을 가상 Desktop PC 생성 및 할당으로 전체 장애 대응 시간을 30분 이내로 줄일 수 있었으며, 또 iPAD 등의 태블릿을 통한 대체 접속 단말을 제공함으로써 중단없는 의료 정보 서비스를 구현할 수 있었다.

넷째로 이전에는 종합 시스템의 정보를 제외한 각종 개인별 정보가 PC에 산재해 있어서 PC의 고장으로 인한 유실, 직원 퇴직으로 인한 정보 유실 등의 정보 유실 위험이 많았으나 본 시스템 구축 이후에는 모든 개인별 자료까지도 모두 서버에 저장되고 전문 인력이 관리하게 됨으로써 유실의 위험을 대폭 줄였다.

또 PACS 영상 정보 등의 공유를 목적으로 PC의 CD-ROM이나 USB 등을 자유로이 사용할 수 있었으므로 상시 정보 유출의 위험이 산재해 있었는데, 이런 요구가 없으므로 CD-ROM이나 USB 등의 사용을 금지하여 정보 유출을 근원적으로 차단할 수 있게 되었다. 결과로 내부 정보에 대한 보안 수준이 한 층 높아졌다고 할 수 있다.

마지막으로 매년 수백대에 이르는 PC를 신규 도입하고 또 폐기 처분함으로써 대량의 산업 폐기물이 발생하였는데, 이를 서버를 이용한 가상화 Desktop PC로 대체하여 산업 폐기물을 대폭 줄일 수

있었으며, 기존의 PC 등의 정보처리 자원을 모두 재활용함으로써 기존 투자를 보호할 수도 있었다. 결과로 Green Computing을 실시할 수 있게 되었다.

- 사례 적용방안

 본 사례는 대기업 수준의 대형 병원의 사례로서 중소기업에 해당되는 의원급이나 소형 병원에서 적용하기는 다소 무리가 있는 사례라 할 수 있다. 그러나 클라우드 서비스의 특징이 그러하듯이 규모에 절대적으로 영향을 받지 않고도 활용할 수 있는 방법이 있을 수 있다.

 이와 관련 본 사례는 23개 진료과로 구성된 대형 사례이지만 개별적 과단위로 나누어 보면 종합적으로 상호 연동되어 움직이는 서로 다른 의원들의 집합이라고도 볼 수 있다. 따라서 본 사례와 같은 클라우드 서비스 시스템을 공공 클라우드로 구성하고 의료 서비스 분야에서 필수적으로 필요한 EMR이나 PACS시스템 서비스를 필요로 하는 작은 단위의 소규모 병원(의원 포함)에서 회원제 형식이나 사용 계약을 통해 사용할 수 있도록 할 수 있다.

 이렇게 되면 각 진료과별로 전문 의원들이 서로 필요한 의료 정보를 공유할 수도 있을 것이며 On-Line으로 연결된 대형 병원의 기능을 상당 부분 수행할 수 있을 것으로 예상된다. 여기에 화상회의 시스템을 추가하거나 하는 등의 개선된 클라우드 서비스 시스템을 구축한다면 지금까지는 대형 병원에서만 가능했던 여러 전문 의료진들이 환자에 대한 공동 진료 방안을 협의하는 것 등이 중소 병의원 연합에서도 가능할 것으로 예측된다.

 더하여 이런 클라우드 시스템을 건강보험공단 같은 기관에서 구축 운영한다면 진료 목적 이외의 여러 가지 의료 정보 공유 효과를 기대할 수 있을 것으로 예상되는데, 한 예로 의원별 이중 진료를 방지할 수 있을 것이며, 의료 정보의 공유로 고가의 의료장비 공유도 가능해질 것이므로 전체 국가적인 의료비 지출을 절감할 수도 있을 것이다. 이와 관련해서는 추가적인 연구가 더 필요할 것으로 판단된다.

- (주)피존 DaaS 클라우드 서비스 성공 참조모델
- 주식회사 피존

- 구축내용

도입회사	주식회사 피죤
구축목적	피죤내 생산라인 및 지사 PC 환경 개선 및 보안관리
구축일정	2008년 2월 ~
매 출 액	4월
사업내용	1차 서울 본사 서비스 구축 2차 충북 진천 공장 infra 구축(000 User Lince)
서비스제공사	틸론

- 프로젝트 규모

요구사항	1) 서울 본사의 Remote 서비스 및 중앙 집중식 관리 2) 씬 클라이언트 담날을 통한 사용자 환경 구축 3) 인터넷, MS Office, SAP, 내부 개발 어플리케이션의 통합 적용 및 프로그램 관리 4) 생성 Data에 대한 외부 유출 보안 강화 5) 지사, 공장의 사용자 환경에 대한 보안 관리
H/W	Server 000EA Thin-Client 000EA
S/W	Exploer, ms Office, SAP, 어플리케이션 Tool

- 도입효과

  · 별도의 전산 관리자가 필요없는 원격 시스템 관리로 유지보수 편리성

  · 각각의 어플리케이션 설치, 개인사용 PC의 업그레이드 및 관리의 편리성

  · 내부 업무 데이터에 대한 외부 유출 방지를 통한 보안 강화

  · 개발 비용 및 기간을 단축하여 전체 도입시 적용되는 막대한 예산을 약 40% 이상 절감

  · 전체 업무환경에 대한 중앙집중관리 및 모니터링을 통한 업무 효율성 및 생산성 강화

- Hybrid 클라우드 서비스 성공 참조모델
· 선도소프트
    - 도입 기관 소개

기 관 명	(주)선도소프트
본사 주소	서울시 금천구 가산동 371-6 가산 비즈니스센터 12층~13층
설 립 일	1987년 5월 7일
서비스 제공사	SKT
주요사업	GIS S/W 판매 및 솔루션 구축, 인터넷 지도 서비스
홈 페이지	www.geovision.co.kr

- 추진배경

선도소프트는 1987년 설립된 GIS 및 지도 관련 솔루션 전문 기업으로 20여년간 GIS/지도 분야에서 국내 최고의 기술 역량을 축적한 기업입니다. 다양한 유비쿼터스 사업과 스마트 시티 사업에 참여하면서 그 역량을 발휘하던 선도소프트는 SK텔레콤이 제공하는 빅데이터(Big 데이터) 영역의 상권분석 솔루션인 지오비전(http://www.geovision.co.kr) 개발에 큰 역할을 했다.

지오비전은 대용량 데이터베이스에 대한 빠른 엑세스 속도를 보장 받으면서도 예측하기 힘든 사용자의 접속량에 대응하기 위하여 T cloud biz 가 제공하는 Hybrid Cloud 와 Cloud Server 상품을 이용하여 지오비전의 서비스 인프라를 구축했다. 클라우드 기반의 인프라 구축을 통해 대용량 데이터베이스나 데이터 웨어하우스(데이터 Warehouse) 사업에 투입되는 대규모의 인프라 없이 효율적인 자원 운영을 할 수 있는 기반을 만들 수 있었다.

유연하게 구성된 인프라는 지오비전이 가지고 있는 빅 데이터를 보다 다양한 곳에서 유용하게 사용할 수 있는 사업 기회를 만들수 있는 토대가 되고 있다. Open API 를 통한 다양한 매시업 서비스의 개발, 비즈니스 데이터와 통계 정보를 이용한 대용량 맵 콘텐츠 마켓 플레이스와 같은 다양한 형태의 연관 사업을 전개하는데에는 인프라의 유연함이 중요한 성공 포인트가 되었다.

- 시스템 소개
    • T cloud biz 활용 소개
        · 지오비전의 빅데이터를 활용하여 최신의 상권분석내용을 조회할 수 있는 상권분석 서비스와 지오비전의 빅데이터 및 시스템 인프라와 연계된 사업의 API서비스, 다양한 Business 자료 및 통계정보와 대용량의 맵 콘텐츠를 거래하기 위한 빅데이터 Market Place 서비스의 구축 및 운영
        · 활용 부문
            - 빅데이터의 적재, 연산, 운영을 위한 ODS, DW, MART 서버 등 DB관리용 서버
            - 대용량의 공간자료의 적재, 동적인 공간연산, 지도조회를 위한 공간데이터베이스 엔진 및 맵서비스 관리서버
            - 웹서비스의 프리젠테이션 로직을 위한 WEB서버와 비즈니스 로직을 처리하는 WEB 어플리케이션
            - 서버 : 비정형화된 대용량 원시자료의 Staging Store 영역 및 표준화된 업무로직 적용을 위한 배치프로세스 처리 및 관리 서버로 이용

    • 지오비전 소개
        SK텔레콤이 현대카드, NICE 신용평가정보, SK마케팅앤컴퍼니, 한국생산성본부, KIS정보통신, 선도소프트, 부동산114, 아이엘엠소프트 등 8개 파트너사와 함께 개발한 기업 비즈니스 플랫폼이다.

        '지오비전(www.geovision.co.kr)'은 지도와 LBS 기술을 바탕으로 선보이는 지도 기반 기업 비즈니스 플랫폼으로 각 분야의 파트너사가 보유한 방대한 데이터베이스를 지도와 결합해 고객관리·마케팅 지원·상권분석 등 경영 지원 서비스를 제공해 업무 효율성 개선 및 신속하고 정확한 의사결정에 도움을 주는 서비스이다.

        '상권분석' 서비스는 9개 파트너사가 축적한 관련 데이터베이스를 바탕으로 기존에 개인이 수집하기 어려웠던 지역 정보를 제공한다. 이 서비스를 활용하는 창업 예정자들은 15만원 정도의 비용으로 해당 동 단위의 연령대별 매출·시간대별 매출 정보는 물론 시간대별·월별·성별·연령별

유동인구 등 유동 인구 분석·상권 내 구매 패턴·부동산 개발 정보·점포 매물 현황 등 30여 가지 차별화된 정보를 활용할 수 있다.

- 기대효과

'지오비전 Biz. API'는 기업 고객들이 필요로 하는 다양한 마케팅 도구를 한 곳에 모아 제공하는 서비스이다.

지금까지 기업 고객들이 LBS·SMS·MMS·모바일주유권·기프트콘 등 서비스를 마케팅 도구로 활용하기 위해서는 각각의 서비스를 보유한 기업들과 개별적으로 협의해야 했으나 '지오비전 Biz. API'는 서비스들을 한 곳에 모아 원스톱으로 제공해 이용편의가 대폭 개선될 전망이다. 서비스 이용 요금도 약 20% 절감돼 중소기업들의 요금 부담도 낮아질 것으로 기대되며, 기존에 개인이 수집하기 어려웠던 지역 정보를 제공한다.

제2절 빅 데이터

1. 빅 데이터의 개념

최근 데이터 저장장치의 발달, 초연결성의 확대, 대용량 데이터 처리기술의 발달로 인해 빅 데이터 시대로 진입하고 있다. 이는 앨빈 토플러에 의해 제안된 정보화 시대(Information Age)2)는 인터넷을 통한 전 세계적 지식과 정보의 교류가 가능해지고 그러한 정보화 현상이 일상생활과 경제발전의 근간을 이루는 후기산업사회를 지칭하기도 한다. 그러나 IT분야의 최근 변화는 정보화 시대라는 용어로 표현되기보다는 빅 데이터라는 용어로 표현되는 경향이 있다.

협의의 빅 데이터란 대용량(Volume), 다양한 형태(Variety), 고속생성 및 고속처리(Velocity)의 특징을 비롯해 최근에는 가치(Value)까지 포함하여 네 가지 특징을 가진 데이터로 정의되는 것이 일반적이다. 광의의 빅 데이터는 데이터 자체를 지칭하는 것을 넘어서서 빅 데이터산업, 빅데이터 기술 등을 통칭하는 것으로 정의되기도 하며 대용량 데이터의 수집, 저장, 처리, 분석, 활용, 관리 등의 모든 프로세스를 포괄하는 용어로 변화하였다.

빅 데이터에 대한 특징과 정의는 최근 IT분야의 급격한 발전에 민감하게 대응하는 민간부문에서 주로 규정되고 있다. 빅데이터 플랫폼 기술 개발에 가장 먼저 투자한 기업 중 하나인 IBM은 빅 데이터를 다음과 같이 설명하고 있다.

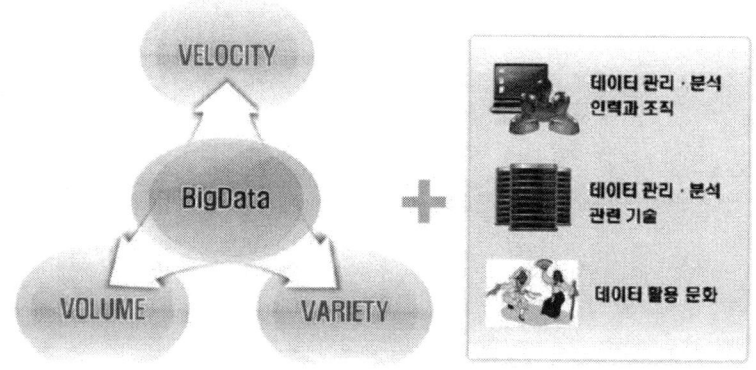

[그림 4-26] 빅 데이터의 정의

오늘날 인류는 매일 2.5 퀸틸리언 바이트(2.5 quintillion bytes=2.5 × 1018 bytes)의 데이터를 생산하고 있으며, 이런 데이터는 기상정보를 수집하는 센서, 소셜미디어 사이트의 웹문서, 디지털 사진과 동영상, 구매거래기록, 휴대전화의 GPS신호 등 모든 곳으로부터 생성되는데, 이 모든 데이터가 빅 데이터를 만들고 있다.

그러나 빅 데이터는 단순히 크기와 관련된 문제가 아니고, 새로운 데이터처리 및 분석 방법을 통해 새로운 통찰력을 찾을 수 있는 기회를 의미한다. 빅 데이터는 volume(데이터 크기), velocity(데이터 전달 속도), variety(데이터의 다양성), veracity(정확성) 등 4V로 이루어진 4차원적 특징을 가진다.

IT 시장조사기관인 Gartner는 빅 데이터를 3V로 표현하고 있다. 2001년, 데이터 크기가 급증하고 (volume), 데이터 전달 속도가 빠르며(velocity), 데이터 구조가 다양한(variety) 현상을 관찰하여 이를 3V로 표현하였고 이러한 현상으로 인해 새로운 도전과 기회가 등장할 것을 예상하였다. 2012년, Gartner는 빅데이터에 대한 정의로, '빅데이터는 크기가 크고, 속도가 빠르며 다양한 정보자산을 가지고 있다고 하였다. 이는 새로운 데이터 처리 방법을 필요로 하는데, 이를 통해 새로운 통찰력의 발견이 가능해진다'라고 표현하였다.

한편 기업정보관리를 위한 오픈사이트인 MIKE2.0은 빅 데이터를 다음과 같이 설명하였다. 빅 데이터의 가장 중요한 요소는 데이터의 크기이지만, 보다 정확하게는 독립적 데이터 소스 사이의 상호작용 또는 연관관계의 크기를 의미한다. 빅 데이터의 두 번째 특징은 데이터 소스 사이의 연관관계가 복잡하여 데이터 정제와 유의미한 데이터만 추출해내는 것이 어렵다는 점이다. 따라서 빅 데이터의 '빅(big)'은 단순히 크기(big volume)가 아니라 복잡성(big complexity)에 대한 것으로 해석하는 것이 적절하다고 표현 하였다.

이런 특징에 따른다면, '크기는 작지만 복잡성이 큰' 빅 데이터는 존재하는 반면, '크기는 크지만 복잡성이 낮은' 데이터는 빅 데이터라고 보기 어렵다고 해석할 수 있다.

* 'Big Data can be very small and not all large datasets are big.'

빅 데이터의 요소는 첫째로는 데이터 셋에 내재된 복잡성의 정도와 둘째, 혁신적 분석을 통해 추출할 수 있는 가치의 양 그리고 셋째로 분석 시 데이터 소스간 연관관계의 사용 등 세 가지로 설명할 수 있다.

McKinsey Global Institute는 빅 데이터가 혁신, 경쟁력, 생산성을 위한 새로운 프론티어가 될 것으로 예상하였다. 빅 데이터란 전형적인 데이터베이스 소프트웨어로는 다루기 힘든 크기의 데이터 셋을 의미한다. 그러나 빅 데이터라는 것은 특정 크기로 지칭될 수는 없는데, 그 이유는 분야마다 데이터의 크기와 소프트웨어의 종류가 다르고, 또한 기술이 발전함에 따라 다루기 힘든 데이터의 크기가 변화하기 때문이다.

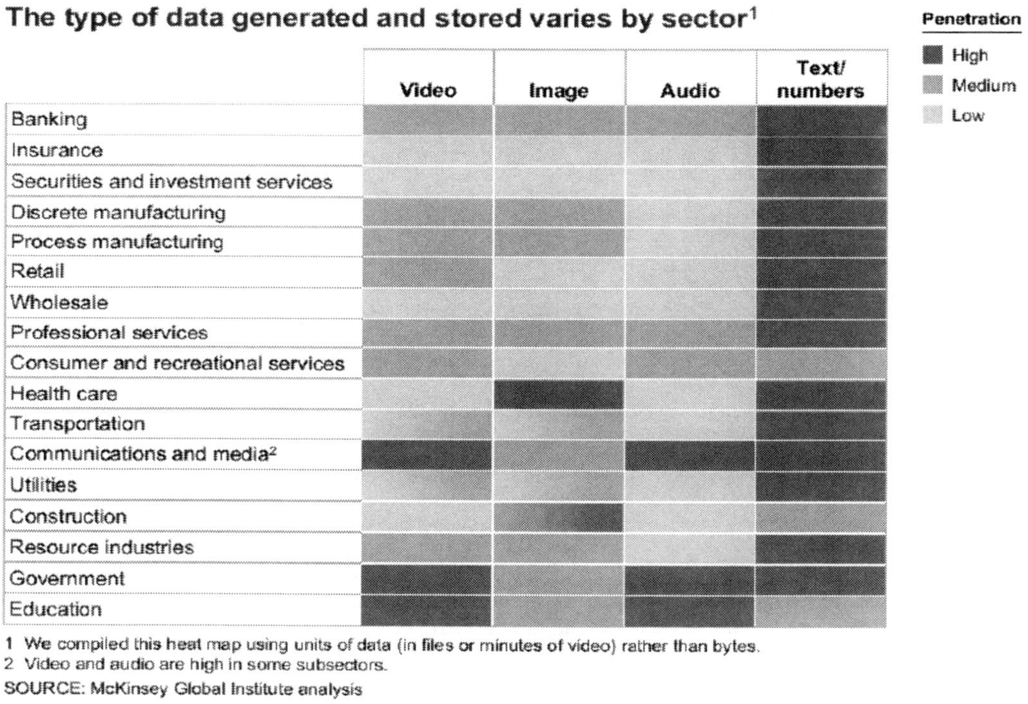

The type of data generated and stored varies by sector[1]

Sector	Video	Image	Audio	Text/numbers
Banking				
Insurance				
Securities and investment services				
Discrete manufacturing				
Process manufacturing				
Retail				
Wholesale				
Professional services				
Consumer and recreational services				
Health care				
Transportation				
Communications and media[2]				
Utilities				
Construction				
Resource industries				
Government				
Education				

Penetration: ■ High ■ Medium □ Low

1 We compiled this heat map using units of data (in files or minutes of video) rather than bytes.
2 Video and audio are high in some subsectors.
SOURCE: McKinsey Global Institute analysis

* 출처 : McKinsey Global Institute(2011).

[그림 4-27] 분야별 데이터의 종류

[그림 4-27]에서 보는 바와 같이 분야마다 데이터의 종류를 살펴보면, 대부분의 분야에서 문자 데이터가 많지만, 동영상(Communications and media, Government, Education), 이미지(Health care) 등의 데이터 역시 많은 분야에서 제시되고 있다.

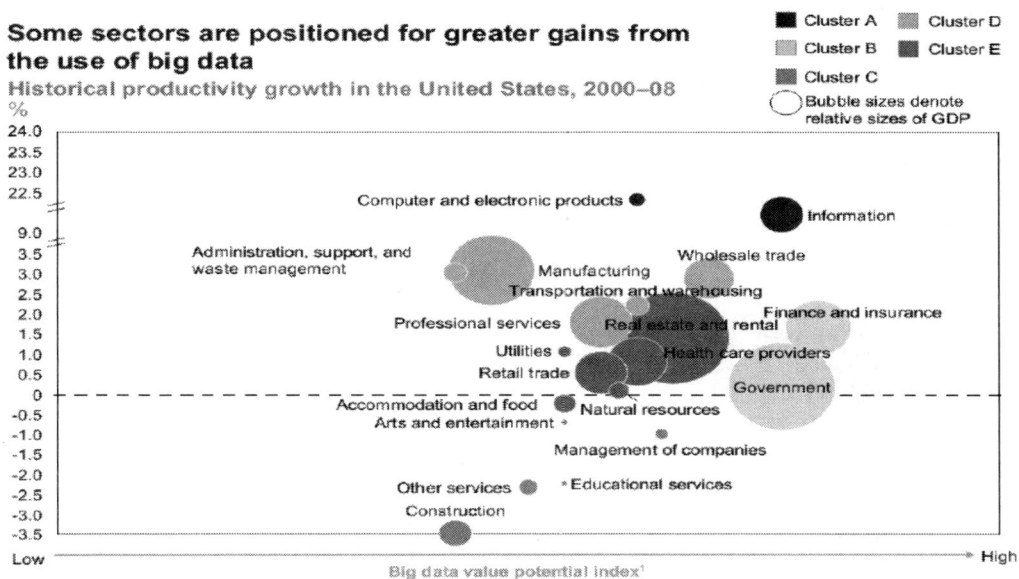

[그림 4-28] 분야별 빅 데이터 이용 시 가치창출 예상치

또한 [그림 4-28]에서 보는 바와 같이 분야마다 빅 데이터 사용에 따른 가치창출 예상치를 제시하고 있는데, 정보분야(Information), 금융보험(Finance and insurance)과 함께 정부(Government) 분야에서 예상 가치창출이 높은 것으로 제시하고 있다.

그러나 최근 빅 데이터에 대한 논의를 살펴보면 기존의 데이터와 빅 데이터를 양분하는 경향이 나타나고 있다. 심지어 빅 데이터 성공사례를 다루는 장에서는 빅 데이터가 '맞느냐'와 '아니냐',' 빅 데이터 방식으로 구현되었느냐'까지 논란의 대상이 되고 있다.

하지만 데이터를 다루는 관점에서 보면 기존의 데이터와 빅 데이터는 크게 다르지 않다. 데이터를 나누는 기준은 데이터가 가진 가치에서 찾아야 할 것이다. 즉 금융데이터와 같이 하나의 레코드가 중요한 가치를 가진 데이터라면 아무리 비싸도 안전하게 처리해야 하고, 웹 서비스의 로그 데이터와 같이 몇 개의 레코드가 손실되어도 전체적인 관점에서 크게 문제없다면 싼 장비를 활용하여 처리하는 것이 바람직할 것이다.

2. 국내외 빅 데이터 시장 동향

빅 데이터 산업의 경쟁 상황을 살펴보면 서비스 영역에서는 구글, 아마존 등 글로벌 인터넷 기업들이 시장을 선도하고 있는 상황이다. 구글은 2011년 말 'Google BigQuery' 서비스를 통해 이용자가 분석을 원하는 데이터를 웹 서비스를 업 로드하면 상호작용 방식으로 빅데이터를 분석해주는 서비스를 공개하였다.

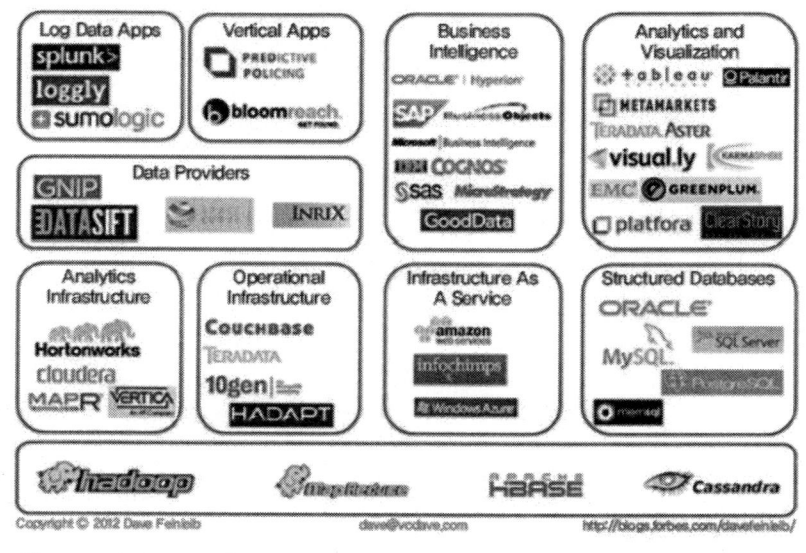

[그림 4-29] 세계 빅 데이터 관련 업계 지도

이외에도 소프트웨어 영역에서는 Cloudera와 Hortonworks, MapR 등의 하둡 솔루션 기업들이 대표적이며, 기존의 글로벌 IT 솔루션 기업들인 IBM, Oracle, EMC, SAS, Teradata 등은 자신의 솔루션에 하둡을 통합하여 하둡 어플라이언스를 제공하고 있는 상황이다.

이와 더불어, 빅 데이터를 전문적인 사업 영역으로 삼고 있는 기업들로서 매출액 및 시장 점유율이 높은 기업들로 Vertica, AsterData, Splunk 등을 들 수 있으며, 해당 기업들은 빅 데이터 관련 정보 관리 및 분석 기술면에서 새로운 시도로 주목받고 있는 업체로 거론되고 있다.

이렇듯 주요 해외 기업들이 빅 데이터 시장을 주도하고 있는 환경에서 국내 기업들은 가격을 핵심 경쟁력으로 설정하고 2012년 하반기부터 2013년 상반기에 걸쳐 본격적으로 제품을 출시 다양한 솔루션들이 시장에 진출하고 있으며, 또한 빅 데이터 관련 중소기업들이 연합하여 빅 데이터솔루션포럼(BIGSF)을 구성하여 빅 데이터 협업 생태계를 구현하기 위한 노력을 병행하고 있는 상황이다.

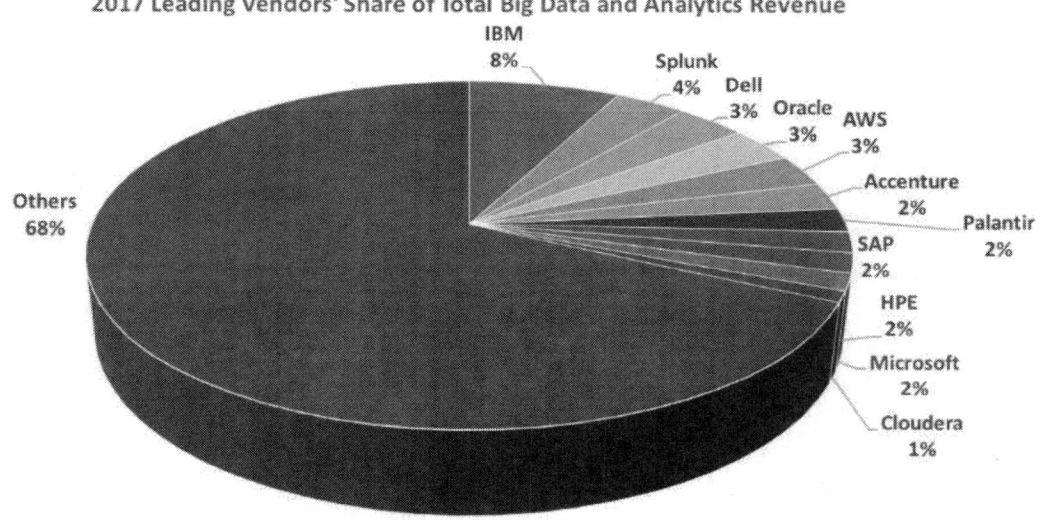

*출처 : Wikibon의 2018 년 빅 데이터 및 분석 시장 점유율 보고서

[그림 4-30] 2017년 세계 주요 빅데이터 공급사의 수익률

그리고 국내 ICT 시장 규모는 정보통신산업진흥원이 제공하는 ITSTAT6) 서비스를 이용하여 빅데이터 산업의 주요 세그먼트 에 해당되는 영역을 대상으로 조사하였으며, 조사결과는 각 세그먼트별 국내 시장 규모에 해당된다. 해당 분야의 2013년 이후 시장 성장률은 최근 3년간(2010~2012년)의 평균 성장률을 적용하였다.

이를 적용하여 국내 빅 데이터 시장 규모를 산출한 결과, 단 기적으로는 2015년 약 263백만 달러(한화 3천억 원)에 이를 것으로 예상되며 세계 빅 데이터 시장의 약 1.6%의 비중을 점유할 것으로 전망되었다. 보다 중장기적으로는 국내 빅 데이터 시장 규모가 2020년 에는 약 900백만 달러(한화 1조 원)에 이를 것으로 예상되었다. 이러한 추세로 국내 빅 데이터 시장이 성장할 경우에는 국내 ICT 관련 산업에서 빅 데이터 분야가 차지하는 비중은 2020년에는 약 2.6% 에 이를 것으로 전망된다.

국내 빅 데이터 시장도 지속적으로 성장하여 국내 ICT 시장에서 차지하는 비중이 커질 것 이라는 점에서 빅 데이터 산업을 육성할 수 있는 정책적 환경 조성이 필요한 시점이다.

빅데이터 서비스 시장에 대해 해외시장과 국내시장을 비교한 결과, 해외시장은 2014년 39.4%에서 2017년 24.2%로 지속적으로 감소하는 반면, 국내시장은 2014년 11.3%에서 2017년 20.9%로 점차 증가하는 추세를 보이고 있다. 국내시장도 데이터 수집, 저장 등에 필요한 인프라 투자 중심에서 탈피하여 수집된 대량의 데이터를 기반으로 품질제고, 소비패턴, 상품관리, 신상품 개발 등의 핵심 사업으로 빅데이터 시스템 활용이 점차 고도화 되고 있는 것으로 분석된다.

〈표 4-10〉 해외시장 vs. 국내시장

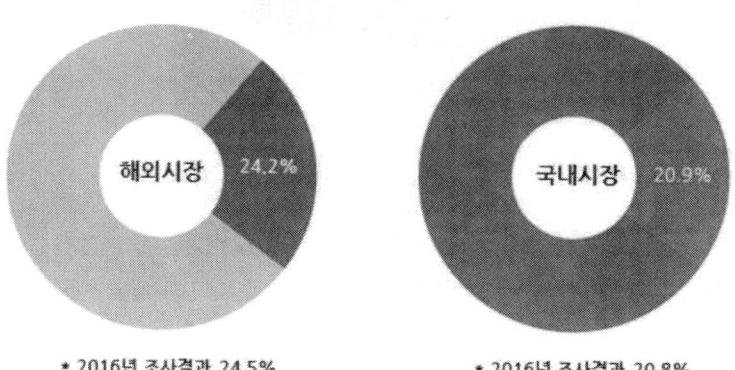

〈표 4-11〉 국내 빅 데이터 기업의 사업 추진현황

국내 기업명	빅데이터 사업추진현황
센솔로지	• 텍스트 의미 이해 전문기업 • 소셜분석 솔루션(오피니언 버디), 여론분석 서비스(펑닷컴) 제공
아크원소프트	• 하둡 기반의 솔루션 개발 및 공급 전문기업 • 빅데이터 솔루션(Easy-Up) 및 SI 구축과 아웃소싱 서비스 제공
알테어	• 엔지니어링 컨설팅, 클라우드, BA 시뮬레이션 전문기업 • BA 솔루션(HQube)과 클라우드 환경개선 제품(PBS works) 기반의 다양한 패키지 솔루션 구축
야인소프트	• 인메모리 기술기반의 데이터분석 / 처리 전문기업 • BI 솔루션(OctagonTM EnterpriseBI Server) 구축
에스엠투 네트웍스	• BI분야 중심의 SW 개발 및 시스템 통합 전문기업 • 클라우드 플랫폼 서비스(Radian6)를 통한 다양한 소셜분석 지원
에스케이텔레콤	• 소셜 모니터링 / 분석 솔루션 "스마트 인사이트" 제공 • 독자적 NLP 기반의 텍스트 마이닝, 네트워크 분석 지원
엔에프랩	• 콘텐츠 딜리버리, 클라우드 분야의 빅데이터 솔루션 전문기업 • BI / BA 빅데이터 통합 플랫폼(PelotonTM) 제공
위세아이텍	• BI / 데이터 관리 / 데이터 품질관리 / CRM 분야 솔루션 전문기업 • 마케팅 솔루션(CampaignTM), 빅데이터 저장 / 분석 플랫폼(Cloud BITM), 데이터 공유 / 활용 오픈 플랫폼(Smart BITM), 고객 프로파일링 솔루션(Social AnalyticsTM) 제공
이씨마이너	• 빅데이터 분석 솔루션 및 컨설팅, 시스템 구축 전문기업 • 분석 솔루션(ECMinerTM), 모니터일 솔루션(IMSTM), 룰 / 연관 분석 솔루션*RuleTM), 이미지 마이닝 솔루션(SISTM) 기반의 패키지 서비스 제공
이투온	• 빅데이터 분석 솔루션 및 플랫폼 전문기업 • 분석 솔루션 / 서비스(SNSpiderTM), 빅데이터 분석 플랫폼(UNINANTM) 제공
카디날 정보통신	• 컨설팅, 스토리지, 데이터분석, 시스템 운영관리 전문기업 • 스토리지분야(Monad Storage), 분석분야(Monad Integration), 시스템 운영 · 관리 분야(Monad Management)의 솔루션 제공
코난'테크놀로지	• 검색 소프트웨어 개발 및 제공 전문기업 • 데이터 수집, 검색, 분석 기술기반의 소셜 모니터링 / 분석 서비스(pulse-K) 제공
클루닉스	• 클라우드 / 슈퍼 컴퓨팅 솔루션 개발 / 제공 전문기업 • 하둡 시스템 및 작업관리(Gridcenter Hadoop), 저장 및 처리(Teragon-Hadlip), 분석 클라우드 구축(RNTier) 솔루션 제공
투이컨설팅	• 컨설팅 서비스 제공 전문기업, 데이터 사이언티스트 교육 훈련 지원 • 빅데이터환경의 전략 수립 및 프로셋, 최적화 컨설팅 서비스(데이터사이언스 컨설팅 서비스) 제공

더불어 산업 육성적 관점에서의 지원 이외에도 다양한 사회문제의 해결과 과학기술 분야에 도 적용될 수 있는 가능성이 큰 만큼 공공 정책적 관점에서 의 지원도 병행되어야 할 것이다. 무엇보다도 빅 데이터 시장 에 대한 기대를 검증할 수 있는 다양한 성공 사례들이 제시됨으로써 기대를 현실화하기 위한 노력이 선행된다면 빅 데이터 시장 성장을 위한 새로운 모멘텀으로 작용할 수 있으리라 예상된다.

3. 빅 데이터 분석

① 빅 데이터 가치를 결정하는 분석

빅 데이터 역시 근본적인 데이터에 대한 접근방법을 다시 생각하게 하는 포괄적인 개념이다. 빅 데이터와 가까운 개념으로 오래 전부터 사용해 오던 것이 바로 BI와 데이터마이닝 이다. 하지만 빅 데이터는 규모와 속도 다양성의 세가지 요소에서 기존의 데이터마이닝과는 본질적으로 다른 특성을 가지게된다. 빅 데이터란 용어에서 알 수 있듯이 가장 중요한 요소는 규모이다. 테라바이트가 아니라 페타 바이트급의 데이터이다. 불과 3년 전만 해도 페타 바이트급 데이터라면 상당히 큰 규모였지만 오늘날에는 기본적인 단위가 됐다.

속도 역시 기가 비트급 네트워크가 테라 비트급으로 올라간다. 초당 백만건 이상의 입출력을 처리해야 하며 실시간 처리 및 장기적 접근이 중요해 진다. 마지막으로 데이터의 다양성이다. 이제 정형 비정형의 구분이 없으며 스트리밍 데이터까지도 모두 포괄해야하기 때문에 기존의 BI와 데이터 마이닝이 처리하던 데이터와는 본질적으로 달라지는 것이다.

이제 데이터를 처리한다고 할 때 먼저 그 데이터를 이해하는 것이 중요한 요소가 된 것이다. 하지만 빅 데이터는 구체적으로 실감되지 않는 개념이다 빅 데이터를 좀 더 구체적으로 파악하기 위해서는 구체적인 애플리케이션으로 살펴보는 것이 효과적이다.

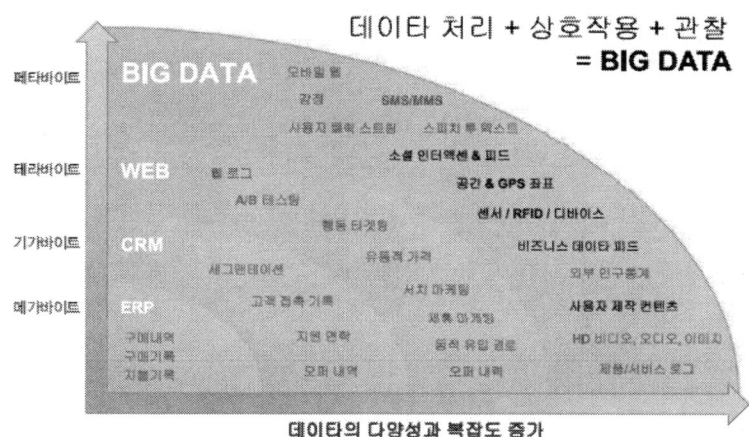

[그림 4-31] 빅 데이터 가치를 결정하는 분석

환경변화를 기반으로 데이터의 규모와 다양성 복잡성의 증가측면 그리고 이를 포괄하는 개념을 살펴보면, 가장 기본적인 단계의 데이터를 이용하는 애플리케이션으로는 ERP(Enterprise Resource Planning)가 대표적이다. 구매내역이나 구매 기록지불기록 등이 단계의 데이터는 일반적인 관계형 데이터베이스에 저장하는 정형 데이터로 저장하는 정보 역시 사용자 정보와 사용자의 행위정보 두 가지이다.

그 다음 단계가 CRM(Customer Relationship Management)로 ERP의 데이터에 고객접촉기록 등이 추가되면서 이력관리가 가능해진다. 또한 기업에서 해당 고객에게 제공한 서비스나 제품에 대한 정보도 저장된다.

다음 단계인 웹 2.0이 등장하면서 부터로 이제 오퍼 내력만 다루는 것이 아니라 그 다음 영업단계까지 가기위한 이력을 제공하는 것이 가능해진다. 이를 위해서는 한번 물건을 판매하고 끝나는 것이 아니라 A/B 테스팅 행동 타깃팅 다양한 마케팅 등 고객과의 지속적인 인터랙션을 통해 다양한 데이터를 축적하게 된다. 때문에 이 단계에서는 데이터의 규모 역시 테라 바이트 급으로 증가한다.

웹 2.0을 넘어서는 빅 데이터 단계는 단순히 데이터 처리와 인터랙션을 넘어 분석이 필요한 단계로 진입한다. 이미 데이터는 종류와 채널 크기 등 모든 에서 이전 세대와 다른 특성을 보여준다. 이제 비즈니스 데이터 뿐만 아니라 소셜 미디어와 모바일 센서 등을 통해 정보의 유입경로가 무한 확대되고 HD비디오와 오디오 등 멀티미디어 데이터로 인해 데이터의 크기도 커진다. 결국 이런 데이터의 홍수 속에서 실용적 데이터를 찾기 위한 분석이 중요해진다 고려해야 할 수십억의 데이터 관점을 통해 무수히 많은 데이터 속에서 의미 있는 정보를 찾아내야 하는 것이다.

특히 100 가지 데이터를 100 가지 관점에서 분석하면 1만 가지의 정보가 생겨나는 것처럼 사람의 성향 용도에 따라 똑같은 데이터에 대한 또 다른 분석이 가능해지고 이런 이유로 데이터의 복잡성은 더욱 높아진다.

이처럼 다양하고 광범위한 데이터와 이에 대한 분석을 통해 얻은 정보는 기업이 장기적인 전략을 수립하는데 기준점을 제공할 수 있다. 일반적으로 대기업이 빅 데이터에 관심을 갖는 이유를 생각해면, 만약 빅 데이터가 없다면 마케팅 책임자는 그 동안의 경험과 이론 그리고 부분적인 데이터를 기반으로 마케팅 전략을 수립할 수밖에 없고 이런 접근방법은 실패 가능성이 높을 수 밖에 없을 것이다.

② 공공부문의 빅 데이터 활용현황
미국 국립보건원은 '필박스(Pillbox) 프로젝트' 추진하고 있다. 필박스(Pillbox) 프로젝트는 약 검색을 지원하는 검색통계프로그램으로, 주요 질병의 분포, 연도별 증가 등을 분석하고, 약의 효능 확인이 가능하며, 빅데이터 분석 활용효과는 연간 100만 건의 알약 문의가 필박스로 대체되고, 연간 약 5,000만 달러의 비용 절감하였다.

독일 연방 노동기구에서는 고용관련 빅 데이터를 분석 실업자 이력, 고용 중재, 구직기간, 고용주 등에 대한 방대한 정보를 분류, 분석하여 고용 중재에 활용하였으며, 이와 같은 분석결과를 맞춤형 고용에 적용하여 3년간 백억 유로의 비용 절감 효과가 발생하였다.

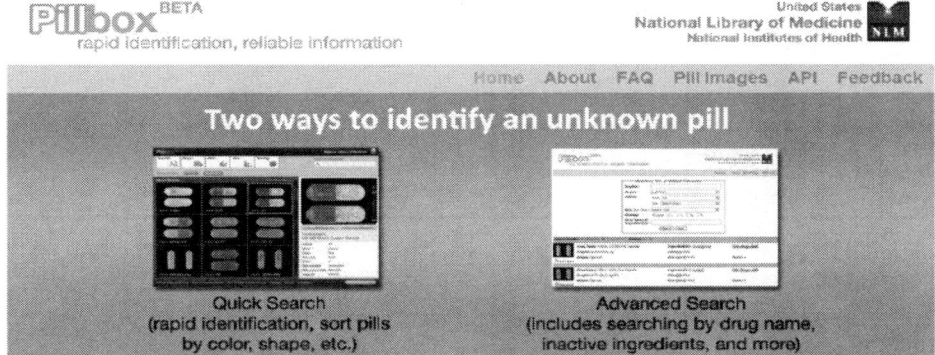

[그림 4-32] 미국 국립보건원, 필박스(Pillbox) (http://pillbox.nlm.nih.gov/)

한편 싱가포르는 '04년부터 빅 데이터 분석을 활용하여 국가위험관리시스템을 구축·운영하고 있는데 이는 해상테러, 조류독감 등 국가 차원의 위험·기회요인에 선제적으로 대응하기 위한 위험 관리시스템이다.

③ 민간부문의 빅 데이터 활용현황

구글은 검색쿼리데이터 분석을 통해 독감을 예측하였다. 지역별 독감에 관련된 키워드의 검색패턴을 실시간으로 분석하여 독감 확산 여부를 의료 당국 조사보다 빠르고 정확하게 파악하고 미국, 독일, 일본, 남아프리카공화국 등 국가별 연도별 독감 유행 자료를 구글 독감 트렌드(http://www.google.org/flutrends)를 통해 제공하고 있으며, 또한 독감과 함께, 뎅기열 유행을 실시간 파악하여 구글 뎅기열트렌드 (http://www.google.org/denguetrends)를 통해 제공하고 있다.

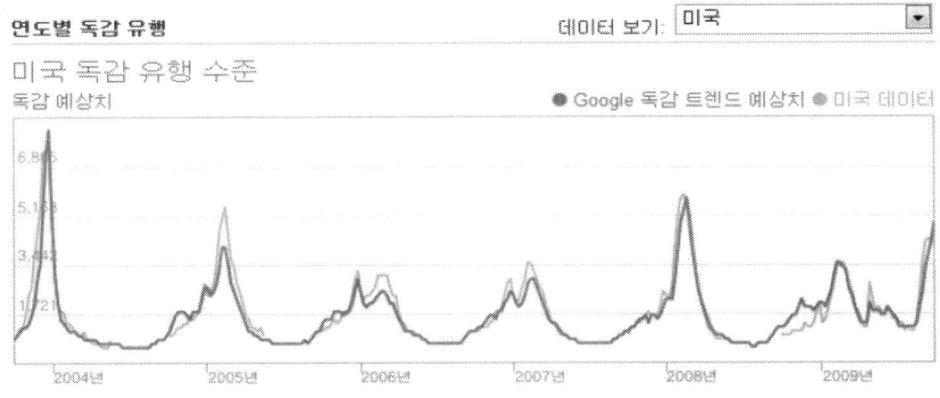

[그림 4-33] 구글 독감 트렌드(http://www.google.org/flutrends)

그리고 SAS는 기분이나 정서(mood)를 분석하여 사회변화 예측하였다. 이는 최근 2년동안 미국과 아일랜드에서 인터넷 채팅, 블로그, 페이스북, 트위터 등 소셜미디어 데이터의 기분이나 정서를 분석한 결과로, 미국에서 '우울하다', '열 받는다'와 같은 채팅이 늘어나면 4개월 뒤 실업률이 폭등함을 확인하였으며, 아일랜드에서는 실업률 증가 5개월 전 '불안하다'는 분위기가 퍼져나갔고, 2개월 전에는 '확신한다'는 채팅이 크게 감소하였다.

④ 구글 검색엔진과 웹 데이터를 활용한 트렌드 변화와 급부상 이슈 발굴 방법 사례

본 사례는 양혜영의 한국과학기술평가원의 2012. 04 ISSUE PAPER에 게재한 "빅 데이터를 활용한 기술기획 방법론"에서 발췌하여 여기에 옮긴다. 기술기획은 기술의 발전방향 뿐만 아니라 미래사회 전망이 함께 수행되어야하고 이를 위해서는 트렌드변화의 심층 분석과 새롭게 등장하는 이슈의 조기발굴이 필요하다.

트렌드와 이슈는 인터넷공간에도 나타날 것으로 기대되며 그것에 대한 탐색을 위해 검색엔진과 웹 데이터를 활용하는 방안을 시도하였다. 트렌드는 현재 사회가 나아가는 방향성이며 〈표 4-12〉와 같이 총 43개로 정리하였으며, 트렌드의 모습을 인터넷에서 검색하기 위하여, 트렌드를 설명할 수 있는 영문키워드 목록을 마련하였고, 각 트렌드별로 키워드를 1개 이상 6개 이하로 선정하였다.

〈표 4-12〉 트렌드와 키워드

트렌드	키워드
1. 세계 경제의 글로벌화	global economy, globalization
2. 지역 간 경제통합 가속화	ASEAN, FTA, FTAA, NAFTA
3. BRICs 국가의 부상	Brazil, BRICs, China, emerging market, India, Russia
4. 지식기반경제 강화	knowledge based economy, knowledge management, open innovation
5. 표준 및 지식재산권의 중요성 급증	digital rights management, intellectual property, standards
6. 경제·사회적 양극화 심화	economic polarization, social conflict, Social polarization
7. 국부 펀드의 영향력 증대	capital flows, financial market, Sovereign Wealth fund
8. 국제 질서의 재편	Africa, America, Asia, EU, international order
9. 동북아 체제 문제	Northeast Asia, Taiwan

트렌드	키워드
10. 정부의 역할 및 기능 변화	deregulation, digital divide, role of government, smart mob
11. 자원 및 에너지 확보 경쟁 심화	energy, fossil fuel, natural resources
12. 신재생·친환경 기술 개발 박차	eco friendly, renewable energy, sustainable development
13. 재활용 및 폐기물 처리기술의 중요성	recycling, waste disposal
14. 환경오염의 심화	pollution
15. 기후변화의 지속	climate change, greenhouse gas, renewable energy
16. 환경변화·국제화에 따른 건강 위해요인 출현	epidemic, globalization, infectious disease
17. 환경의식 제고와 환경분석·모니터링의 중요성	environmental monitoring, food safety, GMO, health awareness, wellness
18. 기술 융·복합에 따른 신산업·신기술의 등장	biotechnology, life science, nanotechnology, technology convergence
19. 산업 융합화 및 지식 서비스 강화	corporate service, individual service, knowledge service, Service business
20. 개방형 협업 체계 확산 digital	convergence, digital integration, open innovation
21. 세계 인구지도의 변화	ageing, birth rate, world population
22. 개도국의 청년화	developed country, developing country
23. 늙어가는 선진국	healthcare, international mobility, lifelong learning, unemployment
24. 노동의 세계적 분업	networked business, outsourcing
25. 부족한 인재	global migration
26. 고령 인구의 증가	global division of labour, working population
27. 개인 서비스의 증가	individual service, leisure time, security service, service robot
28. 메가시티로의 인구집중	european integration, global city, megacity
29. 달라지는 가족 개념	family
30. 범세계적 핵 확산 우려 증대	nuclear weapons
31. 남북한 교류	inter Korean relations
32. 테러 위험과 조직범죄의 세계화	organized crime, terrorism
33. 기타 안보·보안 이슈의 부각	inequality, natural disaster
34. 국제안보협력 강화	international cooperation, national security
35. 개인주의화 증대	individualism
36. 여성의 역할 변화	women's role

트렌드	키워드
37. 교육문제의 변화	e learning, education system
38. 종교·문명의 충돌	cultural conflict, religious conflict
39. 문화산업의 성장	cultural industry
40. 정보통신의 발달	information and communication technology
41. 모바일 커뮤니케이션의 증가	mobile communication, social network
42. 가치관의 변화	value system
43. 정치체제의 변화	political system, supranationalism

4. 빅 데이터의 도입 방법론

'빅 데이터를 기업에서 도입하려는 목적은 아주 다양할 것이 다. 그 목적이 어디에 있든지 빅 데이터를 도입하고 활용하는 절차와 방법은 대부분 [그림 4-34]와 같다.

빅 데이터를 도입하는 절차는 기존의 데이터를 활용하는 것과 크게 차이가 없다. 다만 빅 데이터는 기존의 데이터를 바라보는 것보다는 좀 더 포괄적이고 크게 바라봐야 한다는 것이다. 빅 데이터에서 활용되는 새로운 기술들은 기존의 데이터를 처리하는 시스템보다 훨씬 저렴하게 대량의 데이터를 처리할 수 있어 기존에 상상하지 못했던 다양한 데이터를 활용할 수 있기 때문이다.

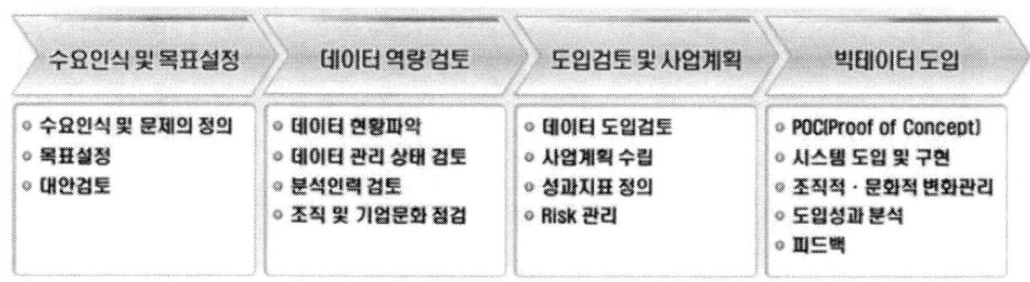

[그림 4-34] 빅 데이터 도입 절차

① 도입 1단계 : 수요인식 및 목표 설정

빅 데이터를 도입하는 출발점은 빅 데이터에 대한 수요인식이다. 빅 데이터에 대한 수요인식은 기존의 시스템으로 해결하지 못하는 다른 영역에서의 해결방법이 필요한 경우이다. 그러나 일부 기업에서는 빅 데이터를 웹 2.0, 클라우드 컴퓨팅 등 그 동안 IT 전 분야를 휩쓸었던 유행어의 하나쯤으로 치부하거나, 막연히 도입해야 한다고 느끼는 경우가 많은 것으로 보인다. 언론에서 대단한 가치를 가진 것으로 지속적으로 언급이 되기 때문이다.

빅 데이터는 조직 내에서 보유하고 있는 데이터 간의 숨어있는 의미를 찾아내고, 외부 데이터와 결합하여 더욱 명확한 의미를 부여하는 행위가 반드시 필요하다. 이러한 데이터에 대한 통찰력을 가지기 위해서는 다양한 분야의 전문가들이 모였을 때 더 큰 효과를 보는 것으로 나타났다. 따라서 회사 내 다양한 부서의 인력이 모여서 아이디어를 모으는 것이 바람직하다.
이때 해당 분야의 데이터에 대해 잘 알고 있는 외부의 도움을 받는 것도 좋을 것이다. 아래 언급한 사례는 하나의 조직에서 해결할 수 없는 업무를 사내에 전파하여 여러 부서에서 아이디어를 모아서 해결한 예이다.

포털들이 해결하고 싶은 주제 중의 하나가 빅 데이터에 대한 남용(abuse)이다. 포털의 카페나 블로그 등에 상품에 대한 기사를 올리고 그 기사에 칭찬 일색의 댓글을 다는 것을 말하는데, 일부 소규모 기업들이 약간의 수고료를 받고 조직적으로 이런 행위를 한다. 이런 빅데이터 남용은 상품에 대한 소비자들의 시각을 왜곡시킬 수 있어 반드시 차단해야 한다. 그래서 포털들은 이런 행위를 하는 ID(Identification)를 찾아서 차단하는 작업을 수행한다.

그러나 기사의 ID를 일일이 기록하고 추적을 하더라도 그 ID가 어뷰즈를 했다는 증거를 찾기는 쉽지 않았다. 이런 어뷰즈 ID를 찾아내는 방법을 고심하다가, 모든 기사에 대해 기사를 작성하는 ID와 댓글을 다는 ID를 그래프로 표현하고 관계있는 ID를 클러스터링(clustering) 기법으로 분석을 하여 넓게 퍼져 있는 특정 ID 그룹들이 서로 상품에 대한 기사를 쓰고 칭찬하는 관계를 찾아내어 이를 효과적으로 차단하였다.

이 같은 사례처럼 하나의 조직의 힘만으로는 해결할 수 없는 업무들이 기업 내에 많이 존재할 것이다. 이렇게 기업 혹은 조직에서 반드시 해결하고 싶은 문제나 서비스를 만들고 싶은 것을 찾아서 나열하고 여러 부서에서 아이디어를 모으고 해결 방법을 찾아서 해결한 예 이다.

이 사례는 다행히 내부에 다양한 기술을 가진 개발조직과 내부 업무에 대한 이해도가 축적이 되어 대체로 쉽게 해결한 경우이다. 개발조직을 보유하지 못한 기업은 데이터에 대한 깊은 이해를 가진 컨설팅 업체와 협력 체계를 갖고 해결 방법을 찾는 것이 바람직하다.

② 도입 2단계 : 데이터 역량 검토

빅 데이터를 도입하는 데 어려운 작업 중의 하나가 데이터의 확보다. 데이터 도입의 출발점은 설정된 목표에 따라 자사의 데이터 현황을 우선 검토하는 것이다. 자사의 데이터를 기본으로 해결 방법을 찾고, 기상 데이터, 교통 데이터 등 공공 데이터 혹은 SNS 데이터 등을 결합하면 다양한 서비스 창출을 할 수 있을 것이다.

대부분의 경우 "우리 회사에는 데이터가 없다"라는 것인데, 높은 이직률에 시달리던 어느 금융 회사에서는 인사 데이터만 가지고서는 이 문제를 해결할 수 없었다. 적극적으로 데이터 분석가에 의뢰하여 분석한 결과 의외의 곳에서 데이터를 발견할 수 있었다.

여러 직원들과 잘 어울리는 직원들이 이직률이 낮다는 결과를 도출하였고, 이 데이터는 회사의 출입통제 시스템에서 발견할 수 있었다. 이 경우와 같이 데이터에 대한 통찰력을 갖고 문제 해결에 노력한다면 좋은 결과를 낼 수 있을 것이다.

데이터 도입 시 고려해야 할 중요한 포인트는 데이터의 건강성이다. 즉, 데이터가 지속적으로 생산이 되는 것인지, 믿을 만한 소스에서 생산되는 것인지 등을 검토해야 한다. 또한 데이터를 관리하는 조직을 반드시 갖춰야 한다. 데이터의 건강성을 확보하는 방법은 '데이터 거버넌스' 영역에서 다룬다.

빅 데이터 도입 시 가장 어려운 부분이 분석인력을 확보하는 것이다. 데이터 분석가는 주어진 환경에서 '데이터를 수집, 분석하고 분석된 결과를 읽고 이를 해석하여 가치를 창출할 수 있는 능력을 가진 사람' 이라고 정의할 수 있으며, 가능한 내부 인력으로 데이터 분석가를 보유하여야 한다.

그러나 능력 있는 데이터 분석가를 확보하기는 지극히 어렵다. 분석인력을 확보하기 어렵다면, 목표 시스템에 대한 기능을 명확히 해서 시스템 구현 시에 원하는 분석 결과를 얻을 수 있도록 한다. 또한 시스템에 대한 성과 분석을 주기적으로 시행하고 그 결과를 시스템에 반영할 수 있도록 하여 항상 새로운 분석 결과를 구현 업체로부터 얻을 수 있도록 하고 내부 데이터 분석가 양성에 꾸준히 힘써야 한다.

시스템을 도입하고 그 시스템을 유지하는 것은 회사의 조직 문화와 밀접한 관계가 있다. 시스템 구축 후, 시스템에서 제시하는 데이터가 사업에 도움이 되는지 파악하고 도움이 된다면 그 동안 직관에 의해 결정되어온 사업을 시스템이 제시하는 데이터를 참조하여 사업에 반영할 수 있는 체제를 마련해야 한다. 또 지속적인 관심과 관리를 하여 빅 데이터 시스템이 진정한 효과를 낼 수 있도록 관련 조직을 정비해야 한다.
이 조직의 업무는 '데이터 건강성 확보', '빅 데이터 시스템 운영', '시스템운영결과 피드백(feedback)', '추가 요구사항 및 데이터 발굴', '기업내 빅 데이터활용 마인드 확산' 등이 될 것이다.

③ 도입 3단계 : 빅 데이터 도입 검토 및 사업계획
빅 데이터의 탄생 배경에는 공개소프트웨어(OSS: Open Source Software)가 있다. 공개 소프트웨어와 범용 하드웨어로 시스템을 구성할 수 있기 때문에 기존의 시스템과는 달리 도입비용이 많이 절약될 수 있다. 하지만 빅데이터 시스템을 구성하는 공개소프트웨어 중에 많은 수가 우리나라에서는 유지보수가 되지 않기 때문에 설계와 도입에 신중해야 한다.

가능한 국내에서 유지보수가 되는 공개 소프트웨어로 시스템을 설계하고 유지보수가 되지 않는 공개소프트웨어는 시스템 구축 업체를 통해 차선의 방법으로 해결해야 한다. 또 최근에는 IBM, 오라클, 테라데이타 등의 다국적 기업들과 국내 대기업을 중심으로 공개소프트웨어와 이를 관리하는 소프트웨어를 하나로 묶어 상용화한 어플라이언스(Appliance) 제품을 공급하고 있다. 이 제품들은 공개소프트웨어 보다 안정성이 높고 시스템의 구현이 쉬우며, 랙 단위의 확장이 용이하고 유지보수를 체계적으로 받을 수 있다는 장점이 있다.

그러나 공개소프트웨어로 구성하는 것보다 비용이 상대적으로 높기 때문에 전체 시스템 구축 예산과 유지보수 예산, 그리고 ROI 측면에서 세밀한 검토가 필요하다. 사업계획 수립 시 빼놓기 쉬운 부분이 데이터 확보 예산이다. 자사의 데이터를 구해서 다루기 쉽게 정제하는 부분, 외부의 데이터를 도입하는 데도 많은 예산이 수반된다. 공공 데이터를 수집하는 부분은 무료로 확보할 수 있는 데이터가 있지만 상업적으로 활용하려면 비용을 지불해야 한다.

특히 SNS 데이터를 매일 수집하고자 한다면 이 부분에도 상당한 노력과 예산이 소요된다. 다행히 국내에는 몇 군데의 SNS 분석기업에서 SNS 데이터를 매일 수집하고 있으므로 원천 데이터를 구매하거나 적절히 가공된 데이터를 도입하는 것이 비용과 노력을 줄이는 방법이다.

④ 도입 4단계 : 빅 데이터 도입

빅 데이터 시스템은 대용량의 데이터를 다루기 때문에 적게는 수십에서 수백 대의 시스템으로 구성된다. 시스템 도입 초기 단계부터 수십 페타 바이트(PB) 단위의 시스템을 구축하는 것보다는 적은 데이터로 시스템을 구성하여 구축된 시스템이 정상적으로 동작하는지, 결과를 얻을 때까지 적절한 시간 내 처리되는지 확인한 후 대규모의 시스템으로 확장(Scale-out) 하는 방법을 추천한다.

시스템 설계 시 서비스 시스템과 개발용 시스템의 분리를 고려해야 한다. 개발용 시스템을 따로 분리하는 이유는 서비스용 데이터의 안전성을 보장하고, 개발 시 과부하나 오류가 서비스에 영향을 미치지 않도록 하기 위함이다.

국내에서 다양한 인터넷 서비스를 하는 기업 중 한 곳은 약 100대 정도씩 서비스 시스템과 개발용 시스템을 따로 보유하고 있으며, 야후는 25,000여대의 서버를 4개의 클러스터로 분리하여 다양한 용도로 사용하고 있다(2009년 기준).

빅 데이터 시스템을 도입한 후에는 빅 데이터 도입에 따른 성과를 주기적으로 분석하고, 부족한 부분을 보완하고, 새로운 아이디어를 지속적으로 추가하여 꾸준히 성장하는 시스템으로 관리하여야 한다. 빅 데이터 시스템은 도입으로 끝나는 것이 아니라 데이터의 가치를 서비스로 연결하여 도입에 대한 성과를 얻을 수 있어야 완성되는 것이다.

빅 데이터 도입 시 가장 논란의 중심이 되는 주제는 개인정보보호 문제이다. 빅 데이터의 활용 영역 중에서 중요한 서비스가 개인화 서비스이다. 이 서비스의 구축을 위해서는 대부분의 경우 개인정보의 활용을 하게 되고, 어디서부터 어디까지가 허용되고 안 되는 지가 명확하지 않기 때문에 데이터 수집에 혼란을 겪고 있다.

개인 입장에서는 자신도 모르게 개인의 정보가 수집되고 활용된다는 측면에서 빅브라더의 이미지가 생각이 되기 때문에 거부감이 드는 것도 사실이다. 특히 우리나라는 개인정보보호 측면에서 세계에서 가장 보수적인 자세를 취하고 있기 때문에 조심스러운 접근이 필요하다.

5. 빅 데이터의 도입 효과

'빅 데이터를 분석하는 가장 큰 목적은 현재의 상태를 가능한 정확하게 파악하고자 하는 것이다. 기존에는 처리할 방법이 없거나, 비용이 너무 많이 들어 버려지던 데이터를 새로운 방법으로 처리해 가치를 얻고자 하는 방법론이다. 빅 데이터 분석으로 얻을 수 있는 효용은 다음과 같다.

첫째, 현실 세계에 대한 통찰력을 가질 수 있다. 빅 데이터 분석은 자기의 데이터뿐만 아니라 현실 세계에서 다룰 수 있는 대부분의 데이터를 수집하여 전체를 분석하는 것을 목표로 하고 있다. 따라서 현 상황에 대한 큰 그림을 가질 수 있고, 통찰 확보는 물론 사회 현상에 대한 이해가 가능하다.

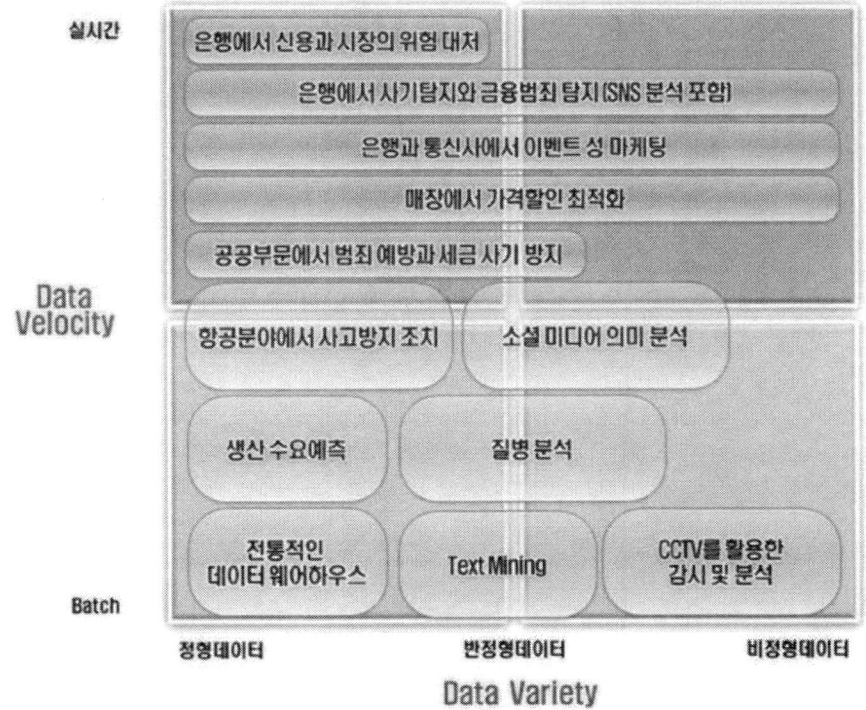

[그림 4-35] 빅 데이터 분석 사례

둘째, 변화에 대한 대응력을 가질 수 있다. 다양한 데이터를 분석하면 이상 징후에 대한 추세를 읽을 수 있다. 이를 바탕으로 특정 사건에 대한 사전 인지와 실시간 의사 결정이 가능하다.

셋째, 경쟁력을 가질 수 있다. 평판, 트렌드 분석을 통해 자신의 문제점을 발견하여 개선할 수 있고, 상대방의 문제점을 발견할 수 있다. 특히 IT 시스템과 빅 데이터의 결합으로 더욱 풍부한 데이터를 바탕으로 기업을 경영할 수 있을 것이다. 예를 들어 제조업에서 SNS 분석과 기존의 CRM을 결합한 데이터를 활용할 수 있다면 기업은 고객들의 제품에 대한 생각을 반영하여 신제품 개발이나 기존 제품의 개선에 활용할 수 있고, 이를 바탕으로 CRM 정보를 활용하여 고객에게 효과적으로 마케팅을 전개할 수 있을 것이다.
넷째, 새로운 창조력을 가질 수 있다. 이질적 지식의 융합과 분석을 통해 새로운 가치를 창조할 수 있다. 서로 다른 제품의 상관관계를 분석하고 응용하여 시행착오를 최소화하고 컨버전스를 통하여 융합 제품의 생산이 가능하다.

이들 4가지 효용을 바탕으로 다양한 분야에서 응용이 가능할 것이다. IDC에서는 [그림 4-35]과 같이 다양한 분야에서의 활용도를 제시 하고 있다.

제3절 사물인터넷(IoT)

1. 사물인터넷 개념

① 사물인터넷의 부상

사물인터넷(IoT; Internet of Things)은 우리 주위의 사물이 각종 센서와 통신 네트워크를 통해 인터넷에 연결되는 개념을 말한다. 이 개념은 1999년 MIT에서 RFID1)를 연구하던 연구 그룹으로부터 유래했는데, 최근 WiFi와 LTE를 비롯한 통신 네트워크의 발달과 각종 센서와 통신 모듈이 탑재된 모바일 기기의 비약적인 소형화, 성능 향상에 힘입어 향후 미래 산업의 패러다임을 바꿀만한 유망한 기술 개념으로 각광받고 있다. 정보통신 분야 전문 시장조사 업체인 가트너(Gartner)에서는 2014년 가장 주목해야 할 10대 전략 기술 중 하나로 사물인터넷을 꼽았다. 영국의 시장조사 업체인 ABI리서치(ABI Research)는 최근 인터넷에 연결된 기기의 대수가 100억 대에 이르며, 2020년에는 이 수치가 300억 대까지 증가할 것으로 예상했다.

사물인터넷은 각종 산업 분야와 실생활에 이르기까지 다방면으로 영향을 미칠 것으로 평가되고 있다. 스마트폰은 사물인터넷의 가장 기초적인 사례로, 이미 우리의 생활을 여러 가지 면에서 극적으로 변화시키고 있다. 사물인터넷 기술을 응용한 스마트 계량기를 통해 불필요한 에너지 소비를 절감하고 에너지 효율성을 증대시킬 수 있고, 농작물과 축산물 분야에 접목됨으로써 스마트하고 자동화된 관리가 가능해진다.

또한 의복에 탑재된 센싱 및 통신 기술로 유방암과 같은 암을 조기 검진하고 생체 데이터를 원격으로 병원에 전송함으로써 헬스케어 서비스에도 혁신적인 발전을 가져올 전망이다. 또한 각종 데이터를 전송받아 빠른 길을 찾아 자동으로 운전하며, 사고를 방지하는 무인 자동차도 사물인터넷 기술이 적용된 분야로, 최근 활발하게 연구되고 있다. 이와 같이 사물인터넷은 농축산업, 건설, 에너지, 자동차, 교통, 물류, 환경, 헬스케어에 이르기까지 다양한 산업에 융합되어 각 분야의 혁신을 이끌 것으로 전망되고 있다.

② 사물인터넷의 개념 및 발달과정

사물인터넷의 정의는 말 그대로 사물을 인터넷에 연결시켜 그 기능과 활용성을 확장하는 것이다. 그러나 반도체 칩셋 제조업체, 단말기 개발업체, 통신회사, 서비스 업체와 같이 서로 다른 이해관계자나 각 국가나 대학 등의 연구 기관들마다 사물인터넷의 개념과 특징이 조금씩 다르게 나타난다.

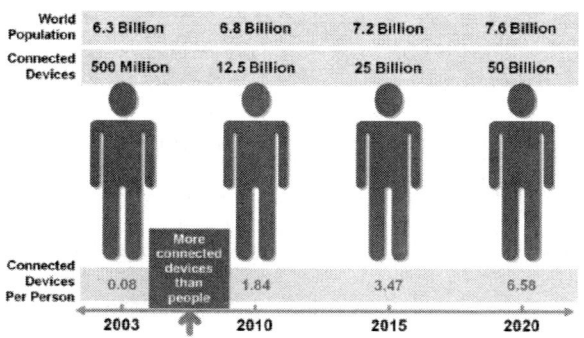

[그림 4 - 36] 세계인구 대비 인터넷 연결기기의 비율 증가 추세

네트워크 장비업체인 시스코(CISCO)의 인터넷 비즈니스 솔루션그룹(IBSG)이 발간한 보고서에서는 사물인터넷의 실현 시점이 인터넷에 연결된 기기나 사물의 수가 지구상에 존재하는 총 인구 수 보다 많아질 때라고 간주한다. 2003년에는 63억 명의 세계 인구에 비해 인터넷에 연결된 기기는 5억대에 지나지 않았다.

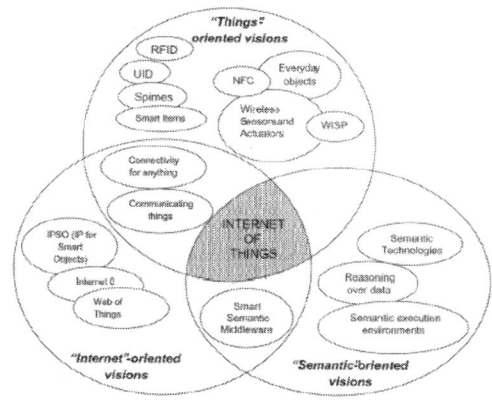

[그림 4 - 37] 세 관점에서의 융합을 통해 나타나는 사물인터넷의 개념

그러다가 스마트폰과 태블릿 PC가 등장하면서 인터넷에 연결된 기기의 수가 폭증하기 시작했다. 2010년에는 68억 명의 세계 인구에 125억 대의 인터넷 연결 기기가 존재해, 이를 1인당 대수로 환산하면 1.84개가 됨으로써 본격적으로 사물인터넷의 시대가 도래 했다고 볼 수 있다.

CISCO의 추정에 따르면 2008년에서 2009년 사이에 인터넷 연결 기기가 세계 인구 수를 추월하기 시작했다고 한다. 2020년에는 76억 명의 세계 인구에 인터넷 연결 기기는 500억 개에 달해 인구 당 6.58개의 비율을 나타낼 것으로 예상되고 있다. 물론 세계 인구의 상당수를 차지하는 저개발국에서는 인터넷이 활용되지 않고 있기 때문에, 실제로 인터넷을 사용하는 인구 대비한 사물인터넷 기기의 비율은 훨씬 커질 것으로 보인다. 정보통신 학자들에 따르면 사물인터넷의 개념은 크게 사물 중심, 인터넷(네트워크) 중심, 시맨틱(Semantic) 중심 정의로 나눠볼 수 있다.

사물 중심의 정의에서는 사물에 탑재된 RFID와 같은 태그를 통해 사물의 인식과 위치 추적을 가능하게 하고, 이러한 데이터를 IoT의 분산시스템에 저장하고 관리함으로써 다양한 서비스를 가능하게 한다. 이 관점에서의 핵심은 RFID로 인식 가능한 사물들을 구별할 수 있는 고유의 전자 코드(EPC; Electronic Product Code)를 부여하고 표준화하는 데 있다. 또한 기기들을 연결하는 근접 통신 기술인 NFC나 센서, 제어기 개발에 집중한다.

인터넷(네트워크) 중심의 정의에서는 모든 사물이 언제 어디서나, 그리고 누구에게나 연결되도록 하는 네트워크 연결과 접속을 중시한다. 이 관점은 RFID 기술이 기반이 되는 사물 중심 관점을 넘어서, 사물이 지능적으로 동작하는 스마트 개체(Smart Object)로 기능하는 것을 목표로 한다. 시맨틱 중심 정의에서는 인터넷에 연결된 수많은 사물들과 이러한 사물들에게서 얻어지는 데이터와 정보를 표현하고 저장하며 검색, 체계화하는 문제가 강조된다. 사물인터넷의 종합적인 개념은 이러한 서로 다른 세 가지 관점에서의 특징을 포괄하고 융합함으로써 완성될 수 있다.

2. 사물 인터넷의 3대 주요 기술

사물인터넷을 실제 생활에 적용하기 위해서는 기반 기술들을 통합적으로 구현해야만 한다. 여기에 필요한 기술들은 크게 〈표 4-13〉과 같이 3대 주요기술로 나눌 수 있다.

〈표 4-13〉 사물인터넷의 3대 주요기술

요소기술	내 용
센싱 기술	• 전통적인 온도/습도/열/가스/조도/초음파 센서 등에서부터 원격 감지, SAR, 레이더, 위치, 모션, 영상 센서 등 유형 사물과 주위 환경으로부터 정보를 얻을 수 있는 물리적 센서를 포함 • 물리적인 센서는 응용 특성을 좋게 하기 위해 표준화된 인터페이스와 정보 처리 능력을 내장한 스마트 센서로 발전하고 있으며, 또한, 이미 센싱한 데이터로부터 특정 정보를 추출하는 가상 센싱 기능도 포함되며 가상 센싱 기술은 실제 IoT 서비스 인터페이스에 구현 • 기존의 독립적이고 개별적인 센서보다 한 차원 높은 다중(다분야) 센서기술을 사용하기 때문에 한층 더 지능적이고 고차원적인 정보를 추출할 수 있음
유무선 통신 및 네트워크 인프라 기술	• IoT의 유무선 통신 및 네트워크 장치로는 기존의 WPAN, WiFi, 3G/4G/LTE, Bluetooth, Ethernet, BcN, 위성통신, Microware, 시리얼 통신, PLC 등, 인간과 사물, 서비스를 연결시킬 수 있는 모든 유·무선 네트워크를 의미 ※ WPAN(Wireless Personal Area Networks) ※ 시리얼 통신 : 일반적으로 컴퓨터 기기를 접속하는 방법의 하나로, 접속하는 선의 수를 줄이고, 원거리까지 신호를 보낼 수 있도록 한 통신 방식이다
IoT 서비스 인터페이스 기술	• IoT 서비스 인터페이스는 IoT의 주요 3대 구성 요소(인간·사물·서비스)를 특정 기능을 수행하는 응용 서비스와 연동하는 역할 • IoT 서비스 인터페이스는 네트워크 인터페이스의 개념이 아니라, 정보를 센싱, 가공/추출/처리, 저장, 판단, 상황 인식, 인지, 보안/프라이버시 보호, 인증/인가, 디스커버리, 객체 정형화, 온톨로지 기반의 시맨틱, 오픈 센서 API, 가상화, 위치확인, 프로세스 관리, 오픈 플랫폼 기술, 미들웨어 기술, 데이터 마이닝 기술, 웹 서비스 기술, 소셜네트워크 등, 서비스 제공을 위해 인터페이스(저장, 처리, 변환 등) 역할 수행

3. 사물인터넷의 적용분야

사물인터넷은 매우 다양한 분야에 적용될 것으로 기대되고 있다. 한 사물인터넷 연구 논문에 따르면 사물인터넷의 활용 영역은 크게 교통 및 물류(Transportation and logistics), 헬스케어(Healthcare), 집, 사무실, 공장 등의 스마트 환경(Smart environment-home, office, plant), 개인 및 소셜(Personal and social)의 4가지 분야로 나누며, 여기에 미래 상상(Futuristic) 분야를 추가로 제시하고 있다(Atzori et al., 2010).

교통 및 물류 분야에서는 자동차 운행에 필요한 정보를 제공받고 자동화된 운전까지 가능하게 하는 주행 보조(Assisted Driving), 환경 모니터링, 증강현실 기술을 지도에 구현한 증강 지도(Augmented Map) 등에 사물인터넷이 적용될 것으로 보인다. 이를 정리하면 〈표 4-14〉와 같다.

〈표 4-14〉 사물인터넷 적용분야

분야	내용	주요제품
헬스케어	건강보조도구, 혈당량측정, 건강정보송신, 원격진료, 스마트폰, 헬스케어 어플리케이션	핏빗플렉스(핏빗), 픽스(코벤티스), S 헬스서비스(삼성전자), 2net(퀄컴), 헬리어스(프로테우스바이오메디갈), 트윗피(하기스)
농업	실시간 작물상태 모니터링, 온도 / 습도 감지 및 조정, 농장물 수확량 재고관리	스마트팜(SKT), 지능형 파종 서비스(일본 신무쿠청과), 지능형 젖소관리 서비스(네덜란드 사프코드사)
안전	재난 예측, 재해 조기감지, 실시간 화재 및 침입경보 서비스	스마트 원격관제 서비스(KT), 안심마을zone 서비스(LG 유플러스)
환경	날씨나 온도 측정 센서, 야생동물 위치확인, 서식지 보존, 방사능 등 위험물질 위치파악, 지능형 쓰레기수거시스템	네탓모(Netatmo), 쓰레기통 최적 수거경로 안내, 불법 벌목 방지, 온도·물 관리시스템(ARM), 스마트 에셋트래킹(SKT), 스마트 클린시스템(LG 유플러스)
엔터테인먼트/게임	재미, 오락	버블리노(Bubblino), 스마트워치(소니), 구글글라스, 스마트기어(삼성전자), 퓨얼밴드(나이키), 조본업(조본)
에너지	중앙 전원 통제, 고압 전력 원격검침, 전력 신청 및 공급, 에너지 하베스팅, 분산 전원	위모(WeMo), 스마트미터, 스마트그리드(누리텔레콤)
경로 추적	애완동물이나 자동차 추적	트랙티브펫트래커(Tractive pet tracker)
식품/급식	초밥감지 서비스, 지능형 식기도구, 단체급식 위생관리 솔루션	회전초밥감지(스시로), 하피포크(하피랩스), 스마트 프레시(LG 유플러스)
홈케어	문 / 조명등 제어, 지능 주택 관리, LBS방범, 외출 보안 시스템, 냉난방 환기자동조절, 스마트 홈서비스, 취약계층 원격케어 서비스	스마트싱스(Smartthings), 스마트홈, 스마트 라이크(SKT)
자동차	텔레매틱스, 무인자동차, 스마트카, 커넥티드 카, 차량원격관리	OnStar(GM), Sync(포드), 블루링크(현대차), 무인자동차(구글), 스마트 오토모티브(SKT), 실시간 차량관제 서비스(LG 유플러스)
산업	시설물 관리, 공장 자동화, 유통망검색, 오·폐수 자동관리, 결제 / 과금서비스, 스마트융합가전, 물류시설관리	NFC 결제단말, 공장 자동화 센서, POS, 모바일 소액결제
교통	교통안전, 국도 모니터링, 배기가스 실시간 감지, 택시 무선 결제, 디지털 운행 기록관리	지능형 교통 서비스, 지능형 주차 서비스 SF Park(샌프란시스코시)
건설	건물 / 교량 원격관리 서비스, 시설물 관리, 스마트 시티	가로등 밝기 자동조절, 건물 에너지 효율화 시스템(미 Valarm 사), 송도 스마트 시티(시스코), 원격 조명관리시스템(ARM)

* 출처 : ETRI 경제분석 연구실(2014. 1)

헬스케어 분야에서는 의료 정보를 인식 및 수집하고 추적함으로써 의료 서비스 품질 향상에 적용 가능하다. 스마트 환경 분야에서는 사무실 환경과 산업현장에 사물인터넷 기술을 적용해 보다 편리하고 지능화된 업무 구현이 가능하며, 박물관/미술관과 헬스클럽 시설에 사물인터넷을 적용한 스마트 환경 구축이 가능할 것으로 보인다.

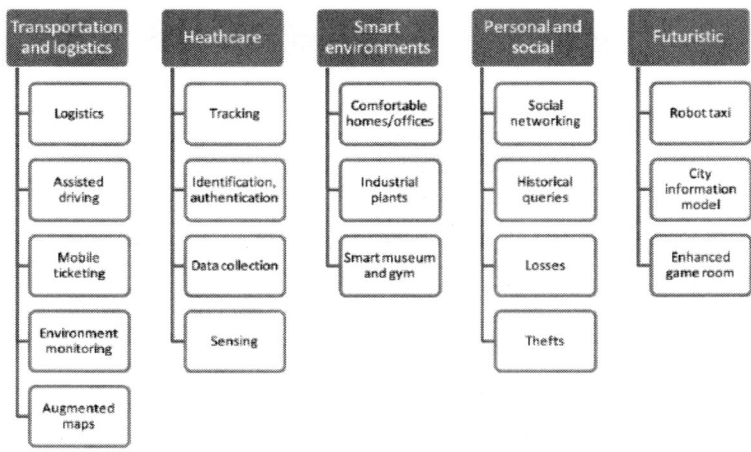

[그림 4-38] 5가지 분야로 나눈 사물인터넷 활용 영역

개인 및 소셜 분야에서는 사물인터넷을 활용한 SNS와 도난 방지 시스템, 미래 상상 분야에서는 로봇택시, 도시 정보화 모델, 확장형 게임 룸 등에 사물인터넷이 적용될 수 있을 것으로 기대된다.

한편 컨설팅 업체인 ADL(Arthur D. Little)에서는 사물인터넷으로 구현되는 스마트 솔루션을 통해 제품 수명 향상, 에너지 최적화, 사용자 편의성 강화, 부가 가치가 높은 서비스를 제공할 수 있을 것으로 분석하고 있다.

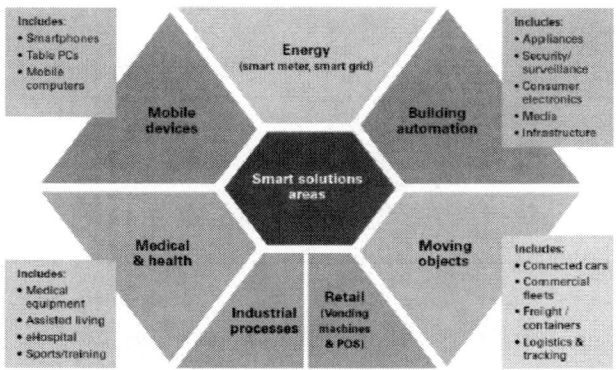

[그림 4-39] 사물인터넷의 활용 분야

4. 사물인터넷 관련 국내외 정책동향

① 사물인터넷 관련 주요국의 정책동향

〈표 4-15〉 주요국의 사물인터넷 정책동향

국가	분야	정책
중국	도시	제12차 5개년 규획 기간('11~'15) 동안 전국 320개 도시를 스마트 시티로 건설할 계획이며, '15년까지 5,000억 위안 투자
	교통	제12차 5개년 계획('11~'15)에서 7대 전략 신흥산업으로 차세대 자동차 선정 및 도시교통 투자 계획 수립
	보건의료	제12차 5개년 중국국민경제 계획에 모바일 헬스케어를 중점 육성산업으로 지정
	홈	정부 주도의 스마트홈 활성화 전략을 수립하고, 홈 IoT 표준 장벽을 만들어 자국시장 보호 및 해외시장 선점 시도
미국	에너지	미국은 Grid 2030 국가비전을 발표하고, 노후 전력망 현대화에 45억불 투자하였으며, 일본은 태양광 발전 및 마이크로그리드 확산에 초점을 맞추고, 09년부터 기술 개발 및 스마트계량기 등 300억엔 규모의 투자계획을 수립하였다. 그리고 중국은2020년까지 스마트그리드 보급을 위한 계획 수립, 기술 및 설비 개발에 착수였다.
	교통	정부 주도의 미래형 자동차 연구개발 전략 수립 및 주요 자동차 업체를 중심으로 한 산업계의 기술개발 지원 ※ Freedom Car&Fuel 등 실증사업 운영 및 27.1억 달러 투자
	보건의료	의료부문 ICT 융합 규제 완화를 위해 모바일 의료 앱 및 단말에 관한 규제 가이드라인 개정('15.2)
	홈	홈 IoT 표준 글로벌 연합체(Alliance)들을 주도하고 구글·애플 등 글로벌 기업 주도형으로 시장선점 및 표준화 추진
	농업	GPS를 이용한 무인주행 농작업, 실시간 센서개발과 정밀 농업 취득 정보 농산물 생산이력 이용을 추진
	제조	ICT 기반의 첨단 제조혁신을 통해 국가 경쟁력을 강화하고자 '12년'미국 제조업 재생계획'발표, 전국에 15개 제조혁신 기구 설립
유럽	도시	플랫폼·서비스 호환성 및 도시 인프라를 활용한 다양한 서비스 제공을 목적으로 IoT·빅데이터·클라우드 기반의 스마트 시티 공동 프로젝트 추진 ※ ClouT(Cloud of Things for smart cities, '14.4월~'16.3월) : 4개 파일럿 도시 (산탄데르, 제노바, 미타카, 후지사와)를 대상으로 동일 플랫폼 기반의 실증시험 추진
	교통	'11년 교통정책백서를 공표하고 지속가능성을 갖춘 ITS 기반 교통시스템 미래 비전 제시
일본	도시	플랫폼·서비스 호환성 및 도시 인프라를 활용한 다양한 서비스 제공을 목적으로 IoT·빅데이터·클라우드 기반의 스마트 시티 공동 프로젝트 추진 ※ ClouT(Cloud of Things for smart cities, '14.4월~'16.3월) : 4개 파일럿 도시 (산탄데르, 제노바, 미타카, 후지사와)를 대상으로 동일 플랫폼 기반의 실증시험 추진
일본	홈	정부가 '에코넷'이라는 홈 IoT 민간 표준을 지원하여, 일본 기업의 스마트홈 기술·서비스 개발 촉진 및 글로벌 경쟁력 강화
	농업	'농업 정보의 생성·유통 촉진 전략'(14.6)
	제조	'13년 산업재흥플랜을 수립하고 첨단 설비 투자 촉진, 과학 기술 혁신 추진 등을 통한 제조업 활성화 정책 추진

국가	분야	정책
영국	도시	2007년 기술전략위원회(TSB:Technology Strategy Board)를 설립하고, '스마트 시티'지원 프로젝트를 추진
	보건의료	'17년까지 원격 환자 모니터링 서비스 300만명 이용 목표 발표
EU	농업	IT 기반 센싱 및 정밀 농업 기술분야를 중점 육성하고 있으며, 향후 농생물 유전체 해독 등 IBT분야의 투자를 확대
독일	제조	ICT 융합을 통한 제조업 혁신 전략인 인더스트리 4.0 전략을 수립하고 사이버물리시스템(CSP) 기반의 스마트 팩토리 구축 추진

② 우리나라의 사물인터넷 정책 동향
• 에너지 IoT 기술 확보 2010년 17개 기술 로드맵 공개
  · 산업통상자원부는 10년 후 에너지기술 개발 방향을 좌우할 17대 프로그램을 담은 '2014 에너지기술 혁신 로드맵'을 수립 발표

[그림 4-40] 산업통상자원부 '2014 에너지기술 혁신 로드맵

- 17대 ETI는 에너지공급, 수요균형, 기후 변화 대응, 분산 전원 등 에너지기술패러다임 변화에 선제적 대응이라는 비전, 세부적으로 연료 수급에서 차세대 발전기술, 정보통신기술(ICT) 기반 수요관리, IoT·무선전력 송수신·고효율 에너지변환

- 수요 관리 부문에서는, IoT와 빅데이터를 기반으로 한 스마트 홈·빌딩, 스마트 팩토리를 구현해 개별 수용가까지 이어지는 스마트그리드 시스템을 구축할 계획, ICT와 에너지 융합으로 서비스모델을 창출하고 산업화를 추진해 한국형 플랫폼으로 정착시킴

· 정부, 2020년 IoT산업 30조 규모로 육성....3만 명 일자리 창출
  - 정부는 '사물 인터넷 육성 기본계획안' 발표하고 2020년까지 2조3000억원 규모인 사물인터넷시장을 30조원 규모로 육성
  - 사물인터넷 중소중견 기업을 지원하여 일자리 3만개 창출

· 미래부 "사물인터넷, 불합리한 규제 걷어낸다"
· 사물인터넷 산업 활성화를 위해 불필요한 규제를 걷어내기 위해 사물인터넷 규제개혁 전담반 운영
  - 전담반은 학계, 업계 전문가들을 중심으로 구성되었으며, 앞으로 IoT 산업 활성화를 위해 풀어야 할 규제, 혹은 해야만 하는 규제에 대해 집중 검토 후 전담반이 도출한 결과물을 반영한 규제혁신안 제시

5. 사물인터넷 분야별 수요 및 시장 동향

① 에너지 분야
· 에너지현황 및 IoT 수요

〈표 4 – 16〉 에너지관련 요구사항과 IoT 융합을 통한 해결방안

에너지 IoT 수요	해결방안
발전소의 노후 설비 및 장비 등으로 예상하지 못한 부품 하자와 정전의 원인이 되지만, 예방 및 원인 탐지의 어려움	IoT 센서를 활용하여 설비 및 장비를 지속적으로 모니터링 하여 수월한 문제 해결을 유도하고, 조기 경보 시스템을 활용해 정전을 예방
전력 수요 예측의 어려움으로 어떤 곳은 블랙아웃이, 어떤 곳은 예비전력이 남아도는 사태가 발생함 예비전력 확보를 위해 전력 과다 생산으로 비용이 늘어남	실시간 예측 정보 시스템으로 필요 전력을 효율적으로 공급하고, 과도한 예비전력생산을 방지하여 총 에너지 생산 비용을 절감
전기기기의 증가에 비해 전기사용의 솔루션이 확보되지 못하여 어디에 어떻게 전력이사용 되었는지 확인도 하지 못하고 전기요금을 납부함	모든 연결 기기로부터 데이터를 수집하여 건물자체에서 포괄적으로 사용기기를 제어 및 관리하여 전력을 효율적으로 관리, 사용자 전력소비 비용을 낮춤

에너지 수요와 공급의 불균형으로 인한 블랙아웃(대규모 정전사태) 우려 및 예비 전력의 초과 생산 등이 최대 이슈로 대두되고 있으며, 이로 인해 에너지 효율성과 차세대 에너지 경쟁 주도권 확보를 위해 스마트그리드 산업육성 및 초기 시장 활성화 집중 투자를 하고 있다.

- 전력망 노후로 생기는 전력 손실률이 미국 7.4%, 영국 7.8%, 프랑스 6.7%로 미국의 경우 연 손실규모가 1,500억 달러에 이르는 것으로 추정
- 석유와 가스 관련 기업의 임원 62%가 IoT 기술을 도입함으로서 기업의 성장에 중요한 역할을 할 것으로 예상함에 따라 앞으로 3~5년 사이에 걸쳐 디지털 기술에 투자를 증가시킬 것이라 전망

② 도시 분야

- 도시 현황 및 IoT 수요

도시화 진전으로 인프라·에너지 부족, 교통난 및 생활비용 증가 등 도시 효율성 저해 요인 확대됨으로써 스마트 시티가 대두되고 있다.

맥킨지(2015)에 따르면, IoT 도입으로 2025년 연간 최소 9,300억 ~ 최대 1조 660억 달러의 파급효과를 추산하며, 특히 교통, 공공안전, 건강, 자원관리, 서비스 등에서 활용도가 높게 나타날 것으로 분석하고 있으며, 2015년 Business Insider, Inc에 따르면, IoT 기반 도시 건설을 위해 2019년까지 133억 달러가 투자될 것이며, 회수되는 경제적 가치는 421억 달러에 달할 것으로 전망하였으며, 2019년에는 도시에 설치된 IoT 기기들이 19억 개에 달할 것으로 보고되고 있다.

〈표 4-17〉 도시 관련 요구사항과 IoT 융합을 통한 해결방안

도시 IoT 수요	해결방안
도시화의 진전으로 도시 관리의 어려움은 범죄 증가, 에너지 부족, 환경오염 등으로 이어지고, 이에 대한 비용을 증가시킴.	우범지역에서 사람 및 공간의 정보를 가로등이 수집하고 처리하여 안전한 귀가를 도와주고 불필요한 에너지 낭비를 줄여주는 등 관리비용 절감이 가능
급속한 도시화로 도시의 문제는 복잡하고 다양해 졌으며, 도시 관리의 어려움이 더욱 증가함.	도시 내 모든 사물·사람·공간에 대한 실시간 정보를 수집하고 관계기관과의 정보연계를 통해 도시 관리의 효율성을 높임.
공공 주도의 도시문제 해결방식(폐쇄형 인프라 중심)은 소비 주체인 도시민과의 단절로 인한 생산-소비-재투자의 선순환 연결고리가 끊어지게 됨.	도시민의 삶의 질을 개선하고 도시 간 정보 교류를 통해 효율성을 극대화하기 위해서는 민간이 참여 하는 개방형 환경에서 수요지향적인 도시문제 해결 서비스를 통해 도시 지속성을 확보할 수 있음.

- 글로벌 시장동향
  - 전 세계 스마트 시티 시장 규모는 '14년 6,556억 달러에서 '19년 1조 2,666억 달러로 매년 14.1%

성장 예측('14, 마켓앤마켓)
- 최근 글로벌 기업은 Smarter Cities(IBM/美), Smart+Connected Communities(Cisco/美) 등 각사의 스마트 시티 개념·계획을 발표하고, 각국 도시들을 대상으로 선점 경쟁 돌입
- 자연·사물과 사람을 연결하고 지능화 하여 스마트 시티의 다양한 분야에서 서비스를 창출하기 위한 플랫폼 개발 경쟁 심화

- 국내 시장동향
  - 우리나라는 IDC의 G20 국가를 상대로 한 "사물인터넷 발전을 위한 준비 지수(2016.11)"에서 2위를 차지하여 사물인터넷에 특화된 투자 및 혁신을 촉징하고 매력적인 투자기회를 증진시키는 비즈니스 환경 측면에서 매우 높게 bud가 받고 있음
  - 또한, 입본 정부가 사물인터넷 역량을 측정하기 위해 자체 신규 지표로 조사한 "사물인터넷 국제 경쟁력 순위(2017.3)"에서 미국, 중국, 일본에 이어 4위를 기록

③ 교통 분야

- 교통 현황 및 IoT 수요

대도시의 교통 혼잡과 교통사고로 매년 23조원의 사회적 비용 발생하고 있다. 선진국들은 차세대 성장동력 산업으로 스마트 카에 대한 투자 확대 및 IoT 등을 활용한 지능형 교통시스템 구축 등으로 교통 문제 해결 추구하고 있다.

〈표 4 – 18〉 교통 관련 요구사항과 IoT 융합을 통한 해결방안

도시 IoT 수요	해결방안
피로, 주의부족 등 운전자 상태에 따라 운전자의 안전을 위해하는 요소가 많고, 사각지대로 인한 보행자, 다른 차량과의 충돌에 대한 우려가 높음	차선이탈방지, 추돌방지, 자율주행 등을 통해 운전자의 안전성을 확보하고, 차량항법 안내, 교통상황정보 등을 제공하여 운전자의 편의성 제공
브레이크 고장, 타이어 펑크, 엔진 과열 등 운전자 부주의가 아닌 자동차 상태에 따른 사고에 대한 우려가 높으나 자동차 내부의 고장을 미리 알고 수리하기 어려움	연속적인 모니터링 시스템으로 차량 내부 부품의 고장을 파악, 예비 부품 가용성 체크 및 수리 요청을 하여 고장률을 줄이고, 운전자의 생명에 치명적인 고장을 예방함.
자동차의 급증에 따라 교통의 관리는 점점 더 어려워지고 있고, 비효율적인 교통 관리는 운행 시간 지연 및 자동차 에너지 사용량을 증가시킴	차량-교통 인프라를 연계하여 신호체계 제어, 차량분산 배치, 공공교통 관리 등 효과적인 교통 관리 시스템으로 교통흐름 향상 및 에너지 사용량 감소

즉 승용차, 트럭, 선박, 항공기 등의 운행을 모니터링하여 사고를 방지하고 안전성을 높일 수 있는 애플리케이션과 플랫폼을 요구하고 있다. 2015년 맥킨지는 차량관리, 설계, 서비스 등이 향상되며 비용 대비 효율적인 운행 모니터링을 통해 2025년 연간 최소 2,100 ~ 최대 7,400 억 달러의 시장 창출을 예상하고 있다.

- 글로벌 시장동향
    - 스마트 카의 글로벌시장은 '11년 1,586억불에서 연평균 7.4%의 높은 성장을 기록하여 '19년 3,011억불 규모로 예측
        * ('11년) 1,586억불 → ('15년) 2,500억불 → ('19년) 3,011억불 (연평균 7.4%)
    - 구글, 애플, MS 등 글로벌 ICT 기업들의 스마트 카 시장 진출 활발
        * 미국의 벤처회사 애터비스타는 '스트리트 범프(Street Bump)' 모바일 앱을 개발하여 미국 보스턴 시에 2012년 말부터 보급함으로서 운전자들이 스마트폰을 이용하여 도로파손 지역 데이터를 전송
    - 기상 변화, 차량 통행량, 공사 상황, 도시 내 대형 이벤트 등의 데이터를 토대로 한 교통 빅데이터 분석과 머신러닝 기법을 도입

- 국내 시장동향
    - 국내 스마트 카 시장 규모는 '13년 110억 달러에서 '19년에는 138억 달러로 성장 전망
    - 국내 스마트 카 기술수준은 선도국인 유럽 대비 85% 수준(기술격차 1.4년), 업계 보수성으로 ICT 융합 기술력에 비해 적용 미흡

④ 보건의료 분야

• 보건의료 현황 및 IoT 수요

〈표 4 - 19〉 보건의료 관련 요구사항과 IoT 융합을 통한 해결방안

보건의료 IoT 수요	해결방안
간헐적 건강검진으로 인해 만성질환 발생에 적절히 대처하지 못하고, 질병이 발생 한지도 모르게 생활하다 신체의 이상을 발견하게 되어 건강회복에 많은 노력, 시간, 비용이 소요	웨어러블 디바이스를 통한 실시간 건강 정보를 제공함으로써 일상생활에서 건강 관리가 가능하고, 질병 발생 이전에 대응하여 사회적 비용을 최소화
인구고령화에 따른 수명연장에 따라 중증질환자의 증가, 침습수술로 인한 합병증 위험의 증가, 퇴원 후 회복까지 장기간 소요	환부 근처에 작은 구멍을 통해 수술 시야를 디스플레이 화면으로 확보, 전자 메스, 집게 등으로 몸 밖에서 수술기기를 조작하여 기존의 수술 방식과 동일한 효과를 가지지만 환자에게 미치는 영향을 최소화
현재의 의료기기는 특정 솔루션의 제공에 역점을 두어, 이 목적으로 사용되는 다양한 기기들은 설계가 각기 다르다. 따라서 효과적인 정보 공유를 위한 상호연결 능력이 부족. 의료기관간 유관기관 간 정보연계 또한 미흡	기기의 상호 운용성을 통해 장소와 기기에 구애를 받지 않고 중요 정보에 접속할 수 있게 되므로 유연성이 증폭. 유관기관간 정보전달에도 도움

보건의료서비스 소비자가 환자 중심에서 비환자까지 확대됨에 따라 삶의 질을 제고하는 새로운 의료서비스에 대한 수요가 증대되고 있다. IMS Health, Euromonitor는 '13년 글로벌 보건의료 산업에서 치료 비중은 점차 감소하여 '20년에는 예방, 사후관리, 진단의 비중이 43%에 달할 것으로 전망하였으며, 2015년 맥킨지는 2025년 최소 1,700억 달러에서 1.6조 달러의 경제효과가 예상된다고 전망하였다.

• 글로벌 시장동향
  · 세계 스마트헬스케어 시장9)은 '7년 1,359억달러 규모로 전망
    − 세계 스마트헬스케어 시장규모(억달러) : ('13) 608 → ('7F) 1,359 → ('20F) 2,333, 연평균 22% 성장
    − 분야별로는 모바일헬스케어(스마트폰 등 모바일기기를 활용한 건강관리 서비스), 지역별로는 중국 등 아시아 지역이 성장을 견인
  · 세계 모바일헬스케어 시장규모(억달러) : ('3) 64 → ('7F) 242 → ('20F) 559, 연평균 36% 성장
  · 국내는 제도, 기술, 표준 등 산업 기반이 완비될 경우 연평균 12.5% 성장이 예상되는 등 산업 잠재력 충분
    − 각종 규제, 공공의료의 저가 이용 등으로 시장형성 초기 단계

- 국내 시장동향
  - 국내 디지털 헬스케어 시장 규모는 '14년 약 3조원에서 '20년 11조원으로 성장 전망되나, 법제도 미비 등으로 성장 제약 발생할 것으로 예상되나 클라우드 발전법에 힘입어 점차 헬스케어 시장의 제약요인은 완화될 것으로 전망됨(스마트 헬스케어 의료기기 기술·표준 전략 보고서, 식품의약품안전평가원, '18.8.24(금))
  - 대형 SI 기업 중심의 병원정보화 시장구조가 종합병원과 ICT 기업간 합자회사 설립·운영 등으로 시장 생태계 진화 중
    * 헬스커넥트(SKT+분당서울대병원), 후헬스케어(KT+연세세브란스병원), 메디플러스(LGU+, 카톨릭대학교, 인성정보, 엠서클) 등
  - 모바일 기기를 통한 헬스케어 서비스는 사용자의 활동내역, 건강정보의 주기적 수집 등 데이터 가치를 인지한 업체들의 적극적인 참여로 큰 폭의 성장이 예상
    * 데이터 전송 표준, 개인건강정보의 활용범위, 점차 고성능화되는 모바일 기기의 제도적인 허용문제 등이 과제로 남아 있음

⑤ 홈 분야

- 홈 현황 및 IoT 수요

  급성장하고 있는 글로벌 스마트홈 산업을 차세대 성장동력으로 판단하고 주도권 선점을 위한 기업간 경쟁 및 국가적 지원 본격화하고 있다. "스트래티지애널리틱스"에 의하면 2014년 스마트홈 세계 시장규모 는 53조원에서 2019년 123조원으로 연평균 19.8% 성장할 것으로 전망하고 있다.

〈표 4 – 20〉 홈 관련 요구사항과 IoT 융합을 통한 해결방안

홈 IoT 수요	해결방안
가전기기의 기능이 복잡해지고 네트워크화 됨에 따라 오동작 가능성이 높아져서 사용하기가 어렵다. 또한, 오류 발생 시 정확한 원인을 파악하고 수리 요청하기가 매우 복잡	홈 IoT를 통해서 지능형 가전의 상태를 미리 파악하여 고장을 방지하고 원격에서 확인 및 수리할 수 있는 지능형 유지보수가 가능
다양한 사용자의 행동패턴에 따른 서비스에 대한 요구가 증대되고, 상황인지를 통한 자율형 서비스에 대한 수요가 증가	사용자의 이용 성향과 외부시스템의 실시간 정보를 통해 빅데이터와 패턴 학습으로 파악하여 스스로 알아서 동작하는 자율제어 및 맞춤형 상황인지 서비스 제공이 가능
현재의 홈 네트워크는 사업자간 연동성 부재로 공급자 중심의 제한된 개별 서비스인 단순 알림, 모니터링, 원격 제어에 한정되어 제공	상호연동성이 보장되는 홈IoT 환경에서는 가전기기 및 센서를 통해서 편의, 안전, 건강, 에너지, 교육, 문화, 일 등 전 방위적 분야의 킬러 융합서비스 발굴이 가능

가정에서 활용되는 모든 전자 제품을 지능화·가상화하고 스마트폰·인터넷 서비스 등과 연계를 통해 新부가가치를 창출되고 있고 TV 등 가전제품, 전기, 수도 등의 에너지 소비 장치, 보안서비스 등 네트워크로 연결하여 사용자가 가정 내 상황정보를 원격으로 확인 및 제어가 가능하도록 지원되고 있다.

2015년 맥킨지는 2025년 연간 2,000~3,500억 달러의 경제적 효과를 창출할 것으로 전망하고 있다.

- 글로벌 시장동향
    - 인터넷·모바일 분야가 포화상태에 이르면서, 글로벌 기업들이 스마트 홈 분야를 새로운 수익 창출 가능 新사업영역으로 판단하여 투자확대 중
    - 구글, 애플 등 글로벌 기업은 기존 플랫폼을 기반으로 시장 선점을 추진하고 있다.
        * 구글은 네스트랩스를 인수한 뒤 IoT 운영체제 '브릴로' 프리뷰 버전을 공개하였고, ('15.5) 애플은 홈킷(Home Kit)을 위한('14) 전용 앱(Home)을 제공할 예정
    - 중국기업들은 내수시장과 가격경쟁력을 강점으로 시장지배력 강화 중
        * 중국 스마트홈 시장규모는 약 24조 7천억원이며 ('15년 기준) '20년까지 평균성장률은 22.5% 전망('14년 Junifer Research)

- 국내 시장동향
    - 대기업 위주로 스마트홈 시장 진출이 본격화되고 있으나 기업 간 상이한 기술 규격으로 인해 수요창출이 미흡
        * (가전사) 삼성전자, LG전자 등은 旣 선점하고 있는 글로벌 가전 시장에서의 입지 제고를 위해 스마트홈 플랫폼 개발에 박차
        * (통신사) SKT 등 주요 통신사는 스마트폰을 통한 홈IoT기기 제어 플랫폼을 개발하여, 새로운 시장 수요를 창출하기 위해 노력

⑥ 농업 분야

- 농업 현황 및 IoT 수요

    선진국들은 농축산물의 생산·유통·소비 全과정에 걸친 생산성·효율성·품질향상 등을 통한 고부가가치 신성장동력 창출 주력하고 있으며, 증가하는 수요를 충족시켜주기 위해 농업 관련 정보 수집 및 분석,

IoT가 제공할 수 있는 생산 처리, 관리 등에 관련된 애플리케이션 및 플랫폼 구축에 주력하고 있다.

세계 유엔 식량 농업기구(FAO)에 따르면 오늘날 인구증가추세로 볼 때 2006년에 비해 2050년은 70% 이상 많은 음식을 생산해야 할 것으로 예측하고 있으며, 연평균 20%의 증가 추세가 이어져 2020년에는 농업으로 사용되도록 셋팅된 IoT 기기가 7,500만 개에 도달할 것으로 예측하고 있다.

노동집약적, 낮은 생산성을 극복할 방안으로 IoT 확산을 통해 정밀 생산, 지능 유통 및 효율적 재해 대응이 가능한 스마트 농업에 대한 수요가 발생할 수 있으며, 센싱으로 작물의 수확량을 높이기 위해 현재의 산도수준, 온도 및 기타 다른 변수를 추적하기 위한 토양 관리 등을 수행할 수 있고, 드론, 위성 등의 도구를 통해 농지 조사 및 작물에 대한 데이터 수집 및 생성가능하다.

〈표 4-21〉 농업 관련 요구사항과 IoT 융합을 통한 해결방안

농업 IoT 수요	해결방안
농작물을 경작하기 위해서는 기상, 기후, 토양 등의 환경과 기상이변 등에 의한 재해 상황. 이러한 환경에서 농작물의 작육 상황에 대한 상시 관리가 필요.	논, 밭 등의 노지와 비닐하우스와 같은 시설에서 농작시 요구되는 환경과 상황, 작육 상태에 대한 모니터링 정보를 제공하므로 우수 품질의 농작물을 생산 가능
농촌고령화가 심화되어 노동력 부족현상이 심화되고 노동집약적 농업에 대한 대안 마련이 절실.	자동화된 농업생산설비를 통해 인력수요를 절감하고 생산성 향상을 통한 농가소득의 증대를 도모.
지구 온난화, 기후 변화로 인해 병충해 피해가 심화되고 병충해의 서식지 이동, 생리적 변화로 인한 병충해 분포지역 및 밀도 변화가 발생하여 영농이 어려움.	예측 및 분석 정보를 시스템과 접목시키면 농민들이 병충해 발생을 사전 예방이 가능하며, 적정 지역 및 적정량의 농약을 배포하므로 사용량 최적화에 도움이 되어 비용 감소

- 글로벌 시장동향
  - IT 기반 정밀 농업기계는 2010년 80억달러이며, 2014년까지 250억 달러 규모로 성장할 것이라 예상
  - 글로벌 ICT 기업은 농업과 ICT 접목 시도하는 스타트업의 연이은 투자 유치 성공
  - 빅데이터, 클라우드 등을 통해 농업 효율성을 끌어올리는 동시에 궁극적으로 농가의 소득을 향상시키는 것을 목표로 설정
    * The Climate Cooperation은 250만개의 기상데이터와 과거 60년간의 수확량및 1,500억 곳의 토양데이터를 바탕으로 지역·작물별 수확 피해 발생 확률을계산하고 이를 토대로 농가를 위한

맞춤 보험 프로그램을 제공
　　　＊ 파머스 비즈니스 네트워크는 전국의 농가에서 수집한 데이터를 표준화하고 이를 분석하여 대시보드를 통해 제공
　　　＊ 바이탈 필드는 날씨 패턴, 토양 정보 등을 분석하는 클라우드 기반 소프트웨어 및 모바일 앱을 통해 농작물의 병충해 피해 가능성을 제공

- 국내 시장동향
  - 시설원예, 과수, 축산 중심으로 스마트 그린하우스, 과수재배 관리시스템, 지능형 축사관리시스템 등의 기술개발 및 현장 보급·확산에 주력
  - 2013년에는 농축수산식품(비타민 A, F) 분야에서 추진이 시급하고 파급 효과가 큰 과제를 우선 시범사업으로 선정하여 추진
    ＊ (농림축산식품부) 스마트 팜 팩토리 실증단지 조성, (해양수산부) 스마트 양식장 통합관리시스템 개발·적용, (식품의약품안전처) RFID 기반 마약류 안전 유통·관리 체계 구축

⑦ 제조 분야
- 제조 현황 및 IoT 수요
  독일, 미국, 일본 등 선진국들은 노동력 부족과 생산성 하락 등의 오프라인 현장에서 발생하는 전통적인 문제를 해결을 위해 노력을 하고 있다.

  이들 선진국들은 비즈니스 프로세스를 분석하고 자동화 하는데 있어 새로운 가능성을 제공해 주는 등 새로운 부가가치를 창출할 수 있도록 지원하는 IoT 기반의 애플리케이션 및 플랫폼을 요구 (Business Insider, Inc(2015))에 따라 제조업 경쟁력 강화 전략 추진으로 첨단 ICT를접목한 강소기업(히든챔피언) 육성에 주력하고 있다.

  산업사물인터넷 전문 매체 IoT 애널리틱스(IoT Analytics)가 주요 시장조사 기관의 전망 자료를 비교한 결과에 따르면 2020년 사물인터넷 시장에서 가장 큰 비중을 차지하는 산업 분야는 제조업인 것으로 조사되었다.

<표 4 - 22> 제조 관련 요구사항과 IoT 융합을 통한 해결방안

제조 IoT 수요	해결방안
제품이 단순기능 위주로 구성되어 있고, 제품의 고장 등 유지관리를 위한 다양한 노력과 비용이 발생.	모든 제품이 디지털화 되어 제품의 서비스화가 진전되고 제품의 유지관리가 자동화·자율화됨에 따라 추가적인 노력이 불필요
다품종 소량생산 방식으로 인해 하나의 생산라인에서 다양한 제품을 생산하는 반면, 이를 위한 생산설비의 재배치에 따른 노력과 비용이 발생	다품종 소량생산체제에 대응하기 위한 플렉시블 생산라인과 차세대 설비 활용에 따라 라인중단 없이 생산시설의 배치가 자동화가 가능하여 생산성이 향상되고 비용절감의 효과가 발생
제품에 불량, 하자가 발생하면 공급사슬 중 하자가 발생한 시점과 사유를 역추적 하여 제품 리콜, 환불, 배상 등 조취를 요구. 이를 해결하기 위한 노력과 비용이 발생	현장 운영을 모니터링하면서 공정 하자 또는 장애를 실시간으로 관제할 수 있고, 하자 발생 시 책임소재를 가리고 사전 예방 및 사후 조치를 강화할 수 있음

- 글로벌 시장동향
    - 글로벌 기업들은 센싱, 통신, 자율제어 등을 위한 IoT, 빅데이터 기술을 제조현장에 적용하여 새로운 비즈니스 모델 창출
        * 지멘스는 고성능 자동화 설비와 관리 시스템간 실시간 연동으로 다품종·고수율 생산시스템 구현
        * 테슬라는 다기능 로봇(용접, 조립, 절단 등)을 활용하여 자동차 외에도 무엇이든 만들 수 있는 지능형 유연생산 공장 구축
    - 3D 프린터, 시뮬레이션 등을 활용하여 맞춤생산과 신속한 시장출시를 위한 시제품 제작기간 및 비용 절감 노력 강화
        * 보잉은 가상풍동 시뮬레이션을 통해 설계기간 60% 단축, 비용 45% 절감
        * 포드는 엔진부품 시제품 제작에 3D 프린터를 활용하여 기존 4개월 50만 달러에서 4일, 3천 달러로 제작기간 및 비용을 획기적으로 감축

- 국내 시장동향
    - 국내의 경우 대기업 주도의 ICT 융합 제조혁신은 활발한 반면 중소 제조기업은 비용부담, 전문인력 부족 등으로 첨단 ICT 접목 한계
        * 스마트 공장 고도화와 제조분야 융합제품 생산에 필요한 센서, CPS, IoT, 빅데이터 등 핵심 기술은 선진국 대비 약 70~80% 수준
        * 스마트 기반기술 수준(美=100) : (센서) 75.3, (CPS) 74.5, (IoT) 85.1, (빅데이터) 76.7

제4절 모바일 패러다임

1. 이동통신의 발전

① 이동통신의 변화

이동통신이 10년 주기로 변화하면서 1980년대 1세대 아날로그 이동통신을 시작으로 1990년대 2세대, 2000년대 3세대, 그리고 2010년대 4세대를 거쳐 2020년대 5세대로 향하고 있다. 이동 통신기술은 [그림 4-41]에서와 같이 크게 두 가지로 분류하는데,

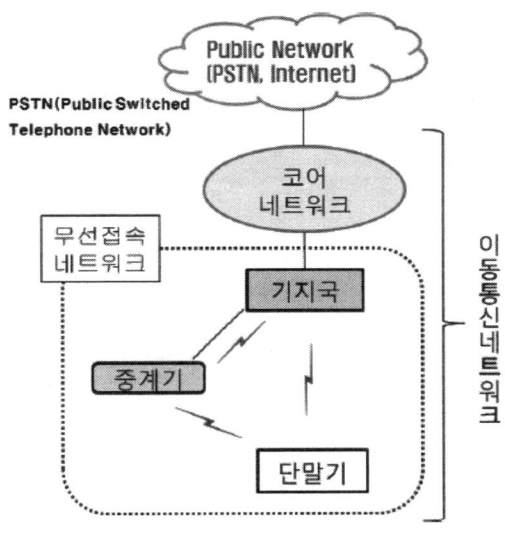

[그림 4-41] 이동통신 네트워크 구조

하나는 무선접속네트워크 (Radio Access Network) 기술이고, 다른 하나는 코어네트워크 (Core Network) 기술이다. 이 두 가 지 기술은 세대별로 서비스 발전에 발 맞추어 혁신과 진화를 거쳐 발전하고 있다. 이중에 무선접속네트워크 기술은 물리계층을 일컫는 무선전송기술의 세대별 혁신 기술에 의하여 특징을 가지 고 있다.

4세대까지 나온 무선전송기술은 크게는 1세대 아날로그 FDMA (Frequency Division Multiple Access), 2세대 TDMA (Time Division Multiple Access), 2세대와 3세대에 걸쳐있는 CDMA

(Code Division Multiple Access), 4세대의 OFDMA (Orthogonal Frequency Division Multiple Access) 기술을 들 수 있다

[그림 4-42]은 서비스, 무선전송기술, 코어네트워크의 스위칭 형태 등에 대해 세대별 대표 기 술 및 서비스를 나타내고 있다. 여기서 보면 1세대 아날로그 AMPS (Advanced Mobile Phone Service) 이후에 여전히 서킷 음성 서비스를 요구하고 있지만, AMPS로는 많은 사람들을 수용하기 어려워서 디지털 기술이 필요했다. 이 요구사항을 만족하기 위해 나타난 것이 2세대 TDMA GSM (Global System for Mobile communications)과 CDMA IS-95 시스템이다. GSM은 유 럽진영, IS-95는 한국이 도입하면서 한국/미국 진영에서 각각 발전하였다.

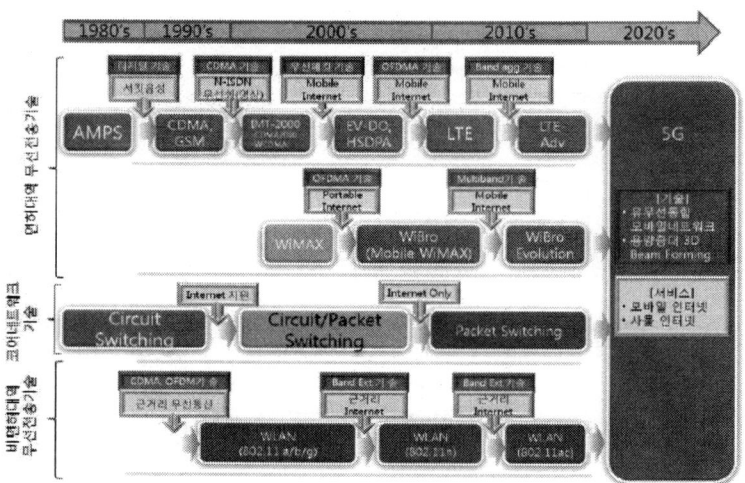

[그림 4-42] 기술과 서비스 관점에서 본 세대별 이동통신 시스템

이렇다 보니 글로벌 로밍 (Global Roaming) 서비스의 필요성이 대두되었고, 여기에 더하여 서킷 영상 서비스를 고 려하게 되었다. 글로벌 로밍 서비스를 고려하다 보니 시스템의 무선전송기술을 하나로 가져가는 것이 필요해 보여서, ITU-R에서는 3세대 이동통신에 대하여 하나의 이동통신시스템을 만들자는 기치를 내세웠다.

처음에는 3세대에 대해 FPLMTS (Future Public Land Mobile Telecommunications System)로 불렀는데 (1997년부터는 IMT-2000이 됨), 이렇게 부른 사연도 하나 의 이동 통신시스템을 만들고자

한 것이다[2]. 이런 철학이다 보니까, TDMA가 좋은 지 CDMA 가 좋은 지 기술 비교를 하게 되었고, 유럽 및 일본 진영에서 셀배치의 유연성 등을 가지고 있는 CDMA 기술의 우위를 인정하여 3세대 기술로 받아들였고, 서킷 영상 서비스까지 고려하다 보니 W-CDMA (Wideband-CDMA)가 되었다고 볼 수 있다.

cdma2000은 3세대 기술로 미국/한국 진영이 중심이 되어 만들었지만, 현재는 거의 사라졌다고 볼 수 있다. 한국은 W-CDMA 기술에 도 기여하여 2세대 CDMA기술을 더욱 꽃 피우는데 큰 역할을 하였다. 3세대에서 4세대로 넘어가는 데에 이동통신 시스템은 좀 더 복잡한 과정을 거치게 된다. 3세 대까지는 서킷 스위칭 위주의 유선 서비스를 무선화하는데 주력했는데, 유선에서 인터넷이 보편화되면서 패킷 스위칭 서비스 즉, 인터넷을 무선에서도 실현하는 것이 필요하게 되었다.
그리하여 3세대 W-CDMA/cdma2000 이 후에 바로 모바일 인터넷 서비스와 무선패킷 기술이 또 하나의 견인차 역할을 하였다. 이리하여 나온 기술들이 EV-DO (Evolution-Data Only)와 HSPA (High Speed Packet Access) 기술이다. 이 기술들은 3세대 기술의 연장선상에서 개발되었다. 이때만 해도 모바일 인터넷이라는 용어는 널리 사용되지 않았다. 그 당시는 어떻게 하면 인터넷을 무선에 도입하느냐가 관건이었다.

이것을 좀 더 빨리 실현시키고자 한 것이 휴대 인터넷 (Portable Internet)이 생겨난 배경이라고 볼 수 있다. WiBro (Wireless Broadband, Mobile WiMAX로도 불림)는 휴대인터넷 서비스를 표방하면서 만들어 졌다. 휴대인터넷 서비스를 목표 로 하다 보니, 좀 더 많은 데이터 전송속도가 필요하게 되었다. 따라서 자연스럽게 대역폭을 3세대 대비하여 늘리는 기술을 고려하게 되었고, 이것이 OFDMA 기술을 무선에 도입하게 된 계기 이다. CDMA기술은 대역폭을 늘리면 핑거 수가 많아지면서 수신기가 복잡해 진다. OFDMA는 이런 단점을 극복할 수 있으므로 휴대인터넷의 기술이 되었다.

이렇게 촉발된 인터넷의 무선화는 LTE (Long Term Evolution)가 만들어지는 계기가 되었 고, LTE는 세력에 힘입어 본격적인 모바일 인터넷 시대를 여는 기술이 되었다. 이 후에 LTE–Advanced 와 WiBro-Evolution 기술은 서비스로는 여전히 모바일 인터넷을 추구하고 있고, 더 빠른 데이터전송을 위해 멀티밴드 혹은 밴드집성 (Band Aggregation) 기술을 사용하고 있다. 서비스가 서킷 음성과 서킷 영상에서 모바일 인터넷으로 되면서, 코어네트워크 기술에도 2세대 서킷 스위칭에서 3세대에는 서킷과 패킷 스위칭이 같이 있다가 4세대에서는 인터넷 서비스만 을 지원하는 패킷 스위칭 기술만으로 구성되었다.

이렇듯 4세대에 와서는 모바일 인터넷 서비스와 이에 적합하게 무선에서는 OFDMA, 코어네트워크에서는 패킷 스위칭 기술이 주요 특징이 되 었다. 한편, 이제까지는 면허대역 (Licensed Spectrum) 기술을 설명했고, 비면허대역 (Unlicensed Spectrum) 기술의 대표격인 WLAN은 일찌감치 근거리 인터넷를 목표로 발전되어 왔다. 초기에는 802.11b에 CDMA 기술이 사용되다가 바로 OFDM 기술이 도입되었다. WLAN은 셀룰라 이동통신 기술과는 달리 유선 네트워크의 끝에 AP (Access Point)를 설치하여 서비스할 수 있는 기술이다.

즉, 모바일 코어네트워크이 없는 상태에서 무선인터넷을 할 수 있도록 되어있 다. 이것은 인터넷을 서비스 받는데 유선네트워크와 무선네트워크의 구분을 없애주는 중간자 역 할을 하고 있고, 모바일 인터넷 서비스를 저렴하게 받을 수 있는 보조제의 역할도 하고 있다. 즉, 유선을 무선화하는 유무선통합의 전령사 역할을 하고 있는 것이다. 향후, 5G 시대 기술로는 이런 유무선 통합 개념과 용량증대를 위한 3D 빔형성 기술이 주도할 것으로 보인다. 미래의 서비스로는 모바일 인터넷에서는 UHD (Ultra High Definition)와 홀로 그램 서비스가 대세를 이룰 것으로 보이고, 이에 더하여 사물인터넷 서비스가 추가될 것으로 전 망된다. 이런 관점에서 볼 때, 5G 시대의 무선전송기술로는 빔을 공간 분할하여 용량을 증대시키는 SDMA (Space Division Multiple Access)가 후보가 될 수 있을 것이다. 또한, 용량을 증대시키기 위해 6GHz 이상의 대역을 사용하는 기술도 거론되고 있다. 5G 기술에 대해서는 본장 7절에서 다시 다룬다.

② 세대별 무선전송 기술 차이 및 표준연혁

이제까지 우리는 각 세대별 이동통신 시스템을 견인하는 기술과 서비스에 대해 살펴보았다.

〈표 4 – 23〉 세대별 무선 전송기술의 차이

세대	시스템	Multiple Access	Peak data rate	Spectral efficiency (bps/Hz)	Mobility	표준기관 및 년도
1세대	AMPS	FDMA	–	–	주로차량전화 (120Km/h)	ANSI EiA/TIA/IS-3 1981년
2세대	IS-95	CDMA	9600bps	0.24(=9600bps* 32channels/1.25 MHz)	3Km/h 120Km/h	ANSI EiA/TIA/95 1993년
2세대	GMS	TDMA	0.104Mbps	0.17	3Km/h 120Km/h	ETSI 1991년
3세대	W-CDMS	CDMA	0.384Mbps	0.51	3Km/h 120Km/h	3GPP 1999년
3세대	cdma2000	CDMA	0.153Mbps	0.1720	3Km/h 120Km/h	3GPP2 2000년
3.5세대	EV-DO	CDMA/TDMA	3.072Mbps	1.3	3Km/h 120Km/h	3GPP2 2002년
3.5세대	HSPA	W-CDMA based	14.4Mbps	2.88	3Km/h 120Km/h	3GPP 2006년
3.5세대	WiBro	OFDMA	DL:128Mbps UL:50Mbps	3.7	3Km/h 120Km/h	IEEE802.16e 2004년
4세대	LTE	DL:OFDMA UL:SC-FDMA	DL:100Mbps UL:50Mbps	2.67	3Km/h 120Km/h 350Km/h	3GPP 2008년
4세대	LTE-A	DL:OFDMA UL:SC-FDMA	DL:1Gbps UL:500Mbps	3.7	3Km/h 120Km/h 350Km/h	3GPP 2010년
5세대	5G	새로운 무선 접속기술(new RAT, new Radio Access Technology)	10~50Gbps	5time IMT-Advanced	3Km/h 120Km/h 500Km/h	현재 표준기관은 UPI, 3GPP 등이 있으나 아직까지 국제적으로 표준화된 규격은 없음_2020년 경 제정 전망

여기서는 이들의 개략적 기술적 특징과 표준화가 된 기관 및 년도를 살펴보고자 한다. 〈표 4-23〉

는 세 대별 무선전송기술의 차이를 나타낸다. 각 세대별로 여러가지 시스템이 있지만, 대표적인 이동 통신시스템을 나타내었다. Peak data rate는 단말이 받을 수 있는 최대전송속도를 나타낸다.

1981년에 미국의 표준기구인 ANSI (American National Standards Institute)에서 규격으로 채택된 아날로그 AMPS에 대해서 사실 최대전송속도를 따지는 것은 무의미하다. 여기서는 하나 의 음성채널이 차지하는 대역폭이 의미가 있다. 디지털 시스템인 2세대부터 이것은 중요한 척도 가 된다. 더불어서 spectral efficiency도 의미가 있다. 시스템의 capacity를 가늠할 수 있기 때문이다. CDMA IS-95는 대략 0.24 bps/Hz 가 나오는데, 이 숫자를 가지고 대역폭을 고려하면 전체 용량이 307 kbps (=0.24 bps/Hz x 1.25 MHz)이 되는 것을 알 수 있다.

peak data rate가 단말 최대전송속도로 의미를 가지는 것은 3.5세대로 분류되는 EV-DO/ HSDPA/ WiBro 부터이다. 즉, 인터넷 서비스가 무선으로 도입되면서, 데이터의 다운로드 속도 가 중요해지기 시작한다. 예를 들어 얼마나 빨리 영화 한편을 다운로드 받느냐가 서비스를 가늠 하는 중요한 척도가 되는 것이다.

그리하여 〈표 4-23〉에서 보면 peak data rate가 Mbps 단위가 되 는 것을 볼 수 있다. 이것은 3세대까지는 음성 서비스에 대해서는 음성 서비스에 해당하는 데이 터 전송속도를 가능하면 많은 사람들에게 나누어 주는 것이 중요했는데, 인터넷 서비스가 되면 서는 이에 더하여 어느 순간은 한 사람에게 모든 자원을 몰아줘서 데이터전송속도를 높이는 것이 중요해진 것이다. 또한, spectral efficiency도 3세대 W-CDMA/cdma2000까지는 QPSK에 머 물렀는데, 3.5세대부터는 16QAM/64QAM 등이 도입되면서 올라가는 것을 볼 수 있다. 5세대는 2014년 10월에 ITU-R WP5D에서 비전문서를 통하여 이들의 목표치를 정하고 있다.

이동성 (Mobility)를 보면, peak data rate와 spectral efficiency의 관계는 보통 3 km/h (보행자) 일 때를 나타낸다. 이동속도가 높아질수록 이 둘의 값은 떨어지게 된다. 예를 들어 4세대 경우 120 km/h 인 경우 최대 데이터 전송속도가 3 km/h인 경우에 비해 대략 1/10로 떨어진다. 이동속도가 더 높아져서 고속열차 속도인 350 km/h인 경우는 더욱 더 떨어진다고 보면 된다. 이동속도는 초기에는 보행자속도 (3 km/h)와 차량속도 (120 km/h)를 목표로 하다가 4세대부터 는 고속열차속도 (350 km/h)까지도 고려사항에 넣고 있다. 고속열차도 더욱 빨라져서 5세대에 는 500 km/h 이상을 고려하고 있다.
표준기구의 변천을 보면, 2세대까지는 크게 미국진영(ANSI)과 유럽진영(ETSI)으로 나뉜다. 3 세대 IMT-2000부터는 조금 양상이 바뀐다. IMT-2000은 전 세계의 단일 무선전송기술을 표방 하였다. 이를 위해 ITU-R에서는 기존 단체들의 연합을 종용하게 되었다. 먼저 1998년 12월에 각 나라 혹은 연합국가의 표준기구들이 뜻을 모아 3GPP(3rd Generation Partnership Project) 를 결성하였고, 이듬해 1월에 3GPP2가 만들어졌다. 이렇게 갈라진 사연은 2세대의 GSM과 IS-95의 기술 중심으로 각각 만들어졌기 때문이다. 즉, 하나의 무선전송기술을 표방하였지만, 여전히 2세대 기술을 기반으로 움직일 수 밖에 없는 상황이 연출된 것이다.

하지만, 3GPP에서는 CDMA기술을 과감히 도입하여 W-CDMA를 만들었다. 사실 이 사건은 4세대에 가서 3GPP가 무선전송기술을 거의 천하통일하는데 발판이 되었다고 볼 수 있다. 왜냐하면, CDMA 기술의 중심 축이 3GPP2에서 3GPP로 넘어가는 계기가 되었던 것이다. 이 후, 3GPP2는 힘이 약해졌고, 더군다나 WiBro가 OFDMA를 도입하면서 IEEE 802.16e에서 표준화를 함으로서 3GPP2 세력 은 더욱 작아졌다. 연이어, OFDMA를 발빠르게 3GPP에서 4세대 LTE 기술로 도입하면서 그렇 지 못한 3GPP2 는 유명무실해졌다. 세력 판도에서 WiBro 진영도 더 성장하지 못하고 있어, 4세 대부터는 사실상 3GPP 의 독무대가 되고 있다. 기본적으로 5세대에서도 3GPP 중심으로 무선전 송기술이 만들어질 것으로 사료되나, 주변의 변수에 따라 다른 표준단체가 생길 수 있다.

2. 모바일 인터넷의 개요

① 폐쇄적 환경에서 개방형 환경으로
유무선 인터넷의 서비스의 최강자로 떠오르고 있는 Google의 Vint Cerf 부사장은 "이제 인터넷 성장은 컴퓨터가 아닌 휴대전화 사용자 손에 달려있다"고 언급하며 모바일 인터넷의 무한한 성장 가능성을 예측하고 유선 인터넷에서의 지배력을 모바일 인터넷까지 뻗치려는 다양한 전략을 구사하고 있다. 모바일 인터넷의 성장 가능성은 누구도 부인할 수 없는 기정 사실로 받아들여지고 있으며 신규 시장의 주도권 쟁탈을 위해 다양한 분야의 사업자가 치열한 경쟁을벌이고 있는 상황이다.

지난 수년간 국제사회에서는 W3C가 Mobile Web Initiative를 결성 국내에서는Mobile Web 2.0

포럼이 설립되고 국내외 다양한 사업진영에서는 모바일 인터넷의활성화를 위해 다양한 사업 전략을 구사하는 등 모바일 인터넷의 활성화를 위한 노력이 전개되고 있다. 최근 모바일 네트워크의 고도화 망 개방화 단말 제조사 및 인터넷 기업들의 모바일 플랫폼개방화 스마트폰의 확산과 풀 브라우징 서비스 비이동통신사의 콘텐츠 서비스 오픈 등 모바일 인터넷 산업의 활성화 기반이 조성되고 모바일 웹2.0과 같은 개방화 패러다임이 확산되어가면서 모바일 비즈니스로 확산되어 나아가고 있다.

모바일 비즈니스는 스마트폰, PDA, 노트북과 같은 무선 디바이스를 활용해 무선인터넷에 접속해 비즈니스를 하거나 기업이나 공공부문 등 조직의 그룹웨어나 서버에 무선으로 접속해 업무를 수행하는 것이다. 모바일 디바이스를 사용하였다면 모바일 비즈니스에 해당한다고 볼 수 있다. 예컨대 사무실에서 거추장 스러운 유선 LAN을 모바일 LAN으로 대체하더라도 모바일 비즈니스로 분류된다. 여기에서는 이러한 사업 환경의 개방화 현황과 모바일 인터넷 비즈니스의 진화방향을 살펴보고자한다

② 모바일 OS 기술의 발전과 오픈 소스화

모바일 OS는 스마트폰을 구성하는 하드웨어 부품인 메모리, LCD, CPU 등의 기계적인 부품들(리소스)을 효율적으로 관리하고 구동하게 하는 소프트웨어 플랫폼을 의미한다. 모바일 OS는 PC에서 마이크로소프트의 Windows OS와 같은 역할을 하며, 이동 단말에도 이와 같은 역할을 하는 다양한 OS들이 각 단말 제조사들에 의해 채택·사용되어 왔다. 개방형 범용 OS로는 노키아의 심비안, 마이크로소프트의 Windows Mobile, RIM의 Blackberry, 애플의 iOS, 구글의 Android가 대표적이다.

개방형 범용 OS 기술의 발전에 따라, 단말기 측면에서 다양한 애플리케이션 및 서비스에 대한 수용 능력의 확대, 단말기 개발 기간과 비용의 단축, 데이터 처리 속도 및 메모리 증가에 대한 관리 문제를 해결할 수 있게 되었고, 서비스 측면에서는 다양한 응용 서비스의 채택 가능성 및 응용 범위가 확대되었고 이에 따라 서비스 개발 및 활용에 드는 시간의 단축 및 비용의 절감이 가능해졌다.

인터넷 브라우징을 구현하여 가치사슬 참여자 간 다양한 관계의 장을 여는 스마트폰 환경에서는 소프트웨어 플랫폼으로서 모바일 OS의 중요성이 증가하게 된다. 모바일인터넷을 통한 콘텐츠 및 애플리케이션 이용의 수요가 증가하는 상황에서 무선인터넷의 개방화와 다양화의 필요성이 증대되기 때문에, 모바일 OS는 소프트웨어 플랫폼으로서 무선인터넷 애플리케이션 확대의 기반이 되며, 또한 이동전화 단말에 대한 미래 수요는 하드웨어적 기능보다는 UI 및 애플리케이션에 의해 결정됨에 따라

모바일 OS는 UI 및 애플리케이션을 차별화할 수 있는 기반으로 작용한다.

과거 모바일 OS의 경우 대부분이 일부 단말기 모델에만 적용되던 폐쇄형이었으나, 최근 모바일 시장에서는 소프트웨어 플랫폼으로서의 모바일 OS의 필요성이 증대되어 실제로 개방형 모바일 OS를 채택한 스마트폰들이 적극적으로 출시됨에 따라 개방형 OS가 확대되고 있다. 모바일 OS 제공업체는 더 많은 개발자 및 사용자들에게 API를 제공하고, 프로그램 개발 도구 등을 저렴하게 또는 무료로 공급하는 전략을 추진하며, 이러한 전략을 통해 자사 모바일 OS 기반의 더 많은 애플리케이션이 개발되어 더 많은 사용자들이 사용하게 되고, 그로 인한 규모의 경제에 의해 더 많은 애플리케이션이 개발되는 선순환 구조를 구축하고자 노력하고 있다.

모바일 OS는 개방형에서 점차 오픈 소스화 하는 추세로, 리눅스 기반의 완전한 오픈 소스형을 추구하는 안드로이드 OS가 빠르게 확대되고 있다. 당분간은 개방형과 오픈소스 형태가 공존하면서 안드로이드 OS의 성장이 지속될 전망이다. 한편, OS별로 지속적인 버전 업그레이드를 통해 플랫폼 기능이 향상되어 모바일 OS는 스마트폰 OS뿐만 아니라 멀티스크린 플랫폼으로 확장되고 있다. 예를 들어 안드로이드는 이미 스마트폰 외에 태블릿 PC 등 다양한 단말에 적용되고 있으며, 소니, LG전자 등의 안드로이드 기반 TV 개발에서와 같이 TV OS 기반으로도 활용되고 있다.

③ 오픈 OS에 따른 플랫폼 개방화

모바일 단말과 네트워크의 고도화로 모바일 환경에서도 인터넷을 쉽게 이용할 수 있는기반이 조성됨에 따라 단말 제조사 및 플랫폼 개발사는 단말 성능개선에 머무르지 않고 그 사업영역을 넓히기 위한 새로운 비즈니스 모델을 개발해 나가고 있다. 이중 대표적인 것이 플랫폼 개방을 통한 수익창출이다.

iPhone을 성공시키며 혁신적인 브랜드 이미지를 굳혀가고 있는 Apple은 플랫폼개방형 비즈니스 모델을 최초로 도입하여 성공시킨 사례를 보여 주고 있다. Apple은 iPhone의 판매를 개시하며 단말 수익을 올리는데서 그친 것이 아니라 iPhone 애리케이션을 무한히 제공하는 애플리케이션 스토어를 오픈하여 iPhone-iTunes (AppStore)라는 조합의 새로운 비즈니스 모델을 제시하였고 이는 다른 사업자들의 주요 벤치마킹 대상으로 각광을 받고 있다.

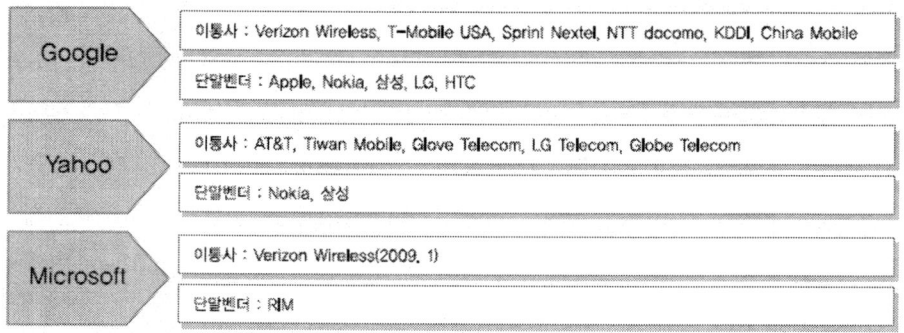

[그림 4-43] 모바일 검색시장을 둘러싼 인터넷 사업자-이동통신-단말 벤더의 제휴 현황

Apple은 iPhone의 애플리케이션 개발을 위한 소프트웨어 개발 킷(SDK)을 공개하였고 SDK를 공개함으로 인해 누구든지 iPhone 애플리케이션을 개발할 수 있는 환경을 제공하였다. 또한 애플리케이션 개발자에게 애플리케이션 판매수익의 70%를 분배하여 개발 참여자들에게 AppSto re를 활성화시키는 동인을 제공하여 개발자 및 사용자의 참여를 유인하고 애플의 주력상품인 iPhone, iPod의 판매 확대로 연계시키는 선순환 구조를 형성하고 있다. 2008년 7월 서비스를 개시한 이래 2009년 4월에는 10억건의 애플리케이션의 다운로드가 이루어진 것으로 집계되고 있다.

Google은 OHA(Open Handset Alliance)와 Open Social을 설립하며 Google의 플랫폼 개방형 비즈니스 모델을 확장해 가고 있다. 2007년 11월 모바일 운영체제 시장을 겨냥하고 단말 제조사 이동통신사 칩셋 솔루션업체와 함께 개방형 휴대폰 동맹을 결성하고 모바일 단말의 개방형 플랫폼인 Android를 개발하였다.

Google은 자사의 주도로 개발한 Android를 개방함으로써 향후 모바일 인터넷 시장에서도 현재의 유선인터넷에서와 같은 영향력을 확대해 가는데 힘쓰고 있다. 2008년 10월에는 미국과 영국의 T-Mobile이 Android를 탑재한 G1폰의 판매를 개시하였다.

이와 함께 Apple의 App Store와 유사한 애플리케이션 판매 창구인 Android Market을 오픈하였으며 2009년에는 유럽의 여러 나라와 G1 폰 판매 계약을 체결하였으며, Android Market은 App Store에 대한 경쟁력 확보를 위해 소셜 네트워크나 라이프 스타일에 맞춘 활용도 높은 애플리케이션과 자신의 강점인 광고 관련 애플리케이션에 주력을 하고 있다.

앱 스토어의 가장 근본적인 성공원인은 디지털 재화(Goods)의 구입과 활용을 가장 용이하게 지원하는 환경을 구성하였다는 점으로써 앱 스토어에서는 한번의 클릭으로 이용자가 원하는 콘텐츠나 애플리케이션을 손쉽게 구입하고 활용할 수 있다는 특징을 가지고 있다.

Apple의 AppStore와 iPhone이 구성하는 모델은 개방이라는 기술적 비즈니스적 트랜드 및 소비자의 욕구변화를 정확히 수용하면서 성공적인 모바일 콘텐츠 비즈니스 모델로 안착하고 있으며 모바일 콘텐츠 시장성장을 견인하는 등 유통구조의 다각화를 꾀하고 있다.

④ 모바일 인터넷 비즈니스의 진화
유무선 네트워크간의 경계가 희미해지고 전통적인 통신산업의 가치사슬내의 사업영역이 붕괴되면서 통신산업은 무한경쟁체제로 변화하고 있다 기존에 이동통신사가 주도해온 모바일 인터넷 산업은 개방화 트랜드와 함께 단말 제조사와 플랫폼사업자 인터넷 사업자 등 콘텐츠와 애플리케이션의 유통으로 그 영역을 확장한 사업자들의 주 무대로 변화하고 있다.

각 사업자들은 이러한 환경에서 서로 주도권을 쟁탈하기 위해 다양한 진영을 구축하여 경쟁을 전개하고 있다. 지금까지 살펴 본 개방화 트랜드에 따른 각 사업 진영의 모바일 인터넷 비즈니스 진화방향을 살펴보면 다음과 같다.

이동통신사는 음성수익 감소와 가입자 증가율 감소 추세로 인해 데이터 서비스 중심의 성장 동력을 마련해야 할 필요성을 인지하여 왔으나 기존 이동통신 산업에서의 시장 지배력 유지를 위해 신규 서비스의 개발에는 소극적으로 대응해 왔다. 그러나 이러한 소극적인 대응은 단말 제조사 플랫폼 개발사 인터넷 사업자의 적극적인 대응으로 개방형 비즈니스 모델의 확산을 초래하였고 그 지배력마저 넘어갈 상황에 직면해 있다. 이러한 위기를 극복하기 위해서 이동 통신사 역시 오픈 플랫폼 시장진출을 꾀하고 있으며 개방된 망 환경에서도 자신들의 입지를 굳히기 위하여 가입자 기반 서비스와 네트워크 컨버전스 서비스를 확대해 나갈 것으로 전망 된다.

특히 이동 통신사는 가입자 정보를 가지고 있으므로 이를 활용하여 타겟광고 서비스를 제공할 수 있고 모바일 네트워크 고유의 기능으로 파악되는 가입자의 위치정보를 활용한 위치기반서비스를 제공할 수 있는 핵심역량을 보유하고 있다. 따라서 기존의 경쟁력 있는 네트워크와 가입자 기반을 활용한 모바일 특화 서비스를 제공해 나갈 것으로 전망된다. 단말 제조사는 모바일 인터넷 관련 자사가 판매한 휴대 단말의 홍보 및 브랜드 역량 강화를 위해 커뮤니티 개설 및 일부 콘텐츠 제공 등의 수동적인 역할을 담당해 왔으나 최근에는 자체 플랫폼 개발 및 포탈 사업자와의 협력을 통한 모바일 인터넷 시장에서 사업영역 확대를 위해 다양한 전략을 구사하고 있다.

위에서 언급한 Apple, Nokia 등의 단말 제조사는 자체 보유한 Mac OS X, Symbian S60 플랫폼의 개방을 통해 콘텐츠 유통을 활성화시키는 비즈니스 모델을 확산시켜가고 있으며 이는 향후 더욱 활발히 확산될 것으로 전망된다.

아직까지 플랫폼을 이동 통신사의 서비스 영역으로 간주하고 투자에 소극적이었던 삼성전자나 LG전자 또한 이 분야에 대한 관심을 갖고 있으며 이들 기업 또한 OHA 및 Linux 기반 LiMo 개발에 초기 참여하여 모바일 플랫폼 분야에서 중심역할을 할 수 있는 여건을 조성한 상태이다. 단말 제조사들의 모바일 콘텐츠 서비스 확대는 전 세계적으로 휴대폰의 보급이 포화 상태에 이르고 침체된 경제상황이 단말기 제조업체에게 악재로 작용하고 있는상황에서 단말기 판매 외에 콘텐츠와 같은 연관분야로의 진출을 통해서 치열해지고 심화되는 경쟁구도 속에서 살아 남기위한 전략으로 해석할 수 있다.

대형 포털 및 유선 인터넷 콘텐츠 사업자의 경우 적극적인 모바일 인터넷 사업을 펼쳐가고 있다. Google 은 자체 공개 플랫폼 개발을 위해 OHA를 결성하고 개방된 망 환경 조성을 위해 미국 주파수 경매에도 참여하는 등 다양한 개방전략을 펼치며 유선 인터넷에서의 주도권을 모바일 인터넷까지 확장해가고 있다. 특히 유선 인터넷에서 크게 성공한 광고 모델을 모바일 환경에서 도주도 하여 지구촌 수십 억명으로부터 수익을 창출할 수 있는 창구를 만들기 위한 전략을 추구하고 있는 것으로 분석된다.

또한 Google은 자사의 핵심 차별화 요소인 검색 API를 개방함으로써 신규시장 및 수익원 창출에 노력하고 있다. 이는 개방화를 전략적으로 선택하여 다양한 player들의 참여를 유발시켜 모바일 산업 전반에 걸쳐 Open BM을 통한 모바일 활성화를 추진하고 있음을 보여준다. 이들 포털 및 인터넷 콘텐츠 사업자는 개방된 망과 플랫폼을 제공하여 자신의 서비스로 더 많은 사용자를 유인하는 것이 곧 수익으로 직결되므로 어떠한 사업 진영보다도 적극적으로 모바일 인터넷 확산전략을 구사하는 것으로 해석할 수 있다.

3. 모바일 웹과 모바일 OK

① 웹 2.0의 의미

전 세계적으로 웹2.0에 대한 관심은 여러 곳에서 감지되고 있는데 특히 Web2.0의 화두를 세상에 널리 알린 미국 오라일리(O'Reilly)사의 주요행사를 통해 기술과 산업에 대한 전 세계의 관심을 엿볼 수 있다.

지난 2006년 11월과 2007년 4월 美 샌프란시스코에서 열린 웹 2.0 서밋(Web2.0 Summit)과 웹 2.0 엑스포(Web2.0 Expo)는 그 열기와 전세계 관심을 한눈에 볼 수 있는 자리였다. 특히 웹2.0서밋은 '파괴적 혁신과 기회 : Disruption & Opportunity'라는 주제로 전 세계 인터넷 산업리더 6,000여명이 참석을 희망하였지만 구글의 CEO 에릭 슈미트 인터넷의 아버지로 불리는 빈트서프를 포함 약1,000여명만이 제한적으로 참여할 수밖에 없을 만큼 최초의 예상을 뛰어넘는 흥행을 거두었다.

또 2007년 봄에 열린 웹2.0 엑스포는 "web2.0 is here"라는 주제로 좀 더 많은 사람들을 위한 열린 행사로 진행되었다. 전 세계 약1만6천여 명이 참석해 웹2.0에 대한 다양한 주제에 대해 토론하고 정보를 교환함은 물론 앞으로 웹2.0이 나아갈 방향에 대해서도 진지하게 논의하는 자리였다.

이와 같이 제2의 기술혁명 패러다임의 변화라할 만큼 웹2.0에 대한 관심은 미국과 유럽을 넘어 전 세계적으로 확산되고 있다. 우선 웹2.0의 가장 두드러진 특징은 사용자에게로의 힘의 이동이다. 사용자 개개인은 웹을 통해서 어떤 정보든 얻을 수 있고 기존에는 불가능했던 일들이 웹을 통해서 가능하게 되었다. [그림4-44]에서 보는 것처럼 웹2.0 시대에는 사용자들이 초기의 정보 소비위주에서 차츰 의견을 개진하고 다양한 콘텐츠를 생성하는 적극적이고 능동적으로 참여하기에 이르렀다.

즉 사용자들이 'Read Only'에서 'Read and Write'로 바뀌면서 웹의 환경을 근본적으로 바꾸게 된 것이다. 더욱이 사용자들이 소셜 네트워크로 대표되는 다양한 소셜 서비스를 통해 상호 연계됨으로써 더 많은 정보와 지식을 생성하고 공개하며 교환 함으로써 네트워크 효과에 의한 가치 확대와 함께 집단지성이 가능하게 됨에 따라 사용자 힘이 더욱 커지고 있다.

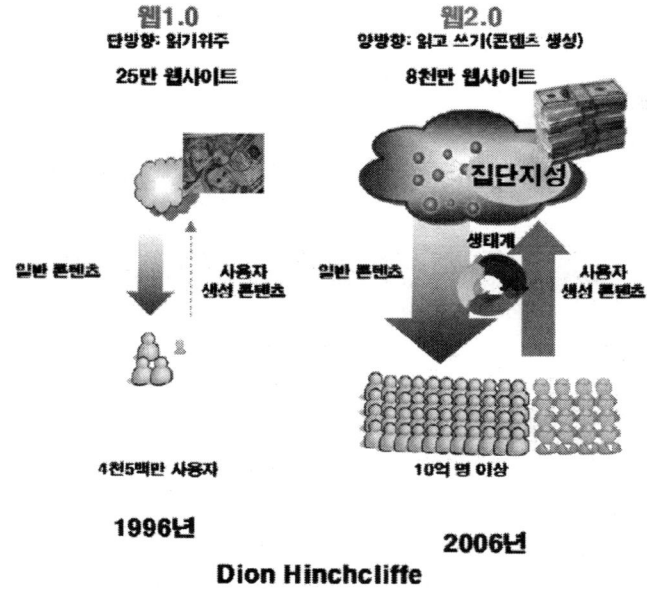

[그림 4 - 44] 웹 2.0의 정의(디온 힌치 클라프)

사용자들의 참여를 통한 집단지성의 활용이 초기에 소셜쇼핑(Amazon)이나 소셜백과사전(wikipedia) 및 소셜북마킹(De.licio.us)에서 검색과 미디어 등으로 확대 적용되고 있는 추세를 보면 알 수 있다. 이러한 현상을 반영하여 타임지는 2006년 올해의 인물로 사용자를 뜻하는 'You'를 정하고 사용자 중심의 사회를 예견했으며 포스트 모더니즘 이후 'The You Age'가 도래했다고 각 언론들은 개인화의 중요성을 역설했다.

이와같이 웹2.0의 핵심이 사용자라는 측면에서 "web2.0 is people"라고 정의하기도 하는데 사용자가 중요하고 사용자 간의 연계가 중요해짐에 따라 사람 중심의 서비스와 사람들을 유기적으로 잘 연계하고 참여할 수 있도록 해줄 수 있는 새로운 플랫폼으로 소셜 컴퓨팅이 주목받고 있다.
새로운 소셜 컴퓨팅을 바탕으로 좀 더 많은 사람들이 웹을 통해 적극적으로 참여함으로써 더욱 유용한 정보가 생성되고 이는 또 다시 좀더 많은 사람들이 웹을 사용하는 동인을 만들어 선 순환적인 생태계를 빠르게 형성하고 있다. 사용자 참여를 근간으로 하는 서비스가 다양하게 소개되고 있는 가운데 동영상 UGC(User Generated Content: User Created Content를 뜻하는 UCC가 주목 받고 있다. UCC는 다양한 형식의 사용자 생성 콘텐츠를 뜻하는 UGC의 한분야로 사용자가 직접 창의적으로 만든 콘텐츠를 말한다.

그러나 일반적으로 알고 있는 사용자 생성 콘텐츠인 UCC는 창작보다는 생성이라는 관점으로 볼 때 UGC로 표현하는 것이 합당하다. 동영상 UGC의 인기와 잠재력은 유튜브(YouTube)의 급증한 방문자수와 1조6천억이란 인수가를 통해서 알 수 있다. 동영상 UGC가 인기를 끄는 이유는 기존 미디어에서 제공할 수 없는 신선하면서도 다양한 소재의 콘텐츠를 참여를 통해 제공하기 때문이다.

웹의 등장으로 개인 홈페이지가 가능하게 됨으로써 1인 미디어란 말이 화두가 되고 블로그와 다양한 서비스에 의해 개인미디어는 더욱 발전할 뿐 아니라 이러한 개개인의 정보공간을 연계한 새로운 형태의 미디어가 탄생하였다. 비디오가 인터넷의주된 미디어 형식이 되면서 이러한 사용자 참여와 연계를 통한 새로운 미디어에 대한 관심이 증폭되고 있다. 기존의 신문사나 방송국에 버금가는 역할과 영향력을 행사할 수 있는 새로운 소셜미디어 'We, the Media', 시대가 열리고 전기나 수도처럼 웹 없이 살 수 없는 세상이 되어가고 있다. 그러한 측면에서 웹이 우리사회의 가장 중요한 인프라 중의 하나라는 측면에서 '플랫폼으로서의 웹'의 의미를 다시금 새겨 볼 필요가 있다.

처음에는 기술적인 측면에서 플랫폼으로 접근했는데 웹 2.0을 통한 웹에 대한 재인식 과정에서 웹이 서비스 지식 사업 그리고 사람을 연계하는 바탕이 될 뿐만 아니라 정치 경제 사회 문화에 있어 필수 불가결한 요소가되면서 '플랫폼으로서의 웹'의 의미가 크게 확대되고 있다고할 수 있다. 웹2.0 엑스포에서는 기술적인 측면과 사회적인 측면에서 웹2.0을활용한 다양한사 례가 소개되었는데 가장 두드러진 기술적인 변화로서 모든 프로그램을 웹에서 개발하고 유통시키며 사용할 수 있도록 하는 예라든가 또 웹을 MS의 윈도우와 같은 운영체제(OS)처럼 사용할 수 있는 플랫폼 서비스들이 대거 등장한 것을 눈여겨 봐야한다.

사회적 측면에서는 웹2.0을 전 세계의 무주택 빈민들을 위해 많은 건축가 봉사자 및 기부자들을 연계한 'Architecture for Humanity'로 소개하였는데 플랫폼으로서의 웹이 더욱 더 우리 곁으로 다가오고 있다는 것을 느낄 수 있는 사례이고 또 사회적으로 큰 이슈가 되고 있는 대선에서 주자들이 웹을 중요한 선거운동의 플랫폼으로 어떻게 활용해야 할 것인가와 같은 것도 웹이 정치나 사회문화적으로 큰 영향을 미치고 있음을 알 수 있는 예이다.

이전에 시간적으로 공간적으로 존재했던 많은 제약이 웹의 출현으로 사라지게 됨에 따라 여러 측면에서 새로운 변화가 일고 있다. Wired 잡지의 편집장인 크리스앤더슨은 기존의 2:8 파레토 법칙을 대치하는 롱 테일 이론을 소개하면서 웹을 통한새로운 패러다임을 설명하고 있다.

롱 테일이 소개될 초기에는 영화를 비치할 수 있는 공간 및 마케팅 자원의 제약 때문에 소수의 타이틀을 집중적으로 판매할 수 밖에 없는 이유로 비치가 가능한20%(Short Head: 짧은 머리가 전체 매출의 대부분을 차지할 수밖에 없었던 것이 웹을 활용해 주문을 받아 우편으로 보내고 웹을 통한 효과적 광고가 가능함으로써 기존에는 중요하지 않게 여겼던 80%(Longtail : 긴꼬리)가 중요하게 되었다는 것으로 크리스 엔더슨은 롱 테일을 소개하였다.

그러한 롱 테일 현상이 이제는 다양한 분야에서 일어나고있는 변화를 설명하는데 적용되고 있다. 롱테일을 제일 잘 활용한 기업으로 많은 이들이 구글을 손꼽는다. 왜냐하면 구글은 일부 제한된 기업만이 광고를 하고 일부 제한된 미디어만 광고 사업을 할수 있다고 생각한 것을 검색 서비스의 강점을 바탕으로 누구나 전 세계를 대상으로 광고를 하고 블로그만 있으면 누구나 광고를 유치할 수 있도록 함으로써 오늘날과 같은 위상을 얻게 되었다.

구글의 광고는 사용자의 역할을 광고주로 그리고 미디어로 확대시킴으로써 사용자들로 하여금 경제적 측면에서의 참여동기를 부여했다는 측면에서 웹의 선순환적 생태계를 만드는데 큰역할을 했다. 앞에 설명한 사용자 참여도 롱테일 측면에서 볼 때 기존에는 기자 작가 교수 등일부 계층만이 신문 방송을 통해 의견을 낼 수 있었는데 웹의 출현으로 누구나 기자가되고 작가가 되는 시대가 도래했다. 물론 아직도 기성 Opinion Leader들의 의견이 더욱 주목을 받는 것은 사실이지만 때로는 심지어 초등학생의 글이 세간의 화제가 되기도 한다.
유튜브에 캐논을 기타로 연주해서 올린 후에 하루아침에 스타덤에 오른 아마추어 기타 리스트의 경우나 동영상 UGC의 부상도 롱테일 현상으로 설명할 수 있다. 이러한 롱테일 현상은 이전에 있었던 제약이 없어지고 언제나 간단하게 다양하고 자세한 정보를 입수할 수 있는 측면, 그리고 하루가 다르게 소개되는 다양한 많은 서비스와 툴들로 인해서 원하는 것은 뭐든 할 수 있는 상황 때문에 시간이 지남에 따라 더욱 주목을 받을 것이다.

웹2.0을 통해서 볼 수 있는 또 다른 패러다임으로 하루가 다르게 선보이는 혁신적인 개념 서비스 및 사업모델이다. 이러한 혁신은 앞에서 설명한 사용자 참여 플랫폼으로서의 웹 및 롱테일 현상 등을 고려할 때 필연적인 결과다. 기존에는 일부의 사람들만이 아이디어를 만들고 이를 서비스로 그리고 사업으로 확장시킬 수 있었던 것이 이제는 그렇게 할 수 있는 사람의 수가 빠른 속도로 증가하고 있다.

사용자 중심의 혁신이 가능한 이유로서 무료로 제공되는 양질의 다양한 오픈소스 소프트웨어 구글 지도를 비롯한 많은 응용서비스들의 오픈 API 제공 필요에 따라 원하는 형태로 재가공이 가능한 정보와 Widget 등을 통해 손쉽게 정보에 접근할 수 있도록 해 주는 유연함 이러한 컴포넌트 등을 새로운 서비스로 변환할 수 있도록 해 주는 매쉬업(Mashup) 기술 그리고 혁신적 서비스를 대규모로 제공하는데 있어 초기 투자비가 필요없는 유틸리티 컴퓨팅의 등장과 저렴한 마케팅 비용 및 바이럴 마케팅의 중요성 대두를 생각할 수 있다.

특히 주목받고 있는 Open API와 데이터를 조합하는 Mashup에 의한 서비스개발을 주목하자. 가령 IBM이 어느 웹 사이트의 데이터나 오픈 API를 활용해서 새로운 서비스를 웹상에서 조합해 만들 수 있는 플랫폼을 제공하고 있듯이 간단한 마우스 조작만으로도 새로운 서비스를 만들 수 있는 플랫폼이 소개되고 있다. 이와 같이 웹에서의 혁신과 이를 통한 사용자의 가치 증대가 현재에도 너무나 빠르게 진행되고 있으며 앞으로 더 좋은 툴의 제공과 더 많은 사람들의 참여를 고려할 때 그 진행이 가속화되어 일어날 것이다.

이런 면에서 웹이 온라인과 오프라인을 아우르는 빠르고 폭넓은 혁신을 몰고 오게 되어 궁극적으로 혁신의 이상적 상태인 '인터넷 싱귤레러티'에 이르게 될 것이라는 마이크로소프트의 게리플레이크 박사의 주장을 주목해 볼만하다. 웹2.0은 온라인 뿐만아니라 오프라인상에서의 사업에도 큰 변화를 몰고 오고 있다. 앞에서 지적한 것처럼 하루가 다르게 수많은 새로운 회사들이 다양한 새로운 개념의 서비스를 출시하고 있는데 웹 관련기술의 발전으로 누구나 쉽게 자기의 생각을 서비스로 사업으로 발전시킬 수 있기 때문이다. 또한 아주 빠르게 변하는 사업 환경에 대처하기 위해서 웹2.0을 도입하여 기업문화를 변화시키기 위한 시도가 적극적으로 이루어지고 있다.

기업에서의 웹 2.0 활용은 엔터프라이즈 2.0이란 이름으로 추진되고 있다. 이미 구글을 통해서 증명되고 있지만 웹 2.0 시대에 가장 두드러지는 수익모델로서 광고를 들 수 있다. 광고가 중요해지는 이면에는 힘있는 사용자들은 서비스 사용에 더 이상 돈을 지불하지 않아도 되는 상황과 지속적인 서비스 제공을 위한 수익창출을 가능하게 해주는 유일한 모델이 광고이기 때문이다. 기존의 일방적인 매스 미디어에서의 일반광고와는 달리 웹 2.0 시대에는 사용자에게 맞춤형 광고를 제공함으로써 광고가 더 이상 광고가 아닌 정보가 되어가고 있다. 또한 CPA(Cost Per Action)라는 광고 개념은 물건이 팔려서 수익이 낸 후에 광고비를 지불하는 개념으로 초기 투자비도 없이 누구나 사업을 할 수 있게 됨으로써 사업장이 없이도 사업을 할 수 있는 시대를 예고하는 것이다

따라서 CPA 모델의 광고 사업이 성공을 한다면 자본없이도 사업을 할 수 있는환경이 되기 때문에 사업의 패러다임을 다시한번 바꾸는 계기가 될 것이다. 이와 같이 광고에 대한 개념이 바뀌고 새로운 미디어의 출현 등으로 앞으로 광고시장은 웹의 중요성만큼이나 급속도로 성장할 것으로 예견되는데 구글과 마이크로소프트가유수의 광고회사들을 3조에서 6조에 이르는 거금을 들여 M&A 하는 배경을 보면 그 중요성을 짐작할 수 있다.

앞에서 살펴본 것처럼 웹2.0의 패러다임과 의미를 사용자의 부상과 사업측면에이르기까지 살펴봤는데 그 외 에도서비스의 분화 새로운 가치와 세계의 출현 비디오시대로의 전환 HSDPA와 휴대 인터넷WiBro)의 등장 등도 주목해 볼 사항이다. 개인에게 힘이 분산이동 되는것과 상호연계 되는 것으로 콘텐츠와 프로그램 그리고 서비스 및 사업이 빠르게 분화되고 분화된 개체들이 연계되는 현상을 살펴보자 웹상에 콘텐츠가 많지 않았을 때 에는 야후의 디렉토리 서비스가 아주 좋은 서비스였던 것이 콘텐츠가 많아짐에 따라 구글의 간단한 검색이 가장 핵심이 되었고 이제는 검색의 중요성만큼이나 다양한 정보와 서비스 등을 어떻게 묶어서 제공하느냐가 전체 정보를 갖고 있는 것보다도 중요해지는 전환점에 이르렀다.

따라서 인터넷 사업의 꽃으로 서비스의 종착지로 여겨졌던 포털의 강점이 줄고 오히려 특화된 서비스를 제공하는 버티컬 포털 또는 분화된 마이크로 콘텐츠를 유기적으로 조합하고 다양하게 연계한 서비스가

힘을 얻을 것으로 예견된다. 이제는 사람이 모든 것의 핵심 축이 되고 서비스들은 사람들을 유기적이고 시기적절하게 연계해 주는 매개체로의 기능을 할 것이다. 웹2.0의 또 다른 현상으로 아바타나 세컨드라이프와 같은 새로운 가상세계와 메타버스 등이 새로운 가치로 서부상하고 있다 이전에는 생각할 수 없는 새로운 즐거움이자 새로운 경제가 등장하고 있는 것이다.

최근에 세컨드라이프가 관심의 초점이 되고 있는데 세컨드라이프에서는 단순한오락의 범위를 넘어서서 일상의 삶이 사이버 공간을 통해 그대로 재현되고 있다. 디카와 폰카의 일반화가 근간이 되어 보급과 수백년동안 이어온 문자의 시대가 이미지 시대를 거쳐 비디오 시대로 급속도로 변화되고 있다는 증거다.

이미 인터넷 트래픽에서 비디오 데이터가 차지하는 비중이 60%를 넘어선 지가 오래다. YouTube의 부상과 최근에는 Joost에 대한 관심이 높아지면서 기존 TV 서비스와 온라인 비디오에 대한 근본적 개념이 크게바뀌고 있다. 특히 IPTV에 대한 공방이 한창인 시점에서 하나로 TV 가입자의 증가와 한시간 무료시청에 일분광고를 표방하는 Joost는 우리에게 많은 교훈을 주고 있다.

개개인이 광대역 네트워크 접속이 가능한 상황에서 TV는 이제 인터넷 응용 서비스의 하나로 자리매김하게 될 것으로 전망된다. 웹2.0이 우리에게 가져 올 변화는 짐작하기 어려울 정도다. 사회적으로 계층화된 사회구조가 무너지고 개인에게 힘이 분산되어 가고 있으며 개개인은 다시 끊김 없는 네트워크로 연결되어 쌍방향 상호작용을 통해서 사회가 돌아가는 현상까지 바꾸어 놓고 있다.

이는 하나의 예에 지나지 않는 것으로 웹2.0은 다양한 분야에 있어 근본적인 변화를 불러일으키고 있다. 우리나라는 세계 최고 인네트워크 인프라와 인터넷 보급률을 자랑하고 있고 그 어느나라 보다도 빠르게 다양한 개념의 인터넷 서비스가 제공되고 있지만 웹2.0 시대의 사용자 중심 서비스 측면과 사업화라는 측면에서는 아직 초기 단계라고 할 수 있을 것이다. 이제는 'You'가 언제나 접속이 가능하다는 유비쿼터스를 뜻하는 'U'가 아니라 사용자를 뜻하는 You로 바뀌어져야 한다. 또한 본질적으로 열린공간에서 출발한 인터넷이 중앙집중화로 폐쇄적이라 할 수 있는 포털 쏠림현상을 맞는 것을 보면서 새로운 변화측면에서나 신생기업들의 출현을 통한 혁신적인 서비스 소개라는 측면에서도 한국 인터넷의 발전을 위해서는 웹 2.0의 가치는 매우 소중하다 할 수 있다.

이제 웹 2.0은 한국을 비롯한 많은 국가에서 포털 집중식 정보이용과정을 사용자 개개인으로 가치 중심을 변화시키고 있다. 최근들어 웹 2.0에 대한 관심이 고조되고 대중적 인식이 확산되기 시작한 것은 매우 다행스러운 현상이라 할 수 있으며 점차적으로 웹2.0에 대한 인식확산은 변화와 혁신을 가속화시키기 위한 시대의 밑거름이 될 것이다.

② 모바일 웹 2.0의 개요
과거 유무선통신이 2001년을 기점으로 음성 위주에서 데이터 통신 위주로 급격하게 변화되었듯이, 이동통신 또한 데이터 통신 위주로 변화하게 되었다. 이러한 일련의 동향들을 "모바일 웹 2.0"이라 통칭하고 있다. 모바일 웹 2.0의 주요 특징은 다음과 같다.

과거의 모바일 환경이 읽기 전용의 환경이었다면 이제는 자유롭게 읽고 쓰는 진정한 의미에서의 모바일 웹 환경이 가능한 시대에 살고 있다. 모바일 웹 2.0은 바라보는 학자들의 관점에 따라 다음과 같이 3가지 견해로 나누어진다.

첫째, Mobile+"Web 2.0"과 같이 웹 2.0 응용과 기술을 단순히 모바일 환경에 적용하는 관점
둘째, Mobile 2.0과 같이 차세대 모바일 데이터 서비스 환경으로 보는 관점
셋째, "Mobile Web 2.0"으로 기존 모바일 웹이 진화하는 형태로 바라보는 견해
하지만 3가지 견해는 별도로 하더라도 다음과 같은 장점을 가지고 있다.

그 하나는 고속 무선망, XML과 Mobile OK와 같은 표준기반 웹 콘텐츠 교환 Open API를 통한 매쉬 업(Mash Up)이 가능하며 다음으로 검색과 관고가 연계된 모델을 제공 할 수 있다. 마지막으로 파레토 모델이 아닌 롱테일을 고려한 비즈니스 모델 형태를 가져갈 수 있는 장점이 있다.

〈표 4-24〉 모바일 웹 2.0의 주요 특징

구분	내용	관련 요소
웹 2.0 지향	플랫폼으로서의 모바일 웹	다양한 서비스 포함
표준 개방성	참여, 공유시 웹 접근성 향상	XML, Mobile OK, Open API
확장성	휴대폰 모바일 단말기로 확장	WiFi, WiBro, HSDPA
롱테일	검색과 광고가 연계	비즈니스 모델 변화
사용자 중심	개방적이고 사람 중심	Web 2.0 철학 계승

여기서 Mash Up이란 웹에서 제공하는 정보 및 서비스를 이용하여 새로운 소프트웨어나 서비스, 데이터베이스 등을 만드는 기술로 다수의 정보원이 제공하는 콘텐츠를 조합하여 하나의 서비스로 제공하는 웹 사이트 또는 애플리케이션을 말한다. 대표적인 예로 구글 지도에 부동산 매물 정보를 결합한 구글의 하우징 맵스(Housing Maps)를 들 수 있으며, 롱테일 법칙이란 80%의 비핵심 다수가 20%의 핵심 소수보다 더 뛰어난 가치를 창출한다는 이론이다. 이 용어는 2004년 10월 미국의 인터넷 비즈니스 관련 잡지 와이어드(Wired)의 편집장 크리스 앤더슨(Chris Anderson)이 처음 사용하였다.

앤더슨의 주장에 따르면 많이 판매되는 상품 순으로 그래프를 그리면 적게 팔리는 상품들은 선의 높이는 낮지만 긴 꼬리(Long Tail)처럼 길게 이어지며, 이 긴 꼬리에 해당하는 상품을 모두 합치면 많이 팔리는 상품들을 넘어선다는 뜻에서 롱 테일 법칙이라고 이름 지어졌다.

인터넷 기반 서점 아마존 닷컴이 책 목록 진열에 제한이 없는 인터넷에서 잘 팔리는 책 20%보다 적게 1~2권씩 팔리는 책 80%의 매출이 훨씬 높다는 것에서 기인하여 만든 법칙이다. 전체 결과의 80%가 전체 원인의 20%에서 일어나는 현상을 가리키는 파레토 법칙과는 반대되는 개념으로 역 파레토 법칙으로 불리기도 한다.

③ 모바일 웹 2.0의 주요기술 동향
- 모바일 웹 2.0의 주요기술 동향 맵
  모바일 웹 2.0의 주요기술과 동향을 살펴보면 다음 그림과 표와 같다.

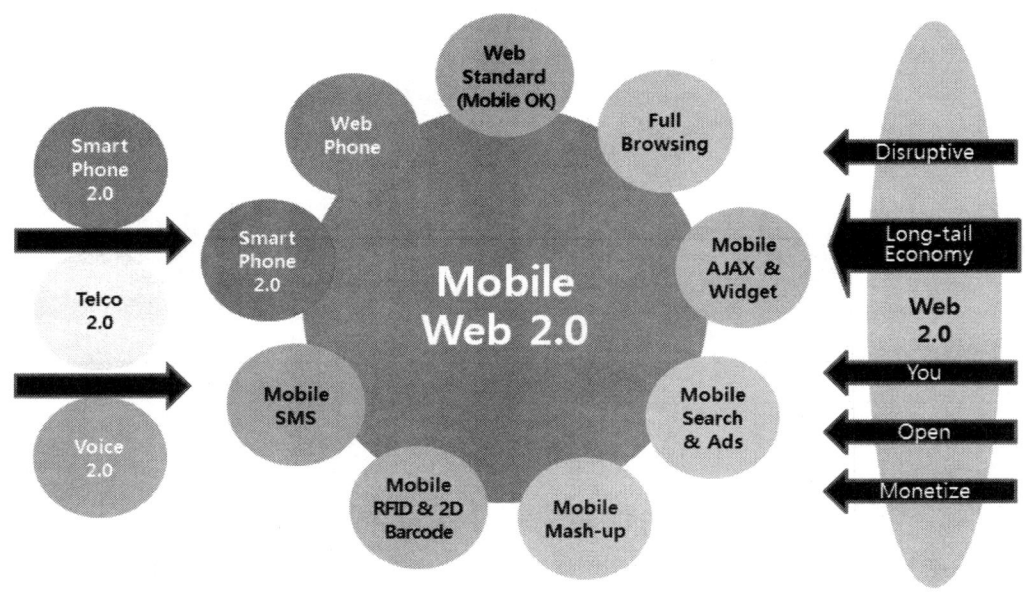

[그림 4-45] 모바일웹 2.0 주요 기술동향

〈표 4-25〉 모바일 웹 2.0의 주요 기술

구분	내용
표준화와 모바일 OK	• 모바일 OK로 대표되는 모바일 웹 표준화 • 모바일 OK 인증 마크 개발
풀 브라우징	• 가상 마우스, 멀티 터치, 변환 기술
모바일 AJAX	• 비 동기 XHR 방식과 틱 처리를 위한 DOM 엔진, CSS 기반 다양한 동격 처리 가능, Small Foot Rrint SW 개발 기술 필요
모바일 검색과 광고	• Click-to-call, Mobile Sponsor Link
모바일 매쉽 업	• 유선 Open API와 위치정보 사진, 컨텍스트 정보를 결합한 모델
모바일 SNS	• Social Network 기술의 모바일 수용
모바일 UGC	• 모바일용 UCC 중 소비자가 직접 생성하는 동영상 등

- 모바일 웹 1.0과 모바일 웹 2.0 비교 및 모바일 웹 2.0 국내 표준화 동향

  모바일웹 2.0의 국내 표준화는 4개의 워크그룹 WG(응용기술, 컨텐츠, 시험인증, 단말정보)과 1개의 Task Force(모바일 OK)를 구성하여 모바일 웹 2.0 관련 기술 표준화를 목표로 이슈를 발굴하고

있다. 2007년에는 모바일 OK 표준화 및 시범 서비스를 주요 목표로 선정하고, 모바일 OK TF를 구성하여 표준화를 추진 중에 있다. 국제 표준화 선도를 위해 W3C, OMA, Open AJAX Alliance 등과의 협력 강화 및 일본, 미국, 유럽 지역 등과 활발한 교류 추진 계획이다.

다음 표는 모바일 웹 1.0과 모바일 웹 2.0의 차이를 정리해 보았다.

〈표 4 - 26〉 모바일 웹 1.0의 모바일 웹 2.0의 비교

구 분	모바일 웹 1.0	모바일 웹 2.0
네트워크	저속((0.5MB)	고속()0.5MB) DPA, WiBro
프로토콜	WAP 프로토콜 기반의 WAP 브라우징	(w)TCP / IP 기반의 풀 브라우징
콘텐츠	HTML & WML 중심의 콘텐츠	HTML & WML 중심의 콘텐츠
사업모델	폐쇄적 사업 모델	개방형 사업 모델, 유무선 통합모델
기술모델	폐쇄적, 독자적	개방형 표준 기반(Mobile OK)
브라우징 방법	WAP 사이트를 브라우징	RFID 및 LBS 등과 연계한 유비쿼터스 브라우징, 실세계 태깅, RSS 리더기능
단말	휴대전화를 통한 접속	다양한 모바일 단말을 통한 접속
서비스	하이퍼 링크만 가능	REST, SOAP, WSDL 기반의 모바일 웹서비스
인 증	집중화된 인증 방식	분산인증, Identity Management
접 속	초기 URL을 손으로 입력하는 방식	자동접속방식(WINC, 모바일 RFID, 2D 바코드 등)
UI	한 손 / 두 손 / 핸즈 프리	멀티 포탈 / 유비쿼터스 웹 액세스 기술(음성, 제스처, RFID)
API 연동	하나의 서비스와 일부 API	개방형 API와 매시업 서비스
요 금	종량제(고비용)	저렴한 정액제 기반
광 고	광고 없음	모바일 광고에 기반한 새로운 비즈니스 모델
특 징	브라우징 전용	플랫폼으로서의 모바일 웹

④ 모바일 웹 2.0의 표준화일 모바일 OK 개요
- 모바일 OK의 정의

모바일 OK란 참여와 공유를 표방하는 웹 2.0이 모바일과 결합된 "모바일 웹 2.0"에 대한 관심이 확대되는 가운데, 그 전제 조건인 유무선 인터넷의 결합을 위한 모바일 웹 표준화 작업을 말하며 이에 대한 서비스 개념도는 다음 그림과 같다.

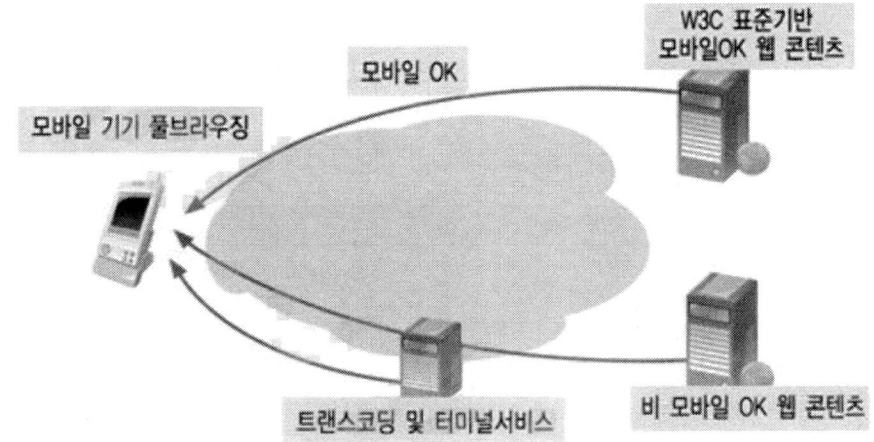

[그림 4 – 46] 모바일 OK 서비스 개념도

- 모바일 OK의 표준화 현황
  모바일 OK의 표준화는 W3C와 OMA에서 진행하고 있으며 각기관에서 진행 중인 표준화 현황은 다음과 같다.

  · W3C의 표준화 현황
  – "mobile OK" 인증체계 및 인증 마크 개발 : 표준 가이드 라인을 준수하는 사이트 및 도구에 부여
  – Best Practice : MWI의 표준 가이드라인을 만족시키는 콘텐츠 및 웹사이트를 구성할 수 있도록 하는 "모범사례(Best Practice)"를 작성
  – 모바일 단말의 특성 정보 활용술에 대한 표준화 : 다양한 디바이스들의 특성과 정보를 공유 활용

  · OMA의 표준화 현황
  – 브라우저와 같은 모바일 응용 환경에 대한 규격을 포함하여 사용자 에이전트 규격, DRM 규격, 트랜스 코딩 인터페이스 규격, 브로드캐스팅 서비스 규격 그리고 PUSH 서비스 규격에 대한

작업을 진행 중
- Web 2.0 환경을 기반으로 OMA Browsing 2..x과 풀 브라우징에 대한 지원을 추가하는 추세이며, 기본적인 모바일 전용 마크 업 언어 외에도 SVG 등을 추가로 지원하여 기능 확장 추진 중

4. 무선인터넷 시장의 주요 플레이어별 전략

① 애플의 비즈니스 전략

• 차별화된 제품성

아이폰이 기존 제품들과 가장 차별화되는 특징은 다른 단말기보다 큰 스크린이다. 대형화면을 위해 다이얼 키패드를 없애고 대신 터치스크린 방식의 입력 기능을 부여하였다.

일반적으로 휴대전화에서 전화를 걸기 위해 사용되는 키패드의 사용 없이 손가락을 터치하는 것으로 작동하며, 멀티터치도 가능한 3.5인치 정전식 터치 스크린에 GSM 및 WCDMA(UMTS) 등의 이동전화 통신망 기술과 Wi-Fi 및 블루투스 등의 근거리 통신망 기술을 함께 내장하고 있다. 2011년 2월 10일 미국 버라이즌을 통해 CDMA 방식도 지원하게 되었다.

iOS를 사용하며, 사파리 웹 브라우저, 실시간 이메일 등의 인터넷 관련 기능과 외부 소프트웨어를 다운받을 수 있는 앱스토어를 지원하며, 아이팟의 차세대 기능을 탑재하고 있어서 앨범 표지로 검색하는 커버 플로우, 여러 포맷을 지원하는 동영상 플레이, 무선 아이튠즈 등을 지원한다. GPS 센서를 내장하여 GPS 신호를 수신할 수 있어 실외에서는 최대 10m 이내의 오차범위로 자신의 위치를 찾을 수 있으며, GPS 신호를 받을 수 없는 실내 등에서는 이동전화 통신망의 무선 기지국 혹은 Wi-Fi AP의 위치를 이용하여 자신의 위치를 찾는 기능(A-GPS)을 제공한다.

• 플랫폼 전략

플랫폼은 생태계가 잘 작동할 수 있도록 생태계를 구성하는 여러 그룹들의 활동을 연결하고 조정한다. 플랫폼 전략이 성공하기 위해서는 새로운 플랫폼이 이전의 플랫폼이 충족시킬 수 없는 새로운 니즈를 충족시켜 기존의 플랫폼보다 더 좋은 대체재가 되어야 한다. 또한 시간이 지나면서 새로운 플랫폼에 대한 전략도 바뀌어야 한다. 즉 하나의 기업이 전체 플랫폼을 통제하며 수직적으로 통합하는

전략으로부터 다른 기업들이 그 플랫폼을 바탕으로 새로운 비즈니스 영역에 참여할 수 있도록 분화된 기술적 리더십을 구사하는 전략으로 나아가야 한다. 또한 새로운 플랫폼에 의해 창출된 새로운 가치는 그 플랫폼을 더욱 가치있게 할 수 있도록 애플리케이션 프로그래밍 인터페이스와 같은 보완재의 통제를 필요로 한다.

기존의 PDA와 포켓용 게임 플레이어를 비롯하여 '융합폰'을 구성하는 플랫폼은주로 IBM이 개발하였는데 미니컴퓨터, 워크스테이션 및 개인용 PC에 사용되는 일반화된 컴퓨팅 플랫폼이 이용되었다. 아이폰 이전 단말기 제조사들도 운영시스템에서는 폐쇄적인 전략을 구사하였다. 노키아와 모토로라를 포함한 몇몇 제조사들이 협력하여 탄생시킨 심비안은 그들이 생산해낸 단말기에 장착하기 위한 OS로 개발되었고, PalmSource의 Palm OS는 소니와 삼성을 비롯하여 몇몇 주요 제조사들에 의해 채택되었다. 마이크로소프트는 자체적으로 Windows CE OS를 개발하여 HP, Dell 등에 판매하였다.

또한 이들 선도적인 단말기 제조사들은 그들의 OS에 대해 훨씬 더 폐쇄적인 형태의 운영 소프트웨어를 개발하는 전략을 취하였는데, 노키아의 경우 심비안이 탑재된 단말기에 S60이라고 하는 폐쇄적인 소프트웨어를, 소니에릭슨은 심비안 탑재 단말기에 UIQ라는 폐쇄적인 소프트웨어를 구동시켰다.

애플의 전략 또한 이들과 다르지 않다. 오히려 더욱 폐쇄적인 전략을 취하였는데, 애플의 데스크톱 운영시스템을 변경하여 아이폰을 구동하는 OS를 개발하였다. 이러한 운영시스템은 애플이 TCP/IP, 웹 브라우저, QuickTime을 비롯한 데스크톱 소프트웨어를 이용할 수 있게 해 준다. 특히 애플의 플랫폼 전략은 심비안, Palm 및 마이크로소프트와 달리 아이폰에 탑재할 수 있는 애플리케이션이 다른 운영시스템에서는 구동되지 않도록 하는 아주 폐쇄적인 플랫폼 전략을 채택하였다는 것이다. 이러한 전략을 통해 애플은 뛰어난 디자인과 편리한 UI를 갖춘 아이폰과 아이튠즈의 풍부한 콘텐츠를 보유한 앱스토어로 구성된 플랫폼을 구성하며 애플리케이션과 이동통신시장을 연결하는 무선인터넷 생태계를 구성하였다.

이러한 폐쇄적인 전략은 기존의 PC 시장에서 마이크로소프트의 OS와 인텔의 마이크로프로세서가 개방적인 라이선스 정책을 통하여 전체시장의 90% 이상을 차지한 반면 제3자에게 라이선싱을 하지 않았던 매킨토시의 시장점유율이 작았던 상황과 유사하다. 그러나 철저하게 폐쇄적인 전략은 아이폰 출시 당시 경쟁 사업자 보다 3년이라는 기술력 선점기간을 유지할 수 있는 원동력이 되기도 하였다. 애플은 아이팟과 아이튠즈, Mac과 아이팟 터치, 아이폰과 앱스토어, 아이패드, iCloud 등 애플의 기기들과 서비스 및 소프트웨어를 모두 연계하는 플랫폼 전략을 구사하였으며 그러한 전략은 향후에도 지속될 것으로 전망된다.

- 시장분리(segmentation) 전략

기존의 '융합형' 단말기 제조사들의 목표는 MP3 기능이 있는 휴대폰, 비디오게임콘솔이 있는 DVD 플레이어, 휴대용 플레이스테이션용 소니의 UMD 동영상포맷 등과 같이 가능한 한 많은 기능을 갖고 있는 단말기를 개발하는 것이었다.

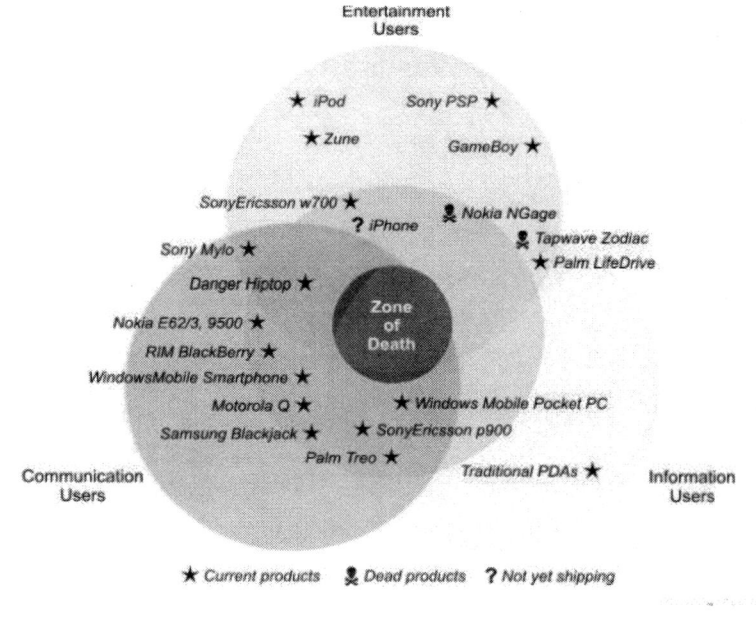

* 출처 : Mace, 2007

[그림 4-47] 융합형 기기들의 계층별 구조도

이상적인 휴대용 단말기는 컴퓨팅, 통신, 엔터테인먼트용 콘텐츠, 정보관리 등 단말기에 탑재될 수 있는 한 다양한 기능을 보유한 단말기 형태였다. 이러한 융합형 단말기는 전화, MP3 플레이어, 비디오 플레이어, 노트북, 휴대용 게임 콘솔 등 유사한 기능을 지닌 각각의 단말기를 대체한다. 마이크로소프트

윈도우즈사의 휴대전화나 심비안이 탑재된 노키아의 많은 단말기들은 이러한 목표를 지향하였다.

애플의 아이폰은 인터넷이 가능한 웹 기기로 이용자의 애플리케이션의 추가적인 설치와 저장이 없다면 그 기기 또한 단순한 확장형 컴퓨터에 불과했겠지만, 많은 개발자들이 애플의 플랫폼에 참여하도록 유도하는 전략을 통해 단순한 확장형 컴퓨터 그 이상의 것을 실현하였다. 어떤 기기를 제조하는 데 어떤 기기도 모든 면에서 최적일 수는 없다. Mace는 휴대용 단말기에 대해 3가지 중요한 기능으로 통신(휴대폰), 엔터테인먼트(MP3 플레이어, 휴대용 게임콘솔), 및 정보 액세스(PDA)를 제시하였다. 각각의 기능은 각각의 다른, 구별된 소비자 그룹을 형성하고 있다.

이러한 관점에서 볼 때, 다른 스마트 폰들이 통신에만 집중한 데 반해, 아이폰은 통신과 정보검색 및 관리가 가능한 엔터테인먼트형 단말기 형태를 지향하였다. 그러나 노트북을 대체하는 것을 지향하는 노키아 E90의 대체재가 되지는 못한다. 대신 워크맨 단말기와 다른 엔터테인먼트 기기들과는 경쟁관계에 있는 단말기이다. Mace에 따르면 1900년대 자동차 시장이 성장하면서 시장이 트럭, 미니밴, SUV, 스포츠카 등으로 고객 니즈와 유형에 따라 계층화된 것처럼 이동통신 단말기 시장도 이용자 타입과 니즈에 따라 계층화된 형태로 발전해 나가야 한다고 한다. 애플은 기존 '융합폰' 제조사들이 취하였던 모든 계층을 겨냥하는 전략보다는 엔터테인먼트 계층에 특화된 분리전략을 채택하였다.

- 기존 자원(아이팟, 아이튠즈)의 활용
애플의 아이폰 전략은 기존의 자원과 역량을 이용한 복합적인 상호의존성을 띠고 있다. 융합폰 시장에 진입하기 위한 애플의 가장 큰 자산은 아이팟과 아이튠즈였다. 애플은 아이팟의 제품차별성과 혁신성, 브랜드 인지도 및 평판과 온라인 음악시장에서 음원복제 방지 등으로 독점적인 위치를 확보한 아이튠즈 Music Store를 활용하여 아이폰을 탄생시켰다.

애플은 아이폰으로 인해 아이팟과 다운로드 관련 매출액 감소에 대한 우려가 있었지만, 오히려 음악과 비디오 다운로드 부문에서 아이팟 에코시스템을 적극 활용하여 애플의 매출액을 크게 증가시킨 아이폰 비즈니스 모델을 탄생시켰다. 아이팟과 아이팟 에코시스템을 활용한다는 것은 애플의 융합폰 시장으로의 진입을 위한 최선의 전략이 엔터테인먼트 층을 공략했다는 것을 의미한다. 이 계층은 전통적으로 주류에 반하는 창조적인 이용자들에 초점이 맞춰진 매킨토시 시장과도 밀접한 관련이 있다. 애플은 아이폰을 이동전화기로서의 기능보다는 엔터테인먼트 특화된 통신기기로 구성하였다. 또한 아이팟이나 CD 플레이어처럼 컴퓨터보다는 가정용 기기로서의 형태를 추구하였다.

특히 애플은 엔터테인먼트 층을 겨냥한 가정용 기기로 아이폰의 방향을 정하여 다른 단말기 제조사들이 직면한 일반화(commoditization) 및 가격전쟁을 피하기 위해 폐쇄적이고(closed) 고착적인(locked) 전략을 선택하였다. 애플리케이션에 대한 폐쇄 전략의 선택은 애플이 심비안, 마이크로소프트 및 Palm처럼 타사의 소프트웨어 개발자들로 구성된 에코시스템을 구축해야 하는 필요성과는 다른 애플만의 에코시스템을 구축할 수 있게 하였다. 또한 통신사업자들도 그들의 지배력을 이용하여 애플의 폐쇄적인 비즈니스 모델을 지원하였다.

애플은 HP나 IBM과는 달리 소프트웨어에서 강점을 보이고 있다. 애플은 아이팟을 통해 휴대용 배터리 장착형 기기를 개발할 수 있는 기술력도 확보하였다. 그러나 경쟁력 있는 PDA 제조사였던 Handspring이 2000년부터 PDA용 확장카드를 이용하여 이동통신 단말기 제조를 시도하였지만, 6년이 넘도록 성공적인 이동통신 단말기를 내놓지 못한 채, 노키아, 모토로라, 삼성, 소니 에릭슨에 밀려났던 전례를 교훈삼아, 애플도 통신기능을 강화하기 위한 핵심기술을 개발하고 통합하는 것도 염두에 두어야 할 것이다.

- 필란드의 노키아
  · 국가 혁신 모델
    핀란드는 인구 약 520만 명과 38만km2의 국토면적을 보유한 유럽의 경제소국이다. 그러나 아이폰의 등장 전까지 이동전화 단말기 시장에서 세계 1위를 기록하고 있던 노키아의 거점국가이기도 하다. 핀란드의 노키아가 정보통신산업 부문에서 세계의 선두 자리를 차지할 수 있게 해준 핀란드 정부의 산업정책과 노키아와 같은 민간기업의 기업가 정신 그리고 헬싱키를 비롯한 대학들의 첨단기술개발 연구능력 등 산학관 협력체제는 여러 국가혁신정책에 성공 모델로 제시되었다. 이러한 유기적이며 체계적인 산학관 협력체제 구축이 핀란드 기술혁신 체제의 근간이며 지속적인 기술혁신 창출과 기술혁신 결과를 신제품 생산에 직접 연결시키는 순기능을 유발하고 있다.

원칙적으로 핀란드 정부는 특정 산업만을 전략적으로 지원하는 정책을 추진하고 있지는 않다. 그러나 정부의 연구개발 투자비용이 전체의 약 40% 정도 차지하는 높은 비율을 확보하고 있기 때문에 특정 산업 분야의 연구개발을 지원할 수 있었다. 정부는 수준 높은 사회간접자본 확충, 연구개발 환경조성, 유연한 사회보장시스템 구축 등 국가경쟁력을 유지 및 향상시킬 수 있는 기초 정비작업(Framework) 확보라는 기존의 의무에 충실함과 동시에 특정 산업 분야 연구개발에 상대적으로 더 많은 연구자금 지원이라는 간접적인 지원방식을 수행하며 국가혁신을 달성하고 있다.

핀란드 국가혁신 체제에서 대학이 수행하는 역할은 중요하다. 핀란드 최대의 공과대학인 헬싱키공과대학(Helsinki University of Technology)과 핀란드 제2의 대학인 오울루대학(University of Oulu)은 국립 연구개발기관들인 국립기술연구센터Technical Research Center of Finland, VTT), 국립기술개발청(National Technology Agency, TEKES)등과 긴밀한 협력체제를 구축하고 있으며 동시에 첨단기업들과도 기술개발을 위한 프로젝트를 공동으로 수행하고 있다.

- 국가혁신 정책 변화 과정

1980년대 핀란드는 경제발전 및 고용창출에서 새로운 기술의 역할을 크게 강조하여 1983년 기술연구개발 활동 촉진은 위한 국가기술청(TEKES: The National Technology Agency)이 발족되었다. 이 기관의 첫 프로그램은 정보기술에 집중되었으며, 기술의 이전과 상업화에 대한 관심 증대로 첫 기술센터와 기술이전회사들이 설립되었다.

1990년대 들어 초기(1990~1993)에 구 소련의 시장 위축과 대규모 재정적자로 GDP는 13%나 하락하였으며, 화폐가치는 40%까지 절하되면서 국가정책에 대한 새로운 전환점의 필요성이 대두되었다. 이에 정부는 새로운 국가적 산업 전략을 구상하게 되었는데, 동 전략에는 자원 재배치보다는 미래에 창출될 자원의 양과 질에 영향을 미치는 '지원과 금융지원 위주의 접근' 전략이 핵심이었다. 새로운 산업 전략은 산업별 전략이라기보다는 사회 전체의 목표와 활동을 다루는 국가 사회적 차원의 정책이 되었다.

핀란드는 '국가혁신시스템'이라는 개념을 OECD 국가 중 가장 먼저 정책 보고서에 등장시킨

나라로 핀란드 국가혁신시스템 접근은 혁신 클러스터 정책과 밀접한 관련이 있다. 특히 1995년의 EU 가입은 유럽의 지역정책이 클러스터 촉진정책을 추진했다는 점에서도 핀란드의 혁신 클러스터 정책에 영향을 주었다고 할 수 있다. 1990년대 후반에 이르러 핀란드정부는 지역클러스터 활성화를 위한 프로그램을 본격적으로 개발 시행하였으며, 여기에는 통신사업을 중심으로 구조조정을 한 노키아와 하청업체의 성장으로 혁신시스템의 정책적인 성과가 나타나게 되었다.

- 혁신정책 수단

핀란드의 혁신정책에서는 산학협동이 가장 중요한 수단으로 꼽히고 있다. 기술개발청과 기술연구센터에서 민간기업의 R&D 및 기술혁신을 위한 자금과 경영지원을 하지만, 대학이나 연구소와 연계한 공동개발 프로젝트에 국한되었다.

이후 1996년 경제정책위원회에서 작성된 "핀란드: 지식기반사회"라는 마스터플랜에서 대학의 연구개발기지화 및 기업 경쟁력 강화를 위한 산학협동체계가 구체화되었다. 이 계획으로 국가예산의 약 25%를 차지할 만큼 높은 R&D 예산 확보와 특정 프로젝트 선택에 간섭하지 않는 대신 R&D의 체계적인 평가에 치중한 정부 입장이나 지원을 위한 공모방식을 공정히 운영하는 등 기금의 효율성을 높였다. 1990년대에는 R&D 예산도 공공부문과 민간부문이 4대6의 비율을 보였으며, 2000년대 들어서는 민간이 70%를 차지하여 경쟁력 강화를 위한 민간부문을 활성화시켰다.

핀란드 혁신정책의 또 다른 수단으로는 산업클러스터의 형성이다. 산림, 운송, 정보통신, 환경, 복지 등 각종 클러스터들이 경쟁력 확보를 위해 정부의 강력한 지원을 받고 있다. 1980년대 핀란드는 주마다 이공계 대학을 설립하고 이들을 중심으로 산업클러스터와 비슷하게 과학도시(Technopolis), 과학단지(Techno Park)를 설립하여 연구개발 여건을 조성하였다. 정부와 지방자치단체의 지원으로 조성된 과학도시에는 이공계열 대학들과 각종 연구소, 의과대학과 종합병원뿐 아니라 전국에 흩어져 있는 기업 및 민간연구소들이 입주하여 산학연 협동을 이루었다.

또한 핀란드의 기술개발청은 기업들이 국제적으로 경쟁력 있는 제품이나 제품가공 기술과 서비스를 개발할 수 있도록 연구개발에 대한 자금지원 및 융자를 제공하였는데, 중소기업을 우선 지원하였다. 구체적인 지원 자격기준은 기업의 성장력, 기술의 경쟁우위, 기업의 경쟁력, 기술개발청의 자금지원이 얼마만큼 해당 프로젝트에 유용한가 등이다. 자금지원은 인건비, 원자재, 기계, 하청계약, 특허 등 총비용의 50%까지 제공되었다.

혁신정책의 수단으로 중소기업 육성도 중요한 요소가 되었는데, 낙후된 지역에 대한 투자나, 중소기업을 대상으로 하는 지원이 다양하고 효과적이다. 핀란드 정부는 중소기업을 대상으로 현금공여, 융자, 세제혜택, 지분참여, 보증, 고용인 훈련 등을 제공하고 외국인 투자기업도 중소기업이면 핀란드 국내기업과 동등한 자격으로 지원받을 수 있도록 조치하였다. 중소기업에 대한 핀란드 정부의 지원은 사업보조금, 세제혜택, 투자융자 및 보증, 연구개발비 지원 등으로 사업보조금은 투자보조금과 특별개발보조금으로 구분되며, 운송원조나 에너지 보조금, 기업특별훈련 프로그램 등도 지원받을 수 있다.

또한 균형 잡힌 지역발전을 위해 국토 전체를 3개 지역으로 나누어 지원정책을 시행하고 개발이 더딘 핀란드 북부 및 남서부 지역에 위치한 중소기업은 법인세 감면 혜택을 제공하였다. 핀란드의 수출신용보증기구인 "Finnvera"는 핀란드 중소기업의 수출을 촉진시키고, 국제화 노력을 위해 자금을 지원하여 중소기업의 설립과 성장, 수출, 국제화를 위한 융자, 보증, 수출신용보증 등을 지원하였다.

벤처시장의 육성도 주요 혁신정책 수단으로 활용되었는데, 중소기업과 창업기업을 대상으로 기술개발기금(Sitra)을 구성하여 벤처시장 활성화를 위해 벤처캐피털펀드와 기업 간의 네트워크를 구성하였으며, 이들 간의 비즈니스 관계 형성을 위한 프로그램을 운용하였다. 1990년대에 팽창하던 벤처시장은 2001년에 조정국면에 돌입하였으나, 총운용자금은 1995년 3억 유로에서 2000년 말 23억 유로(GDP의 1.75%)로 증가하였다. 2000년말 벤처기금 투자는 450건, 금액은 4억 유로에 달했으며, 재원은 보험회사와 연금기금 등 민간부문이 70%, 기술개발기금(Sitra), 기술개발청(Tekes) 등 공공 분야 및 외국자본가가 각각 15%씩 담당하였다.

마지막으로 기업우대정책과 외국인 투자유치정책을 혁신정책의 수단으로 활용하였다. 핀란드

투자 유치를 담당하는 투자청(Invest in Finland Bureau)은 투자유치를 위해 법인세 감면이나 건물 및 토지 임대료 지원 등 직접적인 투자유인책을 사용하지 않고 기술력을 갖춘 핀란드 기업의 투자유치를 위해 영국, 미국, 독일 등 외국에 투자유치 전문가를 파견하여 외국인 투자가에게 충분한 정보를 제공하는 역할을 담당하였다. 자본의 자유로운 유출입, 기업의 자율성 보장 등 기업친화적인 경제 환경을 조성하여 외국인 투자를 유치하고 있는데, 외국인 투자가들 입장에서는 뛰어난 기술력과 지식 등 ICT 인프라를 가진 핀란드에서 신기술을 개발하고 시험하여 세계시장의 성공 여부를 미리 분석하는 등 기업 자신들의 기술혁신 무대로 삼기에도 핀란드가 최적이었다.

- 국가혁신정책의 성과

핀란드는 R&D 투자에서 세계적으로 가장 높은 수준을 가진 국가로 2000년 기준 GDP 대비 3.3%를 연구개발에 투자하고 있어 OECD 국가 중 2위10)를 기록하였다. 핀란드는 특히 연구개발 집약적인 정보통신부문에 집중 투자하였는데, 전체 민간부문 투자 중에서도 정보통신부문의 비중은 50%가 넘는다. 특허를 기준으로 기술혁신 성과를 판단한다면, 핀란드는 매우 성과가 높은 나라이다.

핀란드 인구 만 명당 특허출원은 1997년 기준 4.6으로 OECD 국가 중 독일과 스웨덴에 이어 3위를 차지하고 있다. 특히 특허가 정보통신기술 부문에서 강세를 보여 1998년 기준 EU 특허출원에서 전기부문이 44.5%를 차지하였으며, 미국 특허자료로 보았을 때 1989~1998년 동안 3,700개의 특허가 등록되었다. 특허의 비중이 세계 평균보다 높은 부문은 목재와 종이, 산업공정장비, 의료장비와 비철금속 제품이다.

특히 세계경제포럼(WEF)에서 거시경제환경, 공공기관 및 과학기술수준 등을 기준으로 평가한 미래발전가능성에 대한 국가경쟁력 평가에서 2003년과 2004년에 미국보다 앞선 가장 경쟁력 있는 국가로 선정되었다.

핀란드는 1980년대 후반부터 시작된 경제위기와 지식정보화 등 기술경제 패러다임의 전환에 따른 급격한 환경 변화에 대응하여 1990년대 초 과학기술정책의 기본적인 범주로 국가혁신체제를 채택하고, 클러스터 분석과 시스템 관점에 기반하여 기존의 정책들을 재배열하였다. 정부의 일관된 정책은 정책결정 및 집행자 뿐 아니라 국민의 지지와 공감대를 이끌어 내어 노키아와 같은 세계적인 기업을 육성케 하였다. 핀란드의 혁신 정책은 경제 전체를 재구조화하는 것이었다기보다, 장기적인 관점에서 같은 방향으로 나아가 자원 기반에서 지식 기반 경제로의 이행을 성공적으로 달성하였다.

노키아의 나라로 알려져 있는 핀란드는 과학기술혁신정책, 기업의 혁신 문화, 미래지향적인 연구개발 투자 등 국가혁신시스템의 성공사례로 손꼽히고 있다.

· 노키아 기업 개관

노키아는 세계적인 이동통신 단말기 제조사로 1865년 핀란드의 종이를 만드는 회사로 시작하였다. 1967년 노키아는 고무(rubber)제품 제조업체와 케이블 제조업체의 합병을 통해 거대 복합기업으로 성장했다. 1982년 유럽에 전자교환기를 최초로 출시하였으며, 세계 최초로 카폰을 출시하는 등 주요 통신제조업체로 성장하기 시작하였다.

이후 NMT(Nordic Mobile Telephone) 방식의 아날로그 셀룰러폰을 출시함으로써 이동통신 단말기 제조를 시작하였으며, 1990년 초 GSM방식의 이동통신 최초 상용화를 통해 이동통신 단말기 제조사로서 입지를 굳히기 시작하였다. 이 시기에 노키아는 이동통신을 핵심사업부문으로 정하고 기존 생산품이었던 종이, PC, 고무, 신발, 화학, 발전소, 케이블, 알루미늄, TV사업 등을 정리하였다.

1998년 GSM 방식의 이동통신기술이 급속히 확산된 데 힘입어 세계 제1위 이동통신 단말기 제조사로 자리매김하게 되었다. 현재 노키아 그룹은 Devices & Services, NAVTEQ, 노키아 Siemens Network 3부문으로 구성되어 있다. Devices & Services 부문은 모바일 기기 및 관련된 서비스의 디자인, 개발, 관리, 유통 등 이동통신 단말기 관련 부문을 총체적으로 담당하고 있다.

NAVTEQ 부문은 노키아가 2008년 7월에 인수한 노키아의 자회사로 차량 내비게이션, 이동통신 내비게이션 기기, 인터넷기반 맵핑 애플리케이션 등에 활용되는 디지털 지도 정보, 위치기반 콘텐츠와 서비스를 개발하고 있다. 노키아 Siemens Networks 부문은 노키아와 Siemens가 2006년 6월, 노키아의 네트워크 사업그룹과 Siemens의 사업자 관련 운영사업(carrier-related operation)을 통합하여 탄생한 부문으로 2007년 4월 합병되어 세계 각국의 통신서비스 사업자들을 대상으로 유무선 네트워크 장비 및 토털 서비스를 제공한다. 노키아 Siemens Networks는 노키아와 Siemens가 각각 50%의 지분을 가지고 있어 형식상으로는 공동소유이지만 7명의 이사회 멤버 중 4명과 CEO를 임명하는 권한을 노키아가 보유하고 있어 노키아가 실질적으로 통제하고 있다.

· 플랫폼 비즈니스의 성공과 실패

플랫폼 비즈니스의 성공을 위해서는 호환성(compatibility), 보완성(complementarity), 연결성(connectivity), 상업성(commerciality) 등을 갖춰야 한다.

먼저, 호환성은 플랫폼과 모듈, 또는 모듈과 모듈 사이에 서로 호환이 되어 충돌이 발생하지 않는 것을 의미한다. 비즈니스 모델의 성공을 위해 호환성의 중요성은 애플의 오피스 프로그램들이 마이크로소프트의 MS오피스와 서로 호환되지 않아 애플이 데스크톱 시장을 장악하지 못한 사례에서 잘 알 수 있다. 둘째, 보완성은 모듈과 모듈, 모듈과 플랫폼간의 부족한 면을 보완하고 강점을 더욱 살려주는 역할을 말한다. 아이팟에 아이튠즈라는 음악 콘텐츠 제공 소프트웨어가 출시되면서 아이팟 이용자가 급증하였는데, 이는 아이팟과 아이튠즈의 보완성이 높아 비즈니스 성공요인을 갖추었기 때문이다.

또한 연결성이란, 개발자와 협력업체 및 광고업체가 서로 연결되어 집단적인 가치를 창출하는 것으로, 앱스토어에서 수많은 애플리케이션 개발자와 광고업체들의 참여를 통해 금융, 쇼핑, 음악, 교육 등 새로운 산업 생태계가 구성되고 이 생태계에서 새로운 가치가 창출될 수 있게 한 주요 성공요인이다. 즉 앱스토어의 연결성 확보가 애플의 플랫폼 전략 성공에서 빼놓을 수 없는 요소가 된 것과 같다.

마지막으로 상업성은 소비자와의 교류를 통해 피드백을 받고 이를 통해 소비자에게 최적화된 제품을 제공하는 관계를 일컫는다. 예를 들어 아이튠즈는 다른 사용자의 평가를 볼 수 있게 하여 고객들의 취향에 맞는 음악을 추천하는 등 이용자들의 만족도를 높임으로써 성공을 가능케 하였던 사례에서 그 중요성을 알 수 있다.

플랫폼 전략이 비용 면에서 우위를 차지하고, 다른 제품과의 차별화와 이용자 편리성을 갖춰, 궁극적으로 비즈니스 모델에서 성공을 구현하기 위해서는 위의 4가지요인들이 모두 충족되어야 한다. 이들 중 어느 한 가지 요소가 부족하다면, 그러한플랫폼 전략은 결국 실패하게 될 것이다.

노키아는 새로운 플랫폼 시장을 장악하지 못해 추락하는 기업의 대표적인 기업이 되었다. 사실상 노키아 또한 하드웨어 중심의 플랫폼 전략을 통해 성공한 기업으로 잘 알려져 있다.

그러나 최근 노키아는 애플리케이션 플랫폼 진화에 따른 새로운 소프트웨어 중심의 플랫폼 전략으로 전환에 실패한 기업이 되어, 이동통신 단말기제조 분야에서 매출 1위 자리를 애플에게 빼앗기게 되었다(edaily.co.kr(2011. 9. 9)). PC 분야 플랫폼의 절대강자였던 마이크로소프트(MS)도 운영시스템인 '윈도우'부터 '오피스' 등의 소프트웨어(SW)까지 확보하고 있음에도 이를 바탕으로 한 애플리케이션스토어와 같은 새로운 플랫폼을 만들어내지 못해 1위 자리를 위협받는 처지이다.

· 노키아의 비즈니스 전략
  - 노키아의 네트워크 혁신전략
  애플의 아이폰 등장 이전까지 성공가도를 달리던 노키아의 전략적인 비결은 다변하는 시장상황에 맞춰 네트워크 전략을 변화시킨 것이다. 이른바 1세대와 2세대의 이동통신 기술방식에는 활용(exploitation)전략을, 3세대 기술방식에서는 탐색(exploration) 전략을 구사하였는데, 각각의 전략은 협력업체들과 서로 다른 유형의 계약관계를 형성하였다.

  탐색 네트워크는 유연한 법적 조직구조를 가지는 데 반해, 활용 네트워크는 장기적인 협약이 가능한 법적 조직구성을 형성한다. 이러한 업체들 간의 네트워크는 유연성, 속도, 혁신과 더불어 변화하는 시장 환경과 새로운 전략적인 기회들에 발맞춰 원활하게 조정할 수 있는 능력을 제공한다. 기술방식의 진화에 따라 2가지 다른 방식의 전략을 적절히 구사함으로써 노키아는 이동통신 단말기 시장에서의 선두자리를 차지하였는데, 급격하게 변화하는 기술 환경에도 불구하고 그 자리를 한동안 유지하게 해 주었다.

- 탐색(exploration)전략

제품개발에서 탐색 전략을 취하는 기업들은 파트너들과 약한 제휴관계(infrequently partner, weak tie)를 맺어 동맹관계를 형성한다. 탐색전략은 기회주의적인 행동(opportunistic behavior)이 나타날 수 있는 취약점이 있으나 확연히 다른 기술을 가진 기업들 간의 브리지 역할을 하여 두 기술영역의 소스들로부터의 혜택을 누리게 해준다.

약한 제휴관계(weak tie)는 대개 핵심 기술영역과는 상관없는 외부 파트너 기업과의 공동 협정으로 정의되며, 파트너는 강한 제휴관계(strong tie)보다 낮은 수준의 약속(commitment)을 요구한다. 대표적인 예로 비주식제휴(nonequity alliance)를 들 수 있다(Dittrich & Duysters, 2007, pp.511~513).

- 활용(exploitation) 전략

활용 전략은 기존의 지식과 역량을 활용하는 것으로 개선(refinement), 선택(selection), 생산(production) 및 실행(execution)과 관련되어 있다. 활용전략은 이미 개발된 기술 들과 상품들에 대한 기본 지식을 넓히고 강화시키는 것으로 강한 제휴관계(strong tie)를 형성할 수 있는 파트너의 수를 최대화시키며 기존 지식의 질을 더욱 높이는 전략이다.

강한 제휴관계는 약한 제휴관계와는 달리 같은 기술영역에서 기업들과 제휴 관계를 맺는 것이며 약한 제휴관계와는 달리 높은 수준의 투입(commitment)을 요구한다. 또한 관련된 유사기술을 가진 기업들 간의 제휴관계를 중심으로 구축된 시스템은 장기적인 제휴관계를 유지할 수 있는 동인이 된다. 이러한 시스템상의 기업들은 크게 다양화되며 서로 연관되어 있지만 다른 유형의 상품들도 많이 생산하게 된다.

〈표 4-27〉 탐색 및 활용전략의 네트워크 특징

항목	탐색	활용
파트너의 역량	다른 기술 방식	유사한 기술방식
파트너 타입	새로운 파트너	가깝고 친근한 파트너
제휴방식	비주식 제휴	주식 제휴

폐쇄적인 시스템에서는 많은 기업들이 해당 기술과 관련하여 가장 능력 있는 연구자 및 엔지니어들을 고용하는데, 기업들은 이들이 개발한 내용들을 지적재산권으로 철저히 보호한다. 그 결과 내부적으로 개발된 새로운 상품과 기술 및 기술 관련 애플리케이션들을 통해 시장에서의 선두적인 위치를 차지할 수 있게 해 준다. 개방적인 혁신 접근방식은 협동방식으로 보완되며, 외부기업들과의 다양한 협동관계를 통해 혁신들이 많이 발생하게 된다.

- 통신기술 진화에 따른 노키아의 전략 변화

1980년대 후반과 1990년대 노키아는 이동통신 기술방식에서 선구적인 기업들 중 하나였다. 1990년대 후반 노키아는 시장에서 선두적인 위치를 유지하기 위해 3세대 이동통신 기술방식을 개발하면서 기존의 활용전략에서 탐색 전략으로 전략을 변화시켰다.

1980년대 초반 이동통신시장 1세대 기술방식에서 노키아는 에릭슨의 북유럽 이동 통신 기술방식(Nordic Mobile Telephony)을 이용하는 단말기 제조사로의 입지를 마련하였다. 2세대 기술방식에서는 에릭슨을 제치고 이동통신 단말기 제조에 지배적인 기업으로 도약하였다. 이 과정에서 노키아는 12년 동안 모토로라, Alcatel, AEG, Standard Elektrik Lorenz 등 25개 기업과의 제휴관계를 형성하였는데 이 중 14개의 공동개발협정, 6개의 라이선싱 및 기술공유협정, 5개의 공동 벤처를 구성하였다.

노키아는 이들과의 제휴하여 기존의 기술방식의 확대 및 개발을 이루어냈는데, 이것은 활용전략을 구사하였음을 의미한다. 1993년 노키아는 모토로라와 상호 특허사용 허가협정(cross-license agreement)을 맺어 향후 GSM(Global System for Mobile) 통신 계약들에 활용하였다.

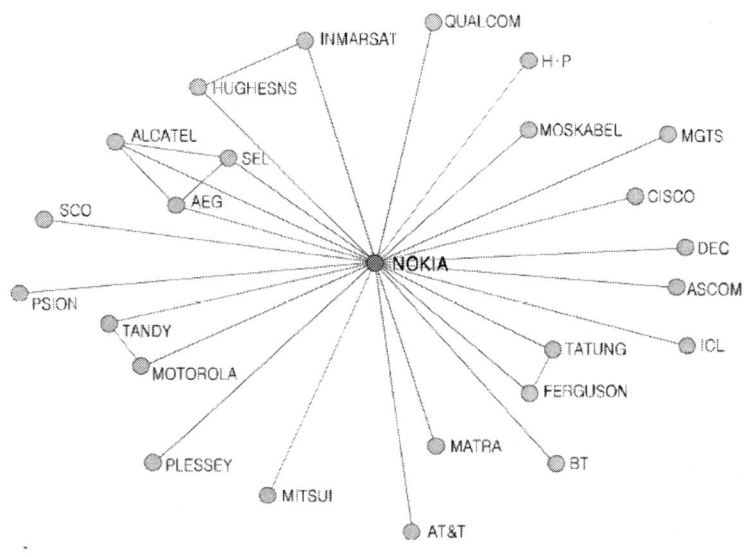

[그림 4-48] NMT 및 GSM시대의 노키아의 제휴 관계도

3세대 이동통신 기술인 UMTS(Universal Mobile Telecommunications System)가 태동한 1997년에서 2002년까지의 기간에 노키아는 무려 48개의 기업들과 전략적인 제휴를 맺었는데, 그중에는 25개의 공동개발협정, 16개의 공동생산 계약관계, 6개의공동 벤처구성과 1개의 표준화협회가 있다. 노키아는 GSM 시대 때와는 달리 상대적으로 새로운 기력을 보유한 기업들과 약한 제휴관계를 맺으며 공동 R&D 협정을 체결하는 탐색전략을 구사하기 시작하였다.

그 예로 노키아는 Nordea Bank와 Visa International과 공동 개발 협정을 맺었는데 이들은 듀얼칩 기술방식을 이용하여 모바일 지불서비스를 개발하는 선구적인 기업들이었다. 이를 통해 노키아는 기존의 기술방식을 확장하고 새로운 소프트웨어 개발을 통해 상대적으로 새로운 시장을 형성하였다.

3세대 기술방식 시대에서의 노키아는 에릭슨, Siemens 등 경쟁 제조사들과 강한 공동관계도 형성하였는데, 새로운 3세대 기술방식이 공동적으로 받아들여지기 위해 개방과 표준화가 요구되어 이들과의 강한 협력관계가 필수적이기 때문이다. 특히1997년 노키아는 에릭슨과 WCDMA 관련 공동개발 협정을 맺었으며, 에릭슨, 모토로라, Psion, Siemens, Matsui와의 공동벤처를 통해 심비안을 탄생시켰다. 또한 심비안을 통해 무선통신기기들에 탑재될 공동적인 운영시스템을 개발하였다.

그러나 1, 2세대 기술방식 때와는 달리 새로운 영역의 기업들과의 약한 제휴관계들도 많이 맺었는데 1997년과 2002년 간의 노키아와 파트너 관계를 가진 기업들은 대부분 새로운 기업들이며, 주로 그들과 약한 제휴관계를 형성한 것으로 나타났다.

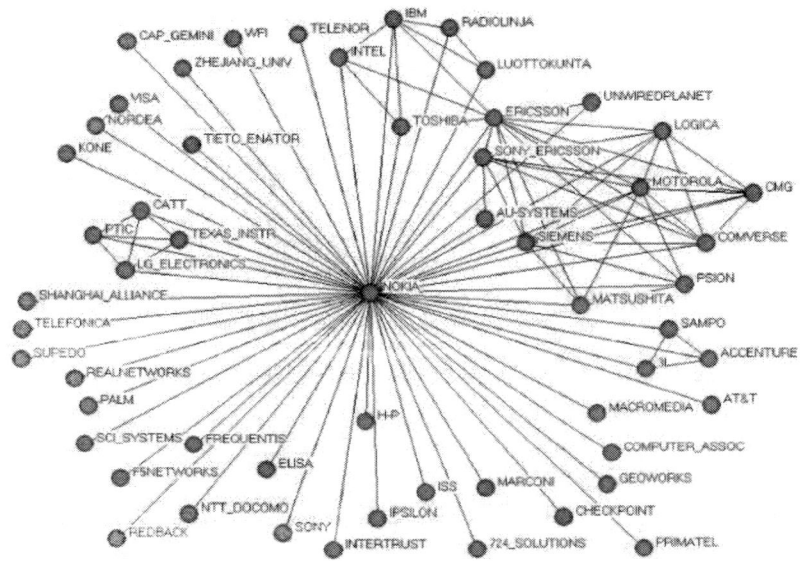

[그림 4-49] UMTS 기술방식에서의 노키아의 제휴 관계도(1977~2002)

- 노키아의 플랫폼 전략

아이폰 시대 이전까지 세계 휴대폰 시장의 최강자였던 노키아의 핵심 전략은 다름 아닌 플랫폼 전략이다. 그러나 애플의 플랫폼 전략이 소프트웨어적인 것인 데 반해, 노키아의 플랫폼 전략은 하드웨어적이다. 애플의 아이폰이 등장하기 전까지 노키아는 이런 전략으로 모토로라보다 앞서며 이동통신단말기 시장의 선두자리를 유지했다.

제조사들에게 플랫폼은 제품의 뼈대를 의미하는데, 한 개의 뼈대, 즉 한 개의 플랫폼을 이용하여 다양한 모델의 제품을 생산 가능케 하는 것이다. 애플을 제외한 다른 이동통신 단말기 제조사의 플랫폼 전략은 하드웨어적인 플랫폼을 의미한다.

즉 하나의 플랫폼으로 다양한 모델의 이동통신단말기를 제조하는 시스템을 말한다. 이와 같은 플랫폼 전략은 생산공정과 하드웨어에 치중된 것으로, 제품의 뼈대는 하드웨어에 속하며, 이러한 전략을 선택하였던 이동통신단말기 제조사들은 다양한 모델을 생산하는 것에만 초점을 맞추었다.

플랫폼 전략의 가장 큰 강점은 비용 절감이다. 제대로 구성된 플랫폼 하나만 잘개발하면 여러 다양한 모델을 매우 낮은 비용으로 신속하게 개발할 수 있기 때문이다. 이러한 점에서 볼 때, 노키아는 하드웨어적인 플랫폼 전략에서 탁월한 구사능력을 발휘하였다. 삼성경제연구소에 따르면 노키아는 2000년부터 플랫폼 전략을 통해 6개의 플랫폼을 구성하였으며, 이곳에서 무려 50여 개의 새로운 모델을 출시하였다고 한다. 이로 인해 판매단가의 12%에 이르렀던 연구개발 비용은 8%대로 낮출 수 있었고 제품 개발 사이클도 기존 공정에 비해 20% 정도 단축하였다.

노키아가 여러 저가폰 단말기로 중국 등 신흥시장 공략에서 경쟁사들을 앞지를 수 있었던 가장 큰 이유는 플랫폼 전략을 통해 비용절감이 가능하여 저가폰 생산에서도 마진을 얻을 수 있었기 때문이다.

- 노키아의 전략과 차별화된 애플의 전략

애플의 플랫폼 전략은 노키아와 같은 기존 단말기 제조사들의 전략과 사뭇 다르다. 오히려 매우 혁신적 플랫폼 전략이라고 할 수 있다. 기존 제조사들은 플랫폼을 개발하고 이 플랫폼을 바탕으로 여러 단말기 모델을 개발하여 소비자에게 판매한다. 그러나 애플은 플랫폼을 소비자에게 직접 판매하는 방식을 구현하였는데, 애플의 스마트폰인 아이폰을 제품의 뼈대인 플랫폼으로 구현한 것이다. 아이폰 플랫폼 전략의 특징은 플랫폼을 활용하여 여러 다른 기능을 추가하여 서로 다른 모델을 제조하는 역할을 제조사가 아닌 소비자들과 전 세계에 흩어져 있는 애플리케이션 개발자들이 하도록 전략을 구사하였다는 데 있다.

애플리케이션 개발자들은 소비자들이 원하는 애플리케이션을 개발하며 소비자들은 아이폰이라는 플랫폼을 구매하고 이 플랫폼에 자신이 원하는 애플리케이션들을 취사하여 직접 설치함으로써, 겉으로 보기엔 동일한 아이폰이나 그 내용면에서는 소비자마다 다른 아이폰을 구성할 수 있게 하였다. 소셜네트워크서비스(SNS)를 선호하는 소비자는 싸이월드, 페이스북, 트위터 등 SNS 위주의 애플리케이션을 다운받아 아이폰 플랫폼에 설치한다. 학습이나 업무용으로 아이폰을 쓰는 사람은 킨들 같은 전자책 애플리케이션이나 에버노트와 같은 노트 기능의 애플리케이션을 다운받아 사용한다. 아이폰을 사용하는 소비자들은 서로 다른 다양한 경험을 동일한 플랫폼을 사용하여 전혀 다른 모델로 재창조하는 작업을 직접 하고 있다.

이 과정에서 애플은 엄청난 수익을 얻고 있는데, 그 구현 방식은 대부분의 애플리케이션들을 무료로 배포하나, 애플리케이션을 이용하는 이용자들과 개발자들에 의해 아이폰의 가치는 더욱 높아지게 하였다. 애플의 비즈니스 모델은 이렇게 높아진 가치를 이용하여 무료 애플리케이션들의 플랫폼 구실을 하는 아이폰을 만들어 높은 가격에 판매하는 것이다. 이러한 비즈니스 모델을 통해 애플은 2011년 2분기(4~6월중)에도 무려 73억 달러의 순수익을 기록하였다. 애플의 플랫폼 전략은 노키아의 그것과 비교하여 볼 때, 소프트웨어인 다양한 애플리케이션에 크게 의존하고 있어 소프트웨어적인 플랫폼 전략이라 할 수 있다. 또한 소비 패턴이 다른 소비자들 각자의 선호에 맞는 다양한 애플리케이션이 공급가능 하여 소비자의 경험을 창조하는 데도 노키아보다 훨씬 탁월하다.

더욱이 애플의 플랫폼 전략은 비용 절감 면에서도 하드웨어적인 플랫폼 전략보다도 더 큰 효과를 발휘할 수 있다. 하드웨어적인 측면에서도 애플은 아이폰의 부품을 한꺼번에 대량으로 구매할 수 있어 원가를 크게 절감할 수 있고, 아이폰이라는 단일 플랫폼만 팔기 때문에 규모의 경제 효과도 누릴 수 있다.

- 노키아의 플랫폼 전략의 한계
노키아는 몇 개의 플랫폼을 활용하여 수십 개의 모델을 생산하는 반면 애플은 오직 아이폰만 생산하기 때문에 공장 제조 단계에서 모델의 다양성은 노키아가 앞선다. 그러나 소비자 경험의 관점에서 볼 때, 모델의 다양성은 애플이 노키아를 크게 앞지르고 있다. 소비 단계에서 보면, 수많은 소비자가 아이폰을 각자 다른 방식으로 사용하고 있기 때문에 노키아는 모델의 다양성에서 애플을 따라갈 수 없다.

각기 다른 취향과 생활 패턴을 가진 소비자들이 자신의 아이폰을 위해 선택하는 애플리케이션도 달라, 소비자들이 각자 자기의 방식대로 재구성한 아이폰은 사실상 전혀 다른 모델로 간주할 수 있다. 또한 비용 절감 측면에서도 노키아는 애플보다 뒤진다. 애플은 한 가지 플랫폼만을 지속적으로 업그레이드하여 판매하면 되지만, 노키아는 여러 플랫폼을 지속적으로 개발하고 운영해야 한다. 또 애플은 전 세계의 애플리케이션 개발자들이 자신의 돈과 시간을 들여 아이폰용 애플리케이션을 개발하도록 하고 있지만, 노키아는 자신의 돈으로 직접 여러 모델을 만들고 업그레이드해야 한다. 즉 콘텐츠나 애플리케이션 개발에서 애플이 노키아보다 훨씬 개방적인 모형으로 많은 개발자들에게 더욱 매력적인 모형이다.

가격 측면에서는 애플이 고가 전략을 구사하는 데 반해, 노키아는 중국 등 신흥시장에서 저가 전략을 구사하고 있다. 애플이 구사하는 고가 전략은 아이폰이 수많은 무료 애플리케이션을 통해 소비자에게 다양하고 가치 있는 경험을 제공하고 있기 때문에 가능하다. 이 같은 경험의 제공으로 애플의 아이폰은 놀라운 브랜드 가치로 연결되어 높은 가격을 책정하더라도 소비자들이 구매의사를 취소하지 않는다. 반면 노키아의 하드웨어적인 플랫폼 전략은 생산비용 절감을 통해 저가폰 시장에서는 성공할 수 있었으나, 스마트폰을 중심으로 한 고가폰 시장에서는 뒤처지게 되었다.

- 전략의 한계를 극복하기 위한 최근의 노키아 전략

아이폰과 겔럭시의 독주에 대항하기 위하여 노키아는 마이크로소프트와 전략적 제휴를 맺어 마이크로소프트 Communicator Mobile이라는 마이크로소프트의 소프트웨어를 자사 스마트폰에 탑재하여 판매하기로 하였다. 이 애플리케이션은 노키아의 기업용 스마트폰인 E 시리즈 보유 고객들을 대상으로 Ovi Store를 통해 공급되고 있으며, 앞으로 노키아의 기업용 스마트폰에 기본적으로 탑재될 것으로 알려졌다.

Yahoo와는 e-mail, 인스턴트 메시징 서비스, 지도 및 내비게이션 서비스를 노키아의 단말기를 통해 독점 제공하는 제휴를 체결하였다. 이는 노키아와 야후는 자사 이용자 아이디의 공동 활용을 통해 상대방의 콘텐츠와 서비스에 대한 접근도를 높였다. 또한 인텔의 Moblin 플랫폼과 노키아의 플랫폼인 Maemo을 통합하여 리눅스 기반 MeeGo 플랫폼을 만들어 2011년 말 즈음 MeeGo 운영체제 기반의 고가형 스마트폰을 출시하기로 발표하였다. 뿐만 아니라 2010년 2월 심비안을 개방하고, NAVTEQ을 개발하여 노키아 스마트폰에 탑재되어 있는 Ovi map을 개발자들에게 개방하였다. 노키아는 이러한 개방전략을 통해 Ovi Store의 확대를 꾀하였다.

그러나 2011년 2월에는 마이크로소프트와 전략적 제휴를 맺어 노키아의 스마트폰전략을 자사의 운영체제 대신 Windows Phone을 주요 운영체제로 채택하기로 발표하였는데, 이는 자사의 운영체제인 심비안과 리눅스 기반의 MeeGo 운영체제 모두 애플의 iOS와 구글의 안드로이드에 맞서기엔 한계가 있음을 인정한 것이다. 이는 수차례의 심비안 업그레이드에도 불구하고 심비안 기반의 스마트폰의 시장점유율이 지속적으로 하락한데 따른 전략변화이다. 또한 인텔과 공동으로 개발한 MeeGo의 경우, 향후 스마트폰뿐 아니라, 태블릿 PC, TV, 자동차 등에 탑재될 수 있어 미래융합형 기기에 맞는 운영체제로 전망되고 있으나, iOS나 안드로이드 수준의 경쟁력을 갖추는 데는 많은 시간이 걸릴 것으로 판단되었기 때문이다.

현재의 이동통신단말기 시장이 더 이상 하드웨어적인 경쟁이 아닌 플랫폼 경쟁체제로 변화해 감에 따라 노키아는 자사의 운영체제보다는 좀 더 경쟁력 있는 타사의 운영체제를 채택하는 전략을 선택하였다. 이를 통해 노키아는 하드웨어 디자인, 언어지원 등에 전문성을 부여하고 윈도우폰의 가격대와 시장분할, 지역 등을 다양화하는데 주력하기로 하였다. 양사 간 공동 마케팅과 공동 개발 로드맵을 통해 긴밀히 협력하고 이동통신 단말기와 서비스에 마이크로소프트의 검색엔진인 Bing과 광고 플랫폼 adCenter를 활용하는 지침을 내놓았다.

즉 이동통신 단말기 생산과 유통은 노키아가 담당하고 운영체제, 앱스토어 운영, 검색엔진 및 모바일 광고 등 플랫폼 영역은 마이크로소프트가 담당하게 된 것이다. 내부조직도 기존의 Devices and Services 부문을 모바일 컴퓨터 및 스마트폰을 담당하는 Smart Devices와 피처폰 부문을 담당하는 Mobile Phones로 나뉘어 재편성하였다.

- 우리나라 단말 제조사들의 플랫폼 전략에의 시사점

생산 모델의 표준화, 공용화 측면에서의 플랫폼을 활용한 노키아는 다양한 부문에서의 플랫폼을 이용할 수 있는 에코시스템을 구축한 애플의 전략에 세계 이동통신 단말기 시장 1위 자리를 내놓아야 했다. 이러한 노키아의 실패를 교훈삼아 우리나라 단말 제조사들도 애플리케이션 개발자와 콘텐츠 제공자들과의 에코시스템을 구축할 수 있는 플랫폼을 만들어야 한다. 그러나 아직도 플랫폼에 대한 이해가 매우 부족하여 많은 사람들이 플랫폼을 노키아의 제품 플랫폼과 같이 표준화, 공용화, 반복사용 등의 의미로 이해하고 있다. 응용시스템 하나 개발하고도 플랫폼이라

명명하는 사례들도 있다.

이뿐 아니라 에코시스템 형성에 따른 문화적 적응력과 협력관계 측면에의 유연성 확보와 같은 비기술적 특성을 수용하는 데에도 많은 어려움이 있다. 플랫폼 내 협력자들과의 상생 관계는 갑을 관계로 고착된 우리나라 시장의 문화적 특성으로 구현해 내기에는 여러 장애요인들이 발생할 수 있다. 또한 플랫폼 사업의 확장과 성공을 위해 글로벌한사용자 기반을 확보해야 하는 데, 이를 위해 필요한 언어능력, 다양한 국가의 사람들과 협조적으로 일하는 방식에 대한 적응력 등이 많이 부족하다.

- 구글
  - 구글 Android 개요

    Android는 태블릿 PC와 스마트폰에 적용되는 구글의 OS이다. 즉, 휴대전화를 비롯한 휴대용 장치를 위한 운영체제로, 개발자들이 자바 언어로 응용프로그램을 작성할 수 있게 하며, 컴파일된 바이트코드를 구동할 수 있는 런타임 라이브러리를 제공한다. 또한 Android 소프트웨어 개발 키트(Software Development Kit, SDK)를 통해 응용프로그램 개발에 필요한 각종 도구들과 응용프로그램 프로그래밍 인터페이스(API)를 제공한다. 또한 애플의 iOS처럼 자사 OS 전용 개발 SDK를 개발자에게 제공함으로써 온라인 마켓플레이스를 통해 사용자에게 애플리케이션을 제공하는 구조를 가진다.

    그러나 iOS와는 달리 Android OS는 오픈소스로 제공되고, 주로 통신사와 제조업체가 독점적으로 유지해 온 애플리케이션 개발 및 유통의 범위를 좀 더 넓히고 있다는 점에서 다르다. 현재 Android OS를 기반으로 개발된 애플리케이션을 사고팔 수 있는 Android 마켓을 제공하고 있으며, 이와 동시에 각 제조사 혹은 통신사별 마켓플레이스도 함께 운영하고 있다. 구글은 현재 모바일 기기인 스마트폰과 태블릿 PC을 중심으로 자사의 Android OS가 탑재될 수 있도록 제조업체들을 지속적으로 지원하고 있다.

〈표 4 – 28〉 Android OS 버전 현황

코드네임	버전	릴리즈 날짜	API 버전	리눅스 커널[출처]
Pie	9.0	2018년 8월 6일	API level 28	
Oreo	8.1	2017년 10월 25일	API level 27	3.18
	8.0	2017년 8월 21일	API level 26	
Nougat	7.1 - 7.1.2	2016년 10월 2일	API level 25	3.10
	7.0	2016년 8월 22일	API level 24	
Marshmallow	6.0 - 6.0.1	2015년 10월 5일	API level 23	
Lollipop	5.1 - 5.1.1	2014년 11월 12일	API level 22	3.4.0
	5.0 - 5.0.2		API level 21	
KitKat	4.4 - 4.4.4	2013년 10월 31일	API level 19	
Jelly Bean	4.3 - 4.3.1	2012년 7월 9일	API level 18	
	4.2 - 4.2.2		API level 17	3.0.53
	4.1 - 4.1.2		API level 16	3.0.31
Ice Cream Sandwich	4.0.3 - 4.0.4	2011년 10월 18일	API level 15, NDK 8	3.0.1
	4.0 - 4.0.2		API level 14, NDK 7	
Honeycomb	3.2.X	2.2011년 2월 22일	API level 13	2.6.36
	3.1		API level 12, NDK 6	
	3.0		API level 11	
Gingerbread	2.3.3 - 2.3.7	2010년 12월 6일	API level 10	2.6.35
	2.3 - 2.3.2		API level 9, NDK 5	
Froyo(Frozen yogurt)	2.2 - 2.2.3	2010년 5월 20일	API level 8, NDK 4	2.6.32
Eclair	2.1	2009년 10월 26일	API level 7, NDK 3	2.6.29
	2.0.1		API level 6	
	2.0		API level 5	
Donut	1.6	2009년 9월 15일	API level 4, NDK 2	
Cupcake	1.5	2009년 4월 27일	API level 3, NDK 1	2.6.27
Petit Four	1.1	2009년 2월 9일	API level 2	
Android 1.0	1.0	2008년 9월 23일	API level 1	-

2008년 9월 Android 1.0버전이 발표된 뒤로 여러 번의 업데이트가 있었으며, 업데이트의 내용은 주로 오류 수정이나 새로운 기능 추가이다. 과거 Android 2.2버전(Froyo)까지는 스마트폰과 태블릿 PC로 구분하지 않고 같은 Android 버전을 제공하였다. 따라서 스마트폰 및 태블릿 PC 제조업체들은 스마트폰과 태블릿 PC의 기기를 구분하지 않고 구글 제공의 동일한 Android 운영체제의 버전을 적용하였다.

하지만 구글이 2010년 12월에 스마트폰용 Android 2.3버전(Gingerbread)과 2011년 1월에 태블릿 PC에 최적화된 Android 3.0버전(Honeycomb)으로 나누어 Android OS를 공개·제공하면서, Android OS가 스마트폰과 태블릿 PC용으로 구분되어 적용되기시작했다. 그리고 태블릿 PC용으로 수정된 Android 3.0버전의 업그레이드 버전(3.1)도 함께 제공하고 있다.

이에 따라 단말기 제조사업자들은 OS가 적용된 단말기들을 출시하면서 경쟁하는 양상을 보이고 있다. 모토로라, 삼성전자, LG전자 등 주요 태블릿 PC 제조사들은 Android 3.0·3.1(Honeycomb)을 탑재한 태블릿 PC를 출시하였다. 삼성전자의 경우 Android 2.2버전(Froyo)을 갤럭시탭에 탑재하여 출시하였다. 이후 애플이 2011년 3월에 '아이패드 2'를 출시하자 삼성전자는 Android 3.0(Honeycomb)을 적용한 '갤럭시 탭10.1', '갤럭시 탭8.9'의 2종을 발표하며 애플에 대한 추격에 나섰으며, 모토로라도 Android 3.0(Honeycomb)을 적용한 XOOM을 출시하였다.

· Android OS 전략
 - OS 탑재 단말기 확대 전략
    구글의 주 수익원은 온라인 광고로, 2010년 293억 달러의 매출액을 기록했는데 이 매출액의 96.3%가 광고수익이다. 온라인 광고시장에서 수익의 원천은 사이트 방문자 수, 서비스 이용자 수 등이다. 구글에 OS와 앱스토어는, 광고를 붙일 수 있는 자신의 서비스가 모바일 단말의 기본서비스로 들어가는 것을 용이하게 하는 지렛대로서의 의미를 가진다. 즉, 구글의 OS 개방정책은 자신의 서비스가 기본탑재(preload)될 수 있는 유리한 환경을 조성함으로써 자신의 서비스 이용자 수와 이용 시간을 늘리는 데 그 목적이 있다.

    구글의 Android OS 개방전략은 단기간에 이용자 기반을 확대하는 데 매우 효과적인 전략이다. Gartner의 2011년 2분기 글로벌 스마트폰 판매량을 보면 Android OS는 4,678만 대로 43.4%의 시장점유율을 기록하였는데, 이는 작년 2분기에 1,065만 대 판매로 17.2%의 시장점유율을 기록한 것과 비교하면 아주 높은 성장이다. 또한 경쟁업체인 노키아의 심비안 OS가 22.1%로, 애플의 iOS가 18.2%, RIM Blackberry OS가 11.7%, 마이크로소프트의 윈도우 모바일 OS가 1.6%를 차지한 것과 비교해도 Android OS의 성장세를 실감할 수 있으며,16) 머지않아 스마트폰 OS 시장점유율 50% 돌파도 가능할 것으로 보인다.

    2011년 하반기부터 Android 3.0버전(Honeycomb)을 탑재한 태블릿 PC가 Amazon을 비롯한 중국·대만의 통신장비제조업체 및 PC 기업들을 통해 본격적으로 출시되거나, 출시될 예정이다. 이에 따라 2011년 태블릿 PC 시장에서 Android 점유율 또한 확대될 것으로 전망된다. 한편, 2010년 구글은 Android 등 모바일 플랫폼 관련 M&A를 통해 서비스 역량을 강화하였다. 'Agnilux', 'LabPixies', 'Bump Technologies', 'Simplify Media', 'BlindType' 등 기업의 역량은 구글의 모바일 OS 플랫폼인 Android를 업그레이드하는 데 활용될 수 있을 것으로 보인다. 이는 애플에 대한 대응 전략으로 풀이할 수 있다.

구글은 M&A를 위해 2009년 3월 구글 Ventures라는 조직을 신설하고, 1억 달러 규모의 벤처캐피털 펀드를 조성하여 작은 신기술 업체들을 인수하는 데 집중하고 있다. 미국 IT 시장 전문가들은 글로벌 검색 시장이 '성숙기'에 접어들면서 구글은 검색 부문만으로는 지속적인 성장세를 유지하기 어렵기 때문에 새로운 수익원을 탐색 중이며 이를 위해 무더기 인수 전략에 나섰다는 분석을 내놓고 있다.

한편, 구글은 그동안 삼성, LG 등 단말기 제조회사와 제휴하여 Android OS 기반의 단말기를 공급하였는데, 최근 모토로라 모빌리티를 인수하여 직접 Android 단말기를 공급하게 될 것인지도 이슈로 부각되었다. 모토로라를 인수하여 구글은 더욱 완성도 높은 Android OS를 모바일 기기 시장에 공급할 가능성이 높아지고 있다.

기존 Android OS에 관한 지식을 기반으로 하드웨어 제조업 관련 지식과의 통합하여, 경쟁사 대비 높은 경쟁력을 보유한 OS의 지속적인 개발에 시너지 효과가 강화될 것으로 보이기도 하지만,18) 한편으로는 기존 Android 진영에서 구글과 다른 제조업체들 간 협력관계의 약화를 가져올 수 있는 부정적인 측면도 존재한다. 즉, 구글의 신규 서비스나 최신 OS를 탑재한 스마트폰을 개발할 수 있는 기회가 모토로라 모빌리티에게 우선적으로 부여될 가능성이 크고, 관련 노하우를 모토로라 모빌리티가 타제조업체보다 먼저 취득할 가능성도 존재하기 때문이다.

- 모바일 광고 전략

모바일 광고란 휴대용 단말기상에서 나타나는 광고로 시간과 장소의 제약 없이 타깃 고객을 대상으로 다양한 형태의 광고가 가능하고, 타 광고 매체에 비해 비용이저렴하다. 그리고 온라인 광고의 한 종류로서 오프라인 광고에 비해 경기 침체에도 영향을 적게 받아, 최근 스마트폰 확산에 따라 매력적인 광고 수단으로 각광받고 있다.

IDC(2010)에 따르면 구글은 모바일 광고시장에서도 AdMob, AdSense19)를 내세워 2009년 27%, 2010년 21%로 애플과 함께 1위를 차지할 것으로 예상되었다. 구글은 IDC의 전망에 대해 Android OS에 대한 투자가 성공을 거두어 95개의 단말기가 Android OS를 사용하고 있으며,

하루에 생산되는 Android 단말기가 약 20만개에 이르고 있어 이를 기반으로 1년에 10억 달러의 모바일 광고 매출을 올리고 있다.

구글의 Android OS 전략은 단말기를 거쳐 광고 수익에 영향을 주고 있는 것이다. 구글은 5~10년의 중장기적인 비전 아래, Web 검색에 대한 의존도를 낮추는 한편, 모바일, 디스플레이, 유튜브 광고 사업의 성장을 추진 중이다. 구글은 이를 위하여 첫째, Android OS 확장 전략을 꾸준히 전개하고 있다. 2010년 5월 60개에 불과하였던 Android 단말기가 현재 95개로 60%가량 증가했으며, 매일 20만 개의 Android 단말기가 생산되고 있다. 구글은 무료로 Android OS를 공급하고 Android 단말기 이용자에게 검색, 애플리케이션, Web, 게임, 엔터테인먼트와 연계된 광고를 제공하고 있다.

둘째, AdMob 기반의 교차 광고 플랫폼(Cross Advertising Platform) 전략을 사용하고 있다. 구글은 2009년 11월 애플 앱스토어에서 이루어지는 애플리케이션 광고의 50~60%를 담당해 오던 AdMob을 인수하여, Android 기반 단말기뿐만 아니라 iOS 기반의 단말기에도 광고를 실을 수 있는 AdMob 플랫폼을 사용함으로써 iOS 전용 광고 플랫폼인 iAd와의 차별화를 통해 경쟁 우위를 차지하였다.

셋째, 지역 모바일 광고 및 모바일 쿠폰을 중심으로 위치 기반 서비스에 초점을 맞추고 있다. 구글의 한 관계자는 "휴대용 PC라고 할 수 있는 스마트폰으로 바꾼 이용자는 피처폰 이용 때보다 50배 이상 검색을 활용하고 있다. 구글은 이 거대한 흐름에 편승하고 있다"고 설명하며 구글이 모바일 지역 광고 시장으로의 진출을 시작했으며, 전국적인 소매업자와 지역 소규모 자영 업체를 대상으로 한 위치 기반 모바일 쿠폰 사업에 관심이 있음을 밝혔다. 그리고 지난 9월 출시한 'Hyperlocal Ad'에는 모바일 검색 시, 찾고자 하는 업체의 광고 링크에 거리 정보까지 추가로 제공하면서 서비스를 개선하고 있다.

넷째, 구글은 AdMob을 통해 iOS에서만 제공하던 인터렉티브 비디오/삽입(Interactive Video and Interstitial) 광고를 Android 플랫폼으로 확장하면서 비디오 광고 시장에 본격적으로 진출하였다. AdMob 플랫폼을 활용하여 Android OS에서 사용할 수 있는 SDK를 공개함으로써 애플의 단말기에서만 가능하던 비디오 광고를 Android 단말기로 확장한 것이다. 이처럼 구글은 Android OS의 점유율을 확대하면서, 교차 광고 플랫폼인 AdMob을 활용하여 다른 OS 단말기에도 광고를 싣는 것을 기본 전략으로 하고 있다. 최근에는 위치 기반 광고와 인터렉티브 비디오/삽입(interstitial) 광고 시장의 확장에도 노력하고 있다.

- Android Market 전략

2008년 10월 구글은 개방형 플랫폼인 Android가 지원하는 애플리케이션의 유통을 위한 Android Market을 운영하기 시작하였다. 앱스토어와 달리 Android Market에서는 개발자들이 유튜브 동영상을 업로드하는 것과 같이 별다른 절차 없이 자유롭게 애플리케이션을 등록할 수 있도록 하여 애플리케이션에 대한 개입을 최소화하였다. 또한 이용자들이 부여한 점수와 다운로드 횟수를 통해 애플리케이션을 평가함으로써 애플리케이션의 품질을 관리하고 있다. 애플리케이션은 판매수익을 개발자가 70%, 이동통신사 및 빌링 솔루션 업체가 30%를 분배받는 구조이며, 구글은 등록비 외에는 애플리케이션 판매 자체로부터 별도의 수익을 얻지 않는다.

구글의 입장에서는 애플리케이션 판매 자체가 목표가 아니며, 무선인터넷의 에코시스템 구축을 통해 유선 인터넷에서의 경쟁력을 무선으로 확대하기 위한 수단으로 앱 마켓 플레이스를 활용하고 있다. Android Market의 강점은 애플리케이션 판매수익을 구글이 아닌 이통사와 분배하도록 함으로써 이통사와 협력적 관계를 구축하고, 오픈소스 정책, 애플리케이션의 자유로운 등록 등 애플에 비해 개방적이고 유연한 유통 구조를 구축한 데 있다. 이로 인해 자체 개방형 플랫폼이 없는 휴대폰 및 일반 PC 제조업체들이 앞다투어 Android OS를 채택하고 있다.

Android 마켓은 애플의 앱스토어에 비해 늦게 등장하기는 했지만, 앱스토어에 이어 두 번째로 많은 애플리케이션이 등록·거래되고 있다. 한편 2015년에는 애플의 애플리케이션 다운로드 비중은 22%로 감소하고, 구글의 비중이 26%로 급격히 늘어나 구글이 1위를 차지할 것으로 전망되었다. 현재 수많은 제조업체들이 Android 기반의 스마트폰을 만들고 Android Market을 탑재하고 있으나, 단말기 증가에 비해 Android Market으로의 유입이 예상만큼 크지 않을 것으로 예측되었다. 참고로 Ovum은 구글의 Android Market에서의 애플리케이션 다운로드

건수는 2015년에 들어서야 애플의 앱스토어를 추월할 것으로 전망하고 있다.

- Cloud 전략

구글은 지난 5월에 Cloud 기반 음악 스토리지 및 스트리밍 서비스인 '뮤직 베타(Music Beta by 구글)'를 공개하였다(한은영, 2011, p.104). 이 서비스는 이용자가 아이튠즈, 윈도우 미디어 플레이어 또는 외장 드라이브 등에 있는 자신의 음악 파일을 구글의 서버에 업로드시키고 PC나 Android 단말을 통해서 재생하는 구조이다.

2만 곡까지 업로드가 가능하며, 현재는 초대제 형태로 미국에서만 서비스되고 있다. 베타 버전은 무료이지만, 향후 유료화될 것으로 전망된다. 한때 구글은 음반사와의 협상 과정에서 이 서비스 요금으로 연 25달러를 제안하였다. 그리고 아이폰 등 iOS 단말에서 이서비스를 이용하기 위해서는 우선 구글 뮤직 계정이 있어야 하며, 구글에서 초대장을 받아 PC에서 스토리지 서비스에 로그인하여 음악을 업로드한 후에 애플 단말에서 이용할 수 있다. 또한 iOS 단말에서 직접 사파리를 통해 이용하는 방법도 있다. 한편, 구글은 멀지 않아 Android 마켓을 통해 영화 대여 서비스를 제공할 예정이다. 이 서비스는 Cloud로부터 스트리밍되는 것으로서, 영화 대여 가격은 1.99달러부터 시작한다(대부분은 3.99달러). 대여 기간은 30일간이며, Android용 단말이나 컴퓨터로 이용할 수 있다.

그리고 이용자들은 'pinning'이라는 과정을 거쳐 영화를 로컬 단말에 잠시 다운로드받아 인터넷 접속 없이도 시청할 수 있다. 영화 대여 서비스는 우선은 모토로라의 줌(Xoom) 태블릿의 이용자들을 대상으로 하며, 태블릿 OS인 Android OS 3.1의 일부로 통합될 예정이다. 수주일 내에 Android 스마트폰 이용자들은 Android 2.2(Froyo) 이상 지원 단말을 통해 이 서비스를 이용할 수 있다. 한편 구글의 모토로라 인수 목적에는 수익성 낮은 모토로라의 모바일 제조분야와 구글의 Cloud 서비스 및 S/W 결합을 통해 OS+HW 시너지를 창출해 제2의 애플 아이폰 효과를 창출하려는 의지도 있는 것으로 분석되었다. 구글은 이러한 경험을 바탕으로 최근에선 단말 및 장비 영역에도 진출하고 있는데, Nexus One을 비롯한 단말과 모토로라 인수가 이러한 노력의 일환이다.

5. 모바일 기술 발전과 고객서비스

① 모바일 관련 기술의 진화

모바일 기술의 발전으로 언제 어디서나 거래가 가능한 스마트 환경이 구축되었으며, 소비자들은 언제 어디서든 제품 정보를 얻을 수 있고, 사업자들은 언제 어디서든 제품을 팔 수 있는 환경으로 변화하였다.

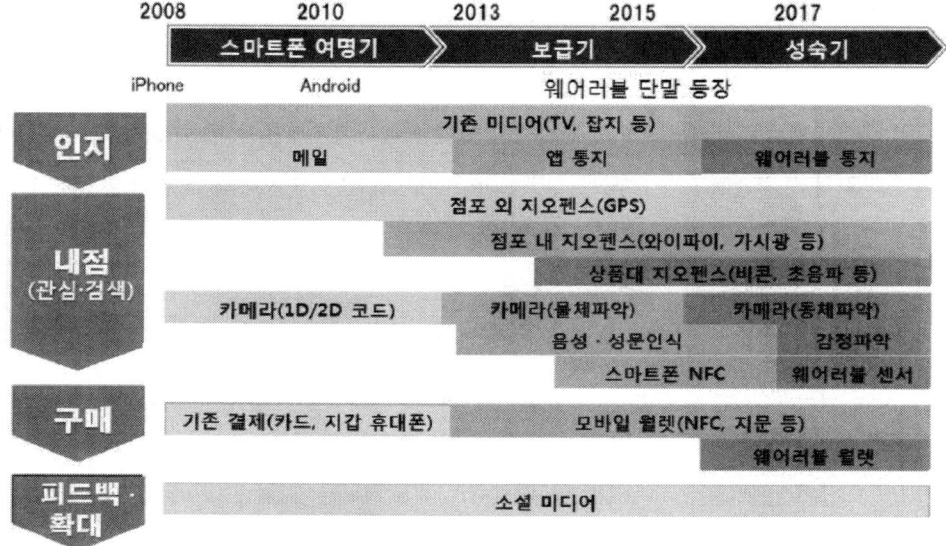

[그림 4-50] 모바일관련 기술의 진화

모바일 디바이스 기술이 스마트하게 진화하면서 '마찰 없는 IT (Frictionless IT)'를 실현하는 기술과 서비스 등장하였다. 빅데이터 기술과 위치기반서비스(LBS : Location Based Service)를 활용해 정교한 고객 맞춤형 서비스 제공(쿠폰 발행이나 안내 메시지 발송)이 가능하다.

제품마다 부착된 RFID를 통해 특정 제품이 공급망의 어디쯤에 위치해 있는지 추적할 수 있고, 자동으로 재고 기록이 남아 재고 관리도 가능하게 되어 RFID 기반으로 개발된 근거리 통신 NFC(Near Field Communication)나 블루투스를 이용한 근거리 통신인 비콘(Beacon)은 모바일 결제나 타깃 광고에 활용할 수 있다.

또한 위치정보를 활용한 지오펜스(Geofence)나 인증기술로 체크인을 심리스화 하고, 향후에는 고객 감정이나 생체 정보를 기초로 주문도 가능할 수 있다. 가상 지갑인 모바일 스마트 월렛으로 결제, 쿠폰이나 포인트 발행, 프로모션 정보 제공 등 다양한 서비스를 실현가능하며, NFC와 조합해서 오프라인(실세계) 서비스에 부가가치 창출이 가능하다.

〈표 4 – 29〉 모바일 월렛에 탑재되는 기능

항목	기 능
상품정보 접수	• NFC, 바코드, 2차원 코드 리드 • 점포 이벤트나 상품정보 열람 • 재고 확인
쿠폰, 주문	• 쿠폰이나 추천 정보 수신 • POS 정산 시 자동 적용 • 타겟팅 광고에 필요한 정보수집·분석
포인트	• 회원정보 관리 • 지출 확인, 쿠폰 축적 • 포인트 환원 처리
지불	• 온라인 결제, 점포에서 POS 결제 • 기타 방법으로 지불 • 쇼핑 리스트 작성, 전자 영수증 수신

* 출처 : https://www.android.com(2011, 5)

② 유통서비스의 ICT 신기술 활용 사례

- 사례 1

    현재 미국에서는 효율적인 쇼핑 지원을 위해 다음과 같이 지오펜스 기술을 활용하고 있다.

    · 약 12,000개 점포에서 지오펜스 기술을 활용, 쇼핑용 내비앱('aisle411') 제공하고 이를 통해 ① 상품 위치 파악, ② 쇼핑 리스트를 작성해 점포 내 이동 경로 확인, ③ 매장 이동시 세일정보 표시, ④ PUSH 통지로 쿠폰 수신 서비스 등

〈 aisle411 서비스 〉

자료 : docomo-magazine.com/original/tec/3702/

· 월마트는 위치정보를 이용해서 점포별 광고, 점포 내에서 모바일 주문이나 발송지시가 가능한 앱 ('Endless Aisle(무한통로)') 제공하고 있다.

< Endless Aisle 서비스 >

자료 : itunes.apple.com/us/app/walmart/id338137227(NRI 자료에서 재인용)

- 사례 2

또한 모바일 디바이스와 웨어러블 디바이스로 비접촉식(Contactless) 지불 실현하고 구글 글라스를 이용해 핸즈프리 지불을 하는 프로토타입을 개발하였으며, 이는 신용카드 회사나 POS용 솔루션 벤더가 관심을 가지고 활용하고 있다.

· 인튜이트(Intuit)는 태블릿 POS 화면에 표시된 QR코드를 고객이 글라스로 읽고 지불 마스터카드는 상품을 식별해 구입 조작을 해서 'MasterPass'로 지불한다.

< 구글 글라스 결제(인튜이트) >

자료 : http://letstalkpayments.com/payments-google-glass-first-movers-intuit-mastercard-redbottle/

< 구글 글라스 결제(마스터카드) >

자료 : Money 2020, 2013. 10(NRI 자료에서 재인용)

루프 페이가 개발 중인 특허기술(Magnetic Secure Transmission)을 이용해 고객 스마트폰에서 자기 카드리더에 카드 정보 전송(통신 거리는 수cm 이하)한다.

· 루프페이(LoopPay)는 미국 모바일 결제솔루션 개발 업체. 비자(VISA)는 루프페이 등 금융기술을 개발하는 핀테크 기업에 투자, 새로운 결제상품을 내놓을 예정(MK뉴스, '14.11)

· 핀테크(FinTech) : 금융(Financial)과 기술(Technology)의 합성어로 송금·결제·융자·자산관리 등 각종 금융서비스 관련 기술을 뜻함. 핀테크 기술이 전통적 은행 업무였던 송금·결제 등 은행 기능 자체를 혁신, 파괴하면서 금융 시장 빅뱅 시작

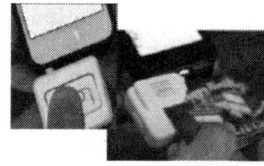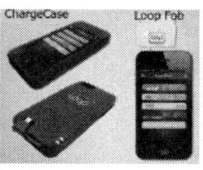

< Loop Fob을 이용한 비접촉 모바일 결제 >

* 신용카드, 직불카드 등을 동글(USB 포트에 꽂아주면 블루투스, 적외선 장치와 연결해주는 외장형 주변장치)인 Loop Fob에 인식시키면(swipe) 월렛 앱에 등록 (자료 : Loop(http://www.looppay.com/#))

• 사례 3

디지털 워터마크나 영상인식 등의 식별기술을 활용해 자연스럽게 오프라인에서 온라인 모바일 커머스 사이트로 유도하고 있다.

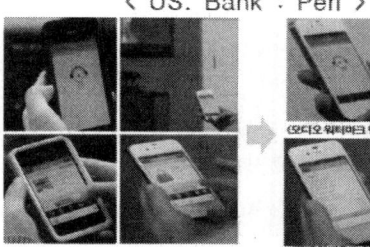

< Amazon : FLOW >   < US. Bank : Peri >

자료 : LA Times   자료 : Youtube, American banker

· 아마존은 광고 등에 기재된 상품 영상이나 실제 상품에 대면 자동으로 상품을 판정, 구매 카트에 넣는 것이 가능하다.

· US. Bank가 제공 예정인 모바일 월렛 앱은, TV‧라디오에서 원하는 광고영상이나 음성이 나올 때 스마트폰을 대면 오디오 디지털 워터마크를 인식, 이를 마이크로 취득해서 원하는 물건 구매로 유도(Monitise사가 개발)

• 사례 4

개인화되고 효과적인 마케팅 활동을 위해 안면인식 기술과 광고를 결합하고, 이용자 등록 수단으로 영상 인식 기술을 활용한다.

· 스마트폰 카메라로 안면인식이 가능해지면서 광고 마케팅에 다양하게 활용되고, ID카드 사진을 스마트폰으로 촬영해서 본인 인증

· 일본에서는 '08년에 키오스크에 설치된 카메라가 소비자의 얼굴을 인식하고 성별과 나이를 판단해

정보와 제품을 권유하는 마케팅 추진
· '13년 테스코에서는 암스크린사의 옵팀아이(OptimEye)라는 기술을 이용해 450개가 넘는 매장에 안면 인식 광고판을 설치, 계산을 위해 기다리는 소비자들의 성별과 연령에 맞는 광고 메시지 제공

< 암스크린사의 옵팀아이 기술을 활용한 안면 인식 >

자료 : http://www.wrayward.com/blog/2013/11/digital-huddle-vol-2/

③ Mobile Commerce 전망

모바일 커머스 전망은 전 세계에 걸쳐 데스크 탑 및 모바일 사이트를 통한 연간 거래건수가 약14억 건에 이르고 그 결과 연간 총 매출 합계액이 약1,600억 달러에 달하는 약 3,000곳의 엄선된 온라인 소매 및 여행업체의 데이터를 바탕으로 크리테오에서 가져온 개별 거래 수준 데이터만을 근거로 한 것이다.
2015년 1월부터 2 월사이, 데스크 탑, 그리고 iPhone, iPad, Android 스마트폰 및 태블릿 등 모바일 (스마트폰+ 태블릿) 디바이스에서 소비자의 브라우징 및 쇼핑 행동에 관한 데이터를 분석 대상으로 한 것이다.

· 모바일 커머스의 성장 은막을 수 없다.
  - 모바일 전자 상거래거래가 차지하는 비중은 연말에 이르면 미국 내에서 33%, 전 세계적으로는 40%에 도달할 것으로 전망되고 있다.
· 스마트폰은 더 넓은 화면 제품이 출시되면서 성장세가 느린 태블릿을 계속해서 대체해나갈 것이다.
  - Apple이 Android를 따라 잡고는 있지만 입지가 줄어 들고 있는 데스크 탑과 비교하면 양쪽 다 승자라고 할 수 있다.
· 앱은 차세대 프런티어 광고주들은 데스크 탑 대비 더 높은 전환율을 달성하고 단골 고객들을 끌어들이기 위해 모바일 앱에 막대한 금액을 투자하기 시작할 것이다.
· 크로스 디바이스 행동에 대처하는 것이야말로 2015년 마케터들이 당면한가장 큰 과제이자 기회가 될 것이다

제5절 가상화

1. 가상화의 정의

가상화 기술은 실제 존재하는 물리적 자원들을 논리적 자원들의 형태로 표시하는 기술로서 물리적 자원을 이용하는 사용자(구체적으로 애플리케이션 및서비스를 가리킴) 에게는 논리적 형태로 만나타난다 아래 [그림 4-51]처럼 가상화 기술이 이들 논리적 자원들과 실제 물리적 자원들에 대한 연결을 담당해 줌으로써 가상화자원을 이용하는 사용자는 더 이상 어떤 자원들이 사용되는 지를 구체적으로 알 필요가 없어진다.

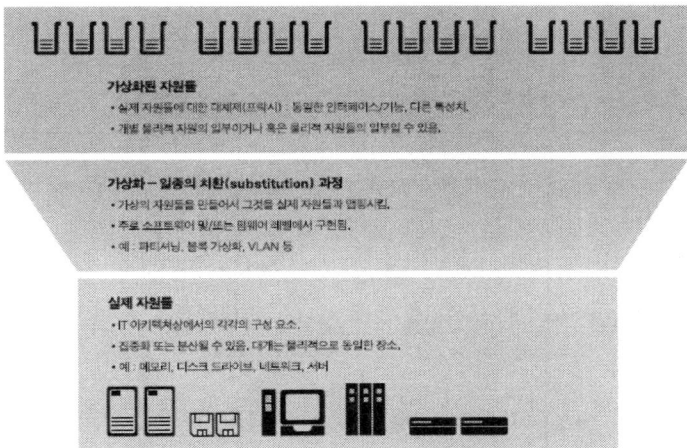

[그림 4-51] 가상화의 개념

가상화라는 중간계층을 이용하여 애플리케이션과 서비스를 실제적인 자원들과 분리하는 이러한 형태는 사용자로 하여금 동일한 자원을 공유하게 해주고 IT 자원들을 개별자원이라기 보다는 논리적인 자원풀로서 사용하고 다루게 해 준다 서버내의 파티셔닝은 가상회의 대표적인 사례로서 커다란 하나의 서버 시스템을 다수의 작은 시스템으로 보이게해 줌으로써 서버자원을 공유하게 해 준다.

또한 스토리지 가상화 기술은 여러 개의 물리적 스토리지 시스템들에 남아있는 유휴 디스크를 모아서 만든 디스크 풀에서 가상화된 디스크를 만들 수 있게 해 준다. 이렇게 가상화된 디스크에 접근함으로써 애플리케이션 서버는 실제로는 최대 사용 가능한 공간이 300MB 밖에 안 되는 상황에서도 마치 1TB의 스토리지가 단독으로 붙어있는 것처럼 간주하여 실행될 수 있다. 가상화 기술은 실제로 존재하는 물리적 자원들에 대한 중재자 역할을 해주는 기술로써 위의 경우에 적용해 보면 가상화 기술은 애플리케이션 서버의 스토리지 요구를 가로채서 여러 개의 스토리지 컨트롤러에 걸쳐 있는 유휴공간을 찾아내 줌으로써 스토리지 용량에 대한 요구를 만족시켜 주는 것이다.

2. 가상화의 기원

가상화의 기원은 1960년대 메인프레임에서 찾아 볼수 있다. 그 후 가상 스토리지 물리적 파티셔닝 뿐만 아니라 현대 가상화의 총화인 다이나믹 파티션을 지원하는 하이퍼바이저(Hypervisor) 기술이 시장에 출시되는 등 많은 영역에서 가상화의 신기술들이 시계 추 처럼 메인프레임의 주도로 단계적으로 하나씩 세상에 소개되었다

대용량 컴퓨팅 시스템인 메인 프레임은 파티셔닝을 통해 시스템 활용도를 높였다. 이렇게 가상화를 사용하면 단일 메인 프레임에서 여러 프로젝트를 동시에 실행시켜 가상화의 효용성을 입증할 수 있었다. 이런 IBM의 메인 프레임 파티셔닝 기술을 x86 플랫폼 상에서 구현될 수 있더럭 설립된 회사가 VM웨어 (VMware Inc.,)이다.

아래 [그림 4 - 52]에서 보여주는 서버 내 가상화의 역사는 가상화 기술을 주도적으로 이끌어 온 메인 프레임의 역사이기도 하다.

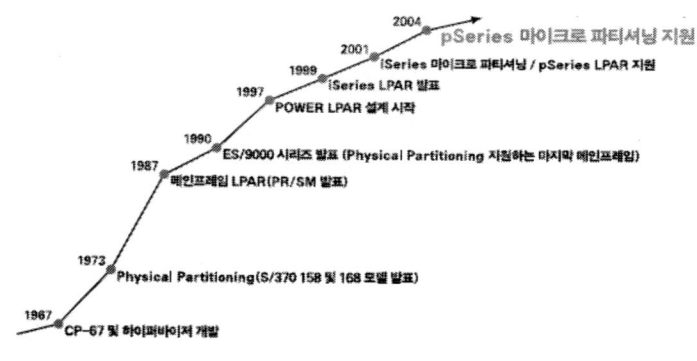

[그림 4 - 52] IBM 가상화 리더십의 오랜 역사

수십 년간의 지속적인 혁신에 힘입어 메인 프레임 레벨의 가상화는 이제 선도적 시스템 아키텍쳐에 있어서 확고한 요소가 되어 있다. 메인프레임의 새로운 이름인 System z를 이용한 클러스터는 중단없는 가용성과 아주 높은 확장성을 대개 가용성과 확장성은 trade-off 관계에 있다. 모두 만족시킬 수 있도록 디자인되었다.

여타 클러스터 기술들과 달리 System z의 클러스터는 독특하게도 지정된 백업자원 정상 가동 중에 추가적인 자원이 필요 없으며 명백한 Fail-over 절차도 필요 없다. 이런 특성을 가진 z 클러스터는 24x7 운영환경에서 90%를 넘는 활용율을 보이고 있다. 워크로드 관리는 실시간 성능 특성치와 사용자가 지정한 우선순위 모두에 기반하여 자원할당을 동적으로 변경한다. 가상화는 클러스터링과 워크로드 관리 모두에 있어서 하나의 든든한 주춧돌 역할을 한다 90년대 초반에 IBM은 System z에 I/O 가상화 기술을 도입하였고 이제 IBM POWER5 머신위에도 I/O 가상화 기술을 적용시키고 있다.

하지만 다른 여타 플랫폼에서는 여전히 풀리지 않는 문제로 남아있다. 하나의 서버 사이즈가 모든 것을 만족시킬 수 없음을 인정한다고 하더라도 미션 크리티컬한 데이터베이스 시스템과 애플리케이션 서버 그리고 수백 혹은 그 이상의 수 많은 리눅스 서버를 동일한 하나의 물리적 자원상에서 공존할 수 있도록 해주는 System z는 가상화 서버 기술 그 이상의 의미를 가진다.

수십 년간의 지속적인 혁신에 힘입어 메인 프레임 레벨의 가상화는 이제 선도적인 시스템 아키텍쳐의 확고한 위치를 차지하고 있다. 이제 System p와 System I는 메인 프레임의 유산을 그대로 물려받아 IBM의 새로운 가상화 제품으로 탈바꿈하여 기록적인 성능치를 수립하고 있고 System z 역시 가상화에 있어서 선구적 위치를 계속 유지 및 발전시키고 있다. 향후 우리의 도전은 업계 최고의 지속적인 가용성과 높은 확장성 그리고 동적 워크로드 관리를 오픈 공개 표준화된 가상화 환경으로 전수하고 광범위한 가상화 기술 기반 위에 산업 파트너들과 협업을 이루는데 있다.

3. 가상화의 적용 범위

가상화는 일반적으로 서버 스토리지 및 네트워크와 같은 전통적인 단위 하드웨어 자원에 많이 적용되어 왔다. 그러나 가상화의 적용범위는 아래 [그림 4 – 53]처럼 단순히 하드웨어 차원의 IT 리소스에만 한정되지 않고 애플리케이션 미들웨어 분산 시스템 및 가상화 자원들 자체를 포함하여 비실체적인 자원들에 대해서도 적용될 수도 있다.

즉 미들웨어를 통한 워크로드의 가상화에는 잡스케쥴러 Job Scheduler)가 이용될 수 있으며 애플리케이션 레벨의 가상화에는 애플리케이션 서버가 스스로 인스턴스를 제어하여 워크로드를 관리할 수도 있다. 대표적인 사례로 전자에는 다양한 그리드 스케쥴러가 있고 후자에는 WAS-XD 같은 웹 애플리케이션을 들 수 있다. 향후 전통적인 자원 가상화의 추세는 여전히 개별 하드웨어를 중심으로 이루어져 가겠지만 새로운 형태의 가상화 역량이 추가적으로 요구되고 있다.

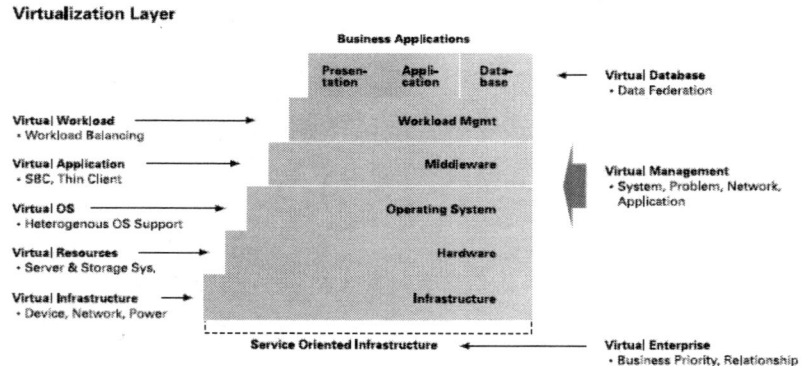

[그림 4 – 53] 가상화의 적용 범위

새로운 가상화 역량에는 작은 다수 의시스템 집합에서 가상 시스템을 만들어 내거나 플랫폼과 벤더의 경계를 넘어서서 단순화 되고 일관된 방식으로 관리될 수 있는 가상 시스템을 구현하는 것이 포함되어 있다. 여기에는 [그림 4 – 53]에서 관리의 가상화 전사적 차원의 가상화 등이 포함될 수 있다.

4. 가상화의 기능

가상화는 자원의 공유(Sharing), 단일화(Aggregation), 에뮬레이션(Emulation) 그리고 절연(Insulation)이라는 4가지 기본적인 기능을 가지고 있다 아래 [그림 4-54]는 가상화의 기능별 종류 및 이에 따르는 사례들을 보여 주고 있다.

① 공유(Sharing)
가장 대표적인 가상화의 기능으로서 다수의 많은 가상자원들이 하나의 동일한 물리적 자원과 연결되어 있거나 가리키는 것을 말한다. 물리적 자원의 일부분을 가상화된 자원마다 할당하거나 혹은 물리적 자원에 대하여 타임쉐어링 기법으로 공유하는 방식이 주로 사용된다. 이러한 형태의 가상화는 가상화 자원을 사용하는 여러 사용자들 애플리케이션 또는 서비스의 물리적 자원을 공유하게 해주며 이때 각 사용자는 마치 자기가 해당 자원을 혼자서만 사용하는 것과 같은 착각을 하게 된다. 대표적 사례로는 서버 내의 논리적 파티셔닝(LPARs), 가상머신(VM), 가상디스크 가상LAN(VLANs)을 들 수 있다.

② 단일화(Aggregation)
공유의 반대되는 가상화 개념으로서 가상자원은 여러개의 물리적 자원들에 걸쳐서 만들어 질 수 있으며 이를 통해 외견상 전체 용량을 증가시키고 전체적인 관점에서 활용과 관리를 단순화시켜 줄 수 있다. 예를 들어 스토리지 가상화는 여러개의 물리적 디스크 시스템에 남아있는 각각의 유휴 디스크들을 하나의 가상화된 디스크로 만들어 주는데 이때 가상화된 디스크는 가상 디스크를 만드는데 사용되어진 어떤 물리적 디스크 보다도 더 커질 수 있다.

③ 에뮬레이션(Emulation)
물리적 자원자체에는 원래부터 존재하지 않았지만 가상자원에는 어떤 기능들이나 특성들을 마치 처음부터 존재했던 것처럼 가질 수 있다. 예를 들어 IP 네트워크 상에서 가상 SCSI 버스를 구현하는 iSCSI 또는 물리적 디스크 스토리지 상에 구현된 가상 테이프 스토리지 등이 여기에 속한다. 또 다른 형태의 에뮬레이션에는 여러 개의 제각기 다른 물리적 자원들을 표준 구성요소 형태인 것처럼 가상자원으로 표시하는 것이있다. 여러 종류의 이더넷 인터페이스를 마치 하나의 특정한 표준 이더넷 인터페이스 모델로 나타내는 것이 그 예이다.

④ 절연(Insulation)

가상화된 자원들과 물리적 자원들 간의 상호 맵핑은 가상화 자원들 또는 가상화 자원들을 사용하는 사용자들에게 아무런 영향을 미치지 않으면서 물리적 자원들이 교체될 수 있도록 해 준다.

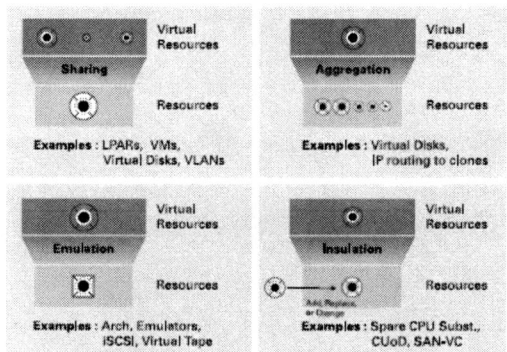

[그림 4 – 54] 가상화의 기능별 분류

이것은 투명한 변경 Transparent Change)이라고 불리우며 투명한 변경은 가상화에 있어서 하나의 부가적인 혜택이기도 하지만 때때로 그 자체가 하나의 기술로서 중요한 의미를 갖기도 한다.

CPUgard 옵션처럼 어떤 가상 프로세서가 결함이 발생하였거나 혹은 곧 발생하려는 물리적 프로세서에서 다른 정상적인 물리적 프로세서로 자동적으로 옮겨 간다거나 디스크의 결함을 사용자들로부터 숨기기 위해 다중 디스크(Redundant Disk)를 사용하는 RAID 스토리지 컨트롤러가 대표적인 사례들이다. 달리 말해 장애방지(Failure Proof)의 효과라고 볼 수 있다.

5. 가상화의 효과

가상화의 혜택은 가상화를 도입하려는 사용자들의 목표나 접근방법 채택된 기술 및 기존 IT 인프라스트럭쳐의 종류에 따라 크게 달라진다.

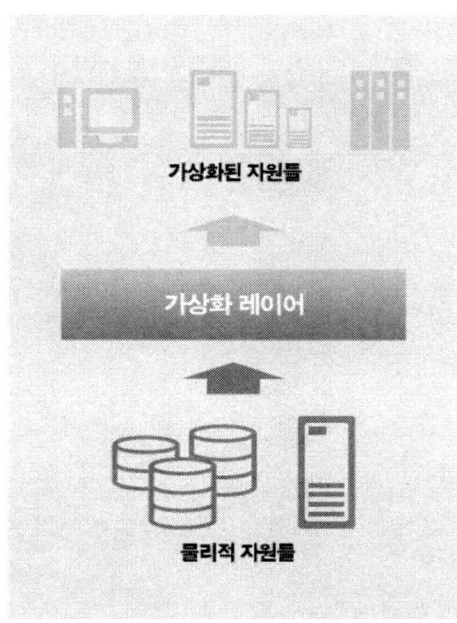

[그림 4-55] 가상화의 효과

대부분의 사용자들은 심지어는 단순히 서버 통합에 가상화를 사용하는 경우에도 아래에 언급된 혜택들을 어느 정도 가질 수 있다 또한 사용자들이 그들의 IT 인프라스트럭쳐를 가상화하는데 더 많은 노력을 기울일 때 얻을 수 있는 가상화의 혜택은 그만큼 비례해서 커지게된다. [그림 4-55]처럼 가상화 도입시 얻을 수 있는 혜택들을 구체적으로 열거해 보면 다음과 같다.

- 높아진 자원의 활용률 : 가상화는 물리적 자원들과 자원 풀에 대한 동적인 공유를 가능하게 해주며 이를 통해 더 높은 자원의 활용률을 얻을 수 있다. 특히 평균 워크로드가 전체 자원의 워크로드 보다 훨씬 적은 가변적인 워크로드 상황에서는 더 높은 효과를 얻을 수 있다.
- 낮아진 관리 비용 : 가상화는 관리해야 하는 물리적 자원들의 대수를 줄여줌으로써 관리인력의

생산성을 향상시킬 수 있다. 또한 첫째, 물리적 자원들의 복잡성을 숨겨주고 둘째, 자동화 정보화 및 중앙화를 통해 공통된 관리 작업을 단순화시키고 셋째, 워크로드 관리의 자동화를 가능하게 해준다. 뿐만 아니라 가상화는 이 기종 플랫폼 환경에서도 관리도구를 공통으로 사용할 수 있게 해 준다.

- 사용의 유연성 : 가상화는 빠르게 변화하는 비즈니스니즈를 만족시키기 위하여 자원들이 동적으로 재구성되고 활용될 수 있도록 해 준다.
- 향상된 보안 : 가상화는 단순한 공유 메커니즘에서는 불가능한 분리와 격리를 가능하게 해서 데이터와 서비스에 대하여 통제되고 안전한 액세스를 제공한다.
- 높아진 가용성 : 가상화는 사용자 레벨에 아무런 영향을 주지 않고도 물리적 자원이 제거되거나 업그레이드 또는 변경될 수 있도록 지원해 준다.
- 증가된 확장성 : 리소스 파티셔닝 및 단일화Aggregation)는 가상화된 자원이 개별 물리적 자원보다 더 작아지거나 혹은 더 커질 수 있게 해 준다. 이를 통해 물리적 자원의 구성 변경이 없어도 필요한 만큼의 적정한 확장성을 얻을 수 있다.
- 상호 운영성 및 투자의 보호 : 가상화 자원들은 기존 물리적 자원들 간에 서는 불가능한 인터페이스와 프로토콜 레벨에서의 호환성을 제공해 준다.
- 향상된 프로비져닝 : 가상화는 자원의 할당을 개별 물리적 단위보다도 더 세밀한 조각 단위에서 가능하게 해 준다.

6. 가상화의 도입단계

가상화를 도입하려고 할 때 처음부터 전사적 차원에서 접근할 필요는 없다. 오히려 장기적 인IT 발전 방향에 대한 로드맵을 그린 다음 단계적으로 가상화를 기업 내에서 확산시켜 나가는 접근방법이 필요하다.

[그림 4-56] 가상화 기술의 도입단계

이런 접근방법에 맞추어 가상화를 도입하는 순서는 동질적 가상화에서 시작하여 이질적 가상화 전사적 가상화를 거쳐 마지막으로 글로벌 가상화로 점점범위를 확대하면서 기업내의 역량이 이에따라 갈 수 있도록 보조를 맞추어 가는 것이 중요하다. [그림 4-56]은 가상화의 단계별 발전 과정을 모형화하여 보여주고 있다. 먼저 동질적 가상화Virtualize like resources)란 가상화의 도입을 처음으로 고려할 경우에 많이 발생하며 조직 또는 부서 단위에서 동일한 또는 비슷한 자원들을 하나의 가상 풀로 묶는 것이다. 여기에는 스토리지 가상화가 대표적인 예이다.

이질적 가상화(Virtulaize unlike resources)란 OS 또는 애플리케이션처럼 성격이 다른 자원들을 하나로 묶는 것으로 워크 플로와 관련 있는 모든 자원들을 가상화하는 단계를 말한다. 여기에는 트랜잭션 또는 워크플로우의 자동화가 필수적이며 IBM의 가상화 엔진 또는 그리드 구축이 구체적인 예이다. 가상화가 기업내에 어느 정도 진척이 되면 전사적 가상화(Virtualize the enterprise)의 단계로 넘어간다. 이 단계에서는 모든 자원들이 동적으로 관리가 되며 각 부서 간에 사용량에 따른 비용 할당이 가능하게 된다. 마지막 단계의 가상화는 기업의 경계를 넘어서서 비즈니스 파트너와 심지어는 고객까지도 가상화의 주체로 참여하는 글로벌 가상화(Virtualize outside the enterprise)로 이행한다.

7. 가상화의 분류

시장에서 실제로 활용되고 있는 다양한 가상화 기술들은 분류방식에 따라 여러 가지로 나누어 볼 수 있다.

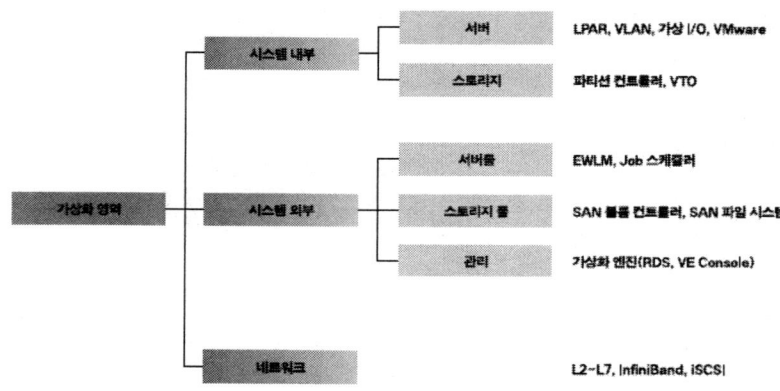

[그림 4 – 57] 가상화 기술의 분류

먼저 가상화 레이어의 위치에 따라 하드웨어 가상화에서 부터 OS 가상화 애플리케이션 가상화 관리 가상화 등으로 단계적으로 나누어 볼 수 있으며 혹은 가상화가 적용되는 물리적 범위를 기준으로 시스템 내부 가상화 시스템 외부 가상화 등으로 나누어 볼 수도 있다. 물론 이외에도 다양한 분류 방법이 있을 수 있다. 여기서는 [그림 4-57]과 같이 가상화가 시스템 내부에 구현되었는가 또는 시스템 외부 간에 구현되었는가에 따라 시스템 내부 가상화와 시스템 외부 가상화로 크게 나누었으며 각각은 다시 서버 가상화와 스토리지 가상화로 좀더 세밀히 나눌 수가 있다. 한편 네트워크 가상화는 특성상 분류가 어려워 별도의 가상화 항목으로 배치하였다.

① 서버 가상화

서버 가상화는 하나의 서버에서 여러 개의 애플리케이션 미들웨어 및 운영체제(OS)들이 제각기 서로 알 필요도 없고 서로 영향을 미치지 않으면서 동시에 사용될 수 있도록 해준다.

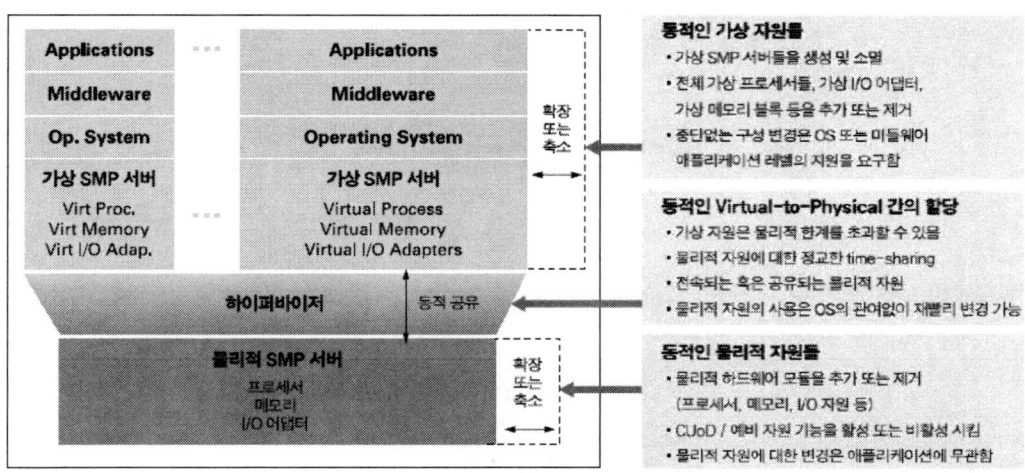

[그림 4 – 58] POWER 5 플랫폼 기반의 서버 가상화 기술 들

서버 가상화의 초기 형태에는 가상 메모리 가상 I/O 그리고 에뮬레이션 등이 포함되었다. 하지만 이러한 초기 형태의 가상화 기술들은 곧 애플리케이션 및 서브 시스템의 가상화로 발전되어서 다수의 애플리케이션 서브 시스템 또는 미들웨어 스택들이 하나의 운영체제 아래에서 통제를 받으면서 수행될 수 있게 해 준다.

[그림 4 – 58]는 IBM POWER 기반의 서버 가상화의 여러 가지형태를 간단히 설명해 주고 있다. 서버 내의 가상화의 대표적인 예로는 Managed Runtime, 물리적파티셔닝 가상머신 논리적 파티셔닝 가상 I/O를 들 수 있다

- Managed Runtime

  오랫동안 System z와 같은 대형 서버들은 단일 OS 시스템 또는 OS 이미지 위에서 상용의 대규모이면서 높은 가용성이 요구되는 애플리케이션들이 서로 영향을 미치지 않으면서 돌아갈 수 있도록 독립적인 메모리 스페이스 영역과 CPU 자원을 별도로 할당하는 아키텍쳐 디자인을 유지해왔다.

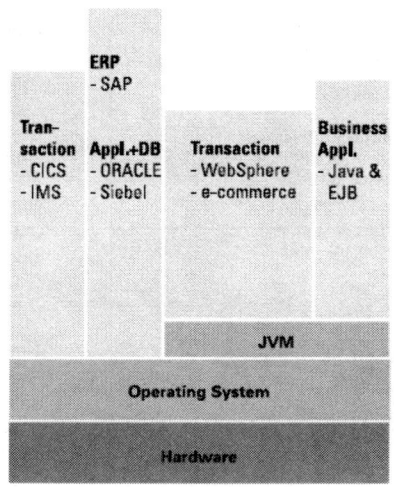

[그림 4-59] Management Runtime의 구현 예

[그림 4-59]처럼 애플리케이션 중심의 단일 사용보다는 공유에 적합하도록 디자인된 좀더 발전된 형태의 아키텍쳐는 애플리케이션과 미들웨어 사이에서 절연Isolation) 효과와 데이터 정합성을 보장해 준다. 오늘날 Sun의SPARC/Solaris와 같은 아키텍쳐들과 운영체제들은 Managed Runtime 또는 컨테이너를 제공하려고 진화하고 있다.

• 물리적 파티셔닝Physical Partitioning)

서버가상화는 하드웨어 자원들이 물리적으로 파티션이라는 하위 자원단위로 분할되어 사용할 수 있게 해 준다. 이때의 물리적 파티셔닝은 대개 CPU 프로세서와 I/O 디바이스를 경계로 이루어지며 각 파티션은 최한 1개 이상의 CPU 프로세서를 가져야 한다.

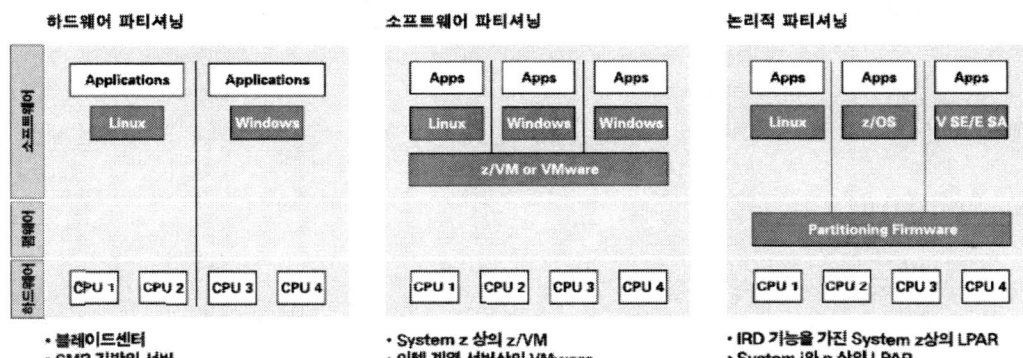

[그림 4 – 60] 서버 파티셔닝의 종류

각 파티션은 물리적으로 완전 격리된 형태로 구성되며 그래서 파티션들은 일반적으로 유연하지 못하고 전체 시스템을 재부팅하기 전까지는 변경되지 못한다. 메인 프레임에서 최초 소개되었던 물리적파티션은 이제 서버들이 좀 더안정화되고 경량화되면서 메리트를 잃어가고 있고 아주 소수의 시스템들 만이 제공할 뿐이다. [그림 4 – 60]처럼 파티셔닝은 크게 물리적 파티셔닝 소프트웨어적 파티셔닝 주로 가상머신 그리고 논리적 파티셔닝으로 구분 할 수 있다.

- 가상머신(Virtual Machine)

1970년대 초반 가상머신(VM)의 도래는 가상화의 새로운 장을 열었다. 가상머신을 이용한 서버 가상화는 소프트웨어적 파티셔닝 또는 OS 이미지 가상화라고도 불리운다. 여기서 가상머신은 일종의 단순화되고 변형된 모체 OS로써 이런OS 위에 우리가 알고 있는 리눅스 윈도우와 같은 완전한 OS 시스템이 설치되어 돌아갈수 있게 된다. 가상머신 위에서 가동되는 개별 OS 이미지는 실제 디바이스와 에뮬레이션된 디바이스 모두를 액세스 할 수 있다. 이런 가상머신의 개념은 최근에 나온 것은 아니다. IBM은 1967년에 이미 OS 이미지 가상화를 구현하였으며 현재 z/VM 메인프레임에도 적용되고 있다.

오늘날 가상머신은 아주 치밀하고 가변적이어서 실제 및 가상자원들 모두가 공유될 뿐만 아니라 가상머신들 사이에서 시스템 재시작없이도 동적으로 스위칭될 수 있도록 해 준다. 가상머신을 통해 OS 이미지를 가상화하는 능력이 주어짐에 따라 사용자들은 추가 하드웨어 구입없이도 새로운 OS의 설치 애플리케이션의 테스팅 및 업그레이드를 동일한 물리적 서버상에서 동시에 수행시킬 수 있다. 이를 통해 같은 물리적 서버 상에서 다른 OS 이미지로 가동되는 운영 시스템들간에 아무런 영향을 끼치지 않고서도 새로운 애플리케이션들을 동시에 테스팅할 수 있게 된다. 인텔계열의 가상머신인 VMware는 자원공유에 필요한 기능들을 제공하고 있으나 IBM z/VM 수준의 기능을 제공하기에는 아직 부족한 점이 많다.

• 논리적 파티셔닝(Logical Partitioning)

논리적 파티셔닝은 가상머신과 물리적 파티셔닝사이에 있는 뛰어난 서버 가상화 기능이다. 가상머신과 함께 논리적 파티셔닝은 IT 인프라스트럭쳐를 가상화하기 위한 전략에 있어서 핵심요소가 된다. 논리적 파티션은 별도의 모체가 되는 OS없이 하이퍼바이저라는 펌웨어 수준에서 하나 또는 그 이상의 OS 이미지들이 하나의 물리적 서버위에서 동작할 수 있도록 해 준다. 이때 각 논리적 파티션은 고정 혹은 가변적인 개수의 프로세서를 가질 수 있다. 물론 논리적 파티셔닝을 통해 물리적 파티셔닝 기능을 구현할 수도 있다. 논리적 파티셔닝은 IBM System z에서 처음으로 채택한 후 POWER5 기반의 IBM System I와 IBM System p에서도 전수되어 동일한 기능을 제공하고 있다. 이들 시스템 모두는 타 업계와 비교하여 우월한 피쳐를 제공하여 하나의 서버가 다수의 논리적 파티션으로 분할될 수 있게 해 주며, 서버가 단 1개의 프로세서로 이루어진 경우에도 파티셔닝이 가능하게 해 준다.

참고로 1개의 단일 프로세서의 일부분을 할당하여 동적인 논리적 파티션을 만드는 것은 마이크로 파티셔닝(Micro Partitioning)이라 부른다. 또한 논리적 파티션 간에 자원활용의 불균형이 존재하는 경우에는 POWER5 기반 시스템이 제공하고 있는 고급 파워 가상화 기능의 하나인 파티션 로드매니저(PLM)를 활용할 수도 있다. 파티션로드매니저는 각 논리적 파티션들의 사용률을 실시간으로 파악하여 미리 정해진 사용률 정책을 기반으로 하여 워크로드가 낮은 파티션의 CPU 및 메모리 자원을 실시간으로 워크로드가 높아진 파티션으로 자동 재분배해 줌으로써 최적의 시스템 효율성을 추구하게 해 준다.

• I/O 가상화

가상머신과 논리적 파티션만으로는 서버 내 가상화의 공유 및 절연(Isolation) 기능을 완벽하게 구현할 수는 없다. 이를 보완하기 위해 어댑터와 같은 I/O 자원들을 공유하거나 또는 가상머신들 간에 혹은 논리적 파티션들간에 I/O 통신을 할 필요가 있다. 이를 위해 IBM은 POWER5 서버와 운영체제의 결합을 통해 I/O 가상화를 구현하기 위한 여러 가지 방법을 제공하고 있다. POWER5 시스템의 가상 I/O 서버(VIOS)는 특별한 목적의 가상파티션으로서 다른 파티션들에게 I/O 자원을 공급하는 역할을 한다. 가상 I/O 서버는 물리적 자원을 소유하면서 다른 파티션들에게 I/O 자원의 공유를 허용해 준다. 따라서 사용자들은 가상 I/O 기술 덕분에 물리적 어댑터를 특정 파티션에만 할당하고서도 다른 파티션들과 공유해서 사용할 수 있게 된다. 그럼으로써 각파티션 마다 별도로 네트워크 어댑터 디스크어댑터 그리고 디스크 드라이브를 가져야하는 요구사항이 제거됨으로써 전체적인 비용을 낮출 수 있게 된다. 가상 I/O 서버가 가지는 I/O 가상화의 기능에는 크게 나누어 가상 SCSI, 가상 이더넷 공유 이더넷 어댑터(Shared Ethernet Adapter)가 있다.

· 가상 이더넷 : 대표적인I/O 가상화의 하나로써 가상화의 애뮬레이션 기능을 이용하고 있으며 각 파티션들 간에 물리적인 네트워크 어댑터 없이도 메모리버스를 통하여 통신이 가능하게 해 준다. 이것은 동일한물리적 하드웨어상에서 돌아가는 솔루션의 계층요소들 끼리 메모리상에서 고속 고효율의 통신이 가능하다는 것이다. 이를통해 사용자들은 별도의 물리적 어댑터를 사용하지 않고서 또 어댑터 구매에 따르는 관리 및 비용 부담없이도 절연 네트워크 이중화 그리고 향상된 보안체계를 가질 수 있다.

· 공유 이더넷어댑터(SEA) : 공유 이더넷 어댑터는 파티션의 개수보다 물리적 어댑터의 개수가 적은 경우에 여러 파티션들이 물리적 이더넷 어댑터를 공유할 수 있도록 해 준다. 또한 가상 이더넷에서 실제 네트워크 어댑터로 네트워크트래픽을 보내줌으로써 가상 이더넷과 실제 물리적 이더넷을 연결하여 주기도 한다. 아래 [그림 4 – 61]는 공유 이더넷 어댑터의구조를 보여 주고 있다.

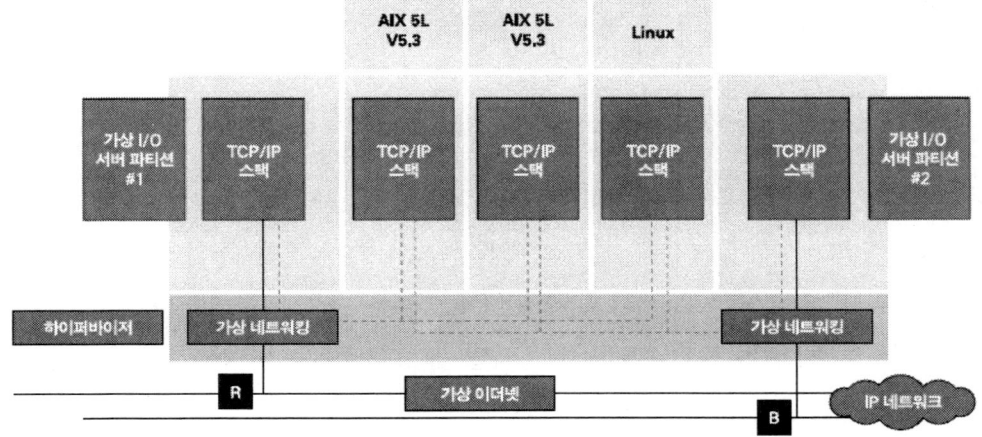

[그림 4 – 61] 공유 이더넷 어댑터를 이용한 가상 통신

- 가상 SCSI : 한 대의 서버를 여러 개의 파티션으로 나누어 구성할 경우 가장문제가 되는 부분이 I/O 어댑터의 부족이며 특히 외장 디스크를 사용할 수 있게 해 주는 파이버 채널 어댑터가 절실히 부족하게 된다. 이를 해결하기 위해 가상 I/O 서버의 개념이 필요하다. 가상 I/O 서버는 물리적인 디스크를 실제로 소유한 파티션으로서 디스크 볼륨이 필요한 파티션들에게 파이버 채널 어댑터가 없음 논리적 디스크 볼륨의 형태로 디스크 볼륨을 할당해 준다. 즉 가상 I/O 서버파티션에서 만들어져 제공된 논리적 디스크 볼륨은 이를 이용하는 다른 파티션들에게 SCSI 디스크 형태로 나타난다.

② 스토리지 가상화
스토리지 사용의 엄청난 증가 추세는 매일 매일의 스토리지 운영 및 데이터 관리에 많은 부담을 증가시켜 왔으며 결과적으로 가용성과 프로비져닝에 대한 서비스 레벨을 만족시키는 것이 커다란 과제로 다가 오고 있다.

이러한 부담을 없애기 위해서 기업들은 디스크와 테이프 스토리지 가상화기술에 눈을 돌리기 시작했다. 스토리지 가상화는 IBM의 온디맨드 전략의 필수적 일부분으로써 애플리케이션에 거의 또는 전혀 영향을 미치지 않으면서도 하드웨어 인프라스트럭쳐에 변경을 가할 수 있게 해 준다.

그럼으로써 관리를 용이하게 하고 애플리케이션의 가용성을 증가시키고 총 소유비용을 낮출 수 있게 해준다. 스토리지 가상화의 4가지 주요한형태로 ① 디스크 컨트롤러 가상화 ② SAN 상의 스토리지 블럭 가상화 ③ 파일 가상화 그리고 ④ 테이프 가상화를 들 수 있다.

- 디스크 컨트롤러 가상화(Disk Controller Virtualization)
  디스크 컨트롤러 가상화는 스토리지 서브 시스템 또는 컨트롤러를 파티션으로 나누어 마치 여러 개의 스토리지 컨트롤러가 있는 것처럼 보이게해 준다. IBM의S ystem Storage DS8000 계열이 이런 기능을 제공한다. 예를 들어 아래 [그림 4-62]처럼 디스크 컨트롤러 1개가 3개의 가상스토리지 컨트롤러로 파티션 되어서 하나는 OLTP 워크로드를 수행하고 하나는 BI(Business Intelligence) 워크로드를 수행하고 마지막 나머지 하나는 e-메일 서비스를 수행할 수 있다.

  내부적으로는 IBM POWER5 서버에서 사용되는 것과 동일한 논리적 파티셔닝(LPAR) 기술을 사용해서 어떤 가상 디스크 컨트롤러의 성능이 다른 어떤 가상 디스크 컨트롤러가 수행하는 워크로드로 부터도 영향을 전혀 받지 않게 해준다. 게다가 DS8000 계열은 표준 애플리케이션을 하나 또는 그 이상의 파티션 자체에서 수행 할 수 있게 된다. 벌써 IBM에서는 DS8000 파티션에서 DB2를 수행할 수 있음을 데모로 시현한 바도 있다.

내부적으로는 IBM POWER5 서버에서 사용되는 것과 동일한 논리적 파티셔닝(LPAR) 기술을 사용해서 어떤 가상 디스크 컨트롤러의 성능이 다른 어떤 가상 디스크 컨트롤러가 수행하는 워크로드로 부터도 영향을 전혀 받지 않게 해준다.

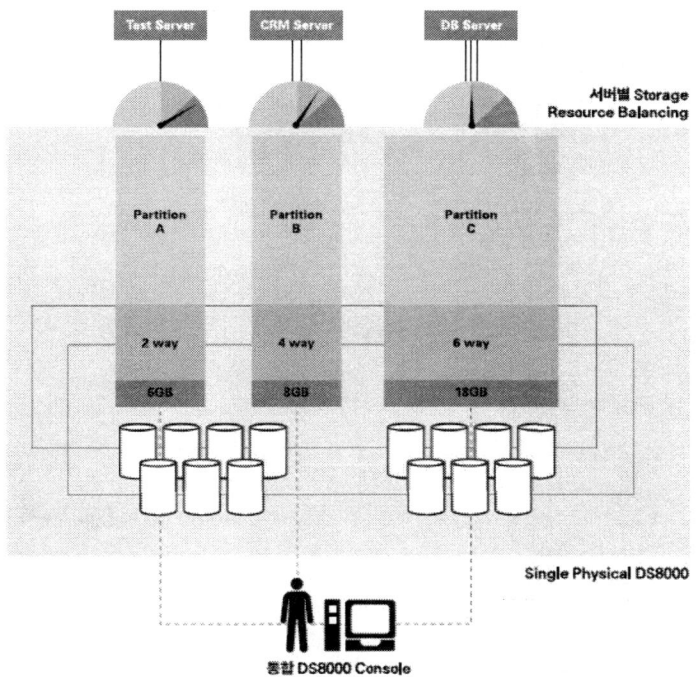

[그림 4 – 62] 디스크 콘트롤러 가상화 구성의 예

- SAN 상의 스토리지 블록 가상화
  대부분의 사람들이 스토리지 가상화를 이야기할 때 주로 SAN 상의 스토리지 블록 가상화를 가리킨다고 보면 된다. 이러한 형태의 가상화는 사용자로 하여금 제각기 물리적으로 다른 스토리지 컨트롤러에 들어 있는 유휴 디스크 조각을 모아서 가상 디스크를 생성할 수 있게 해 준다.

예를 들어 어떤 관리자가 디스크 컨트롤러 A로부터 300GB의 유휴 디스크를 컨트롤러 B로부터는 500GB를 컨트롤러 C로부터는 200GB의 유휴 디스크를 모아서 1TB의 가상 디스크를 생성할 수 있다. 결국 스토리지 블록 가상화는 제각기 다른 스토리지 컨트롤러들로부터 작은 용량의 유휴 디스크 공간을 모아서 하나의 큰 디스크 풀을 만들어서 어떤 서버도 사용할 수 있게 만들고 디스크 스토리지의 활용률을 획기적으로 향상시킨다.

오늘날의 블록 가상화는 3가지 방법 중에서 하나를 사용하여 이루어 진다. [그림 4-63]와 같은 어플라이언스 형태 (예 IBM SAN Volume Contoller 또는 IBM SVC), 지능적인 SAN 스위치예 EMC 의Invista), 또는 스토리지 컨트롤러자체에 임베디드된 형태(예 히타치의 TagmaStore)가 있다. 어플라이언스 또는 스위치는 서버와 스토리지 컨트롤러 사이에 위치한다. 마찬가지로 임베디드된 가상화는 서버들과 다른 스토리지 컨트롤러 사이에 존재한다.

위의 다양한 스토리지 가상화 솔루션들은 모두 가상디스크에서 실제 디스크로의 위치에 대한 맵핑을 유지한다. 이를 통해 하나의 물리적 위치에 대응하고 있는 가상 디스크를 다른 물리적 위치로 이동하여 대응시킬 수 있다. 이때 서버 및 애플리케이션은 서로에게 아무런 영향을 끼치거나 받지도 않으면서 정상적으로 작동된다.

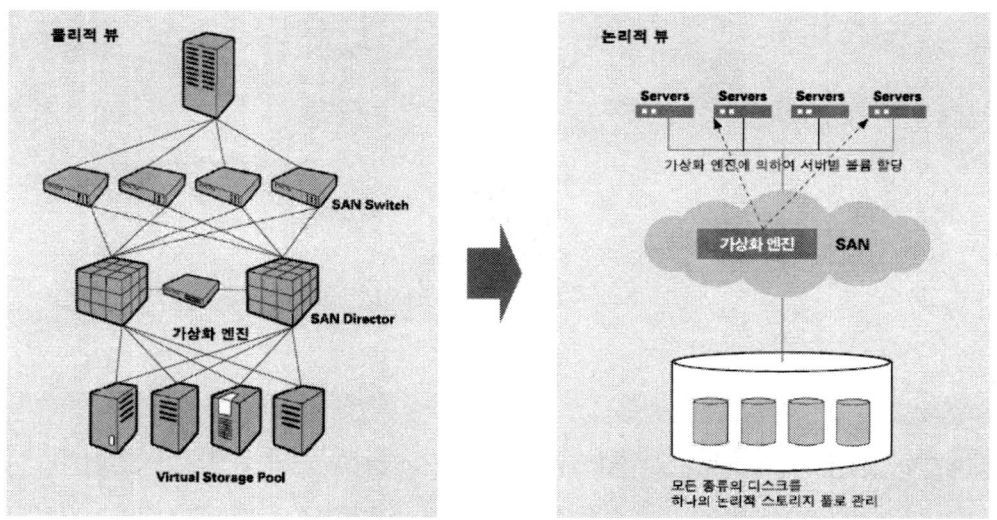

[그림 4-63] 스토리지 블록 가상화의 개념

이러한 기능으로 인해 스토리지 관리자는 애플리케이션의 가용성에 아무런 영향을 미치지 않고서도 서버에서 스토리지의 데이터 맵핑을 자유롭게 재구성할 수 있게해 준다. 블록 가상화의 또 다른 이점으로 전체 기업 내에 걸쳐서 일관된 방법으로 서버들이 필요로하는 고급기능을 제공할 수 있다는 점이다. 예를들어 모든 서버들에 대하여 동일한 방법으로 스냅샷 카피 또는 리모트 카피와 같은 카피 서비스 기능을 제공할 수 있다.

서버들은 수 많은 스토리지 컨트롤러들 대신에 하나의 SAN 상의 스토리지가상화 솔루션하고만 인터페이스를 유지하면 된다. 또한 사용자들은 각 스토리지 컨트롤러 마다 하나씩 제공되는 디바이스를 모두 올릴 필요도 없이 단지 하나의 디바이스 드라이버만 로딩하면 된다. 실제로 각 디바이스 드라이버 간에 충돌 여부가 발생하기도 한다.

- 파일 가상화

파일 가상화는 이 기종 서버간에 진정한 의미의 파일공유를 가능하게 한다. 즉 파일 가상화 기술을 이용함으로써 기업 내의 어떤 컴퓨터 또는 어떤 서버로부터라도 동일한 파일 네임을 사용하여 공통된 파일그룹에 대한 접근이 가능하다. 예를 들어 파일은 리눅스가 돌아가는 컴퓨터에서 생성되었지만 윈도우가 돌아가는 다른 서버에서 동일한 파일네임을 가지고 접근이 가능하. 이렇게 되면 서로 다른 서버들 간에도 HA를 위한 클러스터가 가능할 수 있게 된다. 조만간 zLinux도 지원서버 중의 하나로서 이 기종서버 간 파일공유가 가능하리라 예상되고 있다.

예를 들어 SFS 내에 있는데 이터는 2가지 서로 다른 풀 중의 하나에 저장될 수 있다. 즉 하나는 고성능 디스크 풀이고 다른 하나는 저 성능 디스크 풀이될 수 있다는 말이다. 또한 관리자는 파일의 이름을 기준으로 하거나 파일을 생성하는 서버가 어떤 것이냐에 기준을 두어 정책을 세운 다음 파일들이 자동적으로 특정한 하나의 디스크 풀에 들어가게 하거나 혹은 다른 디스크 풀에 저장할 수 있다.

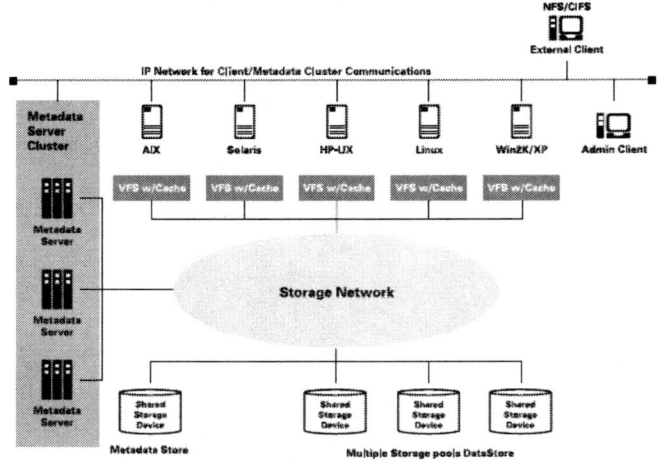

[그림 4-64] SAN 상에서의 이 기종 파일 공유

또한 관리자는 파일들이 사용되는 정도에 따라 가장적합한 성격의 스토리지에 자동으로 들어가게끔 정책을 수립할 수도 있다. 이러한 기능들은 SFS를 고객 데이터에 정보 수명주기관리(ILM)를 적용할 수 있는 핵심 제품의 위치로 올려놓을 수 있다. IBM의 파일 가상화 솔루션은 IBM System Storage SAN File System (이하SFS)이다. 최근에 SFS는 10억개의 파일 이상을 처리할 수 있는 확장성을 발표했다. SFS는 또한 정책기반의 데이터관리를 제공하고 성격이 각기 다른 다중 스토리지 풀을 지원할 수 있다.

- 테이프 가상화

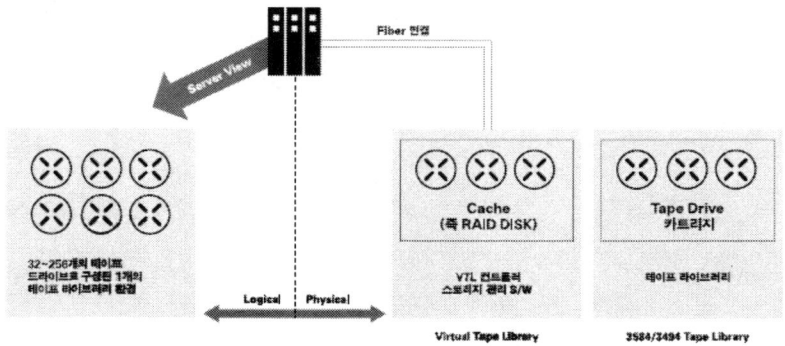

[그림 4-65] 테이프 가상화의 물리적 및 논리적 구성

테이프 가상화는 [그림 4-65]처럼 디스크를 이용하여 테이프 드라이브 자원인 것처럼 에뮬레이션함으로써 서버입장에서는 테이프 드라이브로 데이터를 백업받는다고 간주하지만 실제로 디스크로 데이터를 백업받게되는 것이다. 또한 데이터의 일부분이 테이프에 비해 좀 더 빠른 하드디스크 스토리지캐쉬에저장되기만해도 마치 전체 데이터가 테이프 카트리지에 전부 저장된 것처럼 보이게 해주는 방식을 통해 데이터를 고속으로 백업받을 수 있게도 해준다.

IBM의 엔터프라이즈급 테이프 가상화 솔루션은 IBM System Storage Virtual Tape Library (이하VTL)로서 오늘날 백업시에 요구되는 성능과 용량을 증대시켜 줄 뿐만 아니라 배치작업시간 및 총 소유 및 관리비용을 줄여준다.

VTL은 초기에 3494라는 제품명으로 zOS 플랫폼만 지원하였으나 그후 오픈시스템 환경까지 지원하는 것으로 확대되었다. VTL의 또 다른 구성인Peer-to-Peer(PtP) 구성은 테이프자원을 이용하여 두 지점 간의 완전 이중화데이터 복제기능을 제공함으로써 재난 대비를 통한 비즈니스 연속성을 보장하는데 도움을 주기도 한다.

③ 네트워크 가상화
네트워크 가상화는 애플리케이션이나 서버를 네트워크 또는 다른 가상자원들에게 물리적으로 연결하는데 사용되는 IT 자원들을 가상화하는 능력들의 집합체로 볼 수 있다 여기서 가상화 가능한 네트워크 자원들에는 IP 어드레스 네트워크 어댑터 LAN, 대역폭 관리 등이포함 된다.

네트워크를 가상화함으로써 사용자는 IT 인프라스트럭쳐에 걸쳐서 좀더 효율적이고 비용 효과적이며 안정적이며 가용성 있는 통신체계를 만들기 위해 네트워크 요소를 풀링하고 공유할 수 있다. 또한 가상화된 네트워크는 좀더 유연해짐으로써 사용자들이 최소한의 다운타임 또는 실시간으로 비즈니스의 니즈에 대처하는데 필요하도록 인프라스트럭쳐를 변경할 수 있게 해준다. 네트워크 가상화 기술은 서버의 가상화 역량을 지원하거나 보완하는 데에도 필요하며 크게 공유 풀링 에뮬레이션 및 추상화를 지원하는 기술들로 나누어볼 수 있다. 다음과 같은 가상화 기술들이 네트워크 자원의 공유를 가능하게 한다

• 공유를 가능하게 하는 기술들

- 가상LAN (VLAN) 기술은 소프트웨어적으로 구현되며 컴퓨터의 네트워크를 구성할 때 실제 연결되지 않았으나 마치 물리적으로 연결된 것처럼 행동하게끔 설정한다. VLAN은 사용자 A의 데이터가 공유 네트워크상에서 사용자 B의 데이터와 서로 섞이지 않도록 보장하기 위해 가상화의 절연 기능을 이용한다.
- IP 네트워크를 단절되고 독립된 많은 가상네트워크VPNs)처럼 보이게 함으로써 IP 네트워크를 좀더 효율적이고 안전하게 공유될 수 있도록 하는데 두 가지 기술이 사용된다. IP-SEC 프로토콜은 네트워크의 2개의 논리적 끝단 사이에서 암호화된 데이터의 일치성을 보장해준다. 다중프로토콜 스위칭(MPLS)은 단절기능을 제공해 주는 터널링 기술이며 주로 성능개선 목적으로 사용 된다.

• 활용률을 증대시키고 자동복구를 지원하기 위해서 고객들은 하나의 물리적 애플리케이션 서버가 다수의 가상 어플리케이션 서버인 것처럼 보이게 하기 위해 다수의 가상 로컬 IP 어드레스를 사용할 수 있다. 다중호스팅을 지원하는 HTTP 서버가 대표적인 예 이다.

• 어댑터 가상화기술은 서버에 붙은 물리적 네트워 크어댑터가 여러개인 것처럼 보이게하여 네트워크의 연결을 단순화시켜서 서버들 간의 네트워크 연결의 효율성을 향상시킬 수 있다 대표적인 예로 System z의 OSA-express L2-L3 공유기술 또는 ystem p의 가상 이더넷 기술을 들 수 있다.

• 자원 풀링을 가능하게 하는 기술들
아래의 기술들은 가상화의 단일화 기능을 이용하여 사용자로 하여금 네트워크 요소들을 하나로 묶어서 사용하게끔 해준다.

• 다양한 형태의 IP 워크로드 밸런싱 기술들은 여러대의 애플리케이션 서버들을 마치 하나의 단일 애플리케이션 서버 또는 인스턴스처럼 보이게 해 준다. 워크로드 밸런서는 내부적으로 다수의 애플리케이션 서버 풀에서 각 서버의 용량과 가용성 정도에 대한 정보를 실시간으로 수집하면서 애플리케이션 인스턴스들에 걸쳐서 워크로드를 밸런싱하면서도 외부적으로는 하나의 단일화된 애플리케이션 앤터티를 네트워크에 보여준다.

• IP 네트워크워크 로드밸런싱 기술의 대표적인 사례로는 z/OS의 Sysplex Distributor, Cisco사의

콘텐츠 스위칭 모듈(CSM), 노텔알테온사 의 Load Balancer 등이 있다.

- 몇 가지 네트워크 어댑터 가상화 기술들은 다수의 애플리케이션 네트워크 연결을 연관된 IP 어드레스로 이동시킴으로써 동일한 인스턴스로 보이게 해 준다 그렇게 함으로써 네트워크 양끝단에서 동적라우팅의 구성이나 라우터 디스커버리 프로토콜을 수행할 필요없이도 네트워크상에서 더 높은 가용성을 얻을 수 있게한다. VIPA takeover, IP address takeover 및 RRP 등이 그러한 기술들의 좋은 사례들 이다.

- 에뮬레이션과 추상화

  에뮬레이션 또는 추상화Abstraction) 기능을 통해 사용자들은 애플리케이션 서비스영역에서 엔드투엔드 연결을 프로비져닝하고 관리하는 기능을 제공해줄 수 있다.

- 사용자들은 에뮬레이션 기술을 사용하여 애플리케이션 프로그래머들로하여금 각 애플리케이션이 SSL 기반하에 돌아가도록 일일이 코딩하는 노력을 덜어줄 수 있다. 그러한 기술들은 애플리케이션 서버가 연결 지향의 보안체계를 갖는 것처럼 보이게 해 준다. 예를들어 SSL 또는 TLS 지원. 그러한 에뮬레이션은 소 켓프로그래밍 인터페이스 레이어의 아래에 위치한 TCP 레이어에서 수행되어 진다.

- 대역폭 관리소프트웨어는 특히 WAN 구간 및 TCP를 사용하지 않는 인터넷 링크 예를들어 스트리밍 오디오 및 비디오 애플리케이션에서 네트워크 성능을 관리할 수 있는 수단을 제공해준다. 해당 소프트웨어는TCP/IP 스택에 상주하면서 대역폭의 할당을 제어하기 위해 정책기반의 관리기법을 사용한다. 대표적인 예로 z/OS의 하나의 구성요소인 IBM Service Policy Agent를 들 수 있다.

- 사용자들은 하나의 서버내에서 서로 다른 논리적 파티션들이 하나 이상의 LAN으로 연결되어 있는 것처럼 행동하게끔 만드는데 가상화를 사용할 수도 있다. 이러한 형태의 가상화를 지원하는기 술들에는 System z의 HiperSockets과 System p의 가상 이더넷 LAN을들 수 있다.

- 가상 네트워크 어플라이언스는 여러 가지 형태의 네트워크에 특화된 기능들을 하나로 엮어 주는 네트워크 애플리케이션의 일종으로서 외관상하나의 박스안에 또는 가상 서버상의 전속된 하나의 인스턴스 안에 상주할 도 있다.

- 네트워크 자원들의 관리

  가상화는 네트워크에 대하여 또다른 차원의 관리와 제어를 요구한다. 예를 들어 열 개의 가상서버들이 하나의 10GB 네트워크 어댑터를 공유하고 있다고 가정하면 열대의 가상서버들 중 어떤 하나가 소비할 대역폭을 제한할 수 있는어떤 제어 메커니즘이 필요하게 된다.

그러한 제어는 대역폭 사용 정책을 정의하거나 가상 네트워크 인프라 스트럭쳐내에서 네트워크 정책을 강제할 수 있는 에이전트를 제공함으로써 강제로 이행될 수 있다. 네트워크 가상화를 위해 요구되는 관리와 제어기능들은 온디맨드 운영환경(ODOE)의 일부로서 정의되고 있다.

네트워크자원 매니저(NRM, Network Resource Manager) 요소는 기본적으로 통합된 토폴로지 정보 비즈니스연속성(네트워크자원의 자동복구 그리고그러한 환경에서 가능한 프로비져닝 체제를 제공할 것이다. 그리고 이러한 지원은 WSDM 기반의 인터페이스의 집합형태로 결합될 것이다.

제6절 인공지능

1. 인공지능 개요

① 인공지능의 개념

최근의 조사에 따르면 기계지능(machine intelligence) 분야 전문가들은 2050년이면 컴퓨터가 인간 수준의 능력을 갖추고 그 30년 뒤에는 인간을 뛰어 넘을 것으로 예측하기도 한다. 하지만 인간은 인간의 윤리적인 부분을 고려하면서 기계의 진화 속도를 조절할 수 있을 것이기 때문에 인간 수준을 뛰어 넘는 인공지능 개발은 인간 자신의 발전 없이는 이룰 수 없는 목표라 예상되기 때문에 인공지능은 문제를 찾고 다각도로 해결책을 찾는 과정이라 볼 수 있다.

인공지능이란 용어는 수학, 심리학, 컴퓨터공학 분야 학자들이 모인 1956년 다트머스 회의(Dartmouth Conference)에서 '생각하는 기계'에 대해 의견을 나누면서 처음으로 등장했다. 인공지능은 4가지 기계 기술, 머신프로세싱(machine processing), 머신러닝(machine learning), 머신 퍼셉션(machine perception), 머신컨트롤(machine control) 기술의 융합이다. 다시 말해 인공지능은 인간의 학습능력과 추론능력 지각능력, 자연언어의 이해능력 등을 컴퓨터 프로그램으로 실현한 기술을 말한다.

즉 인간의 지능으로 할 수 있는 사고, 학습, 자기계발 등을 컴퓨터가 할 수 있도록 하는 방법을 연구하는 컴퓨터 공학 및 정보기술의 한 분야로서, 컴퓨터가 인간의 지능적인 행동을 모방할 수 있도록 하는 것을 인공지능이라 할 수 있다. 그러나 학문별 또는 학자 개인별로 AI를 추구하는 방향이 달라 인공지능에 대해 일치된 의견을 내놓지 못하였다. 인공지능이 다방면에 걸쳐 있는 만큼 다양한 인공지능 기술이 개발되어 사용되고 있다.

머신 프로세싱은 무어의 법칙에 힘입어 빠르게 발전해왔다. 무어의 법칙은 "마이크로칩에 저장할 수 있는 데이터의 양이 18개월 또는 24개월 마다 2배가 된다"라는 경험칙이며 머신 러닝은 컴퓨터 스스로 패턴 인식을 통해 배우는 기술이다. 인간의 두뇌를 흉내 낸 뉴럴 네트워크 알고리즘을 통해 데이터를 분석하고 처리한다. 예를 들면, 컴퓨터 스스로 사람 얼굴을 알아 볼 수 있도록 가르친다. 놀라운 점은 컴퓨터 스스로 알고리즘을 통해 계층간 데이터의 처리 방법을 정한다는 것이다. 머신 러닝 기술이 적용되어 급속하게 발전하고 있는 또 다른 분야로 음성인식을 들 수 있다. 애플, 구글, 마이크로소프트도 투자에 열을 올리고 있다.

머신 퍼셉션은 사람, 사물, 행동 등을 정확히 식별하기 위해 디지털 데이터를 분석하는 기술이다. 이는 카메라, 센서를 통해 얻은 데이터를 머신 러닝을 통해 식별한다. 인터넷에 연결된 센서의 수가 2015년 약 49억 개에서 2020년 약 208억 개로 3배가량 늘어나고 인구 1인당 개수도 2015년 0.7개에서 2020년 2.7개로 증가하는 등 네트워크화가 촉진될 것으로 보인다. 머신 퍼셉션 기술은 우리를 자율 기계, 기계간 대화가 가능한 세계로 인도해 줄 것이다. 머신 컨트롤른 기계응답의 속도, 민감성, 기능을 강화하기 위해 더 좋은 재료와 제어장치를 통해 로봇 또는 다른 자동화 기계를 디자인하는 기술이다. 많은 사람들은 이를 영화 "아이 로봇(I Robot)"처럼 사람 같은 인공지능 로봇을 다루는 기술로 여기지만, 이보다는 머신 컨트롤 기술을 적용한 인공지능은 우리 일상을 더 편리하고 풍요롭게 해 줄 수 있는 주변의 다양한 사물을 제어할 수 있는 기술이 될 것이다.

네가지 기술의 발전과 융합을 통해 인공지능도 빠르게 발전할 것으로 예상된다. 발전된 기술은 다양한 서비스로 우리네 일상에 자리잡을 것이고, 나아가 인간이 판별하기 어려운 전문지식을 흡수해 도움을 주는 의료용과 법률용 안공지능의 개발로 확대될 것이다.

② 인공지능의 단계별 구분

인공지능의 광범위한 영역 때문에 인공지능은 다양한 형태로 정의한다. 인공지능의 "질적 완성도"에 따라 분류해보면 크게 세가지로 인공지능을 구분할 수 있다. 첫째, Artificial Narrow Intelligence(ANI)는 약한 인공지능(Weak AI)의 개념으로서, 한 분야에 특화된 인공지능을 말한다. 세계 체스 챔피언을 꺽은 인공지능은 오직 체스만 할 수 있다. 만약 다른 분야의 질문을 하면 멍하니 한 곳만 바라보고 있을 것이다.

둘째, Artificial General Intelligence(AGI)는 강한 인공지능(Strong AI) 또는 인간 수준의 인공지능을 가리킨다. 사람만큼 똑똑한, 인간의 지적 업무가 가능한 기계이다. AGI는 ANI에 비해 훨씬 수준이 높을 것이다. 미국 델라웨어 대학 교수 심리학 교수인 린다 고트프레드슨(Linda Gottfredson)은 지능(intelligence)을 "판단, 계획, 문제해결, 추론, 이해, 학습을 할 수 있는 일반적인 정신 능력"이라고 묘사했다. 지능 활동을 인간처럼 숩게할 수 있는 인공지능이 AGI이다.

셋째, 영국 옥스퍼드 대학의 철학자 이자 인공지능의 사상가인 닉 보스트롬(Nick Bostrom)은 슈퍼지능(Superintelligence)을 "모든 분야에서 가장 우수한 인간 보다 더 똑똑하고 과학적 창의력과 지혜, 사회성 기술을 겸비한 지적 능력"이라고 정의했다. Artificial Super Intelligence(ASI)는 사람보다 더 똑똑한, 사람의 지적 수준을 능가하는 컴퓨터를 가리킨다.

인공지능은 1950년대부터 관련 연구가 시작되어 발전해 왔으나, 기술적 한계에 부딪히면서 관련 연구 및 투자가 장기간 침체하고 있었다. 하지만 인터넷의 보급과 다양한 형태의 비정형 데이터(이미지, 동영상, 사회관계망 등)를 과거보다 쉽게 수집하고 분석할 수 있는 빅 데이터 처리 환경이 조성되고 있으며, 2006년 캐나다 토론토 대학 Geoffrey Hinton 교수가 제안한 기계학습 알고리즘의 하나인 딥 러닝(deep learning)의 등장으로 컴퓨터가 스스로 자질을 학습하고 인공지능을 설계함으로써 인공지능의 수준이 비약적으로 향상되었다.

정리해 보면 지금까지 우리는 첫 번째 단계인 ANI를 개발해왔고, 주변 곳곳에서 ANI 기술이 적용된 다양한 서비스를 사용하고 있다. 향후 인공 지능은 현재의 ANI에서 AGI를 거쳐 ASI까지 이어질 것이고, ASI가 실현되는 날이면 세상의 모든 룰이 바뀔 것으로 예상된다.

③ 인공지능의 전망
최근 인공지능이 중요하게 부각되는 이유는 인공지능이 학술적 연구 단계를 넘어 비즈니스에 적용 가능한 수준으로 빠르게 발전하고 있기 때문이다. 과거 인공지능 기술은 기술적 한계로 인간의 인지/사고 능력에 미치지 못해 학술 연구 영역에서 벗어나지 못했는데, 최근 딥 러닝 기술로 일부 분야에서 인간에 근접한 수준으로까지 발전하면서 상업적 활용 가능성이 증대되고 있다.

* 자료 : IITP, 2016

[그림 4-66] 인공지능의 재 부상 배경

인공지능은 다양한 분야에 적용될 수 있는 범용성 높은 대표적 융합 기술로서, 경제·사회·문화 등에 미칠 파급력이 매우 높기 때문인데, 산업 혁명이「대량 생산(生産)의 시대」를, IT 혁명이「대량 정보(情報)의 시대」를 열었다면, 인공지능 혁명은 "대량 지식(知識)의 시대"를 열 것으로 기대되고 있다.

인공지능은 양질의 지식을 무한대로 복제해 사용하는 것이 가능해짐에 따라 자동차(자율주행차), 금융(로보어드바이저), 의료(의료 자문), 유통(수요 예측), 개인용 로봇등 광범위한 분야에서 과거에는 구현할 수 없었던 제품/서비스들이 실용화될 전망이다.

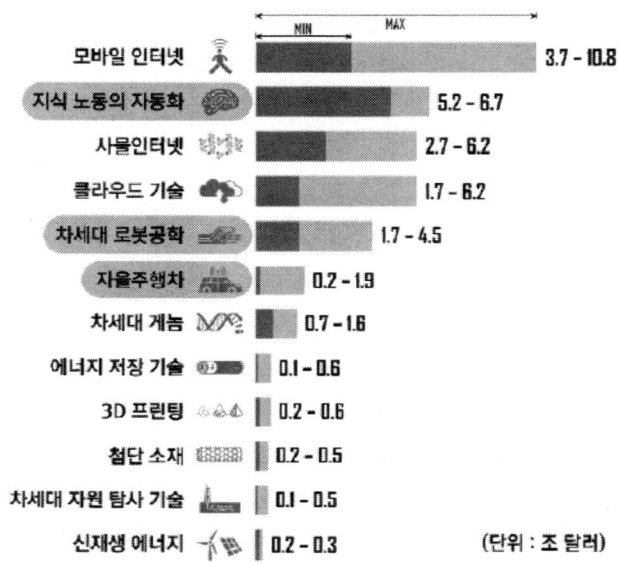

[그림 4-67] McKinsey 선정 12개 파괴적 혁신 기술의 2025년 잠재적 경제 효과

또한 인공지능은 개인·가정·기업·사회에 광범위한 파급 효과를 유발할 것이며, 인간 삶의 방식을 근본적으로 변화시킬 것으로 기대하고 있다. 컨설팅 업체 McKinsey는 2025년까지 인간의 삶, 기업, 경제를 변화시킬 12개 파괴적 혁신 기술들을 소개하면서, 인공지능(지식 노동의 자동화)을 2번째로 영향력이 큰 기술로 선정하였고, 인공지능의 범주에 포함되는 로봇과 자율주행차도 각각 5위, 6위로 선정하였다.

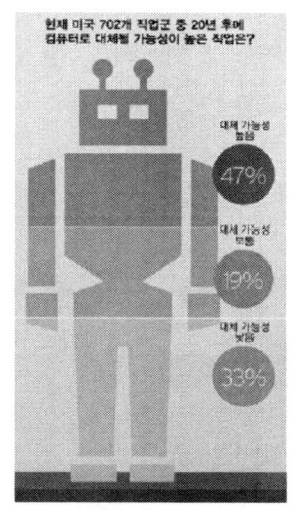
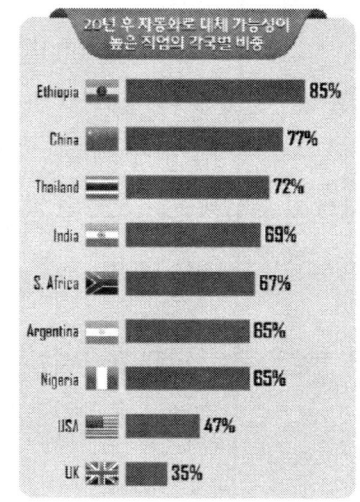

(가) 미국 일자리의 자동화 대체 가능성   (나) 세계 각국 일자리의 자동화 대체 가능성

* 자료: CiTi GPS & Oxford Martin School (2013, 2016)

[그림 4-68] 20년 후에 자동화(인공지능)으로 대체될 위험에 관한 연구 결과

McKinsey는 인공지능을 통한 '지식 노동의 자동화'로 2025년 연간 5조 2000억에서 6조 7000억 달러의 잠재적 경제 효과가 있을 것으로 예측하였다. 투자은행 Bank of America는 로봇과 인공지능을 사용함으로써, 많은 산업에서 30% 가량 생산성이 향상되고, 제조 노무비가 18~33% 절감될 것이라고 전망하고 있다.

- 2013년 Oxford 대학 Martin School 연구진은 자동화와 기술의 발전으로 20년 이내 현재 미국 직업 중 47%가 사라질 가능성이 높다고 지적
- 2016년 세계경제포럼은 세계 고용의 65%를 차지하는 주요 15개국에서 2020년까지 200만개의 일자리가 생겨나지만 710만 개의 일자리가 사라지면서, 결국 510만 개의 일자리가 줄어들 것으로 예상
- Oxford 대학 Martin School은 2016년 추가 연구 결과를 내놓으며, 인공지능으로 인한 일자리 감소가 선진국보다 개발도상국에서 더 심각하게 발생할 것으로 전망

구글의 미래학자 '커즈와일'의 8대 미래 예측 중 몇 가지를 소개하면,

- 2030년대엔 '나노봇'이 뇌에 이식된다.

  오는 2030년대가 되면 '나노봇(Nanobots)'이 인간의 뇌에 이식되고 이를 통해 인간의 뇌는 클라우드에 연결된다. 신경계 내부에 들어간 나노봇은 우리들에게 가상현실(VR) 경험을 통해 완전한 몰입감을 제공한다. 뇌의 '신피질(neocortex)'이 클라우드에 확장되면서 우리는 영화 '매트릭스'와 같은 가상 공간에서 살 수 있게 된다. 인간의 생각이나 기억을 저장할 수 있고, 이는 인간의 논리적 지능과 감성 지능을 확대시켜 줄 것이다.

- AI로 부활한다.

  인공지능 기술을 활용해 죽은 아버지를 되살릴 수 있다. 2030년대가 되면 사랑하는 사람의 뇌에 나노봇을 넣어 기억을 추출할 수 있다. 죽은 자의 기억을 DNA샘플링 기술과 결합해 죽은 사람의 가상 버전을 만드는 게 가능해진다.

- 특이점이 온다

  오는 2045년 인공지능이 생물학적인 진화를 추월하는 순간이 온다. 특이점이 오면 인공지능의 컴퓨팅 파워는 인간의 지능보다 10억배 정도 높아질 것이다. 그러나 지식 노동의 자동화는 필연적으로 인간의 일자리 박탈 문제를 야기하기에, 다음과 같이 2016년 세계경제포럼(WEF)에서도 중요한 글로벌 경제 현안 사항으로 대두될 것으로 예상하고 있다.

2. 국내외 인공지능 시장 및 업계동향

① 인공지능 시장 동향

- 시장 구분

  인공지능 관련 시장은 크게 하드웨어와 소프트웨어로 양분할 수 있다. 하드웨어 시장은 Business to Business(B2B) 영역으로 인공지능 작업을 수행하는 CPU 영역이다. 일반적으로 컴퓨팅 칩의 제조에는 고도의 숙련과 규모의 경제가 요구된다는 점에서 신규 진입자보다는 기존 사업자에게 유리한 시장으로 볼 수 있다.

〈표 4-30〉 인공지능 시장 구분

하드웨어		소프트웨어	
B2B	B2B2C	B2B	B2C
인공지능작업을 수행하는 CPUs 설계 및 제조	인공지능작업을 수행하는 APIs / Platform 제공	기업에게 인공지능 SW를 SaaS 방식으로 판매	서비스 정확성 향상을 위한 기능을 최종 소비자에게 제공
TeraDeep, Intel, IBM, Qualcomm, ARM, Samsung, Nvidia	MetaMind, IBM Wasson, Microsoft Azure, Amazone Web Service, Google Cloud Platform, Clarifai, Facebook(Wit.ai)	Haiku Deck(생산성), Thoughtly(리서치), Zephyr(헬스), Celect(소매), Kasisto(Finance)	Facebook Google Microsoft Apple(siri) Baidu Amazone Twitter(Madbits)

기술적으로는 GPU 효율성 개선 및 뉴로모픽칩 디자인이 주목을 받고 있다. 한편, 인공지능을 채용하고 있는 응용제품까지 확대할 경우 하드웨어 영역은 더욱 폭넓게 재정의 되어야 할 것이다. 한편, 인공지능 소프트웨어 시장은 3가지로 세분화될 수 있다. 첫 번째는 Business to Business to Customer(B2B2C) 영역으로 인공지능 기능을 APIs나 플랫폼 형태로 제공하는 Platform as a Service(PaaS) 비즈니스 성격을 갖는다. Google, Microsoft, IBM, Amazon, Facebook 등은 이 분야에 대한 자체 개발전략과 함께 역량있는 스타트업 인수 전략도 활발히 추진하고 있다.

두 번째는 기업의 니즈에 따라 다양한 인공지능 툴을 제공하는 인공지능 SW 관련 B2B시장이다. 인공지능 SW는 통상적으로 월정액을 부과하는 Software as a Service(SaaS) 방식으로 제공되며, SW의 형태는 기능 중심(판매, 마케팅)이나 서비스 중심(컴퓨터 비전, 자연어처리, 예측분석)에 따라 범주화될 수 있다. 세 번째는 최종소비자를 대상으로 하는 인공지능 Business to Customer(B2C) SW영역은 주로 검색, 통역, 콘텐츠 필터링, 음성인식, 영상광고와 같은 서비스 정확도를 개선하는 데 사용된다. 주로 기업들의 경쟁은 광고서비스에서 크게 발생하고 있다.

• 산업 활용분야

인공지능 기술은 독립된 제품보다는 다른 응용기술이나 사업에 접목되어 제품 경쟁력을 제고시키고 다양한 신산업을 창출하고 있다. 산업적 관점에서 보았을 때 인공지능은 인지, 학습, 추론 등 인간의 사고능력을 모방하는 인공지능 관련 기술을 접목해 제품 및 서비스 경쟁력을 제고시키는 산업을 포괄한다.

[그림 4-69] 인공지능 주요산업 분야

거의 모든 분야에서 직면하는 다양한 문제를 해결하기 위해 인공지능 기술이 이용되고 있어서 현시점에서 인공지능의 산업적 영역을 명확히 규정하는 것은 불가능하다고 볼 수 있다.
Tractica(2015)는 인지컴퓨팅, 기계학습, 딥러닝, 자연어 처리, 영상 및 대화인식 등의 인공지능 기술이 활용되는 산업분야를 광고, 소매, 미디어, 투자, 농업, 교육, 헬스케어, 소비자 금융, 자동차, 제조, 데이터 스토리지, 메디컬 진단, 법률자문 등으로 제시하였다.

이를 토대로 [그림 4-69]과 같이 인공지능 활용 산업 분야를 IT, 헬스케어, 농업/에너지, 무인기기(자동차, 항공, 로봇 등을 포괄), 지식서비스로 구분하고, 분야별 특성을 정리하면 다음과 같다. 첫째, IT 분야에서는 SW나 솔루션 형태에서 시스템적 접근을 위한 물리계층에 적용되는 기술을 통한 상용화가 추진되고 있다. 여기에는 GE의 Predix, IBM 왓슨, 삼성전자의 S보이스, Microsoft의 Cortana, Intel의 뉴로모픽칩, Facebook의 딥러닝 기반 이미지 분석, Google의 인공지능 맨하튼 프로젝트 등이 해당된다.

둘째, 헬스케어 분야의 경우 의료 데이터 수집, 제공, 분석 및 신약개발에 인공지능 기술이 활용되고 있다. 특히, 스타트업 중심으로 인식성능 향상이나 이미지 분석 서비스 제공 등 기술 자체에 대한 플랫폼을 제공하고 있다. 여기에는 AiCure, Next IT, Diotek, Lunit 등이 해당된다.

셋째, 농업/에너지 분야에서는 기상 및 지리 정보나 사례기반 추론을 통해 위험과 비용을 최소화하고 문제해결을 위한 의사결정 수행에 활용되고 있다. 이 분야도 스타트업 중심으로 빅데이터 분석과 머신러닝 알고리즘을 이용한 인공지능 솔루션이 개발되고 있다. 주요 기업으로는 Monsato, Verdande Tech, The Climate Corporation 등이 있다. 넷째, 무인기기 분야는 가장 광범위하고 고도의 인공지능 기술이 집약된 분야로 신산업, 신성장의 패러다임을 가져올 전망이나 인공지능 기술이 확산되기 위해서는 사회제도 및 문화 조성이 선결과제로 지적되고 있다. 여기에 해당되는 기업에는 Google, 현대자동차, Apple, 3D Robotics 등이 있다.

다섯째, 지식서비스에서는 인공지능 기술이 교육, 금융, 법률, 광고, 유통 등 다양한 영역에 걸쳐 빠르게 적용되고 있다. 특히, '지식 노동의 자동화'로 사회적, 경제적 파급효과가 가장 큰 분야로 지적되고 있다. 이 분야의 대표적 기업에는 SmartZip, Cursera, Saithru, Lex Machina, Narrative Science, Bloomberg 등이 있다. 마지막으로 공공분야에서 인공지능 기술은 공공서비스의 질적 향상을 통한 안전한 사회 및 편리한 사회 건설을 위해 필요성이 증대되고 있다. 여기에 미국 뉴욕시의 최첨단 범죄정보시스템인 Domain Awareness System(DAS), Bosch Security System의 동작감시, 침입감지시스템에 특화된 Intelligent Video Analysis(IVA) 시스템, 지능형 영상인식 기능이 탑재된 Objectvideo의 온보드(Onboard) 등이 대표적 사례에 해당된다.

- **국외 시장 동향**
  - **미국**

미국은 세계 최고의 기술력을 바탕으로 인공지능을 다양한 산업으로 사업화하는 한편, 인공지능을 차세대 컴퓨팅 플랫폼으로 육성하려는 전략을 추진하고 있다.

IBM·Alphabet·Microsoft·Facebook·Apple·Amazon 등 미국의 대표 IT 기업들은 현재 인공지능을 기존 제품/서비스의 부가가치를 높이는 용도로 상용화를 추진 중에 있으며, 이들 미국 기업들은 인공지능을 단지 기존 제품/서비스의 성능 향상 용도로만 사용하는 데 그치지 않고 앞으로 차세대 IT 플랫폼의 핵심 기술로 육성한다는 계획을 가지고 있다.

- IBM : 세계 최고의 자연어 처리 인지 컴퓨팅 플랫폼 "왓슨(Watson)"
  - IBM은 자연어 형식의 질문들에 답할 수 있는 인공지능 컴퓨터 시스템 왓슨을 2013년부터 본격 상용화하며 업계를 선도
    - IBM은 2005년부터 인지 컴퓨팅 시스템 개발을 시작해 IBM 창사 100주년을 맞은 2011년 2월 미국의 TV 퀴즈쇼 '제퍼디(Jeopardy)'에 출연, 74회 연속 우승자 Ken Jennings를 꺾고 우승을 차지로 그 존재를 세상에 공표
    - 왓슨에는 자연어 처리, 가설 생성과 검증, 기계학습 등의 기술이 포함되어 있는데, IBM은 자연어 기반의 정형/비정형 데이터 처리에 있어 세계 최고 수준의 기술을 보유
    - 왓슨은 1초에 80조 번에 이르는 연산 및 1초에 책 100만 권 분량의 데이터를 이해하고 분석할 수 있는 능력을 갖췄으며, 현재 영어로 된 자료를 자동 검색해 현지인처럼 이해할 수 있고, 사람의 말을 이해하는 것을 넘어서 질문하는 사람의 생각·상황·감정까지 추론
    ※ 2015년까지 일본어 학습이 완료 되었고, 스페인어·포르투갈어·이탈리아어 등도 학습 예정
  - IBM은 자연어 형식의 질문들에 답할 수 있는 인공지능 컴퓨터 시스템 왓슨을 2013년부터 본격 상용화하며 업계를 선도
    - IBM은 2005년부터 인지 컴퓨팅 시스템 개발을 시작해 IBM 창사 100주년을 맞은 2011년 2월 미국의 TV 퀴즈쇼 '제퍼디(Jeopardy)'에 출연, 74회 연속 우승자 Ken Jennings를 꺾고 우승을 차지하며 그 존재를 세상에 공표
    - 왓슨에는 자연어 처리, 가설 생성과 검증, 기계학습 등의 기술이 포함되어 있는데, IBM은 자연어 기반의 정형/비정형 데이터 처리에 있어 세계 최고 수준의 기술을 보유
    - 왓슨은 1초에 80조 번에 이르는 연산 및 1초에 책 100만 권 분량의 데이터를 이해하고 분석할 수 있는 능력을 갖췄으며, 현재 영어로 된 자료를 자동 검색해 현지인처럼 이해할 수 있고, 사람의 말을 이해하는 것을 넘어서 질문하는 사람의 생각·상황·감정까지 추론
    ※ 2015년까지 일본어 학습이 완료 되었고, 스페인어·포르투갈어·이탈리아어 등도 학습 예정
  - 왓슨은 클라우드 기반으로 의료·금융·유통·교육 등 다방면에 활용
    - IBM은 2013년 5월부터 왓슨 API를 외부 개발자에게 개방해 현재 전 세계 36개 국가에서 400개 이상의 기업·단체와 77,000여 명의 개발자가 온라인으로 왓슨에 접속해 인공지능 기술을 이용 중
    - 왓슨이 최초로 도입된 분야는 의료업계로, 미국 메모리얼 슬론 케터링 암센터(MSKCC)를 비롯한 14곳의 세계적인 의료기관들과 협력해 많은 시간이 소요되는 암 진단, DNA 분석, 의학정보 수집 등에 활용
      ☞ MSKCC가 암 진단에 왓슨을 활용한 결과, 상당수 암 진단에서 90% 이상의 정확도를 시현
    - 금융 분야에서도 적용 사례가 늘고 있는데, 호주뉴질랜드은행(ANZ)과 싱가포르 DBS는 개인 투자자문 서비스에, 남아공 Ned Bank는 소셜미디어 데이터 모니터링에, 일본 Mizuho 은행은 콜센터 고객 서비스 개선에 왓슨을 도입
    - 일본 이동통신 사업자 SoftBank는 자사 로봇 Pepper가 인간처럼 사고할 수 있도록 왓슨을 Pepper와 연동하였으며, 현재 판매량은 1만 대를 초과
  - 인간의 뇌 구조를 모사한 뉴로모픽칩 '트루노스(TrueNorth)'도 개발

- 2014년 8월 IBM은 인간의 뇌 구조를 모방한 뉴로모픽칩 '트루노스'를 발표하였는데, 공장 생산이 가능한 형태로 뉴로모픽 반도체를 만든 것은 IBM이 처음
- 뉴로모픽칩이란 인간 뇌의 구조를 모사한 반도체로, 데이터 저장과 처리 요소를 동일한 모듈 안에 통합해 에너지 소비를 줄이고 연산 능력은 증가시킬 수 있는데, 트루노스 CPU는 54억 개의 트랜지스터를 내장한 4,096개의 뉴로시냅틱(Neurosynaptic) 코어를 통해 26억 5,600만 개의 전자 시냅스를 가지고 있으며, 사용되는 전력은 70mW에 불과

- 구글 : 검색회사를 넘어 인공지능 회사를 지향
  - 구글의 Alphabet은 2012년부터 다수의 인공지능 스타트업들을 인수하거나 우수 인재를 영입하여 인공지능 기술 역량을 강화
    * 미래학자 Ray Kurzweil, 딥 러닝 창시자 Geoffrey Hinton 교수, DeepMind Demis Hassabis 등
    - 인공지능 인수합병 * 사례들을 통해 Alphabet이 확보하고자 하는 인공지능 역량을 유추할 수 있는데, Alphabet이 인수한 업체들은 이미지 인식, 자연어 처리, 기계 학습, 로보틱스 분야에 집중
  - Alphabet은 인공지능을 자사의 핵심역량 강화 수단을 넘어, 차세대 컴퓨팅 플랫폼 기술로 육성하려는 전략을 추진
    - Alphabet은 현재 구글 번역, 구글 포토, 구글 나우(음성 검색), 구글 지도, 지메일, 구글카, 구글 플러스, 구글 클라우드 등 다양한 자사 서비스에 인공지능 기술을 탑재
    - 그러나 결국 Alphabet이 지향하는 것은 특정 서비스에 최적화된 인공지능이 아니라, 범용 플랫폼으로 진화하여 안드로이드처럼 인공지능 생태계를 구축하는 것
  - Alphabet은 자사의 2세대 기계학습 오픈소스 라이브러리 '텐서플로(Tensor Flow)'를 공개했는데, 이는 앞으로 펼쳐질 인공지능 플랫폼 시장을 선점하고 방대한 데이터를 모으기 위한 전략의 일환
    * 플랫폼에 참여하는 개발자/기업이 늘어날수록 향후 시장 주도권을 쥘 수 있기 때문

- 마이크로소프트 : 인공지능 기술로 대화형 차세대 플랫폼 개발에 역점
  - 마이크로소프트는 인간 언어를 이해하는 대화형 차세대 컴퓨팅 플랫폼 개발 계획 발표
    - Microsoft CEO Satya Nadella는 최근 개최된 Build 2016 행사에서 "앞으로 인간 언어를 이해하는 컴퓨팅 시대가 도래 하면서, 키보드와 마우스가 사라지고 '대화'가 사람과 기계의 상호작용을 위한 핵심 사용자 인터페이스가 될 것이다."라고 전망
    - Microsoft는 인공지능이 단순히 어휘나 문장의 의미를 인식할 뿐 아니라 맥락과 상황까지 감안해 반응할 수 있도록 개발한다는 계획이며, 자사 3대 플랫폼인 윈도·오피스·애저는 물론, 스카이프·인터넷익스플로러·엑스박스·홀로렌즈·윈도폰 등 다양한 플랫폼에서 사용 가능하도록 한다는 계획
  - 개인비서 또는 채팅봇 서비스는 궁극적으로 차세대 운영체제로 진화할 전망
    - 차세대 컴퓨팅 플랫폼이 대화형 플랫폼으로 진화하게 되면, 현재 개인비서 서비스나 지능형 채팅봇 서비스가 영화 'er'와 유사하게 플랫폼의 핵심 역할을 하게 될 전망
    - Microsoft는 2014년 개인비서 서비스 '코타나(Cortana)'를 출시하고, 2014년 말 중국에서 웨이보 기반 자연어 채팅봇 서비스 '샤오빙(小氷, Xiaoice)'을 개시했으며, 2016년 3월 트위터 기반 인공지능 채팅봇 서비스 '테이(Tay)'를 공개
      * 테이는 막말과 욕설 등의 파문이 일자 서비스 개시 후 16시간 만에 서비스 중지
  - 이미지 인식, 실시간 번역에서도 경쟁사 대비 우수한 기술력을 확보
    - Microsoft는 2014년 'roject Adam'이라는 기계학습 이미지 인식 프로젝트를 소개했는데, 2012년 Google이 고양이 이미지 인식에 선보인 딥 러닝 시스템12)에 비해 1/30에 불과한 컴퓨팅 자원을 사용하고도 50배 빠르며 이미지 인식율도 2배 정도 뛰어나다고 강조
    - Microsoft는 2015년 ImageNet 경진 대회13)에서 자사의 이미지 인식용 인공지능 시스템 'eep Residual Learning'을 사용하여 이미지 분류 에러율 3.5%, 위치식별 에러율 9%로 전년도 1위 Google을 제치고 1위를 차지

- Microsoft 'Deep Residual Learning' 시스템은 150개 이상의 레이어로 구성된 신경망을 훈련
  - Microsoft는 Build 2015에서 사진 속 인물의 성별과 나이를 측정하는 'owOldRobot'을, Build 2016에서 사진의 상황에 대해 설명하는 'aptionBot'을 공개하여 기술력을 과시
  - Microsoft는 스카이프 트랜스레이터를 통해 외국인과 실시간 영상/음성/문자 통역 기능을 지원하고 있으며, 음성통화의 경우 7개, 문자의 경우 50개 언어를 각각 지원
- 인공지능 기술 플랫폼 선점을 위해 관련 기술을 오픈소스로 공개
  - Microsoft는 개인비서 서비스 코타나와 스카이프 음성인식/번역 기술을 오픈소스로 공개한데 이어, 최근에는 딥 러닝 툴 킷인 CNTK(Computation Network Toolkit)와 분산 기계학습 툴 킷인 DMTK(Distributed Machine learning Tool Kit)도 공개

• Facebook : 인공지능으로 메신저 중심의 플랫폼 구축
- 9억 명의 사용자를 가진 Facebook 메신저에 인공지능 기술을 결합
  - 운영체제를 가지고 있는 Microsoft(윈도), Apple(iOS, OS X), Google(안드로이드)과 달리, Facebook은 운영체제를 기반으로 한 플랫폼을 가지고 있지 않으나, 대신 10억 명의 왓츠앱 가입자, 9억 명의 페이스북 메신저 가입자를 확보
  - Facebook은 최근 열린 F8 개발자 회의에서 메신저 플랫폼에 인공지능 기술을 결합한 '메신저 플랫폼'을 공개했는데, Facebook은 Facebook 메신저를 기업과 소비자를 연결하는 플랫폼으로 활용해 광고 외 수익모델도 구축하겠다는 강한 의지를 표명
    * 익스피디아, 버거킹, 뱅크오브아메리카, KLM, CNN 등 30개 업체와 제휴를 체결
  - 기업들이 메신저 봇을 손쉽게 구축할 수 있도록 클라우드를 통해 서비스가 제공되며, 기업들은 전자상거래, 자동 서비스 안내, 실시간 상담 서비스 등에 활용 가능할 전망
  - Facebook 역시 Alphabet, Microsoft와 마찬가지로 플랫폼 경쟁을 위해 인공지능 학습 서버 '빅서(Big Sur)'와 딥 러닝 모듈 'orch'를 개발자들에게 오픈소스로 공개
- Facebook은 메신저 플랫폼에 필요한 이미지 인식, 음성/문자 인식 관련 인공지능 기술들을 주로 인수
  - Facebook은 2014년 Yann LeCunn 뉴욕대 교수와 함께 딥 러닝 기술을 적용해 사람 얼굴을 97.25%의 정확도로 인식하는 'eep Face'라는 얼굴인식 알고리즘을 개발하였는데, 이는 사람의 얼굴 인식률(97.53%)에 버금가는 수준
  - 2015년에 인수한 자연어 처리 기술 업체 Wit.ai는 메신저 플랫폼의 핵심 기술이 되었고, 앞으로 얼굴/동작 인식 등의 영상 인식 기술도 서비스에 추가될 것으로 기대

• Apple : 고객 사생활 보호와 인공지능 개발 사이에서 고심
- Apple은 자사의 고객 사생활 보호 정책에 준해 인공지능 기술 개발을 추진
  - 팀 쿡 Apple CEO는 2014년 9월 자사 홈페이지에 "pple은 명백히 사용자 정보를 이용한 마케팅에 반대한다."는 사생활 보호 정책을 제시
  - 따라서 Apple은 iCloud보다 iPhone에 담긴 데이터를 중심으로 데이터 분석을 할 수 밖에 없기 때문에, 고객의 사생활을 보호하면서 인공지능으로 사용자의 편리성을 높이는 방법이 무엇이냐를 고민해야 하는 것이 Apple의 기술적 난제
- Apple은 개인비서 서비스에 얼굴/음성 인식 기술을 추가해 고도화 추진
  - Apple 인공지능 기술의 핵심은 개인비서 서비스인 Siri로, Apple은 음성 대화를 보다 자연스럽게 만드는 자연어 처리 기술 업체 VocalIQ, 스마트폰 사진 분류 기술 업체 Perceptio, 안면 근육 움직임을 분석해 감정을 추정하는 기술 업체 Emotient를 최근 인수
  - Apple은 스마트폰에 이러한 인공지능 기능을 내장하여 외부 데이터 의존도를 낮추는 것을 목표로 연구를 진행 중

• Amazon : 스마트홈 사물인터넷 생태계의 허브로 인공지능을 활용
- Amazon은 핵심 사업에 인공지능(빅 데이터 분석) 기술을 적극 활용

- Amazon은 고객들의 구매 패턴을 분석해 관심 제품을 추천하는 서비스를 제공하고 있는데, Amazon 매출에서 이러한 추천 서비스의 비중이 1/3이 넘는 수준
- 여기서 한 발 더 나아가, Amazon은 이전 구매 이력, 검색 키워드, 위시리스트, 쇼핑 카트 목록 정보를 이용해 언제 어느 지역 사람들이 어떤 제품을 많이 살지를 예측하고 미리 재고를 확보해서 해당 고객 거주지 인근 물류 창고나 배송 트럭으로 이동시키는 이른바 '선행 배송 시스템(anticipatory shipping)'을 도입할 예정
- 또한 물류센터에서 인건비를 절감하고 작업 효율을 높이기 위해 'iva'라는 물류 로봇을 15,000대 이상 도입하여 9,900억 원에 달하는 인건비를 절감
- 비록 규제로 아직 서비스는 제공하지 못하지만 드론을 이용한 택배 서비스도 계획하고 있으며, 최근 자사 드론(프라임 에어) 관련 인공지능 특허들을 출원
- 음성 인식 개인비서 서비스 '알렉사'로 스마트홈 사물인터넷 생태계 선점 노려
  - Amazon은 2015년 음성 인식 개인비서 서비스인 '알렉사(Alexa)'를 탑재한 스마트 스피커 'cho'를 180달러에 출시한데 이어, 최근에는 휴대용(Amazon Tap) 및 콤팩트(Amazon Dot) 버전도 개발해 각각 140달러, 90달러에 출시
  - 7개의 마이크를 내장해 사용자는 소음이 있는 환경에서도 6~7m 거리에서 음성 명령을 내릴 수 있고, 스트리밍 음악 서비스를 이용하거나, 뉴스·날씨·잔고확인·피자주문 등 알렉사 API를 통해 서비스를 제공하는 업체와 연계해 간단한 질문과 상품 주문이 가능
  - Amazon은 음성 인식 개인비서 서비스 알렉사를 스마트홈 사물인터넷의 허브로 보급해 시장을 선점한다는 전략

- 일본

전통적 로봇 강국인 일본은 인공지능 분야 가운데 특히 로봇에 집중하고 있으며, '아톰', '도라에몽' 등 일본 애니메이션에서 볼 수 있듯이, 혼다자동차의 '아시모(ASIMO)', 소니의 '아이보(AIBO)', 소프트뱅크의 '페퍼(PEPPER)' 등과 같이 일본인들은 인공지능의 형태로 로봇을 선호하고 로봇을 인간의 친구처럼 여기는 경향이 다른 나라보다 강한 편이다.

또한 일본 정부는 2015년 1월 저출산 고령화로 인한 생산 인력 부족 및 생산성 향상에 대응하기 위해 제조업뿐만 아니라 의료·간호·건설·농업 등 사회 각 분야에 로봇을 적극 활용하는 '로봇 新전략'을 발표하였다.

한편 일본 특허청에 따르면, 우리나라는 '언어이해 분야'와 '미디어이해 분야'를 제외하고 비교대상 국가들 대비 인공지능 산업화 수준이 뒤처지는 것으로 평가하고 있다.

〈표 4-31〉 주요국의 인공지능 기술 산업화 동향

국가	지능 시스템의 기초		언어 이해 분야		미디어 이해 분야		종합적 인공지능 분야		총 점	
	현재	추세	현재	추세	현재	추세	현재	추세	현재	추세
미국	●	↗	●	→	●	↗	●	↗	●	↗
EU	◐	↗	◐	→	●	↗	◐	↗	◐	↗
일본	◐	↗	◐	→	●	↗	◐	→	◐	→
중국	◑	↗	●	↗	◐	↗	◐	↗	◐	↗
한국	◐	↗	◐	→	◐	↗	◑	→	◐	→

* 산업화 수준의 크기는 ● 〉 ◐ 〉 ◑ 〉 ◔
* '지능 시스템의 기초'란 기호처리/탐색/논리/지식표현/추론/기계학습/데이터마이닝 등에 관련된 기술을 뜻하며, '종합적 인공지능 분야'란 인공지능 기초 분야나 언어 이해 분야, 미디어 이해 분야의 기술을 통합하고 실현할 수 있는 통합적 기술을 의미
* 자료 : 일본 특허청

· 중국

2016년 3월 중국은 전국인민대표대회와 전국인민정치협상회의를 뜻하며 국가 중대업무를 토론하고 법을 제정하며 예산을 결정하는 중국최대정치행사인 양회(兩會)에서 '13차 5개년 계획 (2016년~2020년)'을 통해 인간과 로봇의 상호 작용을 위한 인터넷 플랫폼을 확보하겠다고 발표하였다.

중국어는 문자 체계 특성으로 인해 타자를 치는 것보다 음성 인식이 더 효율적이기 때문에, 음성 인식의 활용도가 다른 국가들보다 높은 편이고 Baidu 검색의 10%가 음성 검색이다. 이중 바이두(百度), 소우고우(搜狗), QQ, iFLY(讯飞), 츄바오(触宝)의 음성 인식률은 95% 수준이다.

중국 IT 기업 중에 Baidu·Alibaba·Tencent 등이 특히 인공지능 기술에 적극적으로 투자하고 있는데, 그 중에서도 Baidu는 음성인식, 영상인식, 개인비서 서비스, 자율 주행차 등 Alphabet과 유사하게 다양한 분야에서 인공지능 기술을 개발 중 이다.

- Baidu : Google에 도전하는 중국 인공지능 연구의 자존심
  - Baidu는 Google에 필적하는 세계 최고 수준의 음성 인식, 영상 인식기술 개발
    - Baidu는 2014년 3억 달러를 투자해 미국 캘리포니아에 심층학습연구소(IDL)를 설립하고 스탠포드 대학 Andrew Ng 교수를 비롯해 연구원 200명을 영입해 딥 러닝, 이미지 및 음성 인식 기술 개발에 박차
    - Baidu는 2014년 자사가 개발한 인공지능 슈퍼컴퓨터 Minwa에 딥 러닝 알고리즘을 구현해 컴퓨터 비전 시스템 'eep Image'를 구축하였는데, 이미지 인식률 94.02%를 달성해 Google의 93.34%를 능가
      * 中 베이징 Baidu 본사에 있는 딥 러닝 슈퍼컴퓨터 Minwa는 1초에 4조 번의 연산을 수행
    - 2015년 11월 Baidu 실리콘밸리 연구소는 2014년 개발한 음성 인식 엔진 'eep Speech'의 정확도를 개선한 'eep Speech 2'를 발표하였는데, MIT Technology Review는 2016년 10대 혁신 기술 중에 하나로 Baidu의 Deep Speech 2 선정
      * 시끄러운 주변 소음이나 다양한 사투리에 관계없이 음성을 인간보다 정확하게 인식
    - 수천 개에 달하는 중국어 문자 체계 특성으로 인해, 중국인들은 소리 나는 대로 라틴 문자를 입력하면 한자로 바꿔주는 병음(拼音) 입력 체계를 사용해야 하는데, IT에 친숙하지 않은 50세 이상 고령자나 어린이, 타이핑을 불편해하는 사람들은 보다 간편한 음성 인식을 선호
      * 모바일 검색 방법에 있어, 음성검색(39%, 복수응답)이 키보드입력(32%, 복수응답)을 추월
  - 음성/영상 인식 이외에도 개인비서 서비스, 자율주행차 등 인공지능 활용 범위를 넓히며 Google과 경쟁
    - Baidu는 2015년 9월 8일 중국 베이징에서 열린 2015 '바이두 세계대회'에서 개인비서 서비스 앱 '두미(度秘, Duer)'를 공개
    - 두미는 음성 인식으로 식당 예약, 음식 배달 주문, 영화 티켓 예매 등 간단한 서비스를 수행할 수 있는 가상 로봇으로, 앞으로 서비스 영역을 교육·헬스케어·가사로 확대하고 로봇 버전으로도 개발될 예정
    - Baidu는 BMW와 협력해 2015년 중국 베이징 시내 도로와 고속도로를 포함해 총 30km 거리를 자율주행차로 주행하였고, 2016년에는 미국에서도 시범 주행을 실시하였으며, 이어 창양 창업캠퍼스(Chang Yang Campus)에서 L4 자율주행버스 "아폴로(Apollo)" 테스트를 진행하고 있으며, 2018년 9월18일에는 정식 운행에 돌입할 예정이라고 중국언론은 보도했다. L4급은 정해진 구역내에서 운전자 개입없이 자동화된 운전을 수행할 수 있는 단계로 "완전한 자율 주행"으로 불리는 L5급에 앞서 사실상의 자율주행단계로서 세계 각국의 상용화 시도가 이어지고 있다.(ZDNet Korea, 201년 9월14일 보도자료)

③ 국내 시장 동향

국내시장동향은 2015년 정보통신기술진흥센터에서 실시한 국내 인공지능(AI) 실태조사를 바탕으로 정리하였으며 그 내용은 다음과 같다.

- 조사방법 : 정보통신기술진흥센터에서 수행하는 R&D 과제 중 인공지능 과제를 선별하여 과제 책임자들에게 설문 실시하였으며, 업계 전문가 및 기사 검색을 통하여 설문확대 실시
- 조사내용
  · 우리나라의 인공지능은 정부 R&D 과제 및 일부 대기업의 투자를 바탕으로 최근들어 적극적으로 실시하고 있다.
    - 네이버, 카카오(다음 카카오), SK 텔레콤 등이 대형 자금을 바탕으로 본격적인 연구를 시작하였으나 기간이 길지 않고 일부 서비스를 시작하는 수준에 불과
      * 2012년에 설립된 네이버랩스가 1,000억 투자를 발표했고, SK 텔레콤이 인공지능 플랫폼과

SW 개발 및 출시를 예정하고 있으며, 앤씨 소프트는 AI 랩을 신설하였으나 게임 분야에 한정
- 정부과제 및 투자를 바탕으로 일부 스타트업 기업들이 작지만 활발하게 연구가 이루어 지고 있고, 대학 및 연구소는 ETRI와 KAIST를 중심으로 진행
  * KAIST 출신의 루닛(구 클디), 엑소 브레인 참여기관인 솔트룩스, 의료관련 기업인 디오텍 등이 정부 R&D 과제 및 투자 유치를 통한 본격적 연구 및 제품 개발에 집중
  * 투닛은 소프트뱅크벤처스를 통해 20억 투자를 유치하였으며, 디오텍, 뷰노코리아, 마인즈랩 등은 의료 분야에 특화된 기술 및 서비스 개발 중
  * 연구소와 대학은 ETRI와 KAIST를 중심으로 인공지능 연구가 진행되고 있으며, 자동 번역 프로그램 "지니톡"을 개발하는 등 조금씩 성과가 나오고 있음

· 우리나라 인공지능은 언어인지, 시각인지, 기계학습/딥러닝 위주로 수행하고 있다.
  - 국내인공지능현황을 분야별로 살펴보면 언어인지, 시각인지 분야가 압도적으로 많으며 이를 위한 기계학습/딥러닝이 같이 개발되고 있음
    * 대부분 정부과제에 의존하다 보니 결과물을 단기간에 가시화 할 수 있는 분야를 위주로 연구를 수행
  - 반면, 인지컴퓨팅, 슈퍼컴퓨타 등 대규모 투자 및 장기간 연구수행이 필요한 분야는 연구진행이 더딘 것으로 조사되어 R&D 과제의 쏠림 현상이 보임
· R&D 분야는 대기업들의 자체 개발과 중소·스타트업/연구소/학교 기반의 정부과제 2축으로 진행하고 있다.
  - 주요 연구기관으로는 정부과제를 바탕으로 ETRI와 KAIS를 꼽을 수 있으며, 그 외에도 대학별로 자체 연구센터 등을 살립하여 인공지능 분야를 연구 중
    * ETRI는 자동통역인공지능연구센터(음성인지 담당)와 SW 콘텐츠연구소(시각인지 담당)가 있고, 그 외에 전자부품연구원, 학국과학기술연구원(노공학) 등이 있음
    * 대학은 KAIST를 비롯하여 서울대, 포항공대, 숭실대 등 다양한 대학에서 인공지능 및 로봇 등을 집중적으로 연구해오고 있으며, 최근 광주과기원, UNIST 등 신임 교수들을 중심으로 인공지능, 빅데이터, 슈퍼 컴퓨터 연구에 집중
· 국내 인공지능관련 지원사업은 과학기술정보통신부가 원천기술을 담당하고 있고, 산업부(로봇 드론), 국통부(자율 주행차) 도 관련 융합기술 개발 등에 활용하고 있다.

- 엑소브레인의 경우, 2013년부터 인공지능분야 SW를 육성하기 위해 10년간 1,1070억을 투자하여 진행하는 과제
    * 딥뷰 과제는 SW 지원사업의 일환으로 대규모 시각지능 플랫폼 개발을 지원하며 인공지능 기술을 포함하고 있음
    * 그 외에도 인력지원인나 융합과제 등으로 인공지능관련 분야에 집중
- SW R&D 전체 예산(2,017억) 중 380억원을 인공지능 관련 분야에 집중

3. 인공지능 기술동향

① 인공지능 발전 과정

인공지능 기술은 인간의 지각, 추론, 학습 능력 등을 컴퓨터 기술을 이용하여 구현함으로써 문제해결을 할 수 있는 기술로, 지능형 금융 서비스, 의료 진단, 법률 서비스 지원, 게임, 기사작성, 지능형 로봇, 지능형비서, 지능형 감시 시스템, 추천 시스템, 스팸 분류 등 다양한 산업 분야에서 이미 널리 응용되고 있다.

[그림 4-70]에서 보는 바와 같이 작년 Gartner 발표에 따르면 최근 떠오르고 있는 첨단 기술 중 뇌-컴퓨터 인터페이스, 자연어 처리, 지능형 로봇, 머신 러닝 등을 비롯한 상당수가 인공지능 관련 본문 기술임을 알 수 있다. 1950년대 존 매카시, 마빈 민스키 등을 중심으로 진행된 다트머스 회의를 통해 처음 연구되기 시작한 인공지능 분야는 〈표 4-30〉에서 보는 바와 같이 그간 몇 번의 부침을 겪어 왔다. 하지만 최근 클라우드 컴퓨팅 및 빅데이터의 등장, 컴퓨팅 파워의 개선 및 네트워크의 활성화, 딥러닝 등 알고리즘 발전으로 기술력이 급성장하며 다시금 각광을 받기 시작하였다.

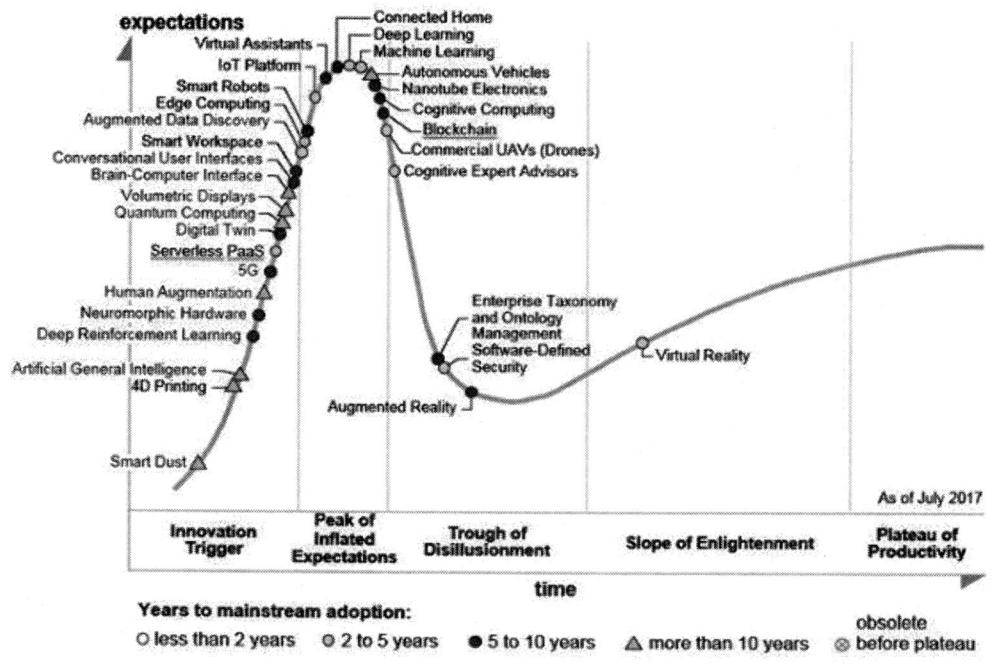

[그림 4-70] Hype Cycle for Emerging Technologies, 2018

특히 "두뇌" 대결을 펼치는 체스 게임과 제퍼디 퀴즈 쇼에서 각각 IBM의 딥블루(Deep Blue)와 왓슨(Watson) 컴퓨터가 인간 챔피언들을 상대로 우승한 사건은 인간의 고유 영역으로 여겨지던 "지능" 분야에서 인공지능 컴퓨터가 우세할 수 있다는 가능성을 일반인들에게 보여주는 계기가 되었다.

인공지능 기술의 눈부신 발달로 기술의 응용 영역은 급속하게 확대되고 사회적·산업적 필요성 역시 점차 구체화되고 있다. 우선 인공지능 기술은 소득수준 향상, 고령화 사회 도래 등의 영향으로 인간의 편의와 안전을 중시하는 인간중시 가치산업으로 부상하고 있다. 특히, 저출산, 고령화 등에 따른 생산인구 감소에 대한 사회적 비용을 감소시킬 수 있는 대안으로 제시되고 있으며, 지능형 로봇, 무인항공기 등의 발전을 통해 인간의 접근이 어려운 위험 지역에서 활용 가능성이 확대되고 있다.

1950년대 존 매카시, 마빈 민스키 등을 중심으로 진행된 다트머스 회의를 통해 처음 연구되기 시작한 인공지능 분야는 〈표 4-30〉에서 보는 바와 같이 그간 몇 번의 부침을 겪어 왔다. 하지만 최근 클라우드 컴퓨팅 및 빅데이터의 등장, 컴퓨팅 파워의 개선 및 네트워크의 활성화, 딥러닝 등 알고리즘 발전으로 기술력이 급성장하며 다시금 각광을 받기 시작하였다.

한편 금융, 교육, 유통업 등의 서비스 영역에서 인공지능은 일종의 질의응답·컨설팅 에이전트가 되어 상황에 따라 맞춤형 정보 및 서비스를 제공하며 서비스 지능화를 촉진시키고 있다.

〈표 4 - 32〉 인공지능 발전과정

발전과정	시기	주요내용
태동	1950년대~1970년대 초반	• 1950년 영국의 Alan Turing이 인공지능 관련 논문 'Computing Machinery and Intelligence' 발표 • 1956년 다트머스 회의에서 J. McCarthy가 '인공지능(Artificial Intelligence)'용어를 처음 사용 • 1967년 체스 프로그램 맥핵 vs 아마추어 드레이퍼스(AI 승) • 인공지능 전문가스스템에 관한 연구가 활발히 진행 • 컴퓨터 논리 알고리즘이 개발
진화와 발전	1980년대 초반	• 인공지능 추론개념, 뉴럴 네트워크, 퍼지이론 등 이론의 기초가 확립 • 상업적 데이터베이스 시스템의 개발 시작 • AI관련 R&D에 대한 정부보조금 투자가 활발해지기 시작
고도화	1990년대	• 1992년 IBM 딥블루 vs 체스 챔피언 카스파로프(인간 승) • 1997년 IBM 딥블루 vs 체스 챔피언 카스파로프(AI 승) • 1999년 SONY 애완용강아지로봇 AIBO 출시
완성과 증명	2000년대	• 2005년 인공지능 자동차가 사막에서 210km 자율주행 성공 • 2006년 독일 딥리츠 vs 체스 챔피언 그람니크(AI 승) • 2011년 IBM왓슨 vs 켄 제닝스와 브래드 루터 퀴즈대결(AI 승) • 2013/2014년 일본 벤처 헤로즈 vs 프로기사 5명 장기대결(AI 승) • 2013년 골프 로봇 제프 vs 세계 1위 맥길로이(인간 승) • 2014년 독일 아길러스 로봇 vs 탁구 챔피언 티모볼(인간 승) • 2015년 포커 프로그램 클라우디코 vs 프로 포커선수 4명(인간 승) • 2015년 구글 알파고 vs 유럽 챔피언 판우이 2단(AI 승) • 2015년 구글 알파고 vs 이세돌 9단(AI 승) • IBM 왓슨, MS 마담, 소프트뱅크 페퍼, 애플 시리, 페이스북 딥페이스 등 글로벌 IT 기업의 인공지능 제품 출시

더욱이 인공지능의 발달로 인해 문제 해결의 범위와 다양성이 확대되면서 인간 지능의 확장 효과로 컴퓨터 과학 등의 발전에도 큰 영향을 끼칠 것으로 예상되며, 인공지능 프로그램을 클라우드와 연결시킴으로 빅데이터와 인터넷의 효용성을 획기적으로 증대시킬 수도 있다.

[그림 4-71] 엑소브레인 추진단계

[그림 4-72] 딥뷰 추진단계

이러한 인공지능 기술은 현재 범정부 차원의 인공지능 R&D 정책에 수십억 달러의 규모에 해당하는 투자 지원을 하는 미국, EU 등의 선진국을 중심으로 활발히 연구되고 있다. 한편 국내의 경우, 과학기술정보통신부에서 엑소브레인, 딥뷰 등의 인공지능 기술개발 사업을 [그림 4-71], [그림 4-72]과 같이 KAIST, ETRI, 솔트룩스 등을 중심으로 추진 중에 있다.

〈표 4 - 33〉 기업 브랜드 가치순위

rank 2018	rank 2017	brand name	country	brand value (USD m)2018	% change	brand value (USD m)2017
1	3	Amazon	United States	150,811	42%	106,396
2	2	Apple	United States	146,311	37%	107,141
3	1	Google	United States	120,911	10%	109,470
4	6	Samsung	South Korea	92,289	39%	66,218
5	9	Facebook	United States	89,684	45%	61,998
6	4	AT&T	United States	82,422	-5%	87,016
7	5	Microsoft	United States	81,163	6%	76,265
8	7	Verizon	United States	62,826	-5%	65,875
9	8	Walmart	United States	61,480	-1%	62,211
10	10	ICBC	China	47,832	24%	47,832

* 출처 : Brand Finance Global 500f

산업계에서도 인공지능 기술의 새로운 가능성을 인식한 구글, 페이스북, 마이크로소프트, IBM 등이 기술의 선도적 위치를 차지하기 위해 적극적인 인재 영입과 더불어 기술 개발 등에 적극 투자하며 경쟁을 벌이고 있다. 예로, 구글은 딥러닝의 대가인 제프리 힌튼 교수를 영입하고, 딥러닝 전문 회사인 딥마인드 및 사진 인식 번역 기술을 보유한 워드 렌즈를 인수하였으며, IBM은 B2B 기업 컨설팅 지능 서비스 제공을 위하여 자사의 왓슨(Watson) 시스템을 강화하는데 주력하고 있다.

페이스북 역시 딥러닝을 통한 얼굴인식 프로그램 딥 페이스 등 많은 연구를 진행하고 있으며, 마이크로소프트는 음성 인식을 활용한 지능형 비서 코타나, 스카이프에서 활용 가능한 동시통역 기술 등을 선보였다. 한편, 이들 회사들 중 상당수는 최근들어 그 가치가 급상승했는데 특히 작년 기준, 기업 브랜드 가치의 세계적 순위 1~4위에 속하는 기업들이 인공지능 기술을 보유한 이들 기업임을 알 수 있다.

인공지능이 미래의 유망기술로 떠오르며 집중적인 투자와 연구개발이 이루어지게 되면서 IDC, 트랙티카, 맥킨지, 지멘스 등은 세계 인공지능 시장이 급속도로 증가할 것으로 전망하고 있다. 트랙티카는 기업용 인공지능 시스템 시장이 2015년 2억 달러 수준에서 2024년 111억 달러 규모로 연 평균 56.1% 급성장할 것으로 예측하였으며, 지멘스는 BCC 리서치 자료를 바탕으로 인공지능 관련 스마트 기계 글로벌 시장이 2024년 412억 달러 규모가 될 것으로 예측한 바 있다. 이처럼 빠른 속도로 증가하고 있는 인공지능 기술이 지닐 파급 효과에 대해 미리 살펴보고 이에 대한 사회적 제도적 대응 방안을 마련하는 것은 기술 발전을 위해서도 큰 의미가 있을 것이다.

② 인공지능 플랫폼 산업 동향

- 인공지능 플랫폼 개요

  그동안 R&D 영역에 머무러있던 인공지능 기술이 점차 실생활에 적용되어 현실적인 문제를 해결함에 따라 인공지능을 쉽게 사용할 수 있는 플랫폼 부상하고 있다. 인공지능 기술의 성공 요인은 빅데이터와 저렴한 HW의 보급, 인공지능 공개소프트웨어가 있으나 인공지능 기술을 활용하여 제품이나 서비스를 만들기 위해서는 여전히 높은 비용이 필요하다.

  구글 딥마인드의 AlphaGo 분산시스템의 경우 최대 CPU 1,920개, GPU 280개가 사용됐고, 시스템의 가격을 최소로 추정하여도 3~40억 원 수준이며, CPU 4소켓(32~64core 구성), GPU 8개 서버는 약 5천만 원 선이다. 딥러닝과 같은 인공신경망의 학습 효율을 높이기 위해서는 대용량 데이터가 필요하고, 신경망 구성에 대한 knowhow가 필수적이기 때문에 연구개발의 진입장벽이 존재하고 있다. 또한 양질의 데이터 확보, 관리, 분석 등에 대한 비용이 소요되고 딥러닝 활용 시 입력층의 구성(특징맵의 추출), 은닉층의 구조, 활성함수의 선택 등 경험적으로 정해야 할 요소가 상당히 많다.

  AI 플랫폼은 이러한 진입장벽을 낮춰 지능형 서비스나 제품에 쉽게 활용되는 기반을 마련하고 있다. 이미 검증된 자연어처리 기술을 플랫폼 형태로 활용하여 연구개발의 비용을 절감하고 신속한 제품 출시를 지원하고 있다. AI 플랫폼은 아이디어 실현을 위해서 가장 적합한 도구로써, 창업으로 바로 이어질 수 있는 기반을 가지고 있다. 글로벌 IT 기업은 AI 플랫폼을 활용하여 자신들만의 산업 생태계를 구축하기 위해 치열한 경쟁 중이다. Google의 경우 머신러닝 플랫폼을 클라우드 형태로 제공함으로써 AI 플랫폼 비즈니스모델을 운영하고 있으며, IBM Bluemix는 Watson에 탑재된 기술과 프로그래밍 환경을 제공하여 웹 서비스와 모바일 어플리케이션 개발을 지원하고 있다.

- 해외 인공지능 플랫폼 현황
  · Google 머신러닝 플랫폼

〈표 4 – 34〉 구글의 인공지능 플랫폼 서비스

구 분	내 용

Cloud Machine Learning Platform	• 대용량 정보를 효과적으로 학습할 수 있는 머신러닝 플랫폼
	  – TensorFlow로 개발한 코드를 바로 적용
	  – 인공신경망 학습 최적화 지원
	• 구글의 Cloud Data 플랫폼과 연동하여 학습 가능
	  – Cloud 형태의 서비스 제공으로 클러스터 제어에 대한 오버헤드가 적기 때문에 기계학습 모델링에 집중할 수 있음

Cloud Vision API	• 이미지 분석기술 제공
	  – 이미지에 있는 객체의 분류(수천가지의 카테고리)
	  – 얼굴 인식으로부터 감정 분석
	• 이미지를 텍스트로 설명, 이미지에서 텍스트 인식

Cloud Speech API	• 인공신경망 기술을 활용한 음성 – 문자 변환 • 음성인식을 통한 어플리케이션의 명령 – 제어 인터페이스 • 소음이 있는 환경에서 정확한 음성인식률 보장 • 음성 기록 기술
Google Translate API	• 웹사이트나 어플리케이션에서 직접 사용가능한 번역 API • 90여 개 이상의 언어지원 • 외국어 인식 : 문자를 보고 어떤 언어인지 인식

* 출처 : Google Cloud Platform에서 정리, https://cloud.google.com/products/machine-learning/

구글은 AI 검색알고리즘 RankBrain, 바둑 인공지능 프로그램 AlphaGo, 기계학습 오픈소스 소프트웨어 TensorFlow 개발 등 인공지능 분야의 선두주자이다. 최근 발표한 TPU(Tensor Processing Units)는 기계학습에 최적화된 연산처리장치로 구글은 세계 최대 규모의 데이터 센터 운영하고 있다. 구글의 머신러닝 플랫폼은 클라우드 서비스 형태로 이미 상용화 된 서비스이다. 주요 구성은 pre-trained model, 인공신경망 기반의 기계학습 플랫폼, 이미지검색, 음성검색, 번역 등을 제공하고 있다.

· IBM 블루믹스

<표 4-35> IBM Bluemix 플랫폼 서비스 예시

구 분	내 용

Watson	• 인지(Cognitive) 기능과 관련된 API
	• Watson에 탑재된 다양한 기능을 모듈로써 활용가능
	  - 자연어 처리 : 대화, 번역, 분류, 문장 분석, 어조 분석
	  - 음성-문자와 문자-음성 변환
	  - 기계학습 기반의 검색
	  - 시각 콘텐츠에서 객체 분류

Mobile!	• 어플리케이션 개발에 필요한 API 제공
	  - 푸쉬 알림, 백엔드 시스템 통신
	  - 음성과 메시징, VoIP를 통합한 의사소통 API
	• 유저 경험 분석 모듈
	  - 디바이스 이동에 대한 실시간 분석, 히스토리 분석

Data Analysis	• 빅데이터 분석 도구 지원(Spark, Hadoop, NoSQL) • 데이터베이스 관련 API - 풀텍스트 검색엔진, 그래프 데이터베이스 • 데이터 분석도구 : 예측 분석, 실시간 데이터 분석
Internet of Things	• 움직이는 물체에 대한 trajectory 분석 • 운전자 성향 분석(실시간) • IoT 장비 유지보수관리 플랫폼

* 출처 : IBM Bluemix에서 정리, http://www.ibm.com/cloud-computing/bluemix/kr-ko/

블루믹스는 PaaS(Platform as a service)의 한 형태로 클라우드 상에서 웹 서비스나 어플리케이션 개발 환경을 제공하고 있으며, 프로그래밍 환경부터 Watson에 탑재된 기술까지 API형태로 사용이 가능하고 총 11종류의 API 서비스가 존재한다. API 서비스는 Watson, 모바일, DevOps, 웹 및 어플리케이션, 네트워크, 통합, 데이터 및 분석, 보안, 스토리지, 비즈니스 분석, IoT이다.

· Facebook Messenger Platform

* 출처 : Wit.ai homepage, https://wit.ai

[그림 4-73] Wit.ai 엔진 예시

Facebook은 인간의 의사소통이 대부분 메신저를 통해 수행된다는 점을 인식하고 새로운 비즈니스 전략으로 메신저 플랫폼을 개발하였다.

이는 간단한 인증으로 target 소비자를 매칭(Facebook 유저 활용)할 수 있고, 자동 대화프로그램(챗봇, chatbot), 문서 요약, 이미지 검색, 상품 추천 등의 기능을 제공하며, Wit.ai bot 엔진을 활용하여 자연어처리 API, 형태소분석 활용이 가능하다.

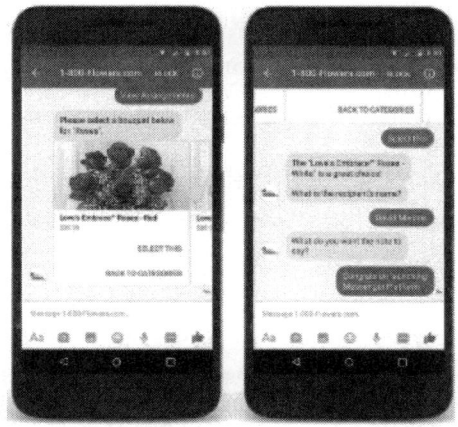

* 출처 : Facebook Messenger Platform, https://messengerplatform.fb.com/

[그림 4-74] Messenger Platform 플랫폼 서비스 예시

• 시사점

AI 플랫폼은 더 강력한 AI 기술과 광범위한 글로벌화를 통해 급속하게 진화하여 미래 산업 전반에 영향을 미칠 가능성이 매우 크다. AI 플랫폼을 국산화하려면 인공지능 원천기술이 핵심이기 때문에 이를 확보하는 것이 선결해야하는 과제 이지만 후발주자인 우리나라가 추격하려면 선택적으로 원천기술에 집중해야할 필요성이 있다. 원천기술의 격차를 줄이는 것도 중요하지만 글로벌 IT 기업이 개발한 AI 플랫폼을 활용하여 신산업 영역을 개척하는 시도가 더욱 장려돼야 할 것이다.

4. 인공지능과 미래사회 변화와 대응전략

① 생산성 향상

인공지능 기술이 발전되면 제조업·서비스업에 자동화·지능화가 촉진되어 생산성과 품질이 향상될 것으로 예상된다. 예로, 독일에서 추진하고 있는 제조 혁신 전략인 Industry 4.0은 사이버 물리시스템(Cyber-Physical System; CPS)을 통해 제조업에서 인공지능의 활용 범위를 확대하여, 실질적으로 존재하는 자동화된 물리적 공간에서 클라우드나 네트워크를 통해 제조·생산을 할 수 있도록 하여 생산성과 효율성을 높이고자 하였다. 또한 인공지능이 인간의 단순 반복적인 업무를 대체하게 됨으로써 노동 생산성 역시 크게 증가할 것으로 보인다. 예로, 아마존에서는 키바(Kiva)라는 창고 정리 자동화 시스템을 도입하여 물류 시스템의 효율을 크게 높이고 전체 비용을 감소시킨 사례가 존재한다

인간과 인공지능 간의 상호 보완적인 협력을 통해 인간이 보다 판단과 창의, 감성 및 협업이 필요한 일에 집중할 수 있게 되면 제공하는 서비스의 질도 크게 향상할 것으로 보인다. 예를 들어, 간호사들의 기존 루틴한 잡무나 변호사들의 사전 조사 업무 등을 인공지능에 맡김으로써 짧은 시간에 비교적 많은 업무를 신속하게 처리할 수 있게 되면 환자 및 의뢰인들에게 보다 많은 시간을 할애하여 적극적으로 소통할 수 있게 될 것이다.

2_ 로스 인텔리전스(ROSS Intelligence)는 법률 전문가의 사전 조사 업무를 크게 개선하기 위해 IBM 왓슨(Watson)과 연결하여 법률 관련 지원을 하는 기계학습 인공지능을 개발하였으며, 블랙스톤 디스커버리(Blackstone Discovery)는 150만 건 이상의 법률 문서로부터 기존 법률 자료를 조사하는 시스템을 개발

3_ 오프쇼어링(off-shoring) : 기업이 (생산비 절감 등을 위해)생산기지를 해외로 옮기는 현상

4_ 리쇼어링(re-shoring) : 해외에 나간 기업이 다시 자국으로 돌아오는 현상

5_ 'Artificial Intelligence and IT: The Good, The Bad and The Scary' : '15년 7월24일~31일 사이 조직 IT 의사결정자를 대상으로 한 온라인 설문 조사 실시(534명 응답, 북미 및 유럽이 72%를 차지)

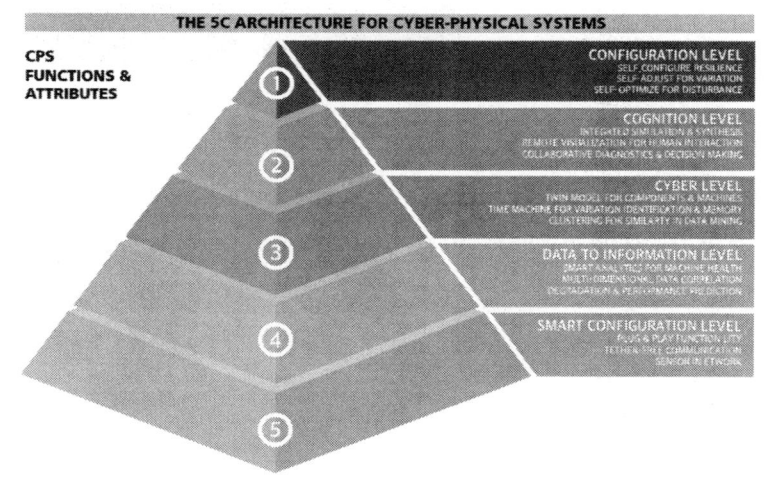

※ 출처 : http://www.designworldonline.com/big-future-for-cyber-physical-manufacturing-systems/

[그림 4 - 75] Industry 4.0과 사이버 물리체계

또한 인공지능으로 자동화된 생산 시스템은 기존에 높은 인건비 등으로 인해 오프 쇼어링(off-shoring) 정책을 펴왔던 선진국들의 인건비 문제를 해결해 줄 수 있게 되어, 일부 선진국들에서는 제조업 회귀

현상이 발생할 수 있다.

이미 미국에서는 제조업 강화 전략의 일환으로 최근 몇 년 전부터 리쇼어링(re-shoring) 정책을 추진하기 시작했으며, 이러한 제조업 회귀 현상은 자국 일자리 창출에는 직접 기여하지 못하더라도 연관 산업들을 파생시켜 관련 산업에 긍정적인 효과를 창출할 것으로 예상된다. 한편 선진국의 제조업 경쟁력이 강화되고 글로벌 경쟁이 심화되면 이로 인한 한계기업 퇴출 가속화를 야기할 우려가 있으며, 과잉 생산이 발생하게 되면 경제가 불안정해질 가능성도 존재한다.

이처럼 증가하는 생산성과 선진국의 리쇼어링 정책으로 심화될 글로벌 산업 경쟁에서 우리나라가 뒤처지지 않기 위해서는 인공지능 산업 생태계를 육성하고 연구개발을 지원하는 것이 시급하다. 특히 스타트업과 중소기업 육성을 위한 공동 플랫폼과 기술 체계 마련 등 정부 차원의 전략 수립 및 투자가 필요할 것이다. 이미 미국, 영국, 독일 등 선도국은 대규모 정부 R&D 투자와 spin-off 등을 통해 생태계를 구축하고 있다. 또한 인공지능 기술은 발전 속도가 매우 빠르며, 한번 생태계를 장악당하면 추격하기 어려운 기술 분야이므로 일시적인 집중 투자 보다는 꾸준하고 장기적인 투자와 지원이 필요할 것이다. 한편 늘어난 노동 생산성 향상이 실질적인 삶의 질 향상으로 이어지기 위해서는 증가하고 있는 노동 생산성 및 timesharing을 통한 다중 직업군 확장 추세에 맞는 근무 관련법이나 복지 제도 등의 개선 방안 마련도 필요할 것이다.

② 일자리 변화

인공지능으로 인한 자동화로 업무 대체가 일어나게 되면 일자리에도 많은 변화가 일어나게 될 것으로 예상된다. 테크프로 리서치(Tech Pro Research)의 '인공지능 및 IT'에 관한 인식 조사 보고서에 따르면 응답자의 63%는 인공지능이 비즈니스에 도움이 될 것으로 기대하고 있지만, 한편으로는 관련 기술로 인해 일자리를 잃게 될 것이라는 우려도 34%의 높은 수준이라고 발표하였다. 인공지능과 일자리 대체에 대한 우려의 목소리가 높아지고 있는 가운데 해외 각 유명 기관들은 인공지능 발달에 따른 일자리 변화에 대한 상이한 연구 결과들을 발표하였다. 2013년 옥스퍼드에서 702개의 세부 직업 동향을 연구한 결과에 따르면, 미국 일자리의 47%가 컴퓨터화로 인해 없어질 위험에 있다고 발표하였다.

또한 BCG 리포트에 따르면 제조업 국가 중 인도네시아, 태국, 대만 및 대한민국이 가장 적극적으로 로봇

자동화를 받아들이고 있는 나라인 것으로 조사됐다. 예로, 대한민국의 경우 2020년에는 전체 업무의 20% 정도를, 2025년에는 45% 정도를 자동화된 로봇으로 대체하게 될 것으로 예측했다. 한편 McKinsey에서 미국 내 직업 및 기술력을 분석한 조사 결과에 의하면 조사 대상인 800개 직업에서 이루어지는 2,000가지 주요 작업을 분석하자 45%나 자동화가 가능한 것으로 나타났으나, 이들 중 자동화(automation)로 인해 완벽하게 사람을 대체할 수 있는 직업은 5%에 불과했다. 즉, 로봇의 노동력 대체는 '직업' 단위가 아닌 '할 수 있는 일' 단위로 평가되어야 하고, 자동화로 인해 작업 일부가 대체되더라도 여전히 사람의 역할이 필요하며, 기계와 사람이 함께 일하면서 효율성을 높여 나갈 것이라는 의미이다.

반복적이거나 물리적인 일을 기계가 담당하고, 인간은 보다 창의적인 일이나 감성 및 협업이 필요한 일에 집중하게 되면 산업 생산성이나 제품 및 서비스의 질을 향상시킬 수 있을 것으로 전망했다. 기관이나 사람마다 상이한 예측 결과를 내어 놓기 때문에 뚜렷한 결론이 나지는 않았지만 대부분의 연구기관이나 전문가들이 공통적으로 예측하는 부분이 있다. 인공지능의 발달로 인해 인간의 지적/육체적 업무 대체가 일어날 것이고, 단순 반복적 업무나 매뉴얼에 기반한 업무의 상당 부분이 대체될 것이라는 것이다.

〈표 4-36〉 10~20년 후 미래 쇠퇴 직종 및 유망직종위

발표기관	쇠퇴직종	유망직종
Oxford	텔레마케터, 세무 대리인, 재봉사, 자료 입력원, 도서관리 정보원, 은행계좌 상담 및 개설 직원, 신용 분석가, 보험 감정사, 심판 및 기타 스포츠 관계자, 법률 비서, 출납원 등	치료사, 정비공/수리공/설치공, 사회복지사, 외과 의사, 전문의, 영양사, 안무가, 심리학자, 초등학교 교사, 관리자, 상담교사, 컴퓨터시스템 분석가, 큐레이터, 운동 트레이너 등
워싱톤 포스트	농업 분야 노동자, 우편 서비스 노동자, 재봉틀 사업자, 배전반 사업자, 데이터 입력 사무원 및 워드 프로세서 타이피스트	정보 보안 전문가, 빅 데이터 분석, 인공지능 및 로봇 공학 전문가, 모바일 장치용 프로그램 개발자, 웹 개발자, DB 관리자, 비즈니스/시스템 분석가, 윤리학자, 엔지니어, 회계사, 변호사, 금융 컨설턴트, 프로젝트 매니저, 전문의, 간호사, 약사, 물리 치료사, 수의사, 심리학자, 교사, 영업 담당자와 건설 노동자 (특히 벽돌공과 목수) 등
테크M	콜센터 상담원, 교수, 택시기사, 세무·회계사, 단순조립, 의사·약사, 변호사	데이터분석가, SW개발자, 헬스케어 종사자, 로봇 공학자, 예술가, 보안 전문가, 바이오 엔지니어

특히 매뉴얼에 기반한 텔레마케터, 콜센터 상담원 등의 직종이나 운송업자나 노동 생산직 등이 고위험군으로 인식됐다. 또한 의료, 법률상담, 기자 등 일부 전문 서비스 직종 역시 관련 일자리나 직무가 인공지능에 의해 상당 부분 대체될 것으로 예상됐다. 이는 증가하고 있는 근로자 임금에 비하여 로봇의

가격이 상대적으로 연평균 10% 이상 지속적으로 하락하고 있어 인간의 노동력을 인공지능으로 대체하려는 시도가 증가하기 때문인 것으로 밝혀졌다. 특히 인공지능으로 인한 전문 서비스 직종의 대체는 기존의 산업화·자동화와 달리 고도의 정신노동을 대체한다는 점에서 단순·육체노동의 대체와 달리 파급 범위가 광범위할 것으로 예상된다.

반면 사람을 직접 돕고 보살피거나, 다른 사람을 설득하고 협상하는 등의 면대면 위주의 직종이나, 예술적, 감성적 특성이 강한 분야의 직종, 혹은 기존의 방식과는 다른 참신한 방법으로 여러 아이디어를 조합하거나 종합적, 창조적 사고 방식을 필요로 하는 일들은 인공지능으로 대체하기 어려울 것으로 나타났다. 또한 인공지능과 직·간접적으로 관련된 새로운 직업군도 탄생할 것으로 나타났다. 데이터 사이언티스트, 로봇 연구 개발 및 소프트웨어 개발, 운용, 수리 및 유지 보수 관련 직업 등 개발 인력이나 숙련된 운영자 등의 지식집약적인 새로운 일자리가 창출될 것으로 보이며 관련 비즈니스나 신규 서비스 등이 활성화 되면서 이에 따른 고용이 증가할 것으로 전망되었다.

예로, 시장조사업체 메트라 마테크(Metra Martech)가 2011년 브라질, 독일, 미국, 한국, 일본, 중국을 대상으로 한 예측 조사 발표에 따르면 로봇 연구 개발 및 제조, 부품 및 소프트웨어 개발, 운용, 수리 및 유지 보수 등에 대한 고용이 매년 30% 이상 증가할 것으로 예상했다. 더욱이 인공지능 기술의 초기 산업화는 수학, 통계학 및 소프트웨어 공학에 대한 시장 수요도 증가시키고 있다. 미국을 필두로 이러한 학과의 인기도가 이미 거의 최고 수준이 되었으며, 졸업 후 평균 급여 또한 최상위권을 차지하고 있다. 인공지능 기술이 다양한 분야로 파급됨에 따라 소프트웨어 엔지니어의 위상은 더욱 커질 것이며, 데이터 사이언티스트와 화이트 해커 등 새로운 개념의 인공지능 전문가 수요 역시 더욱 확대될 전망이다.

인공지능 기술발달로 인한 일자리 변화에 대응하기 위해서는 우선 국내 실정에 맞는 직업 연구가 필요하다. 그간 발표된 인공지능 관련 직업 연구 결과들은 대부분 미국이나 유럽 등에서 진행된 사례들이며, 국내 산업 환경과 직종 구성에 많은 차이를 보여 이를 우리나라에 적용하기는 무리가 있다. 우리 환경에 맞는 연구가 뒷받침 되어야만 보다 실효성 있는 인력의 재배치, 신규 인력 양성 등의 정책 방향이 마련될 것이다.

기술 발전으로 인해 변화될 사회 환경과 발생 가능한 이슈들, 국민의 특성 변화 및 기술 발전에 따른 우리나라 산업 생태계와 고용 구조 변화에 대한 연구 등이 필요할 것이다. 또한 마찰적인 실업 감소를 위한 일자리 정책 및 제도 개선이 필요하다. 인공지능의 일자리 대체로 인한 실업 발생을 막기 위해 적정 수준의 일자리 보호를 위한 노동법 개선이나, 다중 직업군을 인정해주는 제도적 개선 방안 등을 마련하여 변화에 대한 유연한 대처 방안을 마련할 필요가 있다.

교육 제도도 반드시 개선되어야 한다. 우선 기술 발전과 더불어 수요가 급증할 것으로 예상되는 인공지능 관련 전문 IT 인력 양성 방안이 마련되어야 한다. 관련 직종에 근무하는 사람들이 전문성을 가지고 적합한 역할을 할 수 있도록 교육 시스템을 개선하고, 직업 대체 속도에 따른 직종 간 이동이나 업무 변화에 적응할 수 있도록 평생 재교육/훈련 시스템을 만드는 등의 제도 개선 방안이 마련되어야 한다. 기존 교과 과정에 프로그래밍 관련 교육을 확대시킬 필요도 있다.

한편 인공지능이 대체하기 어려운 영역의 인재 양성도 필요하다. 인공지능이 수행하기 어렵거나 인간의 수준에 도달하기까지 장기간이 소요될 것으로 보이는 면대면 위주의 직업 교육 혹은 창의적, 종합적 사고를 증진시키고, 사회성 및 공감 능력 등의 감성 강화를 위한 교육이나 프로그램도 보다 활성화 될 필요가 있을 것이다. 이와 더불어 단순한 지식 전달 보다는 판단 능력, 윤리적 소양 등을 향상시킬 수 있는 방향의 교육을 수행할 수 있는 교육자 양성도 필요할 것이다.

워싱톤 포스트지 발표에 따르면 인공지능으로 인해 많은 변화가 일어날 미래에 직업을 갖기 위해 필요한 능력으로는 문제를 새로운 시각으로 바라보고 유용한 해결책을 제시하는 능력, 지속적인 호기심을 갖고 아이디어를 모델링하거나 프로토타입을 생성하는 도구를 유용하게 사용할 수 있는 능력, 일을 수행하는 과정에서 깨끗한 양심과 열린 마음, 아이디어를 갖고 일을 도전적으로 성취해 나가 여러 사람들에게 긍정적인 결과를 도출해 낼 수 있는 능력 등을 들었다.

물론 이러한 인재를 양성하기 위해서는 새로운 아이디어나 도전을 장려하고 사람들 간의 소통을 중시하는 사회적 인식의 변화가 우선되어야 할 것이다.

제7절 5G

1. 차세대 네트워크 5G 개요[1]

5G에 대한 이해력을 돕기 위해 영화 마션(The Martian) 중에 나오는 장면을 소개한다. 우주왕복선 헤르메스를 타고 화상 탐사에 나선 6명의 우주인이 있다.

지구와 화성이 가장 가까울 때 거리는 약 5,600백만 Km로 비행시간만 약 8개월이 넘는다. 코스와 아쉬 달리아 평원에서 탐사활동을 하던 대원들은 예상보다 강력한 모래 폭풍을 만나 긴급 귀환 결정을 하게 되는데

① 주인공 마크 와트니는 우주선으로 가던 중 불의의 사고를 당하게 되고 홀로 화성에 남게된다.

② 구사 일생으로 살아 남은 그는 지구에 구조 요청을 하기 위해 오래 전에 남겨진 무인 탐사선 패스파인더를 찾게 되고 영상 메시지를 통해 NASA와의 교신에 극적으로 성공하게 된다.

---

[1] https://www.youtube.com/watch?v=iYa2GwaxcyU

③ 하지만 화성에서 보낸 메시지를 지구에서 보려면 무려 30분이나 걸린다. 여기서 주인공 마크 와트니와의 메시지를 더 빨리 주고 받을 수는 없을까? 라는 궁금증이 생긴다. 따라서 마크 와트니에게 가장 필요한 것은 초 광대역 주파수이다. 왜냐하면 주파수 대역 폭을 크게 넓히면 대용량 데이터를 더 빨리 보낼 수 있기 때문이다. 이것은 차 100대가 1차선 도로를 달릴 때 보다 4차선 도로에서 달리는 것이 더 빠른 것과 같은 원리이다.

여기서 차세대 통신이라고 할 수 있는 5G 또한 초 광대역 주파수를 통해 우리에게 영화속 상상을 현실로 만들어 줄 것이다. 얼마 전까지만 해도 3G 시대였는데 이제는 4G, LTE를 지나 LTE-A가 상용화되었다. 시장은 벌써 차세대 통신을 준비하고 있는데 그것은 바로 2020년에 열릴 5G이다. 우리나라는 세계 최초로 2019년 4월 3일 오후 11시에 이통 3사인 KT, SK 텔레콤, LG 유플러스가 동시에 상용화를 실시할 것으로 발표하였고 일반고객 대상은 4월5일 오전 0시부터 시작하였다. 한편 미국 1위 이동통신사인 버라이즌은 이보다 2시간 늦은 4일 오전 1시(한국 시간) '세계 최초 5G 상용화'를 선언했다. 버라이즌은 모토로라의 5G 모토 모드를 결합해 Z3 LTE 스마트폰을 5G로 전환하는 방식을 이용했다. 미국을 제외한 일본, 중국, 유럽 등의 5G 상용화 일정은 2019~2020년으로 맞춰져 있다.

그동안 통신은 어떻게 발전해 왔고 5G란 과연 무엇일까?

- 이동통신의 역사
  - 1세대 이동통신의 주인공은 음성 통화만 가능했던 카폰으로 1984년에 상용화가 이루어졌으면 아날로그 통신으로 음성 통화만 가능하였다. 폰 한 대의 가격이 400여만 원으로 당시 포니 승용차가 300여만 원이었기에 승용차 가격보다도 비싸 귀족 폰으로 불리었다. 이후 자동차 밖으로 나온 휴대전화는 벽돌을 연상시킬 만큼 컸다. 소련 전 대통령인 고르바초프가 사용하는 모습이 인기를 끌기도 했다.

  - 2세대 이동통신은 2000년에 상용화가 되었으며, 그 특징은 음성신호를 디지털 신호로 전환해서 사용하게 되었다는 것이다. 이로써 음성 뿐만 아니라 문자와 같은 데이터 전송도 가능해졌다. "1세대 이동 통신을 한마디로 줄여서 이야기하면 특정 사람들을 위한 음성 이동통신이었다고 설명할 수 있으며, 2세대(2G) 이동 통신 같은 경우는 똑같이 그 서비스는 음성이지만 1세대에 비해서

단말기 가격이라든지 서비스 이용료가 상당히 저렴해졌기 때문에 모든 사람들이 이용할 수 있는 음성서비스이다"

- 3세대 이동통신은 바로 3G 이동 통신으로 .스마트폰 세상을 가져 오게 된 것이다. 애플의 아이폰 1이 스마트폰 시대를 활짝 연 대표적인 제품이다. "3세대 이동 통신이 오면서 가장 좋아졌던 것은 물론 음성, 그 다음에 문자메시지 뿐만 아니라 영상 통화가 어느 정도 가능하게 겼고 모바일 컨텐츠를 내려받을 수 있고, 좀 약하지만 어느 정도 데이터 서비스가 가능해졌다는 점이 3세대 이동통신의 특징이라고 할 수 있다"인터넷과 멀티미디어가 가능하긴 했지만 실시간으로 즐기기엔 좀 느려서 답답했다.

- 4세대 이동통신 부터는 언제 어디서든 인터넷 접속은 물론 게임을 할 수 있게 된다. 통신 기술의 발전으로 모바일 디바이스 콘텐츠의 질과 양 역시 폭발적으로 성장하게 되었다.

- 5세대 이동통신을 설명하자면, 지금의 4G 만으로도 통신을 이용하는데 불편하진 않다. 이 정도 속도면 충분하다는 생각마저 드는데 왜4G에서 5G로 발전하려는 것인가? 그것은 5G는 4G로 할 수 없었던 것들을 가능하게 할 수 있기 때문이다.

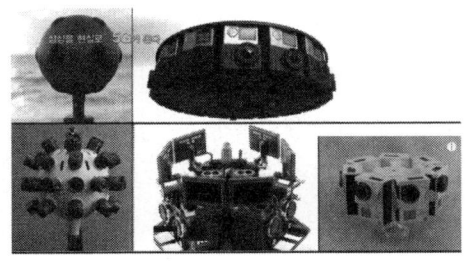

가상현실을 예로 들 수 있다. 우리가 누군가와 가상 대화를 하는데 실제로 현실에 있는 것처럼 보이고 싶다면 데이터를 많이 보낼 수 있어야 되고 지연 속도도 너 낮추어야 한다. 일례로 360도 입체 영상을 만들려면 모두 17대의 카메라를 사용해 전 방향에서 촬영을 해야 한다.

그래야만 우리가 입체적인 공간 안에 있다고 느낄 수 있는데, 3D 입체 영상을 만들려면 단순하게 계산 해도 카메라 17대에 해당하는 데이터를 받아야 만 한다. 즉, 2D 영상과 비교해서 데이터 차이가 17배에 달하게 된다는 것이다. 더 선명한 품질을 원한다면 용량은 더 늘어날 것이다. 때문에 이 엄청난 용량을 끈김 없이 받기

위해서는 아주 빠른 네트워크 속도가 필요하다. 그렇다면 5세대 이동통신인 5G는 얼마나 많은 양의 데이터를 보낼 수 있게 되는지 알아볼 필요가 있다.

2015년 6월에 발표된 스웨덴의 에릭슨 모빌리티 리포트에 따르면 2020년에는 스마트 폰 가입 건수는 61억 건으로 전 세계 인구의 70%에 도달할 것으로 전망한다. 또한 광고나 뉴스 등 온라인 컨텐츠의 확대로 모바일 비디오 트래픽은 연간 55%씩 성장해 2020년까지 전체 데이터 트래픽의 60%를 차지할 전망으로 발표하였다.

5G 엄청난 양의 데이터 흐름을 감당하기 위한 전기통신 기술이다. 우리가 기차나 학교와 같이 야외에 있는데 영화 같은 큰 데이터 파일을 내려 받길 원한다면 시간이 매우 오래 걸릴 것이다. 5G 시대가 오면 이런 엄청난 양의 데이터를 매우 짧은 시간에 내려 받을 수 있게 된다. 이러한 것이 소비자들이 5G를 체감할 수 있는 것 중의 하나이다.

5G는 차세대 이동통신 기술로 4세대 LTE(Long Term Evolution) 보다 무선 인터넷 속도는 100배 이상 빠르고 용량은 1,000배 이상 많은 데이터를 전송할 수 있다. 그야 말로 빛의 속도이다.

얼마나 빠른지 예를 들어 보면 800Mb이 영화한편을 내려 받는다고 할 때 3G에서 7분 24초, 4G Advenced는 43초가 걸리지만 5G는 단 1초면 충분하다. 하지만 단지 네트워크의 속도만 빨라지는 것은 아니다. 처리할 수 있는 데이터의 양이 많아지면서 사물 인터넷(IoT)도 가능해진다. 스마트 폰, PC 뿐만 아니라 대부분의 가전제품에 통신 모듈이 탑재되면서 이들을 컨트롤 할 수 있을 뿐만 아니라 사물들 간에도 소통이 가능하게 되었다 때문에 5G시대가 펼쳐질 2020년에는 세계 500억개의 단말기가 연결될 전망이다.

〈표 4 – 37〉 이동통신의 발달 과정

이동통신	단말기 모습	설 명
1세대 (1G)		• 상용화 시기 : 1984년 • 가능서비스 : 음성 • 아날로그 통신
2세대 (2G)		• 상용화 시기 : 2000년 • 가능서비스 : 음성 + 문자 • 디지털 통신
3세대 (3G)		• 상용화 시기 : 2006년 • 가능서비스 : 음성 + 문자 + 영상 • CDMA, GSM 통신방식
4세대 (4G)		• 상용화 시기 : 2011년 • 가능서비스 : 음성 + 문자 + 영상 + 데이터 • LTE, LTE-A 방식
5세대 (5G)		• 상용화 시기 : 2020년 • 가능서비스 : 음성 + 문자 + 데이터 + 가상 증강 현실 등 • 국제표준 : 진행 중이며 2020년에 발표 예정

아침에 일어나면 저절로 커튼이 열리고 TV를 통해 교통 상황을 체크한다. 세수를 하면서 거울을 통해 날씨와 메시지도 확인할 수 있다. 운전을 하다가 전화가 오면 원격 주행으로 바꿀 수도 있고, 비가 오고 어두워지면 자동으로 레이더가 전방 물체를 감지해 준다.

바다속 잠수부와 교실에서 실시간으로 통화를 하며 질문을 할 수도 있고, 바닷 속 생물을 3D 프린터로 만들어 볼 수도 있다. 테블릿에 직접 그림을 그리거나 샘플을 분석해 보기도 하고, 360° VR 영상으로 바닷 속을

구경하기도 한다.

학교 실내 체육관에서 커다란 고래를 홀로그램으로 만날 수 도 있다. 쇼핑 센터에 들어서면 자동으로 옷을 골라 주기도 하며, 멀리있는 환자를 원격으로 진료할 수도 있다. 5G는 우리가 상상할 수 없는 수많은 서비스로 이어질 것이다. 그것이 의료에 관련된 것이든지, 운동에 관련된 것이든지 혹은 가정 자동화(Home Automation)에 관한 것이든지 이제는 불가능하던 서비스들이 휴대용 기기로 연결되고 제어될 수 있을 것이다. 5G 신기술에 대해 아직까진 구체적으로 정해진 바가 없다. 현재는 약 5G 기술 표준화에 100가지 증명시대라 할 수 있다.

5G에 대한 국제표준은 스위스 제네바에 본부를 두고 있는 국제전기통신연합에서 5G 시스템의 평가와 규격을 정하게 된다. 현재에도 5G 주파수를 결정하는 회의가 열리고 있는데 2020년이 되면 5G 표준화 규격을 발표할 예정이다.

국제전기통신연합 ITU는 1865년에 만들어진 전 세계에서 가장 오래된 국제기구이다. 세계전파통신회의(WRC)는 ITU 회의체 중의 하나인데, 1992년에 조직된 전파통신부문최고 의사결정 기구로 회의시 결정된 사항은 국제법적 효력을 가지고 있다. 여기서는 전파를 어떻게 쏠지에 대해 국제조약을 맺는 회의로 매 4년마다 개최된다.

스위는 제네바에서 4주동안 열린 2015년 세계전파통신회의는 우리나라를 포함해 191개 나라는 열띤 토론을 벌였다. 5세대 이동통신에서 쓰일 주파수를 결정하기 위해서인데 지금까지는 800MHz에서 6GHz 사이의 대역이 통신용으로 이용되었지만 이번 회의를 통해 24.25GHz부터 86GHz 대역 내에서 5G 주파수를 확보하자는 의제를 협의하여 채택하였다.

이를 비행기에 비교해 보자면 그 비행기가 예전에는 소형 비행기였을 때는 낮은 고도로 날라 다니고 처음에는 100명 수준의 사람들이 타고 다녔지만 지금은 400명, 600명이 타고 다니는 고도 50Km

상공을 날라 달리고 있다. 그래서 주파수를 20G나 30G나 가끔 60G로 올리게 되면 더 많은 승객을 태울 수 있는 것처럼 더 많은 정보를 그 안에 실어서 더 빠르게 더 많은 사람들에게 제공할 수 있다는 장점이 있다.

ITU는 2019년에 5G 주파수 규격을 최종적으로 결정하고 2020년 말까지 표준안 기술 규격을 발표할 예정이다. 이렇게 통신 표준을 정해야 하는 이유는 어떠한 이유로 200여 개국의 대표가 모여야 하고 합의를 도출하기 위해 모여야 할까?
통신에는 반드시 정보를 전달하는 사람과 받는 사람이 필요하다. 이때 양측이 제대로 이야기를 나누기 위해서는 다른 전파의 간섭을 피하기위해 주파수 대역을 정해야 하는데 이 역할을 하는 곳 UN상하기구인 ITU이다.

5G는 국제적으로 사용될 수 있는 이동통신 기술이다. 따라서 범국가적으로 사용해야 의미가 있는 것이고 세계적으로 조화로운 주파수를 정하기 위해 190개국 이상이 모여 이렇게 의논을 하는 것이다. 국제 표준이 정해지면 각국의 통신사업자들은 이 표준을 따라야 하는데, 이 때문에 각 국가들은 표준화 작업이 자신에게 유리하게 결정되도록, 또한 자신이 보유한 기술을 표준회에 최대한 포함시키려고 노력을 한다.

표준기술을 주도하게 되면 특허료 수입이 꾸준히 발생할 뿐만 아니라 망 구축과 운용에서도 유리하고 관련 기술 부가 서비스 개발도 쉬워진다. 이런 이유로 우리나라는 물론 중국과 유럽, 일본 미국 등 주요 국가들이 5세대 이동 통신 기술을 선점하기 위해 치열한 경쟁을 펼치고 있다.

일본은 총무성 주도아래 오는 2020년 5G 상용화를 목표로 관련 전략을 추진 중이다. 일본의 5G 전략에서 주목할만한 것은 기술적 접근에 머물렀던 과거와 달리 5G에 대한 서비스와 생태계 조성에 초점을 맞추고 있다는 점이다. 사회 전반에 걸쳐 5G를 도입해 그동안 침체되었던 내수 제조업과 중소기업ㄷ,fd,f 부활시켜 다시한법 제조 강국 일본의 영감을 재현시키겠다는 비전이다. 이를 위해 이동통신사와 제조사 하계 총무성 등 43개 425명으로 구성된 5G 모바일 추진 포럼을 운영한다.

중국정부는 5G시대 선점을 위해 민관 합동 조직인 IMT 2020 추진 그룹을 결성하였다. 여기에는 공업정보화부와 국가발전 개혁 위원회 과학 기술부 등 3개 정부부처와 차이나 모바일, 화웨이등 민간 기업과학계가 참여하고있다.

사실 중국은 3,4세대 이동통신표준 선정 작업때만해도 기술력 부족으로 별다른 존재감이 없었다. 하지만 빠르게 기술 격차를 좁혀 오면서 5G 표준 선정 작업만큼은 중국이 주도하겠다는 목표이다. "현재까지 중국은 개발 도상 국가이다. 그렇기 때문에 산업 발전 속도를 더 내야 한다. IT와 정보화 시대는 개발 도상국가들에게 선진국을 따라잡을 수 있는 특별한 기회를 제공한다. 5G는 제조업 및 다른 산업과 융합된 IT 기술을 통해 더 빠른 산업 발전을 가능하게 한다. 따라서 중국에게 5G 선점은 굉장히 중요하다."고 중국 전파규정 국장인 시에페이보는 말하고 있다.

5G에서 강력한 다크호스로 떠오른 중국 5G 표준을 중국이 주도하면 향후 전 세계 첨단 산업을 좌우할 핵심 기초 기술을 중국이 장악할 수도 있다. 세계의 공장이었던 중국이 세계 최고의 기술 강국으로 도약하게 되는 셈이다.

미국도 5G 선점에 집중하고 있다. 이미 미국은 5G와 관련된 전반적인 기술 수준이 우리보다 다소 앞서 있다는 평가이다. 즉, 미국이 마음만 먹으면 5G 서비스를 먼저 개시하는 것도 어렵지 않다는 것이다. 미국 최대 이동통신사인 버라이즌은 2016년에 5세대 이동통신 시범서비스를 실시하였다.

유럽도 2020년 이전에 5G 기술을 시연하겠다는 목표이다. 1세대 이동통신은 음성 통신만 가능했던 우리에게 카폰이나 벽돌 폰으로 더 유명한 아날로그 통신시대를 말한다. 이 시기에 주로 상용화되었던 기술 표준 가운데 하나가 바로 NMP인데 이것은 스웨덴을 포함해 북 유럽 5개 나라인 노르딕 국가에서 개발한 것이다. 이를 바탕으로 필란드의 노키아나 스웨덴의 에릭슨은 일찍이 세계적인 휴대폰 업체가 될 수 있었다.

스웨덴은 무선 통신기술이 처음으로 상업적 성공을 거둔 나라이다. 3G 이후 산업이 국가 주도에서 민간으로 넘어갔지만 아직까지 그 명성과 노하우는 유지되고 있다. 스웨덴 왕립공과대학은 산학협력을 통해 여러 가지 혁신 프로젝트를 진행 중이다. 특히 경제적 효용을 극대화 할 수 있는 5G 기술 적용에 중점을 두고 있다. "5G는 기술인 동시에 시스템 구조이다. 우리는 많은 기술을 보유하고 있지만 여기서 중요한 것은 그것을 어떻게 효율적으로 결합시키느냐 이다. 따라서 우리는 기술들을 합리적인 가격에 효율적으로 결합시키는 방법에 대해 연구를 하고 있다."라고 스웨덴 왕립공과대학교 예스잔데르 국장은 말하고 있다.

우리나라 정부 또한 과감한 투자로 5G 경쟁에서 확실한 우위를 점한다는 전략이다. 2016년 과학기술정보통신부는 2020년까지 세계 단말 시장 1위, 장비시장 점유율 20%, 국제 표준 특허 경쟁력 1위, 일자리 16,000개 창출을 목표로 하고 있다. 이를 위해 민관 공동으로 기술개발과 5G 생태계의 환경에 투자한다는 계획이다.

"과학기술정보통신부는 5G 기술 개방을 위해서 2020년까지 약 6,000억원 정도를 투자할 계획인데 민간 분야에서는 그보다 더 훨씬 많은 10배가량의 자금이 투입될 것으로 예측을 하고 있다."라고 우리가 1980년도 이동통신 후진국에서 CDMA 상용화, LTE Advenced 상용화를 통해서 이동통신 강국으로 거듭났는데, 5G에서도 세계를 선도함으로써 우리나라가 이동통신 분야에서 최 강국의 위치를 굳건히 하고 이를 토대로 좋은 서비스와 좋은 일자리들을 많이 나오게 하는데 정부는 최선의 노력을 다하겠다."고 과학기술정보통신부 최재유 차관은 말하였다.

이후 우리는 2018년 평창 동계올림픽에서 5G 시범 서비스를 선보였다, 기술 표준에 2020년에 결정되는 것을 감안하면 시범 서비스를 먼저 산보이는 셈인데 시범서비스를 성공적으로 구현되었기에 관련 기술이 국제 표준으로 채택될 가능성이 높아졌다. 이에 통신부문 공식 파트너인 KT는 평창 동계 올림픽에서 5G 의 성공적 실현에 자부심을 가지고 있다.

SK 텔레콤 또한 5G 세계 최초 상용화를 노리고 있다. SK 텔레콤은 삼성전자와 에릭슨, 노키아, 인텔 등 IT 업계의 글로벌 강자들과 손잡고 5G 글로벌 혁신센터를 구축하였다. 이곳을 기반으로 세계에서 처음으로 2017년부터 5G 시범 서비스를 제공하겠다는 목표이다. "5G 글로벌 혁신센터는 5G에 필요로 하는 네트워크 플랫 폼 서비스를 새롭게 선보이는 곳이다. 그래서 기술과 아이디어를 가진 어떠한 회사라도 같이 들어와서 개발하고 고민할 수 있는 플레이 그라운드의 역할을 하는 것이 그 속성이다'라고 박명순 SK 텔레콤 미래기술원장은 말하고 있다.

각국은 5G 선점을위해 정부차원의 준비와 함께 장비업체도 다각도로 협력을 하고 있다. 장비가 있어야 네트워크를 구축하고 통신사가 서비스를 할 수 있기 때문이다. "개인이 갖고 있는 단말기기는 링크 반대편의 기기과 통신을 주고 받는다. 수많은 무선 설비들이 통신을 위해 필요하지만 네트워크 뒤편에는 안전한 연결을 가능하게 하는 다름 설비들도 필요하다. 사용자들은 보지 못하는 아주 다양한 설비들이 있다."라고 에릭슨 무선접속 기술 선임 전문가인 에릭달만은 말한다.

전 세계 무선 트래픽의 40%가 스웨덴 에릭슨사의 통신장비를 통해 전송되고 있어 에릭슨사를 세계 최고의 통신장비 제조사라고 할 수가 있다. 에릭슨은 5G 시대를 대비해 대규모 연구 개발은 물론 여러 산업군과 협력을 하고 있다. 에릭슨은 사람과 사물 등 모든 것이 네트워크로 연결되어 다양한 혜택과 가치가 창출되는 네트워크 사회를 미래 비전으로 삼고 길을 가속화하고 있다. 에릭슨 네트워크 설계 총 책임자인 페르베밍은 "우리는 새로은 산업들과 많이 연결시키기 위해 자동차 제조업, 농업, 광공업 등에도 관여하고 있다. 그리고 이들 산업이 새롭게 필요로하는 부분을 파악해 알맞은 표준을 설정하려고 노력한다,

또한 우리의 기술이 이들 산업에 적용되었을 때 그들의 요구에 적합하다는 것을 보여주기 위해 미리 상업적인 시험도 거치고 있다"고 말한다. 이 가운데 가장 중요한 요소로는 모빌리티를 주목하고 있다. 앞으로 주파수와 고성능 구현을 통해 사용자 경험을 향상 시키고 ICT를 통한 비즈니스 가치와 새로운 창출하겠다는 목표이다. 이를 위해 에릭슨은 매년 25억 달러에 가까운돈을 연구개발에 투입하고 있다.

최근 많은 변화를 겪은 노키아도 다음 걸음을 떼기 위한 준비를 하고 있다. 2013년 9월 휴대전화 사업부를 마이크로소프트사에 매각하며 통신기기 시장에서 열세에 몰리기도 했는데 네트워크 분야를 중심으로 사업을 재편하며 현재는 네트워크 시장의 3대 업체로 자리 매김을 하였다. 알카텔 루슨트사를 인수하면서 일약 네트워크 장비 업계의 양대 산맥으로 떠 오른 것이다.

노카아 부사장 로리옥사넨은 "미래에는 사람뿐만 아니라 기계들끼리도 연결될 것이다. 모든 것이

인터넷으로 연결되는 것이다.

우리는 이것을 가능하게 하기 위해필요한 기술 연구에 중점을 두고 있다. 이러한 모두를 연결시킬 프로그램을 만들어 미래세상에 필요한 기술을 서비스할 것이고 이것이 알카텔을 인수한 이유이기도 하다."라고 말한다.

1세대에서 4세대까지의 통신 기술은 모바일이나 컴퓨터 같은 기기를 인간과 좀더 빠르게 연결하는데 쓰였다면, 5G 세상에선 공상과학 영화에서나 가능했던 일들이 하나둘 현실이 된 것이다. 아직 5G 시대가 가져올 변화상을 미리 다 예측하기는 어렵다. 다만 대용량 데이터 통신 시대가 가져올 초 연결성이 개인의 삶뿐만 아니라 도시와 공장관리, 재난대비, 학교 교육 같은 사회 전 분야에서 변화를 가져올 것이라는 사실은 변함이 없다.

산업간 경계를 없애는 신 산업혁명이 펼쳐질 것이다. 5G 시대는 우리 생각보다 빨리 올 것이고 생각보다 훨씬 큰 파급력을 갖출 것이며, 5G 표준화를 주도하는 국가는 IT 강국의 위상을 독보적으로 구축하고 후방 산업에도 영향을 끼쳐 경제에 활력을 줄 것이다.

2. 이동통신 기술의 발달과정

① 이동통신기술의 진화[2]

셀 기반의 이동통신 시스템 기술은 1978년 미국에서 개발된 1세대 이동 통신(1G), 즉 AMPS(Adaenced Mobile Phon Service) 시스템에서 시작되었다. 미국 AT&T에서 네트워크를 구축하고 모토로라 단말을 활용하여 최초 서비스 개시된 AMPS 시스템은 아날로그 통신 방식인 주파수 변조(FM)와 주파수 다중접속(FDMA) 기법을 사용하여 이동 중에 음성통화가 가능하도록 하였으며 국내에는 1984년 한국이동통신(현 SKT)dp 의해 도입되었다.

1세대 이동통신과 구분되는 2세대 이동통신(2G)의 대표적인 특징은 디지털 통신 기술의 사용이며 1990년대 GSM, TDMA, CDMA 등의 기술들이 서로 경합하였다. 2G에서는 음성과 더불어 영문 140

---

2) 박성준, "5G 이동통신 기술 동향" 강릉 원주대학교, 2018년

자 또는 한글 70자 이내의 짧은 길이의 메시지를 전송할 수 있었으며, 국내에서는 1996년 세계 최초로 CDMA 기반의 전국망을 구축하고 서비스를 실시하였다.

이동통신 산업의 급격한 성장과 잠재적 가치를 인식한 ITY-R은 세계 어디에서도 단일 단말을 이용하여 통신 및 인터넷 접속이 가능하도록 하는 3세대 이동통신(3G), IMT 2000 시스템의 개념을 정립하였다. 유럽 중심의 3GPP와 미국 중심의 3G))2 단체는 각각 비동기 방식의 WCDMA 기술과 동기 방식의 CDMA2000 기술의 표준화를 주도하였으며, 3GPPP2의 CDMA2000 기술은 2008년 주력 업체인 퀄컴사의 포기로 인해 관련 기술의 진화가 중단되었다. 2002년 배포되고 2006년 국내에서 세계 최초로 상용화한 3GPP Release 5는 HSDPA(High Speed Downlink Packet Access) 기술이 탑재되어 하향 링크로 최대 14.4Mbps 전송 속도 제공이 가능하였으며, 이동 단말기를 통한 인터넷 접속 서비스의 실질적인 시발점이 되었다.

LTE로 더욱 잘 알려진 3GPP Release 8 표준 기술은 이동통신시스템 성능 및 효율성의 대폭 개선을 목표로 비교적 장기적으로 연구하고 개발되어 2008년 12월 확정된 규격으로 이전 3G 규격과는 달리 OFDMA 기술을 근간으로 하며 기존 기지국 NB(Node B)에 RNA(Radio Network Controller)의 기능을 병합한 eNB(evolved Node B)에 개념을 정립하는 등 네트워크 구조 또한 상당부분 변경되었다.

한편 ITU-R에 따르면 4세대 이동통신(4G), IMT-Advanced 시스템 요구사항의 하나인 이동 중 최대 전송속도는 100Mbps로 정의 되었으며, LTE 시스템은 하향 링크 10MHz 대역폭을 활용하여 최대 75Mbps의 전송 속도를 지원하므로 4G 요구사항에 미치지 못하며 4G에 근접했다는 측면에서 3.9G 라고 불리기도 했다.

〈표 4-38〉 세대별 이동통신 시스템 기술 비교

구분	1세대	2세대	3세대(HSDPA)	3세대(LTE)	4세대(LTE-A)	4세대(LTE-A Pro)
다중접속방식	FDMA	GSM, TDMA, CDMA	WCDMA	OFDMA	OFDMA	OFDMA
데이터 전송속도(하향)	Voice Only	384kbps	14.4Mbps	75Mbps	150Mbps	500Mbps
주요 서비스	음성	음성, 문자	음성, 문자, 인터넷	음성, 문자, 고속인터넷	음성, 문자, 초고속인터넷	음성, 문자, 초고속인터넷
상용화시기(국내)	1984	1996	2006	2011	2013	2016

〈자료〉 강릉원주대학교 자체 작성

2011년 3월에 배포된 3GPP Release 10. LTE-A의 대표적 기술적 속성은 서로 인접하거나 인접하지 않은 최대 20MHz의 대역폭을 갖는 복수 개의 통신 자원을 최대 5개까지 병합하여 전송 속도를 개선하는 CA(Carrier Aggregation) 기술과 하나의 단말을 복수개의 기지국이 협력 통신하여 셀 경계에 있는 단말의 전송 품질을 개선하는 CoMP(Coordinated Multi-Point) 기술이다. 2013년 SKT는 세계 최초로 LTE-A 시스템을 상용화하였으며 2 밴드 CA를 통해 150MHz의 전송속도를 구현하여 본격적인 4G 시대가 열리게 되었다.

LTE-A Pro라고 불리고 2015년 10월 확정된 3GPP Pelease 13은 256-QAM, 빔포밍, D2D(Device to Device), LAA(License Assisted Access) 등의 기술을 포함하였고 후속 3GPP Release 14는 Mission Critical Data over LTE 및 Mission Critical Video over LTE 기술 등을 포함하는 등 LTE 기술 진화의 종착점이자 5G NR 규격으로의 유연한 진화를 가능하게 하는 교두보가 되었다.

② 5G 목표 성능 및 서비스 시나리오

2015년 ITU-R 산하 이동통신 작업반(WP5D)에서는 5세대 이동통신(5G)의 공식 명칭을 IMT-2020으로 결정하고 5G의 목표 성능 및 서비스 시나리오를 제시하였다.[3]

[그림 4-76]은 5G 시스템의 기술적 요구사항을 나타내는 그림으로 항목별 5G의 목표치를 쉽게 파악할 수 있다. 즉 5G 시스템은 20Gbps의 최대 전송 속도를 보장해야 하고, 사용자 평균 지연은 1ms 미만이어야 하며, 단위 Km2 당 106 개의 무선 연결을 지원해야 하는 등 정량적인 측면에서 4G요구사항 대비 상당 부분 진보된 기술 수준의 요구함을 확인할 수 있다.

---

3) ITU-R WP5D, https://www.itu.int/en/ITU-R/study-groups/rsg5/rwp5d/Pages/default.aspx

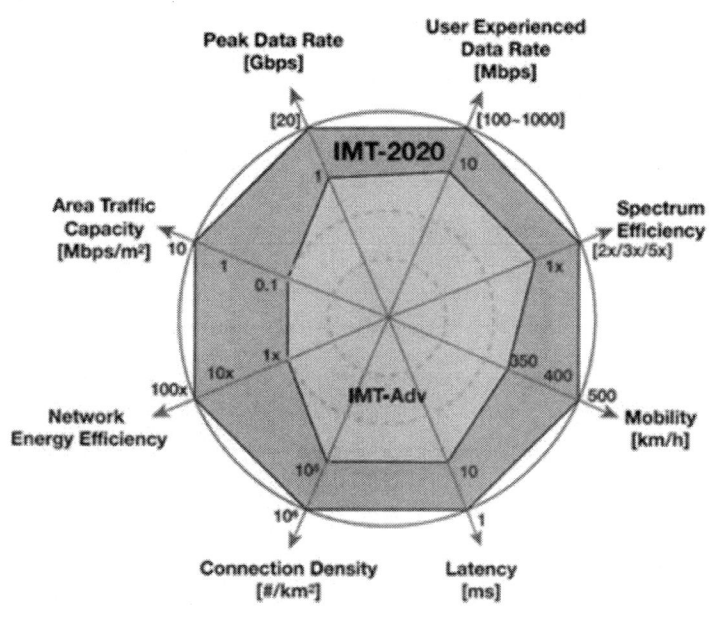

[그림 4-76] 5G 기술적 요구사항

ITU-R에서는 상기 요구사항을 토대로 5G 시스템을 대표하는 세가지 서비스 시나리오를 제시하였는데 eMBB(Enhanced Mobile Broadband), URLLC(Ultra-Relabile Low Latency Communications), mMTC(Massive Machine Type Communications)가 그것이다. 초광대역 이동형 데이터 서비스인 eMBB는 UHD급 영상 스트리밍, VR, AR, 홀로그램 등의 신규 응용 서비스를 제공할 것으로 예상되고, 초 신뢰 저지연 통신 서비스인 URLLC는 자율 주행차, 드론 및 로봇 제어, 실시간 헬스케어 등의 분야에서 새로운 서비스를 발굴할 것이며, 대규모 사물통신 서비스인 mMTC는 수많은 IoT 디바이스의 효율적 운용을 위한 통신 플랫폼을 제공할 것으로 전망된다.

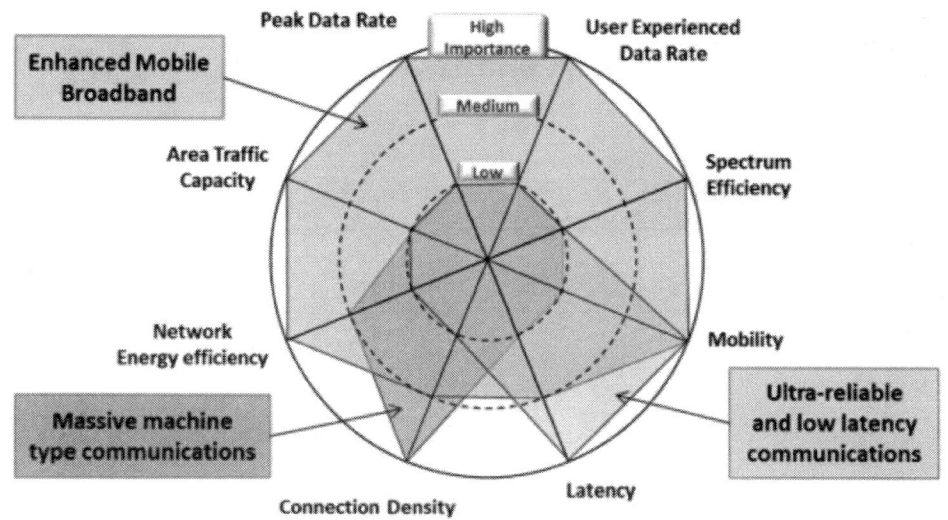

[그림 4-77] 5G 서비스 시나리오

3. 5G 이동통신 표준화 동향[4]

① 3GPP NR

ITU-R에서 제시한 IMT-2-2-의 목표 성능을 만족하는 시스템 규격을 제정하기 위해 3GPP에서는 2016년 Study Item을 구성하여 5G 용도의 NR에 관한 본격적인 논의를 시작하였고 이 작업은 2017년 3월에 마무리되었다. 이를 바탕으로 5G 시스템을 위한 본격적인 규격작업이 시작되었으며 3GPP NR 규격은 시급성에 따라 두 단계, 즉, Phase-1 NR과 Phase-2 NR로 나누어 진행하는 것으로 예상되며, 3GPP Rease 16인 Phase-2 NR 규격은 2019년 12월 완성될 것으로 계획되어 있다.[5]

3GPP NR 표준의 범위는 전반적으로 촉박한 일정을 감안하여 Phase-1 NR에서 eMBB와 낮은 수준의 URLLC 기능을, Phase-2 NR에서 mMTC 기능까지 커버하는 것으로 결정되었다.

한편, Phase-1 NR의 특이한 사항 한 가지는 그 내부에서 다시 NSA(Non-Standalone)와 SA(Standalone)로 분리되어 표준화가 진행된다는 점이다.[6] 즉, [그림 6-89]와 같이 3GPP Realease 15의 조속하고 유연한 확산을 위해 LTE와 NR을 하나의 네트워크처럼 서로 공유하여 운영하는 NSA를 먼저 규격화한 후 이어 LTE와 NR의 독립적인 네트워크를 구현하는 개념이 도입되었다.

---

4) 박성준, "5G 이동통신 기술 동향" 강릉 원주대학교, 2018년
5) 3GPP, "5G-NR workplan for eMBB," 2017. 3. 9.
6) 3GPP, "5G architecture options," 2016. 6. 15.

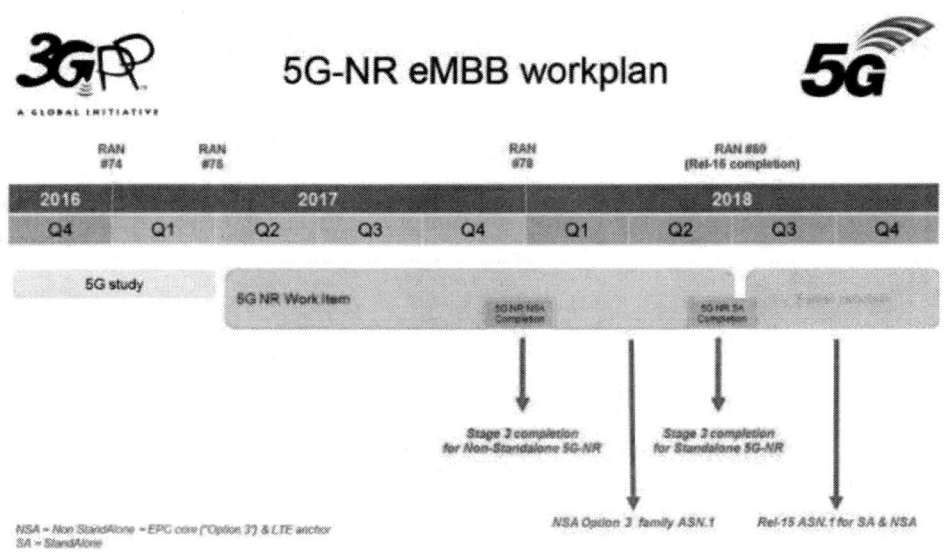

[그림 4 - 78] 3GPP NR 표준화 일정

3GPP Realease 15 규격내 NSA 일부분은 이미 지난 2017년 12월에 완성되었으며 이르면 2018년 3분기부터 NSA 표준 기반 5G 망 구축이 가능해질 전망이다. 또한 SA를 포함한 완전한 3GPP Realease 15 시스템은 규격 확정 후 관련 장비 출시 및 망 구축을 거쳐 2019년 4월 4분기쯤 상용화될 것으로 전망되고 있다.

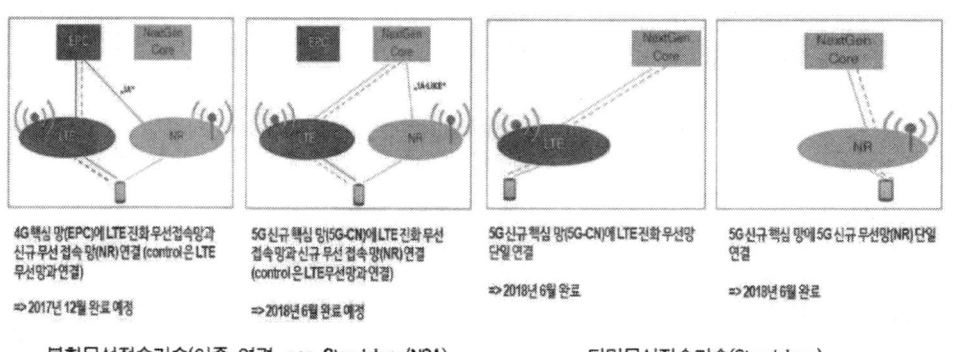

[그림 4 - 79] 3GPP Realease 15의 NSA와 SA

② 3GPP NR 기술의 특징

5G 이동 통신을 위한 3GPP NR 규격이 비교적 단시간에 걸쳐 개발되었기 때문에 많은 부분에 있어 3GPP LTE의 기술을 그대로 준용하거나 또는 일부 변형하여 적용하고 잇다. 그럼에도 불구하고 LTE와 구분되는 NR의 대표적인 핵심 기술들을 열거 할 수 있으며 OFDM numberology, sell-contained 슬롯 구조, LDPC와 polar code, 대용량 MIMO, mmWave 빔포밍 등이 그것이다.[7]

즉, LTE에 부채널 간격(subcarrier spacing : SCS)은 15kHz로 고정값을 갖는데 비해 NR에서는 $2\mu \cdot 15kHz$의 가변적 SCS를 운용할 수 있으며 이로 인해 더 짧은 길이의 OFDM 심볼 구성이 가능해져 다양한 서비스를 지원할 수 있게 되었다.

또한 NR 규격에서는 저지연, 고신뢰성 및 상위 호환성 지원을 위한 TDD 기반 유연한 슬롯 기반 프레임 구성을 지원하며, 오랫동안 데이터 채널과 제어 채널의 오류정정 부호였던 터보부호와 길쌈 부호에서 탈피하여 LDPC 부호와 polar code를 새롭게 도입하였다.

아울러 28GHz 등의 초 고주파수를 반송파로 사용함에 다라 단위 안테나 모듈이 크기가 대폭 감소하였고 이를 통해 높은 집적도의 MIMO를 구성하고 전송 효율을 개선하는 것이 가능하게 되었다.

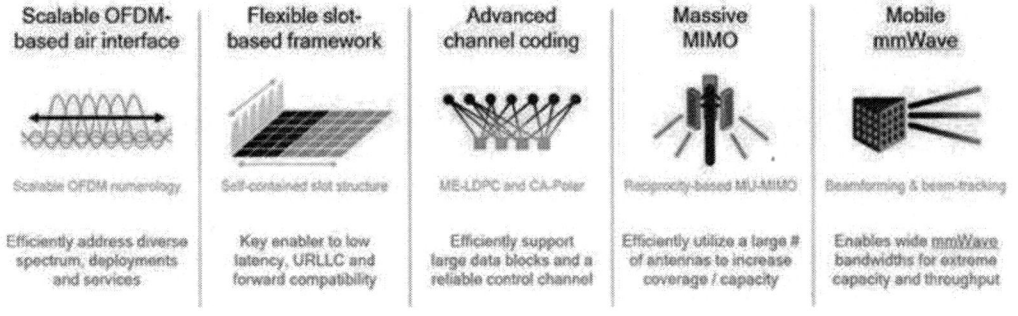

* 자료 : ⓒ Qualcomm

[그림 4-80] 3GPP Realease 15 무선기술의 특징

---

7) Qualcomm, "Five wireless inventions that define 5G NR," 2017. 12. 19

4. 국내 5G 이동통신 서비스 동향[8]

① 3GPP NR

2018년 2월 개최된 평창 동계 올림픽에서 공식 올림픽 파트너사인 KT는 세계 최초 5G 시범 서비스를 실시하였다. 2015년 5G 비전 선포 이후 KT 5G-SIG(Special Interest Group)를 구성하여 28GHz mmWave 대역을 사용하는 전송 기술을 2016년 6월에 완성하였고, 2016년 5월 KT 5G-DF(Development Forum)를 결성하여, 기지국 단말 개발 및 호환성 테스트를 수행하였다. 2016년 10월 KT와 삼성은 5G first call에 성공하였으며, 2017년 5G 네트워크 구축 및 실증 작업을 계속하였다.[9]

평창 동계 올림픽에서 공개된 대표적 5G 시범 서비스는 싱크뷰(Sync View), 인터랙티브 타임 슬라이스(Interactive Time Slice), 360° VR 라이브 옴니 포인트 뷰(Omni Point View) 등으로 5G 초고속 데이터 전송 기술을 활용하여 초고화질 영상을 실시간 전송함으로써 사용자에게 선수 시점의 몰입형 체험을 제공하는 서비스이고, 인터랙티브 타임 슬라이스 수는 다수 개의 카메라를 활용하여 선수의 경기를 다각도에서 동시 촬영하고 이를 활용하여 더욱 다양하고 실감적인 연상을 제공하는 서비스이다.

* 자료 : ⓒ KT blog

[그림 4-81] 360° VR 라이브

---

8) 박성준, "5G 이동통신 기술 동향" 강릉 원주대학교, 2018년
9) KT blog, "KT, 평창 5G 성공으로 대한민국 ICT 재도약 선언", 2016. 12. 15

[그림 4-81]에 나타낸 360° VR 라이브는 촬영한 360° 영상을 HMD(Head Mounted Display)를 착용하고 시청함으로써 실감나는 경기 감상이 가능하도록 하는 서비스이고, 옴니 포인트 뷰는 크로스컨트리 등 장거리 경기 선수의 경기복에 부착된 센서들과 코스 곳곳의 카메라를 활용하여 선수의 위치, 기록 및 영상을 실시간으로 제공하는 기술이다.

② 5G 이동통신 융합 서비스

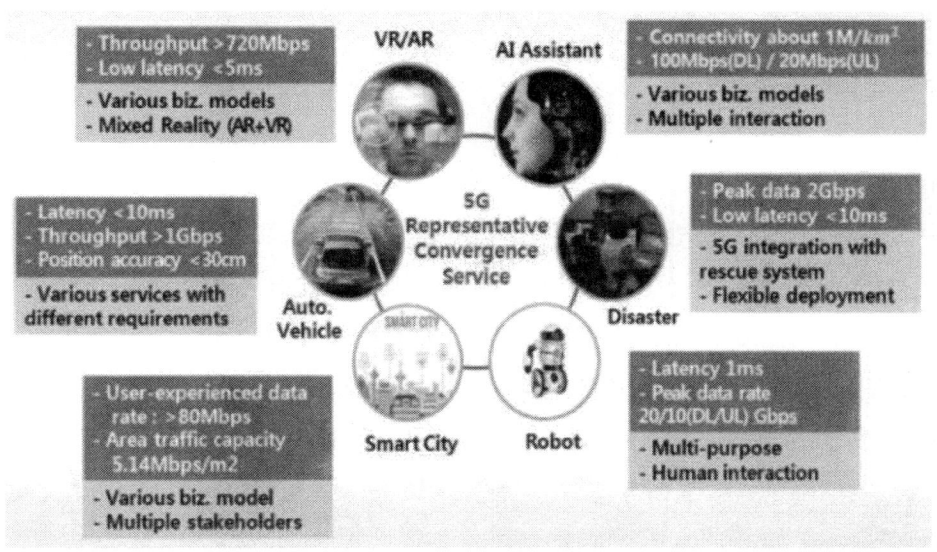

[그림 4-82] 5G 6대 융합 서비스

타 산업과 협력하여 5G를 확산하고 생태계 경쟁력을 제고한다는 목표 하에 과학기술 정보통신부와 기가코리아 사업단은 5G 포럼의 기술 자문을 받아 선정한 5G 6대 융합 서비스 시나리오를 공개하였다.[10][11]

---
10) 기가코리아 사업단
11) 전자신문 "5G 퍼뜨릴 6대 융합서비스 시나리오 공개", 2017. 11. 23

상기 6대 서비스는 자율 주행, 지능형 로봇, AI 비서, 재난/재해, AR/VR, 스마트 시티로 국내 이동 3사는 각 융합 서비스를 위한 구현 시나리오를 도출하고 그 결과를 2017년 11월 "글로벌 5G 이벤트" 행사에서 발표한 바 있다. SKT는 자율 주행과 지능형 로봇을, KT는 인공지능과 재난/재해 서비스를, LGU+는 AR/VR과 스마트 시티를 각각 담당하였으며, 각 융합 서비스를 위한 상세 요구사항은 [그림 4-82]에 요약되어 있다. 정부는 5G 확산이 산업계에 미칠 거대한 영향을 감안하여 6대 융합 서비스 외에 스마트 공장, 바이오 등 추가 융합 서비스를 종합적으로 검토하고 있다.

5. 5G 관련 주요국의 동향[12]

① 5G 관련 주요국 정책동향

해외 주요국은 모바일 브로드밴드를 차세대 경제성장 동력으로 인식하고 광대역 구축을 통해 다양한 분야의 서비스·기기·장비 등 산업을 개발·발전시켜 경제성장, 일자리 창출, 글로벌 경쟁력 확보를 도모하고 있다. 미국은 National Broadband Plan('10년), 영국은 UK Spectrum Strategy('14년) 등과 같은 정책기조 하에 5G는 향후 초 연결시대 경제성장의 핵심동력으로 자리매김할 것으로 인식하고, 세계 주요국은 5G 주파수 확보를 위해 기술개발 및 상용화 선도를 위해 치열하게 경쟁하고 있다

- 미국, FCC Spectrum Frontiers('16. 7월)
    - 미 연방통신위원회는 24GHz 이상 고대역 주파수의 발굴 및 이용을 위한 FCC Spectrum Frontiers 명령 및 추가법령제안(R&O, FNPRM)을 발표
    - 공식적으로 세계 최초의 고대역 주파수 이용방안을 확정하여 차세대 이동통신(IMT-2020) 개발 경쟁에서 미국의 선도적인 역할을 강조
    - 연방정부 및 민간의 효율적 주파수 공유 방안을 제시하여 차후 다양한 밀리미터파(millimeter wave; mmW) 대역 주파수 정책에 적용 가능한 벤치마크 모델로 삼고자 함
    - 28GHz(27.5~28.35), 37GHz(37~38.6), 39GHz(38.6~40) 대역주파수를 이동통신용으로 활용하고, 64~71GHz 대역을 비면허 대역으로 추가 지정

- 유럽, 5G for Europe('17. 6월)

---

[12] 김득원, "4차산업혁명 시대의 핵심 인프라 5G, 정보통신 정책 연구원, 2017. 6. 14

- 유럽집행위원회(European Commission)는 유럽 내 5G 상용화를 위한 5G for Europe 액션플랜 보고서를 발간('16. 9월)하고 유럽의회가 승인
- 차세대 네트워크 기술인 5G는 새로운 서비스를 가능케하고 다양한 분야가 융합된 혁신적인 비즈니스 모델을 창출하는 등 향후 디지털 경제 발전의 근간으로 작용할 것으로 전망
- 유럽 국가 간 조정과 계획 수립을 통해 5G 기술표준 및 주파수 대역 등에 대한 글로벌 상호운용성(interoperability)을 확보할 필요
- 5G 도입을 위한 유럽 공통의 추진일정 수립('18년 시범서비스, '20년 상용화 확대), 5G 주파수 발굴 및 확보(700MHz 및 3.5GHz 등), 네트워크 구축방안, 글로벌 상호운용성 확보, 5G 기반 디지털 생태계 활성화를 위한 액션플랜이 주요 내용

② 5G 연구·개발 동향
· 5G 기술개발을 선도하고 표준화에 대응하기 위해 국내·외 주요국은 민관 합동으로 5G 연구개발 단체를 구성하여 운영 중
  - 조직하여 5G 비전 및 서비스 연구, 기술 개발, 주파수, 국제협력 등을 지원
  - 유럽(EC)은 '5G PPP(Public-Private Partnership)'를 결성하여 '20년까지 범 유럽 연구개발 프로그램(Horizon 2020) 중 약 7억 유로를 투자할 방침
  - 일본은 '5GMF(5G Mobile Communications Promotion Forum)'을 구성하여 5G 연구와 논의를 통해 전략방향을 제시
  - 중국은 5G 전략 및 정책 수립을 위해 공업정보화부, 국가발전개혁 위원회, 과학기술부 등 3개 정부부처와 China Mobile, Huawei, ZTE 등 민간기업 및 학계가 참여하는 'IMT-2020 Promotion Group' 설립

③ 5G 시범서비스 추진 현황
· 미국
  - AT&T와 Verizon은 5G 로드맵을 발표하고, '17년 하반기에서 '18년에 고정* 또는 모바일 5G 서비스를 제공할 계획으로 사전 테스트 중
    * 고정 5G는 pre-5G 규격으로 밀리미터파 주파수 대역에 기반한 fixed wireless access(FWA) 기술을 이용하여 기존 협대역 인터넷을 대체하는 광대역 인터넷을 의미

· 일본
    - NTT DoCoMo는 '20년 상용화를 위해 '16. 3월부터 5G 기초 기술을 검토하고 있으며, '17. 5월부터 철도, 방송, 자동차 등 다양한 분야의 파트너들과 협력하여 5G 이동통신을 위한 시범사업을 실시
· 중국
    - China Mobile은 '20년 상용화를 목표로 '17년 5G 기술 테스트를 실시하고 '20년까지 약 1만개의 기지국을 구축하는 계획 발표('16. 11월)

제8절 3D 프린팅

1. 3D 프린팅 개요

① 3D 프린팅의 개념

3D 프린팅(3D Printing)은 3차원 설계 데이터를 기반으로 고유의 소재를 층층이 쌓아 입체 형태의 제품을 제작하는 기술을 말하는 것으로 전통적인 제품 생산방식은 재료를 자르거나 깎아서 생산하기 때문에 절삭가공(subtractive manufacturing)이라 불리는 반면, 3D 프린팅은 재료를 한 층씩 쌓아 제작하는 방식으로 적층가공(additive manufacturing)이라고도 불린다. 절삭가공 방식은 일반적으로 원재료의 95%가 버려지나 3D 프린팅 방식은 필요한 만큼의 원재료만 이용하여 원재료 절감이 가능하다.

〈표 4 – 39〉 3D 프린터 분류

재료형태	재료 종류	조형 방식	제품 예
액체 기반형	액체 형태의 재료	레이저나 강한 자외선을 이용하여 재료를 순간적으로 경화시켜 형상 제작	미국 3D Systems의 SLA 시스템
분말 기반형	미세한 플라스틱 분말(powder), 모래, 금속 성분의 가루 등	분말 형태의 재료를 가열한 후 결합하여 조형. 재료 형태에 따라 접착제를 사용하거나 레이저를 사용하는 프린터가 있음	미국 3D Systems의 SLS 시스템 독일 EOS의 SLS 시스템
고체 기반형	와이어(wire) 또는 필라멘트 형태의 재료	필라멘트 등의 열가소성 재료를 열해 가해 녹인 후 노즐을 거쳐 압출되는 재료를 적층하여 조형	미국 Stratasys의 FDM 시스템
	왁스(wax) 성질을 가진 패럿 (작고 둥근 알 또는 공 모양의 알갱이)	재료를 헤드에서 녹여 노즐을 통해 분사	이스라엘의 Objet사의 Polyjet 시스템
	얇은 플라스틱 시트나 필름 형태의 재료	플라스틱 시트를 접착하면서 칼을 사용해 절단 후 적층하여 조형	미국 Helisys사의 LOM 시스템

* 자료 : 정보통신산업진흥원

3D 프린팅에는 액체 형태의 재료나 종이, 금속분말, 플라스틱, 모래 등이 이용되며 층의 두께는 약 16~100 마이크로미터(0.016~0.10 mm) 정도이며, 제작시간은 제품의 크기와 복잡한 정도에 따라 수 시간에서 수일 까지 소요된다.

관련기술 발전에 따라 3D 프린터의 활용성이 증가하면서 이에 대한 관심이 고조되고 있으며, 3D 프린터는 비용과 시간을 절약하기 위해 다음과 같이 주로 기업의 시제품 제작에 이용되고 있다.

- 전통적인 시제품 제작 방식은 여러 단계를 거쳐야 하는 반면 3D 프린터를 이용할 경우 설계 데이터만 있으면 제작이 가능하고 디자인 수정도 용이
- 람보르기는 시제품 제작에 4개월의 제작기간과 4만 달러의 비용이 소요되었으나 스포츠카 Aventador의 시제품 제작에 3D 프린터를 이용해 제작 기간과 비용을 각각 20일과 3,000달러 수준으로 줄일 수 있었음
- 최근에는 첨단 산업을 비롯한 다양한 산업분야에서 활용되면서 관련 기술에 대한 관심 급증
- 3D 프린터는 완구류, 패션, 엔터테인먼트 산업과 기술적 난이도가 높은 자동차, 항공/우주, 방위산업, 의료기 등 다양한 분야에서 제품 개발에 활용되고 있음

② 3D 프린팅의 등장배경
3D 프린팅 컨셉이 나온 것은 이미 오래 전의 일이다. 1980년대 중반에 Dr. Carl Deckard와 Dr. Joe Beaman와 같은 사람들이 굉장히 중요한 역할을 했다. 산업적인 측면에서는 Charles Hull이 창업한 3D Systems라는 회사가 있다.

세계 최초로 3D프린팅을 상용화해 1988년부터 공장에서 사용하기 시작했고, 대부분의 3D프린팅 특허를 갖고 있다. 이 회사는 현재 구글과 아라 프로젝트를 수행하고 있다.

구글은 현재 Assemble 모듈 방식의 스마트폰 아라를 지속적으로 만들어내고 있고, 시연도 진행 중이다. 이는 굉장히 중요한 의미를 내포하고 있다. 스마트폰의 표준 모듈 생산 속도와 물량을 대량 확보하기 위해 3D프린팅을 이용한다는 전략이다. 작은 모듈들을 모두 3D프린팅으로 찍어내겠다는 것이다.

이후로 3D프린팅 시장에는 기념비적인 일들이 생기기 시작한다. 1995년, MIT에서 Powder, liquid plastic 혹은 요즘 많이 사용하는 difused material 같은 재료들을 붙이는 방식에 대한 뛰어난 특허 기술들이 개발되면서 3D프린터는 대중적으로 확산된다. 작년부터 세계적으로 3D 프린팅 기술이 많이 등장하고 있는 이유는, 기술의 발전뿐만 아니라 특허가 풀렸기 때문이다.

대표적으로 2014년 2월에 금속에 대한 3D프린팅 특허가 풀렸고 동시에 이를 준비했던 현대자동차는 곧바로 3D 프린팅을 시작했다. 하지만 고급 기술은 여전히 특허에 묶여있고 아직 개발해야 하는 부분이 많이 남아있는 실정이다.

③ 3D 프린팅의 제조 과정
3D프린팅의 제조 과정은 총 3단계로 이루어진다. 처음에는 3D모델링, 3D캐드와 같이 Modeling을 하는 단계이다. 두 번째는 3D프린터로 Printing을 하고, 인쇄가 끝나면 Finishing, 마지막으로 매끄럽게 마무리하는 후처리 과정을 거친다. 마무리 작업을 해야 하는 이유는 저가의 3D프린터로 인쇄를 하면 표면이 거칠게 나온다는 문제점이 있기 때문이다.

현재 3D모델링은 작업이 많이 진행된 상태이지만 Printing과 Finishing 작업 단계는 제조업을 바꿀 것이라는 기대와 함께 아직은 불분명한 환상이 더 많은 상태이다. 하지만 이 과정들도 점차적으로 현실화 되고 있는 것도 사실이다. 3D프린팅의 과정에는 대표적으로 '스테레오리소그래픽(Stereo lithography)' 이라고 불리는 과정이 있는데, 이는 용액으로 된 liquid plastic을 판에 레이저로 쏴서 굳혀가는 방식이다.

그 다음으로 많이 쓰이는 방식이 'Fused Deposition2'과 'Ink Jet Printing3', 그리고 원료나 색상을 바꾸기도 하는 'Multi Jet Printing4', 'Selective Laser Sintering5' 방식 등이 있다. 예전에는 생산자들이 '생산'을 하는 공장이 있고, 유통업체들이 '배달'을 하고, 소비자들이 '소비'를 하는 과정이 철저하게 나누어져 있었다. 소셜커머스가 유통이라는 중간 단계를 없애는 혁신을 이루어냈지만 여전히 생산과 소비의 단계는 존재했다.

그러나 이제는 생산마저 3D프린팅으로 디지털화 되면서, 생산과 유통 단계가 사라지고 소비시점에서 생산을 하는 것이 가능하게 되었다. 쉽게 말해, 멀리 있는 장소에 가서 쇼핑을 한다거나, 해외의 제품을 사기 위해 직구를 한다는 개념이 없어질 수 있는 것이다. 필요할 때 바로 3D프린팅으로 만들어 쓰면 되기 때문이다.

이런 일들이 실제로 조금씩 일어나고 있다. 예를 들어, 어떤 사람이 미국에서 굉장히 재미있는 캐릭터

피규어를 봤는데, 이를 3D 스캐닝 하는 앱으로 촬영 후 한국으로 보내, 한국에 있는 3D프린터로 뽑아내는 것이다. 실제로 일본의 캐릭터 업체들은 몇 년 전부터 이런 일들을 우려하며 골치 아픈 사건으로 바라보고 있다. 그래서 비즈니스 자체를 바꾸려는 시도 또한 이루어지고 있다.

결론적으로, 소비라는 측면에서, 소비를 위해 생산과 유통이 이루어져 왔는데, 이 과정이 모두 철저하게 깨진 것이다. 이제는 온라인으로 모든 것을 해결하는 디지털 시대가 도래 했고, 누구든지 집에 3D 프린터가 있으면 제품을 만들어 낼 수 있게 된 것이다.

미국, 일본, 유럽연합은 3D프린팅이 기술적인 측면 이 외에도 전 세계의 시스템, 즉, 힘의 역학을 바꿀 수 있는 중요한 역할을 할 것이라고 기대한다. 중국에 있는 제조 공장의 수는 나머지 국가들에게 있는 공장의 수보다 많다고 할 정도로 제조업의 아웃소싱 대부분을 중국이 가지고 있다고 할 수 있다. 산업의 핵심을 중국이 다 가지고 있다는 얘기이다. 아무리 소프트웨어가 풍부하고 눈부신 발전을 하여도 제조와 현물은 무시할 수 없는 중요한 요소이다. 이러한 상황은 자연스럽게 중국이 제조업 시장에서 막강한 파워를 가질 수밖에 없게 만들었다.

미국 입장에서는 중국을 견제하거나 압력을 줄 수 있는 유일한 수단이 3D프린터였다. 3D프린팅이 제조업의 틀을 바꾼다는 것이다. 전통적인 산업 자본주의 시대에서 제일 중요한 것은 대량생산(Mass Production)이었다. 유명한 비즈니스 전략가인 마이클 포터는 다섯 가지 혁신의 개념에서 우리가 다루고 있는 소비자나 사용자는 없다고 이야기한다. 그것은 구매력 또는 생산력만을 가지고 이야기한다.

왜냐하면 대량생산을 통해서 단가를 줄이고 진입장벽을 만드는 것이 비즈니스의 핵심이라는 것이다. 그것을 깰 수 있는, Mass Customization을 넘어서 Hyper Customization(초고객화), 개인에게 아주 잘 맞출 수 있는 생산이 가능한 것이 3D프린팅이라는 것이다. 실제로 오바마 대통령은 3D프린팅의 중요성을 강조하며 국가 차원의 지원을 강화하고 있다. 유럽연합과 일본 또한 마찬가지이다.

하지만 한국은 이러한 측면에서 뒤떨어지고 있다. 국내에서 만든 3D프린터의 대다수는 자체 기술이 아닌 특허가 풀린 기술을 사용하고 있다. 한국은 뒤늦게 3D프린팅이 국가적인 역량, 전 세계의 시스템을 바꿀 수 있는 잠재성을 가진 중요한 기술이라는 것을 깨달았고, 동시에 3D프린터로 인해 상상할 수 없었던 일들이 일어나면서 언론 또한 부화뇌동하였다.

2. 3D 프린팅 산업의 특성

3D 프린팅은 다품종 소량생산과 개인 맞춤형 제작이 용이한 산업으로, 규모의 경제와 저임 노동비 우위를 가진 전통적인 방식과 다른 형태의 생산/유통/소비 방식을 탄생시키고 있다.

3D프린터는 시제품의 제작비용 및 시간 절감, 다품종 소량 생산, 제조공정 간소화 등 많은 장점을 보유하고 있으나, 시제품이 아닌 일반제품의 생산과 관련하여 긴 제조시간 및 고비용 등의 한계로 일반제품의 대량생산을 대체하기는 어려울 것으로 보인다.

〈표 4 – 40〉 기존제조방식 vs 3D 프린팅 제조방식

구분	기존 제조공정	3D 프린팅 제조공정
제조 방식	금형을 이용하여 주조 등으로 부품을 생산하고 이를 조립하여 완성품 제작	원료를 한 층씩 적층하여 조립공정 없이 최종 완성품 제작
장점	- 대량생산에 유리 - 단순 형상의 제품제작 용이	- 다품종 소량 생산에 유리 - 복잡한 형상의 제품제작 용이 - 1개 장비로 다양한 제품 생산 - 시제품의 제작비용 및 시간 절감
단점	- 제품별로 서로 다른 금형, 생산라인 등이 필요 - 조립 등의 추가공정이 필요	- 일반제품 제조시간은 오래 걸림 - 표면의 정밀도가 다소 떨어짐

* 자료 : 한국산업은행 기술평가부

3D프린팅을 통한 제조방식은 미리 재고를 확보해둘 필요 없이 맞춤형 주문생산이 가능하여, [생산 → 유통 → 소비]의 산업체계를 [소비 → 생산 → 유통]의 순서로 바꾸어 선주문, 후생산하는 방식으로 제조업을 확장시킨다.

3D프린팅은 제조업의 혁신 뿐 아니라 투자, 판매, 재무관리 등의 전 단계에 변화를 가져올 수 있는 기회를 제공하고 있으며, 또한 3D프린팅은 금형 투자의 고정비용을 낮춰주고 시장에서의 반응을 살펴보기 위한 소량 생산을 가능케 하며, 재고자산을 줄여주어 경영리스크를 감소시켜줄 수 있다. 업체

뿐 아니라 관련된 채권자, 투자자 등의 입장에서도 사업리스크를 경감시켜준다는 점에서 여신, 투자 등의 의사결정 방식에 영향을 줄 수 있을 것이다.

3. 3D 프린팅 기술 현황

① 3D 프린팅의 기술 분류

3D재료의 종류와 적층하는 방식에 따라 다양한 기술유형이 존재하며, 적층방식에 따라서 구분하면 압출형, 광조형, 소결형, 고에너지형, 층층형 등이 있다. 현재는 정밀성 및 효율성 등이 높은 소결형의 SLS(Selective Laser Sintering), 압출형의 FDM(Fused Deposition Modeling) 방식이 주류를 이루고 있는 상황이다.

SLS는 원료를 레이저로 가열하는 소결2)방식의 적층방법으로, 높은 정밀성과 다양한 원료 사용 등의 장점이 있으며, FDM은 수지 등의 원료가 녹아 노즐을 통해 압출되어 경화된 얇은 막을 쌓아가는 방식으로 제작비용과 시간 면에서 효율적이다.

〈표 4 – 41〉 3D 프린팅의 기술 분류

적층방식	기술 원리	기술명	재료
압출형(Extrusion)	가열된 노즐을 통해 재료가 압출되어 나오면서 경화된 층을 쌓는 방식	FDM	수지, 금속
분사형(Jetting)	액체 원료를 고압으로 분출시키는 방식	Polyjet	수지
광조형(Light Polymerized)	액체 재료가 원하는 형상에 맞게 조사된 빛에 의해 부분적으로 경화되는 방식	SLA DLP	수지
소결형(Sintering)	편평하게 깔린 재료에 부분적인 용융이 일어날 정도로 가열하여 경화시키는 방식	SLS	수지, 금속, 세라믹
고에너지형 (Directed Energy Deposition)	레이저 등의 고출력 에너지를 통해 재료의 분사와 동시에 재료를 완전히 녹여서 결합시키는 방식	DMT DMD	금속
층층형(Laminated)	필름형태의 재료를 한 장씩 놓고 모양대로 잘라 낸 후 접착제 등을 통해 쌓아가는 방식	LOM	수지필름, 종이

* 자료 : 한국산업은행 기술평가부

* 주 : FDM(Fused Deposition Modeling), SLA(Stereolithography), DLP(Digital Light Processing), SLS(Selected Laser Sintering), DMT(Direct Metal Tooling), LOM(Laminated Object Manufacturing)

② 소재별 3D 프린팅 기술

3D프린팅에 활용되는 소재는 수지, 금속, 종이, 목재, 식재료 등 매우 다양하며 액체, 파우더, 고체 등 사용하는 재료의 형태에 따라 조형성, 견고함 등의 특성이 상이하다.

액체 기반의 방식들은 정확한 조형이 가능하다는 장점이 있으나 내구성이 떨어진다는 단점이 있으며, 파우더 기반 방식은 다양한 원료의 사용이 가능하며 액체 기반의 방식보다 결과물이 견고하다는 장점이 있다. 고체 기반 방식은 낮은 제조단가와 내습성 등의 장점을 보유하였으나 열에 다소 취약한 편이다.

〈표 4 – 42〉 재료형태에 따른 3D 프린팅 기술 분류

적층방식	기술 원리	기술명	재료
액체	액체 형태의 수지	뛰어난 표면과 미세형상 구현이 가능하나 내구성이 다소 떨어짐	3D systems(美)의 SLA
분말	수지, 모래, 금속 성분의 가루	다양한 재료의 선택이 가능 하며 높은 정밀도, 견고함 등의 장점을 보유	3D systems(美)의 SLS EOS(獨)의 SLS
고체	와이어, 필라멘트 형태의 수지	낮은 제조단가, 내습성 등의 장점을 보유하였으나 정밀성 면에서 다소 떨어짐	Stratasys(美)의 FDM
고체	왁스 성질을 가진 패럿	매끄러운 표면, 신속성, 정밀성, 다양한 복합재료 사용 등의 장점을 보유	Stratasys(美)의 Polyjet
고체	얇은 플라스틱, 종이 필름 형태의 재료	재료비가 매우 저렴하고 대형 제품의 제작이 가능하나 내구성이 떨어짐	Helisys(美)의 LOM

* 자료 : KB금융지주경영연구소(2013) 자료 재구성

주요 소재로는 수지와 금속이 사용되고 있으며, 수지를 활용한 3D프린팅은 기술적 완성단계로 주로 저가형(가정용)에 적용되고 있고, 금속의 경우 기술개발 초기단계로 고가형의 산업용 프린터에 주로 사용되고 있다.

수지의 경우 플라스틱, Glass, CFRP와 같은 복합재료 등 거의 모든 재료가 사용되어 시제품, 완구 등에 적용되고 있으며, 기술적으로 완성단계에 있고, 금속의 경우 알루미늄, 티타늄이 많이 사용되어 의료, 기계부품 등에 적용되고 있으며, 이종재료 적층, 고정밀 적층, 적층율 향상 등에 초점을 맞춘 기술개발 초기단계에 있다.

〈표 4-43〉 3D 프린팅 소재의 적용

소재	종류	적용제품	비고
수지	폴리스티렌, 나일론, ABS 등	패션, 완구, 시제품	기술개발 완성단계
금속	티타늄, 알루미늄, 코발트, 철 등	금형, 기계부품, 의료	기술개발 초기단계
기타	종이, 목재, 식재료, 고무 등	건축, 음식	

* 자료 : 한국산업은행 기술평가부

4. 3D 프린팅의 글로벌 동향 및 이슈

① 시장개요

3D 프린팅 시장은 연평균 13.5%의 성장을 지속하여 2017년에는 3억 5,000만 달러로 성장할 것으로 예상된다. 특히 3D imaging, 3D modeling, 3D scanning, 3D rendering, layout and animation and image reconstruction 등 AM(After Market) 시장인 3D 데이터 분야는 2013년 3억 100만 달러에서 연평균 26.7% 성장하여 2018년에는 9억 8,200만 달러에 이를 것으로 예상된다.

3D 프린팅 글로벌 시장규모는 2012년 13억 달러, 2016년 31억 달러에서 2020년에는 52억 달러의 초대 규모 시장이 형성될 것으로 예상된다. 3D 프린팅 글로벌 시장규모 추이는 [그림 4-83]와 같다.

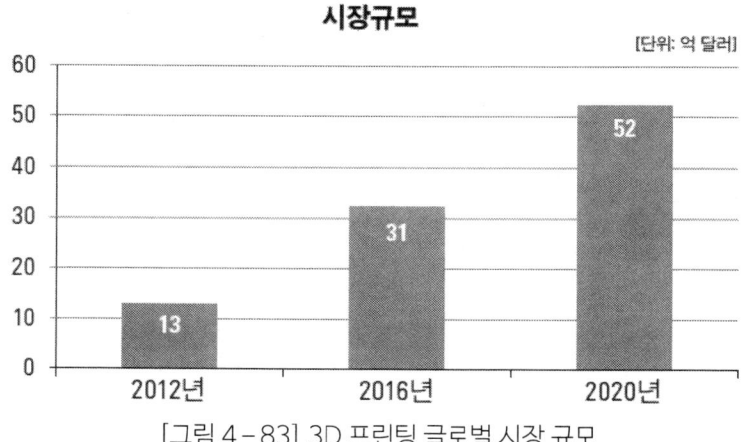

[그림 4-83] 3D 프린팅 글로벌 시장 규모

② 글로벌 시장 규모 추이

개발 초기 고가의 3D 프린터가 최근 들어 15,000~600,000달러의 저가 보급형 제품들이 출시되면서 상용화 진입단계에 들어서고 있다. Entry-level 수준 제품의 경우 3,000달러 이하의 제품도 많이 출시되고 있어 시장 확산에 크게 기여하고 있다.

〈표 4-44〉 글로벌 3D 프린터 시장 추이

구분	2012년	2021년	GAGR(%)
시장규모(달러)	22.4	108	19.1
판매가격(달러)	73,220(2011년)	2,000(2016년)	-

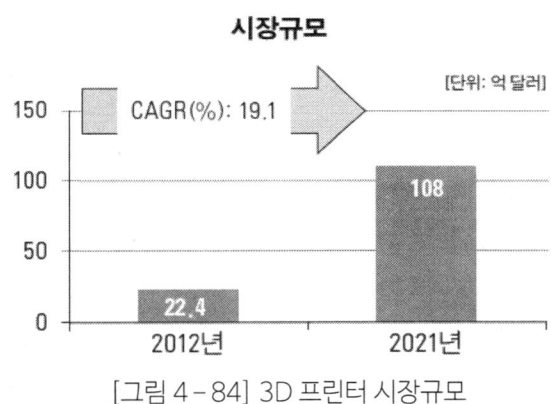

[그림 4-84] 3D 프린터 시장규모

3D 프린터 시스템의 판매와 서비스를 통한 매출이 2009~2013년 사이 두배로 급격히 성장하고 있으나, 3D 프린터 시스템의 실제 활용은 미국, 독일 및 일본 삼국이 60% 이상을 차지하고 있다.

2012년 3D 프린터 시장규모는 항공기나 자동차, 의료분야를 중심으로 한 많은 기업들이 의욕적으로 도입하여 22억 400만 달러에 이른 것으로 추정된다. 2021년에는 2012년 대비 약 5배인 108억 달러 규모에 이를 것으로 예상된다. 2016년이면 기업용 3D 프린터를 2천 달러 이하에 구입 가능할 것이며, 2018년까지 세계 제조업체의 25% 이상이 3D 프린터를 도입할 것으로 전망된다. 글로벌 3D 프린터 시장규모 추이는 〈표 4-83〉과 같다.

제5장
**정보기술과
사이버 제국**

제1절 IT와 4차 산업혁명

1. 4차 산업혁명과 IT 융합의 개요

제4차 산업혁명의 시대를 맞이하여 전 세계 여러 산업 영역에서는 어떻게 변화를 준비해야 할지 논쟁이 뜨겁다. 사실 제4차 산업혁명과 관련한 논의는 IT 기술과 인터넷의 보급이 확대되면서부터 꾸준히 진행되어 왔지만, 대부분 4차 산업 혁명을 기술로 보고 있기에 많은 사람들은 이를 어렵게 생각하고 있다. 왜냐하면 이를 인공지능, 사물인터넷, 빅데이터, 머신러닝 등 어려운 용어로 설명했기 때문이다. 기술로 4차 산업혁명을 이해한다는 것은 장님 코끼리 다리 만지는 것과 같다. 이는 코끼리 다리를 만지고서 코끼리 전체를 볼 수 없기 때문이다.

제4차 산업혁명은 개별 기술로 보면 안 되고 세상의 융합으로 보아야 한다. 우리는 첫 번째가 1, 2차 산업혁명이 만든 물질이 만든 세상에서 살고 있다. 그런데 3차 산업혁명이 등장하면서 온라인(On-Line) 세상, 가상 세상을 하나 더 만들었다. 즉, 우리가 카톡을 하는 세상 등이 만들어 졌다.

이 두 개의 세상이 연결되는 것이며, 3차 산업혁명까지는 디지털 기술들에 의해서 연결이 되었지만, 4차 산업혁명이 되면서 이 두 개의 세상을 다시 연결하는 현실을 가상으로 보내고 가상의 온라인(On-Line) 세상을 현실로 보내는 기술들이 대거 등장함과 아울러 이를 활용하는 비용이 거의 무료이다 시피하게 됨에 따라 2개의 세상이 융합되고 있는 것이다. 이것이 바로 4차 산업혁명이다.

4차 산업혁명이 세계적 화두로서 공식화한 계기는 2016년 스위스 다보스에서 열린 제46차 세계경제포럼(World Economic Forum, WEF)이라고 할 수 있다. 이 포럼에서 채택된 핵심 주제가 바로 '제4차 산업혁명의 이해'였다.[13]

<표 5-1> 산업 혁명의 과정

1차 사업혁명	2차 사업혁명	3차 사업혁명	4차 사업혁명
기계화를 통해 증기와 물의 힘을 혁신적으로 발전	전기에너지를 이용한 대량생산체제 구축	정보기술을 이용한 자동화 생산체계와 인터넷 보급 (디지털 혁명)	다양한 기술의 융합 및 인공지능 중심의 인지혁명

---

13) 이민화, "이민화 교수 4차 산업혁명 15분 강연", 대전 MBC 허참 토크쇼, 2017년 6월 20일

1차 산업혁명의 핵심이 기계화를 통해 증기와 물의 힘으로 기계적인 힘의 사용 과정을 혁신시킨 것이었다면, 2차 산업혁명은 전기 에너지를 이용한 지구적 대량생산 체제를 구축한 것이며, 3차 산업혁명은 정보기술을 이용한 자동화 생산체계와 인터넷 보급을 통한 디지털 혁명이라 할 수 있다.

그리고 현재 우리는 다양한 기술의 융합과 인공지능 중심의 인지혁명을 결합한 제4차 혁명의 단계를 맞고 있다. 그 대표적인 기술로 인공지능, 3D프린팅, 자율주행 자동차, 사물인터넷, 바이오테크놀로지 등이 거론되고 있다.

〈표 5-2〉 제조업의 산업 혁명의 과정

구 분	1차 사업혁명	2차 사업혁명	3차 사업혁명	4차 사업혁명
시기	18세기 후반	20세기 초반	1970년 이후	2020년 이후
혁신부문	증기의 동력화	전력, 노동 분업	전자기기, ICT 혁명	ICT와 제조업 융합
커뮤니케이션 방식	책, 신문 등	전화기, TV 등	인터넷, SNS 등	사물인터넷, 서비스간 인터넷 (IoT & IoS)
생산 방식	생산 기계화	대량생산	부분 자동화	시뮬레이션을 통한 자동 생산
생산 통제	사람	사람	사람	기계 스스로

* 자료 : 현대경제연구원

이를 제조업의 혁신단계로 설명하면 4차 산업혁명기에는 ICT와 제조업의 융합으로 산업기기와 생산과정이 모두 네트워크로 연결되고, 상호 소통하면서 전사적 최적화를 달성할 것으로 기대되고 있다.

- 기술의 진보로 공장이 스스로 생산, 공정통제 및 수리, 작업장 안전 등을 관리하는 완벽한 스마트 팩토리(Smart Factory)로 전환
- 스마트 팩토리는 생산기기와 생산품간 상호 소통체계를 구축해 전체 생산 공정을 최적화·효율화하고, 산업 공정의 유연성과 성능을 새로운 차원으로 업그레이드

① IT 융합과 4차 산업혁명의

기술과 기술의 소통, 융합이 세상을 바꾸고 있다. 융합의 확산은 기존의 상식을 뛰어넘는 혁신을 바탕으로

우리 앞에 새로운 세상을 열고 있다. 특히 융합은 의료·건강, 안전, 에너지·환경 등 미래의 사회적 문제를 해결해 나갈 수 있는 가장 효과적인 해법이라는 점에서 더 주목된다.

세계적인 미래학자 엘빈 토플러는 21세기를 "융합의 시대"로 규정하고 "한국의 미래는 융합기술에 달려있다"고 조언했다.

토플러의 뒤를 잇는 미래학자로 평가받는 대니얼 핑크 역시 21세기를 융합과 컨셉트의 시대라고 정의했다. 그는 "융합이란 1+1이 2가 아니라 3이상의 가치를 창조하는 것"이라며 "융합 시대에 성공하기 위해선 여러 재료를 섞어 더 훌륭한 맛을 내는 비빔밥 요리사가 돼야한다"고 설명했다.

◉ 4차 산업혁명의 정의

국내외 다수의 문헌들은 제4차 산업혁명을 조금씩 다르게 정의하고 있으나, 일관적인 입장은 ICT에 기반을 둔 새로운 산업혁신 시대의 도래에 주목하고 있으며, 제4차 산업혁명은 「Industry 4.0」이라고도 표현하기도 한다.

〈표 5-3〉 다양한 4차 산업혁명의 정의

출처	정의
위키피디아 백과사전	제조기술 뿐만 아니라 데이터, 현대 사회 전반의 자동화 등을 총칭하는 것으로서 Cyber-Physical System과 IoT, 인터넷 서비스 등의 모든 개념을 포괄
다보스포럼 자료	디지털, 물리적, 생물학적 영역의 경계가 없어지면서 기술이 융합되는 인류가 한 번도 경험하지 못한 새로운 시대
매일경제용어사전	기업들이 제조업과 정보통신기술(ICT)을 융합해 작업 경쟁력을 높이는 차세대 산업혁명을 의미

* 자료 : WIKIPEDIA, 현대경제연구원, 매일경제용어사전

다보스포럼은 4차 산업혁명이 3차 산업혁명의 더욱 확장된 개념으로서 속도(Velocity), 범위(Scope) 그리고 시스템에 미치는 영향(System Impact)이 매우 크다고 발표하였으며 이는 전례가 없는 획기적인 기술 진보 속도(Velocity), 모든 국가와 모든 산업 분야에 미치는 영향력(Scope) 그리고 생산, 관리, 구조 측면의 모든 시스템을 변화(System Impact)시킨다고 하였다.

또한 다보스포럼은 4차 산업혁명의 대표적인 기술로 인공지능, 로봇, IoT, 무인자동차, 3D 프린팅, 나노, 바이오공학 등을 언급하였다.

● 4차 산업혁명의 주요 기술

다보스 포럼을 비롯해 제4차 산업혁명에 대해 언급하는 대다수 전문가들과 문헌에서는 주요기술로 IoT, CPS, 빅데이터 그리고 인공지능을 언급하였으며, 전문가들은 ICT 관련 기술 대부분이 제4차 산업혁명에 활용될 것으로 언급하면서, 그 핵심에는 위 4개의 기술이 주요하게 활용될 것으로 전망하였다.

〈표 5-4〉 4차 산업혁명의 주요기술

기 술	내 용
IoT (Internet of Things)	• 사물인터넷이라고도 하며, 사물에 센서가 부착되어 실시간으로 데이터를 인터넷 등으로 주고받는 기술이나 환경을 의미 • IoT가 도입된 기기는 사람의 개입 없이 상호간 정보를 직접 주고받으면서, 필요 상황에 따라 정보를 해석하고 스스로 작동하는 자동화된 형태
CPS (Cyber-Physical System)	• 로봇, 의료기기 등 물리적인 실제의 시스템과 사이버 공간의 소프트웨어 및 주변환경을 실시간으로 통합하는 시스템 • 기존 임베디드시스템의 미래지향적이고 발전적인 형태로서 제조시스템
빅데이터	• 디지털 환경에서 생성되는 다양한 형태의 데이터를 의미하며 그 규모가 방대하고 생성 주기도 짧은 대규모의 데이터를 의미 • 증가한 데이터의 양을 바탕으로 사람들의 행동 패턴 등을 분석 및 예측할 수 있고, 이를 산업 현장에 활용할 경우 시스템의 최적화 및 효율화 등이 가능
인공지능	• 컴퓨터가 사고, 학습, 자기계발 등 인간 특유의 지능적인 행동을 모방할 수 있도록 하는 컴퓨터공학 및 정보기술의 한 분야 • 단독적으로 활용되는 것 외에도 다양한 분야와 연결하여 인간이 할 수 있는 업무를 대체하고, 그 보다 더욱 높은 효율성을 가져올 것으로 기대가 가능

실제 주요 선진국의 제4차 산업혁명 대응정책의 중심에도 앞서 언급된 4가지 기술이 주축을 이루고 있으며, 이를 중심으로 대응정책이 구성 및 추진 중에 있다. IoT, CPS, 빅데이터 그리고 인공지능에 의한 제4차 산업혁명은 시스템의 지능성이 월등해지고(초지능성), 모든 사물과 시스템이 연결되며(초연결성) 향후 일어날 일에 대한 예측 역시 가능(예측 가능성)할 것으로 예상한다.

세계 경제의 패러다임이 단순한 기술의 고도를 넘어서 융합을 통해 새로운 가치를 창출하는 시대로 급속히 전환하고 있다. 18세기 노동자본 중심의 농경시대, 19세기 산업화시대, 20세기 통신과 정보기술(IT) 기반의 정보화시대를 거쳐 21세기는 IT를 기반으로 서로 다른 2개 이상의 기술과 산업이 소통하는 융합시대에 접어든 것이다.

이를 반증하듯 세계 곳곳에서는 융합시장의 주도권을 잡기 위한 총성 없는 전쟁을 벌어지고 있다. 산업발전과 국민의 삶의 질 향상을 위해 융합 원천기술 개발 및 신산업 육성, 생활밀착형 융합 확산을 국가 차원에서 전략적으로 추진하고 있다.

미국은 IT융합의 원천기술 개발을 위한 연구개발(R&D)을 공격적으로 확대하고 있다. 국가과학기술위원회(NSTC)는 융합 SW, 고성능 컴퓨팅, 로봇 등 IT융합의 기반이 되는 원천기술에 대한 R&D 투자를 늘리고 있으며 기후변화대응, 에너지, 의료, 교육, 물류, 보안 등 사회 전반에 IT융합을 촉진할 수 있는 신규 R&D 영역을 발굴하는데도 역량을 기울이고 있다.

유럽연합(EU)은 지난 2000년대 중반부터 범 유럽 차원에서 지식사회 촉진을 위한 IT융합기술 발전전략(EIPKIS)을 추진하고 있다. 회원국 R&D 프로그램인 제7차 프레임워크 프로그램(FP7)을 통해 환경, 에너지, 의료, 복지, 제조업 등 IT융합 도전과제를 설정하였다.

일본의 경우 IT융합을 통한 신산업 육성과 생활밀착형 기술개발에 주력하고 있으며 에너지, 의료, 로봇, 자동차, 농업, 콘텐츠 등 IT융합 기반의 시스템 형 신산업 육성을 위해 6대 중점분야 선정하고 육성전략을 추진하고 있다. 안전, 환경, 의료를 중심으로 한 27개 분야의 인간생활 지원형 IT 융합기술 개발도 오는 2030년까지 정부 차원에서 집중 지원한다.

'세계의 공장' 중국도 단순 제조업에서 탈피해 산업고도화를 이루기 위한 전략으로 IT융합 활성화를 추진하고 있다. 중앙정부 차원에서 차세대 정보기술, 바이오산업, 에너지절약 및 환경보호, 고성능 장비제조, 신에너지, 신소재, 신에너지 자동차 등 7대 전략적 신흥산업 및 서비스산업 육성 전략을 제시하고 강한 드라이브를 걸고 있다.

② 융·복합의 개념
◉ 융합의 사전적 의미
　· Fusion : 서로 다른 두 개 이상의 것이 모여 구별 없이 합쳐지는 것
　　- 생물학 : 식물의 기관끼리 합쳐지는 현상, 세포의 경우는 생식세포의 융합, 즉접합 또는 수정이 대표적인 예, 동물 융합, 이류융합(adnation)

- 원자력 : 원자핵과 원자핵 또는 원자핵과 입자가 결합하여 한 개의 원자핵이 되는 것
- 의학 : 좌우 눈의 망막에 찍혀진 동일 목표의 상을 하나로 합쳐서 단일시하는 동작
- 제조업 : 구리와 주석을 녹여서 합하면 황동이라는 전혀 새로운 물질이 되는 것
· Convergence(수렴) : 독립적으로 존재하던 개체들(예 : 학문, 기술, 산업, 제품/서비스, 문화 등)의 화학적 결합을 통해 가치가 커진 새로운 개체를 창조하는 것

◉ 융합의 정책상 정의 : Convergence
· 산업융합촉진법 : "산업융합"이란 산업간, 기술과 산업간, 기술 간의 창의적인 결합과 복합화를 통하여 기존 산업을 혁신하거나 새로운 사회적·시장적 가치가 있는 산업을 창출하는 활동
· 국가융합기술발전 기본계획 : "융합기술"이란 NT(Nano Technology), BT(Bio Technology), IT(Information Technology) 등의 신기술간 또는 이들과 기존 산업·학문간의 상승적인 결합을 통해 새로운 창조적 가치를 창출함으로써 미래경제와 사회, 문화의 변화를 주도하는 기술

◉ 복합의 사전적 의미
둘 이상이 거듭 합쳐지거나 그것을 합쳐 하나를 이루는 것 또는 거듭 합쳐지거나 섞여 하나로 만들어지게 되는 것으로, 대표적인 예로서 프린터와 복사기 그리고 팩시밀리의 기능을 합친 복합기를 들 수 있다.

◉ 융·복합의 일반적인 형태
융합은 결합이 진행된 정도에 따라 패키지, 하이브리드, 퓨전으로 구분할 수 있으며, 이를 포괄하는 용어로 융합(Convergence)이라 부른다.

"분리되어 있던 두 산업"	"시너지를 위해 동일방향 이동"	"기존과 다른 묶음으로 수렴"	융합정도		
			Package	강	· 패키지 상품 (렌트카 + 호텔 + 항공 + 관광지)
산업 A 산업 B	산업 A 산업 B	A+B / A AB B / C	Hybrid		· 하이브리드 자동차 (기존엔진과 하이브리드 엔진간 기계적 융합)
			Fusion	약	· 스마트 폰(인터넷, 통신, 컨텐츠간의 화학적 융합)

2. 산업융합

① 산업융합의 개념

우리나라 산업융합촉진법 제2조 1항에서 정의한 바와 같이 "산업 융합"이란 산업간, 기술과 산업간, 기술 간의 창의적인 결합과 복합화를 통하여 기존 산업을 혁신하거나 새로운 사회적·시장적 가치를 창출하는 활동을 말한다.

여기서 가치창출이란 이종 기술·기능간의 단순한 결합이 아닌 융·복합의 결과물이 다음과 같이 사회적 또는 경제적으로 충분한 고부가가치를 창출해야 한다는 것을 의미한다.

- 경제적 가치 : 유망 신기술·신시장 창출, 고용창출 효과, 중소기업 육성 등에 기여
- 사회적 가치 : 건강·복지·안전 등 사회적 니즈 충복, 친환경, 에너지 문제 등에 기여

② 산업융합의 시대적 변화

산업 융합의 개념과 범주는 기술의 발달, 시대적·사회적 환경 등에 따라 다음과 같이 유동적으로 변화하고 있다.

- 첫째 : 기능 복합의 시대로서 대표적인 제품으로는 프린터 복합기라든지 냉난방기 등이다.

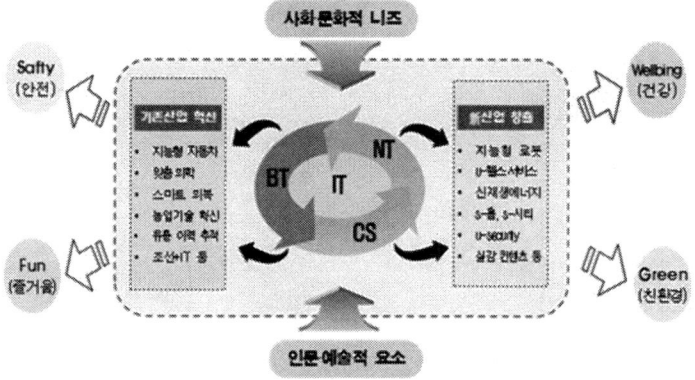

- 둘째 : 기술결합의 시대로서 이 시대에는 나노기술과 IT 반도체 기술이 결합된 나노 반도체 기술 그리고 나노기술과 로봇기술이 결합된 미세 나노 로봇 등이 대표적인 기술이다.
- 셋째 : 가치 융합의 시대로서 기술적 요소와 인문·예술 분야의 상승적 결합을 통해 수요자 니즈를

반영한 새로운 사회·경제적 가치창출을 의미한다. 예를 들면 건강·웰빙 수요증대, u-IT 기술과 BT·의학기술 등이 결합하여 u-Health 서비스가 나타나고, LED 조명기술과 도시건축설계 그리고 감성예술이 결합되어 도시 경관의 감성조명시스템 기술이 탄생하는 것 등이다.

최근에는 수요자의 니즈가 복잡 다양해지면서 인문·예술 분야를 포괄하는 개념으로 상기 그림과 같이 "산업융합"의 범주가 확장되고 있다. 즉, 산업융합의 범주는 안전, 즐거움, 편안함, 건강, 친환경 등으로 확산되고 있는 것이다.

3. 국내외 산업융합 현황

① 국내 산업융합의 요인
산업융합은 "기존산업의 성장 둔화", "핵심요소 기술의 혁신", "가치관 및 생활패턴의 변화"를 배경으로 글로벌하게 확산되고 있다.

◉ 기존산업의 성장 둔화
- 글로벌 경제위기 확산 : 2012년 유럽 재정·금융위기 이후 수출주도형 국가인 우리나라는 유럽 등 선진국의 경기침체 확산으로 교역이 정체되어 경제적인 어려움이 예상되고 있다.
- 우리나라의 5대 주력산업이 전 세계적으로 공급과잉 품목에 해당되고 있어 국가에서도 새로운 먹거리를 창출해야 하기 때문에 새로운 산업융합 정책이 필요하다.
    - 자동차·철강·석유화학·조선·반도체
    - 자동차산업 공급 과잉률 56.7%, 철강 37.7%,

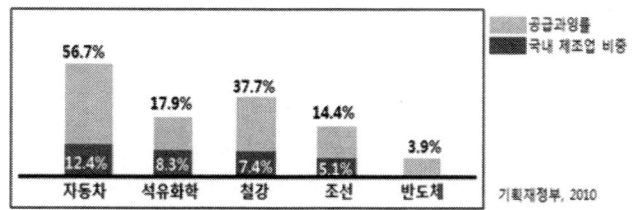

◉ 핵심기술요소의 혁신
- 정보통신 인프라 확산 및 기술 고도화

- 스마트 IT 인프라 구축으로 게임, 커머스, 보안, 광고 등 분야의 서비스 활성화 및 자동차/조선/금융 인프라 등에서 ICT 융합 가속화
    * Wibro 조선소, 스마트 시티, 모바일 뱅킹, 스마트 카 개발 등
- 저 전력 소모기술 개발, 디바이스 용량 확대, 클라우드 서비스 도입 등으로 하이브리드 서비스의 지속적 발전
    * 저 전력 IT 인프라 구축, 감성기반서비스 제공, 스마트 그리드 구축
- 초미세 공정 제어기술 발달
  - 나노물질의 개발 및 환경, 에너지, 정보통신기술 등 다양한 분야에의 응용을 통해 나노기반 시장이 확대되고 있다.
  - 나노기술은 5년 이내에 디스플레이, 나노소재 제조, 에너지 소자 등의 분야에서 산업화가 기대되고 있다.
    * IT : 자유로운 정보의 활용을 통한 편의성과 안전성 증진
    * BT : 생명의 비밀을 탐구하여 누구나 건강한 삶을 구현
    * NT : 나노제어를 통해 원하는 특성을 갖는(작고 가볍고 강한) 재료 개발

◉ 가치관 및 생활패턴의 변화
- 고령화 확산에 따라 건강관리 및 질병치료에 대한 관심 증대
  - 웰빙 문화의 확산 및 건강관리에 대한 개개인의 관심이 증대되고 있다.
    * u-health : 일상생활에서 건강관리의 용이성을 높이기 위해 원격진료 서비스 제공
  - 안전하고 정확한 진단·치료를 위해 의료 서비스 영역에서 신기술 적용 사례 증가하고 있다.
    * 로봇 수술 : 정밀한 제어기술을 바탕으로 수술의 안전성 향상
    * 개인맞춤 의료 : 개인의 유전적 특성에 맞추어 치료효과가 높은 치료제 개발
- 스마트하고 편리한 생활을 위한 맞춤형 서비스 요구
  - 필요한 기능을 선제적으로 제공해 주는 지능형 서비스가 확산되고 있다.
    * 지능형 자동차 : 자동 주차기능, 차선 이탈방지 기능 등 운전자 맞춤형 기능 제공
  - 시간적·공간적 제약을 넘어 필요시 즉각 제공되는 서비스 요구가 증가하고 있다.
    * 스마트 콘텐츠 : 스마트 폰, 스마트 패드 등의 단말기와 통신 서비스를 활용하여 e-book, 게임, 음악, 동영상 등의 콘텐츠를 언제 어디서나 다운로드 가능

- 감성적인 면과 체험을 중시하는 문화의 확산
    - 인간 감성이 적용된 소비자 친환경 제품·서비스 개발이 확산 되고 있다.
        * 감성제품 : 오감을 통해 분위기 및 문화를 공유하는 제품·서비스 확산
    - 개인적 체험의 양과 질을 높여 즐거움을 얻는 문화가 확산되고 있다.
        * 3D/4D 영화 : 가상적인 체험의 현실성을 높여 개인이 느끼는 재미 증가
        * 소셜 네트워크 : 다수의 사람들과 관심사와 정보를 공유, 공간의 제약이 없는 인적 네트워크의 확대를 통해 사회적 즐거움 획득

② 세계 산업융합 현황

산업융합은 "기존산업의 성장 둔화", "핵심요소 기술의 혁신", "가치관 및 생활패턴의 변화"를 배경으로 글로벌하게 확산되고 있다.

◉ IT 융합 기술과 융합산업

차세대기술혁명은 IT, BT, NT 등 어느 한 분야에 국한되지 않는 신기술간 융합이 주도할 것으로 예측된다. 그 가운데서 1차적으로 IT 기반융합이 확산될 것으로 전망된다. 차세대 신성장 동력산업 중 IT산업비중이 2010년 78%에 달할 것으로 보인다. 그 중에서 디지털컨버전스 및 INBT 컨버전스를 거쳐 서비스 컨버전스로 이어지는 IT 기반 컨버전스를 통해 메가 컨버전스 패러다임이 정착될 것이 기대 된다

세계적으로 글로벌화, 기술보호주의 팽배, 기술간 융·복합화 가속, 기술혁신주기의 단축 등에 편승하여 IT 산업이 향후 5~10년간 세계경제를 주도할 것으로 예상된다.

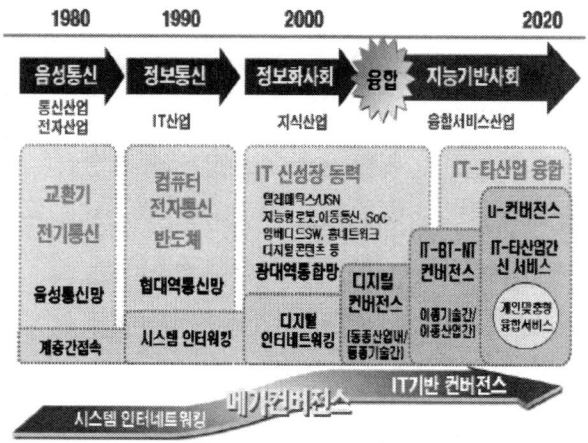

[그림 5-1] 시대에 따른 메가 컨버전스의 전개

또한 디지털화가 급진전되면서 전 산업분야에 걸쳐 광범위하게 확대 적용됨에 따라, 전통산업 및 식·의약품, 유통·물류, 농업을 포함한 산업전반의 생산성 향상 및 경쟁력 강화를 위한 첨단 IT 기술적용이 확대되고 있다

뿐만 아니라 자동차·조선·항공 등 국내 주요산업들도 다양한 형태로 IT와의 융합을 통해 제2의 도약을 준비하고 있다. IT 산업은 '01년 IT 버블 붕괴에도 불구하고 우리나라뿐만 아니라 전 세계적으로도 경제성장에 있어서 GDP 제고, 수출경쟁력강화, 물가안정, 기술 리더쉽 제고 등 성장엔진으로서의 역할을 꾸준히 수행하고 있다.

◉ 산업융합 시장 전망
- 향후 융합시장은 건강·편의·안전 등 새로운 수요자 니즈에 부합하는 융합제품·서비스 품목을 중심으로 급격히 성장할 것으로 전망된다.

〈표 5-5〉 주요 분야별 시장 전망

단위 : 억원

분야	항목	2011년	2020년
편의·안전	지능형 자동차	1,764	3,029
	지능형 로봇	462.8	3,448
	u-Security	500	1,248
소통·즐거움	융복합 콘텐츠	28,000	47,000
	e-러닝	300	1,316
건강·웰빙	u-Health	129	2,310
	바이오메디컬 진단 시스템	179	833
친환경·에너지	친환경 융합소재	12,000	93,000
	신 에너지 융합	21,000	53,000

- 편의·안전 : 스마트 센싱, SW 기술 등이 결합된 "지능형 제품·서비스" 부각
- 건강·웰빙 : IT·BT 기반의 원격의료, 바이오메디컬 분야 등
- 소통·즐거움 : IT 기술과 인문·예술적 결합을 통한 융합 비스 지속 성장
- 친환경·에너지 : 국제적 이슈화와 함께 친환경·신에너지분야 융합가속화

◉ 주요국의 정책동향

우리나라를 비롯하여 주요국에서는 2000년대 이후 IT 융합을 산업육성과 사회적 인프라 및 자본축적, 사회문제 해결을 위한 차세대 성장 동력으로 선정하고 있다.

특히 최근에는 녹색성장의 중요성이 부각되면서 각국에서 IT와 녹색기술의 융합이 강조되고 있다. 이를 상술하면 다음과 같다.

- 미국

  미국은 2002년 6월 차세대 융합기술의 선점과 삶의 질 개선, 인간의 수행능력 향상을 목표로 NBIC 전략을 수립하였다. 본 전략은 Nano, Bio, Info, Cogno의 4개 핵심기술을 기반으로 인간의 인지능력과 통신능력의 확장, 인간의 건강과 물리적 가능성 증대, 사회의 물리적 장벽제거와 사회구성원의 경제적 효율성 향상, 과학과 교육의 연결을 적극적으로 추진하고 있다.

  2004년 수립된 Innovation America를 통해 미국은 IT 활용촉진을 국가 혁신전략으로 설정하고 IT를 활용하여 제조부문과 서비스부문의 연계를 적극 추구하고 있다.

  또한 미국은 2006년 2월 국가경쟁력 강화 계획(ACI)을 수립하였다. 융합분야를 중심으로 연구개발 확대, 기술혁신, 세제혜택 등을 주요내용으로 하고 있으며 특히 이를 통해 2006년의 100억 달러에서 2016년의 200억 달러로 과학기술 및 혁신기업에 대한 기초연구 투자를 확대하였다.

  그린 IT에 대한 중요성을 강조하여 미국은 신정부 등장 이후 그린뉴딜을 적극 추진하고 있으며 그린산업을 육성하고 그린 IT 촉진을 위한 인프라 보급 및 확산에 주력하고 있다. 또한 미국 PCAST(President's Council of Advisors Science and Technology)는 선진 제조기술 필요성에 대한 보고서를 지난 2011년 6월에 발표하였으며, 발표된 「REPORT TO THE PRESIDENT ON ENSURING AMERICAN LEADERSHIP IN ADVANCED MANUFACTURING」보고서에 기반을 두고 오바마 정부는 AMP 프로그램을 추진하였다.

  AMP(Advanced Manufacturing Partnership) 프로그램은 R&D 투자, 인프라 확충, 제조산업 플레이어 간의 협력 등을 토대로 제조산업 전반의 활성화 및 변화를 도모하고 있다.

- EU

EU는 2004년 7월 지식사회 건설을 위한 융합기술 발전전략 수립인 CTEKS를 발표하고 적극 추진하고 있다. CTEKS은 융합기술 투자를 통한 과학기술 연구의 장려, 산업경쟁력 강화, 유럽사회 및 국민의 요구 충족을 적극 추구하고 있다.

또한 2006년 수립된 Shaping Europe Future thought ICT를 통해 경제사회 전반에 걸쳐 ICT와 ICT 융합의 중요성을 강조하였으며, 2006년에 입안된 제7차 FP를 통해 융합기술개발 확대계획 및 집행전략을 구체화 하였다. 이를 통해 IT, BT, 교통, 에너지 등의 융합부문을 중심으로 2007년부터 2013년까지 총 727.6억 유로의 투자를 집행하고 있다.

EU 집행위원회는 2008년에는 미래 융합산업 경쟁력 강화 및 조기 글로벌 경쟁력 확보를 위해 의료, 섬유, 건설, 바이오 등 6대 선도시장 육성 전략을 발표하고 부문간 융합을 촉진하기 위한 다양한 프로그램과 투자를 집행하고 있다.

2009년 수립된 Future Internet 2009를 통해 EU는 IT 기반 융합의 중요성을 역설하고 집중적인 연구개발 투자를 권장하고 있다. EU의 개별국가에서 IT 융합을 적극 추진하고 있는 나라로 영국(Building Britain's Future, 2009; Digital Britain, 2009), 프랑스(Digital France 2012, 2008), 독일(IKT 2020, 2007; Shaping the Digital Future in Germany, 2008)을 들 수 있다.

EU와 역내 주요 국가는 그린 IT를 적극 추진하기 위한 전략을 설정하고 집행하고 있으며 특히 덴마크는 2007년 Green IT Action Plan을 수립하고 녹색전략의 핵심으로 IT와의 융합을 적극 추진하고 있다.

- 일본

일본은 2001년 제2차 과학기술기본계획을 통해 IT, BT, NT, ET를 4대 전략부문으로 설정하였으며 일본이 강점을 지니는 제조기술과 융합기술과의 결합을 통해 상용화 전략을 추진하였다.

또한 일본 경제산업성은 2004년 신산업 창조전략을 수립하고 IT, BT, NT 등 신기술간 융합 혁신을 통해 7대 신성장 산업을 집중 육성하는 산업전략을 실행하였다. 일본은 본 전략을 통해 연료전지,

정보가전, 로봇, 콘텐츠, 보건의료, 환경에너지, 비즈니스 지원 서비스의 7개 분야를 단기간 실용화가 가능한 기술융합 분야로 선정하고 기술개발과 상용화를 위한 집중투자를 집행하였으며 일부 분야에서는 세계 최고의 기술선점이라는 성과를 이룩하였다.

2006년에 제3차 과학기술기본계획과 총리실 산하의 IT 전략본부 주관으로 IT와의 융합을 통해 의료, 환경, 안전 등의 분야에서 구조개혁과 사회문제 해결을 위한 IT 신개혁 전략을 수립하였다.

일본은 본 과학기술기본계획을 통해 기술융합의 중요성을 강조하고 신흥영역과 융합영역을 중심으로 연구개발을 촉진하는 계획을 수립하였다. 또한 IT 신개혁 전략을 통하여 연구개발 중점 추진분야로 세계를 선도하는 IT와 다른 분야의 융합을 촉진하는 IT로 구분하고 각각 집중적인 투자를 실행하였다.

2007년 총리주관으로 수립된 이노베이션 25를 통해 2025년 일본사회의 5대 목표를 설정하고 이를 달성하기 위한 기술전략과 기술로드맵으로 IT 기반 융합기술을 선정하였다.

본 총무성은 2008년 일본의 국제경쟁력 강화를 위한 ICT 연구개발 표준화 전략을 핵심으로 하는 UNS II 전략을 수립하고 집중 실행하고 있다. 유니버셜 커뮤니케이션 기술(U), 신세대 네트워크 기술(N), ICT 안심안전기술(S) 등을 중점으로 연구개발하며 UNS를 기반으로 융합산업 촉진 및 국민의 디지털 사회 실현 추구를 목표로 하고 있다. 본 전략은 동년도에 발표된 ICT 성장력 강화플랜과 연계되어 ICT 활용을 통한 기존 산업의 혁신 및 디지털 역량 강화 추구로 이어지고 있다.

특히 일본은 2009년도에 스마트 u-Network 사회실현계획, i-Japan 전략 2015를 국가 발전 전략으로 설정하고 경제산업성을 중심으로 미래기술 전략지도 2025를 발간하였다. 이 전략들은 IT를 기반으로 융합의 촉진을 골자로 한다.

IT 융합을 통한 그린전략의 핵심으로 일본은 2007년 그린 IT 이니셔티브(Cool Earth 50)와 2008년 저탄소사회 비전을 통해 그린전략을 중점 추진하고 있다. 그린 IT를 통해 탄소 배출 감축효과를 극대화하고 환경보호와 경제성장이 양립하는 사회를 목표로 IT 분야 에너지 절약과 IT를 활용한 에너지 절약을 추진하고 있으며 산·학·관·연이 중심이 되어 그린 IT 추진협의회를 운영하고 있다.

- 대한민국

우리나라는 2008년 IT 융합 전통산업 발전전략을 수립하여 세계 최고수준의 IT 인프라를 활용하여 주력산업의 르네상스화를 추구하고 있으며 2008년 11월 국가과학기술위원회 및 교육과학기술부를 중심으로 국가융합 기술발전기본 계획을 확정하였다.

본 계획은 차세대 기술혁명을 주도할 융합기술을 체계적으로 발전시켜 의료·건강, 안전, 에너지·환경문제의 해결뿐만 아니라 신성장동력인 융합 신산업 육성을 목표로 하고 있다. 이를 위해 원천융합기술의 조기확보, 창조적 융합기술 전문인력 양성, 융합 신산업 발굴 및 지원 강화, 융합기술 기반 산업고도화, 개방형 공동연구 강화, 부처간 연계·협력·조정체계 강화 등의 6대 추진전략을 설정하였다.

또한 지식경제부는 2009년 1월 IT 융합시스템을 신성장동력으로 선정하고 융합기술관련 신산업 및 신서비스를 발굴하며 융합기술에 의한 기존산업의 고도화, IT 기반 융합기술 및 융합부품 소재 육성과 인프라 확충, 융합기술의 기술이전 및 사업화 촉진, 표준화 제도 확립에 주력하고 있다. 우리나라는 2008년 저탄소 녹색성장을 국가비전으로 설정한 이래, IT를 통한 그린전략(Green of IT), IT의 그린전략(Green by IT)을 적극 추진하고 있다.

녹색성장위원회를 중심으로 2020년 세계 7대 녹색강국을 목표로 설정하고 기후변화 적응 및 에너지 자립, 신성장동력 창출, 삶의 질 개선 및 국가위상 강화를 위한 10대 정책을 달성하기 위해 그린 IT를 적극 활용하고 있다.

4. 이종 산업간 융합

① IT 융합 R&D 전제 조건

융합기술이 NT, BT, IT 등 신기술간 또는 이들과 기존 제품·산업·학문·문화간의상승적인 조합·결합을 통해 경제·사회적 파급 및 미래수요 충족을 위한 창조적 가치를 창출하는 기술로 새로이 정의됨에 따라 기존의 IT, BT, NT 등의 첨단 신기술간 물리·화학적 결합의 의미를 확장하게 되었다. 새로운 정의에 의한 범위 확장은 다음 그림과 같이 IT 융합에서 그 진면목을 잘 볼수 있다.

최근들어 원천기술력을 확보한 선진기업이 유형제품의 생산·판매에서 지재권 등 무형 자산을 활용한 수익창출로 비즈니스를 변화함에 따라 전략적 지재권확보의 중요성이 증대되고 있으며, 공공부문 R&D 가 민간부문 R&D 및 설비투자를 견인하는 중요한 수단이 되기 때문에 공공 및 민간부문간 역할분담을 통한 시너지 창출을 위해서는 체계적 기획에 의한 R&D가 필수적이다.

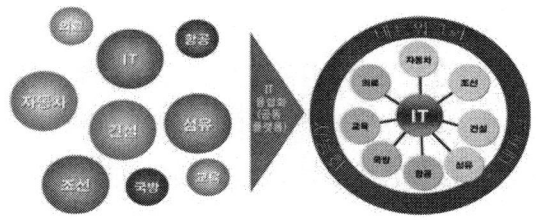

[그림 5-2] IT와 산업간 융합 개념도

② IT와 자동차 산업의 융합
◉ IT와 자동차 융합의 정의
- IT와 자동차 융합은 첨단 IT 신기술을 기반으로 자동차의 센서 및 전자장치가 기능적, 유기적으로 상호 작용하여 운전자의 안전 및 편의성을 증대시켜 최적의 운전환경을 제공하는 것에 목적을 두고 있다.

- 자동차에 IT를 접목하여 편의성과 안전성 등을 높인 자동차의 고부가가치화에 기여하고, 자동차 IT 라는 새로운 IT 시장을 개척하여 IT 산업의 지속적 발전에 기여할 수 가 있다.

- 또한 차량공간의 편의성과 오락성, 주행의 안전성 등에 초점을 맞춰 휴먼 친화적인 자동차의 고급화를 달성할 수 있다.

◉ IT 자동차 융합의 범위

〈표 5-6〉 IT-자동차 융합의 범위

영역	구분	내용
IT-자동차	Automotive	Navigation, Multimedia, Driver assistance
	Consumer device	Cockpit, Multimedia, Information, Navigation, HMI(Human-Machine Interface)
	Safety system	Driver assistance, Driver environment Information, Predictive systems
	Comfort electronics	Driver comfort, Automation, Seat comfort, Closure systems, Climate control
	Body system / Chassis systems	Exterior electronics, Steering / Breaking / Lighting system
비 IT-자동차	Automotive – related content	Traffic Information, Consumer-binding
	Networking & power management	Energy management, Communication network, IT-비 자동차 Central control unit
	Power train electronics	Engine control, Drive train control, Hybrid & electrical device

- IT와 자동차 융합의 범위는 다음 표에서 보는 바와 같이 전장 분야 중 인포테인먼트, 안전 시스템, 차체 및 섀시 시스템, 편의 장치, 자동차 가전분야를 포함한다. 그러나 자동차 관련 콘텐츠, 파워 트레인 및 엔진, 네트워킹, 파워 매니지먼트는 해당되지 않는다.

- IT와 자동차 융합은 대표적인 선진국 주도형 융합산업이며 교통, 물류, 보험 등 타 산업으로의 파급효과가 큰 선도 산업이다. 미국, 일본, EU 등에서 국가 및 산업 경쟁력 향상을 위해 전략적으로 추진하고 있는 산업으로서 새로운 산업 창출을 견인할 것으로 예상된다.

◉ 기술적 특성
- 안전 시스템
  - 자동차 안전 시스템은 자동차 사고를 능동적으로 방지하는 액티브 세이프티 시스템(Active Safety System)과 사고 발생시 부상 정도를 경감 시키는 패시브 세이프티 시스템(Passive Safety System)으로 구분 할 수 있다.
  - 안전 시스템은 자동차의 전자화와 더불어 지능형으로 발전되고 있으며, 능동형 사고방지 시스템인 액티브 세이브티 시스템이 고급 자동차들 중심에서 최근에는 중소형 모델까지 채용이 확대되고

있다.
- 최근의 안전 시스템은 충돌 감지 및 경고, 차선이탈 경고, Adaptive Cruise Control 등이 중심이지만, 점차 Fail mode 분석을 통한 fail safe 자동차 중심으로 자율 조향 시스템, 운전자 생태 감지 및 경고 시스템, 센서-통신 융합 경고 시스템 등의 방향으로 진화하고 있다.

• 편의 시스템
- 자동차는 이미 대중화 되면서 단순한 이동 수단을 넘어서 업무와 생활공간으로서의 기능면이 강조되고 있기 때문에 편의성에 대한 소비자의욕구와 관심도도 증가하고 있다. 따라서 자동차 업체들은 안전 분야뿐만 아니라 편의 분야에서도 IT와 결합된 전장 기술과 소재의 연구/개발에 투자를 확대하고 있다. 자동차의 편의 시스템은 다양한 텔레메틱스 서비스를 넘어서 자동 주차 시스템까지 상용화되고 있다.
- 최근의 편의 시스템은 Firmware 기반의 독립적이고 고정적인 편의 기능을 제공하고 있으나, 향후 유무선 방·통신망에 연결된 편의 자동차 중심으로 HMI, 운전부하경감 운전자 맞춤형 주행안내, 안락한 이동 수단 등의 방향으로 진화하고 있다.

• 친환경 시스템
- 향후 자동차 메이커의 성장과 생존을 좌우할 친환경/지능형 자동차를 글로벌 자동차 메이커와 세계 각국 정부는 신성장 동력으로 설정하고 막대한 R&D 투자를 집중하고 있으며 시장 선점을 위해 치열한 경쟁이 전개되고 있다. 이에 따라 우리나라 최대 자동차 메이커인 현대기아자동차 그룹도 안전성, 연료효율, 고객요구 만족, 비 환경적 요소 최소화를 목표로 품질과 신뢰도를 높여 생산 비용을 최소화하는데 주력하고 있으며, 하이브리드 전기자동차/수소연료전지/전장기술/소재기술 등 다양한 분야에 대한 연구개발을 진행하고 있다.
- 최근까지만 해고 친환경 시스템은 기계적인 자동차 성능 극대화처럼 소극적인 친환경 자동차에 머물렀지만, 이제는 연료 절감에 기반을 둔 HEV, EV 등의 자주적인 친환경 자동차로 진화하고 있다.

③ IT와 건설 산업의 융합
◉ IT-건설산업 융합의 정의
• IT-건설 융합은 기존 건설 산업에 통신, 환경 친화적 건축 소재기술, 첨단 건설공정관리 기술, 공정과

연계된 최적 물류관리, 에너지 절감 및 효율적 이용기술 등을 포괄하는 큰 개념이다. IT 기술의 접목을 통해 이용자는 편의성을 높이고, 사업자 측면에서는 무가가치를 높이는 스마트 건설산업을 이룰 수 있다.

- IT-건설 융합은 크게 기존 건설상품에 IT 기술을 적용하여 스마트 시티, u-Building 등 새로운 부가가치를 창출하는 상품을 생산하는 것과 기존 건설산업의 프로세스에 IT 기술을 활용하여 건설 생산성을 향상시키는 것으로 나눌 수 있다,

◉ IT-건설산업 융합의 정책
- 국내정책

최근 우리나라는 정부주도의 IT-건설 융합기술 개발 및 시장 창출을 위한 노력을 다각적으로 시도, 건설산업은 국가 경제에서 차지하는 비중이 큰 반면 부가가치 창출이 미흡한 전통저긴 아날로그 산업으로 인식되어 왔다.

그러나 2000년대 초반 홈 네트워크 산업을 차세대 10대 성장 동력 산업으로 선도하여 정부주도의 융합형 첨단 기술 개발, 표준화, 시장기반 조성을 위한 다양한 정책 지원을 시도, 건설산업 분야에서는 1998년에 제정된 CALS 계획을 발전시켜 CALS 시스템을 고도화하고 유비쿼터스 기반의 실시간 건설정보서비스 체계를 구축하는 등 IT 부문의 선진 기술을 활용한 국제적 수준의 건설사업 정보화 달성을 주진하였다.

- 해외정책

최근 세계적으로 건설산업의 첨단화가 추진되면서, 설계화 시공을 비롯하여 유지관리까지 건설 전 분야에서 정책적으로 첨단 IT 기술의 융복합 기술개발을 적극적으로 추진하고 있다. 주요 선진국들은 건설산업 전 과정에서의 경비절감, 높은 정확도, 현장 안전도 향상 등의 방향으로 IT를 설계, 하중시물레이션, 센서를 이용한비파괴 검사, 노무 자재 등 건설 토목 산업의 융합 기술로 개발, 적용하고 있다.

건설 토목 산업은 우리나라가 아랍에미레이트에 원자력 발전소 건설을 위한 대형 국책 사업을

진행하고 있으나 근간을 이루는 핵심 역량은 설계 시공은 물론이고 자재 소요량이나 물류 그리고 해외 원격지에서 실시간으로 경영 감독 감리 할 수 있는 기반 기술과 솔루션은 IT융복합 기술에 크게 영향을 받는 산업이며, 미국과 EU, 일본 등 주요국은 회사, 민간단체, 정부가 앞 다투며 현장 주도로 건설 토목 산업에 IT를 접목시키려는 시도를 진행하고 있다.

◉ IT-건설 산업 융합 관련 기술

구분	주요 내용
친환경 / 저에너지 스마트 건축자재	• 에너지 절감 / 친환경건설 소재 / 소자기술 — 주거자 친화형 자재기술
친환경 / 지능형 스마트 건설 설비	• 친환경 에너지 절감건설설비기술 (물 순환관리, 컴퓨넌트형 건축 기술 등)
스마트 건설 시공	• IT 기반 스마트 시공기술 (레이저 스캐닝 기반 공사현황 모니터링, 지능형 스마트 작업복, 현장 청소 로봇, 도로에 센서 및 인터넷 설치 GPS 활용 등)
스마트에너지제어 및 관리를 위한 건설 IT 융합	• 에너지 인지 기반 건물에너지관리 기술(스마트 그리드) — 지능형 서비스 기술(범죄예방 기술 등) — 지능형 건물관리 미들웨어 기술 — 에너지 자급자족 기술(건물 일체형 태양광 시스템)
스마트 시티 건설	• IT 융합 인간 친화형 감성주거환경 구축기술(스마트 시티와 홈네트워크 연동 기술)Power train electronics

◉ 적용 분야
- 건설 산업은 IT의 활용 및 접목을 통해 산업의 고도화 및 생산성 향상을 기대할 수 있는 분야이다.

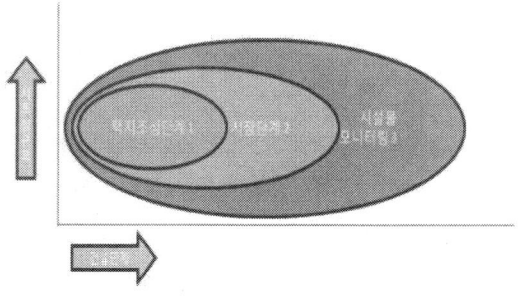

U-IT건설 인프라 LifeCycle 모니터링 패키지

- IT 와 건설 융합 산업은 공사 현장관리, 자재공급, 관리를 위한 정보시스템의 활용에서 최근 스마트 시티의 형태로 발전하고 있다.

* 스마트 시티는 주택, 경제, 문화, 교육, 환경 등 각종 도시 구성 요소에 유비쿼터스 IT 인프라를 접목시킨 지능화된 미래형 첨단 도시로 정의 한다.

④ IT와 국방·항공 산업의 융합
◉ IT-국방·항공 산업 융합의 정의

- 최근 들어 IT 산업의 비약적인 성장을 바탕으로 IT 산업의 지속적인 발전뿐만 아니라 다른 산업의 성장을 도모하는 IT 융합에 대한 다양한 노력이 범국가적 차원에서 이루어지고 있으며, 그 중 하나가 바로 국방분야 이다.

- 미래의 전장은 지상에서 공중 및 해상 나아가 우주에 까지 영역이 대폭 확대되고 고도의 정보전과 미사일전 그리고 전후방 동시 입체 고속기동전 수행이 불가피하다.

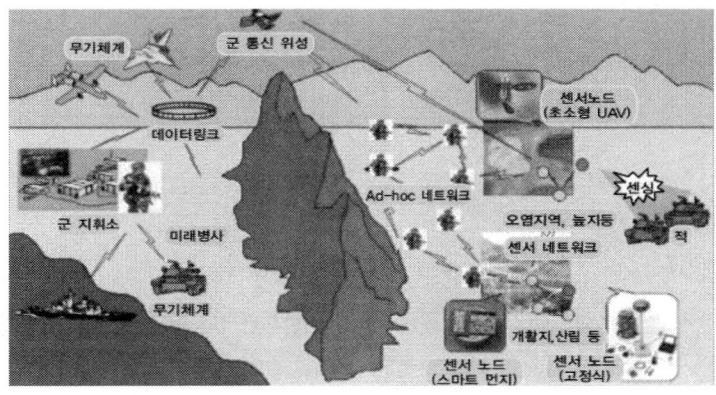

◉ 관련 기술
- 차세대 웹 : 국방 메가센터 환경 및 사용자 단말 환경에 유비쿼터스, 모바일 웹, 시멘틱 웹 기술을 적용한다.

- VR/AR(Virtual & Real World)
  - 워게임 시뮬레이션이나 모의 전술훈련에 활용되고 있으며, 한번의 실수로 큰 인명 피해가 날 수 있는 전장상황이나 실제 상황에서 일어날 수 있는 실수를 예방 가능한 기술이다.

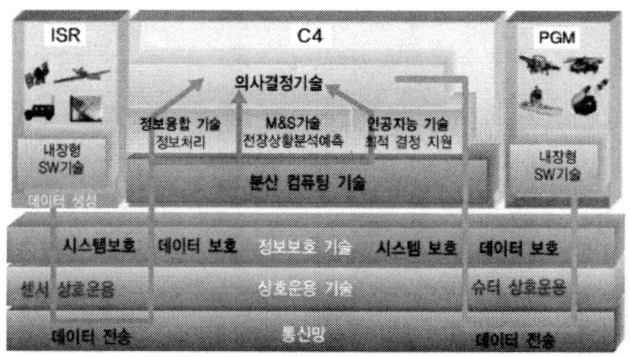

- 인공지능
  - 인간의 두뇌와 같이 컴퓨터 스스로 추론, 학습, 판단하면서 작업하는 시스템이다.

- SOA(Service Oriented Architecture)
  - 대규모 컴퓨터 시스템을 구축할 때의 개념으로 업무상 일처리에 해당하는 소프트웨어 기능을 서비스로 판단하여 그 서비스를 네트워크상에 연동하여 시스템 전체를 구축해 나가는 방법을 말한다.

◉ 적용분야(기술 및 제도)

- 전장예측 기술분야
  - 네트워크 중심전의 가속화 되는 작전 속도와 전 전장영역에서의 동시 다발적 적 위협에 대하여 모든 전투요소 들이 전장예측과 협업을 통해 작전을 계획하고 수행함으로써 지휘결심 우세, 정밀 교전 및 전 차원 방호를 실현하도록 지원하는 기술이다.

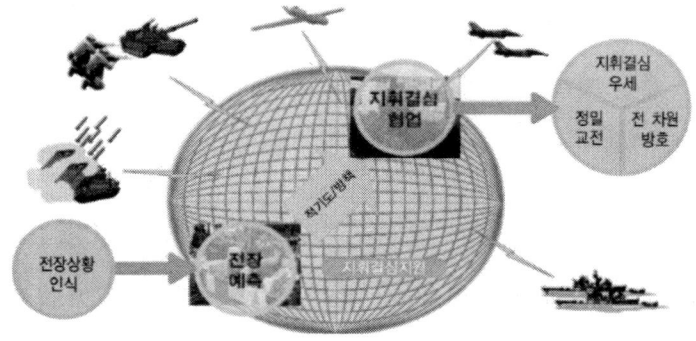

- 전장예측 기술은 전략 및 전술체계별로 지휘통제체계를 운용하여 전장상황을 모델링하고 있으나, 다차원 전장상황 통합 모델링 및 공유로 발전하고 있다.
- 현재는 입력된 상황정보를 단순 저장 및 관리하고 예측 및 추론은 사람이 수행하는 수준이나, 미래에는 모델링 및 시뮬레이션을 통해 미래 전장을 예측하는 수준으로 발전할 것이고 지능형 소프트웨어를 통해 맞춤형 상황 정보가 자동으로 제공될 수 있도록 발전할 것이다.

• 모델링 및 시뮬레이션 분야
- 효율적인 전장 훈련과 비용을 절감하기 위해서 평시에 실 전장과 같은 환경에서 다양한 전투/전술을 훈련할 수 있는 군 가상 모의 기반 기술 분야를 연구한다.
- 군사훈련은 많은 비용과 넓은 훈련부지, 대규모의 인력 등을 필요로 하며, 훈련 자체의 위험성으로 인해 다양한 훈련을 반복적으로 실행하기에는 어려움이 있다. 향후 실전을 제외한 대부분의 군사 훈련은 컴퓨터 시뮬레이션을 활용한 모의 전투를 실시할 것이며, 컴퓨터 가상환경 기술과 네트워크 발달로 점차 실전에 가까운 다양한 전투 훈련이 가능할 것이다.

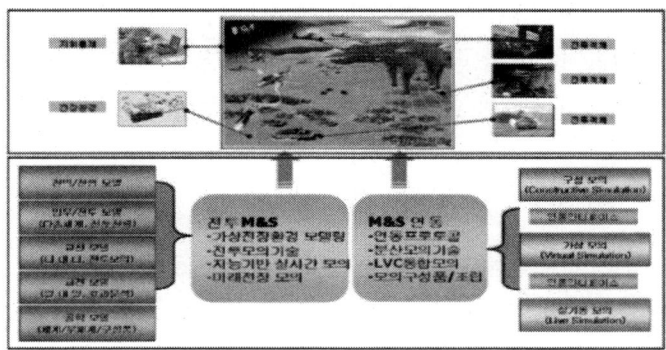

- 이와 같은 다양한 전투훈련 기능을 수행하기 위해서는 모델링 및 시뮬레이션 연동 기술과 전투 모델링 및 시뮬레이션 기술 등이 요구된다.

• 전술 데이터 링크 분야
- 네트워크 중심전 환경 하에서 근 실시간 정보공유에 의한 공통상황인식의 개선을 통한 정보우위를 제공하기 위해 요구되는 네트워크기반의 데이터 링크를 개발하기 위한 기술이다.

- 모든 지휘통제체계와 무기체계가 통신환경에 적응적이고 융통성 있는 망을 구성하여 합동작전 수행에 필요한 무기체계간 전술자료 교환, 상황정보 공유 및 안정적이고 지속적으로 전파하는 기능을 제공한다.

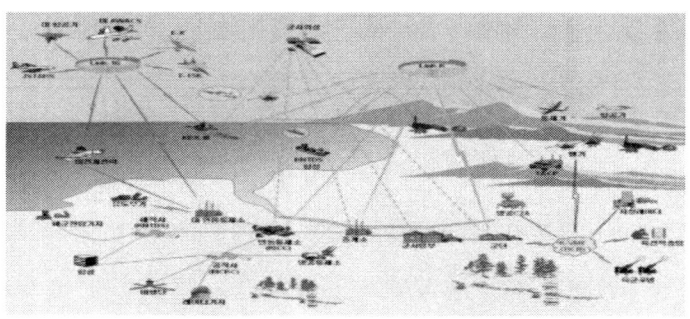

⑤ IT와 의료·u-헬스 산업의 융합

◉ IT-의료·u-헬스산업 융합의 정의

- 급속한 인구 고령화로 의료비 급증과 전문인력 부족현상이 가속화되고 있는 가운데, IT가 이 같은 의료환경에 새로운 길을 제시해 주고 있다. RFID(전자태그)와 센서 등 IT 관련 기술이 비약적으로 발전함에 따라 IT는 의료 서비스와 융합해 "언제 어디서나" 의료 서비스를 제공할 수 있는 환경을 조상하고 있다.

- 또 의료 패러다임도 과거 치료 중심에서 예방 및 건강관리 중심으로 전환되면서 IT 융합 의료 서비스에 대한 요구는 더 높아지고 있다. 이에 따라 개별 밀착형 서비스 중요성도 커지고 있으며 이에 따라 u-헬스 등 IT 기반 새로운 의료 서비스가 다음과 같이 속속 등장하고 있다.
  - 집에서 진료 받고 약까지 받는다고혈압이나 당뇨병 환자가 가정에서 생체정보를 측정해 병원으로 보내고 원격상담과 진료를 받는다. 이후 집에서 택배로 약까지 받을 수 있다.
  - 환자 진료기록 언제 어디서나 확인
    병원 등 의료기관에서는 첨단 IT 도입으로 차트와 종이가 사라지고 있고, 모바일 병원도 점차 현실화되고 있다. 스마트폰, 태블릿 PC 등 각종 모바일 단말기 보급 확대로 의료정보 솔루션의 모바일 시대가 본격 열리고 있기 때문이다.

● IT-의료·u-헬스산업 융합의 등장배경

일반적으로 의료 서비스는 병원에서 제공된다. 몸이 아프거나 건강에 이상이 생기면 병원을 찾아가서 의사를 만나 진료를 받고 치료 등 의료 서비스를 제공받는다. 기술의 발전, 특히 정보통신기술의 발전은 이러한 전통적인 의료 서비스의 형태를 바꿔나가고 있다. 1990년대에 이미 국내에서 통신망을 이용하여 의료진 간에 의료영상 등 의료정보를 주고받으며 협진을 하는 원격진료(telemedicine)가 등장하였고, 인터넷을 통해 다양한 의료정보를 검색할 수 있는 시대가 되었다.

또한, 각종 초소형 센서의 개발은 언제 어디서나 건강과 질병에 관련된 정보를 손쉽게 측정할 수 있는 도구를 제공하고 있다. 정보통신기술과 센서 기술의 발전은 질병의 진단과 치료에서 예방과 관리로 의료 서비스의 패러다임을 바꾸는 유헬스를 실현시켜 나가고 있다. 유헬스에 대한 관심은 고령인구의 증가로 인한 여러 가지 문제를 해결하려는 노력에서 나타나고 있다. 우리나라의 65세 이상 고령인구는 2000년에 이미 전체인구의 7%를 넘어 고령화 사회에 진입하였고, 2010년에 11%, 2015년에 13%에 이르고 2020년에 15%를 넘어 고령사회에 진입하고, 2025년에는 20%에 달해 초고령사회가 될 것으로 전망되고 있다. 이러한 고령인구의 증가는 전 세계적인 추세로 선진국의 경우 2025년에 60세 이상 인구가 전체 인구의 25%를 넘고, 2050년에는 35%를 넘을 것으로 전망되고 있다.

우리나라 고령인구에 의한 의료비는 2009년에 이미 전체 의료비의 30.5%에 이르렀으며 선진국의 경우 고령인구에 의한 의료비가 전체 의료비의 40~50%에 이르고 있다. 고령인구의 비율은 10%이지만 의료비의 비율은 30%로 노인 의료비가 평균의료비의 3배가 된다는 것을 알 수 있다. 그렇기 때문에 노인 인구의 증가는 의료비의 급증을 야기한다.

노인 의료비 중 70~80%가 당뇨병, 고혈압, 심장질환, 뇌혈관질환 등 만성질환에 의한 것으로 나타나고 있으며, 의료비의 부담은 우리나라의 경우 GDP의 6%를 넘었고, 미국은 이미 15%에 이르러 사회적 부담으로 나타나고 있다. 우리나라도 2020년에는 GDP의 11.4%를 의료비가 차지할 것으로 전망되고, 2030년에는 16.8%를 차지할 것으로 예상된다. 급증하는 의료비의 부담을 노인 의료비 중 가장 큰 부분을 차지하는 만성질환을 유헬스를 통해 효율적으로 관리함으로써 완화시킬 수 있을 것으로 기대되고 있으며, 2007년 삼성경제연구소 자료에 따르면 2006년도 국민건강보험 의료비 자료를 이용하여 원격환자모니터링을 통한 의료비 절감효과를 분석한 결과 전체 의료비의 약 7.2%인 1.5조 원의 의료비 절감효과가 있을 것으로 예측됐다.

의료비 절감효과는 노인 인구의 증가에 따라 더욱 커질 것으로 예상된다. 또한, 유헬스는 효율적인 의료 서비스를 제공할 뿐만 아니라 양질의 의료 서비스를 제공할 수 있어 시장전망 또한 매우 밝으며, 아직은 시장이 활성화되어있지 않으나 2012년을 고비로 급격한 시장 성장이 예상되고 있다. Forrest Research 의 미국의 홈 및 모바일 헬스케어 시장규모 전망에 따르면 2012년 약 300억 달러로 급격한 시장 확대를 예상하고 있다. 국내시장 규모도 만성질환 관리 서비스 수요를 추산한 결과 2012년 약 1.1조 원에 이를 것으로 전망되었다. 이와 같이 유헬스는 인구구조 변화에 따른 여러 가지 사회문제를 해결해 줄 수 있을 것으로 기대되며, 초소형 센서와 정보통신기술의 발전으로 등장하게 되었다.

◉ IT-의료·u-헬스산업 융합의 적용분야
- 일상에서 만나는 의료와 게임같은 운동으로 건강을 챙기는 u-헬스
  - IT융합 분야 중에서 일반 국민이 가장 쉽게 체감하는 분야가 의료와 u헬스 분야다. 의료분야는 날이 갈수록 IT에 의존하고 있다. 건강보험관리나 환자관리는 수작업에서 벗어나 컴퓨터로 관리한지 오래다. 병을 진단하기 위해 사용하는 초음파나 MRI, X레이 등은 결과를 자동으로 이미지 파일로 저장하고 환자정보에 연결시킨다. '뇌파, 근전도, 심전도, 맥파' 등의 많은 생물학적 신호가 IT 기술을 통해 정보로 추출되고 저장된다.

  바이오기술(BT)와 IT가 결합되는 분야가 바로 의료 분야인 것이다. 초기에는 단순하게 측정된 자료를 수치화하는 수준이었으나 지금은 감성을 분석하고, 거짓말을 탐지하며, 학습능력 검사 및 자율신경계 검사까지 가능해졌다.

  - 러닝머신의 한 종류인 지트레이너(G-Trainer)는 제품 하단에 설치된 공기압조절기를 통해 중력을 조절할 수 있어 체중을 80%까지 낮출 수 있다. 관절이 약한 노인이나 부상자, 환자들의 경우 달리기가 무리를 줄 수 있는데, 지트레이너는 압력을 줄일 수 있어 개인 별 맞춤식 달리기가 가능하다.

[그림 5-3] 개인 특성에 따라 체중 압력을 조절해주는 러닝머신인 지트레이너

- 이런 식으로 운동을 한 개인의 운동량은 몸에 달린 장비를 통해 모두 컴퓨터에 기록된다. 폴라 플로우링크(Polar FlowLink)는 자동으로 개인의 운동량을 기록했다가 무선으로 PC에 전송해주는 시계다. 만보기의 한 종류인 바디버그(Bodybugg)는 팔띠(암밴드)를 이용해 몸에 차고 있으면 센서가 알아서 하루 칼로리 소비량을 측정해 준다. 바디버그는 걸을 때는 물론이고 쉬거나 잠잘 때의 칼로리 소비까지 계산해준다.
- 과거에는 헬스기구가 운동을 하는 기능 외에는 없었지만 최근의 u헬스분야에서 IT기술 접목을 통해 사용자의 운동량 및 각종 생체정보 측정과 체계적 관리까지 책임진다. 나아가 지겹고 지루해질 수 있는 운동을 즐거운 오락과 레저로 바꿈으로써 좀더 즐겁게 운동에 참여할 수 있도록 해준다.

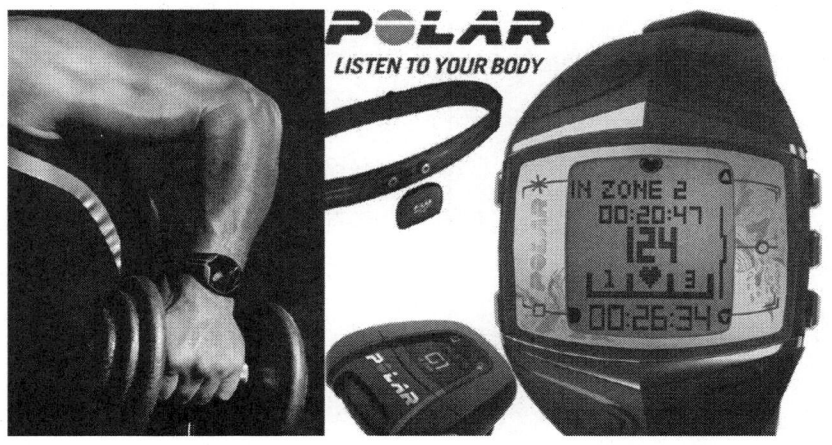

[그림 5-4] 개인의 운동량을 무선으로 송신하는 폴라 플로우링크

⑥ IT와 조선 산업의 융합
◉ 조선 산업의 개요

조선산업은 기간산업으로 전방산업의 성격과 후방산업의 성격을 가지고있다. 전방산업의 역할로는 해운과 수산, 해양방위, 해양자원의 개발 등에 필요한 각종 선박과 수중장비 및 해양구조물 등의 개발과 생산을 포괄하며, 이는 대부분 주문에 의해 생산하는 수출 전략형 산업이다. 이에 따른 후방산업으로는 철강과 기계, 전기, 전자, 화학, 소재 등의 산업이다. 이러한 조선산업은 산업전반에 미치는 파급효과가 크고, 노동 집약형이면서도 기술 집약적인 성격을 동시에 지닌다. 또한, 대규모의 산업으로써 용도에 따라 다양한 기능과 형태가 요구되므로 건조공정이 복잡하고 다양하여 자동화 제작에 한계가 있다. 대량 생산이 불가능한 주문생산이고, 단일시장이므로 국제경쟁력의 확보가 매우 중요하며, 해양이라는 특수환경에서 사용되고 종류에 따라 건조비용이 고가일 뿐만아니라 인명과 직결되므로 고도 의안전성과 신뢰성, 정밀성이 필수적으로 요구되는 특징을 지니고 있다.

2008년이후 글로벌위기에 따른 전세계적인 조선산업의 불황에도 불구하고 현재 한국은 글로벌 리더로서의 지위를 누리고 있으나, 향후 5~10년 후에도 현재의 상태를 유지할지는 불확실한 상황이다. 특히 정부의 과감한 투자와 저렴한 노동력을 앞세운 중국과, 조선산업의 수성탈환을 꿈꾸는 일본의 도전은점점 더 거세지고 있다.

전략적으로는 그 동안 원가 우위의 양적성장전략에서 고부가가치 선박제조를 위한 질적 성장으로의 전환이 필요하며, 기술 대안으로는 최근 기술 트렌드의 중심에서 있는 IT 기술과의 융합이다. IT 융합은 서로 다른 기술과의 접목을 통해 새로운 고부가가치를 창출할 수 있는 원천이 된다는 점에서 새롭게 주목받고 있다. 특히 우리나라 조선산업의 경우 선박 수주량과 선박 건조량에 있어 세계 1위를 유지하고 있으며, 우리 IT 산업의 경우에도 휴대전화 보급률과 초고속 인터넷 보급률, 그리고 메모리 반도체 생산 등 다양한 IT 분야에서 1위를 유지하고 있으나, 정작 조선산업의 IT 분야에서는 고부가가치 기자재와 선박통신장치기술 등 핵심 기술에 대한 국산화율이 매우 저조한 실정이다. 세계적인 경제침체에도 불구하고 꾸준히 세계 1등을 유지하고 있는 한국 조선 산업의 1위 수성을 위해 IT 융합이라는 새로운 전략과 기술대안 개발이 필요하다.

◉ IT-조선 산업 융합의 필요성

우리나라는 선박건조 분야에서는 설계 및 신 건조공법을 개발하여 세계 1등으로 발돋움 하였으나, Gyro

Compass, Autopilot, Radar System 등의 항해운항시스템과 BMS, DPS 등의 자동화시스템의 고부가가치 기자재는 국내생산이 안되고 외국에 의존하고 있는 형편이다.

최근들어 정책적으로 융합이 강조되고 있는 이유는 기존에 발생하였던 점진적 융합과는 달리 급격한 속도와 광범위한 영역에서 일어나는 혁신적, 광역적 융합의 성격을 띠고 있으며, 이 융합의 공통점은 IT를 기반으로 하고 있다. 조선산업은 현재 세계최고의 경쟁력을 갖추고 있는 것으로 나타나고 있으나, IT와의 접목은 상대적으로 느리게 진행되고 있는 분야이다. IT 융합을 활성화시키기 위한 방안으로 디지털 선박(digital ship)으로의 선박개념 진화, 초대형 선박 등장 등으로 선박 내 통신을 위한 주파수 자원의 확보와 무선통신기술의 적용도 제고 및 선박 내 무선통신을 위한 각종 기기의 개발이필요하다.

특히, 선박 내 통신을 위한 주파수자원의 확보는 국제표준 기구에서의 표준화가 중요한 문제이므로 CDMA 및 MWiBro, DMB 등의 국제표준을 관철시킨 경험을 조선산업 분야에 십분 활용할 필요가 있다. 또한 우리나라는 조선 세계 1위의 조선국가로 일반선박은 90% 이상의 국산화율을 유지하고 있으나, 최근 수주되고 있는 LNG선, 호화 여객선, 석유 시추선 및 셰이빙선 등의 고부가가치 선박의 경우 60% 이하의 낮은 국산화율을 유지하고 있는 반면, IT 융합장비의 비중은 선박가격 대비 15%까지 증가할 것으로 예상되고 있다.

⑦ IT와 기타 산업의 융합
◉ 실버 IT
고령화의 진전과 더불어 IT 부문에서도 실버 시장이 크게 열리면서 실버 IT가 새로운 정보화 이슈로 떠오르고 있다. 실버 IT란 노인을 상징하는 은색(Silver)과 정보기술(IT)의 합성어로 협의적으로는 "노인이 사용하기 편리한 IT"를 의미하지만 보다 광범위한 정의로는 "노인 생활을 지원하는 IT"를 포함한다. 여기서 "노인의 생활을 지원하는 IT"란 노인들이 편안한 생활, 안전한 생활, 건강한 생활, 즐거운 생활을 누릴 수 있도록 도와주는 IT 제품 및 서비스를 의미한다.

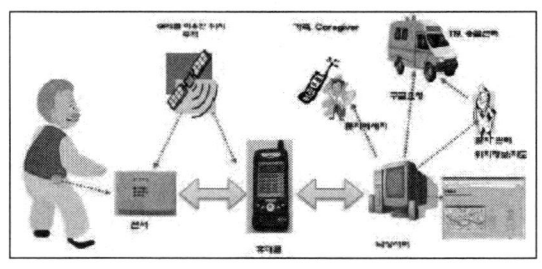

[그림 5-5] 낙상 폰 서비스 구성도

일반적으로 노인의 노동시장 진출은 해당사회의 사회보장제도 성숙도와 밀접한 상관관계를 지니고 있다. 특히 국가의 노령 연금 재정이 부족하여 소득을 얻기 위한 수단으로 일자리를 원하는 노인이 많은 국내 실정을 감안할 때 노인의 경제활동은 복지 측면에서도 검토가 필요하다. IT를 통하여 노인의 육체적, 정신적 능력이 향상된다면 노인의 노동가치가 증대되어 일할 수 있는 기회가 증가할 수 있다.

이와 관련된 미래 IT 기술로는 다음 그림에서 보는 바와 같이 입는 로봇(Wearable Robot)을 들 수 있다. 입는 로봇은 거동이 어려운 노인의 이동성을 보장해 주며 근력을 10배 이상 증대하여 육체적 노동도 쉽게 수행할 수 있게 도와 준다.

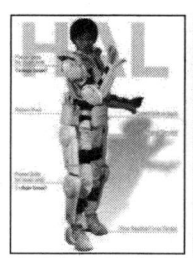

[그림 5-6] 입는 로봇 HAL 시연 모습

이미 일본에서는 상용화 단계에 접어들었다. 쓰쿠바 대학의 교내 벤처로 출발한 사이버다인은 근력 강화용 로봇 'HAL(Hybrid Assistive Leg : 하이브리드 보족 수족)'을 출시하였다. 이 로봇은 사용자가 움직일 때 발생하는 미세한 근육 신호를 감지하는 센서가 내장되어 큰 힘을 들이지 않고도 같거나 무거운 물체를 들어 올릴 수 있게 도와준다.

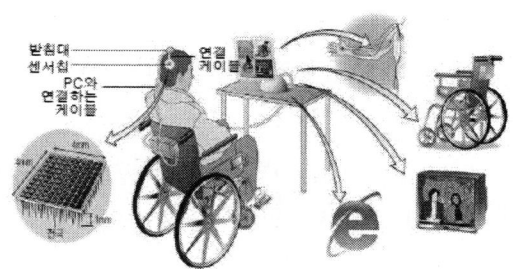

* 출처 : 한국정보사회진흥원, 삶의 질 관련 산업의 미래전망과 IT 활용과제 발굴 연구

[그림 5-7] 브레인게이트 서비스 구성도

한편에선 생각만으로 생활에 필요한 작업을 할 수 있도록 도와주는 기술도 개발되고 있다. 미국 브라운대학과 사이버 키네틱스 뉴테크놀러지 시스템 등은 다음 그림에서 보는 바와 같이 몸을 자유롭게 사용할 수 없는 노인이나 장애인들이 생각만으로 기계장치를 작동하는 브레인게이트(Brain Gate)를 개발하였다. 브레인게이트는 머리카락 굵기의 전극 100개로 구성된 전자 칩으로 뇌의 운동피질에 1mm 깊이로 이식해서 뇌에서 나오는 전기적인 신호를 컴퓨터로 전송하면 컴퓨터가 데이터를 분석하여 명령을 실행한다.

최근 미국 피츠버그대 연구진은 원숭이의 뇌와 연결된 로봇 팔을 움직여 간식을 집어 먹도록 하는 실험이 성공하기도 하였다. 이러한 기술은 인공 손 또는 로봇 팔을 움직여 물건을 집거나 휠체어를 운전하고 컴퓨터를 이용하여 문서작업을 하는 것도 가능하게 한다. 특히 서비스 로봇은 노인들의 독립적인 생활을 지원하는데 유용하다. 네트워크를 통해 로봇을 원격관리하고 노약자나 장애인을 비롯한 모든 사람들이 간단하고 안전하게 로봇을 사용하게 되면서 다양한 실버 서비스가 종합적으로 제공될 수 있다.

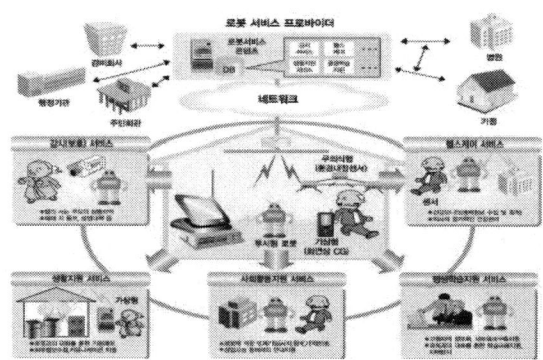

* 출처 : 한국정보사회진흥원, "일본 xICT 비전 : 모든 산업 및 지역과 ICT의 융합을 위하여

[그림 5-8] 로봇을 이용한 다양한 실버 서비스 결합 모습

● 그린 IT

"그린 IT"는 환경을 의미하는 녹색(Green)과 정보기술(IT)을 합성한 용어로 "IT 제품 및 서비스의 라이프 사이클 전반에 걸친 녹색화(Green of IT)"와 "IT를 활용한 국가사회 전반의 녹색화(Green by IT)"를 포괄하는 개념이다. 기존에는 기후변화와 고유가가 글로벌 이슈로 떠오르면서 IT 부문의 에너지 절감과 CO_2 감축 활동을 뜻하는 용어로 사용되었으나 최근에는 IT를 활용한 기후변화 대응 방안을 포함하는 개념으로 확장되고 있다.

저탄소 사회로의 전환을 위해서는 근본적으로 화석에너지의 사용을 줄이고 이를 대체할 신 재생에너지 개발이 중요하다. 그러나 신 재생 에너지 개발 및 보급에는 상당한 시간이 소요되며 선진국과 비교하여 아직은 기술 수준이 낮은 우리나라는 더욱 많은 시간이 필요하다.

〈표 5-7〉 2020년까지 CO_2 10억 톤을 감축하기 위한 10대 IT 솔루션

No	솔루션	주요 조치 내용	CO_2 감축효과
1	스마트 도시계획	첨단 시뮬레이션 및 분석 SW를 배치하여 에너지 효율을 최적화 하도록 도시 설계/계획 개선	건물과 기반시설의 CO_2 배출량 2.3% 감축
2	스마트 빌딩	건물에 센서를 사용하여 에너지 효율을 높이고 에너지 사용을 적절 필요량에 맞추도록 통제	향후 10년 동안 신축건물의 CO_2 배출량 4.6감축
3	스마트 가전	가전제품에 IT를 내재하여(마이크로프로세서 및 ASICs) 효율성을 높이고 에너지 사용량을 적정 수준으로 통제	기존 건물에서의 에너지 사용에 따른 평균 CO_2 배출량의 약 1% 감축
4	탈 물질화 서비스	실제 제품 및 소통을 대체한 '서비스 제공' 형태의 IT 활용, 즉 벽돌을 비트로 대체	현재의 종이 사용량 13% 감축
5	IT-최적화	개별 생산 프로세스 내에서 IT 기기 통제 및 지식관리 시스템을 사용하여 운영을 개선하고 에너지를 절감하여 효율성 제고	산업 발생 CO_2의 1% 감축
6	스마트 산업	플랜트와 프로세스의 저탄소 설계를 위해 생산 프로세스의 에너지 사용량을 예측, 시뮬레이션 분석하기 위한 설계 툴과 소프트웨어 배치	산업 발생 CO_2의 1% 감축
7	스마트 그리드	전력 공급자와 사용자간의 쌍방향 소통이 가능하도록 하고 '사용시간 계측'이나 '원격 수요관리' 등의 선진 서비스를 제공하기 위한 송전망 내의 스마트 계측 및 통신 기술 배치	10년 내 건물에서 사용되는 전기관련 CO_2 배출량의 약 1.25% 감축
8	통합 재생 솔루션	포괄적인 재생 에너지 배치가 가능하도록 시뮬레이션, 분석 및 관리 툴 활용	글로벌 에너지 시스템에 75GW의 재생 에너지 용량 추가
9	스마트 워크	원격근무가 가능하고 출장이나 업무 교대를 피할 수 있도록 인터넷을 비롯한 선진 통신 툴 활용	자동차 통근자의 5%가 원격 근무자가 되고 항공 출장의 q5%가 가상회의로 대체
10	지능형 교통	오염이 적은 교통이 가능하도록 해당 정보를 제공하기 위한 선진 센서와 제어, 분석 모델, 관리 툴 및 유비쿼터스 통신 배치	승용차 전체 주행거리의 6%가 대중교통으로 대체

* 출처 : WWF, Becoming a winner in a low-carbon economy

따라서 신 재생에너지 개발뿐만 아니라 사회 전반의 에너지 효율성을 향상하여 낭비요인을 제거하고 신 재생에너지의 원활한 이용을 지원하는 기반 구축을 함께 추진해야한다. 이러한 접근에서 향후 그린 IT는 IT 부문의 그린화 보다는 IT를 활용한 그린화에 초점이 맞춰질 것으로 전망된다. IT는 건물관리, 교통체계, 전력시스템 등을 지능화하여 에너지의 효율적 이용을 극대화하고, 물리적 제품의 디지털화로 자언 소비를 절감하며, 원격근무·화상회의·전자상거래 등을 통해 기후변화 대응 역량을 강화하는 등 저탄소 사회 전환을 촉진하는 녹색 기반으로서 중요한 역할을 할 것이다.

글로벌 환경보호 민간단체인 세계자연보호기금(WWF : World Wide Fund for Nature)은 세계 자연보호를 통해 전 세계 CO_2 배출량을 최소 7%에서 최대 26% 감축할 수 있다고 주장하면서 〈표 1〉에서 보는 바와 같이 대표적인 10대 자연 솔루션을 제안하였다. WWF는 이들 10대 세계자연솔루션 보급을 통해 유럽에만 2020년까지 10억 톤의 CO_2를 감축할 수 있을 것으로 전망하고 있다. 한편 포레스터 리서치에 따르면 IT 부문 그린 화를 위한 기술로는 클라우드 컴퓨팅, 서버 및 클라이언트 가상화, IT 에너지 측정, 서버 파워 매니지먼트 소프트웨어 등 16가지 기술이 주목될 것으로 전망 된다.

아울러 세계 각국은 IT 제품의 소비 전력 및 환경 기준을 대폭 강화하여 비관세 무역장벽으로 활용하는 한편, 친환경 제품에 인센티브를 제공하는 등 자국 시장보호와 그린 IT 시장 창출을 위해 노략을 하고 있다. 우리나라는 세계적 수준의 IT 인프라를 보유하고 있으며, UN, ITU 등이 발표하는 주요 IT 국제지수에서 높은 순위를 유지하는 등 국제사회로부터 IT 강국으로 평가받고 있다.

따라서 IT 부문의 녹색 경쟁력을 강화하여 그린 IT 시장을 주도한다면 IT 산업에 새로운 활력을 불어 넣어 중국 등 후발 국가와의 격차를 벌리고 선진국을 따라잡기 위한 기회를 잡을 수 있을 것으로 기대된다.

5. 가트너 Hyper Cycle에 의한 기술의 수명주기

① Hyper Cycle의 이해
가트너 하이프사이클(Hype Cycle)은 미국의 컨설팅 업체인 가트너에서 개발한, 기술의 성숙도를 표현하기 위한 시각적 도구 혹은 과대광고 주기를 말하는 것으로 기술의 흥망성쇠가 5단계로 이루어진다. 가트너 하이프사이클의 특징은 새롭고 혁신적인 기술을 담고 있으며, 1900개의 기술들을 76개의

그룹으로 분류하고, 매년 업데이트를 하고 있다.

일반적으로 마케팅에서 얘기하는 기술의 수용주기는 아래와 같은 모양을 그린다. 초기 innovator나 early adoptor를 거쳐 주류로 확대되면서 수용도는 급격히 상승한다. 그리고 성장율의 정체를 격다가 쇠퇴하기 시작한다. 수용도라 함은 시장규모와 비례하는데, 이 곡선은 이런 시장 성장 추이를 대체로 정확하게 모델링하고 있다.

하지만 가트너는 이 모델링의 단점을 발견했는데, 이 단점 때문에 많은 기술 공급 기업들이 시장 진입 타이밍을 제대로 맞추지 못하고 실패하는 사례를 발견했다.

신기술에 대한 관심도가 최고조에 달할 때 시장이 성장기 들어섰다고 쉽게 판단하기 때문에 성급하게 시장 침투를 시작한다. 또는 반대로 관심이 식어가면 이미 성숙기에 들어섰다고 판단하거나 한물간 기술로 간주해 소홀히 취급하면서 본격적인 성장기에 다른 경쟁자들에게 시장을 내주는 실수를 저지르곤 한다.

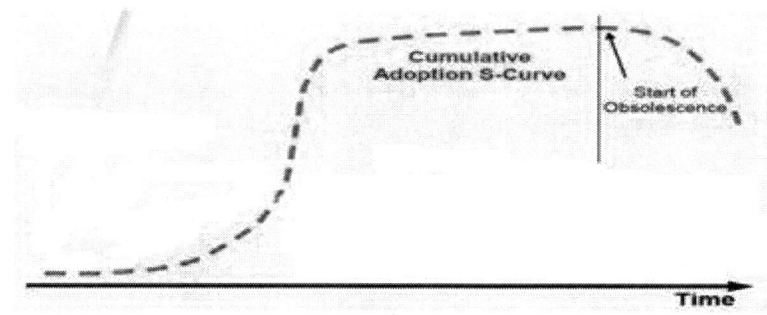

그래서 가트너는 신기술에 대한 수용도와 시장의 관심도는 서로 별개라는 사실을 hype(과대선전) cycle 이라는 표를 통해 공개하고 있다.

hype cycle은 시간이 지남에 따라 신기술에 대한 시장의 관심도(visibility)를 나타낸 것으로, 특이할 점은 시장은 아직 초기임에도 불구하고 관심도가 급격히 상승하는 거품기가 있다는 점이다. 수용도가 20% 정도가 지나면 이러한 시장의 관심이 차츰 감소한다. 시장의 관심도는 주로 언론에 해당 기술이 소개되는 정도나 첫 시제품이 나오면서 얻는 고객의 관심, 고객이 벤더에 요구하는 것들을 반영한다.

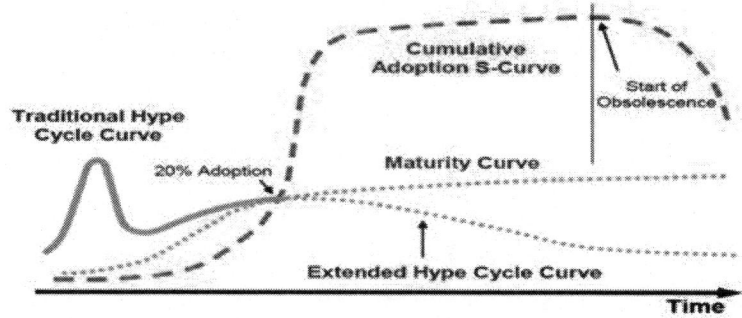

가트너는 특히 시장수용도가 20%되기 직전의 사이클에 관심을 가지고 주시하는데, 이때까지 곡선 범위를 4개의 단계로 나누고 아래와 같이 명명하고 있다.

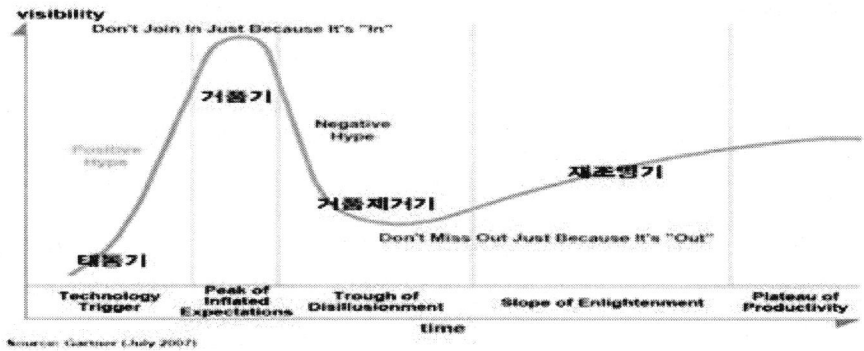

특히 거품기와 거품제거기에 정확한 판단을 할 필요가 있는데, 거품기에는 남이 한다고 무작정 뛰어들지 말고, 거품제거기에는 한물갔다고 소홀히 하지 말라는 메시지다. 거품기에서 거품제거기로 이동했다는 것을 판단하는 기준은 보통 언론에서 부정적인 기사가 등장하거나, 제1세대 제품들의 실패사례들이 소개되면서 시장의 반응은 급격히 식는다. 하지만 이런 기술의 가능성을 인지한 사람들이 계속해 투자하고 개선을 지속하면서 제2세대 제품과 보조 서비스들이 나오면서 기술은 재조명을 받기 시작한다. 재조명기에 들어선 후 어느 정도 지나 3세대 제품 정도가 나오면, 시장의 주류가 이 기술을 본격 수용하기 시작하면서 시장이 급격히 상승하고, 기업의 매출이 급증하기 시작한다.

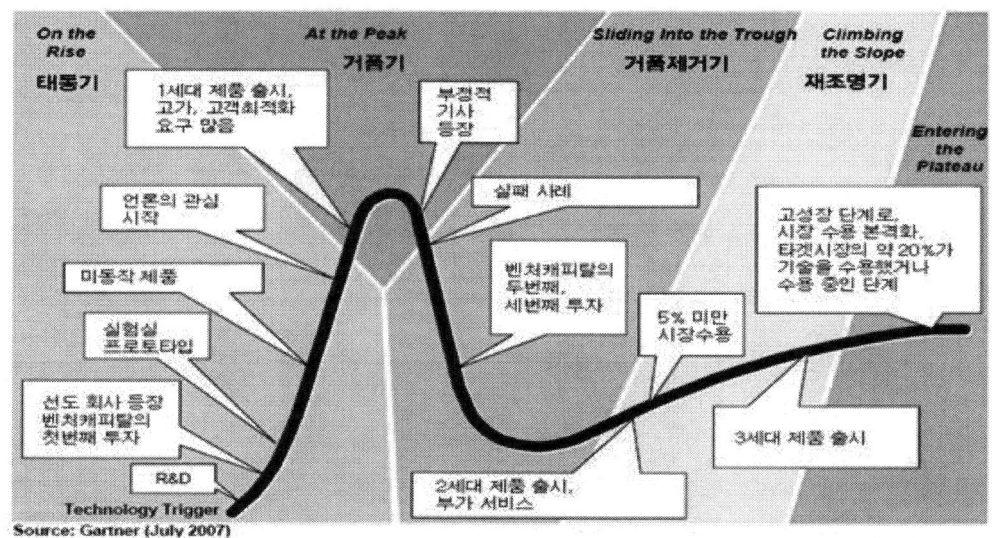

일반적으로 기술이 한창 관심을 받을 때(거품기) 이런 기술을 시장에 내놓은 기업들은 왜 관심은 많은데 매출이 일어나지 않는지 의아해 한다. 일종의 캐즘의 현상을 경험하게 되는데, 하지만 이것은 제프리 무어의 '캐즘'과는 좀 다르다. 제프리 무어의 '캐즘'은 early adoptor와 주류(main stream) 사이에서 일어나는 간극을 의미한다. 이것은 실제 증가하던 매출의 정체로 경험하는 현상인데 반해, hype cycle의 거품기에서 느끼는 캐즘은 '가상의 계곡'이다. 관심에 비해 매출 자체가 일어나지 않는 것이다.

이런 실망감으로 해서 기술을 포기해 버리면, 주변의 잠재 경쟁자들이 이 기술을 보완해 시장에 내놓으면서 떼돈을 벌어가기 시작한다. 처음 기술을 개발하고 언론과 시장의 스폿라이트를 받으며 시제품을 시장에 내놓고 아무것도 가져가지 못했던 기업은 남들만 좋은 일 시켰다는 것을 깨닫게 된다. 이런 실수를 줄이고자 가트너는 다양한 기술들의 관심도의 상태를 hype cycle 위에 위치시켜서 기술 공급자들에게 정보를 제공하고 있다. 신기술 연구의 착수, 신기술 투자 지속의 의사결정, 신사업기회 발굴에 좋은 지침이 되리라 생각한다. 앞서 설명한 Hyper Cycle의 성숙도 5단계를 요약하면 다음 표 〈5-8〉과 같다.

〈표 5-8〉 Hyper Cycle 성숙도 5단계

단계	명 칭	설 명
1	태동기 (Technology Trigger)	잠재적 기술이 관심을 받기 시작하는 시기. 초기 단계의 개념적 모델과 미디어의 관심이 대중의 관심을 불러 일으킨다. 상용화된 제품은 없고 상업적 가치도 아직 증명되지 않은 상태이다.
2	거품기 (Peak of Inflated Expectation)	초기의 대중성이 일부의 서공적 사례와 다수의 실패 사례를 양산해 낸다. 일부 기업이 실제 사업에 착수하지만, 대부분의 기업들은 관망한다.
3	거품 제거기 (Slope of Disillusionment)	실험 및 구현이 결괴물을 내놓는데 실패함에 따라 관심이 시들해진다. 제품회를 시도한 주체들은 포기하거나 실패한다. 살아 남은 사업 주체들이 소비자들을 만족시킬만한 제품의 향상에 성공한 경우에만 투자가 지속된다.
4	재조명기 (Slope of Enlightenment)	기술의 수익모델을 보여 주는 좋은사례들이 늘어나고 더 잘 이해되기 시작한다. 2-3세대 제품들이 출시된다. 더 많은 기업들이 사업에 투자하기 시작한다. 보수적인 기업들은 여전히 유보적인 입장을 취한다.
5	안정기 (Plateau of Productivity)	오염이 적은 교통이 가능하도록 해당 정보를 제공하기 위한 선진 센서와 제어, 분석 모델, 관리 툴 및 유비쿼터스 통신 배치기술이 시장의 주류로 자리 잡기 시작한다. 사업자의 생존 가능성을 평가하기 위한 기준이 명확해 진다. 시장에서 성과를 거두기 시작한다.

② 2018년 Hyper Cycle의 사례

◉ 2018년 Hyper Cycle의 프로세스

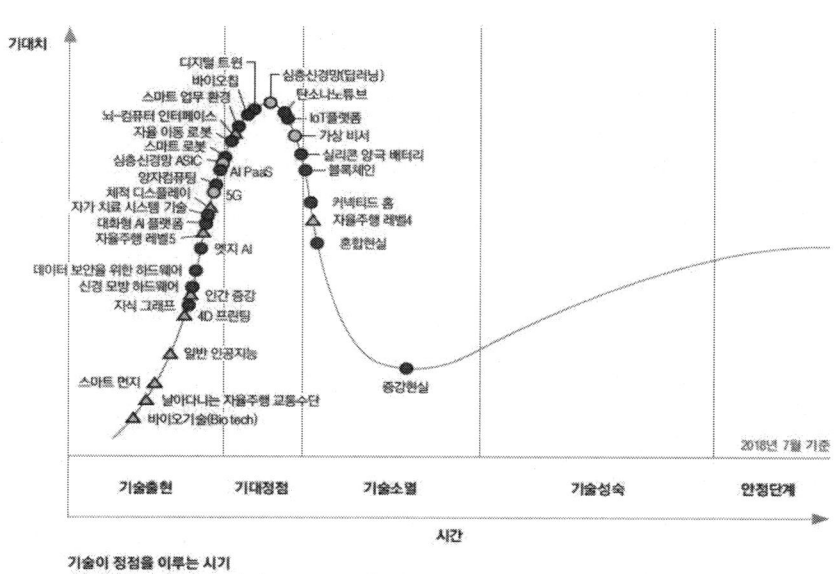

◉ 2018년 Hyper Cycle의 주요 기술 설명

1980년대 미국 베스트셀러였던 연애개발서 '멋진 연애(A Fine Romance)'에서 저자 주디스 실스는 남녀가 사랑에 빠지는 과정을 다섯 가지 단계로 표현했다. 선택과 유혹, 전환, 협상, 그리고 약속이다.

새롭게 등장한 기술도 이와 비슷한 과정을 겪는다. 처음 기술이 등장하면 얼마나 많은 사람들의 선택을 받느냐에 따라 생존 여부가 결정된다. 일단 생존하고 나면 기술은 점차 성숙하고 발전하는 과정을 거친다. 이후 경제나 윤리, 그리고 법 같은 많은 사회적 요소와 협상을 거쳐 일정의 약속을 이끌어낸다.

미국 정보기술 연구자문회사인 가트너(Gartner)가 매년 발표하는 '신기술 하이프 사이클 보고서'는 신기술이 겪는 이러한 주기를 잘 표현하고 있다. 1995년 가트너의 애널리스트 잭키 팬이 '하이프 사이클(Hype Cycle)'이라는 개념을 처음 도입했다. 이후 몇 년의 준비기간을 거쳐 가트너는 본격적으로 매년 하이프 사이클 보고서를 발표하고 있다.

- 신기술 성장과정 담은 하이프 사이클하이프 사이클은 신기술 성장과정을 시각적으로 표현한 것으로 앞으로 5~10년간 시장 변화를 주도할 기술 트렌드를 반영한다. 하이프 사이클에는 총 다섯 단계가 있다. 기술출현, 기대정점, 기술소멸, 기술성숙, 안정단계로 구분한다. 그래프에서 가로축은 시간이고, 세로축은 해당 기술에 대한 사람들의 기대와 관심을 나타낸다.

처음 신기술이 등장하면 대중과 미디어의 관심을 받으며 기술출현 단계에 진입하고, 곧 폭발적인 인기에 힘입어 기대정점에 이른다. 이후 기술에 대해 시장성과 실현가능성 같은 다양한 요인에 대해 검증을 받으며 거품이 빠지는 소멸 단계를 거친다. 여기서 살아남은 기술은 점차 기술성숙을 이뤄내고, 이어 안정적으로 시장에 진입해 안정단계에 도달한다.

하이프 사이클은 기술에 관심이 많은 일반인들과 투자자들에게 앞으로 어떤 기술이 유망하고, 투자할만한지 결정하는데 참고자료로 활용될 수 있다. 최근에 떠오른 신기술이 어느 위치에 있는지 하이프 사이클로 바로 확인할 수 있기 때문이다. 가트너 마이크 J. 워커 책임 연구원은 "하이프 사이클은 투자 결정에 지침을 제공함으로써 IT 리더들이 향후 신기술이 초래할 기회와 위기에 대응할 수 있도록 한다"고 말했다.

지난 8월 가트너는 하이프 사이클 보고서에서 신기술 34가지를 다섯 가지 트렌드로 분류해 발표했다. 바로 인공지능 대중화, 디지털화한 생태계, DIY 바이오 해킹, 초몰입 경험, 유비쿼터스 인프라다.

"AI 손에 쥐고 사용하는 시대가 온다"

가트너는 먼저 인공지능(AI)이 대중화될 것이라고 전망했다. 클라우드 컴퓨팅과 오픈소스, 그리고 메이커 커뮤니티가 확산됨에 따라 마침내 모든 사람들이 손에 AI를 쥐고 사용하는 날이 올 것이라고 말했다. AI가 대중화되면서 새로운 아이디어들이 많이 생겨날 것이고, 이는 개발자들이 AI관련 솔루션을 설계할 때 신선한 영감이 될 수 있다고 가트너는 설명한다.

첫 트렌드인 '인공지능 대중화'에는 서비스로서의 AI 플랫폼(AI PaaS), 일반 인공지능, 자율주행 레벨 4, 자율주행 레벨 5, 자동화 모바일 로봇, 대화형 인공지능 플랫폼, 심층 신경망, 날아다니는 자율주행 차량, 스마트 로봇, 가상 비서 같은 10가지 기술을 포함했다.

2017년 하이프 사이클에 '자율주행 교통수단(Autonomous Vehicle)'이 있었다면 2018년에는 '자율주행 레벨4와 5'가 대신했다. 자율주행 레벨4는 사람 손길이 거의 닿지 않고도 언제 어디서나 운전 가능한 교통수단을 의미한다. 가트너는 이 수준의 자율주행 자동차가 10년 안에 상용화될 것이라고 전망했다. 한편 자율주행 레벨5는 모든 조종을 스스로 하는 교통수단이다. 즉 운전대나 브레이크, 그리고 페달이 필요 없다. 하이프 사이클에서 자율주행 레벨4는 '기술소멸' 단계에 접어든 반면, 레벨5는 '기술출현' 단계에 위치하고 있다. 이를 토대로 짐작해보면 자율주행 레벨5는 상용화까지 최소 10년 이상이 더 걸릴 것으로 예상된다.

지난 2018년 8월 가트너는 하이프 사이클 보고서에서 신기술 34가지를 다섯가지 트렌드로 분류해 발표했다.

2018 떠오르는 신기술 트렌드

인공지능 대중화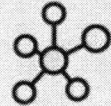
- AI PaaS
- 일반 인공지능
- 자율주행 레벨4
- 자율주행 레벨5
- 자율 이동 로봇
- 대화형 AI 플랫폼
- 심층신경망
- 날아다니는 자율주행 교통수단
- 스마트 로봇
- 가상비서

디지털화한 생태계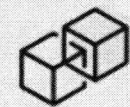
- 블록체인
- 데이터 보안을 위한 블록체인
- 디지털 트윈
- IoT플랫폼
- 지식 그래프

DIY바이오 해킹
- 바이오칩
- 바이오기술(Bio tech)
- 뇌-컴퓨터 인터페이스
- 외골격
- 증강현실
- 혼합현실
- 스마트 패브릭

초몰입 경험
- 4D 프린팅
- 커넥티드 홈
- 엣지 AI
- 자가치유 시스템 기술
- 실리콘 양극 배터리
- 스마트 먼지
- 스마트 업무 환경
- 체적 디스플레이

유비쿼터스 인프라
- 5G
- 탄소 나노튜브
- 심층신경망 ASIC
- 데이터 보안을 위한 하드웨어
- 양자컴퓨팅

- 플랫폼 기반 비즈니스로 전환가트너가 발표한 두 번째 트렌드는 '디지털화한 생태계'다. 일반적으로 새롭게 등장하는 기술은 기존보다 더 역동적인 생태계를 필요로 한다. 가트너는 이러한 생태계를 구성하기 위해선 '플랫폼 기반' 비즈니스 모델로 전환이 이뤄져야 한다고 말했다. 워커는 "기존 시장은 구역을 나눈 기술 인프라를 기반으로 움직였다"며 "이제는 점차 플랫폼 기반 생태계로 전환이 이뤄지는 시기다. 이러한 변화는 사람과 기술을 연결하는 다리 역할을 할 것이다"라고 덧붙였다.

디지털화한 생태계를 이끌 기술로는 블록체인, 데이터 보안을위한 블록체인, 디지털 트윈, 사물인터넷(IoT) 플랫폼, 그리고 지식 그래프를 선정했다. 디지털 트윈은 실존하는 사물의 디지털 복사본을 뜻한다.

가트너는 앞으로 5년 안에 수십만 가지의 디지털 트윈이 생겨날 것이라고 예상했다. 2017년과 비교했을 때 사이클에서 블록체인 위치는 크게 변화가 없었다. 이에 워커는 "블록체인 거품이 최고조에 이르는 시기는 이미 지났으며, 앞으로 5년에서 10년 안에 성숙기에 접어들 것이다"라고 내다봤다.

- 개인의 생물학적 정보도 해킹될 수 있어

세 번째 트렌드는 'DIY 바이오 해킹'이다. 가트너는 2018년이 '트랜스 휴먼(Trans-human)' 시대가 될 것이라고 전망했다. 필요에 따라 개개인의 생물학적 정보가 해킹될 수 있으며, 이로써 인간의 범주를 확장할 수 있는 시기라는 설명이다.

생물학적 해킹은 단순한 진단부터 신경이식과 같은 복잡한 분야까지 다양한 범주에 이뤄질 수 있다. 그리고 이 과정에서 많은 윤리적, 법적 문제가 새롭게 등장할 것이다.

바이오 해킹은 단순한 진단부터 신경이식과 같은 복잡한 분야까지 다양한 범주에서 이뤄질 수 있다. DIY 바이오 해킹에는 바이오칩과 바이오기술(Bio tech), 뇌-컴퓨터 인터페이스, 증강현실, 혼합현실, 스마트 패브릭 같은 기술을 포함했다. 바이오칩은 천연두부터 암까지 다양한 질병을 환자가 알아차리기 이전에 찾아낼 수 있는 기술이다.

바이오칩 표면에는 분자크기의 센서가 나열돼 있어 생물학적 요소와 화학적 요소를 분석할 수 있다. 바이오기술은 바이오칩과 더불어 올해 처음으로 하이프 사이클에 등장했다. 바이오기술을 한 마디로 요약하면 생물체 정보를 이용해 유용한 물질을 생산하는 기술이다. 예로 인공 근육 배양기술이 있다. 가트너는 이를 시작으로 인공 피부나 조직, 나아가 로봇 표면 일부분까지 배양할 수 있을 것이라 예측했다.

- 사람과 사물간의 경계 모호해져가트너는 네 번째 트렌드로 '초몰입 경험'을 제시했다. 이는 기술이 점점 사람 중심으로 진화하면서 스마트 거실이나 업무 공간같은 디지털 공간이 더 확산되는 것을 의미한다. 이를 통해 사람과 사람, 그리고 사람과 사물 간 경계가 점차 모호해질 것이라는 설명이다. 예를 들어 스마트 업무 공간에서 전자 화이트보드가 자동으로 회의 내용을 캡처하고, 사무용품 스스로 IT 플랫폼과 소통한다. 이러한 경향성은 업무 공간 뿐 아니라 집에서도 나타날 것이다. 커넥티드홈은 각종 기계와 센서, 기구, 그리고 플랫폼을 연결하는 역할을 한다. 가트너는 시간이 지나면서 이러한 기술이 더 진화해, 개인 맞춤형 서비스로 확장할 수 있을 것이라고 전망했다.

가트너는 초몰입 경험을 구현할 수 있는 기술로 4D프린팅, 커넥티드홈, 엣지 AI, 체적표시, 자가치유 시스템 기술, 실리콘 양극 배터리, 스마트 먼지, 스마트 업무 공간을 포함했다. 하이프 사이클이 제안한 마지막 트렌드는 '유비쿼터스 인프라'다. 최근 클라우드 컴퓨팅 인기가 나날이 높아지고 있다. 가트너는 클라우드 컴퓨팅 확산이 인프라 생태계를 뒤바꿀 거라고 전망했다. 이에 따라 인프라가 한정된 게 아니고 언제 어디서나 사용할 수 있고, 범위가 무한한 것으로 개념이 다시 정의되고 있다는 설명이다.

가트너는 이 트렌드가 5G, 탄소 나노튜브, 심층 신경망 ASIC, 신경구조와 유사한(Neuromorphic) 하드웨어, 양자컴퓨팅 같은 기술로 구현될 수 있다고 설명했다. 대표적인 예로 양자컴퓨터가 있다. 양자컴퓨터는 큐빗 시스템과 복잡한 알고리즘을 이용해 기존 컴퓨터보다 훨씬 빠르게 정보를 처리할 수 있다. 따라서 다가올 미래에 머신러닝과 암호체계, 그리고 이미지 분석 기술 분야에서 막대한 영향력을 행사할 것이라 평가되고 있다.

양자컴퓨터에 대한 정확한 쓰임새가 아직은 드러나지 않고 있으나, 이것이 복잡하고 섬세한 영역에서 유용하게 쓰일 수 있는 잠재력을 가진것은 분명하다. '신경구조와 유사한 하드웨어'는 하이프 사이클에 올해 처음등장한 기술이다. 이것은 신경생물학 구조에서 영감을 받아 반도체를 생산하는 기술을 일컫는다. 전문가들은 이 기술이 심층신경망(DNN) 분야에서 큰 힘을 발휘할 것이라 예상하고 있다. 이어 가트너는 5G기술이 향후 2~5년 안에 정점에 도달할 것이라 예측하기도 했다.

- 다시 조명 받는 AR 기술하이프 사이클 그래프에서 세로축은 해당 기술에 대한 사람들의 기대와 관심을 나타낸다. 하지만 세로축에서 낮은 위치에 있다고 해서 그 기술이 발전가능성이 없다고 해석할 수는 없다. 증강현실(AR) 기술이 대표적이다. 그래프를 보면 AR 기술은 '소멸단계'에 위치하고 있다. AR 기술은 대략 20년 전부터 주목받았으나 그동안 이렇다 할 성과를 내지 못하고 있었다. 하지만 몇 년 전 폭발적인 인기를 끌었던 '포켓몬고'를 시작으로 다시 재조명받기 시작했다. 이후 애플과 구글, 페이스북 같은 글로벌 기업들이 AR 플랫폼 개발에 힘을 쏟고 있다.

가트너는 이러한 AR기술에서 거품이 점차 빠지고, 곧 안정적인 성장기에 들어설 것이라고 예측했다. 이렇게 안정기에 접어든 기술이 본격적으로 상용화되고 시장을 형성하면서 또 다른 가치를 만들어 낼 수 있다. 인공지능과 자율주행자동차 같이 몇 년 전부터 하이프 사이클에서 빠지지 않고 등장하는 신기술도 있다. 대기업부터 스타트업까지 수많은 기업들이 인공지능을 앞세운 서비스를 쏟아내고 있고, 자율주행자동차는 실제 거리 위를 달리고 있다. 이처럼 실제 빛을 보는 기술도 있지만 등장과 함께 사라지는 기술도 분명 존재한다. 한 기술이 생존하는 데 많은 사회적 요인이 관여하기에 정확하게 예측하기 매우 어렵다. 가트너의 하이프 사이클은 참고용 지표일 뿐 실제 기술 성장을 예측하고 투자하는 것은 기업이나 개인의 몫임을 잊지 말자.

6. 플랫폼 비즈니스와 활용

① 플랫폼 비즈니스 개요[14]
애플 아이폰의 성공 배경으로 거론되어오던 플랫폼은 최근 Air B&B, Uber 등 공유 경제라는 이름으로 등장한 비즈니스 모델이 성공하면서 다시금 재조명되고 있다. 과거 모바일과 IT산업을 중심으로 전개되어온 플랫폼 비즈니스가 의료, 교육, 금융, 에너지 등 타 산업으로 본격적으로 확산되면서 기존

---

14) 이경남, "플랫폼 비즈니스의 개념 및 확산" 정보통신정책연구원, 2016년 8월 1일

산업의 파괴적 혁신이 진행되고 있다. 이러한 상황에서 '2016년 4월 Harvard Business Review에 "Pipelines, platforms, and the new rules of strategy", "Products to platforms", "Network effects aren't enough"라는 3편의 글이 발표되었다. 이중 첫 번째 페이퍼는 '2016년 "Platform Revolution"이라는 책으로 발표된 것을 일부 정리한 것으로, 본고에서는 이를 바탕으로 플랫폼 비즈니스의 개념 및 기존 산업에 미치는 영향에 대해 살펴본다.

② 플랫폼 비즈니스의 개념[15]

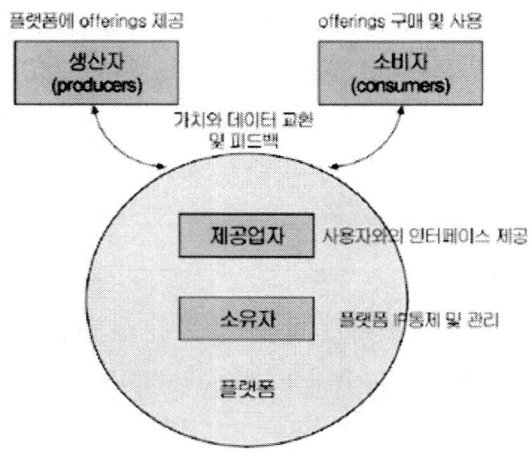

[그림 5-9] 플랫폼 생태계의 구성 요소

플랫폼 비즈니스를 외부 생산자와 소비자 간의 상호작용을 통해 가치를 창출할 수 있게 하는 비즈니스로 정의한다. 이를 위해 플랫폼은 구성원간 상호작용을 가능케하는 개방적인 참여 인프라를 제공하며, 관리 조건을 설정한다. 플랫폼의 목적은 사용자간의 최적 조합을 찾아내고, 제품과 서비스, 그리고 소셜 화폐 등의 교환을 촉진함으로서 모든 참여자들의 가치를 창조하는 것이다(Parker 외, 2016). 이러한 플랫폼은 다양한 형태로 존재하지만, 소유자(owner), 제공업자(providers), 생산자(producers), 소비자(consumers)로 구성된 생태계를 형성하고 있다는 점에서 동일한 구조를 가진다(Van Alstyne 외, 2016).

기존에도 유사한 플랫폼 구조가 있었으나 최근에는 모바일, IoT, 빅데이터, 인공지능과 같이 스마트하고

---

15) 이경남, "플랫폼 비즈니스의 개념 및 확산" 정보통신정책연구원, 2016년 8월 1일

정교해진 IT기술의 발달로 시간과 공간의 한계를 뛰어넘어 생산자와 소비자를 신속성과 정확성을 갖추고 매칭시키는 것이 수월해졌다. Van Alstyne 외(2016)는 플랫폼 비즈니스 모델의 가치창출과정을 전통적인 파이프라인(Pipeline) 모델과 대비하여 설명하고 있다.

즉, 전통적인 비즈니스가 제품 및 서비스의 제조에서 판매를 거쳐 소비자에 이르는 선형적인 단계를 거치면서 가치를 창출하는 선형 가치 사슬(linear value chain)의 구조를 띤 반면, 플랫폼 모델에서는 생산자와 소비자, 플랫폼간의 복잡한 관계를 통해서 가치(complex value chain)가 창출된다고 본다. 이러한 플랫폼 모델이 다양한 산업에 적용되면서 기존의 선형 비즈니스 모델을 넘어서는 파괴적 혁신이 진행되고 있으며, 결과적으로 기존 파이프라인 비즈니스에 대해 거의 언제나 승리하였다고 분석한다 (Van Alstyne 외, 2016).

이를 가능하게 하는 것은 플랫폼이 전통적인 게이트키퍼의 역할을 시장의 피드백으로 대체함으로서 서비스의 신속성과 효율성을 확보하고, 번들링 효과를 제거하여 소비자의 개별적인 선택을 가능하게 하기 때문이다. 또한 개인 참여자들의 확대를 통한 공급 방식의 변화로 기존 파이프라인 모델에서의 물리적 자산 관리 비용 및 거래 비용을 감소시키면서 새로운 가치를 창출한다. 이 과정에서 데이터 기반 피드백을 활용함으로서 서비스의 범위를 확대하고 기존 파이프라인 비즈니스 수준의 품질을 유지할 수 있다는 것이다(Parker 외, 2016).

〈표 5-9〉 플랫폼의 역할

플랫폼의 역할	작동 방식	이점
gatekeeper 제거	• gatekeeper의 역할을 시장의 피드백으로 자동적으로 대체 • gatekeeper에 의한 bundling 효과 제거	• 신속성 확보 • 효율성 확보(노동비용절감) • 소비자에 개별선택 가능
새로운 가치창출의 원천 및 공급	• 개인 참여자들의 참여 확대 • 공급방식의 변화(수요자가 공급자로)	• 자본 및 물리적 자산 관리 비용 절감 • 거래비용 감소(평판시스템, 보험계약)
데이터기반 피드백 과정	• 기존의 감시, 관리를 통한 통제 과정이 사용자들의 피드백으로 대체	• 품질 유지와 범위 확대 가능

* 자료 : Parker, Van Alstyne, and Choudary(2016)

③ 비즈니스 모델과 비즈니스 플랫폼의 관계[16]

비즈니스 플랫폼은 비즈니스 모델의 목적이 구현되는 토대로 비즈니스 모델이란 기업이 수익을 창출하는 방법으로, 제품이나 서비스를 소비자에게 어떻게 제공하여 이윤을 달성할 것인지에 대한 구체적인 계획을 말하는 것이다.

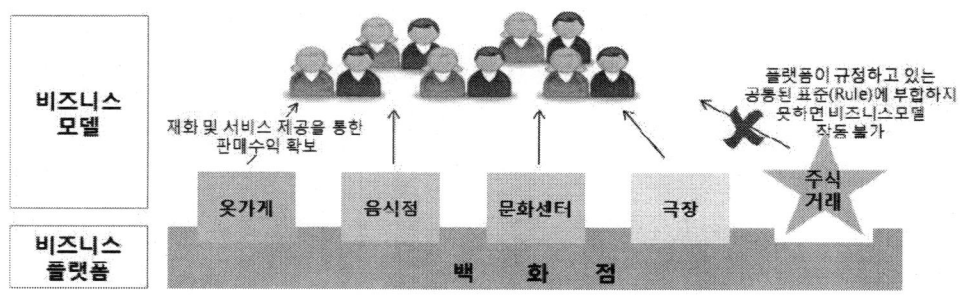

[그림 5-10] 비즈니스 모델과 비즈니스 플랫폼의 관계

백화점에서 입점매장이 소비자에게 물건을 판매하여 이윤을 달성하는 방법은 비즈니스 모델이며, 다양한 매장이 입점하여 비즈니스 모델을 실현할 수 있는 토대인 백화점은 플랫폼에 해당한다. 플랫폼의 가치는 상대편 이용자 집단의 규모에 의존한다. 즉, 백화점의 가치는 입점매장수와 이용객 수가 많을수록 증가하고, 참여자가 늘어날수록 플랫폼의 가치 및 이용자의 혜택이 증가하는 선순환 구조이다.

④ IT 비즈니스 플랫폼의 산업간 융·복합 트랜드[17]

비즈니스 플랫폼은 기술적/경제적, 디지털/비디지털로 폭넓게 분포하고 있다. 제조업, 유통업, 운송업 등의 비디지털 영역에서 플랫폼의 주요 목적은 생산 및 비용 효율성 향상에 있으며, 자동차 생산 플랫폼의 등장은 부품 단일화, 생산 효율성 향상에 크게 기여하고 있다. 자동차 부문의 대표적인 사례로 자동차를 4개 모듈로 구분하여 각 모듈요소 조합을 통해 한 플랫폼으로 60여개 모델이 생산 가능하도록 하는 닛산의 CMF(Common Module Family)이 있으며, 폭스바겐과 다임러의 경우 3개의 플랫폼으로 전체 모델의 95%를 생산하고 있다.

IT 비즈니스 플랫폼은 디지털 영역 플랫폼을 포괄하고 있다. 최근 주목받는 디지털 플랫폼인 '안드로이드' 등 OS(운영체제)는 컨텐츠와 소프트웨어를 구동시키는 플랫폼이며, '앱스토어'는 디지털 컨텐츠를

---

16) 권애라, "IT 비즈니스 플랫폼 발전방향과 과제", KDB 산업은행.
17) 권애라, "IT 비즈니스 플랫폼 발전방향과 과제", KDB 산업은행.

유통시키는 플랫폼이다. IT 산업을 매개로 한 산업간 융·복합에서 IT 비즈니스 플랫폼의 역할이 증대되고 있다.

'스마트카'와 같이 IT와 이종산업의 융·복합에 따라 디지털과 비디지털 영역간 융합이 확산되고 있는데, 융합을 가능하게 하는 토대로서 자동차, 선박 등에 채택되는 새로운 운영체제나 CPU 등 IT 플랫폼의 중요도가 강화될 전망이다. PC와 유사한 이용환경이 가능해진 모바일기기도 다양한 플랫폼을 탑재하고 있다. 휴대폰에 운영체제(OS)가 탑재된 스마트폰 보급 확대 및 고사양화로 '손안의 PC'시대가 본격화되고 있다. PC의 운영체제(OS)는 PC에서 워드, 인터넷, 게임 등 다양한 애플리케이션을 사용할 수 있게 하는 대표적인 플랫폼이며, 스마트폰에 운영체제가 탑재되고 PC 수준으로 하드웨어 성능이 향상됨에 따라, PC에서 수행한 다양한 업무들을 스마트폰으로도 활용 가능해졌다.

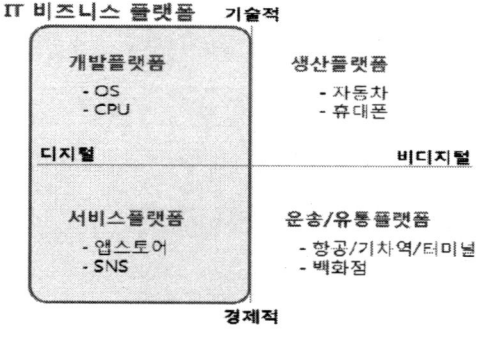

* 자료 : 황병선, "비즈니스 플랫폼의 정의와 국내 제조사 현황 분석"을 재구성

[그림 5-11] 비즈니스 플랫폼의 구분

한편 모바일화의 진전에 따른 새로운 비즈니스 모델의 출현으로 다양한 IT 비즈니스 플랫폼이 등장하였다. 애플의 'ppStore'는 모바일 사용 환경에 최적화된 애플리케이션 거래 비즈니스 플랫폼이다.

이는 온라인 상에서 필요한 기능을 구현하는 소프트웨어를 사용자가 골라 구매하는 시스템으로서 스마트폰 열풍을 주도한 비즈니스 모델의 토대가 되었다. 통신회사가 제공하는 서비스를 수동적으로 소비하던 소비자가 필요한 서비스를 능동적으로 선택하는 소비자로 전환된 결정적 계기가 되었으며, 최근에는 SNS(Social Network Service)나 IM(Instant Messenger) 등의 서비스를 위한 플랫폼도 등장하였다. 페이스북, 트위터, 핀터레스트 등은 대표적인 SNS 사례이며, 카카오톡, 네이버의 '라인'

등은 대표적 IM 사례에 해당한다.

다양한 IT 비즈니스 플랫폼들은 유선 인터넷의 포털 기능을 겸비하면서 플랫폼으로서의 경쟁력을 강화하고 있다. SNS, IM 등의 서비스 플랫폼은 인터넷 포털처럼 검색, 쇼핑, 게임, 미디어 감상 등을 가능하게 하는 토대로 역할을 확장하고 있다.

⑤ 플랫폼 비즈니스의 확산[18]

산업별로 플랫폼 비즈니스 모델을 적용하고 있는 회사들을 보면, 〈표 5-10〉과 같다. 초기에는 IT기술과 관련된 운영시스템, 커뮤니케이션 및 네트워킹 서비스, 게임, 미디어 부문을 중심으로 전개된 플랫폼 모델은 이제 교육, 운수, 여행 뿐만 아니라 에너지 및 중공업 부문에서도 광범위하게 적용되고 있다.

〈표 5-10〉 산업별 플랫폼 비즈니스를 적용한 기업

산업	기업(예시)
농업	John Deere, Intuit Fasal
커뮤니케이션 및 네트워킹	LinkedIn, Facebook, Twitter, Tinder, Instagram, Snapchat, WeChat
소비재	Philips, McCormick Foods FlavorPrint
교육	Udemy, Skillshare, COursera, edX, Duolingo
에너지 및 중공업	Nest, Tesla Powerwall, General Electric, EnerNOC
파이낸스	Bitcoin, Lending Club, Kickstarter
헬스케어	Cohealo, SimplyInsured, Kaiser Permanente
게임	Xbox, Nintendo, Playstation
노동 및 전문가서비스	Upwork, Fiverrr, 99designs, Sitercity, LegalZoom
로컬 서비스	Yelp, Foursqure, Groupon, Angie's List
로지스틱스 및 배달	Munchery, Foodpanda, Haier Group
미디어	Medium, Viki, YouTube, Wikipedia, Huffington Post, Kindle Publishing
운영시스템(OS)	iOS, Android, MacOS, Microsoft Windows
소매	Amazon, Alibaba, Walgreens, Burberry, Shopkick
운수	Uber, Waze, BlaBlaCar, GrabTaxi, Ola Cabs
여행	Airbnb, TripAdvisor

* 자료 : Parker, Van Alstyne, and Choudary(2016)

---

18) 권애라, "IT 비즈니스 플랫폼 발전방향과 과제", KDB 산업은행.

이러한 플랫폼 비즈니스 모델의 확산은 궁극적으로 자원의 통제(control) 관점에서 다양한 자원의 조율(orchestration) 관점으로의 전환, 내부 자원의 최적화(internal optimization)에서 외부와의 상호작용을 통한 네트워크 효과 제고, 고객 가치 중심에서 생태계 가치(ecosystem value) 중심으로의 전환의 필요성을 부각시키고 있다. 또한 기업들은 이러한 변화에 적절히 대응하기 위해서 기업 전략에서부터 운영, 마케팅, 생산, R&D, 인적자원 관리 전반의 변화를 모색할 필요가 있다.

Van Alstyne 외(2016)은 플랫폼 비즈니스의 성공적인 안착을 위해 고려해야할 체크리스트로, 생산자와 소비자간의 상호작용이 원활히 작동하여 네트워크 효과를 견실하게 유지하고 있는지(interaction failure), 정보 공유 및 재구매 등과 같은 네트워크 효과를 고양시키는 활동에 구성원들이 적극적으로 참여하고 있는지(engagement), 생산자와 소비자간에 적합한 연결이 이루어지고 있는지(match quality), 부정적인 피드백 루프를 발생시키는 문제들이 무엇인지(negative network effects)를 지속적으로 모니터링할 필요가 있으며, 플랫폼의 재무적 가치에 대해 이해할 필요가 있다고 지적한다.

제2절 전자화폐와 가상화폐

1. 전자화폐와 가상화폐 개요

인간이 언제부터 화폐를 이용하였는지는 정확히 알려져 있지 않다. 기원전 25세기경 에 바빌로니아에서 화폐를 이용하였다는 설을 고려하면 화폐의 역사는 상당히 오래되었다고 볼 수 있다. 초기 화폐는 직물, 곡물, 농기구와 같이 내재가치(intrinsic value)가 있는 물품화폐(commodity money)로 부피가 커서 이동성이 낮고 부패되거나 파손 될 위험이 있었다.

그 후 이와 같은 물품화폐의 단점을 보완한 금, 은, 동과 같은 금속 화폐가 등장하였다. 금속화폐는 희소성에 기반한 내재가치를 가지고 있다. 18세기 부터 화폐 주조권을 가진 국가가 지폐, 어음, 수표와 같은 신용화폐(fiat money)를 발행하였다. 신용화폐는 일반적으로 내재가치가 액면가치보다 낮기 때문에 국가가 화폐의 가치를 보증할 것이라는 신뢰에 기반하여 발행되고 국가가 도산하지 않는 한 그 가치는 유지된다. 현재 국제무대에서 가장 많이 통용되는 화폐는 주로 선진국 화폐이다. 예를 들면 달러화를 시작으로 엔화, 위엔화 등이 있다. 화폐는 그 나라의 국력을 상징한다. 금융을 통제함으로써 국가간의 균형을 유지하고 제재하기도 한다. 이것은 러시아가 크림반도 사태 이후로 미국과 서방 국가들의 통제로 자국의 금융자본은 많이 있지만 효율적으로 흘러가지 못함으로써 어려움을 겪고 있는 것을 보면 알 수 있다. 엔화의 가치변동에 따라서 한국은 수출에 이롭게 되기도 하고 어렵게 되기도 한다. 마찬가지로 위엔화의 가치 변동에 대해 미국은 매우 민감하게 반응하고 있는 것을 보더라도 알 수 있다. 기준통화로써의 달러화는 일련의 미국내외 금융사태를 겪으면서 그 지위가 흔들리기 시작했다.

첫 번째는 2001년에 있었던 엘론사의 회계부정 사태로 인해 발생되었다. 이 사건으로 미 주식시장에서는 780억 달러(약87조 6,000억원)가 사라지는 일이 발생되었다. 또한 1913년에 설립된 유래 깊은 다국적 컨설팅 전문회사 아더엔더슨은 2002년 발효된 샤베인 옥슬리 법에 의해 71억 8,500백만 달러라는 역사상 최고의 합의금을 몰며 몰락하였으며 엔론의 전사장 제프 스킬링은 징역 24년형을 선고받았다. 두 번째로 큰 금융사기로는 뉴욕의 개인 투자자이자 희대의 사기꾼 버너드 매도프의 650억 달러 규모 "폰지 사기"가 해당된다. 폰지사기는 신규 투자자의 돈으로 기존 투자자에게 이자나 배당금을 지급하는 방식의 다단계 금융사기를 일컫는다. 매도프는 1960년 자신의 이름을 딴 증권사나 버나드 매도나프 LLC

를 설립하고 수십 년간 사기 행각을 벌였으나 2008년에야 꼬리가 잡혔다. 그는 현재 150년 징역형을 받고 수감 중이다.

그 뒤를 이어서 2008년 9월 15일 미국 투자은행 리먼 브라더스 파산에서 시작된 글로벌 금융위기이다. 리먼 브라더스 파산은 미국역사상 최대 규모의 기업 파산으로, 파산 보호를 신청할 당시 자산 규모가 6,390억 달러였다. 리먼브라더스 파산은 서브프라임 모기지(비 우량주택 담보대출)의 후유증으로, 우려만 무성했던 미국발 금융 위기가 현실화된 상징적 사건이다. 리먼 사태는 악성 부실자산과 부동산 가격 하락으로 가치가 떨어지고 있는 금융상품에 과도하게 차입하여 발생하였다. 리먼 사태의 영향은 전 세계로 급속히 확산됐다. 위에 언급한 일련의 사태들을 겪으면서 기관도 기업도 일반 투자자들도 금융에 대한 투자와 신뢰에 의문을 제기하기 시작했다. 이로써 새로운 투자처를 찾게 되는 반면 금융거래에서 개인간 거래의 필요성을 인식하기 시작하였다.

한편 인터넷이 대중화되면서 전통적인 화폐의 형태와는 다른 온라인에서 이용할 수 있는 화폐가 필요하게 되었는데 전자화폐(electronic money)는 이를 충족시키기 위한 수단으로 만들어졌다. 전자화폐는 게임 아이템, 영화, 음악과 같은 소액의 디지털 콘텐츠를 구매하는데 주로 이용되고 있고, 우리나라에서는 1999년부터 전자화폐를 발급하였지만 정부의 신용카드 활성화 정책 등으로 인하여 서비스가 성공하지 못한 상황이다. 최근에는 전자화폐와 같이 디지털 비트이지만 법적 기반이 충분히 갖추어지지 않은 Bitcoin과 같은 가상화폐(virtual currency)가 등장하였다.

유럽중앙은행에 따르면 가상화폐는 온라인 커뮤니티와 같은 가상세계에서 이용되며 가상화폐 발행기관이 관리하는 디지털 화폐를 말한다. 유럽 중앙은행(European Central Bank)의 분류에 따르면 가상화폐와 전자화폐 모두 디지털 비트로 저장되지만 전자화폐는 엄격한 법적 규제를 받는 반면 가상화폐에 대한 법적 규제는 거의 없다. 최근 가상화폐가 자금 세탁, 마약 거래, 법정통화의 가치하락에 대비하기 위한 수단 등으로 이용되면서 가상화폐에 대한 관심이 높아지고 있다. 또한 가상화폐는 법정화폐와 가상화폐간의 환전가능 여부 따라 폐쇄형, 단방향, 양방향 화폐로 구분된다. 가상화폐는 전자화폐에 비하여 법적 기반이 충분히 갖추어져 있지 않아 발행과 유통이 자유로우며 화폐가치를 별도의 단위로 표시한다. 그리고 전자화폐가 운영 리스크에만 주로 노출되는데 반해 가상화폐는 법률·신용·운영 리스크 등 다양한 리스크에 직면할 수 있다.

현재 가장 활성화된 가상화폐로 Bitcoin과 Linden Dollar가 있다. Bitcoin은 2009년 일본인으로 알려진 사토시 나카모토(Nakamoto Satoshi)가 개발한 공개키 기반의 암호화방식으로 발행되는 화폐이다. Bitcoin은 발행기관이 없는 탈 집중화된 화폐로 16개국 법정화폐와 상호간에 환전이 가능하며 P2P 네트워크를 이용한다. Linden Dollar는 2003년 린든 랩이 세컨드 라이프라는 가상세계에서 이용할 수 있도록 발행한 화폐이다. 세컨드 라이프에서 이용자는 Linden Dollar를 이용하여 현실세계에서와 같이 사회·문화·경제활동 등을 할 수 있다.

가상화폐는 실험적인 성격의 통화에서 출발하여 실제 물품과 서비스의 지급수단으로까지 성장하였다. 최근 가상화폐가 자금 세탁, 마약 거래, 투기 수단으로 악용 되면서 가상화폐에 대한 관심이 높아지고 있다. 가상화폐의 문제점을 해결하고 가상화폐의 건전성과 지속성을 강화하기 위하여 가상화폐와 관련된 법적 기반을 마련할 필요성이 있으며, 가상화폐 가치의 안정성을 높이기 위한 제도적 보완장치도 마련되어야 한다. 그리고 가상화폐의 악용 방지대책을 강구하고, 각국 금융당국은 감시·감독 체계를 마련하여 가상화폐가 지급수단으로서 적절히 기능할 수 있도록 하여야 한다.
이런 일련의 과정을 통하여 가상화폐는 사이버공간에 적합한 대체 지급수단으로서 안정적이고 원활하게 이용됨으로써 우리 사회에 새로운 가치를 창출할 수 있을 것이다.

2. 전자화폐와 가상화폐의 차이

보통 가상화폐를 전자화폐와 동일한 것으로 혼동하는 경우가 있는데, 본질적으로 이 둘의 개념은 다르다. 보통 우리가 생각하는 화폐는 국가의 중앙은행에 의해 독점 발행되고 적절한 통화정책을 통해 관리가 되는데, 전자적 거래를 통해 이루어지는 전자화폐 역시 이처럼 국가와 은행의 통제를 받는 법정화폐지만 가상화폐는 다르다. 가상화폐는 사이버 상으로 거래가 되지만, 전자화폐와 달리 누구나 만들 수 있는 화폐라는 사실! 처음 고안한 사람이 정한 규칙에 따라 가치가 매겨지고 실제 화폐와 교환될 수 있다는 것을 전제로 유통된다. 달러, 엔, 위안화 등은 특정 국가를 대표하고 해당 국가에서 최종적으로 발행하고 보증하는 것을 뜻하지만, 가상화폐는 화폐를 발행하는 주체가 없기에 관리하는 주체도 없다. 가상화폐는 전자화폐와 〈표 5-11〉과 같은 차이가 있다.

첫째, 가상화폐는 발행, 유통, 가치보장 등에 관한 법적 기반이 충분히 갖추어져 있지 않은 반면 전자화폐는 관련 법규에 따라 정부의 엄격한 감시와 감독을 받는다. 가상화폐는 사전 허가 없이 단지 등록만으로 발행할 수 있지만 전자화폐는 법에서 정한 기준을 충족하고 정부의 허가를 받아야 발행할 수 있다. 앞에서 기술한 바와 같이 전자화폐는 가맹점수, 자본규모 등 엄격한 기준을 충족시켜야 한다. 그 결과 전자화폐는 가치가 안정되고, 발행 기관에 대한 신뢰가 상당히 높지만 가상화폐는 그렇지 못하다. 둘째, 가상화폐는 화폐가치를 법정화폐가 아닌 가상화폐의 단위로 표시하는 반면 전자화폐는 화폐가치를 법정화폐로 표시한다. 예를 들어 가상화폐인 Bitcoin과 Linden Dollar(이하 'L$')는 화폐가치를 BTC와 L$로 표시하지만 전자화폐는 화폐가치를 이 용되는 국가의 법정통화로 표시한다. 예를 들어 우리나라의 전자화폐인 K-Cash는 법정통화인 원화를 이용하여 화폐가치를 나타낸다. 따라서 전자화폐의 가치는 쉽게 파악할 수 있지만 가상화폐의 가치는 가상화폐와 법정화폐간 환율로 환산하여야 알 수 있다. 셋째, 가상화폐는 법률·신용·운영 등과 관련된 다양한 리스크에 직면하지만 전자 화폐는 주로 운영리스크에 노출되어 있다. 가상화폐는 법적 기반이 갖추어지지 않아 법률 리스크가 상당히 크다.

〈표 5-11〉 전자화폐와 가상화폐의 차이점

구 분	전자화폐	가상화폐
적용 법규	○	×
감시·감독	○	×
발행허가	필요	불필요
화폐공급	안정적	불안정적
자금보호	○	×
계산단위	법정화폐	가상화폐
리 스 크	운영리스크	법률·신용·운영리스크 등

* 자료 : ECB(2012)

일반적으로 이용자는 가상화폐 발행기관의 낮은 신뢰도로 인 한 신용리스크와 시스템 장애 등으로 서비스가 중단될 수 있는 운영 리스크에 직면하고 있다. 이에 반해 전자화폐는 공고한 법적 기반을 갖추고 있고 발행기관의 신뢰도도 높아 법률·신용리스크가 상당히 낮다. 그러나 사이버 테러나 시스템 장애 등으로 인하여 서비스가 중단 또는 지연되는 운영 리스크에 직면할 수 있다.

3. 전자화폐

전자화폐는 화폐의 아날로그적 가치를 디지털화한 것으로 넓은 개념으로 보자면 소비자가 현금처럼 사용하는 디지털 화된 모든 것을 뜻하게 된다. 대중교통을 이용할 때 사용하는 교통카드, 공중전화카드에서부터 최근 블루투스(Bluetooth) 기술로 상용화 단계에 접어든 모바일 형 화폐에 이르기까지, 소비자들은 마그네틱 선이나 스마트카드 안에 디지털가치를 저장해 놓고 이를 현금처럼 사용할 수 있다. 다시 말하자면 현재 모든 소비자들은 광의(廣義)의 전자화폐 생활범주 안에 속해있다고 보아도 과언이 아닐 것이다. 협의(狹義)의 전자화폐는 기업간, 기업과 소비자간, 혹은 소비자와 소비자간에 발생하는 거래를 전자적인 프로세스에 의해 매개시키는 시스템으로 볼 수 있다. 이러한 전자지불 시스템의 기본적인 역할은 구매자와 판매자의 은행구좌를 연결해 자금의 이체를 매개하는 것이며, 통상적으로 신용카드회사를 거치게 된다. 전자금융거래법 제2조 제15호에서는 전자화폐를 이전 가능한 금전적 가치가 전자적 방법으로 저장되어 발행된 증표 또는 그 증표에 관한 정보로서 아래와 같은 5가지 요건을 갖추어야 한다고 규정하고 있다.

〈표 5-12〉 우리나라 전자화폐와 선불카드의 비교

구 분	전자화폐	선불카드
법적요건	• 금융위원회 허가	• 금융위원회 등록
범용성	• 2개 이상의 광역자치단체 및 500개 이상의 가맹점 • 한국표준 산업분류표상 중분류 5개 이상 업종	• 한국표준 산업분류표상 중분류 2개 업종
환금성	• 현금 또는 예금과 동일한 가치로 교환되며, 현금 또는 예금으로 교환이 보장	• 선불카드에 기록된 잔액이 일정 비율(20/100) 이하인 경우, 잔액의 전부를 지급
발행한도	• 200만원(단, 실질 명의 또는 예금계좌를 연결하여 관리하지 않을 경우 5만원)	• 50만원(단, 실질 명의로 발행한 경우 200만원)
자본금	• 자본금 50억원 이상의 주식회사	• 자본금 • 출자 총액이 20억원이상의 합명회사, 합자회사, 유한회사, 주식회사

* 자료 : 전자금융거래법

첫째, 대통령령이 정하는 기준 이상의 지역과 가맹점에서 이용할 수 있어야 한다. 둘째, 발행인(대통령령이 정하는 특수 관계인)을 포함 외의 제3자로부터 물품과 서비스를 구매하고 그 대가를 지급하는데 이용되어야 한다. 셋째, 구매할 수 있는 물품과 서비스의 범위가 5개 이상으로 대통령령이 정하는 업종 수도 5개 이상이어야 한다. 넷째, 현금 또는 예금과 동일한 가치로 교환되어 발행되어야 한다. 마지막으로 발행자에 의 하여 현금 또는 예금으로 교환이 보장되어야 한다. 우리나라에서 전자화폐와 선불카드(prepaid card)는 이전 가능한 금전적 가치를 저장하고 발행인 외의 제3자로부터 물품과 서비스를 구매하기 위한 지급수단으로 이용 된다는 점에서 동일하다. 그러나 전자화폐는 2개 이상의 광역자치단체 및 500개 이상 가맹점에서 이용할 수 있어야 하며, 5개 이상 업종의 물품과 서비스 구매에 이용될 수 있어야 한다는 점에서 선불카드보다 더 높은 범용성을 가져야 한다. 또한 전자화폐는 현금 또는 예금과 등가로 교환되어야 하며 잔액에 대하여 100% 환급을 보장하여야 한다는 점에서 선불카드보다 높은 환금성을 가져야 한다.

우리나라는 〈표 5-12〉에서 보는 바와 같이 전자화폐와 선불카드를 구분하고 있으며, 전자화폐에 대하여 법정화폐와 동일시하여 더 엄격하게 규제하고 있다. 이에 반해 다른 국가들에서는 전자화폐를 선불카드의 한 유형으로 분류 하고 전자화폐와 선불카드를 구분하지 않고 있다. 전자화폐는 저장매체의 종류에 따라 〈표 5-13〉에서 보는 바와 같이 IC카드형과 네트워크형으로 구분할 수 있다. IC카드형 전자화폐는 IC가 내장된 카드의 내부 메모리에 화폐가치가 저장되며, 이 IC 카드형의 전자 화폐를 슈퍼마켓, 음식점, 자동판매기 등에 부착된 단말기에 접촉해 결제하게 된다. IC카드형 전자화폐는 2000년 6월 K-cash와 Mondex cash가 시범서비스를 시작하면서 우리나라에 처음으로 도입되었다.

〈표 5-13〉 저장매체에 따른 전자화폐의 분류

구 분	설 명
IC 카드형	화폐가치를 IC가 내장된 카드에 저장하여 이용
네트워크형	화폐가치를 네트워크 내부의 서버에 저장하여 이용

* 자료 : 황선형(2008)

네트워크형 전자화폐는 [그림 5-12]에서 보는 바와 같이 인터넷상에서 네트워크를 통해 물품이나 콘텐츠의 대금을 지불한다. 5천원, 1만원 등 일정액이 담긴 카드를 구입한 다음, 카드 뒷면의 번호를 콘텐츠 업체의 지불란에 입력하는 선불 카드형이 보편적인 방식이다. 네트워크형 전자화폐는 IC카드와 같은 물리적인 매체가 아닌 네트워크 내부의 서버 에 화폐가치를 저장하고 네트워크를 통하여 화폐가치와 관련된 정보를 주고받아 결제가 이루어진다. 네트워크형 전자화폐는 IC카드와 같은 물리적인 매체가 없기 때문에 온라인 가맹점에서 주로 이용된다.

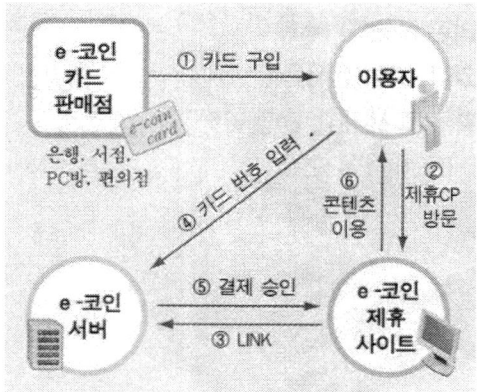

[그림 5-12] 네트워크형 전자화폐 서비스 흐름도

네트워크형 전자화폐는 1999년 1월 I-cash가 서비스를 시작하면서 우리나라에 처음으로 도입되었다. 전자화폐가 2000년에 처음 도입되었을 때에는 법정화폐를 대체할 것이라는 전망이 지배적이었다. 전자화폐에 대한 관심도 매우 높아 전자화폐와 관련된 많은 분석 보고서가 발간되었다. 그러나 기대와 달리 전자화폐는 다른 지급수단과 차별화된 서비스를 제공하지 못하여 서비스 활성화에 실패하였다.

4. 가상화폐

① 가상화폐의 개요와 특성

가상화폐의 개념은 아직까지 명확하게 정립되지 않았다. 유럽중앙은행(ECB : European Central Bank)에 따르면 가상화폐는 온라인 커뮤니티와 같은 가상세계에서 이용되고 가상화폐 발행기관이 관리하는 디지털 화폐의 한 유형으로 법적 규제가 거의 없는 화폐이다. 가상화폐는 크게 두 가지 방법으로 얻을 수 있다. 우선, 법정화폐와 가상화폐간의 환율(exchange rate)에 따라 법정화폐를 가상화폐로 환전하여 얻을 수 있다. 다음으로 광고를 보거나 온라인 설문조사에 참여하는 것과 같이 가상화폐 발행기관이 원하는 활동을 수행하고 가상화폐를 얻을 수 있다.

가상화폐는 법정화폐와 가상화폐간의 환전가능 여부에 따라 폐쇄형 가상화폐, 단방향 가상화폐, 양방향 가상화폐의 세 가지로 분류할 수 있다. 첫째, 폐쇄형 가상화 폐는 법정화폐와 가상화폐 간에 전혀 환전을 할 수 없는 화폐이다. 폐쇄형 가상화폐는 가상 물품과 서비스를 구매할 때 이용되며 실제 물품과 서비스를 구매하는데 이용되지는 않는다. 폐쇄형 가상화폐 이용자는 정액요금제에 가입하거나 가상화폐 발행기관이 원하는 활동을 수행하고 그에 대한 보상으로 가상화폐를 받는다. 가상화폐를 법정화폐로 환전할 수 없기 때문에 가상화폐와 법정화폐 사이의 환율은 존재하지 않는다. 폐쇄형 가상화폐의 대표적인 예로 각종 온라인 게임머니가 있다.

예를 들어 World of Warcraft(이하 'WoW') Gold는 게임에 필요한 무기와 같은 아이템을 구매하기 위 해 필요한 가상화폐이다. 게임 이용자는 정액요금제를 선택하여 결제하거나 특정한 활동을 수행하고 WoW Gold를 받는다. 게임 개발사인 블라자드 엔터테인먼트는 WoW Gold를 법정화폐로 환전하는 것을 엄격하게 금지하고 있어 가상화폐를 법정화폐로 환전할 수 없다. 둘째, 단 방향 가상화폐는 법정화폐를 가상화폐로 환전할 수는 있지만 가상화폐를 법정화폐로 환전할 수 없는 화폐이다. 가상화폐 발행기관은 환율을 정하고 이용자는 그에 따라 법정화폐로 가상화폐를 환전할 수 있다. 단방향 가상화폐는 가상 물품이 나 서비스뿐만 아니라 실제 물품과 서비스를 구매할 때도 이용된다.

단방향 가상화폐의 예로 Amazon Coins(이하 'Coins')가 있다. 2013년 5월 서비스를 시작한 Coins는 Amazon 앱스토어나 웹사이트에서 앱, 게임 등 각종 디지털 콘텐츠를 구매할 때 이용 된다. Amazon 이용자는 법정화폐나 신용카드를 이용하여 Coins로 환전할 수 있으나 Coins를 법정화폐로 환전할 수는 없다. 현재 Coin당 1 cent의 가치를 가지며 이용자 는 500 Coins 단위로 환전하여야 한다. Amazon은 〈표 5-14〉의 고정환율에 의하여 법정화폐로 Coins를 환전하도록 하고 있다. 이용자는 환전하는 Coins가 많을수록 더 높은 할인율을 적용받기 때문에 한 번에 많은 Coins를 환전하는 것이 유리하다.

〈표 5-14〉 Coins 환전액 별 할인율

(단위 : coins, %)

구 분	500	1,000	2,500	5,000	10,000
할인율	4	5	8	10	10

* 자료 : Amazon

셋째, 양방향 가상화폐는 가상화폐와 법정화폐간에 자유로운 환전이 가능한 화폐이다. 양방향 가상화폐는 가상 물품과 서비스뿐만 아니라 실제 물품과 서비스를 구매할 때도 이용된다.

〈표 5-15〉 전자화폐와 가상화폐의 차이점

폐쇄형 가상화폐	단방향 가상화폐	양방향 가상화폐
법정화폐 ↔ 가상화폐 (X)	법정화폐 → 가상화폐 (X)	법정화폐 ↔ 가상화폐
가상 물품과 서비스 구매시 이용	가상 물품과 서비스 및 실제 물품과 서비스 구매시 모두 이용	

발행기관은 가상화폐와 법정화폐 사이의 환율을 고정시킬 수도 있고 수요와 공급에 따라 변동시킬 수도 있는데 대부분의 양방향 가상화폐는 변동환율을 이용하여 거래되고 있다. 즉, 가상화폐에 대한 수요가 많아지면 가상화폐의 가치가 높아져 일정한 법정화폐로 환전할 수 있는 가상화폐의 수는 줄어들고 가상화폐의 공급이 많아지면 환전할 수 있는 가상화폐의 수는 많아지게 된다.

양방향 가상화폐의 예로 리버티 리저브(Liberty Reserve, 이하 'LR')를 들 수 있다. LR은 2002년 코스타리카에서 아서 부도프스키(Arthur Budovsky)가 설립한 법인이다. 이용자는 LR계좌를 개설하고 법정화폐를 송금한 후 가상화폐인 LR달러나 LR유로를 환전할 수 있고 LR계좌에 있는 LR달러는 달러나 금으로, LR유로는 유로나 금으로 환전할 수 있다.

② 가상화폐 Bitcoin
Bitcoin은 현재 가장 주목받고 있는 가상화폐이다. 많은 언론매체가 연일 Bitcoin과 관련된 내용을 보도하고 있다. Bitcoin은 [그림 5-13]에서 보는 바와 같이 2013년 4월에 구글 트렌드와 네이버 트렌드 모두에서 가장 높은 검색 수준인 100을 기록하기도 하였다. 구글 트렌드가 전 세계의 검색 트렌드 정보를 반영하고 네이버 트렌드가 우리나라의 검색 수준을 나타낸다는 점에서 Bitcoin에 대한 전 세계의 검색

수준은 높은 상황이다.

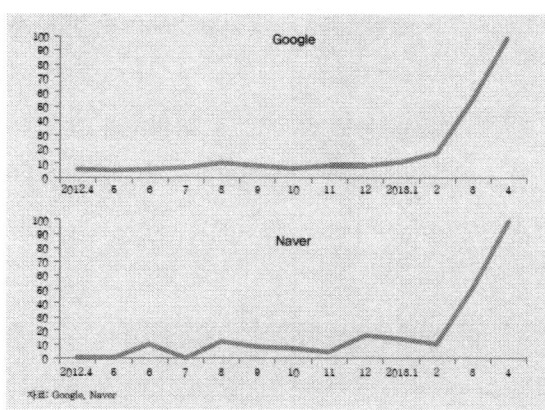

[그림 5-13] Bitcoin에 대한 검색 트랜드

◉ Bitcoin 일반현황

Bitcoin은 2009년 1월 일본의 소프트웨어 엔지니어이자 수학자인 사토시 나카모토 (Nakamoto Satoshi)가 개발하였다. Bitcoin의 개발자로 알려진 사토시 나카모토는 실명이 아닌 가명으로 누구인지 정확히 알려져 있지는 않다. 일부 언론매체에서는 사토시 나카모토가 개인이 아닌 특정 단체라고 보도하기도 하였다.

사토시 나카모토는 2009년에 'Bitcoin: A Peer-to-Peer electronic cash system' 이라는 보고서를 통하여 금융기관 개입없이 개인간에 직접 자금을 주고받을 수 있는 가상화폐 개념을 제안하였다. 이는 1998년 암호학자인 웨이다이(weidai)가 구상하였던 암호통화(cryptocurrency)인 b-money의 개념에 기반한 것이다. Bitcoin은 발행기관 이 없는 탈집중화된 통화로 암호시스템을 통하여 화폐를 발행하며, 네트워크를 통하여 개인간 (Peer-to-Peer, 이하 'P2P')에 화폐를 환전할 수 있어 금융기관과 같은 중계기 관이 없다. 또한 Bitcoin은 오픈소스로 운영되고 있다.

Bitcoin은 2009년 1월부터 발행되기 시작하여 2013년 5월 현재 다양한 온라인 사이트에서 지급수단으로 이용되고 있으며, 북미와 유럽에 위치한 일부 오프라인 상점에 서는 실제 물품이나 서비스를 구매할 때도 이용되고 있다. 2013년 3월에는 캐나다에서 자신의 주택을 Bitcoin을 받고 판매한다는 부동산 매물 광고가 인터넷 부동산 사이트 게시판에 올라오기도 하였다. Bitcoin 이용처는 계속 늘어나고 있으며 앞으로 각 국 정부의 규제만 없다면 이용처가 빠르게 확대될 것으로 보인다.

"다른 온라인 결제시스템처럼 비트코인 등도 장기적으로 유망하며 더 빠르고, 안전하면서 효율적인 결제시스템을 촉진할 수 있을 것이다" 세계 경제 대통령이라는 별칭을 가진 미국 연방준비제도(FRB)의 버냉키 의장의 한 마디에 비트코인(Bitcoin)이 세계적인 핫이슈로 급부상했다.

비트코인은 시장 유동성이 심해서, 1비트코인의 가격이 1,200달러(약 127만원)까지 치솟았다가 시간이 지나면서 13.27달러(약 1만 4,000원)으로 폭락할 수도 있는 것이다. 국내외 언론들도 그 위험성에 앞다투어 비트코인 관련 기사들을 쏟아냈다. 이날 버냉키의 발언은 원론적인 언급처럼 보이지만 비트코인의 가장 큰 약점으로 지적되던 정부 당국의 제재 가능성을 상당 부분 없앴다는 점에서 비트코인의 향후 행보에 매우 큰 의미가 있다. 극심한 환율 변동성과 해킹 공격, 제한된 사용처 등 현실적인 한계에도 불구하고 장기적으로 더 발전할 가능성이 공신력 있는 발언으로 확인된 것이다.

물론 비트코인은 여전히 불안정하다. 1코인에 1,200달러라는 천문학적인 환율에 무작정 환상을 가져서는 안 되는 이유다. 실제로 대부분 사람들은 비트코인이 정확히 무엇이고 어떤 원리로 작동하는지 이해하지 못하고 있다. 비트코인은 그 어떤 개별 국가의 경제와도 연계되어 있지 않다. 교환하기도 쉽고 거래에 드는 비용도 사실상 없다. 하지만 앞서 언급한 불안정성을 고려하면 비트코인 시장에 돈을 투자하기 전에 몇 가지 중요한 점들은 알아둘 필요가 있다.

[그림 5-14] 비트코인의 물리적 복제품

비트코인은 가상화폐의 하나로, 지난 2009년 '사토시 나카모토'(Nakamoto Satoshi)라는 가명의 개발자가 기존에 나왔던 암호통화(cryptocurrency) 개념을 P2P 형태의 복제 불가능한 알고리듬으로 구현한 것으로 암호통화는 이미 지난 1998년 웨이따이 등이 개념을 선보인 바 있으며, 월릿(Wallet) 형태의 파일을 통해 저장, 거래되고 이 월릿의 고유 주소를 기반으로 거래가 이루어진다.

기술적으로 말하면, 비트코인은 복잡한 알고리즘으로 만들어진 수학적 산출물이며, 가치를 수량화하기 위해 고안된 측정 단위다. 그런 의미에서 일종의 '돈의 단위'라고 할 수 있다. 반면 비트코인의 가장 큰 특징은 통화를 발행하고 관리하는 중앙기관이나 장치가 존재하지 않는다는 것이다. 은행이나 중앙정부 대신 P2P 기반 분산 데이터베이스를 통해 비트코인 사용자들에 의해 만들어지고, 거래되고, 통제된다. 완전한 디지털 화폐여서 [그림 5-14] 같은 물리적 복제품을 구매하지 않는 한 물리적으로 비트코인을 만질 수가 없다. 이같은 물리적 비트코인은 표면의 홀로그램에 금액에 해당하는 비트코인 주소로 링크된 개인 암호화키가 들어 있다.

비트코인은 또한 설계 당시부터 공급 수량이 한정되어 있다. 비트코인 네트워크를 뒷받침하는 알고리즘은 2,100만 비트코인을 생성하도록 설계되어 있고, 시스템이 비트코인의 공급량을 끊김 없이 유지하도록 자동 조절된다. 현재 80% 정도가 채굴된 상태이며 이런 속도라면 2140년에 2,100만 비트코인에 도달할 것으로 보인다. 또한, 비트코인 네트워크가 모든 비트코인 거래를 추적하고 기록하기 때문에, 실제로 얼마나 많은 비트코인이 어느 시점에 생성되었는지를 블록체인 웹 사이트(http://blockchain.info)에서 확인할 수 있다. 이 웹 사이트는 비트코인 네트워크를 모니터하고 비트코인 월릿과 사용자들이 자신들의 비트코인을 저장하는 데 사용하는 컨테이너를 호스팅한다. 비트코인이 큰 화제지만, 이러한 인기가 오래갈지에 대해서는 의견이 갈리고 있다.

다른 누군가가 가치를 지급할 의사가 있기 전까지 비트코인은 실제로 가치가 없으므로, 마치 주식시장처럼 비트코인 가격은 급변한다. 실제로 1비트코인은 한때 15달러 정도에 거래됐었던 것이 이를 수백 달러에 판매하는 데 성공한 투자자들도 있다. 하버드 경영 대학원의 교수 매그너스 토르 토파손은 "비트코인은 아주 변덕스러운 자산이고, 최근의 비트코인 가격 상승은 일종의 경제적 거품 현상과 흡사하다"고 지적한다.

토파손 교수는 비트코인의 미래에 대해 (조심스럽지만) 긍정적으로 보고 있지만, 보통의 PC 사용자들에게 추천하기는 힘든 화폐라고 이야기한다. 그는 "비트코인이 현재 가치보다 점진적으로 10배까지 상승한다고 가정하더라도, 다음 날 10분의 1로 가치가 추락하지 않으리라는 보장이 없다"며 "이런 화폐의 가치를 산정하는 것은 현실적으로 매우 어려워 비트코인에 대한 투자는 상당한 고위험 군으로 생각해야 한다"고 말했다. 비트코인 시장에 뛰어들기 위해 따로 돈을 투입할 필요는 없다. 언제라도 개인 PC로 비트코인 네트워크 상에서 코드를 해독하는 작업을 수행해 비트코인을 '채굴'할 수 있다. 운이 좋다면 25비트코인을 챙길 수도 있다. 채굴 방식은 이렇다. PC에 비트코인 클라이언트를 설치하면 일련의 비트코인 발굴 작업을 준다.

클라이언트는 CPU와 GPU 연산력을 사용해 아주 복잡한 수학 문제를 풀고, 그 해답을 전체 네트워크와 공유한다. 이 문제들은 아주 풀기 어렵지만, 정답 확인은 간단하고 비트코인 네트워크에서 거래 로그를 통합해 확인할 수 있다. 그 결과 채굴자들은 작업 결과인 비트코인을 추적, 확인할 수 있다. 주어진 작업 블록을 처음으로 푼 클라이언트에게는 네트워크상 다른 클라이언트에 의해 그 작업이 확인되기만 하면 정확히 25비트코인(초창기에는 50비트코인을 줬지만, 지금은 줄어들었다)이 주어진다. 주어지는 비트코인 정량은 4시간마다 반으로 감소하고, 이는 비트코인이 더 생성될 수 없을 때까지 계속 반으로 차감된다. 비트코인이 생산되는 이 알고리즘은 암호 전문가들 이외에는 이해하기 쉽지 않아, 대부분 사람들은 이 과정을 간단히 '비트코인 채굴'이라고 부른다.

이 과정은 황금을 찾아 힘들게 땅을 파는 것과 흡사하다. 실제로 황금처럼 딱 정해진 수량의 비트코인만 존재한다. 하지만 황금과 달리 비트코인은 거의 보이지 않는 속도로 채굴되도록 설계됐다. 비트코인 알고리즘은 비트코인이 얼마나 자주 채굴자들에게 나뉘느냐에 따라 암호 난이도를 계속 바꾸는데, 이 때문에 일정한 양만큼 지속적으로 채굴된다. 그래서 채굴이 급감하면 반대로 비트코인 채굴이 쉬워지고 지금처럼 채굴 경쟁이 과열되면 채굴은 점점 더 어려워진다(최고급 PC와 서버 팜을 투자한 채굴자들까지 등장했다). 비트코인 매거진(Bitcoin Magazine)의 편집장 비탈리크 부터린은 "현재 시점에서 비트코인 채굴에 뛰어드는 것은 어리석은 생각"이라며 "채굴로는 거의 캐기 힘들고 거래소에서 구매하는 것이 제일 나은 방법"이라고 말했다.

직접 알아본 결과 부터린의 말이 맞았다. 요즘은 프로세서 자원을 모아 협동을 통해 해답을 빠르게 얻어내 비트코인 채굴률을 높이는 이용자 그룹인 '채굴 연합'(mining pool)에 속하지 않고는 채굴로 비트코인을 얻기가 힘든 상황이다. 수많은 채굴 연합들은 그 나름대로 비트코인 수익을 배분하는 규칙과 방식이 있다. 채굴에 참여하는 데 관심이 있다면, 몇몇 대형 비트코인 채굴 연합 목록(https://en.bitcoin.it/wiki/Comparison_of_mining_pools)을 참고해 연락을 취해보면 된다. 비트코인에 뛰어들어 마운트 곡스(Mt. Gox)같은 거래소에서 비트코인을 구매하기로 했다면, 이 구매한 비트코인을 쓸 곳이 있어야 할 것이다. 비트코인은 아직 도입단계지만, 최근 인기를 얻으면서 비트코인을 받는 상점들이 빠르게 증가하고 있다.

아직은 레딧(Reddit), 워드프레스(WordPress), 메가(Mega), 위키리크스(Wikileaks) 등 대부분 온라인 업체들이다. 하지만 소매 업체 중에서도 비트코인과 연관이 있는 사업주의 술집이나 상점들도 점점 비트코인 결제를 허용하고 있다. 비트코인 위키 웹 사이트(https://en.bitcoin.it/wiki/Trade)에서 비트코인을 이용할 수 있는 사이트 목록을 확인할 수 있다.

비트코인 거래는 비가역적이다. 비트코인 거래가 네트워크에 한번 등록되면 취소할 수 없다. 그러므로 비트코인 월릿을 저장한 PC에 접속한 해커가 전체 비트코인을 다른 월릿으로 보내버린다 해도 다시 되돌릴 길이 없다. 전적으로 매수자의 부담이다. 물론 비트코인 월릿을 저장한 PC가 도난 보험이 가입되어 있다면 해킹으로 잃어버린 비트코인의 전체나 일부를 돌려받을 수는 있다. 예를 들어 최근 해킹된 비트코인 월릿 호스팅 서비스 업체인 인스타월렛(Instawallet)은 50비트코인 이하를 잃어버린 사용자들에게 환급해줬다.

비트코인의 창시자는 코더이자 암호작성 전문가로 알려졌다. '사토시 나카모토'라는 이름으로 암호화된 메일링 목록에서 통신한다. 나카모토는 이 네트워크를 설계했고 2009년 6월 비트코인을 출범시켜 현재 '창세기 블록'(Genesis Block)이라고 불리는 첫 50비트코인을 채굴했다. 나카모토는 그 이후로 완전히 잠적했다. 많은 기자가 나카모토의 정체를 밝히고자 노력했지만, 여전히 미스터리로 남아 있다. 단 한 가지 흥미로운 사실이 지난해 아디 샤미르와 론 도리트가 내놓은 비트코인 거래 백서(http://eprint.iacr.org/2012/584.pdf)에 실려 있다. 두 사람은 모든 비트코인 활동을 추적해 막대한 금액의 비트코인이 아직 출금 거래를 실행하지 않은 채 여러 계정에 분산되어 있다는 사실을 밝혀냈다. 비트코인 ATM 개발사인 라마수(Lamassu)의 공동 창업자 자크 하비는 "이론적으로 이런 계정은 비트코인의 개발자 소유"라며 "거래로 인해 사토시 나카모토의 정체가 노출될 수 있기 때문에 사용되지 않고 있는 것으로 보인다"고 설명했다.

비트코인을 둘러싼 또 다른 논란거리는 법률문제다. 비트코인 기부를 일찌감치 도입한 미국 EFF (Electronic Frontier Foundation)는 지난 2011년 6월 돌연 '통화 시스템과 관련된 복잡한 법률문제' 를 이유로 비트코인 기부를 받지 않는다고 밝혔다. 이후 2년에 걸친 연구 끝에 다시 기부를 재개했다. 어떤 점에서 이러한 번복은 긍정적인 신호일 수 있다. 하지만 뒤집어 말하면 기술과 법률분야 전문가 집단인 EFF조차 비트코인 수용 여부를 결정하는데 2년이나 걸렸다. EFF는 비트코인이 충분한 기간을 거쳐 규제의 대상이 되지 않을 것이라는 확신이 들 때까지 비트코인을 수용하지 않았던 것이다. 개인 역시 마찬가지다. 비트코인의 법적 문제가 걱정된다면 상당량의 자료를 직접 찾아봐야 한다. 앞서 언급한 버냉키의 발언이 갖는 의미도 바로 이 지점이다. 그의 언급은 매우 원론적이지만 정부 규제라는 치명적인 위험이 다소 완화됐다는 점만으로도 비트코인 가치를 사상 최대치로 끌어올렸다.

비트코인의 또 다른 위험 요소는 바로 비축(혹은 저축)이다. 일부에서는 아직은 불안한 비트코인 시장 상황을 고려해 차라리 저축이 낫다고 조언하지만 월스트리트 칼럼리스트인 커트 아이젠워드는 정 반대 의견을 제시한다. 그는 전체 비트코인의 78%가 통용되지 않는다는 점을 지적하며 비트코인 사용자들이 비축해 놓은 비트코인을 꺼내 달러로 교환하기 시작하면 가치가 곤두박질칠 가능성이 있다고 지적한다. 아이젠워드는 비트코인 시장이 기본적으로 상상 속에 존재한다고 말한다. 그는 "비축자들이 매입을 멈추면 더 이상의 거래가 없어져 가격이 내려갈 것"이라며 "그러면 오래지 않아 많은 사람이 빠져나가고 그 시점에서 비트코인 시장의 한계가 분명하게 드러날 것"이라고 말했다. 비트코인 세계의 리더들도 이런 한계와 이상 과열에 대해 우려를 표명한다.

2011년 마운트 곡스의 데이터 유출로 비트코인의 가치가 크게 훼손된 후에 비트코인 프로젝트의 책임 개발자인 가빈 앤더슨은 비트코인에 관심을 가진 사용자들에게 엄중한 경고의 메시지를 던졌다. 그는 "예전부터 말했던 것을 다시 한 번 강조하는데 비트코인은 실험적이어서 마치 인터넷 신생기업처럼 생각해야 한다"며 "세계를 바꿀 수도 있지만, 새로운 아이디어에 투자한 자신의 돈과 시간이 항상 위험에 처해있다는 사실을 기억해야 한다"고 말했다. 이 메시지의 핵심내용은 비트코인 역시 다른 가상화폐들처럼 언제든지 무너질 수 있다는 것이다.

비트코인은 우리가 지금까지 본 가장 성공적인 가상화폐지만, 첫 가상화폐는 아니다. 이골드(e-gold)부터 빈즈(Beenz), 페이스북 크레딧(Facebook Credits)까지 지난 10여 년 사이 다양한 가상 화폐 시스템이 나왔고 실패했다. 이유는 다양하다. 몇몇은 돈세탁 혐의로 정부에 의해 폐쇄됐고, 창시자의 교묘한 사기 행각으로 문을 닫거나 사람들의 구매가 줄어들면서 점점 시들해진 경우도 있다. 하지만 비트코인은 분산적이어서 그 누구에 의해서도 폐쇄될 수 없다. 물론 개별적인 비트코인 교환은 금융당국의 규제 대상이 될 수 있겠지만, 어느 사람도 비트코인을 운영하지 않기 때문에 오직 사용자들이 흥미를 잃어야만 시들해질 것이다.

이론상으로는 비트코인 네트워크를 파괴할 수도 있을 것이다. 하지만 시작된지 4년 동안, 비트코인 코드는 여전히 뚫리지 않고 있다. 개별 사용자 간의 교환 과정이 해킹될 수는 있지만, 비트코인 그 자체는 아직도 난공불락이다. 이는 아마도 비트코인을 따라 한 여러 화폐가 시장 진입을 노리는 이유일 것이다. 테라코인(TerraCoin)부터, 리플(Ripple), PP코인(PPCoin)에 이르기까지 오픈소스 비트코인 코드를 이용한 여러 가상 화폐가 우후죽순 생겨나고 있다. 현시점에서 대부분 소비자들은 가상 화폐에 손을 대지 않는 게 아마도 현명할 것이다. 비트코인은 너무나도 흥미로운 아이템이지만 화폐가치가 등락을 반복해서 하루는 당신을 백만장자로, 바로 다음날에는 거지로 만들어 버릴 수 있기 때문이다.

◉ 관련 이슈

Bitcoin에 대한 투기적 수요, 사이버 테러 등으로 관심이 집중되면서 Bitcoin과 관련된 다양한 이슈가 제기되고 있다. 첫째, Bitcoin이 디플레이션을 유발하여 실물경제에 악영향을 줄 수 있다는 것이다. Bitcoin에 대한 수요가 증가하고 Bitcoin 이용처가 많아지면 Bitcoin의 가치는 높아질 것이다. Bitcoin은 채굴을 통해서만 발행되고 매년 발행되는 양도 감소하고 있어 Bitcoin 소지자는 향후 가치상승에 대비하여 Bitcoin 이용을 줄일 수 있다. 이와 같은 이용의 감소는 경기불황으로 이어져 실물경제가 위축되는 디플레이션을 유발할 수 있다. 케인즈 학파에 따르면 디플레이션은 소비와 투자를 위축시켜 경기에 악영향을 미치기 때문에 Bitcoin에 반대하는 사람들은 Bitcoin에 대한 적절한 규제가 필요하다고 주장한다.

그러나 Bitcoin이 디플레이션을 유발하여 실물경제에 타격을 줄 가능성은 크지 않은 것으로 보인다. 우선 2013년 4월 현재 거래량은 일평균 BTC 5만에 불과하고 2013년까지의 발행량은 BTC 1,050만으로 제한되어 있어서 Bitcoin이 실물경제에 줄 수 있는 파급력은 한정적이다. 또한 실물경제에서 발생하는 대부분의 거래는 법정화폐나 지급카드를 매개로 이루어지므로 반드시 Bitcoin을 이용하지 않아도 된다. 그리고 Bitcoin을 이용할 수 있는 모든 이용처에서는 법정화폐나 지급카드를 이용하여 결제할 수도 있다. 따라서 금융당국은 다양한 통화정책을 통하여 법정화폐의 유통량을 조정하여 Bitcoin이 유발할 수 있는 디플레이션을 예방할 수 있다.

둘째, Bitcoin은 이용자의 익명성을 보장하므로 자금 세탁이나 마약 거래 등에 악용 될 수 있다. 2013년 5월에는 가상화폐인 LR이 자금 세탁에 이용되어 미국 정부가 LR 거래시스템을 폐쇄하고 LR 관계자를 체포하였다. Bitcoin은 발행기관이 존재하지 않고 발행량에 한도가 있는 등 여러 가지 측면에서 LR과 다르지만, Bitcoin은 LR과 동일하게 이용자의 익명성을 보장하고 있어 악용될 가능성이 있다. 셋째, Bitcoin은 해킹 등 사이버 테러에 취약하다. 2011년 6월 20일에 해커가 Mt Gox의 데이터베이스에 침입하여 BTC40만이 들어있는 전자지갑을 해킹하였다. 해커는 BTC40만을 한 번에 매도하여 Mt Gox의 Bitcoin 환율은 단 몇 분만에 17.5달러에서 0.01달러로 폭락하였다. 해커는 Bitcoin 외에도 Mt Gox의 데이터베이스에 있는 Bitcoin 이용자의 이메일, 패스워드 등도 탈취하였다. 당시 Mt Gox는 거래를 일시 정지 시키고 해커의 매도 거래를 취소하였다.

Mt Gox는 법정화폐의 일일 출금한도를 1,000 달러로 제한하고 있었기 때문에 손해액은 1,000달러로 제한되었다. Mt Gox는 2013년 4월 11일에도 해커에 의해 시스템이 공격을 받았고 Mt Gox는 Bitcoin 거래를 하루동안 중단시켰다. 시스템 중단은 해킹과 같은 사이버 테러에 대한 궁극적인 해결책이 될 수 없기 때문에 Bitcoin 거래소는 이에 대한 대책을 마련할 필요가 있다. Bitcoin 소지자가 해킹 등 사이버 테러로 Bitcoin을 분실하면, 익명성 때문에 분실한 Bitcoin을 전산적으로 복구하여 되찾는 것은 거의 불가능하다. 넷째, Bitcoin은 다단계 거래의 성격을 띠고 있다. Bitcoin은 금이나 은과 같이 내재 가치가 없으며, 수요와 공급에 의해 가치가 결정된다.

◉ 국내 Bitcoin 도입현황
2016년 11월 4일 매일경제 보도에 따르면 신한은행을 비롯해 KEB 하나·우리은행 등 다른 시중은행도 잇달아 비트코인에 대한 규제가 풀리는 2017년 초에 맞춰 사업을 준비하고 있다.

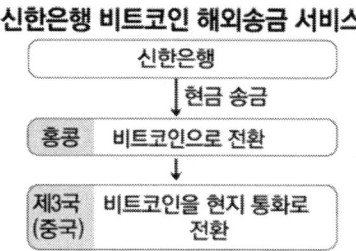

신한은행은 핀테크 기업 스트리미와 손잡고 이르면 12월 국내 금융권 최초로 비트코인을 활용한 한국·중국 간 해외송금 서비스를 시작한다고 한다. 신한은행이 개발한 비트코인 해외송금 서비스는 비트코인 송금·거래가 법적으로 허용된 홍콩을 경유해 최종 목적지인 중국에 돈을 보내는 방식이다.

먼저 한국에서 송금할 돈을 홍콩으로 보낸 다음 현지 비트코인 거래소에서 돈을 비트코인으로 바꿔 중국으로 보낸 뒤 다시 비트코인을 현지 통화로 바꿔주는 방식으로 해외송금 거래가 일어난다. 이처럼 돈을 보내는 절차가 다소 복잡한 것은 아직 국내에서 법적 정의가 내려지지 않은 비트코인이 정식 지급 수단으로 인정받지 못하기 때문이다. 금융당국 계획대로 비트코인과 관련된 법적 정의가 내년 초 내려지면 신한은행은 홍콩을 경유하지 않고 직접 중국 미국 등 다양한 국가로 돈을 보낼 수 있는 비트코인 송금 서비스를 시작할 방침이다. 가상화폐는 지폐나 동전과 달리 물리적인 형태가 없는 온라인 화폐다.

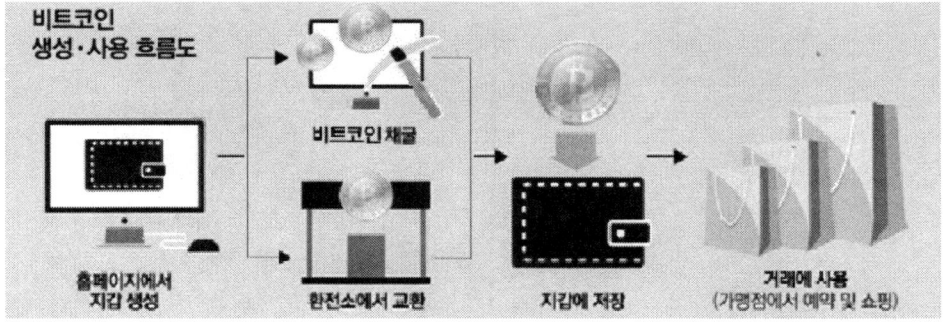

또한 임종룡 경제부총리 후보자가 "미국이나 일본 등의 국제적 활용 흐름에 발맞춰 비트코인 등 디지털 통화 제도화를 추진할 것"이라고 말하면서 이 같은 흐름에 더욱 탄력이 붙었다. 국내 시중은행들의 비트코인 서비스는 단계적으로 진행될 것으로 보이는데 사업 초기에는 해외 송금 서비스에 초점이 맞춰질 것으로 예상된다. 하나은행 관계자는 "비트코인의 법적·제도적 기반이 명확히 정의되지 않지만 내년초

법률적 이슈가 해소되면 해외송금 분야를 중심으로 본격적인 서비스를 출시할 계획"이라고 말했다.

비트코인은 온라인에서 가장 많이 이용되는 대표적인 가상화폐로 전 세계 가상화폐의 80%가량을 차지한다. 인터넷만 연결돼 있으면 누구나 계좌를 개설할 수 있고, 별도의 중앙관리기관 없이 개인과 개인이 돈을 주고 받을 수 있는 P2P 방식으로 모든 거래가 이뤄진다. 국내 시중은행들이 도입을 추진하는 외환송금의 경우 비트코인을 활용하면 고객들의 환전시간이 짧아지고 송금 수수료가 낮아지는 장점이 있다. 비트코인은 해외송금 외에도 온라인 쇼핑몰 등에서도 결제 수단으로 이용될 수 있다. 비트코인은 중간 서버나 관리자가 없는 블록체인 네트워크를 활용하기 때문에 결제 때 공인인증서가 필요 없다.

글로벌 비트코인 업계는 "가상 화폐는 상품 매매나 송금, 대출 등 일반화폐가 할 수 있는 역할을 대부분 할 수 있다."며 "신속하고 안전하며 국경을 뛰어 넘을 수 있다는 장점 때문에 기존 통화를 빠른 속도로 대체해 나갈 것"으로 보고 있다.
실제적으로 전 세계적으로 2016년 기준으로 지난 2년간 비트코인 이용자가 3배 늘어났고 전 세계 1,300만명이 시용하고 있다. 우리나라 금융당국이 법적기반을 구축해 비트코인 제도화를 추진하는 것도 이 같은 글로벌 추세를 더 이상 방관할 수 어렵다는 판단이 작용했기 때문이다. 국내에서도 2014년 3월 휴대전화 애플리케이션과 현금자동인출기(ATM)로 비트코인을 거래할 수 있는 시스템이 마련된 바 있다.

비트코인 거래가 가능한 ATM은 지하철역, 편의점 등에 약 7,000대가 설치되어 있는데 제도적 기반이 미미하고 보안성 문제가 해결되지 않았기 때문에 이를 이용하는 고객은 극소수에 불과하다.

핀테크 업계에서는 비트코인 산업이 발전하려면 금융당국의 정책 의지뿐 아니라 기존 금융회사들의 적극적인 도입 의지도 필요하다고 주문했다. 핀테크 업계관계자는 "금융당국이 비트코인을 제도화하려는 움직임을 매우 긍정적으로 본다"며 "시중은행들이 보수적인 자세에서 벗어나 보다 적극적으로 비트코인을 활용하려는 움직임이 필요하다"고 강조했다. 물론 비트코인을 제도화 한다고 당장 기존 화폐인 원화처럼 새로운 법정 통화가 되는 것은 아니다. 따라서 전자금융법상 전자화폐로 비트코인을 등록하는 방안을 포함해 다양한 활용방안이 논의될 것으로 보인다. 핀테크 기술의 빠른 발전 속도를 감안하면 그만큼 활용범위도 넓다고 볼 수 있다. 당장은 현금으로 환전 가능한 금융회사의 포인트처럼 지급 결제 대체

수단으로 활용될 가능성이 높다는게 전문가들의 진단이다.

◉ 해외 Bitcoin 도입 사례

2016년 11월 4일 매일경제 보도에 따르면 일본 금융권은 블록체인의 꽃으로 불리는 비트코인 등 가상화폐 주도권을 쥐기 위해 발 빠르게 움직이고 있다. 가장 앞서가는 곳은 일본 최대 은행인 미쓰비시 도쿄 UFJ 은행. 미쓰비시 은행은 블록체인 기술을 확보하기 위해 세계 최대 비트코인 거래소인 미국 코인베이스와에 1,50만 달러를 출자하기로 결정했다. 뉴욕 증권거래소와 스페인 메가뱅크 BBVA가 출자한 코인베이스는 세계 32개국에 이용자 400만명을 보유하고 있다.

미쓰비시 은행은 코인베이스 출자를 계기로 비트코인을 활용한 해외 송금 서비스를 준비하고 있다. 비트코인으로 해외 송금을 하면 현행 송금방식보다 수수료가 저렴한 데다 환전시간도 한층 편리하다. 미쓰비시 은행은 한 걸음 더 나아가 블록체인을 이용한 독자적인 가상화폐 "MUFC 코인"까지 개발하고 있다. 미쓰비시 은행은 2017년 가을부터 스마트폰을 통해 "MUFG 코인"을 거래에 사용할 수 있도록 할 계획이다. 미쓰이스미모토 은행, 미즈호 은행 등 다른 뱅크도 블록체인 기술도입에 박차를 가하고 있다. 일본 메가뱅크가 발 빠르게 움직이고 있는 것은 비트코인이 일본 사회 곳곳에서 화폐처럼 널리 통용되며 퍼져나가고 있기 때문이다.

비트코인 거래소 "코인체크"를 운영하는 레주프레스에 따르면 지난 9월말 현재 일본에서 비트 코인으로 결제가 가능한 식당이나 쇼핑점 등은 2,500 곳으로 1년 전에 비해 4배 급증했다. 레주프레스는 비자(VISA) 선불카드에 비트코인을 엔으로 환전·입금해 사용할 수 있는 서비스를 시작한다. 비트코인으로 전기료 등 공공요금을 내는 서비스도 연내 시작된다. 일본 정부는 비트코인에 적용되던 소비세율 8%를 2007년 봄부터 없애는 방안도 검토하고 있다. 중국에서도 비트코인에 대한 관심이 높아지고 있다. 중국 금융망은 "10월 들어 비트코인 가격이 10% 넘게 급등했는데 전체 거래의 90%가 중국인 투자자에 의해 이뤄졌다"고 보도했다.

③ 비트코인 블록체인 동작원리[19]

◉ 개요

블록체인은 2016년 WEF(세계경제포럼)에서 제4차 산업혁명의 차세대 10대 핵심기술로 선정되었으며, 또한 가트너는 2018년 10대 기술 중의 하나로 선정하였다. 앞으로 전 세계 금융기관 중 80%가 도입의사를 표했으며, 2025년까지 블록체인으로 인한 경제규모가 전 세계 GDP의 약 10%에 이를 것으로 기대되고 있다.[20]

비트코인 클라이언트는 비트코인 코어를 기반으로 개발되었는데, 인터넷에 연결되는 누구든지 다운로드 받아 비트코인을 송금하거나 채굴(마이닝)하는 것 등이 가능하며, 물론 거래소를 통해서 법정화폐로의 환전도 가능하다. 비트코인의 거래 프로세스를 살펴보면 은행과 같은 신뢰할 수 있는 제3자 기관이 없이 거래가 가능한 혁신적인 시스템이다. [그림 5-15] 및 〈표 5-15〉은 비트코인 전체 거래의 흐름도이다.

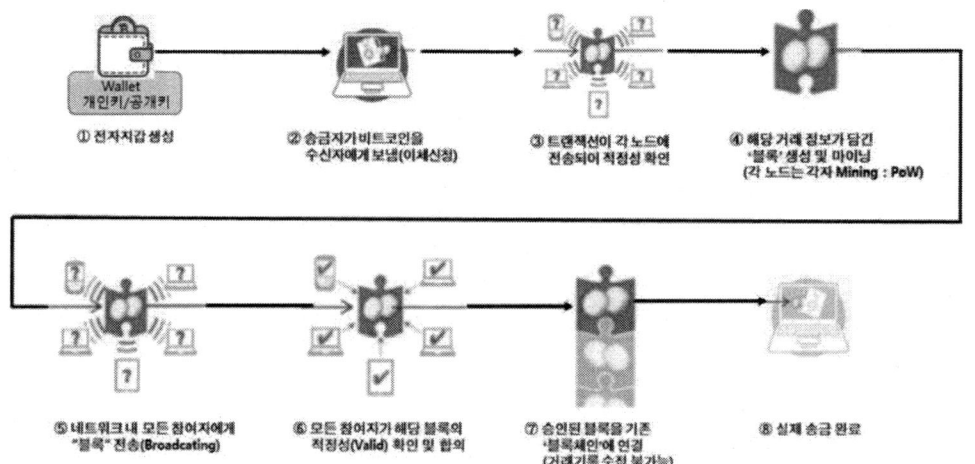

* 자료 : Thomson Reuters, 2016. 1. 16., 「Blockchain technology: Is 2016 the year of the blockchain?」을 재구성

[그림 5-15] 비트코인 거래 동작 프로세스

---

19) 김 원, "비트코인 블록체인의 동작원리 및 진화", 한국인터넷진흥원, 2018. 6
20) 김태형, "블록체인 개념 및 분야별 활용 사례 분석", 전기저널, 2017. 7

〈표 5-16〉 비트코인 거래의 전체 흐름도

라이프 사이클	내용
① 계정(계좌) 생성	전자지갑(Wallet) 생성(개인키, 공개키 자동 생성)
② 거래 생성	비트코인 전송
③ 거래 검증	P2P 네트워크에서 거래 전송
④ 블록 구성 및 생성	노드에서 트랜잭션을 블록 생성
⑤ 채굴 및 보상	블록의 정당성 확보를 위한 채굴
⑥ 블록 검증	P2P 네트워크 전파 및 각 노드의 블록 검증
⑦ 블록체인 생성	블록체인 생성(the longest chain)
⑧ 난이도 조정	14일마다 블록 생성 주기 변경

* 자료 : http://bitcoin.org/en/developer-reference#block-chain

◉ 비트코인 주소 : 계정(계좌) 생성

은행계좌와 동일한 역할을 하는 계좌를 생성하며, 비트코인을 거래하는 계좌는 다수 개를 생성할 수 있다. 계좌를 생성하면 개인키와 공개키가 자동으로 생성되며, 여기서 개인키는 비트코인을 송금할 때 전자서명하도록 할 수 있는 중요한 키 역할을 한다. 공개키의 경우는 512비트로 길이가 길어서 이를 다시 해시하여 길이를 줄여 사용하는데, 이것이 공개키 해시 방식의 비트코인 주소이다.[21]

비트코인에서는 1985년 밀러와 코블리치가 제안한 타원곡선 기반 암호(Elliptic Curve Crytography)를 이용한 공개키 방식을 이용하여 개인키와 공개키를 생성한다. 이산 대수에서 사용하는 유한체의 곱셈군을 타원 곡선 군으로 대치한 암호 방식으로 다른 암호 방식에 비해 더 짧은 키 사이즈로 대등한 안전도를 가진다. 예를 들어, RSA 1,024비트 키와 ECC 160비트 키를 갖는 암호 방식은 대등한 안전도를 가진다는 것이다. ECC의 공개 키는 두 개의 256 비트 값으로 정의되어 있다. 256 비트 두 개로 구성된 512비트에 유형을 구분하여 8비트 접두부를 합친 520비트, 즉 65바이트가 하나의 공개키이다. 비트코인 클라이언트는 의사난수 발생기(PRNG)를 이용하여 256 비트의 개인키를 발행하고 나서 타원 곡선 암호방식을 사용하여 512 비트의 공개 키를 생성한다.

비트코인의 경우에는 NIST가 권장하는 타원곡선의 하나인 ECDSA의 파라미터로 spec256k1 타원곡선 $Ep : y2 = x3 + 7$을 이용한다. 즉 $Ep = y2 = x3 + 7 \pmod{p}$의 유한체상에서 $k = k \times G$를 만족하는

---

[21] 김석원, "블록체인 펼쳐보기", 비제이퍼블릭, 2017. 11

개인키와 공개키를 얻는 방식이다. 타원곡선 상의 이산 대수 문제라고 하는 것은 "타원곡선 E와 E상의 점 G와 그것을 k배 한 점 k×G가 주어졌을 때 k를 구하는 것"이 어렵다는 것이다. 여기서 k는 개인키, K는 공개키, G는 Generator Point 이다.[22][23]

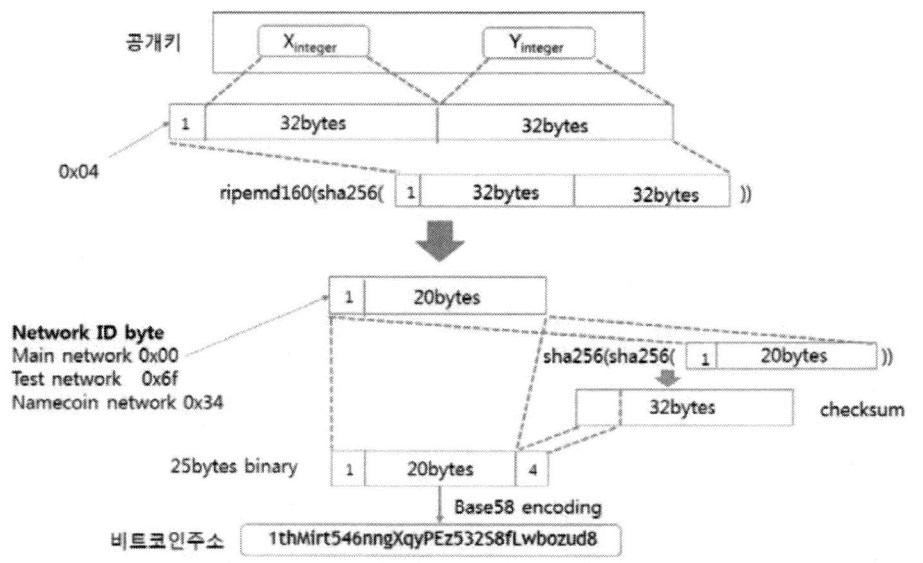

[그림 5-16] 공개케 해시방식의 비트코인 주소생성 과정

[그림 5-16]과 같이 520비트 공개키를 sha256해시를 거쳐 256비트로 압축하고 그것을 다시 RPEMD-160 해시 함수를 사용하여 160비트, 즉 20바이트 값을 구한다. 일반적인 비트코인 거래에서 출력부에 기록되는 값은 이 공개키 해시값이다.

다음단계에서 해시 값 뒤에 오류 검출을 위해 4바이트 checksum을 붙여서 25바이트 길이의 새로운 데이터 값을 생성한다. 사용자가 가능한 편리하게 사용하게 하기 위해 이 진수를 Base58로 인코딩하여 29바이트에서 35바이트 정도의 길이를 갖는 비트코인 주소를 구하는 것이다.[24]

● 거래생성 및 검증
전자지갑에서 수신자의 공개키를 계좌번호를 이용하여 비트코인을 전송할 수 있다. 여기서 공개키는 송·

---

22) 히로시 유키, "Information security and cryptography, infinity books, 2017. 5. 24
23) Andress M.Antonopoulos, Mastering Bitcoin, Second Edition, O'Reilly, 2017. 6
24) Andress M.Antonopoulos, Mastering Bitcoin, Second Edition, O'Reilly, 2017. 6

수신 시 활용되는 계좌번호 역할을 한다. 개인키(비밀키)는 본인이라는 사실을 증명하는 전자 서명을 할 때에 이용된다. 전자서명은 트랜잭션의 타당성을 증명하는 것이데, 트랜젝션 데이터를 송신하는 사람이 서명을 생성하고 수신하는 사람이 그 서명을 송신자의 공개키로 검증해 타인에 의한 위·변조의 존재 유무를 확인할 수 있다.

이 코인을 사용하려면 입력부에 전자 서명을 넣을 때 공개키를 함께 넣어 줘서 그 공개키가 출력부에 적힌 공개키 해시의 원본인지 확인하고 그 공개키로 전자서명을 확인한다. 트랜잭션 A의 출력부에 적힌 공개키 해시가 정당하다는 것은 거래 B의 공개키를 공개키 해시로 변환할 때와 마찬가지로 이중 해시하여 결과가 공개키 해시와 같은지 비교하는 것이다.

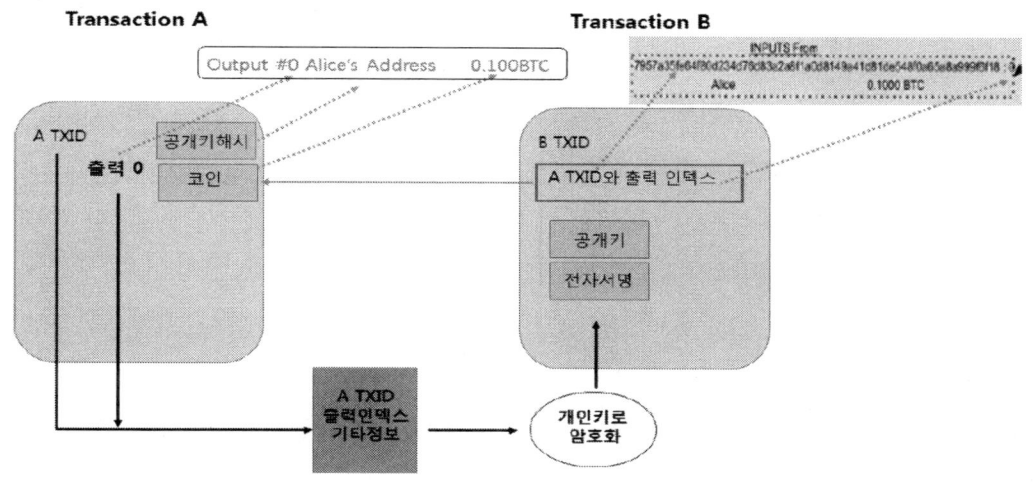

[그림 5-17] 비트코인 주소로 지불된 코인의 확인 방법

공개키가 검증되면 이것으로 전자서명을 풀어서 서명된 내용을 확인하고, 이 공개키와 쌍을 이루는 개인키로 암호화 되어 있어 당연히 풀리게 된다. 그 결과가 거래 A의 정보와 일치하는 지 확인하면 검증이 끝난다. 비트코인 네트워크의 모든 노드에서 거래 B의 입력부가 정당한지 확인 할 수 있다.[25] 비트코인 프로그램은 script 언어를 이용한 거래에 대해서 서명 검증을 하는데 이 스크립트 언어는 간단하고 스택기반의 실행 언어로서 push와 pop의 두 동작으로 제한되며, 무한 loop가 실행되지 않는다. 이를 튜링 불완전성(turing incompleteness)이라고 한다.

---

25) 김석원, "블록체인 펼쳐보기", 비제이퍼블릭, 2017. 11

◉ 전파단계 거래의 검증

P2P 네트워크에서 비트코인의 경우, 노드를 처음 설정하면 다음과 같은 절차에 이해서 다른 노드와 연계를 통해서 트랜잭션을 전달하게 된다. 전 세계의 전체 노드로 전달되는데 몇 초정도가 소요되는 것으로 파악되고 있다.[26] 전파단계 거래의 검증은 다음과 같은 순서로 진행한다. 첫째, DNSSEED(예, sed.bitcoin.sipa.be, bitseed.xf2.org 등 6개 옵션)을 사용하여 노드검색. 둘째, 또는 SEEDNODE 옵션을 사용하여 최초 연결을 위해 한 개의 노드와 연결, 셋째, 두 번째부터는 그때까지 네트워킹[서 인식한 노드 목록을 각 비트코인 클라이언트의 내부 DB에 보존해 놓기 때문에 그 정보를 바탕으로 다른 노드와 연결을 시도한다.

거래가 생성되면 P2P 네트워크(비트코인 네트워크)를 통해서 이웃 노드(전자지갑, 채굴 등을 하는 컴퓨터)로 전달되며, 결국 전체의 비트코인 네트워크로 전달된다. 이웃노드로 순식간에 브로드캐스팅하기 전에 송신된 거래에 대해 "거래검증 리스트"에 따라 검증을 먼저하고 그 거래가 적정하면 지속적으로 비트코인 네트워크로 전달하고, 적정하지 않으면 해당 노드에서 그 거래를 버린다. 비트코인 네트워크의 각 노드는 독립적으로 검증 리스트(checklist)에 따라 다름과 같이 모든 트랜잭션을 검증한 후 이웃 노드로 브로드캐스팅하고 올바르지 않은 트랜잭션은 제거한다.[27]

첫째, 트랜잭션의 구문(syntax)과 데이터 구조(data structure)의 확인. 둘째, 트랜잭션의 입력 값은 반드시 UTXO(Unspent Transaction Output)인 것을 확인. 셋째, 트랜잭션의 크기 값이 100bytes 보다는 크고, 1Mbytes보다는 작은지를 확인. 넷째, 트랜잭션의 입력 값이 출력 값보다 작은지 등을 확인한다.

이와 같이 트랜잭션의 검증 리스트를 통해서 검증에 성공하면 그 노드는 원래 노드에게 "success message"를 보내고, 검증에 실패하면 "rejection message"를 보낸다.

◉ 블록의 구성 및 생성

각 노드의 메모리 상에 존재하는 임시 풀(Temporary Pool)에 검증된 트랜잭션들이 쌓이게 되며, 그 트랜잭션 중에서 채굴(Mining)을 위해 후보 블록(Candidate Block)을 구성하게 된다. [그림 5-18]

---

26) Andress M.Antonopoulos, Mastering Bitcoin, Second Edition, O'Reilly, 2017. 6
27) Andress M.Antonopoulos, Mastering Bitcoin, Second Edition, O'Reilly, 2017. 6

은 임시 풀에서 후보 블록을 생성하여 새로 탄생된 블록이 블록체인으로 연결되는 모습을 보여준다.[28]

* 자료 : Mastering Bitcoin 2nd Edition, O'Reilly

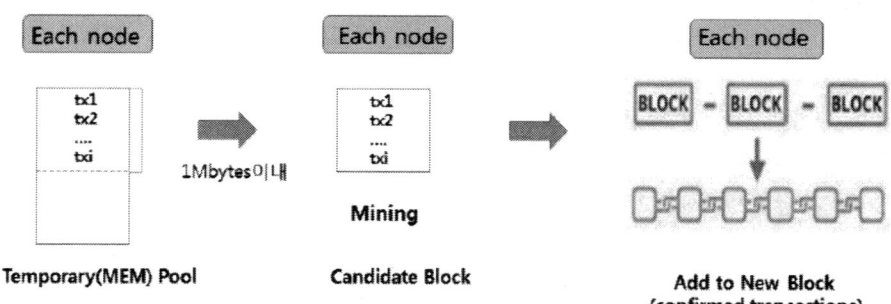

[그림 5-18] 임시 풀에서 후보 블록을 구성하는 절차

[그림 5-19]은 후보 블록에서 채굴을 끝내고 블록체인에 연결된 새로운 블록을 보여준다.

* 자료 : http://www.righto.com/2014/02/bitcoin-mining-hard-way-alogrithms.html

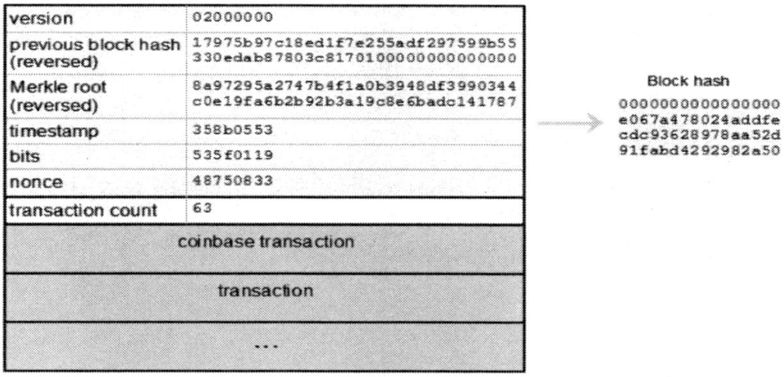

[그림 5-19] 해시를 이용한 비트코인의 채굴(Mining) 프로세스

비트코인의 블록은 헤더(header)와 바디(body)로 구성되며, 헤더는 〈표 5-15〉 와 같이 80바이트로 구성되어 있고, 전체 블록 크기의 1Mbytes로 제한되어 있다. 비트코인 노드는 전송받은 트랜잭션에 대해 검증을 한 후 그 트랜잭션을 임시 풀에 계속 추가한다. 트랜잭션 풀에 있는 거래 중에서 후보 블록을 생성한다, 그 다음에 트랜잭션 확정을 위해 채굴되기를 기다리게 된다.

---

28) Andress M.Antonopoulos, Mastering Bitcoin, Second Edition, O'Reilly, 2017. 6

〈표 5-17〉 블록의 헤더

구분	크기(bytes)	설명
version	4	블록 이전 숫자
Previous block hash	32	이번 블록헤더를 sha256 해시함수를 이용하여 2번 해싱한 해시값-sha256(sha256( ))
Melkle hash root	32	현재 블록에 포함된 거래정보의 거래 해시를 2진 트리 형태로 구성할 때 트리의 루트에 위치하는 해시값
Timestamp	4	블록의 생성시간, 1970년 1월 1일 이후의 초단위 시간
Bits	4	블록의 작업증명 알고리즘에 대한 난이도 목표
Nonce	4	특정 목표값보다 낮은 값을 구하기 위한 카운터

* 자료 : http://bitcoin.org/en/developer-reference#block-chain

◉ 채굴 및 보상

이메일 스팸과 DOS(Denial of Services) 공격을 제한하기 위해서 사용하는 작업 증명(PoW)의 하나인 해시키시(Hashcash)는 1997년 Adam Back이 고안한 갓으로 채굴을 설명하기 전에 그 개념을 설명하고자 한다.

해시캐시는 이메일을 보낼 때 보내는 사람이 메일을 보내기 위해 노력을 했다는 증거(작업의 증명(PoW))를 함께 보내서 내 메일은 스팸 메일이 아니라고 알리는 방법이다. 해시캐시를 써서 스팸메일 필터링을 할 때는 이메일 헤더에 [그림 5-20]와 같이 X-Hashcash라는 항목을 1개 추가헤서 함께 보낸다.

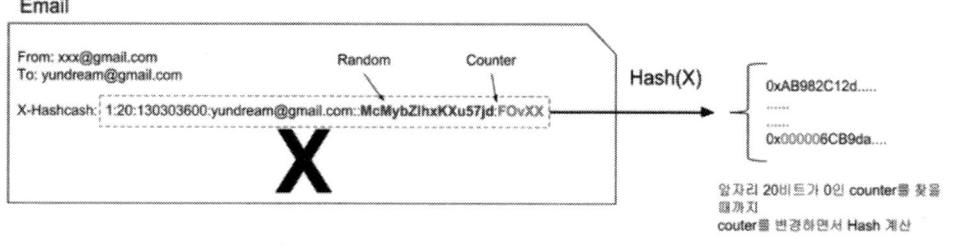

[그림 5-20] Hashcash를 이용한 PoW 구현

X-Hashcash 헤더 항목의 값 전체를 해시의 X값이라고 가정하면, 이것이 해시함수의 입력인 X값이며 메일을 받는 사람은 이 값을 입력으로 하여 미리 해시함수를 계산할 수 있다. 계산결과로 나온 Y값에서

앞쪽 20비트가 모두 0이면 "송신자가 이메일을 보내기 위해 자신의 시간을 써서 이 값을 계산했으니, 스팸메일이 아니다라는 것을 인정하는 것이다. 여기서 중요한 점은 수신자가 검증할 때 송신자의 메일 주소를 확인하는 등 부수적인 정보를 이용하지 않고 판단할 수 있다는 것이다. 즉, 해시캐시로 검증하는 단계에서는 단지 헤더 항목 X-Hashcash의 값만 보고 판단한다. 이 값을 해시캐시로 계산해서 앞의 20자리가 0으로 시작한다는 것만 확인 하면 검증이 끝나는데 이것이 해시의 핵심이다.

사토시가 넌문으로 기술한 것 중 가장 중요한 발명은 분산 합의에 의한 분산 매커니즘이다. 합의 알고리즘이란 P2P 네트워크와 같이 정보도달에 시간차가 있는 네트워크에서 참가자가 수행한 결과에 대한 합의를 얻기위한 알고리즘이다. 비트코인은 PoW라는 합의 알고리즘을 사용하여 처음으로 P2P 네트워크를 통해 누구나 참가 가능한 전자화폐시스템을 실현했다.[29] 채굴의 시작은 노드에서 후보 블록을 생성하는 것으로, 비트코인의 경우는 약 10분마다 새로운 블록이 생성되도록 프로그램되어 있으며 [그림 5-18]과 같이 후보 블록에서는 헤더에 version, pre_block hash, merkle_hash root, timestamps, bits 값은 결정되어 있고, 변경이 가능한 난수 "nonce(number used once)" 값을 초기 0부터 시작해서 1씩 증가하면서 SHA256 해시함수를 2회 적용하여 블록헤더의 해시 값이 특정 숫자보다 작은 값을 찾으면 채굴이 성공된다.

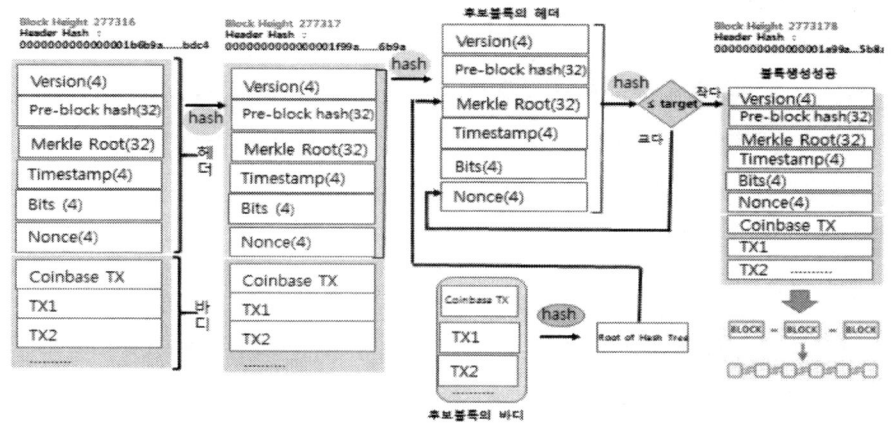

* 자료 : 아카하네 요시하루, 양현옮김, "블록체인 구조와 이론", 위키북스 p.120 재구성

[그림 5-21] 실제 블록체인에 연결된 새로운 블록

여기서 특정 숫자는 [그림 5-21]와 같이 난이도 목표(difficulty target)로서 Bits값으로 프로그램에서

---

29) 김태형, "블록체인 개념 및 분야별 활용 사례 분석", 전기저널, 2017, 7

특정 목표 값을 자동 제시한다.

특정 노드(채굴자)가 목표 값 보다 같거나 작은 해시 값을 찾는데 성공하면, 세로은 "블록"을 생성하게 된다. 이 채굴자는 블록을 생성하고 이를 P2P 네트워크에 전파하면서 동시에 블록 생성 보상인 "비트코인"과 해당 블록 바디의 Coinbase TX에 포함된 "이체 수수료(Transaction Fee)"를 받게 된다.

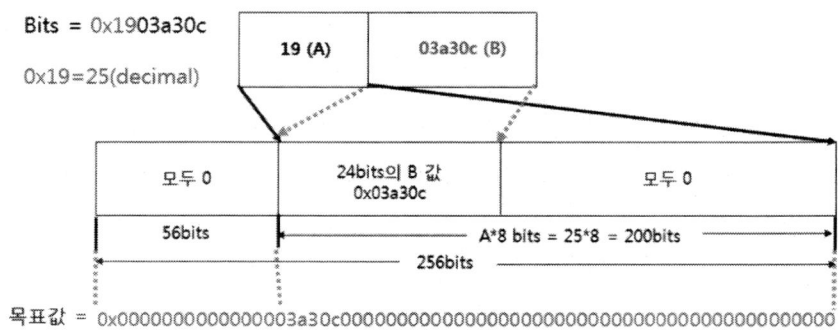

[그림 5-22] Bits 값을 이용한 난이도 목표 값

"비트코인 지급"이라는 경제적 보상이 채굴자들이 해싱작업에 참여하는 동기가 된다. 채굴행위는 근본적으로 끊임없는 해싱작업이며, 많은 컴퓨팅 파워를 투입할수록 다른 경쟁자들 보다 비트코인을 많이 받게되는 구조이다. 블록 생성 확률(목표 값 경쟁 승이 확률)과 네트워크 상에서 자신이 차지하는 컴퓨팅 파워 비율은 정확히 비례하며, 만일 누군가가 전체 투입 컴퓨팅 파워 중 30%를 점유하고 있다면, 수학적으로 블록체인 생성 확률도 정확히 30%에 수렴한다.[30]

◉ 블록 검증
비트코인의 합의 알고리즘 중 하나로서 비트코인 네트워크에 연결된 각 노드는 각각 새로 생성된 블록에 대해서 독립적으로 검증한다. 새로 생성된 블록 데이터 구조가 적정한진, 블록 헤더 해시 값이 난이도 목표 값보다 작은지, 블록 사이즈가 시스템에서 정의된 1Mbytes 보다 작은지 등을 검증한다. 블록이 정당(valid)하면 해당 노드는 "success message"를 블록을 생성한 노드(originator)에게 보내고, 블록이 정당하지 않으면 "reject message"를 생성한 노드에게 전송한다, 노드의 전반 이상(50%)의 합의가 있어야 블록에 대한 승인, 즉 트랜잭션이 승인 되며 이후 전체 노드의 절반 이상을 점유하지 않는

---

[30] "비트코인 블록체인 개론", http://blog.naver.com/onalja/

이상 트랜잭션에 대한 위·변조는 불가능하다.

◆ 블록 검증과정

① 이전블록 존재여부 검증(이전블록헤더 해시값)

② 작업증명 검증

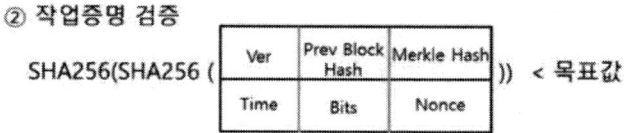

[그림 5-23] 비트코인 노드의 새로 생성된 블록 검증과정

◉ 블록체인 생성

새로운 블록을 전달받은 각 노드들은 검증을 완료한 후 이 블록을 기존의 블록체인에 연결한다. 블록체인이 분산된 데이터 구조이기 때문에 채굴된 블록이 동시에 서로 다른 노드에서 탄생될 수 잇으며, 수천, 수만 개의 노드들에서는 먼저 전달 받은 새로은 블록체인에 연결하는 "블록체인 분기(Blockchain Forking)"라는 현상이 발생될 수 있다. Normal Occasional Forking(분기)이 발생할 경우 작업 증명을 많이 수행한, 즉 난이도(difficulty)가 높은 블록이 우선시 된다. Rare Extended Forking의 경우는 시간이 지남에 다라서 가장 긴 블록체인이 살아남게 되고, 짧은 블록체인은 스스로 사라진다. 실제로 개발자들이 "블록체인 분기"가 발생한 후 6개 블록을 추가로 연장된 것을 지켜 본 후에 가장 긴 블록을 확정한 사례가 있다. 분기한 블록의 채굴 대가인 "비트코인"과 "이체 수수료"는 무효가 된다.

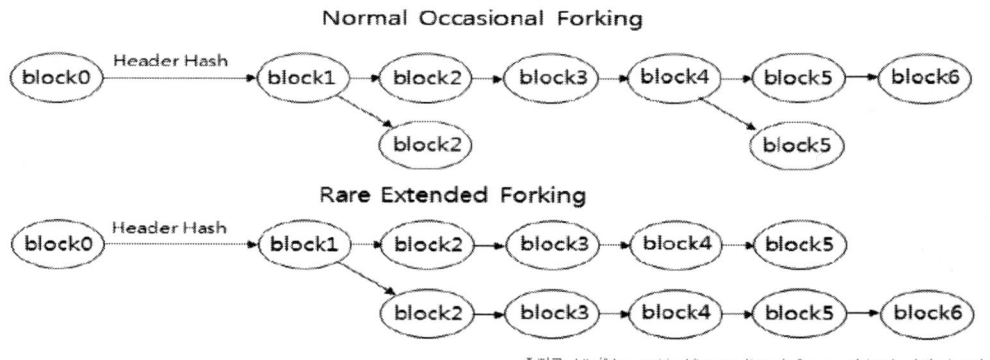

[그림 5-24] 가장 긴 체인을 선택하는 블록체인

◉ 난이도 조정

비트코인은 평균적으로 약 10분 간격으로 새로운 블록이 채굴되도록 설계되어 있다. 2016개의 블록이 추가 생성되는 2주간의 간격으로 1개의 블록이 생성되는 주기를 계산하여 평균 약 10분보다 길면 난이도를 어렵게 하고, 10분 간격보다 짧으면 난이도를 쉽게하여 1개의 새로운 블록이 생성되는 주기를 약 10분 간격이 되도록 조정한다. 이를 난이도 조정(Difficult Retarget)이라고 한다. 다음은 새로운 난이도 조정을 위한 식이다.[31]

$$\text{New difficulty} = \text{Old Difficulty} \times (\text{Actural Time of Last 2016 Blocks}/20160 \text{ minutes})$$

[그림 5-19]와 같이 결론적으로 목표 값은 앞의 비트 0의 개수가 많으면 난이도가 높게 될 것이다.

④ 비트코인 블록체인의 진화[32]

◉ 오프체인

비트코인 결재는 블록체인에 트랜잭션을 기록할 때마다 수수료가 발생한다, 소액결제를 반복할 경우에는 수수료가 계속해서 발생한다, 이 문제를 해결하는 방법으로 마이크로페이먼트 채널(micropayment channel)이라는 기술이 있다. 이것은 트랜잭션 일부를 블록체인의 외부(오프체인, off-chain)에서 처리하는 기술이다. 첫 트랜잭션과 마지막 트랜잭션만 블록체인에 기록하고, 중간 트랜잭션은 기록을 생략하여 수수료가 들지 않도록 하는 것이다.

현재 비트코인 블록체인은 블록의 크기가 1Mbytes로 제한되어 잇다. 그렇기 때문에 블록에 담기는 상한이 낮은 점이 문제가되고 있다. 마이크로페이먼트 채널을 이용하면 블록체인 외부에서 대량의 트랜잭션을 고속으로 처리할 수 있는 만큼 이 기술은 블록체인의 용량 문제를 해결할 수 있는 하나의 수단으로 주목받고 있다.

---

31) Andress M.Antonopoulos, Mastering Bitcoin, Second Edition, O'Reilly, 2017. 6
32) 김 원, "비트코인 블록체인의 동작원리 및 진화", 한국인터넷진흥원, 2018. 6

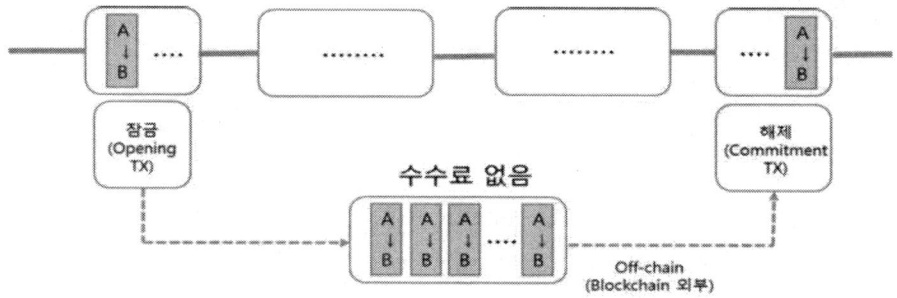

[그림 5-25] 오프체인을 이용한 비트코인 소액결재 방식

◉ 세그윗

블록의 크기에 상한 (1MB)이 정해져 있는 비트코인은 송금 지연 문제가 발생한 적이 있다. 이러한 용량 문제를 해결하기 위해 세그윗(SegWit)을 비롯한 다양한 대책이 고안되었지만 합의가 원만하게 진행되지 않아 문제해결에는 이르지 못했다. 일부 채굴자가 주도하여 용량문제를 해결할 수 있는 비트코인 "Bitcoin Unlimited)"를 만들자고 주장했고, 여기에 hash power(채굴 능력) 강한 채굴자들이 찬성하여 하드포크(hard fork)가 실현되었다. 2017년 8월에 비트코인 하드포크가 실현되어 비트코인 캐시(Bitcoin Cash)라는 암호화폐가 생겨났고, 그 이후로도 10월에는 비트코인 골드(Bitcoin gold), 11월에는 비트코인 다이아몬드(Bitcoin diamond)가 분리되었다.

비트코인 블록 크기가 1MB로 한정되어서 발생하는 문제를 해결하는 한 가지 방법으로 세그윗(SegWit, Segregate Witness)이 나왔다. 세그윗이란 비트코인 블록에 담긴 서명과 공개키 등을 분리해서 다른 영역애 수납하는 방법이다. 원래 스크립트시그(scriptSig : 거래서명과 e=rhdrozzl 등으로 구성된 프로그램)에 포함된 데이터를 분리해서 별도의 영역에 수납하는데, 이 별도의 데이터 영역을 위트니스(witness)라고 부른다. 세그윗은 프로그램 내용을 "스크립트시그 속에 서명을 포함되에야 한다"에서 위트니스 속에 서명을 포함되어야 한다"로 바꾼다. 이것은 블록 크기의 실질적인 확장을 의미한다. 블록에서 데이터를 뺀 만큼 블록의 용량이 늘어나기 때문이다. 참고로 라이트닝 네트워크(Lightning Network)를 만들어 확장성 문제를 해결하자는 논의도 있다. 라이트닝 네트워크는 정규 블록체인 상에서가 아니라 별도의 장소(오프 체인)에서 비트코인 거래를 실시하는 방법이다.[33]

---
33) 가상화폐비즈니스 연구회, "60분만에 아는 블록체인", (주)국일증권경제연구소, 2018. 3. 23

5. 기타 가상화폐

Bitcoin과 L$ 외에 많이 이용되는 가상화폐로 Web Money, Perfect Money 등이 있다. 우선, WebMoney는 러시아 금융시스템이 붕괴된 1998년에 Web Money Transfer사가 모스코바에서 서비스를 시작한 가상화폐이다. 처음에 WebMoney는 러시아 국민을 주요 고객으로 하여 서비스를 시작한 후 서비스가 전 세계로 확장되면서 2013년 현재 86개국에서 1,100만명 이상이 이용하고 있는 것으로 추산된다. 이용자는 은행계좌 나 신용카드가 없어도 WebMoney 계좌를 개설할 수 있으며, 온라인 쇼핑몰, 병원, 교육기관 등 12,000여개의 이용처에서 지급수단으로 이용할 수 있다.

WebMoney는 5개국 24) 통화, 금, Bitcoin을 이용하여 환전할 수 있다. 이 중 Bitcoin을 이용한 거래는 2013년 5월부터 서비스를 시작하였다. 2013년 7월초 달러를 이용한 환전건수는 일평균 10만건, 러시아 루블는 일평균 25만건에 이르고 있다. 인터넷에 기반한 WebMoney는 Units 시스템과 Keeper 소프트웨어를 이용하여 실시간으로 법정화폐와 환전되고 있다. WebMoney는 Bitcoin과 동일하게 P2P 네트워크를 통하여 환전되는데 이때 환율은 수요와 공급에 의하여 결정된다. WebMoney 발행기관은 런던에 있으며 기술지원센터는 모스코바에 있다.

Perfect Money는 Perfect Finance사가 파나마에서 2007년에 서비스를 시작한 가상화폐이다. Perfect Money는 스위스 취리히에도 사무소를 개설하였으며, 파나마에 서는 금융기관 면허증을 보유하고 있다. 이용자는 Perfect Money 웹사이트에서 이름, 주소, 이메일을 입력하여 계좌를 개설할 수 있다. Perfect Money는 전세계에 서비스를 제공하고 있으며, 지급수단으로 이용되고 있다. 현재 달러, 유로, 금으로 Perfect Money를 환전할 수 있다. 미국 정부가 LR을 폐쇄하고 관련자를 구속하면서 Perfect Money는 2013년 5월부터 미국 국민이나 기업에 대한 서비스를 중단한 상황이다.

Perfect Money는 계좌를 일반(normal), 프리미엄(premium), 파트너(partner)의 세 가지 등급으로 구분한다. 일반등급은 시스템에 등록된 모든 계좌에 기본적으로 부여되는 등급이다. 프리미엄등급은 등록 후 1년이 경과하고 일정한 금액 이상의 환전이 이루어진 계좌 중 신청계좌에 한하여 주어지는 등급이다. 프리미엄등급을 획득하면 모든 거래에서 우대 수수료율을 적용받게 된다. 파트너등급은 Perfect Money를 지급수단으로 수용한 이용처에게 주어지는 등급이다. Web Money, Perfect Money 외에도 다양한 가상화폐가 존재하고 있지만, 여기서는 이용이 많은 가상화폐만을 소개하였다. 향후 정보기술의 발전에 따라 독특한 특성을 가진 신규 가상화폐가 지속적으로 등장할 것으로 보인다.

6. 가상화폐를 활용한 지급결제 서비스

정보통신기술이 발전하면서 모바일 지갑, 코드 스캐닝 결제, 서버형 결제 등과 같은 새로운 서비스가 등장하여 지급결제분야에 혁신을 가져왔다. 가상화폐도 정보통신기술 발전의 산물로 지급결제분야에 새로운 변화의 바람을 일으키고 있다. Bitcoin은 2011년 5월부터 Bitbill이라는 실물 선불카드를 발급하고 있다. Bitbill 이용자는 컴퓨터나 스마트폰에 저장된 Bitcoin을 Bitbill에 저장할 수 있다. Bitbill은 저장할 수 있는 Bitcoin의 수에 따라 BTC1, BTC5, BTC10, BTC20의 4종류가 있다.

Bitbill은 위변조 방지를 위하여 신용카드와 유사하게 QR코드가 저장된 홀로그램이 부착 되어 있다. QR코드에는 Bitbill에 저장된 Bitcoin의 암호화된 일회용 개인키가 저장 되어 있다. Bitbill은 오프라인 이용처에서 물품이나 서비스를 구매하거나 해킹으로 부터 Bitcoin을 안전하게 보관하기 위해 사용된다. Bitcoin을 신용카드로 바꾸어 이용할 수 있는 서비스인 Bitcoin2 CreditCard라는 서비스도 등장하였다. Bitcoin 소지자 는 자신의 Bitcoin을 온라인 전용 신용카드로 환전하고 카드번호, 유효기간 등 결제에 필요한 정보를 수신하여 결제에 이용할 수 있다. 현재 미국과 캐나다에서 동 서비스가 제공되고 있고 온라인 결제에만 이용되고 있다. Bitcoin2 CreditCard와 유사한 Withdraw2Card 서비스는 Bitcoin을 쿠폰으로 교환하고 신용카드나 직불형 카드 등 지급카드에 쿠폰을 저장하여 이용하는 것이다.

2013년 5월에는 벤처기업 Lamassu가 Lamassu Bitcoin Machine V1(이하 'Bitcoin ATM')을 소개하고 2013년 7월부터 시판하고 있다. 서비스 이용자는 그림13과 같이 Bitcoin ATM에서 법정통화를 Bitcoin으로 환전하여 자신의 Bitcoin 전용지갑에 저장 하여 이용할 수 있다. Bitcoin ATM에서는 2028)개국 통화로 Bitcoin을 판매하고 있으 며 Bitcoin을 법정통화로 환전할 수는 없다.

가상화폐는 기존 지급결제서비스와 결합하거나 새로운 방식으로 신규 지급결제서비스를 창출하고 있다. 위에서 소개한 서비스와 같이 가상화폐를 지급카드나 선불카드로 전환하여 이용할 수도 있으며 오프라인에서 가상화폐 ATM을 이용하여 환전할 수도 있다. 최근 케냐에서 M-Pesa는 해외에서 일하는 케냐국민이 Bitcoin으로 송금할 수 있는 서비스를 시작하였다. Bitcoin을 이용한 송금수수료는 건당 최대 0.04달러로 매 우 낮은 수준이다. 이런 일련의 과정을 통하여 가상화폐는 우리 사회에 부가가치를 창출하여 사람들의 생활을 좀 더 편리하게 해줄 수 있을 것으로 보인다.

제3절 핀테크

1. 핀테크의 개념

① 핀테크의 부상 배경

금융과 IT를 결합시킨 새로운 융합기술 핀테크(Fintech)가 뜨거운 바람을 불어 일으키면서 새로운 성장 동력으로 떠오르고 있으며, 이와 함께 간편결제 서비스가 유행처럼 번지면서 일대 혁신을 일으키고 있다. 또한 실시간·온라인 전자거래가 발달한 우리나라에서 액티브 X 방식의 금융보안 모듈과 공인인증서 사용 의무화가 폐지되면서 '간편성'에 초점을 맞춘 새로운 결제 서비스가 돌풍을 일으키고 있다.

그간 20세기 이후 금융 산업은 안정성과 신뢰를 기반으로 하고 있었다. 그러나 2007년부터 불거진 미국 부동산 가격하락으로 인한 서브 프라임 모기지 (비우량 주택담보대출) 부실사태로 150년 역사를 가진 월가의 대표적 투자은행인 리먼 브러더스(Lehman Brothers)가 2008년 9월 15일 미연방법원에 파산을 신청하였다.

[그림 5-26] 2008년 리먼 브라더스 사태 여파로 인한 금융기관에 대한 불신

그로인해 전 세계금융권이 동반부실이라는 도미노 현상을 몰고 와서, 2009년 글로벌 경제위기가 초래되었다. 당시 리먼브러더스의 부채규모는 6,130억불에 달했으며, 이 규모는 세계 17위 경제국가인

터키의 한해 GDP에 해당하는 수준이었다. 이에 세계 각국의 증시는 폭락하였고, 3,000만명의 실직자를 만들었으며, 미국의 부채는 6조 달러가 증가한 14조 달러가 되었다. 이 금융위기는 부실한 감시체계의 정부와 이익에 집착한 금융사들 간의 뿌리 깊은 정경유착으로 만들어진 대표적인 모럴해저드였기 때문에, 정부와 금융권이 지탄의 대상이 되었다.

이후 전 세계적으로 금융권에 대한 개혁의 필요성이 대두되었고, 이런 과정에서 자연스럽게 금융기술과 시스템에 대한 다양한 변화와 시도들이 나타나면서 현재 핀테크 열풍의 계기가 되었다. 금융위기 이후 소비자 입장에서 달라진 점은, 더 이상 금융권을 안정성과 신뢰의 대상으로 보지 않고 있다는 것이다. 금융소비자들은 과거에 비해 상대적으로 금융에 대한지식이 높아졌고, 실리를 추구하는 경향이 강해졌다. 그들은 최소한의 안정이 보장된다면, 보다 편리한 거래방식과 더 많은 이자를 제공하는 제 2금융권으로 이동하는 것을 두려워하지 않는다.

이런 과정에서 핀테크는 전통적인 금융권 기업들이 IT기술을 도입하여 서비스를 제공하는 방식에서, 높은 수준의 IT 기술을 보유한 비 금융권 기업들이 금융 서비스를 제공하는 형태로 바뀌고 있다. 현재 핀테크는 기존 금융권 기업들이 아니라, 애플·구글·아마존·알리바바와 같은 IT 서비스 회사나 커머스 기업들이 주도하고 있다. 뿐만 아니라 페이팔(Paypal), 스트라이프(Stripe), 스퀘어(Square), 온덱(Ondeck), 랜딩클럽(Lending Club)과 같은 새로운 유형의 핀테크 스타트업 기업들이 스타로 떠오르게 되었다.

비대면 금융거래는 과거 온라인에서 모바일로 급격하게 전환되고 있다. 특히 온라인 인프라가 낙후된 개발도상국들의 경우 PC 보급률 보다 스마트폰 보급률이 높아 모바일 거래가 주류가 되고 있다. 중국의 경우 전체 인터넷 사용자의 80%가 모바일을 이용하고 있으며 신용카드를 발급받을 수 있는 사용자가 부족하여 전자지갑을 통한 거래가 높은 것처럼, 비대면 금융거래는 각국의 환경에 따라서 사용패턴이 달라지기 때문에 획일적인 서비스 전략이나 성공사례에 대한 단순한 모방은 매우 위험하다.

반대로 신용거래가 활성화되어 있는 국가의 소비자들은 이미 여러 형태의 금융기관과 다양한 금융 서비스를 제공받고 있어서, 오히려 비대면 금융거래의 활성화보다는 기존 금융거래 통합의 욕구가 높다. 이러한 통합 과정은 기존 금융거래내역분석에 기반한 자산관리 서비스로 발전하고 있다.

중국동포가 환전소에서 송금하는 이유는 **쉽고 빨라서다.** 은행에서 중국으로 돈을 보내면 이틀 정도 시간이 걸리지만 환전소를 통하면 30분 내에 송금이 끝난다. **수수료도 은행의 3분의 1 수준이다.** 소액 환전만으로 점포 운영이 어려워진 환전소들도 추가 수수료 수입을 올릴 수 있는 환치기 영업에 매력을 느낀다.

글로벌 금융위기 이후 소비자의 니즈는 금융권의 안정성과 신뢰보다는 신속한 업무처리와 낮은 수수료, 높은 이자를 제공하는 금융 서비스로 이동하고 있는 추세다. 이런 분위기 때문에 기존 금융권 기업들의 코어뱅킹(송금, 대출) 개념이 약화되고 있으며, 금융권을 벗어난 금융거래가 보편화되어 자연스럽게 핀테크의 주체가 금융권에서 비 금융권으로 전환되고 있다.

애초에 핀테크를 금융권에서 주도하기는 어려웠을 것이다. 왜냐하면 전통적으로 보수성이 강한 금융권이 개방과 혁신의 상징인 IT 기술을 도입할 명분이 상대적으로 부족하였기 때문이다. 금융권이 핀테크를 도입할 경우 어떤 이득이 생길지를 생각해 본다면, 오히려 기존사업에 방해가 될 수도 있을 것이다. 예를 들어 규제의 상징처럼 되어버린 인터넷 전문은행이 도입될 경우, 은행권은 수수료 경쟁력을 갖추기 위해서 오프라인 지점을 축소하고 구조조정을 감행해야할 수도 있다.

핀테크는 편리하고 신속한 금융업무처리를 목표로 하고 있다. 편리한 금융업무처리를 위해서는 기존 시스템의 구조변경과 같은 시스템에 대한 투자뿐만 아니라 책임의 소지가 소비자에서 제공자로 바뀌어야 한다. 그러나 이런 변화는 기존 금융권 기업에 부담만 가중시킬 뿐 수익증대에는 도움이 되지 않는다.

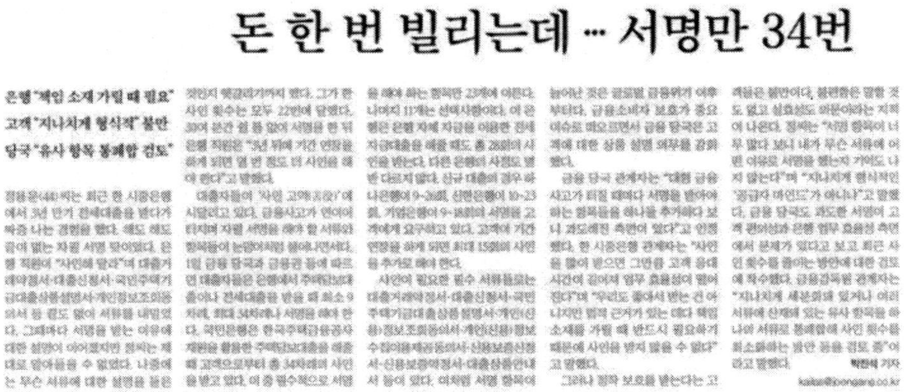

돈 한 번 빌리는데 … 서명만 34번

은행 "책임 소재 가릴 때 필요"
고객 "지나치게 형식적" 불만
당국 "유사 항목 통폐합 검토"

[그림 5-27] 2015년 2월 2일 중앙일보 기사

오히려 비대면 금융이 활성화 될수록 기존 금융권에서는 연관 상품 판매 등의 기회마저 줄어들게 된다. 그래서 태생적으로 금융권이 핀테크를 주도하기에는 명분이 부족하다. 그럼에도 불구하고 많은 전문가들은 금융권의 변화를 요구하고 있는 것이 현실이다.

이상 종합하면 핀테크의 부생 배경을 다음과 같이 정리할 수 있다.

- 2008년의 리먼브라더스 사태 여파로 인한 금융기관에 대한 불신
- 금융위기로 인한 은행여신 감소
- 2007년 아이폰 등장 이후 스마트폰 혁명 시작
- 글로벌한 스타트업 붐과 결합
- 금융계 인재들이 핀테크 스타트업으로 이동
- 다른 산업이 모두 디지털화된 것처럼 금융업도 변화의 물결을 맞이하게 된 것으로 해석

② 핀테크의 정의

핀테크(Fintech)란 금융(Finance)과 기술(Technology)의 합성어로 IT기술에 기반한 새로운 형태의 금융서비스를 지칭하며, 이러한 핀테크에 기반한 서비스를 제공하는 기업을 핀테크 기업이라고 정의한다.

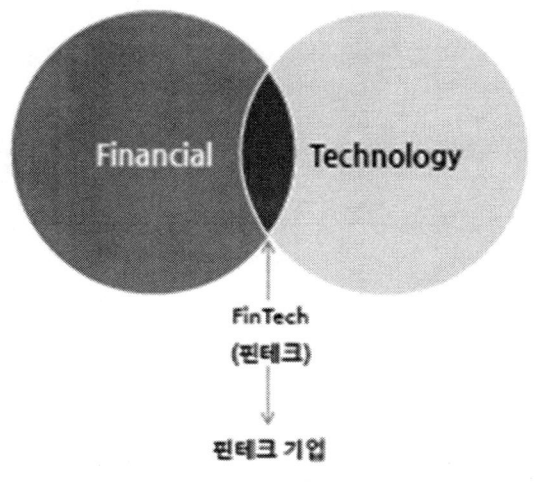

[그림 5-28] 핀테크의 개념

핀테크는 서비스의 성격과 유형 등에 따라 Traditional 핀테크와 Emergent 핀테크로 구분한다. Traditional Fintech는 금융회사의 업무를 지원하는 IT서비스, 정보기술솔루션, 금융소프트웨어 등을 의미하고, Emergent Fintech는 크라우드 펀딩, 인터넷전문은행, 송금서비스 등 기존의 서비스를 대체하는 새로운 금융서비스를 말한다. 지난 30여년동안 금융 산업은 IT 기술을 적용해 엄청난 발전을 거듭해 온 결과, 현재에 이르러 은행과 증권 업종은 IT 없이는 채 1분을 운영하지 못하며, 시스템 운영 기술이 바로 경쟁력이 됐다. 금융산업에서 IT는 금융 기술을 빠르고, 정확하게, 쉽게 처리할 수 있도록 도와주는 역할을 담당해왔다.

금융 산업은 다른 어떤 산업보다 오프라인에서 온라인으로의 전환이 빨랐다. 이를 통해 상당히 빠른 비즈니스 혁신을 이뤘으며, 금융에 있어 자산은 단지 숫자에 불과하며, 이는 모든 것이 데이터로 환산된다. 이 데이터의 흐름이 금융 거래인 셈이다. 모바일 시대를 맞이해서도 금융 산업은 제일 빠르게 패러다임의 변화를 받아들이고 있다. 하지만 금융 기술이라는 단어와는 달리 핀테크는 '금융과 모바일이 만나는 것'이라고 이해하는 것이 적절한 해석이다. 한 마디로 금융과 스마트폰의 융합이라고 할 수 있다. 물론 스마트폰 자체가 IT의 총아이기 때문에 IT라고 대변할 수도 있지만, 이미 IT는 금융 산업을 위시한 각 산업군에 상당한 역할을 하고 있기 때문에 사실 핀테크는 현재 일어나고 있는 혁신의 패러다임에 적합한 단어가 아니다. 또한 단순히 금융서비스에 모바일 기술이 융합되는 것만을 의미하지도 않는다.

핀테크가 가장 먼저 적용된 곳이 지불결제 서비스 분야고, 이 시장이 성공적인 성장을 거두고 있기 때문에 핀테크를 단순히 모바일 결제 수단으로 파악할 수도 있다. 그러나 모바일 결제는 핀테크의 일부일 뿐이다. 금융위원회는 핀테크를 IT 기반 금융서비스(모바일 결제, 모바일 송금, 온라인 재정 관리 등) 또는 혁신적 비금융기업이 신기술을 활용해 금융서비스를 직접 제공하는 현상이라고 정의했다. 핀테크의 큰 그림을 보기 위해서는 금융 생태계 내 다양한 부분들을 구별하고 정의해야 한다. 각 부문은 다음과 같이 크게 네 가지 카테고리로 분류할 수 있다.

- 지불결제, 뱅킹, 빌링(billing) : 온라인, 모바일, 전통적 지불방식과 코어뱅킹
- 신용 : 스코어링, 결정분석, 대안융자, 채권추심, 부채상환요구
- 자본시장 : 환전, 중개수수료, 거래, 접속매매 관리, 위기관리, 매수부문 솔루션 및 데이터서비스
- 금융 및 비즈니스 서비스 : 컨슈머 포털(consumer portals), 제품 유통, 시장조사, 중개서비스, 사업 프로세스 아웃소싱 및 기업 금융 소프트웨어

〈표 5-18〉 핀테크 사업영역에 따른 구분

구분		설명	주요기업
금융업무	지급결제	ICT 기술을 활용한 다양한 결제방식으로 이용이 간편하고 수수료가 저렴한 지급결제서비스 제공	이베이, 스트라이프
	송금	송금의뢰자와 수탁자를 인터넷 플랫폼을 통해 직접 연결시켜 송금 수수료를 낮추고 송금시간도 단축	구글, 아지모
	자산관리	온라인으로 투자 절차를 수행해 자금운용 수수료를 낮추고, 각종 분석 시스템을 통해 고객에 최적화된 투자 포트폴리오를 구성	알리바바, 텐센트
	대출중개	P2P 방식으로 인터넷에서 자금의 수요자(차입자)와 공급자(대출자)를 직접 중개하고, 빅데이터 활용을 통해 자체적으로 신용평가 수행	렌딩클럽, 프로스퍼
기술	금융데이터 수집 및 분석	개인 또는 기업 고객과 관련된 다양한 데이터를 수집하고 분석해 새로운 부가가치를 창출	어펌(Affirm)
	금융 소프트웨어	보다 진화된 스마트기술을 활용해 효율적이고 혁신적인 금융업무 및 서비스 관련 소프트웨어 제공	빌가드
	플랫폼	업과 고객들이 금융기관의 개입없이 자유롭게 금융거래를 할 수 있는 다양한 거래기반을 제공	온텍

* 자료 : 영국 무역투자청

금융을 도와주는 기존 IT 기술과는 달리, 핀테크가 금융 시장 자체를 바꾸는 파괴적(Disruption)인 기술이 된 것은 바로 스마트폰 때문이다.

스마트폰의 위력은 정보의 입출력이 집 책상, 사무실 등에 한정되어 있던 데크스톱 PC에 서 벗어나 개인의 손으로 확장한 것에 있다. 물론 노트북이 책상에서 벗어나긴 했지만 데스크톱에서 연장선상에 불과했으며, 사용자 확산 또한 데스크톱 이상으로 확산되지 못했다. 하지만 이동통신기기와 PC와의 결합체인 스마트폰은 1인당 한 대꼴로 확산되고 있으며, 이는 모바일 시대로의 시대 전환을 의미한다.

전 국민이 들고 있는 스마트폰은 가구당 한대에 불과했던 데스크톱 PC와 비교했을 때, 진정한 PC(Personal Computer)인 셈이다. 본격적인 모바일 시대의 도래는 가파르게 증가하는 모바일 트래픽이 증명하고 있으며, 이는 핀테크 성장의 주요 동력이다. 시스코의 최근 보고서에 따르면, 전 세계 모바일 트래픽량이 2014년 30EB(Exabyte)에서 2019년 292EB로, 10배 가까이 증가할 것으로 전망 했다. 한국의 경우 2014년 1.4EB에 달했던 모바일 트래픽이 2019년에는 6배가량 증가해 8EB를 기록할 것으로 예측했다. 이렇게 모바일 사용자 수의 증가, 모바일 접속 빈도 및 기기의 증가, 모바일 네트워크 속도의 증가 등에 의한 급속도로 증가하는 모바일 트래픽은 개인과 기업의 신용평가와 금융거래에 대한 새로운 분석이 가능한 기초 데이터를 제공해 대출이나 보험 등 금융서비스 방식에 있어 커다란 변화를 촉발하고 있다.

③ 핀테크의 오해
이 내용은 2015년 1월 21일, IBK투자증권 핀테크 세미나 내용을 정 리한 것으로, 발표자는 카카오페이 개발에 참여했던 LG CNS 정운호 부장이다. 핀테크를 둘러싸고 상당한 오해가 중첩되어 왔는데, 이를 하나씩 풀어가도록 하는데 도움이 될 것이다.

- 오해 1. 핀테크는 간편 결제를 의미한다
  핀테크(FinTech)는 금융과 기술의 합성어다. 하지만 금융기술이라고 한다면 핀테크가 아니라 스마트 금융에 불과하다. 일부에서 핀테크를 간편결제라고 생각하는 경우가 있지만, 국내에서 간편결제 중심의 시장이 형성되고 있기 때문에 생긴 오해일 뿐이다. 핀테크를 간편결제로 알고 있는 것 자체가 '그동안 결제가 얼마나 간편하지 않았는지'를 보여준다. 해외에서는 간편결제뿐만 아니라, 자산관리/송금/대출 등 다양한 분야로 이미 확산되어 있다. SNS, 제조, 통신, 유통업체 등 비 금융 업체들이 IT를 이용 해 금융으로 가는 것이야말로 진정한 의미의 핀테크다. 이를 통해서만 창의적이고 다양한 상품이 나올 수 있기 때문이다.

핀테크의 가능성은 '타 분야로의 확산'에 있다는 점이다. 어 쨌든 그 시작은 '결제'부터다. 핀테크 관련 업체 가운데 결제 업체들이 주목받는 이유는 이미 성공적인 시장을 형성한데다가 사업 확장력이나 시장 성장 가능성이 무엇보다 높기 때문 이다.

〈표 5-19〉 핀테크의 주요사업

주요 사업	내 용
지급결제	• 신용카드나 은행계좌를 사용하는 온 / 오프라인 및 모바일 결제 대체 * ex : 페이팔, 알리페이, 스타벅스, 카카오월렛 등
해외 송금	• 송금은행 ⇒ 중계은행 ⇒ 수취인 은행을 통해 제공되는 업무를 IT업체가 대체 * ex : 트랜스퍼와이즈, 아지모, 커런트 페어 등
자산관리	• 소액투자에 적합한 온라인 기반의 투자 서비스 제공 * ex : 위어바오, 너트메지, 알플랜, 블루 스피크 파이낸셜 등
대 출	• 대출자와 차입자를 직접 연결하는 중계 역할 수행 * ex : 조파, 알리바바

• 오해 2. 핀테크는 당장 대박이다

오해다. 앞으로 성장 가능성은 매우 높지만, 지금 당장 국내에서는 그리 쉽지 않다. 핀테크의 진정한 성장 가능성은 타 분야와의 창의적 결합을 통한 시너지에 있다. 예를 들어, 알리페이를 통해 헬스장 결제를 한 사람에게 핑안보험에서 건강보험을 가입하도록 마케팅 하는 것이다. 즉, 빅 데이터의 가치를 비즈니스 모델로 연결시 킬 수 있어야 한다. 또 하나의 예는 알리바바에서 대출을 해주는 것이다. 대출 고객은 B2B 거래를 충분히 하면서 '본인 확인'이 완료된 사람이다. 이를 빅 데이터 분석을 통해 찾아내는 것이다. 이것이 경쟁력이다. 어떻게 보면, 기존 은행에서 하고 있던 개인/기업에 대한 신용 분석보다 유용할 수 있지만, 앞으로 몇년간 이 분석 기술에 대한 검증이 필요할 것으로 보인다. 하지만 우리나라의 경우, 빅 데이터 분석은 고사하고, 데이터도 축적이 안된 상황이다. 따라서 근거도 없이 '핀테크 관련'이라는 말만 붙은 업체들은 주의할 필요가 있다.

• 오해 3. 천송이 코트로 유명해진 핀테크 규제, 완화만이 능사인가?

핀테크 세미나마다 나오는 천송이 코트이야기는 금융 규제의 대명사다. 지2014년 초, 대통령이 '중국 사람들이 드라마인 별 그대 보고, 천송이 코트를 사고 싶은데 못산다'는 이야기를 듣고, 직접 규제 완화를 지시한 것이다. 분명한 것은 이후 금감원 등 금융당국의 태도가 변했다는 점이다. 과거에는 잘못하는 것이 없는 지 감시하던 입장에서 이제는 필요한 것이 없는지 물어보는 입장으로 바뀌었다. 하지만 생각해볼 것은 규제 완화만이 능사가 아니라는 것이다. 해외의 경우 사기(Fraud)에 대한 관점 자체가 다르다. 국내는 보안성 위주인데 비해 해외는 편의성 위주다.

비유하자면, 우리는 아이가 다칠까봐 밖에 못나가게 하는 것이고, 해외는 좀 다치더라도 밖에 나가서 뛰어놀라고 하는 것이다. 문제는 밖에 나가서 뛰어 놀다가 다치는 비용이 생각 보다 크다는 점이다. 북미지역 온라인 결제 사기로 인한 손실액은 연간 3.5조 원에 이른다. 이는 매출액 대비 평균 사기 비율이 0.9%에 이른 수준이다. 이에 비해 우리나라는 현 재 0.05%정도다. 또 하나 유의할 점은 국내업체가 준비되지 않은 상황에서의 규제 완화는 자칫 해외업체에게만 이득이 되는 상황을 초래할 수 있다는 점이다.

• 오해 4. 온라인이 대세, 오프라인는 무시해도 되나?

그렇지 않다. 올해 하반기부터 오프라인 결제에 대한 관심이 커질 전망이다. 온라인 결제시장의 성장세가 빠르기 때문 에 관심이 큰 것은 당연하다. 그러나 실제로 온라인 결제시장 (50조 원)에 비해 오프라인 결제시장(500조 원)은 10배 이상 큰 규모다. 뿐만 아니라, 앞서 언급한 빅 데이터로 활용할 수 있는 가치라는 측면에서도 오프라인이 온라인을 압도한다. 즉, 오프라인에서 사용자가 어디서 무엇을 사고 다니는지에 대한 정보가 마케팅으로 활용할 수 있는 가치가 높다는 것이다.

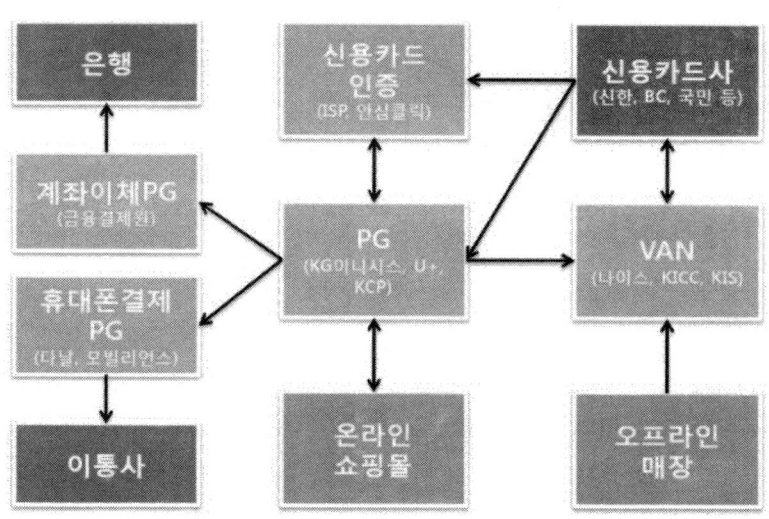

[그림 5-29] 결제 비즈니스의 에코 시스템-1

- 오해 5. 알리바바, 저렇게 잘나가다 말겠지

  알리바바의 성장성은 놀랍고도 무서운 수준이다. 실제로 위어바오는 왜곡된 금융시장 구조(은행에 가입해서 받을 수 있는 예금이자 보다 은행간 단기금리(Shibor)가 더 높음)를 이용해 수익모델을 창출한 대표적인 기업으로 알려져 있다. 위어바오는 1년 만에 가입자 1억 명, 자산총액 94조 원으로 급성장했다. 위어바오의 성공은 중국 금융시장이 왜곡되어 있었기 때문에 가능했다며 평가절하할 수도 있지만, 그 전에 알리바바가 가입자를 충분히 모집해오지 않았더라면 불가능했던 일이다.

  알리바바의 성장이 무서운 또 한가지 사실은 전 세계를 누비고 다니는 중국인 관광객이다. 지난해 우리나라를 방문한 중국인 관광객은 600만 명을 넘었다. 이들이 명동과 면세점을 돌아다니면서 알리페이로 결제할 수 있게 해달라는 요청이 쇄도하는데, 이는 우리나라에만 있는 현상이 아니다. 그래서 우리나라에서 살아남을 핀테크 업체는 어디일까? 이에 대한 해답을 찾기 위해서는 모바일 결제 플랫폼의 에코 시스템을 알아야 한다.

[그림 5-30] 결제 비즈니스의 에코 시스템-2

국내 핀테크 시장에서의 주도권은 은행, SNS, 제조업, 통신, 유통, 해외 업체 등이 서로 경쟁하고 있다. 분야별로 업체를 정리하면 다음과 같다.

〈표 5-20〉 분야별 주요 핀테크 업체

분야	업체 명
SNS	네이버, 다음카카오
제조업	삼성전자
통신	SKT(MS 50%), KT, LGU+(PG사와 통신사를 동시에 보유)
유통	롯데 / 신세계 / SPC
해외	페이팔, 알리페이, 애플페이, 아마존 등

결제수단은 카드/계좌이체/통신과금 등이 있으며, 이는 금융업체를 의미한다. 가맹점은 대부분 중소상인들. 개인, 그 가운데 중요한 것은 '본인 인증이 완료된 개인'이다. 결제 시장은 가맹점이 많아야 시장을 지배할 수 있는데, 가 맹점 입장에서 생각해보면, 얼마나 많은 고객 즉 개인을 확보 하고 있는지가 중요하다. 따라서 '본인인증'이 된 개인을 얼마 나 확보했느냐가 가장 중요한 사항인데, 현재 모바일 플랫폼 을 갖고 있는 SNS 업체가 유리한 고지를 차지하고 있다.

2. 국내 핀테크 발전의 저해 요소

국내 핀테크 발전을 저해하는 요소로 크게 금산 분리법과 전자금융법을 들 수 있다. 금산분리법은 금융자본과 산업자본을 의미한다. 비 금융기업 즉, 산업 자본이 은행·보험·증권 등의 금융자본을 소유하지 못하도록 법적으로 막아 놓은 제도를 말한다. 반대로 금융자본은 비 금융기업 즉, 산업 자본을 자회사나 손자회사로 소유를 금하고 있다.

이는 과거 재벌 기업들이 은행을 소유하게 될 경우, 은행이 총수의 개인 금고화 되는 것을 막기 위한 규제인데, 최근에는 인터넷전문은행 설립 등의 이슈와 연관되어 금산분리 완화가 필요하다는 목소리가 높아지고 있다.

국내의 경우 산업자본이 은행 지분을 4% 이상 보유할 수 없도록 되어 있는데, 핀테크가 활성화 되어 있는 미국의 경우 최대 25%까지 지분을 보유할 수 있으며, 일본의 경우도 20%까지 보유가 가능하다. 반대로 금융기업의 경우도 다양한 IT 기술을 도입하기 위해서는 산업자본이 필요하기 때문에 비금융 자회사를 소유해야 될 이유도 존재한다. 전자금융거래법은 컴퓨터, ATM, 전화기 등 전자적 장치로 이루어지는 금융거래를 규율하는 거래법이면서 동시에 전자금융업의 영위와 감독에 대한 사업법을 말한다. 현재 전자금융거래법 시행령 제17조(자본금요건)에 의하면 전자자금이체 허가 취득을 위해 최소 30억원의 자본금을 요구하며, 전자지급결제대행업 허가 취득을 위해서도 최소 5억원이 필요하다.

여기에 새로운 전자금융기술은 금융감독원의 보안성 심사를 통과해야 출시할 수 있다. 보안성 심사도 금융회사만이 할 수 있어 제휴할 금융회사를 잡지 못한 핀테크 기업은 신청 기회조차 없다. 전자금융거래 뿐만 아니라 여신전문금융업법, 외환거래법, 자본시장법 등 다양한 금융관련법들이 새로운 핀테크

기업들의 진출을 제약하고 있는 것이 현실이다.

최근 대부분의 금융 관련법들의 규제 완화는 음성화되어 있던 대부업을 양성화시키는데 기여했을 뿐, 새로운 IT 기술의 변화에 따른 대처에서는 거의 도움이 되지 않고 있다. 또한 많은 사람들이 우리나라 금융거래의 장애물로 공인인증서 및 액티브 X를 지적하고 있다. 해외의 경우 실제로 거래액 대비 비교적 높은 보안 사고 손실이 발생하고 있으며, 사고 관리 비용도 높은 편이다. 우리나라 보다 훨씬 높은 수준의 보안 기술을 보유하고 있는 해외 기업들이 공인인증서와 같은 사용자 단계에서의 보안을 강화하지 않는지 생각해 봐야 한다. 이런 환경에서 아마존이나 이베이와 같은 해외 커머스의 경우 어떻게 사용자 보안의 안전성을 보장하는지 살펴봐야 한다.

해외 금융거래는 보안사고가 발생하더라도 그 책임이 사용자에 있지 않다. 즉, 보안에 대한 근본적인 이슈는 보안 기술의 문제라기 보다는 제공자와 사용자의 책임 소지의 문제이다. 보안에 대한 많은 책임이 금융권에 있기 때문에 사후 보안을 강화하는 것이 중요한 정책이 되었다. 그래서 해외 금융거래 보안시스템은 사용자 보안의 강화와 규제에 의존하는 방식 보다는 사고 감시 모니터링에 많은 투자가 이루어지고, 사후 보안 체계를 강화하는 쪽으로 발전하게 되었다.

사후 보안의 대표적인 시스템으로 FDS(Fraud Detection System : 이상거래 탐지시스템이 대부분 해외 금융권에 적용되어 있다. 하지만 국내 보안 시스템은 거래시점에 집중되어 있다 보니, 거래 단계에서 사용자에게 많은 보안 프로그램 설치를 강제하고 있으며, 보안상 발생하는 문제의 책임도 대부분 사용자에게 주어지고, 문제 발생시 입증도 사용자에게 요구하는 형태로 운영되고 있다.

FDS(Fraud Detection System)는 은행, 카드. 증권사들의 시스템이 연계되어 사용자 신원과 소비자 이용 패턴을 가지고 이상 거래시스템을 말한다. 국내의 경우 시용카드사에서는 FDS 도입이 많이 이루어졌지만, 일반 은행이나 증권사들은 이제 도입 검토 중이다. FDS만 가지고도 대포 통장 등 비정상 금융거래의 상당 부분을 탐지할 수 있다. 평균거래량, 주요 거래처, 거래 위치, 거래시점, 해외결제 유무 등 평소와 다른 거래 기록을 분석해서 부정거래를 유추 할 수 있으며, 사용자에게 즉시 사실을 확인하도록 하여 부정사용을 방어할 수 있게 된다. 문제는 FDS를 도입할 경우 금융권 연계시스템 구축 및 24시간 모니터링 요원과 분석 솔루션을 활용해야 되기 때문에 구축비용이 많이 든다는 사실이다.

하지만 국내 은행권에서 FDS 도입이 중요하지 않은 이유는 구축비용의 부담 때문이 아니라, 금융권의 책임을 회피할 수 있는 사용자 거래시점 보안 강화가 더 효과적인 방법이라고 생각하기 때문이다. FDS는 해외의 경우 일반 금융권 뿐만 아니라 커머스 기업들도 활발하게 도입하고 있는 추세이다. 페이팔과 알리페이의 경우 이미 10년전부터 FDS를 도입해서 사용 중에 있다고 한다. 국내에서만 사용 중인 액티브X 기반 공인인증의 가장 큰 목적은 부인 방지인데, 이것은 소비자가 직접 인증했고 문제가 생기더라도 본인이 사용했다는 것을 부인하지 못하도록 하는 방식이다. 사용자가 책임져야하는 구조이기 때문에 서비스 제공자 측에서는 클라이언트 보안에 더 많은 신경을 써야하고, 그런 과정에서 다양한 보안 솔루션을 설치할 수밖에 없는 구조로 발전하게 되는 것이다. 그래서 간편결제 같은 서비스조차도 기존 시스템을 재구성해야 하기 때문에 핀테크 도입경쟁에서 시간적으로 뒤쳐질 수밖에 없는 상황이다.

3. 핀테크를 구성하는 기술

핀테크는 NFC 통신 기술을 기반으로 한다. 초기 핀테크가 핀테크로 불리우기 전까지 지불결제 서비스는 NFC 서 비스 가운데 하나였다. 핀테크는 모바일 결제 시장의 발전과 금 융 서비스에서의 활용 범위가 확산되면서 적용 기술 또한 많아 졌다.

핀테크 기술로 받아들인 기술에는 위치 기반 기술에서부터 빅 데이터 처리 기술, 머신러닝, 딥러닝 등 수많은 IT 기술이 포함된다. 한 마디로 핀테크는 스마트폰과 금융과의 융합서비스 가 수많은 IT 기술들을 통해 이뤄진다.

하지만 핀테크의 기본은 개인화를 기반으로 개인 행동패턴에 따른 위치 기반 O2O(online to offline) 금융서비스를 제공하는 것이다. 그래서 핀테크 기술의 핵심은 통계, 머신러닝, 딥러닝, 복잡계 등 다양한 알고리즘으로 분석하는 것으로, 실시간으로 온/오프라인 서비스 를 제공할 수 있는 시스템간의 연계가 필수적이다. 이를 위한 핵심 기술로 대두되는 것은 인프라가 되는 모바일 기술과 함께 빅데이터 처리 기술과 클라우드 인프라, 인증과 보안, 그리고 자동화이다.

① 핀테크 서비스별 적용 IT 기술
사실 사용자 입장에서 핀테크는 원클릭 결제 등으로, 아주 간편한 프로세스를 갖고 있어 편의성과

효용성이 아주 높다. 시청자가 TV 드라마를 볼 때, TV는 어떤 구조를 통해 드라마를 보여주는지, 이 드라마 영상이 어떻게 만들어지는지, TV와 연결된 전기가 어떻게 들어오는지 등을 알 필요가 없다. 사용자는 그저 TV 전원 플러그를 꼽고 리모콘으로 스위치를 누르기만 하면 드라마를 볼 수 있다. 이처럼 핀테크 서비스에서 사용자는 자신이 받고 있는 서비스가 어떤 기술을 갖고 있는지 알 필요가 없는 것이다. 그러나 공급자 입장에서는 핀테크 프로세스는 아주 복잡 다난하다. 지불결제 시스템만 하더라도 데이터의 흐름은 지불결제업체에서부터 통신, 금융, 유통 업체에 이르기까지 복 잡하게 얽혀있으며, 각 사업자간 공조 협력이 필수적이다. 핀테크 기술은 특정 IT 기술을 지칭하는 것이 아니다. 스마트폰을 통해 금융서비스를 하 기 위해 필요한 여러가지 문제들을 무선통신, 센서, 빅데이터, 데이터 분석, 보안과 같은 여러 IT 기술들을 이용해 해결하는 것이다. 그래서 각 핀테크 서비스마다 활용하는 기술들 은 각기 다르며, 같은 IT 기술이라도 서비스에 따라 다르게 활용할 수 있다.

② 페이팔의 지불결제 시스템

이베이의 자회사인 페이팔은 전자결제 서비스 플랫폼으로 현재는 이베이 전체 수익의 40% 이상을 담당하고 있다. 페이팔의 주요 서비스 방식은 구매자와 판매자의 중간에서 중 계를 해 주는 지불결제 대행서비스로, 구매자가 페이팔에 돈을 지불하고 페이팔이 그 돈을 판매자에게 지불하는 형식을 취하고 있다. 페이팔 간편결제는 계정을 만든 후 신용카드 번호나 계좌번호를 저장해 놓고 필요할 때 마다 페이팔 로그인만으로 결제가 이뤄지는 방식이다. 해외에서 가장 기본적인 결제방식 이지만 국내에서 이를 이용하려면 해외 사용이 가능한 비자, 마스터, 아멕스 등 카드를 등록해야 한다.

페이팔이 신용카드업체에서 제공하는 서비스와 다른 점은 구매자 간에 신용카드 번호나 계좌번호를 알려주지 않고도 안전하게 거래를 할 수 있다는 점이다. 또한 신용카드와는 달 리 페이팔 계좌끼리 송금, 수취, 청구할 수도 있다. 페이팔의 모회사인 이베이를 이용할 때 는 더욱 간편하게 구성돼 있다. 이베이는 이 서비스를 미국에 한정시키지 않고 해외 사용자들도 적극적으로 이베이를 이 용할 수 있는 창구로 페이팔을 활용했다. 이용자 간에 서로 다른 통화를 사용하더라도 페 이팔을 이용하면 바로 환전할 수 있기 때문에, 서로 다른 국가의 판매자와 구매자들도 페 이팔만 이용한다면 통화에 구애받지 않고 자유롭게 거래할 수 있다. 현재 페이팔로 이용할 수 있는 통화는 미국 달러와 유럽의 유로, 일본의 엔, 홍콩 달러, 영국의 파운드 등 총 14 개로, 아직 한국의 원화는 지원하지 않고 있다. 페이팔은 2월 12일 한국어 서비스를 시작 하고 4월 1일부터는 사업자를 위한 제품 페이지와 콜센터에도 지원할 계획을 밝힘에 따라 원화 또한 지원할 것으로 보인다.

③ 알리페이의 선불결제 시스템
2003년에 출시된 알리페이는 사용자가 온라인 지갑에 미리 돈을 충전한 뒤 결제하는 선불 전자결제 시스템으로, 거래 과정에서 알리페이가 중개인 역할을 담당함에 따라 판매자와 구매자 모두가 안심할 수 있는 서비스가 이뤄졌다. 이를 통해 알리바바는 중국의 전자상거래 시장에서 가장 문제가 되었던 판매자와 구매자 간 불신 문제를 해결했다.

구매자는 알리페이의 가상 계좌에 돈을 송금한다. 알리페이는 판매자에게 송금 사실을 통보하고, 구매자가 물품을 받고 이상이 없음을 확인한 이후에 판매자에게 약속된 금액을 지급한다. 이 절차가 끝난 후에야 판매자는 자신의 알리바바 계좌에서 송금된 금액을 인출할 수 있다. 이 서비스를 통해 알리바바그룹은 폭발적인 성장을 이뤘으며, 이제는 단순히 전자상거래 결제 서비스 분야 이상의 금융사업을 확장해 나가고 있다. 알리페이는 돈을 송금할 수 있는 것은 물론 신용카드 대금 결제, 세금 납부, 교통비 결제 등 다양한 서비스를 제공하며 중국인들의 생활 전반을 아우르고 있다. 심지어 사용자들은 알리페이에 남아있는 잔돈을 금융 상품에 투자하고, 알리페이 계좌를 기반으로 소액 대출까지 받을 수 있다. 현재 중국에서 알리페이는 단순히 중개 서비스 이상인, 대출, 투자 등 금융 관련 업무까지 아우르는 금융업체로의 역할을 수행하고 있다.
최근 지불결제 대행시스템의 경우 이상거래탐지시스템(FDS)을 도입해 부정사용이 의심되는 거래를 실시간으로 분석하기 때문에 보안성도 한층 강화됐다.

④ 트랜스퍼와이즈의 P2P 기반의 송금 시스템
국내에서 해외에 있는 이에게 돈을 송금할 때나 해외직구를 할 때 대부분 송금 수수료나 해외 결제 수수료가 발생하는데, 보통 사용자들은 환율에 대해서는 민감하지만 수수료에 대해서는 그리 관심을 보이지 않는, 으레 지불해야 하는 세금(?)으로 파악하는 경향이 있다. 이를 통해 은행이나 신용카드업체들은 해외 송금과 결제에서 쉽게 돈을 벌고 있다. 이에 해외 송금에 대해 P2P 방식을 도입함으로써 송금 수수료를 내려 소비자에게 실질적인 이익을 주는 핀테크 업체가 바로 트랜스퍼와이즈(transferwise)다. 트랜스퍼와이즈는 최대 0.5% 수수료와 이용자 관점에서 최적의 환율 선택을 제공한다. 송금 또는 해외 결제 금액이 커지면 커질수록 수수료가 높아지는 기존 관행도 적용되지 않는다. P2P 방식에 기초한 송금

서비스이기 때문에 단순하고 사용자 중심의 송금 서비스가 가능하다.

예를 들어, 미국에 거주하는 사용자 A는 일본에 살고 있는 사용자 B에게 1,000달러를 송금한다. 이때 트랜스퍼와이즈는 일본에 거주하고 있는 사용자 C가 독일에 있는 사용자 D에게 2,000달러 송금을 신청한 것과 독일에 거주하는 사용자 E가 미국에 사는 사용자 F에게 1,000달러를 송금한 것을 파악하고 있었다. 트랜스퍼와이즈는 B에게 C의 1,000달러를 주고 E에게는 D의 1,000달러를 지불한다. 나머지 돈은 다른 누군가가 송금한 돈으로 지불하게 된다. 국경을 넘어 실제로 돈을 환전해서 보내는 대신 상대 국가에서 반대로 돈 을 이쪽으로 보내려고 하는 고객을 찾아 매칭시켜 주는 것이다. 같은 지역에서 교환이 된 돈에는 해외 송금 수수료가 발생할 이유가 없으며, 가상으로 환 전이 이뤄지기 때문에 사용자들은 수수료없이 해외 송금을 할 수 있다. 이런 서비스가 제대로 운영되기 위해서는 일정한 규모의 임계점을 돌파해야 한다.

각 지 역에서 송금을 원하는 사용자가 충분히 존재해야 한다는 것이다. 각 지역에서 임계점을 돌 파하거나 사용자가 많으면 많을수록 사용자들은 실제 해외송금이 없이 해외송금 서비스 를 받을 수 있다. P2P를 기반으로 한 핀테크 분야에는 대출 중개 서비스도 있다. 이는 대출자와 차입자를 직접 중개해 금융거래 비용을 절감하도록 하는 서비스다.

⑤ 애플 페이, NFC를 이용한 모바일 결제 서비스
2014년 9월, 애플은 아이폰 6를 출시하면서 애플 페이(Apple Pay)를 동시에 선보였다. 애플 페이는 다른 지불결제서비스와 달리 NFC를 이용한 모바일 결제 서비스다. 애플 페이를 이용하기 위해서는 기존의 모바일 결제 방식과 마찬가지로 아이폰의 기본 앱인 패스북에 신용카드나 직불카드의 정보를 추가해야 한다. 그러나 애플은 자사의 결제 방식이 "매우 안전하다"고 밝혔다. 카드번호가 스마트폰 기기 자체나 애플의 서버에 저장 되는 것이 아니기 때문이다.

애플 페이는 사용자의 카드 번호를 등록하는 대신 각각의 카드에 암호화된 고유한 '기기 계정 번호'를 부과한 후 이를 사용자의 아이폰이나 애플 워치의 안전한 위치에 저장한다. 그리고 각각의 결제 요청에 대해서는 앞서 설명한 기기 계정 번호를 이용해 일회성의 인증 번호를 생성, 확인 절차를 거치는 것으로 결제 작업을 안전하게 처리한다. 특히 애플의 '만족스러운 사용자 경험'은 모바일 결제 시장에서도 여실히 드러났다. 갖다 대기만 하면 결제가 되는 것이 NFC의 기본 원리이자 취지다. 그러나 지금까지 업계에서는 기기 분실, 도난 이후 제 3자의 이용 가능성 등에 대비해 추가적인 신원 인증 절차를 도입했는데, 이는 NFC의 확산을 저해하는 주요 요인 가운데 하나였다.

[그림 5-31] 애플페이 운영 개념도

수많은 신원 인증 가운데서도 애플은 지문 인식 시스템을 선택해 사용자들이 추가적인 인증 절차를 거치는 부담스러움을 손가락만 갖다대면 가능하도록 만들었다. 이것이 아이 폰 5s에서부터 도입한 지문 인식 기술인 터치ID(TouchID)인데, 이번 애플 페이 시스템에 서의 신의 한수로 평가된다.

⑥ 온덱의 소상공인을 위한 온라인 소액 대출

소상공인을 위한 온라인 대부업체인 온덱(Ondeck.com)은 자영업자에게 500만 원에 서 최대 2억 5,000만 원까지의 소액 대출을 오직 온라인만을 통해 심사해 진행하는 서비스이다. 서비스 이용까지 보통 서류 제출 및 대출 결정은 10여분 이내, 대출금 입금은 24시 간 이내 해주는 것이 특징이다. 이때 대출 신청자의 신용도를 다양한 정보 분석 알고리즘 을 통해 분석, 판별해주는 것이 이 서비스의 강점이다. 이에 쓰이는 기술이 바로 빅 데이터 분석 기술이다. 또한 대출에서는 P2P(Peer to Peer) 방식을 통한 서비스가 부상하고 있다. 대출형 크라우드 펀딩으로 불리는 P2P 대출 서비스는 온라인과 모바일의 장점인 접근성에 기반해 대출을 원하는 기업이나 개인, 그리고 높은 이자와 낮은 거래비용을 원하는 개인과 기업을 동일 플랫폼 내에서 연결시켜주는 서비스이다. 특히 신용평가나 채권회수 등 리스크에 대한 우려를 빅 데이터 및 소셜데이터 분석 등을 통해 해소함으로써 빠르게 성장하고 있다.

⑦ 전통적인 신용평가를 무시한 퀴즈 신용평가

신용평가 전문업체인 비주얼DNA(VisualDNA)는 은행처럼 대출에 직접 관여하지 않지만 대출의 기초 데이터가 되는 신용평가 등급을 제공한다. 금융업체들은 이 업체의 등급결과를 받아 신용카드 발급이나 대출을 집행한다. 문제는 비주얼DNA의 개인신용 평가 기법에 있다. 기존 거래 데이터를 기반으로 한 전통적인 신용평가 방식을 완전히 무시하고 대출을 받고자 하는 사용자에게 질문이나 퀴즈를 풀게 해 이를 분석함으로써 신용평가가 이뤄진다. 성격을 평가하는 심리 테스트인 이 질문과 퀴즈는 모든 절차가 온라인으로 이뤄지면 5분이 넘지 않도록 한다. 비주얼DNA의 퀴즈에는 심리기술이 담겨있는데, 행동경제학, 결정이론 등 고도의 이론적, 통계적 노하우가 있다. 이에 더해 5가지 성격 특성 요소라는 심리학의 성격이론과 빅 데이터 분석이 결합한다. 한 마디로 심리기술로 성격 특성을 파악한 뒤 대출 요청자의 상환 의지를 측정하게 된다.

마스터카드 최근 자문보고서에 따르면, 전세계적으로 약 50%의 성인이 금융거래 이력이 없다. 기존 신용평가 방식대로라면 이들은 대출과 같은 금융 서비스를 받는 데 어려움을 겪을 수밖에 없다. 이 기술의 장점은 금융거래 이력이 없는 사용자에게도 대출과 같은 금융 혜택을 제공할 수 있다. 이 보고서는 신용등급 측정에 심리분석을 사용하는 것은 이미 다수의 국가에서 사용해 오고 있다고 전했다. 비주얼 DNA의 평가 등급으로 대출을 집행했을 때 불량율(default rate)은 23%가 감소한 것으로 나타났으며, 금융 정보 부족 고객에 대한 대출 집행도 50%나 증가했다.

⑧ 알리파이낸스, 빅데이터 분석을 통해 대출자의 신용도 평가

이처럼 기존 신용 평가보다 좋은 실적을 거둔 빅데이터 분석 기술은 소셜 데이터 등과 함께 대출 및 투자 관련 업무에서도 기존 리스크 산정 및 예측 방식보다 높은 정확성을 확보할 수 있다. 예를 들어 알리바바는 2011년 알리파이낸스를 통해 자사의 쇼핑몰에 입점하기를 원하는 사업자들을 대상으로 입점에 필요한 비용과 사업비용을 대출해 주고 있다. 알리 파이낸스는 B2B 전자상거래 서비스인 알리바바와 B2C 온라인 쇼핑몰인 티몰을 통해 축적된 거래량, 재구매율, 만족도 등 정형데이터와 판매자와 구매자간 대화 이력, 구매 후기 등의 비정형 데이터, 그리고 SNS 등 외부 소셜데이터를 바탕으로 대출 심사 대상자의 신용도를 자체적으로 평가하고 있는데, 이를 통해 발생된 대출의 불량채권 비율은 0.9%로, 시중은행의

2%보다 낮았다.

한편 크라우드 펀딩은 전통 금융업의 핵심인 대출과 증권 시장을 잠식하기 시작했다. 크라우드 펀딩은 단순히 온라인 플랫폼에서 정보를 모아 투자자들에게 전달하는 것이 아니라 빅 데이터 분석 기술을 이용해 소비자와 벤처기업의 신용도를 분석함으로써 투자 위험을 최소화하고 성장력있는 기업이 대출과 투자를 쉽게 유치할 수 있도록 만드는 것이다. 현재 우리나라에서는 금지되고 있는 대출형 크라우드 펀딩과 지분형 크라우드 펀딩은 대출과 증권투자 시장을 빠르게 잠식할 것으로 보인다.

⑨ 자산 상황을 알려주는 실시간 가계부 민트닷컴

핀테크는 사용자의 자산관리에도 훌륭하게 사용될 수 있다. 자산관리 앱 가운데 대표적인 것이 바로 민트닷컴(Mint.com)이다. 민트닷컴은 한 마디로 일종의 가계부 역할을 하는데, 사용자가 갖고 있는 모든 금융계좌와 신용카드 정보 등을 종합해 자산 상황을 종합적으로 알려준다. 심지어 주택과 증권가격 등도 수집해 순자산의 가치를 실시간으로 산정해준다. 이와 함께 핀테크 서비스는 투자자문 시장에도 진출했다. 지금까지 개인들이 투자를 결정하기 위해서는 개별 금융업체의 지점이나 웹을 통해 자문을 구했지만, 투자자문 앱은 실시간으로 금융시장의 정보를 종합적으로 제공하고 투자자문을 제공한다. 굳이 오프라인 지점에 가지 않아도 앱을 통해 서비스를 받을 수 있는 것이다.

⑩ 성공한 핀테크, 현 문제점을 해결하는 서비스

무엇보다 핀테크 시장에서 IT 기술이 중요한 것은 사용자에게 어떤 개인화된 서비스를 제공할 수 있는지 분석할 수 있는 도구이기 때문이다. 지금까지 성공한 전세계에서 성공한 핀테크 서비스는 각국마다 갖고 있는 현실의 문제점을 극복하고 각국 사용자의 금융 성향과 특성, 제도에 맞는 서비스를 제시한 것이었다. 이제 핀테크에 있어 NFC, 비콘, 빅 데이터 처리 및 분석 기술, 사용자 위치기반 등 기술적인 요소는 기본적인 사항이 됐다. 핀테크 성공에서 중요한 것은 이런 기술을 활용해 사용자에게 어떤 차별화된 서비스를 제공하느냐 이다. 물론 시장경쟁에서 승리를 결정짓는 것이 우수한 기술력 만은 아니다. 우리나라의 경우 신용카드 사용률과 모바일 사용율이 높고 초고속 인터넷을 통해 이미 금융거래가 활발하게 이뤄지고 있기 때문에 국내 상황에 맞는 핀테크 서비스를 찾아야 한다.

4. 국내외 핀테크 산업동향

① 해외 핀테크 산업 동향

모바일 트래픽이 급증함과 동시에 모바일 채널을 통한 금융거래가 급격히 증대되어 관련 산업이 발전할 수 있는 여건이 형성되고 있다. 해외 글로벌 ICT(Information & Communication Technology) 기업들은 자사 사이트 결제 수요 또는 모바일 네트워크 기반으로 다양한 형태의 송금·결제 서비스를 제공하고 있다.

미국의 페이팔(Paypal)은 1998년 설립된 전자결제 전문업체로 2002년 e-bay에 인수되었으며, 14년말까지 약 1.57억개의 유효계좌를 보유하고 있으며, 약 200개국에 26개 화폐를 통한 결제서비스를 제공하고 모바일 시장규모가 확대됨에 따라 꾸준한 상승세를 기록하고 있다.

중국의 인터넷 보급률 확대와 스마트 디바이스의 확산과 더불어 전자상거래 시장이 폭발적으로 성장함에 따라 알리바바의 성장세도 상당한 수준하다. 알리바바는 '알리페이'를 앞세워 송금·결제 서비스 시장에서 무서운 상승세를 보이고 있으며 '위어바오'란 상품을 통해 실질적으로 인터넷은행의 수신기능을 수행하면서 은행서비스 시장을 위협하고 있다.

〈표 5-21〉 해외 핀테크 기업현황

업체	서비스	설 명
애플	애플페이	애플계정에 연동된 신용카드 정보를 아이폰 6에서도 쓸 수 있게 한 것으로 지문인식 센서 "터치 ID)와 근접 무선통신기술(NFC)를 활용한 기술로 신용카드 정보를 먼저 저장해 둔 후 "아이폰 6"나 "애플워치"로 결제하는 방식
텐센터	텐페이	중국 최대 모바일 메신저 서비스 "위챗"을 서비스 중인 텐센트는 위챗 내에 탐재한 자체 결제 플랫폼. 계좌이체, 전화요금 충전, 항공권 예매 등이 처리 가능하며, 최근 국내 업체인 다날과 제휴
이베이	페이팔	모바일 지갑 업체 페이던트(Paydiant)와 보안 스타트업인 사이액티브(CyActive)를 인수하였으며, 개인 금융 정보 등록 후 부여받는 아이디, 비밀번호를 통해 결제 서비스를 이용 가능
알리바바	알리페이	금융기관과 제휴를 통해 간단한 송금·결제 뿐만 아니라 대출, 펀드 상품 가입까지 가능. 국내 400여 온라인 사이트와 제휴를 체결하였으며, KG 이니시스, 하나은행과 제휴하여 중국 내 소비자가 국내 쇼핑몰에 위안화로 결제할 수 있는 서비스를 진행 중
아마존	아마존 페이먼트	2014년 6월 자사 사이트 내 지급결제 서비스를 출시하여 제공하고 있으며, 국내 법인을 설립하여 국내시장 진출 준비 중
구글	안드로이드 페이	초긴 미 주요통신 3사가 세운 NFC 기반 모바일 결제 기술 컨소시움 소프트카드를 인수하여 구글 월렛을 보강하고 이를 활용한 모바일 결제 시스템인 안드로이드 페이를 선보일 계획

* 자료 : 핀테크의 가치창출 요건 및 시사점, 여신금융연구소, 2015. 1

알리바바는 이러한 엄청난 회원 규모라는 경쟁력을 가지고 세계 여러 나라의 쇼핑몰을 하나의 아이디로 이용할 수 있다는 장점을 내세워 국내 핀테크 시장 잠식이 우려되고 있다. 최근에는 혁신적인 아이디어와 기술력을 바탕으로 핀테크 스타드업 기업들이 차별화된 비즈니스모델을 통해 핀테크 산업으로 활발하게 진출

〈표 5-22〉 혁신적인 해외 핀테크 기업 사례

업체	설명
스트라이프 (Stripe.com)	• 자사의 앱 프로그래밍 인터페이스를 앱에 삽입한 회원에게 글로벌 고객을 대상으로 한 지급결제와 7일 안에 대금을 지급해주는 서비스 제공 • 전 세계 139개국 통화와 비트코인, 알리페이 등으로도 결제 가능
어펌 (Affirm.com)	• 회원이 온라인쇼핑몰에서 물건을 구매할 때, 신용카드가 아닌 본인의 신용으로 할부 구매할 수 있도록 해주는 결제 서비스 제공 • 회원의 공개된 데이터를 분석해 단 몇 초 만에 신용도를 평가한 후, 회원의 적정 할부 수수료를 산정하여 부과
빌가드 (Billguard.com)	• 자사가 개발한 예측 알고리즘을 활용하여 신용카드 청구서 상 오청구 또는 수수료 과다 인출 등의 징후를 포착하여 회원에게 알려주는 서비스 제공 • 모바일앱으로 회원의 신용카드와 은행 계좌를 통합관리 가능
온덱 (OnDeck.com)	• 대출 신청자는 100% 온라인 기반으로 대출 신청서를 제출하고, 대출이 승인되면 신청 다음날에 지정 계좌로 대출금을 입금 • 자체 개발한 신용평가 알고리즘으로 대출 신청자의 금융기관 거래내용, 현금 흐름, SNS 상 평판 등을 고려해 몇 분 만에 신용평가 및 대출여부 심사

* 자료 : 우리금융연구소, 2015.

2018년 상반기 핀테크 분야에 대한 글로벌 투자 규모가 역대 최대치를 경신했다. 새로운 혁신기술 등으로 투자 영역이 넓어진 덕분이다. 현 추세대로라면 올해 글로벌 핀테크 투자 규모는 사상 최고액을 기록할 전망이다.

글로벌 컨설팅기업 KPMG가 내놓은 '2018년 상반기 글로벌 핀테크 투자동향'에 따르면 인수·합병(M&A), 벤처캐피탈투자(VC), 사모투자(PE) 등 2018년 1월부터 6월까지 전 세계 핀테크 분야에서 진행된 자금조달 거래는 총 857건으로 집계됐다. 거래 규모는 579억달러로 역대 최대치를 기록했으며, 불과 6개월 만에 작년 한 해 동안의 거래 규모를 넘어섰다. 이런 추세라면 역대 가장 많은 투자가 이뤄졌던 지난 2015년 실적을 넘어설 것으로 관측된다.

올해 상반기 가장 활발하게 거래가 진행된 곳은 미주 지역이다. 총 504건(약 59%)의 거래가 성사됐으며, 그 규모는 148억달러로 역대 최대치를 기록했다. 유럽에서는 260억달러가 핀테크에 투자됐다. 영국이 160억달러로 절반 이상을 차지했다.

아시아에선 162건에 168억달러가 투입됐다. 대부분은 중국과 인도에서 이뤄졌으며, 거래 금액 기준으로는 세계 최대 핀테크 기업인 중국의 앤트파이낸셜이 유치한 투자가 대부분을 차지했다. 앤트파이낸셜은 지난 6월 싱가포르·말레이시아 국부펀드, 캐나다 연금투자위원회 등 수많은 글로벌 '큰 손'들로부터 140억달러의 자금을 조달, 올해 상반기 가장 큰 투자를 이끌어냈다. 인도에서는 31건의 투자가 진행됐다.

앤트파이낸셜의 자금조달을 포함한 상위 10건의 거래 규모는 총 438억3800만달러로 전체 거래의 약 76%에 달했다. 두 번째로 규모가 컸던 거래는 미국 결제서비스 회사 밴티브가 올해 1월 영국 경쟁사 월드페이를 129억달러에 인수한 계약이다. 다음으로는 미국 사모펀드 헬먼앤드프리드먼의 덴마크의 카드결제 업체 넷츠 인수(55억달러), 미국 사모펀드 실버레이크 및 헤지펀드 P2캐피탈파트너스의 기프트카드업체 블랙호크네트워크홀딩스 인수(35억달러) 등이 뒤를 이었다.

이처럼 핀테크 투자의 지속적인 팽창은 인공지능, 로봇프로세스자동화, 인슈어테크, 레그테크, 블록체인 등 혁신기술이 여전히 투자 기회를 만들어내고 있기 때문이다. 특히 올해는 기업가와 최고경영자(CEO) 등 시장 참여자들 뿐 아니라 금융서비스 이용자들까지 핀테크에 폭발적인 관심을 보이고 있다. 이는 비트코인 열풍과 무관하지 않다. 다양한 가상화폐가 등장했고 암호화폐공개(ICO)가 개미 투자자들의 참여를 가능케 했다. 블록체인 기술에 대한 높은 관심은 결국 핀테크 투자로 이어졌다.

아울러 유럽에선 지난 5월부터 제2지불서비스지침(PSD2) 및 개인정보보호법(GDPR)이 시행되면서 레그테크 시장이 열렸다. 레그테크란 규제(Regulation)와 기술(Technology)의 합성어로, AI와 빅데이터 분석, 블록체인 등 신기술로 금융당국의 각종 법률 규제에 대응하고 규제 준수 수준을 향상시키는 것을 의미한다.

KPMG는 "올해 하반기 핀테크 분야 투자는 인슈어테크와 레그테크, 블록체인에 대한 투자에 특히 힘입어 견조한 증가세를 보일 것"이라고 내다봤다. 한편 핀테크 분야에 투입되는 자금은 다양한 신규 일자리 창출에 기여하고 있으며, 혁신기술이 개선되거나 발전할수록 은행과 같은 전통 금융기관의 입지를 약화시키고 있다. 실례로 근거리무선통신(NFC) 기술은 이미 지급결제, 대출 등 금융서비스를 대폭 간소화시켜 소비자들의 일상을 크게 변화시켰다.

② 국내 핀테크 산업 동향
◉ 2015년 국내 핀테크 도입기
급격한 성장세를 보이고 있는 해외 핀테크 산업과 달리 국내의 핀테크 산업은 답보수준에 머물러 있는 상태이다. 우리나라는 IT 인프라는 잘 갖추어져 있으나, 세계 100대 핀테크 기업 중 국내기업은 단 한 곳도 없는 상황이다.

지급결제 분야에서 다음과 네이버 등의 대형 ICT업체들이 송금 및 지급결제 시장에 진입하였으나 괄목할만한 성과를 내놓지 못하고 있는 실정이다. 이는 과도한 진입장벽과 규제로 국내의 핀테크 산업은 뒤쳐진 상태로 여신전문금융업법 등 금융관련 법률은 금융업 진입 조건을 엄격하게 규정하고, 금융위원회와 금융감독원 등 여신 감독기관의 심사를 통과해야 금융업 허가가 가능하기 때문이다.

〈표 5-23〉 국내 핀테크의 분야별 추진현황

분야	국내현황
지급결제	• 카드사 및 PG사 등의 간편결제 서비스 출현
송금	• 금융회사를 통하지 않고 비금융회사의 플랫폼을 활용한 온라인송금서비스 출현
예금·대출	• 인터넷 전문은행 도입 방안 마련 중
투자자금모집	• 투자형 크라우드 펀딩법안 국회 통과예정
자산관리	• 온라인 투자자문 등에 대한 제도적 제약은 없음 • 온라인 펀드슈퍼마켓 도입 완료
보험	• 개별 보험회사 홈페이지를 통한 온라인 보험 가입 • 온라인 보험 슈퍼마켓 도입 추진 중
기타	• (빅데이터) 빅데이터 가이드라인 마련 및 통합신용정보 집중기관 설립 추진 중 • (보안·인증) 핀테크 보안업체 및 금융회사 간 제휴확대, 스마트 OTP 출시 준비, 금융보안원 설립 등

* 자료 : 우리금융연구소, 2015.

◉ 2018년 국내 핀테크 성숙기[34]

대기업의 금융 진출에 따른 경제 불균형을 우려한 금산분리 원칙에 따른 금융규제로 핀테크 등 금융과 타 산업의 융합이 정체되어 있다. 최근, 정부의 적극적인 핀테크 육성의지에 따라 핀테크에 대한 금융회사들의 관심과 참여가 증대되고 있으며, 핀테크 산업 육성 전략 등 각종 지원책을 통해 핀테크 산업이 활성화될 것으로 기대되고 있다.

또한 기존 PG업체(지불결제회사), 은행, ICT 업체들의 움직임도 빨라지고 있다. 기존 PG 업체 외에 대형 ICT 업체들이 모바일 간편결제 시장에 뛰어 들면서 경쟁은 더욱 치열해지고 있다. 최근에는 국내 PG사를 중심으로 카드정보나 인증정보를 매번 입력할 필요없이 미리 설정해둔 비밀번호만으로 간편하게 결제할 수 있는 "원클릭 간편결제" 서비스를 출시하고 있다. 액티브엑스(ActiveX)나 공인인증서 없이 최초 1회만 결제 정보를 등록하면 이후부터 자체 간편 인증만으로 쉽게 결제할 수 있는 서비스 이다.

PG사나 금융권 중심으로 간편결제 분야로 집중되는 양상을 보이고 있으나, 송금이나 자산관리, 빅데이터, 보안 등 사업으로까지는 아직 초기 단계이다. 그러나 대기업을 중심으로 2015년 본격 서비스를 하고 있어 국내 핀테크 산업이 본격 경쟁을 통한 성장기를 맞게 될 것으로 보인다.

〈표 5-24〉 국내 간편결제 서비스 보안정책

업체	서비스	설 명
다음카카오	뱅크월렛 카카오	고객의 주요 금융 정보를 전 구간에서 암호화하여 서비스 운영자도 고객의 주요 정보를 전혀 알 수 없도록 하고 카카오톡으로 발송되는 뱅크머니 송금 메시지에 인증마크가 부착되어 스미싱을 예방
삼성전자	삼성페이	결제할 때 카드번호 대신 임시번호인 토큰 정보를 사용. 거래정보를 단말기에 저장하지 않아 안전. 특히 세계 최고의 모바일 결제 보안솔루션인 녹스(KNOX)를 적용할 예정
네이버	네이버페이	네이버페이에 입력한 카드번호를 저장하지 않고, 네이버 ID와 연결된 가상 카드번호로 결제하는 방식으로 실시간 모니터링을 실시하고 만에 하나 있을 제3자에 의한 도용 등 부정 이용으로 이용자가 손해를 볼 경우 "전액 선보상 정책" 검토

* 출처 "네이버 vs 다음카카오 간편결제-송금 핀테크 경쟁", 아이티데일, 2015. 3

정부가 소상공인 지원을 위해 추진 중인 간편결제 서비스 출시를 앞두고 정보보안에 대한 우려감이 커지고 있다. 2018년 9월 10일 관련 업계에 따르면 서울시는 소상공인을 위한 간편결제 시스템인 '서울페이

---

[34] 장순환, 정부주도 간편결제, 보안 논란 극복 가능할까", 연합인포맥스(http://news.einfomax.co.kr), 2018년 9월 10일

(제로페이)'를 올해 말 출시할 예정이다. 서울페이는 QR(Quick Response)코드를 스캔하면 결제가 이뤄지며, 계좌이체 기반으로 수수료 절감을 위해 중간에 카드사와 밴(VAN)사 등의 금융사를 끼지 않는다. 따라서 수수료 절감에는 효율적이지만 일반 신용카드 결제 대비 보안에 취약할 수밖에 없다는 지적이 나오고 있다. 키움증권 서영수 연구원은 "정부의 결제 시장 개입 중 논란의 여지가 큰 부분은 결제 과정에서 노출되는 위험의 처리 여부"라고 말했다.

정부주도 간편결제 시스템의 기본적인 아이디어는 중개업자를 배제하고 판매자와 구매자가 직접 거래하는 방식이다. 이에 결제 과정에서 오류나 사고가 발생하면 사고처리 과정에서 책임 소재를 놓고 논란이 커질 수 있다. 카드 업계 관계자는 "신용카드는 분실 또는 도난 시 대부분 카드사를 통해 보상이 가능하지만 수수료 없는 간편결제는 사고보상에 취약할 수밖에 없다"고 말했다. 특히, QR코드 방식의 결제기술은 가맹점의 QR코드를 해커의 계좌로 연동시키거나, 바이러스로 개인 또는 결제정보를 유출하는 방식으로 문제를 발생시킬 수 있다. 이에 QR코드는 중국과 인도 등 상대적으로 결제 인프라가 갖춰지지 못한 나라에서는 활성화됐지만, 선진국에서는 보안 위험에 서비스 확산이 더딘 상황이다.

보안 강화를 위해 추가적인 장비와 프로그램을 사용하면 비용이 추가될 수밖에 없고, 결제 과정에 보안 과정이 추가되면 사용 편의성이 떨어지게 된다. 따라서 수수료 인하에 대한 논의 못지않게 보안과 사고처리에 대한 대책이 필요하다는 목소리가 커지고 있다. 업계 관계자는 "정부주도 간편결제 서비스에 대해 다양한 논란이 있지만, 보안 관련 문제는 가장 어려운 문제 중 하나"라며 "서비스 출시 이전에 충분한 대책 논의가 필요하다"고 말했다. 국내뿐 아니라 해외에서도 모바일 P2P(개인 간) 지급결제서비스의 보안에 대한 관심이 커지고 있다. 여신금융협회에 따르면 최근 미국 소비자협회(Consumer Union)는 모바일 P2P 지급결제서비스에 대한 소비자보호 역량에 대한 평가를 시행했다.

이 평가에서 애플페이는 결제 처리 시 개인정보 공유와 수집 제한에 대한 명확한 정책을 고객에게 적용하며 개인정보보호 부문에서 가장 높은 점수를 획득했다. 반면, 다른 간편결제 서비스 젤레(Zelle)는 실수로 잘못 송금한 금액을 취소·철회할 수 있는 기능이 없어 정보보안 부문에서 미흡하다는 평가를 받았다. 여신금융연구소 최민지 연구원 "고객은 정보보안과 개인정보보호 방법을 명시하고 있는 소비자보호 약관에 대한 정확한 인지를 바탕으로 해당 서비스를 신중하게 이용해야 한다"고 강조했다. 특히, 오류·문제 발생에 대한 대응방안을 사전에 파악할 수 있도록 서비스 제공업체의 소비자보호 약관에 대한 정확한 이해가 필요하다고 덧붙였다.

5. 국내 핀테크 산업의 향후 전망

국내 핀테크 산업은 정부의 핀테크 산업 육성 지원책이 계획에 따라 핀테크 지원체계의 운영을 내실화하고 관련 규제개선 및 자금조달 지원의 활성화가 기대되고 있다. 다음은 2016년 금융 콘퍼런스에서 김연준 전자금융과장의 발표내용을 디지털타임즈 2016년 9월9일자 신문기사 내용이다.

> "국내 핀테크 기업은 이제 시작 단계입니다. 세계 시장에서 통할 수 있는 경쟁력을 만들기 위한 생태계 조성과 추가 규제 철폐에 더 앞장서겠습니다."
> 금융위원회가 핀테크 산업 규제 완화에 대한 의지를 다시 한번 천명했다. 국내 핀테크 기업이 경쟁력을 쌓고, 해외로 나갈 수 있도록 혁신을 가로막는 규제를 더 걷어내겠다는 것이다.
> 8일 본지가 주최한 '스마트금융 스마트금융 콘퍼런스'에 참석한 김연준 금융위 전자금융과장은 '정부의 핀테크 육성 현황 및 향후 계획'을 주제로 한 발표를 통해 현재 정부의 핀테크 산업 육성 정책에 성과와 과제가 공존하고 있다고 평가했다.
> 김 과장은 우선 전자금융업 등록 자본금 완화·전자금융업 등록 절차 간소화·사전 보안성 심의제도 폐지 같은 과감한 규제 철폐로 핀테크 산업의 양적 규모(국내 핀테크 기업 370개, 산업 종사자 수 2만5600여명)은 확대일로에 있다고 설명했다.
> 또 인터넷 전문은행, 보험다모아, 원클릭 간편결제 확대 등 편리하고 쉬운 금융서비스가 대폭 출현해 편리한 금융서비스가 시장에 공급되고 있다고 자평했다.
> 반면 이 같은 노력에도 불구하고 여전히 국내 환경이 미국·영국 등 핀테크 선진국에 비해 갈 길이 멀다고 진단하고, '글로벌화'·'핀테크 생태계' 조성을 키워드로 정부의 정책적 지원을 더 강화할 것이라고 강조했다.
> 또 김 과장은 '글로벌 핀테크 강국으로의 도약'을 향후 핵심 정책으로 설정하고 △핀테크 인포허브 구축 △핀테크지원센터와 코트라·특허법인 등과의 협업 통한 원스톱 서비스 제공 △핀테크 기업 해외 데모데이 대폭 강화 등 각 국가별 맞춤형 해외진출 지원책을 구사해 나갈 것이라고 강조했다.
> 그는 "지난 8월 말 16개 은행 25개 증권사가 참여한 핀테크 오픈 플랫폼을 세계 최초로 오픈하는 등 다양한 혁신사례들이 속속 도출되고 있다"며 "국민들이 체감할 수 있는 핀테크 서비스 활성화 기반 마련과 해외 진출을 위해 정부도 힘을 쏟겠다"고 덧붙였다.

국내 핀테크 산업은 모바일 시장의 확대로 말미암아 모바일 금융시장의 주도권 다툼이 본격화될 것으로 예상되고 있는데, 이는 기존의 지급결제를 담당하는 금융회사 이외에 다양한 ICT기업들이 속속 모바일 금융시장에 진입하고 있는 실정이나, 현재까지 선도적 위치를 차지한 기업은 없는 상황이기 때문이다. 핀테크가 혁신적인 기술과 아이디어로 소비자들을 전통적인 금융서비스를 끌어오기 위해서는 안전성 확보가 중요하다. 핀테크는 기본적으로 IT기술을 기반으로 하기 때문에 안정성에 문제가 발생할 경우에는 산업 자체에 큰 위협 요인으로 작용이 가능하다.

때문에 핀테크가 간편하고 편리한 서비스를 안정적으로 제공하기 위해서는 고도의 보안 유지가 필요하며, 전통적인 금융서비스가 정적·사전적 보안을 중시한 것에 비해 핀테크는 개별 플랫폼을 통한 거래이기 때문에 동적·사후적 보안의 비중이 높아질 것이다. 핀테크가 활성화되더라도 전통적인 금융회사들은 공존할 것이다. 금융회사들은 막강한 자본력과 높은 레버리지, 수십년간 축적된 브랜드파워와 기업이미지, 다양한 거래고객, 우수한 인재 등을 바탕으로 금융업의 본질은 영원히 지속될 것으로 예상도지만, 다만, 전통적인 금융회사들은 ICT기업과의 융·복합을 통해 핀테크 시장을 선점하거나 전통적인 금융업에 대한 역량 강화를 통해 시장 지배력을 공고히 하는 등 전략적 선택이 필요하다.

제4절 스마트 사회

1. 스마트 워크

① 스마트워크의 정의

스마트워크는 '멀리 떨어져 일하다 또는 근무하다'라는 의미로서 teleworking이라고 흔히 표현되지만 그에 대한 정의는 다양하다. 스마트워크와 동일한 용어로 사용되어 지고 있는 용어로 재택근무, 가내근무, Working From Home(WFM), e-Commuting, e-Work, u-Work, Smart Work 등 다양한 용어가 있다(이희성, 2011).

스마트워크의 유래를 살펴보면 스마트워크는 정보통신기술의 발전과 함께 1970년대부터 원격근무와 재택근무 등의 업무형태가 새롭게 등장하였다.

원격근무에 대한 관심은 유럽보다 미국에서 먼저 시작되었다. 원격근무(telecommuting 또는 teleworking)라는 용어는 1973년 미국 캘리포니아 대학 미래연구센터의 Jack M. Nilles(1998)가 보험회사의 원격근무 시범 프로젝트를 수행하면서 처음 소개되었다.

여기서 Nilles는 원격근무를 "근로자들이 컴퓨터와 통신기기를 이용함으로써 출퇴근을 비롯한 업무와 관련된 모든 이동을 원격정보통신으로 대체하여 전통적인 사무실 이외의 장소에서 작업을 수행하는 근무형태"라고 정의하였으며, 여기서 사용된 J. Nilles의 정의뿐만 아니라 미국에서의 원격근무개념에 대한 논의는 주로 정규 임금 근로자들의 통근 문제에 관련된 것들로 제한적으로 사용되었다.

이것이 미국에서의 원격근무를 의미하는 용어로 원거리(Tele) 일한다(work) 텔레워크(Telework) 보다는 원격 정보통신기기로 출퇴근(commuting)을 대체한다는 텔레커뮤팅(Telecommuting)이라는 단어가 지배적으로 사용되는 이유이기도 하다.

스마트워크도 정보통신기술의 발전에 편승하여 도입된 원격근무의 확장된 업무 형태로 국내에서는 2010년 7월 국가정보화전략위원회의 '스마트워크 활성화 전략'에 대한 대통령 보고를 했으며, 앞서 1월에는 공무원을 대상으로 한 '스마트 오피스 추진 계획'을 발표한 바 있다(홍효진, 2011). 스마트워크에 대한 개념은 각 기관마다 다음 〈표 5-25〉과 같이 다양하게 정의하고 있다.

〈표 5-25〉표를 보면, 기관마다 정의의 차이는 있지만 본 연구에서 이를 종합하여 재 정의하면 스마트워크란 전통적 업무환경과는 달리 조직에서 최근의 정보기술인 클라우드 컴퓨팅 기술을 적극 수용하여 근로자로 하여금 시간과 장소의 제약을 받지 않고 업무를 수행할 수 있게 하는 첨단 업무환경을 의미한다.

〈표 5-25〉 스마트워크의 정의

발표자	정 의
방송통신 위원회 (2010)	종래의 지정된 업무공간인 사무실의 개념을 탈피하여 다양한 장소와 이동환경에서도 언제 어디서나 편리하게 효율적으로 업무에 종사할 수 있도록 하는 미래지향적인 업무환경을 말함
한국정보화 진흥원 (2010)	스마트워크는 관점에 따라 다양하게 해석되는 데 통상 정보통신기술(Information and Communication Technology)을 이용하여 시간과 장소에 제약 없이 누구와도 함께 네트워크상에서 일할 수 있는 유연한 근무방식을 의미
정보통신정책연구원 (2010)	정보통신기술을 이용하여 시간과 장소의 제약없이 동료직원들 과 원활하게 협업하고 끊임없이 업무를 수행하는 근로형태 혹은 이를 가능케 하는 환경을 말함
삼성경제 연구소 (SERI, 2010)	직원들이 자유롭게 창의성을 발휘할 수 있는 업무환경을 구축하고 업무전반에 대해 재점검하고 기업내외부의 지식을 활용하여 성과중심의 관점으로 시간낭비 요소를 제거하는 것[35]
이각범 (2010)	스마트워크는 IT 기술 발전으로 인해 언제, 어디서나, 누구와도 함께 네트워크상에서 일할 수 있어 집합지성(Collective Intelligence)을 실현하고 일하는 일반적인 패턴을 떠나서 일이 사람을 따라 다니는 체제임
남수현, 노규성, 김유경 (2011)	기존 IT 인프라와 모바일 시스템 그리고 웹2.0 기반의 소셜 미디어 등 다양한 정보시스템의 통합적 관리 운영을 통하여 근로자로 하여금 시간과 장소에 구애받지 않으며 창의적이고 효과적으로 업무를 수행하도록 하는 것
정철호, 문영주 (2011)	스마트워크란 다양한 정보통신 기술 및 컴퓨팅 인프라를 이용하여 시간과 장소의 제약없이 상호의존적인 공동의 과업을 관계자들과 협업하는 근로형태를 의미
삼일경영연구원 (2011)	"BWWF(Best Working Way Framework)" 라는 개념으로 효과적으로 비즈니스 이슈를 제공하고, 효율적인 업무처리로 얻어지는 시간을 창조 여력으로 활용하여 지속적인 조직 경쟁력 강화를 가능하게 하는 개념
정진택, 이윤목 (2013)	스마트워크의 유현근무제의 유형은 첫째, 가족 영역에서 활동이 이루어지는 가정 영역의 유연성과 둘째, 일이나 업무와 관련하여 유연성 활동이 이루어지는 직장 영역의 유연성, 셋째, 일과 가족 중 두가지 영역이 융합된 유형의 유연성 세가지로 나타나는데 이중 가정·직장 융합 유연성이 스마트워크 유연성에 가장 성공 요인임을 연구 결과로 제시

---

35) 출처 : 이승희, 도현욱, 서경도(2011), '스마트워크 활성화를 위한 경영관리 방안', 디지털정책연구, 9(4), pp.245-252

② 스마트워크의 유형

스마트워크의 유형은 근무 장소에 따라 이동/현장에서 모바일 단말을 활용하여 공간 제약없이 실시간 업무를 처리할 수 있는 모바일 오피스, 자택에서 공간 및 필요한 장비를 구비한 후 업무를 볼 수 있는 홈 오피스(재택근무), 사무실 환경과 유사하거나 보다 창의적인 원격 사무실에사 근무하는 스마트워크 센터 근무등으로 구분할 수 있다(한국지역정보화 학회, 2010). 남수현, 노규성, 김유경, (2011)과 윤혜정, 최귀영, 이중정(2011)은 스마트워크의 유형에 대한 장단점을 다음 〈표 5-26〉과 같이 정리하였다.

〈표 5-26〉 스마트워크의 유형과 장단점

유형	근무형태	장점	단점
재택 근무	자택에서 본사 정보통신망에 접속하여 업무 수행	•별도의 사무 공간 불필요 •출퇴근 시간 및 교통비 부담 불필요	•노동자의 고립감 증가와 협동업무의 시너지 효과 감소 •고립감으로 직무만족도 저하 •보안성 미흡으로 일부 업무만 제한적 수행 가능
이동 근무 (모바일 오피스 근무)	스마트폰 등 모바일기기 등을 이용하여 업무현장에서 수행	•대민업무 및 이동이 많은 근무환경에 유리	•스마트 폰 등을 통한 위치추적 등 근로자에 대한 감시통제 가능
스마트 워크 센터 근무	자택인근의 원격 사무실에 출근하여 업무수행	•본사와 유사한 수준의 사무환경 제공 •보안성 확보용이 •직접적인 가사, 육아에서 벗어나 업무 집중도 향상	•별도의 사무공간 및 관련시설 비용부담 •관련법 및 제도정비필요 •관련 조직 및 시스템 구축 필요

이에 대한 보다 구체적인 개념을 임규관(2011)이 디지털정책연구지에 게재한 "스마트워크 2.0 구축 방법론에 대한 연구"를 발췌하여 다음과 같이 요약 편집하여 설명한다.

◉ 재택근무

재택근무란 정보통신기술을 활용하여 자택에 업무 공간을 마련하고 업무에 필요한 시설과 장비를 구축한 환경에서 근무하는 유연한 근무형태이며, 재택근무를 위해서는 사무실과 동일한 환경을 구축하고 보안인증 기술을 이용하여 회사의 인트라넷에 접속하여 업무를 수행하거나 본사 또는 원격지에 떨어진 다른 근무자들과 영상회의, 업무 프로세스 공유 등의 협업 업무를 수행하기도 한다.

성공적인 재택근무의 정착을 위해서는 재택근무 인프라(네트워크, 보안 등)의 도입 비용의 절감 뿐만 아니라 활성화를 위한 새로운 제도 마련과 업무 성과 측정 방법의 개발을 통한 성과 위주의 평가와 보상체계, 보수, 연금, 의료보험 등 후생체계와 인력관리 지침 정립이 필요하다. 재택근무의 유형은 재택근무를 어떻게 정의하는가에 따라서 포괄하는 범주가 달라진다. 먼저 대부분의 근무를 재택근무 형태로 진행하는 상시형 재택근무와 주 1~2회, 월 몇 회, 오전/오후 등과 같이 진행되는 수시형 재택근무로 구분된다.

◉ 이동근무(모바일 오피스)

모바일 오피스는 일반적으로 그룹웨어를 시작으로 점차 현장 지원 업무시스템으로 확장되는 단계를 거친다. 모바일 업무 확장을 위한 장단기 로드맵은 기업의 특성에 따라 다르나 궁극적으로 모바일 클라우드 서비스를 통해 현장 지원 업무 시스템으로의 단순 확장이 아닌 메인 업무 도구로 자리 매김하고 있다.

모바일 오피스 플랫폼은 다양한 단말 환경을 지원하여 적은 비용으로 다양한 스마트폰 환경에 적용될 수 있는 기능을 제공한다. "원 소스 멀티 유즈(One Source Multi-use)", 또는 "애니 디바이스 애니 플랫폼(Any Device Any Platform)" 같은 개념을 구현하기 위해서 스마트폰 플랫폼의 종류, 모바일 웹, 모바일 애플리케이션 등의 다양한 클라이언트 형태를 지원하고, 사용자 경험에 바탕을 둔 화면 구성을 제공할 수 있어야 한다.

통합 개발환경(Integrated Develop Environment, IDE)를 통해서 프로젝트의 구성, 코딩, 테스킹, 디버깅 같은 작업을 지원할 수 있어야 하며 모바일 프레임워크를 제공하고 다양한 단말 환경에 적용이 가능해야한다 (방송통신위원회, 2010, 2011), (전자정보센터, 2010), (SK 텔레콤, 2011).

관리기능 및 보안 기능을 제공함으로써 단말기들의 효율적인 관리와 제어 기능을 제공하고, 단말기 분실 또는 해킹 등의 취약점을 해결할 수 있는 보안 기능도 제공할 수 있어야 하며, 백 엔드 통합 기능을 제공함으로써 기존의 비즈니스 로직과 연동하고 기업 전용 앱스토어, 소셜 네트워크서비스와의 연동과 같이 스마트 환경을 충분히 활용할 수 있는 기능을 제공하여야 한다.

또한 서버와 모바일 클라우드 환경을 제공하여 언제 어디서나 어플리케이션과 정보를 사용할 수 있도록 해야 하고, 플랫폼 확장성과 유연성을 제공함으로써 비즈니스의 확장 시 충분히 수평적 확장이 가능하여야 하며 비즈니스 로직 등이 코드의 변경없이 다양한 환경에 쉽게 적용되고 공유될 수 있도록 하여야 한다.

◉ 스마트워크 센터 근무

스마트워크센터는 도심에 있는 사무실에 출근하는 시간을 줄이고자 근로자의 주거지 인근에서 근무할 수 있도록 IT 기반의 원격 업무 시스템을 갖춘 시설로 지식 근로 활동에 필요한 사무환경을 제공하는 복합공간이며 도심의 사무실과 동일한 근무환경을 제공하여 업무 몰입도와 복무관리가 용이한 특징을 가진다(데이코산업연구소, 2011). 스마트워크센터는 인구 밀집지역과 접근성이 편리한 교통요지를 중심으로 추진되고 있으며, 각 지방자치단체별로 시청, 구청, 주민센터 등 청사의 여유 공간과 비즈니스센터, 교통환승센터 등의 공공 시설물, 민간 기업의 사옥, 아파트 주민 공동 이용시설, 학교 등의 시설을 이용하여 지역 수요와 특성에 따라 스마트워크 센터 기능을 차별화하여 제공할 수 있다.

스마트워크센터는 일반적으로 이용자, 기업과 기관에서의 소유권, 지리적인 특성 등에 따라 분류할 수 있다. 실질적인 방법으로는 위치한 장소의 특성에 따른 분류가 적용된다. 스마트워크센터의 효과적인 활용을 위해서 운영관리시스템을 활용하여야 한다. 일반적으로 근로자들에게 스마트워크센터의 각종 시설을 편리하게 예약하고 사용할 수 있도록 시설관리, 안내 데스크, 출입체크 등의 운용관리 인프라를 구축한다.

관리시스템은 스마트워크센터의 운용에 필요한 관리시스템으로 사용자에게 직접적으로 표출되는 시설은 아니지만 업무의 효율성을 높이고 운용을 용이하게 할 수 있는 시설로서 프린터, 문구류 함, 발권 키오스크, 감성 조명, 스마트폰 충전기, 전자 캐쉬, 사용자 출입통제, 인터넷 예약, 서버, 네트워크 장비(허브, 라우터, 공유기 등), VDI(virtual desktop infrastructure), 클라우드 스마트 콜센터 솔루션 등이 있다. 보안시스템은 스마트워크센터의 문서, 출입통제 등에 사용되는 물리적인 성격의 보안 시설을 의미하는 것으로 출입보안, 서버보안, 문서출력보안, 공용PC환경보안, 방음시설 등이 있다.

③ 스마트워크 국내 동향

아시아 국가에서 정부가 재택근무의 추진을 내걸고 있는 나라는 지금까지 일본뿐이었지만 이에 이어 우리나라 정부에서는 2010년 7월에 스마트워크 추진정책을 발표하였으며, 재택근무를 스마트워크라고 부르고 2015년까지 민관의 30%를 재택근무로 실시하겠다는 목표를 설정하였다. 이를 실현하기 위해 2015년까지 공공형 스마트 워크센터를 50개소, 민간형 450개소 설치할 계획을 가지고 있으며, 안전행정부 등 일부 부처는 2013년 10월 서울역 역사에 스마트 워크 센터 가동을 개시하였다.

우리나라에서는 일찍부터 전자 정부를 추진하고 있으며, 유엔이 발표하는 전자 정부의 성숙도 조사 결과는 2010년에 한국이 전자 정부 정비 상황, 시민의 전자 참여 모두에서 세계 1위가 되었다. 이러한 배경의 하나로 2005년경부터 한국 특허청이 재택근무 제도를 도입한 바 있다. 우리나라의 스마트워크 추진 전략은 통합 커뮤니케이션, 화상 회의, 클라우드 컴퓨팅 등을 활용하여 디지털 협업을 진행, 지금까지의 대면 문화를 극복하는 것이며, 또한 스마트 폰 등의 모바일 기기의 활용에 중점을 두고 있는 점이 특징이다. 세종특별자치시에서도 2014년까지 53개 기관이 세종시로 이전할 것을 대비하여 이들 입주기관의 정보화 업무 추진을 뒷받침하기 위한 ICT 기업의 편의 제공을 위해 세종 ICT지원센터를 구축하고 있다(세종특별자치시, 2012).

2. 스마트 그리드

① 스마트 그리드 개요

● 스마트 그리드 개념

스마트 그리드는 공급자 중심의 전기 공급구조에 정보통신 기술을 접목하여 공급자와 소비자가 실시간 정보 교환을 통해 에너지 생산 및 소비를 최적화시켜주는 차세대 전력망을 의미한다. 현재의 전력망은 중앙에 집중되고 생산자가 통제하는 중앙 집중적인 네트워크인 반면 스마트 그리드는 다양한 공급자가 존재하며 수요자와 공급자 간에 상호작용을 가능케 하는 시스템이다.

〈표 5-27〉 현재 전력망과 스마트 그리드 비교

구 분	기존 전력망	스마트 그리드
통제시스템	아날로그	디지털
발전	중앙 집중형	분산형
송·배전	공급자 위주 단방향	수요·공급 상호작용 양방향
전력공급원	중앙전원 화석연료 위주	분산된 전원의 증가 태양력 등
고장진단	불가능	자가진단

구 분	기존 전력망	스마트 그리드
고장제어	수동복구	반 자동복구 및 자기치유
설비점검	수동	원격
제어시스템	국지적 제어	광범위한 제어
가격정보	제한적 한달에 한번 총액만	실시간으로 모든 정보 열람
가격제	사실상 고정 가격제	실시간 변동 가격제
전력수요	급변 수요에 의존	거의 일정 가격에 의존
소비자구매선택	제한적	다양

* 자료 : 산업연구원

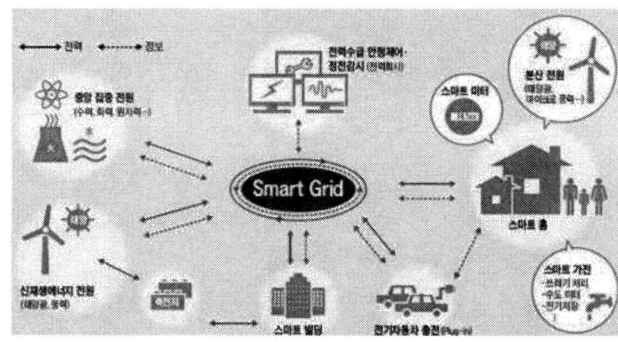

* 자료 : 조선일보

[그림 5-32] 스마트 그리드 개념도

또한 스마트그리드는 수요·공급자간의 양방향 통신을 이용한 정확한 실시간 가격 정보교환 및 전력공급이 가능하여 기존의 고정화된 전력 체계가 아닌 변화하는 시장 정보에 따라 계속 대응하는 지능화된 전력 시스템이다.

② 스마트그리드 이행 배경

현 전력시스템은 100년 전에 설계돼 지금까지 사용되고 있으며 높은 안정성을 유지하는 대규모 전력 시스템이나 잉여 발전시설을 필요로 하는 등 한계를 가지고 있다. 또한 현 전력시스템은 피크수요에 대비하기 위하여 1년에 50시간미만으로 사용되는 잉여 발전기가 존재하여 효율성이 낮고 전력 생산비가 높으며, 잉여전력을 저장하는 것과 전력 수요를 실시간으로 예측하는 것이거의 불가능하다. 온실가스 감축을 위해서 향후 신재생 에너지 발전 및 전기차 보급 등의 확대가 필수적으로 관련 인프라 구축이 필요하다. 화석에너지 1GWh를 신 재생 에너지로 전환 시 약700t의 CO_2 감축이 가능하며 전기 차는 동급 가솔린 차 대비 에너지 소비량이 작다.

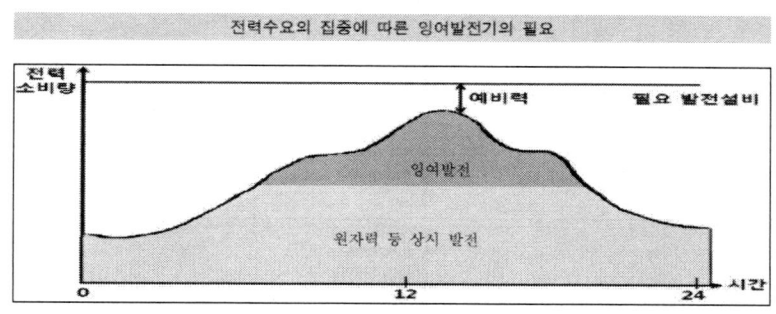

* 자료 : 지식경제부

신재생 에너지는 변동성이 높은 자연 에너지에 의존하기 때문에 現 전력 시스템 하에서는 전력공급의 안정성을 확보하기 어려고, 충전기 10개를 동시 충전할 경우 충전소의 전력 소비량은 170여개 가구의 동시 소비 전력에 상당하다. 또한 스마트 그리드는 전력 사용의 분산을 통해 전력 소비의 고 효율을 달성할 수 있으며, 특정 시간대에 사전에 정해진 가격으로 전력 공급이 가능하고, 정해진 가격은 시장의 수요와 공급 날씨 및 전력 사고 등에 따라 결정돼 하루 내지는 한 시간 전에 수요자에게 통보를 할 수 있다. 소비자들은 실시간 가격정보를 이용하여 다양한 형태의 전기사용 및 전력비용을 최소화하는 소비패턴의 변화를 통해 전체적인 에너지 비용을 절감할 수 있다.

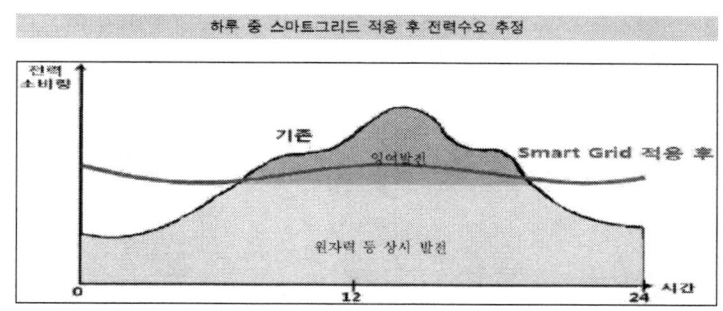

* 자료 : 지식경제부

미국 등 주요국은 전력망의 노후화가 심각하여 재투자와 함께 스마트 그리드로의 이행을 검토 중에 있다.

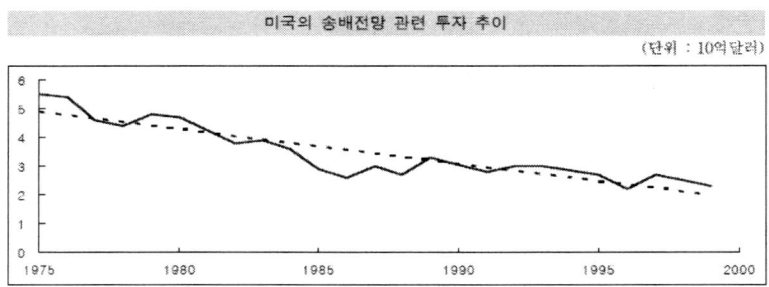

* 자료 : Department of Energy(美), "Grid 2030"

이는 미국의 송배 전망관련 투자가 감소하여 송전선·변압기의 70%가 25년 이상 되었으며 차단기의 60%가 30년 이상의 노후 시설이며, 전력망이 전국적으로 연결돼 한쪽의 정전이 전국적인 정전 사태로 확대될 가능성이 매우 높다. '03년 오하이오(美) 지역의 전력망이 나무에 걸린 사고로 미국 북동부 지역과 캐나다 온타리오 지역까지 정전이 확대돼 약 100억 달러의 피해를 일으킨 사례도 있다.

③ 스마트그리드의 산업구조

전력·IT·통신사업이 융합된 스마트그리드는 전력 레이어, 통신 레이어, 애플리케이션 레이어로 구성된다. 즉, 전력 레이어는 발전소, 송배전망 등 물리적 전력기반설비로, 통신 레이어는 전력수급 주체 간, 전력장치들 간 양방향 정보교환을 가능하게 해주는 통신 네트워크로, 애플리케이션 레이어는 스마트 그리드 인프라를 기반으로 다양한 기술과 시스템이 구동되는 서비스 영역으로 구성된다. 전력 레이어에서는 분산전원 계통연계, 지능형 송배전 시스템 구축이 관심을 받고 있다. 지능형 송배전망은 스마트 미터 등 지능형 전력기기를 갖추고 전력망 운영자가 자동복구 기능 등을 통해 송배전망을 효율적으로 제어하고 송배전망과 수용가 시스템에 분산전원, 고압직류송전시스템(HVDC3)), 유연 송전시스템(FACTS), 자동복구기능 등이 도입될 것으로 예상된다.

통신레이어에서는 전력사업자와 소비자간 쌍방향 통신을 위해 기존 통신망 활용 및 신규 통신 인프라 구축이 필요하다. 전력선 통신(Power Line Communication), 근거리 무선통신망 등을 사용하고 애플리케이션 레이어에는 원격검침인프라(AMI4)), 수요반응, 전력저장, 전기자동차 등과 같은 애플리케이션을 활용한다. 원격검침인프라(AMI)는 스마트그리드 구축의 시작점으로 스마트 미터, 스마트 미터가 생성한 자료를 전송하는 통신시스템 및 검침 데이터 관리 시스템으로 구성된다. 스마트

미터는 소비자의 실시간 소비량, 실시간 가격 정보 등을 전달하고, 수요반응(Demand Response)은 가격, 계약 등에 의해 최고 수요를 줄이는 기술·시스템으로 수요 반응에 대처할 수 있는 단말기, 전력기기를 수요처 단위로 관리할 수 있는 에너지 관리 시스템 등으로 구성된다.

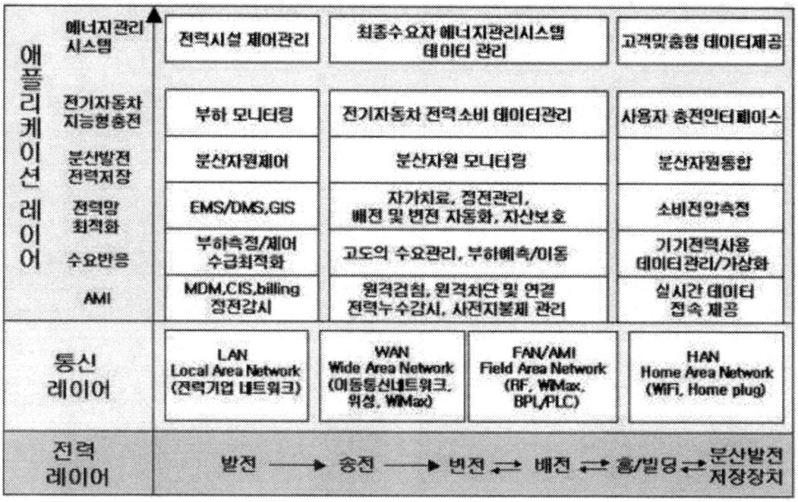

[그림 5-33] 스마트 그리드 레이어

* 자료 : KISDI

일반적으로 전력사업자와 소비자는 전력부하를 언제 어떻게 감축시키도록 할 것인지에 대해 상호 계약을 체결한다. 공급자 위주의 일 방향적인 시장 구도를 변화시키며 기업의 광범위한 에너지 관리 플랫폼이나 서비스로서 중요한 애플리케이션이 될 전망이다. 에너지 저장장치(ESS5))는 신재생에너지 발전의 간헐적인 발전 문제를 해결해 주며 전기차 보급으로 빠르게 보급될 것으로 예상된다. 전력을 충전하고 저장된 전력을 효율적으로 방출하는 소프트웨어 및 솔루션에 대한 관심 증대되고 있어 에너지 저장장치의 보급 확대를 위해서는 가격 하락(현재 1,000유로/kWh 이상) 및 다수의 미검증된 기술의 안정성 향상이 필요하다. 전기차는 자동차 연비 규정 및 이산화탄소 배출량 허용 기준 강화, 전기차를 신성장 산업으로 육성하기 위한 주요 국가의 노력으로 보급이 확대되고 있다. 전기차의 배터리는 잉여전력을 저장하여 전력수요가 높아질 때 전력망으로 저장된 전력을 송전하는 V2G(Vehicle-to-Grid)로 발전하고 있다.

④ 스마트그리드의 기술 개발 동향 및 발전방향
◉ 스마트그리드 기술 수준

스마트그리드 관련 일부 기술은 상용화 수준에 도달했으나 상당수 기술이 개발단계에 있으며, 성숙된 기술이라 할지라도 대규모 시범 적용이 필요한 상황이다. 기술성숙도가 높고 빠르게 개발이 진행되는 분야는 정보통신기술 통합과 AMI 분야이며, 전력수요예측, 공급능력산정, 분산전원과 전기차의 연계 및 통합제어 등의 지능형 배전시스템 분야는 상대적으로 더디게 개발되고 있다.

다음은 스마트그리드 기술영역별 주요 기술과 기술성숙도 및 개발 동향을 표로 정리하였다.

〈표 5-28〉 스마트그리드 기술영역별 주요 기술

기술 영역	하드웨어	시스템 및 소프트웨어
광역 모니터링 및 제어	PMU(phasor measurement units), 기타 센서 장비	SCADA(집중 원격감시 제어시스템), WAMS(wide area monitoring system) WAAPCA(wide area adaptive protection, control and automation), WASA(wide area situational awareness)
정보통신기술 통합	통신장비(전력선통신, WMAX, LTE, 이동통신 등), 라우터, 교환기, 게이트웨이, 컴퓨터(서버) 등	ERP(enterprise rerource planning software) CIS(customer information system)
재생에너지 및 분산발전 통합	발전제어장치, 저장장치 등	EMS(에너지관리시스템), GIS(지리정보시스템)
송전망 고도화	초전도체(Superconductor), FACTS(유연전송시스템), HVDC(고압직류송전시스템 등)	네트워크 안정성 분석, 자동복구시스템 등
배전망 관리	자동 리클로저(re-closer), 원격제어 분산발전 및 저장, 변압기 센서, 케이블 센서 등	DMS(배전관리시스템) OMS(정전관리시스템) WMS(인력관리시스템) 등
AMI (Advanced Metering Infrastructure)	스마트미터, 가정내 디스플레이, 서버 등	MDMS(미터데이터관리시스템) 등
전기자동차 충전 인프라	충전인프라, 배터리, 인버터 등	에너지 빌링, 지능형 G2V 및 V2G 소프트웨어
고객 측 시스템	스마트 가전, 라우터, 가정내 디스플레이, 건물자동화 시스템 등	에너지 대시보드, 에너지관리시스템, 에너지관리용 앱(App) 등

◉ 스마트그리드 기술개발 동향
- AMI(Advansed Metering Infrastructure)
  AMI는 오픈아키텍처(Open Architecture)를 통하여 수요자와 공급자 간에 정보의 전달을 가능하게 하는 기술로 소비자의 전력 사용정보 등을 보내주는 스마트 메터(Smart Meter3)와 스마트메터가 생성한 자료를 전송하는 네트워크 시스템 등으로 구성되어 있다.

AMI는 실시간 지불 시스템 과부하 관리 시스템 및 사용자의 전력 사용습관 등 광범위한 전력 관련 정보의 데이터베이스 구축 및 활용을 하며 수요와공급이 기반이 된 실시간 전력시장의 기반 기술이다.

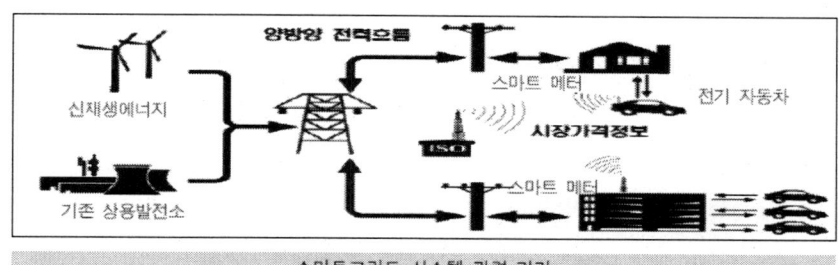

스마트그리드 시스템 관련 기기

* 자료 : 산업연구원

스마트 메터는 소비자의 실시간 소비량 및 패턴 등의 계량화 및 실시간 가격 정보를 전달하는 AMI의 기반 시스템이며, 공급자 및 수요자의 정보를 상호 소통하게 해주는 일종의 게이트웨이(Gateway)로 향후 다양한 사업 기회가 파생될 것이다.

동 메터를 이용하면 가정의 세탁기와 난방기는 자동으로 AMI에 접속하여 가격이 일정 밴드에 있을 때에만 작동할 수 있으며, 태양광 발전은 일정 가격 이상에서만 자동으로 판매하고 그 이하에서는 자체 소비하는 등의 시스템 도입을 가능하게 될 것이다. 네트워크 시스템은 다양한 소비자의 전체 전력 정보를 사용·분석하는 Application Layer와 분석된 정보를 사용자에게 제공하는 Transport Layer로 구성되어 있다. 하지만 AMI 기능의 원활한 구현을 위해 소비자와 대형 공급자 간 다양한 통신 네트워크가 요구되며 표준적인 기술은 아직까지 확립되지 않았다. HAN(Home Area Network)는 주로 가정 내에서 스마트 메터와 같은 게이트웨이와 소형 전력기기를 연결하는 통신망 혹은 통신규약이다.

이는 주로 가정 내에서 이용이 되는 근거리 통신망으로 전력기기들의 수요반응을 일차적으로 집중·취합하여 스마트 메터에 전달 및 연결하는 전기기기들의 전력사용량 감시·통제·운영을 위한 기반

기술이다. 여기에는 Zigbee 혹은 PLC(Power Line Communication) 등 여러 통신망이 고려중에 있다.

〈표 5 – 29〉 AMI 구성을 위한 다양한 네트워크

이름	내용	구분	장단점
RF Mesh Network	• 다양한 연결점을 무선 주파수를 통해 연결하여 정보를 전달하는 통신 기술	장점	• 인터넷과 같이 확장성이 좋음
		단점	• 갱신주기가 길어 정전사태 등 긴급 상황에 대처가 어려움
3G Network	• SmartSync사와 AT&T사가 협약한 통신 규약 • 가정 내는 3G망을 사용하고 게이트웨이와 공급자는 기존 공중망 WAN 등을 사용	장점	• 비용이 저렴
		단점	• 공중망은 AMI에 비 적합
WiMAX	• 할당된 무선 주파수 대역에 고속광대역의 무선 자료를 제공하는 통신 기술	장점	• 갱신주기가 짧음 • 안정적
		단점	• 비용이 높음 • 아직까지 많이 사용되지 않아 검증되지 않았음

* 자료 : GMI Research

Google은 가정 내에서 스마트 메터와는 별도로 이미 Zigbee 및 인터넷을 이용하여 네트워크를 구성하는 등 응용 사업기회를 창출 중에 있다.

• 수요반응 (Demand Response ; DR) 기술

DR은 계약 혹은 자의에 의해서 전력 피크시의 전력사용을 축소시키는 기술 혹은 시스템으로 스마트 그리드의 핵심분야 중 하나이다. DR의 구현에 필수적인 스마트 메터의 보급이 미국에서만 4천만대가 보급되는 등 향후 급속도로 확대될 전망이다. 전력거래시장에서 실시간 전력 가격이 형성돼 전력 수요급증시 바로 가격이 상승되며 이는 바로 소비자에게 전달된다.

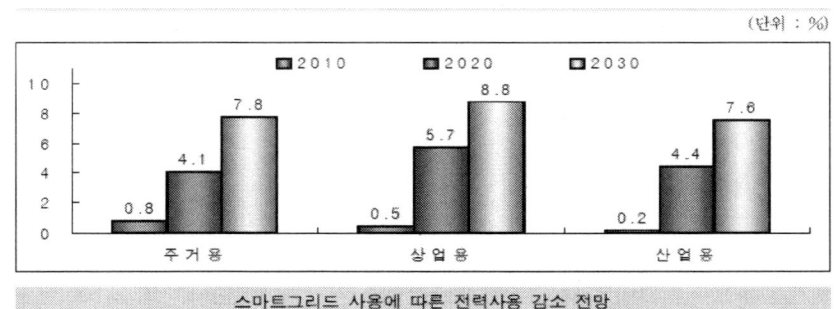

스마트그리드 사용에 따른 전력사용 감소 전망

* 자료 : Electric Power Research Institue, GTM Research 재인용

소비자는 전력 피크시에 전기사용을 줄이는 계약이나 시장 원리에 따라 전력 사용량을 감소시킬 수 있다. 따라서 '30년에는 스마트그리드 확대에 따라 7~8%의 수요량 감소가 예상된다.

에이전트는 일정 피크시간대에서 전력 사용을 줄이는 협정을 다수의 소비자와 체결한 후 발전 사업자에게 판매할 수 있다. DR에 의한 피크 전력분산은 경우에 따라서는 화석연료에 의하여 발전소를 더 건설하는 것보다 효율적일 수도 있다.

구 분	비용(1000$/MW)	가동시간(분)
Demand Response	240	5
천연가스 발전소	400	30

주 : 가동시간은 피크전력이 예상되고 이를 감소 또는 보조전력의 사용까지의 예상 필요 시간

DR과 기존 발전소에 의한 피크전력 대응 효과

* 자료 : GTM Research

- 분산형 발전

분산형 발전은 소규모로 소비지 근처에서 신재생에너지 혹은 기존 화석연료를 이용하여 발전하는 마이크로 그리드(Micro Grid)를 의미하나 스마트그리드에서의 분산형 발전은 신재생에너지에 의한 발전으로 한정하고 있다. 때문에 소비지 인근에서 발전하여 전력 연결비용 등이 저렴하고 신재생에너지를 주로 이용하여 환경 친화적이다.

신재생 에너지 보급의 가장 큰 문제점은 전력 생산의 간헐성(intermittency), 다수의 마이크로그리드 생산점와 소비점 사이의 전력 흐름을 적절히 통제하는 것이다. 간헐성은 다양한 신재생 에너지를 교차 생산하거나 전력 저장 기술을 활용하여 극복이 가능하다. 폭풍이 치는 날은 태양광 발전은 불가능 하나 풍력발전은 가능하며, 대규모 전력저장 기술은 전력 생산의 간헐성을 완화시킨다. 대규모 연결점의 전력흐름을 통제하기 위해 다량의 AMI 및 EMS 시설은 필수이다.

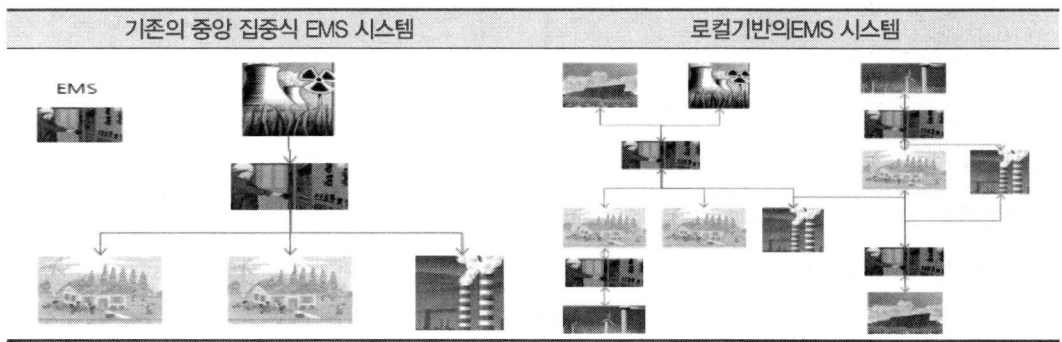

EMS(Energy Management System)는 전력 계통을 운영·관리하는 두뇌에 해당 하는 시스템으로 향후 분산형 발전의 증가는 기존의 중앙 집중적인 EMS시스템을 로컬의 분산 EMS 시스템으로 변화시키게 될 것이다.

- 전기자동차
전기 자동차는 분가솔린 엔진 대신 전기 모터로 구동되는 자동차로 순수하게 배터리의 힘으로 움직여 탄소 배출량이 적고 연료를 덜 소모하는 친환경 자동차이다. 일반적으로 가솔린 자동차의 에너지 효율은 20% 안팎이나 전기 자동차는 70 ~ 80% 수준이며, 배터리 전기모터 배터리 시스템 등이 주요 부품이며, 전기자동차의 본격적인 확산을 위해서는 배터리 관련기술과 지능화된 충전시스템(Smart Charging) 기술의 향상이 선행되야 할 것이다.
배터리의 급속 충전 기술 고용량 배터리 기술 등 배터리 관련 기술개발 동향으로 방전된 배터리를 충전하는데 15~20분이 소요되는 급속 충전 배터리 기술에 대한 연구가 활발하나 가솔린 충전시간인 3~5분에 비해 충전 시간도 길고 가격도 비싼 편이다. 여기에는 시그넷 시스템(한국), 레스터(미국), M.A.C.(미국), 지반(이탈리아) 등이 60㎾ 이상 급의 배터리를 개발 중에 있다.

최근 도요타는 기본 배터리 보다 충전 용량을 10배 이상 늘리는 기술을 개발하였다고 발표하였으나 아직까지는 연구실 수준이다. 충전 시스템 기술개발 동향 및 과제로서 동일 시간에 다수의 전기 자동차가 대용량의 급속충전을 하여 대규모로 전력을 사용할 경우 그리드에 영향을 줄 수 있다. 전기 자동차와 스마트 그리드의 무선통신을 통해 피크 시간대의 전력충전을 연기하여 동시 집중문제를 완화시킬 수 있으나 아직까지는 연구 단계에 있다. 배터리 및 충전 시스템 문제를 해결하고 향후 전기차가 대량 보급되면 충전 가능한 대규모 배터리가 지역 내 설치되는 것과 비슷한 효과를 가져와 피크전력 분산에 도움을 줄 수가 있다. 예를 들어 미국 자동차의 25%가 전기차로 변환 될 경우 750GW의 전력을 전기차 배터리에 저장 할 수 있으며, 전력 계통과의 연계로 저렴한 시간에 전력을 충전하고 미운행 시 충전되었던 전력을 되파는 V2G(Vehicle To Grid)가 가능하다.

- 전력 저장 기술
대규모 잉여전력을 저수지나 동굴에 저장하는 기술 등이 있으나 입지의 제약으로 적극적 활용이 어려움 상태이다. 즉, 잉여 전력을 발전기를 통해 아래의 저수지에서 위쪽 저수지로 올리거나 동굴 등에 가스를 저장하였다가 전력 피크 시에 낙차 또는 압력을 통해 전력을 생산하는 것이다.

종류	2차 전지	울트라 캐퍼시티	플라이 휠	압축공기 저장
특징	화학전지와 변환장치를 통해서 저장	전기저항이 없는 초전도 코일에 자기에너지로 저장	회전자의 회전에너지로 저장	압축공기를 지하공동에 저장하여 연료와 동시에 연소, 이용
용량(MW)	1~20	0.5~5	0.1~5	대용량
가동시간	순시	순시(고속용)	순시(고속용)	-
수명(년)	10	30	30	20
효율(%)	65~70	90이상	70이상	65

주요 에너지 저장 장치 비교

* 자료 : 한국과학기술정보연구원

최근까지 광범위하게 사용되는 축전지 등은 환경 오염의 문제 짧은 사용가능 연도 및 낮은 효율 등의 이유로 한계가 많아 다른 저장방식의 연구를 적극적으로 진행 중에 있다.

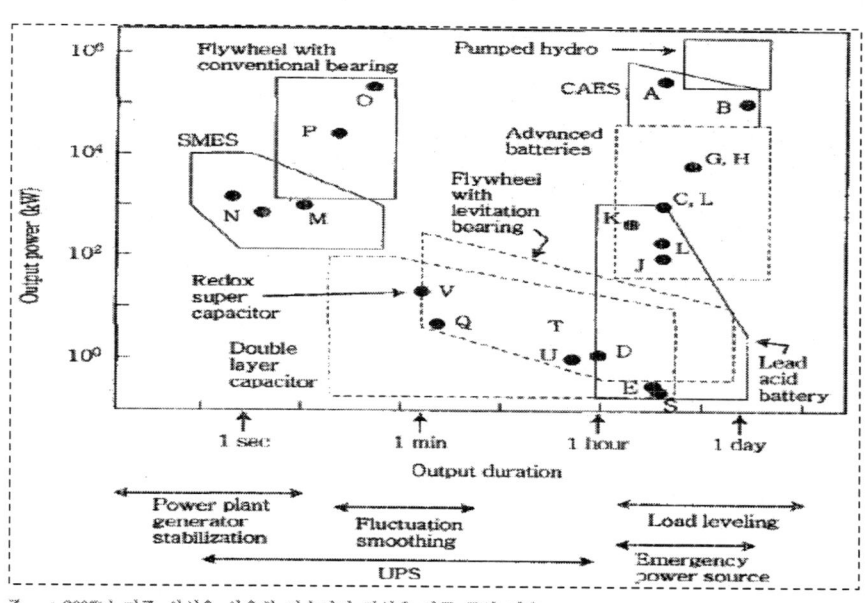

주 : 2005년 기준 실선은 상용화 기술이며 점선은 연구 중인 기술

전력 저장 시스템별 출력과 송전시간

* 자료 : 한국과학기술정보연구원

울트라 캐퍼시티(Ultra Capacity)는 미래형 자동차 및 산업전력 시스템에 적용되는 차세대 핵심 에너지 저장장치로 기존 캐패시터의 낮은 에너지 밀도와 이차전지의 낮은 출력 특성을 보완하는 에너지 저장장치를 개발 중에 있다. 초전도 플라이휠(Flywheel)은 여분의 전기 에너지를 회전자의 회전 에너지로 저장하는 기술로 초전도체를 이용하여 회전자를 부상시키고 마찰을 없애 변환 효율이 97%에 이를 새로운 전력 저장 기술이다. 최근 기술적 진전이 있어 상용화 추진 중으로(비콘파워 BeaconPower(美))社는 잉여전력을 10개의 플라이휠에 저장하여 전력수급을 안정화하는 2MW급 에너지 저장형 시스템을 발전소에 설치하였다.

- 기타

다양한 발전원에 의한 공급이 수시로 일어나는 스마트 그리드는 현 전력시스템 보다 더욱 정교한 감독·모니터링 시스템을 확보해야 한다. 처리해야 하는 정보량이 훨씬 복잡하여 일정 수준까지는 스스로 감시(self-monitoring)하고 치유(self-healing)하는 기술이 필요하다. 다양한 정보를 쉽게 전달하기 위한 삼차원 시각화 기술 등도 정교화 될 것이다. 위상측정기(Phase Measurement Units; PMU)는 특정 지역의 전력의 초당 전압 및 위상차 등을 측정하는 기계로 향후 더욱 정교해 지고 광범위한 상황 인식을 바탕으로 전력의 병목현상을 줄이는데 활용될 것이다.

◉ 스마트그리드 업계 동향

- 투자 동향

스마트 그리드에는 전통적인 유틸리티 산업과 IT 등의 기술 응용이 많아 이종 업체 간의 제휴·협력을 통한 대응이 매우 중요하다.

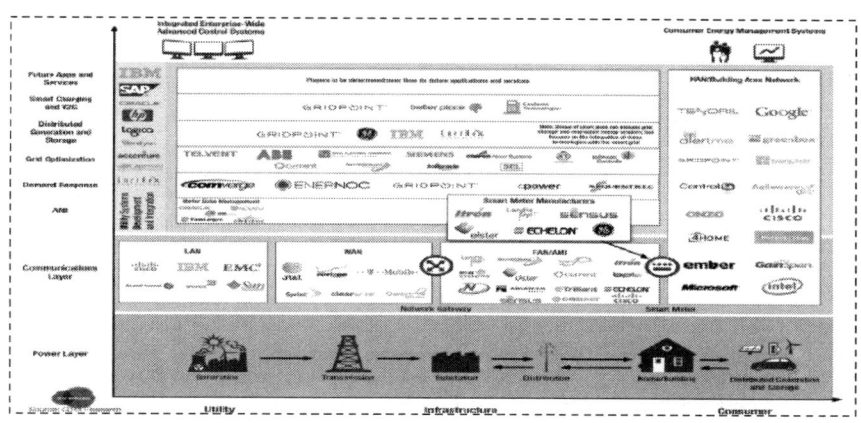

주요 업체의 Value Chain

*자료 : GTM Research

전력회사들은 정부의 예산 지원 등을 통한 수익보장책을 통해 전자 계량기등 스마트그리드 사업을 적극 추진 중에 있다.

회사명	담당지역	내용
PG & G	북서부	- 1976년부터 수요관리 프로그램 추진 - 2012년까지 23억달러 투자하여 510만개 전자계량기 및 42만개 가스계량기 교체
Edison	중남부	- 530만개 전기계량기 기운영 및 가스계량기 원격 검침중 - 2013년까지 17억 투자계획
SDGE	남부	- 140만대 전기계량기, 90만대 가스계량기 교체 - 2011년까지 6억불 투자예정
Xcel Energy	북동부	- 관련 업체들과 콘소시움을 구성 스마트그리드 관련 사업확장 및 태양광, 풍력발전기의 전력사업화

미국 전력회사의 스마트그리드 접근 전략

*자료 : KT경제경영연구소

DR 및 네트워크 유지관리에 경쟁력을 보유한 통신업체들은 전력업체와 제휴하여 인터넷 기반의 가정용 지능형 전력망 시스템을 제공하고 있으며, DR분야에서는 Comverge, EnerNoc이 시장을 선도하고 있으나 아직까지 시장형성 초기 상태이다.

업체	내용
Comverge	- Nasdaq 상장
EnerNoc	- 초기에 시장 진입 - 기술 장벽 보다는 경험(이력)형성이 더 중요

주요 DR관련 업체 현황

*자료 : GTM Research

이미 전력망 시스템 분야에 진출한 통신업체 외에 대형 IT업체들도 관련 기술을 보유한 업체들과의 제휴를 통해 역량을 높이는 중이다. Google, Microsoft 등은 자사의 장악력을 높이기 위해 HAN(Home Area Networks) 관련 소프트웨어를 무료로 배포할 예정이다.

분류	회사명	내용
통신	AT&T	- 텍사스 전력회사와 공동으로 휴대폰을 이용하여 전력량계를 조절하는 서비스 개발 중 - 계량기 네트워킹 기업인 sMARTsYNC와 파트너쉽을 맺어 자사의 무선 네트워크 개방을 통해 새로운 사업모델 제시 - 전력누출장치, 원격모니터링 관련 모바일 Application공급
	Verizon	- 자사의 광태이블 기반의 브로드밴드 서비스에서 홈에너지 모니터링 서비스 제공 - Itron사와 스마트 미터의 에너지 데이터 관련 공동개발 협의 - Ambient와 스마트그리드 프로젝트를 실시하며 데이터 수집, 분석, 관리, 실시간 가격제시 등 기능 제공
	T-Mobile	- 스마트미터 기술업체인 Echelon과 파트너쉽을 체결하여 Sim(Subscriber Identification Module) 카드를 이용 자사의 무선망에 접속하여 관련 서비스 제공
	BT	- 유럽의 재생에너지 환경에서 스마트 미터의 연결을 위한 통신네트워크의 성장을 유도 - 뭇너 게이트웨이인 홈허브에 홈에너지 모니터링 기능 추가
IT	Google	- 09. 9월 GE와 기술 및 정책 공동개발 발표 - 스마트 메터와 에너지 관리 장치에서 나오는 정보를 Google에 제공돼 웹에서 확인하게 해주는 툴인 Power Meter 테스트 중 - AMI관련 전문업체인 Silver Spring Network에 1억달러 규모 투자하여 전기운영시스템 등 에너지 관리 주도권 확대 노력 중 - 그린 IT전략의 일환으로 신재생에너지, Plug-in 자동차기술 및 환경재앙대처 등을 연구 중 - HAN(Home Area Networks)관련 소프트웨어의 무료 배포 선언
	Microsoft	- HAN관련 소프트웨어의 개발 및 무료배포 선언

통신업체들의 스마트그리드 접근전략

* 자료 : GTM Research, 경제경영연구소

설비업체들은 자사의 기술을 개방하고 타사와의 협력체계를 강화하는 등안 정적인 서비스 제공에 주력하고 있다. Itron, GE, Landis+Gyr, Elster, Sensus, Echelon 등 전통적인 중전기관련 장비 판매업체들은 직접 Smart Meter 등을 통해 시장에 진입 중에 있으며, 이들은 비교적 진입이 용이한 Smart Meter, Grid 최적화 등에 주로 진출하고 있다.

가장 유망한 분야 중 하나인 AMI는 전력기술과 IT 기술이 모두 필요한 분야로 주요 네트워크 업체와 IT 회사들의 전략적 제휴를 통해 사업을 전개하고 있다. 미국 내 주요 AMI 회사들은 Smart Sync, AT&T와 같은 무선 통신 사업자나 GE, Gridnet과 같은 차세대 WiMax 사업자와 전략적 제휴 중이며,

주요네트워크 업체들은 전 세계 스마트 그리드 프로젝트에 자사의 서버와 소프트웨어 등을 제공하고 있다.

회사명	내용
IBM	- 미국 전력연구원 주도의 연구·개발에 참여하여 스마트그리드 구축기술과 방법론 개발 - 다양한 시범사업에 참여하여 서버와 소프트웨어를 통해 데이터 수집과 분석 - IBEC사를 통해 BPL 서비스를 미국 동부에 제공하여 초고속기반의 Utility 점검, 통제관리 등 관련기술 제공 - IBM기술 중심의 표준화 및 개방형 기술 혁신 주력
CISCO	- 보안기능을 보유한 네트워크의 인프라 솔루션을 스마트그리드의 기초 플렛폼으로 제공계획 발표 - 스마트그리드 관리, 비용의 최적화, 자동화 솔루션 및 에너지 사용실태를 관리해 주는 솔루션 제공 - Duke Energy와 전략적 제휴
Silver Spring Networks	- 5백만건의 계량기 연결사업 수주(최대규모) - 리딩업체

주요 네트워크 업체들의 스마트그리드 진출 현황

* 자료 : GTM Research, 경제경영연구소

● 향후 전망

미국 EU 등 주요국은 전략적으로 스마트그리드를 육성할 계획이며 중전기 IT 관련 높은 기술력을 보유한 우리나라도 스마트그리드 관련 대규모 투자를 계획 중에 있다.

국가	내용
미국	- 에너지부는 2020년까지 스마트그리드 설비투자시 연방정부가 20%보조 - 경기부양책 「경제회복 및 재투자접」에 따라 2009년부터 스마트그리드 개발 프로젝트에 45억 달러 지원
EU	- 2022년까지 전 건물의 80%를 스마트그리드에 포함시킬 계획 - 영국은 2020년까지 70억 파운드를 투자, 모든 가정에 스마트미터기 설치 예정 - 이탈리아의 ENEL(국영전력회사)는 1999년부터 2700만 가구를 대상으로 원격검침, 보안 등을 구현하는 프로젝트 진행중 - 스페인의 Endesa(전력회사)는 2001년부터 대규모 스마트그리드 관련 연구 중 - 프랑스는 2012년까지 4억유로를 투입, 2017년까지 스마트계량기 보급 완료
일본	- 구주전력은 전력정보시스템에 IP 전송망을 채택 - 도쿄전력 및 마스시타전공은 공동주택의 전기사용량의 측정 및 통제를 위한 시스템을 개발 중 - 2007년 Ota-City 실증단지 등에 Micro Grid를 실제 운영하고 있으며, 2010년에는 대규모 실증단지를 계획 중
한국	- 2009년 6월, 미국과 전략적 제휴 체결 - 2009년 7월, G8에 의해서 스마트그리드 글로벌 선도국가 선정 - 2009년 11월, 최종 로드맵 확정 - 2010~2013년까지 실증 및 스마트 메터 보급 - 2020년까지 소비자측 전력망 지능화 완료 - 2030년까지 국가 단위 최초 스마트그리드 구축

주요국의 스마트그리드 추진 현황

* 자료 : 지식경제부, Department of Energy(美)

미국의 벤쳐 캐피털의 스마트그리드 투자액은 '05~'08년간 연평균 97.3%씩 급성장 중이며 금융위기의 여파로 '09년은 투자액이 급격히 감소하였으나 하반기 부터는 다시 증가하였다. IEA는 '06~'30년 중 스마트 그리드관 련 전 세계투자액이 3조 달러에 이를 것으로 추정하였고 Pike Research는 '10~'15년간 2,100억달러의 시장이 형성 될 것으로 추정하고 있다.

⑤ 국내 스마트그리드 사업 동향 및 전망
◉ 국내 추진 배경
국내 전력망은 타국에 비해 높은 효율과 안정적인 시스템을 보유하여 국내 스마트그리드 도입은 낡은 전력망 교체차원에서 추진되고 있는 미국 등과 다소 차이가 있다. 미국 일본 한국의 송배전 손실률은 각각 6.6%, 4%, 5% 이며 '06년 국내 기준 1% 송·배전 손실률이 증가하면 연간 2,000억원의 추가비용이 필요하다. 우리나라의 스마트 그리드 도입은 에너지 비용의 감소 신재생에너지 발전의 확대여건 마련 및 수출 산업화 등 국제경쟁력 확보차원의 전략적 추진 성격이 강하다. 화석연료를 수입하여 전력을 생산하는 구조상 생산비를 감소시키고 안정적인 전력생산을 위해 효율적인 전력생산 체계가 절실하다.

유가는 연초 대비 64.8% 증가하고 가채 년수도 한계를 보이고 있다. 향후수출 산업화를 하기 위해서는 신재생에너지 발전의 확대와 이들의 스마트그리드로의 연결 및 국내시장의 테스트 배드화 등이 필요하다.

회사명	석유	석탄	천연가스
가채매장확인량	12,379억 bbl	8,475억톤	177조㎥
연간생산량	298억 bbl	64억톤	3조㎥
가채년수	42년	133년	60년
세계 에너지 가채매장량 및 가채년수			

* 자료 : BP Statistical Review of World Energy, 2006.6

◉ 기술 수준 및 현황
국내 스마트그리드 기술은 AMI, Smart Meter 등 기계적인 측면에서는 선진국과 유사한 기술력을 확보하였으나 DR, 전기 자동차 관련 설비 등의 기술수준은 낮은 편이다. 미국 등 선진국 대형IT 업체들은 스마트 그리드 관련Hardware 뿐만 아니라 Software 분야에서도 높은 기술 수준을 보유하고 있는데 반하여 국내 관련 Software 분야는 취약하다. 특히 대규모 수요자와 공급자의 통합·운영기술 등은 아직까지 미 확보상태이다.

(선진국 = 5)

구현기술	현수준	비고
AMI	5	전력 IT 관계로 연구 중
Smart Meter	5	외국 수준 기술력 확보
모니터링 설비	5	기반기금과제로 연구 중
분산형 EMS	4	연구 중, 적용 가능
전기품질 보상장치	3	연구시 적용 가능
전기 저장설비	3	외국도 개발 중
연계 운영, 협조제어, 보호	3	연구시 적용 가능
전기자동차	2	준비 중
수요자원시장	2	시장이 있으나 활용도 낮음
실시간 가격제도(RTP)	1	제도 없음. 매우 중요한 기술

국내 스마트그리드 기술 수준

* 자료 : 한국전력

국내 배전 자동화기술은 선진국 수준이나 분산 발전 및 다양한 소비 패턴이 반응하는 지능형 배전 시스템의 계획·운영기술은 낙후되어 있다.

◉ AMI

AMI는 '20년까지 보급을 완료할 계획으로 총 5조 4천억원 규모의 시장이 형성될 전망이며, 스마트그리드구축을 위한 핵심사업으로 AMI의 구축만으로도 실질적인 전력 수요감소 및 전기요금 절감효과가 가능해 가장 먼저 산업화될 전망이다.

(단위 : 억원)

구분	2010~2012	~2015	~2020	~2025	~2030	합계
전력 계통망	360	7,200	15,480	21,600	27,360	72,000
AMI	3,024	5,400	45,576	-	-	54,000
HEMS	375	7,500	16,125,	22,500	28,500	75,000
기타 XEMS	450	9,000	19,350	27,000	34,200	90,000
가전제품 모뎀	135	2,700	5,805	8,100	10,260	27,000
전기차 인프라	-	216	1,605	1,886	1,886	5,594
합계	4,344	32,016	103,941	81,086	102,206	323,594

국내 스마트그리드 시장규모 전망

* 자료 : 지식경제부

구분	활용대상	점유율	검침범위
		대수	주요기능
경제형	주택용(300kWh미만), 2만원	56%	소비전력량(유효전력량)
		1,000만대	원격검침, 시간별계량(1시간)·통신
일반형	300kWh 이상 주택, 상가, 심야용, 5만원 이상	44%	경제형 + 역률, 피크전력 계량
		800만대	원격검침, 시간별계량(15분)·통신
보급예정인 경제형 및 인반형의 스마트 미터			

* 자료 : 지식경제부

지식경제부는 '20년까지 1조 4,740억을 투입하여 기계식 계량기를 전량 스마트 미터기로 교체할 계획이며, S산전 누리텔로콤은 각각 AMI 분야 선도업체인 Silver Spring Network(美), GE(美)와 제휴를 맺어 국·내외 보급기반을 마련하고 있다.

AMI관련 기기 뿐만 아니라 응용 소프트웨어 운영 노하우 등도 중요한 시장을 형성할 것으로 예상돼 관련 기술 개발 및 축적 등이 필요한 상태이다.

◉ 전기자동차

국내 전기자동차의 보급 확대는 전력량 증가보다는 전력사용 패턴 및 관련 응용 분야 등에서 스마트 그리드 보급을 촉발할 것으로 예상되고 잇다. 2012년 발표한 지식경제부의 전기차 보급확대 정책이 실현되었을 경우 추가 전력소요량은 현 시설용량의 최소 0.2%에서 최대 2.2% 지식경제부의 전기자동차보급 목표는 '20년까지 소형차의 10%로 필요 전력량은 현행 전력 생산 시설용량의 최대 0.3%에 불과하다.

전력 예비율이 10% 이상인 것을 감안하면 전기 자동차가 대량으로 보급되더라도 단순 전체 전력 사용량의 증가효과는 크지 않을 것으로 예상된다, 배터리 및 전력 집중 사용의 완화기술 등의 개발이 강화되고 충전소 등의 보급도 확대될 것으로 예상되고 있다.

	2009. 9	2020	2030
총 대수의 10%	1,780,228(1.0)	2,683,159(1.5)	3,896,011(2.2)
소형차의 10%	366,550(0.2)	611,365(0.3)	887,716(0.5)
국내 스마트그리드 시장규모 전망			

(단위 : 대, %)

* 자료 : 지식경제부, 국토해양부

주 : 1. 괄호안은 필요전략 사용량 비중
    전력사용량 = 전기자동차의 총 필요 전기사용량 / 2009년 기준 시설용량
 2. 평균 운행거리는 14,600km로 가정하고 에너지 효율은 1kwh에 8km로 가정
 3. 자동차 등록대수 증가율은 2005년~2009년 9월 현재 연평균 증가치인 3.8% 적용

전반적인 국내 배터리 기술은 선진국 수준이나 계통 연계 및 운영기술은 국내·외적으로 아직은 초기 단계이다. 충전 관련부품 인터페이스 등 인프라 구축에 필요한 핵심분야의 기술은 본격적으로 개발 중에 있으며, 주요 핵심 기술 중의 하나인 배터리 운영기술은 아직까지 취약한 상태이다.

◉ 국내 신재생에너지 발전의 계통 연계

전국적인 신재생 에너지 발전의 기반이 되는 마이크로 그리드가 구축돼 소형 신재생에너지 발전 단지가 확산될 예정이다. 전국경제인 연합회 빌딩을 비롯하여 일반 가정 건물에도 박막형 태양전지 등 소규모 신재생 에너지 발전시설이 설치돼 에너지 자급자족형(zero energy) 빌딩이 등장하고 있다.

(단위 : %)

2012	2020	2030
시범사업	10	30
제로 에너지 빌딩 사업		

* 자료 : 스마트그리드 국가로드맵(초안), 지식경제부

스마트그리드와 분산형 발전의 통합이 진행 중에 있으며 관련 범용기술의 선진국 대비 기술 격차는 거의 없는 편이나 분산형 발전과 EMS의 통합기술 발전 예측 기술 및 최적 운용기술 등은 낙후되어 있다.

◉ 제주도 실증 단지

정부는 본격적인 스마트그리드 확대에 앞서 국내 제품 및 기술의 시험·평가 연구자료 축적 등을 위해 제주도 구좌읍 6,000호를 대상으로 스마트 그리드실증사업을 추진하였다. 전기연구원 한전 등이 주축이 되어 '09년 7월~'10년 12월까지 18개월 간 약 600억 원을 투자하여 실증단지를 구축하였다. 구좌읍은 신재생 에너지 연구단지와 풍력·태양광 등 신재생 에너지 발전 시설이 다수 포함돼 스마트 그리드 실증을 위한 적지이다.

(단위 : 억)

분야	내용	업체	예산
Smart Place	- 가정 및 직장에서 스마트 메터 사용의 일상화로 전력 상용의 분산화를 유도 - 전기사용의 분산화 유도 - 스마트 메터, 통신망, 에너지관리시스템 등	- 한전, LS산전, LS전선, 대한전선, 삼성물산, 삼선전자 등 39개사 - SKT, SK에너지, 삼성전자, 현대중공업, 안철수 연구소 30개기업 - KT, 삼성전자, 삼성SDI, 삼성SDS, 삼성물산, 효성, 미리넷 등 15개 업체 - 3개 콘소시움 선정예정	200
Smart Transportation	- 거리 및 가정에서의 전기차 충전인프라 구축 - 전기차의 배터리교환소, 충전기 등 충전인프라 등	- 한전 SKT에너지, GS칼텍스 콘소시움 - 1개 콘소시움 선정예정	90
Smart Renewable	- 풍력·태양광 발전 등의 전력망 연계와 잉여 전력의 타지역 사용 연계 - 신재생용 저장장치 및 마이크로 그리드 운영기기, 시스템 등	- 한전, 현대중공업, 일진전기, 포스콘 콘소시움 - 2개의 콘소시움 선정예정	90
Smart Power Grid	- 양방향 전력전송, 자동치유 및 자동복구, 각종 첨단기기와의 통신을 통한 전력수요 제어 - 지능형 송전망, 디지털 변전소 및 전력시스템 통합제어 솔루션	- 한전, 중전기기사	100
Smart Elec. Service	- 소비자에 맞는 다양한 전력요금 제공 - 녹색·품질별 실시간 요금제, 전력 컨설팅, DR이 운영되는 전력서비스 설계 및 운영	- 한전, 전력거래소 등	100

제주도 스마트그리드 관련 실증단지 주요 사업

* 자료 : 지식경제부, 전력신문

또한 정부는 국내 기업 뿐만 아니라 외국기업에도 개방하는 등 글로벌 스마트 그리드 허브로 육성할 계획이다. 육성분야는 Smart Place에서 Smart Service까지 5개 분야로 주요업체들은 향후 국내·외 스마트그리드 관련 사업을 선점하기 위해 컨소시움을 구성하여 사업 참여를 모색 중에 있다.

● 향후 전망

우리나라는 중전기 산업과 IT산업이 고르게 발전하여 향후 스마트 그리드 산업의 주도권을 선점할 수 있는 역량을 보유하고 있다. 국내 중전기산업의 '08년 기준 생산 및 수출은 각각 8조 8.5조 규모이며, 중국 동유럽 등을 중심으로 중전기 관련 수출이 증가해 왔으며 미국과의 교류 확대를 바탕으로 4,000억 달러에 달하는 노후 전력망 교체 사업에도 진출 예정이다. 한국전력에 의한 독점적인 전력 공급체계는 스마트 미터기 등의 빠른 보급에 유리하며 관련 기술 습득 및 해외시장 선점이 용이하다. 국내 실시간 전력거래시장이 확대·발전하여 '30년에 국가간 전력거래까지 확대될 예정이며, 장기적으로는 전력관련 파생 상품등 금융상품과 연계돼 새로운 시장형성도 기대되고 있다.

연도	2012	2020	2030
내용	실시간 거래 가격 정보 형성	양방향 전력 거래	국가간 전력 거래

전력시장의 변화

* 자료 : 스마트그리드 국가로드맵(초안), 지식경제부

산업구분		2009년	2030년
전력산업		화학연료 위주의 발전원	신재생·분산 전원의 일반화(스마트그리드)
		기저발전(원자력·석탄), 첨두발전	기저발전(원자력·석탄) 위주 ※ 스마트그리드→효율적 전력수요관리→첨두발전원 수요감소
		전력산업 영역이 계량기까지	전력산업 영역이 계량기이후 가전 제품까지 확대 ※ 전기절약 컨설팅 사업의 일반화
		공급자 위주의 제한된 전력시장	다수의 공급자와 수요자가 참여하는 완전경쟁 전력시장
중전·통신산업		각각 고유한 산업영역으로 구분	중전기기와 IT기술의 융합 제품 일반화 ※ Smart Meter 등 신전력설비의 일반화
가전산업		기능·성능 위주	전력상황에 반응하는 스마트 가전제품(Smart Appliance)개발 ※ 조명·에어콘·TV 등이 전기요금에 연동되어 전력사용 최적화
건설산업		편의성·디자인을 고려한 건물 설계	효율적 전력이용이 가능한 스마트 건물(Smart Building)확대 ※ 스마트그리드·신재생에너지 수용으로 전력효율 극대화
자동차산업		가솔린·디젤엔진 위주	플러그인 전기자동차 일반화 ※ 수송분야의 電化 촉진, 탄소배출 경감
에너지산업		석유판매 위주	전력판매(전기충전소) ※ 전기자동차 활성화를 위한 新에너지 인프라

스마트그리드 사업으로 창출될 산업분야

* 자료 : 지식경제부

스마트그리드는 다음과 같이 전력산업 뿐만 아니라 자동차 배터리 산업 반도체 및 가전산업까지 다양한 분야에 '30년까지 누적 기준 20~50조원의 신규 수요를 창출할 것으로 전망되고 있다

- 전력분야는 송전 변전 등 대규모 중전기 시장
- 전기 자동차의 보급과 관련된 배터리 충전소 등 관련 시장
- 에너지 저장을 위한 시장

⑥ 산업화 방안

- 전략 산업으로서의 인식제고
    - 상대적으로 효율적인 국내 전력시스템은 스마트 그리드 도입에 장애요인이 될 수 있음
    - 스마트 그리드는 산업 파급효과가 매우 큰 만큼 국가차원의 전략 산업으로 육성할 필요

◉ 스마트 그리드 시스템의 확대방안
- AMI의 기반 기술인 스마트 메터의 보급 확대로 AMI 구축 촉진
  - 스마트 계량기 정보 교환시스템 등 하드웨어의 핵심기술 뿐만 아니라 개별 전력 수요량을 실시간으로 파악하여 시장가를 도출·전달하는 소프트웨어의 개발이 요구됨
  - 스마트 메터자체 시장은 상대적으로 크지 않으나 AMI 관련 시장의 확대 가능성은 매우 큰 편
  - 전력의 지능화뿐만 아니라 도시 가스 등의 지능화에 이르기까지 응용영역 확대
    · 천연가스 등의 경우 저장이 가능하여 비교적 효율적인 편이나 AMI 및 DR의 적용은 전체적인 소비 절감의 가능성을 높임
- HAN 시스템의 관련 통신 규약을 표준화하여 업체 및 업종간 호환성 강화
  - 신재생 에너지에 의한 발전 시스템도 EMS 및 HAN 시스템에 연결하여 분산형 발전 시스템 확대 유도
- 전기차 관련 충전 시스템의 확충
  - 전기차의 확대보급을 위해서는 효율적인 배터리 기술이 기반이된 충전스테이션의 확보가 필요
  - 전기차 보급 및 관련 스마트 그리드 인프라 성장을 위해 고성능 배터리와 충전 시스템 등의 핵심 기술 확보 필요

◉ 초기 시장 조성
- 주요 IT 업체들과의 협력 강화로 기술 개발을 촉진하고 경쟁력을 제고하여 스마트 그리드 시장 선점
- 스마트 그리드 시장의 실증 단지 확대를 통한 국내 업체의 참여 기회 확대
  - 참여 업체수를 확대시켜 기술 개발 및 운영 노하우 획득 기회 제공
  - 참여 분야 세분화로 다양한 업종을 가진 업체의 참여 확대
  - IT 업체들의 참여를 늘려 IT와의 융합 확대
- 실시간 가격체제 소비자의 소규모 공급자화 통신 네트워크와 가정용 기기의 연결 등 새로운 전력 공급체계의 도입을 뒷받침하기 위해 관련 법제 정비

3. 스마트 공장[36]

① 스마트 공장 개요

◉ 스마트 공장 개념

스마트 공장이란 ICT(Information and Communication Technology)와 기계 산업의 융합을 통해 제조업의 완전 자동 생산 체계를 구축하고 모든 공정이 최적화되는 생산현장을 말한다. 사물인터넷(IoT : InternetofThings)을 통한 양방향의 완전한 정보교환이 일어나고 이를 바탕으로 최적화된 제조 플랫폼을 조성함으로써 전체 생산 공정의 최적화의 실현이 가능하며, 최적화된 제조 플랫폼인 사이버 물리 시스템(CPS : Cyber Physical Systems)구축을 통해 시뮬레이션 기반의 자동 생산 체계를 구현한다. 또한 사물간, 인터넷 서비스간, 인터넷의 확산으로 사람, 제조과정, 제품의 양방향 정보 교환 및 이들 사이에 형성된 빅데이터 분석을 바탕으로 사이버 물리 시스템을 통해 최적화된 생산 시뮬레이션을 수행한다. 스마트 공장은 데이터 기반의 정확한 수요예측을 토대로 고정밀, 고품질의 고객 맞춤형 소량 생산을 가능하게 하는 스마트 생산으로 변화시키며, 에너지와 환경 영향을 고려한 그린 생산을 통해 깨끗하고 자원 생산성이 높은 지속가능한 생산시스템을 구축할 수 있다.(남성호, 2014)

스마트 공장의 도입 및 적용의 기대효과로는 첫째, 에너지 및 인건비 등의 비용절감과 부가가치의 증대를 통한 생산성 증가이다. GE 등 해외 선도 기업은 스마트 공장 도입으로 납기 단축, 라인정지시간 최소화, 불량 축소, 에너지 절감 등의 성과를 달성하고 있다. 둘째, 생산기지 오프쇼어링(Offshoring)의 필요성 약화로 국내 산업공동화의 방지 및 생산 거점 선택의 제약의 감소이다. 해외 생산품 운송비용, 지적재산권 침해, 지지부진한 공정혁신, 인건비 상승 등의 이유로 해외진출 공장들의 본국회귀(리쇼어링 : Reshoring)분위기가 확산 추세에 있으며 스마트 공장의 확산도 주요 원인으로 작용하고 있다. 마지막으로 대기업과 중소기업의 상생 기회 창출이다. 대기업의 스마트 공장 도입 효과 극대화는 협력사 연계를 전제하므로 이를 통해 초 연결 제조 생태계의 구현을 기대할 수 있다. 또한 산업단지를 중심으로 지역 경제 활성화에도 기여할 것으로 기대된다.

◉ 스마트 제조 정책의 글로벌 현황

2008년 금융위기를 겪은 이후 유독 제조업이 강한 국가들이 빠른 속도의 경기 회복세를 보이면서

---

[36] 박병순, "선진 PCB 제조업체의 스마트 공장 구축 사례분석을 통한 중소 제조업체의 스마트 공장 구축 방법에 관한 연구", 금오공과대학 컨설팅 대학원, 2016년 6월

제조업의 중요성이 다시 부각되고 있다.

독일은 2011년 사상 최대치인 1.4조 달러의 수출을 달성하면서 위기를 탈출하였고, 제조업 비중이 높은 오스트리아, 핀란드 등도 꾸준한 성장세를 보이고 있다. 특히 독일은 Industry 4.0을 통해 제조와 ICT의 융합을 통한 제 4차 산업 혁명 실현을 준비하고 있다. 미국 오바마 행정부 역시 경제 위기 상황을 타개하고 고용을 창출하기 위한 일환으로 제조업의 중요성을 강조하고, Advanced Manufacturing Partnership을 구성하였다. 신소재, 3D 프린터, 지능형 로봇 등 첨단 생산 기술 개발에 투자하고 있으며, 제조혁신을 통한 고용창출을 위해 노력하고 있다. 다음은 각 주요 국가들의 스마트 제조 정책의 동향과 전략에 대해 비교 및 현황 파악을 통해 글로벌 현주소를 알아보고자 한다.

- 독일

세계 2위 제조 강국 독일은 2011년 첨단기술전략 2020에 ICT융합을 통한 제조업 창조 경제 전략인 인더스트리 4.0으로 민·관·학 프로젝트를 정부주도로 추진하였다. 초기 수행주체는 독일 연방정부 교육연구부 Federal Ministry of Education & Research)이며 2012년부터 2015년까지 2억유로의 정부예산을 투자하였다. 인더스트리 4.0의 핵심동력은 정보통신기술이며 네트워크에 연결된 기기간 자율적으로 공동 작업하는 M2M(Machine-to-Machine), 네트워크를 통해 얻을 수 있는 빅데이터의 활용 생산부문과 개발판매-ERP-SCM-PLM등의 업무시스템과의 연계를 포함한다. 독일의 인더스트리 4.0 전략의 최종 결과물은 자동차·기계 등 제조업에 ICT를 접목해 모든 생산 공정 조달 및 물류 서비스까지 통합적으로 관리제조업의 자동생산 체계를 구축하는 스마트공장(SmartFactory)의 구현이다.

〈표 5 – 30〉 스마트 혹은 유비쿼터스 공장의 연구개발 수행주체 및 목표

수행 주체	목 표
독일 Kaiserslautern 대학교(2009)	센서 네트워크 무선 네트워크 및 휴대용 기기를 HCl(HumanComputerInteraction)와 접목하여 인간 사물간 대화형 제조공장의 실현
독일Fraunhofer 연구소(2009)	RFID 및 무선 네트워크를 접목하여 기계류의 선행적 유지보수가 가능한 제조공정의 실현
MIT AutoID 컨소시엄(2009)	재공품(Work-In-Process) 혹은 기계류에 RFID를 부착하여 제품 및 기계류의 추적성(Traceability) 향상
한국유비쿼터스 제조연구센터(2008)	유비쿼터스 기술을 제조기술에 접목하여 인간 기계 제품 시스템간 상호 연결에 의한 투명한 정보교환을 통해 자율적이고 지속 가능한 제조공장의 실현

*출처 : A conceptual framework for the ubiquitous factory, 2012, IJPR

독일은 2000년대 초반부터 스마트 공장 혹은 유비쿼터스 공장Ubiquitous Factory)로 불리는 혁신적 제조공장의 실현에 대한 이론적 연구를 수행하였으며 이 당시부터 독일에서는 〈표 5-26〉과 같이 학계주도의 선행적 연구를 통해 스마트공장의 모델 및 구현기술을 심도있게 준비하였다 또한 일부 실행기술을 적용한 시제품 개발을 통해 스마트 공장의 실현 가능성 및 효과성을 검증하였다. 당시의 이머징 기술인 RFID (Radio Frequency Identification), 유비쿼터스 센서 네트워크 Ubiquitous Sensor Network), 무선네트워크(Wireless Network), 휴대용 기기 등 유비쿼터스 기술을 제조공장에 접목하여 단순 IT기술의 적용이 아닌 제조공장의 투명성 자율성 및 지속 가능성을 향상시키기 위한 제조업의 비전 및 철학을 업그레이드하고자 하였다. 기존의 스마트 공장개념에 최신 기술인 사물 인터넷 빅데이터 데이터 애널리틱스 가상 실세계 시스템을 융합하여 현재의 스마트 공장 개념으로 업그레이드하게 된다.

- 미국

미국은 2011년 6월 대통령 과학기술자문위원회(PCAST:President's Council of Advisorson Scienceand Technology)의 권고로 첨단 제조 파트너쉽 AMP(Advanced Manufacturing Partnership) 프로그램을 발족하였다. 미국정부는 향후 5억달러 이상 투자를 약속하며 미연방정부에 의해 추진될 핵심단계(Key Step)를 발표하였다. 첫째, 국가안보 및 산업에 관련한 제조역량의 강화 둘째, 첨단물질의 개발 및 상용화 시간단축 셋째, 공장 근로자 의료인 군인 우주비행사 등 인간업무를 지원하기 위한 차세대 로봇 개발 넷째, 혁신적이고 에너지 효율적인 제조공정개발이다.

PCAST에서는 미국대통령에게 첨단 제조 경쟁력확보를 위한 16가지 정책권고 및 조속한 시행을 요청하였다. 〈표 5-27〉은 PCAST의 16가지 정책권고 사항을 정리한 것이다. 또한 미국 정부 주도의 첨단 제조능력의 확보를 목표로 실무부처간 협의를 위한 범 국가차원의 연구개발 컨소시엄인 스마트 제조리더십연합체(SMLC : Smart Manufacturing Leadership Coalition)를 발족하여 활동 중이다.

〈표 5-31〉 PCAST의 16가지 정책 권고

범 주	추천 사항
혁신의 실현	1. 범 국가적 첨단 제조전략의 수립 2. 최상위 범분야(Cross-cutting) 기술의 R&D 자금지원 확대 3. 범 국가적 제조혁신 기관 네트워크 수립 4. 첨단 제조 연구의 산학협업 활동 강화 5. 첨단 제조기술의 상업화를 위한 주변여건 조성 6. 범 국가적 첨단 제조포털 구축
재능의 숙련화	7. 제조에 대한 일반인의 오해 수정 8. 재향 군인을 위한 인재 풀 마련 9. 지역 대학 단위의 교육투자 10. 제조 숙련도 증명 및 승인을 위한 파트너쉽 개발 11. 첨단 제조관련 대학 프로그램의 확대 12. 범 국가적 제조 펠로우쉽 및 인턴쉽 창설
비즈니스 환경개선	13. 세재개혁 14. 첨단 제조관련 법률규제의 유연성 확보 15. 통상 정책의 향상 16. 에너지 정책 개선

*출처 : Report to the President on capturing domestic advantage in advanced manufacturing, PCAT, 2012

SMLC에서는 스마트 제조를 위한 개념수립부터 기술목표 로드맵 및 역할분담 등의 구체적 실행방안을 제시하고 이를 시행하는 것을 목표로 한다. 스마트 제조를 신제품의 신속한 제조 제품수요의 적극적 대응생산 및 공급사슬망의 실시간 최적화를 가능하게 하는 첨단 지능형 시스템들의 심화적용(Intensified application)이라 정의하였고 이런 스마트 제조를 통하여 시장 진입시간 단축, 수요기반 경제의 적극적 대응능력 향상, 수출시장 확대, 제조 리더십 향상, 사고 및 오염물질 배출 제로화 가능성 확보, 에너지 관리 및 스마트 그리드의 통합 능력확보, 고객수요 대응의 민첩성 증가 등의 효과를 예상하였다.

스마트 제조의 핵심구현 가능 기술로는 네트워크화된 센서 데이터 상호 운용성, 멀티스케일, 동적모델링 및 시뮬레이션, 지능화된 자동화확장형/다층형 사이버 보등을 들고 있다. [그림 5-34]는 미국의 스마트 제조 플랫폼을 도식화한 것으로써 제조의 첨단화를 위한 혁신 및 협업을 가능하게 하는 환경을 제공하는 것을 목표로 하고 있다.

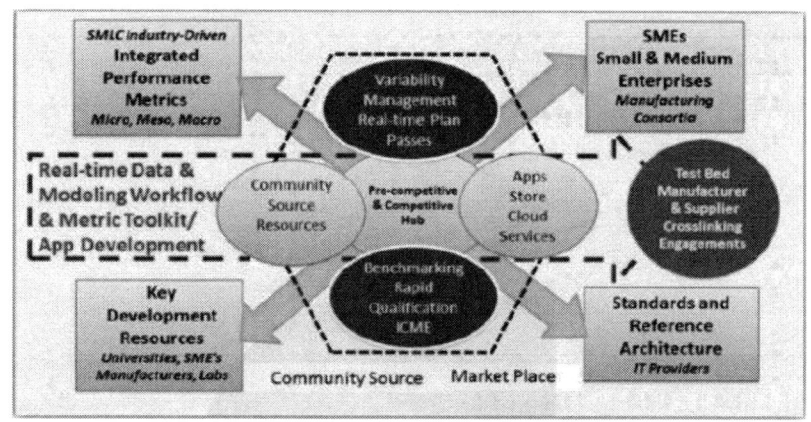

[그림 5-34] 스마트 제조 플랫폼

* 출처 : SMLC Workshop Report,2012

- 일본

일본의 경우 장기적 경기침체를 극복하기 위한 방안으로 일본 산업재흥(産業再興) 플랜을 발표하였다.

일본 산업재흥 플랜의 주요골자는 첨단설비 투자를 촉진하고 제조관련 과학기술혁신의 추진을 담고 있다. 일본 산업재흥 플랜의 주요골자는 첨단설비 투자를 촉진하고 제조관련 과학기술혁신의 추진을 담고 있다. 첨단설비 투자촉진은 세제지원 등을 포함한 첨단 설비투자 지원을 통해 제조업의 투자촉진을 유도하고 있으며 연간 설비투자액을 2012년 약63조엔에서 향후 3년내에 약70조엔으로 확대를 목표로 하고 있다.

또한 산업 경쟁력 강화법을 제정하여 초기 비용이 대규모이고 초기 가동예측이 어려운 3D 프린터 및 첨단 의료기기 등의 첨단 설비투자 지원책을 마련하고 있다. 제조관련 과학기술혁신 추진은 기술 우위의 제조업 부활을 목적으로 하는 창의적이고 도전적인 연구과제의 지원을 주요 골자로 한다.

<표 5-32> PCAST의 16가지 정책 권고

구분	미국	일본	독일
추진배경	- 경쟁력 강화 - 국가안보 대응 - 좋은 일자리 창출	- 산업기반강화 과학 기술혁신추진	- 경제 성장 일자리 창출 - 기후변화 고령화 대응
기본정책	- 국가 첨단 제조방식 전략계획(2012)	- 산업재흥 플랜2013	- 하이테크 전략 2020(2012)
핵심사업	- 첨단 제조기술사업(AMP)	- 전략적 이노베이션 창조사업(SIP)	- 인더스트리4.0(Industry4.0)
촉진 인프라	- 제조혁신 기관(NNI) - 제조혁신 네트워크(NNMI)	- 종합 과학기술회의	- 인더스트리4.0 플랫폼
주요 추진과제	- 에너지 절감용 제조 공정 혁신 - 제조기술 가속화 센터 건립 - 제조혁신 네트워크 구축 - 제조부문 로봇 개발	- 에너지 연소기술 및 구조재료 등 5개 과제 - 차세대 인프라: 자동 운전 시스템 등 3개 과제	- 유무선ICT를활용한 스마트 공장(Smart Factory)구현
정부예산	- 2014년29억달러 - 2015년 예산 편성시 첨단 제조부분 최우선 고려	- 2014년 SIP 510억엔	- 2012~2015년간2억 유로

*출처: 현대 경제연구원'제조업을 업그레이드 하자 미 일 독 제조업 R&D 정책동향 및 시사점'2014

전략적 이노베이션 창조 프로그램인 SIP(Cross-ministerial Strategic Innovation Promotion Program)과 혁신적 연구개발 지원 프로그램(ImPACT)를 운영 중이다. <표 5-32>은 주요국가의 제조업 창조경제 주요정책을 비교 정리한 것이다.

◉ 한국의 스마트 제조 정책 현황

한국의 경우 2020년 까지 스마트 공장 1만개 확산을 통해 중소·중견기업 공장 20인 이상의 약1/3을 IT 기반 생산관리 이상 수준으로 스마트화한다는 목표로 보급·확산에 힘쓰고 있다.

• 스마트 공장 수준 정의

다음 <표 5-33>는 스마트 공장의 참조모델 수준 총괄표를 나타낸 것이다.

〈표 5-33〉 스마트 공장 참조모델 수준 총괄표

구 분	현장 자동화	공장 운영	기업자동관리	제품 개발	공급사슬관리
고도화	IoT / IoS화	IoT/IoS 기반 CPS화		빅데이터 / 설계· 개발 가상 시뮬레이션 / 3D프린팅	인터넷 공간 상의 비즈니스 CPS 트워크 협업
		IoT / IoS(모듈)화 빅데이터 기반의 진단 및 운영			
중간수준 2	설비제어 자동화	실시간 공장제어	공장운영 통합		기준정보 / 기술정보 개별 운영
중간수준 1	설비데이터 자동 집계	실시간 공장제어	기능 간 통합		기준정보 / 기술정보 생성 및 연결 자동화
기초 수준	실적집계 자동화	공정물류 관리(POP)	관리기능 중심 기능 개별 운영		CAD 사용 프로젝트 관리
ICT 미적용	수작업	수작업	수작업		수작업

* 출처 : 대한상공회의소 산업혁신운동 3.0 중앙추진본부, 2014

- 기초수준 : 기초적인 ICT를 활용하여 생산 일부 분야의 정보를 수집·활용하고 모기업의 인프라 활용 등을 통하여 최소비용으로 자사의 정보 시스템을 구축
- 중간수준1 : 설비정보를 최대한 자동으로 획득하고 모기업과 고신뢰성 정보를 공유하여 기업운영의 자동화를 지향하는 수준

〈표 5-34〉 기초 수준의 정의

구 분	수준의 정의
현장자동화	생산실적 정보를 집계할 수 있는 자동화 수준 - Lot별로 생산시작 및 종료시점 등의 기초적인 실적정보를 집계하는 수준으로 바코드 Counter와 Timer 등의 기초센서가 이용될수 있음
공장운영	공정물류관리(POP) 수준 - 자재와 제품생산이력이 관리되어 지고 역 추적 가능 - 생산실적관리 및 작업지시
공급사슬관리	모기업의 IT인프라를 활용하여 정보 공유 - 자기업은 자신의 시스템을 보유하지 않으며 모기업이 보유하는 시스템을 사용하여 모든 정보를 처리함
제품개발	제품 개발 프로젝트관리만 수행하는 수준 (복수 프로젝트 관리 포함)
기업자원관리	수불 및 재고정도 향상

*출처 : 대한상공회의소 산업혁신운동 3.0 중앙추진본부, 2014

〈표 5 – 35〉 중간 수준 1의 정의

구 분	수준의 정의
현장자동화	생산실적 정보 집계 자동화 계측정보 집계 자동화 측정 센서 고도화
공장운영	실시간공장운영현황분석및의사결정 – 공장운영상태실시간모니터링 – 실시간공정품질분석경고
공급사슬관리	모기업과 영업, 생산, 품질정보 등을 공유하되 독자적으로 정보시스템을 운영하는 독립형 협업
제품개발	제품개발을 위한 기준정보와 엔지니어링 정보를 생성하는 수준
기업자원관리	수불 및 재고정도 향상기능간 통합 계획과 원가의 정도 향상

*출처 : 대한상공회의소 산업혁신운동 3.0 중앙추진본부, 2014

〈표 5 – 36〉 중간 수준 2의 정의

구 분	수준의 정의
현장자동화	생산실적 정보 집계 자동화 설비 제어 자동화 – CAD / CAE / CAM운영 – 레시피 생성 및 PLC 제어
공장운영	제어 기반의 공장운영 최적화 실시간 스케줄링 / 의사결정 주기적 분석 및 피드백을 통한 가치 창출형 공장 경영
공급사슬관리	모기업과 영업, 생산, 품질정보 등을 공유하되 독자적으로 정보시스템을 운영하는 독립형 협업
제품개발	제품개발을 위한 기준정보와 엔지니어링 정보가 스마트 공장과 자동적으로 연동되어 추가작업이 필요하지 않고 일관성있게 자동화를 지향하는 수준
기업자원관리	공장운영시스템과 자동생산계획의 연계 제품개발 연계 대시보드를 이용한 눈으로 보는 경영

*출처 : 대한상공회의소 산업혁신운동 3.0 중앙추진본부, 2014

- 중간수준2 : 모기업과 공급사슬관련 정보 및 엔지니어링 정보를 공유하며 글로벌 계획 최적화와 제어 자동화를 기반으로 Real-time Enterprise를 달성하는 수준
- 고도화 수준 : 사물과 서비스를 IOT/IoS화 하여 사물 서비스 비즈니스 모듈간의실시간 대화체제를 구축하고 사이버 공간상에서 비즈니스를 실현하는 수준

⟨표 5-37⟩ 고도화 수준의 정의

구 분	수준의 정의
현장자동화	설비 자재등의 사물에 고유식별자를 부여하고 이들의 활동을 식별함 인터넷을 이용한 사물식별 및 사물간의 대화를 통해 자동화 구현
공장운영 기업자원관리 제품개발	가상 물리 시스템 공장 구현 빅데이터를 이용한 기업진단 및 운영 최적화 빅데이터를 이용한 시장동향 분석 및 신제품개발 활용 단일화된 기업경영 시스템
공급사슬관리	가상 물리시스템(CPS)기반의 협업 제품 개발부터 완제품까지 자재구매에서부터 유통까지 생산에서부터 폐기까지 인터넷 공간상의 경영

* 출처 : 대한상공회의소, 산업혁신운동 3.0 중앙추진본부, 2014

- 국내 스마트공장 추진의 현 주소

국내 스마트공장의 핵심 원천 기술 경쟁력은 선진국에 비해 열위하고 기기 소프트웨어 등 스마트 공장 공급 산업기반이 취약한 상황이다. 스마트 공장 기초 기술 하드웨어 소프트웨어 분야의 중요 기술의 경쟁력이 대부분 선진국의 70% 미만 수준이며 특히 산업용 로봇 소프트웨어 분야에서 선진국과 격차가 큰 상황이다.

⟨표 5-38⟩ 국내 스마트 공장관련 기술력 수준 최고 기술국 대비(%)

기초 기술			하드웨어		소프트웨어	
센서	사물인터넷	빅데이터	산업용 로봇	공장제어	디지털 설계	공장제어
75	82	77	40	20	20	70

* 주 : 공정 제어 하드웨어는 산업용 컨트롤러 디지털 설계는 CAD, 공정제어 소프트웨어는 MES 기준
* 출처 : 한국 산업 기술 평가 관리원, 산업 통상 자원부('15.3)

미국, 유럽, 일본기업이 세계 스마트 공장 관련 기기·소프트웨어 시장을 과점하는 가운데 국내기업의 점유율은 미미한 상태이다. 세계 스마트 공장 기기 및 소프트 시장은 지멘스(독일), 록웰(미국), 미쯔비시(일본) 등 상위 5개사가 50% 이상을 점유하고 있으며 '14년 국내 스마트 공장 시범사업 추진 시 공급 기술의 국산화율은 34.1%이나 주로 중저가장비·부품 등에 치중되고 고부가가치 분야는 대부분 해외에 의존하고 있는 현실이다.

또한 대기업과 중소기업간 업종간 스마트 공장 수용도도 현격한 차이를 보이고 있다. 스마트 공장 수준 정의에서는 한 대로 스마트 공장의 진화수준은 ICT 미적용 기초수준, 중간수준, 고도화 수준으로 구분이 가능하다. 국내 대기업과 1차 협력사는 중간 이상 수준이나 대다수 중소기업은 수작업 또는 ICT의 제한적 활용에 그치는 실정이다.

업종별로는 수요·공급기업간 연계가 강하거나 자동차 전자, 자동화 설비작업 비중이 높은 연속 공정 업종 화학 대기업은 스마트화가 높은편이나 자동화 구현이 어려운 주문 생산방식 업종 기계,전반적인 기업규모가 영세한업종 제약화학 중소기업 등은 스마트화가 미흡한 편이며 산업의 기초이자 중소기업 중심(99.6%) 업종인 뿌리산업의 스마트화 수준이 특히 낮아 시급한 혁신이 요구되는 상황이다.

민간 자율적 확산을 원칙으로 정부는 이를 촉진 하기위한 방향 제시 확산 기반지원 사업의 3대핵심 영역에 집중한다고 보고되고 있다. 구체적으로 방향제시면에서는 핵심기술을 고도화하고 개발기술을 반영한 모델공장을 구축하여 지향점이 되는 공장의 수준·형태를 구체적으로 제시하며 확산 기반면에서 스마트 공장 인증을 통하여 구축 기업 신뢰성 제고 매출 증대 등 인센티브를 제공하고 표준·보안 등 구축 운용 용이성을 강화하고 지원 사업 면에서 3대 확산 트랙 개별 공장·업종·산단을 활용하여 자금·인적자원 확보등 핵심 애로에 대한 맞춤형 지원체계를 구축하여 15~20년간 민·관공동으로 1조원 규모의 재원을 조성하여 추진하며 확산목표로는 누적 기업수를 2020년까지 10,000개로 발표하였다.

◉ 스마트공장의 핵심 요소기술

스마트 제조공장은 전통제조 산업에 ICT를 결합하여 개별 공장의 설비와 공정이 지능화되어 서로 연결되고 모든 생산 정보의 지식이 실시간으로 공유 활용되어 최적화된 생산운영이 가능한 공장인 동시에 이러한 개념의 확장을 통해 상·하위 공장들과 연결되어 협업적 운영이 지속될 수 있는 생산 체계를 갖춘다. 실제 생산현장 적용에 필요한 요소 기술영역을 도출하고 시장창출 가능한수 요연계형 기술개발 방향을 제시하고자 정부는 제조업 혁신에 필요한 8대 스마트제 조기술을 선정 상용화와 현장적용을 추진 중이다. 8대 스마트 제조기술은 스마트 센서 사이버 물리 시스템CPS), 3D 프린팅 에너지 절감 기술의 4개 생산 시스템 혁신기술과 사물 인터넷(IoT), 클라우드, 빅데이터, 홀로그램 등 4개 정보통신 기반 기술이다. [그림 5-35]는 8대 스마트 제조 기술의 적용 방안과 기술 개발 방향을 제시한 것이다

[그림 5-35] 스마트 제조 R&D 로드맵의 10대 핵심 시나리오와 기술 적용

정부의 이러한 수요 연계형 기술개발 기획을 통하여 제조업 순주기 고도화와 주요업종별 ICT 기술융합의 성공사례를 구현하여 8대 기술의 경쟁력 수준을 17% 향상시키고 제조업 생산성 향상과 에너지 비용절감 제품개발 기간단축을 촉진할 것으로 기대된다.

4. 스마트 시티[37]

① 스마트 시티 개요

도시의 계획 및 개발에서 '스마트 시티'에 대한 화두가 최근 급격히 관심을 끌기 시작했다. 예를 들어, 암스테르담 스마트 시티(Amsterdam Smart City), 비엔나 스마트 시티(Smart City Wien), 스마트 시티 엑스포(Smart City Expo), 스마트 시티 서밋(Smart Cities Summit), 스마트 시티 위원회(Smart City Council) 등이 최근 등장했다. 비슷한 시기에 IBM, 시스코 (Cisco), 지멘스(Siemens) 등의 다국적 기업에서도 스마트 시티를 주요 주제어로 다루고 있다.

인도에서는 스마트 시티를 100개 건설한다는 발표를 하였고, 중국은 수백 개의 스마트 시티를 만들겠다는 계획을 발표하였으며, 남미는 물론 유럽이나 북미에서도 스마트 시티 건설을 의제로 제시하고 있다. 하지만 스마트 시티의 개념은 아직 명확히 정의되어 있지 않다. '스마트'라는 단어는 다양한 의미로 쓰인다. 영어로는 '맵시 있다', '깔끔하다', '똑똑하다', '고급스럽다', '활기차다' 등 의 뜻으로 사용된다. 우리나라에서는 주로 똑똑하다는 의미로 사용되는 것과는 조금 차이가 있다. 즉, 영어권에서 '스마트하다'

---

[37] 강명구, "스마트 시티 개념과 의미", 서울시립대학교, 세계와 도시 8호_서울연구원, 2015년

의 의미는 똑똑함뿐만 아니라 맵시 있고 세련되며 고급스러움을 나타낼 때도 사용된다. 주어진 과제를 똑똑하게 해결하여 깔끔하게 성공하는 경우에 스마트하다는 말을 사용하기도 하고, 나아가 깔끔하고 세련된 느낌이 들거나, 고급스럽다고 느껴질 때에도 스마트라는 말을 사용한다.

'스마트 시티'라 할 때도 기본적으로는 위와 같은 의미를 담고 있다. 하지만 너무 포괄적인 의미로 사용되거나 도시의 모든 측면을 포괄하게 되면, 스마트 시티의 의미가 희석될 수 있다. 반 면, 스마트 시티를 정의할 때, 스마트 시티가 아닌 것이 무엇인지를 구별함으로써 상대적으로 스마트 시티의 의미를 파악하고자하는 관계론적 방식을 사용하기도 한다.

서울은 스마트 시티라 할 수 있나? 뉴욕은? 녹색 도시는 스마트 시티인가? 유 시티(스마트 시티)는 스마트 시티인가? 등의 의문을 제기할 수는 있다. 하지만 이러듯 개념의 경계를 정하여 스마트 시티가 아닌 것 을 배제함으로써 스마트 시티의 의미를 규정하는 관계론적 방식도 항상 적절한 것은 아니다. 이보다는 스마트 시티의 바탕을 이루는 핵심을 분명히 하여 스마트 시티라는 개념의 중심을 잡는 방식이 적절하다. 또한 도시 노후화, 교통혼잡, 에너지 부족, 환경오염, 범죄 등 다양한 도시 문제를 해결할 새로운 대안*으로 스마트 시티(Smart City)가 부각되면서 기존 스마트 시티라 불리우는 신규 건설인프라 및 인력 등 자원투입과 스마트 시티는 ICT 기술을 활용하여 도시정보 수집·분석을 통해 도시자원의 효율적 활용을 제시하고 있다.

AI, 빅데이터, 5G 등 ICT 기술을 활용하여 에너지, 교통, 안전 분야 중심으로 스마트 시티 시장이 혁신성장 동력으로 급부상 중이며, 스마트 시티는 스마트 유통 스마트 복지, 스마트환경, 스마트 에너지 등과 같이 우리나라 정부의 13대 혁신성장 동력 8대 혁신 성장 선도사업의 ICT 기반 다양한 융·복합 형태 중 하나이다. 우리나라는 스마트 시티 초기 시장은 선도적 지위를 구축하였으나 스마트 시티는 부진한 상황이며, 선진 각 국은 중앙정부 차원에서 스마트 시티 구축 계획을 수립·추진 중이나, 효율성·지속가능성·스마트 시티 실현의 기반인 표준화 논의는 미흡하다는 지적이다. 스마트 시티 시장 규모는 급성장이 기대되고 각 국의 투자도 집중적으로 진행 중이나, 국내는 시장 선점 노력이 여전히 뒤쳐진 상황이다.

② 스마트 시티에 대한 정의

스마트 시티의 개념을 정의할 때, 어떤 결과적 모습 또는 목적을 표현하는 형태 초점을 맞추기도 하고 때로는 그 과정에 초점을 맞추어 정의하기도 한다. 예를 들어, '정보통신기술을 잘 활용하는 도시'라는 측면으로 정의되기도 하고, '정보통신기술을 잘 활용하여 만드는 지속가능성이 높은 도시'라는 방식으로 정의되기도 하며, '도시가 해결해야 할 과제를 신속하고 효과적으로 해결할 수 있는 도시'라는 방식으로 정의되기도 한다.

◉ 선진국(developed world)에서의 다양한 스마트 시티의 정의

- 주어진 도시여건과 의식 있는 독립적 시민을 기반으로 경제, 사람, 거버넌스, 이동, 환경, 생활 측면에서 미래지향적으로 잘 운영되는 도시 (Giffinger, et al. 2007. Smart Cities: Ranking of European Medium-Sized Cities)

- 도로, 교량, 터널, 철로, 지하철, 공항, 항구, 통신, 물, 전력, 주요 건물 등 모든 중요한 인프라의 상황을 통합적으로 모니터함으로써, 대시민 서비스를 최대화하면서 동시에 도시의 자원을 최적화하고 도시의 유지관리에 효과적이며 안전도가 높은 도시 (Hall. 2000. The Vision of a Smart City)

- 물리적 기반시설, 정보통신 기반시설, 사회적 기반시설, 그리고 비즈니스 기반시설을 연결함으로써 도시의 집합적인 지식을 극대화하는 도시 (Harrison, et al. 2010. Foundations for Smarter Cities)

- 더 스마트해지기 위해 (즉, 더욱 효율적이고, 지속 가능하며, 평등하고, 살기 좋은 도시가 되기 위해) 열심히 노력하는 도시 (Natural Resources Defense Council. What are Smarter Cities?)

- 도시의 지속가능성과 거주성을 개선하기 위하여, 조직운영과 도시계획에 정보통신기술과 웹 2.0 기술을 결합함으로써 행정절차를 전자화하여 속도를 높이며 도시의 복잡한 문제를 해결하는 새롭고 혁신적인 해결책을 찾는 데 활용하는 도시 (Toppeta. 2010. The Smart City Vision: How Innovation and ICT Can Build Smart, "Livable", Sustainable Cities)

- 스마트 컴퓨터 기술을 활용하여 도시 주요부문의 기반과 서비스5를 구축함으로써 더욱 똑똑하고,

서로 연결되어 있고, 효율적인 도시 (Washburn. 2010. Helping CIOs Understand "Smart City" Initiatives: Defining the Smart City, Its Drivers, and the Role of the CIO)

- 스마트 시티에서는 디지털 기술을 활용하여 시민을 위해 더 나은 공공서비스를 제공하고, 자원을 효율적으로 사용하며, 환경에 미치는 영향을 줄인다. 스마트 시티는 기존의 네트워크와 서비스에 디지털 기술을 결합하여 그 효율성을 높임으로써 주민과 기업의 이로움을 높인다. 스마트 시티는 자원을 적게 소비하고 탄소배출을 감소하는 차원을 넘어선다. 더 똑똑한 교통, 상하수도, 조명과 냉난방 등을 포함하며, 상호 소통을 높이고 시민의 요구를 만족할 수 있는 거버넌스, 도시 안전, 고령화 친화적 도시 등도 포함한다. 궁극적으로 시민의 삶의 질을 개선하고 도시의 지속가능성을 높이고자 한다. (유럽연합위원회(European Commission)에서 제시하고 있는 '스마트 시티' 정의

선진국의 도시들이 현재 갖고 있거나 미래에 닥칠 과제로 인식하고 있는 첫 번째는 자원 사용의 효율성 제고와 탄소배출량 줄이기다. 미래에 에너지 공급량의 부족 또는 에너지 비용의 증가 문제를 해결해야 하며, 지구 온난화와 관련하여 탄소배출량을 줄여야 한다는 의미이다. 이를 해결하는 데 있어 오늘날의 정보통신기술은 획기적인 도움을 주고 있다. 예를 들어, 스마트 그리드(Smart Grid)는 기존의 도시 에너지 공급시스템에 정보통신기술을 결합함으로써 에너지 효율을 높이고, 에너지 낭비를 줄이며, 분산전원 시스템을 가능하게 하여 신재생 에너지 사용을 증가시킬 수 있다.

이렇게 기존 인프라와 친환경기술 그리고 정보통신기술을 결합해 도시의 연료 소비량을 줄이고 온실가스를 감축하는 효과로 지구 온난화를 막을 수 있다. 에너지 분야뿐만 아니라 교통이나 상하수도 분야 등에서도 정보통신기술과 결합하여 효율성을 높이고 낭비를 줄이고자 하고 있다.

◉ 개발도상국(developing world)에서의 다양한 스마트 시티의 정의
위에서 살펴본 선진국의 스마트 시티에 더하여, 개도국의 맥락에서는 해결해야 할 중요한 과제가 하나 더 있다. 급속한 도시인구의 증가가 그것이다. 급속한 도시인구의 증가에 적절히 준비하지 못하게 되면 시민은 빈곤하게 되고 삶의 질은 급격히 악화하며 환경파괴가 가속화되어 도시의 지속가능성이 위태로워진다.

도시는 국가발전의 핵심 역할을 한다. 도시가 제대로 개발된다면 개발 도상국은 경제적 잠재력을 실현할 것이며, 에너지 효율을 증가시킬 것이고, 불평등을 줄이고 지속 가능한 삶을 창조할 수 있다. 도시화는 발전의 결과물이 아니라 발전의 근원이기 때문에 발전을 위해서 도시개발이 필요하다.

하지만 팽창하는 도시는 높은 슬럼인구 비율, 비공식 부문의 확장과 만연, 불충분한 도시 기반시설, 확장적 난개발과 자연지역의 훼손, 사회적 및 정치적 갈등, 자연재해 등과 같은 과제에 직면한다. 도시가 경제 및 사회 발전을 이끌어내는 역할을 하기 위해서는 효과적인 도시계획과 거버넌스를 통하여 위와 같은 과제가 해결되어야 한다. 이러한 성공적인 도시화를 위하여 인도와 중국은 다음과 같이 스마트 시티를 정의하고 있다

- 인도: 스마트 시티는 상하수도, 위생, 보건 등 도시의 공공서비스를 제공할 수 있어야 하며, 투자를 유인할 수 있어야 하고, 행정의 투명성이 높고, 비즈니스 하기가 쉬우며, 시민이 안전하고 행복하게 느껴야 한다. (인도 도시개발부. 2014)

- 중국: 도시의 거대화와 환경오염, 치안 불안, 느려지는 행정시스템, 도시민의 불만 증가 등의 문제를 해결하기 위해서 스마트 시티 프로젝트를 선언하였다. 이를 통해 내수중심의 경제 활성화를 이루고, 정보통신산업 기술과 정보화 기초시설을 통해 도시 지능화 관리를 실현하며, 도시민에 지원되는 교통, 에너지, 폐기물 처리, 환경 감시, 의료 정보화 등 다양한 서비스를 네트워크화 하고자 한다. (중국, 2012)

위에서 볼 수 있듯이 선진국이 환경과 자원에 좀 더 많은 관심을 보이는 것과는 다르게, 개도국은 기초 도시 인프라의 건설, 투자와 비즈니스를 포함한 경제 활성화, 행정의 효율성과 투명성, 안전과 치안 등이 스마트 시티의 정의에 중요하게 포함됨을 알 수 있다. 도시화 초기에 앞으로 급팽창할 도시를 건설해야 하는 개발 도상국의 고민이 반영된 것이다. 이러한 과제를 '스마트'하게 해결해 나아가는 데 있어 오늘날의 신기술인 정보통신기술의 활용은 분명 중요한 역할을 하지만, 첨단 정보통신기술 사용 여부가 '스마트 시티'를 의미하지는 않는다. 더 중요한 것은 슬럼이나 난개발, 비위생, 비효율성, 교통정체, 빈곤 등 당면한 과제를 해결하고, 깔끔하고 맵시 있으며 생산성 높고 경제적 활력이 넘치는, 더 나은 미래 모습의 도시로 발전하는 것이다.

◉ U-City와 스마트 시티 비교
• U-City와 스마트 시티는 "도시에 ICT 등 신기술을 적용"한다는 점에서 유사할 수 있으나, 그 특성 및 운영방식에 있어 차이가 있음

〈표 5-39〉 U-City와 스마트 시티 비교

구분	U-City	스마트 시티
사업 방식	• 신도시 조성시, 기반 시설로 CCTV, 통신망 등 인프라 공급에집중 • 교통 방범 안전 방재 등 공공서비스 위주 제공	• 기반 인프라뿐 아니라 데이터 기반의 실질적인 도시문제 해결이 목표 • 교통 안전 등 공공서비스 공급 외 생활 복지 등 민간서비스도 창출
추진 체계	• 국토부, LH 중심	• 범부처-지자체-기업-시민 등 열린 거버넌스
ICT	• 유선 인터넷망, 광대역 통신 • 인터넷, 3G, RFID 등	• 유선+무선통신망 • ICBM 등 신기술, AI 등 (IoT, Cloud, Big Data, Moblie)
정보 전달	• 일방향 전달(One-way) • 시차 존재	• 양방향 공유(Two-way) • 실시간 정보
시민 역할	• 정보 수요자(수동적)	• 정보 생산자이자 공급자 (적극적, 주도적 역할)
도시 데이터 활용	• 도시 내에서 기능별로 분절적 운영, 도시데이터 공유 활용 어려움 예1) 도시 통합운영센터에서 CCTV를 통한 도시관제 예2) 유휴 주차공간에 대한 정보 x → 주차장이 비어 있어도 활용 어려움, 주차난 발생 • 데이터를 활용한 민간 솔루션 개발 불가	• 도시 내 분야간 연계, 데이터 공유 플랫폼 구현 가능 예1) CCTV-센터-통신사 연계, 미아방지 서비스 제공 예2) 공공 민간의 유휴 주차공간 정보를 데이터 플랫폼으로 수집 공유 → 시민들에게 제공, 주차난 해소 • 민간 솔루션 개발 가능 (스마트파킹 APP/결제 시스템 등)
도시 관리 시사점	• 정보 비대칭으로 도시자원의 효율적 배분에 한계 • 도시문제해결에 정부 등 일부만 참여하는 Top-down 방식	• 데이터기반(공유 플랫폼, 공유경제)으로 도시자원을 효율적으로 분배 • 정부, 지자체, 기업, 시민이 함께 참여하는 Bottom-up 방식

* 자료 : 4차 산업혁명위원회 및 관계부처 합동, 도시혁신 및 미래성장동력 창출을 위한 스마트 시티 추진전략, 2018년 1월 29일

③ 스마트 시티의 구성요소 [38]
◉ 스마트 시티의 구성 요소는 크게 인프라, 데이터, 서비스 및 제도 부문으로 구분할 수 있으며 각 부문별로 7개의 세부 요소가 포함되어 있다.

---
[38] KB지식비타민, "똑똑한 도시, 스마트 시티", KB금융지주 경영연구소, 2017년 11월 20일.

- 인프라부문은 스마트 시티 구축을 위한 물리적·기술적 요소로 관련 기술과 서비스를 적용할 수 있는 도시인프라, 도시전체를 연결하는 ICT인프라, 현실공간과 사이버공간을 융합하는데 필요한 공간정보 플랫폼이 포함
- 데이터부문은 새로운 도시서비스를 개발·운영하는데 필요한 데이터의 생산과 공유에 관한 영역으로 IoT 기술이 핵심적인 요소
- 서비스부문은 실제 도시서비스를 제공하는 영역으로 데이터 활용을 위한 알고리즘과 신뢰할 수 있는 서비스, 사회적·제도적 기반이 되는 도시혁신 요소가 포함

〈표 5 – 40〉 스마트 시티의 구성요소

구분		주요 내용
인프라	도시 인프라	• 스마트 시티 관련 기술 및 서비스 등을 적용할 수 있는 도시 하드웨어 • 스마트 시티는 소프트웨어 중심의 사업이지만 도시 하드웨어의 발전도 필요
인프라	공간정보 인프라	• 지리정보, 3D 지도, GPS 등 위치측정 인프라, 인공위성, Geotagging(디지털 컨텐츠의 공간정보화) 등 • 현실공간과 사이버공간 융합을 위해 공간정보가 핵심플랫폼으로 등장 • 공간정보 이용자가 사람에서 사물로 변화
데이터	IoT	• CCTV를 비롯한 각종 센서를 통해 정보를 수집하고 도시내 각종 인프라와 사물을 네트워크로 연결 • 스마트 시티 구축 사업에서 가장 시장 규모가 크고 많은 투자가 필요한 영역 • 특정 부문에 대해 개별적으로 사업을 추진할 수 있어 점진적 투자확대 가능
데이터	데이터 공유	• 생산된 데이터의 자유로운 공유와 활용 지원 • 좁은 의미의 스마트 시티 플랫폼으로 볼 수 있으며 도시 내 스마트 시티 리더들의 주도적 역할이 필요
서비스	알고리즘 & 서비스	• 데이터를 처리·분석하는 알고리즘을 바탕으로 한 도시서비스 • 실제 활용이 가능한 정도의 높은 품질과 신뢰성 확보가 관건
서비스	도시혁신	• 도시문제 해결을 위한 아이디어와 새로운 서비스가 가능하도록 하는 제도 및 사회적 환경

* 자료 : 한국정보화진흥원(2016.11), KB 경영연구소 재정리

◉ 스마트 시티(Smart City)의 개념과 구성요소
- 한정된 공간에 많은 사람들이 모여 살며 다양한 활동이 일어나는 도시에서는 인프라 부족 및 노후화, 교통혼잡, 에너지 소비 확대, 환경오염, 범죄, 재난 등의 도시 문제가 발생
  - 인구 증가와 급격한 도시화로 다양한 문제가 발생하고 있으나 신규 인프라 공급 등 물리적 방식을 통한 문제 해결이 한계에 도달하면서 스마트 시티가 새로운 대안으로 부각
- 스마트 시티가 새로운 도시모델로서 주목 받고 있지만 개념에 대해서는 다양한 정의가 존재

- ITU(International Telecommunication Union)의 2014년 조사결과에 따르면 세계적으로 스마트 시티에 대한 정의가 116개에 달하는 것으로 나타남. [39)]
- 개념 정의에 사용된 키워드를 정리해 보면 수단을 강조한 ICT, 정보, 통신 등의 키워드가 26%로 가장 많고, 다음으로 스마트 시티의 목적과 관련된 환경과 지속가능성(17%), 인프라와 서비스(17%) 등이 높은 비중을 보임
- 우리나라는 '도시의 경쟁력과 삶의 질 향상을 위하여 건설, 정보통신기술 등을 융·복합하여 건설된 도시기반시설을 바탕으로 다양한 도시서비스를 제공하는 지속가능한 도시'로 정의. [40)]

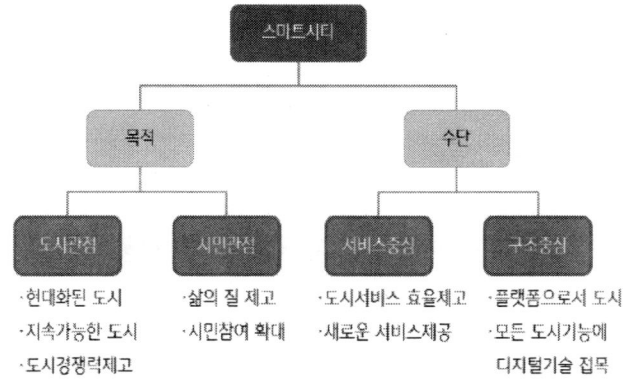

* 자료 : 한국정보화진흥원, '스마트 시티 발전전망과 한국의 경쟁력'(2016.11)

[그림 5-36] 스마트 시태의 개념 분류

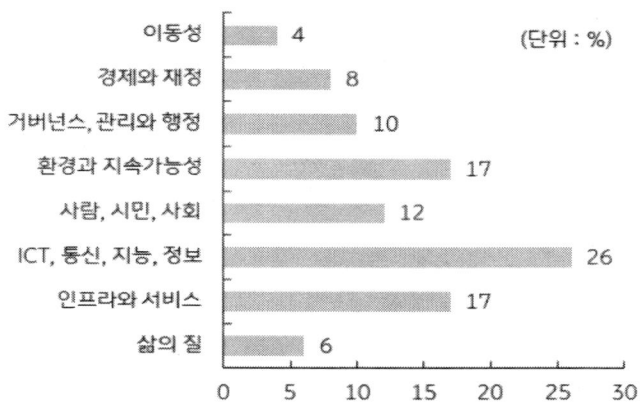

* 자료 : ITU(2014)

[그림 5-37] 스마트 시티 관련 키워드 분포

---
39) 한국정보화진흥원, '스마트 시티 발전전망과 한국의 경쟁력', 2016.11
40) 스마트도시 조성 및 산업진흥 등에 관한 법률'('17.3.21 개정)

- 최근 스마트 시티에 대한 논의는 도시라는 물리적 공간을 구분하는 개념보다는 도시의 효율적 관리를 위해 적용된 기술과 아이디어 등을 통칭하는 개념으로 널리 사용
  - 바르셀로나, 코펜하겐, 헬싱키, 싱가폴 등 세계적 스마트 시티로 소개되고 있는 사례들에서는 해당 도시에서 시행된 프로젝트와 적용된 신기술에 관심이 집중

- 도시문제 발생 시 기존의 도시관리 방식에서는 신규로 인프라를 건설하거나 인력 등 자원을 추가로 투입하여 문제를 해결하는 방식이 주를 이룸
  - 반면, 스마트 시티는 도시 전역에서 정보를 수집하고 이를 분석하여 필요한 곳에 자원을 투입하거나 기존 자원의 효율적 활용을 유도하는 방식으로 문제를 해결

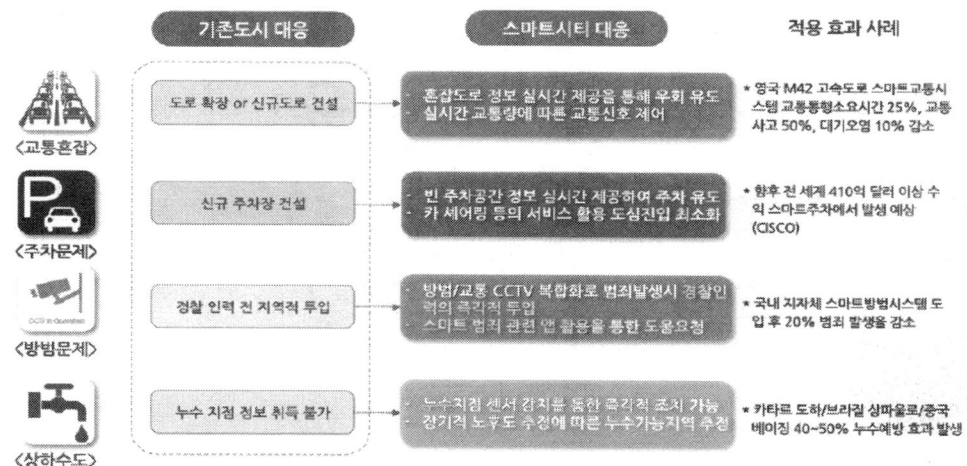

[그림 5-38] 스마트 시티의 문제 해결 방식

- 스마트 시티의 구성 요소는 크게 인프라, 데이터, 서비스 및 제도 부문으로 구분할 수 있으며 각 부문별로 7개의 세부 요소가 포함 [41]
  - 플랫폼 구축을 위한 인프라부문은 스마트 시티 구축을 위한 물리적·기술적 요소로 관련 기술과 서비스를 적용할 수 있는 도시인프라, 도시전체를 연결하는 ICT인프라, 현실공간과 사이버공간을 융합하는데 필요한 공간정보 인프라가 포함
  - 데이터부문은 새로운 도시서비스를 개발·운영하는데 필요한 데이터의 생산과 공유에 관한 영역으로 IoT 기술이 핵심적인 요소

---

[41] 이현숙, '스마트 시티의 개념과 정책동향', 2017.8

- 서비스부문은 실제 도시서비스를 제공하는 영역으로 데이터 활용을 위한 알고리즘과 신뢰할 수 있는 서비스, 사회적·제도적 기반이 되는 도시혁신 요소가 포함

◉ 스마트 시티 추진 동향
- 스마트 시티는 1990년대 중반 디지털시티를 시작으로 3단계의 과정을 거쳐 발전해 왔으며 관련 기술발전과 함께 개도국 도시개발 수요가 결합하며 빠르게 확산
  - 디지털시티가 통신사 주도의 시범사업 성격이 강했다면 한국의 스마트 시티를 기점으로 기술주도형 스마트 시티가 등장하였으며 IBM 등 글로벌 기업이 참여
  - 2012년 중국과 2015년 인도가 스마트 시티 구축을 공식화하면서 세계적으로 스마트 시티가 급속히 확산되었으며 인공지능 기술이 비약적으로 발전하면서 기술적 성공 가능성도 높아짐

대동기
(1996~2002)
- 1990년대 중반 디지털시티 확산을 계기로 태동
  (1993년 암스테르담 디지털시티, 1996년 헬싱키 Arena2000, 1998년 쿄토 등)
- 실제 스마트시티는 도시 혁신을 주도한 Eco-City, Sustainable City 등 도시 지속성장 프로젝트가 해당

성장기
(2003~2011)
- 2003년 한국 U-City를 기점으로 기술주도형 스마트시티 태동
- 전략의 중심이 부분적 정보기술 활용에서 전반적 도시 정보화로 이동
- 2008년 IBM의 Smarter Planet을 계기로 CISCO 등 글로벌 기업이 스마트시티에 참여
- 유럽과 미국에서는 Open Innovation과 연계되면서 Living Lab으로 발전

확산 및 고도화기
(2012~현재)
- 2012년 중국이 스마트시티 구축을 공식화하면서 세계적으로 급속히 확산
- 2012년 구글의 딥러닝 기술발전 등으로 스마트시티 고도화 빨라짐
- 2015년 인도 모디총리가 스마트시티 구축전략을 발표하면서 스마트시티가 개도국까지 확대

* 자료 : 한국정보화진흥원 (2016.11)

[그림 5-39] 스마트 시티의 발전 과정

- 스마트 시티 관련 시장 규모는 2016년 7,819억달러에서 연평균 16.6%의 성장률을 보이며 2020년 1.4조 달러로 성장할 것으로 전망
  - 2020년까지 국가별 투자규모는 중국 7.45조 달러, 미국 6.85조달러, 서유럽 6.76조달러, 아시아 지역(중국, 인도, 일본 제외) 4.27조 달러, 인도 2.58조 달러 등으로 예상

* 자료 : Research and Market(2017.6)

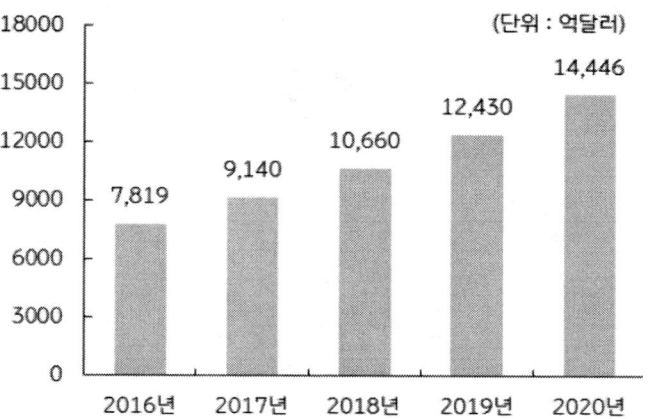

[그림 5-40] 스마트 시티 관련 시장 규모 및 전망

* 자료 : Nikkei BP Clean Tech(2012)

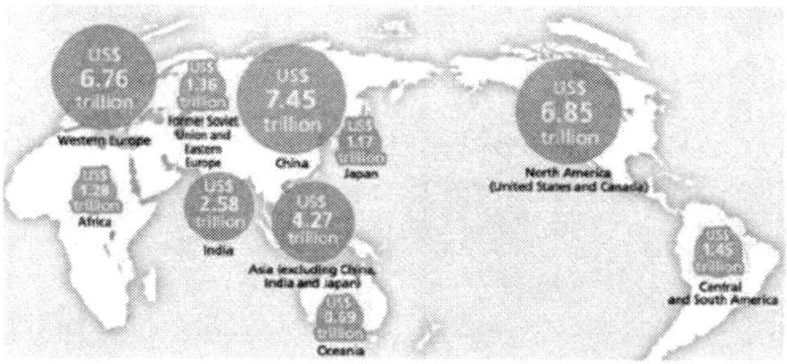

[그림 5-41] 국가별 스마트 시티 투자규모(2010~2030)

- 스마트 시티 프로젝트는 교통, 에너지 및 환경, 안전, 의료, 교육 등 다양한 분야에서 진행되고 있으며 프로젝트의 약 70%는 에너지, 교통, 안전 등 3개 중점 분야에 집중. [42]
  - 국가별로 스마트 시티 추진 내용은 차이를 보여 중국, 인도를 포함한 아시아지역 국가의 경우 국가경쟁력 강화차원에서의 도시개발 및 IT 플랫폼 경영 구축을 위한 인프라 중심의 투자를 확대
  - 반면, 서구 선진국의 경우 도시별 주요현안 해결과 시민의 삶의 질 향상을 위한 에너지 및 환경 분야, 도시 서비스 분야에 중점

42) 이재용, '스마트 시티 정책 및 향후 방향', 2017.3

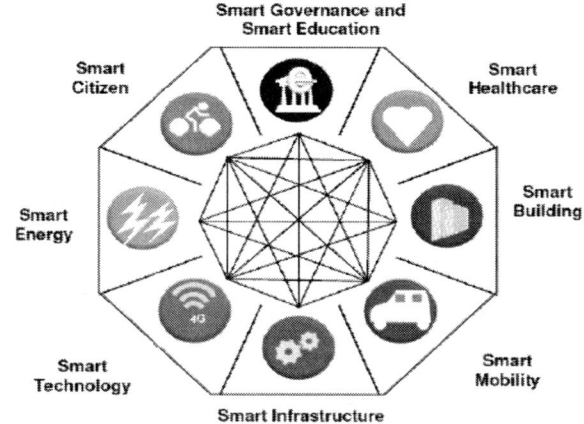

[그림 5-42] 스마트 시티의 주요 분야

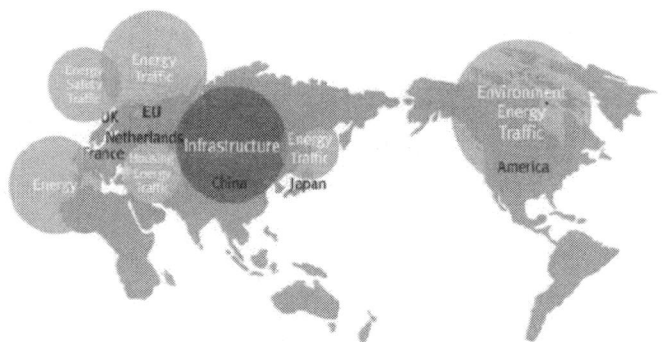

[그림 5-43] 국가별 스마트 시티 중점 분야

- 세계 각국은 중앙정부 차원에서 스마트 시티 구축과 관련 기술개발 계획을 발표하고 의욕적으로 관련 정책을 추진 중이며 특히 중국과 인도는 대규모 투자를 예고하고 있으며 중국은 500개 스마트 시티 개발을 목표로 기술개발과 인프라구축 등에 총 192조원을 투자 할 계획이며 인도는 100개 스마트 시티 건설에 19조원을 투자할 계획이다.

〈표 5-41〉 국가별 스마트 시티 사업 추진 동향

구분	주요 내용
미국	• 2015년 Smart Cities Initiative 발표, 관련 기술 R&D 및 연방정부 프로젝트 지원에 총 1억6천만달러 투자 계획 • 교통혼잡해소, 경제성장 촉진, 기후변화 대응 등과 관련된 지역문제
EU	• 2013년 스마트 시티 및 커뮤니티 혁신 파트너쉽 전략 실행계획 발표 • 유럽집행위원회(EC)가 에너지와 교통문제 해결에 주안점을 둔 스마트 시티 도입 정책 총괄
영국	• 스마트 시티 세계 시장점유율 10% 목표, 2012년부터 'Open Data, Future Cities Demonstrator' 정책 추진 • 스마트 시티 관련 IT 등의 기술 표준화에 집중 투자
중국	• 2015년 신형도시화계획을 통해 500개 스마트 시티 개발계획 발표 • 2020년까지 연구개발 500억위안(10조원), 인프라구축 등 1조위안(182조원) 투자 계획
인도	• 2020년까지 100개 스마트 시티 건설을 목표로 총 19조원의 투자 계획 발표
싱가폴	• 2014년 스마트네이션(Smart Nation) 프로젝트 공식 출범 및 SNPO(Smart Nation Programme Office) 설치 • 국내외 대학 및 민간단체, IBM등 다국적기업, 시민 등과의 협업체계를 구축하여 시범사업 추진
일본	• 에너지효율화에 중점을 두고 요코하마, 교토, 도요타, 기타큐슈 등 4개 시범지역 집중투자

* 자료 : 이재용, '스마트 시티 정책 및 향후 방향', 2017.3

• 우리나라는 2003년 최초의 스마트 시티라 할 수 있는 스마트 시티 구축을 시작으로 최근 글로벌 스마트시티 실증단지 조성 사업, K-Smart City 특화형 실증단지 조성 사업 등의 정책을 추진

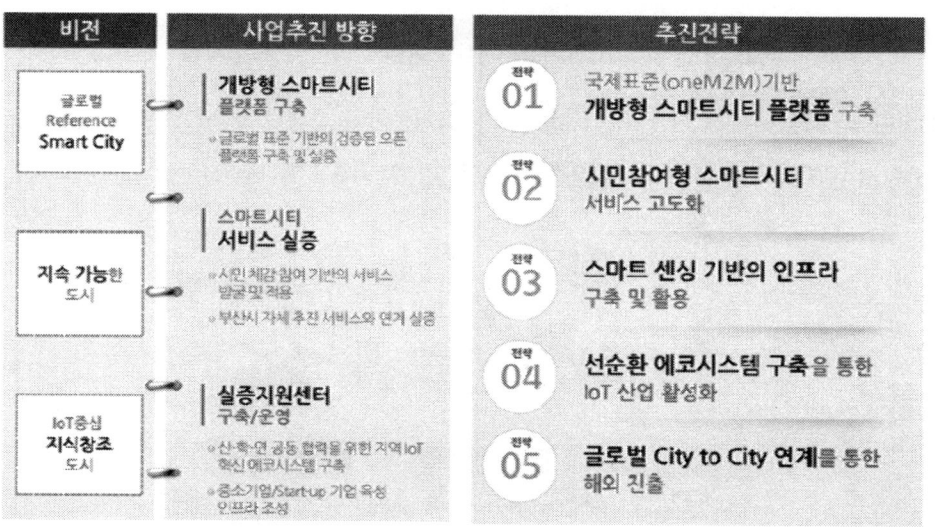

* 자료 : www.k-smartcity.kr

[그림 5-44] 글로벌 스마트 시티 실증단지 조성 사업

- 미래창조과학부는 2015년 6월 '사물인터넷(IoT) 실증단지 조성 공고'를 통해 부산시-SKT 컨소시엄(부산 해운대 센텀시티)을 글로벌 스마트 시티 실증단지 사업대상자로 선정
- 2016년에는 국토교통부가 '한국형 스마트 시티 해외진출 확대 방안'을 발표하고 세종, 동탄2, 판교, 평택고덕 등 4개 지역에 대한 특화형 실증단지 조성 계획을 발표
- 한편 정부에서는 4차 산업혁명위원회 산하에 스마트 시티 특별위원회를 구성하고 금년 말 까지 스마트 시티 추진전략을 마련할 예정

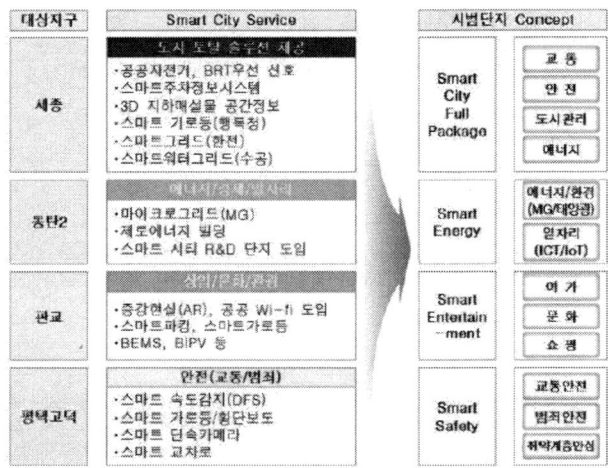

[그림 5-45] K-Smart Cyti 특화현 실증단지 조성 사업

- 우리나라 스마트 시티에 적용되는 기술로는 에너지분야의 스마트그리드, 제로에너지빌딩, ESS (Energy Storage System), 교통 분야 ITS(Intelligent Transport System) 등이 대표적

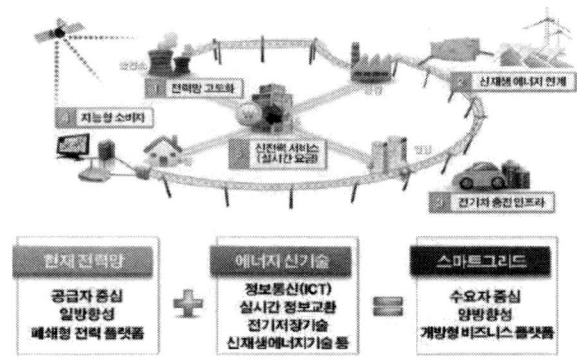

[그림 5-46] 스마트 시티(지능형 전력망) 개념도

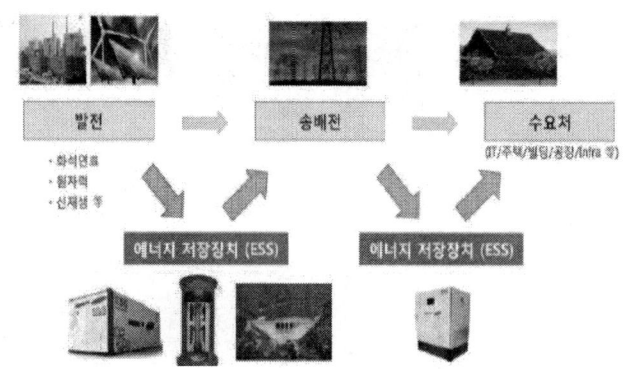

[그림 5-47] ESS(에너지 저장 장치) 개념도

- 특히, 에너지 관련 스마트그리드 분야에서 민간기업과 공기업이 참여하여 전국 주요 도시에서 관련 기술개발과 스마트 시티 조성 사업이 추진 중에 있음
  - KT, SKT 등 통신업체와 LS산전, 현대오토에버 등의 민간기업이 사업에 참여하고 있으며 공기업 중에서는 한국전력공사가 적극적으로 사업을 추진 중

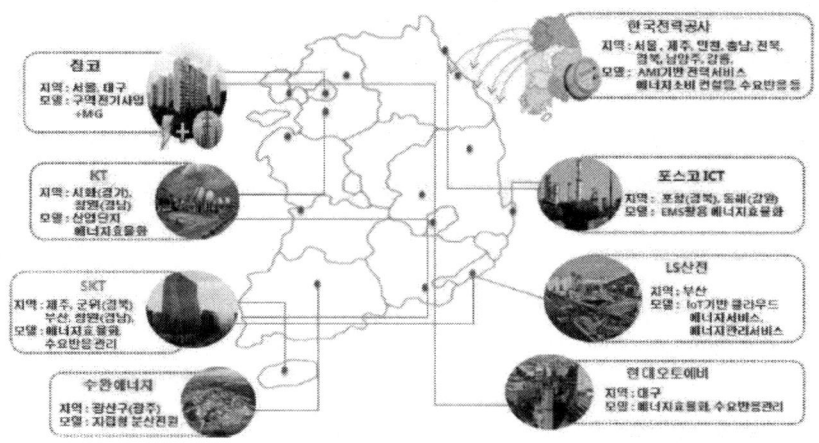

[그림 5-48] 지역별 스마트 그리드 사업내용

- 지자체별로도 스마트 시티 구축 사업이 추진 중에 있으며 '스마트 서울 2015' 사업이 대표적
  - 서울시는 스마트 인프라 확충, 스마트 기기를 활용한 맞춤 행정 및 사회안전도 제고, 일자리 창출 등을 목표로 스마트 시티 사업을 추진 중

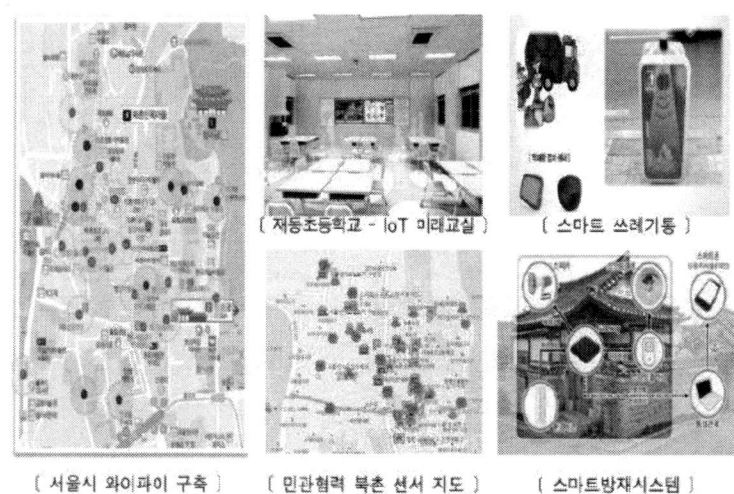

[그림 5-49] 서울시 IoT 기술 적용 사례

- 우리나라 스마트 시티 사업은 관련 법령(유비쿼터스 도시의 건설 등에 관한 법률, 2008.3)제정, 시범사업 추진, 지능형 교통시스템 해외시장 수출 등을 통해 초기 시장에서 선도적 위치를 구축
  - 그러나 7~8년간 큰 발전 없이 비슷한 구조와 서비스에 의존하면서 경쟁력을 인정받고 있는 기술개발 분야와 달리 지속가능성, 거버넌스 등의 분야에서는 경쟁력이 하락
  - 스웨덴 Easy Park가 발표한 '2017 스마트 시티지수'에 따르면 서울은 10점 만점에 평균 7.13점으로 21위를 기록하였으며, 아시아권 도시 중 싱가포르가 2위, 도쿄가 6위를 기록

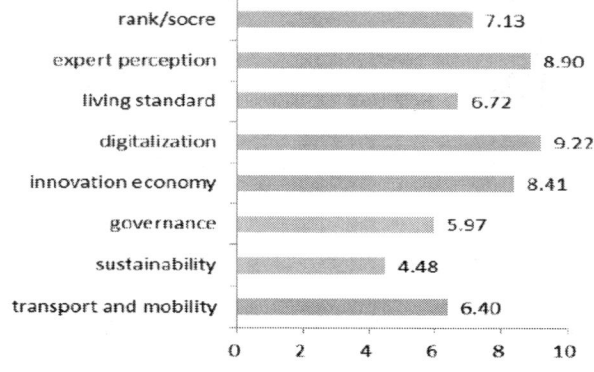

[그림 5-50] 분야별 스마트 시티 평가지수

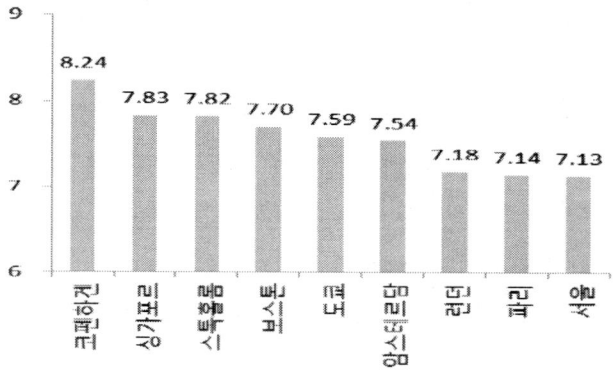

[그림 5-51] 주요 도시의 스마트 시티 평가 지수

* 자료 : Easy Park(2017)

◉ 스마트 시티가 가져올 변화와 향후 과제

- 스마트 시티가 가져올 변화로는 자원의 효율적 활용을 통한 비용절감, 도시서비스의 향상과 삶의 질 개선, 도시의 생산성과 지속가능성 향상을 들 수 있음
  - 스마트 시티는 에너지, 물과 같은 자원 소비, 신규 인프라 건설 등에 따른 비용과 함께 범죄, 의료, 행정, 복지 등 사회적 비용을 획기적으로 절감하는데 기여할 것으로 기대
    * 실례로 UAE 아부다비에 건설되고 있는 신도시 Masdar City는 스마트 시티 기술을 바탕으로 아부다비 평균 대비 에너지 소비는 50% 이하, 물 사용은 40%이하로 절감
  - 스마트 시티는 도시의 모든 정보가 모이고 공유되는 플랫폼의 역할을 하게 되며 신규 기능과 서비스를 유연하게 수용하는 것이 가능해져 시민들의 삶의 질을 제고하는 동시에 도시의 생산성 향상과 일자리 창출에도 기여할 것으로 기대

- 그러나 아직 스마트 시티 관련 기술은 실증단계에 머무르는 경우가 많고 추진 중인 스마트 시티 역시 초기 단계로 스마트 시티가 정착되기까지는 많은 시간이 소요될 것으로 전망
  - 스마트 시티 발전단계를 5단계로 구분할 때 현재 추진 중인 스마트 시티는 대부분 개별분야와 서비스를 수직적으로 연계·통합하는 2단계 수준으로 평가 [43]

---

43) 한국정보화진흥원, '스마트 시티 발전전망과 한국의 경쟁력', 2016.11

- 스마트 시티는 인공지능, 빅데이터, ICT 등 미래의 신기술이 현실에 적용되는 미래산업의 궁극적인 지향점으로 4차산업혁명의 승부처가 될 것으로 예상
  - 신기술과 혁신적인 서비스의 확산을 위해서는 이용자 경험의 확대가 중요한 과제로 스마트 시티는 새로운 기술과 서비스를 일상에서 체험할 수 있는 기회를 제공하여 관련 수요를 창출하고 초기 시장형성에 기여
  - 따라서 4차산업혁명을 통해 새로운 성장동력 확보하려는 세계 각국은 스마트 시티 관련 투자를 확대하고 있으며 새로운 시장의 창출과 선점을 위한 경쟁이 확대될 것으로 예상

- 현재까지 스마트 시티는 도시를 저비용 고효율의 구조로 만드는데 중점을 두고 있지만 일정단계를 넘어서면 구축된 인프라를 바탕으로 새로운 기회를 창출하는 역할이 확대될 것
  - 기회창출형 스마트 시티의 발전을 위해서는 도시 플랫폼을 바탕으로 한 생태계의 형성과 인력의 양성, 새로운 기술과 서비스에 호의적인 사회적 인식 및 제도 마련이 중요한 과제

- 향후 스마트 시티 관련 시장은 크게 확대될 것으로 기대되지만 관련 분야가 다양하고 기술적 성공 가능성을 담보할 수 없어 당분간 공공이나 글로벌기업 중심의 경쟁구도가 형성될 것

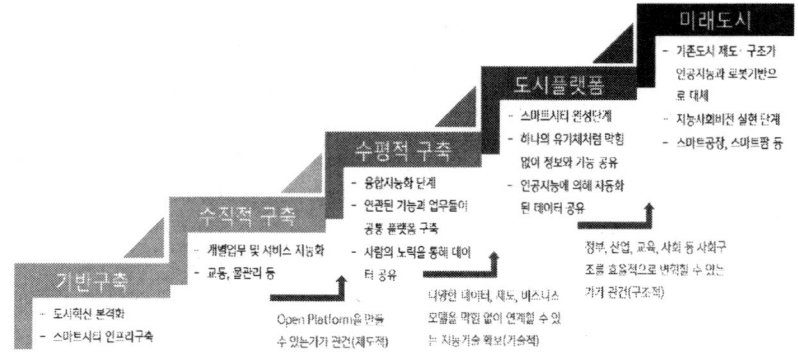

* 자료 : 한국정보화진흥원(2016.11), KB경영연구소 재정리

[그림 5-52] 스마트 시티 발전 단계

  - 따라서 스마트 시티 관련 투자는 시장 형성 초기 진입 시기와 투자 대상 분야를 결정하는 것이 중요한 과제가 될 것으로 예상

④ 국내 스마트 시티 추진 현황

'00년대 우수한 정보통신 기술과 신도시를 접목한 스마트 시티 사업을 통해 스마트 시티 선도국으로 각광받았으나, 이후 발전 없이 정체하고 있다.

◉ 신도시 내 인프라와 공공서비스 위주의 보급

- 우수한 ICT를 신도시 개발과 접목해 공공인프라를 확대한 성과는 있으나, 수요를 반영하지 않은 보급형 방식으로 시민 체감도 저조

    * 스마트 시티 시범사업 추진으로 '09~'13년 동안 15개 지자체에 231억원 국비 지원
    * 공공(LH) 주도의 일방향적 접근 → 민간 사업모델 발굴, 지속가능성 한계

- 노후도심은 재원부족으로 추진 미흡, 신도시와의 생활격차 확대

◉ 산업 확장 · 기술 발전과의 연계 부족

- (산업) 신도시내 스마트 시티 사업시 건설 관련 인프라 구축 중심으로 추진되어, 참여 업체의 규모가 영세*하고 산업 확장의 역량 부족

    * LH가 발주하는 통합운영센터 건설 및 S/W 보급을 위한 소규모 업체가 다수
    * 스마트 시티 건설시장규모는 조성비용의 3% 이내로, '16년 7천억원 수준으로 추계

    - 대기업은 준공 후 통신 등 일부 서비스 보급에만 제한적으로 참여

- (기술) 5G, 사물인터넷(IoT), 모바일 관련 세계 최고수준의 ICT 기술을 보유하고 있음에도 불구하고, 도시접목 사례는 미흡

    * '16년 전체 무역수지 흑자 892억불 중 81%를 ICT 융복합 산업이 창출

◉ 국가차원의 전략과 성공사례 부재

- 개별 주체, 기술단위의 좁은 시각에서 접근해 중앙부처 지자체 기업 시민을 아우르는 일관된 추진체계나 국가차원 전략은 부재

- 세계시장에서 경쟁력을 갖출 수 있는 대표 스마트 시티*의 부재

    * Juniper Research(영국 조사기관)에서 세계 10대 스마트 시티 선정결과('16.5) 싱가포르, 바로셀로나, 런던, 암스테르담이 상위권(우리나라는 미포함)

부산 에코델타시티 사례

- 비전과 추진 방향

비전	주요 내용 자연, 사람, 기술이 만나 미래의 생활을 앞당기는 글로벌 혁신 성장 도시		
	⇧ ⇧ ⇧ ⇧ ⇧		
추진 방향	프로세스 혁신	기술 혁신	민간참여 혁신
	⇕	⇕	⇕
	디지털 트윈, BIM을 활용한 3D 설계 기술로 스마트도시 구현	4차 산업 신기술로 도시문제 해결 및 삶의 질 향상	민간이 계획 운영에 적극 참여하는 사람중심의 도시

3대 특화 전략

- (혁신 산업생태계 도시) 스마트 시티 테크샌드박스(SCTS*) 운영을 통해 스타트업을 글로벌 기업으로 육성하고, 신성장 산업 기반 일자리 창출
  * 스마트 시티기술보유스타트업중소기업의연구개발및실증지원(창업지원 공간 및 육성 프로그램 등)
  - 부산 에코델타시티 내 스마트 시티 혁신센터를 구축, 스타트업 및 관련 기관을 입주시켜 혁신 산업 생태계 활성화 지원

- (친환경 물 특화 도시) 낙동강, 평강천 등 도시에 인접한 물과 주변공간을 활용하여 세계적 도시브랜드 창출 및 글로벌 매력도 향상
  - 도심 운하와 수변카페 등 하천 중심의 도시요소 배치, 스마트 물관리 및 저 영향개발(LID) 등의 물 기술 도입을 통해 한국형 물 순환 도시모델 제시

< 세물머리 중심에 거점 휴식공간을 조성 > < 도심을 연결하는 인공물길과 수변카페 조성 >

- (상상이 현실이 되는 도시) 시민 참여형 스마트 시티의 핵심수단으로, VR AR 및 BIM 기술, 3D 맵 기반 가상도시 구축을 추진
    - 시민 전문가가 시범도시를 가상공간에서 미리 체험하고 의견 제시 논의, 향후 도시 통합운영 시스템과 연계하여 과학적 도시 관리 기반으로 활용

◉ 7대 핵심 콘텐츠
- 사람 중심의 스마트 도시 디자인
    - (자연과 공존) 도시 내 어디에서나 수변과 공원을 쉽게 만날 수 있고, 대중교통 중심으로 개인차량이 없이도 불편없는 생활 여건 조성
    - (사람간 공감) 다채로운 문화·여가 공간을 스마트한 특화 가로로 연결하여 사람 간 커뮤니티 및 공감을 만드는 활기찬 도시 조성
        * 국제공모를 통해 '세계 최장(약 4km)의 스마트·ID 적용 가로' 조성
    - (기술의 공유) 수자원, 미세먼지 저감, 스마트 교통 물류 에너지를 도시에 접목하여 미래 산업을 육성하고 일자리 창출 도시 조성

<글로벌 수변 랜드마크>   <스마트 특화 가로>   <스마트 장수 등 물·환경 기술>

- 시민이 직접 만드는 도시
    - 도시 계획단계부터 입주까지 全과정에 시민과 민간전문가가 참여하는 시민 참여(소통) 플랫폼 '스마트 시티 1번가'를 운영(온 오프라인 병행)

- 리빙랩 네트워크
    - 시민 사용자가 직접 혁신활동의 주체가 되는 공동체인 리빙랩 구축
        · 시민 주도형 혁신 환경을 조성하여 시민 참여 중심으로 도시 개방성을 확대하고, 시민들이 직/간접적으로 다양한 도시문제 해결
    - 리빙랩 네트워크'를 만들어 세종-부산 스마트 시티간 협력 추진

- R&D 플러그인(Plug-in) 도시
  - 도시에 필요한 R&D 기술의 실증단지 사업화를 지원하고, 혁신기술 적용성이 용이하도록 유연하고 지속발전 가능한 플러그인 시티 조성
    · 스마트 시티 국가 시범도시에서 범부처적인 R&D 기술의 융·복합 연계 적용을 통해 시너지 효과 증대(계획~개발~사업화 전단계)

    * 국책 연구기관에서 개발하는 미래형 혁신 기술(예시 : 하이퍼루프 등)을 담는 그릇 역할

◉ 규제 샌드박스 도입
- 스마트 시티 新기술 도입, 지속가능 혁신생태계 구축을 위한 샌드박스 도입

◉ 개방형 빅데이터 도시
- 민간기업이 필요로 하는 데이터를 생성하여 공유하는 양방형 데이터 공유 플랫폼인 '데이터마켓(Data Market)' 제도를 도입하여 운영
- 민간기업 시민이 원하는 정보 요청시 각종 센서 등 인프라 지원으로 맞춤형 데이터를 생성 공급하고, 시민을 정보생산의 주체로 활동 유도

◉ 시민 체감형 혁신기술
- (스마트 물관리) 스마트 정수장 상수도, 에코필터링, 저영향개발(LID), 물 재이용 등 스마트 물관리 기술 도입 및 수변 도시의 선도모델 제시

- (스마트 에너지) VPP 서비스, 수열에너지, BEMS, 연료전지, 제로 에너지 주택 등 신재생에너지 도입과 에너지 수요 관리시스템 구축

- (스마트 교통) 스마트 트램, C-ITS, 맞춤형 교통신호제어, 주차장 등 자율주행시대에 맞는 교통 인프라 및 수요자 중심 교통 서비스 제공

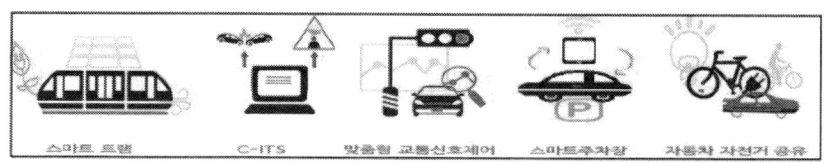

- (스마트 안전) 지능형 CCTV, 싱크홀, 스쿨존 안전, 미세먼지, 홍수통합관리시스템 등 방범 재난 환경 관련 시민 안전서비스 제공
- (생활 문화) 헬스케어, 교육, 쇼핑 문화 특화거리, 스마트 쓰레기 수거, 스마트 가든 등 의료 가사지원 교육 문화 쇼핑 관련 서비스 제공

⑤ 해외 스마트 시티 추진사례

◉ 데이터를 활용한 도시 플랫폼 구현 ⇒ 단편적인 솔루션 공급 탈피

- 밀턴킨즈, 캠브리지
    - 데이터 허브를 도입, 도시 인프라에서 수집 되는 각종 정보를 활용하여 시민 수요기반의 다양한 서비스 제공
        * 예) 열 지도 형태의 지역별 범죄율 정보, 지역의 물 사용량 정보 제공 등

◉ 리빙랩·테스트베드 조성 ⇒ 자유로운 실험공간 제공

- 산탄데르
    - 민·관 협력을 기반으로 시민과 ICT 기업들이 참여하는 리빙랩을 조성하고 도시 전역을 기술·서비스의 실험 공간으로 제공*
        * 도시 내에 설치된 2만여 개의 센서, 컬렉터, 카메라 등이 시스템에 연결되어 공공기관·일반기업·시민들이 도심 상황을 실시간으로 파악하면서 데이터를 활용
- 뉴멕시코
    - 3.5만명 규모 무인도시(10억달러 투자)로 교통·통신·에너지 관련 기업·연구소에 각종 테스트를 허용하는 규제프리 공간 조성◉ 시범도시 구축 ⇒ 도시 전체를 대표 모델로 조성
- 국가주도 : 마스다르
- 세계 최초·최대의 친환경 계획도시로 이산화 탄소, 쓰레기, 자동차가 없는 도시 건설을 국가적으로

추진 중
  * (부지면적) 6km2, (공사비) 220억 달러, (상주인구) 4만명, (완공시기) '30
  * (특징) 태양광, 지열 등 신재생에너지 생산 및 新교통 시스템 도입 등
- 민간주도 : 토론토
  - Google Sidewalk Lab 주도로 기술·프로젝트 특징에 따른 다양한 사업모델 진행(CPS, 자율대중교통, 모듈러캠퍼스 등)

◉ 서비스공모·챌린지 운영 ➡ 기업 시민참여
- 미국 콜롬버스
  - 美교통부가 도시공모(Smart City Challenge)를 통해 5천만 달러 지원 ➡ 커넥티드 교통 컨셉으로 콜롬버스市선정
    * 78개市지원, 콜롬버스 선정('16~'20), 민간기업(아마존, AT&T)에서 대규모(약2억달러) 투자도 유치

5. 스마트 헬스케어

① 스마트 헬스케어의 개요

◉ 스마트 헬스케어의 부상

각종 첨단 정보통신기술을 활용하여 언제 어디서나 건강관리를 받을 수 있는 스마트헬스케어가 부상하고 있다. 국내뿐만 아니라 미국이나 EU, 일본, 중국 등 세계각국에서도 정부차원에서 스마트 헬스케어 산업육성책을 추진하고 있으며, 기존병원이나 제약사 등 의료산업에서도 ICT기업과 협업하여 신규사업에 진출하는 모습을 보이고 있다.

스마트 헬스케어에 대한 관심이 확대되고 있는 배경은 크게 네가지로 구분할 수 있다. 먼저, 의료서비스의 패러다임이 질병이 발생한 후에 치료를 받는 치료·병원 중심에서 스스로 건강을 관리하는 예방·소비자 중심으로변화하고 있다. 스마트기기와 센서기술을 통해 일상에서 손쉽게 자신의 식사량이나 혈압,운동량 등 건강상태를 기록하고 관리하는 '자가 건강측정(QuantifiedSelf)' 트렌드가 확산하고 있는 것이다.

두 번째는 기술의 발전이다. 웨어러블 디바이스는 우리 몸에 밀착되어 지속해서 생체정보를 파악할 수

있게 만들어 주고 있으며, 이는 '자가 건강측정' 트렌드를 확산시키는 요인이기도 하다. 이뿐 아니라 다양한 ICT 기술, 의료기술, 빅데이터는 인공지능과 결합하여 헬스케어 산업에서의 혁신 서비스를 창출하고 있다. 세 번째는 의료데이터의 빠른 증가이다. IDC에 의하면 의료 데이터양이 2012년 500PB에서 2020년에는 25,000PB로 약50배가 증가할 전망이다. 폭발적으로 증가하는 의료 데이터를 분석하고 활용하는 방안이 중요한 이슈로 주목받고 있다.

마지막은 고령화와 만성질환자 증가로 인한 사회적 요구의증 가이다. 고령화와 만성질환자 증가에 따른 의료 비급증은 공공과 가계에 부담으로 작용하고 있으며, 스마트 헬스케어가 의료비 증가에 대한 해법으로 주목되고 있다.

[그림 5-53] 스마트 헬스케어 부상 배경

◉ 스마트 헬스케어의 정의

스마트 헬스케어는 4차산업혁명의 핵심 ICT기술인 IoT(InternetofThings,사물인터넷), 클라우드 컴퓨팅, 빅데이터 및 인공지능(AI)을 헬스케어와 접목한 분야다. 기본적인 산업구조를 살펴보면, 소비자가 일상생활이나 의료기관 등 전문기관에서 생성해낸 데이터를 데이터 전문기업이 수집 및 분석하여, 이를 의료 및 건강관리기업이 다시활용하여 소비자에게 자문 및 치료해 주는 구조이다.

개인이 생성해낼 수 있는 데이터는 유전체정보, 개인건강정보, 전자의무기록 등 크게 세가지로 구분될 수 있다. 유전체 정보는 한사람당 약30억개, 1TB에 달하는 유전체 염기쌍의 서열로, 정밀의료나 개인맞춤형 신약개발, 유전자 편집, 합성 생물학을 구현시킬 수 있다. 개인 건강정보는 웨어러블 디바이스나 헬스케어 앱 등을 통해 수집되는 개개인의 혈당수치, 혈압, 심전도, 식단 정보 등 개인 일상생활 활동에 관한 모든 데이터로, 이를 활용한 다양한 응용 서비스가 확대되고 있다.

전자 의무기록은 과거 의료기관에서 종이차트에 기록했던 인적사항, 병력, 건강상태 등을 비롯하여 처방정보, 처방결과 등을 전산화한 형태를 말한다. 유전체정보와 개인 건강정보가 건강개선, 질환치료 및 예방 등의 구체적인 임상적 가치와 연결되기 위해서는 전자의무기록을 바탕으로 데이터가 분석되어야 한다. 이에따라 전세계적으로 의무기록의 디지털화 추세가 가속화되고 있으며, 활용성이 더욱 제고될 것으로 보인다.

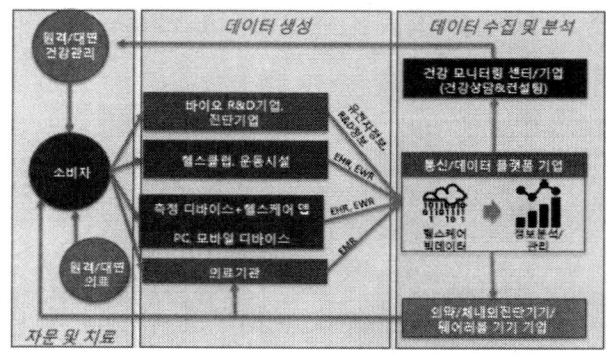

* Note: EHR(Electronic Health Record): 의료기관이 아닌 일상생활에서 수집되는 디지털화된 개인 건강 정보
* EWR(Electronic Wellness Record): 건강관리를 위한 활동에서 수집되는 디지털화된 생체정보
* EMR(Electronic Medical Record): 환자의 모든 정보를 전산화하여 입력, 관리, 저장하는 형태

* 자료 : ETRI 미래전략연구소

[그림 5-54] 스마트 헬스케어 산업구조

◉ 스마트 헬스케어 산업의 구조
IoT, 클라우드 컴퓨팅, 빅데이터 및 인공지능(AI)과 헬스케어의 접목으로 탄생한 스마트 헬스케어는 기존 헬스케어 산업의 생태계를 바꾸어 가고 있다. 스마트 헬스케어 산업의 부상으로 인해 과거 크게 연관이 없었던 신규영역으로의 확장과 강화가 두드러지고 있다. 과거의료기기, 제약회사, 의료기관을 중심으로 발전해 오던 스마트 헬스케어산업은 IT 기술의 발전에 따라 점차 모바일 OS, 통신사, 웨어러블 디바이스의 영역으로 확장되어 가고 있는 것이다.

특히 다양한 센서를 내장한 스마트폰 보급,활 동량과 생체신호를 지속적으로 모니터링하는 웨어러블 기기의 확산, 바이오 센서 기술의 발달, 저전력 초소형 하드웨어 기술 발전에 따라 ICT와 의료기기의 융합이 활발해지고 있다. 또한 세계적으로 의료비 절감과 치료의 효율성 증진을 위해 모바일 헬스케어 기기와 서비스를 활용하고자 하는 시도가 확산되면서 스마트 헬스케어산업에 대한관 심이증 가하고 있다.

향후 스마트 헬스케어는 치료 중심의 기존 헬스케어 산업에서 소프트웨어·서비스·금융 등으로 생태계를 확장해 연관 산업발전을 촉진할 것으로 전망된다. 특히기존의 치료위주에서 예측·예방 중심으로 의료형태가 변화하고 있음을 주목할 필요가 있다.

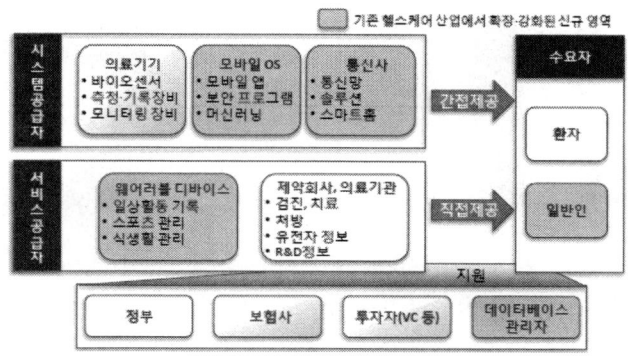

[그림 5-55] 스마트 헬스케어 산업 생태계

② 스마트 헬스케어의 시장 동향
◉ 글로벌 스마트 헬스케어 시장 현황
전 세계적으로 스마트 헬스케어 산업은 스마트폰 및 IoT 기반 웨어러블 기기 등과 함께 시장 성장기에 접어들었으며 생명공학기술과 정보통신기술이 융합된 다양한 형태의 스마트 헬스케어 제품 및 서비스가 출시되고 있다. 의료기기 전문업체 뿐만아니라 글로벌 ICT 기업부터 스타트업에 이르기까지 다양한 아이디어를 지닌 기업들의 시장진출이 가속화되고 있다.

이에 글로벌 스마트 헬스케어 시장규모는 지속적인 성장을 보일 전망이다. 한국보건산업진흥원에 따르면 2014년 기준 210억 달러에 머물렀던 글로벌 스마트 헬스케어 시장규모가 2020년에는 1,015억 달러규모가 되면서 약4.8배의 성장을 보일 것으로 전망했다. 스마트 헬스케어의 기술분야별로 살펴보면 빅데이터 기술이 45.9%로 시장성장에 가장 중추적인 역할을 할것으로 기대된다. 앞으로 사물 인터넷 등 다양한 장치와 센서가 개발되면서 의료분야 데이터는 더커지고 진보된 빅데이터 분석기술을 통해 지속적인 변화를 맞이할 것으로 전망되기 때문이다.

다음으로는 인공지능(35.3%)이 꼽혔다. 인공지능의 경우 의료검사에 도입함으로써 진단결과를 개선할 수 있고, 신약개발에 활용하여 신약개발 기간과 비용을 절감할 수 있는 등 다양한 장점을 보유하고 있다. 이외에도 중요기술로는 사물인터넷(14.8%), 가상·증강현실(2.5%), 로보틱스(1.6%) 순으로 나타나며, 다양한 기술들이 향후 스마트 헬스케어 산업성장에 크게 기여할 것으로 보여지고 있다.

[그림 5-56] 글로벌 스마트 헬스케어 시장 전망   [그림 5-57] 스마트 헬스케어의 주요 기술 분야

◉ 국내 스마트 헬스케어 시장 현황

국내 스마트 헬스케어 산업은 지속적으로 성장하고 있는 것으로 판단된다. 국내스마트 헬스케어 산업의 성장세를 명확하게 파악하기는 쉽지 않다. 다만 스마트 헬스케어를 포함한 의료·바이오 분야 벤처 투자추이를 대리변수로 살펴보았을 때 국내 스마트 헬스케어 산업은 꾸준한 증가세를 보임을 짐작할 수 있다.

2015년의료·바이오 분야에 대한 신규 벤처투자는 3,170억원으로 2011년(933억원)의 3배이상 규모로 증가하는 모습을 보였다. 특히 한국 벤처캐피탈협회의 Venture Capital Market Brief에 따르면 많은 벤처 캐피탈들이 미래 유망분야로 스마트 헬스케어를 지목해 향후에도 투자확대 추세가 지속될 전망이다.

향후 사물인터넷, 소프트웨어 등과 더불어 의료기기, 바이오·제약분야에 대한 투자확대 가능성이 높을 것으로 보여진다. 국내 스마트 헬스케어 산업의 지속적인 성장세를 예측해 볼 수 있는 또 다른 근거로 정부의 정책 방향을 들 수 있다.

2017년 12월 18일 산업통상자원부가 발표한 '새정부의 산업정책 방향'의 내용에 따르면 '5대 신산업 선도 프로젝트'에 바이오·헬스분야를 포함시켰다. 또한 2017년 12월 26일에는 바이오·헬스가 포함된 5대 신산업의 기술개발에 2018년 산업통상자원부 R&D 총예산의 29.1%에 이르는 9,193억원을 지원할 계획이라밝 혔다.

여기서 주목할 점은 5대 신산업의 기술개발 예산 중 바이오·헬스사업의 예산이 가장 높은 증가를 보였다는 점이다. 바이오·헬스사업의 예산은 2017년 대비 421억원 증액된 1,992억원을 2018년 R&D투자에 편성했다. 또한 절대적인 규모도 에너지 신산업에 이어 두 번째 많은 비중(5대 신산업분야 전체 예산의 21.7%)을 차지한다. 이를 통해 향후 정부가 바이오·헬스사업에 정책지원을 확대해 나갈 것임을 확인할 수 있다.

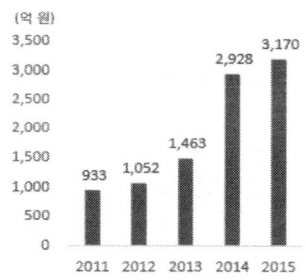

[그림 5-58] 국내 의료·바이오 분야 신규 벤처투자 추이

(억 원)

분 야	2017	2018	2017년 대비 증감
전기·자율주행차	1,241	1,491	250
IoT 가전(스마트홈)	717	816	98
에너지 신산업	4,059	4,175	116
바이오·헬스	1,571	1,992	421
반도체·디스플레이	582	720	137
합 계	8,171	9,193	1,022

[그림 5-59] 5대 신산업분야(R&D) 예산 편성현황

◉ 스마트 헬스케어 내 기업 동향

- 전통사업자와 신규사업자 현황

  스마트 헬스케어 부상은 다양한 이종 산업의 플레이어를 불러들여 헬스케어 생태계를 변화 시키고 있다. 이에 기존 헬스케어 산업의 전통 사업자라 할 수 있는 의료기기 업체, 제약회사, 의료 기관과 신규 사업자로 볼 수 있는 웨어러블 디바이스 업체, 모바일 OS업체, 통신사가 주축이 되어 코피티션(Copetition, 경쟁과 협력)을 하고 있다. 스마트 헬스케어 산업의 전통 사업자는 기존 사업을 바탕으로 다수의 고객층을 확보했다는 강점을 가지고 있다.

  더불어 다양한 유통 및 인프라망을 확보하고 있기 때문에 신사업을 진행하기 위한 기반이 마련되어

있다. 반면 이들은 IoT, AI, 빅데이터 등 스마트 헬스케어 산업의 핵심기술들을 보유하고 있지 않아, 약점을 보완하기 위해 스타트업과의 협업, 혹은 M&A에 관심을 보이고 있다.

스마트 헬스케어 산업의 신규 사업자들은 대부분 IT에 특화된 기술을 보유하고 있다. 이들은 새로운 기술개발에 적극적인 특징을 가지고 있지만, 대다수가 자금력이 부족한 기술 기반의 스타트업 위주이기 때문에 이종 업체간의 협업을 적극적으로 추진하면서 스마트 헬스케어 시장에서 입지를 넓혀가고 있다.

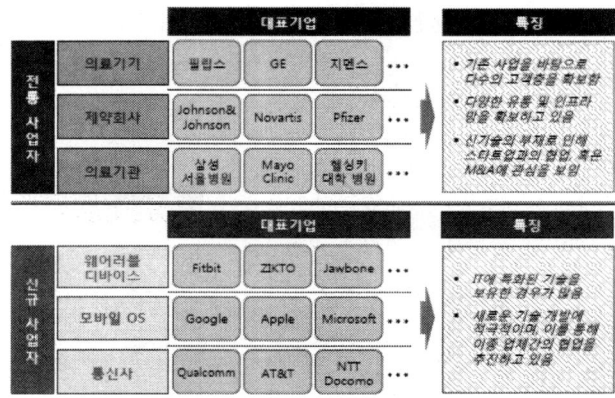

[그림 5-60] 스마트 헬스케어 시장의 전통/신규 사업자 현황

- 세부 업종별 기업 동향

  스마트 헬스케어의 지속적인 성장이 예측됨에 따라 다양한 기업들이 각자의 시장진출 전략을 내세워 시장에 뛰어들고 있다. 하기 사례로 나온 의료기기업체, 제약회사, 의료기관, 웨어러블 디바이스업체, 모바일OS업체, 통신사들은 서로간 경쟁구도만을 내세우는 것이 아니라, 각자의 강점을 강화하고 약점을 보완하기 위해 상호 업체간의 코피티션(Copetition)을 하고 있음을 확인할 수 있다.

〈표 5 - 42〉 스마트 헬스케어 시장에 진출한 주요 기업 현황

구분	기업	시장 진출 전략
의료기기 기업체	PHILIPS	• 환자의 생체정보를 모바일기기를 통해 실시간으로 확인하는 커넥티드 모니터링 솔루션 서비스를 제공 • 영상진단 장비, 초음파, 마취기 및 신생아 중환자 관리 등 스마트 헬스케어 사업 영역을 확대중
	GE Healthcare	• 인공지능 컴퓨팅 기업 엔비디아와 협력을 통해 GE 헬스케어 의료영상 기기에 최첨단 AI를 도입, 의료 데이터 처리속도 향상을 위해 노력
제약 회사	Johnson&Johnson	• 구글의 생명 과학자 회사인 베릴리(verily)와 함께 인공지능을 활용한 헬스케어 개발에 집중하고 있음 • 특히 인공지능 기술이 적용된 수술 로봇개발에 노력
	NOVARTIS	• 구글과 협업하여 공동으로 구글렌즈를 제작해 눈물의 당농도를 분석, 진단 시스템을 개발 중
의료 기관	삼성서울병원	• 2017년 6월, 스마트 헬스케어·의료기기 융합 연구센터 설립 • 인공지능과 의료정보 표준화, 인체삽입형 의료기기, 광바이오 진단기기 등에 대해서 연구할 예정
	MAYO CLINIC	• 애플과 협력하여 환자들에게 칼로리 섭취 및 소모량, 몸무게, 혈압같은 건강 상태를 모니터링 진행
웨어러블디바이스 업체	fitbit	• 수면 일정관리, 심박수 측정기능 등이 웨어러블 스마트 밴드를 통해 사업을 추진 중 • 2016년 스마트 워치업체 페블(Pebble)의 핵심사업 인수를 통해 사업 확장 중
	ZIKTO	• 걸음걸이를 분석하여 잘못된 보행 습관을 바로 잡아주는 웨어러블 밴드 출시 • 걸음걸이 자세교정을 통한 예방 의학적 차원의 건강증진 서비스를 제공
모바일 OS 업체	Google	• 자사가 직·간접적으로 개발하는 디바이스 및 서비스를 통합하는 플랫폼 구글핏 운영 • 의료기관 연계보다 개인의 데이터 활용에 주력하는 생태계 조성
	Apple	• 개방형 스마트 헬스케어 플랫폼 '헬스키트(Health Kit)' 운영 • 애플워치, 모바일 앱 등을 병원 등과 연계해 생태계 조성 모색
통신사	QUALCOMM	• 만성 폐질환 관리 서비스 플랫폼 운영 • 스위스 제약회사 Novartis의 흡입형 의료기기와 연동하며 사업확장 중
	AT&T	• 조직내 헬스케어 서비스 전담부서 신설 및 신사업 추진 • 의료영상 이미지 및 정보관리, 공유 서비스 제공

③ 스마트 헬스케어 산업내 주요 이슈

⊙ M&A와 Partnership 강화로 영역을 넘나드는 새로운 협력체계 구축

스마트 헬스케어 산업은 전통적 의료산업 영역에 ICT 기반기술이 접목되는 융합 산업으로, 특히 전통적 헬스케어 기업이 아닌 구글, 애플, 마이크로소프트, IBM과 같은 기업들은 시장 주도권을 확보하기 위해 적극적인 투자와 인수합병등을 진행하고 있다.

〈표 5-43〉 헬스케어 파트너십 현황

기업	시장 진출 전략
NTT Docomo	• Omron Healthcare와 합작사 설립
KDDI	• 일본건강보험 조합과 데이터 연동
Orange	• 클레르몽페랑 대학병원과 사업 협력
MS	• GE Healthcare와 합작회사 설립
AT&T	• Alere, NLR 등 관련 기업과 제휴 • ricson 클라우드 시스템 연동
Verizon	• 미국 고령자 협의회와 제휴
Vodafone	• 스위스 제약사 Novartis와 제휴
Softbank	• 모바일 헬스케어 디바이스 Fitbit Flex와 제휴

특히 IBM은 2015년 4월 왓슨 헬스부서를 독립시킨 후 애플, 존슨앤존슨, 메드트로닉(Medtronic), 에픽시스템즈 등과 협력 및 인수를 하면서 의료 생태계를 확장시켜 나가고 있다.

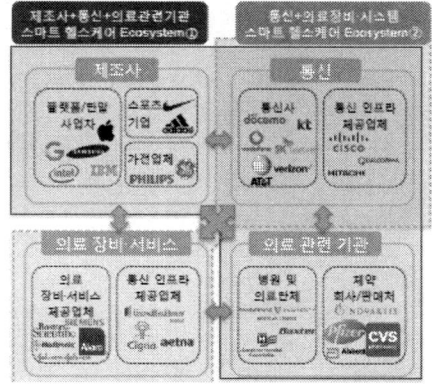

[그림 5-61] 스마트 헬스케어의 새로운 협력 시스템

애플 또한 2016년초 헬스케어 스타트업 글림스(Gliimpse)를 인수한데 이어 2017년초에는 개인 맞춤형 의료 및 건강관리 서비스를 제공하는 크로스 오버헬스(Crossover Health)인수를 추진하면서

병원사업에 도전하고 있다.

이외에도 주요 ICT 기업들이 발빠르게 파트너십을 구축해 나가고 있다. 일본의 통신 기업 소프트뱅크는 모바일 헬스케어 디바이스 제조사인 핏비트플렉스(FitbitFlex)와의 협력체계를 구축하여 스마트 헬스케어 서비스를 제공하고 있다.

또한 AT&T는 정부 및 의료단체와 함께 건강 정보교환 시스템을 구축하여 국가 시범사업에 적용해 나가고 있다. 특히 AT&T가 선보이고 있는 헬스케어 커뮤니티 온라인(HealthcareCommunityOnline, HCO)은 독점적으로 미국 병원협회의 승인을 받은 의료 정보공유 서비스로 의료진, 헬스케어 서비스 업체, 환자들이 건강기록을 열람할 수 있는 서비스를 제공하고 있다.

◉ 각국 정부가 주도하는 바이오 빅데이터 구축
스마트 헬스케어 의핵심이 되는 정밀의료 및 개인별 맞춤진료는 유전체 분석으로 부터 시작된다. 인간 유전체 분석을 통해 정확한 질병 스크리닝이 가능해지고, 적합한 약물과 용량 선택이 가능해지며, 종합적으로 의료비용을 절감할 수 있기 때문이다.

많은 양의 유전체 정보를 확보하고 이를 빅데이터로 구축하기 위해서는 대규모의 자금투입이 필요하다. 또한, 진단, 처방, 치료를 위한 유전자 변이를 찾아내기 위해 기준이 되는 표준 유전체를 구축해야하며 이를 바탕으로 유전자 염기서열과 질환, 의약품, 처방법에 대한 연구가 필요하다.

인간의 유전정보는 약 30억 개의 DNA 염기쌍으로 구성되어 있으며, 이 염기쌍의 서열을 밝혀내고 이를 빅데이터로 구축하기 위해 세계 각국에서 인간 게놈 프로젝트(Human Genome Project, HGP)가 진행되고 있다. 미국은 2015년 정밀 의료계획의 일환인 100만명의 유전자 분석 프로젝트와 2016년 캔서문샷(CancerMoonshot) 프로젝트를 통해 암 관련 및 질병관련 데이터를 확보하고 있다.

〈표 5-44〉 주요국 빅데이터 구축 현황

국가	내 용
미국	• 오바마 행정부가 발표한 정밀 의료 계획의 일환으로 100만 명의 유전자 분석 프로젝트 진행 중 • 유전체 분석 서비스를 제공하는 Illumina와 23andMe가 축적한 유 전체 정보를 신약 개발에 활용하 고자 Pfizer 등과 제휴
영국	• 정부주도로 2012년부터 자국민 10 만 명의 유전체를 분석하는 프로 젝트(Genomics England)를 진행
한국	• 2017년 4월 '분산형 바이오 빅데이 터' 구축 추진 TF 발족 • 2016년 10월 서울대와 마크로젠이 아시아인 표준 유전체 지도 완성 • 2016년 11월 울산과학 기술원과 한국 표준과학 연구원이 한국인 표준 유전체 지도(KOREF) 완성

영국은 2012년 말부터 희귀질 환자, 암 환자 및 가족을 포함한 약 7만명으로부터 게놈 10만개 시퀀싱을 분석하여 게놈 서열 데이터와 의료기록, 질병원인, 치료법 등을 밝혀내는 '게노믹스 잉글랜드(Genomics England)' 프로젝트를 진행하고 있다. 국내에서도 정부 주도로 헬스케어 빅데이터 구축과 활용을 추진 중이다. 신약, 화장품, 의료기기, 보험 상품을 개발하는 수요 기업에 주요 병원 및 공 공기관에 축적된 진료, 처방 등의 헬스케어 데이터를 거래하는 것이 주요 골자이다.

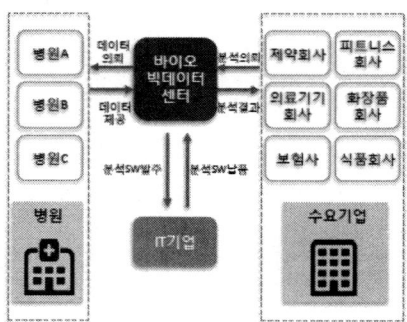

[그림 5-62] 국내 분산형 바이오 빅데이터 모델

◉ 인공지능 기반 스마트 헬스케어의 부상

글로벌 인공지능 기반 스마트 헬스케어 시장규모는 2015년 8억 달러에서 연평균 42%의 빠른 성장을 통해 2021년 66억 달러에 달할 것으로 전망되고 있다. 머신러닝, 딥러닝, 자연어처리, 이미지인식, 음성인식 등의 인공지능 기술이 의료분야에 접목되면서 헬스케어 산업에 새로운 서비스를 창출시킬 것으로 보인다.

인공지능 기술을 통해 미래 헬스케어 서비스는 많은 양의 유전자 정보를 스스로 분석하고 학습하여 질환 발현 시기를 예측하거나, 개인 맞춤형 진단 및 생활습관 정보 제공을 통해 질병 발현 예방에 도움을 줄 수 있을 것이다.

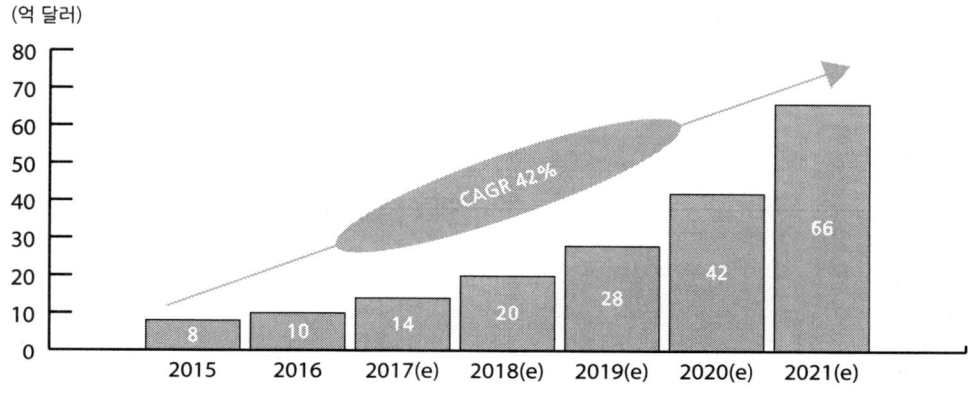

[그림 5-63] 인공지능 헬스케어 시장 규모

진료 시에는 의사와 환자 간의 대화가 음성인식 시스템을 통해 자동으로 컴퓨터에 입력되고, 저장된 의료차트 및 의학 정보 빅데이터를 통해 질병 진단정보를 제공하거나, 컴퓨터 스스로가 환자의 의료 영상 이미지를 분석하고 학습하여 암과 같은 질환에 대한 진단정보를 의사에게 제공해 의사의 진단을 도울 수 있다. 또한, 개인 맞춤형 데이터를 통해 개인별 약물의 부작용을 예측하여 처방에 도움을 줄 수도 있을 것이다.

특히 전 세계적으로 고령화와 의료비 부담에 따른 저렴하고 신속한 의료서비스가 요구되기 때문에 인공지능 관련 R&D 정책 등을 범정부 차원에서 추진하고 있다. 인공지능 분야 글로벌 선도국가인 미국은 인공지능을 활용한 정밀의료 추진을 통해 의료의 질적 수준 제고에 집중하고 있다.

<표 5-45> 인공지능 헬스케어

내용	미국	유럽연합	일본	한국
주요 정책 및 투자액	• Brain Initiative: 10년간 10억 달러 • 정밀의료 추진계획 (Precision Medicine Initiative, PMI): 2016년 2.2억 달러	• Human Brain Project: 10년 간 12억 유로 • The 100,000 Genomes Project: 2014-17년 3억 파운드	• 게놈의료 실현화 프로젝트: 93억 엔 • 일본 재흥전략, 로봇 신전략: 1,000억 엔	• 엑소브레인: 10년간 1,070억 원 • 딥뷰프로젝트: 4년간 129억
중점 개발 분야	• 인간 두뇌의 뉴런 활동에 대한 뇌 활동 지도 • 개인 최적화 의료 시스템 구축	• 인간의 뇌와 핵심 메커니즘 • 유전체 분석	• 유전체 정보 분석 • 인공지능의 로봇 적용	• 자연어, 시각 인공지능 SW • 의료 빅데이터와 자연어, 시각 인공지능 SW • 의료 빅데이터와 인공지능 결합 인공지능 결합
활용	• 뇌 관련 연구의 기초자료 활용 • 개인 맞춤형 의료	• 미래 의학 및 컴퓨팅 분야 • 개인 맞춤형 진단, 치료	• 개인 맞춤형 치료 • 케어형 로봇	• 인공지능 SW 산업 육성 • 개인 맞춤형

유럽은 인공지능의 의료정보 플랫폼 결합 및 유전체 분석에 집중하고 있으며, 일본은 유전체 분석과 인공지능 적용 로봇전략을 통해 개인 케어·맞춤형 의료서비스 제공에 집중하고 있다.

◉ 의료정보와 블록체인의 결합

미래 의료 패러다임인 정밀·예측·예방·개인 맞춤형 의료로의 변화를 위해서는 대규모의 개인 데이터가 필요하다. 특히 의료 관련 데이터는 매우 민감한 개인정보이기 때문에 높은 수준의 신뢰성과 보안성을 요구한다.

블록체인을 이용해 의료정보를 기록하고 관리하면 위·변조할 수 없고 개인정보 유출 가능성을 낮출 수 있다. 따라서 블록체인 기술은 의료 혁신을 현실화할 수 있는 기술로 최근 헬스케어 시장에서 큰 주목을 받고 있다.

의료정보 소비자가 의료정보를 요청할 때 블록체인 기반 의료시스템은 정보 요청자의 접근을 제어할 수 있다. 접근 권한이 있는 경우 법적 타당성을 검증하고 타당한 경우 데이터를 추출하고 환자의 동의 여부를 파악하게 되는데, 이때 환자의 동의 여부는 블록체인을 기반으로 한 디지털 서명을 통해 확인한다.

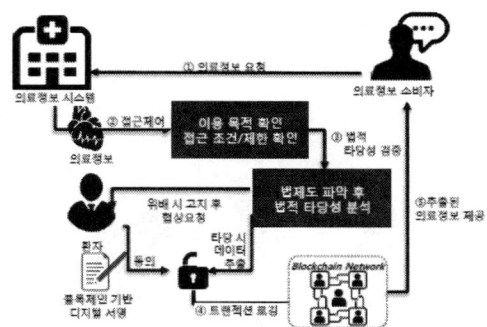

[그림 5-64] 의료정보 시스템에 블록체인 도입방안

환자가 동의한 데이터의 경우 의료정보 소비자에게 제공되는 데이터에 대한 로그인 기록을 블록체인 네트워크에 기록하여 보안성을 강화할 수 있다. 2015년에 만들어진 IBM의 왓슨 헬스(Watson Health) 사업부는 2017년 1월, 미국 FDA(Food and Drug Administration)와 함께 블록체인 기술을 이용해 의료 연구 및 기타 목적용으로 환자 데이터를 안전하게 공유하기 위해 2년간의 공동 개발 계약을 체결했다.

IBM과 FDA는 전자 의료 기록, 임상 실험, 게놈 데이터와 모바일 기기, 웨어러블 기기, IoT로부터 얻은 건강 데이터와 같은 여러 출처로부터 빅데이터의 교환을 모색할 계획이다.

◉ 메디컬 온 디맨드 서비스의 시작, 원격의료

원격의료는 언제 어디서나 환자가 원할 때 진료가 가능하기 때문에 전 세계에서 주목하고 있다.

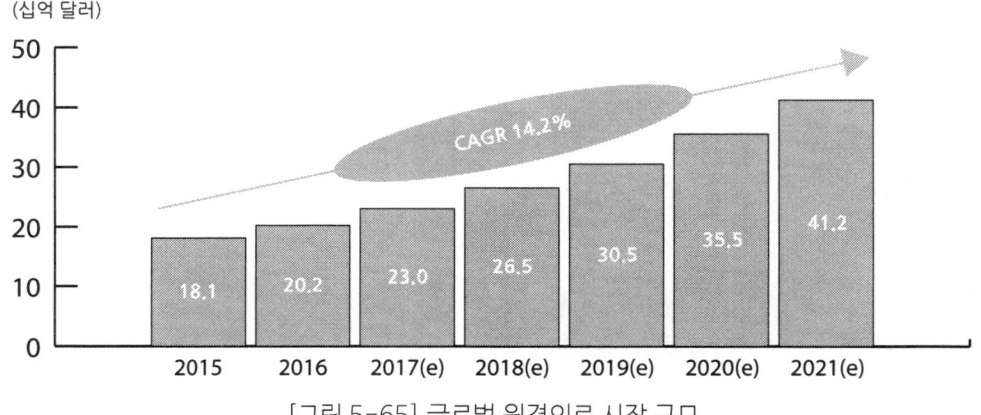

[그림 5-65] 글로벌 원격의료 시장 규모

시장 데이터 조사업체 스태티스타(Statista)에 따르면 전 세계 원격의료 시장규모는 2015년 181억 달러에서 2021년 412억 달러로 연평균 14.7%로 성장할 것으로 전망하고 있다. 특히, 고령화가 가속화되고 만성질환자가 증가하고 있기 때문에 원격진료에 대한 수요는 더 많아질 것으로 보인다.

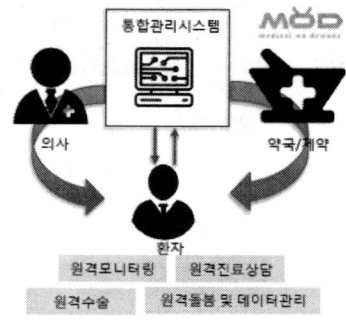

[그림 5-66] 메디컬 온 디멘드 개념도

글로벌 원격의료 시장은 원격모니터링, 원격진료상담, 원격의료교육, 원격의료훈련, 원격수술 등으로 구분된다. 현재 가장 큰 시장을 형성하고 있는 분야는 원격진료상담 서비스이지만, 향후 노년층의 증가나 당뇨병, 파키슨병 등과 같은 질환의 증가는 원격모니터링 서비스 분야도 빠르게 성장할 것으로 보인다.

원격의료는 특히 미국을 중심으로 크게 활성화되어 있다. 멕케슨(Mckesson), 필립스헬스케어(Philips Healthcare), GE헬스케어(GE Healthcare), 서너(Cerner)등이 미국 원격의료 시장을 이끄는 대표적 기업으로, 헬스케어와 IT 기술을 접목시킨 건강관리 업체다. 특징적으로는 대형 민간보험업체 유나이티드 헬스케어(United Healthcare)가 원격의료에 참여하는 의사들과 관련 인프라 업체들에 인센티브를 제공하며 이해관계를 절충하고 있다.

우리나라의 경우도 최근 환자와 병원을 연결하여, 효율적으로 환자를 모니터링 및 케어하고 정보를 전달할 수 있는 엠오디의 스마트케어시스템을 전국 100여개의 병원에서 도입하고 있다.

④ 시사점
◉ 헬스케어 산업의 패러다임 변화를 인지하라.
의료서비스는 정밀·예측·예방·개인 맞춤형 의료로 탈바꿈되고 있다. 그 거대한 변화는 '스마트 헬스케어'

로 요약될 법하다. 기존의 의료서비스 공급자와 스마트 헬스케어 기기, 소프트웨어 및 인프라 공급자가 협업하면서 기존 의료서비스를 스마트화하고 있다. 스마트 헬스케어 시장이 거듭 성장할 것으로 예상되는 가운데, 국내 의료서비스 및 시스템 공급자는 '변화 대응 능력'을 갖추어 나가야 한다. 사업구조 변화, 인력구조 변화 및 인재 양성, R&D 투자, 파트너십 등 다양한 영역에 걸쳐 전략적인 변화가 요구되는 시점이기 때문에 경영환경 변화를 면밀히 주시하고, 트렌드를 정밀하게 읽음과 동시에 자사의 역량을 객관적으로 진단해야 할 시점이다.

◉ 스마트 헬스케어 기반 기술을 확보하라.
4차 산업혁명의 기반기술들이 다양한 산업에 걸쳐 적용되고 있는 가운데, 의료분야에도 상당한 속도로 확산되고 있다. 가장 중요한 기술로 주목되고 있는 기술은 빅데이터로, 정밀의료나 맞춤형 의료서비스뿐만 아니라 예측 및 예방 등 의료서비스의 변화를 만들어 가는 기술로 인식되고 있다. 그뿐만 아니라, 인공지능, 사물인터넷, VR/AR, 로보틱스 등은 의료서비스를 고도화시키는 스마트 헬스케어의 주요 기반 기술들이다. 당사에 최적화된 기술 로드맵을 구축하고, R&D 투자 혹은 핵심기술 보유 기업과의 M&A 등을 통해 기술을 확보하며, 스마트 헬스케어 서비스를 개발·확대해 나갈 필요가 있다.

◉ 파트너십 강화를 통해 사업영역을 확대하라.
스마트 헬스케어는 다양한 전문 기술 및 서비스 영역 간의 융합을 통해 구현되는 영역으로 파트너십이 절대적이라 할 수 있다. 하나의 기업 혹은 기관이 다른 전문 영역의 기술적 역량을 확보하기가 상당히 어려운 산업구조적 특성으로 인해 스마트 헬스케어 서비스를 제공하기 위해서는 파트너십이 필요한 것이다. 의료기기 기업, 제약회사 및 의료기관과 같은 전통 사업자뿐만 아니라, 웨어러블 디바이스, 모바일 소프트웨어 및 통신사들과 같은 신규 사업자들의 협업이 요구되는 산업이다. 과거에는 경쟁했던 기업들과도 협업체제를 구축해야 할 수 있고, 관련성이 전무하던 기업들과도 협업이 요구되기도 한다. 이미 다양한 의료서비스 공급자들과 신규 사업자들간의 파트너십이 크게 늘고 있는 상황에서 이러한 움직임에 늦게 대응할 시에는 산업에서 도태될 수 있다.

◉ 의료 빅데이터 활용기회를 포착하라.
세계 주요국들은 의료 및 유전체 빅데이터를 구축하고, 이를 헬스케어 산업에 활용하는 모습이 두드러지게 나타나고 있다. 한국 정부도 의료, 에너지, 보험, 납세 등의 다양한 공공 빅데이터를 비식별화 처리

(deidentification) 및 연결(merge)하는 사업을 활발히 진행하고 있고, 유전자 정보 등을 빅데이터로 구축하고, 분석하여 각종 수요기업이 활용할 수 있는 장을 마련하고 있다.

효과적으로 빅데이터를 구축하기 위해서, 국내 법제도는 민감정보에 대한 명확한 정의, 개인정보의 제3자 이용을 위한 개인정보 동의 완화, 유전체 분석 가능범위 확대, 첨단의료기기 허가 패스트트랙 도입 등 추가적인 개선이 요구된다. 빅데이터 활용 활성화를 위한 법제도 개선과 함께, 진료데이터, 라이프로그, 유전자데이터 등을 표준화하는 노력도 필요하다. 이러한 여건이 개선되면 빅데이터에 기반하여, 환자에게 정밀의료서비스를 제공하거나, 개인별 맞춤화된 헬스케어 서비스를 공급하는 플랫폼을 구축할 수 있다. 또는 웨어러블 디바이스나 의류 및 운동화 등의 하드웨어를 개발하거나 도입하는 것도 빅데이터의 활용성을 높이는 접근이 될 수 있을 것이다.

◉ 사이버 보안을 강화하라.

4차 산업혁명으로 정형·비정형 빅데이터 구축이 확대되고 있는 가운데, 의료 빅데이터는 보안의 중요성이 특히 높은 영역으로 평가되고 있다. 유전자, 의료, 질병 등의 개인정보는 유출될 시 그 충격이 더욱 클 수 있고, 관련 기업 및 의료기관 등은 치명적일 수 있다. 특히, 의료 빅데이터 구축 및 활용 과정이 여러 기관과의 협업을 기초로 하고 있기 때문에 상당한 수준의 사이버 보안 역량을 갖출 필요가 있다. 따라서, 네트워크 보안, 클라우드 보안, 상호 연결된 협업구조 전반의 데이터 보안 등을 위한 사이버 보안 시스템이 선결될 필요가 있다.

◉ 바이오·헬스산업 지원정책을 활용하라.

산업통상자원부는 바이오·헬스산업을 5대 신산업으로 지정하고, R&D 예산 편성을 확대하기로 발표했다(2017.12.26). 빅데이터+인공지능 기반 신약 및 의료기기, 스마트 헬스케어 등 바이오·헬스산업에 2017년 대비 421억 원 증액된 1,992억 원을 2018년 R&D 투자에 편성했다. 그 밖에도 공공 빅데이터 구축 및 의료 산업 내 각종 규제 완화 기조는 기업들이 스마트 헬스케어 산업을 영위하고 성장시켜 나가는데 매우 중요할 수 있다. 당사의 R&D 투자 및 사업영역 등을 고려하여 가용할 만한 정책지원들을 모니터링하고, 충분히 활용함으로써 세계시장에 한국형 스마트 헬스케어 기술과 서비스를 제시해야 한다.

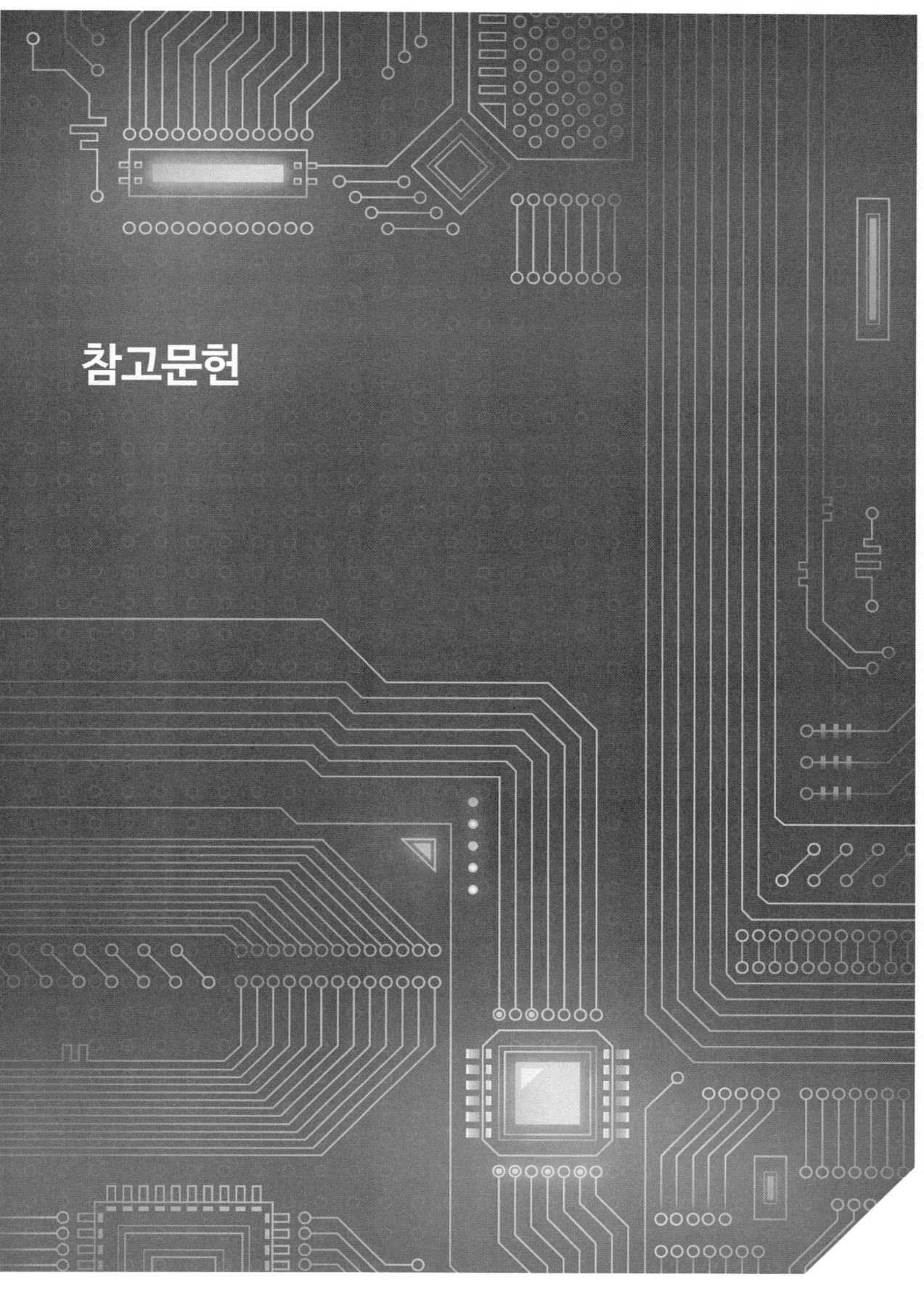

1. 국내문헌

- "[알아봅시다] 기업빅데이터도입", 디지털 타임즈, 2013. 3. 13
- 갈렙앤컴퍼니, 혁신으로가는 항해, 21세기북스. 2004. 7
- 강남오, 심기영, 한상용, "S/W 등 디지털 정보의 재무적 가치 평가 모델에 관한 연구", 한국 소프트웨어 감정평가학회, 2005. 11
- 김석원, "블록체인 펼쳐보기", 비제이퍼블릭, 2017, 11
- 강영모, 이현경, 한경석, 김종배, "그린 IT 평가지표 연구", Asia-pacific Journal of Multimedia Services Convergent with Art, Humanities, and Sociology Vol.6, No.4 ,2016. 04
- 김원, "비트코인 블록체인의 동작원리 및 진화", 한국인터넷진흥원, 2018, 6. 20
- 김태형, "블록체인 개념 및 분야별 활용 사례 분석", 전기저널, 2017, 7
- 강홍렬, "정부 클라우드 전략의 논의방향", 정보통신정책연구원, 2011
- 강희종, "Green IT Initiative of Japan, Science and technology policy", 2009
- 경영정보시스템 원론(제2판), 556p. 2005, 법영사
- 고장권, "정보와 컴퓨터", 학문사, 1995. 01
- 김계철 & 최성, "데이터리엔지니어링", 전자신문사, 2002. 9
- 김계철, "콜센터 상담사의 업무 저해요인이 직무만족에 미치는 영향에 관한 연구_ 스마트 워크와 상사지원의 조절효과를 중심으로",전남대학교대학원, 2015. 08
- 김대영, 김성훈, 하민근, 김태홍, 이요한(2011), "한국통신학회 논문지", 제28권 제9호, p.49-57 1226-4717.
- 김득원, "4차산업혁명 시대의 핵심 인프라 5G", 정보통신 정책 연구원, 2017. 6. 14
- 김문관, "글로벌 전자상거래 규모 2018년 2311조원… 매년10% 성장전망", 조선일보, 2016. 08
- 김문구 외(2010) 『IT융합의 국내외 동향 및 국내산업역량강화방향』, 한국전자통신연구원
- 김민경, 조현, 김성희, "An Exploratory Study about Relation of Citizen's Green IT Recognition Level and Diffusion Status, Journal of Korean Associastion for Regional Information Society", 2012.
- 김상국·양병무, "경영혁신의 이론과 실제", 한국경영자총협회, 1997
- 김성우, "클라우드 컴퓨팅사업 강화에 주력하는 NTT그룹", KT경제경영연구소, 2009
- 김승환(2011)『의료IT융합기술동향』, 한국전자통신연구원
- 김양우, "클라우드 컴퓨팅", 동국대학교, 2010
- 김양우, 정성욱, "클라우드 컴퓨팅 활성화 방안", 한국정보통신기술협회, 2009
- 김완석 외, "RTE의 전략적 가치", 정보통신진흥연구원 주간기술동향 통권 1280호, 2007. 1. 24.
- 김용균, "인공지능 업계 동향 및 인식조사 결과", ICT이슈, 정보통신기술진흥센터(IITP), 2016. 03.
- 김윤정, 유병은, "인공지능 기술발전이 가져올 미래사회의 변화", KISTEP InI 제12호, 한국과학기술기획평가원(KISTEP), 2016. 02.

- 김은혜, "클라우드 서비스 브로커리지", 인터넷진흥원, 2011
- 김중태(2009)「IT융합 현황과 사례」, 지역정보화(KLID)
- 김한주, "National strategy for Green Growth of Korea and the Role of Green IT", COMMUNICATIONS OF THE KOREA INFORMATIONS SCIENCE SOCIETY, 27(11), 2009
- 김현경, 김성도 외. "A Study on Green ICT Strategies in Korea", Korea Environmental Policy and Administration Society, 2010.
- 남수현", 스마트워크 출현과 비전", 스마트워크 2.0, 커뮤니케이션 북스, 2011. 11
- 남수현, 노규성, 김유경, "스마트워크 수준결정 모형에 관한 연구", 디지털정책연구 제9권, 제4권, 2011
- 데이코 산업 연구소(2010)『융합산업동향과 개발 전략』, 데이코 산업 연구소
- 데이코 산업 연구소, "스마트워크·모바일오피스 실태와 추진전략", 2011
- 머니투데이, "3D프린터로만든소총격발성공,그후엔…", 2013.7.28.
- 문희철, "오래된 워크플로우? 새로운BPM", http://blog.naver.com/jaybee4u/80045231198, 2007. 11. 26
- 미래창조과학부, "2016년도 정보통신 진흥 및 융합 활성화 실행계획", 미래창조과학부, 2015. 8
- 민경식, "사물인터넷", 한국인터넷진흥원, (사)한국기업·기술가치 평가회 2004 .09
- 민옥기 외(2009)『훤히보이는 클라우드 컴퓨팅』, 전자신문사
- 박노현·유세준, "BPR의 주요 성공요인과 성과에 관한 연구", 2002
- 박민수, "신 경영기법을 통한 기업가치 극대화 방안", 삼일 회계법인, 세미나 자료, 2001. 9. 9.
- 박성준, "5G 이동통신 기술 동향", 강릉 원주대학교, 2018년
- 박세정, "RTE 등장과 CRM전략", 한국백화점협회, 「유통저널」 제3권 제115호 통권 제 194호, 2003.7, pp. 36-39
- 박인규, "국내외 전자상거래의 현황과 발전 과제", 우정정보 36, 1999
- 박혜진, "개방화 패러다임과 모바일 인터넷의 진화", 세상을 이어 주는 통신연합, 한국 통신사업자 연합회, 2009. 08
- 박희정, "시나리오경영, CEO Information(제40호)", 삼성경제연구원. 1996. 5. 29
- 방송통신위원회, "스마트 인프라 고도화 및 민간 활성화 기반 조성(안)", 2010
- 배준범, "한국 기업에서의 BPR의 실제", 학술대회 논문집, 1998
- 배혜림, "실시간 기업(RTE) 구현을 위한 새로운 비즈니스 프로세스 모니터링", 부산대학교 산업공학과, 2007. 1/24
- 벤처기업협회, "그린 SW 기술 및 시장 동향_스마트 오피스 분야", 벤처기업협회, 2009
- 비즈니스 솔루션 소프트웨어 및 서비스 제공 업체(http://www.sas.com/)
- "[빅데이터 시대 카운트 다운]빅데이터가 인재를 선발한다", 전자신문, 2013. 3. 14
- 산업은행, "3D 프린팅 기술 현황", KDB 산업은행, 2015. 07.
- 성낙환, "인공지능 기술의 걸음마가 시작되었다", LGBusinessInsight, 2012. 6. 20.
- 손종수, "BPR의 성공적 구현에 영향을 미치는 요인에 관한 연구", 두산대백과사전 2003
- 송관호(2011)『IT융합기술개론』, 진한M&B
- 송길현, 신택수, "A Study on the Information of Green IT Based on the Cases of Implementing Green Internet Data

Center, Information System Review", 2009
- 신영진, "A study on comparing the Green IT policy in the future society : Focused on comparing and cooperating the cases of Malaysia and South Korea, Public Policy Review", 2009
- 신의섭, "기업이 빅데이터 경쟁력을 갖는 방법", 컴퓨터월드, 2013. 04
- 신한철, 이광빈, 이기연 "자재/부품 데이터표준화 실무", 한국생산성본부, 2002.3.
- 심태환, "빅데이터 시대의 클라우드와 사례 연구를 통한 차별화 전략", Cloud & Data Center World .2013.
- 안영진, "한국에서의 6시그마 : 성공과 실패", 2003
- 양혜영, "빅데이터를 활용한 기술기획 방법론", 한국과학기술평가원, 2012. 04
- 오성미, "BI 솔루션 검토를 위한 마이크로소프트의 제안", 마이크로소프트, 2007.
- 유재훈, 허재용, 안윤기, "지식정보 가치평가 모형의 실증적 개발", 한국데이터베이스 진흥센터, 2009.
- 유효정, "클라우드 서비스 중개업", 전자신문, 2012
- 이민화, "이민화 교수 4차 산업혁명 15분 강연", 대전 MBC 허참 토크쇼, 2017년 6월 20일
- 윤민희, 유기동, "MIS-based approaches for facilitating Green IT", Korean Institute of Industrial Engineers, 2009
- 윤치훈(2012)『중소기업 융합기술의 이해와 흐름』,사단법인 중소기업융합중앙회
- 윤혜정, 최귀영, 이중정, "모바일 오피스 시스템이 사용자의 업무 과부하 및 직무 스트레스에 미치는 영향", 정보시스템 연구, 제20권 제2호, 2011
- 이경준, "삼성 SDS IT review BPR을 통한 정보시스템의 혁신", 2003
- 이남연, "워크플로우 기반 프로세스 분석", 경희대학교 국제경영학부. 2005
- 이병하 외, "한국기업의 워크 스마트 실천방안_SERI 연구보고서", 삼성경제연구소, 2012. 03
- 이승희, 도현욱, 서경도, "스마트 워크 활성화를 위한 경영관리 방안", 디지털정책연구, 2011
- 이은경, "특허권의 가치평가에 관한 연구", 2002
- 이재용, "스마트 시티 정책 및 향후 방향", 2017.3
- 이종용, 조병선, "인공지능 산업 활성화 생태계조 사를 위한 제언", 전자통신동향분석 제31권 제2호, 한국전자통신연구원, 2016. 04.
- 이종화, 김태현, 이주영, "주요국 무선 인터넷 생태계 발전 전략분석 및 정책연구", 한국 정보통신정책연구원, 2011. 11
- 이창수, "SEM 시장현황과 솔루션", KIEC, 2005. 7
- 이태영, "핀테크란 무엇인가?", IT World, 2015
- 이효석, "핀테크에 대한 5가지 오해", 코리안리, 2015
- 이훈혜, "빅데이터 활용 가이드", 산업연구원, 2014. 01
- 이희성, "스마트워크의 노동관계법적 이슈와 활성화", 2011
- 임규관, "스마트워크 2.0 구축방법론에 대한 연구", 디지털정책연구. 2011
- 임정선, "IoT-가속화되는 연결의 빅뱅과 플랫폼 경쟁의 서막", 2015 ICT 10대 주목 이슈, KT 경제 경영 연구소 Special Report, 2015

- 임춘성, "e-Business File", (주)영진닷컴, 2009. 12
- 장광수, "성큼 다가온 미래, 이제는 IoT", 한국정보화진흥원, 2014. 06
- 장희선, "스마트 워크의 국내외 추진사례 및 서비스", 정보통신산업진흥원, 2013.03
- 전자신문, "5G 퍼뜨릴 6대 융합서비스 시나리오 공개", 2017. 11. 23
- 전자정보센터, "모바일 오피스, 엔터프라이즈 모빌리티의 구현", 2010
- 정국환. 소영진 "정보사회의 개념정립 및 정보화 추진방안에 관한연구", 한국전산원, 1996. 08
- 정대영, "MRP 연구", 서울대학교 산업공학과 공장자동화실험실, 1996 .06
- 정명 선외 "오바마 정부의 IT 정책방향과 시사점", IT 이슈 트렌드, 한국정보사회진흥원, 2008.
- 정명애(2012)『IT융합기술과융합산업』, 물리학과 첨단기술
- 정보통신 기술진흥센터, "사물인터넷 R&D 추진계획", IITPC PIssue Report, vol. 14-4. 정보통신 기술진흥센터, 2014. 11
- 정보통신 기술진흥센터, "일본 제조업 분야사물 인터넷(IoT) 활용 사례와 정부의 대응 동향", 해외 ICT R&D 정책동향(2015년3호),2015
- 정보통신 산업진흥원, "스마트 창조 사회 혁신적 전환을 위한 Sensing+ 확산 전략 수립", 정보통신 산업진흥원, 2014. 6
- 정보화사회진흥원, "2007년 전자정부사업 연차보고서", 행정자치부 ,2007 .3
- 정윤석, "인공지능 역사적 관점에서의 고찰", ICT신기술, 주간 기술동향 ,정보통신기술 진흥센터(IITP), 2016.
- 조광수, "3D 프린터의 시대", 한국 인터넷진흥원, 2015. 6.
- 조산구, "웹2.0 패러다임과 의미", TTA Journal No.111, Special Report, web 2.0 표준화 및 서비스, 한국정보통신기술협회, 2007. 05
- 조성갑, "인프라 정보 경영론", 진한엠엔비, 2010. 02
- 주대영·김종기, "초연결 시대 사물 인터넷(IoT)의 창조적 융합 활성화 방안", 산업 연구원, 2011 .1
- 중앙일보(2012.6.20.), 디지털 세계 빅브라더 "빅데이터"
- 채승병, "빅데이터, 산업지각변동의 진원", 삼성경제연구소, 2012
- 최성(2010)『클라우드 컴퓨팅서비스 플랫폼 기술동향』, 정보통신산업진흥원
- 최성, 김계철, "클라우드 서비스 브로커리지 육성 정책 방안 연구", 미래창조과학부, 2013. 09,
- 최성, 김계철, "클라우드 성공 참조모델 발굴을 통한 중소기업 IT 경쟁력 강화 연구", 방송통신위원회, 2012
- 최용락, 이정일, "데이터웨어하우스', bangganji.tistory.com/attachment/cfile6.uf@113BCA0C4 C36865B34527F. pdf,2007.
- 최재홍, "3D 프린터의 글로벌 동향 및 이슈", 한국인터넷진흥원, 2015. 6.
- 추형석, "인공지능(AI) 플랫폼 산업 동향", 월간 SW 중심사회, 소프트웨어 정책연구소 (SPRI), 2016.06.
- 컨넥티드 컨설팅 그룹, "클라우드 브로커리지 모델의 부상과 통신사 신사업 기회 발굴 가능성", 2013
- 크리테오, "모바일 전자상거래 현황보고서", 크리테오 ,2016.
- 한국소프트웨어진흥원. "그린 IT 활용 : 원칙과 실천", 정책연구센터, 한국 소프트웨어 진흥원 ,2008. 06
- 한국정보사회진흥원(2007)『삶의질관련 산업의 미래전망과 IT활용 과제 발굴 연구』, 한국정보사회진흥원

- 한국정보화진흥원, "모바일시대를 넘어 AI시대로", IT&Future Strategy, 제7호, 2010. 8. 25.
- 한국정보화진흥원, "사물인터넷 수요 및 시장동향", 한국정보화진흥원. 2015. 12
- 한국정보화진흥원, "스마트 시티를 통해 본 미래도시", IT&Future Strategy 제13호, 2010. 12. 20
- 한국정보화진흥원, "녹색성장으로 가는 지름길, 그린 IT", 한국정보화진흥원, 2009.
- 한국정보화진흥원, "스마트 시티 발전전망과 한국의 경쟁력", 2016.11
- 한국지역정보화학회, "스마트워크 현황과 활성화 방안 연구", 2010
- 한국콘텐츠진흥원, "트렌드 포커스, 전세계 주요국의 스마트 시티 추진사례 분석", 동향과 전망 : 방송·통신·전파, 통권제70호 2014.1
- 한영춘, 임명성, 김정군, 조연성, 한동철, "전자상거래", 이프레스, 2013
- 한재민, "경영정보시스템", 학연사, 2006.5
- 한혁, 서진아, 이호신, "빅데이터 산업의 현황과 전망", KISIT MARKET REPORT. 한국 과학기술정보 연구원, 2013. 04
- 현욱, 강신각, "스마트워크 표준화 동향_ 텔레프레즌스를 중심으로", 전자통신 동향 분석 제26권 제2호, 한국전자통신연구소 (ETRI), 2011. 04
- 홍용곤, "사물인터넷(IoT) 표준화 동향", 사물 인터넷 기술표준 및 특허 세미나, 한국 전자통신 연구원, 2014. 6. 3
- 홍효진, "스마트워크의 성공적 정착을 위한 선결 과제", 한국정보화진흥원, 2011
- 황하진, "경영정보시스템", 경문사, 2005.3
- CISCO, "The Internet of Everything", 2013. 6
- CT 이슈분석, "사물 인터넷이 열어 갈 새로운 세상", 한국콘텐츠진흥원, 2013. 12
- CISCO, "The Internet of Everything", 2013. 6
- CT 이슈 분석, "사물 인터넷이 열어갈 새로운 세상", 한국콘텐츠진흥원, 2013.12
- Economy Chosun, "왜 현실적인 사업만 하려 하나 불가능하다는 사업이 기회인데", 통권 135호, 2016.1.
- e-비즈코리아, "RTE의 BPM에의 적용", 한국전자거래진흥원, 통권제63호, 2004.6, pp.44-47. 전자신문, 2004. 1. 27.
- ETHEREUM KOREA, 2018
- IBM, "비즈니스 사용자를 위한 비즈니스 인텔이전스: 언제 어디서든 필요한 통찰력 제공", IBM 소프트웨어 비즈니스 애널리스틱, 2007.
- IITP, "인공지능(AI) 실태조사", 최신ICT이슈, 주간기술동향, 정보통신기술진흥센터(IITP), 2015.11.
- IRS글로벌, "3D프린팅(프린터,소재)시장, 기술전망과 국내외 참여업체 사업전략", 2013.7.
- KT blog, "KT, 평창 5G 성공으로 대한민국 ICT 재도약 선언", 2016. 12. 15
- NIPA, "3D프린터, 차세대 제조업혁신 주도 전망", 주간기술동향, 2013. 3. 20.
- NIPA, "국내, 3D프린터 시장 확대", IT융합시스템 36호, 2013. 3.
- Samsung SDS Consulting Div, "SDS Consulting Review No2", 2004
- Samsung SDS Consulting Div, "SDS Consulting Review No3", 2004
- SK 텔레콤, "모바일 오피스 플랫폼 구축 방안", 2011

2. 해외문헌

- Andress M.Antonopoulos, Mastering Bitcoin, Second Edition, O'Reilly, 2017. 6
- BCC Research, "Smart Machine : Technologies and Global Markets," May2015.
- Bell, Daniel. 1973. The Coming of Postindustrial Society. New York : Basic Books.
- Bell, Daniel. 1980. The Winding Passage : Essays and Sociological Journeys.서규환譯.「정보화 사회와 문화의 미래」. 서울 : 디자인하우스.
- Berman, B. 1986. Bureaucracy and the Computer Metaphor .in Studiesin Communication and In for mation Technology. Queen's University.
- Braman, Sandra. 1989. Defining Information : An approach for policy makers. Telecommunications Policy, September. pp. 233-242.
- CISCO(2013),"The Internet of Everything for Cities Connecting People, Process, Data, and Things To Improvethe'Livability' of Cities and Communities"
- Citi GPS & Oxford Martin School, "Technology at Workv 2.0-The FutureIs Not What It Used to Be," Jan uary 26, 2016
- David Kosiur, "ElectronicCommerce" MicosoftPress,1997
- David M. Fisher, The Business Process Maturity Model-A Practical Approach for Identifying Opportunitiesf or Optimization, BP Trends,2 004
- DOE, 'DOE Data Center Energy Efficiency Program and Tool Strategy', 2007.
- 3Dprin.com, 'University of Pittsburgh Research Teams Create 3D Printed, Metal, Biodegradable Bone Scaffolds', 2014.10.11.
- Dr.David M. Anderson, P.E., CMC, "Design for Manufactur ability" ,CIM Press,2000
- Ellie Fields 및 Brett Sheppard, 비즈니스 인텔리전스에 대한 새로운 접근 방법, Tableau, 2013. 02
- Frey and Osborne(2013), "The Future of Employment : How Susceptible are Jobs to Computerisation? , Oxford Martin School Working Paper, "September 17, 2013
- Garnham,N.1979. Contribution to a Political Economy of Mass-Communication. Media Culture & Society, Vol.1.pp.123-146.,
- Gartner Research Group, Designingthe Agile Organization : Design Principles and Practices, Gartner Research Group Strategic Analysis Report, January 2018.
- Gartner Research Note, Gartner Update Its Definitionof Real-TimeEnterprise, Gartner,2018.
- Gorry, A. G. "A Framework for Management In for mation System " Solan Management Revlew,1971.
- Howard Smith & Peter Fingar, "Business Process Management : The Third Wave", 2003
- International Journal of Emerging Technology and Advanced Engineering, '3D Printing,' 2013. 3.

- Jeong.B., ServicePortfolioforRTE, EntrueConsultingPartners, 2005
- Jack M. Nilles, (1998), "Manageing Telework : Strategies for Manageing the Virtual Work force" John Wiley & Sons, Inc.1998.
- Jihyun Lee, Danhyung Lee, Sungwon Kang, "An Overview of the Business Process Maturity Model(BPMM)," LNCS4537, pp.384-395, 2007
- John Alden, Bill Curtis, The Business Process Maturity Model(BPMM) : An Overview for OMG Members, Capability Measurement, 2006
- Kapoor, S., A Technical Framework for Sense and Respond Business Management, IBM Systems Jounal, Vol 44, No1, 5~24, 2005
- Karl Frank, Bill Curtis, John A lden, OMG BMI 2006-09-05 : BPMM Summary of Submission, Object Management Group, 2006
- Keeney, R.L.1 992 .Value-Focused Thinking. Cambridge. Harvard University Press.
- Kenneth, M., Heads Up : Using Real-Time Business Information to Know First and ACTF aster, Harvard Business School Press, 2004
- Laudon, Kenneth C, Jane P. 《Management Information Systems 12/E: Managing the Digital Firm, CHAPTER 1,》. Pearson Education Asia. ISBN-10 : 027375453X / ISBN-13 : 9780273754534.
- Lind off, D., GE's Drive to Best Practicesin the e-Business World, Gartner Group, 2002
- Machlup, F. and U. Mansfield(eds). 1983. The Study ofIn for mation : Interdisciplinary Messages. New York : Wiley.
- Mandel, Ernest. 1978. Late Capitalism. London : Verso. Masuda, Yoneji.1980.The Information Society : as Post-Industrial Society. Tokyo : Institute for the Information Society.
- Marketing Next, 'Will the future be 3D printed?', 2013. 9.26.
- McKinsey, "Bigdata:Thenextfrontierforinnovation,competitionandproductivity", June2011
- Michael Miller(2009). "Cloud Computing : Web-Based Applications that Change "the Way You Work and Collaborate On line", Que Publishing, 2009.11.
- MyEngineering, '5 Unbelievable 3D Printed Human Organs', 2015.
- Parker, Van Alstyne, and Choudary(2016)
- Peter Fingar, Joseph Bellini, "The REAL-TIME ENTERPRISE", Meghan-Kiffer Press, 2004
- O'Reilly Radar Team " Planning for Big Data"
- Philip Carter " Bigdata Analytics: Future Architectures, Skills and Roadmaps for the CIO", IDC, 2011. 9
- Pratt, P.Shannon, Rober tF.Reillyand RobertP.Schweihs, Valuing a Business, 3rded, Irw in, Chicago.1996
- Prest on Gand Donald G. Reinertsen, "Developing products in half the time" John Wiley & Sons, Inc, 1998
- Process Management Maturity, "Proceed ingsof the 15th Australasian Conference on Information Systems(ACIS2004)", 2004

- Qualcomm, "Five wireless inventions that define 5G NR", 2017. 12. 19
- Raskino, M, RTE Key Technologies and Applications Hyper Cycle, Gartner Group, 2003
- Shann on, C. and W. Weaver. 1949. The Mathematical Theoryof Communication. University of IllinoisPress. 1985. 「통신의수학적이론」. 통신정책연구소, 통신정책총서 85-9.
- Sharifi, H. and Z. Zhang, "A Methodology for Achieving Agility in Manufacturing Organizations : An Introduction", International Journal of Production Economics, 62, 1999, pp.7-22.
- SIMTech, 'Opportunities and Applications of 3D Additive Manufacturing,' 2013. 4.
- TakayukiSumita, 'Green IT Initiative as apolicy to provide a solution', 2008(OECD Work shop on ICTs and Environmental Challenges 발표자료. Theory of games and economic behavior. Princeton : Princet on University Press.
- Tractica, "Artificial Intelligence of Enterprise Applications", 2Q, 2015.
- Venture Scanner, "The State of Artificial Intelligence in six visuals", Sept. 4th, 2015,
- World Economic Forum, "The Future of Jobs-Employment, Skills and Workforce Strategy for the Fourth Industrial Revolution," January 2016
- 特許庁, '平成26年度特許出願技術動向調{査報告書(概要)人工知能技術', 平成27年3月
- 3GPP, "5G-NR workplan for eMBB", 2017. 3. 9.
- 3GPP, "5G architecture options", 2016. 6. 15.
- 히로시 유키, "Information security and crytpography", infinity books, 2017. 5. 24

3. Web site

- 앨빈토플러의 "제4의 물결 : http://myjinkyu.tistory.com/91
- 눈 높이 백과 2008년 : newdle.noonnoppi.com/xmlView.aspx?xmldid=22999
- www.ctp.or.kr
- Arnall et al. 2011, http://www.nearfield.org/2011/02/wifi-light-painting
- ABI Research(2013. 5. 9). More Than 30 Billion Devices Will Wirelessly Connect to the Internet of Everything in 2020, Retrieved from https://www.abiresearch.com/press/ more than-30-billion-devices-will-wirelessly-conne
- Arnall, T., Martinussen, E, S., & Schulze, J. (2011). Immaterials: light painting WiFi. Retrieved from http://www.nearfield.org/2011/02/wifi-light- painting
- Arthur D. Little(2011). Wanted: Smart market-makers for the "internet of Things". Retrieved from http://www.adlittle.com/downloads/tx_adlprism/ADL_Smart_market-makers.pdf
- Atzori, L., Iera, A., & Morabito, G. (2010). The internet of things: A survey. Computer Networks, 54(15), 2787-2805.
- Botanicalls(2013). Retrieved from http://www.botanicalls.com/
- CISCO IBSG(2011.4). The Internet of Things: How the next evolution of the internet is changing everything. Retrieved from http://www.cisco.com/web /about/ac79/docs/innov/IoT_ IBSG_0411FINAL.pdf
- Google(2012). Retrieved from http://www.google.com/glass/start/
- GreenGoose(2011). Retrieved from http://www.crunchbase.com/company /greengoose
- Gubbi, J., Buyya, R., Marusic, S., & Palaniswami, M. (2013). Internet of Things (IoT): A vision, architectural elements, and future directions. Future Generation Computer Systems.
- IDA(2012). Infocomm Technology Roadmap 2012-Internet of Things. Retrieved from http://www.ida.gov.sg/~/media/Files/Infocomm%20Land scape/Technology/Technology Road map/InternetOfThings.pdf
- Paraimpu(2011). Tlight. Retrieved from http://paraimpu.crs4.it/application/ tlight
- Parrot(2013). Retrieved from http://ardrone2.parrot.com/
- Stanza(2010) Retrieved from http://www.stanza.co.uk/sensity/
- KBS(2013), Available at http://office.kbs.co.kr/dokdo
- 서울시(2013), Available at http://livecam.seoul.go.kr/
- www.etnews.com/tools/article_print.html?art_code=20140428000192&charset= utf-8
- www.fnnews.com/view?ra=Sent0901m_View&corp=fnnews&arcid=2014040201 00037460 001382 &cDateYea =2014&cDateMonth=04&cDateDay=02
- http://www.zdnet.co.kr/news/news_view.asp?artice_id=20140424154637

- http://au.sun.com/edge/2007-07/eco.jsp?cid=920710
- https://www.cdp.net/en-US/Pages/HomePage.aspx
- http://acenter.colorado.edu/energy/projects/green_computing.html
- http://news.zdnet.co.uk/itmanagement/0,1000000308,39284324,00.htm
- Green Building Council, http://www.usgbc.org/
- http://www.infoworld.com/archives/t.jsp?N=s&V=85855
- https://www.cdp.net/en-US/Pages/HomePage.aspx
- http://www.thegreengrid.org/gg_content
- http://www.wfmc.org/standards/docs/tc003v1.1.pdf,1995.01.19
- http://www.wfmc.org/standards/docs/TC-1011_term_glossary_v3.pdf.1999.02.
- http://www.wfmc.org/standards/docs/TC-1025_10_xpdl_102502.pdf,
- http://insights.venturescanner.com/tag/artificial-intelligence
- http://www.wfmc.org/standards/docs.htmTheWorkflowReferenceModel,
- http://www.gartner.com/it/page.jsp?id=1731916
- http://mike2.openmethodology.org/wiki/Big_Data_Definition
- http://www-01.ibm.com/software/data/bigdata/
- https://www.youtube.com/watch?v=iYa2GwaxcyU, 2016. 1. 5
- http://tong.nate.com/zerocow/7349635, 한눈에 보는 BPM, 2005.11.02
- "비트코인 블록체인 개론", http://blog.naver.com/onalja/

4차산업혁명시대
미래 플랫폼 정보기술

초판 인쇄   2019년 3월 02일
초판 발행   2019년 3월 07일

저　　자	조성갑 Ph.D
감　　수	맹정섭
발 행 인	김갑용
발 행 처	진한엠앤비
주　　소	03063 서울시 서대문구 독립문로 14길 66 205호(냉천동 260)
전　　화	02)364-8491(대)　팩스　02)319-3537
등록번호	제25100-2016-000019호 (등록일자 : 1993년 05월 25일)

ⓒ2019 jinhan M&B INC, Printed in Korea

디 자 인   알래스카인디고㈜
인　　쇄   알래스카인디고㈜

I S B N   979-11-290-1026-1 (93500)
정　　가   38,000원

이 책에 담긴 내용의 무단 전재 및 복제 행위를 금합니다.
잘못 만들어진 책자는 구입처에서 교환해드립니다.